抽象分析基础（第2版）

Fundamentals of Abstract Analysis (Second Edition)

肖建中 王智勇 编著

清华大学出版社
北京

内容简介

本书以点集拓扑与抽象测度为起点，系统地讲述了实分析与泛函分析基本理论，内容包括拓扑与测度、抽象积分、Banach 空间理论基础、线性算子理论基础、抽象空间几何学等，对不动点理论、Banach 代数与谱理论、无界算子、向量值函数与算子半群等作了一定程度的讨论.

本书理论体系严谨，叙述深入浅出，论证细致，图例并茂，注重数学思想方法的启发与引导，便于自学与教学. 本书适合数学及相关专业研究生和高年级本科生阅读，也可供本领域教师、科研人员参考.

图书在版编目(CIP)数据

抽象分析基础/肖建中，王智勇编著. —2 版. —北京：清华大学出版社，2023.4
ISBN 978-7-302-63248-1

Ⅰ. ①抽… Ⅱ. ①肖… ②王… Ⅲ. ①数学分析 Ⅳ. ①O17

中国国家版本馆 CIP 数据核字(2023)第 057948 号

责任编辑：李双双
封面设计：傅瑞学
责任校对：赵丽敏
责任印制：杨 艳

出版发行：清华大学出版社
网 址：http://www.tup.com.cn，http://www.wqbook.com
地 址：北京清华大学学研大厦 A 座 **邮 编**：100084
社 总 机：010-83470000 **邮 购**：010-62786544
投稿与读者服务：010-62776969，c-service@tup.tsinghua.edu.cn
质量反馈：010-62772015，zhiliang@tup.tsinghua.edu.cn
印 装 者：三河市铭诚印务有限公司
经 销：全国新华书店
开 本：185mm×260mm **印 张**：25.25 **字 数**：615 千字
版 次：2009 年 9 月第 1 版 2023 年 5 月第 2 版 **印 次**：2023 年 5 月第 1 次印刷
定 价：98.00 元

产品编号：097519-01

第2版前言

PREFACE

本书自2009年第1版出版后，于2011年出版了与之配套的《实分析与泛函分析习题详解》一书.在过去的10多年时间里，我们收到了来自各方面使用者对这两本书的肯定的评价与宝贵的建议，对此深表谢意.为了适应高层次数学人才培养的需要，在充分吸收反馈意见的基础上，我们按“纸质书＋数字化资源”的出版形式对本书第1版进行了修订.

第2版保持了《抽象分析基础》第1版的体系与特色，并进行了适当的增删，力求提升可读性与可教性.除订正第1版全书的排印错误与编写中的某些疏漏外，我们进一步细化了一些定理的论证，对推理论证中引用的前述概念与定理标示名称或编号；考虑到教学时间的限制与自主学习能力的培养，将一些不太适合课堂讲授的内容标注为阅读内容；将《实分析与泛函分析习题详解》中的内容提要与习题解答以二维码形式增加到每章末，以方便研读者查阅.

选用本书时，可考虑适当删减书中部分内容.前4章与5.1节及书后习题适合高年级大学生与硕士研究生，后5章包括书后附加题适合博士研究生.

尽管我们在修订时尽了最大努力，但限于学识和经验，书中的疏漏与不当在所难免，恳请各方面使用者批评指正.

深切怀念已故的李刚教授并感谢他在本书第1版编著中的指导性工作.感谢作为《实分析与泛函分析习题详解》作者之一的朱杏华教授同意此书内容纳入数字化资源.

本书的出版得到了国家自然科学基金(11571176,11701289)的资助，我们表示衷心的感谢!

我们特别感谢清华大学出版社的编辑们对本书的出版付出的辛勤劳动!

肖建中　王智勇

2022年4月7日

于南京信息工程大学

第1版前言

PREFACE

自从18世纪Euler的名著《无穷小分析引论》问世以后,数学中的"分析学"专指运用极限过程分析处理问题的数学分支.微积分作为古典分析学的开端从几何和代数的主干上生长出来,数形结合成为这一学科的一个基本特征.将微积分主要创始人的工作思路加以比较是很有意思的: Newton的思路基本上是几何化的,而Leibniz的思路则基本上是代数化的.微积分发展成为严密的数学分析的过程,处处体现了几何思想与代数方法的完美结合.现代分析学是数学分析后继的发展与延伸,必然保持了这一学科的基本特色与风格.空间形式(几何)、数量关系(代数)与极限过程这三者依然是现代分析学的主要讨论对象,在处理方式上体现了分析、代数、几何的高度综合与和谐统一.

作为现代分析学的基础分支,实分析与泛函分析诞生于19世纪末到20世纪初.这段时间里,数学的发展出现了空前的抽象化潮流,开始追求理论与方法的一般化,以及结构上的和谐与统一.出现这一潮流有其客观必然性.数学发展到一定程度,不同分支的某些对象之间的相似性被逐步发现,产生了加工、提炼、归纳与总结的内在动因;集合论的创立与现代公理化方法的完善又为其准备了条件;同时还受到了来自量子力学、物理学等应用学科的推波助澜.不言而喻,在数学抽象化主流中孕育成熟的实分析与泛函分析都是高度抽象的学科,其抽象程度并不逊色于抽象代数学.实分析与泛函分析这两门学科的基础内容构成本书的主要取材(以泛函分析为重点).虽然两者同以数学分析为发展的源头,但两者的理论发展方向是不同的.实分析可通俗地认为是一般集合论意义上的微积分,侧重于将区间或区域上的连续函数类扩充为可测集上的可测函数类来讨论;而泛函分析可通俗地认为是无限维空间上的分析学,侧重于将有限维空间上的数形关系与极限过程拓展到无限维空间来讨论.本书更愿意将两者的内容视为统一整体:前者为后者提供了连续函数空间类与可测函数空间类,Lusin定理是这两类重要的空间之间联系的纽带.泛函分析中涉及的具体空间模型基本上就是这两大类.为了突出空间类的这种整体性,本书借助了点集拓扑与抽象测度的技巧.鉴于上述原因,书名定为《抽象分析基础》也许比较恰当.

本书是为数学专业研究生与高年级本科生所编著的教材.根据作者多年教学实践中的感受,一部好的教材,应充分考虑到数学专业研究生与高年级本科生的学习特点,照顾到本科阶段与研究生阶段教学上的衔接,并且能适合学生自学,使学生开卷有益,为进一步探索数学殿堂打开通道.本书在这方面作出了一定努力,注意缩小理论推证方面的跨度,不片面追求篇幅的精短,尽可能避免理论的堆砌,穿插例子与示意图以消除阅读中的枯燥乏味感;

重视数学思想背景与理论形成过程的揭示，重视对已有知识的比较，重视常用的数学方法的提示与归纳. 读者应当注意到，这门课程虽然抽象难学，但其中许多概念都能在数学分析、线性代数等熟知的内容中找到雏形. 通过与熟知内容的类比、对照等方式来认识理解新概念，符合认知规律，应是值得提倡的学习方法.

本书内容是自封闭的，共分为 9 章. 第 1 章作为全书的引论，讲述点集拓扑与抽象测度的基本概念和性质，其中介绍了两种形式的 Urysohn 引理. 第 2 章讲述以抽象测度为基础而建立的 Lebesgue 积分理论，对 Stieltjes 积分与广义测度作了初步介绍. 第 3 章至第 5 章为泛函分析基础部分. 第 3 章讲述度量空间、拓扑线性空间、赋范空间、内积空间及其相互关系，介绍完备性、可分性、稠密性和紧性等性质，给出一般形式的 Arzela-Ascoli 定理. 第 4 章讲述线性算子的几个基本定理，简略介绍了两大类函数空间的共轭空间的表示. 第 5 章从 Hilbert 空间的几何学出发讲述抽象空间的几何理论，介绍积空间与商空间技巧，给出紧算子性质与 Fredholm 算子指标理论. 对弱紧性、凸性与光滑性作了详细论述，给出了 Eberlein-Šmulian 定理. 本书在注意加强基础理论讲解的同时，对理论与应用中重要的专题也作了初步介绍. 第 6 章从 Banach 压缩映射原理与 Brouwer 不动点定理出发讲述不动点理论，作为应用，介绍了 Lomonosov 不变子空间定理. 第 7 章讲述 Banach 代数与谱理论，通过符号演算介绍了谱分解定理. 第 8 章讲述向量值函数与算子半群，介绍了算子半群的生成元表示定理. 第 9 章讲述无界线性算子，给出了对称算子的延拓定理与本质谱的刻画. 第 6 章至第 9 章中各章的内容基本是独立的，可根据不同的专业兴趣选学.

本书是根据作者的教学讲稿修订与扩充而成的，书中的错漏在所难免，殷切期望读者不吝指正！

本书的出版得到了南京信息工程大学精品教材项目的资助，同时还得到了国家气象局与南京信息工程大学局校共建项目的资助，作者表示衷心的感谢.

在本书编写过程中，朱杏华、陆盈、刘小燕、熊萍萍等老师参与了原始讲稿的整理录入工作，作者的研究生孙晶、黄轩、陶媛等以及南京信息工程大学应用数学专业 2007 级全体研究生参与了原始讲稿的录入工作，作者对他们付出的辛勤劳动一并表示衷心的感谢.

作者特别感谢清华大学出版社对本书的出版所给予的支持与帮助，感谢石磊先生付出的辛劳！

肖建中　李刚

2008 年 11 月 20 日

于南京信息工程大学

目　录

CONTENTS

关于抽象

本书试图以抽象化方法来阐述分析学中的基本理论，其主要内容是函数论与线性泛函分析.

我们知道，抽象是数学的重要特征.数学的主要分支在发展过程中继承了古希腊数学中Euclid《几何原本》的光辉传统，逐渐形成严密的公理化形式体系.抽象化与形式化是20世纪数学发展的主要趋势之一.这种趋势最初受到了两大因素的推动，即19世纪末由Cantor所创立的集合论与Hilbert所完善的现代公理化方法.正是由于二者的结合，才导致了20世纪上半叶实变函数论、泛函分析、拓扑学、抽象代数学等高度抽象的数学分支的诞生.本书的主要概念基本上都由公理法导出，但这并不妨碍从直观、形象的渠道去理解体会这些概念.

抽象化方法的运用有许多突出的优点.原本形形色色的复杂对象经抽象后舍弃了不起主导作用的复杂细节，其被掩盖了的本质凸显出来，这使得问题的讨论变得更加直接、简单.抽象化方法用高度概括的形式统一了外观上极不相同的问题，沟通了表面看起来互不相关的领域，使理论体系有更大的包容性，从而具有更加广泛的应用性.这是人们推崇抽象化方法的根本原因.适应和掌握了此方法，也许就取得了现代分析学登堂入室的通行证.

第1章 点集拓扑与测度

分析学中最基本的概念是极限,而描述极限最一般的框架结构是拓扑空间.分析学中另一基本概念是测度,其中 Lebesgue 测度是通常的长度、面积、体积等概念的抽象.拓扑与测度理论已成为抽象分析学的基本工具.本章的目的是介绍拓扑空间与测度空间的基本性质(分别置于1.2节与1.3节).读者若将拓扑空间、开集、连续函数与可测空间、可测集、可测函数相对应,注意其联系与区别,则更利于对内容的理解.作为预备,读者有必要回顾一下集合论的知识(见1.1节).

1.1 集与映射

1.1.1 集与映射的概念

我们首先熟悉一下集论与映射的基本用语.

给定集 X,表示 X 的子集 A 的标准方式是

$$A=\{x\in X: x \text{ 满足 } P\} \quad \text{或} \quad A=\{x\in X \mid x \text{ 满足 } P\}.$$

其中,P 表示与 X 中的元素有关的命题或条件.设 $A,B\subset X$,定义**差集**

$$A\backslash B=\{x\in X: x\in A \text{ 且 } x\notin B\}.$$

其中,A^c 表示差集 $X\backslash A$,称为 A 的**余集**或**补集**.显然有 $A\backslash B=A\cap B^c$.

通常,用$\mathbb{Z}$表示整数集,$\mathbb{Z}^+$表示正整数集,$\mathbb{Q}$表示有理数集,$\mathbb{R}^1$ 表示实数集(或称为实数空间),$\mathbb{C}$表示复数集,$\mathbb{K}$表示实数或复数集.

用$\mathbb{R}^n$ 表示通常的实 n 维 Euclid 空间,其上的向量内积、向量长度与两点间距离分别是

$$\langle x,y\rangle=\sum_{i=1}^n a_i b_i, \quad \|x\|=\langle x,x\rangle^{1/2}, \quad \|x-y\|=\left[\sum_{i=1}^n (a_i-b_i)^2\right]^{1/2}.$$

其中,$x=(a_1,a_2,\cdots,a_n)$,$y=(b_1,b_2,\cdots,b_n)\in\mathbb{R}^n$.记

$$B_\varepsilon(x)=\{z: \|z-x\|<\varepsilon\}, \quad B_\varepsilon[x]=\{z: \|z-x\|\leqslant\varepsilon\}.$$

分别为$\mathbb{R}^n$ 中以 x 为中心,$\varepsilon(\varepsilon>0)$为半径的开球和闭球.

设 X,Y 是集,若对每个 $x\in X$,有唯一的一个元素 $y\in Y$ 与之对应,则称在 X 上定义了一个在 Y 中取值的**映射** f,记为 $f: X\to Y$.映射与算子、变换等都是同义语.通常当 Y 是数集时称映射 $f: X\to Y$ 为**函数**.

若 Y 中每个元素在 f 下都有逆像(原像),即

$$f(X)=\{y\in Y: y=f(x), x\in X\}=Y.$$

则称 f 为**满射**;若对 X 中任意两个互异的元素 x_1 与 x_2,其像(值)$f(x_1)$与 $f(x_2)$也互异,即 $x_1\neq x_2\Rightarrow f(x_1)\neq f(x_2)$,则称 f 为**单射**.既单又满的映射称为**双射**或**一一对应**.当且仅当 f 是双射时**逆映射** $f^{-1}: Y\to X$ 存在,此时 $f\circ f^{-1}=I_Y, f^{-1}\circ f=I_X$,其中 I_X 与 I_Y 分别为 X,Y 上的恒等映射.

设 $X_0\subset X, f: X\to Y, f_0: X_0\to Y$ 为映射.若 $\forall x\in X_0$ 有 $f_0(x)=f(x)$,则称 f 是 f_0 的**延拓**或**扩张**,f_0 是 f 在 X_0 上的**限制**,常记为 $f_0=f|_{X_0}$.

定义 1.1.1

设 X,Y 是集,若存在一个从 X 到 Y 的双射,则称 X 与 Y 是**对等**的,或称 X 与 Y 有相同的**基数**或**势**,记作 $X\sim Y$ 或 $\mathrm{card}X=\mathrm{card}Y$.若 X 与 Y 的子集 Y_0 对等,即 $\mathrm{card}X=\mathrm{card}Y_0$,则称 X 的势小于或等于 Y 的势,记为 $\mathrm{card}X\leqslant\mathrm{card}Y$.若 $\mathrm{card}X\leqslant\mathrm{card}Y$ 且 $\mathrm{card}X\neq\mathrm{card}Y$,则称 X 的势小于 Y 的势,记为 $\mathrm{card}X<\mathrm{card}Y$.

按定义 1.1.1,有限集(包括空集)的基数或势就是其元素的个数.正整数集 $\mathbb{Z}^+$ 的势用符号 $\aleph_0$(读作阿列夫零)来表示.若 $X\sim\mathbb{Z}^+$,称 X 为**可列集**;若 X 为有限集或可列集,则称 X 为**可数集**(也称 X 为**至多可列集**);若 X 不是可数的,则称 X 为**不可数集**.$\mathbb{R}^1$ 是不可数集.若 $X\sim\mathbb{R}^1$(或 $X\sim[0,1]$,$\mathbb{R}^1$ 中的闭区间),则称 X **具有连续统的势**,用符号 $\aleph$ 记之.

若 X 是由 n 个元素组成的集合,则 X 的一切子集组成的集族恰有 $2^n(=\mathrm{C}_n^0+\mathrm{C}_n^1+\cdots+\mathrm{C}_n^n)$个元素.设 X 是任意集,用 2^X 记 X 的子集全体,称为 X 的**幂集**.若 $\mathrm{card}X=\beta$,则 $\mathrm{card}2^X=2^\beta$.可以证明,$\aleph=2^{\aleph_0}$.

设 $\zeta\subset 2^X$,即 $\zeta=\{A_\alpha\subset X: \alpha\in I\}$为集族,其中 I 称为指标集,它可以是可数集,也可以是不可数集.ζ 本身也可作为指标集.**集族的并与交**定义为

$$\bigcup\{A: A\in\zeta\}=\bigcup_{\alpha\in I}A_\alpha=\{x\in X: \exists\alpha\in I, x\in A_\alpha\},$$

$$\bigcap\{A: A\in\zeta\}=\bigcap_{\alpha\in I}A_\alpha=\{x\in X: \forall\alpha\in I, x\in A_\alpha\}.$$

设 $A\subset X$,我们以 χ_A 表示 A 的**特征函数**,即

$$\chi_A(x)=\begin{cases}1, & x\in A;\\ 0, & x\notin A.\end{cases}$$

集合间的运算与其特征函数间的运算是一致的,若以 $\vee$ 与 $\wedge$ 分别表示上确界 sup 与下确界 inf,则有

(C1) $\chi_{A\cup B}(x)=\chi_A(x)\vee\chi_B(x)$;

(C2) $\chi_{A\cap B}(x)=\chi_A(x)\wedge\chi_B(x)$;

(C3) $\chi_{A^c}(x)=1-\chi_A(x)$;

(C4) $\chi_{\bigcup\limits_{\alpha\in I}A_\alpha}(x)=\bigvee\limits_{\alpha\in I}\chi_{A_\alpha}(x)$;

(C5) $\chi_{\bigcap\limits_{\alpha\in I}A_\alpha}(x)=\bigwedge\limits_{\alpha\in I}\chi_{A_\alpha}(x)$.

任给集 $X_1,X_2,\cdots,X_n$，称 $\prod_{i=1}^{n} X_i=\{(x_1,x_2,\cdots,x_n):x_i\in X_i,1\leqslant i\leqslant n\}$ 为集 X_1，$X_2,\cdots,X_n$ 的**积集**(Cartesian)，也记为 $X_1\times X_2\times\cdots\times X_n$，其中每个 X_i 称为积集的**坐标集**．当 $X_i=X(1\leqslant i\leqslant n)$ 时记 $\prod_{i=1}^{n} X_i=X^n$，称为 X 的 n **重积**．

$\mathbb{R}^n$ 就是$\mathbb{R}^1$ 的 n 重积．设$[a_k,b_k]$是$\mathbb{R}^1$ 的闭区间，$k=1,2,\cdots,n$．则 $\prod_{k=1}^{n}[a_k,b_k]$称为$\mathbb{R}^n$ 的**闭方体**．

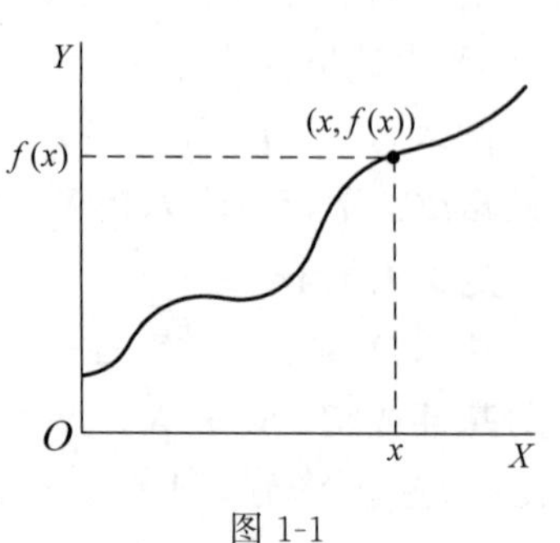

图 1-1

设 $f:X\to Y$ 是映射，称 $G(f)=\{(x,f(x)):x\in X\}$ 为 f 的**图像**，如图 1-1 所示．显然有 $G(f)\subset X\times f(X)\subset X\times Y$，$(x,y)\in G(f)$ 当且仅当 $x\in X,y=f(x)$．

映射也可以用其“图像”的方式来定义．

定义 1.1.2

设 X 与 Y 是两个非空集，任意子集 $F\subset X\times Y$ 都称为一个从 X 到 Y 的**关系**．$(x,y)\in F$ 时称 x 与 y 为 F 相关，也记为 xFy 或 $y\in Fx$．若 $F\subset X\times X$，则 F 称为 X 上的一个**二元关系**．

于是，映射可定义为：给定 $f\subset X\times Y$，若每个 $x\in X$ 存在唯一的 y 使 xfy（记为 $y=f(x)$），则称 f 为映射，记作 $f:X\to Y$．这样定义的映射更能明确地体现映射的本质．

设 $f:X\to Y$ 是映射，$A\in 2^X$，$A_\alpha\in 2^X$，$B\in 2^Y$，$B_\alpha\in 2^Y$．记

$$f(A)=\{y\in Y:y=f(x),x\in A\},$$

$$f^{-1}(B)=\{x\in X:f(x)\in B\}.$$

称 $f(A)$ 为 A 在 f 下的像；称 $f^{-1}(B)$ 为 B 在 f 下的逆像（原像）．则易知以下关系式为真：

(M1) $A\neq\varnothing\Rightarrow f(A)\neq\varnothing$，　$B\neq\varnothing\not\Rightarrow f^{-1}(B)\neq\varnothing$；

(M2) $f(f^{-1}(B))\subset B$，　$f^{-1}(f(A))\supset A$；

(M3) $f\left(\bigcup_{\alpha\in I}A_\alpha\right)=\bigcup_{\alpha\in I}f(A_\alpha)$，　$f^{-1}\left(\bigcup_{\alpha\in I}B_\alpha\right)=\bigcup_{\alpha\in I}f^{-1}(B_\alpha)$；

(M4) $f\left(\bigcap_{\alpha\in I}A_\alpha\right)\subset\bigcap_{\alpha\in I}f(A_\alpha)$，　$f^{-1}\left(\bigcap_{\alpha\in I}B_\alpha\right)=\bigcap_{\alpha\in I}f^{-1}(B_\alpha)$；

(M5) $f^{-1}(B_1\backslash B_2)=f^{-1}(B_1)\backslash f^{-1}(B_2)$，　$f^{-1}(B^c)=[f^{-1}(B)]^c$．

且当 f 是满射时，式(M2)中第一式为等式；当 f 是单射时，式(M2)中第二式及(M4)都是等式．

1.1.2 积集，商集，极限集

我们知道，无限实数列可视为正整数集$\mathbb{Z}^+$（指标集）到实数集$\mathbb{R}^1$ 的映射；有限实数列$\{x_1,x_2,\cdots,x_n\}$可视为指标集$\{1,2,\cdots,n\}$到实数集$\mathbb{R}^1$ 的映射．在这里，映射的作用就是使$\mathbb{R}^1$ 中的某个实数“映上一个指标”．同样，n 个集合的积集也可以用映射的方式来定义．设 $I=\{1,2,\cdots,n\}$ 为指标集，则

$$\prod_{i=1}^{n} X_i = \left\{x \,\middle|\, \text{映射 } x: I \to \bigcup_{i=1}^{n} X_i \text{ 使 } \forall i \in I \text{ 有 } x(i) \in X_i\right\}.$$

这样的定义同样表示 $\prod_{i=1}^{n} X_i$ 中的元素为 $x=(x(1),x(2),\cdots,x(n))$. 因而,任意多个集之积集可借助映射的方式方便地定义.

定义 1.1.3

设$\{X_i: i\in I\}$是给定的集族,其中 I 是任意指标集. 将

$$\prod_{i\in I} X_i = \left\{x \,\middle|\, \text{映射 } x: I \to \bigcup_{i\in I} X_i \text{ 使 } \forall i \in I \text{ 有 } x(i) \in X_i\right\}$$

称为**集族$\{X_i: i\in I\}$的积集**,$x_i=x(i)$称为 x 的**第 i 坐标**,X_i 称为积集之**坐标集**. 若映射 $P_i: \prod_{i\in I} X_i \to X_i$ 使 $P_i(x)=x_i$,则称 P_i 为**从积集到坐标集的投影**,它显然是满射. 若 $\forall i\in I, X_i=X$,则记 $\prod_{i\in I} X_i$ 为 X^I,由于 $\bigcup_{i\in I} X_i=X$,因而 X^I 就是 I 到 X 的映射的全体.

注意这里的记号与幂集的记号 2^X 在含义上是统一的,2^X 可视为 X 到$\{0,1\}$的一切映射(X 的子集的特征函数)的全体.

商集概念与等价类有关.

定义 1.1.4

设 X 是非空集,R 是 X 上的二元关系,若 R 满足

(R1) R 是自反的,即 $\forall x\in X$ 有$(x,x)\in R$;

(R2) R 是传递的,即$(x,y)\in R,(y,z)\in R\Rightarrow(x,z)\in R$;

(R3) R 是对称的,即$(x,y)\in R\Rightarrow(y,x)\in R$.

则称 R 是**等价关系**,此时 xRy 也记为 $x\sim y$.

定义 1.1.5

设 X 是非空集,R 是 X 上的等价关系,记$[x]=\{y\in X: y\sim x\}$,称$[x]$为含 x 的**等价类**. X 中等价类的全体称为 **X 关于 R 的商集**,记为 X/R,即

$$X/R=\{[x]: x\in X\}.$$

若映射 $P: X\to X/R$ 使 $P(x)=[x]$,则称 P 是**从 X 到其商集的投影**或**商投射**,P 显然是满射.

上述定义 1.1.5 中,由于 R 是等价关系,由此容易推出两个等价类$[x]$,$[z]$要么重合(相等),要么互不相交,因而商集的定义是有确定意义的.

例 1.1.1　设$\mathbb{Z}_0$ 是整数集$\mathbb{Z}$中的偶数子集,它决定$\mathbb{Z}$上的等价关系 R: $xRy\Leftrightarrow x-y\in\mathbb{Z}_0$. $\mathbb{Z}/R=\{[0],[1]\}=\{\mathbb{Z}_0,\mathbb{Z}_0^c\}=\{\mathbb{Z}_0+0,\mathbb{Z}_0+1\}$.

例 1.1.2　在通常三维空间$\mathbb{R}^3$ 中取直角坐标系 O-XYZ,令 $E=\{(x,0,0): x\in\mathbb{R}^1\}\subset\mathbb{R}^3$,即 E 为 X 轴. 它决定$\mathbb{R}^3$ 上的等价关系 R: $xRy\Leftrightarrow x-y\in E$. 商集$\mathbb{R}^3/R$ 为所有与 X 轴平行的直线.

值得注意的是,商集中的元$[x]$对商集 X/R 来说是一个元,对原集 X 来说是一个子集.

以下记$[-\infty,\infty]=\mathbb{R}^1\cup\{-\infty,\infty\}$,称为**扩充实数集**.

首先我们回顾一下数列的上、下极限概念.

定义 1.1.6

设$\{a_n\}$为$[-\infty,\infty]$的序列，令

$$b_k=\sup\{a_k,a_{k+1},\cdots\}=\sup_{n\geqslant k}a_n,\quad \beta=\inf\{b_1,b_2,\cdots\}=\inf_{k\geqslant 1}b_k.$$

称β为$\{a_n\}$的**上极限**，记作$\beta=\limsup\limits_{n\to\infty}a_n$（或$\beta=\overline{\lim\limits_{n\to\infty}}a_n$），即

$$\limsup_{n\to\infty}a_n=\inf_{k\geqslant 1}\sup_{n\geqslant k}a_n.$$

类似地定义**下极限**$\liminf\limits_{n\to\infty}a_n=\underline{\lim\limits_{n\to\infty}}\ a_n=\sup\limits_{k\geqslant 1}\inf\limits_{n\geqslant k}a_n$.

易知，扩充实数集中序列的上、下极限总是存在的（允许为$-\infty$或∞），且有下述性质：

(L1) $\{\sup\limits_{n\geqslant k}a_n\}_{k=1}^{\infty}$递减，$\{\inf\limits_{n\geqslant k}a_n\}_{k=1}^{\infty}$递增；

(L2) 若$\beta=\limsup\limits_{n\to\infty}a_n$，$\alpha=\liminf\limits_{n\to\infty}a_n$，则必存在$\{a_n\}$的子列$\{a_{n_i}\}$与$\{a_{n_j}\}$使$a_{n_i}\to\beta(i\to\infty)$，$a_{n_j}\to\alpha(j\to\infty)$，且$\beta,\alpha$分别是$\{a_n\}$的子列极限中最大者与最小者；

(L3) $\liminf\limits_{n\to\infty}a_n=-\limsup\limits_{n\to\infty}(-a_n)$；

(L4) $\liminf\limits_{n\to\infty}a_n\leqslant\limsup\limits_{n\to\infty}a_n$，若$\liminf\limits_{n\to\infty}a_n=\limsup\limits_{n\to\infty}a_n=l$，则$\lim\limits_{n\to\infty}a_n$在$[-\infty,\infty]$中存在且为$l$.

类似于实数列的上、下极限概念，可定义集合的上、下极限集.

定义 1.1.7

设$\{A_n\}_{n=1}^{\infty}$是一列集合，称集合$\bigcap\limits_{k=1}^{\infty}\bigcup\limits_{n=k}^{\infty}A_n$与$\bigcup\limits_{k=1}^{\infty}\bigcap\limits_{n=k}^{\infty}A_n$分别为$\{A_n\}$的**上极限与下极限**，并分别记为$\limsup\limits_{n\to\infty}A_n$（或$\overline{\lim\limits_{n\to\infty}}\ A_n$）与$\liminf\limits_{n\to\infty}A_n$（或$\underline{\lim\limits_{n\to\infty}}\ A_n$）. 若$\limsup\limits_{n\to\infty}A_n=\liminf\limits_{n\to\infty}A_n$，则称$\{A_n\}$有极限或收敛，并将其**极限集**记为$\lim\limits_{n\to\infty}A_n$.

易知极限集有下述性质：

(J1) $\limsup\limits_{n\to\infty}A_n=\{x:$ 有无穷多个A_n使$x\in A_n\}$，

$\liminf\limits_{n\to\infty}A_n=\{x:$ 只有有限个A_n使$x\notin A_n\}$.

(J2) 设$\{A_n\}$是升集列，即$A_n\subset A_{n+1}(\forall n\in\mathbb{Z}^+)$，则$\lim\limits_{n\to\infty}A_n=\bigcup\limits_{n=1}^{\infty}A_n$；设$\{A_n\}$是降集列，即$A_n\supset A_{n+1}(\forall n\in\mathbb{Z}^+)$，则$\lim\limits_{n\to\infty}A_n=\bigcap\limits_{n=1}^{\infty}A_n$.

(J3) $\chi_{\limsup\limits_{n\to\infty}A_n}(x)=\limsup\limits_{n\to\infty}\chi_{A_n}(x)$，

$\chi_{\liminf\limits_{n\to\infty}A_n}(x)=\liminf\limits_{n\to\infty}\chi_{A_n}(x)$.

1.1.3 Cantor 定理与 Zorn 引理

我们知道，集合X是可数的当且仅当X的全体元素可排列成一个有限或无限序列. 在实际推理过程中，集合的可数性往往通过下述性质加以判定（证明见文献[22]或文献[28]）：

(CO1) 若Y是可数集且存在单射$f:X\to Y$，则X可数.

(CO2) 若X是可数集且存在满射$f:X\to Y$，则Y可数.

(CO3) 可数个可数集之并可数.

(CO4) 有限个可数集之积集可数.

(CO5) 设 $\forall n\in\mathbb{Z}^{+}$, I_n 都是可数集,则

$$X=\{x_{i_1 i_2\cdots i_n}: i_k\in I_k, 1\leqslant k\leqslant n, n\in\mathbb{Z}^{+}\}$$

是可数集.

关于基数的比较有下列定理(证明见文献[22]或文献[28]).

Bernstein(基数比较)定理

若 $\mathrm{card}X\leqslant\mathrm{card}Y$ 且 $\mathrm{card}Y\leqslant\mathrm{card}X$,则 $\mathrm{card}X=\mathrm{card}Y$. 用映射语言来说,即若存在从 X 到 Y 的单射,又存在从 Y 到 X 的单射,则必存在从 X 到 Y 的双射.

Cantor(无最大基数)定理

设 X 是任意非空集,则 $\mathrm{card}X<\mathrm{card}2^X$.

公理集合论创立者 Cantor 于 1878 年提出如下猜想:不存在集合 A,它的势满足 $\aleph_0<\mathrm{card}A<\aleph$. 这一猜想此后被称为**连续统假设**,1963 年由 Cohen 与 Gödel 共同解决. 他们证明了在集合论公理系统中既不能证明连续统假设成立也不能证明它不成立. 因此将连续统假设成立或不成立作为公理,与集合论其他公理是相容的.

$\mathbb{R}^1$,$\mathbb{R}^1$ 中的区间,$\mathbb{Q}^c$,$\mathbb{R}^n$ 等都是势为 $\aleph$ 的不可数集,而 $2^{\mathbf{R}^1}$ 是势大于 $\aleph$ 的不可数集. 倘若承认连续统假设,则可以说 $\mathbb{R}^1$,$\mathbb{R}^n$ 等是势最小的不可数集.

从合理性方面讲,任何两个集合的势应该可以比较大小,即对 X 与 Y 的任意两个集,$\mathrm{card}X=\mathrm{card}Y$,$\mathrm{card}X<\mathrm{card}Y$,$\mathrm{card}Y<\mathrm{card}X$ 这三种情况应该是有且仅有其一出现. 遗憾的是无法证明其是否为真. Zermelo 给集合论加上了一条选择公理,据此可证其为真.

Zermelo 选择公理

设 $\mathcal{F}=\{A_\alpha: \alpha\in I\}$ 是两两不相交的非空集的族,则存在集 B 满足

(Z1) $B\subset\bigcup\limits_{\alpha\in I}A_\alpha$;

(Z2) B 与 $\mathcal{F}$ 中每个集合有且仅有一个公共元素.

Zermelo 选择公理是说,可以从 $\mathcal{F}$ 的每个集合中各自取出一个元素来构造一个新的集合 B. 对有限集族或可列集族而言在直观上是很明显的. 在数学中承认其正确性有着十分重要的作用. 没有它,现代数学中许多重要定理的证明就失去了依据. 下述的 Zermelo 良序原理、Zorn 引理及 Hausdorff 极大性定理已被证明与其等价. 今后在需要时将按方便选用其中之一.

首先,让我们对一般的集合引进序关系. 注意序关系所用记号 $\leqslant$ 是抽象的,在含义上包括通常数集中的不大于($\leqslant$),也包括集的包含($\subset$)等. “$(x,y)\in\leqslant$”习惯上写成 $x\leqslant y$.

定义 1.1.8

设 X 是一个非空集,$\leqslant$ 是 X 上的二元关系,若满足

(O1) 自反性,即 $\forall x\in X$ 有 $x\leqslant x$;

(O2) 传递性,即 $x\leqslant y, y\leqslant z\Rightarrow x\leqslant z$;

(O3) 次对称性,即 $x\leqslant y, y\leqslant x\Rightarrow x=y$;

则称 $(X,\leqslant)$ 为**偏序集**或**半序集**. 若偏序集 $(X,\leqslant)$ 还满足

(O4) 可比较性,即 $\forall x,y\in X$,或者 $x\leqslant y$,或者 $y\leqslant x$,二者必有一个成立,则称 $(X,\leqslant)$ 为**全序集**或**链**.

偏序集与全序集的区别在于,偏序集中只有部分元素有序关系,即部分地可比较大小,而全序集中任意两个元素都可以比较大小.

定义 1.1.9

设$(X,\leqslant)$是偏序集,若$A\subset X$,$b\in X$,且$\forall a\in A$都有$a\leqslant b$,则称b为A的一个**上界**.若$y\in X$且X中不存在元素x使$y\leqslant x$,$y\neq x$,即$y\leqslant x\Rightarrow y=x$,则称$y$为$X$的**极大元**.类似地可定义$A$的**下界**及$X$的**极小元**.

设P是X中的全序子集(它总是存在的),若$\forall x\notin P$,$\exists p\in P$使$x\leqslant p$与$p\leqslant x$都不成立.则称P是X的**极大全序子集**.

按定义 1.1.9,y是X的极大元意味着X中没有元比y"真大";P是X中的极大全序子集意味着当把不属于P的任何一个X中的元加到P中时,得到的集就不是全序的.

不难找出图 1-2 中A的上界与下界,X的极大元与极小元及极大全序子集.

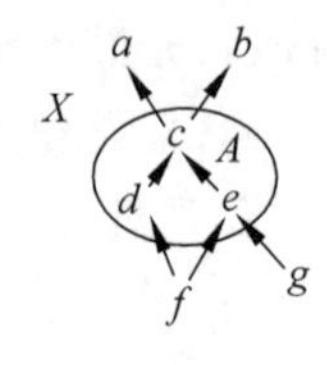

图 1-2

Zorn 引理

若偏序集$(X,\leqslant)$中的任何全序子集在X中都有上(下)界,则X中存在极大(小)元.

Hausdorff 极大定理

每个非空偏序集都存在极大的全序子集.

Zorn 引理与 Hausdorff 极大定理是讨论"无限过程"的强有力的逻辑工具,其作用类似于"数学归纳法".

1.2 拓扑空间

分析中遇到的各种极限其性质有很大的相似性.可以看到,极限概念的基本出发点是邻域,或者本质上说是开集的概念.将极限的共性加以抽象、提炼,从开集的角度来讨论极限、收敛及相关问题,就是点集拓扑理论.本节采用公理化方法,着重阐述其中对分析学起重要作用的概念与结果.

1.2.1 拓扑空间的基本概念

定义 1.2.1

集X的子集族τ称为X上的一个**拓扑**,若τ满足

(TO1) $\varnothing\in\tau$,$X\in\tau$;

(TO2) 若$V_i\in\tau$,$i=1,2,\cdots,n$,则$\bigcap\limits_{i=1}^{n}V_i\in\tau$;

(TO3) 若$\{V_\alpha:\alpha\in I\}\subset\tau$,则$\bigcup\limits_{\alpha\in I}V_\alpha\in\tau$.

若τ是X上的拓扑,则X称为**拓扑空间**,为明确起见,记为(X,τ).τ中的元素称为X的**开集**,开集的余集称为**闭集**.若$x_0\in V$且$V\in\tau$,则称V为**点x_0的邻域**,若$A\subset V$且$V\in\tau$,则称V为**集A的邻域**.

按定义 1.2.1,拓扑就是X上一切开集的族,包含空集与全集,并使其中集合的有限交

运算及任意并运算封闭,这正是通常实数空间$\mathbb{R}^1$中开集性质的抽象描述. $\mathbb{R}^1$当然是拓扑空间.

例 1.2.1　设X是任意非空集,$\tau_1=\{X,\varnothing\}$与$\tau_2=2^X$显然都是X上的拓扑,分别称为平庸拓扑与离散拓扑. 每个非空集上至少有这两种拓扑.

例 1.2.2　设$X=\{a,b,c\}$为三元集:

$$\tau=\{\varnothing,X,\{a\},\{a,b\}\},\quad \mathcal{F}=\{\varnothing,X,\{a,b\},\{b,c\}\}.$$

容易验证τ是拓扑而$\mathcal{F}$不是拓扑.

设同一集X上有两个拓扑τ_1,τ_2. 若$\tau_1\subset\tau_2$,则称τ_1 **比** τ_2 **弱**(**或粗**),或称τ_2 **比** τ_1 **强**(**或细**). 平庸拓扑是最弱(粗)的拓扑,离散拓扑是最强(细)的拓扑.

注意,**闭集的性质**按 de Morgan 公式可由拓扑的公理立即导出:

(CL1) 空集与全集是闭集;

(CL2) 闭集的有限并是闭集;

(CL3) 闭集的任意交是闭集.

定义 1.2.2

设X,Y都是拓扑空间,$f:X\to Y$. 若对Y的任一开集V,$f^{-1}(V)$是X的开集,则称f**是连续的**.

定义 1.2.2 表明,f连续就是指开集的逆像是开集,即$\forall V\in\tau_Y$有$f^{-1}(V)\in\tau_X$. 现设E是Y的任一闭集,则f连续等价于$f^{-1}(E^c)=[f^{-1}(E)]^c$是开集. 由此也推出,$f$连续等价于闭集的逆像是闭集.

这种整体上定义的连续性与以往局部连续性定义是一致的. 回顾数学分析中一元实函数的连续性,f在点x_0连续被定义为:$\forall\varepsilon>0,\exists\delta>0,\forall x:|x-x_0|<\delta$有$|f(x)-f(x_0)|<\varepsilon$. 注意到$\{x:|x-x_0|<\delta\}$与$\{y:|y-f(x_0)|<\varepsilon\}$分别是$x_0$与$f(x_0)$的邻域,故上述定义可表述为:对任意$f(x_0)$的邻域$U(f(x_0),\varepsilon)$,存在$x_0$的邻域$W(x_0,\delta)$使得$x\in W(x_0,\delta)\Rightarrow f(x)\in U(f(x_0),\varepsilon)$. 而这又等价于

$$f(W(x_0,\delta))\subset U(f(x_0),\varepsilon).$$

仿此,引入拓扑空间上映射的局部连续性定义.

定义 1.2.3

设X,Y都是拓扑空间,$f:X\to Y$为映射,$x_0\in X$. 若对$f(x_0)$的任意邻域U,都存在x_0的邻域W使$f(W)\subset U$,则称f **在点 x_0 连续**.

命题 1.2.1

设X和Y为拓扑空间,$f:X\to Y$为映射,则f连续的充要条件是f在X的每一点连续.

证明　X,Y上的拓扑分别记为τ_X,τ_Y.

必要性　设x_0为X的任一点,U为$f(x_0)$的任一邻域,则$U\in\tau_Y$且$x_0\in f^{-1}(U)$. 因为f是连续的,故由定义 1.2.2,$f^{-1}(U)\in\tau_X$. 这表明存在$W=f^{-1}(U)$为x_0的邻域. 又因为$f(W)=f(f^{-1}(U))\subset U$,故$f$在点$x_0$连续.

充分性　设$U\in\tau_Y$,则$\forall x\in f^{-1}(U)$,有$f(x)\in U$,因U是$f(x)$的邻域,故由定义 1.2.3,存在x的邻域W_x使$f(W_x)\subset U$. 由于$W_x\in\tau_X$,故$W_x\subset f^{-1}(f(W_x))\subset f^{-1}(U)$,

从而

$$f^{-1}(U)=\bigcup_{x\in f^{-1}(U)}\{x\}\subset\bigcup_{x\in f^{-1}(U)}W_x\subset f^{-1}(U).$$

即 $f^{-1}(U)=\bigcup\limits_{x\in f^{-1}(U)}W_x$. 这表明 $f^{-1}(U)$为开集. 因此 f 是连续的. 证毕.

下面这个定理尽管证明十分容易，但它揭示的是连续映射的最重要的性质.

定理 1.2.2

设 X,Y,Z 都是拓扑空间，若 $f: X\to Y$ 和 $g: Y\to Z$ 都是连续的，则复合映射 $g\circ f: X\to Z$ 也连续.

证明 X,Y,Z 上的拓扑分别记为 τ_X,τ_Y 和 τ_Z. 设 $V\in\tau_Z$. 因 g 连续，故 $g^{-1}(V)\in\tau_Y$；又因 f 连续，故 $f^{-1}(g^{-1}(V))\in\tau_X$. 由于

$$(g\circ f)^{-1}(V)=f^{-1}(g^{-1}(V)),$$

因而，$g\circ f$ 是连续的. 证毕.

定理 1.2.2 可简述为：连续映射的连续映射是连续的.

定义 1.2.4

设(X,τ)是拓扑空间，$A\subset X$. X 中包含 A 的最小闭集称为 A 的**闭包**，记为 $\overline{A}$ 或$\mathrm{cl}(A)$；含于 A 的最大开集称为 A 的**内部**，记为 A° 或 $\mathrm{int}\,(A)$.

上述定义 1.2.4 中的闭集 $\overline{A}$ 与开集 A° 是存在的. 令

$$\zeta=\{F: A\subset F, F^{c}\in\tau\},\quad \omega=\{V: V\subset A, V\in\tau\}.$$

因为 $X\in\zeta,\varnothing\in\omega$，故 $\zeta\neq\varnothing,\omega\neq\varnothing$. 于是 $\overline{A}=\bigcap\limits_{F\in\zeta}F, A^{\circ}=\bigcup\limits_{V\in\omega}V$. 易知，$A^{\circ}\subset A$，$A$ 是开集当且仅当 $A=A^{\circ}$；$A\subset\overline{A}$，A 是闭集当且仅当 $A=\overline{A}$.

命题 1.2.3

设(X,τ)是拓扑空间，$A\subset X,x\in X$. 则 $x\in\overline{A}$ 当且仅当对 x 的任何邻域 U，$U\cap A\neq\varnothing$.

证明 必要性 假设存在 x 的某邻域 U，使 $U\cap A=\varnothing$，则 $U\subset A^{c}$，$x\in A^{co}$. 于是 $x\notin A^{coc}$. 注意到 A^{coc} 是闭集且 $A^{coc}=(A^{co})^{c}\supset(A^{c})^{c}=A$，于是 $x\notin\bigcap\{F: F\supset A, F$ 为闭集$\}=\overline{A}$，与题设矛盾.

充分性 假设 $x\notin\overline{A}=\bigcap\{F:$ 闭集 $F\supset A\}$，则存在闭集 $F\supset A$，使 $x\notin F$. 于是 $x\in F^{c}$. 注意到 F^{c} 是开集，这表明存在 x 的邻域 F^{c}，$F^{c}\cap A=\varnothing$，与题设矛盾. 证毕.

在 Euclid 空间$\mathbb{R}^n$ 等第一可数空间（见定义 1.2.11）中，通常的开集、闭集等拓扑概念都可用点列的收敛性来描述. 但是在一般的拓扑空间中往往涉及不可数性，局限于点列不足以刻画各种收敛，需要引入更一般的网的收敛概念.

定义 1.2.5

设 D 是一个非空集合，按$\prec$成为偏序集，若满足

$$\forall\alpha,\beta\in D,\quad \exists\gamma\in D,\quad \text{使得 }\alpha\prec\gamma\text{ 且 }\beta\prec\gamma.$$

则称 D 是**定向集**.

正如点列可视为以正整数集为定义域的映射一样，有以下网的概念. 由于正整数集拓广为一般的定向集，点列的收敛相应地拓广为网的收敛.

定义 1.2.6

由定向集 D 到集合 X 的映射$\{x_\alpha\}_{\alpha\in D}$ 称为 X 中的**网**.

设(X,τ)是拓扑空间,$\{x_\alpha\}_{\alpha\in D}$ 为 X 中的网,$x\in X$. 若对 x 的任何邻域 U,总存在 $\alpha_0\in D$,使得当 $\alpha_0\prec\alpha$ 时,有 $x_\alpha\in U$,则称$\{x_\alpha\}_{\alpha\in D}$ **收敛于** x,记为 $\lim x_\alpha=x$ 或 $x_\alpha\to x$. $\{x_\alpha\}_{\alpha\in D}$ 的极限 x 也称为$\{x_\alpha\}_{\alpha\in D}$ 的 **Moore-Smith 极限.**

例 1.2.3　设 f 为区间$[a,b]$上的有界函数,$[a,b]$的一个分划

$$\Delta: a=x_0<x_1<x_2<\cdots<x_{n-1}<x_n=b$$

记为 $\Delta=\{x_0,x_1,x_2,\cdots,x_{n-1},x_n\}$,并记 $D=\{\Delta: \Delta$ 为$[a,b]$的分划$\}$. 对 $\Delta_1,\Delta_2\in D$,若 Δ_1 的分点均为 Δ_2 的分点,则记为 $\Delta_1\prec\Delta_2$(这里$\prec$即分点集的包含关系),D 按$\prec$成为定向集. 对 $\Delta\in D$,作和

$$S_\Delta=\sum_{i=1}^{n} f(\xi_i)(x_i-x_{i-1}),\quad 其中,\quad \xi_i\in[x_{i-1},x_i]\ 为任一点.$$

这样$\{S_\Delta\}_{\Delta\in D}$ 便是一个网,Riemann 积分 $\int_a^b f(x)\mathrm{d}x$ 的值正是网$\{S_\Delta\}_{\Delta\in D}$ 的 Moore-Smith 极限.

定理 1.2.4

(1) 设(X,τ)为拓扑空间,$A\subset X$,$x\in X$. 则 $x\in\overline{A}$ 的充要条件是存在 A 中的网$\{x_\alpha\}$,使得 $x_\alpha\to x$.

(2) 设(X_1,τ_1)与(X_2,τ_2)是两个拓扑空间,$x\in X_1$. 则 $f: X_1\to X_2$ 在点 x 连续的充要条件是对 X_1 中任何收敛于 x 的网$\{x_\alpha\}$,在 X_2 中有 $f(x_\alpha)\to f(x)$.

证明　(1) 充分性　设$\{x_\alpha\}$是 A 中的网,$x_\alpha\to x$. 如果 $x\notin\overline{A}$,则有 $x\in\overline{A}^{\mathrm{c}}$,于是开集 $\overline{A}^{\mathrm{c}}$ 作为 x 的邻域,必有 α_0 使 $x_{\alpha_0}\in\overline{A}^{\mathrm{c}}$,这与 $\overline{A}^{\mathrm{c}}\cap A=\varnothing$相矛盾. 故 $x\in\overline{A}$.

必要性　设 $x\in\overline{A}$. 记 $D=\{U: U$ 为 x 的邻域$\}$,D 按集的包含关系成为定向集($\forall U_1,U_2\in D$,$\exists U=U_1\cap U_2$ 使得 $U\subset U_1$ 且 $U\subset U_2$). 因为 $x\in\overline{A}$,则由命题 1.2.3,对任何的 $U\in D$,必有 $U\cap A\neq\varnothing$. 于是可取 $x_U\in A\cap U$. 这样,$\{x_U\}_{U\in D}$ 便是 A 中的网,且对 x 的任何邻域 $V(V\in D)$,存在 $U_0=V$,当 $U\subset U_0$ 时,有 $x_U\in U\subset V$. 因而 $x_U\to x$.

(2) 充分性　设对一切网 $x_\alpha\to x$ 有 $f(x_\alpha)\to f(x)$. 若 f 在点 x 处不连续,则存在 $f(x)$的邻域 U,对 x 的任何邻域 V 有 $f(V)\not\subset U$,即

$$f(V)\cap U^{\mathrm{c}}\neq\varnothing.$$

取 $x_V\in V$,使 $f(x_V)\in U^{\mathrm{c}}$. 于是网 $x_V\to x$,$\{f(x_V)\}$位于闭集 U^{c} 中从而不收敛于 $f(x)$.

必要性　设 f 在点 x 处连续,网 $x_\alpha\to x$. 则对 $f(x)$的任何邻域 U,存在 x 的邻域 V,有 $f(V)\subset U$. 由于存在 α_0 使得当 $\alpha_0\prec\alpha$ 时,有 $x_\alpha\in V$,从而 $f(x_\alpha)\in U$. 这表明 $f(x_\alpha)\to f(x)$. 证毕.

设 X 是非空集,在 X 上给出一个拓扑意味着给出了一个开集族 τ,τ 可能是一个很大的集族. 因此我们希望只给出一个 τ 的子集,由它照样决定 X 上的拓扑. X 上这样的子集族称为拓扑基. 例如,$\mathbb{R}^1$ 上的拓扑是若干开区间的并,$\{(a,b): a,b\in\mathbb{R}^1,a<b\}$就是拓扑基.

定义 1.2.7

设(X,τ)是拓扑空间，$\mathfrak{B}\subset\tau$. 若τ中每个开集可表示为$\mathfrak{B}$中若干开集的并，则称$\mathfrak{B}$为(X,τ)的**拓扑基**，称τ是**由基$\mathfrak{B}$生成的拓扑**.

定理 1.2.5

设X是任意非空集. $\mathfrak{B}\subset 2^X$为X上的一个拓扑基当且仅当

(BA1) $\bigcup\limits_{B\in\mathfrak{B}} B=X$；

(BA2) 若$x\in B_1\cap B_2$，其中$B_1,B_2\in\mathfrak{B}$，则存在$B_x\in\mathfrak{B}$使$x\in B_x\subset B_1\cap B_2$.

证明 必要性 设拓扑基$\mathfrak{B}$生成X上的某拓扑τ. 由于$X\in\tau$，由定义 1.2.7，(BA1)成立. 设$x\in B_1\cap B_2$，其中$B_1,B_2\in\mathfrak{B}$. 由于$\mathfrak{B}\subset\tau$，故$B_1\cap B_2\in\tau$，由定义 1.2.7，它是$\mathfrak{B}$中若干集之并，由此推出(BA2)成立.

充分性 用τ表示所有可表示为$\mathfrak{B}$中集的并集之全体. 由$\mathfrak{B}$中 0 个集的并推出$\varnothing\in\tau$，由性质(BA1)推出$X\in\tau$，这表明(TO1)成立. 显然τ中任意多个集之并属于τ，这表明(TO3)成立. 以下只需验证(TO2). 首先，当B_1,B_2满足性质(BA2)时，有

$$B_1\cap B_2=\bigcup_{x\in B_1\cap B_2}\{x\}\subset\bigcup_{x\in B_1\cap B_2}B_x\subset B_1\cap B_2.$$

即$B_1\cap B_2=\bigcup\limits_{x\in B_1\cap B_2}B_x$. 因每个$B_x\in\mathfrak{B}$，故$B_1\cap B_2\in\tau$. 设$V_1,V_2\in\tau$，则$V_1=\bigcup\limits_{\alpha\in I}B_\alpha$，$V_2=\bigcup\limits_{\beta\in J}B_\beta$，其中$B_\alpha,B_\beta\in\mathfrak{B}$. 于是$V_1\cap V_2=\bigcup\limits_{\alpha\in I}\bigcup\limits_{\beta\in J}(B_\alpha\cap B_\beta)$. 由以上证得结果可知，每个$B_\alpha\cap B_\beta\in\tau$. 于是$V_1\cap V_2\in\tau$. 证毕.

在同一个集合上可定义不同的拓扑基，若两个拓扑基诱导出同一个拓扑，则称它们为**等价拓扑基**.

例 1.2.4 扩充实数集上，$\mathfrak{B}=\{(a,b),[-\infty,c),(d,\infty]:\ a,b,c,d\in\mathbb{R}^1\}$是拓扑基. 这是容易验证的. 扩充实数集上的拓扑规定为由$\mathfrak{B}$生成的拓扑.

对于局部情形也有类似的基的概念.

定义 1.2.8

设X是拓扑空间，$x\in X$，记$\mathcal{U}_x$为x的一切邻域的族，称为**邻域系**. 若存在子集族$\mathcal{W}_x\subset\mathcal{U}_x$使每个$U\in\mathcal{U}_x$存在$W\in\mathcal{W}_x$有$W\subset U$，则称$\mathcal{W}_x$为点$x$的**邻域基**.

易知，若$\mathfrak{B}$是拓扑空间X的拓扑基，则$B_x=\{B\in\mathfrak{B}:\ x\in B\}$是点$x$的邻域基.

有时需要在拓扑空间的子集上考虑拓扑，若该子集继承原空间的“拓扑信息”，就称为子空间. 确切地说有定义 1.2.9 和定义 1.2.10.

定义 1.2.9

设(X,τ)是拓扑空间，$A\subset X$. 令$\tau_A=\{A\cap V:\ V\in\tau\}$. 不难验证，$\tau_A$是$A$上的一个拓扑，称$\tau_A$为$\tau$在$A$的**相对拓扑**(或**诱导拓扑**)，$(A,\tau_A)$为$(X,\tau)$的子空间. τ_A中的元称为**相对开集**.

由定义 1.2.9 及开集与闭集的对偶性可知，B是A的相对闭集的充要条件是存在B_0是X的闭集使$B=B_0\cap A$.

设X,Y为拓扑空间，$A\subset X$，$f:\ X\to Y$连续. 由$(f|_A)^{-1}(V)=f^{-1}(V)\cap A$可知，

$f|_A: A \to Y$ 也是连续的.

另外注意,按上述定义,$[a,b]$作为$\mathbb{R}^1$ 的拓扑子空间,$[a,c)$,$(d,b]$,$[a,b]$也是子空间中的开集,其中 $c,d \in (a,b)$.

以下引入积拓扑空间的概念.

定义 1.2.10

设$\{(X_i,\tau_i): i\in I\}$是给定的一族拓扑空间,其中 I 是任意指标集.对积集

$$\prod_{i\in I} X_i = \left\{x \,\middle|\, \text{映射 } x: I \to \bigcup_{i\in I} X_i \text{ 使 } \forall i \in I \text{ 有 } x(i) \in X_i\right\},$$

映射 $P_i: P_i(x)=x(i)$ 为积集 $\prod\limits_{i\in I} X_i$ 到坐标集 X_i 的投影,$i\in I$.若记 $x(i)=x_i$,则 $\prod\limits_{i\in I} X_i$ 中元素 x 常记为 $x=(x_i)_{i\in I}$.显然,P_i 是满射.设 $\mathfrak{B}$ 为 $\prod\limits_{i\in I} X_i$ 的子集族,其中的元素为一切形如

$$P_i^{-1}(V_i),\quad \text{其中,}\quad V_i \in \tau_i, i \in I \text{ 的集的任意有限个之交.}$$

称以 $\mathfrak{B}$ 为基的拓扑 τ 为 $\prod\limits_{i\in I} X_i$ 上的**积拓扑**,$\left(\prod\limits_{i\in I} X_i,\tau\right)$ 称为**积拓扑空间**.

注意到 $P_i^{-1}(V_i)=V_i \times \prod\limits_{j\in I,j\neq i} X_j$ (见图 1-3),由上述定义可知,积拓扑的基就是形如 $\prod\limits_{i\in I} U_i$ 的集的全体,其中$U_i \in \tau_i$,且除了有限个i外,$U_i=X_i$.根据连续映射的定义,积拓扑是积集$\prod\limits_{i\in I} X_i$ 上使一切投影 P_i 都连续的最弱的拓扑.

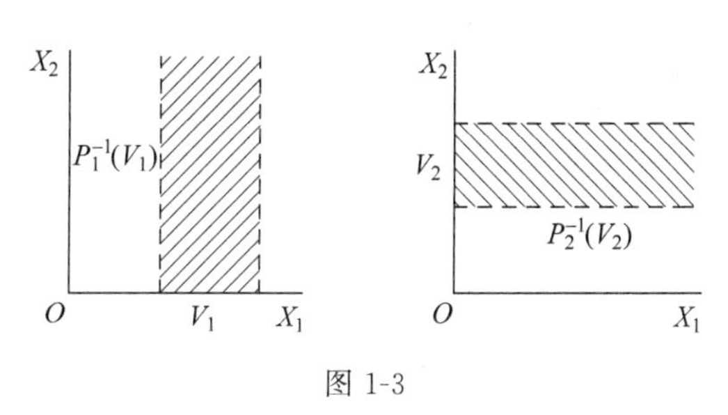

图 1-3

1.2.2　可数性公理及分离性公理

由 1.2.1 节讨论可知,一般的拓扑空间类包括离散空间与平庸空间这些性态较差的空间.本节将在一般拓扑空间的基础上加上一定的限制,使考虑的拓扑空间有较好的性态,与我们通常熟悉的空间更接近.这些限制主要分为两类:可数性公理与分离性公理.可数性公理要求拓扑空间中开集的数量不能太多,这就限制了如离散空间等极端情况,分离性公理要求拓扑空间中开集的数量不能太少,这就限制了如平庸空间等极端情况.

可数性公理有两个.

公理 A_1　拓扑空间的任一点存在可数的邻域基.

公理 A_2　拓扑空间存在可数的拓扑基.

定义 1.2.11

满足公理 A_1 的拓扑空间称为**第一可数空间**，满足公理 A_2 的拓扑空间称为**第二可数空间**.

根据拓扑基与邻域基的关系可知，第二可数空间必是第一可数的.

例 1.2.5 $\mathbb{R}^1$ 是第二可数空间. 这是因为 $\{(a,b): a,b\in\mathbb{Q}, a<b\}$ 是 $\mathbb{R}^1$ 中可数的拓扑基.

如果拓扑空间 X 是第一可数空间，则对点 $x\in X$ 处的可数的邻域基 $\{U_i\}_{i=1}^{\infty}$，令

$$V_i=U_1\cap U_2\cap\cdots\cap U_i$$

则 $\{V_i\}_{i=1}^{\infty}$ 仍是 $x\in X$ 处的可数的邻域基且满足 $V_{i+1}\subset V_i$. 于是收敛可用点列来描述. 例如，$x\in\overline{A}$ 当且仅当有点列 $\{x_n\}\subset A$ 使 $x_n\to x$. 事实上，点列作为特殊的网，当 $\{x_n\}\subset A$，$x_n\to x$ 必有 $x\in\overline{A}$；反之，若 $x\in\overline{A}$，则对 x 的邻域 V_n，$V_n\cap A\neq\varnothing$，取 $x_n\in V_n\cap A$，必有 $x_n\to x$. 收敛可用点列来描述正是第一可数空间的长处.

分离性公理主要有

T_1 公理 拓扑空间任何两个不同的点各有一个不含另一个点的邻域.

T_2 公理 拓扑空间的任何两点有不相交的邻域.

正则公理 拓扑空间的任一点与不包含该点的任一闭集有不相交的邻域.

正规公理 任意两个不相交的闭集有不相交的邻域（见图 1-4）.

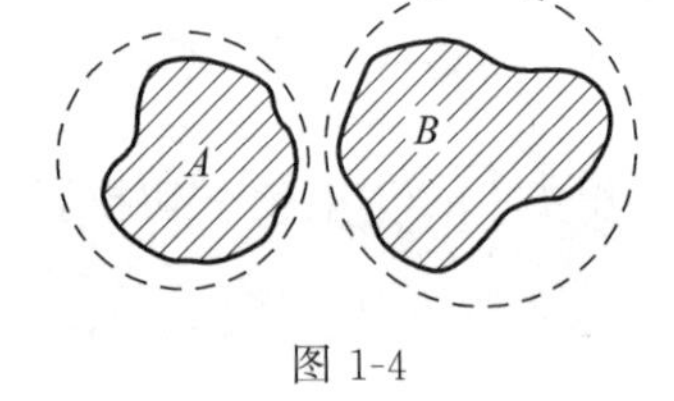

图 1-4

T_3 公理 同时满足 T_1 公理和正则公理.

T_4 公理 同时满足 T_1 公理和正规公理.

定义 1.2.12

满足 T_i 公理的拓扑空间称为 **T_i 空间**，$i=1,2,3,4$. 满足正则公理与正规公理的拓扑空间分别称为**正则空间**和**正规空间**. T_2 空间常称为 **Hausdorff 空间**.

例 1.2.6 通常的开集族构成 $\mathbb{R}^n$ 的拓扑. 易知 $\mathbb{R}^n$ 是 Hausdorff 空间. 这是因为，对任何 $x,y\in\mathbb{R}^n$，$x\neq y$，令 $2\varepsilon=\|x-y\|>0$，有 $B_\varepsilon(x)\cap B_\varepsilon(y)=\varnothing$.

定理 1.2.6

拓扑空间 X 是 T_1 空间当且仅当每一个单点集都是闭集.

证明 必要性 设 X 是 T_1 空间且 $x\in X$. 对任意 $y\in X$，$y\neq x$ ($y\notin\{x\}$)，点 y 有一个邻域 U_y 使得 $x\notin U_y$，于是 $x\in U_y^c$. 注意 U_y^c 是闭集，令 $\mathcal{F}_x$ 为含 x 的一切闭集的族，则 $\overline{\{x\}}=\bigcap\limits_{F\in\mathcal{F}_x}F\subset U_y^c$. 于是由 $y\notin U_y^c$ 得 $y\notin\overline{\{x\}}$，证得 $\overline{\{x\}}\subset\{x\}$，即 $\overline{\{x\}}=\{x\}$，因此每个单点集是闭集.

充分性 设 X 中每个单点集是闭集，$x,y\in X$ 且 $x\neq y$，则 $\{x\}^c$ 与 $\{y\}^c$ 分别是含 y 与 x 的开集，且 $x\notin\{x\}^c$，$y\notin\{y\}^c$，这表明 X 是 T_1 的. 证毕.

推论

设 $i=2,3,4$. 若 X 是 T_i 空间，则 X 也是 T_{i-1} 空间，即 $T_4\Rightarrow T_3\Rightarrow T_2\Rightarrow T_1$.

定理 1.2.7

Hausdorff 空间中的任何一个收敛网的极限唯一.

证明　设$\{x_\alpha\}_{\alpha\in D}$是Hausdorff空间$X$中的收敛网，$\lim x_\alpha=y$，$\lim x_\alpha=z$，$y\neq z$. 则存在$y$与$z$的邻域$U_y$与$U_z$使$U_y\cap U_z=\varnothing$. 于是存在$\alpha_1\in D$，当$\alpha_1\prec\alpha$有$x_\alpha\in U_y$；存在$\alpha_2\in D$，当$\alpha_2\prec\alpha$有$x_\alpha\in U_z$. 从而可取$\alpha_0\in D$使$\alpha_1\prec\alpha_0$且$\alpha_2\prec\alpha_0$，则$x_{\alpha_0}\in U_y\cap U_z$，矛盾. 故$y=z$，极限唯一. 证毕.

引理 1.2.8

设X是正规空间，A是闭集，V是开集，且$A\subset V$. 则存在开集U使

$$A\subset U\subset\overline{U}\subset V$$

证明　因为两闭集的交$A\cap V^c=\varnothing$，故由正规性，存在开集U与W使$A\subset U$，$V^c\subset W$且$U\cap W=\varnothing$. 于是$\overline{U}\subset\overline{W^c}=W^c\subset V$. 证毕.

定理 1.2.9(Urysohn 引理)

拓扑空间X是正规的充要条件是：对X中任意两个不相交闭集A和B，存在连续函数$f: X\to[0,1]$使$f(x)=\begin{cases}0, x\in A;\\1, x\in B.\end{cases}$

证明　充分性　设A,B为X的不相交的闭集. 因为存在连续函数$f: X\to[0,1]$使$f(A)=\{0\}$，$f(B)=\{1\}$，而$[0,1/4)$与$(3/4,1]$分别是$[0,1]$中的(相对)开集，故由f的连续性，$f^{-1}([0,1/4))$和$f^{-1}((3/4,1])$都是X中的开集，且显然有$A\subset f^{-1}([0,1/4))$，$B\subset f^{-1}((3/4,1])$. 又由于

$$f^{-1}([0,1/4))\cap f^{-1}((3/4,1])=f^{-1}([0,1/4)\cap(3/4,1])=\varnothing,$$

故X是正规空间.

必要性　设A,B为X的不相交的闭集. 若A,B中有一个为空集，则相应的f显然存在. 下面设$A\neq\varnothing$，$B\neq\varnothing$. 因为X正规且$X\backslash B$是包含A的开集，故由引理1.2.8知，存在包含A的开集，记作$U_{1/2}$，使得

$$A\subset U_{1/2}\subset\overline{U_{1/2}}\subset X\backslash B.$$

对于$A\subset U_{1/2}$和$\overline{U_{1/2}}\subset X\backslash B$作同样考虑，又得开集$U_{1/4}$和$U_{3/4}$使得

$$A\subset U_{1/4}\subset\overline{U_{1/4}}\subset U_{1/2}\subset\overline{U_{1/2}}\subset U_{3/4}\subset\overline{U_{3/4}}\subset X\backslash B.$$

如此继续下去，根据数学归纳法，对每个分点$t=r/2^n$ ($r\in\mathbb{Z}^+$，$1\leqslant r\leqslant 2^n-1$)，都有一个开集$U_t$，且当$t_1<t_2$时有

$$A\subset U_{t_1}\subset\overline{U_{t_1}}\subset U_{t_2}\subset\overline{U_{t_2}}\subset X\backslash B.$$

用T记一切$r/2^n$型的真分数所成之集，$\overline{T}=[0,1]$，记这些开集的族为$\{U_t: t\in T\}$. 定义$f: X\to[0,1]$如下：

$$f(x)=\begin{cases}\inf\{t: x\in U_t\}, & \{t: x\in U_t\}\neq\varnothing,\\ 1, & \{t: x\in U_t\}=\varnothing.\end{cases}\tag{1.2.1}$$

显然$f(A)=\{0\}$，$f(B)=\{1\}$. 以下只需证明f是连续的.

设$x_0\in X$，不妨设$f(x_0)\in(0,1)$(当$f(x_0)=0$或$f(x_0)=1$时，其证法类似). 设$\varepsilon\in(0,\min\{f(x_0),1-f(x_0)\})$. 则存在$t_1,t_2\in T$使

$$0<f(x_0)-\varepsilon<t_1<f(x_0)<t_2<f(x_0)+\varepsilon<1.\tag{1.2.2}$$

利用式(1.2.2)，由于$f(x_0)=\inf\{t: x_0\in U_t\}$，故$x_0\in U_{t_2}$. 现证$x_0\notin\overline{U_{t_1}}$. 否则，$x_0\in$

$\overline{U_{t_1}}$，$\forall t\in T, t>t_1$ 有 $x_0\in\overline{U_{t_1}}\subset U_t$，即有 $f(x_0)\leqslant t$，t 的任意性推出 $f(x_0)\leqslant t_1$，这与式(1.2.2)中 $f(x_0)>t_1$ 矛盾. 从而有 $U_{t_2}\setminus\overline{U_{t_1}}$ 是点 x_0 的邻域，且由式(1.2.1)与式(1.2.2)得

$x\in U_{t_2}\Rightarrow f(x)\leqslant t_2<f(x_0)+\varepsilon$，$x\not\subset\overline{U_{t_1}}\Rightarrow x\notin U_{t_1}\Rightarrow f(x)\geqslant t_1>f(x_0)-\varepsilon$，从而有

$$f(U_{t_2}\setminus\overline{U_{t_1}})\subset(f(x_0)-\varepsilon, f(x_0)+\varepsilon).$$

故 f 是连续的. 证毕.

利用平移和数乘变换(显然连续)，可将 Urysohn 引理中的闭区间[0,1]换成任意闭区间$[a,b]$，结论仍成立.

Urysohn 引理揭示了正规空间中不相交闭集可用连续函数进行分离的事实，有许多重要应用.

定理 1.2.10(Tietze 扩张定理)

设 X 是正规空间，A 是 X 的闭子集，$[a,b]$是$\mathbb{R}^1$ 的闭区间. 则任意连续映射 $f: A\to[a,b]$都可延拓成连续映射 $F: X\to[a,b]$.

证明 不妨设 $A\neq\varnothing$，否则结论已成立；且不妨设 $a=-1, b=1$，否则可用平移和数乘变换(显然连续)进行处理.

令 $A_1=f^{-1}((-\infty,-1/3])$，$B_1=f^{-1}([1/3,\infty))$. 则 $A_1\cap B_1=\varnothing$，且 A_1 与 B_1 都是 A 的闭集. 于是存在 A_1'，B_1'是 X 的闭集使 $A_1=A\cap A_1'$，$B_1=A\cap B_1'$. 这表明 A_1，B_1 也是 X 的闭集.

应用 Urysohn 引理，有连续函数 F_1 满足

$$\begin{cases}F_1: X\to[-1/3,1/3],\\ F_1(A_1)=\{-1/3\},\quad F_1(B_1)=\{1/3\}.\end{cases}$$

从而有，当 $x\in A$ 时，$|f(x)-F_1(x)|\leqslant 2/3$.

(这里，$x\in B_1$，$f(x)\in[1/3,1]$，$F_1(x)=1/3$，$|f(x)-F_1(x)|\leqslant 1-1/3$；$x\in A_1$，$f(x)\in[-1,-1/3]$，$F_1(x)=-1/3$，$|f(x)-F_1(x)|\leqslant -1/3-(-1)$；$x\in A\setminus(A_1\cup B_1)$，$f(x)$，$F_1(x)\in[-1/3,1/3]$，$|f(x)-F_1(x)|\leqslant 1/3+1/3$.)

记 $f_1=f-F_1$，令 $A_2=f_1^{-1}((-\infty,-2/3^2])$，$B_2=f_1^{-1}([2/3^2,\infty))$. 则 A_2，B_2 都是 X 的闭集且 $A_2\cap B_2=\varnothing$. 应用 Urysohn 引理，存在连续函数 F_2 满足

$$\begin{cases}F_2: X\to[-2/3^2,2/3^2],\\ F_2(A_2)=\{-2/3^2\},\quad F_2(B_2)=\{2/3^2\}.\end{cases}$$

从而当 $x\in A$ 时，有

$$|f(x)-F_1(x)-F_2(x)|=|f_1(x)-F_2(x)|\leqslant 2^2/3^2.$$

(其中，当 $x\in A_2$，B_2，$A\setminus(A_2\cup B_2)$时，$|f_1(x)-F_2(x)|$分别不超过$-2/3^2-(-2/3)$，$2/3-2/3^2$，$2/3^2+2/3^2$.)

如此继续下去，按数学归纳法，得到函数列$\{F_n\}$满足

$$\begin{cases}F_n: X\to[-2^{n-1}/3^n, 2^{n-1}/3^n],\\ \left|f(x)-\sum_{k=1}^{n}F_k(x)\right|\leqslant 2^n/3^n,\quad x\in A.\end{cases}\tag{1.2.3}$$

(其中,当 $x\in A_n, B_n, A\setminus(A_n\cup B_n)$ 时,$|f_{n-1}(x)-F_n(x)|$ 分别不超过 $-2^{n-1}/3^n-(-2^{n-1}/3^{n-1}), 2^{n-1}/3^{n-1}-2^{n-1}/3^n, 2^{n-1}/3^n+2^{n-1}/3^n$.)

令 $F(x)=\sum_{n=1}^{\infty}F_n(x)$. 则由式(1.2.3)得,当 $x\in A$ 时,$F(x)=f(x)$ 且 $|F_n(x)|\leqslant 2^{n-1}/3^n, \forall x\in X$. 而 $\sum_{n=1}^{\infty}2^{n-1}/3^n$ 收敛,故 $\sum_{n=1}^{\infty}F_n(x)$ 一致收敛于 $F(x)$,从而 $F(x)$ 在 X 上连续,并且 $|F(x)|\leqslant \sum_{n=1}^{\infty}2^{n-1}/3^n=1$. 证毕.

(阅读)对于$\mathbb{R}^n$ 中的闭方体 $\prod_{k=1}^{n}[a_k,b_k]$,利用投影映射可得 Tietze 定理的推广形式. 利用 Urysohn 引理可得 Tietze 扩张定理的逆定理.

推论

(1) 设 X 是正规空间,A 是 X 的闭子集,E 是$\mathbb{R}^n$ 的闭方体. 则任意连续映射 $f: A\to E$ 都可延拓成连续映射 $F: X\to E$.

(2) 设 X 是拓扑空间,$[a,b]$是$\mathbb{R}^1$ 的闭区间. 若对 X 中任意闭集 A 和任意连续映射 $f: A\to[a,b]$,f 都可延拓成连续映射 $F: X\to[a,b]$,则 X 是正规空间.

1.2.3 紧性与连通性

我们知道,在实数空间$\mathbb{R}^1$ 中,有界闭集上的连续函数一定取到最大值与最小值,区间上连续函数具有介值性. 连续函数之所以能有如此好的性态,其关键在于它定义在区间或有界闭集上,区间或有界闭集具有优良的特性. 有界闭集上的任何开覆盖必存在有限子覆盖(著名的 Hahn-Borel 定理). 有界闭集的这一特性在抽象空间中的类似物就是紧性. 而区间就是$\mathbb{R}^1$ 的连通子集. 紧性的条件下常可把无限个对象的讨论归结为对有限个对象的讨论,从而相应的讨论实际可行;而连通性常常是某些关键的点的存在性的保证. 这二者无疑都是十分重要的.

定义 1.2.13

设 X 是拓扑空间,$A\subset X$. 设$\mathcal{F}=\{E_\lambda: \lambda\in\Lambda\}$是 X 的某开集族,若 $\bigcup_{\lambda\in\Lambda}E_\lambda\supset A$,则称$\mathcal{F}$是 A 的**覆盖**. 若$\mathcal{F}$的子族 $\mathfrak{B}$ 覆盖 A,则称 $\mathfrak{B}$ 为 A 的关于$\mathcal{F}$的**子覆盖**. $\mathfrak{B}$ 中元的个数有限时称**有限子覆盖**.

若 A 的每个开覆盖都有有限子覆盖,则称 A 是**紧集**. 若 X 是紧的,则称 X 为**紧空间**.

若 X 的每一点 p 有邻域 U_p 使 $\overline{U_p}$ 是紧的,则称空间 X 是**局部紧**的.

例 1.2.7 每个紧空间显然是局部紧的,这是因为紧空间 X 本身是每一点的邻域. 根据 Hahn-Borel 定理,$\mathbb{R}^n$ 中的有界闭集是紧集. 由于$\mathbb{R}^n$ 中闭球 $B_\varepsilon[x]=\overline{B_\varepsilon(x)}$是紧集,故$\mathbb{R}^n$是局部紧的.

根据开集与闭集的对偶关系,也可用闭集来刻画紧性.

定义 1.2.14

设$\mathcal{A}$是集 A 的一个子集族,若$\mathcal{A}$的每个有限子族的交集非空,则称子集族$\mathcal{A}$具有**有限交性质**.

定理 1.2.11

设 X 是拓扑空间，$A\subset X$. 则 A 是紧的当且仅当 A 的每个具有有限交性质的闭子集族都有非空的交.

证明 充分性 设$\mathcal{F}=\{V_\lambda:\lambda\in\Lambda\}$是 A 的任一开覆盖，则

$$\mathcal{A}=\{V_\lambda^c\cap A:\lambda\in\Lambda\}$$

是 A 的闭子集族，且其交

$$\bigcap_{\lambda\in\Lambda}[V_\lambda^c\cap A]=\Big(\bigcup_{\lambda\in\Lambda}V_\lambda\Big)^c\cap A=\varnothing.$$

于是$\mathcal{A}$不具有有限交性质. 从而必存在 $V_{\lambda_1},V_{\lambda_2},\cdots,V_{\lambda_n}\in\mathcal{F}$使得

$$\bigcap_{i=1}^{n}[V_{\lambda_i}^c\cap A]=\Big(\bigcup_{i=1}^{n}V_{\lambda_i}\Big)^c\cap A=\varnothing.$$

这表明 $A\subset\bigcup_{i=1}^{n}V_{\lambda_i}$，$\{V_{\lambda_1},V_{\lambda_2},\cdots,V_{\lambda_n}\}$是 A 的关于$\mathcal{F}$的有限子覆盖，证得 A 是紧的.

必要性 $\mathcal{A}=\{B_\lambda\cap A:\lambda\in\Lambda\}$是 A 的任一具有有限交性质的闭集族，其中 $\mathfrak{B}=\{B_\lambda:\lambda\in\Lambda\}$是 X 的闭集族. 假设$\mathcal{A}$的交为空，即

$$\Big(\bigcap_{\lambda\in\Lambda}B_\lambda\Big)\cap A=\bigcap_{\lambda\in\Lambda}(B_\lambda\cap A)=\varnothing.$$

则 $A\subset\Big(\bigcap_{\lambda\in\Lambda}B_\lambda\Big)^c=\bigcup_{\lambda\in\Lambda}B_\lambda^c$，但 A 是紧的，故 $\exists\,\lambda_1,\lambda_2,\cdots,\lambda_n\in\Lambda$ 使

$$A\subset\bigcup_{i=1}^{n}B_{\lambda_i}^c=\Big(\bigcap_{i=1}^{n}B_{\lambda_i}\Big)^c,$$

即 $\bigcap_{i=1}^{n}[B_{\lambda_i}\cap A]=A\cap\Big(\bigcap_{i=1}^{n}B_{\lambda_i}\Big)=\varnothing$，与$\mathcal{A}$具有有限交性质矛盾. 故$\mathcal{A}$的交非空. 证毕.

定理 1.2.12

拓扑空间中紧集的闭子集是紧的.

证明 设 X 是拓扑空间，K 为 X 的紧集，$F\subset K$ 为闭集. 设$\{V_\lambda:\lambda\in\Lambda\}$是 F 的任一开覆盖. 则$\{F^c\}\cup\{V_\lambda:\lambda\in\Lambda\}$是 X 的开覆盖，从而覆盖 K. 由于 K 是紧的，故存在有限子族 $\{V_{\lambda_i}\}_{i=1}^n$ 使 $K\subset F^c\cup\Big(\bigcup_{i=1}^{n}V_{\lambda_i}\Big)$，于是 $F\subset\bigcup_{i=1}^{n}V_{\lambda_i}$，因此 F 是紧的. 证毕.

定理 1.2.13

设 X 是 Hausdorff 拓扑空间，K 是紧集且点 $p\notin K$. 则存在开集 U 与 W 使 $p\in U$，$K\subset W$ 且 $U\cap W=\varnothing$.

证明 设 $q\in K$ 为任一点. 因 X 是 Hausdorff 空间，故存在开集 U_q 与 V_q 使 $p\in U_q$，$q\in V_q$ 且 $U_q\cap V_q=\varnothing$. 因 K 是紧的且 $K\subset\bigcup_{q\in K}V_q$，故存在点 $q_1,q_2,\cdots,q_n\in K$ 使 $K\subset\bigcup_{i=1}^{n}V_{q_i}$. 令 $U=\bigcap_{i=1}^{n}U_{q_i}$，$W=\bigcup_{i=1}^{n}V_{q_i}$. 则 $p\in U$，$K\subset W$ 且 $U\cap W=\varnothing$. 证毕.

推论

Hausdorff 空间的紧子集是闭集.

证明　设 K 是 Hausdorff 空间 X 的紧子集，$p\in K^c$. 则存在开集 U_p 与开集 W 使 $p\in U_p$，$K\subset W$，$U_p\cap W=\varnothing$. 于是 $p\in U_p\subset W^c\subset K^c$，且

$$K^c=\bigcup_{p\in K^c}\{p\}\subset\bigcup_{p\in K^c}U_p\subset K^c.$$

表明 $K^c=\bigcup_{p\in K^c}U_p$，即 K^c 是开集. 从而 K 是闭集.

定理 1.2.14

设 X 是紧空间，映射 $f: X\to Y$ 连续，则 $f(X)$ 是 Y 的紧集.

证明　设 $\{V_\lambda: \lambda\in\Lambda\}$ 是 $f(X)$ 的任一开覆盖，则

$$\bigcup_{\lambda\in\Lambda}f^{-1}(V_\lambda)=f^{-1}\left(\bigcup_{\lambda\in\Lambda}V_\lambda\right)\supset f^{-1}(f(X))\supset X.$$

因为 f 连续，故 $\{f^{-1}(V_\lambda): \lambda\in\Lambda\}$ 是 X 的开覆盖. X 是紧的推出存在 $\lambda_1,\lambda_2,\cdots,\lambda_n\in\Lambda$ 使 $\{f^{-1}(V_{\lambda_i})\}_{i=1}^n$ 是 X 的覆盖. 于是

$$\bigcup_{i=1}^n V_{\lambda_i}\supset f\circ f^{-1}\left(\bigcup_{i=1}^n V_{\lambda_i}\right)=f\left[\bigcup_{i=1}^n f^{-1}(V_{\lambda_i})\right]\supset f(X).$$

这表明 $f(X)$ 是紧的.

推论

设 X 是拓扑空间，$A\subset X$ 是紧集，$f: A\to\mathbb{R}^1$ 连续，则 f 在 A 上取得最大值与最小值.

证明　当 $B\subset\mathbb{R}^1$ 是紧集时，B 必是有界的. 事实上，$\{(-n,n): n\in\mathbb{Z}^+\}$ 显然是 B 的开覆盖，它有有限子覆盖，这推出 B 有界.

由定理 1.2.14，$f(A)$ 是 $\mathbb{R}^1$ 中紧集，$\mathbb{R}^1$ 是 Hausdorff 空间，故 $f(A)$ 是闭集. 由上证，$f(A)$ 也是有界的. 设 $L=\inf f(A)$，$M=\sup f(A)$. 则 $\forall n\in\mathbb{Z}^+$，$\exists b_n\in f(A)$，$a_n\in f(A)$ 使

$$L\leqslant b_n<L+\frac{1}{n},\quad M-\frac{1}{n}<a_n\leqslant M.$$

令 $n\to\infty$ 得 $b_n\to L$，$a_n\to M$. 由于 $f(A)$ 是 $\mathbb{R}^1$ 中的闭集，故 $L\in f(A)$，$M\in f(A)$. 表明 f 取得最小值与最大值. 证毕.

定理 1.2.15

设 X 是局部紧 Hausdorff 空间，$K\subset U$，其中 U 为开集，K 为紧集. 则存在具有紧闭包的开集 V 使 $K\subset V\subset\overline{V}\subset U$.

证明　设 $x\in K$ 为任一点. 由于 X 是局部紧的，存在 V_x 为开集使 $x\in V_x$ 且 $\overline{V_x}$ 是紧的. 于是 $K\subset\bigcup_{x\in K}V_x$. 由于 K 是紧的，故存在 $x_1,x_2,\cdots,x_n\in K$ 使 $K\subset\bigcup_{i=1}^n V_{x_i}$. 记 $G=\bigcup_{i=1}^n V_{x_i}$，则 $\overline{G}\subset\bigcup_{i=1}^n\overline{V_{x_i}}$，注意 $\bigcup_{i=1}^n\overline{V_{x_i}}$ 是紧集，由定理 1.2.12 可知，$\overline{G}$ 是紧的. 因此

$$G\text{ 是开的，}\quad\overline{G}\text{ 是紧的且 }K\subset G.\tag{1.2.4}$$

(1) $U=X$. 则令 $V=G$. 由式(1.2.4)得 $K\subset V\subset\overline{V}\subset U$.

(2) $U\neq X$. 则 U^c 为非空闭集且 $U^c\subset K^c$. 注意到 X 是 Hausdorff 空间，对 $p\in U^c$ 及 K，应用定理 1.2.13，有开集 W_p 及 U_p 使 $p\in U_p$，$K\subset W_p$，且 $U_p\cap W_p=\varnothing$. 由

$W_p \subset U_p^c$ 得 $\overline{W_p} \subset U_p^c$，从而 $p \notin \overline{W_p}$. 于是

$$U^c \subset \bigcup_{p \in U^c} U_p \subset \bigcup_{p \in U^c} \overline{W}_p^c = \left(\bigcap_{p \in U^c} \overline{W_p} \right)^c.$$

即

$$U^c \cap \bigcap_{p \in U^c} \overline{W_p} = \varnothing. \tag{1.2.5}$$

注意到$\{\bar{G} \cap U^c \cap \overline{W_p} : p \in U^c\}$是紧集 $\bar{G}$ 中的闭子集族，由式(1.2.5)可知其交为空集. 由定理 1.2.11 可知它不具有有限交性质. 存在 $p_1, p_2, \cdots, p_k \in U^c$ 使

$$U^c \cap \bar{G} \cap \overline{W}_{p_1} \cap \cdots \cap \overline{W}_{p_k} = \varnothing. \tag{1.2.6}$$

令 $V = G \cap W_{p_1} \cap \cdots \cap W_{p_k}$，则 V 是开集. 因为 $\bar{V} \subset \bar{G}$，$\bar{G}$ 是紧的，故 $\bar{V}$ 是紧的. 由式(1.2.4)，有 $K \subset G$；又因 $K \subset W_p (\forall p \in U^c)$，故 $K \subset V$. 由式(1.2.6)，得

$$\bar{V} \subset \bar{G} \cap \overline{W}_{p_1} \cap \cdots \cap \overline{W}_{p_k} \subset U.$$

证毕.

定理 1.2.16（Urysohn 引理）

设 X 是局部紧的 Hausdorff 空间，V 是开集，K 是紧集且 $K \subset V$. 则存在 $f: X \to [0,1]$ 使 $f(K) = \{1\}$，$f(V^c) = \{0\}$.

证明 完全类似于定理 1.2.9 的证明，只要应用定理 1.2.15 代替应用引理 1.2.8，可得到连续函数 $g: X \to [0,1]$，$g(K) = \{0\}$，$g(V^c) = \{1\}$. 最后令 $f(x) = 1 - g(x)$ 得证.

定理 1.2.17（Tietze 扩张定理）

设 X 是局部紧的 Hausdorff 空间，A 是 X 的紧子集，$[a,b]$是$\mathbb{R}^1$ 的闭区间，则任意连续映射 $f: A \to [a,b]$都可延拓成连续映射 $F: X \to [a,b]$.

证明 完全类似于定理 1.2.10 的证明，只要注意紧集的闭子集是紧的这一事实. 从略.

关于积的紧性，有下列著名的 Tychonoff 定理.

定理 1.2.18（Tychonoff 定理）

设$\{X_\lambda : \lambda \in \Lambda\}$是一族紧空间，则其积空间 $\prod_{\lambda \in \Lambda} X_\lambda$ 也是紧的.

证明 设$\mathcal{F}$是由 $\prod_{\lambda \in \Lambda} X_\lambda$ 中的子集组成的具有有限交性质的集族，下证 $\bigcap_{B \in \mathcal{F}} \bar{B} \neq \varnothing$. 设

$\Gamma = \{\mathcal{A}: \mathcal{F} \subset \mathcal{A}, \mathcal{A}$是 $\prod_{\lambda \in \Lambda} X_\lambda$ 中的子集组成的具有有限交性质的集族$\}$.

Γ 按包含关系偏序化. 设 Γ_0 是 Γ 中的任意的全序子族，令$\mathcal{D} = \bigcup_{\mathcal{A} \in \Gamma_0} \mathcal{A}$. 显然$\mathcal{F} \subset \mathcal{D}$，且 $\forall \mathcal{A} \in \Gamma_0$ 有 $\mathcal{A} \subset \mathcal{D}$. 对 $n \in \mathbb{Z}^+$，$D_j \in \mathcal{D} (j = 1, 2, \cdots, n)$，$\exists\ \mathcal{A}_j \in \Gamma_0$ 使 $D_j \in \mathcal{A}_j$，因而有 $\{\mathcal{A}_1, \mathcal{A}_2, \cdots, \mathcal{A}_n\} \subset \Gamma_0$，$\Gamma_0$ 是全序的推出 $\exists k (1 \leqslant k \leqslant n)$使$\mathcal{A}_j \subset \mathcal{A}_k (j = 1, 2, \cdots, n)$，于是 $D_j \in \mathcal{A}_k (j = 1, 2, \cdots, n)$. 由于$\mathcal{A}_k$具有有限交性质，故 $\bigcap_{j=1}^{n} D_j \neq \varnothing$. 这样，$\mathcal{D}$具有有限交性质，$\mathcal{D} \in \Gamma$，从而$\mathcal{D}$是 Γ_0 的上界.

利用 Zorn 引理，在 Γ 中存在一个包含$\mathcal{F}$的具有有限交性质的极大元$\mathcal{B}$. 设 P_λ 是从

$\prod_{\lambda\in\Lambda} X_\lambda$ 到 X_λ 的投影. 因为$\mathcal{B}$具有有限交性质,故$\{P_\lambda(B):B\in\mathcal{B}\}$也具有有限交性质,从而$\{\overline{P_\lambda(B)}:B\in\mathcal{B}\}$是具有有限交性质的闭集族. 由 X_λ 的紧性,可取到 $x_\lambda\in\bigcap_{B\in\mathcal{B}}\overline{P_\lambda(B)}$. 则 $x=(x_\lambda)_{\lambda\in\Lambda}\in\prod_{\lambda\in\Lambda}X_\lambda$.

对任意$\lambda\in\Lambda$,考察 $P_\lambda^{-1}(U_\lambda)$,其中 U_λ 是 x_λ 的任意邻域. 对任意 $B\in\mathcal{B}$,由于 $x_\lambda\in\overline{P_\lambda(B)}$,有 $U_\lambda\cap P_\lambda(B)\neq\varnothing$,即 $\exists y\in B$ 使 $y_\lambda=P_\lambda(y)\in U_\lambda$. 由于 $P_\lambda^{-1}(U_\lambda)=U_\lambda\times\prod_{\alpha\in\Lambda,\alpha\neq\lambda}X_\alpha$,故 $y\in P_\lambda^{-1}(U_\lambda)\cap B$. 因此 $P_\lambda^{-1}(U_\lambda)\cap B\neq\varnothing$, $\forall B\in\mathcal{B}$. 这表明$\mathcal{A}_0=\mathcal{B}\cup\{P_\lambda^{-1}(U_\lambda)\}$也具有有限交性质. 由$\mathcal{B}$的极大性可知$\mathcal{A}_0=\mathcal{B}$,即有 $P_\lambda^{-1}(U_\lambda)\in\mathcal{B}$. 再设任意有限个形如 $P_\lambda^{-1}(U_\lambda)$的集合的交集为 V_0. 易知$\mathcal{B}\cup\{V_0\}$仍具有有限交性质,由$\mathcal{B}$的极大性推出 $V_0\in\mathcal{B}$. 由积拓扑的定义可知, x 的任一邻域必定包含某有限个形如 $P_\lambda^{-1}(U_\lambda)$的集合之交,从而同理可得 x 的任一邻域属于$\mathcal{B}$. 这表明 x 的任一邻域与一切 $B\in\mathcal{B}$的交非空,$x\in\bar{B}$. 因此 $x\in\bigcap_{B\in\mathcal{B}}\bar{B}\subset\bigcap_{B\in\mathcal{F}}\bar{B}$, $\bigcap_{B\in\mathcal{F}}\bar{B}\neq\varnothing$. 由此按定理 1.2.11 便可断言 $\prod_{\lambda\in\Lambda}X_\lambda$ 是紧的. 证毕.

现在讨论拓扑空间的连通性.

定义 1.2.15

设 X 是拓扑空间,若子集 A 与 B 满足$(A\cap\bar{B})\cup(\bar{A}\cap B)=\varnothing$,则称 **$A$ 与 B 是隔离的**. 若 X 是两个非空隔离子集的并,则称 X 是**不连通**的,否则称 X 是**连通空间**. 设 $E\subset X$,若 E 作为子空间是连通空间,则称 E 是 X 的**连通子集**(约定$\varnothing$是连通的).

例 1.2.8 设 $a,b,c\in\mathbb{R}^1$, $a<b<c$. 则$\mathbb{R}^1$ 中子集(a,b)与(b,c)是隔离的,而$(a,b]$与(b,c)不是隔离的. 容易验证,$\mathbb{R}^1$ 中至少含两个点的子集 E 是连通的当且仅当 E 是一个区间.

定理 1.2.19

设 X 是拓扑空间,$X=A\cup B$. 则 X 不连通当且仅当 A 与 B 是互不相交的,且都是 X 的非空的既开且闭的子集.

证明 充分性 因为 A 与 B 都是非空的闭集,互不相交,故

$$(A\cap\bar{B})\cup(\bar{A}\cap B)=A\cap B=\varnothing.$$

这表明 A 与 B 是隔离的,因此 X 不连通.

必要性 设 $X=A\cup B$ 不连通,A 与 B 是非空的隔离的. 则 $A\cap\bar{B}=\varnothing$且 $\bar{A}\cap B=\varnothing$. 由此得 $A\cap B=\varnothing$,且

$$\bar{A}=(A\cup B)\cap\bar{A}=(A\cap\bar{A})\cup(B\cap\bar{A})=A,\quad \bar{B}=B. \tag{1.2.7}$$

由式(1.2.7)可知 A 与 B 都是闭集,由 $A=B^c$, $B=A^c$ 知 A 与 B 都是开集. 证毕.

定理 1.2.20

设(X,τ)是拓扑空间,$E\subset X$, $A,B\subset E$. 则 A,B 是(X,τ)的隔离子集当且仅当 A,B 是(E,τ_E)的隔离子集,其中 $\tau_E=\{V\cap E:V\in\tau\}$.

证明 以 $\mathrm{cl}(A)$, $\mathrm{cl}(B)$分别记 A,B 在(E,τ_E)中的闭包. 由于 D 是相对闭集当且仅当存在 X 的闭集 Y 使 $D=Y\cap E$, $\bar{A}$ 是包含 A 的最小闭集,故 $\bar{A}\cap E$ 是 E 中包含 A 的最小相

对闭集，从而 $\mathrm{cl}(A)=\overline{A}\cap E$；同理，$\mathrm{cl}(B)=\overline{B}\cap E$. 注意到 $A,B\subset E$，有 $\overline{A}\cap B\subset E$，$\overline{B}\cap A\subset E$. 于是由

$$\begin{aligned}[\mathrm{cl}(A)\cap B]\cup[\mathrm{cl}(B)\cap A]&=(\overline{A}\cap E\cap B)\cup(\overline{B}\cap E\cap A)\\&=(\overline{A}\cap B)\cup(\overline{B}\cap A)\end{aligned}$$

可知结论成立. 证毕.

推论

E 是拓扑空间 X 的子集，$E=A\cup B$，则 E 不连通当且仅当 A 与 B 是互不相交的且都是 E 的非空的（相对）既开且闭的子集.

定理 1.2.21

设 E 是拓扑空间 X 的连通子集，$E\subset F\subset\overline{E}$，则 F 也是连通子集.

证明 假设 F 不连通，则由定理 1.2.20 可知，$F=A\cup B$，且 A 与 B 都是 X 的非空的隔离子集. 于是 $E=E\cap F=(E\cap A)\cup(E\cap B)$，而由

$$\begin{aligned}&[(E\cap A)\cap\overline{(E\cap B)}]\cup[(E\cap B)\cap\overline{(E\cap A)}]\\&\subset[E\cap A\cap\overline{B}]\cup[E\cap B\cap\overline{A}]=E\cap[(A\cap\overline{B})\cup(B\cap\overline{A})]=\varnothing,\end{aligned}$$

可知 $E\cap A$ 与 $E\cap B$ 都是 E 的隔离子集. 但 E 是连通的，由此推出 $E\cap A$ 与 $E\cap B$ 至少有一为空集，不妨设 $E\cap B=\varnothing$，则 $E=E\cap A$，即 $E\subset A$. 于是 $\overline{E}\subset\overline{A}$. 由于 $F\subset\overline{E}$，故 $F\subset\overline{A}$，从而 $B=B\cap F\subset B\cap\overline{A}=\varnothing$，与 $B\neq\varnothing$ 矛盾. 证毕.

定理 1.2.22

设 X,Y 是拓扑空间且 X 是连通的，$f: X\to Y$ 连续，则 $f(X)$ 是 Y 的连通子集.

证明 假设 $f(X)$ 不连通，则由定理 1.2.20 可知，存在 Y 的非空隔离子集 A 和 B 使 $f(X)=A\cup B$. 于是 $f^{-1}(A)$ 和 $f^{-1}(B)$ 是 X 的非空子集. 由 f 连续可知 $f^{-1}(\overline{A})$ 与 $f^{-1}(\overline{B})$ 是闭的. 于是

$$\begin{aligned}&[f^{-1}(A)\cap\overline{f^{-1}(B)}]\cup[\overline{f^{-1}(A)}\cap f^{-1}(B)]\\&\subset[f^{-1}(A)\cap f^{-1}(\overline{B})]\cup[f^{-1}(\overline{A})\cap f^{-1}(B)]\\&=f^{-1}((A\cap\overline{B})\cup(\overline{A}\cap B))=\varnothing.\end{aligned}$$

这表明 $f^{-1}(A)$ 与 $f^{-1}(B)$ 是隔离的，此外，

$$f^{-1}(A)\cup f^{-1}(B)=f^{-1}(A\cup B)=f^{-1}(f(X))=X.$$

这说明 X 不连通，矛盾. 由此得到 $f(X)$ 是连通的. 证毕.

推论（介值定理）

设 X 是连通空间，$f: X\to\mathbb{R}^1$ 连续，$a,b\in f(X)$，且 $a<b$. 则对任意 $\eta\in(a,b)$，存在 $x\in X$ 使 $f(x)=\eta$.

证明 因 $f(X)$ 是 $\mathbb{R}^1$ 的连通子集且 $a,b\in f(X)$，故 $f(X)$ 是一个区间，$(a,b)\subset f(X)$. 于是存在 $x\in X$ 使 $f(x)=\eta$. 证毕.

定义 1.2.16

称拓扑空间 X 的非空子集 A 为 X 的一个**连通分支（或连通区）**，如果 A 是连通子集，且 A 不是 X 的任何连通子集的真子集.

可见，连通子集要成为连通分支，必须要在定义 1.2.16 的意义下达到极大.

容易证明，拓扑空间 X 的任一非空连通子集必含于唯一的一个连通分支中，X 可分解

为若干互不相交的连通分支的并集，连通空间就是连通分支数目不超过一个的拓扑空间.

定理 1.2.23

拓扑空间的连通分支必是闭集.

证明　设 A 是 X 的连通分支，则 $\overline{A}$ 亦是 X 的连通集. 但 $A\subset\overline{A}$，由连通分支的极大性就知 $A=\overline{A}$，所以 A 是闭集. 证毕.

定义 1.2.17

设 X 是拓扑空间，p,q 为 X 中两点，映射 $\Gamma:[0,1]\to X$ 若满足

$$\Gamma \text{ 连续}, \quad \text{且} \quad \Gamma(0)=p, \quad \Gamma(1)=q.$$

则称 Γ 为从 p 到 q 的**道路**，p 与 q 称为道路 Γ 的始点与终点.

设 X 是拓扑空间，$E\subset X$. 若对 E 中的任何两点 x,y 都可用 E 中的一条从 x 到 y 的道路连接，则称 E 是**道路连通**的.

定理 1.2.24

设 X,Y 是两个拓扑空间，其中 X 是道路连通的. 若 $f: X\to Y$ 连续，则 $f(X)$ 道路连通.

证明　设 $y_1,y_2\in f(X)$. 则存在 $x_1,x_2\in X$ 使 $f(x_1)=y_1, f(x_2)=y_2$. 因为 X 道路连通，故存在连续映射 $\Gamma:[0,1]\to X$，使 $\Gamma(0)=x_1, \Gamma(1)=x_2$. 于是，由于 f 是连续的，故复合映射 $f\circ\Gamma:[0,1]\to f(X)$ 连续，且 $f\circ\Gamma(0)=y_1, f\circ\Gamma(1)=y_2$，$f\circ\Gamma$ 就是 $f(X)$ 中连接 y_1 与 y_2 的道路. 证毕.

定理 1.2.25

若 E 是拓扑空间 X 中的道路连通子集，则 E 必是连通的.

证明　假设 E 是不连通的，则由定理 1.2.20 知，存在 X 的非空隔离子集 A 和 B 使 $E=A\cup B$. 设 $\Gamma:[0,1]\to E$ 为任意连续映射（Γ 为 E 中任意的道路），记 $F=\Gamma([0,1])$，则由定理 1.2.22 知 F 是连通子集. 由 $E=A\cup B$ 得 $F=(A\cap F)\cup(B\cap F)$，$A\cap F$ 与 $B\cap F$ 是隔离的. 于是 $A\cap F$ 与 $B\cap F$ 必有一个是空集. 所以，E 中不存在从 A 的一个点到 B 的一个点的道路，E 不是道路连通的，矛盾. 证毕.

例 1.2.9　（阅读）考虑设$\mathbb{R}^2$ 中子集 $A=\{(x,y)\mid 0\leqslant x\leqslant 1, y=x/n, n\in\mathbb{Z}^+\}$（所谓的梳子空间）与 $B=\{(x,0)\mid 1/2\leqslant x\leqslant 1\}$. A 和 B 都是道路连通的，因而都是连通的. 由 $A\subset A\cup B\subset\overline{A}$ 知 $A\cup B$ 连通. 但 $A\cup B$ 显然不是道路连通的，因为不存在从 A 中任一点到 B 中任一点的道路.

容易验证下列的粘接引理.

定理 1.2.26（粘接引理）

设 X,Y 是拓扑空间，A_1,A_2 是 X 中的两个开集（两个闭集），$X=A_1\cup A_2$，映射 $f_i: A_i\to Y$ 连续（$i=1,2$）且满足 $f_1|_{A_1\cap A_2}=f_2|_{A_1\cap A_2}$. 定义 $f: X\to Y$ 使 $f(x)=\begin{cases} f_1(x), & x\in A_1, \\ f_2(x), & x\in A_2, \end{cases}$ 则 f 是连续映射.

定理 1.2.27

$\mathbb{R}^n$ 中任何连通开集都是道路连通的.

证明　（阅读）易知$\mathbb{R}^n$ 中任何开球 $B_\varepsilon(x)$（$x\in\mathbb{R}^n, \varepsilon>0$）都是道路连通的. 设 V 是$\mathbb{R}^n$ 中的连通开集，不妨设 $V\neq\varnothing$. 设 A 是 V 中的某个道路连通分支（A 道路连通的，且具有极

大性:A 不是任何道路连通集的真子集). 先指出 A 必是开集. 对 $\forall x\in A\subset V$,由 V 是开集知 $\exists\varepsilon>0$ 使 $B_\varepsilon(x)\subset V$. 由于 $A\cap B_\varepsilon(x)\neq\varnothing$,$A$ 与 $B_\varepsilon(x)$都是道路连通的,利用粘接引理易知 $A\cup B_\varepsilon(x)$道路连通,从而由 A 的极大性知 $A=A\cup B_\varepsilon(x)$,即 $B_\varepsilon(x)\subset A$,$A$ 是开集. 设$\mathcal{B}$是 V 中所有道路连通分支组成的集族,则 $V=\bigcup\{B: B\in\mathcal{B}\}$. 由前证可知$\mathcal{B}$中每个元都是非空开集. 取定 $B_0\in\mathcal{B}$,令 $V_0=\bigcup\{B: B\in\mathcal{B},B\neq B_0\}$. 则 V_0 也是开集,$B_0\cap V_0=\varnothing$,$V=B_0\cup V_0$(且易知 B_0 与 V_0 都是 V 的相对闭集). 但 V 是连通的,必有 $V_0=\varnothing$. 因此 $V=B_0$,从而 V 是道路连通的. 证毕.

1.3 测度空间

集合测度作为通常曲线长度、曲面面积、立体体积(都是非负函数的 Riemann 积分)等几何度量概念的抽象,必须适合"逐次分割"的要求,因而其最本质的性质是可数可加性. 相关的概念是对可求测度的集合所具有性质的刻画,必须要求可数个集合的并、交、差、余仍可求测度,这就是所谓的可测空间概念. 本节仍采用公理化方法阐述这些概念的基本内涵.

1.3.1 可测空间与可测映射

定义 1.3.1

非空集 X 的子集族 $\mathfrak{M}$ 称为 X 上的一个 σ-**代数**,若 $\mathfrak{M}$ 满足

(ME1) $X\in\mathfrak{M}$;

(ME2) 若 $A\in\mathfrak{M}$,则 $A^c\in\mathfrak{M}$;

(ME3) 若$\{A_n\}_{n=1}^\infty\subset\mathfrak{M}$,则 $\bigcup\limits_{n=1}^\infty A_n\in\mathfrak{M}$.

若 $\mathfrak{M}$ 是 X 上的σ-代数,则 X 称为**可测空间**. 有时为了明确起见,记为$(X,\mathfrak{M})$. $\mathfrak{M}$ 中的元素称为**可测集**.

定义 1.3.1 中使用符号σ 的原因是(ME3)中要求对 $\mathfrak{M}$ 的元素的可数并封闭. σ-代数也称为 σ-**环**. 若将(ME3)修改为对有限并封闭,则 $\mathfrak{M}$ 相应地称为**集代数**或**集环**.

将定义 1.3.1 与后面定义 1.3.7 相联系,所谓可测,通俗地说就是指可以计算测度.

例 1.3.1 设 X 是任意非空集,则 X 上至少有两个σ-代数:$\mathfrak{M}_1=\{X,\varnothing\}$,$\mathfrak{M}_2=2^X$,分别称为平庸的$\sigma$-代数与离散的$\sigma$-代数.

例 1.3.2 设 $X=\{a,b,c\}$是三元素集,令

$$\mathfrak{M}=\{X,\varnothing,\{a\},\{b,c\}\},\quad \mathcal{F}=\{X,\varnothing,\{a\},\{a,b\}\}.$$

则 $\mathfrak{M}$ 是σ-代数,而$\mathcal{F}$不是σ-代数.

命题 1.3.1

设 $\mathfrak{M}$ 是集 X 上的σ-代数,则

(1) $\varnothing\in\mathfrak{M}$;

(2) 若$\{A_n\}_{n=1}^\infty\subset\mathfrak{M}$,则$\bigcap\limits_{n=1}^\infty A_n\in\mathfrak{M}$;

(3) 若 $A_i\in\mathfrak{M}(1\leqslant i\leqslant n)$,则 $\bigcup\limits_{i=1}^n A_i\in\mathfrak{M}$,$\bigcap\limits_{i=1}^n A_i\in\mathfrak{M}$;

(4) 若 $A,B\in\mathfrak{M}$,则 $A\backslash B\in\mathfrak{M}$.

证明 按定义 1.3.1,因为$\varnothing=X^{c}$,故由(ME1)与(ME2)得到命题 1.3.1(1). 因为$\bigcap\limits_{n=1}^{\infty}A_n=\left(\bigcup\limits_{n=1}^{\infty}A_n^{c}\right)^{c}$,故由(ME2)与(ME3)得到命题 1.3.1(2). 在(ME3)中取 $A_{n+1}=A_{n+2}=\cdots=\varnothing$,在命题 1.3.1(2)中取 $A_{n+1}=A_{n+2}=\cdots=X$,得到命题 1.3.1(3). 因为 $A\backslash B=A\cap B^{c}$,故由(ME2)与命题 1.3.1(3)得到命题 1.3.1(4). 证毕.

由命题 1.3.1 可知,所谓σ-代数就是指这样的集族,在其中至多可数个集的并、交、差、余运算封闭,即集的这些运算的结果都是可测集.

例 1.3.3 设 X 是非空有限集. 则 X 上的σ-代数必是 X 上的拓扑. 反之不真. 因为拓扑只要求交与并运算封闭,不要求余运算封闭. 例如,例 1.3.2 中$\mathcal{F}$是拓扑,但不是σ-代数. 当 X 是无限集时,X 上的σ-代数未必是 X 上的拓扑. 因为在σ-代数中并不要求对任意多个集的并运算封闭.

命题 1.3.2

$\mathfrak{M}$ 是集 X 上的集代数当且仅当 $\mathfrak{M}$ 满足

(ME1) $X\in\mathfrak{M}$;

(ME2) 若 $A,B\in\mathfrak{M}$,则 $A\backslash B\in\mathfrak{M}$.

验证是容易的.

定义 1.3.2

设$(X,\mathfrak{M}_X)$是可测空间,(Y,τ_Y)是拓扑空间,$f: X\to Y$ 是映射,若对每个 $V\in\tau_Y$,有 $f^{-1}(V)\in\mathfrak{M}_X$,则称 f **是可测的.**

按定义 1.3.2,f 是可测的映射意指每个开集的逆像是可测集.

例 1.3.4 设 X 是可测空间,$E\subset X$. 则特征函数 χ_E 可测当且仅当 E 可测. 这是因为对$\mathbb{R}^1$ 中的任意开集 V,有

$$\chi_E^{-1}(V)=\begin{cases}X, & \text{当 } 0\in V \text{ 时}, \quad 1\in V;\\ E, & \text{当 } 0\notin V \text{ 时}, \quad 1\in V;\\ E^{c}, & \text{当 } 0\in V \text{ 时}, \quad 1\notin V;\\ \varnothing, & \text{当 } 0\notin V \text{ 时}, \quad 1\notin V.\end{cases}$$

命题 1.3.3

$f: X\to Y$ 为可测映射,当且仅当对任意 $E^{c}\in\tau_Y$,$f^{-1}(E)\in\mathfrak{M}_X$,即每个闭集的逆像是可测集.

证明 因为$[f^{-1}(E)]^{c}=f^{-1}(E^{c})\in\mathfrak{M}_X$,利用(ME2)得证.

映射可测的概念从本质上说反映了测度计算与积分计算的要求. 我们知道,若函数 $f: X\to\mathbb{R}^1(y=f(x))$可测,则集合

$$\begin{aligned}\{x: a<f(x)\leqslant b\}&=f^{-1}((a,\infty)\cap(-\infty,b])\\&=f^{-1}((a,\infty))\cap f^{-1}((-\infty,b])\end{aligned}$$

是可测的. 从几何思想来看,Riemann 积分之所以有缺陷,是因为对自变元轴 x 轴上的区间进行分划,不能充分考虑函数值的变化幅度. 如果将其修改为对因变元轴 y 轴上的区间进

行分划，就能充分考虑函数值的变化幅度，更加合适地处理积分问题. 因此，对函数的起码要求是 y 轴上的区间的逆像要可测.

下列定理虽然其证明十分容易，但揭示的却是可测映射的重要性质.

定理 1.3.4

设 X 是可测空间，Y,Z 是拓扑空间，若 $f: X\to Y$ 可测，$g: Y\to Z$ 连续，则复合映射 $g\circ f: X\to Z$ 是可测的.

证明 设 $\mathfrak{M}_X$ 为 X 上的 σ-代数，τ_Y 与 τ_Z 分别为 Y 与 Z 上的拓扑，对任意 $V\in\tau_Z$，因为 g 连续，故 $g^{-1}(V)\in\tau_Y$，又因为 f 可测，故 $f^{-1}(g^{-1}(V))\in\mathfrak{M}_X$. 由于 $(g\circ f)^{-1}(V)=f^{-1}(g^{-1}(V))$，因而 $g\circ f$ 是可测的. 证毕.

定理 1.3.4 可简述为可测映射的连续映射是可测的.

下面讨论 σ-代数的生成.

定理 1.3.5

设 $\mathcal{F}$ 为 X 上的任意子集族，则在 X 上存在一个最小的 σ-代数 $\mathfrak{M}^*$，使得 $\mathcal{F}\subset\mathfrak{M}^*$（$\mathfrak{M}^*$ 称为**由 $\mathcal{F}$ 生成的 σ-代数**）.

证明 记 $\Omega=\{\mathfrak{M}: \mathcal{F}\subset\mathfrak{M}, \mathfrak{M}$ 为 X 上的 σ-代数$\}$. 因为 $2^X\in\Omega$，故 $\Omega\neq\varnothing$. 令 $\mathfrak{M}^*=\bigcap\limits_{\mathfrak{M}\in\Omega}\mathfrak{M}$. 显然 $\mathcal{F}\subset\mathfrak{M}^*$，且 $\forall\,\mathfrak{M}\in\Omega$ 有 $\mathfrak{M}^*\subset\mathfrak{M}$. 以下只需证明 $\mathfrak{M}^*$ 是 σ-代数.

(ME1) 对每一个 $\mathfrak{M}\in\Omega$，因为 $X\in\mathfrak{M}$，故 $X\in\bigcap\limits_{\mathfrak{M}\in\Omega}\mathfrak{M}=\mathfrak{M}^*$；

(ME2) 设 $A\in\mathfrak{M}^*$，则 $\forall\,\mathfrak{M}\in\Omega$ 有 $A\in\mathfrak{M}$，从而 $A^c\in\mathfrak{M}$，由此推得 $A^c\in\bigcap\limits_{\mathfrak{M}\in\Omega}\mathfrak{M}=\mathfrak{M}^*$；

(ME3) 设 $\{A_n\}_{n=1}^{\infty}\subset\mathfrak{M}^*$. 则 $\forall\,\mathfrak{M}\in\Omega$，有 $A_n\in\mathfrak{M}$，$n\in\mathbb{Z}^+$. 于是 $\bigcup\limits_{n=1}^{\infty}A_n\in\mathfrak{M}$. 进一步有 $\bigcup\limits_{n=1}^{\infty}A_n\in\bigcap\limits_{\mathfrak{M}\in\Omega}\mathfrak{M}=\mathfrak{M}^*$. 证毕.

定义 1.3.3

非空集 X 的子集族 β 称为**单调类**，若它满足

(MO1) 若 $\{A_n\}_{n=1}^{\infty}\subset\beta$ 且 $A_n\subset A_{n+1}$（$\forall\,n\in\mathbb{Z}^+$），则 $\bigcup\limits_{n=1}^{\infty}A_n\in\beta$；

(MO2) 若 $\{A_n\}_{n=1}^{\infty}\subset\beta$ 且 $A_n\supset A_{n+1}$（$\forall\,n\in\mathbb{Z}^+$），则 $\bigcap\limits_{n=1}^{\infty}A_n\in\beta$.

显然，X 上的 σ-代数必是单调类，而单调类未必是 σ-代数.

定理 1.3.6

设 $\mathcal{F}$ 是 X 上的子集族，则在 X 上存在一个最小的单调类 β^* 使 $\mathcal{F}\subset\beta^*$（$\beta^*$ 称为**由 $\mathcal{F}$ 生成的单调类**）.

证明 类似于定理 1.3.5 的证明，从略.

定理 1.3.7

设 $\mathcal{F}$ 是 X 上的集代数，$\mathfrak{M}^*$ 是由 $\mathcal{F}$ 生成的 σ-代数，β^* 是由 $\mathcal{F}$ 生成的单调类. 则 $\mathfrak{M}^*=\beta^*$.

证明 （阅读）因为 $\mathfrak{M}^*$ 也是包含 $\mathcal{F}$ 的单调类，由定理 1.3.6，$\beta^*\subset\mathfrak{M}^*$. 所以，按定

理 1.3.5,只需验证 β^* 是 σ-代数即可. 因为 $X\in\mathcal{F}$,故 $X\in\beta^*$,(ME1)成立. 以下验证(ME2)(其证法希望加以注意). 令

$$\beta=\{A: A\in\beta^* \text{ 且 } A^c\in\beta^*\}.$$

因为$\mathcal{F}$是集代数,故显然有$\mathcal{F}\subset\beta$. 设 $A_n\in\beta$,且 $A_n\subset A_{n+1}$,($\forall n\in\mathbb{Z}^+$). 则 $A_n^c\supset A_{n+1}^c$ ($\forall n\in\mathbb{Z}^+$). 由 β 的定义知 $A_n\in\beta^*$ 且 $A_n^c\in\beta^*$ ($\forall n\in\mathbb{Z}^+$). 注意到 β^* 是单调类,所以有 $\bigcup_{n=1}^{\infty}A_n\in\beta^*$ 且 $\left(\bigcup_{n=1}^{\infty}A_n\right)^c=\bigcap_{n=1}^{\infty}A_n^c\in\beta^*$,对 β 证得(MO1)成立. 同理可证(MO2)成立. 故 β 是包含$\mathcal{F}$的单调类. 从而有 $\beta\supset\beta^*$. 又由 β 的定义知$\beta\subset\beta^*$,故 $\beta=\beta^*$. 由此知(ME2)成立. 再来验证(ME3). 先证当 $A,B\in\beta^*$ 时有 $A\cup B\in\beta^*$. 为此,令

$$\beta_A=\{C\in\beta^*: A\cup C\in\beta^*\}.$$

由于 β^* 是单调类,对 β_A 容易验证(MO1)与(MO2)成立,故 $\forall A\in\beta^*$,β_A 是单调类. 设 $A\in\mathcal{F}$. 则 $\forall C\in\mathcal{F}\subset\beta^*$,由$\mathcal{F}$是集代数知 $A\cup C\in\mathcal{F}\subset\beta^*$,即 $C\in\beta_A$. 这表明$\mathcal{F}\subset\beta_A$,即 β_A 是含$\mathcal{F}$的单调类,由 β^* 的最小性知 $\beta_A\supset\beta^*$,又由 β_A 的定义知$\beta_A\subset\beta^*$,证得当 $A\in\mathcal{F}$时 $\beta_A=\beta^*$. $\forall A\in\beta^*$,由于$\forall D\in\mathcal{F}$有 $\beta_D=\beta^*$,因而 $A\in\beta_D$,有 $D\cup A\in\beta^*$,这表明 $D\in\beta_A$,因此$\mathcal{F}\subset\beta_A$,即此时 β_A 仍是含$\mathcal{F}$的单调类,于是仍由 β^* 的最小性与 β_A 的定义知 $\beta_A=\beta^*$ 对 $\forall A\in\beta^*$ 成立. 这样,$\forall B\in\beta^*$,有 $B\in\beta_A$,从而有 $A\cup B\in\beta^*$. 这就证明了,当 $A,B\in\beta^*$ 时有 $A\cup B\in\beta^*$. 现设 $A_n\in\beta^*$ ($\forall n\in\mathbb{Z}^+$). 令 $B_n=\bigcup_{k=1}^{n}A_k$. 由前证知 $B_n\in\beta^*$,且 $B_n\subset B_{n+1}$ ($\forall n\in\mathbb{Z}^+$). 因为 β^* 是单调类,故 $\bigcup_{n=1}^{\infty}A_n=\bigcup_{n=1}^{\infty}B_n\in\beta^*$,证得(ME3)成立. 所以 β^* 是 σ-代数,$\mathfrak{M}^*\subset\beta^*$. 证毕.

我们知道,验证集族是单调类要比验证它是 σ-代数容易得多. 定理 1.3.7 表明,由集代数生成的 σ-代数的验证可转化为由集代数生成的单调类的验证.

利用定理 1.3.5,我们可建立可测集与开集间的联系.

定义 1.3.4

设(X,τ_X)是拓扑空间,在 X 上存在最小的 σ-代数 $\mathfrak{B}$ 使 $\tau_X\subset\mathfrak{B}$,称 $\mathfrak{B}$ 为 **Borel 代数**,称 $\mathfrak{B}$ 的元素为 **Borel (可测)集**. 称$(X,\mathfrak{B})$为 **Borel 可测空间.**

由定义 1.3.4 可知,Borel 代数就是由一切开集生成的 σ-代数. 当然,由于开集与闭集的对偶性,闭集是开集的余集,故 Borel 代数也可以看成由一切闭集生成的 σ-代数,即包含一切闭集的最小的 σ-代数. 拓扑空间上由于定义了拓扑,也就定义了 Borel 代数,从而自然地成为 Borel 可测空间. 开集、闭集是 Borel 集; 开集的可数交称为 $\mathbf{G_\delta}$ **集**,闭集的可数并称为 $\mathbf{F_\sigma}$ **集**,每个 G_δ 集与每个 F_σ 集都是 Borel 集. 对$\mathbb{R}^1$ 而言,有

$$[a,b)=\bigcap_{n=1}^{\infty}(a-1/n,b)=\bigcup_{n=1}^{\infty}[a,b-1/n].$$

$[a,b)$既是 G_δ 集也是 F_σ 集,从而是 Borel 集.

定义 1.3.5

设$(X,\mathfrak{B}_X)$是 Borel 可测空间,(Y,τ_Y)是拓扑空间,$f: X\to Y$. 若对每个 $V\in\tau_Y$,有

$f^{-1}(V)\in\mathfrak{B}_X$，则称 f 为 **Borel 可测映射.**

定义 1.3.5 是说 f 是 Borel 可测的当且仅当每个开集的逆像是 Borel 集. 这也等价于每个闭集的逆像是 Borel 集. 由于 Borel 代数是包含拓扑的最小 σ-代数，对任何包含拓扑的 σ-代数而言，Borel 可测映射必是可测的.

定理 1.3.8

设 X,Y 都是拓扑空间，若 $f: X\to Y$ 是连续的，则 f 必是 Borel 可测的.

证明 因为对每个 $V\in\tau_Y$，$f^{-1}(V)\in\tau_X\subset\mathfrak{B}_X$. 证毕.

定理 1.3.9

设 $(X,\mathfrak{M}_X)$ 为可测空间，(Y,τ_Y) 为拓扑空间，$f: X\to Y$ 是可测的，$E\subset Y$ 为 Borel 集，则 $f^{-1}(E)\in\mathfrak{M}_X$.

证明 设 $\mathcal{A}=\{E: E\subset Y, f^{-1}(E)\in\mathfrak{M}_X\}$. 式(1.3.1)验证了 $\mathcal{A}$ 是 Y 上的 σ-代数：

$$f^{-1}(Y)=X;\quad f^{-1}(E^c)=[f^{-1}(E)]^c,\quad f^{-1}\left(\bigcup_{n=1}^{\infty}E_n\right)=\bigcup_{n=1}^{\infty}f^{-1}(E_n). \tag{1.3.1}$$

因为 f 是可测的，由 $\mathcal{A}$ 的定义，$\tau_Y\subset\mathcal{A}$. 设 $\mathfrak{B}_Y$ 是 Y 上的 Borel 代数，则 $\tau_Y\subset\mathfrak{B}_Y$. 从而由最小性知，$\mathfrak{B}_Y\subset\mathcal{A}$. 所以当 $E\in\mathfrak{B}_Y$ 时有 $E\in\mathcal{A}$，即 $f^{-1}(E)\in\mathfrak{M}_X$. 证毕.

定理 1.3.10

设 X 是可测空间，Y 与 Z 为拓扑空间，若 $f: X\to Y$ 是可测的，$g: Y\to Z$ 是 Borel 可测的，则复合映射 $g\circ f: X\to Z$ 是可测的.

证明 记 X 上的 σ-代数为 $\mathfrak{M}_X$，Y 上的 Borel 代数为 $\mathfrak{B}_Y$，Z 上的拓扑为 τ_Z. 因为 g 是 Borel 可测的，$\forall V\in\tau_Z$，有 $g^{-1}(V)\in\mathfrak{B}_Y$. 利用定理 1.3.9 得 $f^{-1}(g^{-1}(V))\in\mathfrak{M}_X$. 又因为 $(g\circ f)^{-1}(V)=f^{-1}(g^{-1}(V))$，故 $g\circ f$ 是可测的. 证毕.

定理 1.3.10 可视为定理 1.3.4 的拓广. 简言之，可测映射的 Borel 可测映射是可测的.

1.3.2 实值函数与复值函数的可测性

可测空间上的实值或复值函数是映射的特例. 下面讨论其可测性.

定理 1.3.11

设 $(X,\mathfrak{M})$ 是可测空间，$f: X\to[-\infty,\infty]$. 若 $\forall a\in\mathbb{R}^1$，$f^{-1}((a,\infty])\in\mathfrak{M}$，则 f 可测.

证明 设 $\mathcal{A}=\{E: E\subset[-\infty,\infty], f^{-1}(E)\in\mathfrak{M}\}$. 利用式(1.3.1)容易知道 $\mathcal{A}$ 是 $[-\infty,\infty]$ 上的 σ-代数. 记 $[-\infty,\infty]$ 上的拓扑为 τ. 以下证明 $\tau\subset\mathcal{A}$. 设 $\alpha,\beta\in\mathbb{R}^1$ 且 $\alpha<\beta$. 选取实数列 $\{\alpha_n\}_{n=1}^{\infty}$ 使 $\alpha_n<\alpha$ 且 $\alpha_n\to\alpha(n\to\infty)$. 因为 $\forall n\in\mathbb{Z}^+$ 有 $(\alpha_n,\infty]\in\mathcal{A}$，故

$$[-\infty,\alpha)=\bigcup_{n=1}^{\infty}[-\infty,\alpha_n]=\bigcup_{n=1}^{\infty}(\alpha_n,\infty]^c\in\mathcal{A}.$$

从而也有 $(\alpha,\beta)=[-\infty,\beta)\cap(\alpha,\infty]\in\mathcal{A}$. 因为 τ 中每个开集是至多可列个形如 (α,β)，$[-\infty,\beta)$ 及 $(\alpha,\infty]$ 这种类型的开区间(组成拓扑基)之并，故 $\tau\subset\mathcal{A}$. 于是 f 可测. 证毕.

利用定理 1.3.11 判别广义实函数的可测性简便易行，不必对每种类型的开集进行检验. 与定理 1.3.11 相类似，若 $\forall a\in\mathbb{R}^1$，$f^{-1}([-\infty,a))$ 可测，则 f 也必是可测的.

定理 1.3.12

设 X 是可测空间，Y 是拓扑空间，$u,v\colon X\to\mathbb{R}^1$ 可测，$\Phi\colon\mathbb{R}^2\to Y$ 连续. 定义 $h(x)=\Phi(u(x),v(x))$，则 $h\colon X\to Y$ 是可测的.

证明　令 $f(x)=(u(x),v(x))$，以下证明 $f\colon X\to\mathbb{R}^2$ 为可测映射. 设 X 上的 σ-代数为 $\mathfrak{M}_X$. 设 S 是$\mathbb{R}^2$ 上任一个平行于坐标轴的开矩形，则 $S=I_1\times I_2$，其中 I_1,I_2 为$\mathbb{R}^1$ 中开区间. 因为

$$f^{-1}(S)=\{x\colon f(x)\in S\}=\{x\colon u(x)\in I_1\quad 且\quad v(x)\in I_2\}=u^{-1}(I_1)\cap v^{-1}(I_2),$$

而 u,v 是可测的，故 $f^{-1}(S)\in\mathfrak{M}_X$. $\mathbb{R}^2$ 中每个开集 V 可表示为至多可列个形如上述的开矩形之并，设 $V=\bigcup\limits_{n=1}^{\infty}S_n$，因为 $f^{-1}(V)=\bigcup\limits_{n=1}^{\infty}f^{-1}(S_n)\in\mathfrak{M}_X$，所以 f 是可测的；又因为 Φ 连续，应用定理 1.3.4，得 $h=\Phi\circ f$ 是可测的. 证毕.

推论

设 X,Y 是拓扑空间，$u,v\colon X\to\mathbb{R}^1$ 连续，$\Phi\colon\mathbb{R}^2\to Y$ 连续. 定义 $h(x)=\Phi(u(x),v(x))$. 则 $h\colon X\to Y$ 是连续的.

证明　类似于定理 1.3.12 的证明，从略.

利用定理 1.3.12 与定理 1.3.4 立即得到下列结果.

定理 1.3.13

设 X 是可测空间，则

(1) 若 $f=u+\mathrm{i}v$，u,v 是实值可测函数，则 f 是复值可测函数.

(2) 若 $f=u+\mathrm{i}v$ 是复值可测函数，则 $u,v,|f|$ 都是实值可测函数.

(3) 若 f,g 是复值可测函数，则 $f\pm g,fg,f/g$ 也是可测的.

(4) 若 f 是复值可测函数，则存在复值可测函数 α 使 $|\alpha|=1$ 且 $f=|f|\alpha$.

证明　(1) 由定理 1.3.12 利用 $\Phi(z)=z$ 推出.

(2) 由定理 1.3.4 利用 $g(z)=\mathrm{Re}z,\mathrm{Im}z,|z|$ 都是连续的推出.

(3) 先根据定理 1.3.12，利用 $\Phi(s,t)=s\pm t$ 及 $\Phi(s,t)=st$ 推出 $f\pm g$ 与 fg 是可测的. 由于 $h(z)=1/z$ 在除去原点的复平面$\mathbb{C}\setminus\{0\}$上连续，因而由定理 1.3.4 可知，$1/g(z)$可测. 进一步有 $f/g=f\cdot(1/g)$可测.

(4) 令 $E=\{x\colon f(x)=0\}$. 由于$\{0\}$是复平面$\mathbb{C}$ 的闭集，f 是可测的，故 $E=f^{-1}(0)$必可测. $\forall z\in\mathbb{C}\setminus\{0\}$，定义 $\varphi(z)=z/|z|$. 则 φ 在$\mathbb{C}\setminus\{0\}$上连续. 令

$$\alpha(x)=\varphi(f(x)+\chi_E(x)),\quad x\in X.$$

因为 E 可测，故特征函数 χ_E 可测. 由(3)及 φ 的连续性得 α 是可测的. 又因为

$$\alpha(x)=\begin{cases}1, & x\in E;\\ f(x)/|f(x)|, & x\notin E,\end{cases}$$

故 $|\alpha|=1$ 且 $f(x)=|f(x)|\alpha(x)$. 证毕.

定理 1.3.14

若对任意 $n\in\mathbb{Z}^+$，$f_n\colon X\to[-\infty,\infty]$都是可测的，且

$$g=\sup_{n\geqslant 1}f_n,\quad h=\limsup_{n\to\infty}f_n.$$

则 g 与 h 都是可测的.

证明 由确界定义，$\{x: g(x)>\alpha\}=\{x: \sup\limits_{n\geqslant 1} f_n(x)>\alpha\}=\bigcup\limits_{n=1}^{\infty}\{x: f_n(x)>\alpha\}$，故 $g^{-1}((\alpha,\infty])=\bigcup\limits_{n=1}^{\infty} f_n^{-1}((\alpha,\infty])$. 由于 f_n 可测，故 $f_n^{-1}((\alpha,\infty])$ 可测，从而 $g^{-1}((\alpha,\infty])$ 可测. 再应用定理 1.3.11 可得 g 是可测的. 同理，由 $\{x: \inf\limits_{n\geqslant 1} f_n(x)<\alpha\}=\bigcup\limits_{n=1}^{\infty}\{x: f_n(x)<\alpha\}$ 也得到 $\inf\limits_{n\geqslant 1} f_n(x)$ 是可测的. 因为 $h=\inf\limits_{k\geqslant 1}\sup\limits_{n\geqslant k} f_n$，所以利用以上所证结果推得 h 是可测的. 证毕.

推论 1

设对任意 $n\in\mathbb{Z}^+$，$f_n: X\to[-\infty,\infty]$ 可测，则

(1) $\liminf\limits_{n\to\infty} f_n$ 是可测的；

(2) 若 $f=\lim\limits_{n\to\infty} f_n$，则 f 可测.

推论 2

若 $f,g: X\to[-\infty,\infty]$ 可测，则 $\max\{f,g\}$ 与 $\min\{f,g\}$ 可测；特别地，$f^+=\max\{f,0\}$ 与 $f^-=-\min\{f,0\}$ 可测.（f^+ 与 f^- 都是非负函数，分别称为 f 的**正部**与**负部**，有下列分解式：$f=f^+-f^-$，$|f|=f^++f^-$.）

定义 1.3.6

设 X 为可测空间，若 X 上的复值函数 s 的值域仅由 $\mathbb{C}$ 中的有限个点组成，则称 s 为**简单函数**（或**阶梯函数**）. 若 s 的值域仅由 $[0,\infty)$ 中有限个点组成，则称 s 为**非负简单实值函数**.

设 s 是 X 上的简单函数，其值域 $s(X)=\{\alpha_1,\alpha_2,\cdots,\alpha_n\}$. 令 $A_i=\{x: s(x)=\alpha_i\}$，则 $X=\bigcup\limits_{i=1}^{n} A_i$. 记 A_i 的特征函数为 χ_{A_i}，由于 $i\neq j$ 时，$A_i\cap A_j=\varnothing$，故当 $x\in A_j$ 时，$\chi_{A_j}(x)=1$，$\chi_{A_i}(x)=0(\forall i\neq j)$. 所以 $s=\sum\limits_{i=1}^{n}\alpha_i\chi_{A_i}$，即简单函数是特征函数的线性组合. 根据特征函数的可测性我们得到：简单函数 s 可测当且仅当每个 A_i 都可测，$1\leqslant i\leqslant n$.

定理 1.3.15

设 $f: X\to[0,\infty]$ 是可测的. 则存在 X 上可测的非负简单函数序列 $\{s_n\}$ 使得

(1) $0\leqslant s_n\leqslant s_{n+1}\leqslant f$，$\forall n\in\mathbb{Z}^+$；

(2) $s_n(x)\to f(x)(n\to\infty)$，$\forall x\in X$.

且当 f 有界时 $\{s_n\}$ 在 X 上一致收敛于 $f(x)$.

证明 对每个正整数 n 及每个非负实数 t，存在唯一的非负整数 $k=k_n(t)$ 使 $k\leqslant 2^n t<k+1$，即 $k_n(t)=[2^n t]$，其中 $[u]$ 表示 u 的 Gauss 整数. 于是

$$k_n(t)2^{-n}\leqslant t<k_n(t)2^{-n}+2^{-n}. \tag{1.3.2}$$

定义 $\varphi_n(t)=\begin{cases}k_n(t)2^{-n}, & 若\ 0\leqslant t<n;\\ n, & 若\ n\leqslant t\leqslant\infty.\end{cases}$ φ_n 是 $[0,\infty]$ 上的简单函数，它在 $[0,n)$ 的部分相当于对 $[0,n)$ 作 $n2^n$ 等分，取区间的左端点值为函数值，如图 1-5 所示.

由于 $[0,n]$ 的单点子集是闭集，单点子集的逆像是 Borel 集（区间），故 φ_n 是 Borel 可测

的. 若 $0\leqslant t<n$,则式(1.3.2)与 φ_n 的定义表明

$$t-2^{-n}<\varphi_n(t)\leqslant t,\quad 0\leqslant t<n. \tag{1.3.3}$$

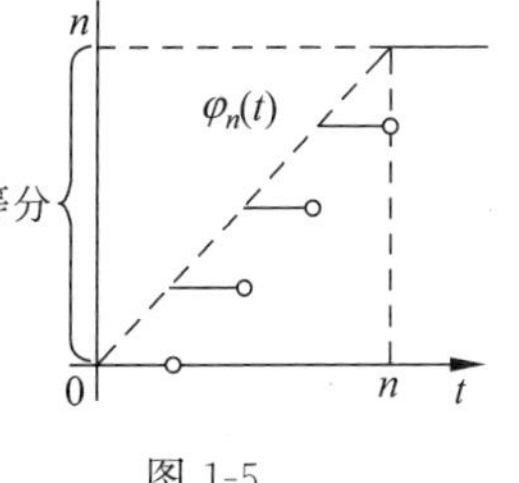

图 1-5

于是由式(1.3.3)得

$$\varphi_n(t)\to t,\quad n\to\infty. \tag{1.3.4}$$

注意到 Gauss 整数有性质$[u]+[v]\leqslant[u+v]$,所以

$$\varphi_{n+1}(t)=\frac{[2^{n+1}t]}{2^{n+1}}=\frac{[2^n t+2^n t]}{2^{n+1}}$$

$$\geqslant\frac{[2^n t]+[2^n t]}{2^{n+1}}=\frac{[2^n t]}{2^n}=\varphi_n(t),\quad \forall n\in\mathbb{Z}^+. \tag{1.3.5}$$

令 $s_n=\varphi_n\circ f$,则由定理 1.3.10 可知,s_n 可测,且 s_n 仍然是简单函数. 由式(1.3.4)与式(1.3.5)知$\{s_n\}$满足定理 1.3.15(1)与(2).

若 f 是有界的,即 $\exists M>0,\forall x\in X,0\leqslant f(x)\leqslant M$,取 $n>M$,则当 $0\leqslant t\leqslant M$ 时,由式(1.3.3)得

$$f(x)-2^{-n}<\varphi_n\circ f(x)=s_n(x)\leqslant f(x),$$

即$|s_n(x)-f(x)|<2^{-n}$. 这表明$\{s_n(x)\}$在 X 上一致收敛于 $f(x)$. 证毕.

1.3.3 测度的基本性质

扩充实数集$[-\infty,\infty]$的引入完全是为了方便进行测度与积分的讨论. 我们来定义其上的序关系与算术运算. $\mathbb{R}^1$ 作为$[-\infty,\infty]$的子集,其序关系与算术运算遵循通常的规则. 若 $b\in\mathbb{R}^1$,则有$-\infty<b<\infty$. 我们定义

$$|-\infty|=\infty,\quad 0-\infty=(-1)\cdot\infty=\infty\cdot(-1)=-\infty,\text{且}$$

$$\begin{cases}\infty\cdot a=a\cdot\infty=0, & \text{若 } a=0;\\ \infty\cdot a=a\cdot\infty=\infty, & \text{若 } 0<a<\infty;\\ \infty+a=a+\infty=\infty, & \text{若 } 0\leqslant a\leqslant\infty;\\ a/\infty=0,\quad \infty-a=-a+\infty=\infty, & \text{若 } 0\leqslant a<\infty.\end{cases}$$

在$[-\infty,\infty]$中,下述情况须格外注意:$\infty-\infty$,$0/0$,∞/∞无意义;$a+b=a+c$ 仅当$a\in\mathbb{R}^1$时才蕴涵 $b=c$;$ab=ac$ 仅当 $a\in\mathbb{R}^1$,$a\neq0$ 时才蕴涵 $b=c$.

定义 1.3.7

设$(X,\mathfrak{M})$是可测空间,μ:$\mathfrak{M}\to[0,\infty]$称为 X 上(或 $\mathfrak{M}$ 上)的**正测度**,若满足

(MS1) μ 是非平凡的,即 $\mu(\varnothing)=0$;

(MS2) μ 是可列可加的(或 σ-可加的),即对 $\mathfrak{M}$ 中互不相交的可列集族$\{A_n\}_{n=1}^{\infty}$,有

$$\mu\left(\bigcup_{n=1}^{\infty}A_n\right)=\sum_{n=1}^{\infty}\mu(A_n).$$

定义了测度的可测空间 X 通常就称为**测度空间**,有时为了明确,记为$(X,\mathfrak{M},\mu)$.

注意,这里的正测度的确切含义是"非负测度".

定理 1.3.16

设$(X,\mathfrak{M},\mu)$是测度空间.

(1) 若$\{A_i\}_{i=1}^n$是$\mathfrak{M}$中互不相交的有限集的族，则$\mu\left(\bigcup_{i=1}^n A_i\right)=\sum_{i=1}^n \mu(A_i)$.（**有限可加性**）

(2) 若$A,B\in\mathfrak{M}$且$A\subset B$，则$\mu(A)\leqslant\mu(B)$.（**单调性**）

(3) 若$A,B\in\mathfrak{M}$且$A\subset B$，$\mu(A)<\infty$，则$\mu(B\setminus A)=\mu(B)-\mu(A)$.（**可减性**）

(4) 若$\{A_n\}_{n=1}^\infty\subset\mathfrak{M}$，则$\mu\left(\bigcup_{n=1}^\infty A_n\right)\leqslant\sum_{n=1}^\infty \mu(A_n)$.（**次可列可加性**）

(5) 若$\{A_n\}_{n=1}^\infty\subset\mathfrak{M}$，$A_n\subset A_{n+1}(\forall n\in\mathbb{Z}^+)$，则$\mu(A_n)\to\mu\left(\bigcup_{n=1}^\infty A_n\right)\ (n\to\infty)$.（**升连续性**）

(6) 若$\{A_n\}_{n=1}^\infty\subset\mathfrak{M}$，$A_n\supset A_{n+1}(\forall n\in\mathbb{Z}^+)$，且$\mu(A_1)<\infty$，则$\mu(A_n)\to\mu\left(\bigcap_{n=1}^\infty A_n\right)(n\to\infty)$.（**降连续性**）

证明 (1) 在(MS2)中令$A_{n+1}=A_{n+2}=\cdots=\varnothing$，利用(MS1)可得.

(2) 由于$B=A\cup(B\setminus A)$，$B\setminus A\in\mathfrak{M}$且$A\cap(B\setminus A)=\varnothing$，利用(1)推出

$$\mu(B)=\mu(A)+\mu(B\setminus A)\geqslant\mu(A). \tag{1.3.6}$$

(3) 由于$\mu(A)<\infty$，由式(1.3.6)得，$\mu(B\setminus A)=\mu(B)-\mu(A)$.

(4) 令$B_1=A_1$，$B_n=A_n\setminus\bigcup_{i=1}^{n-1}A_i(\forall n\in\mathbb{Z}^+,n\geqslant 2)$，则$B_n\subset A_n(\forall n\in\mathbb{Z}^+)$，$\bigcup_{n=1}^\infty B_n=\bigcup_{n=1}^\infty A_n$，且$\{B_n\}\subset\mathfrak{M}$是互不相交集的族.

$$\mu\left(\bigcup_{n=1}^\infty A_n\right)=\mu\left(\bigcup_{n=1}^\infty B_n\right)=\sum_{n=1}^\infty\mu(B_n)\leqslant\sum_{n=1}^\infty\mu(A_n).$$

(5) 令$B_1=A_1$，$B_n=A_n\setminus A_{n-1}(\forall n\in\mathbb{Z}^+,n\geqslant 2)$. 则$\{B_n\}\subset\mathfrak{M}$是互不相交集的族，$A_n=\bigcup_{i=1}^n B_i$且$\bigcup_{n=1}^\infty A_n=\bigcup_{n=1}^\infty B_n$. 于是，当$n\to\infty$时，有

$$\mu(A_n)=\sum_{i=1}^n\mu(B_i)\to\sum_{i=1}^\infty\mu(B_i)=\mu\left(\bigcup_{i=1}^\infty B_i\right)=\mu\left(\bigcup_{n=1}^\infty A_n\right).$$

(6) 令$B_n=A_1\setminus A_n$，则$B_n\subset B_{n+1}(\forall n\in\mathbb{Z}^+)$，$A_1\setminus\bigcap_{n=1}^\infty A_n=\bigcup_{n=1}^\infty(A_1\setminus A_n)$，且$\mu(A_1\setminus A_n)=\mu(A_1)-\mu(A_n)$.（由于$\mu(A_1)<\infty$，此式有意义）. 利用(5)得

$$\begin{aligned}\mu(A_1)-\mu\left(\bigcap_{n=1}^\infty A_n\right)&=\mu\left(\bigcup_{n=1}^\infty(A_1\setminus A_n)\right)\\&=\lim_{n\to\infty}\mu(A_1\setminus A_n)=\mu(A_1)-\lim_{n\to\infty}\mu(A_n).\end{aligned}$$

再由$\mu(A_1)<\infty$就得到(6). 证毕.

例 1.3.5 设X为任意非空集，$\mathfrak{M}=2^X$，$E\in\mathfrak{M}$，定义

$$\mu(E)=\begin{cases}\operatorname{card}E, & \operatorname{card}E<\aleph_0;\\ \infty, & \operatorname{card}E\geqslant\aleph_0.\end{cases}$$

即若 E 是有限集，则 $\mu(E)$ 为 E 中元素的个数；若 E 是无限集，则 $\mu(E)=\infty$. 容易验证，μ 是 X 上的测度. 称此 μ 为 X 上的**计数测度**.

例 1.3.6　设 X 是任意非空集，$\mathfrak{M}=2^X$，$a\in X$. 定义 $\mu_a(E)=\chi_E(a)$，$\forall E\in\mathfrak{M}$. 容易验证 μ_a 是 X 上的测度，称为**点 a 处的 Dirac 测度**. 其物理意义为集中于点 a 的单位质量.

例 1.3.7　设 μ_n 是 $(X,\mathfrak{M})$ 上的测度，$a_n\in[0,\infty)(n\in\mathbb{Z}^+)$. 定义

$$\mu(E)=\sum_{n=1}^{\infty}a_n\mu_n(E),\quad \forall E\in\mathfrak{M}.$$

容易验证 μ 是 $(X,\mathfrak{M})$ 上的测度，记作 $\mu=\sum\limits_{n=1}^{\infty}a_n\mu_n$. 以 δ_n 记 $\mathbb{Z}^+$ 上点 n 处的 Dirac 测度，则 $\mu=\sum\limits_{n=1}^{\infty}\delta_n$ 正是 $\mathbb{Z}^+$ 上的计数测度.

例 1.3.8　设 μ 是正整数集 $\mathbb{Z}^+$ 上的计数测度，$A_n=\{n,n+1,\cdots\}$. $A_n\supset A_{n+1}(\forall n\in\mathbb{Z}^+)$，且 $\bigcap\limits_{n=1}^{\infty}A_n=\varnothing$. 于是 $\mu\left(\bigcap\limits_{n=1}^{\infty}A_n\right)=0$. 注意到 $\mu(A_n)=\infty(\forall n\in\mathbb{Z}^+)$，降连续性"$\mu(A_n)\to\mu\left(\bigcap\limits_{n=1}^{\infty}A_n\right)$"不成立. 这表明定理 1.3.16(6)中假设"$\mu(A_1)<\infty$"不是多余的.

在测度与积分等问题的讨论中，有时忽略零测度的集(简称**零测集**)往往不影响问题的讨论结果. 于是自然地产生了这样的问题：零测集的子集还是零测集吗？一般而言，可测集的子集未必是可测集. 这就是说，若 $(X,\mathfrak{M},\mu)$ 是测度空间，$A\in\mathfrak{M}$ 且 $\mu(A)=0$，对 $B\subset A$，未必有 $B\in\mathfrak{M}$. 按常理，我们可以定义 $\mu(B)=0$. 但 μ 的这种扩充是测度吗？其定义域是 σ-代数吗？回答是肯定的. 这就是所谓的测度完备化问题.

定义 1.3.8

设 $(X,\mathfrak{M},\mu)$ 是测度空间. 若 $A\in\mathfrak{M}$，$\mu(A)=0$，$B\subset A$ 时必有 $B\in\mathfrak{M}$，则称 μ 是**完备测度**. $(X,\mathfrak{M},\mu)$ 称为**完备测度空间**.

定理 1.3.17

设 $(X,\mathfrak{M},\mu)$ 是测度空间，定义

$$\mathfrak{M}^*=\{E:\exists A,B\in\mathfrak{M},A\subset E\subset B,\mu(B\backslash A)=0\},$$

并定义 $\mu^*(E)=\mu(A)(E\in\mathfrak{M}^*)$. 则 $\mathfrak{M}^*$ 是 X 上的 σ-代数，μ^* 是 $\mathfrak{M}^*$ 上的一个测度. μ^* 是完备测度，称为**μ 的完备化**. 也称 $(X,\mathfrak{M}^*,\mu^*)$ 为 $(X,\mathfrak{M},\mu)$ 的**完备化测度空间**.

证明　(阅读)(1) 证 $\mathfrak{M}^*$ 是 X 上的 σ-代数 (显然 $\mathfrak{M}\subset\mathfrak{M}^*$).

(ME1) 由于 $X\in\mathfrak{M}$，取 $A=B=X$ 可知 $X\in\mathfrak{M}^*$；

(ME2) 设 $E\in\mathfrak{M}^*$. 则 $\exists A,B\in\mathfrak{M}$ 使 $A\subset E\subset B$. 于是 $B^c\subset E^c\subset A^c$. 因为 $B^c,A^c\in\mathfrak{M}$ 且 $A^c\backslash B^c=A^c\cap B=B\backslash A$，故 $E^c\in\mathfrak{M}^*$；

(ME3) 设 $E_n\in\mathfrak{M}^*(n\in\mathbb{Z}^+)$. 则 $\exists A_n,B_n\in\mathfrak{M}$ 使 $A_n\subset E_n\subset B_n(n\in\mathbb{Z}^+)$. 记 $A=\bigcup\limits_{n=1}^{\infty}A_n$，$E=\bigcup\limits_{n=1}^{\infty}E_n$，$B=\bigcup\limits_{n=1}^{\infty}B_n$. 则 $A,B\in\mathfrak{M}$，$A\subset E\subset B$；又因为 $B\backslash A=\bigcup\limits_{n=1}^{\infty}(B_n\backslash A)\subset\bigcup\limits_{n=1}^{\infty}(B_n\backslash A_n)$，$\mu(B_n\backslash A_n)=0$. 故

$$\mu(B\backslash A)\leqslant\sum_{n=1}^{\infty}\mu(B_n\backslash A_n)=0.$$

这表明 $E\in\mathfrak{M}^*$.

(2) 证 μ^* 的定义不依赖 A,B 的选择,从而是 $\mathfrak{M}^*$ 上的函数. 事实上,设 $A_i,B_i\in\mathfrak{M}$, $A_i\subset E\subset B_i$,且 $\mu(B_i\backslash A_i)=0,i=1,2$. 则由 $A_2\subset B_1,A_2\backslash A_1\subset B_1\backslash A_1$ 及 μ 的单调性得 $\mu(A_2\backslash A_1)=0$; 同理,由 $A_1\backslash A_2\subset B_2\backslash A_2$ 得 $\mu(A_1\backslash A_2)=0$,因为 $A_2=(A_2\backslash A_1)\cup(A_2\cap A_1)$, $A_1=(A_1\backslash A_2)\cup(A_1\cap A_2)$,故 $\mu(A_2)=\mu(A_2\cap A_1)=\mu(A_1)$,$\mu^*(E)=\mu(A_1)=\mu(A_2)$.

(3) 证 μ^* 是 $\mathfrak{M}^*$ 上的测度. 对 $\varnothing\in\mathfrak{M}^*$,有 $A=B=\varnothing\in\mathfrak{M}$,$\mu(\varnothing)=0$ 推出 $\mu^*(\varnothing)=0$. 设 $\{E_n\}_{n=1}^{\infty}\subset\mathfrak{M}^*$ 为互不相交集的族,则存在 $\{A_n\}$,$\{B_n\}\subset\mathfrak{M}$ 使 $A_n\subset E_n\subset B_n$ 且 $\mu(B_n\backslash A_n)=0,\forall n\in\mathbb{Z}^+$. 由(ME3)的验证过程知 $\mu\left(\bigcup_{n=1}^{\infty}B_n\Big\backslash\bigcup_{n=1}^{\infty}A_n\right)=0$. 于是

$$\mu^*\left(\bigcup_{n=1}^{\infty}E_n\right)=\mu\left(\bigcup_{n=1}^{\infty}A_n\right)=\sum_{n=1}^{\infty}\mu(A_n)=\sum_{n=1}^{\infty}\mu^*(E_n).$$

(4) 证 $\mathfrak{M}^*$ 完备. 设 $E\in\mathfrak{M}^*$,$\mu^*(E)=0$. 则按定义,存在 $A,B\in\mathfrak{M}$ 使 $A\subset E\subset B$, $\mu(B\backslash A)=0$ 且 $\mu^*(E)=\mu(A)$. 由此推出 $\mu(B)=0$. 于是任意 $F\subset E$,有 $\varnothing\subset F\subset B$, $\mu(B\backslash\varnothing)=0$. 这又推出 $F\in\mathfrak{M}^*$. 由定义有 $\mu^*(F)=\mu(\varnothing)=0$. 证毕.

定理 1.3.17 表明,任何测度都可完备化,任何测度空间都存在完备化测度空间. 所以为了方便起见,总可以假定所给的测度空间是完备的.

定义 1.3.9

设$(X,\mathfrak{M},\mu)$是完备测度空间,P 是关于 $x\in X$ 的命题,$E\in\mathfrak{M}$. 若存在 $A\in\mathfrak{M}$ 使 $\mu(A)=0$ 且 P 对任意 $x\in E\backslash A$ 成立,则称 P 在 E 上**几乎处处**成立,简记为 Pa.e.于 E,需要明确指出测度时记为 Pa.e.$[\mu]$于 E.

设$(X,\mathfrak{M},\mu)$是完备测度空间,$M(X)$是 X 上全体可测函数之集. 设 $f,g\in M(X)$且 $\mu(\{x:f(x)\neq g(x)\})=0$,则 $f=g$a.e.$[\mu]$于 X,也记为 $f\triangleq g$. 于是$\triangleq$是 $M(X)$上的等价关系. 事实上容易验证自反性(R1)与对称性(R3). 设 $f\triangleq g$ 且 $g\triangleq h$. 记

$$E_1=\{x:f(x)\neq g(x)\},\quad E_2=\{x:g(x)\neq h(x)\},\quad E=\{x:f(x)\neq h(x)\}.$$

则 $\mu(E_1)=\mu(E_2)=0$. 因为 $x\in E_1^c\cap E_2^c$ 蕴涵 $x\in E^c$,故 $E\subset E_1\cup E_2$,从而 $\mu(E)\leqslant\mu(E_1)+\mu(E_2)=0$,即 $f\triangleq h$,传递性(R2)也是成立的. 记 $M_0(X)$为 $M(X)$关于$\triangleq$的商集,则 $M_0(X)$仍可作为 X 上可测函数之集,只不过几乎处处相等的函数被视为一个函数而已.

设$(X,\mathfrak{M},\mu)$是完备测度空间,$E\subset X$,$\mu(E^c)=0$,f 是 E 上的函数. 若对每个开集 V, $f^{-1}(V)\cap E\in\mathfrak{M}$,则可以认为 f 是 X 上的可测函数. 因为可以用任意方式定义 f 在 E^c 的值,例如,可以令 $x\in E^c$,$f(x)=0$,而 $f^{-1}(V)\cap E^c$ 是零测集. 于是在几乎处处相等的意义下,有

$$f^{-1}(V)=f^{-1}(V)\cap(E\cup E^c)=(f^{-1}(V)\cap E)\cup(f^{-1}(V)\cap E^c)\in\mathfrak{M}.$$

在实际应用中,Borel 测度空间有特别重要的意义.

定义 1.3.10

设(X,τ)是局部紧 Hausdorff 空间,且 $\mathfrak{M}$ 是 X 上的 σ-代数使得 $\tau\subset\mathfrak{M}$. 若 μ 是$(X,\mathfrak{M})$上的正测度,则称 μ 是 **Borel 正测度**,$(X,\mathfrak{M},\mu)$称为 **Borel 测度空间**. 设 $E\in\mathfrak{M}$. 若

$$\mu(E)=\inf\{\mu(V):E\subset V,V\text{ 是 }X\text{ 的开集}\},\tag{1.3.7}$$

则称 E **外正则**；若

$$\mu(E)=\sup\{\mu(K):K\subset E,K\text{ 是 }X\text{ 的紧集}\},\tag{1.3.8}$$

则称 E **内正则**. 若每个 $E\in\mathfrak{M}$ 都是外正则和内正则的，则称 μ 是**正则**的.

Borel 测度的正则性告诉我们，X 中可测集合的测度可通过开集的"外缩"与紧集的"内胀"的方法来计算. 而开集与紧集是 Borel 可测集中构造简单的集类.

命题 1.3.18

设 $(X,\mathfrak{M},\mu)$ 是 Borel 测度空间，$E\in\mathfrak{M}$ 且 $\mu(E)<\infty$. 则下列陈述等价.

(1) E 是外正则和内正则的.

(2) $\forall\varepsilon>0$，存在开集 V_ε 及紧集 K_ε 使 $K_\varepsilon\subset E\subset V_\varepsilon$，$\mu(V_\varepsilon\backslash K_\varepsilon)<\varepsilon$.

证明 (1)⇒(2) 由 $\mu(E)<\infty$ 及式(1.3.7)与式(1.3.8)，存在开集 V_ε 及紧集 K_ε 使

$$E\subset V_\varepsilon,\quad \mu(V_\varepsilon)<\mu(E)+\varepsilon/2,\quad K_\varepsilon\subset E,\quad \mu(K_\varepsilon)>\mu(E)-\varepsilon/2.$$

于是 $\mu(V_\varepsilon\backslash K_\varepsilon)=\mu(V_\varepsilon\backslash E)+\mu(E\backslash K_\varepsilon)<\varepsilon$.

(2)⇒(1) 由 $\mu(E)<\infty$，$K_\varepsilon\subset E\subset V_\varepsilon$ 及 $\mu(V_\varepsilon\backslash K_\varepsilon)<\varepsilon$ 得，

$$\mu(V_\varepsilon)<\mu(E)+\varepsilon,\quad \mu(K_\varepsilon)>\mu(E)-\varepsilon.$$

由 ε 的任意性可推出式(1.3.7)与式(1.3.8)成立. 证毕.

定义 1.3.11

设 X 是拓扑空间，$E\subset X$. 若 E 是紧集的可数并，则称 E 是**σ-紧**的.

定义 1.3.12

设 $(X,\mathfrak{M},\mu)$ 是测度空间. 若 $A\in\mathfrak{M}$ 且存在 $\{A_n\}_{n=1}^{\infty}\subset\mathfrak{M}$ 使 $A=\bigcup_{n=1}^{\infty}A_n$，$\mu(A_n)<\infty(\forall n\in\mathbb{Z}^+)$，则称 **$A$ 有 σ-有限测度**；若 X 本身存在 σ-有限测度，则称 μ 为 σ-**有限测度**；若 $\mu(X)<\infty$，则称 μ 为**有限测度**；若 $\mu(X)=1$，则称 μ 为**概率测度**. 相应地，$(X,\mathfrak{M},\mu)$ 分别称为 σ-**有限测度空间**、**有限测度空间**、**概率测度空间**.

例 1.3.9 $\mathbb{R}^1$ 显然是 σ-紧的，因为 $\mathbb{R}^1=\bigcup_{n=1}^{\infty}[-n,n]$.

例 1.3.10 显然，Dirac 测度是概率测度. 设 X 是任意非空集，取离散拓扑 $\tau=2^X$ 与离散 σ-代数 $\mathfrak{M}=2^X$. 容易知道，计数测度空间 $(X,\mathfrak{M},\mu)$ 是 Borel 测度空间，其中 X 是局部紧 Hausdorff 空间，μ 是正则的完备的. $\mathbb{Q}$ 上的计数测度是 σ-有限的；$\mathbb{R}^1$ 上的计数测度不是 σ-有限的.

定理 1.3.19

设 $(X,\mathfrak{M},\mu)$ 是测度空间，其中 X 是 σ-紧的局部紧 Hausdorff 空间，$\mathfrak{M}$ 是 X 上包含一切开集的 σ-代数，设对 X 的任何紧子集 K 有 $\mu(K)<\infty$. 则下列陈述等价.

(1) μ 是正则的.

(2) 设 $E\in\mathfrak{M}$，$\varepsilon>0$. 则存在开集 V 及闭集 F 使 $F\subset E\subset V$，$\mu(V\backslash F)<\varepsilon$.

证明 令

$$X=\bigcup_{n=1}^{\infty}K_n,\quad \text{其中，}\quad K_n\text{ 是紧集 }(\forall n\in\mathbb{Z}^+).\tag{1.3.9}$$

(1)⇒(2) 由式(1.3.9)，$E=\bigcup_{n=1}^{\infty}(K_n\cap E)$，$\mu(K_n\cap E)\leqslant\mu(K_n)<\infty$. 利用式(1.3.7)，存在开集 $V_n\supset K_n\cap E$ 使

$$\mu(V_n\setminus(K_n\cap E))<\varepsilon/2^{n+1},\quad \forall n\in\mathbb{Z}^+. \tag{1.3.10}$$

令 $V=\bigcup_{n=1}^{\infty}V_n$，则

$$V\setminus E=\bigcup_{n=1}^{\infty}(V_n\cap E^c)\subset\bigcup_{n=1}^{\infty}[V_n\cap(K_n\cap E)^c]=\bigcup_{n=1}^{\infty}[V_n\setminus(K_n\cap E)].$$

于是由式(1.3.10)得

$$E\subset V\quad 且\quad \mu(V\setminus E)<\varepsilon/2. \tag{1.3.11}$$

将上述已证结果(式(1.3.11))用到 E^c 上，可知存在开集 W，使

$$E^c\subset W\quad 且\quad \mu(W\setminus E^c)<\varepsilon/2. \tag{1.3.12}$$

令 $F=W^c$，则 F 是闭集，$F\subset E$，且由 $E\setminus F=E\cap W=W\setminus E^c$ 及式(1.3.11)、式(1.3.12)得

$$\mu(V\setminus F)=\mu(V\setminus E)+\mu(E\setminus F)=\mu(V\setminus E)+\mu(W\setminus E^c)<\varepsilon.$$

(2)⇒(1) 由(2)得

$$\mu(V\setminus E)\leqslant\mu(V\setminus F)<\varepsilon; \tag{1.3.13}$$

$$\mu(E\setminus F)\leqslant\mu(V\setminus F)<\varepsilon. \tag{1.3.14}$$

显然式(1.3.7)由式(1.3.13)推出(注意到 $\mu(E)=\infty$ 时式(1.3.7)显然成立). 考虑闭集 F，由式(1.3.9)得，$F=\bigcup_{n=1}^{\infty}(K_n\cap F)$，其中 $K_n\cap F$ 是紧集. 利用定理 1.3.16(5)有

$$\mu\left(\left(\bigcup_{i=1}^{n}K_i\right)\cap F\right)\to\mu(F),\quad n\to\infty.$$

这表明存在紧集 K，使 $K\subset F$，且

$$\mu(F)\leqslant\mu(K)+\varepsilon. \tag{1.3.15}$$

由式(1.3.14)与式(1.3.15)得，$\mu(E)=\mu(E\setminus F)+\mu(F)<\mu(K)+2\varepsilon$. 由此推出式(1.3.8). 证毕.

推论

设 $(X,\mathfrak{M},\mu)$ 是测度空间，其中 X 是局部紧的 σ-紧的 Hausdorff 空间，$\mathfrak{M}$ 是 X 上包含一切开集的 σ-代数，μ 是正则的，对 X 中的任何紧集 K 有 $\mu(K)<\infty$. 若 $E\in\mathfrak{M}$，则存在 F_σ 型集 A 与 G_δ 型集 B 使 $A\subset E\subset B$，$\mu(B\setminus A)=0$.

证明 因为 μ 是正则的，应用定理 1.3.19，对 $\varepsilon_j=1/j\ (j\in\mathbb{Z}^+)$，存在闭集 F_j 和开集 G_j 使

$$F_j\subset E\subset G_j\quad 且\quad \mu(G_j\setminus F_j)<1/j. \tag{1.3.16}$$

令 $A=\bigcup_{j=1}^{\infty}F_j$，$B=\bigcap_{j=1}^{\infty}G_j$. 则 $A\subset E\subset B$，A 为 F_σ 集，B 为 G_δ 集. 由于

$$B\setminus A=\left(\bigcap_{j=1}^{\infty}G_j\right)\cap\left(\bigcap_{j=1}^{\infty}F_j^c\right)\subset G_j\cap F_j^c=G_j\setminus F_j,\quad \forall j\in\mathbb{Z}^+,$$

故利用式(1.3.16)有 $\mu(B\backslash A)\leqslant\mu(G_j\backslash F_j)<1/j(\forall j\in\mathbb{Z}^+)$. 这表明 $\mu(B\backslash A)=0$. 证毕.

1.3.4 Lebesgue 测度

局部紧 Hausdorff 空间上正则 Borel 测度的一个重要特例是 $\mathbb{R}^n$ 上的 Lebesgue 测度. 这里的 $\mathbb{R}^n$ 指通常的实 n 维 Euclid 空间,通常的开集族构成 $\mathbb{R}^n$ 的拓扑. 易知 $\mathbb{R}^n$ 是局部紧的 Hausdorff 空间. 由于闭球 $B_\varepsilon[x]=\overline{B_\varepsilon(x)}$ 是紧集, $\mathbb{R}^n=\bigcup_{k=1}^{\infty}B_k[x]$,故 $\mathbb{R}^n$ 还是 σ-紧的.

$E\subset\mathbb{R}^n$, $x_0\in\mathbb{R}^n$,称 $E+x_0=\{x+x_0: x\in E\}$ 为 E **关于 x_0 的平移**. 设 I_i 是 $\mathbb{R}^1$ 中以 α_i,β_i 为端点的区间($\alpha_i<\beta_i$),即

$$I_i\in\{(\alpha_i,\beta_i),[\alpha_i,\beta_i),(\alpha_i,\beta_i],[\alpha_i,\beta_i]\}.$$

则 $W=\prod_{i=1}^{n}I_i$ 称为 $\mathbb{R}^n$ 中的 n-**胞腔**或 n-**方体**,其体积为 $\mathrm{VOL}(W)=\prod_{i=1}^{n}(\beta_i-\alpha_i)$.

关于 $\mathbb{R}^n$ 上 Lebesgue 测度有如下存在性定理(证明见参考文献[46]).

定理 1.3.20

设 $\mathfrak{M}$ 是 $\mathbb{R}^n$ 中包含一切开集的 σ-代数,则存在 $\mathfrak{M}$ 上的完备正测度(Borel 正测度) m 具有下述性质:

(Le1) $m(W)=\mathrm{VOL}(W)$,对每个 n-胞腔 W 成立;

(Le2) m 是正则的;

(Le3) m 是平移不变的,即 $m(E+x)=m(E)$, $\forall E\in\mathfrak{M}, x\in\mathbb{R}^n$;

(Le4) 若 μ 是 $\mathbb{R}^n$ 上任意平移不变的 Borel 正测度,且使每个紧集 K 有 $\mu(K)<\infty$,则存在常数 C 使 $\mu(E)=Cm(E)$ 对每个 Borel 集 $E\subset\mathbb{R}^n$ 成立;

(Le5) 对每个从 $\mathbb{R}^n$ 到 $\mathbb{R}^n$ 的线性变换 T($n\times n$ 矩阵)对应一个非负实数 $|\det T|$ 使 $m(T(E))=|\det T|m(E)(\forall E\in\mathfrak{M})$,且当 T 为旋转变换时, $m(T(E))=m(E)$. 这里 $\det T$ 表示 T 的行列式.

定义 1.3.13

定理 1.3.20 中具有性质(Le1)~(Le5)的测度空间 $(\mathbb{R}^n,\mathfrak{M},m)$ 称为 **Lebesgue 测度空间**, m 称为 Lebesgue 测度, $\mathfrak{M}$ 中的元素称为 **Lebesgue 可测集**.

例 1.3.11 设 $x\in\mathbb{R}^n$,利用(Le1)可知 $m(\{x\})=0$,即单点子集的 Lebesgue 测度为 0,利用测度的可数可加性可知 $m(\mathbb{Q}^n)=0$,即 $\mathbb{R}^n$ 中有理点集的测度为 0.

例 1.3.12 设 m 是 Lebesgue 测度, $\mu=\alpha m$ (常数 $\alpha>0,\alpha\neq1$). 显然 μ 仍是测度,但已不是 Lebesgue 测度了.

例 1.3.13 设 $(X,\mathfrak{M}_X,\mu_X)$ 是测度空间, $f: X\to Y$ 是一双射. 令

$$\mathfrak{M}_Y=\{f(E): E\in\mathfrak{M}_X\},$$

对每个 $F\in\mathfrak{M}_Y$,定义 $\mu_Y(F)=\mu_X(f^{-1}(F))$. 容易验证 $(Y,\mathfrak{M}_Y,\mu_Y)$ 是一测度空间. 现取 $X=[0,2\pi)$, $\mu=m$ 是 X 上的 Lebesgue 测度, $Y=\{z\in\mathbb{C}: |z|=1\}$, $f: X\to Y$ 使 $f(t)=\mathrm{e}^{\mathrm{i}t}$ 是一双射,则按 $\mu_Y(B)=m(f^{-1}(B))$ 定义的测度 μ_Y,正是圆周 Y 上弧长概念的推广.

例 1.3.14(Cantor 集) 将 $\mathbb{R}^1$ 中闭区间[0,1]三等分,并移去中央的开区间 $I_{11}=(1/3,$

2/3)，记留存部分为 F_1，即 $F_1=[0,1/3]\cup[2/3,1]$. 将 F_1 中每个闭区间移去中央三分之一开区间 I_{21} 与 I_{22}，记留存部分为 F_2. 如此继续，对每个 $n\in\mathbb{Z}^+$ 得到 F_n，F_n 是 2^n 个长为 $1/3^n$ 的互不相交的闭区间的并集. 记 $C=\bigcap_{n=1}^{\infty}F_n$，$C$ 是闭集，称为 Cantor 集. 由于 C 的 Lebesgue 测度 $m(C)\leqslant m(F_n)=2^n/3^n\ (\forall n\in\mathbb{Z}^+)$，故 $m(C)=0$. $\Big($全体移去的开区间之并为 $G=\bigcup_{i=1}^{\infty}\bigcup_{j=1}^{2^{i-1}}I_{ij}$，由 $m(G)=\sum_{i=1}^{\infty}2^{i-1}/3^i=1$ 也得到 $m(C)=0$.$\Big)$现将(0,1)中的点用三进制小数表示. 显然第一次移去的开区间 I_{11} 的点对应的三进制小数第一位必然是 1，留存部分 F_1 中除了分点外第一位必然不是 1. 进一步地有下列事实：只要 x 在某个移去的区间内，则 x 的三进制表示中必有某一位是 1；反之，任一个不是分点的 x，若它的三进制表示中有数字 1，则 x 必在某个移去的区间内. 因此除了分点外，$x\in C$ 当且仅当其三进制表示中不出现 1(为仅含数码 0 与 2 的序列). 注意挖去的区间是可数的从而分点集 C_0 可数. 再将[0,1]的点二进制表示(为仅含数码 0 与 1 的序列)，作从 $C\backslash C_0$ 到[0,1]的映射 f，使在 x 中数码 2 的位上 $f(x)$相对应的位上的数码为 1，可知 f 为双射，$C\backslash C_0$ 与[0,1]对等. 这表明 $\mathrm{card}(C\backslash C_0)=\aleph$. 因为 $\mathrm{card}(C\backslash C_0)=\mathrm{card}C$，所以 $\mathrm{card}C=\aleph$.

Cantor 集的特殊性质常用来解决某些理论与实际中的问题. 前面已指出$\mathbb{R}^n$ 是 σ-紧的，由性质(Le1)可知，紧集的 Lebesgue 测度是有限的. 因此，Lebesgue 测度是 σ-有限测度. 应用定理 1.3.19 的推论，对每个 Lebesgue 可测集 E，必存在 F_σ 集 A 与 G_δ 集 B 使 $A\subset E\subset B$ 且 $m(B\backslash A)=0$. F_σ 集与 G_δ 集是特殊的 Borel 可测集. 自然，我们会产生这样的疑问：每个 Lebesgue 可测集是 Borel 可测集吗？$\mathbb{R}^n$ 的每个子集都可测吗？即使 $n=1$，这两个问题的答案也都是否定的.

定理 1.3.21

设 M_{B} 与 M_{L} 分别表示$\mathbb{R}^1$ 中 Borel 可测集与 Lebesgue 可测集全体. 则 $\mathrm{card}M_{\mathrm{B}}<\mathrm{card}M_{\mathrm{L}}$.

证明 $\mathbb{R}^1$是第二可数的. 这是因为$\mathbb{Q}$ 中以每个元为中心，每个正有理数为半径的开区间族就是$\mathbb{R}^1$ 中的可数拓扑基. $\mathbb{R}^1$ 的拓扑 τ 中任一元是此拓扑基中至多可数个元的并，M_{B} 由 τ 生成，即 M_{B} 中任一元由 τ 中至多可数个元做集运算生成，从而也是由拓扑基中至多可数个元做集运算生成，由此推出 $\mathrm{card}M_B\leqslant 2^{\aleph_0}=\aleph$. 另外，Cantor 集 $C\subset\mathbb{R}^1$，C 是 Lebesgue 可测集，$\mathrm{card}C=\aleph$. 由于 $m(C)=0$，m 的完备性推出 C 的每个子集都是 Lebesgue 可测的. C 的子集全体其势为 $2^{\aleph}$，故 $\mathrm{card}M_{\mathrm{L}}\geqslant 2^{\aleph}$. 于是由 $2^{\aleph}>\aleph$ 可知 $\mathrm{card}M_{\mathrm{L}}>\mathrm{card}M_{\mathrm{B}}$. 证毕.

上述推理表明，Lebesgue 测度空间$(\mathbb{R}^n,\mathfrak{M},m)$中，$\mathfrak{M}$ 的大部分元素都不是 Borel 可测集.

定理 1.3.22

若 $A\subset\mathbb{R}^1$ 且 A 的每个子集都是 Lebesgue 可测的，则 $m(A)=0$.

证明 (阅读)设 R 是由有理数$\mathbb{Q}$ 决定的$\mathbb{R}^1$ 上的等价关系：$xRy\Leftrightarrow x-y\in\mathbb{Q}$. 商集$\mathbb{R}^1/$

$R=\{z+\mathbb{Q}: z\in\mathbb{R}^1\}$，按 Zermelo 选择公理，可设 E 恰好是商集中每个互不相同的等价类中各取的一个点所成的集(E 是所谓的“代表团”). 则 E 有如下性质：

(1) 若 $r\in\mathbb{Q}, s\in\mathbb{Q}, s\neq r$，则 $(E+r)\cap(E+s)=\varnothing$；

(2) $\forall x\in\mathbb{R}^1, \exists r\in\mathbb{Q}$，使 $x\in E+r$.

证(1). 假设 $x\in(E+r)\cap(E+s)$，则 $\exists y,z\in E$ 使 $x=y+r=z+s$. 由于 $y-z=s-r\neq 0$，故 $y\neq z$. 但 $y-z=s-r\in\mathbb{Q}$. 因此 y 与 z 位于 $\mathbb{R}^1/R$ 的同一等价类中，与 E 的取法矛盾.

证(2). 设 $y\in E$ 且 y 与 x 在同一等价类中，令 $r=x-y$，则 $r\in\mathbb{Q}$，且 $x\in E+r$.

现在固定 $t\in\mathbb{Q}$，令 $A_t=A\cap(E+t)$. 由题设 A_t 是 Lebesgue 可测的. 设 $K\subset A_t$ 是紧的(K 是 A_t 中有界闭集)，设 H 是当 r 遍取 $\mathbb{Q}\cap[0,1]$ 的点时所有平移 $K+r$ 的并，即 $H=\bigcup\limits_{r\in\mathbb{Q}\cap[0,1]}(K+r)$. 则 H 是有界的. 因此 $m(H)<\infty$. 由于 $K\subset E+t$，(1)表明这些形如 $K+r$ 的集是互不相交的，于是

$$m(H)=\sum_{r\in\mathbb{Q}\cap[0,1]} m(K+r). \tag{1.3.17}$$

但 m 是平移不变的，$m(K+r)=m(K)$. 由式(1.3.17)推出 $m(K)=0$，即对每个紧集 $K\subset A_t$，有 $m(K)=0$ 成立. 因此，由 m 的正则性，有 $m(A_t)=0$. 再利用(2)得 $A=\bigcup\limits_{t\in\mathbb{Q}}A_t$. 由于 $\mathbb{Q}$ 可数，故 $m(A)=0$. 证毕.

推论

$\mathbb{R}^1$ 中每个非零测度的集必有 Lebesgue 不可测子集.

一般说来，结合利用定理 1.3.20 可知，$\mathbb{R}^n$ 上不存在任何平移不变的紧集上有限的非零的正则测度使任何子集都可测，或者说在 $\mathbb{R}^n$ 上最大的 σ-代数(幂集)上不可能定义一个平移不变的紧集上有限的非零的正则测度. 实际上，这是诸如曲线弧长、曲面面积等概念不能给出一般定义使所有曲线都有弧长、所有曲面都有面积的内在原因.

内容提要

习　题

1. 验证 1.1 节中的关系式(M1)～(M5).

2. 设 $\{a_n\}$ 和 $\{b_n\}$ 是 $[-\infty,\infty]$ 内的序列，证明下列结论：

(1) 若对所有的 n，$a_n\leqslant b_n$，则 $\liminf\limits_{n\to\infty}a_n\leqslant\liminf\limits_{n\to\infty}b_n$.

(2) 若 $\limsup\limits_{n\to\infty}a_n+\limsup\limits_{n\to\infty}b_n$ 不会出现 $\infty-\infty$ 的情况，则

$$\limsup_{n\to\infty}(a_n+b_n)\leqslant\limsup_{n\to\infty}a_n+\limsup_{n\to\infty}b_n.$$

3. 设 $X=\{a_1,a_2,\cdots,a_n\}(n\geqslant 2)$，$\tau=\{X,\varnothing,\{a_1\}\}$. 证明：

（1）τ 是 X 上的一个拓扑.

（2）$\overline{\{a_1\}}=X$.

4. 设 τ_1,τ_2 是 X 上的两个拓扑，I 是 X 上的恒等映射. 证明 $I:(X,\tau_1)\to(X,\tau_2)$ 连续当且仅当 $\tau_2\subset\tau_1$.

5. 设 X,Y 为拓扑空间，证明 $T:X\to Y$ 连续当且仅当对 Y 的每个闭集 A，$T^{-1}(A)$ 是 X 的闭集.

6. 设 X 为拓扑空间，$f:X\to\mathbb{R}^1$ 连续. 证明 $A=\{x\in X: f(x)=0\}$ 是 X 的闭集.

7. 证明：(1) 从拓扑空间到平庸空间的任何映射都是连续映射.

(2) 从离散空间到拓扑空间的任何映射都是连续映射.

8. 设拓扑空间 (X,τ) 满足第二可数公理. 证明从 X 的任意开覆盖中可选出由可数个集构成的子覆盖.

9. 设 A,B 为拓扑空间 (X,τ) 中的紧集，证明 $A\cup B$ 是紧集.

10. 设 X 为拓扑空间，$x\in X$，令 A_x 为 X 中含 x 的一切连通子集之并，证明 A_x 为 X 的连通分支. 并证明 X 的任一非空连通子集必含于唯一的一个连通分支中，从而 X 可分解为若干互不相交的连通分支的并集.

11. 设 X 是一个不可数集，$\mathfrak{M}$ 是 X 中所有使 E 或 E^c 至多是可列的子集 E 所作成的集族. 若 E 至多可列，定义 $\mu(E)=0$；若 E^c 至多可列，定义 $\mu(E)=1$. 证明 $\mathfrak{M}$ 是 X 上的 σ-代数，μ 是 $\mathfrak{M}$ 上的一个测度.

12. 是否存在一个仅具有可数个元素的无限 σ-代数？

13. 找出一个 X 上的单调类 β 的例子，使 $X,\varnothing\in\beta$，但 β 不是 σ-代数.

14. 设 f 是可测空间 X 上的实函数，使对每个有理数 r，$\{x: f(x)\geqslant r\}$ 是可测的，证明 f 是可测的.

15. 设 $f:X\to[-\infty,\infty]$ 与 $g:X\to[-\infty,\infty]$ 是可测函数，证明 $\{x: f(x)<g(x)\}$ 与 $\{x: f(x)=g(x)\}$ 都是可测集.

16. 证明实可测函数序列的收敛点集(极限值是有限的)是可测集.

17. 设 μ 是紧 Hausdorff 空间 X 上的一个正则 Borel 测度，假定 $\mu(X)=1$. 证明存在一个紧集 $K\subset X$ 使 $\mu(K)=1$，但对 K 的每个紧的真子集 H 有 $\mu(H)<1$.

18. 设 $E\subset\mathbb{R}^n$，$\partial E=\bar{E}\setminus E^\circ$ 是 E 的边界. 证明当 $m(\partial E)=0$ 时 E 是 Lebesgue 可测集.

19. 设 f 是 $\mathbb{R}^n$ 上实值 Lebesgue 可测函数，证明存在 Borel 可测函数 g 和 h，使 $g(x)=h(x)$ a. e. $[m]$ 且 $g(x)\leqslant f(x)\leqslant h(x)$，$\forall x\in\mathbb{R}^n$.

习题参考解答

附　加　题

1. 设 $f: \mathbb{R}^1 \to \mathbb{R}^1$ 为任一函数. 证明集合

$$A = \{a \in \mathbb{R}^1: \lim_{x \to a} f(x) \text{ 存在,且} \lim_{x \to a} f(x) \neq f(a)\}$$

是至多可列的.

2. 若 $(x, y) \in \mathbb{Q}^2$,则称点 (x, y) 为 $\mathbb{R}^2$ 的**有理点**. 证明平面上存在不含有理点的圆周.

3. 设 (X, τ_X),(Y, τ_Y) 是拓扑空间. 证明 $f: X \to Y$ 连续当且仅当对 Y 的每个子集 B,$f^{-1}(B^\circ) \subset [f^{-1}(B)]^\circ$.

4. 设 X 是拓扑空间,$\{A_\lambda: \lambda \in \Lambda\}$ 是 X 中任意子集族,其中指标集 Λ 非空. 设 A 与 B 是 X 的子集. 证明以下 3 个包含关系,并举例说明每个包含关系都不能改为等号.

(1) $\bigcup\limits_{\lambda \in \Lambda} \overline{A_\lambda} \subset \overline{\bigcup\limits_{\lambda \in \Lambda} A_\lambda}$;　(2) $\overline{\bigcap\limits_{\lambda \in \Lambda} A_\lambda} \subset \bigcap\limits_{\lambda \in \Lambda} \overline{A_\lambda}$;　(3) $\overline{A} \setminus \overline{B} \subset \overline{A \setminus B}$.

5. 设 X 是拓扑空间,$x \in X$,$A \subset X$. 若对点 x 的每个邻域 U,有 $U \cap (A \setminus \{x\}) \neq \varnothing$,则称 x 为 A 的**聚点**. A 的一切聚点之集称为 A 的**导集**,记为 A'. 证明:

(1) $A \cup A' = \overline{A}$;

(2) A 是闭集当且仅当 $A' \subset A$;

(3) 拓扑空间每个子集的导集是闭集当且仅当每个单点集的导集是闭集.

6. 设 (X, τ) 是紧拓扑空间,$f_n, f: X \to \mathbb{R}^1$ 在 X 上连续,f 是 $\{f_n\}$ 的点态极限,且有 $f_{n+1}(x) \leqslant f_n(x)$ $(\forall n \in \mathbb{Z}^+, \forall x \in X)$. 证明 $\{f_n\}$ 在 X 上一致收敛.

7. 设 $\mathbb{R}^n$ 为欧氏空间,$a_i, b_i \in \mathbb{R}^1$,$a_i < b_i$,$i = 1, 2, \cdots, n$. $\prod\limits_{i=1}^{n} (a_i, b_i)$ 称为 $\mathbb{R}^n$ 中**开的 n-方体**(**或开的 n-胞腔**). $\prod\limits_{i=1}^{n} [a_i, b_i)$ 称为 $\mathbb{R}^n$ 中**半开的 n-方体**(**或半开的 n-胞腔**). 证明:

(1) $\mathbb{R}^n$ 中每个非空开集都可表示成至多可列个的互不相交的半开的 n-方体的并集.

(2) $\mathbb{R}^n$ 中每个非空开集既可表示成至多可列个的开球之并,也可表示成至多可列个的开的 n-方体的并集(允许相交).

8. 设 X 是非空的连通的 T_4 空间. 证明: 若 X 不是单点集,则 X 必是不可数的.

9. 证明: 紧 Hausdorff 拓扑空间是 T_4 空间.

10. 设 X 是拓扑空间,若 X 的任意两个隔离子集 A,B 分别有开邻域 U 和 V 使 $U \cap V = \varnothing$,则称 X 是**完全正规空间**. 证明拓扑空间是完全正规空间的当且仅当它的每个子空间完全正规.

11. 设 $\{x_\alpha: \alpha \in D\}$,$\{y_\beta: \beta \in E\}$ 都是拓扑空间 X 中的网,若存在映射 $F: E \to D$ 使

(SN1) $y_\beta = x_{F(\beta)}$;

(SN2) $\forall \alpha \in D$,$\exists \beta_0 \in E$,当 $\beta > \beta_0$ 有 $F(\beta) > \alpha$;

则称 $\{y_\beta: \beta \in E\}$ 是 $\{x_\alpha: \alpha \in D\}$ 的**子网**.

证明: 若网 $\{x_\alpha: \alpha \in D\}$ 收敛于 x,则它的任何子网 $\{y_\beta: \beta \in E\}$ 也收敛于 x.

12. 证明: 拓扑空间 X 是紧的,当且仅当 X 中的每个网都有收敛于 X 中的点的子网.

13. 设 X 是拓扑空间，$\mathcal{F}$是 X 的非空子集族且满足

(F1) $\varnothing\notin\mathcal{F}$；

(F2) 若 $A,B\in\mathcal{F}$，则 $A\cap B\in\mathcal{F}$；

(F3) 若 $A\in\mathcal{F}$，$A\subset B$，则 $B\in\mathcal{F}$；

则称$\mathcal{F}$是 X 上的一个**滤子**. 若对 X 上的任一滤子$\mathcal{F}_1$，由$\mathcal{F}_1\supset\mathcal{F}$蕴涵$\mathcal{F}_1=\mathcal{F}$，则称滤子$\mathcal{F}$是一个**极大滤子**或**超滤**. 若点 $p\in X$ 的邻域系$\mathcal{U}_p$有$\mathcal{U}_p\subset\mathcal{F}$，则称**滤子**$\mathcal{F}$**收敛于** p，记为$\mathcal{F}\to p$. 证明下列命题：

(1) 若$\mathcal{F}$是一个滤子，则$\mathcal{F}\to p$ 当且仅当对每个 $U\in\mathcal{U}_p$，存在 $F\in\mathcal{F}$使 $F\subset U$.

(2) $p\in\overline{A}$ 当且仅当存在 A 中的滤子$\mathcal{F}$有$\mathcal{F}\to p$.

(3) 设某族$\mathcal{A}$具有有限交性质，则存在极大滤子$\mathcal{F}^*$ 使$\mathcal{A}\subset\mathcal{F}^*$.

(4) 滤子$\mathcal{F}$是极大的当且仅当每一个与$\mathcal{F}$中的每个元都相交的集是$\mathcal{F}$中元.

14. 证明拓扑空间 X 是紧的，当且仅当 X 中的每个极大滤子是收敛的.

15. 设$(X,\mathfrak{M},\mu)$为测度空间，$\{A_n\}_{n=1}^{\infty}\subset\mathfrak{M}$. 证明：

(1) $\mu(\liminf\limits_{n\to\infty}A_n)\leqslant\liminf\limits_{n\to\infty}\mu(A_n)$.

(2) 若 $\mu(\bigcup\limits_{n=1}^{\infty}A_n)<\infty$，则 $\mu(\limsup\limits_{n\to\infty}A_n)\geqslant\limsup\limits_{n\to\infty}\mu(A_n)$.

(3) 若 $\mu(\bigcup\limits_{n=1}^{\infty}A_n)<\infty$且 $\lim\limits_{n\to\infty}A_n$ 存在，则 $\mu(\lim\limits_{n\to\infty}A_n)=\lim\limits_{n\to\infty}\mu(A_n)$.

16. 设 $0<\varepsilon<1$，利用 Cantor 方法构造开集 $G\subset[0,1]$，使得 $\overline{G}=[0,1]$，且 $m(G)=\varepsilon$. 这里 $E=[0,1]\backslash G$ 称为**广义 Cantor 集**，具有正的测度.

17. 设 m 为$\mathbb{R}^n$ 上的 Lebesgue 测度. 证明：

(1) 若 $E\subset\mathbb{R}^n$，$m(E)=0$，则 $E^o=\varnothing$.

(2) 若 $E\subset[0,1]^n$，$m(E)=1$，则 $\overline{E}\supset[0,1]^n$.

(3) $\mathbb{R}^n$ 的 Borel 集恰好是由紧集生成的 σ-代数.

(4) $\mathbb{R}^n$ 中互不相交的具有非零测度的可测集构成的集族是至多可数的.

18. 一族可测集(个数未必可数)的并集与交集必是可测集吗？

19. 设 $f:\mathbb{R}^1\to\mathbb{R}^1$ 可微，f'为导函数. 证明：

(1) f'在$\mathbb{R}^1$ 连续的充要条件是对任意 $\alpha\in\mathbb{R}^1$ 有$\{x:f'(x)=\alpha\}$是闭集.

(2) f'是可测的.

20. 设 I 是$\mathbb{R}^1$ 的区间，函数 $f:I\to\mathbb{R}^1$ 满足 Lipschitz 条件，即

$$\exists L>0,\quad\forall x,y\in I,\quad|f(x)-f(y)|\leqslant L|x-y|.$$

证明关于 Lebesgue 测度，f 将零测集映为零测集.

21. 设$(X,\mathfrak{M})$为可测空间. $f:X\to\mathbb{R}^1$ 可测，$g:\mathbb{R}^1\to\mathbb{R}^1$ 是单调的. 证明 $g\circ f:X\to\mathbb{R}^1$ 可测.

22. 设$(X,\mathfrak{M},\mu)$是测度空间，其中 X 是局部紧的 σ-紧的 Hausdorff 空间，拓扑为 τ_X，$\mathfrak{M}\supset\tau_X$，$\mu$ 是正则的且对 X 的任何紧集 K 有 $\mu(K)<\infty$(注意$\mathbb{R}^n$ 就是这样的空间). 设(Y,τ_Y)为拓扑空间，$f:X\to X$ 连续，且对任意零测集 A，$f^{-1}(A)$可测；$g:X\to Y$ 可测. 证明复合映射 $g\circ f:X\to Y$ 可测.

23. 构作实函数 f,g，使 g 是 Lebesgue 可测的而 f 是连续的，但复合 $(g\circ f)(x)=g[f(x)]$ 不是 Lebesgue 可测的.

24. 设 $(X,\mathfrak{M},\mu)$ 是测度空间，A 是可测集且 $\mu(A)>0$. 若对 A 的每个可测子集 E，要么有 $\mu(E)=0$，要么有 $\mu(A\setminus E)=0$，则称 A 是一个**原子**. 若 $(X,\mathfrak{M},\mu)$ 没有原子，则称它为**非原子测度空间**.

(1) 指出计数测度及点 a 的 Dirac 测度的原子.

(2) 设 A 是 $\mathbb{R}^1$ 的具有正的 Lebesgue 测度的可测子集，且 $0<\delta<m(A)$. 证明存在可测子集 B 使 $m(B)=\delta$.

(3) 证明具有 Lebesgue 测度的实直线 $\mathbb{R}^1$ 是一个非原子测度空间.

附加题参考解答

第2章 抽象积分

本章的目的是建立任意集上任何测度的抽象 Lebesgue 积分理论，抽象的目的是为了提供一个更广泛有用的工具. 如无特别声明，本章以下均设$(X, \mathfrak{M}, \mu)$为一般的(正)测度空间.

2.1 可测函数的积分

初等微积分中熟知的定积分、重积分、曲线积分、曲面积分等概念都是通过对积分域的"分割、求和、取极限"这一程序而引入的. 我们称它们为 Riemann 积分. Riemann 积分的直观意义十分明显，其理论与实际的重要作用也是不可否认的，但仍在许多方面不能令人满意. 首先，它长于处理区间或区域上的连续函数，对连续性较差或定义域较复杂的函数往往无能为力. 而对这些更一般的函数考虑其积分在理论与实际中是必需的. 其次，Riemann 积分的某些性质其条件过于苛刻，不便于使用. 例如，$\lim\limits_{n\to\infty}\int_0^1(1-x^2)^n\,\mathrm{d}x=0$ 不能利用积分与极限两种运算的交换得出，即不能这样得出：

$$\lim_{n\to\infty}\int_0^1(1-x^2)^n\,\mathrm{d}x=\int_0^1\lim_{n\to\infty}(1-x^2)^n\,\mathrm{d}x=0.$$

因为在$[0,1]$上，$\{(1-x^2)^n\}$并不一致收敛于 0. 还有，以后将指出，Riemann 积分用作研究某些函数空间的理论工具是不合适的，因此有必要引进新的积分. 我们要求新的积分除克服上述缺陷外，还应当与 Riemann 积分保持某些一致性. 即新积分是 Riemann 积分的推广与改进. Lebesgue 积分就是这样一种意义上的积分. 它首先由法国数学家 Lebesgue 创立.

以下在一般的测度空间上介绍 Lebesgue 积分理论. 测度空间的一般性(包括 Lebesgue 测度及计数测度等情形在内)不仅不会增加 Lebesgue 积分理论建立的本质困难，而且还会获得对 Lebesgue 积分的全面认识.

2.1.1 Lebesgue 积分的定义

首先应当指出，服从于积分理论的一般性，在任意可测子集上而不是只在全空间上定义积分，在理论上没有妨碍，是许可的. 当$(X, \mathfrak{M}, \mu)$是测度空间，$E\in\mathfrak{M}$，$E\neq\varnothing$时，令

$$\mathfrak{M}_E=\{A\cap E : A\in\mathfrak{M}\},$$

则 $\mathfrak{M}_E$ 就是 E 上的 σ-代数，且 $\mathfrak{M}_E \subset \mathfrak{M}$. 令 $\mu_E = \mu|_{\mathfrak{M}_E}$，则 $(E, \mathfrak{M}_E, \mu_E)$ 也是测度空间，μ_E 就是 μ 在 E 上的限制. 若 $f: X \to Y$ 可测，则由

$$(f|_E)^{-1}(V) = f^{-1}(V) \cap E$$

可知 $f|_E: E \to Y$ 也是可测的.

定义 2.1.1

(1) 设 $s: X \to [0,\infty)$ 为可测的简单函数，$s = \sum_{i=1}^{n} \alpha_i \chi_{A_i}$，$E \in \mathfrak{M}$. 定义

$$\int_E s \, \mathrm{d}\mu = \sum_{i=1}^{n} \alpha_i \mu(A_i \cap E). \tag{2.1.1}$$

(参见图 2-1).

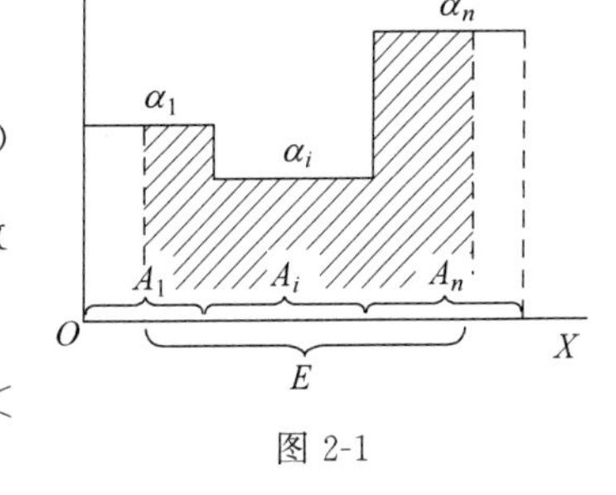

图 2-1

(2) 设 $f: X \to [0,\infty]$ 可测且 $E \in \mathfrak{M}$. 定义

$$\int_E f \, \mathrm{d}\mu = \sup_{0 \leqslant s \leqslant f} \int_E s \, \mathrm{d}\mu, \tag{2.1.2}$$

其中，上确界是对满足 $0 \leqslant s \leqslant f$ 的一切可测的简单函数取的.

(3) 设 $f: X \to [-\infty,\infty]$ 可测且 $E \in \mathfrak{M}$. 若 $\int_E f^+ \, \mathrm{d}\mu < \infty$ 与 $\int_E f^- \, \mathrm{d}\mu < \infty$ 至少有一个成立，则定义

$$\int_E f \, \mathrm{d}\mu = \int_E f^+ \, \mathrm{d}\mu - \int_E f^- \, \mathrm{d}\mu. \tag{2.1.3}$$

(4) 设 $f: X \to \mathbb{C}$ 可测且 $E \in \mathfrak{M}$. 若 $f = u + \mathrm{i}v$ 且 $\int_E |f| \, \mathrm{d}\mu < \infty$，则定义

$$\int_E f \, \mathrm{d}\mu = \int_E u^+ \, \mathrm{d}\mu - \int_E u^- \, \mathrm{d}\mu + \mathrm{i}\int_E v^+ \, \mathrm{d}\mu - \mathrm{i}\int_E v^- \, \mathrm{d}\mu. \tag{2.1.4}$$

在式(2.1.1)、式(2.1.2)、式(2.1.3)和式(2.1.4)中左边的积分分别称为**简单函数、非负函数、实函数及复函数在 E 上关于测度 μ 的 Lebesgue 积分.**

上述定义中，式(2.1.1)、式(2.1.2)的积分值允许为∞，式(2.1.3)的积分值允许为$-\infty$或∞. 式(2.1.4)的积分值必是有限的，因为非负函数 u^+, u^-, v^+, v^- 不超过$|f|$. 无论哪种情形，仅当积分值有限时称为 f **可积**. 可见"f 的积分有定义"与"f 可积"是含义有差别的术语.

上述定义所用的积分记号 $\int_E f \mathrm{d}\mu$ 中，已标出被积函数 f，积分域 E 及所用的测度 μ. 若要标明积分变量，则用记号 $\int_E f(x) \mathrm{d}\mu(x)$ 或 $\int_E f(x) \mathrm{d}\mu$. 当 $\mu = m$(Lebesgue 测度)时，相应积分记为 $\int_E f \mathrm{d}m$. 此时若积分域是$\mathbb{R}^1$ 中端点为 a, b 的区间，由于单点集的 Lebesgue 测度为零，$\int_{[a,b]} f \mathrm{d}m = \int_{(a,b)} f \mathrm{d}m$，则相应的积分都可记为 $\int_a^b f \mathrm{d}m$ 或 $\int_a^b f(x) \mathrm{d}x$ 而不会混淆.

从几何上讲，定义 2.1.1 中的(1)和(2)给出的 Lebesgue 积分仍表示"面积"的计算. 将式(2.1.1)的右边称为积分和式，结合定理 1.3.15 的证明不难理解，式(2.1.2)的右边相当于对函数值域进行分划所得积分和式的上确界.

下列命题 2.1.1 可由定义直接得出.

命题 2.1.1

(1) $f: X\to[0,\infty]$ 可测，$c\in[0,\infty)$，则 $\int_X cf\,\mathrm{d}\mu=c\int_X f\,\mathrm{d}\mu$.

(2) 设 $E\in\mathfrak{M}$，则 $\int_X \chi_E\,\mathrm{d}\mu=\mu(E)$.

(3) 设 f 可测，$E\in\mathfrak{M}$. 若 $\int_X f\,\mathrm{d}\mu$ 有定义，则 $\int_E f\,\mathrm{d}\mu$ 也有定义，且 $\int_E f\,\mathrm{d}\mu=\int_X f\chi_E\,\mathrm{d}\mu$.

上述命题 2.1.1 中，(2)表明测度与积分可互相转化；(3)表明当 E 是 X 的可测子集时，子集上的积分可视为 X 上的积分.

命题 2.1.2

设 s 和 t 是 X 上的可测的非负简单函数，$E\in\mathfrak{M}$. 定义 $\varphi(E)=\int_E s\,\mathrm{d}\mu$. 则 φ 为 $\mathfrak{M}$ 上的测度且

$$\int_X(s+t)\,\mathrm{d}\mu=\int_X s\,\mathrm{d}\mu+\int_X t\,\mathrm{d}\mu. \tag{2.1.5}$$

证明 设 $s=\sum_{i=1}^n \alpha_i\chi_{A_i}$，$\{E_r\}_{r=1}^\infty$ 是互不相交可测集列，$E=\bigcup_{r=1}^\infty E_r$. 利用 μ 的可数可加性得

$$\begin{aligned}\varphi(E)&=\sum_{i=1}^n \alpha_i\mu(A_i\cap E)=\sum_{i=1}^n\alpha_i\sum_{r=1}^\infty\mu(A_i\cap E_r)\\&=\sum_{r=1}^\infty\sum_{i=1}^n\alpha_i\mu(A_i\cap E_r)=\sum_{r=1}^\infty\varphi(E_r).\end{aligned}$$

又由 $\mu(\varnothing)=0$ 得 $\varphi(\varnothing)=0$. 所以，φ 为 $\mathfrak{M}$ 上的测度.

现设 $s=\sum_{i=1}^n\alpha_i\chi_{A_i}$，$t=\sum_{j=1}^m\beta_j\chi_{B_j}$. 令 $E_{ij}=A_i\cap B_j$. 则

$$\begin{aligned}\int_{E_{ij}}(s+t)\,\mathrm{d}\mu&=(\alpha_i+\beta_j)\mu(E_{ij})\\&=\alpha_i\mu(E_{ij})+\beta_j\mu(E_{ij})\\&=\int_{E_{ij}}s\,\mathrm{d}\mu+\int_{E_{ij}}t\,\mathrm{d}\mu.\end{aligned}\tag{2.1.6}$$

由于 $X=\bigcup_{i=1}^n\bigcup_{j=1}^m E_{ij}$，诸 E_{ij} 互不相交，故

$$\int_X s\,\mathrm{d}\mu=\varphi(X)=\sum_{i=1}^n\sum_{j=1}^m\varphi(E_{ij})=\sum_{i=1}^n\sum_{j=1}^m\int_{E_{ij}}s\,\mathrm{d}\mu.$$

同理 $\int_X t\,\mathrm{d}\mu=\sum_{i=1}^n\sum_{j=1}^m\int_{E_{ij}}t\,\mathrm{d}\mu$，$\int_X(s+t)\,\mathrm{d}\mu=\sum_{i=1}^n\sum_{j=1}^m\int_{E_{ij}}(s+t)\,\mathrm{d}\mu$. 对式(2.1.6)求和便可得到式(2.1.5). 证毕.

2.1.2 单调收敛定理

定理 2.1.3(Lebesgue 单调收敛定理)(也称为 **Levi 单调收敛定理**)

设$\{f_n\}$是 X 上可测函数列,满足

(1) $0\leqslant f_1(x)\leqslant f_2(x)\leqslant\cdots\leqslant\infty,\ \forall x\in X$;

(2) $\lim\limits_{n\to\infty} f_n(x)=f(x),\ \forall x\in X$.

则 f 是可测的,且 $\lim\limits_{n\to\infty}\int_X f_n \mathrm{d}\mu=\int_X f\mathrm{d}\mu$.

证明 因为由定义 2.1.1 易知 $\int_X f_n\mathrm{d}\mu\leqslant\int_X f_{n+1}\mathrm{d}\mu$,即$\left\{\int_X f_n\mathrm{d}\mu\right\}$是递增数列,故存在 $\alpha\in[0,\infty]$,使当 $n\to\infty$时有 $\int_X f_n\mathrm{d}\mu\to\alpha$. 因$\{f_n\}$是可测函数列,故极限函数 f 是可测的. 由 $f_n\leqslant f$ 得 $\int_X f_n\mathrm{d}\mu\leqslant\int_X f\mathrm{d}\mu$ $(\forall n\in\mathbb{Z}^+)$. 由此推出 $\alpha\leqslant\int_X f\mathrm{d}\mu$. 若 $\alpha=\infty$,结论已得到证明. 以下设 $\alpha<\infty$.

设 s: $0\leqslant s\leqslant f$ 为任一简单可测函数,常数 $c\in(0,1)$. 定义

$$E_n=\{x: f_n(x)\geqslant cs(x)\}\quad (n\in\mathbb{Z}^+)$$

令 $g_n=f_n-cs$,则 g_n 可测,从而 $E_n=g_n^{-1}([0,\infty])$ 是可测的. 由 $f_n\leqslant f_{n+1}$ 得 $E_n\subset E_{n+1}$ $(\forall n\in\mathbb{Z}^+)$;且有

$$X=\bigcup_{n=1}^{\infty}E_n. \tag{2.1.7}$$

事实上,设 $x\in X$. 若 $f(x)=0$,由 $0\leqslant f_n(x)\leqslant f(x)$,$0\leqslant s(x)\leqslant f(x)$得 $f_n(x)=0$,$s(x)=0$,即 $x\in E_n$;若 $f(x)>0$,因 $c\in(0,1)$,故由 $s(x)\leqslant f(x)$得 $cs(x)<f(x)$,从而存在 $n\in\mathbb{Z}^+$,$f_n(x)\geqslant cs(x)$,这表明 $x\in E_n$. 故式(2.1.7)是成立的. 于是

$$\int_X f_n\mathrm{d}\mu\geqslant\int_{E_n}f_n\mathrm{d}\mu\geqslant c\int_{E_n}s\mathrm{d}\mu. \tag{2.1.8}$$

根据命题 2.1.2,$\varphi(E)=\int_E s\mathrm{d}\mu$ 是 $\mathfrak{M}$ 上测度. 根据定理 1.3.16(5),$\varphi(E_n)\to\varphi(X)$. 由此得 $\int_{E_n}s\mathrm{d}\mu\to\int_X s\mathrm{d}\mu$. 对式(2.1.8)令 $n\to\infty$得 $\alpha\geqslant c\int_X s\mathrm{d}\mu$. 由于 $c\in(0,1)$是任意的(可令 $c\to 1$),故 $\alpha\geqslant\int_X s\mathrm{d}\mu$ 对任意的 s $(0\leqslant s\leqslant f)$成立. 由式(2.1.2)得 $\alpha\geqslant\int_X f\mathrm{d}\mu$. 因此 $\int_X f_n\mathrm{d}\mu\to\int_X f\mathrm{d}\mu$. 证毕.

2.1.3 Lebesgue 积分的基本性质

定义 2.1.2

记 $L^1(\mu)=\left\{f: f\text{ 是 }X\text{ 上的复可测函数且}\int_X|f|\mathrm{d}\mu<\infty\right\}$. 称 $L^1(\mu)$的元素为**关于 μ 的 Lebesgue 可积函数**. 当 $X=E\subset\mathbb{R}^n$,$\mu=m$ 时,$L^1(\mu)$也记为 $L^1(E)$,当 $E=[a,b]\subset\mathbb{R}^1$ 时记为 $L^1[a,b]$.

命题 2.1.4

(1) $f\in L^1(\mu)$的充要条件是$|f|\in L^1(\mu)$.

(2) 若$f\in L^1(\mu)$，则f几乎处处有限(记为$|f|<\infty$ a.e.)，且集合$\{x\in X: f(x)\neq 0\}$有σ-有限测度.

(3) 若f可测，$g\in L^1(\mu)$且$|f|\leqslant g$，则$f\in L^1(\mu)$. 特别地，若f是可测的有界函数且$\mu(X)<\infty$，则$f\in L^1(\mu)$.

证明 设$h_1,h_2: X\to[0,\infty]$可测. 则必有

$$\int_X (h_1+h_2)\mathrm{d}\mu=\int_X h_1\mathrm{d}\mu+\int_X h_2\mathrm{d}\mu. \tag{2.1.9}$$

事实上，存在可测的简单函数的递增序列$\{s_n\}$，$\{t_n\}$使$s_n\to h_1$，$t_n\to h_2(n\to\infty)$. 由式(2.1.5)得$\int_X(s_n+t_n)\mathrm{d}\mu=\int_X s_n\mathrm{d}\mu+\int_X t_n\mathrm{d}\mu$. 再应用 Lebesgue 单调收敛定理便得到式(2.1.9).

由定义 2.1.1 易知

$$0\leqslant h_1\leqslant h_2 \ \Rightarrow\ \int_X h_1\mathrm{d}\mu\leqslant\int_X h_2\mathrm{d}\mu. \tag{2.1.10}$$

(1) 因为f可测$\Leftrightarrow|f|$可测，故(1)由$L^1(\mu)$的定义直接得出.

(2) 令$E=\{x: |f(x)|=\infty\}$，$E_n=\{x: |f(x)|\geqslant n\}$；

$F=\{x: f(x)\neq 0\}$，$F_n=\{x: |f(x)|\geqslant 1/n\}$.

则$E\subset E_n(\forall n\in\mathbb{Z}^+)$，$F=\bigcup\limits_{n=1}^{\infty}F_n$. 根据式(2.1.10)与命题 2.1.1(1)(2)得

$$\int_{E_n}|f|\mathrm{d}\mu\geqslant\int_{E_n}n\mathrm{d}\mu=n\mu(E_n),\quad \int_{F_n}|f|\mathrm{d}\mu\geqslant\int_{F_n}(1/n)\mathrm{d}\mu=(1/n)\mu(F_n).$$

于是

$$\mu(E_n)\leqslant(1/n)\int_{E_n}|f|\mathrm{d}\mu\leqslant(1/n)\int_X|f|\mathrm{d}\mu, \tag{2.1.11}$$

$$\mu(F_n)\leqslant n\int_{F_n}|f|\mathrm{d}\mu\leqslant n\int_X|f|\mathrm{d}\mu<\infty. \tag{2.1.12}$$

因$\mu(E)\leqslant\mu(E_n)$，由式(2.1.11)推出$\mu(E_n)\to 0$，故$\mu(E)=0$；由式(2.1.12)推出F有σ-有限测度.

(3) 当$|f|\leqslant g$，$g\in L^1(\mu)$时，由式(2.1.10)得$f\in L^1(\mu)$. 设$M>0$，$|f|\leqslant M$. 则$\int_X|f|\mathrm{d}\mu\leqslant\int_X M\mathrm{d}\mu=M\mu(X)<\infty$. 证毕.

定理 2.1.5

Lebesgue 积分有如下基本性质

(1) **线性** 若$\alpha,\beta\in\mathbb{C}$，$f,g\in L^1(\mu)$，则$\alpha f+\beta g\in L^1(\mu)$，且

$$\int_X(\alpha f+\beta g)\mathrm{d}\mu=\alpha\int_X f\mathrm{d}\mu+\beta\int_X g\mathrm{d}\mu.$$

(2) **积分域可加性** 若$E_1,E_2\in\mathfrak{M}$且$E_1\cap E_2=\varnothing$，$X=E_1\cup E_2$. 则

$$\int_X f\mathrm{d}\mu=\int_{E_1}f\mathrm{d}\mu+\int_{E_2}f\mathrm{d}\mu.$$

(3) **单调性** 若$f\leqslant g$且$\int_X f\mathrm{d}\mu$与$\int_X g\mathrm{d}\mu$有定义，则$\int_X f\mathrm{d}\mu\leqslant\int_X g\mathrm{d}\mu$.

(4) **零测性** 若 $E\in\mathfrak{M},\mu(E)=0$,则 $\int_E f\mathrm{d}\mu=0$.

(5) **等积性** 若 $f=g$ a.e.,且 $\int_X f\mathrm{d}\mu$ 有定义.则 $\int_X g\mathrm{d}\mu$ 有定义,且

$$\int_X f\mathrm{d}\mu=\int_X g\mathrm{d}\mu.$$

(6) **非负零积性** 设 $f\colon X\to[0,\infty]$可测,且 $E\in\mathfrak{M}$.若 $\int_E f\mathrm{d}\mu=0$,则 $f=0$ a.e.于 E.

复零积性 设 $f\in L^1(\mu)$且 $\forall E\in\mathfrak{M}$ 有 $\int_E f\mathrm{d}\mu=0$,则 $f=0$ a.e.于 X.

(7) **绝对值性** 若 $f\in L^1(\mu)$,则 $\left|\int_X f\mathrm{d}\mu\right|\leqslant\int_X|f|\mathrm{d}\mu$;若$\left|\int_X f\mathrm{d}\mu\right|=\int_X|f|\mathrm{d}\mu$,则存在常数 α 使 $\alpha f=|f|$ a.e.于 X.

(8) **绝对连续性** 设 $f\in L^1(\mu)$,则 $\forall\varepsilon>0,\exists\delta>0$,对 X 中任意可测集 E,当 $\mu(E)<\delta$ 时有 $\int_E|f|\mathrm{d}\mu<\varepsilon$.

证明 (阅读)(1) 利用式(2.1.10)、式(2.1.9)与命题2.1.1(1)得

$$\begin{aligned}\int_X|\alpha f+\beta g|\mathrm{d}\mu&\leqslant\int_X(|\alpha||f|+|\beta||g|)\mathrm{d}\mu\\&=|\alpha|\int_X|f|\mathrm{d}\mu+|\beta|\int_X|g|\mathrm{d}\mu<\infty.\end{aligned}$$

故 $\alpha f+\beta g\in L^1(\mu)$.要证(1)中的等式,显然只要证明

$$\int_X(f+g)\mathrm{d}\mu=\int_X f\mathrm{d}\mu+\int_X g\mathrm{d}\mu,\tag{2.1.13}$$

$$\int_X(\alpha f)\mathrm{d}\mu=\alpha\int_X f\mathrm{d}\mu.\tag{2.1.14}$$

事实上,按式(2.1.4),只要对 f 与 g 是实函数的情形证明式(2.1.13)即可.令 $h=f+g$.则 $h^+-h^-=f^+-f^-+g^+-g^-$,即 $h^++f^-+g^-=f^++g^++h^-$.利用式(2.1.9)得

$$\int_X h^+\mathrm{d}\mu+\int_X f^-\mathrm{d}\mu+\int_X g^-\mathrm{d}\mu=\int_X f^+\mathrm{d}\mu+\int_X g^+\mathrm{d}\mu+\int_X h^-\mathrm{d}\mu.$$

注意到每个积分都是有限的,移项便得到式(2.1.13).

设 $f=u+\mathrm{i}v$.利用式(2.1.4)与命题2.1.1(1)可知式(2.1.14)当 $\alpha\geqslant0$ 时成立;利用$(-u)^+=u^-$等关系式容易验证式(2.1.14)当 $\alpha=-1$ 时成立;当 $\alpha=\mathrm{i}$ 时,有

$$\begin{aligned}\int_X\mathrm{i}f\mathrm{d}\mu&=\int_X(\mathrm{i}u-v)\mathrm{d}\mu=-\int_X v\mathrm{d}\mu+\mathrm{i}\int_X u\mathrm{d}\mu\\&=\mathrm{i}\left(\int_X u\mathrm{d}\mu+\mathrm{i}\int_X v\mathrm{d}\mu\right)=\mathrm{i}\int_X f\mathrm{d}\mu.\end{aligned}$$

设 $\alpha=a+\mathrm{i}b$,其中 $a,b\in\mathbb{R}^1$,结合利用式(2.1.13)可得式(2.1.14)对任意复数 α 成立.

(2) 若 $f\in L^1(\mu)$,则由(1)得

$$\begin{aligned}\int_{E_1}f\mathrm{d}\mu+\int_{E_2}f\mathrm{d}\mu&=\int_X f\chi_{E_1}\mathrm{d}\mu+\int_X f\chi_{E_2}\mathrm{d}\mu\\&=\int_X f(\chi_{E_1}+\chi_{E_2})\mathrm{d}\mu=\int_X f\mathrm{d}\mu.\end{aligned}\tag{2.1.15}$$

设 f 是实函数，且不妨设 $\int_X f\mathrm{d}\mu=\infty\left(\int_X f\mathrm{d}\mu=-\infty\text{ 情形的证明是类似的}\right)$. 由式(2.1.3)可知 $\int_X f^+\mathrm{d}\mu=\infty$, $\int_X f^-\mathrm{d}\mu<\infty$. 于是由式(2.1.9)得

$$\begin{aligned}\int_{E_1} f^+\mathrm{d}\mu+\int_{E_2} f^+\mathrm{d}\mu&=\int_X f^+\chi_{E_1}\mathrm{d}\mu+\int_X f^+\chi_{E_2}\mathrm{d}\mu\\&=\int_X f^+(\chi_{E_1}+\chi_{E_2})\mathrm{d}\mu=\int_X f^+\mathrm{d}\mu.\end{aligned}$$

再利用式(2.1.3)与式(2.1.15)即得此时(2)中等式也成立.

(3) 由于 $f\leqslant g$，即 $f^+-f^-\leqslant g^+-g^-$，故 $f^++g^-\leqslant f^-+g^+$，利用式(2.1.9)与式(2.1.10)，容易验证.

(4) 因为 $\mu(E)=0$，当 f 非负时，由式(2.1.1)与式(2.1.2)及 $0\cdot\infty=0$ 可知 $\int_E f\mathrm{d}\mu=0$. 其他情形由式(2.1.3)与式(2.1.4)得出.

(5) 不妨设 f 是实函数(复函数情形的证明是类似的). 令 $E=\{x\in X: f(x)=g(x)\}$，则 $\mu(E^c)=0$. 由(4)得，$\int_{E^c} f^+\mathrm{d}\mu=0$, $\int_{E^c} g^+\mathrm{d}\mu=0$. 利用(2)有

$$\int_X f^+\mathrm{d}\mu=\int_E f^+\mathrm{d}\mu+\int_{E^c} f^+\mathrm{d}\mu=\int_E g^+\mathrm{d}\mu+\int_{E^c} g^+\mathrm{d}\mu=\int_X g^+\mathrm{d}\mu.$$

同理有 $\int_X f^-\mathrm{d}\mu=\int_X g^-\mathrm{d}\mu$，由式(2.1.3)便可知结论成立.

(6) 设 $E_n=\{x\in E: f(x)\geqslant 1/n\}$, $E_0=\{x\in E: f(x)>0\}$. 则

$$0=\int_E f\mathrm{d}\mu\geqslant\int_{E_n} f\mathrm{d}\mu\geqslant\int_{E_n}(1/n)\mathrm{d}\mu=(1/n)\mu(E_n).$$

这表明 $\mu(E_n)=0$.

于是由 $E_0=\bigcup\limits_{n=1}^{\infty}E_n$ 得 $\mu(E_0)\leqslant\sum\limits_{n=1}^{\infty}\mu(E_n)=0$. 所以 $f=0$ a.e.，非负零积性得证.

令 $f=u+\mathrm{i}v$, $E=\{x\in X: u(x)\geqslant 0\}$，则 $\int_E f\mathrm{d}\mu$ 的实部 $\int_E u^+\mathrm{d}\mu=0$. 由非负零积性推出 $u^+=0$ a.e. 于 E，从而 $u^+=0$ a.e. 于 X. 同理 $u^-=v^+=v^-=0$ a.e. 于 X.

(7) 令 $z=\int_X f\mathrm{d}\mu$. 当 $z=0$ 时取 $\alpha=1$，当 $z\neq 0$ 时取 $\alpha=|z|/z$，则 $|\alpha|=1$ 且 $\alpha z=|z|$. 设 $\alpha f=u+\mathrm{i}v$，则 $u\leqslant|\alpha f|=|f|$. 因此，有

$$\begin{aligned}\left|\int_X f\mathrm{d}\mu\right|&=|z|=\alpha z=\alpha\int_X f\mathrm{d}\mu=\int_X \alpha f\mathrm{d}\mu\\&=\int_X u\mathrm{d}\mu+\mathrm{i}\int_X v\mathrm{d}\mu=\int_X u\mathrm{d}\mu\leqslant\int_X|f|\mathrm{d}\mu.\end{aligned}$$

上述不等式等号成立推出 $\int_X(|f|-u)\mathrm{d}\mu=0$. 注意到 $|f|-u\geqslant 0$，故有 $|f|=u$ a.e. 于 X，即 $\mathrm{Re}(\alpha f)=|\alpha f|$ a.e. 于 X. 所以 $\alpha f=|\alpha f|=|f|$ a.e. 于 X.

(8) 因为 $f\in L^1(\mu)$，故 $|f|\in L^1(\mu)$. $\forall\varepsilon>0$，存在可测的简单函数 $s(x)$，有 $0\leqslant s(x)\leqslant|f(x)|(\forall x\in X)$，且 $\int_X(|f|-s)\mathrm{d}\mu<\varepsilon/2$. 设 $0\leqslant s(x)\leqslant M$，取 $\delta=\varepsilon/(2M)$. 则当 $E\in\mathfrak{M}$ 时，

$\mu(E)<\delta$ 有

$$\int_E |f| \mathrm{d}\mu=\int_E(|f|-s)\mathrm{d}\mu+\int_E s\mathrm{d}\mu<\varepsilon/2+M\mu(E)<\varepsilon.$$

证毕.

2.2 积分收敛定理及应用

本节讨论 Lebesgue 积分与极限运算次序交换问题. 在 Riemann 积分论中,可交换性条件必须是"一致收敛"才行,而在 Lebesgue 积分意义下,只要很弱的条件就可保证交换性. 作为 Lebesgue 积分的重要应用,本节还将讨论有界实函数的 Riemann 可积性问题及可测函数的连续性问题.

2.2.1 积分收敛定理

在下面的讨论中,我们将看到单调收敛定理是整个 Lebesgue 积分收敛理论的出发点. 另外,按 Lebesgue 积分基本性质,单调收敛定理中的条件"$\lim\limits_{n\to\infty}f_n(x)=f(x)$"可降低为"$\lim\limits_{n\to\infty}f_n(x)=f(x)$a. e.". 以后 $\lim\limits_{n\to\infty}f_n(x)=f(x)$a. e. 也记为 $f_n(x)\xrightarrow{\text{a. e.}}f(x)$.

定理 2.2.1(Lebesgue 正项级数逐项积分定理)

设 $f_n: X\to[0,\infty]$ 可测,且 $f(x)=\sum\limits_{n=1}^{\infty}f_n(x)$a. e. 于 X. 则

$$\int_X f\mathrm{d}\mu=\sum_{n=1}^{\infty}\int_X f_n\mathrm{d}\mu.$$

证明 记 $g_n=\sum\limits_{k=1}^{n}f_k$,则 $\{g_n\}$ a. e. 单调收敛于 f,且

$$\int_X g_n\mathrm{d}\mu=\sum_{k=1}^{n}\int_X f_k\mathrm{d}\mu.$$

应用单调收敛定理得 $\int_X f\mathrm{d}\mu=\lim\limits_{n\to\infty}\int_X g_n\mathrm{d}\mu=\sum\limits_{k=1}^{\infty}\int_X f_k\mathrm{d}\mu$. 证毕.

定理 2.2.2(Fatou 引理)

若 $f_n: X\to[0,\infty]$ 可测,则 $\int_X(\liminf\limits_{n\to\infty}f_n)\mathrm{d}\mu\leqslant\liminf\limits_{n\to\infty}\int_X f_n\mathrm{d}\mu$.

证明 令 $g_k=\inf\limits_{n\geqslant k}f_n(k\in\mathbb{Z}^+)$. 因为 f_n 可测,故由定理 1.3.14 的推论得,g_k 是可测的. 由 $g_k\leqslant f_n(\forall n\geqslant k)$得 $\int_X g_k\mathrm{d}\mu\leqslant\int_X f_n\mathrm{d}\mu(\forall n\geqslant k)$, 从而

$$\int_X g_k\mathrm{d}\mu\leqslant\inf_{n\geqslant k}\int_X f_n\mathrm{d}\mu. \tag{2.2.1}$$

因为 $0\leqslant g_k\leqslant g_{k+1}(\forall k\geqslant 1)$, $\lim\limits_{k\to\infty}g_k(x)=\liminf\limits_{n\to\infty}f_n(x)$,故对式(2.2.1)应用单调收敛定理得

$$\int_X(\liminf_{n\to\infty}f_n(x))\mathrm{d}\mu\leqslant\liminf_{n\to\infty}\int_X f_n(x)\mathrm{d}\mu.$$

命题 2.2.3

设 $f: X\to[0,\infty]$ 可测且 $\varphi(E)=\int_E f\mathrm{d}\mu\ (E\in\mathfrak{M})$. 则 φ 是 $\mathfrak{M}$ 上的一个测度,且对任

意非负可测函数 $g: X\to[0,\infty]$，有

$$\int_X g\,\mathrm{d}\varphi=\int_X gf\,\mathrm{d}\mu. \tag{2.2.2}$$

证明 设 $\{E_j\}_{j=1}^{\infty}\subset\mathfrak{M}$ 为互不相交元的族，$E=\bigcup_{j=1}^{\infty}E_j$. 则

$$\chi_E f=\sum_{j=1}^{\infty}\chi_{E_j}f,\quad \varphi(E)=\int_X\chi_E f\,\mathrm{d}\mu,\quad \varphi(E_j)=\int_X\chi_{E_j}f\,\mathrm{d}\mu.$$

应用逐项积分定理得

$$\varphi(E)=\sum_{j=1}^{\infty}\int_X\chi_{E_j}f\,\mathrm{d}\mu=\sum_{j=1}^{\infty}\varphi(E_j).$$

由于 $\mu(\varnothing)=0$，故 $\varphi(\varnothing)=0$. 因此 φ 是一个测度. 因为

$$\int_X\chi_E f\,\mathrm{d}\mu=\varphi(E),\quad \int_X\chi_E\,\mathrm{d}\varphi=\varphi(E).$$

故式(2.2.2)当 $g=\chi_E$ 时成立. 由此推知式(2.2.2)当 g 为非负简单可测函数时成立. 应用单调收敛定理，可得式(2.2.2)当 g 为任意非负可测函数时成立. 证毕.

命题 2.2.3 的意义相当于给出了关系式 $\mathrm{d}\varphi=f\,\mathrm{d}\mu$.

推论

Lebesgue 积分具有**积分域可数可加性**：若 $\{E_n\}\subset\mathfrak{M}$ 是互不相交的集族，$X=\bigcup_{n=1}^{\infty}E_n$. 则 $\int_X f\,\mathrm{d}\mu=\sum_{n=1}^{\infty}\int_{E_n}f\,\mathrm{d}\mu$.

证明 设 f 为实值函数. 由命题 2.2.3 得

$$\int_X f^+\,\mathrm{d}\mu=\sum_{n=1}^{\infty}\int_{E_n}f^+\,\mathrm{d}\mu,\quad \int_X f^-\,\mathrm{d}\mu=\sum_{n=1}^{\infty}\int_{E_n}f^-\,\mathrm{d}\mu.$$

$\int_X f\,\mathrm{d}\mu$ 有定义，$\int_X f^+\,\mathrm{d}\mu$ 与 $\int_X f^-\,\mathrm{d}\mu$ 至少有一个有限，不妨设 $\int_X f^+\,\mathrm{d}\mu$ 有限，则每个 $\int_{E_n}f^+\,\mathrm{d}\mu$ 都有限. 于是由式(2.1.3)，得到

$$\begin{aligned}\int_X f\,\mathrm{d}\mu&=\int_X f^+\,\mathrm{d}\mu-\int_X f^-\,\mathrm{d}\mu=\sum_{n=1}^{\infty}\int_{E_n}f^+\,\mathrm{d}\mu-\sum_{n=1}^{\infty}\int_{E_n}f^-\,\mathrm{d}\mu\\&=\sum_{n=1}^{\infty}\left[\int_{E_n}f^+\,\mathrm{d}\mu-\int_{E_n}f^-\,\mathrm{d}\mu\right]=\sum_{n=1}^{\infty}\int_{E_n}f\,\mathrm{d}\mu.\end{aligned}$$

当 f 为复值函数时，由式(2.1.4)用类似的推理可知结论也成立. 证毕.

例 2.2.1 取 μ 是 $\mathbb{Z}^+$ 上的计数测度. 因为 $\mathbb{Z}^+$ 的任何子集可测，故 $\mathbb{Z}^+$ 上任何函数可测. 令 $g: \mathbb{Z}^+\to\mathbb{C}$，由于 $\mu(\{n\})=1$，由积分域可数可加性得

$$\int_{\mathbb{Z}^+}|g|\,\mathrm{d}\mu=\sum_{n=1}^{\infty}\int_{\{n\}}|g|\,\mathrm{d}\mu=\sum_{n=1}^{\infty}|g(n)|.$$

可见，$g\in L^1(\mu)$ 当且仅当 $\sum_{n=1}^{\infty}|g(n)|<\infty$. 设 $g\in L^1(\mu)$，$\{n_k\}$ 是 $\mathbb{Z}^+$ 的任一排列，仍由积分域可数可加性得

$$\sum_{n=1}^{\infty} g(n)=\int_{\mathbf{Z}^{+}} g\,\mathrm{d}\mu=\sum_{k=1}^{\infty}\int_{\{n_k\}} g\,\mathrm{d}\mu=\sum_{k=1}^{\infty} g(n_k).$$

这证明了：绝对收敛级数各项可以任意重排.

现设 $\alpha_{ij}\geqslant 0\ (i,j\in\mathbb{Z}^{+})$，令 $f, f_i: \mathbb{Z}^{+}\rightarrow[0,\infty)$，$f_i(j)=\alpha_{ij}\ (i,j\in\mathbb{Z}^{+})$，$f(j)=\sum_{i=1}^{\infty} f_i(j)=\sum_{i=1}^{\infty}\alpha_{ij}\ (\forall j\in\mathbb{Z}^{+})$. 由积分域可数可加性得

$$\int_{\mathbf{Z}^{+}} f(j)\,\mathrm{d}\mu=\sum_{j=1}^{\infty}\int_{\{j\}} f\,\mathrm{d}\mu=\sum_{j=1}^{\infty} f(j)=\sum_{j=1}^{\infty}\sum_{i=1}^{\infty}\alpha_{ij}.$$

同理，$\int_{\mathbf{Z}^{+}} f_i(j)\,\mathrm{d}\mu=\sum_{j=1}^{\infty}\alpha_{ij}$. 利用逐项积分定理得

$$\sum_{j=1}^{\infty}\sum_{i=1}^{\infty}\alpha_{ij}=\int_{\mathbf{Z}^{+}} f(j)\,\mathrm{d}\mu=\int_{\mathbf{Z}^{+}}\left(\sum_{i=1}^{\infty} f_i(j)\right)\mathrm{d}\mu=\sum_{i=1}^{\infty}\int_{\mathbf{Z}^{+}} f_i(j)\,\mathrm{d}\mu=\sum_{i=1}^{\infty}\sum_{j=1}^{\infty}\alpha_{ij}.$$

这证明了：若 $\alpha_{ij}\geqslant 0(i,j\in\mathbb{Z}^{+})$，则 $\sum_{i=1}^{\infty}\sum_{j=1}^{\infty}\alpha_{ij}=\sum_{j=1}^{\infty}\sum_{i=1}^{\infty}\alpha_{ij}$.

定理 2.2.4（Lebesgue 控制收敛定理）

设 $\{f_n\}$ 是 X 上复值可测函数列且 $\lim_{n\to\infty} f_n(x)=f(x)$ a. e. 于 X. 若存在 $g\in L^1(\mu)$ 使 $|f_n(x)|\leqslant g(x)$ a. e. $(\forall n\in\mathbb{Z}^{+})$，则

$$f\in L^1(\mu),\quad \lim_{n\to\infty}\int_X |f_n-f|\,\mathrm{d}\mu=0,\quad \text{且}\quad \lim_{n\to\infty}\int_X f_n\,\mathrm{d}\mu=\int_X f\,\mathrm{d}\mu.$$

证明　因为 f 作为复值可测函数列的极限是可测的，由 $|f|\leqslant g$ a. e.，$g\in L^1(\mu)$ 得 $\int_X |f|\,\mathrm{d}\mu\leqslant\int_X g\,\mathrm{d}\mu<\infty$，所以 $f\in L^1(\mu)$. 因为 $|f_n-f|\leqslant 2g$ a. e.，故可对函数 $2g-|f_n-f|$ 应用 Fatou 引理得到

$$\begin{aligned}\int_X 2g\,\mathrm{d}\mu&\leqslant\liminf_{n\to\infty}\int_X (2g-|f_n-f|)\,\mathrm{d}\mu\\&=\int_X 2g\,\mathrm{d}\mu+\liminf_{n\to\infty}\left(-\int_X |f_n-f|\,\mathrm{d}\mu\right)\\&=\int_X 2g\,\mathrm{d}\mu-\limsup_{n\to\infty}\left(\int_X |f_n-f|\,\mathrm{d}\mu\right).\end{aligned}$$

由于 $\int_X 2g\,\mathrm{d}\mu<\infty$，故 $\limsup_{n\to\infty}\int_X |f_n-f|\,\mathrm{d}\mu\leqslant 0$，即

$$0\leqslant\liminf_{n\to\infty}\int_X |f_n-f|\,\mathrm{d}\mu\leqslant\limsup_{n\to\infty}\int_X |f_n-f|\,\mathrm{d}\mu\leqslant 0.$$

这表明 $\lim_{n\to\infty}\int_X |f_n-f|\,\mathrm{d}\mu=0$. 按积分的绝对值性质得

$$\left|\int_X f_n\,\mathrm{d}\mu-\int_X f\,\mathrm{d}\mu\right|=\left|\int_X [f_n-f]\,\mathrm{d}\mu\right|\leqslant\int_X |f_n-f|\,\mathrm{d}\mu. \tag{2.2.3}$$

对式(2.2.3)令 $n\to\infty$ 得 $\lim_{n\to\infty}\int_X f_n\,\mathrm{d}\mu=\int_X f\,\mathrm{d}\mu$. 证毕.

定理 2.2.5(**复函数级数逐项积分定理**)

设$\{f_n\}$是X上几乎处处有定义的复值可测函数列，且$\sum\limits_{n=1}^{\infty}\int_X |f_n| \mathrm{d}\mu < \infty$. 则$f(x) = \sum\limits_{n=1}^{\infty} f_n(x)$几乎处处收敛，$f \in L^1(\mu)$且$\int_X f \mathrm{d}\mu = \sum\limits_{n=1}^{\infty}\int_X f_n \mathrm{d}\mu$.

证明 设S_n是f_n的定义域，则$\mu(S_n^c)=0$. 对任意$x \in \bigcap\limits_{n=1}^{\infty} S_n = S$，令

$$\varphi(x) = \sum_{n=1}^{\infty} |f_n(x)|.$$

则$\mu(S^c) = \mu\left(\bigcup\limits_{n=1}^{\infty} S_n^c\right) \leqslant \sum\limits_{n=1}^{\infty}\mu(S_n^c) = 0$. 因为$\sum\limits_{n=1}^{\infty}\int_X |f_n| \mathrm{d}\mu < \infty$，故利用正项函数级数的逐项积分定理得

$$\int_S \varphi \mathrm{d}\mu = \sum_{n=1}^{\infty}\int_S |f_n| \mathrm{d}\mu \leqslant \sum_{n=1}^{\infty}\int_X |f_n| \mathrm{d}\mu < \infty. \tag{2.2.4}$$

式(2.2.4)表明$\varphi \in L^1(\mu)$. 令$E = \{x \in S: \varphi(x) < \infty\}$，则由命题 2.1.4 得

$$\mu(S \backslash E) = 0, \quad \mu(E^c) = \mu(S \backslash E) + \mu(S^c) = 0.$$

因此，任意$x \in E$有$\sum\limits_{n=1}^{\infty} f_n(x) = f(x)$绝对收敛. 这蕴涵$\sum\limits_{n=1}^{\infty} f_n(x)$在$X$上几乎处处收敛于$f(x)$. 因任意$x \in E$有$|f(x)| \leqslant \varphi(x)$，故由式(2.2.4)得到$f \in L^1(\mu)$.

记$g_n = \sum\limits_{k=1}^{n} f_k$，则$|g_n| \leqslant \varphi$，且$g_n(x) \to f(x)(n \to \infty)$. 应用 Lebesgue 控制收敛定理得$\int_E f \mathrm{d}\mu = \sum\limits_{n=1}^{\infty}\int_E f_n \mathrm{d}\mu$. 但$\mu(E^c)=0$，因此$\int_X f \mathrm{d}\mu = \sum\limits_{n=1}^{\infty}\int_X f_n \mathrm{d}\mu$. 证毕.

命题 2.2.6

设$E_n \in \mathfrak{M}$，$f \in L^1(\mu)$.

(1) 若$E_n \subset E_{n+1}(\forall n \in \mathbb{Z}^+)$，$E = \bigcup\limits_{n=1}^{\infty} E_n$，则$\int_{E_n} f \mathrm{d}\mu \to \int_E f \mathrm{d}\mu \ (n \to \infty)$.

(2) 若$E_n \supset E_{n+1}(\forall n \in \mathbb{Z}^+)$，$E = \bigcap\limits_{n=1}^{\infty} E_n$，则$\int_{E_n} f \mathrm{d}\mu \to \int_E f \mathrm{d}\mu \ (n \to \infty)$.

证明 只证(1)(同理可证(2)). 因为$f\chi_{E_n} \to f\chi_E$，且$|f\chi_{E_n}| \leqslant |f|$，而$|f| \in L^1(\mu)$，故由控制收敛定理得

$$\int_{E_n} f \mathrm{d}\mu = \int_X f\chi_{E_n} \mathrm{d}\mu \to \int_X f\chi_E \mathrm{d}\mu = \int_E f \mathrm{d}\mu, \quad n \to \infty.$$

证毕.

命题 2.2.7

设$\{E_k\}$是X中的可测集序列使$\sum\limits_{k=1}^{\infty}\mu(E_k) < \infty$. 则几乎所有的$x \in X$至多属于$\{E_k\}$中的有限个集.

证明 设 $A=\{x:x$ 属于无限多个 $E_k\}(A=\limsup\limits_{k\to\infty}E_k)$. 令

$$g(x)=\sum_{k=1}^{\infty}\chi_{E_k}(x),\quad x\in X.$$

则对每个 x,级数的每项或是 0 或是 1,故 $x\in A\Leftrightarrow g(x)=\infty$. 利用正项函数级数的逐项积分定理得

$$\int_X g\,\mathrm{d}\mu=\sum_{k=1}^{\infty}\int_X\chi_{E_k}\,\mathrm{d}\mu=\sum_{k=1}^{\infty}\mu(E_k)<\infty.$$

于是 $g\in L^1(\mu)$. 由命题 2.1.4,这蕴涵 $g(x)<\infty$ a. e. ,即 $\mu(A)=0$. 所以,几乎所有的 $x\in X$ 至多属于$\{E_k\}$中有限个集. 证毕.

命题 2.2.7 提供了一个集合问题用积分工具来解决的例子.

由于 Lebesgue 积分诸收敛定理的条件都是十分宽松的,因而使用起来特别方便. 姑且先把下述例 2.2.2 与例 2.2.3 中的积分视为关于 Lebesgue 测度的 Lebesgue 积分. 从后面的讨论可知,这些积分都是 Riemann 积分.

例 2.2.2 计算 $J=\int_0^{\infty}\dfrac{x}{\mathrm{e}^x-1}\mathrm{d}x$.

解 因为 $f(x)=\dfrac{x}{\mathrm{e}^x-1}=\dfrac{x\mathrm{e}^{-x}}{1-\mathrm{e}^{-x}}=x\mathrm{e}^{-x}\sum\limits_{n=0}^{\infty}\mathrm{e}^{-nx}=\sum\limits_{n=1}^{\infty}x\mathrm{e}^{-nx}\ (x>0)$. $f_n(x)=x\mathrm{e}^{-nx}$ 在$(0,\infty)$是非负连续的,利用逐项积分定理得

$$\begin{aligned}J&=\int_0^{\infty}\left(\sum_{n=1}^{\infty}x\mathrm{e}^{-nx}\right)\mathrm{d}x=\sum_{n=1}^{\infty}\int_0^{\infty}x\mathrm{e}^{-nx}\,\mathrm{d}x\\&=\sum_{n=1}^{\infty}\left(-\frac{x}{n}-\frac{1}{n^2}\right)\mathrm{e}^{-nx}\Big|_0^{\infty}=\sum_{n=1}^{\infty}\frac{1}{n^2}=\frac{\pi^2}{6}.\end{aligned}$$

例 2.2.2 中演算过程最关键的步骤是求和与积分互换,互换的理由很难用 Riemann 积分学讲清楚,从而在 Riemann 积分论框架内这样的互换缺乏逻辑依据.

例 2.2.3 计算 $J_1=\lim\limits_{n\to\infty}\int_0^1(1-x^2)^n\,\mathrm{d}x$, $J_2=\lim\limits_{n\to\infty}\int_0^1\dfrac{nx}{1+n^2x^2}\mathrm{d}x$.

解 因为当 $x\in[0,1]$时,$0\leqslant(1-x^2)^n\leqslant1$,$0\leqslant\dfrac{nx}{1+n^2x^2}\leqslant\dfrac{1}{2}$;又因为 $\lim\limits_{n\to\infty}(1-x^2)^n=0$ a. e. ,$\lim\limits_{n\to\infty}\dfrac{nx}{1+n^2x^2}=0$;故由控制收敛定理得

$$J_1=\lim_{n\to\infty}\int_0^1(1-x^2)^n\,\mathrm{d}x=0,\quad J_2=\lim_{n\to\infty}\int_0^1\frac{nx}{1+n^2x^2}\mathrm{d}x=0.$$

由于在 Riemann 积分论框架内,积分与极限的互换条件是函数列一致收敛. 而例 2.2.3 中 $\{(1-x^2)^n\}$与$\left\{\dfrac{nx}{1+n^2x^2}\right\}$在$[0,1]$上都不是一致收敛的,因此只能先求出积分后再计算极限.

类似的例子很多,这也提示我们意识到收敛与一致收敛之间其实并没有不可逾越的鸿沟.

定理 2.2.8(**Egorov 定理**)

设 $\mu(X)<\infty$. $\{f_n\}$是一列复值可测函数,$|f_n|<\infty$ a. e. ; $f_n\xrightarrow{\text{a. e.}}f$ 且$|f|<\infty$ a. e. . 则

对任意 $\varepsilon>0$，存在 $E\in\mathfrak{M}$，$\mu(E^c)<\varepsilon$，使 $\{f_n\}$ 在 E 上一致收敛于 f.

证明 记 $D(n,k)=\{x\in X:|f_n(x)-f(x)|\geqslant 1/k\}$，$D_0$ 为所有使 $\{f_n(x)\}$ 不收敛到 $f(x)$ 的点所成的集合. 注意到点集 $\{x:|f_n(x)|=\infty, n\in\mathbb{Z}^+$ 或 $|f(x)|=\infty\}$ 是零测集，不妨设 $|f_n|<\infty(\forall n\in\mathbb{Z}^+)$，$|f|<\infty$，$\forall x\in X$. 由于

$$\begin{aligned} x\in D_0 &\Leftrightarrow \exists k\in\mathbb{Z}^+, \forall i\in\mathbb{Z}^+, \exists n_i\geqslant i, |f_{n_i}(x)-f(x)|\geqslant 1/k \\ &\Leftrightarrow \exists k\in\mathbb{Z}^+, x\in\limsup_{n\to\infty} D(n,k). \end{aligned}$$

故 $D_0=\bigcup\limits_{k=1}^{\infty}\limsup\limits_{n\to\infty}D(n,k)$. 因为 $\mu(X)<\infty$，$\mu(D_0)=0$，故利用测度的降连续性得

$$\begin{aligned} \lim_{n\to\infty}\mu\left(\bigcup_{j=n}^{\infty}D(j,k)\right) &= \mu\left(\bigcap_{n=1}^{\infty}\bigcup_{j=n}^{\infty}D(j,k)\right) \\ &= \mu(\limsup_{n\to\infty}D(n,k))=0, \quad \forall k\in\mathbb{Z}^+. \end{aligned} \tag{2.2.5}$$

对任意给定的 $\varepsilon>0$，利用式(2.2.5)可依次取 $\{n_k\}$ 使 $n_k<n_{k+1}(\forall k\in\mathbb{Z}^+)$，且

$$\mu\left(\bigcup_{j=n_k}^{\infty}D(j,k)\right)<\frac{\varepsilon}{2^k}, \quad \forall k\in\mathbb{Z}^+. \tag{2.2.6}$$

令 $E=\left[\bigcup\limits_{k=1}^{\infty}\bigcup\limits_{j=n_k}^{\infty}D(j,k)\right]^c$. 则由式(2.2.6)得

$$\mu(E^c)=\mu\left(\bigcup_{k=1}^{\infty}\bigcup_{j=n_k}^{\infty}D(j,k)\right)<\sum_{k=1}^{\infty}\frac{\varepsilon}{2^k}=\varepsilon.$$

于是 $\forall k\in\mathbb{Z}^+$，$\exists n_k$，$\forall j\geqslant n_k$，$\forall x\in E$ 必有 $x\notin D(j,k)$，即 $|f_j(x)-f(x)|<1/k$. 这表明 $\{f_n\}$ 在 E 上一致收敛于 f. 证毕.

例 2.2.4 $X=[0,1)$，$f_n=x^n(n\in\mathbb{Z}^+)$，则在 X 上有 $f_n\to 0$，$\{f_n\}$ 在 X 上不是一致收敛的. 事实上，$\lim\limits_{n\to\infty}\sup\limits_{x\in X}|f_n(x)-0|\geqslant\lim\limits_{n\to\infty}\left(1-\frac{1}{n}\right)^n=\frac{1}{\mathrm{e}}$. 但 $\forall\varepsilon\in(0,1)$，$\{f_n\}$ 在 $[0,1-\varepsilon]$ 上显然一致收敛.

从例 2.2.4 可看到，收敛而非一致收敛的函数列，其一致收敛性只在某个局部被破坏，正像 Egorov 定理所揭示的那样.

Egorov 定理在理论上是处理极限问题的有用工具，不一致收敛的函数列可以几乎是一致收敛的，这往往给相关问题的解决带来方便.

假定可测函数列满足 $\int_X|f_n|\mathrm{d}\mu\to 0$，这种函数列最重要的性质或许是：对每个正数 η，集合 $\{x\in X:|f_n(x)|\geqslant\eta\}$ 的测度必须趋于 0. 这导致了以下概念的产生.

定义 2.2.1

设 $f_n(n=1,2,\cdots)$，f 是定义在 X 上的可测函数，$|f_n|<\infty$ a.e. $(n=1,2,\cdots)$，$|f|<\infty$ a.e.. 若 $\forall\eta>0$ 有

$$\lim_{n\to\infty}\mu(\{x\in X:|f_n(x)-f(x)|\geqslant\eta\})=0,$$

则称 $\{f_n\}$ **依测度 μ 收敛于 f**，记为 $f_n\xrightarrow{\mu}f$.

命题 2.2.9

若 $\mu(X)<\infty$，$\{f_n\}$是定义在 X 上的可测函数序列，$f_n\xrightarrow{\text{a.e.}}f$，则 $f_n\xrightarrow{\mu}f$.

证明　由于$\mu(X)<\infty$，$f_n\xrightarrow{\text{a.e.}}f$，根据 Egorov 定理，$\forall\varepsilon>0$，$\exists E\in\mathfrak{M}$，$\mu(E^c)<\varepsilon$，使$\{f_n\}$在 E 上一致收敛于 f. 于是对 $\eta>0$，$\exists N$，$\forall n\geqslant N$，$\forall x\in E$，$|f_n(x)-f(x)|<\eta$，这表明$\{x\in X:|f_n(x)-f(x)|\geqslant\eta\}\subset E^c$，从而$\forall n\geqslant N$，$\mu(\{x\in X:|f_n(x)-f(x)|\geqslant\eta\})\leqslant\mu(E^c)<\varepsilon$. 所以 $f_n\xrightarrow{\mu}f$. 证毕.

例 2.2.5　设 $X=[0,\infty)$，$E_n=[n,\infty)$，$\mu=m$（Lebesgue 测度），$f_n=\chi_{E_n}$，则 $f_n\to 0$. 因为$\{x:|f_n(x)-0|\geqslant 1\}=[n,\infty)$（$\forall n\in\mathbb{Z}^+$），故不可能有 $f_n\xrightarrow{m}0$，而且除去$[0,\infty)$中任一有限测度的集外，$f_n(x)$均不一致收敛于 0. 这表明命题 2.2.9 与 Egorov 定理中条件“$\mu(X)<\infty$”不可删去.

例 2.2.6　设 $X=[0,1]$，$\mu=m$（Lebesgue 测度），令 $n=j+2^k$，$0\leqslant j<2^k$，构造$\{f_n\}$如下：

$$E_{k,j}=[j2^{-k},(j+1)2^{-k}],\quad f_n=\chi_{E_{k,j}}.$$

则有 $2^k\leqslant n<2^{k+1}$，对 $0<\eta\leqslant 1$，$m(\{x:|f_n(x)|\geqslant\eta\})=2^{-k}<2/n$. 这表明 $f_n\xrightarrow{m}0$. 但任意 $x\in[0,1]$，$\{f_n\}$有子列$\{f_{n_s}\}$使 $f_{n_s}(x)=1$，同时也有子列$\{f_{n_t}\}$使 $f_{n_t}(x)=0$. 这表明$\{f_n\}$在$[0,1]$上处处不收敛.

由例 2.2.6 可知，在有限测度情形，按测度收敛通常不蕴涵几乎处处收敛. 但下述定理是很有用的.

定理 2.2.10（Riesz 定理）

若在 X 上有 $f_n\xrightarrow{\mu}f$，则$\{f_n\}$中必存在子列$\{f_{n_i}\}$，使 $f_{n_i}\xrightarrow{\text{a.e.}}f$.

证明　对任意给定的 $i\in\mathbb{Z}^+$，由 $f_n\xrightarrow{\mu}f$ 可知，存在 $n_i\in\mathbb{Z}^+$，使$\forall n\geqslant n_i$，有

$$\mu(\{x\in X:|f_n(x)-f(x)|\geqslant 2^{-i}\})<2^{-i}.$$

令 $E_i=\{x\in X:|f_{n_i}(x)-f(x)|\geqslant 2^{-i}\}$. 若 $x\notin\bigcup\limits_{i=k}^{\infty}E_i$，则对 $i\geqslant k$ 必有$|f_{n_i}(x)-f(x)|<2^{-i}$，所以 $f_{n_i}(x)\to f(x)$. 因此对任意 $x\notin E=\bigcap\limits_{k=1}^{\infty}\bigcup\limits_{i=k}^{\infty}E_i$，有 $f_{n_i}(x)\to f(x)$. 但

$$\mu(E)\leqslant\mu\left(\bigcup_{i=k}^{\infty}E_i\right)\leqslant\sum_{i=k}^{\infty}\mu(E_i)<2^{-k+1},\quad\forall k\in\mathbb{Z}^+.$$

因此 $\mu(E)=0$，$f_{n_i}\xrightarrow{\text{a.e.}}f$. 证毕.

推论（依测度的单调收敛定理）

设$\{f_n\}$是 X 上可测函数列，满足

(1) $0\leqslant f_1\leqslant f_2\leqslant\cdots\leqslant\infty$，$\forall x\in X$；

(2) $f_n\xrightarrow{\mu}f$.

则 f 是可测的，且 $\lim\limits_{n\to\infty}\int_X f_n\mathrm{d}\mu=\int_X f\mathrm{d}\mu$.

定义 2.2.2

设 X 上函数族 $\mathcal{F}\subset L^1(\mu)$，若 $\forall\varepsilon>0$，$\exists\delta=\delta(\varepsilon)>0$ 使当 $\forall E\in\mathfrak{M}$，$\mu(E)<\delta$ 时，$\forall f\in\mathcal{F}$，有 $\int_E|f(x)|\mathrm{d}\mu<\varepsilon$，则称 $\mathcal{F}$ 是 X 上**积分等度绝对连续的函数族**.

上述定义 2.2.2 中不等式"$\int_E|f(x)|\mathrm{d}\mu<\varepsilon$"也可以换成"$\left|\int_E f(x)\mathrm{d}\mu\right|<\varepsilon$". 不妨设 $\mathcal{F}$ 是定义 2.2.2 中的实函数族. $\mu(E)<\delta$ 时，$\forall f\in\mathcal{F}$，一方面，有 $\left|\int_E f(x)\mathrm{d}\mu\right|\leqslant\int_E|f(x)|\mathrm{d}\mu$；另一方面，当 $\mu(E)<\delta$，有 $\left|\int_E f(x)\mathrm{d}\mu\right|<\varepsilon$ 时，记

$$E^+=\{x\in E:f(x)\geqslant 0\},\quad E^-=\{x\in E:f(x)<0\}.$$

则也有 $\mu(E^+)<\delta$，$\mu(E^-)<\delta$，从而 $\left|\int_{E^+}f(x)\mathrm{d}\mu\right|<\varepsilon$，$\left|\int_{E^-}f(x)\mathrm{d}\mu\right|<\varepsilon$. 所以，有

$$\begin{aligned}\int_E|f(x)|\mathrm{d}\mu&=\int_{E^+}|f(x)|\mathrm{d}\mu+\int_{E^-}|f(x)|\mathrm{d}\mu\\&=\left|\int_{E^+}f(x)\mathrm{d}\mu\right|+\left|\int_{E^-}f(x)\mathrm{d}\mu\right|<2\varepsilon.\end{aligned}$$

由 ε 的任意性可知，二者是等价的.

定理 2.2.11（Vitali 定理）

设 $\mu(X)<\infty$，$\{f_n\}$ 是 X 上积分等度绝对连续的函数序列使 $f_n\xrightarrow{\mu}f$. 则 $f\in L^1(\mu)$ 且 $\int_X f\mathrm{d}\mu=\lim_{n\to\infty}\int_X f_n\mathrm{d}\mu$.

证明 利用等度绝对连续性，$\forall i\in\mathbb{Z}^+$，$\exists\delta_i\in(0,1/2^i]$，使 $E\in\mathfrak{M}$，$\mu(E)<\delta_i$ 时，有

$$\int_E|f_n|\mathrm{d}\mu<1/2^{i+2},\quad\forall n\in\mathbb{Z}^+.\tag{2.2.7}$$

令

$$E_n(i)=\{x\in X:|f_n(x)-f(x)|\geqslant 1/[2^{i+2}(\mu(X)+1)]\};$$
$$E_{m,n}(i)=\{x\in X:|f_m(x)-f_n(x)|\geqslant 1/[2^{i+1}(\mu(X)+1)]\}.$$

因为 $f_n\xrightarrow{\mu}f$，故 $\exists N_i\in\mathbb{Z}^+$，$\forall n\geqslant N_i$，$\mu(E_n(i))<\delta_i/2$. 由于

$$E_{m,n}(i)\subset E_m(i)\cup E_n(i),$$

所以 $m>n\geqslant N_i$ 时，$\mu(E_{m,n}(i))<\delta_i$，从而由式(2.2.7)得

$$\begin{aligned}\int_X|f_m-f_n|\mathrm{d}\mu&\leqslant\int_{X\setminus E_{m,n}(i)}|f_m-f_n|\mathrm{d}\mu+\int_{E_{m,n}(i)}|f_m|\mathrm{d}\mu+\int_{E_{m,n}(i)}|f_n|\mathrm{d}\mu\\&<\mu(X)/[2^{i+1}(\mu(X)+1)]+1/2^{i+2}+1/2^{i+2}\leqslant 1/2^i.\end{aligned}\tag{2.2.8}$$

由 Riesz 定理，$\{f_n\}$ 有子列 $\{f_{n_i}\}$ 使 $f_{n_i}\xrightarrow{\text{a.e}}f$. 不妨设 $n_i\geqslant N_i$，于是 $f=\sum_{i=1}^{\infty}(f_{n_{i+1}}-f_{n_i})+f_{n_1}$ a.e.. 令

$$F=\sum_{i=1}^{\infty}|f_{n_{i+1}}-f_{n_i}|+|f_{n_1}|.$$

则 F 是非负可测的且 $|f|\leqslant F$ a.e.. 利用逐项积分定理及式(2.2.8)得

$$\int_X F\,d\mu = \sum_{i=1}^{\infty}\int_X |f_{n_{i+1}} - f_{n_i}|\,d\mu + \int_X |f_{n_1}|\,d\mu$$

$$< \sum_{i=1}^{\infty} 1/2^i + \int_X |f_{n_1}|\,d\mu < \infty.$$

可见 $F\in L^1(\mu)$，从而 $f, |f|\in L^1(\mu)$. $\forall \varepsilon>0$，由积分的绝对连续性，$\exists \delta>0$，使 $E\in \mathfrak{M}$，$\mu(E)<\delta$ 时，有

$$\int_E |f|\,d\mu < \varepsilon/3. \tag{2.2.9}$$

取 i 充分大使 $1/2^i<\min\{\varepsilon/3,\delta\}$，则当 $n\geqslant N_i$ 时，从 $\mu(E_n(i))<\delta_i/2\leqslant 1/2^{i+1}$ 知 $\mu(E_n(i))<\delta$. 因此由 $E_n(i)$ 的定义及式(2.2.7)与式(2.2.9)得

$$\left|\int_X f_n\,d\mu - \int_X f\,d\mu\right| \leqslant \int_X |f_n - f|\,d\mu$$

$$\leqslant \int_{X\setminus E_n(i)} |f_n - f|\,d\mu + \int_{E_n(i)} |f_n|\,d\mu + \int_{E_n(i)} |f|\,d\mu$$

$$< 1/2^i + 1/2^{i+2} + \varepsilon/3 < \varepsilon.$$

故 $\int_X f\,d\mu = \lim_{n\to\infty}\int_X f_n\,d\mu$. 证毕.

定理 2.2.12(依测度的控制收敛定理)

设 $(X,\mathfrak{M},\mu)$ 是 σ-有限测度空间，$\{f_n\}$ 是 X 上复值可测函数列，$f_n \xrightarrow{\mu} f$. 若存在 $F\in L^1(\mu)$ 使 $|f_n|\leqslant F$ a.e. $(\forall n\in\mathbb{Z}^+)$，则 $f\in L^1(\mu)$ 且 $\lim_{n\to\infty}\int_X f_n\,d\mu = \int_X f\,d\mu$.

证明　(阅读)设 $X=\bigcup_{i=1}^{\infty} A_i$，$A_i\in\mathfrak{M}$，$\mu(A_i)<\infty$. 令 $E_n=\bigcup_{i=1}^{n} A_i$，则 $\mu(E_n)<\infty$，且 $\mu(E_n)\to\mu(X)$. 由命题 2.2.6 可得，$\lim_{n\to\infty}\int_{E_n} F\,d\mu = \int_X F\,d\mu$. $\forall \varepsilon>0$，取 k 充分大使

$$0\leqslant \int_{X\setminus E_k} F\,d\mu = \int_X F\,d\mu - \int_{E_k} F\,d\mu < \varepsilon/4. \tag{2.2.10}$$

由于 $f_n \xrightarrow{\mu} f$ 且 $|f_n|\leqslant F$ a.e.，利用 Riesz 定理得 $|f|\leqslant F$ a.e.，由 $F\in L^1(\mu)$ 得 $f_n, f\in L^1(\mu)$. 注意到对任意 $A\in\mathfrak{M}$，$A\subset E_k$ 都有

$$\left|\int_A f_n\,d\mu\right| \leqslant \int_A |f_n|\,d\mu \leqslant \int_A F\,d\mu.$$

由 F 的积分的绝对连续性可知 $\{f_n\}$ 在 E_k 上是积分等度绝对连续的函数序列. 注意在 E_k 上也有 $f_n \xrightarrow{\mu} f$. 应用 Vitali 定理得 $\lim_{n\to\infty}\int_{E_k} f_n\,d\mu = \int_{E_k} f\,d\mu$. 从而 $\exists N$，$\forall n>N$ 有

$$\left|\int_{E_k} f_n\,d\mu - \int_{E_k} f\,d\mu\right| < \varepsilon/2. \tag{2.2.11}$$

于是由式(2.2.10)与式(2.2.11)，$\forall n>N$，有

$$\left|\int_X f_n\,d\mu - \int_X f\,d\mu\right| \leqslant \left|\int_{E_k} f_n\,d\mu - \int_{E_k} f\,d\mu\right| + \int_{X\setminus E_k} |f_n|\,d\mu + \int_{X\setminus E_k} |f|\,d\mu$$

$$< \varepsilon/2 + 2\int_{X\setminus E_k} F\,d\mu < \varepsilon.$$

所以 $\lim\limits_{n\to\infty}\int_X f_n \mathrm{d}\mu=\int_X f\mathrm{d}\mu$. 证毕.

2.2.2 Riemann 可积性

下述定理说明 Lebesgue 积分是 Riemann 积分的一种推广. 为简单起见，只考虑$\mathbb{R}^1$ 上的 Lebesgue 测度. 对$\mathbb{R}^n$ 上的 Lebesgue 测度也有同样的结果. 本节中，$(\mathrm{L})\int_a^b f\mathrm{d}m$ 与 $(\mathrm{R})\int_a^b f\mathrm{d}m$ 分别表示函数 f 在$\mathbb{R}^1$ 中区间上的 Lebesgue 积分与 Riemann 积分.

定义 2.2.3

设 $E\subset\mathbb{R}^n$，f 是 E 上的实函数，$x\in\bar{E}$. f 在点 x 的下极限与上极限分别定义为

$$\liminf_{t\to x} f(t)=\lim_{\delta\to 0}\inf_{t\in E,0<\|t-x\|<\delta} f(t),\quad \limsup_{t\to x} f(t)=\lim_{\delta\to 0}\sup_{t\in E,0<\|t-x\|<\delta} f(t)$$

有时也分别记为$\varliminf\limits_{t\to x} f(t)$与$\varlimsup\limits_{t\to x} f(t)$.

由函数下极限与上极限的定义容易知道：

(1) $\liminf\limits_{t\to x} f(t)\leqslant\limsup\limits_{t\to x} f(t)$；$\liminf\limits_{t\to x} f(t)=\limsup\limits_{t\to x} f(t)\in\mathbb{R}^1$ 当且仅当 f 在点 x 存在极限$\lim\limits_{t\to x} f(t)$.

(2) $\liminf\limits_{t\to x} f(t)\geqslant l_x$ 当且仅当$\forall\varepsilon>0$，$\exists\delta=\delta(\varepsilon,x)>0$，当 $t\in E$，$0<\|t-x\|<\delta$ 时，有 $f(t)>l_x-\varepsilon$；$\limsup\limits_{t\to x} f(t)\leqslant l^x$ 当且仅当$\forall\varepsilon>0$，$\exists\delta=\delta(\varepsilon,x)>0$，当 $t\in E$，$0<\|t-x\|<\delta$ 时，有 $f(t)<l^x+\varepsilon$.

(3) 若$\liminf\limits_{t\to x} f(t)=l_x$，则对任何点列$\{t_n\}\subset E$，$0<\|t_n-x\|\to 0$，有$\liminf\limits_{n\to\infty} f(t_n)\geqslant l_x$，且存在点列$\{t_n\}\subset E$，$0<\|t_n-x\|\to 0$，使$\lim\limits_{n\to\infty} f(t_n)=l_x$；若$\limsup\limits_{t\to x} f(t)=l^x$，则对任何点列$\{t_n\}\subset E$，$0<\|t_n-x\|\to 0$，有$\limsup\limits_{n\to\infty} f(t_n)\leqslant l^x$，且存在点列$\{t_n\}\subset E$，$0<\|t_n-x\|\to 0$，使$\lim\limits_{n\to\infty} f(t_n)=l^x$.

定理 2.2.13

设 f 是$\mathbb{R}^1$ 中闭区间$[a,b]$上的有界实函数. 则 f 在$[a,b]$上 Riemann 可积当且仅当 f 在$[a,b]$上几乎处处连续，当 f 是 Riemann 可积时亦必是 Lebesgue 可积的且两种积分值相等.

证明 考虑$[a,b]$上的一列分划$\{\Delta_n\}$（Δ_n 为分点之集）：

$$\Delta_n: a=x_0^{(n)}<x_1^{(n)}<\cdots<x_{i_n}^{(n)}=b,\quad \Delta_n\subset\Delta_{n+1},$$

$$|\Delta_n|=\max_{1\leqslant k\leqslant i_n}[x_k^{(n)}-x_{k-1}^{(n)}]\to 0(n\to\infty).$$

记 $M_k^{(n)}=\sup\limits_{x\in J_k^{(n)}} f(x)$，$m_k^{(n)}=\inf\limits_{x\in J_k^{(n)}} f(x)$，其中 $J_k^{(n)}=(x_{k-1}^{(n)},x_k^{(n)}]$. 定义$\{\varphi_n(x)\}$，$\{\psi_n(x)\}$为如下函数列：

$$\varphi_n(a)=\psi_n(a)=f(a);$$

$$\varphi_n(x)=\sum_k m_k^{(n)}\chi_{J_k^{(n)}}(x),\quad \psi_n(x)=\sum_k M_k^{(n)}\chi_{J_k^{(n)}}(x),\quad x\in(a,b].$$

因为 $\Delta_n \subset \Delta_{n+1}$，故 $\varphi_n \leqslant \varphi_{n+1} \leqslant f \leqslant \psi_{n+1} \leqslant \psi_n$，$\forall n \in \mathbb{Z}^+$. 记

$$\underline{f}(x)=\lim_{n\to\infty}\varphi_n(x),\quad \bar{f}(x)=\lim_{n\to\infty}\psi_n(x);$$

$$\varphi(x)=\liminf_{t\to x} f(t),\quad \psi(x)=\limsup_{t\to x} f(t).$$

则 $\underline{f} \leqslant f \leqslant \bar{f}$，$\varphi \leqslant f \leqslant \psi$ 且

$$f \text{ 在点 } x \text{ 连续} \quad \Leftrightarrow \quad \varphi(x)=f(x)=\psi(x). \tag{2.2.12}$$

以下证明

$$\varphi=\underline{f} \text{ a. e.},\quad \psi=\bar{f} \text{ a. e.}. \tag{2.2.13}$$

事实上，要证 $\varphi=\underline{f}$ a. e.，只需证 $x_0\in[a,b]$不是任何区间 $J_k^{(n)}$ 的端点时有 $\varphi(x_0)=\underline{f}(x_0)$. $\forall n\in\mathbb{Z}^+$，存在 k_n 使 $x_0\in J_{k_n}^{(n)}$. 因为在 $J_{k_n}^{(n)}$ 上 $f(x)\geqslant\varphi_n(x_0)$，故

$$\varphi(x_0)=\liminf_{x\to x_0} f(x)\geqslant\lim_{n\to\infty}\varphi_n(x_0)=\underline{f}(x_0).$$

另外，由下确界定义，可取 $x_n\in J_{k_n}^{(n)}$ 使 $f(x_n)<\varphi_n(x_0)+1/n$，则由 $|x_n-x_0|\leqslant|\Delta_n|$ 知必有 $x_n\to x_0$ 且

$$\varphi(x_0)\leqslant\liminf_{n\to\infty} f(x_n)\leqslant\lim_{n\to\infty}\varphi_n(x_0)=\underline{f}(x_0).$$

于是 $\varphi(x_0)=\underline{f}(x_0)$，同理有 $\psi=\bar{f}$ a. e..

因为 $\bar{f}$ 与 $\underline{f}$ 作为简单函数列的极限是 Lebesgue 可测函数，又 $\bar{f}$ 与 $\underline{f}$ 是有界的，故 $\bar{f}$，$\underline{f}\in L^1[a,b]$. 由 Lebesgue 控制收敛定理得

$$\int_a^b \underline{f}\,\mathrm{d}m=\lim_{n\to\infty}\int_a^b\varphi_n\,\mathrm{d}m=\lim_{n\to\infty}\sum_{k=1}^{i_n}m_k^{(n)}(x_k^{(n)}-x_{k-1}^{(n)}), \tag{2.2.14}$$

$$\int_a^b \bar{f}\,\mathrm{d}m=\lim_{n\to\infty}\int_a^b\psi_n\,\mathrm{d}m=\lim_{n\to\infty}\sum_{k=1}^{i_n}M_k^{(n)}(x_k^{(n)}-x_{k-1}^{(n)}). \tag{2.2.15}$$

式(2.2.14)与式(2.2.15)的右边分别是 Darboux 下、上和的极限.

充分性　若 f 在$[a,b]$上几乎处处连续，由式(2.2.12)，$\varphi(x)=\psi(x)$ a. e.，由式(2.2.13)，$\underline{f}=\bar{f}$ a. e.，于是 $\int_a^b\underline{f}\,\mathrm{d}m=\int_a^b\bar{f}\,\mathrm{d}m$. 从而，由式(2.2.14)与式(2.2.15)得出，f 是 Riemann 可积的.

必要性　若 f 是 Riemann 可积的，其值为 I，则由式(2.2.14)与式(2.2.15)知，$\int_a^b\underline{f}\,\mathrm{d}m=\int_a^b\bar{f}\,\mathrm{d}m=I$，即 $\int_a^b(\bar{f}-\underline{f})\,\mathrm{d}m=0$. 由定理 2.1.5(6)(非负零积性)得 $\bar{f}=\underline{f}$ a. e. 于$[a,b]$. 由式(2.2.13)得 $\varphi=\psi$ a. e.，由式(2.2.12)得 f 几乎处处连续，此时，由 $\bar{f}=f=\underline{f}$ a. e. 可知 f 在$[a,b]$是 Lebesgue 可积的，且 Lebesgue 积分值 $\int_a^b f\,\mathrm{d}m=\int_a^b\bar{f}\,\mathrm{d}m=I$. 证毕.

Riemann 积分的可积性问题在 Lebesgue 积分理论框架中得到了彻底解决. 上述定理给出的 Riemann 可积性判别法简单而深刻，有了它，以往的所有判别法就变得微不足道了.

例 2.2.7　讨论 Riemann 函数 $R(x)$的可积性，其中

$$R(x)=\begin{cases}1/q, & x=p/q\in(0,1),p,q\in\mathbb{Z}^+,(p,q)=1;\\ 0, & x=0,1 \text{ 或 } x \text{ 为}(0,1)\text{ 中无理数}.\end{cases}$$

解 $0\leqslant R(x)\leqslant 1/2, x\in[0,1]$. $\forall q\in\mathbb{Z}^+$，仅有有限个 $x\in[0,1]$使 $R(x)\geqslant\dfrac{1}{q}$. 由此推出，$R(x)$在每个无理点 $x\in(0,1)$连续，因而几乎处处连续. 又 $m(\{x: R(x)\neq 0\})=0$，故 $R(x)$在$[0,1]$Riemann 可积且有 $\int_0^1 R(x)\mathrm{d}x=0$.

例 2.2.8 Dirichlet 函数 $D(x)=\chi_{\mathbf{Q}}$ 在$[a,b]$上处处不连续，因此其不是 Riemann 可积；但作为$[a,b]$上的简单函数显然是 Lebesgue 可积的，$(L)\int_a^b D(x)=0$.

下面考虑 Lebesgue 积分与广义 Riemann 积分的关系. 为简单起见，只考虑$\mathbb{R}^1$ 上一个奇点的广义积分. 对$\mathbb{R}^n$ 上有限个奇点的广义积分也有同样的结果.

定理 2.2.14

设$-\infty<a<b\leqslant\infty$，$\forall c\in(a,b)$，$f$ 在$[a,c]$上几乎处处连续且有界，则

$$(L)\int_a^b |f|\,\mathrm{d}m=(R)\int_a^b |f|\,\mathrm{d}m. \tag{2.2.16}$$

因此，$f\in L^1(a,b)$当且仅当 Riemann 广义积分$(R)\int_a^b f\mathrm{d}m$ 绝对收敛，当$(R)\int_a^b f\mathrm{d}m$ 绝对收敛时有

$$(L)\int_a^b f\mathrm{d}m=(R)\int_a^b f\mathrm{d}m. \tag{2.2.17}$$

证明 取$\{b_n\}\subset(a,b)$，$b_n\leqslant b_{n+1}(n\in\mathbb{Z}^+)$，$b_n\to b$. 令 $f_n=f\chi_{[a,b_n]}$，则 $f_n\to f$，$|f_n|\leqslant|f_{n+1}|(n\in\mathbb{Z}^+)$，$|f_n|\to|f|$. 利用定理 2.2.13 及单调收敛定理得

$$(L)\int_a^b |f|\,\mathrm{d}m=\lim_{n\to\infty}(L)\int_a^b |f_n|\,\mathrm{d}m=\lim_{n\to\infty}(L)\int_a^{b_n}|f|\,\mathrm{d}m$$
$$=\lim_{n\to\infty}(R)\int_a^{b_n}|f|\,\mathrm{d}m=(R)\int_a^b |f|\,\mathrm{d}m.$$

式(2.2.16)得证. 由于 $f\in L^1(a,b)$即$(L)\int_a^b |f|\,\mathrm{d}m<\infty$，$(R)\int_a^b f\mathrm{d}m$ 绝对收敛即$(R)\int_a^b |f|\,\mathrm{d}m<\infty$，因此由式(2.2.16)知 $f\in L^1(a,b)$当且仅当积分$(R)\int_a^b f\mathrm{d}m$ 绝对收敛. 此时因$|f_n|\leqslant|f|\in L^1(a,b)$，故利用定理 2.2.13 及控制收敛定理得

$$(L)\int_a^b f\mathrm{d}m=\lim_{n\to\infty}(L)\int_a^b f_n\mathrm{d}m=\lim_{n\to\infty}(L)\int_a^{b_n}f\mathrm{d}m=\lim_{n\to\infty}(R)\int_a^{b_n}f\mathrm{d}m=(R)\int_a^b f\mathrm{d}m.$$

式(2.2.17)得证. 证毕.

2.2.3 可测函数的连续性

定义 2.2.4

设 f 是拓扑空间 X 上的实函数或广义实函数. 若对任何 $\alpha\in\mathbb{R}^1$，集$\{x: f(x)>\alpha\}$都是开的，则称 f 是**下半连续**的；若对任何 $\alpha\in\mathbb{R}^1$，集$\{x: f(x)<\alpha\}$都是开的，则称 f 是**上半连续**的.

命题 2.2.15

(1) 实函数是连续的当且仅当它既是上半连续的又是下半连续的.

(2) 开集的特征函数是下半连续的，闭集的特征函数是上半连续的.

(3) 任一族下半连续函数的上确界是下半连续的；任一族上半连续函数的下确界是上半连续的.

(4) f 上半连续当且仅当 $-f$ 下半连续.

(5) f 下半连续当且仅当对任何 $\alpha\in\mathbb{R}^1$，集 $\{x: f(x)\leqslant\alpha\}$ 都是闭的；f 上半连续当且仅当对任何 $\alpha\in\mathbb{R}^1$，集 $\{x: f(x)\geqslant\alpha\}$ 都是闭的.

(6) 设 f 是 $\mathbb{R}^n$ 上的实函数. 则 f 下半连续当且仅当对任何 $x\in\mathbb{R}^n$，当点列 $\{t_n\}\subset\mathbb{R}^n$，$\|t_n-x\|\to 0$ 时，有 $\liminf\limits_{n\to\infty} f(t_n)\geqslant f(x)$；$f$ 上半连续当且仅当对任何 $x\in\mathbb{R}^n$，当点列 $\{t_n\}\subset\mathbb{R}^n$，$\|t_n-x\|\to 0$ 时，有 $\limsup\limits_{n\to\infty} f(t_n)\leqslant f(x)$.

证明　(1)、(2)与(4)是容易证明的. 设 $\{f_\lambda: \lambda\in I\}$ 是下半连续的，$\{g_\beta: \beta\in J\}$ 是上半连续的. 则对任何 $\alpha\in\mathbb{R}^1$，有

$$\{x: \sup_{\lambda\in I} f_\lambda(x)>\alpha\}=\bigcup_{\lambda\in I}\{x: f_\lambda(x)>\alpha\},$$

$$\{x: \inf_{\beta\in J} g_\beta(x)<\alpha\}=\bigcup_{\beta\in J}\{x: g_\beta(x)<\alpha\}.$$

由此二式推出(3)成立. 再来证明(5). 由于 $\{x: f(x)\leqslant\alpha\}=\{x: f(x)>\alpha\}^{\mathrm{c}}$，故 f 下半连续等价于对任何 $\alpha\in\mathbb{R}^1$，集 $\{x: f(x)\leqslant\alpha\}$ 都是闭的. 以下证明(6). 设 f 下半连续，则由(5)知 $\forall\alpha\in\mathbb{R}^1$，集 $E_\alpha=\{t: f(t)\leqslant\alpha\}$ 是闭的.（反证法）假设 $\exists x\in\mathbb{R}^n$，$\|t_n-x\|\to 0$ 时，有 $\liminf\limits_{n\to\infty} f(t_n)<f(x)$，则 $\exists r\in\mathbb{R}^1$ 使 $\liminf\limits_{n\to\infty} f(t_n)<r<f(x)$. 于是 $\exists N\in\mathbb{Z}^+$，$\forall n>N$ 有 $f(t_n)<r$，即 $t_n\in E_r$. E_r 是闭的推出 $x\in E_r$，即 $f(x)\leqslant r$，与 $f(x)>r$ 相矛盾. 反之，对 $\forall\alpha\in\mathbb{R}^1$ 来考察集 $E_\alpha=\{t: f(t)\leqslant\alpha\}$. 取 $\{t_n\}\subset E_\alpha$ 使 $\|t_n-x\|\to 0$. 则由 $f(t_n)\leqslant\alpha$ 及题设条件知 $f(x)\leqslant\liminf\limits_{n\to\infty} f(t_n)\leqslant\alpha$，即也有 $x\in E_\alpha$，这表明 E_α 是闭集，从而根据(5)得出 f 下半连续. 由(4)易知(5)与(6)中上半连续情况的命题都是成立的. 证毕.

定义 2.2.5

设 X 是拓扑空间，f 是 X 上的复值函数. 则称集 $\{x: f(x)\neq 0\}$ 的闭包为 f 的**支集**. 记 X 上的支集为紧集的所有连续复值函数的集为 $C_C(X)$（参见图 2-2）.

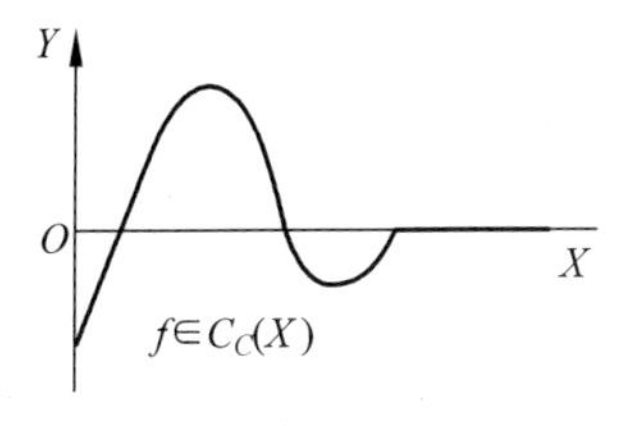

图 2-2

命题 2.2.16

设 $f\in C_C(X)$，则 f 的值域是 $\mathbb{C}$ 中紧集（有界闭集）.

证明　若 X 是紧集，则 $f(X)$ 作为紧集的连续像必是 $\mathbb{C}$ 中紧集. 以下设 X 不是紧集. 设 E 是 f 的支集. 则 E 是紧集，且 E 是 X 的真子集. 由于 $f(X)\subset f(E)\cup\{0\}$，且 $0\in f(X)$，故 $f(X)=f(E)\cup\{0\}$. 因为 $f(E)$ 与 $\{0\}$ 都是 $\mathbb{C}$ 中紧集，故 $f(X)$ 是紧集. 证毕.

定理 2.2.17（Lusin 定理）

设 $(X,\mathfrak{M},\mu)$ 是 Borel 测度空间，其中 μ 是正则的；设 f 是 X 上的复值可测函数，$|f|<\infty$ a.e.，且存在 $A\subset X$，$\mu(A)<\infty$ 使 $x\notin A$ 有 $f(x)=0$. 则对任意 $\varepsilon>0$，存在 $g_\varepsilon\in C_C(X)$ 使 $\mu(\{x: f(x)\neq g_\varepsilon(x)\})<\varepsilon$ 且

$$\sup_{x\in X}|g_\varepsilon(x)|\leqslant\sup_{x\in X}|f(x)|. \tag{2.2.18}$$

证明　分 6 步进行.

(1) 先设 $0\leqslant f<1$ 且 A 为紧集. 将 $[0,1)$ 作 2^n 等分，令

$$E_{n,i}=f^{-1}\left(\left[\frac{i-1}{2^n},\frac{i}{2^n}\right)\right),\quad i=1,2,\cdots,2^n;\quad s_n=\sum_{i=1}^{2^n}\frac{i-1}{2^n}\chi_{E_{n,i}}.$$

则 $E_{n,i}$ 是可测集，s_n 就是定理 1.3.15 证明中的可测的简单函数. 按该定理的证明，$\{s_n\}$ 是一致收敛于 f 的可测简单函数的递增序列. 令 $t_1=s_1$，$t_n=s_n-s_{n-1}$. 等分 $\left[\frac{i-1}{2^{n-1}},\frac{i}{2^{n-1}}\right)$，得到 $\left[\frac{2i-2}{2^n},\frac{2i-1}{2^n}\right)\cup\left[\frac{2i-1}{2^n},\frac{2i}{2^n}\right)$，由于

$$E_{n,2i-1}\cup E_{n,2i}=f^{-1}\left(\left[\frac{2i-2}{2^n},\frac{2i-1}{2^n}\right)\right)\cup f^{-1}\left(\left[\frac{2i-1}{2^n},\frac{2i}{2^n}\right)\right)=E_{n-1,i},$$

s_{n-1} 在 $E_{n-1,i}$ 上的值为 $\frac{i-1}{2^{n-1}}$，s_n 在 $E_{n,2i-1}$ 与 $E_{n,2i}$ 上的值分别为 $\frac{2i-2}{2^n}=\frac{i-1}{2^{n-1}}$ 与 $\frac{2i-1}{2^n}$，因而 t_n 在 $E_{n,2i-1}$ 的值为 0，在 $E_{n,2i}$ 的值为 $\frac{2i-1}{2^n}-\frac{i-1}{2^{n-1}}=\frac{1}{2^n}$. 令 $T_n=\bigcup_{i=1}^{2^{n-1}}E_{n,2i}$，则 $T_n\subset A$，2^nt_n 是 T_n 的特征函数，且当 $x\in X$ 有

$$\sum_{n=1}^{\infty}t_n(x)=\sum_{n=1}^{\infty}[s_n(x)-s_{n-1}(x)]=\lim_{n\to\infty}s_n(x)=f(x).$$

因为 A 是紧的，X 是局部紧的（参见定义 1.3.10），应用定理 1.2.15，可取固定的开集 V 使 $A\subset V$ 且 $\bar{V}$ 是紧的. 于是对可测集 T_n，有 $T_n\subset A\subset V$. 因为 μ 是正则的，存在紧集 K_n 和开集 V_n 使 $K_n\subset T_n\subset V_n\subset V$ 且 $\mu(V_n\setminus K_n)<\varepsilon/2^{n+1}$. 应用 Urysohn 引理（定理 1.2.16），存在连续函数 $h_n: X\to[0,1]$ 使 $h_n(K_n)=\{1\}$，$h_n(V_n^c)=\{0\}$. 定义

$$g(x)=\sum_{n=1}^{\infty}2^{-n}h_n(x),\quad x\in X.\tag{2.2.19}$$

注意到 $h_n(x)\leqslant 1$，按 Weierstrass 判别法，式(2.2.19)中的级数在 X 上一致收敛，因而 $g(x)$ 是连续的且 g 的支集含于 V 中. 因为 $\forall x\in(V_n\setminus K_n)^c=K_n\cup V_n^c$，有 $2^nt_n(x)=h_n(x)$，即 $2^{-n}h_n(x)=t_n(x)$，故任意 $x\in\left[\bigcup_{n=1}^{\infty}(V_n\setminus K_n)\right]^c=\bigcap_{n=1}^{\infty}(V_n\setminus K_n)^c$，有 $g(x)=f(x)$. 注意到 $\mu\left(\bigcup_{n=1}^{\infty}(V_n\setminus K_n)\right)\leqslant\sum_{n=1}^{\infty}\varepsilon/2^{n+1}<\varepsilon$，于是当 A 紧，$0\leqslant f<1$ 时，存在 $g\in C_C(X)$，使 $\mu(\{x: f(x)\neq g(x)\})<\varepsilon$.

(2) 设 A 是紧的，可测函数 f 满足 $0\leqslant f<M$，M 是正的常数. 对 $(1/M)f$ 应用(1)所证结果可得，存在 $g^*\in C_C(X)$，使 $\mu(\{x: (1/M)f(x)\neq g^*(x)\})<\varepsilon$，即存在 $g(x)=Mg^*(x)\in C_C(X)$，使 $\mu(\{x: f(x)\neq g(x)\})<\varepsilon$.

(3) 设 A 是紧的，f 是 X 上的复值有界可测函数. 此时令 $f=(u^+-u^-)+\mathrm{i}(v^+-v^-)$，利用(2)所证结果，可知存在 $u_0^+, u_0^-, v_0^+, v_0^-\in C_C(X)$，使 $\mu(E_i)<\varepsilon/4(i=1,2,3,4)$，其中

$$E_1=\{x: u^+(x)\neq u_0^+(x)\},\quad E_2=\{x: u^-(x)\neq u_0^-(x)\},$$

$$E_3=\{x: v^+(x)\neq v_0^+(x)\},\quad E_4=\{x: v^-(x)\neq v_0^-(x)\}.$$

令 $g=u_0^+-u_0^-+\mathrm{i}(v_0^+-v_0^-)$. 由于 $\bigcap_{i=1}^{4}E_i^c\subset\{x: f(x)=g(x)\}$,故 $\{x: f(x)\neq g(x)\}\subset\bigcup_{i=1}^{4}E_i$. 由此可知,存在 $g\in C_C(X)$ 使

$$\mu(\{x: f(x)\neq g(x)\})\leqslant\sum_{i=1}^{4}\mu(E_i)<\varepsilon.$$

(4) 上述"A 为紧集"的附加条件可以除去. 因为 $\mu(A)<\infty$,故由 μ 的正则性,$\forall\delta>0$,总存在紧集 $K\subset A$ 使 $\mu(A\backslash K)<\delta$. 这表明用未必紧的集 A 来代替紧集 A 不影响上述结果.

(5) 设 f 是一般复值可测函数(未必有界). 令 $B_n=\{x\in A: |f(x)|>n\}$,则

$$\bigcap_{n=1}^{\infty}B_n=\{x: |f(x)|=\infty\}.$$

因为 $\mu(B_1)\leqslant\mu(A)<\infty$,由 $|f|<\infty$ a. e. 得 $\mu\left(\bigcap_{n=1}^{\infty}B_n\right)=0$,利用测度的降连续性(定理 1.3.16(6))可知,$\mu(B_n)\to 0$. 由于 $x\in B_n^c$ 时,$f|_{B_n^c}=(1-\chi_{B_n})f$ 为有界函数,故可对 $f|_{B_n^c}$ 应用以上所证结果,从而可断言,对 $\mu(A)<\infty$ 及使 $|f|<\infty$ a. e. 成立的可测函数 f,必存在 $g\in C_C(X)$ 使

$$\mu(\{x: f(x)\neq g(x)\})<\varepsilon.$$

(6) 证式(2.2.18). 若 $\sup\limits_{x\in X}|f(x)|=\infty$,则式(2.2.18)显然成立. 令 $r=\sup\limits_{x\in X}|f(x)|<\infty$,定义

$$\varphi(z)=\begin{cases}z, & |z|\leqslant r;\\ rz/|z|, & |z|>r.\end{cases}$$

则 $\varphi: \mathbb{C}\to\{z: |z|\leqslant r\}$ 连续. 若 $g_1\in C_C(X)$ 且 $\mu(\{x: f(x)\neq g_1(x)\})<\varepsilon$,则令 $g=\varphi\circ g_1$,有 $g\in C_C(X)$,且 $\sup\limits_{x\in X}|g(x)|\leqslant r=\sup\limits_{x\in X}|f(x)|$. 以下证明

$$\mu(\{x: f(x)\neq g(x)\})<\varepsilon.$$

因为当 $|g_1(x_0)|>r$ 有 $f(x_0)\neq g_1(x_0)$,即

$$f(x_0)=g_1(x_0)\quad\Rightarrow\quad|g_1(x_0)|\leqslant r\quad\Rightarrow\quad g(x_0)=\varphi\circ g_1(x_0)=g_1(x_0).$$

故 $\{x: f(x)\neq g(x)\}\subset\{x: f(x)\neq g_1(x)\}$. 所以 $\mu(\{x: f(x)\neq g(x)\})<\varepsilon$. 证毕.

推论

在 Lusin 定理的假设下又设 $|f|\leqslant M$,其中 M 为正的常数. 则存在序列 $\{g_n\}\subset C_C(X)$ 使 $|g_n|\leqslant M(\forall n\in\mathbb{Z}^+)$ 且 $\lim\limits_{n\to\infty}g_n(x)=f(x)$ a. e. 于 X.

证明　应用 Lusin 定理,$\forall n\in\mathbb{Z}^+$,$\exists g_n\in C_C(X)$,$|g_n|\leqslant M$,$\mu(E_n)<1/2^n$,其中 $E_n=\{x: f(x)\neq g_n(x)\}$. 由于 $\sum\limits_{n=1}^{\infty}\mu(E_n)<\infty$,应用命题 2.2.7,对几乎每个 $x\in X$,x 至多属于 $\{E_n\}$ 中有限个集. 即当 n 充分大有 $f(x)=g_n(x)$ a. e.,所以 $f(x)=\lim\limits_{n\to\infty}g_n(x)$ a. e. 于 X. 证毕.

定理 2.2.18（**Vitali-Caratheodory 定理**）

设$(X,\mathfrak{M},\mu)$是 Borel 测度空间且μ是正则的. 设实值函数$f\in L^1(\mu)$, $\varepsilon>0$. 则存在X上的实值函数u和v使$u\leqslant f\leqslant v$, u上半连续有上界, v下半连续有下界, 且$\int_X(v-u)\mathrm{d}\mu<\varepsilon$.

证明 先设$f\geqslant 0$且f不恒为0(恒为0时取$u=v=0$已得到证明). 按定理 1.3.15, f是可测的非负简单函数的递增序列$\{s_n\}$的点态极限. 令$s_0=0$, $t_n=s_n-s_{n-1}$, 则$f=\sum\limits_{n=1}^{\infty}t_n$. 由于$t_n$形如$t_n=\sum\limits_{k=1}^{m_n}C_{nk}\chi_{E_{nk}}$是特征函数的非负线性组合, 故$f=\sum\limits_{n=1}^{\infty}\sum\limits_{k=1}^{m_n}C_{nk}\chi_{E_{nk}}$表明, 存在可测集列$\{E_i\}$(不必要求互不相交)及$C_i>0$使

$$f(x)=\sum_{i=1}^{\infty}C_i\chi_{E_i}(x),\quad x\in X.$$

应用逐项积分定理得$\int_X f\mathrm{d}\mu=\sum\limits_{i=1}^{\infty}C_i\mu(E_i)$. 由于$f\in L^1(\mu)$, $\left|\int_X f\mathrm{d}\mu\right|\leqslant\int_X|f|\mathrm{d}\mu<\infty$, 故$\sum\limits_{i=1}^{\infty}C_i\mu(E_i)$收敛, 且$\mu(E_i)<\infty(\forall i\in\mathbb{Z}^+)$. 利用$\mu$的正则性得, 存在紧集$K_i$和开集$V_i$使

$$K_i\subset E_i\subset V_i\quad 且\quad C_i\mu(V_i\backslash K_i)<\varepsilon/2^{i+1},\quad \forall i\in\mathbb{Z}^+.$$

取$N\in\mathbb{Z}^+$使$\sum\limits_{i=N+1}^{\infty}C_i\mu(E_i)<\varepsilon/2$. 令

$$u=\sum_{i=1}^{N}C_i\chi_{K_i},\quad w_n=\sum_{i=1}^{n}C_i\chi_{V_i},\quad v=\sum_{i=1}^{\infty}C_i\chi_{V_i}=\sup_{n\geqslant 1}w_n.$$

则$u\leqslant f\leqslant v$, 且由命题 2.2.15 得u上半连续有上界, v下半连续有下界.

$$v-u=\sum_{i=1}^{\infty}C_i(\chi_{V_i}-\chi_{K_i})+\sum_{i=N+1}^{\infty}C_i\chi_{K_i},$$

$$\int_X(v-u)\mathrm{d}\mu\leqslant\sum_{i=1}^{\infty}C_i\mu(V_i\backslash K_i)+\sum_{i=N+1}^{\infty}C_i\mu(K_i)<\varepsilon/2+\varepsilon/2=\varepsilon.$$

再设$f\in L^1(\mu)$为任意实值函数, 记$f=f^+-f^-$. 应用上述结果, 存在u_1,u_2,v_1,v_2, 使u_1,u_2上半连续有上界, v_1,v_2下半连续有下界, 且

$$u_1\leqslant f^+\leqslant v_1,\quad \int_X(v_1-u_1)\mathrm{d}\mu<\varepsilon/2;$$

$$u_2\leqslant f^-\leqslant v_2,\quad \int_X(v_2-u_2)\mathrm{d}\mu<\varepsilon/2.$$

令$u=u_1-v_2$, $v=v_1-u_2$. 则按半连续定义可知, $-v_2$上半连续有上界, $-u_2$下半连续有下界, 从而u上半连续有上界, v下半连续有下界, $u\leqslant f\leqslant v$且

$$\int_X(v-u)\mathrm{d}\mu=\int_X(v_1-u_1)\mathrm{d}\mu+\int_X(v_2-u_2)\mathrm{d}\mu<\varepsilon.$$

证毕.

数学家 Littlewood 曾经这样描述过实值或复值函数理论的框架(见参考文献[45]): 每个可测集接近开集, 每个可测函数接近连续函数; 每个收敛的可测函数序列接近一致收敛的可测函数序列. 这一通俗的概括有助于理解实值或复值可测函数理论的基本思想.

2.3　乘积空间上的积分及不等式

在 Riemann 积分理论中，转化为累次积分以及互换积分顺序是重积分计算的重要方法. 如果 $f(x,y)$ 在矩形 $I=[a,b]\times[c,d]$ 上连续，则

$$\iint_I f(x,y)\mathrm{d}x\mathrm{d}y=\int_a^b \mathrm{d}x\int_c^d f(x,y)\mathrm{d}y=\int_c^d \mathrm{d}y\int_a^b f(x,y)\mathrm{d}x.$$

本节的目的是对 Lebesgue 积分建立相应的定理，即 Fubini 定理. 自然地，我们将以抽象的"矩形"替代 $\mathbb{R}^2$ 中矩形 I 为出发点，先引入可测积空间与积测度概念，最终在可测积空间上建立 Fubini 定理.

2.3.1　积空间的可测性

定义 2.3.1

设 $(X,\mathcal{A})$ 和 $(Y,\mathcal{B})$ 为可测空间，$A\in\mathcal{A}$，$B\in\mathcal{B}$. 则称 $A\times B$ 为**可测矩形**. 设 $H_i(1\leqslant i\leqslant k)$ 为 $X\times Y$ 中的可测矩形，且 $i\neq j$ 时 $H_i\cap H_j=\varnothing$，则 $X\times Y$ 中形如 $\bigcup_{i=1}^{k}H_i$ 的集称为**基本集**，记

$$\mathcal{F}=\left\{\bigcup_{i=1}^{n}H_i: H_i(1\leqslant i\leqslant n)\text{ 是可测矩形；}i\neq j\text{ 时 }H_i\cap H_j=\varnothing, n\in\mathbb{Z}^+\right\}$$

为基本集的族. $X\times Y$ 的包含所有可测矩形的最小的 σ-代数记为 $\mathcal{A}\times\mathcal{B}$.

定义 2.3.2

设 $E\subset X\times Y$，$x\in X$，$y\in Y$. 称

$$E_x=\{y:(x,y)\in E\}\quad\text{与}\quad E^y=\{x:(x,y)\in E\}$$

分别为 E 的 x-**截口**和 y-**截口**(参见图 2-3).

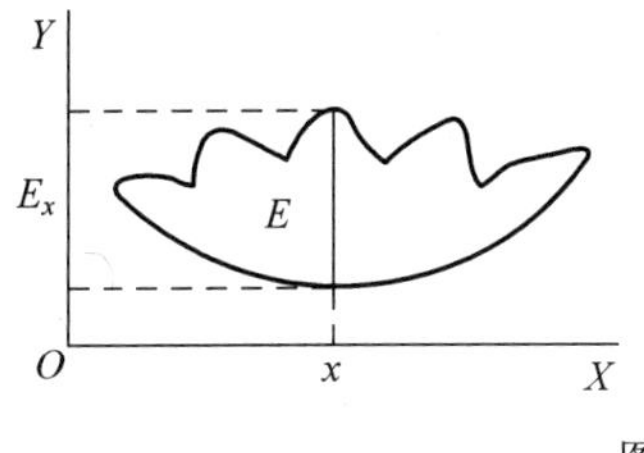

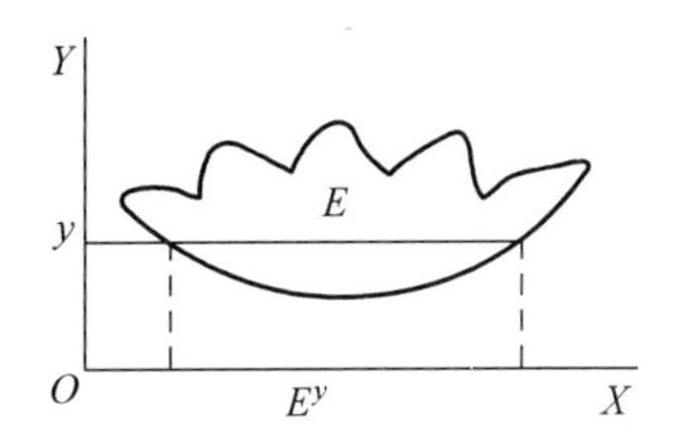

图 2-3

定理 2.3.1

设 $(X,\mathcal{A})$ 和 $(Y,\mathcal{B})$ 为可测空间，$E\in\mathcal{A}\times\mathcal{B}$. 则 $\forall x\in X$ 有 $E_x\in\mathcal{B}$ 且 $\forall y\in Y$ 有 $E^y\in\mathcal{A}$.

证明　设 $\Omega=\{E\in\mathcal{A}\times\mathcal{B}: \forall x\in X, E_x\in\mathcal{B}\}$. 以下只需证明 $\Omega=\mathcal{A}\times\mathcal{B}$. 因 $\Omega\subset\mathcal{A}\times\mathcal{B}$，故只需证明 Ω 是包含所有可测矩形的 σ-代数.

若 $E=A\times B$ 为可测矩形，则当 $x\in A$ 时，$E_x=B\in\mathcal{B}$；当 $x\notin A$ 时，$E_x=\varnothing\in\mathcal{B}$. 故 $E=A\times B\in\Omega$.

(ME1) 由 $X\times Y$ 是可测矩形可知 $X\times Y\in\Omega$.

(ME2) 设 $E\in\Omega$，由于 $y\in(E^c)_x\Leftrightarrow(x,y)\in E^c\Leftrightarrow y\notin E_x\Leftrightarrow y\in(E_x)^c$，故 $(E^c)_x=(E_x)^c$.

由 $E_x\in\mathcal{B}$得$(E^c)_x=(E_x)^c\in\mathcal{B}$. 这表明 $E^c\in\Omega$.

(ME3) 设$\{E_i\}_{i=1}^{\infty}\subset\Omega, E=\bigcup_{i=1}^{\infty}E_i$. 则$\{(E_i)_x\}_{i=1}^{\infty}\subset\mathcal{B}$. 由于

$$y\in E_x\Leftrightarrow(x,y)\in E\Leftrightarrow\exists i\in\mathbb{Z}^+,(x,y)\in E_i$$
$$\Leftrightarrow\exists i\in\mathbb{Z}^+,y\in(E_i)_x\Leftrightarrow y\in\bigcup_{i=1}^{\infty}(E_i)_x.$$

故 $E_x=\bigcup_{i=1}^{\infty}(E_i)_x\in\mathcal{B}$. 这表明 $E\in\Omega$.

对 E^y 的情形同理可证. 证毕.

定理 2.3.2

设$(X,\mathcal{A})$与$(Y,\mathcal{B})$为可测空间，则$\mathcal{A}\times\mathcal{B}$是包含所有基本集的最小的单调类.

证明 设$\mathcal{F}$为基本集的族，按定义有$\mathcal{F}\subset\mathcal{A}\times\mathcal{B}$. 设 $A_i\in\mathcal{A},B_i\in\mathcal{B},i\in 1,2$. 则

$$(A_1\times B_1)\backslash(A_2\times B_2)=[(A_1\backslash A_2)\times B_1]\cup[(A_1\cap A_2)\times(B_1\backslash B_2)].$$

根据命题 1.3.2，$\mathcal{F}$是集代数. 应用定理 1.3.7 可知$\mathcal{A}\times\mathcal{B}$是包含$\mathcal{F}$的最小的单调类. 证毕.

定义 2.3.3

设 f 是 $X\times Y$ 上的映射，对每个 $x\in X$，由 $f_x(y)=f(x,y)$定义了 Y 上的映射 f_x；对每个 $y\in Y$，由 $f^y(x)=f(x,y)$定义了 X 上的映射 f^y. f_x 与 f^y 也分别称为 f 的 x-**截口**与 y-**截口**.

因为在我们的讨论中涉及 3 个 σ-代数：$\mathcal{A},\mathcal{B},\mathcal{A}\times\mathcal{B}$，所以为明确起见，提及可测时须指明关于 3 个 σ-代数中的哪一个.

定理 2.3.3

设 f 为 $X\times Y$ 上的$\mathcal{A}\times\mathcal{B}$-可测映射. 则

(1) 对每个 $x\in X$，f_x 是$\mathcal{B}$-可测的；

(2) 对每个 $y\in Y$，f^y 是$\mathcal{A}$-可测的.

证明 设 V 为任意开集. 令 $Q=\{(x,y): f(x,y)\in V\}$. 则 $Q\in\mathcal{A}\times\mathcal{B}$，且 $Q_x=\{y: f_x(y)\in V\}$. 按定理 2.3.1，$Q_x\in\mathcal{B}$. 故(1)成立. 同理可证(2) 也是成立的. 证毕.

2.3.2 乘积测度

定理 2.3.4

设$(X,\mathcal{A},\mu)$和$(Y,\mathcal{B},\lambda)$都是σ-有限的测度空间，且设 $Q\in\mathcal{A}\times\mathcal{B}$，映射 φ,ψ 分别定义为

$$\varphi(x)=\lambda(Q_x),\quad\forall x\in X;\quad\psi(y)=\mu(Q^y),\quad\forall y\in Y.$$

则 φ 是$\mathcal{A}$-可测的，ψ 是$\mathcal{B}$-可测的. 且

$$\int_X\varphi\mathrm{d}\mu=\int_Y\psi\mathrm{d}\lambda.\tag{2.3.1}$$

由于可测集的截口是可测的，且

$$\forall x\in X,\lambda(Q_x)=\int_Y\chi_Q(x,y)\mathrm{d}\lambda(y);\quad\forall y\in Y,\mu(Q^y)=\int_X\chi_Q(x,y)\mathrm{d}\mu(x).$$

故定理 2.3.4 中 φ 与 ψ 都有确定的意义，且式(2.3.1)可写成

$$\int_X\mathrm{d}\mu(x)\int_Y\chi_Q(x,y)\mathrm{d}\lambda(y)=\int_Y\mathrm{d}\lambda(y)\int_X\chi_Q(x,y)\mathrm{d}\mu(x).\tag{2.3.2}$$

证明　设 Ω 是使定理结论成立的那些 $Q\in\mathcal{A}\times\mathcal{B}$ 的族. 以下只需证明 $\Omega=\mathcal{A}\times\mathcal{B}$. 为此，先证 Ω 具有下述性质：

(1) 若 Q 是可测矩形，则 $Q\in\Omega$.

(2) 若 $\{Q_i\}_{i=1}^{\infty}\subset\Omega$，$Q_i\subset Q_{i+1}(\forall i\in\mathbb{Z}^+)$，则 $Q=\bigcup\limits_{i=1}^{\infty}Q_i\in\Omega$.

(3) 若 $\{Q_i\}_{i=1}^{\infty}\subset\Omega$ 是互不相交的，则 $Q=\bigcup\limits_{i=1}^{\infty}Q_i\in\Omega$.

(4) 设 $\mu(A)<\infty$，$\lambda(B)<\infty$ 且 $A\times B\supset Q_i\supset Q_{i+1}(\forall i\in\mathbb{Z}^+)$，其中 $\{Q_i\}_{i=1}^{\infty}\subset\Omega$，则 $Q=\bigcap\limits_{i=1}^{\infty}Q_i\in\Omega$.

证(1). 设 $Q=A\times B$，$A\in\mathcal{A}$，$B\in\mathcal{B}$. 则

$$\lambda(Q_x)=\lambda(B)\chi_A(x),\quad \mu(Q^y)=\mu(A)\chi_B(y)$$

显然都是可测映射. 于是 $\int_X\lambda(Q_x)\mathrm{d}\mu=\lambda(B)\mu(A)=\int_Y\mu(Q^y)\mathrm{d}\lambda$. 故 $Q\in\Omega$.

证(2). 设 $\varphi_i=\lambda(Q_{ix})$，$\varphi=\lambda(Q_x)$，$\psi_i=\mu(Q_i^y)$，$\psi=\mu(Q^y)$. 由于 $Q_x=\bigcup\limits_{i=1}^{\infty}Q_{ix}$，$Q^y=\bigcup\limits_{i=1}^{\infty}Q_i^y$，故

$$\text{对每个 } x\in X,\ \{\varphi_i(x)\}\text{ 是递增序列且 } \varphi_i(x)\to\varphi(x);$$
$$\text{对每个 } y\in Y,\ \{\psi_i(y)\}\text{ 是递增序列且 } \psi_i(y)\to\psi(y).$$

由 $\int_X\varphi_i\mathrm{d}\mu=\int_Y\psi_i\mathrm{d}\lambda$ 应用单调收敛定理得 $\int_X\varphi\mathrm{d}\mu=\int_Y\psi\mathrm{d}\lambda$. 这表明 $Q=\bigcup\limits_{i=1}^{\infty}Q_i\in\Omega$.

证(3). 设 $P_n=\bigcup\limits_{i=1}^{n}Q_i$，则 $P_n\subset P_{n+1}(\forall n\in\mathbb{Z}^+)$，且 $Q=\bigcup\limits_{n=1}^{\infty}P_n$. 因为 $\{Q_i\}$ 是互不相交的，故 $\chi_{P_n}=\sum\limits_{i=1}^{n}\chi_{Q_i}$. 因为 $\sum\limits_{i=1}^{n}\int_X\mathrm{d}\mu\int_Y\chi_{Q_i}\mathrm{d}\lambda=\sum\limits_{i=1}^{n}\int_Y\mathrm{d}\lambda\int_X\chi_{Q_i}\mathrm{d}\mu$，故

$$\int_X\mathrm{d}\mu\int_Y\chi_{P_n}\mathrm{d}\lambda=\int_Y\mathrm{d}\lambda\int_X\chi_{P_n}\mathrm{d}\mu.$$

由此得到 $P_n\in\Omega$. 利用(2)得 $Q\in\Omega$.

证(4). 设 $\varphi_i=\lambda(Q_{ix})$，$\varphi=\lambda(Q_x)$；$\psi_i=\mu(Q_i^y)$，$\psi=\mu(Q^y)$；$\varphi_0=\lambda(B)\chi_A(x)$，$\psi_0=\mu(A)\chi_B(y)$. 由于 $\lambda(B)<\infty$，$\mu(A)<\infty$，故 $\int_X\varphi_0\mathrm{d}\mu<\infty$，$\int_Y\psi_0\mathrm{d}\lambda<\infty$. 注意到 $\{\varphi_0-\varphi_i\}$ 与 $\{\psi_0-\psi_i\}$ 都是递增序列且 $(\varphi_0-\varphi_i)\to(\varphi_0-\varphi)$，$(\psi_0-\psi_i)\to(\psi_0-\psi)$. 由

$$\int_X(\varphi_0-\varphi_i)\mathrm{d}\mu=\int_Y(\psi_0-\psi_i)\mathrm{d}\lambda$$

应用单调收敛定理得 $\int_X(\varphi_0-\varphi)\mathrm{d}\mu=\int_Y(\psi_0-\psi)\mathrm{d}\lambda$，因此 $\int_X\varphi\mathrm{d}\mu=\int_Y\psi\mathrm{d}\lambda$. 这表明 $Q=\bigcap\limits_{i=1}^{\infty}Q_i\in\Omega$.

因为测度空间是 σ-有限的，可设

$$X=\bigcup_{m=1}^{\infty} X_m, \quad Y=\bigcup_{n=1}^{\infty} Y_n.$$

其中$\{X_m\}_{m=1}^{\infty}$,$\{Y_n\}_{n=1}^{\infty}$都是互不相交的可测集族，且$\mu(X_m)<\infty$,$\lambda(Y_n)<\infty$,$\forall m,n\in \mathbb{Z}^+$. 现定义

$$Q_{mn}=Q\cap(X_m\times Y_n), \quad \forall m,n\in\mathbb{Z}^+;$$

$$\mathfrak{M}=\{Q\in\mathcal{A}\times\mathcal{B}: Q_{mn}\in\Omega,\forall m,n\in\mathbb{Z}^+\}.$$

则由(2)与(4)得$\mathfrak{M}$是单调类；由(1)与(3)得基本集族$\mathcal{F}\subset\mathfrak{M}$. 又因$\mathfrak{M}\subset\mathcal{A}\times\mathcal{B}$,故应用定理2.3.2可知$\mathfrak{M}=\mathcal{A}\times\mathcal{B}$. 于是,$\forall Q\in\mathcal{A}\times\mathcal{B}$,$\forall m,n\in\mathbb{Z}^+$,有$Q_{mn}\in\Omega$. 注意到$Q=\bigcup_{m=1}^{\infty}\bigcup_{n=1}^{\infty}Q_{mn}$,从而由(3)得$Q\in\Omega$. 由此进一步得出$\Omega=\mathcal{A}\times\mathcal{B}$,即定理在$\mathcal{A}\times\mathcal{B}$上成立. 证毕.

定义 2.3.4

设$(X,\mathcal{A},\mu)$和$(Y,\mathcal{B},\lambda)$都是σ-有限测度空间,$Q\in\mathcal{A}\times\mathcal{B}$. 定义

$$(\mu\times\lambda)(Q)=\int_X\lambda(Q_x)\mathrm{d}\mu(x)=\int_Y\mu(Q^y)\mathrm{d}\lambda(y). \tag{2.3.3}$$

称$\mu\times\lambda$是**μ和λ的乘积(测度)**.

按式(2.3.1)或式(2.3.2),用式(2.3.3)来定义$\mu\times\lambda$是合理的. 由逐项积分定理易证$\mu\times\lambda$在$\mathcal{A}\times\mathcal{B}$上是可数可加的,故$\mu\times\lambda$确实是$\mathcal{A}\times\mathcal{B}$上的测度. 另外,当$\mu,\lambda$都是$\sigma$-有限测度时,$\mu\times\lambda$也是$\sigma$-有限的.

2.3.3 Fubini 定理

定理 2.3.5(Fubini 定理)

设$(X,\mathcal{A},\mu)$和$(Y,\mathcal{B},\lambda)$都是σ-有限测度空间,f是$X\times Y$上的$\mathcal{A}\times\mathcal{B}$-可测函数. 记$J=\int_{X\times Y}f(x,y)\mathrm{d}(\mu\times\lambda)$.

(1) 若$0\leqslant f\leqslant\infty$,则

$$\int_X\mathrm{d}\mu(x)\int_Y f(x,y)\mathrm{d}\lambda(y)=J=\int_Y\mathrm{d}\lambda(y)\int_X f(x,y)\mathrm{d}\mu(x). \tag{2.3.4}$$

(2) 若f是复值的,且或者有$\int_X\mathrm{d}\mu(x)\int_Y|f(x,y)|\mathrm{d}\lambda(y)<\infty$,或者有$\int_Y\mathrm{d}\lambda(y)\int_X|f(x,y)|\mathrm{d}\mu(x)<\infty$,则

$$\int_X\mathrm{d}\mu(x)\int_Y f(x,y)\mathrm{d}\lambda(y)=J=\int_Y\mathrm{d}\lambda(y)\int_X f(x,y)\mathrm{d}\mu(x). \tag{2.3.5}$$

简言之,在测度空间σ-有限的前提下,对$\mathcal{A}\times\mathcal{B}$-可测函数$f$,当$f\geqslant0$时$f$的积分顺序可以交换,当$|f|$的累次积分之一有限时,复值函数$f$的积分顺序也可以交换,积分顺序可交换时重积分与累次积分相等.

证明 根据定理2.3.3,f_x是$\mathcal{B}$-可测的,f^y是$\mathcal{A}$-可测的. 于是可定义

$$\varphi(x)=\int_Y f_x\mathrm{d}\lambda,x\in X, \quad \psi(y)=\int_X f^y\mathrm{d}\mu,y\in Y.$$

(1) 设 $Q\in\mathcal{A}\times\mathcal{B}$且 $f=\chi_Q$. 按式(2.3.3)有

$$\int_{X\times Y}\chi_Q\mathrm{d}(\mu\times\lambda)=\int_X\mathrm{d}\mu\int_Y(\chi_Q)_x\mathrm{d}\lambda=\int_Y\mathrm{d}\lambda\int_X(\chi_Q)^y\mathrm{d}\mu.$$

即式(2.3.4)当 $f=\chi_Q$ 时成立. 从而式(2.3.4)当 f 是$\mathcal{A}\times\mathcal{B}$-可测的非负简单函数时成立. 现设 f 是任意的$\mathcal{A}\times\mathcal{B}$-可测的非负函数. 则存在$\mathcal{A}\times\mathcal{B}$-可测的非负简单函数的递增序列 $\{s_n\}$使 $s_n(x,y)\to f(x,y)$, $\forall(x,y)\in X\times Y$. 记

$$\varphi_n(x)=\int_Y(s_n)_x\mathrm{d}\lambda.$$

在$(Y,\mathcal{B},\lambda)$上应用单调收敛定理得 $\varphi_n(x)\to\varphi(x)$, $\forall x\in X$. 因$\{\varphi_n\}$仍为递增序列,由 $\int_X\varphi_n\mathrm{d}\mu=\int_{X\times Y}s_n\mathrm{d}(\mu\times\lambda)$ 再次应用单调收敛定理得

$$\int_X\varphi\mathrm{d}\mu=\int_{X\times Y}f\mathrm{d}(\mu\times\lambda).$$

同理证得 $\int_Y\psi\mathrm{d}\lambda=\int_{X\times Y}f\mathrm{d}(\mu\times\lambda)$.

(2) 由于 $\int_X\mathrm{d}\mu\int_Y|f|\mathrm{d}\lambda<\infty$, 对$|f|$应用式(2.3.4)可得 $f\in L^1(\mu\times\lambda)$ $\Big($同理,当 $\int_Y\mathrm{d}\lambda\int_X|f|\mathrm{d}\mu<\infty$ 时也得到 $f\in L^1(\mu\times\lambda)$,由式(2.3.4),二者是相等的$\Big)$.

先设 f 是实值的, $f=f^+-f^-$, $\varphi_1(x)=\int_Y(f^+)_x\mathrm{d}\lambda$, $\varphi_2(x)=\int_Y(f^-)_x\mathrm{d}\lambda$. 因 $f\in L^1(\mu\times\lambda)$, $f^+\leqslant|f|$, $f^-\leqslant|f|$,对 f^+ 与 f^- 应用式(2.3.4),得到 $\varphi_1\in L^1(\mu)$, $\varphi_2\in L^1(\mu)$. 根据命题 2.1.4, $\varphi_1(x)<\infty$, $\varphi_2(x)<\infty$ a. e. 于 X. 而 $f_x=(f^+)_x-(f^-)_x$,故对使 $\varphi_1(x)<\infty$且 $\varphi_2(x)<\infty$的每个 x,有

$$\int_Y|f_x|\mathrm{d}\lambda=\varphi_1(x)+\varphi_2(x)<\infty.$$

这表明 $f_x\in L^1(\lambda)$a. e. 于 X. 因为 $\varphi_1,\varphi_2\in L^1(\mu)$,故$(\varphi_1+\varphi_2)\in L^1(\mu)$; 因为$|\varphi|\leqslant\varphi_1+\varphi_2$,故 $\varphi\in L^1(\mu)$(命题 2.1.4). 由

$$\int_X\varphi_1\mathrm{d}\mu=\int_{X\times Y}f^+\mathrm{d}(\mu\times\lambda)\quad 及\quad \int_X\varphi_2\mathrm{d}\mu=\int_{X\times Y}f^-\mathrm{d}(\mu\times\lambda)$$

相减得 $\int_X\varphi\mathrm{d}\mu=\int_{X\times Y}f\mathrm{d}(\mu\times\lambda)$. 同理可证 $\int_Y\psi\mathrm{d}\lambda=\int_{X\times Y}f\mathrm{d}(\mu\times\lambda)$. 于是式(2.3.5)成立.

再设 f 是复值的, $f(x,y)=u(x,y)+\mathrm{i}v(x,y)$, $u(x,y)$与 $v(x,y)$都是实值的. 则 $|u|\leqslant|f|$, $|v|\leqslant|f|$. 由 $f\in L^1(\mu\times\lambda)$可知 $u,v\in L^1(\mu\times\lambda)$,对 u 与 v 应用上述已证明的结果并利用积分线性可得式(2.3.5)成立. 证毕.

注意 Fubini 定理包含了三个方面的条件. 其一,要求 μ 与 λ 是 σ-有限的,即"测度空间不能太大"; 其二,要求 f 非负或者$|f|$的累次积分之一有限,即"函数不能太大"; 其三,要求 f 是$\mathcal{A}\times\mathcal{B}$-可测的. 以下三个反例(例 2.3.1～例 2.3.3)指出这三方面的条件缺一不可.

例 2.3.1　设 $X=Y=[0,1]$, μ 为 X 上的 Lebesgue 测度, λ 为 Y 上的计数测度, f 为单位正方形对角线的特征函数,即 $f(x,y)=\begin{cases}1, & x=y\\ 0, & x\neq y\end{cases}$,则

$$\int_X f(x,y)\mathrm{d}\mu(x)=\int_{\{y\}}\mathrm{d}\mu(x)=\mu(\{y\})=0,\quad\forall y\in[0,1],$$

$$\int_Y f(x,y)\mathrm{d}\lambda(y)=\int_{\{x\}}\mathrm{d}\lambda(y)=\lambda(\{x\})=1,\quad \forall x\in[0,1].$$

于是

$$\int_Y \mathrm{d}\lambda(y)\int_X f(x,y)\mathrm{d}\mu(x)=0\neq 1=\int_X \mathrm{d}\mu(x)\int_Y f(x,y)\mathrm{d}\lambda(y).$$

此例中，λ 不是σ-有限的，但 Fubini 定理的其他条件是满足的：f 非负；设$\mathcal{A}$是$[0,1]$上一切 Lebesgue 可测集的族而$\mathcal{B}$是$[0,1]$上一切子集的族，则 f 是$\mathcal{A}\times\mathcal{B}$-可测的. 事实上，设 D 是单位正方形的对角线，并记

$$I_j=[(j-1)/n,j/n],\quad Q_n=\bigcup_{j=1}^{n}(I_j\times I_j),\quad \forall n\in\mathbb{Z}^+.$$

则 Q_n 是可测矩形的有限并，且 $D=\bigcap_{n=1}^{\infty}Q_n$（参见图 2-4），这表明 D 是可测的. 因为 $f=\chi_D$，故 f 是$\mathcal{A}\times\mathcal{B}$-可测的.

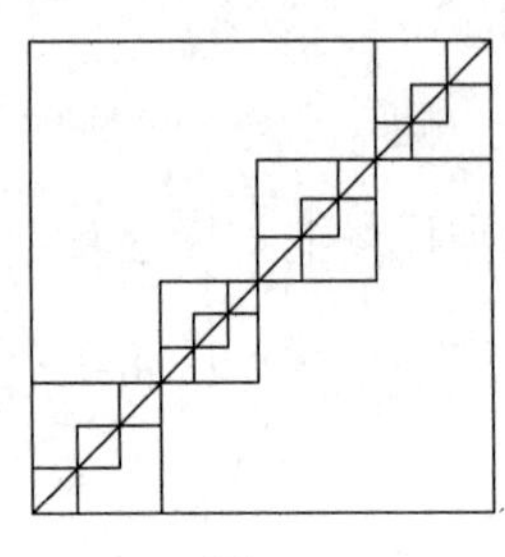

图 2-4

例 2.3.2 设 $X=Y=[0,1]$，μ 与 λ 都是$[0,1]$上的 Lebesgue 测度. 选取$\{\delta_n\}\subset[0,1]$使 $\delta_1=0,\delta_n<\delta_{n+1}(\forall n\in\mathbb{Z}^+)$，且 $\delta_n\to 1(n\to\infty)$. 设 g_n 是支集位于(δ_n,δ_{n+1})内的实值连续函数，使 $\int_0^1 g_n(t)\mathrm{d}t=1$. 定义

$$f(x,y)=\sum_{n=1}^{\infty}[g_n(x)-g_{n+1}(x)]g_n(y).$$

因为对每个固定的$(x,y)\in X\times Y$，级数中至多一项异于 0，故 f 在单位正方形上处处有定义. $\forall t\in[0,1)$，由于$\delta_n\to 1$，$\exists n_0\in\mathbb{Z}^+$ 使 $t\in(\delta_{n_0},\delta_{n_0+1})$. 于是 $n>n_0$ 有 $g_n(t)=0$. 这蕴涵 $\lim\limits_{n\to\infty}g_n(t)=0$. 由于 $\int_{\delta_n}^{\delta_{n+1}}g_n(t)\mathrm{d}t=\int_0^1 g_n(t)\mathrm{d}t=1$，故

$$\int_0^{\delta_{n+1}}f(x,y)\mathrm{d}y=\sum_{k=1}^{n}\int_{\delta_k}^{\delta_{k+1}}f(x,y)\mathrm{d}y=\sum_{k=1}^{n}\int_{\delta_k}^{\delta_{k+1}}[g_k(x)-g_{k+1}(x)]g_k(y)\mathrm{d}y$$

$$=\sum_{k=1}^{n}[g_k(x)-g_{k+1}(x)]=g_1(x)-g_{n+1}(x),$$

$$\int_0^1 f(x,y)\mathrm{d}y=\lim_{n\to\infty}\int_0^{\delta_{n+1}}f(x,y)\mathrm{d}y=g_1(x)-\lim_{n\to\infty}g_{n+1}(x)=g_1(x).$$

约定 $g_0(y)=0$，则

$$f(x,y)=\sum_{k=1}^{\infty}[g_k(x)-g_{k+1}(x)]g_k(y)$$

$$=\sum_{k=1}^{\infty}g_k(x)g_k(y)-\sum_{k=1}^{\infty}g_k(x)g_{k-1}(y)$$

$$=\sum_{k=1}^{\infty}[g_k(y)-g_{k-1}(y)]g_k(x)$$

$$\int_0^{\delta_{n+1}}f(x,y)\mathrm{d}x=\sum_{k=1}^{n}\int_{\delta_k}^{\delta_{k+1}}[g_k(y)-g_{k-1}(y)]g_k(x)\mathrm{d}x$$

$$=\sum_{k=1}^{n}[g_k(y)-g_{k-1}(y)]=g_n(y),$$

$$\int_0^1 f(x,y)\mathrm{d}x=\lim_{n\to\infty}\int_0^{\delta_{n+1}} f(x,y)\mathrm{d}x=\lim_{n\to\infty} g_n(y)=0.$$

于是

$$\int_0^1 \mathrm{d}y\int_0^1 f(x,y)\mathrm{d}x=0\neq 1=\int_0^1 \mathrm{d}x\int_0^1 f(x,y)\mathrm{d}y.$$

此例中 μ 与 λ 是有限测度；f 除点(1,1)外处处连续，因而 f 是可测的. 由 Fubini 定理的结论不成立可知必有 $\int_0^1 \mathrm{d}x\int_0^1 |f(x,y)|\mathrm{d}y=\infty$.

例 2.3.3　(阅读)设 $\mu(X)=\lambda(Y)=1,0\leqslant f\leqslant 1$. $\forall x\in X,f_x$ 是$\mathcal{B}$-可测的；$\forall y\in Y$，f^y 是$\mathcal{A}$-可测的；且记 $\varphi(x)=\int_Y f_x\mathrm{d}\lambda,\psi(y)=\int_X f^y\mathrm{d}\mu$. 设 φ 是$\mathcal{A}$-可测的且 ψ 是$\mathcal{B}$-可测的. 则 $0\leqslant\varphi\leqslant 1$ 且 $0\leqslant\psi\leqslant 1$，两累次积分都是有限的(不涉及乘积测度). 两累次积分相等吗？答案是否定的.

这里引用 Sierpinski 的反例(见参考文献[46])，该反例依赖连续统假设. 设 $(X,\mathcal{A},\mu)$ 与 $(Y,\mathcal{B},\lambda)$ 都是[0,1]上的 Lebesgue 测度空间，W 为不可数集，且 $(W,\prec)$ 是良序集(W 按 $\prec$ 是全序的，且 W 中任意非空子集 A 都存在第一元 $b_A\in A$ 使 $\forall a\in A$ 有 $b_A\prec a$). 由连续统假设推出，存在双射 $j:[0,1]\to W$，使 $\forall x\in[0,1]$，$\{w\in W: w\prec j(x)\}$中的元素至多可列. 令

$$Q=\{(x,y)\in[0,1]\times[0,1]:\ j(x),j(y)\in W,j(x)\prec j(y)\},$$

则 $\forall x\in[0,1]$，Q_x 包含了[0,1]中除去可数多个点外的所有点；$\forall y\in[0,1]$，Q^y 为[0,1]中可数集. 于是 Q_x 与 Q^y 都是 Borel 可测集. 设 $f=\chi_Q$，则 f_x 与 f^y 都是 Borel 可测的，但是

$$\varphi(x)=\int_0^1 f(x,y)\mathrm{d}y=1,\quad \forall x\in[0,1],$$

$$\psi(y)=\int_0^1 f(x,y)\mathrm{d}x=0,\quad \forall y\in[0,1].$$

因此，$\int_0^1 \mathrm{d}x\int_0^1 f(x,y)\mathrm{d}y=1\neq 0=\int_0^1 \mathrm{d}y\int_0^1 f(x,y)\mathrm{d}x$. 此例中除了“$f$ 是$\mathcal{A}\times\mathcal{B}$-可测的”这一条件外，Fubini 定理的其他条件皆满足.

由于 Q 是不可测集，此例同时表明定理 2.3.1 与定理 2.3.3 的逆命题不真，即

$$E_x\in\mathcal{A},\quad E^y\in\mathcal{B}\quad\not\Rightarrow\quad E\in\mathcal{A}\times\mathcal{B};$$

f_x 是$\mathcal{B}$-可测的且 f^y 是$\mathcal{A}$-可测的　$\not\Rightarrow$　f 是$\mathcal{A}\times\mathcal{B}$-可测的.

应用 Fubini 定理是非常方便的. 在大多数具体问题中，函数的可测性通常是满足的，因而对非负函数可直接使用定理，不是非负函数时只要验证绝对值函数的累次积分之一是有限的即可.

例 2.3.4　求 $J=\int_0^\infty \frac{[(\mathrm{e}^{-ax}-\mathrm{e}^{-bx})\sin x]}{x}\mathrm{d}x$，其中 $b>a>0$.

解　$J=\int_0^\infty \sin x\,\mathrm{d}x\int_a^b \mathrm{e}^{-xy}\mathrm{d}y$，因为

$$\int_a^b \mathrm{d}y\int_0^\infty |\mathrm{e}^{-xy}\sin x|\mathrm{d}x\leqslant\int_a^b \mathrm{d}y\int_0^\infty \mathrm{e}^{-xy}\mathrm{d}x=\int_a^b \frac{1}{y}\mathrm{d}y=\ln(b/a)<\infty,$$

应用 Fubini 定理得

$$J=\int_a^b \mathrm{d}y\int_0^\infty \mathrm{e}^{-xy}\sin x\,\mathrm{d}x=\int_a^b 1/(1+y^2)\mathrm{d}y=\arctan b-\arctan a.$$

命题 2.3.6

若 $\sum_{i=1}^{\infty}\sum_{j=1}^{\infty}|a_{ij}|<\infty$，则 $\sum_{i=1}^{\infty}\sum_{j=1}^{\infty}a_{ij}=\sum_{j=1}^{\infty}\sum_{i=1}^{\infty}a_{ij}$.

证明 取 μ 为 $\mathbb{Z}^+$ 上的计数测度，则 $\mu\times\mu$ 为 $\mathbb{Z}^+\times\mathbb{Z}^+$ 上的计数测度. 设 f: $\mathbb{Z}^+\times\mathbb{Z}^+\to\mathbb{C}$，$f(i,j)=a_{ij}$，则由题设及例 2.2.1 得

$$\sum_{j=1}^{\infty}\sum_{i=1}^{\infty}|a_{ij}|=\sum_{i=1}^{\infty}\sum_{j=1}^{\infty}|a_{ij}|<\infty.$$

$f\in L^1(\mu\times\mu)$. 从而，应用 Fubini 定理得出 $\sum_{i=1}^{\infty}\sum_{j=1}^{\infty}a_{ij}=\sum_{j=1}^{\infty}\sum_{i=1}^{\infty}a_{ij}$. 证毕.

2.3.4 积分不等式

以下所考虑的积分不等式都是常用的，因而也是重要的. 若不作特别声明，以下 $(X,\mathfrak{M},\mu)$ 指一般的 Borel 测度空间(参见定义 1.3.10)，且 μ 是正则的.

命题 2.3.7(Young 不等式)

设 $p>1$，$1/p+1/q=1$，则对任意的 $A\geqslant 0$，$B\geqslant 0$，有 $A^{1/p}B^{1/q}\leqslant A/p+B/q$，等号成立当且仅当 $A=B$.

证明 当 $A=0$ 或 $B=0$ 时，不等式显然成立. 设 $A>0$，$B>0$. 作辅助函数

$$\varphi(t)=t^\alpha-\alpha t,\quad 其中,\quad 0<\alpha<1, t\in(0,\infty).$$

则在 $(0,1)$ 有 $\varphi'(t)>0$，在 $(1,\infty)$ 有 $\varphi'(t)<0$. 因而 $\varphi(1)$ 为 $\varphi(t)$ 在 $(0,\infty)$ 上的最大值，即 $\varphi(t)\leqslant\varphi(1)=1-\alpha$. 因此

$$t^\alpha\leqslant\alpha t+(1-\alpha),\quad \forall t\in(0,\infty). \tag{2.3.6}$$

在式(2.3.6)中令 $t=A/B$，$\alpha=1/p$，则 $1-\alpha=1/q$，且

$$(A/B)^{1/p}\leqslant(1/p)(A/B)+(1/q).$$

即 $A^{1/p}B^{1/q}\leqslant A/p+B/q$. 等号成立当且仅当式(2.3.6)中 $t=1$，即 $A=B$. 证毕.

定理 2.3.8(Hölder 不等式)

设 $p>1$，$1/p+1/q=1$. 设 $f(t)$，$g(t)$ 为可测函数，则

$$\int_X|f(t)g(t)|\mathrm{d}\mu\leqslant\left(\int_X|f(t)|^p\mathrm{d}\mu\right)^{1/p}\left(\int_X|g(t)|^q\mathrm{d}\mu\right)^{1/q}. \tag{2.3.7}$$

在 $0<\int_X|f(t)|^p\mathrm{d}\mu<\infty$，$0<\int_X|g(t)|^q\mathrm{d}\mu<\infty$ 时等号成立当且仅当 $\exists C>0$，$|f(t)|^p=C|g(t)|^q$ a.e..

证明 若 $\int_X|f(t)|^p\mathrm{d}\mu=0$ 或 $\int_X|g(t)|^q\mathrm{d}\mu=0$，即 $f(t)=0$ a.e. 或 $g(t)=0$ a.e.，则不等式显然成立；若 $\int_X|f(t)|^p\mathrm{d}\mu=\infty$ 且 $\int_X|g(t)|^q\mathrm{d}\mu>0$，或若 $\int_X|g(t)|^q\mathrm{d}\mu=\infty$ 且 $\int_X|f(t)|^p\mathrm{d}\mu>0$，则不等式也已成立. 下设

$$0<\int_X |f(t)|^p \mathrm{d}\mu<\infty \quad 且 \quad 0<\int_X |g(t)|^p \mathrm{d}\mu<\infty.$$

令

$$\varphi(t)=\frac{|f(t)|}{\left(\int_X |f(t)|^p \mathrm{d}\mu\right)^{1/p}}, \quad \psi(t)=\frac{|g(t)|}{\left(\int_X |g(t)|^q \mathrm{d}\mu\right)^{1/q}}.$$

并在命题 2.3.7 的 Young 不等式中令 $A=[\varphi(t)]^p, B=[\psi(t)]^q$. 则

$$\varphi(t)\psi(t) \leqslant (1/p)[\varphi(t)]^p+(1/q)[\psi(t)]^q. \tag{2.3.8}$$

由式(2.3.8)可知 $\varphi(t)\psi(t)$ 的 Lebesgue 积分存在. 两边积分得

$$\int_X \varphi(t)\psi(t)\mathrm{d}\mu \leqslant (1/p)\int_X [\varphi(t)]^p \mathrm{d}\mu+(1/q)\int_X [\psi(t)]^q \mathrm{d}\mu=1/p+1/q=1.$$

这表明不等式(2.3.7)是成立的. 在 $0<\int_X |f(t)|^p \mathrm{d}\mu<\infty, 0<\int_X |g(t)|^q \mathrm{d}\mu<\infty$ 时, 不等式(2.3.7)中等号成立当且仅当不等式(2.3.8)中等号几乎处处成立, 即 $[\varphi(t)]^p=[\psi(t)]^q$ a.e., 亦即 $\exists C>0, |f(t)|^p=C|g(t)|^q$ a.e.. 证毕.

分别取 μ 为区间 $[a,b]$ 的 Lebesgue 测度, $\{1,2,\cdots,n\}$ 及 $\mathbb{Z}^+$ 上的计数测度, 得到如下结果.

推论(Hölder 不等式) $(p>1, 1/p+1/q=1)$

(1) 设 $f(t), g(t)$ 为 $[a,b]$ 上的 Lebesgue 可测函数, 则

$$\int_a^b |f(t)g(t)| \mathrm{d}t \leqslant \left(\int_a^b |f(t)|^p \mathrm{d}t\right)^{1/p}\left(\int_a^b |g(t)|^q \mathrm{d}t\right)^{1/q}.$$

(2) 设 $(a_1,a_2,\cdots,a_n)$ 与 $(b_1,b_2,\cdots,b_n)$ 为 n 元数组, 则

$$\sum_{i=1}^n |a_i b_i| \leqslant \left(\sum_{i=1}^n |a_i|^p\right)^{1/p}\left(\sum_{i=1}^n |b_i|^q\right)^{1/q}.$$

(3) 设 $\{a_i\}$ 与 $\{b_i\}$ 是无穷数列, 则

$$\sum_{i=1}^\infty |a_i b_i| \leqslant \left(\sum_{i=1}^\infty |a_i|^p\right)^{1/p}\left(\sum_{i=1}^\infty |b_i|^q\right)^{1/q}.$$

定理 2.3.9(Minkowski 不等式)

设 $p \geqslant 1, f(t), g(t)$ 为可测函数, 则

$$\left(\int_X |f(t)+g(t)|^p \mathrm{d}\mu\right)^{1/p} \leqslant \left(\int_X |f(t)|^p \mathrm{d}\mu\right)^{1/p}+\left(\int_X |g(t)|^p \mathrm{d}\mu\right)^{1/p}. \tag{2.3.9}$$

在 $p>1, 0<\int_X |f(t)|^p \mathrm{d}\mu<\infty, 0<\int_X |g(t)|^p \mathrm{d}\mu<\infty$ 时等号成立当且仅当 $\exists C>0$, $f(t)=Cg(t)$ a.e..

证明 因为 $p \geqslant 1$, 故

$$\begin{aligned}|f(t)+g(t)|^p &\leqslant (|f(t)|+|g(t)|)^p \leqslant (2\max\{|f(t)|,|g(t)|\})^p \\ &\leqslant 2^p(|f(t)|^p+|g(t)|^p).\end{aligned} \tag{2.3.10}$$

若 $\int_X |f(t)|^p \mathrm{d}\mu=\infty$ 或 $\int_X |g(t)|^p \mathrm{d}\mu=\infty$, 则由式(2.3.10)得

$$\int_X |f(t)+g(t)|^p \mathrm{d}\mu \leqslant \infty.$$

此时不等式已成立；若 $\int_X |f(t)|^p \mathrm{d}\mu = 0$ 或 $\int_X |g(t)|^p \mathrm{d}\mu = 0$（$f(t)=0$ a.e. 或 $g(t)=0$ a.e.），则不等式也已成立. 以下不妨设

$$0<\int_X |f(t)|^p \mathrm{d}\mu < \infty, \quad 且 \quad 0<\int_X |g(t)|^p \mathrm{d}\mu < \infty.$$

此时，由式(2.3.10)得

$$\int_X |f(t)+g(t)|^p \mathrm{d}\mu \leqslant 2^p\left(\int_X |f(t)|^p \mathrm{d}\mu + \int_X |g(t)|^p \mathrm{d}\mu\right) < \infty.$$

当 $p=1$ 时，由 $|f(t)+g(t)| \leqslant |f(t)|+|g(t)|$ 得

$$\int_X |f(t)+g(t)| \mathrm{d}\mu \leqslant \int_X |f(t)| \mathrm{d}\mu + \int_X |g(t)| \mathrm{d}\mu.$$

当 $p>1$ 时，因 $|f(t)|$，$|g(t)|$，$|f(t)+g(t)|$ 都是可测的，取 q 使 $1/p+1/q=1$，则 $(p-1)q=p$，且由定理 2.3.8 中的 Hölder 不等式得

$$\begin{aligned}
&\int_X |f(t)+g(t)|^p \mathrm{d}\mu \\
&\quad \leqslant \int_X |f(t)| \cdot |f(t)+g(t)|^{p-1} \mathrm{d}\mu + \\
&\quad\quad \int_X |g(t)| \cdot |f(t)+g(t)|^{p-1} \mathrm{d}\mu \qquad (2.3.11)\\
&\quad \leqslant \left(\int_X |f(t)|^p \mathrm{d}\mu\right)^{1/p}\left(\int_X |f(t)+g(t)|^p \mathrm{d}\mu\right)^{1/q} + \\
&\quad\quad \left(\int_X |g(t)|^p \mathrm{d}\mu\right)^{1/p}\left(\int_X |f(t)+g(t)|^p \mathrm{d}\mu\right)^{1/q}. \qquad (2.3.12)
\end{aligned}$$

两边同除以 $\left(\int_X |f(t)+g(t)|^p \mathrm{d}\mu\right)^{1/q}$（不妨设其不为 0，否则式(2.3.9)已经成立），得到

$$\left(\int_X |f(t)+g(t)|^p \mathrm{d}\mu\right)^{1/p} \leqslant \left(\int_X |f(t)|^p \mathrm{d}\mu\right)^{1/p} + \left(\int_X |g(t)|^p \mathrm{d}\mu\right)^{1/p}.$$

在 $p>1$，$0<\int_X |f(t)|^p \mathrm{d}\mu < \infty$，$0<\int_X |g(t)|^p \mathrm{d}\mu < \infty$ 时，不等式(2.3.9)中等号成立当且仅当不等式(2.3.11)与不等式(2.3.12)中等号都成立；不等式(2.3.11)等号成立当且仅当

$$|f(t)+g(t)| = |f(t)|+|g(t)| \text{ a.e.}. \qquad (2.3.13)$$

由定理 2.3.8，不等式(2.3.12)中等号成立当且仅当 $|f(t)|^p$，$|g(t)|^p$ 都与 $|f(t)+g(t)|^p$ a.e. 相差一个正的常数，从而当且仅当 $\exists C>0$，$|f(t)|=C|g(t)|$ a.e.. 于是存在可测函数 $\alpha(t)$ 使 $|\alpha(t)|=1$，$f(t)=C\alpha(t)g(t)$ a.e.. 由此利用式(2.3.13)推出 $f(t)=Cg(t)$ a.e.. 证毕.

分别取 μ 为区间 $[a,b]$ 的 Lebesgue 测度，$\{1,2,\cdots,n\}$ 及 $\mathbb{Z}^+$ 上的计数测度，得到如下结果.

推论(Minkowski 不等式) ($p\geqslant 1$)

(1) 若 $f(t),g(t)$ 为 $[a,b]$ 上 Lebesgue 可测函数,则

$$\left(\int_a^b |f(t)+g(t)|^p \mathrm{d}t\right)^{1/p} \leqslant \left(\int_a^b |f(t)|^p \mathrm{d}t\right)^{1/p} + \left(\int_a^b |g(t)|^p \mathrm{d}t\right)^{1/p}.$$

(2) 若 $(a_1,a_2,\cdots,a_n)$ 与 $(b_1,b_2,\cdots,b_n)$ 为 n 元数组,则

$$\left(\sum_{i=1}^n |a_i+b_i|^p\right)^{1/p} \leqslant \left(\sum_{i=1}^n |a_i|^p\right)^{1/p} + \left(\sum_{i=1}^n |b_i|^p\right)^{1/p}.$$

(3) 设 $\{a_i\}$ 与 $\{b_i\}$ 是无穷数列,则

$$\left(\sum_{i=1}^\infty |a_i+b_i|^p\right)^{1/p} \leqslant \left(\sum_{i=1}^\infty |a_i|^p\right)^{1/p} + \left(\sum_{i=1}^\infty |b_i|^p\right)^{1/p}.$$

2.4 不定积分的微分

本节主要考虑在什么情况下微分是积分的逆,即对于 Lebesgue 积分而言,Newton-Leibniz 公式何时成立. 为简单起见,本节以 $\mathbb{R}^1$ 上的 Lebesgue 测度为例展开讨论.

2.4.1 单调函数的导数

定义 2.4.1

设 m 为 $\mathbb{R}^1$ 上的 Lebesgue 测度,$E\subset\mathbb{R}^1$. m^* 称为 E 的**外测度**,若

$$m^*(E)=\inf\{m(V):\text{开集 } V\supset E\}.$$

显然若 E 是 Lebesgue 可测的,则按 m 的正则性有 $m^*(E)=m(E)$. 容易证明 m^* 有下述性质:

(1) $m^*(\varnothing)=0, m^*(E)\geqslant 0$(非负性);

(2) 若 $E=\bigcup\limits_{i=1}^\infty E_i$,则 $m^*(E)\leqslant\sum\limits_{i=1}^\infty m^*(E_i)$(次可列可加性);

(3) 若 $E_1\subset E_2$,则 $m^*(E_1)\leqslant m^*(E_2)$(单调性);

(4) 若 $m^*(E_1)<\infty$,则 $m^*(E_2\backslash E_1)\geqslant m^*(E_2)-m^*(E_1)$(次可减性).

定义 2.4.2

设 $E\subset\mathbb{R}^1$. $\mathcal{F}$ 是 $\mathbb{R}^1$ 中长度为正的一族闭区间. 若对任意 $x\in E$ 及任意 $\varepsilon>0$,存在闭区间 $I_x\in\mathcal{F}$ 使 $x\in I_x$ 且 $m(I_x)<\varepsilon$,则称 $\mathcal{F}$ 是 E 的 **Vitali 覆盖**.

引理 2.4.1(Vitali 的覆盖引理)

设 $E\subset\mathbb{R}^1$, $m^*(E)<\infty$. 设 $\mathcal{F}$ 是 E 的 Vitali 覆盖. 则对任意 $\varepsilon>0$,$\mathcal{F}$ 中存在有限个互不相交的闭区间 $I_1,I_2,\cdots,I_N$ 使 $m^*\left(E\Big\backslash\bigcup\limits_{k=1}^N I_k\right)<\varepsilon$.

这个结果可粗略地概括为:一个有限外测度集的任一 Vitali 覆盖有有限的不交的“几乎”子覆盖.

证明 (阅读)由于 $m^*(E)<\infty$,故可取开集 $G\supset E$ 使 $m(G)<\infty$,且不妨假设 $\mathcal{F}$ 中每个闭区间都含于 G. 现递进归纳地选取 I_k.

选取 $I_1\in\mathcal{F}$. 若 $E\subset I_1$，则 $m^*(E\setminus I_1)=0$，证明已毕. 否则对 $x_1\in E\setminus I_1\subset G\setminus I_1$，其中 $G\setminus I_1$ 是开集，$m(G\setminus I_1)>0$，按 Vitali 覆盖的定义，必存在 $I\in\mathcal{F}$使 $x_1\in I\subset G\setminus I_1$. 即必有 $\mathcal{F}_1=\{I: I\in\mathcal{F}, I\subset G\setminus I_1\}\neq\varnothing$. 记

$$\delta_1=\sup\{m(I): I\in\mathcal{F}_1\}.$$

则 $\delta_1>0$ 且存在 $I_2\in\mathcal{F}_1$ 使 $m(I_2)>\delta_1/2$. 此时若 $I_1\cup I_2\supset E$，则证明已毕；否则对 $x_2\in E\setminus(I_1\cup I_2)$，必存在 $I\in\mathcal{F}$使 $x_2\in I\subset G\setminus(I_1\cup I_2)$，即必有$\mathcal{F}_2=\{I: I\in\mathcal{F}, I\subset G\setminus(I_1\cup I_2)\}\neq\varnothing$. 记

$$\delta_2=\sup\{m(I): I\in\mathcal{F}_2\}.$$

则$\mathcal{F}_2\subset\mathcal{F}_1$，$0<\delta_2\leqslant\delta_1$，且存在 $I_3\in\mathcal{F}_2$，使 $m(I_3)>\delta_2/2\cdots$如此继续，若对某个 n，$\bigcup\limits_{k=1}^{n}I_k\supset E$，则证明已毕；否则得无穷序列$\{I_k\}_{k=1}^{\infty}$，有

$$\sum_{k=1}^{\infty}m(I_k)=m\left(\bigcup_{k=1}^{\infty}I_k\right)\leqslant m(G)<\infty. \tag{2.4.1}$$

$\forall\varepsilon>0$，取 N 使 $\sum\limits_{k=N+1}^{\infty}m(I_k)<\varepsilon/5$. 以下证明 $m^*\left(E\Big\backslash\bigcup\limits_{k=1}^{N}I_k\right)<\varepsilon$.

事实上，任意 $x\in E\Big\backslash\bigcup\limits_{k=1}^{N}I_k\subset G\Big\backslash\bigcup\limits_{k=1}^{N}I_k$，按 Vitali 覆盖定义，存在 $I_\lambda\in\mathcal{F}$使 $x\in I_\lambda$ 且 $I_\lambda\cap I_k=\varnothing$，$k=1,2,\cdots,N$. 注意$\{\delta_k\}$是递减的，$\delta_{k-1}<2m(I_k)$，且由式(2.4.1)，$m(I_k)\to0$，可知 $\delta_k\to0(k\to\infty)$. 由于 I_λ 有固定的正的长度，故存在 $n>N$ 使 $I_\lambda\not\subset G\Big\backslash\left(\bigcup\limits_{k=1}^{n}I_k\right)$，且可设 n 是使此式成立的最小正整数，即有 $I_\lambda\subset G\Big\backslash\left(\bigcup\limits_{k=1}^{n-1}I_k\right)$但 $I_\lambda\not\subset G\Big\backslash\left(\bigcup\limits_{k=1}^{n}I_k\right)$. 于是 $I_\lambda\cap I_k=\varnothing$，$k=1,2,\cdots,n-1$. 但 $I_\lambda\cap I_n\neq\varnothing$. 此时必有 $m(I_\lambda)\leqslant\delta_{n-1}<2m(I_n)$. 由于 $x\in I_\lambda$ 且 $I_\lambda\cap I_n\neq\varnothing$，故 x 与 I_n 的中点的距离至多为

$$m(I_\lambda)+\frac{1}{2}m(I_n)<2m(I_n)+\frac{1}{2}m(I_n)=\frac{5}{2}m(I_n). \tag{2.4.2}$$

将每个 $I_k(k>N)$扩大为中心与其相同且长度为其5倍的闭区间 J_k，则按式(2.4.2)有 $x\in J_n$. 于是 $E\Big\backslash\bigcup\limits_{k=1}^{N}I_k\subset\bigcup\limits_{k=N+1}^{\infty}J_k$. 从而

$$m^*\left(E\Big\backslash\bigcup_{k=1}^{N}I_k\right)\leqslant m^*\left(\bigcup_{k=N+1}^{\infty}J_k\right)\leqslant\sum_{k=N+1}^{\infty}m(J_k)=5\sum_{k=N+1}^{\infty}m(I_k)<\varepsilon.$$

证毕.

定义 2.4.3

设 $f(x)$在(a,b)上有定义，$x_0\in(a,b)$. 令

$$\mathrm{D}^+f(x_0)=\limsup_{h\to0^+}\frac{f(x_0+h)-f(x_0)}{h},$$

$$\mathrm{D}_+f(x_0)=\liminf_{h\to0^+}\frac{f(x_0+h)-f(x_0)}{h},$$

$$D^- f(x_0)=\limsup_{h\to 0^-}\frac{f(x_0+h)-f(x_0)}{h},$$

$$D_- f(x_0)=\liminf_{h\to 0^-}\frac{f(x_0+h)-f(x_0)}{h},$$

分别称其为 $f(x)$ 在 x_0 的**右上导数**、**右下导数**、**左上导数**和**左下导数**.

显然 $f(x)$ 在 x_0 可导当且仅当四导数皆存在、有限并且相等.

引理 2.4.2

若 f 是定义在$[a,b]$上的递增函数,$E\subset[a,b]$且在 E 的每一点 x 处,$D_- f(x)\leqslant p<q\leqslant D^+ f(x)$. 则必有 $m(E)=0$.

证明 假设 $m^*(E)>0$. 对任意 $\varepsilon>0$,取开集 $G\supset E$ 使 $m(G)<(1+\varepsilon)m^*(E)$.

对任何 $x\in E$ 及任何 $p_1\in(p,q)$,由于 $D_- f(x)\leqslant p$,故按下极限定义,$\exists\delta_0=\delta_0(p_1)>0$,对 $\forall\delta\in(0,\delta_0)$,可选 h 使 $0<h<\delta$,有

$$\frac{f(x-h)-f(x)}{-h}<p_1. \tag{2.4.3}$$

不妨设$[x-h,x]\subset G$,这样的区间全体是 E 的 Vitali 覆盖. 于是由 Vitali 引理,存在互不相交的区间$[x_1-h_1,x_1],\cdots,[x_N-h_N,x_N]$使 $m^*\left(E\Big\backslash\bigcup_{i=1}^{N}[x_i-h_i,x_i]\right)<\varepsilon$,且在每个$[x_i-h_i,x_i]$上有式(2.4.3)成立. 此时这些区间的总长

$$\sum_{i=1}^{N}h_i<m(G)<(1+\varepsilon)m^*(E).$$

于是由式(2.4.3)得

$$\sum_{i=1}^{N}[f(x_i)-f(x_i-h_i)]<p_1\sum_{i=1}^{N}h_i<p_1(1+\varepsilon)m^*(E). \tag{2.4.4}$$

记 $E_1=E\cap\left(\bigcup_{i=1}^{N}[x_i-h_i,x_i]\right)$,在 E_1 上,$D^+ f(x)\geqslant q$. 设 $q_1\in(p_1,q)$. 则当 $y\in E_1$,按上极限定义,可选 $t>0$ 充分小,有

$$\frac{f(y+t)-f(y)}{t}>q_1. \tag{2.4.5}$$

这样的$[y,y+t]$全体构成 E_1 的 Vitali 覆盖. 不失一般性,设每个$[y,y+t]$包含在某个$[x_i-h_i,x_i]$中. 由 Vitali 引理知,存在互不相交的区间$[y_1,y_1+t_1],\cdots,[y_K,y_K+t_K]$使 $m^*\left(E_1\backslash\bigcup_{j=1}^{k}[y_j,y_j+t_j]\right)<\varepsilon$,利用 m^* 的次可减性得

$$\begin{aligned}\sum_{j=1}^{K}t_j&>m^*(E_1)-\varepsilon\geqslant m^*(E)-m^*\left(E\Big\backslash\bigcup_{i=1}^{N}[x_i-h_i,x_i]\right)-\varepsilon\\&>m^*(E)-2\varepsilon.\end{aligned} \tag{2.4.6}$$

并且由式(2.4.5)可知在每个$[y_j,y_j+t_j]$上,$q_1t_j<f(y_j+t_j)-f(y_j)$. 由于 f 是递增的,且$[y_j,y_j+t_j]\subset[x_i-h_i,x_i]$,故由式(2.4.6)与式(2.4.4)得

$$q_1[m^*(E)-2\varepsilon]<q_1\sum_{j=1}^{K}t_j<\sum_{j=1}^{K}[f(y_j+t_j)-f(y_j)]$$

$$\leqslant \sum_{i=1}^{N}[f(x_i)-f(x_i-h_i)]<p_1(1+\varepsilon)m^*(E).$$

由 ε 的任意性得 $q_1m^*(E)\leqslant p_1m^*(E)$，由此得出 $q_1\leqslant p_1$，与 $q_1>p_1$ 矛盾. 所以 $m^*(E)=0$，从而 $m(E)=0$. 证毕.

定理 2.4.3

设 f 是定义在$[a,b]$上的单调函数. 则 f'在$[a,b]$上几乎处处存在且

$$\left|\int_a^b f'(x)\mathrm{d}x\right|\leqslant|f(b)-f(a)|.$$

证明 设 f 是递增的，先证明 $\mathrm{D}^+f=\mathrm{D}_+f=\mathrm{D}^-f=\mathrm{D}_-f$ a. e. 成立. 因为总有 $\mathrm{D}^-f\geqslant\mathrm{D}_-f$，$\mathrm{D}^+f\geqslant\mathrm{D}_+f$，故只需证明 $\mathrm{D}_-f\geqslant\mathrm{D}^+f$ a. e. 与 $\mathrm{D}_+f\geqslant\mathrm{D}^-f$ a. e.，而且这两者只需证其一，另一个考虑递增函数 $g(x)=-f(-x)$便可得出. 因此，以下只证 $\mathrm{D}_-f\geqslant\mathrm{D}^+f$ a. e.，即证明 $E_0=\{x:\mathrm{D}_-f(x)<\mathrm{D}^+f(x)\}$是零测集. 取 $p,q\in\mathbb{Q}$，令

$$E_{pq}=\{x:\mathrm{D}_-f(x)\leqslant p<q\leqslant\mathrm{D}^+f(x)\}.$$

由引理 2.4.2 可得，$m(E_{pq})=0$. 因为 $E_0=\bigcup\limits_{p,q}E_{pq}$，故 $m(E_0)=0$. 所以在$[a,b]$上 $f'(x)$ a. e. 有定义，且当 $f'(x)$有限时 f 在点 x 是可导的.

注意到 $f'(x)\geqslant 0$ a. e.，即

$$0\leqslant\lim_{n\to\infty}n[f(x+1/n)-f(x)]=f'(x)\text{ a. e.}.$$

（这里约定当 $x>b$ 时 $f(x)=b$），利用 $f(x+1/n)-f(x)$的非负性，应用 Fatou 引理得

$$\begin{aligned}\int_a^b f'(x)\mathrm{d}x&\leqslant\liminf_{n\to\infty}\int_a^b n[f(x+1/n)-f(x)]\mathrm{d}x\\&=\liminf_{n\to\infty}n\left[\int_{a+1/n}^{b+1/n}f(x)\mathrm{d}x-\int_a^b f(x)\mathrm{d}x\right]\\&=\liminf_{n\to\infty}n\left[\int_b^{b+1/n}f(x)\mathrm{d}x-\int_a^{a+1/n}f(x)\mathrm{d}x\right]\\&\leqslant\liminf_{n\to\infty}n\left[\int_b^{b+1/n}f(b)\mathrm{d}x-\int_a^{a+1/n}f(a)\mathrm{d}x\right]\\&=f(b)-f(a).\end{aligned}$$

这表明 $f'(x)$a. e. 有限. 从而 f 在$[a,b]$上是 a. e. 可导的.

当 f 递减时，$-f$ 递增. 从而，由以上证明可知 f 在$[a,b]$上也是 a. e. 可导的且 $\int_a^b f'(x)\mathrm{d}x\geqslant f(b)-f(a)$. 证毕.

命题 2.4.4

若$\{f_n(x)\}$是$[a,b]$上的一列递增函数，并且级数 $f(x)=\sum\limits_{n=1}^{\infty}f_n(x)$ 在$[a,b]$上收敛，则

$$f'(x)=\sum_{n=1}^{\infty}f'_n(x)\text{ a. e.}. \tag{2.4.7}$$

证明 令 $g_n(x)=f(x)-\sum\limits_{k=1}^{n}f_k(x)=\sum\limits_{k=n+1}^{\infty}f_k(x)$. 则 $\forall x\in[a,b]$有 $g_n(x)\to 0$. 因

$f_n(x),g_n(x)$在$[a,b]$上是递增的,故 f',f_n',g_n' a.e. 存在.由定理2.4.3得 $0\leqslant\int_a^b\left[f'(x)-\sum_{k=1}^{n}f_k'(x)\right]\mathrm{d}x=\int_a^b g_n'(x)\mathrm{d}x\leqslant g_n(b)-g_n(a)\to 0.$
注意被积函数都是非负的,由 Fatou 引理,有

$$0\leqslant\int_a^b\left[f'(x)-\sum_{k=1}^{\infty}f_k'(x)\right]\mathrm{d}x\leqslant\lim_{n\to\infty}\int_a^b\left[f'(x)-\sum_{k=1}^{n}f_k'(x)\right]\mathrm{d}x=0.$$

所以 $f'(x)-\sum_{k=1}^{\infty}f_k'(x)=0$ a.e.,即式(2.4.7)成立.证毕.

2.4.2　有界变差函数

有界变差函数是比单调函数稍广泛的一类函数.

定义 2.4.4

设 $f:[a,b]\to\mathbb{K}$,对于$[a,b]$的任一分划 $\Delta: a=x_0<x_1<\cdots<x_n=b$ 对应地有函数 f 的**变差** $\sum_{k=1}^{n}|f(x_k)-f(x_{k-1})|$,记

$$\bigvee_a^b(f)=\sup_{\Delta}\sum_{k=1}^{n}|f(x_k)-f(x_{k-1})|.$$

称 $\bigvee_a^b(f)$ 是 f 在$[a,b]$上的**全变差**.若 $\bigvee_a^b(f)<\infty$,则称 f 在$[a,b]$是**有界变差函数**.$[a,b]$上有界变差函数的全体记为 $V[a,b]$.

例 2.4.1　函数

$$f(x)=\begin{cases}x\sin\dfrac{1}{x}, & 0<x\leqslant 1;\\ 0, & x=0.\end{cases}$$

是$[0,1]$上的连续实函数,但不是有界变差的.取分划

$$\Delta=\left\{0,\frac{1}{(n+1/2)\pi},\frac{1}{n\pi},\frac{1}{(n-1/2)\pi},\frac{1}{(n-1)\pi},\cdots,\frac{1}{2\pi},\frac{1}{(1+1/2)\pi},\frac{1}{\pi},1\right\}.$$

则

$$\begin{aligned}\sum_{k=1}^{n}|f(x_k)-f(x_{k-1})|&=\frac{1}{(n+1/2)\pi}+\cdots+\frac{1}{(1+1/2)\pi}+\sin 1\\&\geqslant\frac{2}{\pi}\sum_{k=1}^{n}\frac{1}{(2k+1)}\to\infty\quad(n\to\infty).\end{aligned}$$

故 $\bigvee_a^b(f)=\infty$.

另一方面,容易知道 $\chi_{[0,1]}$ 在$[0,2]$上是有界变差函数,但它在$[0,2]$上不连续.

命题 2.4.5

(1) $[a,b]$上的单调实函数是有界变差的.

(2) $f=u+\mathrm{i}v$ 是有界变差的当且仅当 u 与 v 都是有界变差的.

(3) 有界变差函数是有界的.

(4) 若 f 在$[a,b]$上是有界变差的,则 $\forall c\in[a,b]$,f 在$[a,c]$上是有界变差的,且

$$\bigvee_a^b(f)=\bigvee_a^c(f)+\bigvee_c^b(f),\quad \forall c\in[a,b].$$

(5) 若 $f,g\in V[a,b]$,$\alpha,\beta\in\mathbb{K}$,则 $\alpha f+\beta g\in V[a,b]$,并且

$$\bigvee_a^b(\alpha f)=|\alpha|\bigvee_a^b(f),\qquad \bigvee_a^b(f+g)\leqslant\bigvee_a^b(f)+\bigvee_a^b(g).$$

证明 事实上,若 f 单调增加,则 $\bigvee_a^b(f)=f(b)-f(a)$;若 f 单调递减,则 $\bigvee_a^b(f)=f(a)-f(b)$,故(1)成立.

以下证明(4).设 $c\in[a,b]$,由于$[a,c]$的分划与$[c,b]$的分划结合起来就是$[a,b]$的一个分划:$a=x_0<x_1<\cdots<x_i<c<x_{i+1}<\cdots<x_n=b$,则

$$\sum_{k=1}^{i}|f(x_k)-f(x_{k-1})|+|f(c)-f(x_i)|+|f(x_{i+1})-f(c)|+\sum_{k=i+2}^{n}|f(x_k)-f(x_{k-1})|\leqslant\bigvee_a^c(f)+\bigvee_c^b(f)<\infty.$$

左端是对$[a,b]$的一种分划的变差,取上确界得到不等式 $\bigvee_a^b(f)\leqslant\bigvee_a^c(f)+\bigvee_c^b(f)$.另一方面,由全变差与上确界的定义,$\forall\varepsilon>0$,存在$[a,c]$,$[c,b]$的分划$(c=x_j)$使 $\sum_{k=1}^{j}|f(x_k)-f(x_{k-1})|>\bigvee_a^c(f)-\varepsilon/2$, $\sum_{k=j+1}^{n}|f(x_k)-f(x_{k-1})|>\bigvee_c^b(f)-\varepsilon/2$,从而

$$\bigvee_a^b(f)\geqslant\sum_{k=1}^{j}|f(x_k)-f(x_{k-1})|+\sum_{k=j+1}^{n}|f(x_k)-f(x_{k-1})|>\bigvee_a^c(f)+\bigvee_c^b(f)-\varepsilon.$$

由此得到另一个不等式.总之等号成立.

以下证明(3).由于 $\forall x\in[a,b]$,有

$$|f(x)-f(a)|\leqslant\bigvee_a^x(f)\leqslant\bigvee_a^b(f)<\infty,$$

故 $|f(x)|\leqslant|f(a)|+\bigvee_a^b(f)<\infty$,$f$ 有界.

(2)及(5)中的两式都可以直接利用定义验证.证毕.

注意由命题 2.4.5(4),f 在$[a,b]$上的全变差函数 $\bigvee_a^x(f)$ 总是递增的.

定理 2.4.6(Jordan 分解定理)

函数 $f:[a,b]\to\mathbb{R}^1$ 是有界变差的当且仅当 f 可以表示成两个单调增加函数之差:$f=f_1-f_2$.特别地还可以要求 f_1,f_2 都是非负的.

证明 充分性 设 f_1,f_2 单调增加并且 $f=f_1-f_2$.则

$$\bigvee_a^b(f_1)=f_1(b)-f_1(a),\quad \bigvee_a^b(f_2)=f_2(b)-f_2(a).$$

于是

$$\bigvee_a^b(f)\leqslant\bigvee_a^b(f_1)+\bigvee_a^b(f_2)=f_1(b)+f_2(b)-f_1(a)-f_2(a)<\infty.$$

必要性　设 f 是有界变差的，取 $f_1(x)=\bigvee_a^x(f)$，则 f_1 单调增加. 令 $f_2(x)=f_1(x)-f(x)$，当 $x<y$ 时，由命题 2.4.5(4)，有

$$\begin{aligned}f_2(y)-f_2(x)&=\bigvee_a^y(f)-\bigvee_a^x(f)-f(y)+f(x)\\&\geqslant\bigvee_x^y(f)-|f(y)-f(x)|\geqslant 0.\end{aligned}$$

所以 f_2 也是单调增加的.

由于有界变差函数是有界的，从而 f_1,f_2 有界. 取适当的 $c\in\mathbb{R}$ 使得 f_1+c,f_2+c 非负并代替 f_1,f_2 即得到最后的结论. 证毕.

注意根据 Jordan 分解定理的证明可知，实值函数 f 在 $[a,b]$ 上的全变差函数 $\bigvee_a^x(f)$ 与 f 的差 $\bigvee_a^x(f)-f$ 总是递增的. 由 Jordan 分解定理可以得到如下推论.

推论

若 $f\in V[a,b]$，则 f' a. e. 存在并且 $f'\in L^1[a,b]$.

证明　若 f 是实值函数，则结论由 Jordan 分解定理直接得出；若 $f=u+\mathrm{i}v\in V[a,b]$，则 $u,v\in V[a,b]$，结论同样由 Jordan 分解定理得出.

2.4.3　绝对连续函数

尽管有界变差函数的导函数几乎处处存在，但仍可能不满足 Newton-Leibniz 公式. 与数学分析中的思路相类似，我们得先考察一个 Lebesgue 可积函数的不定积分具有什么样的性质. 循着这一思路我们最终会找到一个在 Lebesgue 积分意义下类似的公式，即 Lebesgue-Newton-Leibniz 公式和使该公式成立的函数类——绝对连续函数类.

定理 2.4.7

设 $f\in L^1[a,b]$，定义 $F(x)=\int_a^x f(t)\mathrm{d}t, x\in[a,b]$. 则

(1) F 是有界变差的连续函数，并且 $\bigvee_a^b(F)=\int_a^b|f(x)|\mathrm{d}x$.

(2) $F'(x)=f(x)$, a. e..

(3) 对于几乎所有的 $x\in[a,b]$，$\lim\limits_{h\to 0}\frac{1}{h}\int_x^{x+h}|f(t)-f(x)|\mathrm{d}t=0$，从而有

$$\lim_{h\to 0}\frac{1}{h}\int_x^{x+h}f(t)=f(x)\ \text{a. e.}\tag{2.4.8}$$

称式(2.4.8)中使得等号成立的点是 f 的 **Lebesgue 点**.(3)表明 Lebesgue 可积函数定义域中的几乎所有点都是 Lebesgue 点.

证明 (1) F 的连续性直接由积分的绝对连续性得到. 对于$[a,b]$的任一分划 $a=x_0<x_1<\cdots<x_n=b$,有

$$\sum_{k=1}^{n}|F(x_k)-F(x_{k-1})|=\sum_{k=1}^{n}\left|\int_{x_{k-1}}^{x_k}f(t)\mathrm{d}t\right|$$

$$\leqslant\sum_{k=1}^{n}\int_{x_{k-1}}^{x_k}|f(t)|\mathrm{d}t=\int_a^b|f(t)|\mathrm{d}t<\infty.$$

所以 F 是有界变差的并且

$$\bigvee_a^b(F)\leqslant\int_a^b|f(t)|\mathrm{d}t. \tag{2.4.9}$$

为证相反的不等式,首先注意对于简单函数 $g(t)=c_1\chi_{[x_0,x_1]}+c_2\chi_{(x_1,x_2]}+\cdots+c_n\chi_{(x_{n-1},b]}$,若 $G(x)=\int_a^x g(t)\mathrm{d}t$,则直接验证表明 $\bigvee\limits_a^b(G)=\sum\limits_{i=1}^{n}|c_i|(x_i-x_{i-1})=\int_a^b|g(t)|\mathrm{d}t$. 现在设 $f\in L^1[a,b]$. $\forall\varepsilon>0$,取简单函数 g 使得 $\int_a^b|f(t)-g(t)|\mathrm{d}t<\varepsilon$,再由式(2.4.9)和全变差的性质得

$$\left|\bigvee_a^b(G)-\bigvee_a^b(F)\right|\leqslant\bigvee_a^b(G-F)\leqslant\int_a^b|f(t)-g(t)|\mathrm{d}t<\varepsilon.$$

从而

$$\int_a^b|f(t)|\mathrm{d}t\leqslant\int_a^b|g(t)|\mathrm{d}t+\int_a^b|f(t)-g(t)|\mathrm{d}t$$

$$<\int_a^b|g(t)|\mathrm{d}t+\varepsilon=\bigvee_a^b(G)+\varepsilon$$

$$\leqslant\bigvee_a^b(F)+\bigvee_a^b(G-F)+\varepsilon\leqslant\bigvee_a^b(F)+2\varepsilon.$$

ε 是任意的,故 $\int_a^b|f(x)|\mathrm{d}x\leqslant\bigvee\limits_a^b(F)$,等式是成立的.

(2) 由于 F 是有界变差的,故 F'几乎处处存在. 现在证明

$$F'(x)=f(x)\ \text{a. e.}$$

事实上,可先设$|f(x)|\leqslant M$. 则

$$|n[F(x+1/n)-F(x)]|=\left|n\int_x^{x+1/n}f(t)\mathrm{d}t\right|\leqslant M.$$

由于 $F(x)$连续,利用控制收敛定理与积分中值定理,$\forall c\in[a,b]$,有

$$\int_a^c F'(x)\mathrm{d}x=\lim_{n\to\infty}\int_a^{c'}n[F(x+1/n)-F(x)]\mathrm{d}x$$

$$=\lim_{n\to\infty}n\left[\int_{a+1/n}^{c+1/n}F(x)\mathrm{d}x-\int_a^c F(x)\mathrm{d}x\right]$$

$$=\lim_{n\to\infty}n\left[\int_c^{c+1/n}F(x)\mathrm{d}x-\int_a^{a+1/n}F(x)\mathrm{d}x\right]$$

$$=F(c)-F(a)=\int_a^c f(x)\mathrm{d}x.$$

因 c 是任意的，故 $F'(x)=f(x)$ a. e..

当 f 非负时，令 $f_n(x)=\begin{cases} f(x), & 若\ f(x)\leqslant n, \\ n, & 若\ f(x)>n, \end{cases}$ 则 $f-f_n\geqslant 0$. 由于 f_n 有界，故由上面的证明得 $\left(\int_a^x f_n(t)\mathrm{d}t\right)'=f_n(x)$ a. e.；且由于

$$G_n(x)=\int_a^x (f(t)-f_n(t))\mathrm{d}t=F(x)-\int_a^x f_n(t)\mathrm{d}t$$

是递增函数，故 $G_n'(x)\geqslant 0$a. e.，从而

$$F'(x)=G_n'(x)+\left(\int_a^x f_n(t)\mathrm{d}t\right)'=G_n'(x)+f_n(x)\geqslant f_n(x)\ \text{a. e.}.$$

令 $n\to\infty$，得到 $F'(x)\geqslant f(x)$ a. e.. $\forall c\in[a,b]$，有 $\int_a^c F'(x)\mathrm{d}x\geqslant\int_a^c f(x)\mathrm{d}x$；利用定理 2.4.3，又有

$$\int_a^c F'(x)\mathrm{d}x\leqslant F(c)-F(a)=\int_a^c f(x)\mathrm{d}x.$$

总之有 $\int_a^c F'(x)\mathrm{d}x=\int_a^c f(x)\mathrm{d}x$. 由于 c 是任意的，故 $F'(x)=f(x)$ a. e.. 对于复函数 f，由

$$f=u^+-u^-+\mathrm{i}v^+-\mathrm{i}v^-$$

可得出同样的结论.

(3) 设 $\{a_n\}$ 是 $\mathbb{K}$ 中的可数稠密子集，即 $\overline{\{a_n\}}=\mathbb{K}$，由于 $|f(x)-a_n|$ 可积，从(2)知道，对任意 $x\in[a,b]$，有

$$\lim_{h\to 0}\frac{1}{h}\int_x^{x+h}|f(t)-a_n|\mathrm{d}t=|f(x)-a_n|\ \text{a. e.}. \tag{2.4.10}$$

记 $A_n=\left\{x:\lim\limits_{h\to 0}\frac{1}{h}\int_x^{x+h}|f(t)-a_n|\mathrm{d}t\neq|f(x)-a_n|\right\}$，$A_0=\{x:|f|=\infty\}$. 则 $m(A_n)=0$，$m(A_0)=0$. 当 $x\notin\bigcup\limits_{n=0}^{\infty}A_n$ 时，式(2.4.10)对于所有 n 成立. 于是

$$\begin{aligned}\lim_{h\to 0}\frac{1}{h}\int_x^{x+h}|f(t)-f(x)|\mathrm{d}t&\leqslant\lim_{h\to 0}\frac{1}{h}\int_x^{x+h}|f(t)-a_n|\mathrm{d}t+|f(x)-a_n|\\&=2|f(x)-a_n|.\end{aligned}$$

$\{a_n\}$ 的稠密性说明 $\lim\limits_{h\to 0}\frac{1}{h}\int_x^{x+h}|f(t)-f(x)|\mathrm{d}t=0$. 证毕.

定义 2.4.5

设 $f:[a,b]\to\mathbb{K}$. 若 $\forall\varepsilon>0$，$\exists\delta>0$，对任意互不相交的区间族 $\{(\alpha_i,\beta_i)\}_{i=1}^n\subset[a,b]$，当总长 $\sum\limits_{i=1}^n(\beta_i-\alpha_i)<\delta$ 有 $\sum\limits_{i=1}^n|f(\beta_i)-f(\alpha_i)|<\varepsilon$，则称 f 为 $[a,b]$ 上**绝对连续函数**.

显然，在上述定义中取 $n=1$，可知 f 在 $[a,b]$ 上绝对连续蕴涵 f 在 $[a,b]$ 上一致连续.

定理 2.4.8

(1) 若 $f\in L^1[a,b]$，则 $F(x)=\int_a^x f(t)\,\mathrm{d}t$ 是绝对连续函数.

(2) 若 $g:[a,b]\to\mathbb{K}$ 是 Lipschitz 函数，即存在 $L>0$ 使

$$|g(x)-g(y)|\leqslant L|x-y|,\quad \forall x,y\in[a,b].$$

则 g 是绝对连续的.

(3) 若 f,g 绝对连续，$\alpha,\beta\in\mathbb{K}$，则 $\alpha f+\beta g$ 绝对连续.

(4) 若 f 绝对连续，则 f 是有界变差的，从而 f' a. e. 存在，$f'\in L^1[a,b]$.

(5) 若 f 绝对连续，则 $F(x)=\bigvee_a^x(f)$ 绝对连续.

证明 (2)(3)根据定义得到. (1)由积分的绝对连续性得到.

(4) 因 f 绝对连续，故 $\forall\varepsilon>0,\exists\delta>0$，当 $\sum_{i=1}^n(\beta_i-\alpha_i)<\delta$ 时，有 $\sum_{i=1}^n|f(\beta_i)-f(\alpha_i)|<\varepsilon$ 成立. $[a,b]$可以分成有限多个这样的区间之并，由此得出 f 是有界变差的，其他性质可由有界变差函数的性质得到.

(5) 设 f 在$[a,b]$上是绝对连续的，以下证明 F 在$[a,b]$上仍是绝对连续的. 设$(\alpha,\beta)\subset[a,b]$，则 $\forall n\in\mathbb{Z}^+,\forall\Delta=\{t_i\}_{i=0}^n:\alpha=t_0<t_1<\cdots<t_{n-1}<t_n=\beta$，有

$$F(\beta)-F(\alpha)=\bigvee_\alpha^\beta(f)=\sup_\Delta\sum_{i=1}^n|f(t_i)-f(t_{i-1})|.\tag{2.4.11}$$

$\forall\varepsilon>0$，由于 f 是绝对连续的，按定义应 $\exists\delta>0,\forall p\in\mathbb{Z}^+,\forall\{(a_k,b_k)\}_{k=1}^p\subset[a,b]$，当 $\sum_{k=1}^p(b_k-a_k)<\delta$ 时，有

$$\sum_{k=1}^p|f(b_k)-f(a_k)|<\varepsilon/2.\tag{2.4.12}$$

现设 $m\in\mathbb{Z}^+,\{(\alpha_j,\beta_j)\}_{j=1}^m\subset[a,b]$，$\sum_{j=1}^m(\beta_j-\alpha_j)<\delta$. 对每个$(\alpha_j,\beta_j)$，由式(2.4.11)，可取 $\{t_i^{(j)}\}_{i=0}^{n_j}$ 使

$$\sum_{i=1}^{n_j}|f(t_i^{(j)})-f(t_{i-1}^{(j)})|\geqslant F(\beta_j)-F(\alpha_j)-\varepsilon/(2m).$$

于是

$$\sum_{j=1}^m(F(\beta_j)-F(\alpha_j))\leqslant\sum_{j=1}^m\sum_{i=1}^{n_j}|f(t_i^{(j)})-f(t_{i-1}^{(j)})|+\varepsilon/2.$$

注意到 $\sum_{j=1}^m\sum_{i=1}^{n_j}(t_i^{(j)}-t_{i-1}^{(j)})=\sum_{j=1}^m(\beta_j-\alpha_j)<\delta$，故由式(2.4.12)得

$$\sum_{j=1}^m\sum_{i=1}^{n_j}|f(t_i^{(j)})-f(t_{i-1}^{(j)})|<\varepsilon/2.$$

于是 $\sum_{j=1}^m(F(\beta_j)-F(\alpha_j))<\varepsilon$. 所以 F 在$[a,b]$上也是绝对连续的. 证毕.

例 2.4.2 例 2.4.1 中的函数是连续的但不是绝对连续的，因为它不是有界变差的.

定理 2.4.9

若 f 在$[a,b]$上是绝对连续的并且 $f'=0$ a. e.,则 f 恒等于一个常数.

证明 以下证明$\forall c\in[a,b]$,有 $f(c)=f(a)$. 记$E=\{x\in[a,c]: f'(x)=0\}$,则 $m(E)=c-a$. $\forall\varepsilon>0$,按 f 在$[a,b]$绝对连续的定义,$\exists\delta>0$ 对应于 ε. $\forall x\in E$,由 $f'(x)=0$ 可知当 $x<y$,$y-x$ 充分小时,有

$$\left|\frac{f(y)-f(x)}{y-x}\right|<\varepsilon. \tag{2.4.13}$$

于是存在闭区间$[x,y]$,使得在此区间中式(2.4.13)均成立. 这样的小区间全体构成 E 的 Vitali 覆盖. 于是由 Vitali 覆盖引理,对上述 δ,存在互不相交的小区间$[x_i,y_i]$使得 $m^*\left(E\setminus\bigcup_{i=1}^{n}[x_i,y_i]\right)<\delta$. 不妨设诸$[x_i,y_i]$从左到右排列,则

$$[a,c]\setminus\bigcup_{i=1}^{n}[x_i,y_i]=[a,x_1)\cup(y_1,x_2)\cup\cdots\cup(y_n,c],$$

其总长度小于 δ. 由绝对连续性知

$$|f(x_1)-f(a)|+\sum_{i=1}^{n-1}|f(x_{i+1})-f(y_i)|+|f(c)-f(y_n)|<\varepsilon. \tag{2.4.14}$$

由式(2.4.13)和式(2.4.14)得到

$$\begin{aligned}|f(c)-f(a)|&\leqslant|f(x_1)-f(a)|+\sum_{i=1}^{n-1}|f(x_{i+1})-f(y_i)|+\\&\quad|f(c)-f(y_n)|+\sum_{i=1}^{n}|f(y_i)-f(x_i)|\\&<\varepsilon+\varepsilon\sum_{i=1}^{n}|y_i-x_i|<(1+c-a)\varepsilon.\end{aligned}$$

ε 是任意的,从而 $f(c)=f(a)$, $\forall c\in[a,b]$. 证毕.

定理 2.4.10(Lebesgue-Newton-Leibniz 公式)

函数 $f:[a,b]\to\mathbb{K}$ 是绝对连续的当且仅当 $f'\in L^1[a,b]$且

$$f(x)-f(a)=\int_a^x f'(t)\mathrm{d}t,\quad \forall x\in[a,b]. \tag{2.4.15}$$

证明 充分性 由定理 2.4.8(1)得到.

必要性 设 f 是绝对连续的,由定理 2.4.8(4),f' a. e. 存在并且 $f'\in L^1[a,b]$. 令

$$g(x)=\int_a^x f'(t)\mathrm{d}t,\quad x\in[a,b].$$

由定理 2.4.8(1),g 绝对连续,又由定理 2.4.7(2),$g'(x)=f'(x)$a. e.;若令 $h(x)=f(x)-g(x)$,则 h 绝对连续并且$h'=f'-g'=0$ a. e.. 定理 2.4.9 说明 $h(x)\equiv h(a)$,但 $g(a)=0$,所以 $h(x)\equiv f(a)$. 于是

$$f(x)=h(x)+g(x)=f(a)+\int_a^x f'(t)\mathrm{d}t,\quad x\in[a,b].$$

证毕.

推论

若 $f\in V[a,b]$，则存在函数 h 和绝对连续函数 g，使得 $f=g+h$，$h'=0$ a. e.. 称 g 是 f 的**绝对连续部分**，h 是**奇异部分**.

证明 令 $g(x)=\int_a^x f'(t)\mathrm{d}t$，$f-g=h$，则 g 是绝对连续的，$g'(x)=f'(x)$ a. e.，从而 $h'=0$ a. e..

定理 2.4.11

设 $f:[a,b]\to\mathbb{R}^1$ 在 $[a,b]$ 的每一点可微，且 $f'\in L^1[a,b]$，则

$$f(x)-f(a)=\int_a^x f'(t)\mathrm{d}t,\quad a\leqslant x\leqslant b. \tag{2.4.16}$$

容易知道定理 2.4.11 对复值函数也成立. 另外注意与定理 2.4.10 的假设比较：并不知道是否绝对连续，而要求可微性在 $[a,b]$ 的每一点成立.

证明 （阅读）显然只需证明式(2.4.16)对 $x=b$ 成立即可. $\forall\varepsilon>0$，因 $f'\in L^1[a,b]$，由 Vitali-Caratheodory 定理，可知存在 $[a,b]$ 上的下半连续函数 g_1：

$$g_1\geqslant f',\quad \int_a^b g_1(t)\mathrm{d}t<\int_a^b f'(t)\mathrm{d}t+\varepsilon.$$

因为存在充分小的常数 $c>0$，使

$$c(b-a)+\int_a^b g_1(t)\mathrm{d}t=\int_a^b (g_1(t)+c)\mathrm{d}t<\int_a^b f'(t)\mathrm{d}t+\varepsilon.$$

故存在 $[a,b]$ 上的下半连续函数 $g=g_1+c$：

$$g>f',\quad \int_a^b g(t)\mathrm{d}t<\int_a^b f'(t)\mathrm{d}t+\varepsilon. \tag{2.4.17}$$

对 $\forall\eta>0$，定义

$$F_\eta(x)=\int_a^x g(t)\mathrm{d}t-[f(x)-f(a)]+\eta(x-a),\quad a\leqslant x\leqslant b. \tag{2.4.18}$$

暂时固定 η，对任意 $x\in[a,b)$，因为 g 下半连续，故 $\exists\delta_x>0$，$\forall t\in(x,x+\delta_x)$，$g(t)>g(x)-c/2=g_1(x)+c/2\geqslant f'(x)+c/2$. 结合导数定义，有

$$g(t)>f'(x)\quad 且\quad \frac{f(t)-f(x)}{t-x}<f'(x)+\eta. \tag{2.4.19}$$

由式(2.4.18)与式(2.4.19)得

$$\begin{aligned}F_\eta(t)-F_\eta(x)&=\int_x^t g(s)\mathrm{d}s-[f(t)-f(x)]+\eta(t-x)\\&>(t-x)f'(x)-(t-x)[f'(x)+\eta]+\eta(t-x)=0.\end{aligned}$$

由于 $\int_a^x g(t)\mathrm{d}t$ 连续，故 F_η 是连续的. 因 $F_\eta(a)=0$，故 F_η 的零点集非空. 设 F_η 在 $[a,b]$ 上最大的零点为 $x\in[a,b]$，若 $x=b$，则 $F_\eta(b)=0$；若 $x<b$，则前述演算推出 $\forall t\in(x,b]$，$F_\eta(t)>0$. 总之在任何情况下都有 $F_\eta(b)\geqslant 0$. 由于 $\forall\eta>0$，$F_\eta(b)\geqslant 0$，由式(2.4.17)与式(2.4.18)得到

$$f(b)-f(a)\leqslant\int_a^b g(t)\mathrm{d}t<\int_a^b f'(t)\mathrm{d}t+\varepsilon.$$

ε 的任意性表明 $f(b)-f(a)\leqslant\int_a^b f'(t)\mathrm{d}t$. 因为当 f 满足定理假设时，$-f$ 也满足，故

以 $-f$ 代替 f 得到 $-f(b)+f(a)\leqslant-\int_a^b f'(t)\mathrm{d}t$，即 $f(b)-f(a)\geqslant\int_a^b f'(t)\mathrm{d}t$. 因此式(2.4.16)成立. 证毕.

推论

设 f 在 $[a,b]$ 的每一点可微，且 $f'\in L^1[a,b]$，则 f 必绝对连续.

证明 由定理 2.4.10 与定理 2.4.11 得出. 证毕.

利用 Lebesgue-Newton-Leibniz 公式，不难得到如下的关于 Lebesgue 积分的分部积分公式与换元积分公式(推导从略，参考文献[24]和文献[46]).

定理 2.4.12

设 $f,g\in L^1[a,b]$，$\alpha,\beta\in\mathbb{K}$. 令

$$F(x)=\alpha+\int_a^x f(t)\mathrm{d}t,\quad G(x)=\beta+\int_a^x g(t)\mathrm{d}t.$$

则

$$\int_a^b f(x)G(x)\mathrm{d}x=F(x)G(x)\big|_a^b-\int_a^b g(x)F(x)\mathrm{d}x.$$

定理 2.4.13

(1) 设 $g:[a,b]\to\mathbb{R}^1$ 单调且绝对连续，f 是非负的 Lebesgue 可测函数，则

$$\int_{g(a)}^{g(b)} f(x)\mathrm{d}x=\int_a^b f(g(t))g'(t)\mathrm{d}t.$$

(2) 设 $g:[a,b]\to[c,d]$ 几乎处处可导，$f\in L^1[c,d]$ 且 $F(x)=\int_c^x f(t)\mathrm{d}t(x\in[c,d])$. 若 $F(g(t))$ 在 $[a,b]$ 上绝对连续，则

$$\int_{g(a)}^{g(b)} f(x)\mathrm{d}x=\int_a^b f(g(t))g'(t)\mathrm{d}t.$$

2.4.4 Stieltjes 积分与广义的测度

Stieltjes 积分的一种特殊情况是所谓 Riemann-Stieltjes 积分(简称 R-S 积分). Riemann 意义下的第二型曲线积分或曲面积分就属于此类积分. 方便起见，下面仅考虑 $\mathbb{R}^1$ 上函数的 R-S 积分.

定义 2.4.6

设 $f,h:[a,b]\subset\mathbb{R}^1\to\mathbb{K}$，对 $[a,b]$ 作分划 Δ: $a=x_0\leqslant x_1\leqslant\cdots\leqslant x_n=b$，和式

$$\sum_{i=1}^n f(\xi_i)[h(x_i)-h(x_{i-1})],\quad \xi_i\in[x_{i-1},x_i]$$

当 $|\Delta|=\max\limits_{1\leqslant i\leqslant n}(x_i-x_{i-1})\to 0$ 时极限若存在，则称 f 在 $[a,b]$ 上关于 h 是 **R-S 可积**的. 此极限值称为 **R-S 积分**，记为 $\int_a^b f(x)\mathrm{d}h(x)$ 或 $\int_a^b f\mathrm{d}h$.

按上述定义，若 $h(x)\equiv x$，则 $\int_a^b f\mathrm{d}h$ 就是通常的 Riemann 积分 $\int_a^b f(x)\mathrm{d}x$.

定理 2.4.14

若 $\int_a^b f\mathrm{d}h$ 与 $\int_a^b h\mathrm{d}f$ 其中之一存在，则另一个必存在，且

$$\int_a^b f\mathrm{d}h=fh\big|_a^b-\int_a^b h\mathrm{d}f.$$

证明 约定 $\xi_0=x_0=a$，取 $\xi_n=x_n=b$. 则

$$\sum_{i=1}^{n} f(\xi_i)[h(x_i)-h(x_{i-1})]=\sum_{i=2}^{n+1} f(\xi_{i-1})h(x_{i-1})-\sum_{i=1}^{n} f(\xi_i)h(x_{i-1})$$

$$=f(x)h(x)\big|_a^b-\sum_{i=1}^{n} h(x_{i-1})[f(\xi_i)-f(\xi_{i-1})].$$

注意到 $\max\limits_i(x_i-x_{i-1})\to 0\Leftrightarrow\max\limits_i(\xi_i-\xi_{i-1})\to 0$，从而两个和式的极限有一个存在，则另一个必存在. 证毕.

定理 2.4.14 指出了 R-S 积分中两个函数之间的对称关系：若关于 $\int_a^b f\mathrm{d}h$ 的命题为真，则关于 $\int_a^b h\mathrm{d}f$ 的命题也为真.

定理 2.4.15

若 f 在 $[a,b]$ 上连续，h 在 $[a,b]$ 上是有界变差的，则 $\int_a^b f\mathrm{d}h$ 必存在且

$$\left|\int_a^b f\mathrm{d}h\right|\leqslant\max_{a\leqslant x\leqslant b}|f(x)|\bigvee_a^b(h).\tag{2.4.20}$$

证明 不妨设 f 与 h 都是实值函数. 由于 f 是连续的，h 是有界变差的，可记 $M=\max\limits_{a\leqslant x\leqslant b}|f(x)|$，且有下述估计：

$$\left|\sum_{i=1}^{n} f(\xi_i)[h(x_i)-h(x_{i-1})]\right|\leqslant\sum_{i=1}^{n}|f(\xi_i)||h(x_i)-h(x_{i-1})|$$

$$\leqslant M\sum_{i=1}^{n}|h(x_i)-h(x_{i-1})|\leqslant M\bigvee_a^b(h).$$

利用 $\int_a^b f\mathrm{d}h$ 的存在性可知式(2.4.20)成立. 以下只需验证 $\int_a^b f\mathrm{d}h$ 的存在性. 因为 h 是有界变差的，由 Jordan 分解定理，h 可分解为两个递增函数之差，故不妨设 h 是递增的. 记 $\Delta_i=[x_{i-1},x_i]$，$\omega_i=\sup\limits_{x\in\Delta_i}f(x)-\inf\limits_{x\in\Delta_i}f(x)$ 为 f 在 Δ_i 上的振幅. 类似于 Riemann 积分，由 h 的递增性得出 $\int_a^b f\mathrm{d}h$ 存在的充要条件是 $\lim\limits_{|\Delta|\to 0}\sum\limits_{i=1}^{n}\omega_i(h(x_i)-h(x_{i-1}))=0$. 注意到 $\sum\limits_{i=1}^{n}\omega_i(h(x_i)-h(x_{i-1}))\leqslant\max\limits_{1\leqslant i\leqslant n}\omega_i\bigvee\limits_a^b(f)$，利用 f 在 $[a,b]$ 上的一致连续性可知当 $|\Delta|\to 0$ 时此式右边的极限为 0，从而 $\int_a^b f\mathrm{d}h$ 是存在的. 证毕.

用测度的观点来看待 R-S 积分，$\int_a^b f\mathrm{d}h$ 可以视为由 h 确定的测度的积分，这种测度突破了非负性的限制. 在前面，我们考虑的测度都是正测度，即定义在一个 σ-代数上满足可数可加性的非负函数. 非负性的限制使测度自然地作为长度、面积与体积的推广. 然而这种限制并不是非要不可的. 去掉这个限制，有以下广义的测度概念.

定义 2.4.7

设 $(X,\mathfrak{M})$ 是可测空间，函数 $\mu:\mathfrak{M}\to\mathbb{C}$（或 $[-\infty,\infty]$）称为一个**复（实）测度**（实测度也称为**带号测度**），若它满足

(MS1) $\mu(\varnothing)=0$.

(MS2) 对任意互不相交集列$\{E_n\}_{n=1}^{\infty}\subset\mathfrak{M}$,有 $\mu\left(\bigcup_{n=1}^{\infty}E_n\right)=\sum_{n=1}^{\infty}\mu(E_n)$.

测度概念的这种拓宽除了其实际背景外,在理论上主要与积分相联系.例如,正测度空间$(X,\mathfrak{M},\mu)$上某实(复)函数的 Lebesgue 积分 $\lambda(E)=\int_E f\mathrm{d}\mu\ (E\in\mathfrak{M})$ 就确定了一个实(复)测度 λ.这个问题反过来就是:何时一个实(复)测度为关于某正测度的实(复)积分?在回答这个问题之前,先考察一下实或复测度与正测度间的关系.

定义 2.4.8

设 μ 是实或复测度.$|\mu|:\mathfrak{M}\to[0,\infty]$称为 μ 的**全变差**,若对每个 $E\in\mathfrak{M}$,有

$$|\mu|(E)=\sup\left\{\sum_{n=1}^{\infty}|\mu(E_n)|:E=\bigcup_{n=1}^{\infty}E_n,\{E_n\}\subset\mathfrak{M}\text{ 且互不相交}\right\}.$$

可以证明(见参考文献[46]),若 μ 是复测度,则$|\mu|$是 $\mathfrak{M}$ 上的有限正测度.利用$|\mu|$,可以定义 μ 的正则性.

定义 2.4.9

设 μ 是实或复测度.若$|\mu|$是正则的,则称 μ 是**正则**的.

对于实测度,按全变差的定义,对每个 $E\in\mathfrak{M}$,有$|\mu(E)|\leqslant|\mu|(E)$.于是令

$$\mu^+(E)=\frac{1}{2}(|\mu|(E)+\mu(E)),\quad \mu^-(E)=\frac{1}{2}(|\mu|(E)-\mu(E)).$$

则 μ^+,μ^- 是两个正测度,且

$$\mu=\mu^+-\mu^-,\quad |\mu|=\mu^++\mu^-.$$

其中,μ^+ 和 μ^- 分别称为 μ 的正变差和负变差,这种分解也称为**μ 的 Jordan 分解**.

前述问题可以得到圆满的答案.在一定的条件下,复测度可以表示成关于正测度的积分.

定理 2.4.16(Radon-Nikodym 定理[46])

设 μ 是集 X 的σ-代数 $\mathfrak{M}$ 上的σ-有限的正测度,λ 是 $\mathfrak{M}$ 上的复测度.若对任意 $E\in\mathfrak{M}$,当 $\mu(E)=0$ 时必有 $\lambda(E)=0$,则存在唯一的函数 $h\in L^1(\mu)$使

$$\lambda(E)=\int_E h\,\mathrm{d}\mu,\quad \forall E\in\mathfrak{M}. \tag{2.4.21}$$

现设 λ 是复测度.由于$\forall E\in\mathfrak{M}$,有$|\lambda(E)|\leqslant|\lambda|(E)$,故当$|\lambda|(E)=0$ 时必有 $\lambda(E)=0$.利用 Radon-Nikodym 定理,可知存在 $h\in L^1(|\lambda|)$使

$$\lambda(E)=\int_E h\,\mathrm{d}|\lambda|,\quad \forall E\in\mathfrak{M}. \tag{2.4.22}$$

且可证明$|h|=1$.利用式(2.4.21)与式(2.4.22)可得到下述结果.

定理 2.4.17[46]

设 μ 是 $\mathfrak{M}$ 上的正测度,$g\in L^1(\mu)$,且 $\lambda(E)=\int_E g\,\mathrm{d}\mu\ (\forall E\in\mathfrak{M})$,则

$$|\lambda|(E)=\int_E|g|\,\mathrm{d}\mu,\quad \forall E\in\mathfrak{M}. \tag{2.4.23}$$

式(2.4.23)指出$|\lambda|$就是 λ 的模.式(2.4.22)的意义相当于 $\mathrm{d}\lambda=h\,\mathrm{d}|\lambda|$,$|h|=1$.式(2.4.23)被称为**复测度的极分解**.复测度 λ 由复函数 h 与它的模$|\lambda|$决定.由此可知,用

$\int f\mathrm{d}\lambda=\int fh\mathrm{d}|\lambda|$ 来定义 f 关于复测度 λ 的 Lebesgue 积分是合乎情理的，f 关于复测度的积分就是 fh 关于正测度 $|\lambda|$ 的积分.

下面用测度观点来讨论 Stieltjes 积分.

定义 2.4.10

设 h 是 $\mathbb{R}^1$ 上的递增函数，$c\in\mathbb{R}^1$，h 在 c 的左右极限记为 $h(c-)$ 与 $h(c+)$，$[a,b]\subset\mathbb{R}^1$. 下列等式

$$\mu_h((a,b))=h(b-)-h(a+),\quad \mu_h([a,b])=h(b+)-h(a-),$$
$$\mu_h((a,b])=h(b+)-h(a+),\quad \mu_h([a,b))=h(b-)-h(a-)$$

定义了 $\mathbb{R}^1$ 中闭区间的测度，从而确定了由 $\mathbb{R}^1$ 上的闭区间生成的 σ-代数 $\mathfrak{M}$ 上的测度 μ_h，称 μ_h 为**函数 h 生成的 Lebesgue-Stieltjes 测度**（简称 **L-S 测度**），h 称为 L-S 测度的生成函数，关于这个测度 μ_h 的 Lebesgue 积分 $\int_E f\mathrm{d}\mu_h$ $(E\in\mathfrak{M})$ 称为 **Lebesgue-Stieltjes 积分**，简称 **L-S 积分**，将其记为 $\int_E f\mathrm{d}h$.

由于一个有界变差函数 g 的实部与虚部可分别表示为两个递增函数之差：$g=u+\mathrm{i}v$，$u=u_1-u_2$，$v=v_1-v_2$，u_1,u_2,v_1,v_2 都是递增的，因此 f 的 L-S 积分可以极自然地推广到有界变差函数的情形：

$$\int_E f\mathrm{d}g=\int_E f\mathrm{d}u_1-\int_E f\mathrm{d}u_2+\mathrm{i}\int_E f\mathrm{d}v_1-\mathrm{i}\int_E f\mathrm{d}v_2.$$

很明显，当生成函数 $h(x)\equiv x$，L-S 测度就是 Lebesgue 测度，从而相应的 L-S 积分就是 Lebesgue 积分. 容易证明，对连续函数而言，L-S 积分与 R-S 积分是一致的.

内容提要

习　题

1. 设 μ 是 X 上的正测度，$f: X\to[0,\infty]$，$f\in L^1(\mu)$，$E_k=\{x\in X: f(x)\geqslant k\}$，其中 $k\in\mathbb{Z}^+$. 证明 $\sum_{k=1}^{\infty}\mu(E_k)<\infty$.

2. 设 $n\in\mathbb{Z}^+$，$f_n: X\to[0,\infty]$ 是可测的，对 $\forall x\in X$ 有 $f_n\geqslant f_{n+1}$，当 $n\to\infty$ 时，$f_n(x)\to f(x)$，且 $f_1\in L^1(\mu)$. 证明 $\lim_{n\to\infty}\int_X f_n\mathrm{d}\mu=\int_X f\mathrm{d}\mu$，并说明若省去条件 $f_1\in L^1(\mu)$，这个结论推不出来.

3. 若 n 是奇数，令 $f_n=\chi_E$，若 n 为偶数，令 $f_n=1-\chi_E$，这个例子与 Fatou 引理有什么关联？

4. 在 $[0,1]$ 上构造一个连续函数序列 $\{f_n\}$ 使得 $0\leqslant f_n\leqslant 1$ 且 $\lim_{n\to\infty}\int_0^1 f_n(x)\mathrm{d}x=0$，然而却

没有一个点 $x \in [0,1]$ 能使 $\{f_n(x)\}$ 收敛.

5. 设 μ 是 X 上的正测度, $f: X \to [0,\infty]$ 是可测的, $\int_X f\,\mathrm{d}\mu = c$, 这里 $0<c<\infty$. 设 α 是一个常数. 证明

$$\lim_{n\to\infty}\int_X n\ln\left[1+(f(x)/n)^{\alpha}\right]\mathrm{d}\mu = \begin{cases} \infty, & 若\ 0<\alpha<1; \\ c, & 若\ \alpha=1; \\ 0, & 若\ 1<\alpha<\infty. \end{cases}$$

6. 当 $n\to\infty$ 时很容易猜测出 $\int_0^n (1-x/n)^n \mathrm{e}^{x/2}\,\mathrm{d}x$ 与 $\int_0^n (1+x/n)^n \mathrm{e}^{-2x}\,\mathrm{d}x$ 的极限. 证明你的猜测是正确的.

7. 设 $\mu(X)<\infty$, $\{f_n\}$ 是 X 上的一个有界复可测函数序列且在 X 上一致收敛于 f. 证明 $\lim\limits_{n\to\infty}\int_X f_n\,\mathrm{d}\mu = \int_X f\,\mathrm{d}\mu$, 并且指出"$\mu(X)<\infty$"不能省略.

8. 举出一列连续函数 $f_n: [0,1]\to[0,\infty)$ 使 $n\to\infty$ 时有

$$f_n(x)\to 0\,(\forall x\in[0,1]), \quad \int_0^1 f_n(x)\,\mathrm{d}x \to 0.$$

但 $\sup\limits_n f_n \notin L^1$ (这表明控制收敛定理的结论甚至当违反它的部分假设条件时也能成立).

9. 假定 $\mu(\Omega)=1$, f 和 g 是 Ω 上的正可测函数使得 $fg\geqslant 1$. 证明

$$\int_\Omega f\,\mathrm{d}\mu \int_\Omega g\,\mathrm{d}\mu \geqslant 1.$$

10. 假定 $\mu(\Omega)=1$ 且 $h: \Omega\to[0,\infty]$ 是可测的. 若 $A=\int_\Omega h\,\mathrm{d}\mu$, 证明

$$\sqrt{1+A^2} \leqslant \int_\Omega \sqrt{1+h^2}\,\mathrm{d}\mu \leqslant 1+A.$$

若 μ 是 $[0,1]$ 上的 Lebesgue 测度并且 h 是连续的, $h=f'$, 则上面的不等式有一个简单的几何解释. 试从这点推测在什么条件下上面不等式的等号能够成立, 并且证明你的推测.

11. 设 $\mu(X)<\infty$, $f\in L^1(\mu)$, D 是复平面上的闭集, 且对每个 $E\in\mathfrak{M}$, $\mu(E)>0$, 平均值

$$A_E(f)=\frac{1}{\mu(E)}\int_E f\,\mathrm{d}\mu \in D.$$

证明 $f(x)\in D$ a.e. 于 X.

12. 设 $\{f_n\}$ 是拓扑空间 X 上的非负实函数的序列, 证明:

(1) 若 f_1 和 f_2 是上半连续的, 则 f_1+f_2 是上半连续的.

(2) 若 f_1 和 f_2 是下半连续的, 则 f_1+f_2 是下半连续的.

(3) 若每个 f_n 是下半连续的, 则 $\sum\limits_{n=1}^{\infty} f_n$ 是下半连续的.

(4) 若每个 f_n 是上半连续的, 问 $\sum\limits_{n=1}^{\infty} f_n$ 一定上半连续吗?

13. 若 X 是紧的拓扑空间且 $f: X\to(-\infty,\infty)$ 是上半连续的, 证明 f 在 X 中某点能取得最大值.

14. 设 f 是拓扑空间 (X,τ) 上的任意复函数, 定义

$$\varphi(x,V)=\sup\{|f(s)-f(t)|: s,t\in V\}, \quad V\in\tau, x\in V,$$
$$\varphi(x)=\inf\{\varphi(x,V): V\in\tau\}, \quad x\in V.$$

证明 φ 是上半连续的，并且 f 在点 x 连续当且仅当 $\varphi(x)=0$. 从而任何复函数连续点的集都是一个 G_δ 集.

15. 设 V 是$\mathbb{R}^n$ 中的开集，μ 是$\mathbb{R}^n$ 上的正则的有限正 Borel 测度，令

$$f(x)=\mu(V+x),\quad x\in\mathbb{R}^n.$$

则函数 f 必定连续吗？必定下半连续吗？必定上半连续吗？

16. 设$\mathcal{B}_k$ 是$\mathbb{R}^k$ 的所有 Borel 集的 σ-代数. 证明$\mathcal{B}_{m+n}=\mathcal{B}_m\times\mathcal{B}_n$.

17. 设 f 是$\mathbb{R}^1$ 上 Lebesgue 可测的非负实函数，有

$$A(f)=\{(x,y):x\in\mathbb{R}^1,0<y<f(x)\}.$$

证明 $A(f)$是$\mathbb{R}^2$ 中的 Lebesgue 可测集，且 $A(f)$的 Lebesgue 测度 $m(A(f))=\int_{\mathbb{R}^1}f\mathrm{d}x$.

18. 设 $E\subset\mathbb{R}^n$，$f\in L^1(E)$. 证明 $\int_E|f(x)|\mathrm{d}x=\int_0^\infty m(\{x\in E:|f(x)|>\lambda\})\mathrm{d}\lambda$.

19. 利用 Fubini 定理证明

(1) $\int_0^\infty \mathrm{e}^{-x^2}\mathrm{d}x=\frac{\sqrt{\pi}}{2}$.

(2) $\int_0^\infty \frac{\sin x}{x}\mathrm{d}x=\frac{\pi}{2}$.

(3) $\int_0^\infty \mathrm{e}^{-x}\frac{\sin 2x}{x}\mathrm{d}x=\arctan 2$.

20. 设 μ 是 X 上的正测度，$f:X\to(0,\infty)$ 满足 $\int_X f\mathrm{d}\mu=1$. 证明对每个使 $0<\mu(E)<\infty$ 成立的 X 的子集 E 有 $\int_E \ln f\mathrm{d}\mu\leqslant\mu(E)\ln\frac{1}{\mu(E)}$，且当 $0<p<1$ 有 $\int_E f^p\mathrm{d}\mu\leqslant\mu(E)^{1-p}$.

21. 设 $a_1,a_2,\cdots,a_n$ 为正数，且 $\sum_{i=1}^n a_i=1$. 设$(X,\mathfrak{M},\mu)$为 Borel 测度空间，且 μ 是正则的. 证明：对 $f_1,f_2,\cdots,f_n\in L^1(\mu)$，$f_i\geqslant 0(\forall i\in\mathbb{Z}^+)$，有

$$\int_X f_1^{a_1}f_2^{a_2}\cdots f_n^{a_n}\mathrm{d}\mu\leqslant\|f_1\|^{a_1}\|f_2\|^{a_2}\cdots\|f_n\|^{a_n}.$$

22. 设 f 在$\mathbb{R}^1$ 上连续，当 $x\in(0,1)$时，$f(x)>0$；当 $x\notin(0,1)$时，$f(x)=0$. 设 $0<c<1$，令

$$h_c(x)=\sup_{n\geqslant 1}\{n^c f(nx)\}.$$

证明 $h_c\in L^1(\mathbb{R}^1)$.

23. 对 $0<\alpha\leqslant 1$，设 Lipα 表示所有$[a,b]$上使 $M_f=\sup_{s\neq t}\frac{|f(s)-f(t)|}{|s-t|^\alpha}<\infty$的复函数组成的集合.

(1) 设 $f\in$ Lip1，证明 f 绝对连续且 f'几乎处处有界.

(2) 设 $1<p<\infty$，q 满足 $1/p+1/q=1$. 设 f 绝对连续且 $f'\in L^p[a,b]$. 证明 $f\in$ Lip$(1/q)$.

24. 设 $f,g\in V[a,b]$，证明 $fg\in V[a,b]$.

25. 构造$\mathbb{R}^1$ 上的连续单调函数 f 使得虽然 $f'(x)=0$ a. e.，但 f 在任何区间上都不是

常数.

26. 设 f 在 $[a,b]$ 上绝对连续,证明 $\bigvee_a^b(f)=\int_a^b|f'(x)|\mathrm{d}x$.

27. 设 $f\in V[a,b]$,证明 $\left(\bigvee_a^x(f)\right)'=|f'(x)|$ a. e..

28. 证明 f 在 $[a,b]$ 上绝对连续当且仅当 $\bigvee_a^x(f)$ 在 $[a,b]$ 上绝对连续.

29. 设 $E\subset[a,b]$,$m(E)=0$. 构造 $[a,b]$ 上绝对连续的单调函数 f 使对每个 $x\in E$ 有 $f'(x)=\infty$.

30. 设 μ 是 σ-代数 $\mathfrak{M}$ 上的复测度,$E\in\mathfrak{M}$,定义 $\lambda(E)=\sup\sum|\mu(E_i)|$,其中的上确界是对 E 的所有有限划分 $\{E_i\}$ 取的,能得出 $\lambda=|\mu|$ 吗? 证明你的结论.

习题参考解答

附　加　题

1. 设 $f,g\in L^1[a,b]$. 证明:

(1) 若对任意 $c\in[a,b]$ 有 $\int_a^c f(x)\mathrm{d}x=0$,则 $f(x)=0$ a. e.;

(2) 若对任意 $c\in[a,b]$ 有 $\int_a^c f(x)\mathrm{d}x=\int_a^c g(x)\mathrm{d}x$,则 $f(x)=g(x)$ a. e.

2. 以 $B(x,r)$ 表示 $\mathbb{R}^n$ 内中心在 x 半径为 r 的开球,记

$$M_f(x)=\sup_{0<r<\infty}\frac{1}{m(B(x,r))}\int_{B(x,r)}|f|\mathrm{d}m.$$

证明 $|f(x)|\leqslant M_f(x)$ 在 f 的每个 Lebesgue 点上成立.

3. 设 $(X,\mathfrak{M},\mu)$ 是测度空间,μ 是有限正测度,$\{f_n\}_{n=1}^{\infty}\subset L^1(\mu)$,$f_n\xrightarrow{\text{a. e.}}f$,且存在 $p>1$ 与 $M\in(0,\infty)$ 使 $\int_X|f_n|^p\leqslant M$. 证明

$$\lim_{n\to\infty}\int_X|f_n-f|\mathrm{d}\mu=0.$$

4. 证明 Vitali 定理(定理 2. 2. 11)的逆命题: 设 $(X,\mathfrak{M},\mu)$ 是正测度空间,$\{f_n\}\subset L^1(\mu)$,且 $\lim_{n\to\infty}\int_E f_n\mathrm{d}\mu=\int_E f\mathrm{d}\mu$ 对 $\forall E\in\mathfrak{M}$ 成立,则 $\{f_n\}$ 是积分等度绝对连续的.

5. 设 $\{f_n\}_{n=1}^{\infty}$ 是拓扑空间 X 上的实函数列,$\alpha\in\mathbb{R}^1$. 证明:

(1) 若每个 f_n 都是下半连续的,则 $\{x:\limsup_{n\to\infty}f_n(x)<\alpha\}$ 是 F_σ 型集,$\{x:\limsup_{n\to\infty}f_n(x)\geqslant\alpha\}$ 是 G_δ 型集.

（2）若每个 f_n 都是上半连续的，则 $\{x:\liminf\limits_{n\to\infty} f_n(x)\leqslant\alpha\}$ 是 G_δ 型集，$\{x:\liminf\limits_{n\to\infty} f_n(x)>\alpha\}$ 是 F_σ 型集.

6. $\mathbb{R}^1$ 的有界区间上的特征函数的线性组合称为**阶梯函数**，设 $f\in L^1(\mathbb{R}^1)$，证明存在阶梯函数序列 $\{g_n\}$ 使得 $\lim\limits_{n\to\infty}\int_{-\infty}^{\infty}|f(x)-g_n(x)|\,\mathrm{d}x=0$.

7. 证明 Egorov 定理不能推广到 σ-有限的测度空间.

8. 设 f 是$[0,1]$上的实函数，$\gamma(t)=t+if(t)$，f 的弧长定义为 γ 在$[0,1]$上的全变差. 证明：当且仅当 f 为有界变差函数时弧长为有限. 若 f 是绝对连续的，则其弧长为 $\int_0^1\sqrt{1+(f'(t))^2}\,\mathrm{d}t$.

9. 构造有界变差函数 f 使关于 f 的 Lebesgue-Newton-Leibniz 公式不成立.

10. 设 $\{f_n(x)\}_{n=1}^{\infty}\subset V[a,b]$. 证明

（1）若 $\bigvee\limits_a^b(f_n)\leqslant M(\forall n\in\mathbb{Z}^+)$，且 $\lim\limits_{n\to\infty}f_n(x)=f(x)(\forall x\in[a,b])$，则 $f\in V[a,b]$ 且 $\bigvee\limits_a^b(f)\leqslant M$.

（2）若 $\lim\limits_{n\to\infty}\bigvee\limits_a^b(f_n-f)=0$，则 $\lim\limits_{n\to\infty}\bigvee\limits_a^b(f_n)=\bigvee\limits_a^b(f)$.

11. 在下列条件下证明 $g(f(x))$ 是绝对连续的：

（1）f 在$[a,b]$上绝对连续，g 在 $\mathbb{R}^1$ 上满足 Lipschitz 条件.

（2）f 在$[a,b]$上绝对连续且严格递增，g 在$[f(a),f(b)]$上绝对连续.

12. 证明在区间$[a,b]$上的两个绝对连续函数的乘积仍是绝对连续的. 利用它推出有关的分部积分定理.

13.（1）设 $f\in V[a,b]$，证明：$\int_a^b|f'(x)|\,\mathrm{d}x\leqslant\bigvee\limits_a^b(f)$.

（2）设 $f\in V[a,b]$，且 $\int_a^b|f'(x)|\,\mathrm{d}x=\bigvee\limits_a^b(f)$，证明 f 在$[a,b]$上绝对连续.

（3）设 $\{f_n\}$ 是$[a,b]$上的绝对连续函数列，$f\in V[a,b]$，且 $\bigvee\limits_a^b(f_n-f)\to 0$. 证明 f 在$[a,b]$上绝对连续.

14. 设 E 是 $\mathbb{R}^1$ 中的 Lebesgue 可测集，且存在正数列 $\{p_i\}$：$p_i\to 0(i\to\infty)$，使 $E+p_i=E(i\in\mathbb{Z}^+)$. 证明 E 与 E^c 二者中必有一个是零测集.

15. 设 f 是实的 Lebesgue 可测函数，以 s,t 为周期（满足 $\forall x\in\mathbb{R}^1$，$f(x\pm l)=f(x)$的正数 l 称为 f 的周期），且 s/t 是无理数. 证明存在常数 d 使 $f(x)=d$ a.e.，但 f 不必是常数.

16. $(X,\mathfrak{M})$是可测空间，μ 是$(X,\mathfrak{M})$上的有限实测度，$A\in\mathfrak{M}$. 若 $\forall E\in\mathfrak{M}$，$E\subset A$，有 $\mu(E)\geqslant 0$，则称 A 为**正集**. 若 $\forall E\in\mathfrak{M}$，$E\subset A$，有 $\mu(E)\leqslant 0$，则称 A 为**负集**. 证明下述的 **Hahn 分解定理**：

存在正集 A^+ 和负集 A^- 使 $A^+\cap A^-=\varnothing$，$A^+\cup A^-=X$，且对 $\forall E\in\mathfrak{M}$，有

$$\mu^+(E)=\mu(A^+\cap E),\quad \mu^-(E)=-\mu(A^-\cap E).$$

这里 X 的分解(A^+,A^-)称为 μ 的 **Hahn 分解**.

17. 设$(X,\mathfrak{M})$是可测空间，λ,μ 是 $\mathfrak{M}$ 上的测度(可以是正测度，带号测度或复测度). 若对每个 $E\in\mathfrak{M}$，$\mu(E)=0$ 蕴涵 $\lambda(E)=0$，则记为 $\lambda\ll\mu$. 若存在 $A,B\in\mathfrak{M}$，$A\cap B=\varnothing$，使 $|\lambda|(A^c)=0$ 且 $|\mu|(B^c)=0$，则记为 $\lambda\perp\mu$(或 $\mu\perp\lambda$). 证明：

(1) $\lambda\ll\mu$ 当且仅当 $|\lambda|\ll|\mu|$；

(2) 若 $\lambda_1\perp\mu$，$\lambda_2\perp\mu$，则$(\lambda_1+\lambda_2)\perp\mu$；

(3) 若 $\lambda_1\ll\mu$，$\lambda_2\perp\mu$，则 $\lambda_1\perp\lambda_2$；

(4) 若 $\lambda\ll\mu$，$\lambda\perp\mu$，则 $\lambda=0$.

18. 设$(X,\mathfrak{M})$是可测空间，μ 是正测度，λ 是复测度. 证明 $\lambda\ll\mu$(记号参见第 2 章附加题 17)等价于 λ 关于 μ 的绝对连续性：$\forall\varepsilon>0$，$\exists\delta>0$，$\forall E\in\mathfrak{M}$，$\mu(E)<\delta$，有$|\lambda(E)|<\varepsilon$.

19. 设 $\mathfrak{M}$ 是$(0,1)$内所有 Lebesgue 可测集的 σ 代数，λ 是 Lebesgue 测度，μ 是 $\mathfrak{M}$ 上的计数测度. 证明：不存在 $h\in L^1(\mu)$ 使 $\lambda(E)=\int_E h\,\mathrm{d}\mu$，$\forall E\in\mathfrak{M}$.

20. 设$(X,\mathcal{A},\mu)$与$(Y,\mathcal{B},\lambda)$是 σ-有限的测度空间. 设 ν 是$\mathcal{A}\times\mathcal{B}$上的测度使 $\nu(A\times B)=\mu(A)\lambda(B)$对每个 $A\in\mathcal{A}$与 $B\in\mathcal{B}$时成立. 证明 $\nu=\mu\times\lambda$.

21. (1) 设 f 是$\mathbb{R}^2$ 上的实函数，每个截口 f_x 是 Borel 可测的，每个截口 f^y 是连续的. 证明 f 在$\mathbb{R}^2$ 上 Borel 可测.

(2) 设 g 是$\mathbb{R}^n$ 上的实函数，分别对 n 个变量的每一个是连续的，即

$$g(x_1x_2,\cdots,x_i,\cdots,x_n)$$

作为 x_i 的函数是连续的$(i=1,2,\cdots,n)$. 证明 g 是 Borel 函数.

22. 设 E 是$\mathbb{R}^1$ 中的稠密集$(\bar{E}=\mathbb{R}^1)$，f 是$\mathbb{R}^2$ 上的实函数，使得对每个 $x\in E$，截口 f_x 是 Lebesgue 可测的且对几乎所有的 $y\in\mathbb{R}^1$，截口 f^y 是连续的. 证明 f 在$\mathbb{R}^2$ 上是 Lebesgue 可测的.

23. 设 f 是$\mathbb{R}^2$ 上的实函数，对每个 x，f_x 是 Lebesgue 可测的，对每个 y，f^y 是连续的. 又设 g：$\mathbb{R}^1\to\mathbb{R}^1$ 是 Lebesgue 可测的，且令 $h(y)=f(g(y),y)$. 证明 h 在$\mathbb{R}^1$ 上 Lebesgue 可测.

24. 构造一个在$[0,1]$上绝对连续的严格单调函数 f 使对某个 $E\subset[0,1]$且 $m(E)>0$，有 $f'(x)=0$，$\forall x\in E$.

25. 设 φ：$[a,b]\to\mathbb{R}^1$ 是递增函数，证明：

(1) 存在$[a,b]$上的左连续递增函数 f 使 $E=\{x\in[a,b]:f(x)\neq\varphi(x)\}$至多可列.

(2) 存在$[a,b]$上的正 Borel 测度 μ 使对每个 $x\in[a,b]$，有

$$f(x)-f(a)=\mu([a,x))$$

(3) $\mu\ll m$(记号参见第 2 章附加题 17)当且仅当 f 在$[a,b]$上是绝对连续的.

附加题参考解答

第3章 Banach空间理论基础

各种实际的或理论的问题所讨论的对象往往与通常三维空间有类似的结构. 19世纪下半叶，Ascoli、Volterra、Arzela、Fréchet、Riesz、Hilbert等数学家先后在变分法、微分方程、积分方程等研究中表达了将函数看作空间的点或向量的观点，这种观点导致了抽象的向量空间及与之相联系的一些抽象空间概念的产生. 在理论与应用上最重要、最基本的一类空间是Banach空间与Hilbert空间，这也是本书着重讨论的一类空间. 但是，有一些理论与应用问题往往需要在较弱的条件下讨论. Banach空间本身的一些问题放在比它更一般的框架下讨论时会变得更加清楚. 这个一般的框架就是拓扑线性空间. 3.2节将介绍拓扑线性空间的概念，读者根据需要可以跳过其中有关定理论证方面的内容，这对后继各章节基本内容的修读没有太大影响.

3.1 相关向量与度量的基本空间类

现代分析数学中有两种最基本的结构：一种是可以施行加法与数乘运算的代数结构即线性结构，另一种是可以建立极限运算的结构即拓扑结构. 线性空间(或向量空间)与度量空间是分别具备这两种结构的空间. 在大多数场合需要考虑同时具备这两种结构的空间，这类空间中最重要的是赋范空间，而内积空间又是赋范空间中性态最好的一类空间.

3.1.1 线性空间与凸集

定义 3.1.1

设 X 是一个非空集合，$\mathbb{K}$ 是数域(通常是实数域 $\mathbb{R}^1$ 或复数域 $\mathbb{C}$). 若 X 上可定义加法与数乘运算，即：任意 $x,y\in X$，存在唯一的 $z\in X$ 与之对应，称为 x **与 y 的和**，记为 $z=x+y$；任意 $x\in X$，任意 $\alpha\in\mathbb{K}$，存在唯一的 $u\in X$ 与之对应，称为 α **与 x 的数积**，记为 $u=\alpha x$；且任意 $x,y,z\in X$，任意 $\alpha,\beta\in\mathbb{K}$，上述加法与数乘运算满足

(1) $x+y=y+x$；

(2) $(x+y)+z=x+(y+z)$；

(3) 存在零元素 θ，使任意 $x\in X$ 有 $x+\theta=x$；

(4) 任意 $x\in X$，存在负元素 $-x\in X$，有 $x+(-x)=\theta$；

(5) $1x=x$；

(6) $\alpha(\beta x)=(\alpha\beta)x$；

(7) $(\alpha+\beta)x=\alpha x+\beta x$；

(8) $\alpha(x+y)=\alpha x+\alpha y$.

则称 X 是数域$\mathbb{K}$上的**线性空间**或**向量空间**(简称为线性空间或向量空间)，其中的元素称为**向量**或**点**(θ 称为**零点**或**原点**). 特别地，当$\mathbb{K}=\mathbb{R}^1$ 时称 X 为**实线性空间**，当$\mathbb{K}=\mathbb{C}$ 时称 X 为**复线性空间**.

设 E 是数域$\mathbb{K}$上线性空间 X 的子集，若 E 也构成$\mathbb{K}$上的线性空间，则称 E 是 X 的**线性子空间**(简称为子空间). 显然，E 是 X 的子空间当且仅当

$$\forall x,y\in E,\quad \forall \alpha,\beta\in\mathbb{K},\quad 有\ \alpha x+\beta y\in E.$$

集 $E\subset X$ 与点 $x\in X$ 的和(称为 **E 对 x 的平移**)定义为

$$x+E=E+x=\{x+e:e\in E\}.$$

集 $A\subset X$ 与集 $B\subset X$ 的和定义为

$$A+B=B+A=\{a+b:a\in A,b\in B\}.$$

数 $\alpha\in\mathbb{K}$ 与集 $E\subset X$ 的数积定义为

$$\alpha E=\{\alpha e:e\in E\}.$$

线性空间 X 中的一组元素 $x_1,x_2,\cdots,x_n$ 称为**线性相关**的，若存在不全为零的 $\alpha_1,\alpha_2,\cdots,\alpha_n\in\mathbb{K}$ 使

$$\alpha_1x_1+\alpha_2x_2+\cdots+\alpha_nx_n=\theta.$$

否则，称它们是**线性无关**的.

向量组 $x_1,x_2,\cdots,x_n$ 线性无关等价于若有 $\alpha_1,\alpha_2,\cdots,\alpha_n\in\mathbb{K}$ 使

$$\alpha_1x_1+\alpha_2x_2+\cdots+\alpha_nx_n=\theta.$$

则必有 $\alpha_1=\alpha_2=\cdots=\alpha_n=0$.

线性空间 X 的子集 E 称为**线性无关集**，若 E 中任意有限多个元素都线性无关. 否则称 E 是**线性相关集**.

设 $x\in X,\{x_1,x_2,\cdots,x_n\}\subset X$. 若存在 $\alpha_1,\alpha_2,\cdots,\alpha_n\in\mathbb{K}$ 使

$$x=\alpha_1x_1+\alpha_2x_2+\cdots+\alpha_nx_n.$$

则称 x 是 $x_1,x_2,\cdots,x_n$ 的**线性组合**，或说 x 可由 $x_1,x_2,\cdots,x_n$ **线性表示**.

设 E 是线性空间 X 的非空子集，E 中任意有限个向量的线性组合的全体称为 E 的**线性包**或**张成空间**，记作 $\operatorname{span}E$，即

$$\operatorname{span}E=\left\{x:x=\sum_{i=1}^{n}\alpha_ix_i,x_i\in E,\alpha_i\in\mathbb{K},n\geqslant 1\right\}.\tag{3.1.1}$$

设 E 是线性空间 X 的线性无关集，若 $\forall x\in X$，存在有限多个 $x_1,x_2,\cdots,x_n\in E$ 使 x 由 $x_1,x_2,\cdots,x_n$ 线性表示，则称 E 是 X 的基底——**线性基**或 **Hamel 基**. 此时若 E 仅由 n 个元素组成，则称 X 是 **n 维空间**，记为 $\dim X=n$；若 E 由无穷多个元素组成，则称 X 是**无限维空间**，记为 $\dim X=\infty$. 当 $X=\{\theta\}$(称为**零空间**)时，记为 $\dim X=0$.

由定义可知，数域$\mathbb{K}$本身是$\mathbb{K}$上的一维线性空间；零空间是唯一的由有限个元素构成的线性空间.

上述定义中关于维数的叙述依赖线性基的存在性.

命题 3.1.1

任何非零的线性空间必存在线性基(Hamel 基).

证明 设 X 是线性空间，$X\neq\{\theta\}$. 记 X 中线性无关集的全体为$\mathcal{P}$，以集合的包含关系为半序，则$\mathcal{P}$为非空的半序集. 若$\mathcal{R}$是$\mathcal{P}$中的全序子集，不妨设$\mathcal{R}=\{A_\lambda: \lambda\in\Lambda\}$. 令 $E=\bigcup\limits_{\lambda\in\Lambda}A_\lambda$. 对任意 $x_1,x_2,\cdots,x_n\in E$，若 $x_i\in A_{\lambda_i}$，$i=1,2,\cdots,n$，由全序性，不妨设 $A_{\lambda_i}\subset A_{\lambda_n}$，$i=1,2,\cdots,n-1$. 则 $x_1,x_2,\cdots,x_n\in A_{\lambda_n}$，由 A_{λ_n} 是线性无关集推知 $x_1,x_2,\cdots,x_n$ 线性无关，由此进一步得出 E 是线性无关集. 故 $E\in\mathcal{P}$. 因为任意 $\lambda\in\Lambda$ 有 $A_\lambda\subset E$，所以 E 是$\mathcal{R}$的上界. 由 Zorn 引理，$\mathcal{P}$中有极大元，记为 B. 我们断言，B 为 X 中 Hamel 基. 事实上，因 $B\in\mathcal{P}$，故 B 是线性无关集. 若某个 $x\in X$ 不能用 B 中任何有限个元素线性表示，换言之，$B\cup\{x\}$是线性无关集，$B\cup\{x\}\in\mathcal{P}$，$B\subset B\cup\{x\}$，$B\neq B\cup\{x\}$. 这与 B 是$\mathcal{P}$的极大元矛盾. 证毕.

用同样方法可以证明下述基的存在性结果.

推论

设 E 是线性空间 X 的线性无关子集，则必存在 X 的 Hamel 基 B 使 $B\supset E$.

例 3.1.1 映射(函数)空间$\mathcal{F}$ 设 X 为任意点集，Y 为数域$\mathbb{K}$上的线性空间，$\mathcal{F}$为从 X 到 Y 的映射全体，即$\mathcal{F}=\{f\mid f: X\to Y\}$. 在$\mathcal{F}$上定义加法与数乘($f,g\in\mathcal{F}$，$t\in X$，$\alpha\in\mathbb{K}$)如下：

$$(f+g)(t)=f(t)+g(t),\quad (\alpha f)(t)=\alpha f(t).$$

容易验证$\mathcal{F}$是数域$\mathbb{K}$上的线性空间，称为映射空间. 当 $Y=\mathbb{K}$ 时也称为函数空间. 今后涉及的映射(函数)空间，其线性运算都将采用上述定义.

特例 1 n 元数组空间 $X=\{1,2,\cdots,n\}$，$Y=\mathbb{K}$，$\mathcal{F}$中的每个元素 x 是一个 n 元数组，$x=(a_1,a_2,\cdots,a_n)$，$a_i\in\mathbb{K}$，$1\leqslant i\leqslant n$. 按坐标(分量)定义加法与数乘为

$$(a_1,a_2,\cdots,a_n)+(b_1,b_2,\cdots,b_n)=(a_1+b_1,a_2+b_2,\cdots,a_n+b_n);$$

$$\beta(a_1,a_2,\cdots,a_n)=(\beta a_1,\beta a_2,\cdots,\beta a_n),\quad \beta\in\mathbb{K}.$$

这些 n 元数组全体构成线性空间也记为$\mathbb{K}^n$，其维数为 n. $\mathbb{K}=\mathbb{R}^1$ 时，特例$\mathbb{R}^1$、$\mathbb{R}^2$、$\mathbb{R}^3$，分别是通常的实直线、实二维平面、实三维空间.

特例 2 无穷数列空间 $X=\{1,2,\cdots,n,\cdots\}$，$Y=\mathbb{K}$，$\mathcal{F}$中的每个元素 x 是一个无穷数列(或无穷元数组)，$x=(a_1,a_2,\cdots,a_n,\cdots)$，$a_n\in\mathbb{K}$ $(n=1,2,\cdots)$，有时也记为 $x=\{a_n\}_{n=1}^\infty$ 或 $x=\{a_n\}$. 定义加法与数乘为

$$(a_1,a_2,\cdots)+(b_1,b_2,\cdots)=(a_1+b_1,a_2+b_2,\cdots),$$

$$\beta(a_1,a_2,\cdots)=(\beta a_1,\beta a_2,\cdots),\quad \beta\in\mathbb{K}.$$

无穷数列空间是线性空间，其维数是∞.

例 3.1.2 线性空间 $C_C(X)$ 由定理 1.3.12 的推论，两个连续函数的和是连续的，连续函数的数积是连续的. 现设 $f,g,f+g$ 的支集(参见定义 2.2.5)分别为 S_f,S_g,S；并记

$$E_f=\{x\in X: f(x)=0\},\quad E_g=\{x\in X: g(x)=0\},\quad E=\{x\in X: f(x)+g(x)=0\}.$$

因 $E_f\cap E_g\subset E$，故 $E^c\subset E_f^c\cup E_g^c$，从而

$$S=\overline{E^c}\subset\overline{E_f^c\cup E_g^c}\subset\overline{E_f^c}\cup\overline{E_g^c}=S_f\cup S_g.$$

因 S 是紧集，从而 $S_f\cup S_g$ 的闭子集也是紧的，故 $f+g\in C_C(X)$；设 $0\neq\alpha\in\mathbb{K}$，则 αf 的支集就是 f 的支集，故 $\alpha f\in C_C(X)$. 因此 $C_C(X)$是线性空间.

例 3.1.3　线性空间 $C_0(X)$　设 f 是局部紧 Hausdorff 空间 X 上的复值函数. 若任意 $\varepsilon>0$，总存在 X 中紧集 K_ε 使任意 $x\in K_\varepsilon^c$ 有 $|f(x)|<\varepsilon$，则称 **f 在无穷远点为 0**. 所有在无穷远点为 0 的 X 上的连续函数之族记为 $C_0(X)$（参见图 3-1）. 易知 $C_0(X)$为线性空间. 显然 $C_C(X)\subset C_0(X)$，若 X 本身是紧集，则 $C_C(X)=C_0(X)$，此时简记为 $C(X)$. 例如，$\mathbb{R}^1$ 中闭区间 $[a,b]$上连续函数全体所成的空间记为 $C[a,b]$.

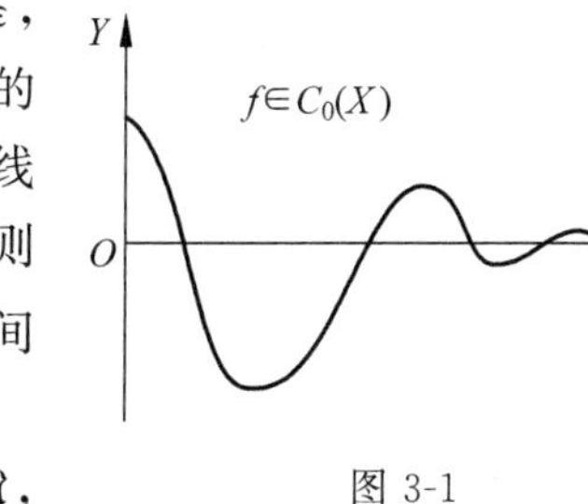

图 3-1

例 3.1.4　线性空间 $L^p(\mu)(1\leqslant p\leqslant\infty)$. 设$(X,\mathfrak{M},\mu)$是 Borel 测度空间，其中 X 是局部紧 Hausdorff 的，μ 是正则的正测度.

(1) $1\leqslant p<\infty$，记 $L^p(\mu)=\left\{f:f\text{ 是复值可测函数且}\int_X|f|^p\mathrm{d}\mu<\infty\right\}$. 按照 Minkowski 不等式容易验证 $L^p(\mu)$是线性空间，称为 **p-幂可积函数空间**. 设 $E\subset\mathbb{R}^k$. 若 μ 是 E 上的 Lebesgue 测度，则习惯上记 $L^p(\mu)$为 $L^p(E)$. 例如，闭区间$[a,b]$上 p-幂可积函数空间记为 $L^p[a,b]$. 若 μ 是集 A 上的计数测度，则习惯上记 $L^p(\mu)$为 $l^p(A)$，当 A 可数时简记为 l^p，即 $l^p=\left\{x=\{a_i\}_{i=1}^\infty:\sum\limits_{i=1}^\infty|a_i|^p<\infty\right\}$.

(2) $p=\infty$. 设 f 是 X 上的复值可测函数，f 称为本性有界的是指除去 X 的某个零测子集 E 外，f 在 $X\backslash E$ 上是有界的. 设 $L^\infty(\mu)$为 X 上本性有界可测函数全体. $f\in L^\infty(\mu)$，若 α 满足 $\mu(\{t\in X:|f(t)|>\alpha\})=0$，则称 α 是$|f|$的本性上界. 若 α 是$|f|$的本性上界，则 $|f(t)|\leqslant\alpha$ a. e.. 记

$$\operatorname*{ess\,sup}_{t\in X}|f(t)|=\inf\{\alpha:\alpha\text{ 是 }|f|\text{ 在 }X\text{ 的本性上界}\},$$

称为$|f|$的本性上确界. 本性上确界 $\beta=\operatorname*{ess\,sup}\limits_{t\in X}|f(t)|$也是本性上界. 事实上，因为

$$\{t\in X:|f(t)|>\beta\}=\bigcup_{n=1}^\infty\{t\in X:|f(t)|>\beta+1/n\},$$

由 $\beta+1/n$ 是本性上界及零测集的可数并仍是零测集得到 β 也是本性上界. 由于当 α 是$|f|$在 X 的本性上界时，总存在 $E\subset X$，$\mu(E)=0$，使 $\alpha=\sup\limits_{t\in X\backslash E}|f(t)|$，故

$$\operatorname*{ess\,sup}_{t\in X}|f(t)|=\inf_{\mu(E)=0}\sup_{t\in X\backslash E}|f(t)|.$$

因为两个本性有界可测函数的线性组合仍是本性有界的可测函数，所以 $L^\infty(\mu)$是线性空间，称为**本性有界函数空间**. 设 $E\subset\mathbb{R}^k$. 若 μ 是 E 上的 Lebesgue 测度，则习惯上记 $L^\infty(\mu)$为 $L^\infty(E)$，例如，闭区间$[a,b]$上本性有界可测函数空间记为 $L^\infty[a,b]$. 当 μ 是集 A 上的计数测度时，习惯上记 $L^\infty(\mu)$为 $l^\infty(A)$. 由于 μ 为计数测度时，每个非空集具有正的测度（每个非空集都不是零测集），故在 $l^\infty(A)$中有界与本性有界含义相同，确界与本性确界含义相

同，$l^{\infty}(A)$表示 A 上有界函数的族，A 为可数时简记为 l^{∞}，l^{∞} 为有界数列的族，即

$$l^{\infty}=\{x=\{a_i\}_{i=1}^{\infty}:\sup_{i\geqslant 1}|a_i|<\infty\}.$$

$L^p(\mu)(1\leqslant p\leqslant\infty)$统称为 **Lebesgue 空间**. 一般来说，在 $L^p(\mu)$中，将几乎处处相等的函数作为同一函数，因而 $L^p(\mu)$实际上不是以函数为元素的空间，而是以函数的等价类为元素的空间.

注意本性上确界与上确界是不同的概念，二者的差别可由下面的例子看出(其中的测度为 Lebesgue 测度). 令

$$f(t)=\begin{cases}1, & t\in[0,1),\\ 2, & t=1,\end{cases}\qquad g(t)=\begin{cases}-1, & t\in[0,1)\backslash 1/n, n\in\mathbb{Z}^{+},\\ n, & t=1/n, n\in\mathbb{Z}^{+}.\end{cases}$$

则 $\sup\limits_{t\in[0,1]}|f(t)|=2$，$\operatorname*{ess\,sup}\limits_{t\in[0,1]}|f(t)|=1$； $\sup\limits_{t\in[0,1]}|g(t)|=\infty$，$\operatorname*{ess\,sup}\limits_{t\in[0,1]}|g(t)|=1$.

定义 3.1.2

设 X 是$\mathbb{K}$上的线性空间，对 $x,y\in X$，集合

$$\{\lambda x+(1-\lambda)y: 0\leqslant\lambda\leqslant 1\}$$

称为以 x 与 y 为端点的**区间或线段**，记作$[x,y]$. 若 X 的非空子集 E 满足：对 $\forall x,y\in E$，有 $[x,y]\subset E$，则称 E 为 X 的**凸集**. 非空子集 E 为凸集当且仅当 $\forall\lambda\subset[0,1]$，$\lambda E+(1-\lambda)E\subset E$. 凸集与非凸的集如图 3-2 所示.

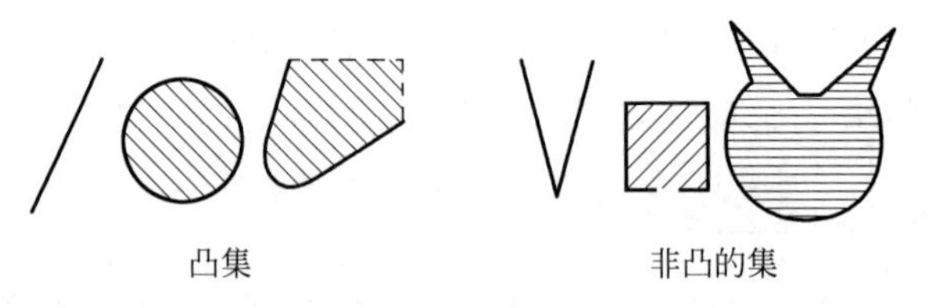

图 3-2

对 $x,y\in X$，$\lambda\in[0,1]$，$\lambda x+(1-\lambda)y$ 称为 x 与 y 的**凸组合**. 一般地，对 $x_1,x_2,\cdots,x_n\in X$，若 $\lambda_i\geqslant 0(i=1,2,\cdots,n)$，$\sum\limits_{i=1}^{n}\lambda_i=1$，则形如$\sum\limits_{i=1}^{n}\lambda_i x_i$ 的元素称为 $x_1,x_2,\cdots,x_n$ 的**凸组合**. 对 X 的非空子集E，称 E 中任意有限个向量的凸组合的全体为 E 的**凸包或凸壳**，记为 co$E$(参见图 3-3)，即

$$\mathrm{co}E=\left\{\sum_{i=1}^{n}\lambda_i x_i \mid x_i\in E,\lambda_i\geqslant 0,\sum_{i=1}^{n}\lambda_i=1,n\geqslant 1\right\}.\qquad(3.1.2)$$

设 E 是线性空间 X 的子空间，则 E 对某个向量 $x_0\in X$ 的平移 $E+x_0$ 称为**线性流形或仿射集**. 若 X 中除 X 本身外没有其他子空间包含 E，则称 E 是 X 的**极大子空间**，当 E 是 X 的极大子空间时，$E+x_0$ 称为 X 的**超平面**.

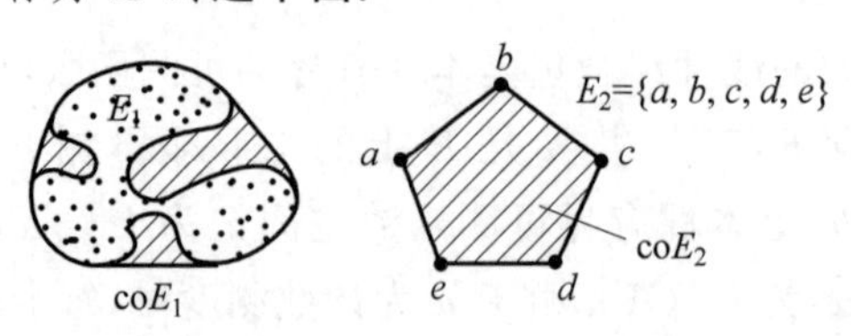

图 3-3

由上述定义可知,单点子集必是凸集;子空间是凸集也是线性流形;线性流形必是凸集.按式(3.1.1)与式(3.1.2),显然有 $E\subset \mathrm{span}E$,$E\subset \mathrm{co}E$.下述事实也是明显的:$\mathbb{R}^3$ 中不经过原点的直线和平面不是子空间,但都是线性流形;$\mathbb{R}^3$ 中的超平面是平面,$\mathbb{R}^2$ 中的超平面是直线.

例 3.1.5　设 A 是 $m\times n$ 矩阵($m\leqslant n$),b 是 m 维非零列向量,x 是 n 维列向量,$Ax=b$ 表示线性方程组.则对应的齐次方程组 $Ax=\theta$ 的解的全体 $E=\{x\in\mathbb{K}^n: Ax=\theta\}$ 是 $\mathbb{K}^n$ 的线性子空间,设 x_0 是 $Ax=b$ 的一个解,则 $Ax=b$ 的解集合 $V=\{x\in\mathbb{K}^n: Ax=b\}=E+x_0$ 是一个线性流形.

命题 3.1.2

设 X 是线性空间,$E\subset X$.

(1) $\mathrm{co}E$ 是 X 中的凸集,它是 X 中包含 E 的所有凸集的交集.

(2) $\mathrm{span}E$ 是 X 的线性子空间,它是 X 中包含 E 的所有子空间的交集.

证明　(1) $\forall x,y\in \mathrm{co}E$,设 $x=\sum\limits_{i=1}^{n}\alpha_i x_i$,$y=\sum\limits_{j=1}^{m}\beta_j y_j$,其中 $x_i,y_j\in E$,$\alpha_i\geqslant 0$,$\beta_j\geqslant 0$,$\sum\limits_{i=1}^{n}\alpha_i=1$,$\sum\limits_{j=1}^{m}\beta_j=1$. $\forall\lambda\in[0,1]$,有

$$\lambda x+(1-\lambda)y=\sum_{i=1}^{n}\lambda\alpha_i x_i+\sum_{j=1}^{m}(1-\lambda)\beta_j y_j. \tag{3.1.3}$$

由于 $\sum\limits_{i=1}^{n}\lambda\alpha_i+\sum\limits_{j=1}^{m}(1-\lambda)\beta_j=\lambda+(1-\lambda)=1$,式(3.1.3)是 x_i,y_j ($i=1,2,\cdots,n$; $j=1,2,\cdots,m$)的凸组合.故 $\lambda x+(1-\lambda)y\in \mathrm{co}E$,$\mathrm{co}E$ 是凸集.显然 $E\subset \mathrm{co}E$.我们断言,若 A 是 X 中任意凸集,则 $\mathrm{co}A=A$.事实上只需证明 $\mathrm{co}A\subset A$.利用数学归纳法,$n=2$ 时,若 $x_1,x_2\in A$,$\alpha_1,\alpha_2>0$,$\alpha_1+\alpha_2=1$,则由 A 的凸性知凸组合 $\alpha_1x_1+\alpha_2x_2\in A$.设 $n=k$ 时结论成立.当 $n=k+1$ 时,若 $x_1,x_2,\cdots,x_k,x_{k+1}\in A$,$\alpha_i>0$,$\sum\limits_{i=1}^{k+1}\alpha_i=1$,则 $\sum\limits_{i=1}^{k}\dfrac{\alpha_i}{1-\alpha_{k+1}}=1$,由归纳假设,$x=\sum\limits_{i=1}^{k}\dfrac{\alpha_i x_i}{1-\alpha_{k+1}}\in A$,从而

$$\sum_{i=1}^{k+1}\alpha_i x_i=(1-\alpha_{k+1})x+\alpha_{k+1}x_{k+1}\in A.$$

现设 $\{E_\lambda:\lambda\in\Lambda\}$ 是包含 E 的全体凸集.由 $E\subset E_\lambda$ 得 $\mathrm{co}E\subset \mathrm{co}E_\lambda$,由 E_λ 为凸集得 $\mathrm{co}E_\lambda=E_\lambda$.于是 $\mathrm{co}E\subset\bigcap\limits_{\lambda\in\Lambda}\mathrm{co}E_\lambda=\bigcap\limits_{\lambda\in\Lambda}E_\lambda$.另外,由于 $\mathrm{co}E$ 是包含 E 的凸集,即 $\mathrm{co}E\in\{E_\lambda:\lambda\in\Lambda\}$,故 $\bigcap\limits_{\lambda\in\Lambda}E_\lambda\subset \mathrm{co}E$.总之,$\mathrm{co}E=\bigcap\limits_{\lambda\in\Lambda}E_\lambda$.

(2) 的证明类似于(1),从略.证毕.

由命题 3.1.2 可知,$\mathrm{span}E$ 是 X 中包含 E 的最小的线性子空间;$\mathrm{co}E$ 是 X 中包含 E 的最小的凸集.容易作出 $\mathbb{R}^2$ 上有限点集的凸包的图.圆周的凸包是圆盘.

定义 3.1.3

设 X,Y 是同一数域 $\mathbb{K}$ 上的线性空间,T 是从 X 到 Y 的映射.若 T 满足

$$T(x+y)=Tx+Ty,\quad T(\alpha x)=\alpha Tx,\quad \alpha\in\mathbb{K},x,y\in X, \tag{3.1.4}$$

则称 T 是从 X 到 Y 的**线性算子**，当 Y 是数域时称为**线性泛函**．若式(3.1.4)中二条件不全成立或全不成立，则称 T 为**非线性算子**（当 Y 是数域时称为**非线性泛函**）．T 的值域 $\mathcal{R}(T)=TX(TX\subset Y)$ 也称为 T 的**像空间**，$\mathcal{N}(T)=T^{-1}(\theta)=\{x\in X: Tx=\theta\}$ 称为 T 的**零空间**或**核空间**．

式(3.1.4)中二条件等价于

$$T(\alpha x+\beta y)=\alpha Tx+\beta Ty,\quad \alpha,\beta\in\mathbb{K},x,y\in X.$$

这意味着 T 保持线性运算．由式(3.1.4)第二个条件可得 $T\theta=\theta$，即线性算子将零元映射为零元．

常见的线性算子的例子很多，若 $Tx=\alpha x(x\in X)$，其中 $\alpha\in\mathbb{K}$ 为常数，则 T 是从线性空间 X 到自身的线性算子，当 $\alpha=0$ 时称为**零算子**，当 $\alpha\neq 0$ 时称为**相似算子**，并记作 αI，当 $\alpha=1$ 时，$T=I$ 称为**单位算子**或**恒等算子**．

例 3.1.6 设 $X=\mathbb{K}^n,Y=\mathbb{K}^m,A=(a_{ij})$ 为 $m\times n$ 矩阵，其中 $a_{ij}\in\mathbb{K}$．定义 $T:\mathbb{K}^n\to\mathbb{K}^m,T(x_1,x_2,\cdots,x_n)=(y_1,y_2,\cdots,y_m)$，使得 $y_i=\sum_{j=1}^{n}a_{ij}x_j,i=1,2,\cdots,m$．即

$$\begin{pmatrix}y_1\\y_2\\\vdots\\y_m\end{pmatrix}=\begin{pmatrix}a_{11}&a_{12}&\cdots&a_{1n}\\a_{21}&a_{22}&\cdots&a_{2n}\\\vdots&\vdots&&\vdots\\a_{m1}&a_{m2}&\cdots&a_{mn}\end{pmatrix}\begin{pmatrix}x_1\\x_2\\\vdots\\x_n\end{pmatrix}.$$

容易验证 T 是从 $\mathbb{K}^n$ 到 $\mathbb{K}^m$ 的线性算子．

反之，对每个线性算子 $T:\mathbb{K}^n\to\mathbb{K}^m$，各取 $\mathbb{K}^n$ 与 $\mathbb{K}^m$ 的一组基 $e_1,e_2,\cdots,e_n$ 与 $\eta_1,\eta_2,\cdots,\eta_m$．令 $Te_i=\sum_{j=1}^{m}a_{ji}\eta_j(i=1,2,\cdots,n)$，即可形式地写成

$$T(e_1,e_2,\cdots,e_n)=(\eta_1,\eta_2,\cdots,\eta_m)\begin{pmatrix}a_{11}&a_{12}&\cdots&a_{1n}\\a_{21}&a_{22}&\cdots&a_{2n}\\\vdots&\vdots&&\vdots\\a_{m1}&a_{m2}&\cdots&a_{mn}\end{pmatrix}.$$

则得到 $m\times n$ 矩阵 $A=(a_{ij})$．

于是，从 $\mathbb{K}^n$ 到 $\mathbb{K}^m$ 的线性算子与 $m\times n$ 阶矩阵相对应．特别地，取 $m=1$，记 $a_{1i}=\alpha_i$，$\alpha=(\alpha_1,\alpha_2,\cdots,\alpha_n)$，便得到 $\mathbb{K}^n$ 上的线性泛函 $f:\mathbb{K}^n\to\mathbb{K},f(x)=\alpha_1x_1+\alpha_2x_2+\cdots+\alpha_nx_n$，其中 $x=(x_1,x_2,\cdots,x_n)\in\mathbb{K}^n$．这表明 $\mathbb{K}^n$ 上线性泛函 f 与 $\alpha=(\alpha_1,\alpha_2,\cdots,\alpha_n)$ 相对应．

例 3.1.7 $C[a,b]$ 上定义

$$(Tx)(t)=\int_a^t x(u)\mathrm{d}u,\quad t\in[a,b]\quad 及\quad F(x)=\int_a^b x(u)\mathrm{d}u.$$

则容易验证 T 是 $C[a,b]$ 到自身的线性算子，而 F 是 $C[a,b]$ 上的线性泛函．

线性算子具有良好的代数性质，如下列出最基本的性质（证明是简单的）．

命题 3.1.3 设 X,Y 是同一数域 $\mathbb{K}$ 上的线性空间，$T:X\to Y$ 是一线性算子，则

(1) $\mathcal{N}(T)$ 是 X 的线性子空间，$\mathcal{R}(T)$ 是 Y 的线性子空间．

(2) T 是单射当且仅当 $\mathcal{N}(T)=\{\theta\}$．

(3) 若 T 可逆(T 是单满射或称为双射),则 T^{-1} 是从 Y 到 X 的线性算子.

(4) 若 $M\subset X$ 是线性相关集,则 $T(M)\subset Y$ 亦线性相关. 当 $\dim X<\infty$ 时有 $\dim TX\leqslant\dim X$.

3.1.2 度量空间与球

下面考虑度量结构. 度量或距离的概念是根据实直线 $\mathbb{R}^1$ 及复平面 $\mathbb{C}$ 上两点间的距离的性质抽象地提出的. 因为当 $\forall\, x,y\in\mathbb{R}^1$(或 $\mathbb{C}$),x 与 y 的距离 $\rho(x,y)=|x-y|$ 显然满足下述定义 3.1.4 中的正定性、对称性与三角形不等式,以这三条性质为公理来定义抽象集合上的距离是很自然的.

定义 3.1.4

设 X 是非空集合,ρ 是 X 上的二元实函数(对任意 $x,y\in X$,有唯一实数 $\rho(x,y)$ 与之对应),若对任意 $x,y,z\in X$,ρ 还满足

(D1) 正定性 $\rho(x,y)\geqslant 0$;$\rho(x,y)=0$ 当且仅当 $x=y$;

(D2) 对称性 $\rho(x,y)=\rho(y,x)$;

(D3) 三角形不等式(如图 3-4 所示)

$$\rho(x,z)\leqslant\rho(x,y)+\rho(y,z),$$

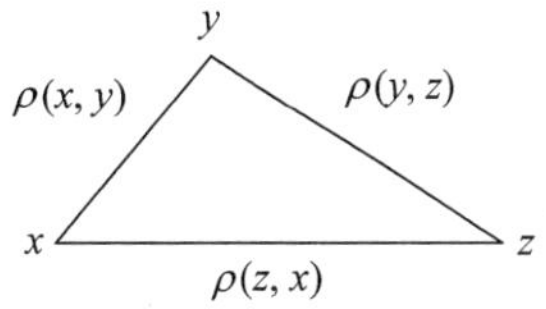

图 3-4

则称 ρ 是 X 上的**度量**(或**距离**)**函数**,$\rho(x,y)$ 为 x 与 y 之间的**距离**,称 X 为**度量空间**(或**距离空间**),有时为了明确,记为(X,ρ).

设(X,ρ)是度量空间,$E\subset X$,则 E 按同样的距离 ρ 也是度量空间,(E,ρ)称为(X,ρ)的**子空间**.

例 3.1.8 设$(X,\mathfrak{M},\mu)$是测度空间,$0<p<1$,$L^p(\mu)$表示 X 上可测的 p 方可积函数全体,即 $L^p(\mu)=\left\{f:f\text{ 可测且}\int_X|f(t)|^p\mathrm{d}\mu<\infty\right\}$. 对 $f,g\in L^p(\mu)$,$f=g$ 定义为 $f(t)=g(t)$ a. e. ,定义

$$\rho(f,g)=\int_X|f(t)-g(t)|^p\mathrm{d}t.$$

则 $L^p(\mu)$是度量空间. 为了验证这一点,先证明不等式

$$(u+v)^p\leqslant u^p+v^p,\quad \text{其中}\quad u\geqslant 0,v\geqslant 0. \tag{3.1.5}$$

事实上,若 $uv=0$,此不等式显然成立. 以下不妨设 $0<v\leqslant u$. 记 $F(\lambda)=1+\lambda^p-(1+\lambda)^p$,$\lambda\in(0,1]$. 因导数 $F'(\lambda)=p\lambda^{p-1}-p(1+\lambda)^{p-1}\geqslant 0$,故 $F(\lambda)\geqslant F(0)=0$,即$(1+\lambda)^p\leqslant 1+\lambda^p$. 令 $\lambda=\dfrac{v}{u}$,便得到式(3.1.5).

ρ 显然满足正定性与对称性. 对 $f,g,h\in L^p[a,b]$,令 $u=|f(t)-h(t)|$,$v=|h(t)-g(t)|$,则

$$|f(t)-g(t)|^p\leqslant(u+v)^p\leqslant u^p+v^p=|f(t)-h(t)|^p+|h(t)-g(t)|^p.$$

取积分可得 $\rho(f,g)\leqslant\rho(f,h)+\rho(h,g)$. 这表明 ρ 满足三角不等式. 因此,当 $0<p<1$ 时,$(L^p(\mu),\rho)$是度量空间.

例 3.1.9 设 X 是任意非空集合,对 $x,y\in X$,定义

$$\rho(x,y)=\begin{cases}1, & x\neq y;\\ 0, & x=y.\end{cases}$$

则(X,ρ)是一个度量空间，称此空间为**离散度量空间**.

这是容易验证的. ρ 显然满足正定性与对称性. 若 $x=y$，则任意 $z\in X$，显然有

$$\rho(x,y)=0\leqslant\rho(x,z)+\rho(z,y).$$

若 $x\neq y$，则任意 $z\in X$，$z\neq x$ 与 $z\neq y$ 至少有一个成立，于是也有

$$1=\rho(x,y)\leqslant\rho(x,z)+\rho(z,y)(=1\text{ 或 }2).$$

这表明 ρ 满足三角不等式. 因此(X,ρ)是度量空间.

离散度量空间的例子表明，任意一个非空集都可定义为度量空间. 这是度量结构与线性结构的区别之一.

类似于通常的几何术语，以下在度量空间 X 中引入开球、闭球、球面、开集、闭集等概念.

定义 3.1.5

设(X,ρ)是度量空间，$x_0\in X$，$r>0$，称 X 中的点集

$$B(x_0,r)=\{x\in X:\rho(x,x_0)<r\},$$

$$B[x_0,r]=\{x\in X:\rho(x,x_0)\leqslant r\},$$

$$S_r(x_0)=\{x\in X:\rho(x,x_0)=r\}$$

分别为以 x_0 为中心，以 r 为半径的**开球**、**闭球**、**球面**.

定理 3.1.4

在度量空间(X,ρ)中，开球族 $\mathfrak{B}_\rho=\{B(x,r):x\in X,r>0\}$构成拓扑基. 因此度量空间是拓扑空间，其拓扑称为**度量拓扑**，记为 τ_ρ.

证明 因为 $\bigcup\limits_{x\in X}B(x,r)=X$，故

$$\bigcup\{B\in\mathfrak{B}_\rho\}=X. \tag{3.1.6}$$

设 $B(x_1,r_1)$，$B(x_2,r_2)\in\mathfrak{B}_\rho$，$x\in B(x_1,r_1)\cap B(x_2,r_2)$. 令

$$r=\min\{r_1-\rho(x,x_1),r_2-\rho(x,x_2)\}.$$

则任意 $y\in B(x,r)$有

$$\rho(y,x_1)\leqslant\rho(y,x)+\rho(x,x_1)<r+\rho(x,x_1)\leqslant r_1,$$

$$\rho(y,x_2)\leqslant\rho(y,x)+\rho(x,x_2)<r+\rho(x,x_2)\leqslant r_2.$$

因此，有

$$B(x,r)\subset B(x_1,r_1)\cap B(x_2,r_2). \tag{3.1.7}$$

根据定理 1.2.5，式(3.1.6)与式(3.1.7)表明 $\mathfrak{B}_\rho$ 是拓扑基. 证毕.

定理 3.1.4 指出，度量空间是拓扑空间；且由于对度量空间 X 的每一点 x，都有

$$\{B(x,r):r\in\mathbb{Q}\}$$

为可数邻域基，因而度量空间是第一可数的拓扑空间. 反之，拓扑空间要在一定条件下才能定义与拓扑相一致的度量而成为度量空间. 拓扑空间 X 称为**可度量化**的，是指在 X 上可定义度量 ρ，使由 ρ 导出的度量拓扑就是 X 上的拓扑.

由拓扑空间知识与定理 3.1.4 可知，在度量空间(X,ρ)中，开集（τ_ρ 中元素）是 X 中若干开球之并；特别地，开球本身是开集；开集的余集是闭集. 设 $E\subset X$. 则含于 E 的一切开集之并为 E°，E° 是开集，E 为开集当且仅当 $E^\circ=E$；包含 E 的一切闭集之交为 $\overline{E}$，$\overline{E}$ 是闭集，E 是闭集当且仅当 $\overline{E}=E$.

利用球的概念,可以更加精细地刻画度量空间的拓扑结构.

定义 3.1.6

设(X,ρ)为度量空间,$E\subset X$,$x_0\in X$.

(1) 若存在$r>0$,使$B(x_0,r)\subset E$,则称x_0为E的**内点**.

(2) 若任意$\varepsilon>0$,$B(x_0,\varepsilon)\cap E\neq\varnothing$,则称$x_0$为$E$的**接触点**或**极限点**.

(3) 若任意$\varepsilon>0$,$B(x_0,\varepsilon)\cap E\neq\varnothing$且$B(x_0,\varepsilon)\cap E^c\neq\varnothing$,其中$E^c=X\setminus E$表示$E$的余集,则称$x_0$为$E$的**边界点**.$E$的边界点的全体称为$E$的**边界**,记为$\partial E$.

(4) $d(E)=\sup\limits_{x,y\in E}\rho(x,y)$称为$E$的**直径**.若$d(E)<\infty$,则称$E$为**有界集**,否则称为**无界集**.

(5) 称$\rho(x_0,E)=\inf\limits_{y\in E}\rho(x_0,y)$为**点$x_0$到集$E$的距离**.

命题 3.1.5

设(X,ρ)是度量空间,$E\subset X$.则

(1) E°是E的一切内点之集.

(2) $\overline{E}$是E的一切接触点(极限点)之集.

(3) $E^{c-c}=E^{\circ}$(记住$c-c=0$).

证明 (1) 设$x\in E^{\circ}$.因E°是开集,即E°为某些开球之并,必存在开球$B(x_0,r_0)$使$x\in B(x_0,r_0)\subset E^{\circ}$.在式(3.1.7)中令$r_1=r_2=r_0$,$x_1=x_2=x_0$,有$r>0$使$B(x,r)\subset B(x_0,r_0)\subset E^{\circ}\subset E$.这表明$x$是$E$的内点.

(2) 由于开球$B(x,\varepsilon_0)$也是x的邻域,利用命题1.2.3得证.

(3) 由(1)与(2)得

$$x\in E^{\circ}\Leftrightarrow\exists r>0,B(x,r)\subset E\Leftrightarrow\exists r>0,E^c\cap B(x,r)=\varnothing$$
$$\Leftrightarrow x\notin E^{c-}\Leftrightarrow x\in E^{c-c}.$$

证毕.

例 3.1.10 设(X,ρ)为度量空间,则对任意$x\in X$,任意$r>0$,闭球$B[x,r]$是闭集.事实上,若$x_0\notin B[x,r]$,则$\rho(x_0,x)>r$,令$\delta=\rho(x_0,x)-r$,则$\delta>0$.此时任意$y\in B(x_0,\delta)$,有$\rho(y,x_0)<\delta$.于是

$$\rho(y,x)\geqslant\rho(x_0,x)-\rho(y,x_0)>\rho(x_0,x)-\delta=r,$$

即$y\notin B[x,r]$.所以$B(x_0,\delta)\cap B[x,r]=\varnothing$.这表明$x_0\notin\overline{B[x,r]}$.证得$\overline{B[x,r]}\subset B[x,r]$.因此$B[x,r]$是闭集.

但值得注意的是,在度量空间的框架下,开球的闭包未必是闭球.

例 3.1.11 设$X=\{x,y\}$为仅有两个元素的离散的度量空间,$r=1$.则开球$B(x,1)=\{x\}$.由于对y而言,存在$\varepsilon_0=1/2$,$B(y,\varepsilon_0)=\{y\}$,因而$B(y,\varepsilon_0)\cap\{x\}=\varnothing$,故$y$不是$B(x,1)$的接触点,即$y\notin\overline{B(x,1)}$.于是$\overline{B(x,1)}=\{x\}$,但$B[x,1]=\{x,y\}$.

由于度量空间是第一可数的拓扑空间,因此在度量空间的框架下可以用点列(而不需要用网)更加方便地引入收敛及与收敛有关的一些概念.通俗地说,收敛就是距离趋近零.

定义 3.1.7

设(X,ρ)为度量空间,点列$\{x_n\}\subset X$.若存在点$x\in X$使$\lim\limits_{n\to\infty}\rho(x_n,x)=0$,则称**点列**

$\{x_n\}$**收敛于** x，x 为$\{x_n\}$的**极限**，记作 $\lim\limits_{n\to\infty} x_n = x$，或 $x_n \to x(n\to\infty)$.

若(X,ρ)中的点列$\{x_n\}$收敛，则极限必是唯一的. 事实上，设 $\lim\limits_{n\to\infty} x_n = x$，$\lim\limits_{n\to\infty} x_n = y$，则 $\forall n \in \mathbb{Z}^+$，有

$$\rho(x,y) \leqslant \rho(x,x_n) + \rho(x_n,y).$$

令 $n\to\infty$ 得 $\rho(x,y)=0$，由正定性可知 $x=y$. 这个性质也可由后面的定理 3.1.9 及定理 1.2.7 而获得.

利用收敛性等价地刻画接触点(极限点)、闭包与闭集，有下面的定理. 该定理是经常被使用的.

定理 3.1.6

设 X 是度量空间，则

(1) $x\in\overline{A}$ 当且仅当存在$\{x_n\}\subset A$，$x_n\to x$；当且仅当 $\rho(x,A)=0$.

(2) A 是闭集当且仅当 A 对点列极限运算封闭，即当$\{x_n\}\subset A$，$x_n\to x$ 有 $x\in A$.

证明 (1)

$$\begin{aligned} x\in\overline{A} &\Leftrightarrow \forall \varepsilon_n = 1/n (n\in\mathbb{Z}^+), B(x,\varepsilon_n)\cap A \neq \varnothing \\ &\Leftrightarrow \exists x_n \in B(x,\varepsilon_n) \text{ 且 } x_n \in A \\ &\Leftrightarrow \exists \{x_n\} \subset A, \rho(x_n,x) < 1/n \\ &\Leftrightarrow \exists \{x_n\} \subset A, x_n \to x \\ &\Leftrightarrow \inf_{y\in A}\rho(y,x) = 0 \Leftrightarrow \rho(x,A)=0. \end{aligned}$$

(2) 设 A 是闭集且$\{x_n\}\subset A$，$x_n\to x$. 由(1)已证，有 $x\in\overline{A}$. 而 $\overline{A}=A$，因此 $x\in A$. 反之，设 A 对点列极限运算封闭，且 $x\in\overline{A}$. 由(1)已证，存在$\{x_n\}\subset A$，使 $x_n\to x$. 于是 $x\in A$，即 $\overline{A}\subset A$. 故 $\overline{A}=A$，A 是闭集. 证毕.

在 1.2 节中，类比$\mathbb{R}^1$ 上一元函数的局部连续性，曾用邻域的术语引入拓扑空间上映射的局部连续性的概念. 度量空间是特殊的拓扑空间，邻域可以是球形的，因此，对于度量空间上的映射，有下列的局部连续性定义.

定义 3.1.8

设 T 是从度量空间(X,ρ)到度量空间(Y,d)的映射，$x_0\in X$. 若对任意 $\varepsilon>0$，存在 $\delta>0$，使得对 X 中一切满足 $\rho(x,x_0)<\delta$ 的 x，都有 $d(Tx,Tx_0)<\varepsilon$，则称 T 在 x_0 **连续**.

由定义 3.1.8 可知，度量空间上映射的局部连续性定义与$\mathbb{R}^1$ 上一元函数的局部连续性形式上更接近，只要将$\mathbb{R}^1$ 中两点间的距离(绝对值函数)一般化为度量空间的距离即可. 作为拓扑空间的特例，度量空间 X 上映射 T 的连续性也有下述刻画.

T 在 X 中的每个点都是连续的等价于 T 在整个 X 上连续，即每个开集的原像是开集.

与$\mathbb{R}^1$ 上一元函数的连续性通过数列刻画的情形相类似，度量空间上映射的连续性也可通过点列来刻画.

定理 3.1.7

设(X,ρ)与(Y,d)为度量空间，$x_0\in X$，$T: X\to Y$ 为映射，则 T 在点 x_0 连续的充要条件是：对任意点列$\{x_n\}\subset X$，只要$\{x_n\}$收敛于 x_0，就有$\{Tx_n\}\subset Y$ 也收敛于 Tx_0.

证明 必要性 $\forall\varepsilon>0$，因为 T 在点 x_0 连续，所以 $\exists\delta>0$，当 $\rho(x,x_0)<\delta$ 时，有 $d(Tx,Tx_0)<\varepsilon$. 设有$\{x_n\}\subset X$ 且 $x_n\to x_0(n\to\infty)$. 则对上述 δ，$\exists N\in\mathbb{Z}^+$，$\forall n>N$，有

$\rho(x_n,x_0)<\delta$. 因此, $\forall n>N$, 有 $d(Tx_n,Tx_0)<\varepsilon$. 证得 $Tx_n \to Tx_0(n\to\infty)$.

充分性 用反证法. 假设充分性的条件成立, 但 T 在 x_0 不连续, 则 $\exists \varepsilon_0>0$, $\forall \delta_n = 1/n(n\in\mathbb{Z}^+)$, $\exists x_n\in X$, $\rho(x_n,x_0)<1/n$, 但 $d(Tx_n,Tx_0)\geqslant\varepsilon_0$. 于是得到 $\{x_n\}\subset X$: 显然 $x_n\to x_0(n\to\infty)$, 但 $\{Tx_n\}$ 不收敛于 Tx_0. 这与充分性的条件矛盾. 证毕.

定理 3.1.7 可以看成定理 1.2.4(2)的特例.

下面指出距离函数本身是连续的.

命题 3.1.8

设 (X,ρ) 是度量空间, $E\subset X$. 则

(1) 距离 ρ 是 X 上的二元连续函数, 即当 $x_n\to x$, $y_n\to y$ 时, 有 $\rho(x_n,y_n)\to\rho(x,y)$.

(2) $\rho(x,E)$ 是 X 上的一元连续函数, 即当 $x_n\to x$ 时, 有 $\rho(x_n,E)\to\rho(x,E)$.

证明 (1) 由 ρ 的三角形不等式与对称性得

$$\rho(x,y)-\rho(x,z)\leqslant\rho(z,y)=\rho(y,z).$$

同样地, 有 $\rho(x,z)-\rho(x,y)\leqslant\rho(y,z)$. 于是

$$|\rho(y,x)-\rho(z,x)|=|\rho(x,y)-\rho(x,z)|\leqslant\rho(y,z). \tag{3.1.8}$$

设 $x_n\to x$, $y_n\to y$, 即 $\rho(x_n,x)\to 0$, $\rho(y_n,y)\to 0(n\to\infty)$. 利用式(3.1.8)得到

$$\begin{aligned}|\rho(x_n,y_n)-\rho(x,y)| &\leqslant |\rho(x_n,y_n)-\rho(x,y_n)|+|\rho(x,y_n)-\rho(x,y)|\\ &\leqslant \rho(x_n,x)+\rho(y_n,y).\end{aligned}$$

令 $n\to\infty$, 得 $\rho(x_n,y_n)\to\rho(x,y)$.

(2) 先证明对任意 $x,y\in X$, 有

$$\rho(x,E)\leqslant\rho(x,y)+\rho(y,E). \tag{3.1.9}$$

事实上, 对任意 $z\in E$, 有 $\rho(x,z)\leqslant\rho(x,y)+\rho(y,z)$. 于是

$$\begin{aligned}\rho(x,E) &= \inf_{z\in E}\rho(x,z)\leqslant\inf_{z\in E}[\rho(x,y)+\rho(y,z)]\\ &=\rho(x,y)+\inf_{z\in E}\rho(y,z)=\rho(x,y)+\rho(y,E).\end{aligned}$$

因此式(3.1.9)成立.

设 $x_n\to x$. 按式(3.1.9), 有 $\rho(x_n,E)\leqslant\rho(x_n,x)+\rho(x,E)$, 同样地有 $\rho(x,E)\leqslant\rho(x_n,x)+\rho(x_n,E)$. 故

$$|\rho(x_n,E)-\rho(x,E)|\leqslant\rho(x_n,x)\to 0.$$

证毕.

下述结论表明, 度量空间是具有优良性质的拓扑空间.

定理 3.1.9

度量空间是第一可数的 T_4 空间.

证明 设 (X,ρ) 是度量空间. 对 $x\in X$, 由于 $\{B(x,r): r>0, r\in\mathbb{Q}\}$ 为点 x 的可数邻域基, 故 (X,ρ) 是第一可数的. 因为对任意 $x,y\in X$, $x\neq y$ 时, 令 $2\varepsilon=\rho(x,y)$, 有 $B(x,\varepsilon)\cap B(y,\varepsilon)=\varnothing$, 故 (X,ρ) 是 T_2 的. 对 X 中任意不相交的非空闭子集 A 与 B, 令 $f(x)=\dfrac{\rho(x,A)}{\rho(x,A)+\rho(x,B)}$, 则必有 $\rho(x,A)+\rho(x,B)>0$. 事实上, 若 $\rho(x,A)+\rho(x,B)=0$, 则必有 $\rho(x,A)=\rho(x,B)=0$, 从而 $x\in\bar{A}\cap\bar{B}=A\cap B=\varnothing$, 矛盾. 于是 f 是 X 上连续函数, 且 $f(A)=\{0\}$, $f(B)=\{1\}$. 由 Urysohn 引理(定理 1.2.9), (X,ρ) 是正规空间, 从而是 T_4 空

间. 证毕.

3.1.3 赋范空间及例子

在向量空间上考虑度量，这个度量就应该是向量的长度. 范数的概念正是根据通常$\mathbb{R}^1$，$\mathbb{R}^2$，$\mathbb{R}^3$ 中向量长度的性质抽象地提出的.

定义 3.1.9

设 X 是数域$\mathbb{K}$上线性空间，$\|\cdot\|: X\to\mathbb{R}^1$ 为映射，若任意 $x,y\in X$，任意 $\alpha\in\mathbb{K}$，$\|\cdot\|$ 满足：

(N1) 正定性 $\|x\|\geqslant 0$；$\|x\|=0$ 当且仅当 $x=\theta$；

(N2) 绝对齐性 $\|\alpha x\|=|\alpha|\,\|x\|$；

(N3) 三角形不等式(如图 3-5 所示) $\|x+y\|\leqslant\|x\|+\|y\|$，

则称 $\|x\|$ 为点 x 的**范数**，$(X,\|\cdot\|)$为$\mathbb{K}$上**赋范线性空间**(简称**赋范空间**)，在不至于混淆时也记为 X.

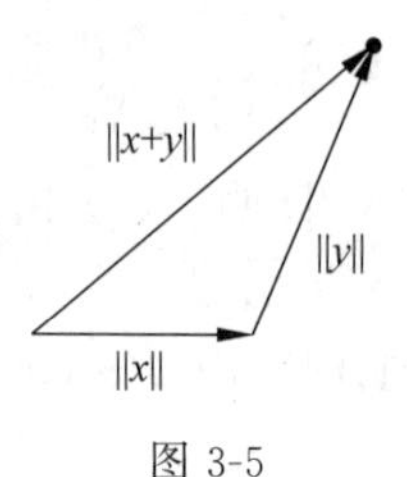

图 3-5

设 E 是 X 的线性子空间，则按 X 上的范数，$(E,\|\cdot\|)$也是赋范空间，称 E 为赋范空间 X 的**子空间**.

按上述定义 3.1.9，赋范空间首先要是线性空间，而且，赋范空间也必定是度量空间.

定理 3.1.10

设$(X,\|\cdot\|)$是赋范空间，任意 $x,y\in X$，定义 $\rho(x,y)=\|x-y\|$，则(X,ρ)是度量空间. ρ 称为**由范数$\|\cdot\|$导出的距离**(我们将赋范空间认作度量空间时，ρ 都指如此定义的由范数导出的距离).

证明 由范数$\|\cdot\|$的正定性可知导出距离 ρ 是正定的，因为 X 是线性空间，所以由$\|\cdot\|$的绝对齐性与三角形不等式得

$$\begin{aligned}\rho(x,y)&=\|x-y\|=\|(-1)(y-x)\|=|(-1)|\,\|y-x\|\\&=\|y-x\|=\rho(y,x),\\\rho(x,y)&=\|x-y\|=\|(x-z)+(z-y)\|\leqslant\|x-z\|+\|z-y\|\\&=\rho(x,z)+\rho(z,y).\end{aligned}$$

这表明 ρ 是对称的且满足三角形不等式. 因此，当 X 是赋范空间时，X 也是度量空间. 证毕.

注意到定理 3.1.10 的逆命题未必成立，主要的原因是度量空间未必是线性空间. 即使对一个线性空间而言，若它又是度量空间，距离也未必可由某个范数导出. 例 3.1.8 与例 3.1.9 提供了这方面的反例. 还必须注意，当 X 是赋范空间，$A\subset X$ 时，A 按范数导出的度量是度量子空间，但不能称 A 是 X 的子空间，因为 A 未必是线性子空间，只有当 A 是 X 的线性子空间时，我们才称 A 是赋范空间 X 的子空间.

例 3.1.12 赋范空间 $L^p(\mu)(1\leqslant p\leqslant\infty)$ 已知 $L^p(\mu)(1\leqslant p\leqslant\infty)$是线性空间.

(1) $1\leqslant p<\infty$，$f\in L^p(\mu)$，定义 $\|f\|=\left(\int_X|f|^p\mathrm{d}\mu\right)^{1/p}$ (有时也记为 $\|f\|_p$). 则

(N1) $\|f\|\geqslant 0$；$\|f\|=0\Leftrightarrow f(t)=0$ a. e. $\Leftrightarrow f=\theta$.

(N2) $\alpha\in\mathbb{K}$，$\|\alpha f\|=\left(\int_X|\alpha f|^p\mathrm{d}\mu\right)^{1/p}=\left(|\alpha|^p\int_X|f|^p\mathrm{d}\mu\right)^{1/p}=|\alpha|\,\|f\|$.

(N3) 利用 Minkowski 不等式得

$$\|f+g\|=\left(\int_X |f+g|^p \mathrm{d}\mu\right)^{1/p} \leqslant \left(\int_X (|f|+|g|)^p \mathrm{d}\mu\right)^{1/p}$$

$$\leqslant \left(\int_X |f|^p \mathrm{d}\mu\right)^{1/p}+\left(\int_X |g|^p \mathrm{d}\mu\right)^{1/p}=\|f\|+\|g\|.$$

(2) $p=\infty, f\in L^{\infty}(\mu)$，定义 $\|f\|=\operatorname*{ess\,sup}_{t\in X}|f(t)|$（有时也记为 $\|f\|_{\infty}$）. 则必存在 $E\subset X$ 使 $\mu(E)=0$ 且

$$\|f\|_{\infty}=\sup_{t\in X\setminus E}|f(t)|. \tag{3.1.10}$$

事实上，$\forall n\in\mathbb{Z}^{+}$，由于 $\|f\|_{\infty}=\inf\limits_{\mu(E)=0}\sup\limits_{t\in X\setminus E}|f(t)|$，可取 $E_n\subset X, \mu(E_n)=0$，使 $\sup\limits_{t\in X\setminus E_n}|f(t)|\leqslant\|f\|_{\infty}+1/n$. 记 $E=\bigcup\limits_{n=1}^{\infty}E_n$，则 $\mu(E)=0$，且

$$\|f\|_{\infty}\leqslant\sup_{t\in X\setminus E}|f(t)|\leqslant\sup_{t\in X\setminus E_n}|f(t)|\leqslant\|f\|_{\infty}+1/n.$$

E 与 n 无关，令 $n\to\infty$ 得 $\|f\|_{\infty}=\sup\limits_{t\in X\setminus E}|f(t)|$.

(N1) 显然 $\|f\|_{\infty}\geqslant 0$；若 $f=\theta$，即 $f(t)=0$ a. e.，则 $\|f\|_{\infty}=0$. 反之若 $\|f\|_{\infty}=0$，则由式(3.1.10)，存在 $E\subset X, \mu(E)=0$，使任意 $t\in X\setminus E$，有 $f(t)=0$. 于是 $f(t)=0$ a. e.，即 $f=\theta$.

(N2) 显然 $\|\alpha f\|_{\infty}=|\alpha|\,\|f\|_{\infty}$.

(N3) 设 $f,g\in L^{\infty}(\mu)$，则由式(3.1.10)，存在 $E_1,E_2\subset X, \mu(E_1)=\mu(E_2)=0$，有 $\|f\|_{\infty}=\sup\limits_{t\in X\setminus E_1}|f(t)|$，$\|g\|_{\infty}=\sup\limits_{t\in X\setminus E_2}|g(t)|$. 于是

$$\|f+g\|_{\infty}\leqslant\sup_{t\in X\setminus(E_1\cup E_2)}|f(t)+g(t)|\leqslant\sup_{t\in X\setminus(E_1\cup E_2)}|f(t)|+\sup_{t\in X\setminus(E_1\cup E_2)}|g(t)|$$

$$\leqslant\sup_{t\in X\setminus E_1}|f(t)|+\sup_{t\in X\setminus E_2}|g(t)|=\|f\|_{\infty}+\|g\|_{\infty}.$$

所以 $L^p(\mu)(1\leqslant p\leqslant\infty)$ 为赋范空间，其范数称为 p-范数.

特例 1　μ 为区间 $[a,b]$ 上的 Lebesgue 测度. $L^p[a,b](1\leqslant p<\infty)$，其中 $\|f\|=\left(\int_a^b |f(t)|^p \mathrm{d}t\right)^{1/p}$；$L^{\infty}[a,b]$，其中 $\|f\|=\operatorname*{ess\,sup}_{t\in[a,b]}|f(t)|$.

特例 2　μ 为 $\{1,2,\cdots,n\}$ 上的计数测度.

(1) $p=2$，即 n 维欧氏(Euclid)空间 $\mathbb{K}^n$，其中 $x=(a_1,a_2,\cdots,a_n)\in\mathbb{K}^n$ 的范数为

$$\|x\|=\left(\sum_{i=1}^{n}|a_i|^2\right)^{1/2}.$$

且当 $\mathbb{K}=\mathbb{R}^1$ 时记作 $\mathbb{R}^n$，当 $\mathbb{K}=\mathbb{C}$ 时记作 $\mathbb{C}^n$. 点 $x=(a_1,a_2,\cdots,a_n)$ 与点 $y=(b_1,b_2,\cdots,b_n)$ 的距离

$$\rho(x,y)=\|x-y\|=\left(\sum_{i=1}^{n}|a_i-b_i|^2\right)^{1/2}.$$

正是多元微积分中用到的通常的距离.

(2) $p\neq 2, 1\leqslant p<\infty$，$n$ 维空间 $l^p(n)$，其中 $x=(a_1,a_2,\cdots,a_n)\in l^p(n)$ 的范数为

$$\| x \|_p = \left(\sum_{i=1}^{n} | a_i |^p \right)^{1/p}.$$

（3）$p=\infty$，n 维空间 $l^\infty(n)$，其中 $x=(a_1,a_2,\cdots,a_n)\in l^\infty(n)$ 的范数为

$$\| x \|_\infty = \max_{1\leqslant i\leqslant n} | a_i |.$$

由于 $\| x \|_\infty \leqslant \| x \|_p \leqslant n^{1/p} \| x \|_\infty$，故范数间有下述关系：$\| x \|_\infty = \lim_{p\to\infty} \| x \|_p$. 不同的 p 对应不同的赋范空间. 由此可见，n 维赋范空间有无限多个.

特例 3 μ 为 $\mathbb{Z}^+$ 上的计数测度.（无限维）数列空间 $l^p(1\leqslant p<\infty)$ 及 l^∞. 其中 $x=\{a_1, a_2,\cdots,a_n,\cdots\}\in l^p$ 的范数为 $\| x \| = \left(\sum_{i=1}^{\infty} | a_i |^p \right)^{1/p}$；$x=\{a_1,a_2,\cdots,a_n,\cdots\}\in l^\infty$ 的范数为 $\| x \| = \sup_{i\geqslant 1} |a_i|$.

例 3.1.13 赋范空间 $C_0(X)$ 已知 $C_0(X)$ 是线性空间. 对任意 $x=x(t)\in C_0(X)$，定义 $\| x \| = \sup_{t\in X} |x(t)|$. 则

（N1）$\| x \| \geqslant 0$，$\| x \| = 0$ 当且仅当 $\forall t\in X, x(t)=0$，即 $x=\theta$.

（N2）$\| \alpha x \| = \sup_{t\in X} |\alpha x(t)| = \sup_{t\in X} |\alpha \| x(t)| = |\alpha| \sup_{t\in X} |x(t)| = |\alpha| \| x \|$.

（N3）任意 $x,y\in C_0(X)$，任意 $t\in X$，由 $|x(t)|\leqslant \| x \|$ 与 $|y(t)|\leqslant \| y \|$ 得

$$| x(t)+y(t) | \leqslant | x(t) | + | y(t) | \leqslant \| x \| + \| y \|,$$

$$\| x+y \| = \sup_{t\in X} | x(t)+y(t) | \leqslant \| x \| + \| y \|.$$

所以 $C_0(X)$ 是赋范空间，其范数称为上确界范数.

特例 1 $C_0(X)$ 的子空间 $C_C(X)$ 已知 $C_C(X)$ 是 $C_0(X)$ 的线性子空间，且任意 $x=x(t)\in C_C(X)$，值域 $x(X)$ 是紧集. x 的范数为 $\| x \| = \max_{t\in X} |x(t)|$（称为最大值范数）.

特例 2 紧集 X 上连续函数空间 $C(X)$ $x=x(t)\in C(X)$ 的范数为 $\| x \| = \max_{t\in X} |x(t)|$（最大值范数）.

特例 3 闭区间 $[a,b]$ 上连续函数空间 $C[a,b]$ $x=x(t)\in C[a,b]$ 的范数为 $\| x \| = \max_{a\leqslant t\leqslant b} |x(t)|$（最大值范数）.

例 3.1.14（例 3.1.13 特例 4） 赋范空间 c 与 c_0 设 c 为一切收敛的实数列或复数列组成的空间，c_0 为一切收敛于 0 的实数列或复数列组成的空间. $x\in c$ 或 $x\in c_0$，$x=\{a_i\}$，定义范数为 $\| x \| = \sup_{i\geqslant 1} |a_i|$，则 c 与 c_0 都是赋范空间，称为收敛数列空间. c 是数列空间 l^∞ 的子空间，c_0 是 c 的子空间，且 c_0 可视为 $C_0(X)$ 在 $X=\mathbb{Z}^+$ 的特例. c 可视为 $C(X)$ 在

$$X=\{0,1,1/2,1/3,\cdots,1/n,\cdots\}$$

的特例. 因为当 $x=\{a_n\}\in c$ 时，有 $\lim_{n\to\infty} a_n = a_0$，记 $x(1/n)=a_n$，$x(0)=a_0$，则 $\lim_{n\to\infty} x(1/n) = x(0)$，即 x 是紧集 X 上的连续函数.

例 3.1.15 解析函数空间 $H^p(1\leqslant p<\infty)$ 与 H^∞ 设 $D=\{z: |z|<1\}$ 为单位圆盘.

（1）$1\leqslant p<\infty$，H^p 为 D 上满足 $\int_0^{2\pi} | f(re^{i\theta}) |^p d\theta < \infty$ 的解析函数 f 的全体，其中 $0\leqslant r=|z|<1$，$i^2=-1$. $f\in H^p$ 的范数为 $\| f \| = \left[\left(\frac{1}{2\pi}\right) \int_0^{2\pi} | f(re^{i\theta}) |^p d\theta \right]^{1/p}$. 这里的测度相当

于 $\mu=m/(2\pi)$，其中 m 为区间 $[0,2\pi]$ 上的 Lebesgue 测度. 由于解析函数的和与数积仍是解析的，由 Minkowski 不等式容易知道 H^p 是赋范空间.

(2) H^∞ 为 D 上有界解析函数的全体. $f\in H^\infty$ 的范数为 $\|f\|=\sup\limits_{|z|<1}|f(z)|$. 由于有界解析函数的和与数积仍是有界解析函数，容易知道 H^∞ 是赋范空间.

通常，一个线性空间上未必定义了度量；反之，一个度量空间也未必是线性的. 正如本节开头所述，度量空间一般来说是有度量结构而无代数结构的空间，线性空间一般来说是有代数结构而无度量结构的空间，只有赋范空间才是度量结构与代数结构的结合，是有很好性态的空间. 前述的例子表明，很多具体的空间可以纳入赋范空间的框架. 因此研究一般赋范空间的性质是十分重要的. 讨论赋范空间的理论问题时，当仅涉及线性运算时，我们在线性空间的框架下讨论，当仅涉及度量概念时，我们在度量空间的框架下讨论. 这两种框架下的讨论结果，对于赋范空间来说都是适用的.

现设 X 为赋范空间，ρ 是范数诱导的度量，$E\subset X$，$x\in X$，$\{x_n\}$ 是 X 中点列. 由于 $\rho(x_n,x)=\|x_n-x\|$，因此 $\lim\limits_{n\to\infty}x_n=x$ 意即 $\lim\limits_{n\to\infty}\|x_n-x\|=0$，有时明确地称此收敛为**依范数收敛**. 在赋范空间中可以讨论级数. X 中的**级数** $\sum\limits_{i=1}^{\infty}x_i$ 称为**收敛**的是指存在 $x\in X$ 使 $x=\lim\limits_{n\to\infty}\sum\limits_{i=1}^{n}x_i$，记为 $x=\sum\limits_{i=1}^{\infty}x_i$. 若 X,Y 都是赋范空间，赋范空间上映射 $T:X\to Y$ 的连续性与 $\mathbb{R}^1$ 上一元函数的连续性在形式上最接近，即当 $\|x-x_0\|<\delta$ 时有 $\|Tx-Tx_0\|<\varepsilon$，它等价于

$$\|x_n-x_0\|\to 0 \quad\Rightarrow\quad \|Tx_n-Tx_0\|\to 0.$$

赋范空间上的范数本身是一个特殊的非线性泛函. 由命题 3.1.8 推出 $\rho(x,E)=\inf\limits_{y\in E}\|x-y\|$ 在 X 上连续，且由于 $\|x\|=\|x-\theta\|=\rho(x,\theta)$，也推出以下命题.

命题 3.1.11

范数 $\|\cdot\|$ 是赋范空间 X 上的连续泛函，即当 $x_n\to x$ 时，有 $\|x_n\|\to\|x\|$.

由于收敛与度量(或范数)有关. 若同一非空集合上定义不同的度量，则视为不同的度量空间，导出的收敛性可能会不相同.

例 3.1.16　n 维欧氏空间 $\mathbb{K}^n$ 或 $l^p(n)$ 中，点列收敛等价于依坐标(分量)收敛.

事实上，以 $\mathbb{K}^n$ 为例，设 $\{x_k\}\subset\mathbb{K}^n$，$x\in\mathbb{K}^n$，其中 $x_k=(a_1^{(k)},a_2^{(k)},\cdots,a_n^{(k)})$，$x=(a_1,a_2,\cdots,a_n)$. 我们有

$$\|x_k-x\|=\left(\sum_{i=1}^{n}|a_i^{(k)}-a_i|^2\right)^{1/2},$$

$$|a_i^{(k)}-a_i|\leqslant\|x_k-x\|\leqslant|a_1^{(k)}-a_1|+|a_2^{(k)}-a_2|+\cdots+|a_n^{(k)}-a_n|.$$

于是 $\lim\limits_{k\to\infty}x_k=x\Leftrightarrow\lim\limits_{k\to\infty}a_i^{(k)}=a_i$，$i=1,2,\cdots,n$.

例 3.1.17　在函数空间 $C_0(X)$ 中，由于范数为上确界范数，故点列收敛等价于函数列在 X 上一致收敛.

例 3.1.18 在 $L^p(\mu)(1\leqslant p<\infty)$ 中，点列 $\{f_n\}$ 收敛于 f，即

$$\|f_n-f\|=\left(\int_X|f_n(t)-f(t)|^p\mathrm{d}t\right)^{1/p}\to 0(n\to\infty).$$

这种收敛被称为函数列 $\{f_n(t)\}$ 的 p 次幂平均收敛. 特别地，当 $p=2$ 时，其物理意义是按能量收敛. 由函数列 $\{f_n(t)\}$ 的 p 次幂平均收敛一般不能得到 $\{f_n(t)\}$ 逐点（对每点 $t\in X$）收敛于 $f(t)$，但必定存在子列 $\{f_{n_k}(t)\}$，使 $f_{n_k}(t)\to f(t)(n\to\infty)$ a. e..（参见后面完备性定理中相应的证明）.

例 3.1.19 在离散度量空间 X 中，由于 $\forall\varepsilon\in(0,1)$，$\rho(x_n,x)<\varepsilon$ 等价于 $x_n=x$，因此点列 $\{x_n\}$ 收敛于 x 意味着 $\{x_n\}$ 基本上是常点列，即存在 $N\in\mathbb{Z}^+$，$n>N$ 必有 $x_n=x$，从而 $\{x_n\}$ 就是 $x_1,x_2,\cdots,x_N,x,\cdots,x,\cdots$.

从上述几例可以看到，极限在各个具体的空间有各自具体的含义，但都可以抽象统一地用度量概念加以描述.

对于赋范空间 $(X,\|\cdot\|)$ 中原点的单位开球、闭球与球面，我们分别记为

$$B(X)=\{x\in X:\|x\|<1\},$$
$$B[X]=\{x\in X:\|x\|\leqslant 1\},$$
$$S(X)=\{x\in X:\|x\|=1\}.$$

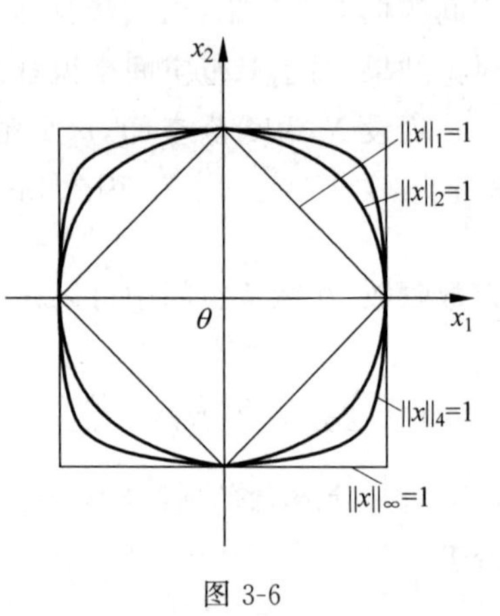

图 3-6

很容易想象，赋范空间中的球就是与通常欧氏空间 $\mathbb{R}^3$ 中的球或 $\mathbb{R}^2$ 中的圆类似的东西. 不过要注意，即使在二维的赋范空间中，球概念也有复杂而丰富的含义. 我们取 p-范数，在欧氏平面上画出单位 p-球面（见图 3-6）.

当 $p=1$ 时，　$\|x\|_1=1$，　即 $|x_1|+|x_2|=1$.

当 $p=2$ 时，　$\|x\|_2=1$，　即 $|x_1|^2+|x_2|^2=1$.

当 $p=4$ 时，　$\|x\|_4=1$，　即 $|x_1|^4+|x_2|^4=1$.

当 $p=\infty$ 时，　$\|x\|_\infty=1$，　即 $\max\{|x_1|,|x_2|\}=1$.

这些球面的形状是很不相同的. 值得指出的是，正是球的不同特性，决定着空间的不同类型.

命题 3.1.12

设 X 为赋范空间，$x\in X$，$r>0$. 则 $B(x,r)$，$B[x,r]$ 都是凸集，且

$$\overline{B(x,r)}=B[x,r].$$

证明 只证 $B(x,r)$ 是凸集（对 $B[x,r]$ 的情况其证明是完全类似的）. 设 $z,y\in B(x,r)$，$\lambda\in[0,1]$，则 $\rho(z,x)=\|z-x\|<r$，$\rho(y,x)=\|y-x\|<r$. 于是

$$\begin{aligned}\rho(\lambda z+(1-\lambda)y,x)&=\|[\lambda z+(1-\lambda)y]-x\|=\|\lambda(z-x)+(1-\lambda)(y-x)\|\\&\leqslant\lambda\|z-x\|+(1-\lambda)\|y-x\|<\lambda r+(1-\lambda)r=r.\end{aligned}$$

即

$$\lambda x+(1-\lambda)y\in B(x,r).$$

以下证明 $\overline{B(x,r)}=B[x,r]$. 因为 $B(x,r)\subset B[x,r]$，而 $B[x,r]$ 是闭集，故 $\overline{B(x,r)}\subset B[x,r]$. 设 $y\in B[x,r]$，则 $\|y-x\|\leqslant r$. 令 $y_n=\dfrac{x}{n+1}+\dfrac{ny}{n+1}$，$n\in\mathbb{Z}^+$. 则 $\|y_n-x\|=\dfrac{n}{n+1}$

$\| y-x \| < r$，即$\{y_n\}_{n=1}^{\infty} \subset B(x,r)$. 由于 $y_n \to y$，故 $y \in \overline{B(x,r)}$. 这表明 $\overline{B(x,r)} \supset B[x,r]$. 证毕.

用直径概念描述有界集往往不如直接用度量来描述更方便，后者在形式上与实直线上有界集的描述相类似.

命题 3.1.13

(1) E 是度量空间 X 的有界集当且仅当 $\exists M>0, \forall x \in E$，有 $\rho(x,x_0) \leqslant M$，其中 $x_0 \in X$ 为某定点. 特别地，E 是赋范空间 X 的有界集当且仅当 $\exists M>0, \forall x \in E, \| x \| \leqslant M$(直观意义是，$E$ 为 X 的有界集等价于 E 包含在 X 的某球中).

(2) 若$\{x_n\}$是度量空间 X 中的收敛点列，则$\{x_n\}$是有界集.

证明 (1) 设 E 是有界集，$x_0 \in X$. 则 $d(E)=\sup\limits_{x,y \in E} \rho(x,y)=M_0<\infty$. 取 $y_0 \in E$. 则 $M=\rho(x_0,y_0)+M_0>0, \forall x \in E$，有

$$\rho(x,x_0) \leqslant \rho(x,y_0)+\rho(y_0,x_0) \leqslant M_0+\rho(x_0,y_0)=M.$$

反之，设 $M>0, \forall x \in E, \rho(x,x_0) \leqslant M$. 于是 $\forall x,y \in E$，有

$$\rho(x,y) \leqslant \rho(x,x_0)+\rho(x_0,y) \leqslant 2M,$$

$$d(E)=\sup_{x,y \in E} \rho(x,y) \leqslant 2M<\infty.$$

即 E 是有界集.

特别地，当 X 是赋范空间时，取 $x_0=\theta$，有 $\rho(x,\theta)=\| x-\theta \|=\| x \|$，因此 E 是有界集当且仅当 $\exists M>0, \forall x \in E, \| x \| \leqslant M$.

(2) 设 $x_n \to x\ (n \to \infty)$，则 $\lim\limits_{n \to \infty} \rho(x_n,x)=0$. 即$\{\rho(x_n,x)\}$是收敛于 0 的数列. 所以 $\exists M>0, \forall n \in \mathbb{Z}^+, \rho(x_n,x) \leqslant M$. 由(1)已证结果可知，$\{x_n\}$是度量空间 X 中的有界点列. 证毕.

3.1.4 内积空间及例子

赋范空间上的范数拓广了向量长度的概念. 然而，与通常的向量空间$\mathbb{R}^3$ 相比，总觉得似乎缺少了一些内容. 因为仅有长度，我们不能指望在赋范空间上讨论有关向量角度的问题. 需要拓广向量内积的概念. 正像我们将要看到的那样，内积空间是其性质最接近有限维 Euclid 空间的一类特殊的赋范空间.

定义 3.1.10

设 X 是数域$\mathbb{K}$上的线性空间，若二元映射$\langle \cdot,\cdot \rangle$: $X \times X \to \mathbb{K}$，满足：对任何 $x,y,z \in X, \alpha,\beta \in \mathbb{K}$，有

(IP1) 正定性$\langle x,x \rangle \geqslant 0$，且$\langle x,x \rangle=0$ 当且仅当 $x=\theta$；

(IP2) 共轭对称性$\langle y,x \rangle=\overline{\langle x,y \rangle}$；

(IP3) 第一元线性$\langle \alpha x+\beta y,z \rangle=\alpha \langle x,z \rangle+\beta \langle y,z \rangle$，

则称$\langle x,y \rangle$为 x 与 y 的**内积**. 定义了内积的线性空间 X，称为**内积空间**.

由定义直接可得下述性质(其中(IP3)与(IP2)蕴涵(1)，(IP2)与(IP3)蕴涵(2))：

命题 3.1.14

设 X 是数域$\mathbb{K}$上的内积空间，则

(1) $\langle \theta, x\rangle=\langle x,\theta\rangle=0$；

(2) 第二元共轭线性 $\langle x,\alpha y+\beta z\rangle=\bar{\alpha}\langle x,y\rangle+\bar{\beta}\langle x,z\rangle$.

当 X 为实内积空间时，(IP2)即对称性$\langle y,x\rangle=\langle x,y\rangle$；命题 3.1.14(2) 即第二元线性 $\langle x,\alpha y+\beta z\rangle=\alpha\langle x,y\rangle+\beta\langle x,z\rangle$.

例 3.1.20 内积空间 $L^2(\mu)$ 已知 $L^2(\mu)$是线性空间. $f,g\in L^2(\mu)$，定义$\langle f,g\rangle=\int_X f(t)\overline{g(t)}\mathrm{d}\mu$，则

(IP1) $\langle f,f\rangle=\|f\|_2^2\geqslant 0$；

$$\langle f,f\rangle=0\Leftrightarrow\|f\|_2=0\Leftrightarrow f(t)=0\ \text{a.e.}\ \Leftrightarrow f=\theta.$$

(IP2) $\langle f,g\rangle=\int_X f(t)\overline{g(t)}\mathrm{d}\mu=\overline{\int_X \overline{f(t)}g(t)\mathrm{d}\mu}=\overline{\langle g,f\rangle}$.

(IP3) $\langle \alpha f+\beta g,h\rangle=\int_X[\alpha f(t)+\beta g(t)]\overline{h(t)}\mathrm{d}\mu=\alpha\int_X f(t)\overline{h(t)}\mathrm{d}\mu+\beta\int_X g(t)\overline{h(t)}\mathrm{d}\mu=\alpha\langle f,h\rangle+\beta\langle g,h\rangle$.

因此 $L^2(\mu)$为内积空间.

特例 1 μ 为区间$[a,b]$上的 Lebesgue 测度，即 $L^2[a,b]$. 其中 $f,g\in L^2[a,b]$的内积为 $\langle f,g\rangle=\int_a^b f(t)\overline{g(t)}\mathrm{d}t$.

特例 2 μ 为$\{1,2,\cdots,n\}$上的计数测度，即 n 维欧氏(Euclid)空间$\mathbb{K}^n$. 其中$x=(a_1,a_2,\cdots,a_n)$，$y=(b_1,b_2,\cdots,b_n)\in\mathbb{K}^n$ 的内积为$\langle x,y\rangle=\sum_{i=1}^n a_i\bar{b}_i$.

特例 3 μ 为$\mathbb{Z}^+$上的计数测度，即(无限维)数列空间 l^2. 其中 $x=\{a_1,a_2,\cdots,a_n,\cdots\}$，$y=\{b_1,b_2,\cdots,b_n,\cdots\}\in l^2$ 的内积为$\langle x,y\rangle=\sum_{i=1}^\infty a_i\bar{b}_i$.

定理 3.1.15(Schwarz 不等式)

设 X 是$\mathbb{K}$上内积空间，对任意的 $x,y\in X$，有

$$|\langle x,y\rangle|^2\leqslant\langle x,x\rangle\langle y,y\rangle. \tag{3.1.11}$$

且等号成立当且仅当 x 与 y 线性相关.

证明 对任何 $\lambda\in\mathbb{K}$ 都有

$$0\leqslant\langle x+\lambda y,x+\lambda y\rangle=\langle x,x\rangle+\lambda\langle y,x\rangle+\bar{\lambda}\langle x,y\rangle+\langle y,y\rangle|\lambda|^2. \tag{3.1.12}$$

当 $y=\theta$ 时，显然式(3.1.11)成立. 设 $y\neq\theta$，则$\langle y,y\rangle>0$，取 $\lambda=-\dfrac{\langle x,y\rangle}{\langle y,y\rangle}$，得到

$$\langle x,x\rangle-2\frac{|\langle x,y\rangle|^2}{\langle y,y\rangle}+\frac{|\langle x,y\rangle|^2}{\langle y,y\rangle^2}\langle y,y\rangle\geqslant 0.$$

整理可得式(3.1.11). 式(3.1.11)等号成立当且仅当式(3.1.12)等号成立，当且仅当 $x+\lambda y=\theta$，即 x 与 y 线性相关. 证毕.

定理 3.1.16

设 X 是$\mathbb{K}$上内积空间，对任何 $x\in X$，定义 $\|x\|=\sqrt{\langle x,x\rangle}$，则 $\|\cdot\|$ 是一个范数，X 是赋范空间. 称此范数为**由内积导出的范数**(将内积空间作为赋范空间时其范数都指由内积导出的范数).

证明 由内积的性质可得

(N1) 对任何 $x\in X$，$\|x\|\geqslant 0$，$\|x\|=0\Leftrightarrow\langle x,x\rangle=0\Leftrightarrow x=\theta$.

(N2) 对任何 $\alpha\in\mathbb{K}$，$x\in X$，$\|\alpha x\|=\sqrt{\langle\alpha x,\alpha x\rangle}=\sqrt{\alpha\bar{\alpha}\langle x,x\rangle}=|\alpha|\,\|x\|$.

(N3) 因为

$$\|x+y\|^2=\langle x+y,x+y\rangle=\langle x,x\rangle+2\mathrm{Re}\,\langle x,y\rangle+\langle y,y\rangle,$$

由 Schwarz 不等式得 $\mathrm{Re}\,\langle x,y\rangle\leqslant|\langle x,y\rangle|\leqslant\|x\|\,\|y\|$，所以

$$\|x+y\|^2\leqslant\langle x,x\rangle+2\,|\langle x,y\rangle|+\langle y,y\rangle\leqslant(\|x\|+\|y\|)^2,$$

由此得 $\|x+y\|\leqslant\|x\|+\|y\|$. 证毕.

命题 3.1.17

设 X 是内积空间，则内积是二元连续函数，即当 $x_n\to x_0$，$y_n\to y_0\ (n\to\infty)$ 时，有 $\langle x_n,y_n\rangle\to\langle x_0,y_0\rangle\ (n\to\infty)$.

证明

$$\begin{aligned}|\langle x_n,y_n\rangle-\langle x_0,y_0\rangle|&=|\langle x_n,y_n-y_0\rangle+\langle x_n-x_0,y_0\rangle|\\&\leqslant|\langle x_n,y_n-y_0\rangle|+|\langle x_n-x_0,y_0\rangle|\\&\leqslant\|x_n\|\,\|y_n-y_0\|+\|x_n-x_0\|\,\|y_0\|.\end{aligned}$$

因为 $\|x_n\|$ 有界，所以 $\langle x_n,y_n\rangle\to\langle x_0,y_0\rangle\ (n\to\infty)$. 证毕.

定义 3.1.11

设 X 是实内积空间，$x,y\in X$ 且 $x\neq\theta$，$y\neq\theta$，则称  $\arccos\dfrac{\langle x,y\rangle}{\|x\|\,\|y\|}$ 为 x 与 y 的**夹角**.

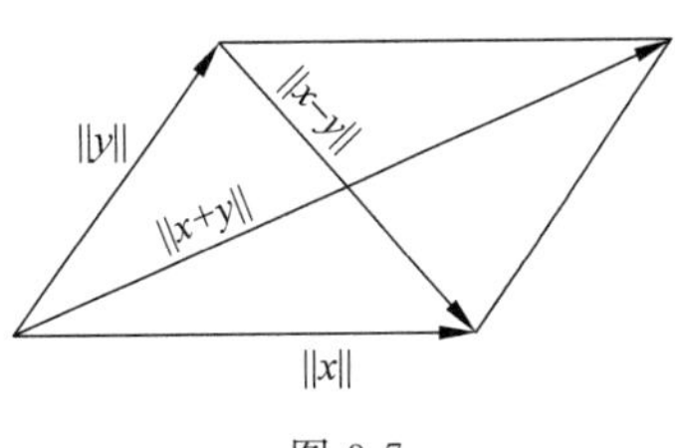

图 3-7

定理 3.1.18

设 X 是赋范空间. 则 X 成为内积空间，或范数由内积导出的充分必要条件是**平行四边形公式**成立（参见图 3-7），即

$$\|x+y\|^2+\|x-y\|^2=2(\|x\|^2+\|y\|^2),\quad\forall\,x,y\in X.\tag{3.1.13}$$

证明 必要性 若 X 为内积空间，范数 $\|\cdot\|$ 由内积导出，则

$$\begin{aligned}\|x+y\|^2+\|x-y\|^2&=\langle x+y,x+y\rangle+\langle x-y,x-y\rangle\\&=2\langle x,x\rangle+2\langle y,y\rangle=2(\|x\|^2+\|y\|^2).\end{aligned}$$

充分性 设平行四边形公式成立. 当 X 是复赋范空间时，定义

$$\langle x,y\rangle=\frac{1}{4}\{(\|x+y\|^2-\|x-y\|^2)+\mathrm{i}(\|x+\mathrm{i}y\|^2-\|x-\mathrm{i}y\|^2)\}.\tag{3.1.14}$$

当 X 是实赋范空间时，定义

$$\langle x,y\rangle=\frac{1}{4}(\|x+y\|^2-\|x-y\|^2).\tag{3.1.15}$$

则 X 成为内积空间，由内积导出的范数正好是 $\|\cdot\|$（等式(3.1.15)，等式(3.1.14)分别称为实空间与复空间的**极化恒等式**）. 事实上，不妨设 X 是复赋范空间.(IP1)是显然的.

(IP2)
$$\begin{aligned}\langle x,y\rangle-\overline{\langle y,x\rangle}=&\frac{1}{4}\mathrm{i}(\|x+\mathrm{i}y\|^2-\|x-\mathrm{i}y\|^2)+\\&\frac{1}{4}\mathrm{i}(\|y+\mathrm{i}x\|^2-\|y-\mathrm{i}x\|^2)\end{aligned}$$

$$=\frac{1}{4}\mathrm{i}(\|x+\mathrm{i}y\|^2-\|x-\mathrm{i}y\|^2)+$$

$$\frac{1}{4}\mathrm{i}(\|x-\mathrm{i}y\|^2-\|x+\mathrm{i}y\|^2)=0.$$

(IP3) 由式(3.1.14)，$\langle x,\theta\rangle=0$. 由式(3.1.14)与平行四边形公式，得

$$\begin{aligned}\langle x,z\rangle+\langle y,z\rangle&=\frac{1}{8}\{2\|x+z\|^2+2\|y+z\|^2-\\&\quad(2\|x-z\|^2+2\|y-z\|^2)\}+\\&\quad\frac{\mathrm{i}}{8}\{2\|x+\mathrm{i}z\|^2+2\|y+\mathrm{i}z\|^2-\\&\quad(2\|x-\mathrm{i}z\|^2+2\|y-\mathrm{i}z\|^2)\}\\&=\frac{1}{8}\{\|x+y+2z\|^2+\|x-y\|^2-\\&\quad(\|x+y-2z\|^2+\|x-y\|^2)\}+\\&\quad\frac{\mathrm{i}}{8}\{\|x+y+2\mathrm{i}z\|^2+\|x-y\|^2-\\&\quad(\|x+y-2\mathrm{i}z\|^2+\|x-y\|^2)\}\\&=\frac{1}{8}(\|x+y+2z\|^2-\|x+y-2z\|^2)+\\&\quad\frac{\mathrm{i}}{8}(\|x+y+2\mathrm{i}z\|^2-\|x+y-2\mathrm{i}z\|^2)\\&=2\left\langle\frac{x+y}{2},z\right\rangle.\end{aligned}\tag{3.1.16}$$

在式(3.1.16)中令 $y=\theta$ 得 $\langle x,z\rangle=2\left\langle\frac{x}{2},z\right\rangle$，将此式中 x 换成 $x+y$，再利用式(3.1.16)得

$$\langle x,z\rangle+\langle y,z\rangle=\langle x+y,z\rangle.\tag{3.1.17}$$

作函数 $f(t)=\langle tx,z\rangle,t\in\mathbb{C}$. 则由式(3.1.17)，$f(t)$满足方程

$$f(t_1+t_2)=f(t_1)+f(t_2).\tag{3.1.18}$$

按以下程序可以证明

$$f(t)=tf(1),\quad t\in\mathbb{C}.\tag{3.1.19}$$

(1) 利用数学归纳法由式(3.1.18)证式(3.1.19)当 $t\in\mathbb{Z}^+$ 时成立，由式(3.1.18)及 $f(0)=0$ 证式(3.1.19)当 $t=-1$ 时成立. 由此进一步得到式(3.1.19)当 $t\in\mathbb{Q}$ 时成立.

(2) 由范数的连续性，利用式(3.1.14)可知 $f(t)$连续，由此得式(3.1.19)当 $t\in\mathbb{R}^1$ 时成立.

(3) 由式(3.1.14)直接验证可知式(3.1.19)当 $t=\mathrm{i}$ 时成立，从而 $t\in\mathbb{C}$ 时成立.

结合式(3.1.17)与式(3.1.19)可知(IP3)成立. 证毕.

例 3.1.21 赋范空间 $C_0(X)$，$C_C(X)$，c 等(按上确界范数)都不是内积空间. 以 $C[0,1]$(按最大值范数)为例. 取 $x_1(t)=t$，$x_2(t)=1$，则 $\|x_1\|=\|x_2\|=1$，$\|x_1+x_2\|=2$，$\|x_1-x_2\|=1$，范数 $\|\cdot\|$ 不满足平行四边形公式，因此它不能由内积导出.

例 3.1.22 赋范空间 $L^p(\mu)(p\neq 2)$ 不是内积空间. 以 $l^p(p\neq 2)$ 为例. 令

$$x=(1,1,0,\cdots,0,\cdots),\quad y=(1,-1,0,\cdots,0,\cdots).$$

则 $x,y\in l^p$, $\|x\|=2^{1/p}=\|y\|$, $\|x+y\|=2=\|x-y\|$, 范数 $\|\cdot\|$ 不满足平行四边形公式, 因此它不能由内积导出.

线性空间、度量空间、赋范空间与内积空间四者关系如图 3-8 所示.

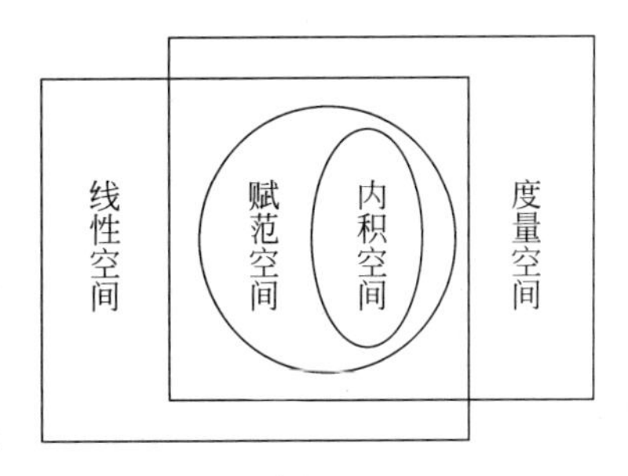

图 3-8

3.2 拓扑线性空间

与 3.1 节介绍的空间类一样, 讨论拓扑线性空间也是解决相关理论与应用问题的需要. 在 20 世纪 40 年代以前, 泛函分析学家的兴趣几乎全集中在赋范空间方面, 但后来发现许多重要的空间都不是可赋范的. 这些空间都是各种各样的拓扑线性空间. 特别地, 赋范空间本身的一些问题只有置于拓扑线性空间中来讨论才能从根本上得到解决. 拓扑线性空间理论由此得到发展, 现已成为泛函分析的一个重要分支.

3.2.1 拓扑线性空间及其原点的邻域

拓扑线性空间是同时具备代数结构与拓扑结构的最一般的空间. 但是, 若代数结构与拓扑结构之间没有什么关系, 则二者结合起来就得不到新的和谐有用的理论. 二者必须按一种特殊方式相结合, 这种特殊方式就是保证代数运算按拓扑是连续的.

定义 3.2.1

设 X 为数域 $\mathbb{K}$ 上的线性空间, τ 是 X 上的拓扑, 若

(TL1) 加法是 $X\times X\to X$ 的连续映射, 即对每个 $x,y\in X$ 及 $x+y$ 的邻域 V_{x+y}, 存在 x 的邻域 V_x 与 y 的邻域 V_y 使 $V_x+V_y\subset V_{x+y}$;

(TL2) 数积是 $\mathbb{K}\times X\to X$ 的连续映射, 即对每个 $\alpha\in\mathbb{K}$, $x\in X$ 及 αx 的邻域 $V_{\alpha x}$, 存在 α 的邻域 V_α 及 x 的邻域 V_x 使 $V_\alpha V_x\subset V_{\alpha x}$,

则称 τ 为 X 上的**向量拓扑**, X 称为**拓扑线性空间**. 明确起见, 记为 (X,τ).

上述拓扑线性空间的定义中, 我们用了邻域来描述代数运算的连续性(确切地说, 定义中的邻域都指的是开邻域, 即 τ 中元素, 参见定义 1.2.1). 与一般的拓扑空间相区别, 拓扑线性空间中的邻域具有可平移性, 即 $x+U$ 是点 x 的邻域当且仅当 U 是原点 θ 的邻域. 因此, 我们将首先考虑拓扑线性空间中原点 θ 的邻域基.

定义 3.2.2

设 X 是数域 $\mathbb{K}$ 上的线性空间, $E\subset X$, 若任意 $\alpha\in\mathbb{K}$, 当 $|\alpha|\leqslant 1$ 时有 $\alpha E\subset E$, 则称 E 是**平衡的**. 若任意 $x\in X$, 存在 $t>0$ 使 $tx\in E$, 则称 E 是**吸收的**.

由定义 3.2.2 知, 吸收集必包含原点. 平衡集对于 $\mathbb{K}$ 是实数域还是复数域而言有很大的差别. 若 $X=\mathbb{R}^2$, $\mathbb{K}=\mathbb{R}^1$, 则任何以原点为对称点的线段与直线是平衡的. 若 $X=\mathbb{C}$, $\mathbb{K}=\mathbb{C}$, 则非空平衡集除 X 外, 只能是以原点为中心的圆盘. 容易验证

$$E\text{ 平衡}\Leftrightarrow\text{任意 }\alpha,\beta\in\mathbb{K}\text{, 若 }|\alpha|\leqslant|\beta|\text{, 则 }\alpha E\subset\beta E.$$

定理 3.2.1

设(X,τ)是拓扑线性空间，$\mathcal{U}$是原点θ的邻域基（也称为空间X的**局部基**），则

(1) $\mathcal{U}$中每个元是吸收的；

(2) 任意$U\in\mathcal{U}$，存在$V\in\mathcal{U}$使$V+V\subset U$；

(3) 每个$U\in\mathcal{U}$包含θ的一个平衡邻域；

(4) 任意$x\in X$，$\mathcal{U}(x)=\{x+V: V\in\mathcal{U}\}$是点$x$的邻域基.

证明 (1) 设$x\in X$，由数乘运算的连续性(TL2)，有$(1/n)\cdot x\to 0\cdot x=\theta(n\to\infty)$. 从而$\forall U\in\mathcal{U}$，$\exists N\in\mathbb{Z}^+$，$\forall n\geqslant N$，$x/n\in U$，$U$是吸收的.

(2) 因$\theta+\theta=\theta$，故由加法运算的连续性(TL1)，$\forall U\in\mathcal{U}$，$\exists V_1,V_2\in\mathcal{U}$，使$V_1+V_2\subset U$. 取$V=V_1\cap V_2$，则$V\in\mathcal{U}$且$V+V\subset U$.

(3) 对$U\in\mathcal{U}$，由(TL2)，存在0的邻域$\{\lambda\in\mathbb{K}: |\lambda|<\delta\}$和$\theta$的邻域$V$使$\forall\lambda$：$|\lambda|<\delta$有$\lambda V\subset U$. 令$W=\bigcup\limits_{|\lambda|<\delta}\lambda V$，则$W\in\tau$且$W\subset U$. 以下只需证明$W$是平衡的. 事实上，若$\alpha\in\mathbb{K}$，$|\alpha|\leqslant 1$，则$|\alpha\lambda|<\delta$，从而有

$$\alpha W=\bigcup_{|\lambda|<\delta}\alpha\lambda V\subset\bigcup_{|\lambda|<\delta}\lambda V=W.$$

(4) 若$V\in\mathcal{U}$，则$x+V$是点x的邻域；对点x的任一邻域U_x，由于U_x-x是θ的邻域，$\exists V\in\mathcal{U}$使$V\subset U_x-x$，于是$x+V\subset U_x$. 故$\{x+V: V\in\mathcal{U}\}$是点x的邻域基. 证毕.

下列定理指出，线性空间上的含原点的子集族满足一定条件便构成局部基，从而构成拓扑线性空间.

定理 3.2.2

若X是线性空间，$\mathcal{U}$是X上的非空子集族满足：

(NB1) $\mathcal{U}$中每个元是吸收的.

(NB2) $\mathcal{U}$中每个元是平衡的.

(NB3) 若$U_1,U_2\in\mathcal{U}$，则存在$U\in\mathcal{U}$使$U\subset U_1\cap U_2$.

(NB4) 若$U\in\mathcal{U}$，则存在$V\in\mathcal{U}$使$V+V\subset U$.

(NB5) 若$U\in\mathcal{U}$且$x\in U$，则存在$V\in\mathcal{U}$使$x+V\subset U$.

则存在唯一的拓扑τ，使(X,τ)成为拓扑线性空间，$\mathcal{U}$恰为局部基.

证明 记$\mathcal{U}(x)=\{x+U: U\in\mathcal{U}\}$，先证$\mathcal{B}=\bigcup\limits_{x\in X}\mathcal{U}(x)$是$X$上某拓扑$\tau$的基.

(BA1) 因为据(NB1)，每个U是吸收的，故$\theta\in U$，于是$x\in x+U$. 从而$\mathcal{B}$中一切元的并为X.

(BA2) 若$U',V'\in\mathcal{B}$且$x\in U'\cap V'$. 则存在$y,z\in X$及$U,V\in\mathcal{U}$使$U'=y+U$，$V'=z+V$. 因为$x-y\in U$且$x-z\in V$，由(NB5)可知，存在$U_0,V_0\in\mathcal{U}$使

$$x-y+U_0\subset U\quad 且\quad x-z+V_0\subset V.$$

又由(NB3)可知，有$W\in\mathcal{U}$使$W\subset U_0\cap V_0$. 从而

$$x-y+W\subset U\quad 且\quad x-z+W\subset V.$$

所以$x+W\subset U'$，$x+W\subset V'$，而且$x+W\in\mathcal{U}(x)$.

按定理1.2.5，$\mathcal{B}$是τ的基，且对每个$x\in X$，$\mathcal{U}(x)$是τ在x处的邻域基.

以下证明τ是向量拓扑.

(TL1) 设 $x,y\in X$, N 是 $x+y$ 的邻域，因为$\mathcal{U}(x+y)$是 τ 在 $x+y$ 处的邻域基，故有 $U\in\mathcal{U}$使$(x+y)+U\subset N$. 利用(NB4)，有 $V\in\mathcal{U}$使 $V+V\subset U$. 从而$(x+V)+(y+V)\subset N$. 这表明加法是连续的.

(TL2) 设 $\lambda_0\in\mathbb{K}$, $x_0\in X$，且 N 是 λ_0x_0 的邻域. 则有 $U\in\mathcal{U}$使 $\lambda_0x_0+U\subset N$. 利用(NB4)，有 $V_0\in\mathcal{U}$使 $V_0+V_0\subset U$. 取 $n\in\mathbb{Z}^+$ 使 $2^n>|\lambda_0|+1$. 重复利用(NB4)，必存在 $V_n\in\mathcal{U}$使

$$2^nV_n\subset V_n+V_n+\cdots+V_n(2^n\text{ 个相加})\subset V_0.$$

因为 V_n 是平衡的吸收的，存在 $\delta\in(0,1)$使当$|\lambda-\lambda_0|<\delta$ 时$(\lambda-\lambda_0)x_0\in V_n$. 于是存在 V_n，存在 δ，使当$|\lambda-\lambda_0|<\delta$，利用(NB2)有

$$\begin{aligned}\lambda(x_0+V_n)&=\lambda_0x_0+(\lambda-\lambda_0)x_0+\lambda V_n\subset\lambda_0x_0+V_n+\lambda V_n\\&=\lambda_0x_0+V_n+\frac{\lambda}{|\lambda_0|+1}(|\lambda_0|+1)V_n\subset\lambda_0x_0+V_n+2^nV_n\\&\subset\lambda_0x_0+V_0+V_0\subset\lambda_0x_0+U\subset N.\end{aligned}$$

这表明数积是连续的.

这样，τ 是以$\mathcal{U}$为局部基的向量拓扑，且由于 X 中每个含 θ 的开集是$\mathcal{U}$中若干元素的并，故这样的 τ 显然是唯一的. 证毕.

定理 3.2.3

设(X,τ)是拓扑线性空间，A,B 是 X 的非空子集，其中 A 是紧的，B 是闭的，且 $A\cap B=\varnothing$. 则存在 θ 的邻域 V 使$(A+V)\cap(B+V)=\varnothing$.

当 V 是拓扑线性空间中开集时，对任一非空子集 A，$A+V=\bigcup\{a+V:\ a\in A\}$，因而 $A+V$ 是开集.

定理 3.2.3 表明拓扑线性空间中紧集与闭集可分离. 由于单点子集是紧集，因此拓扑线性空间必是正则空间.

证明 对每个 $x\in A$，由 $A\cap B=\varnothing$得 $x\in X\backslash B$ 且 $X\backslash B\in\tau$. 故$(X\backslash B)-x$ 是原点 θ 的邻域. 由定理 3.2.1 中(2)和(3)可知，存在原点 θ 的平衡邻域 V_x 使 $V_x+V_x+V_x+V_x\subset(X\backslash B)-x$，即 $x+V_x+V_x+V_x+V_x\subset X\backslash B$. 由于 $\theta\in V_x$，故 $x+V_x+V_x+V_x\subset X\backslash B$. 于是$(x+V_x+V_x+V_x)\cap B=\varnothing$. 从而必有

$$(x+V_x+V_x)\cap(B+V_x)=\varnothing. \tag{3.2.1}$$

否则存在 $y_1,y_2,y_3\in V_x$ 与 $b\in B$ 使 $x+y_1+y_2=b+y_3$. 利用 V_x 的平衡性，有 $b=x+y_1+y_2-y_3\in x+V_x+V_x+V_x$，矛盾. 因此式(3.2.1)成立. 注意到 $A\subset\bigcup\limits_{x\in A}(x+V_x)$ 及 A 是紧集，必存在 $x_1,x_2,\cdots,x_n\in A$ 使 $A\subset\bigcup\limits_{i=1}^{n}(x_i+V_{x_i})$. 令 $V=\bigcap\limits_{i=1}^{n}V_{x_i}$，则 V 是 θ 的邻域且 $A+V\subset\bigcup\limits_{i=1}^{n}(x_i+V_{x_i})+V\subset\bigcup\limits_{i=1}^{n}(x_i+V_{x_i}+V_{x_i})$. 利用式(3.2.1)，$\forall i(1\leqslant i\leqslant n)$ 有

$$(x_i+V_{x_i}+V_{x_i})\cap(B+V)\subset(x_i+V_{x_i}+V_{x_i})\cap(B+V_{x_i})=\varnothing.$$

故$(A+V)\cap(B+V)=\varnothing$. 证毕.

推论 1

设(X,τ)是拓扑线性空间，则对 θ 的每个邻域 U，存在 θ 的邻域 V 使 $\overline{V}\subset U$.

证明 因为单点集$\{\theta\}$是紧集，U^c 是闭集，由定理 3.2.3，存在θ的邻域V使$(\{\theta\}+V)\cap(U^c+V)=\varnothing$. 于是$V\subset(U^c+V)^c$，从而

$$\bar{V}\subset(U^c+V)^{c-}=(U^c+V)^c\subset U.\text{证毕.}$$

推论 2

若(X,τ)是满足公理 T_1(等价于每个单点子集是闭集)的拓扑线性空间，则

(1) X 是 T_3 空间(从而也是 Hausdorff 空间).

(2) 若$\mathcal{U}$是原点θ的邻域基，则$\bigcap\limits_{V\in\mathcal{U}}V=\{\theta\}$.

证明 (1) 由定理 3.2.3，X 是正则空间，又满足 T_1，从而是 T_3 空间.

(2) $\forall x\in X,x\neq\theta$，即$x\notin\{\theta\}$，由于 X 满足 T_1，$\exists V_0\in\mathcal{U}$使$x\notin V_0$，从而$x\notin\bigcap\limits_{V\in\mathcal{U}}V$. 这表明$\bigcap\limits_{V\in\mathcal{U}}V\subset\{\theta\}$，即$\bigcap\limits_{V\in\mathcal{U}}V=\{\theta\}$. 证毕.

定理 3.2.3 推论 2 指出，在拓扑线性空间中，T_1,T_2,T_3 三者等价，以后谈到拓扑线性空间的分离性都称它是 Hausdorff 空间.

定理 3.2.4

设 X 是拓扑线性空间，$A\subset X$. 则

(1) $\bar{A}=\bigcap\limits_{V\in\mathcal{U}}(A+V)$，其中$\mathcal{U}$为局部基.

(2) $(\lambda A)^{\circ}=\lambda A^{\circ}$，$\overline{\lambda A}=\lambda\bar{A}$，$\bar{A}+\bar{B}\subset\overline{A+B}$，其中$\lambda\neq0$，$A\subset X$.

(3) 若 A 是凸的，则 $\bar{A}$ 与 A° 都是凸的.

(4) 若 A 是平衡的，则 $\bar{A}$ 是平衡的且当$\theta\in A^{\circ}$时，A° 也是平衡的.

(5) θ 的每个凸邻域包含一个平衡凸邻域.

证明 (1) 设$x\notin\bar{A}$. 则由定理 3.2.3，$\exists V\in\mathcal{U}$，使$(x+V)\cap(\bar{A}+V)=\varnothing$. 从而$x\notin A+V$，更有$x\notin\bigcap\limits_{V\in\mathcal{U}}(A+V)$. 证得$\bigcap\limits_{V\in\mathcal{U}}(A+V)\subset\bar{A}$. 反之，设$x\in\bar{A}$. 则

$$(x+V)\cap A\neq\varnothing,\quad\forall V\in\mathcal{U}.\tag{3.2.2}$$

由定理 3.2.1(3)，不妨设式(3.2.2)中的 V 是平衡的，取$a\in A$ 且$a\in x+V$，则$x\in a-V\subset A+V$. 于是$\bar{A}\subset\bigcap\limits_{V\in\mathcal{U}}(A+V)$.

(2) $(\lambda A)^{\circ}=\bigcup\{V: V\subset\lambda A,V\text{ 为开集}\}$，记$\lambda^{-1}V=U$，则

$$(\lambda A)^{\circ}=\lambda\bigcup\{U: U\subset A,U\text{ 为开集}\}=\lambda A^{\circ}.$$

由(1)，$\overline{\lambda A}=\bigcap\limits_{V\in\mathcal{U}}(\lambda A+V)=\lambda\bigcap\limits_{V\in\mathcal{U}}(A+(1/\lambda)V)=\lambda\bigcap\limits_{V\in\mathcal{U}}(A+V)=\lambda\bar{A}$.

设$a\in\bar{A}$，$b\in\bar{B}$. 则对$\forall U\in\mathcal{U}$，$\exists V\in\mathcal{U}$，使$V+V\subset U$. 由(1)，必有$a\in A+V$，$b\in B+V$. 于是$a+b\in A+V+B+V\subset A+B+U$，这表明$a+b\in\overline{A+B}$.

(3) 首先证明 A 是凸集的充要条件是任意$t,s>0$有$tA+sA=(t+s)A$. 事实上，设 A 是凸的，则$\forall t,s>0$，显然$(t+s)A\subset tA+sA$. 又$\forall x,y\in A$，由$\dfrac{tx+sy}{t+s}\in A$ 得$tx+sy\in(t+s)A$，故$tA+sA\subset(t+s)A$. 反之，若 A 不是凸的，则存在$x,y\in A$ 和$t_0\in(0,1)$使

$t_0x+(1-t_0)y\notin A$,这与 $t_0A+(1-t_0)A=A$ 矛盾.

显然,$(t+s)\overline{A}\subset t\overline{A}+s\overline{A}$,又因为由(2),$t\overline{A}+s\overline{A}=\overline{tA}+\overline{sA}\subset\overline{tA+sA}=\overline{(t+s)A}=(t+s)\overline{A}$,故 $\overline{A}$ 凸.

显然,$(t+s)A^\circ\subset tA^\circ+sA^\circ$. 因为 $tA^\circ+sA^\circ\subset tA+sA=(t+s)A$,易知 $tA^\circ+sA^\circ$ 是开集. 而$((s+t)A)^\circ=(t+s)A^\circ$ 是含于$(t+s)A$ 的最大开集,因此 $tA^\circ+sA^\circ\subset(t+s)A^\circ$. 于是 $tA^\circ+sA^\circ=(t+s)A^\circ$,$A^\circ$ 是凸的.

(4) 设$|\alpha|\leqslant 1$. 由于 A 是平衡的,故 $\alpha A\subset A$. 从而 $\alpha\overline{A}=\overline{\alpha A}\subset\overline{A}$,$\overline{A}$ 平衡.

设 $0<|\alpha|\leqslant 1$. 由于 A 是平衡的,故 $\alpha A^\circ\subset\alpha A\subset A$. 由于 $\alpha A^\circ=(\alpha A)^\circ$ 是开集,A° 是含于 A 的最大开集,故 $\alpha A^\circ\subset A^\circ$. 若 $\theta\in A^\circ$,则 $\alpha=0$ 时也有 $\alpha A^\circ\subset A^\circ$. 从而 A° 平衡.

(5) 设U 是 X 中的凸邻域,$A=\bigcap\limits_{|\alpha|=1}\alpha U$. 以下证明 A° 是含于U 的平衡凸邻域. 显然取 $\alpha=1$ 可知 $A\subset U$. 由于按定理 3.2.1(3),U 含 θ 的平衡邻域 W,当$|\alpha|=1$ 时,$\alpha^{-1}W=W$,故 $W=\alpha(\alpha^{-1}W)\subset\alpha U$. 这表明 $W\subset A$. 从而 $W=W^\circ\subset A^\circ\subset U^\circ=U$. 作为凸集的交,$A$ 是凸的,于是 A° 也是凸的,从而 A° 是 θ 的凸邻域. 现选取 r 和 β 使 $0\leqslant r\leqslant 1$,$|\beta|=1$. 则 $r\beta A=\bigcap\limits_{|\alpha|=1}r\beta\alpha U=\bigcap\limits_{|\alpha|=1}r\alpha U$. 因为 αU 是包含 θ 的凸集,故 $r\alpha U\subset\alpha U$. 于是 $r\beta A\subset A$,证得 A 是平衡的. 从而 A° 也是平衡的. 证毕.

定义 3.2.3

设(X,τ)是拓扑线性空间,$A\subset X$. 若对 θ 的任一邻域 U,存在 $\lambda>0$ 使 $A\subset\lambda U$,则称 A 是**有界**的.

后面将看到,赋范空间是特殊的拓扑线性空间. 当 X 是赋范空间时,取定义 3.2.3 中的 U 为开单位球 $B(X)$可知,一般的拓扑线性空间中有界集概念是赋范空间中有界集概念的拓广. 但是,当拓扑线性空间本身在原点不存在有界邻域时,要特别注意含义上的差别.

命题 3.2.5

设(X,τ)是数域$\mathbb{K}$上拓扑线性空间. 则 A 是有界的当且仅当对任何$\{x_n\}\subset A$,$\{\lambda_n\}\subset\mathbb{K}$,$\lambda_n\to 0$ 时必有 $\lambda_nx_n\to\theta$.

证明 必要性 任取$\{x_n\}\subset A$,$\{\lambda_n\}\subset\mathbb{K}$ 且 $\lambda_n\to 0$. 对 θ 的任何邻域 V,可取平衡邻域 U,使 $U\subset V$. 由 A 的有界性,$\exists\lambda>0$,$(1/\lambda)A\subset U$. 由于 $\lambda_n\to 0$,故 $\exists N\in\mathbb{Z}^+$,$\forall n>N$,$|\lambda_n|<1/\lambda$. 从而

$$\lambda_nx_n=(\lambda\cdot\lambda_n)(1/\lambda)x_n\in\lambda\cdot\lambda_nU\subset U\subset V.$$

充分性 若 A 无界,则存在原点 θ 的邻域 U 及 $x_n\in A$ 使 $x_n\notin nU$,从而$(1/n)x_n\notin U$. 由此得到 $\lim\limits_{n\to\infty}(1/n)x_n\neq\theta$,而 $1/n\to 0$. 这矛盾于假设. 因此 A 有界. 证毕.

3.2.2 局部有界空间与局部凸空间

定义 3.2.4

设(X,τ)是拓扑线性空间,如果 X 中存在由有界集组成的局部基,则称 X 是局部有界的拓扑线性空间,简称为**局部有界空间**;如果 X 中存在由凸集组成的局部基,则称 X 是局部凸拓扑线性空间,简称为**局部凸空间**.

我们知道,度量空间是拓扑空间;反之,拓扑空间要在一定条件下才能定义与拓扑相一

致的度量而成为度量空间.拓扑空间 X 称为可度量化的,如果在 X 上有度量 ρ,则由 ρ 导出的度量拓扑就是 X 上的拓扑.

定义 3.2.5

设 X 是数域 $\mathbb{K}$ 上的线性空间,又是度量空间,度量为 ρ.

(1) 若 ρ 满足

$$\rho(x-y,\theta)=\rho(x,y),\quad \forall x,y\in X.$$

则称 ρ 为**平移不变度量**.

若 ρ 满足

$$\lambda\in\mathbb{K},\ |\lambda|\leqslant 1\text{ 时有}\quad \rho(\lambda x,\theta)\leqslant\rho(x,\theta),\forall x\in X.$$

则称 ρ 为平衡度量.

(2) 设由 ρ 导出拓扑 τ_ρ,若 (X,τ_ρ) 为拓扑线性空间,则称 (X,ρ) 为**度量线性空间**.

在度量线性空间中,τ_ρ 作为向量拓扑,条件(TL1)与(TL2)可通过球形邻域与度量 ρ 借助点列极限来表达.下列命题是容易验证的.

命题 3.2.6

设 X 为数域 $\mathbb{K}$ 上线性空间,ρ 为 X 上度量,则 (X,ρ) 为度量线性空间的充分必要条件是:对 $x,y\in X$,点列 $\{x_n\},\{y_n\}\subset X,\lambda\in\mathbb{K},\{\lambda_n\}\subset\mathbb{K}$,当 $\lim\limits_{n\to\infty}\rho(x_n,x)=0$ 与 $\lim\limits_{n\to\infty}\rho(y_n,y)=0$ 时有 $\lim\limits_{n\to\infty}\rho(x_n+y_n,x+y)=0$;当 $\lambda_n\to\lambda$ 与 $\lim\limits_{n\to\infty}\rho(x_n,x)=0$ 时有 $\lim\limits_{n\to\infty}\rho(\lambda_n x_n,\lambda x)=0$.

我们知道在第一可数的拓扑空间中,收敛可以用点列而不需用网来描述.度量空间是第一可数的.定理 3.2.7 指出,对于 Hausdorff 的拓扑线性空间来说,第一可数性决定了可度量性.

定理 3.2.7(度量化定理)

设 (X,τ) 是 Hausdorff 的拓扑线性空间.若 (X,τ) 还满足第一可数公理(具有可数局部基),则 (X,τ) 可度量化,且 X 上有平移不变平衡度量 ρ,使 $\tau_\rho=\tau$.

证明 (阅读)设 $\{V_n: n\in\mathbb{Z}^+\}$ 是 X 的可数的局部基.由定理 3.2.1,不妨设每个 V_n 是平衡的,且满足

$$V_{n+1}+V_{n+1}\subset V_n,\quad \forall n\in\mathbb{Z}^+.$$

用 D 表示区间 $[0,1)$ 中形如 $r=\sum\limits_{n=1}^{\infty}C_n(r)2^{-n}$ 的一切有理数的集.其中 $C_n(r)\in\{0,1\}$,且 $\exists k=k(r)\in\mathbb{Z}^+$,$\forall n>k$ 有 $C_n(r)=0$.也就是说,r 的这个级数实际上是一个有限项的和(r 可表为有限二进制小数).显然 D 在 $[0,1)$ 中稠密.定义

$$A(r)=\begin{cases}X, & r\geqslant 1;\\ \sum\limits_{n=1}^{\infty}C_n(r)V_n, & r\in D.\end{cases}$$

由每个 V_n 是平衡的可知 $A(r)$ 是平衡的,$V_n=A(2^{-n})$,且 $\forall r\in D$ 有 $\theta\in A(r)$.我们断言

$$A(r)+A(s)\subset A(r+s),\quad \forall r,s\in D. \tag{3.2.3}$$

事实上,若 $r+s\geqslant 1$,则式(3.2.3)显然成立.以下设 $r+s<1$,对 $A(r)$ 与 $A(s)$ 表达式中的 k 用数学归纳法来证明.

当 $k=1$ 时,$r=C_1(r)/2$,$s=C_1(s)/2$,根据 $C_1(r)=0,1$ 及 $C_1(s)=0,1$ 的不同情况可直接验证式(3.2.3).

设 $k-1$ 时式(3.2.3)成立.下证 k 时式(3.2.3)也成立.此时 $\forall n>k$ 有 $C_n(r)=C_n(s)=0$.不妨记

$$r=r_1+C_k(r)2^{-k},\quad s=s_1+C_k(s)2^{-k}.$$

则 $A(r)=A(r_1)+C_k(r)V_k$, $A(s)=A(s_1)+C_k(s)V_k$.按归纳假定,有 $A(r_1)+A(s_1)\subset A(r_1+s_1)$.于是

$$A(r)+A(s)\subset A(r_1+s_1)+C_k(r)V_k+C_k(s)V_k.$$

若 $C_k(r)=C_k(s)=0$,则 $r=r_1$, $s=s_1$.

若 $C_k(r)=0$, $C_k(s)=1$ 或 $C_k(r)=1$, $C_k(s)=0$,则由 $A(r)$的定义,有

$$\begin{aligned}A(r)+A(s)&\subset A(r_1+s_1)+V_k=A(r_1+s_1)+A(1/2^k)\\&=A(r_1+s_1+1/2^k)=A(r+s).\end{aligned}$$

若 $C_k(r)=1$, $C_k(s)=1$,则由归纳假定

$$\begin{aligned}A(r)+A(s)&\subset A(r_1+s_1)+V_k+V_k\subset A(r_1+s_1)+V_{k-1}\\&=A(r_1+s_1)+A(1/2^{k-1})\subset A(r_1+s_1+1/2^{k-1})=A(r+s).\end{aligned}$$

无论何种情况,式(3.2.3)总是成立的.

设 $r,s\in D$.若 $r<s$,则由式(3.2.3)得

$$A(r)\subset A(r)+A(s-r)\subset A(s).$$

这表明 $A(r)$具有单调性.定义

$$q(x)=\inf\{r: x\in A(r)\},\quad \forall x\in X;$$
$$\rho(x,y)=q(x-y),\quad \forall x,y\in X.$$

下证 ρ 是 X 上的度量.

(D1) 显然 $q(x)\geqslant 0$.由于 $\forall r\in D$ 有 $\theta\in A(r)$,故 $q(\theta)=0$.若 $x\neq\theta$,则由 X 是 Hausdorff 的可知 $\exists n\in\mathbb{Z}^+$ 使 $x\notin V_n=A(2^{-n})$,于是 $q(x)\geqslant 2^{-n}>0$.这表明 $\rho(x,y)\geqslant 0$, $\rho(x,y)=0$ 当且仅当 $x=y$.

(D2) 由于 $A(r)$是平衡的,故 $q(x)=q(-x)$.由此得到

$$\rho(x,y)=\rho(y,x),\quad \forall x,y\in X.$$

(D3) 要证明三角形不等式成立,只需证明

$$q(x+y)\leqslant q(x)+q(y),\quad \forall x,y\in X. \tag{3.2.4}$$

注意到 $\forall x\in X$,有 $q(x)\leqslant 1$,不妨设 $q(x)+q(y)<1$(否则式(3.2.4)已成立).按下确界定义, $\forall\varepsilon>0$, $\exists r,s\in D$ 使

$$q(x)<r<q(x)+\varepsilon/2,\quad q(y)<s<q(y)+\varepsilon/2,\text{且 } x\in A(r),\quad y\in A(s).$$

由式(3.2.3)得

$$x+y\in A(r)+A(s)\subset A(r+s).$$

于是 $q(x+y)\leqslant r+s<q(x)+q(y)+\varepsilon$. ε 的任意性表明式(3.2.4)是成立的.

此外,由于 $A(r)$是平衡的, $|\lambda|\leqslant 1$, $x\in A(r)\Rightarrow\lambda x\in A(r)$,即有 $\rho(\lambda x,\theta)=q(\lambda x)\leqslant q(x)=\rho(x,\theta)$;且

$$\rho(x-y,\theta)=q(x-y)=\rho(x,y),$$

ρ 是平移不变平衡度量.由于对每个球 $B(\theta,r)\in\tau_\rho$,有

$$B(\theta,r)=\{x\in X: \rho(x,\theta)<r\}=\{x\in X: q(x)<r\}=\bigcup_{s<r}A(s)$$

故 $B(\theta,r)\in\tau$，从而 $\tau_\rho\subset\tau$. 又因为对每个 n，取 $r<2^{-n}$，则

$$B(\theta,r)=\bigcup_{s<r}A(s)\subset A(2^{-n})=V_n.$$

这表明每个 V_n 都是关于 τ_ρ 的邻域，从而 $\tau\subset\tau_\rho$. 证毕.

推论

局部有界空间必具有可数局部基，从而 Hausdorff 的局部有界空间必可度量化.

证明　设 (X,τ) 是局部有界空间，U 是 θ 的有界邻域. 则 $\{(1/n)U: n\in\mathbb{Z}^+\}$ 就是 (X,τ) 的局部基，故 (X,τ) 满足第一可数公理. 由定理 3.2.7 可知推论成立. 证毕.

定义 3.2.6

设 X 为数域$\mathbb{K}$上线性空间，$p: X\to\mathbb{R}^1$ 为泛函. 若 p 满足(N2)(绝对齐性)与(N3)(三角形不等式)，则称 p 为 X 上的**半范数**；若 p 为 X 上半范数，则称 (X,p) 为**赋半范空间**. 若 p 满足(N1)(正定性)与(N3)及

(N2)* 准齐性　$p(-x)=p(x)$，　$\lim\limits_{\alpha_n\to 0}p(\alpha_n x)=0$，　$\lim\limits_{p(x_n)\to 0}p(\beta_n x_n)=0$.

其中 $\alpha_n,\beta_n\in\mathbb{K}$，$\{\beta_n\}$ 有界，$x,x_n\in X$. 则称 p 为 X 上的**准范数**；若 p 为 X 上的准范数，则称 (X,p) 为**赋准范空间**.

由定义 3.2.6 可知，范数必是半范数，反之不真. 半范数比范数仅少了一个正定性公理. 取 $\alpha=0$，由绝对齐性得 $p(\theta)=0$，在三角形不等式中令 $y=-x$，$0=p(\theta)\leqslant p(x)+p(-x)=2p(x)$，得到 $\forall x\in X$，$p(x)\geqslant 0$. 但 $p(x)=0$ 未必蕴涵 $x=\theta$.

命题 3.2.8

设 X 为数域$\mathbb{K}$上线性空间，p 是 X 上的一个半范数或准范数，则

$$|p(x)-p(y)|\leqslant p(x-y),\quad \forall x,y\in X. \tag{3.2.5}$$

于是赋准范空间与赋半范空间都是拓扑线性空间，其半范数与准范数是连续的.

证明　由(N3)得 $p(x)=p[y+(x-y)]\leqslant p(y)+p(x-y)$. 注意到 $p(-x)=p(x)$，同理也有 $p(y)\leqslant p(x)+p(y-x)=p(x)+p(x-y)$. 故 $|p(x)-p(y)|\leqslant p(x-y)$，式(3.2.5)得证. 令

$$\mathcal{U}=\{U_n=\{x\in X: p(x)<1/n\}\mid n\in\mathbb{Z}^+\}. \tag{3.2.6}$$

则利用式(3.2.5)，由定理 3.2.2 容易验证赋准范空间与赋半范空间都是拓扑线性空间，式(3.2.6)中的$\mathcal{U}$就是局部基. 式(3.2.5)表明，半范数与准范数是连续的. 证毕.

命题 3.2.9

赋准范空间是度量线性空间.

证明　设 (X,p) 为赋准范空间，令 $\rho(x,y)=p(x-y)$，则由(N1)，(N3)及 $p(-x)=p(x)$ 可知 ρ 是 X 上的度量且是平移不变的. 设 $\{x_n\}\subset X$，$\{y_n\}\subset X$，$\{\lambda_n\}\subset\mathbb{K}$. 当 $\lim\limits_{n\to\infty}\rho(x_n,x)=0$ 与 $\lim\limits_{n\to\infty}\rho(y_n,y)=0$ 时，由

$$\begin{aligned}\rho(x_n+y_n,x+y)&=p[(x_n+y_n)-(x+y)]\leqslant p(x_n-x)+p(y_n-y)\\&=\rho(x_n,x)+\rho(y_n,y)\end{aligned}$$

知 $\lim\limits_{n\to\infty}\rho(x_n+y_n,x+y)=0$；当 $\lambda_n\to\lambda$ 与 $\rho(x_n,x)=p(x_n-x)\to 0$ 时由

$$\rho(\lambda_n x_n,\lambda x)=p[\lambda_n(x_n-x)+(\lambda_n-\lambda)x]\leqslant p[\lambda_n(x_n-x)]+p[(\lambda_n-\lambda)x]$$

与(N2)* 可知 $\lim_{n\to\infty}\rho(\lambda_n x_n,\lambda x)=0$. 于是利用命题 3.2.6 得证. 证毕.

例 3.2.1　空间 $L^p(\mu)(0<p<1)$ $L^p(\mu)$是线性空间也是度量空间(参见例 3.1.8). 由于

$$\rho(x-y,\theta)=\int_X |x(t)-y(t)|^p\mathrm{d}t=\rho(x,y),$$

$$\rho(\lambda x,\theta)=\int_X |\lambda x(t)|^p\mathrm{d}t=\lambda^p\rho(x,\theta).$$

因此度量是平移不变的,$\lambda_n\to 0$ 时有 $\lim_{n\to\infty}\rho(\lambda_n x,\theta)=0$,由命题 3.2.6,$L^p(\mu)(0<p<1)$是**度量线性空间**(按度量拓扑当然是拓扑线性空间). θ 的邻域 $U=\{x: \rho(x,\theta)<1\}$是有界的. 事实上,对任何$\{x_n\}\subset U,\lambda_n\to 0$,有 $\rho(\lambda_n x_n,\theta)=\lambda_n^p\rho(x_n,\theta)<\lambda_n^p\to 0$. 因此 $L^p(\mu)$ $(0<p<1)$是**满足 T_4 的局部有界空间**. 在 $X=L^p(\mu)$上,令 $\|x\|_p=\int_X |x(t)|^p\mathrm{d}t$, 则 $\|\cdot\|_p$ 满足(N1),(N3)及如下的 p-齐性(蕴涵准齐性):

(N2)# p-齐性 $\|\lambda x\|_p=|\lambda|^p\|x\|_p$,　$\forall\lambda\in\mathbb{K},\forall x\in X$.

$L^p(\mu)$称为**赋 p-范空间**(当然也是**赋准范空间**).

特例 1　μ 为区间$[a,b]$上的 Lebesgue 测度. $L^p[a,b](0<p<1)$,其中 $f\in L^p[a,b]$的 p-范数为 $\|f\|_p=\int_a^b |f(t)|^p\mathrm{d}t$.

特例 2　μ 为$\{1,2,\cdots,n\}$上的计数测度. n 维空间 $l^p(n)(0<p<1)$,其中$x=(a_1, a_2,\cdots,a_n)\in l^p(n)$的 p-范数为 $\|x\|_p=\sum_{i=1}^n |a_i|^p$.

特例 3　μ 为$\mathbb{Z}^+$上的计数测度.(无限维)数列空间 $l^p(0<p<1)$,其中 $x=\{a_1,a_2,\cdots, a_n,\cdots\}\in l^p$ 的 p-范数为 $\|x\|_p=\sum_{i=1}^\infty |a_i|^p$.

命题 3.2.10

设 p 是线性空间 X 上的一个半范数,则

(1) $E=\{x\in X: p(x)=0\}$是 X 的线性子空间;

(2) 对任何 $\delta>0$,集合 $A=\{x\in X: p(x)<\delta\}$是 X 中的平衡吸收凸集.

证明　(1) $\forall x,y\in E,\forall\alpha\in\mathbb{K}$,因 $p(x)=p(y)=0$,故

$$0\leqslant p(x+y)\leqslant p(x)+p(y)=0,\quad p(\alpha x)=|\alpha|p(x)=0.$$

于是 $p(x+y)=0,x+y\in E$,且 $\alpha x\in E$. 因此 E 是 X 的线性子空间.

(2) 设 $x,y\in A,\lambda\in(0,1)$. 则 $p(x)<\delta,p(y)<\delta$. 于是有

$$p[\lambda x+(1-\lambda)y]\leqslant p(\lambda x)+p[(1-\lambda)y]=\lambda p(x)+(1-\lambda)p(y)<\delta.$$

这表明 A 为凸集. 若 $x\in A,\alpha\in\mathbb{K}$,且$|\alpha|\leqslant 1$,则 $p(\alpha x)=|\alpha|p(x)<\delta$. 于是 $\alpha x\in A$,即 $\alpha A\subset A$,A 是平衡集. 以下证明 A 是吸收的. 对 $x\in X$,不妨设 $p(x)>0$,则 $p\left(\dfrac{\delta x}{2p(x)}\right)=\dfrac{\delta p(x)}{2p(x)}=\dfrac{\delta}{2}<\delta$,即$\exists t=\dfrac{\delta}{2p(x)}>0,tx\in A$. 因此 A 是吸收的. 证毕.

定义 3.2.7

设 X 是线性空间，$A\subset X$ 为吸收集. 则称 X 上的泛函

$$p_A(x)=\inf\{\alpha: x\in\alpha A, \alpha>0\}$$

为 A 的 **Minkowski 泛函**.

定理 3.2.11

设 A 是拓扑线性空间 X 中的吸收凸子集，p_A 是 A 的 Minkowski 泛函，$A_o=\{x\in X: p_A(x)<1\}$，$A_c=\{x\in X: p_A(x)\leqslant 1\}$，则

(1) $p_A(x+y)\leqslant p_A(x)+p_A(y), \forall x,y\in X$.

(2) 若 $\alpha\geqslant 0$，则 $p_A(\alpha x)=\alpha p_A(x)$.

(3) 若 A 还是平衡的，则 p_A 是半范数.

(4) $A^\circ\subset A_o\subset A\subset A_c\subset\overline{A}$.

(5) $p_{A_o}=p_A=p_{A_c}$.

(6) p_A 连续 $\Leftrightarrow \theta\in A^\circ\Leftrightarrow A^\circ=A_o$.

(7) p_A 下半连续$\Leftrightarrow A_c=\overline{A}$.

证明 由 A 的吸收性，$\forall x\in X$，$\exists\alpha>0$ 使 $x\in\alpha A$，于是 $0\leqslant p_A(x)\leqslant\alpha$，$p_A$ 在 X 上有定义.

(1) $\forall\varepsilon>0$，由 Minkowski 泛函的定义，$\exists\alpha>0$ 使 $x\in\alpha A$，$\alpha<p_A(x)+\varepsilon$. 同样地，$\exists\beta>0$ 使 $y\in\beta A$，$\beta<p_A(y)+\varepsilon$. 由于 A 是凸集，故

$$\frac{x+y}{\alpha+\beta}=\frac{\alpha}{\alpha+\beta}\cdot\frac{x}{\alpha}+\frac{\beta}{\alpha+\beta}\cdot\frac{y}{\beta}\in A.$$

即 $x+y\in(\alpha+\beta)A$. 由此得 $p_A(x+y)\leqslant\alpha+\beta<p_A(x)+p_A(y)+2\varepsilon$. 注意到 ε 是任意的，所以有 $p_A(x+y)\leqslant p_A(x)+p_A(y)$.

(2) 若 $\alpha=0$，则从 p_A 的定义易知 $p_A(\theta)=0$. 设 $\alpha>0$，则

$$p_A(\alpha x)=\inf\{\beta>0: \alpha x\in\beta A\}=\inf\left\{\beta>0: x\in\frac{\beta}{\alpha}A\right\}$$

$$=\alpha\inf\left\{\frac{\beta}{\alpha}>0: x\in\frac{\beta}{\alpha}A\right\}=\alpha p_A(x).$$

(3) 不妨设 $\alpha\neq 0$，则由 A 的平衡性可知 $x\in A$ 当且仅当 $\frac{\alpha}{|\alpha|}x\in A$. 于是由(2)得

$$p_A(\alpha x)=p_A\left(|\alpha|\cdot\frac{\alpha}{|\alpha|}x\right)=|\alpha|\,p_A\left(\frac{\alpha}{|\alpha|}x\right)=|\alpha|\,p_A(x).$$

将此式与(1)结合起来，可知 p_A 是半范数.

(4) $A_o\subset A\subset A_c$ 是显然的. 设 $x\in A^\circ$. 由(TL2)，$\exists\varepsilon>0$，当 $|\lambda-1|<\varepsilon$ 时，$\lambda x\in A^\circ\subset A$. 于是 $(1+\varepsilon/2)x\in A$. 从而 $p_A(x)\leqslant(1+\varepsilon/2)^{-1}<1$，$x\in A_o$. 证得 $A^\circ\subset A_o$. 设 $x\in A_c$. 则 $p_A(x)\leqslant 1$. 当 $\alpha_n\in(0,1)$ 时，$p_A(\alpha_n x)=\alpha_n p_A(x)<1$，于是 $\alpha_n x\in A_o\subset A$. 令 $\alpha_n\to 1$，则由(TL2)，$x=\lim\limits_{n\to\infty}\alpha_n x\in\overline{A}$. 证得 $A_c\subset\overline{A}$.

(5) 由于 $A_o\subset A\subset A_c$，故 $\forall x\in X$ 有 $p_{A_o}(x)\geqslant p_A(x)\geqslant p_{A_c}(x)$. 现证 $p_{A_o}(x)\leqslant p_{A_c}(x)$. 不妨设 $p_{A_c}(x)=\alpha>0$，则 $\forall\varepsilon>0$，$p_{A_c}(x)<(1+\varepsilon)\alpha$. 于是 $x\in(1+\varepsilon)\alpha A_c$，即

$\dfrac{x}{(1+\varepsilon)\alpha}\in A_c$. 从而 $p_A\left(\dfrac{x}{(1+\varepsilon)\alpha}\right)\leqslant 1$. 此时必有 $p_A\left(\dfrac{x}{(1+2\varepsilon)\alpha}\right)<1$. 于是$\dfrac{x}{(1+2\varepsilon)\alpha}\in A_o$，即 $p_{A_o}(x)\leqslant(1+2\varepsilon)\alpha$. 从而由 ε 的任意性得 $p_{A_o}(x)\leqslant\alpha=p_{A_c}(x)$.

(6) 设 p_A 连续. 则 $A_o=p_A^{-1}([0,1))$，由$[0,1)$是$[0,\infty)$中的开集知 A_o 也是开集. 由 $p_A(\theta)=0$ 知 $\theta\in A_o\subset A$，从而 $\theta\in A_o=A_o^\circ\subset A^\circ$. 反之，设 $\theta\in A^\circ$. 则 $\forall\varepsilon>0$，εA° 是 θ 的邻域. 此时由(4)，$\forall x\in\varepsilon A^\circ$，有 $y\in A^\circ\subset A_o$ 使 $x=\varepsilon y$. 于是

$$0\leqslant p_A(x)=p_A(\varepsilon y)=\varepsilon p_A(y)<\varepsilon.$$

所以 p_A 在θ 点连续. 由$|p_A(x)-p_A(y)|\leqslant p_A(x-y)$可知 p_A 在任一点连续. 因此

$$p_A\ 连续\Leftrightarrow\theta\in A^\circ.\tag{3.2.7}$$

再证 p_A 连续$\Leftrightarrow A^\circ=A_o$. 设 p_A 连续，则 A_o 为开集. 于是由 $A_o\subset A$ 及A° 是含于 A 的最大开集得 $A_o\subset A^\circ$. 又由(4)，$A^\circ\subset A_o$. 故 $A^\circ=A_o$. 反之，设 $A^\circ=A_o$，则 $\theta\in A_o=A^\circ$，由式(3.2.7)知 p_A 是连续的.

(7) 设 p_A 下半连续. 由(4)，$A\subset A_c\subset\overline{A}$. 设 $x\in\overline{A}$. 按定理 1.2.4，存在 A 中的网$\{x_\alpha\}$使得 $x_\alpha\to x$. 于是由 $p_A(x_\alpha)\leqslant 1$ 及 p_A 的下半连续性得 $p_A(x)\leqslant\liminf\limits_{\alpha}p_A(x_\alpha)\leqslant 1$，即 $x\in A_c$，这表明 $\overline{A}\subset A_c$. 因此 $\overline{A}=A_c$. 反之，设 $A_c=\overline{A}$，下证 $\forall\beta\in\mathbb{R}^1$，$\{x: p_A(x)\leqslant\beta\}$是闭集. 事实上，当$\beta<0$ 时，$\{x: p_A(x)\leqslant\beta\}=\varnothing$；当 $\beta>0$ 时，利用(2)知$\{x: p_A(x)\leqslant\beta\}=\beta A_c=\overline{\beta A}$；当 $\beta=0$ 时，$\{x: p_A(x)=0\}=\bigcap\limits_{n\in\mathbf{Z}^+}\{x: p_A(x)\leqslant 1/n\}$，可见都是闭集. 因此 p_A 是下半连续的. 证毕.

定理 3.2.12

设 X 是线性空间，在 X 上给定一族半范数$\{p_\lambda:\lambda\in\Lambda\}$. 令

$$\mathcal{U}=\{U(\lambda_1,\lambda_2,\cdots,\lambda_n;\varepsilon_1,\varepsilon_2,\cdots,\varepsilon_n):\varepsilon_1,\varepsilon_2,\cdots,\varepsilon_n>0,\lambda_1,\lambda_2,\cdots,\lambda_n\in\Lambda,n\in\mathbb{Z}^+\}.$$

其中

$$\begin{aligned}U(\lambda_1,\lambda_2,\cdots,\lambda_n;\varepsilon_1,\varepsilon_2,\cdots,\varepsilon_n)&=\{x: p_{\lambda_i}(x)<\varepsilon_i,i=1,2,\cdots,n\}\\&=\bigcap_{i=1}^{n}\{x: p_{\lambda_i}(x)<\varepsilon_i\}.\end{aligned}$$

则存在唯一拓扑 τ 使(X,τ)为局部凸空间且$\mathcal{U}$为其局部基. X 是 Hausdorff 空间当且仅当 $\forall x\neq\theta$ 有$\sup\limits_{\lambda\in\Lambda}p_\lambda(x)>0$. 称 τ 为**由半范数族$\{p_\lambda:\lambda\in\Lambda\}$生成的拓扑**.

证明 首先验证$\mathcal{U}$满足定理 3.2.2 的条件. (NB2)是显然的.

(NB1) 任取 $U=U(\lambda_1,\lambda_2,\cdots,\lambda_n;\varepsilon_1,\varepsilon_2,\cdots,\varepsilon_n)\in\mathcal{U}$，设 $x\in X$. 若 $p_{\lambda_i}(x)=0(i=1,2,\cdots,n)$，则显然 $\exists\lambda=1$，$\lambda x\in U$. 若 $\alpha=\max\limits_{1\leqslant i\leqslant n}p_{\lambda_i}(x)>0$，记 $\varepsilon=\min\limits_{1\leqslant i\leqslant n}\varepsilon_i$，则 $\exists\lambda=\dfrac{\varepsilon}{2\alpha}$，有 $\lambda x\in U$.

(NB3) 令 $\varepsilon=\min\{\varepsilon_1,\varepsilon_2,\cdots,\varepsilon_n,\varepsilon_1',\varepsilon_2',\cdots,\varepsilon_m'\}$，则

$$\begin{aligned}&U(\alpha_1,\alpha_2,\cdots,\alpha_n,\beta_1,\beta_2,\cdots,\beta_m;\varepsilon,\varepsilon,\cdots,\varepsilon)\\&\subset U(\alpha_1,\alpha_2,\cdots,\alpha_n;\varepsilon_1,\varepsilon_2,\cdots,\varepsilon_n)\cap U(\beta_1,\beta_2,\cdots,\beta_m;\varepsilon_1',\varepsilon_2',\cdots,\varepsilon_m').\end{aligned}$$

(NB4) 令 $V=U(\lambda_1,\lambda_2,\cdots,\lambda_n;\varepsilon_1/2,\varepsilon_2/2,\cdots,\varepsilon_n/2)$，则

$$V+V\subset U(\lambda_1,\lambda_2,\cdots,\lambda_n;\ \varepsilon_1,\varepsilon_2,\cdots,\varepsilon_n).$$

(NB5) 若 $x_0\in U(\lambda_1,\lambda_2,\cdots,\lambda_n;\ \varepsilon_1,\varepsilon_2,\cdots,\varepsilon_n)$，令 $\varepsilon=\min\limits_{1\leqslant i\leqslant n}(\varepsilon_i-p_{\lambda_i}(x_0))$，则

$$x_0+U(\lambda_1,\lambda_2,\cdots,\lambda_n;\ \varepsilon,\varepsilon,\cdots,\varepsilon)\subset U(\lambda_1,\lambda_2,\cdots,\lambda_n;\ \varepsilon_1,\varepsilon_2,\cdots,\varepsilon_n).$$

由定理3.2.2，存在唯一拓扑 τ 以 $\mathcal{U}$ 为局部基，由于 $U=U(\lambda_1,\lambda_2,\cdots,\lambda_n;\ \varepsilon_1,\varepsilon_2,\cdots,\varepsilon_n)$ 显然是凸的，故 (X,τ) 为局部凸空间.

设 X 是 Hausdorff 空间，则 $\forall x\neq\theta$ 有 $U=U(\lambda_1,\lambda_2,\cdots,\lambda_n;\ \varepsilon_1,\varepsilon_2,\cdots,\varepsilon_n)\in\mathcal{U}$ 使 $x\notin U$，于是 $\exists\lambda_j$ 使 $p_{\lambda_j}(x)\geqslant\varepsilon_j>0$. 反之，设 $\forall x\neq\theta$ 有 $\sup\limits_{\lambda\in\Lambda}p_\lambda(x)>0$，$z\neq y$. 则 $z-y\neq\theta$，于是 $\exists\alpha\in\Lambda$，$p_\alpha(z-y)=2\varepsilon>0$. 令 $V=\{x:\ p_\alpha(x)<\varepsilon\}$，则 V 为 θ 的邻域且 $(z+V)\cap(y+V)=\varnothing$. 这表明 X 是 Hausdorff 空间. 证毕.

注意 X 上的由半范数族 $\{p_\lambda:\ \lambda\in\Lambda\}$ 生成的拓扑 τ 有时也说成是使半范数族 $\{p_\lambda:\ \lambda\in\Lambda\}$ 中每个半范数都连续的最弱(粗)的拓扑. 因为 $p_\lambda^{-1}((-\varepsilon,\varepsilon))=\{x:p_\lambda(x)<\varepsilon\}$ 是 τ 中开集，故每个半范数都连续；若拓扑 τ_1 使 $\{p_\lambda:\ \lambda\in\Lambda\}$ 中每个半范数都连续，则每个 $U(\lambda_1,\lambda_2,\cdots,\lambda_n;\ \varepsilon_1,\varepsilon_2,\cdots,\varepsilon_n)$ 都是 τ_1 中开集，从而必有 $\tau\subset\tau_1$.

推论 1

赋范空间是 Hausdorff 的局部凸空间.

推论 2

设线性空间 X 上的拓扑由给定的一列半范数 $\{p_n\}_{n=1}^\infty$ 生成且满足 $\forall x\neq\theta$ 有 $\sup\limits_{n\geqslant1}p_n(x)>0$. 则 X 是 Hausdorff 的局部凸的度量线性空间.

证明 由定理3.2.12可知 X 是局部凸的 Hausdorff 空间，且容易知道半范数 $\{p_n\}_{n=1}^\infty$ 生成拓扑的局部基是可数的，由定理3.2.7可知 X 是度量线性空间. 证毕.

例3.2.2 (阅读)用 N^n 表示 n 个非负整数的数组 $k=(k_1,k_2,\cdots,k_n)$ 的集合，$\mathbb{N}^n$ 中的每个元称为**重指标**，重指标 $k=(k_1,k_2,\cdots,k_n)$ 的阶 $|k|$ 定义为 $|k|=k_1+k_2+\cdots+k_n$. 设 f 是 n 个变量 $x_1,x_2,\cdots,x_n$ 的实值或复值函数，且 f 有至少 $|k|$ 阶的偏导数. 记

$$x=(x_1,x_2,\cdots,x_n),\quad x^k=(x_1^{k_1},x_2^{k_2},\cdots,x_n^{k_n}),\quad \partial^k f=\frac{\partial^{|k|}f}{\partial x_1^{k_1}\partial x_2^{k_2}\cdots\partial x_n^{k_n}}.$$

设 Ω 是 $\mathbb{R}^n$ 中的开子集，m 是正整数，考虑定义在 Ω 上，对任意 $k\in\mathbb{N}^n$，$|k|\leqslant m$，偏导数 $\partial^k f$ 在 Ω 上存在且连续的实值或复值函数 f 的全体构成的线性空间 X. 对每个紧子集 $E\subset X$ 和每个重指标 $k\in\mathbb{N}^n$，$|k|\leqslant m$，定义

$$p_{Ek}(f)=\sup_{x\in E}|\partial^k f(x)|,\quad f\in X.$$

容易验证 p_{Ek} 是 X 上的一个半范数. 取 Ω 的紧子集序列 $\{E_j\}_{j=1}^\infty$，则由半范数序列

$$\{p_{E_jk}:\ j\in\mathbb{Z}^+,k\in\mathbb{N}^n,\ |k|\leqslant m\}.$$

生成 X 上一个拓扑 τ. 注意 $f\neq\theta$ 时有

$$\sup\{p_{E_jk}(f):\ j\in\mathbb{Z}^+,k\in\mathbb{N}^n,\ |k|\leqslant m\}>0.$$

由定理3.2.12推论2，(X,τ) 是局部凸的度量线性空间，也记为 $\mathcal{C}^m(\Omega)$.

定理3.2.13

设 X 是局部凸空间，则它的拓扑 τ 必可由一族连续半范数 $\{p_\lambda:\ \lambda\in\Lambda\}$ 生成.

证明 由定理3.2.1与定理3.2.4(5)，X 上存在由平衡吸收凸集组成的局部基 $\mathcal{U}=$

$\{V_\alpha:\alpha\in I\}$. 对每个 V_α，由于 $\theta\in V_\alpha$，V_α 是开集，据定理 3.2.11 中(3)和(6)，V_α 的 Minkowski 泛函 p_{V_α} 是按 X 上的拓扑 τ 连续的半范数. 按定理 3.2.12，由这一族连续半范数 $\{p_\lambda:\lambda\in\Lambda\}$ 可生成 X 上的一个局部凸拓扑 τ^*. 由于每个 p_λ 关于 τ 是连续的，据定理 3.2.11(2)，有

$$U(\lambda_1,\lambda_2,\cdots,\lambda_n;\varepsilon_1,\varepsilon_2,\cdots,\varepsilon_n)=\{x:p_{\lambda_j}(x)<\varepsilon_j,j=1,2,\cdots,n\}$$
$$=\bigcap_{j=1}^{n}\varepsilon_j\{x:p_{\lambda_j}(x)<1\}$$

是 τ 中元素，从而 $\tau^*\subset\tau$. 又因为 $\{x:p_{V_\alpha}(x)<1\}=V_\alpha^\circ=V_\alpha$，故 V_α 是 τ^* 的元素，也有 $\tau\subset\tau^*$. 所以 $\tau=\tau^*$. 证毕.

将定理 3.2.12 与定理 3.2.13 结合起来可知，由半范数族 $\{p_\lambda:\lambda\in\Lambda\}$ 生成的拓扑与局部凸拓扑是相同的.

定义 3.2.8

设 X 是拓扑线性空间. 若 X 上可定义范数，使范数诱导的度量拓扑 $\tau_\rho=\tau$，则称 X 是**可赋范**的.

定理 3.2.14

设 X 是 Hausdorff 的拓扑线性空间，则下列条件等价：

(1) X 是可赋范的.

(2) 在原点 θ 存在有界凸邻域.

(3) X 是局部凸的且是局部有界的.

证明　(1)⇒(2) 设 $\|\cdot\|$ 是 X 上的范数，则 $B(X)=\{x:\|x\|<1\}$ 是 X 中原点 θ 的有界凸邻域.

(2)⇒(3) 若 U 是 θ 的有界凸邻域，则 $\{(1/n)U:n\in\mathbb{Z}^+\}$ 是局部基，且 $(1/n)U$ 是凸的，也是有界的. 所以 X 是局部凸和局部有界的.

(3)⇒(1) 因为 X 是局部凸的且是局部有界的，故在 X 的原点 θ 处存在有界的凸的邻域 V，由定理 3.2.4(5)，可设 V 是平衡的. 对任意 $x\in X$，设 $\|x\|=p_V(x)$，其中 p_V 是 V 的 Minkowski 泛函. 由定理 3.2.11(3)，p_V 是半范数. 由于 X 是 Hausdorff 的，故 $\forall x\neq\theta$，$\exists n\in\mathbb{Z}^+$，$x\notin(1/n)V$. 于是，由 Minkowski 泛函的定义，$\|x\|\geqslant 1/n>0$. 这表明 $\|\cdot\|$ 是 X 上的范数. 因为 V 是开集，故由定理 3.2.11(6)，有 $\{x:\|x\|<1/n\}=(1/n)V$. 从而，范数拓扑与 X 原有拓扑是一致的. 证毕.

在 Hausdorff 的拓扑线性空间类中，局部凸空间与局部有界空间是最重要的两类空间，它们间有下述关系(见图 3-9).

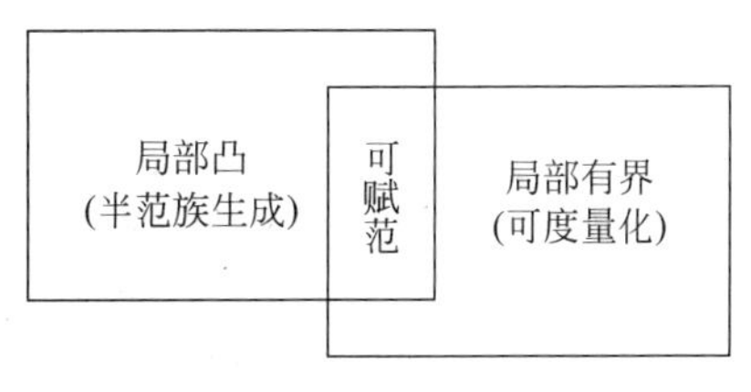

图 3-9

3.2.3　空间的同构

空间与空间之间有某种相同性质的关系往往通过空间之间的双映射(既是单射又是满射)加以揭示. 若两个线性空间之间存在保持线性关系的双射，自然认为它们有相同的线性结构，称为线性同构. 若两个拓扑空间之间有相同的拓扑结构，称为拓扑同构或同胚，是指两

空间之间存在双射 T 保持开集，即 T 与 T^{-1} 都连续. 对度量空间、拓扑线性空间、赋范空间及内积空间，同构有类似的含义. 同构的空间看作相同的空间而不加区别. 严格起见，有下述定义.

定义 3.2.9

(1) 设 X,Y 是同一数域 $\mathbb{K}$ 上的线性空间. $T: X\to Y$ 是双射. 若 T 是线性算子，则称 T 为**线性同构映射**，X 与 Y 称为**同构的线性空间**.

(2) 设 X,Y 是两个拓扑空间，$T: X\to Y$ 是双射，若 T 与 T^{-1} 都是连续的，则称 T 是**拓扑同构映射**或**同胚映射**，X 与 Y 称为**拓扑同构**的或**同胚**的.

(3) 设 (X,ρ) 与 (Y,d) 是两个度量空间，$T: X\to Y$ 是满射. 若 T 是等距的，即 $\forall x,y\in X$，有

$$d(Tx,Ty)=\rho(x,y),$$

则称 T 是**等距同构映射**，X 与 Y 称为**等距同构**的.

(4) 设 X,Y 是两个拓扑线性空间，$T: X\to Y$ 是线性的双射，若 T 与 T^{-1} 都是连续的，则称 T 是**线性同胚映射**，X 与 Y 称为**线性同胚的**.

(5) 设 $(X,\|\cdot\|)$ 与 $(Y,\|\cdot\|^*)$ 是赋范空间，$T: X\to Y$ 是满射. 若 T 是线性算子且 T 是保范的，即 $\forall x\in X$，有 $\|Tx\|^*=\|x\|$，则称 T 是**保范同构映射**，X 与 Y 称为**同构的赋范空间**.

(6) 设 $(X,\langle\cdot,\cdot\rangle)$ 与 $(Y,\langle\cdot,\cdot\rangle^*)$ 是内积空间，$T: X\to Y$ 是满射. 若 T 是线性算子且 T 是保内积的，即 $\forall x,y\in X$，有 $\langle Tx,Ty\rangle^*=\langle x,y\rangle$，则称 T 是**保内积同构映射**，X 与 Y 称为**同构的内积空间**.

在上述定义的(3)(5)(6) 中，当 T 是等距，保范或保内积映射时，由距离与范数的正定性可知，T 必是单射. 因此 T 为等距，保范或保内积满射时，T 必定是双射. 从而，验证 T 是否为同构映射就不必验证 T 是单射了. 另外，对赋范空间而言，若 T 是线性算子，则 T 是保范的等价于 T 是等距的. 事实上，当 T 是保范的线性算子时，由 $\|Tx-Ty\|=\|T(x-y)\|=\|x-y\|$ 可知，T 必是等距的；当 T 是等距的线性算子时，由 $\|Tx\|=\|Tx-T\theta\|=\|x-\theta\|=\|x\|$ 可知，T 必是保范的. 对内积空间而言，若 T 是线性算子，则 T 是保内积的等价于 T 是保范的. 事实上，当 T 是保内积的线性算子时，由 $\|Tx\|^{*2}=\langle Tx,Tx\rangle^*=\langle x,x\rangle=\|x\|^2$ 可知，T 必是保范的；当 T 是保范的线性算子时，由极化恒等式(3.1.14)与式(3.1.15)可知，T 必是保内积的.

3.3 完备性与可分性

本节以度量空间为基本框架讨论空间的完备性与可分性.

3.3.1 空间的完备性

在数学分析的许多问题的讨论中，极限的存在性是十分重要的. 我们知道在实数空间 $\mathbb{R}^1$ 中有著名的判定极限存在的 Cauchy 准则，即实数列收敛当且仅当它满足 Cauchy 条件. 以下将满足 Cauchy 条件的数列称为 Cauchy 数列. 当我们把视线从 $\mathbb{R}^1$ 转到一般的度量空间时会提出类似的问题：对于一般度量空间的点列是否也有相应的 Cauchy 准则呢？只要

看一下有理数集$\mathbb{Q}$,它作为$\mathbb{R}^1$的度量子空间,其中的 Cauchy 数列不一定都收敛于$\mathbb{Q}$中的元. 例如,$\{(1+1/n)^n\}\subset\mathbb{Q}$显然是 Cauchy 数列,但极限 $e\notin\mathbb{Q}$. 就是说,$\{(1+1/n)^n\}$在$\mathbb{Q}$中不收敛. 所以 Cauchy 准则对于$\mathbb{Q}$并不成立. 造成这一现象的原因并不在点列本身,而在于空间中的点不够多,以至于存在空隙. 因此,度量空间上的 Cauchy 准则是否成立的性质就称为空间本身是否具备完备性.

定义 3.3.1

设(X,ρ)是度量空间,$\{x_n\}\subset X$.

(1) 若对任意 $\varepsilon>0$,总存在正整数 N,当 $m,n>N$ 有 $\rho(x_m,x_n)<\varepsilon$(也记为 $\lim\limits_{m,n\to\infty}\rho(x_m,x_n)=0$),则称$\{x_n\}$是 **Cauchy 点列**.

(2) 若 X 中每个 Cauchy 点列都是收敛的,即对 X 中任一 Cauchy 点列$\{x_n\}$,存在 $x\in X$,使 $\lim\limits_{n\to\infty}\rho(x_n,x)=0$,则称 X 是**完备**的.

(3) 完备的赋范空间称为 **Banach 空间**(注意赋范空间中 Cauchy 列的定义,按范数导出的度量,此时 $\rho(x_m,x_n)=\|x_m-x_n\|$). 完备的内积空间(按内积导出的范数所导出的度量完备)称为 **Hilbert 空间**. 完备的赋准范空间(按准范导出的度量完备)称为 **Fréchet 空间**.

根据定义 3.3.1,利用三角形不等式容易验证,若$\{x_n\}$是收敛点列,则它必是 Cauchy 点列. 若$\{x_n\}$是 Cauchy 点列,则它必是有界点列,反之都未必成立.

定理 3.3.1

$L^p(\mu)$当 $1\leqslant p\leqslant\infty$ 时对任一正测度 μ 是完备的,即 $L^p(\mu)$是 Banach 空间,其中 $L^2(\mu)$是 Hilbert 空间.

证明 $L^p(\mu)$中 p-范数记为$\|\cdot\|_p$. 先设 $1\leqslant p<\infty$. 设$\{f_n\}$是 $L^p(\mu)$中任一 Cauchy 列. 则

$\varepsilon_1=1/2,\exists n_1\in\mathbb{Z}^+,\forall n>n_1$,有 $\|f_n-f_{n_1}\|_p<1/2$;

$\varepsilon_2=1/2^2,\exists n_2\in\mathbb{Z}^+\ (n_2>n_1),\forall n>n_2$,有 $\|f_n-f_{n_2}\|_p<1/2^2$; …

$\varepsilon_k=1/2^k,\exists n_k\in\mathbb{Z}^+\ (n_k>n_{k-1}),\forall n>n_k$,有 $\|f_n-f_{n_k}\|_p<1/2^k$; …

在以上诸式中依次取 $n=n_2,n_3,\cdots,n_{k+1},\cdots$得到$\{f_n\}$的子列$\{f_{n_k}\}$使$\|f_{n_{k+1}}-f_{n_k}\|_p<1/2^k$. 令

$$g_j=\sum_{k=1}^{j}|f_{n_{k+1}}-f_{n_k}|,\quad g=\sum_{k=1}^{\infty}|f_{n_{k+1}}-f_{n_k}|.$$

应用三角形不等式,有

$$\|g_j\|_p\leqslant\sum_{k=1}^{j}\|f_{n_{k+1}}-f_{n_k}\|_p<\sum_{k=1}^{j}1/2^k<1,\quad\forall j\in\mathbb{Z}^+.$$

因$\{g_j\}$是可测的非负函数的递增序列,且 $g_j\to g\ (j\to\infty)$,故应用 Fatou 引理于$\{g_j^p\}$,得

$$\int_X g^p\,\mathrm{d}\mu=\int_X\lim_{j\to\infty}g_j^p\,\mathrm{d}\mu\leqslant\liminf_{j\to\infty}\int_X g_j^p\,\mathrm{d}\mu=\liminf_{j\to\infty}\|g_j\|_p^p\leqslant 1.$$

于是$\|g\|_p\leqslant 1$,且有 $g(x)<\infty$ a.e.. 从而级数 $f_{n_1}+\sum\limits_{k=1}^{\infty}(f_{n_{k+1}}-f_{n_k})$在 X 上几乎处处绝对收敛. 设 E 是其不收敛点集,则 $\mu(E)=0$. 对收敛点 x,令 $f(x)$为级数的和; 对 $x\in E$,令 $f(x)=0$. 则 f 是 X 上处处有定义的可测函数,且由

$$f_{n_1}+\sum_{k=1}^{j-1}(f_{n_{k+1}}-f_{n_k})=f_{n_j}$$

得 $f=\lim\limits_{j\to\infty}f_{n_j}$ a. e. 于 X. 以下证明 $\|f_n-f\|_p\to 0$. $\forall\varepsilon>0$, 由于 $\{f_n\}$ 是 Cauchy 列, $\exists N\in\mathbb{Z}^+$, $\forall m,n>N$ 有 $\|f_n-f_m\|_p<\varepsilon$. 令 $m=n_k$ 得 $\int_X|f_{n_k}-f_n|^p\mathrm{d}\mu<\varepsilon^p$. 由 Fatou 引理, $\forall n>N$, 有

$$\int_X|f-f_n|^p\mathrm{d}\mu\leqslant\liminf_{k\to\infty}\int_X|f_{n_k}-f_n|^p\mathrm{d}\mu\leqslant\varepsilon^p.$$

这表明 $\|f-f_n\|_p\to 0(n\to\infty)$ 且 $f-f_n\in L^p(\mu)$. 由于 $L^p(\mu)$ 是线性空间, 因而

$$f=(f-f_n)+f_n\in L^p(\mu).$$

再设 $p=\infty$. 设 $\{f_n\}$ 是 $L^\infty(\mu)$ 内的 Cauchy 列. 令

$$A_k=\{x:|f_k(x)|>\|f_k\|_\infty\},$$

$$B_{nm}=\{x:|f_n(x)-f_m(x)|>\|f_n-f_m\|_\infty\},$$

$$E=\left(\bigcup_{k=1}^{\infty}A_k\right)\cup\left(\bigcup_{n=1}^{\infty}\bigcup_{m=1}^{\infty}B_{nm}\right).$$

由 $\mu(A_k)=0$ 与 $\mu(B_{nm})=0$ 得 $\mu(E)=0$. 因为 $\forall\varepsilon>0$, $\exists N\in\mathbb{Z}^+$, $\forall m,n>N$, 有

$$|f_n(x)-f_m(x)|\leqslant\|f_n-f_m\|_\infty<\varepsilon. \tag{3.3.1}$$

对 $\forall x\in X\setminus E$ 一致地成立, 故由数域 $\mathbb{K}$ 的完备性(数列 Cauchy 准则), $\forall x\in X\setminus E$, 可定义 $f(x)=\lim\limits_{n\to\infty}f_n(x)$; $\forall x\in E$, 定义 $f(x)=0$. 对式(3.3.1)令 $m\to\infty$, 则 $\forall x\in X\setminus E$ 有 $|f_n(x)-f(x)|\leqslant\varepsilon$, 即 $\|f_n-f\|_\infty\leqslant\varepsilon$. 这表明 $\|f_n-f\|_\infty\to 0(n\to\infty)$. 取 $\varepsilon=1$, 则 $\forall x\in X\setminus E$ 有 $|f(x)|\leqslant|f(x)-f_{N+1}(x)|+|f_{N+1}(x)|<1+\|f_{N+1}\|_\infty$. 由此可知 $\|f\|_\infty<\infty$, 即 $f\in L^\infty(\mu)$. 证毕.

作为空间 $L^p(\mu)$ 的特例, 有下述推论.

推论 1

n 维欧氏空间 $\mathbb{K}^n$, l^2, $L^2[a,b]$ 等都是 Hilbert 空间, $l^p(n)(1\leqslant p<\infty)$, $l^\infty(n)$, $l^p(1\leqslant p<\infty)$, l^∞, $L^p[a,b](1\leqslant p<\infty)$, $L^\infty[a,b]$ 等都是 Banach 空间.

用类似于定理 3.3.1 的证明方法可以证明下述结果.

推论 2

$L^p(\mu)$ 当 $0<p<1$ 时对任一正测度 μ 是完备的, 从而是 Fréchet 空间. 特别地, $0<p<1$ 时, $l^p(n)$, l^p, $L^p[a,b]$ 等都是 Fréchet 空间.

由定理 3.3.1 的证明容易知道下述论断为真.

推论 3

设 $1\leqslant p\leqslant\infty$, μ 为任一正测度, $f_n,f\in L^p(\mu)$, $\|f_n-f\|\to 0$. 则存在 $\{f_n\}$ 的子列 $\{f_{n_k}\}$ 使 $\lim\limits_{k\to\infty}f_{n_k}(t)=f(t)$ a. e..

定理 3.3.2

设 X 是局部紧 Hausdorff 空间. 则 $C_0(X)$ 关于上确界范数是完备的, 即 $C_0(X)$ 是 Banach 空间.

证明 设 $\{f_n\}$ 是 $C_0(X)$ 中的任意 Cauchy 列. 则 $\forall\varepsilon>0$, $\exists N\in\mathbb{Z}^+$, $\forall m,n\geqslant N$, 有

$$\forall x \in X, |f_m(x)-f_n(x)| \leqslant \sup_{x\in X} |f_m(x)-f_n(x)| = \|f_m-f_n\| < \varepsilon/2. \tag{3.3.2}$$

利用$\mathbb{C}$的完备性，存在点态极限函数 f，即 $f(x)=\lim\limits_{n\to\infty} f_n(x)$. 对式(3.3.2)令 $m\to\infty$，则 $\forall x\in X$ 有$|f(x)-f_n(x)|\leqslant\varepsilon/2$. 于是

$$\|f-f_n\| = \sup_{x\in X} |f(x)-f_n(x)| \leqslant \varepsilon/2.$$

证得 $\|f_n-f\|\to 0$，即$\{f_n\}$在 X 上一致收敛于 f. 从而 f 是连续的. 因为 $f_N\in C_0(X)$，故存在紧集 K_ε，$\forall x\in K_\varepsilon^c$，$|f_N(x)|<\varepsilon/2$. 于是

$$\forall x \in K_\varepsilon^c, \quad |f(x)| \leqslant |f(x)-f_N(x)| + |f_N(x)| < \varepsilon.$$

证得 $f\in C_0(X)$且 $\|f_n-f\|\to 0(n\to\infty)$. 这表明 $C_0(X)$是完备的. 证毕.

作为空间 $C_0(X)$的特例，有下述推论.

推论

c_0 是 Banach 空间；$C(X)$是 Banach 空间，特别地，$C[a,b]$，c 是 Banach 空间.

例 3.3.1 Hilbert 空间 $A^2(D)$ （阅读）设 D 是复平面上的一个有界区域，令

$$A^2(D)=\left\{f(z): f(z)\text{ 在 } D \text{ 内解析，且}\iint_D |f(z)|^2 \mathrm{d}x\mathrm{d}y < \infty\right\}.$$

这里 $z=x+\mathrm{i}y\in D$. 在 $A^2(D)$上定义内积

$$\langle f,g\rangle = \iint_D f(z)\overline{g(z)}\mathrm{d}x\mathrm{d}y, \quad \forall f,g \in A^2(D).$$

容易证明 $A^2(D)$是一个内积空间，下面证明 $A^2(D)$是完备的.

设$\{f_n(z)\}_{n=1}^{\infty}$ 是 $A^2(D)$中的一个 Cauchy 序列，注意到 $A^2(D)$是 $L^2(D)$的一个线性子空间，$L^2(D)$是 Hilbert 空间，因此存在 $f_0\in L^2(D)$，使

$$\iint_D |f_n(z)-f_0(z)|^2 \mathrm{d}x\mathrm{d}y \to 0(n\to\infty).$$

以下只需证明 $f_0(z)$在 D 内解析. 设 G 是使 $\overline{G}\subset D$ 的任意区域，用 $2a$ 表示 $\overline{G}$ 到 D 的边界∂D 的距离. 任取 $z_0\in\overline{G}$，由于 $f_n(z)$在 D 内解析，故 f_n-f_m 在含于 D 内的闭圆盘$\{z: |z-z_0|\leqslant a\}$上有 Taylor 展式

$$f_n(z)-f_m(z)=\sum_{j=0}^{\infty} c_j(z-z_0)^j.$$

令 $z-z_0=r\mathrm{e}^{\mathrm{i}\theta}$，其中 $0\leqslant r\leqslant a$，可得

$$\begin{aligned}
\|f_n-f_m\|^2 &= \iint_D |f_n(z)-f_m(z)|^2 \mathrm{d}x\mathrm{d}y \geqslant \iint_{|z-z_0|\leqslant a} |f_n(z)-f_m(z)|^2 \mathrm{d}x\mathrm{d}y \\
&= \int_0^a \left[\int_0^{2\pi}\left(\sum_{j=0}^{\infty} c_j r^j \mathrm{e}^{\mathrm{i}j\theta}\right)\left(\sum_{k=0}^{\infty}\overline{c_k} r^k \mathrm{e}^{-\mathrm{i}k\theta}\right)\mathrm{d}\theta\right] r\mathrm{d}r \\
&= \sum_{j=0}^{\infty} 2\pi \int_0^a |c_j|^2 r^{2j+1}\mathrm{d}r = 2\pi\sum_{j=0}^{\infty} a^{2j+2}|c_j|^2(2j+2)^{-1} \\
&\geqslant \pi a^2 |c_0|^2 = \pi a^2 |f_n(z_0)-f_m(z_0)|^2.
\end{aligned}$$

因$\{f_n(z)\}_{n=1}^{\infty}$按范数是Cauchy序列，此式对任意$z_0\in\overline{G}$成立，它表明$\{f_n(z)\}_{n=1}^{\infty}$在$\overline{G}$上一致收敛，从而在$D$上内闭一致收敛. 因此$f_0(z)=\lim\limits_{n\to\infty}f_n(z)$在$D$内解析. 证毕.

度量空间(X,ρ)的一切性质不仅与集合X有关，也与所考虑的度量ρ有关，完备性也不例外. 本节开头已指出，有理数集$\mathbb{Q}$作为一维实欧氏空间的子空间是不完备的，定理3.3.2推论指出$C[a,b]$（赋最大值范数）是完备的. 下面两例将说明，对$\mathbb{Q}$改赋离散度量则它是完备的，对$C[a,b]$改赋p-范数（如$p=1$），则它是不完备的.

例3.3.2 设$\mathbb{Q}$为有理数集，ρ为离散度量，则$(\mathbb{Q},\rho)$是完备的度量空间.

事实上，对$\varepsilon\in(0,1)$，$\rho(x_m,x_n)<\varepsilon$意味着$x_m=x_n$. 于是若$\{x_n\}\subset\mathbb{Q}$为Cauchy列，则它必定基本上是常数列，即存在正整数N，当$n>N$时皆有$x_n=x$. 于是$\{x_n\}$收敛于$x\in\mathbb{Q}$，$(\mathbb{Q},\rho)$完备.

例3.3.3 在$C[a,b]$中赋以p-范数（$p=1$），即

$$\|x\|_1=\int_a^b|x(t)|\,\mathrm{d}t,\quad x\in C[a,b].$$

则$(C[a,b],\|\cdot\|_1)$不完备.

事实上，不妨设$[a,b]=[-1,1]$，如图3-10所示，取

$$x_n(t)=\begin{cases}1, & t\in[1/n,1];\\ nt, & t\in(0,1/n);\\ 0, & t\in[-1,0].\end{cases}$$

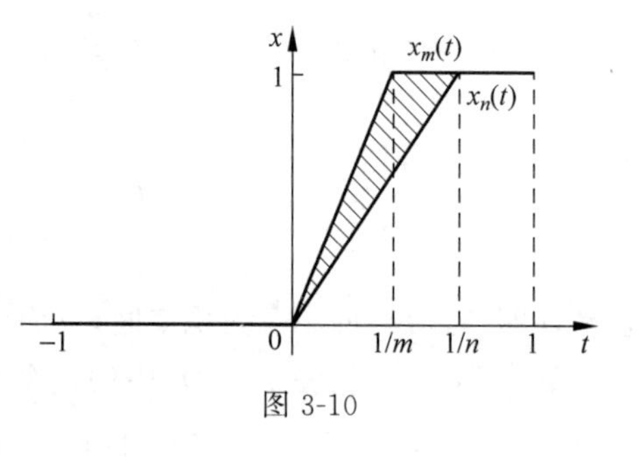

图3-10

则有$\|x_m-x_n\|_1=\int_{-1}^1|x_m(t)-x_n(t)|\,\mathrm{d}t=\frac{1}{2}\left|\frac{1}{m}-\frac{1}{n}\right|$. 故$\{x_n\}$是$C[-1,1]$中的Cauchy列. 下证$\{x_n\}$在$(C[-1,1],\|\cdot\|_1)$中不收敛. 用反证法. 假设存在$x_0(t)\in C[-1,1]$使$\|x_n-x_0\|_1\to0(n\to\infty)$. 由于

$$\|x_n-x_0\|_1=\int_{-1}^0|x_0(t)|\,\mathrm{d}t+\int_0^{1/n}|nt-x_0(t)|\,\mathrm{d}t+\int_{1/n}^1|1-x_0(t)|\,\mathrm{d}t$$

故令$n\to\infty$必有$\int_{-1}^0|x_0(t)|\,\mathrm{d}t=0$及$\int_0^1|1-x_0(t)|\,\mathrm{d}t=0$. 因为$x_0(t)$在$[-1,1]$连续，由$\int_{-1}^0|x_0(t)|\,\mathrm{d}t=0$得$t\in[-1,0]$，$x_0(t)\equiv0$；由$\int_0^1|1-x_0(t)|\,\mathrm{d}t=0$得$t\in[0,1]$，$x_0(t)\equiv1$. 这是矛盾的.

3.3.2 空间的稠密性与可分性

数学研究中一个明智的想法是将复杂集合通过它的较简单的子集表示出来. 在线性代数中我们看到，n维线性空间的任何元素可表示成基的线性组合，在微积分学中我们看到，任何一个实数可用有理数列来逼近；任何一个连续函数可用多项式序列来逼近. 一般来说，我们希望将抽象空间的每个元素由较小的子集（如可数集）通过代数运算或极限运算表示出来. 而稠密、可分、基本集这些概念体现了这种想法.

定义 3.3.2

设(X,ρ)是度量空间,$E\subset X$.

(1) 若 $\overline{E}=X$,则称 E 在 X 中**稠密**,E 称为 X 的**稠集**. 设 $A\subset X$,若 $\overline{E}\supset A$,也称 **E 在 A 中稠密**.

(2) 若 X 含有一个可数多个元的稠集 E(E 可数,$\overline{E}=X$),则称 **X 可分**. 设 $A\subset X$,若(A,ρ)可分,则称 A 是 X 中**可分集**.

下设 X 是数域$\mathbb{K}$上赋范空间.

(3) 若 $A\subset X$ 使$\overline{\operatorname{span}A}=X$,则称 A 为**基本集**.

(4) 若点列$\{e_n\}\subset X$ 使每个 $x\in X$ 可唯一地表示成 $x=\sum\limits_{n=1}^{\infty}a_ne_n$,其中$\{a_n\}\subset\mathbb{K}$,则称$\{e_n\}$为 X 的 **Schauder 基**.

按定义 3.3.2,$\overline{\mathbb{Q}}=\mathbb{R}^1$,$\mathbb{Q}$是$\mathbb{R}^1$的稠子集且$\mathbb{Q}$是可数的,所以$\mathbb{R}^1$是可分的.

若 E 是度量空间 X 中稠集,则每个 $x\in X$ 可表为E 中某序列的极限,或说 x 可用E 的元逼近. 若 A 是赋范空间 X 的基本集,则每个 $x\in X$ 可用 A 中元的线性组合逼近. 对赋范空间而言,稠集与 Schauder 基都是基本集.

另外,在度量空间 X 中,设 $A\subset E\subset X$,按 X 上的距离,若 $\overline{A}\supset E$,$\overline{E}=X$,则必有 $\overline{A}=X$. 因此,关于稠密性有下述性质:若 A 在E 中稠密,E 在 X 中稠密,则 A 在 X 中稠密.

例 3.3.4 数学分析中有下列著名的 Weierstrass 逼近定理.

设 $x(t)$是$[a,b]$上的实连续函数,则对任意 $\varepsilon>0$,总存在实系数多项式 $y(t)$,使得 $\max\limits_{t\in[a,b]}|x(t)-y(t)|<\varepsilon$.

若将$[a,b]$上实系数多项式全体记为 $P[a,b]$,则 $P[a,b]$是 $C[a,b]$的子集. 利用最大值范数,上述定理即

$$\forall x\in C[a,b],\quad \forall\varepsilon>0,\quad \exists y\in P[a,b]\text{ 使 }\|x-y\|<\varepsilon.$$

因此,上述 Weierstrass 逼近定理被表述为:$P[a,b]$在 $C[a,b]$中稠密.

例 3.3.5 在 $l^p(1\leqslant p<\infty)$中令 $e_n=(0,\cdots,0,1,0,\cdots)$,即 e_n 是l^p 中第n 个分量为 1 其余为 0 的向量. 则$\{e_n\}$是 l^p 中的一个 Schauder 基.

证明 设 $x=(a_1,a_2,\cdots a_i,\cdots)\in l^p$,则

$$\left\|x-\sum_{i=1}^{n}a_ie_i\right\|=\|(0,\cdots,0,a_{n+1},a_{n+2},\cdots)\|=\left(\sum_{i=n+1}^{\infty}|a_i|^p\right)^{1/p}\to 0,\quad n\to\infty.$$

所以,$x=\lim\limits_{n\to\infty}\sum\limits_{i=1}^{n}a_ie_i=\sum\limits_{i=1}^{\infty}a_ie_i$.

若又有 $x=\sum\limits_{i=1}^{\infty}b_ie_i$,记 $y=(b_1,b_2,\cdots,b_i,\cdots)$,则对任何正整数 n,有

$$\left\|\sum_{i=1}^{n}a_ie_i-\sum_{i=1}^{n}b_ie_i\right\|\leqslant\left\|\sum_{i=1}^{n}a_ie_i-x\right\|+\left\|x-\sum_{i=1}^{n}b_ie_i\right\|.$$

令 $n\to\infty$,有

$$\left(\sum_{i=1}^{n}|a_i-b_i|^p\right)^{1/p}=\left\|\sum_{i=1}^{n}a_ie_i-\sum_{i=1}^{n}b_ie_i\right\|\to 0.$$

$$即\ \|x-y\|=\left(\sum_{i=1}^{\infty}|a_i-b_i|^p\right)^{1/p}=0.$$

故 $x=y$，从而有 $a_i=b_i(i=1,2,\cdots)$. 这表明 x 的表示法是唯一的. 所以，$\{e_n\}$ 是 l^p 中的一个 Schauder 基.

定理 3.3.3

设 $1\leqslant p\leqslant\infty$，并且设

$$S=\{s: s\ 为\ X\ 上可测的复值简单函数且\ \mu(\{x: s(x)\neq 0\})<\infty\}.$$

则 S(按 p-范数)在 $L^p(\mu)$ 中稠密.

证明 因 $\forall s\in S$，$\mu(\{x: s(x)\neq 0\})<\infty$，故 $S\subset L^p(\mu)$. 先设 $1\leqslant p<\infty$. 设 $f\in L^p(\mu)$ 且 $f\geqslant 0$. 由定理 1.3.15，可取 $\{s_n\}\subset S$ 为在 X 上逐点收敛于 f 的可测的非负简单函数的递增序列. 因为 $0\leqslant s_n\leqslant f$，故 $s_n\in L^p(\mu)$. 由 $0\leqslant(f-s_n)^p\leqslant f^p$ 应用控制收敛定理得

$$\lim_{n\to\infty}\|f-s_n\|_p^p=\lim_{n\to\infty}\int_X|f-s_n|^p\mathrm{d}\mu=\int_X\lim_{n\to\infty}|f-s_n|^p\mathrm{d}\mu=0.$$

即 $\|f-s_n\|_p\to 0(n\to\infty)$. 这表明 $f\in\overline{S}$.

又设 f 为复值函数且 $f\in L^p(\mu)$，$f=(u^+-u^-)+\mathrm{i}(v^+-v^-)$. 则存在如上所述可测的非负简单函数的序列 $\{r_n^+\}$，$\{r_n^-\}$，$\{t_n^+\}$，$\{t_n^-\}$ 使

$$\|u^+-r_n^+\|_p\to 0,\quad \|u^--r_n^-\|_p\to 0,\quad \|v^+-t_n^+\|_p\to 0,\quad \|v^--t_n^-\|_p\to 0.$$

令 $s_n=(r_n^+-r_n^-)+\mathrm{i}(t_n^+-t_n^-)$. 则 $s_n\in S$ 且当 $n\to\infty$ 时，有

$$\|s_n-f\|_p\leqslant\|u^+-r_n^+\|_p+\|u^--r_n^-\|_p+\|v^+-t_n^+\|_p+\|v^--t_n^-\|_p\to 0.$$

因此也有 $f\in\overline{S}$.

再设 $p=\infty$. 设 $f\in L^\infty(\mu)$. 令 $E=\{x: |f(x)|>\|f\|_\infty\}$，则 $\mu(E)=0$ 且 $f=(u^+-u^-)+\mathrm{i}(v^+-v^-)$ 在 $X\backslash E$ 上有界. 于是存在可测的非负简单函数的序列 $\{r_n^+\}$，$\{r_n^-\}$，$\{t_n^+\}$，$\{t_n^-\}$ 在 $X\backslash E$ 上分别一致收敛于 u^+，u^-，v^+，v^-. 令 $s_n=(r_n^+-r_n^-)+\mathrm{i}(t_n^+-t_n^-)$. 则 $s_n\in S$ 且 $\{s_n\}$ 在 $X\backslash E$ 上一致收敛于 f. 于是

$$\|s_n-f\|_\infty\leqslant\sup_{x\in X\backslash E}|s_n(x)-f(x)|\to 0.$$

同样有 $f\in\overline{S}$.

所以，无论何种情况，都有 $\overline{S}=L^p(\mu)$. 证毕.

定理 3.3.4

设 $(X,\mathfrak{M},\mu)$ 是 Borel 测度空间，其中 X 是局部紧 Hausdorff 空间，μ 是正则的. 则对 $1\leqslant p<\infty$，$C_C(X)$(按 p-范数)在 $L^p(\mu)$ 中稠密.

证明 令 $S=\{s: s\ 为\ X\ 上可测的复值简单函数且\ \mu(\{x: s(x)\neq 0\})<\infty\}$.
$\forall s\in S$，$\forall\varepsilon>0$，应用 Lusin 定理，$\exists g\in C_C(X)$，$\exists E\in\mathfrak{M}$，$\mu(E)<\varepsilon$，使 $\forall x\in X\backslash E$ 有 $g(x)=s(x)$ 且 $|g|\leqslant\|s\|_\infty$. 因此，有

$$\begin{aligned}\|g-s\|_p&=\left(\int_X|g-s|^p\mathrm{d}\mu\right)^{1/p}=\left(\int_E|g-s|^p\mathrm{d}\mu\right)^{1/p}\\&\leqslant\left[\int_E(2\|s\|_\infty)^p\mathrm{d}\mu\right]^{1/p}<2\varepsilon^{1/p}\|s\|_\infty.\end{aligned}$$

证得 $s\in\overline{C_C(X)}$，即 $S\subset\overline{C_C(X)}$，从而由定理 3.3.3，$L^p(\mu)=\bar{S}\subset\overline{C_C(X)}$. 这表明 $C_C(X)$ 在 $L^p(\mu)$ 中稠密. 证毕.

推论(Lusin 逼近定理)

$C[a,b]$ 按 p-范数在 $L^p[a,b]$ 中稠密($1\leqslant p<\infty$).

定理 3.3.5

设 X 是局部紧 Hausdorff 空间. 则 $C_C(X)$(按上确界范数)在 $C_0(X)$ 中稠密.

证明　设 $\varepsilon>0$ 与 $f\in C_0(X)$ 都是任意的. 则存在紧集 K_ε 使 $\forall x\in K_\varepsilon^c$，$|f(x)|<\varepsilon$. 由定理 1.2.15，可取具有紧闭包的开集 V 使 $K_\varepsilon\subset V$. 应用 Urysohn 引理(定理 1.2.16)，存在 X 上的连续函数 g 使 $0\leqslant g\leqslant 1$；$\forall x\in K_\varepsilon$，$g(x)=1$；$\forall x\in V^c$，$g(x)=0$. 由于 $\bar{V}$ 为紧集，故 $g\in C_C(X)$. 令 $h=fg$，则 $h\in C_C(X)$ 且 $\|f-h\|=\sup\limits_{x\in X}|f(x)\|1-g(x)|<\varepsilon$. 因此 $f\in\overline{C_c(X)}$. 证毕.

不完备的度量空间借助稠密性可扩大成完备空间，这种扩大称为完备化，本质上说是唯一的. 这一点正如同下述熟知的事实一样：有理数空间$\mathbb{Q}$是一维欧氏空间$\mathbb{R}^1$的稠密子空间而$\mathbb{R}^1$完备，$\mathbb{R}^1$就是$\mathbb{Q}$的唯一的完备化空间.

定理 3.3.6

设(X,ρ)为度量空间. 则必存在一个完备度量空间(X_*,ρ_*)，使 X 与 X_* 的稠密子空间等距同构，且(X_*,ρ_*)在等距同构的意义下是唯一的. 即 X 可视为 X_* 的稠密子空间而 X_* 完备. 称 X_* 为 X 的**完备化**.

证明　分为如下五步.

(1) 记 X 中的 Cauchy 列全体为 E. 若序列$\{x_n\}$，$\{y_n\}\in E$，有 $\rho(x_n,y_n)\to 0$，则称$\{x_n\}$与$\{y_n\}$相等，记为$\{x_n\}\doteq\{y_n\}$. 这种相等关系$\doteq$满足自反性、对称性、传递性，因此是 E 上的等价关系. 记商集 $E/\doteq$ 为 X_*，则 X_* 中元素是 Cauchy 列的等价类，即把相等的 Cauchy 列视为同一元素. 在 X_* 上定义

$$\rho_*(\xi,\eta)=\lim_{n\to\infty}\rho(x_n,y_n),\quad \forall\xi=\{x_n\},\quad \eta=\{y_n\}\in X_*. \tag{3.3.3}$$

首先证明式(3.3.3)中 ρ_* 有完全确定的意义，即它是唯一存在的，其中的极限不随$\{x_n\}$，$\{y_n\}$的选取而改变. 事实上，由于$\{x_n\}$，$\{y_n\}$是 Cauchy 列，故

$$|\rho(x_m,y_m)-\rho(x_n,y_n)|\leqslant\rho(x_m,x_n)+\rho(y_m,y_n)\to 0(m,n\to\infty).$$

这表明$\{\rho(x_n,y_n)\}$是 Cauchy 数列，所以 $\lim\limits_{n\to\infty}\rho(x_n,y_n)$存在. 若$\{x_n\}$与$\{z_n\}$同在 ξ 代表的等价类中，$\{y_n\}$与$\{w_n\}$同在 η 代表的等价类中，即$\{x_n\}\doteq\{z_n\}$，$\{y_n\}\doteq\{w_n\}$，则

$$|\rho(x_n,y_n)-\rho(z_n,w_n)|\leqslant\rho(x_n,z_n)+\rho(y_n,w_n)\to 0(n\to\infty).$$

这表明 $\lim\limits_{n\to\infty}\rho(x_n,y_n)=\lim\limits_{n\to\infty}\rho(z_n,w_n)=\rho_*(\xi,\eta)$.

(2) 证明(X_*,ρ_*)是度量空间.

(D1) 设 $\xi=\{x_n\}$，$\eta=\{y_n\}\in X_*$，显然 $\rho_*(\xi,\eta)\geqslant 0$. $\rho_*(\xi,\eta)=0$ 当且仅当 $\lim\limits_{n\to\infty}\rho(x_n,y_n)=0$，即$\{x_n\}\doteq\{y_n\}$. 这表明 $\rho_*(\xi,\eta)=0$ 当且仅当 $\xi=\eta$.

(D2) $\rho_*(\xi,\eta)=\lim\limits_{n\to\infty}\rho(x_n,y_n)=\lim\limits_{n\to\infty}\rho(y_n,x_n)=\rho_*(\eta,\xi)$.

(D3) 若 $\xi=\{x_n\}$，$\eta=\{y_n\}$，$\zeta=\{z_n\}\in X_*$，则

$$\rho_*(\xi,\eta)=\lim_{n\to\infty}\rho(x_n,y_n)\leqslant\lim_{n\to\infty}\rho(x_n,z_n)+\lim_{n\to\infty}\rho(z_n,y_n).$$

$$=\rho_*(\xi,\zeta)+\rho_*(\zeta,\eta).$$

(3) 证明 X 等距同构于 X_* 的稠密子空间. 设 $x\in X$. 则常点序列 $\{x,x,\cdots\}$ 显然是 Cauchy 列，记它所在的类为 $\bar{x}$，令

$$X_0=\{\bar{x}:x\in X\}.$$

则 $X_0\subset X_*$，且由于任意 $x,y\in X$ 有 $\rho_*(\bar{x},\bar{y})=\lim\limits_{n\to\infty}\rho(x,y)=\rho(x,y)$，故 X 与 X_0 等距同构. 以下证明 X_0 在 X_* 中稠密.

事实上，对任意 $\xi\in X_*$，不妨设 $\xi=\{x_n\}$，其中 $x_n\in X$. 对每个 n，记 $\bar{x}_n=\{x_n,x_n,\cdots\}$，则 $\bar{x}_n\in X_0$. 由于 $\{x_n\}$ 是 X 中的 Cauchy 列，故 $\forall\varepsilon>0,\exists N\in\mathbb{Z}^+,\forall k,n\geqslant N$，有 $\rho(x_k,x_n)<\varepsilon$，从而

$$\rho_*(\xi,\bar{x}_k)=\lim_{n\to\infty}\rho(x_n,x_k)\leqslant\varepsilon,\quad\forall k\geqslant N. \tag{3.3.4}$$

式(3.3.4)表明 $\lim\limits_{k\to\infty}\bar{x}_k=\xi$. 因此 X_0 在 X_* 中稠密.

(4) 证明 (X_*,ρ_*) 完备. 设 $\{\xi_n\}$（其中 $\xi_n=\{x_k^{(n)}\}_{k=1}^{\infty}$）是 X_* 中 Cauchy 列. 由于 X_0 在 X_* 中稠密，取 $\bar{y}_n\in X_0\cap B(\xi_n,1/n)$，则

$$\rho_*(\bar{y}_n,\xi_n)<1/n. \tag{3.3.5}$$

因 $\{\xi_n\}$ 是 Cauchy 列，$\forall\varepsilon>0,\exists N\in\mathbb{Z}^+(N>3/\varepsilon),\forall m,n\geqslant N$，有 $\rho_*(\xi_n,\xi_m)<\varepsilon/3$. 于是

$$\rho(y_n,y_m)=\rho_*(\bar{y}_n,\bar{y}_m)\leqslant\rho_*(\bar{y}_n,\xi_n)+\rho_*(\xi_n,\xi_m)+\rho_*(\xi_m,\bar{y}_m)<\varepsilon.$$

即 $\{y_n\}$ 是 X 中 Cauchy 列. 记 $\xi_0=\{y_n\}$，则 $\xi_0\in X_*$，且由式(3.3.4)得到 $\lim\limits_{n\to\infty}\rho_*(\xi_0,\bar{y}_n)=0$，又由式(3.3.5)得到

$$\rho_*(\xi_n,\xi_0)\leqslant\rho_*(\xi_n,\bar{y}_n)+\rho_*(\bar{y}_n,\xi_0)\to 0\quad(n\to\infty).$$

即 $\xi_n\to\xi_0$. 因此 (X_*,ρ_*) 是完备的.

(5) 证明唯一性. 若 (X',ρ') 也是与 (X_*,ρ_*) 有同样性质的 (X,ρ) 的完备化空间，即 X' 完备，X 与 X' 的稠子空间 X'_0 等距同构. 易知 X_0 与 X'_0 等距同构. 设 $\varphi:X'_0\to X_0$ 是等距同构映射，作映射 $T:X'\to X_*$ 如下：对任意 $\xi'\in X'$，由于 X'_0 在 X' 中稠密，存在 X'_0 中点列 $\{x'_n\}$ 使 $x'_n\to\xi'$；由此易知 $\{\varphi(x'_n)\}$ 是 X_* 中的 Cauchy 列，由 X_* 的完备性，$\exists\xi_*\in X_*$ 使 $\varphi(x'_n)\to\xi_*$. 于是令 $T\xi'=\xi_*$.

首先，这样定义的 T 与 $\{x'_n\}$ 的取法无关. 事实上，若另有 $\{y'_n\}\subset X'_0$，$y'_n\to\xi'$，则

$$\begin{aligned}\rho_*\left(\lim_{n\to\infty}\varphi(x'_n),\lim_{n\to\infty}\varphi(y'_n)\right)&=\lim_{n\to\infty}\rho_*(\varphi(x'_n),\varphi(y'_n))\\&=\lim_{n\to\infty}\rho'(x'_n,y'_n)=\rho'(\xi',\xi')=0.\end{aligned}$$

即 $\lim\limits_{n\to\infty}\varphi(x'_n)=\lim\limits_{n\to\infty}\varphi(y'_n)$. 以下证明 T 是从 X' 到 X_* 的等距同构映射.

对任意 $\xi_*\in X_*$，由于 X_0 是 X_* 的稠子集，故存在 $\{\bar{z}_n\}\subset X_0$ 使 $\bar{z}_n\to\xi_*$. 易知 $\{\varphi^{-1}(\bar{z}_n)\}$ 是 X' 中 Cauchy 列，从而有 $\xi'\in X'$ 使 $\varphi^{-1}(\bar{z}_n)\to\xi'$，且 $T\xi'=\xi_*$，即 T 是满射. 又因为任意 $\xi',\eta'\in X'$，存在 $\{x'_n\},\{y'_n\}\subset X'_0$ 使 $x'_n\to\xi'$，$y'_n\to\eta'$，故

$$\rho'(\xi',\eta')=\lim_{n\to\infty}\rho'(x'_n,y'_n)=\lim_{n\to\infty}\rho_*(\varphi(x'_n),\varphi(y'_n))=\rho_*(T\xi',T\eta').$$

因此 T 是等距同构映射. 证毕.

由定理 3.3.5 与定理 3.3.6 得到下述结果.

定理 3.3.7

设 X 是局部紧 Hausdorff 空间. 则 $C_0(X)$ 是 $C_C(X)$(按上确界范数) 的完备化空间.

取 $X=\mathbb{R}^k$. 注意 $C_C(\mathbb{R}^k)$上的上确界范数与本性上确界范数是一致的,即 $\|f\|_\infty=\sup\limits_{x\in\mathbb{R}^k}|f(x)|$. 定理 3.3.7 指出,$C_C(\mathbb{R}^k)$关于本性上确界范数的完备化空间是 $C_0(\mathbb{R}^k)$而不是 $L^\infty(\mathbb{R}^k)$.

由定理 3.3.4 与定理 3.3.6 得到下述结果.

定理 3.3.8

设$(X,\mathfrak{M},\mu)$是 Borel 测度空间,其中 X 是局部紧 Hausdorff 空间,μ 是正则的. 则当 $1\leqslant p<\infty$时,$L^p(\mu)$是 $C_C(X)$(按 p-范数)的完备化空间.

取 $X=\mathbb{R}^k$. 注意在 $C_C(\mathbb{R}^k)$中,由于函数的连续性,$\|f-g\|_p=0$ 当且仅当 $f=g$(不是 $f=g$ a. e. !). 定理 3.3.8 指出,$L^p(\mathbb{R}^k)$是 $C_C(\mathbb{R}^k)$关于 p-范数的完备化空间,而 $C_C(\mathbb{R}^k)$赋予 p-范数所得赋范空间是不完备的. 特殊情形是例 3.3.3,$(C[a,b],\|\cdot\|_1)$作为 $L^1[a,b]$的子空间是不完备的,但$(C[a,b],\|\cdot\|_1)$在 $L^1[a,b]$中稠密而 $L^1[a,b]$完备. $L^1[a,b]$是$(C[a,b],\|\cdot\|_1)$的完备化空间. 用此观点审视 Riemann 积分与 Lebesgue 积分间的关系是十分有趣的:"Lebesgue 可积函数类"是"Riemann 可积函数类"的完备化. 由此可进一步认识到 Riemann 积分的局限性,用其作为研究可积函数空间的理论工具显然是不合适的.

定理 3.3.9

$\mathbb{R}^n$,$C[a,b]$,$l^p(1\leqslant p<\infty)$,$L^p[a,b](1\leqslant p<\infty)$都是可分的.

证明　(1) 令$\mathbb{Q}^n=\{(r_1,r_2,\cdots,r_n): r_i\in\mathbb{Q},i=1,2,\cdots,n\}$,其中$\mathbb{Q}$是有理数集. 则$\mathbb{Q}^n$是可数的,且按欧氏范数,$\mathbb{Q}^n$ 在$\mathbb{R}^n$ 中稠密. 这表明$\mathbb{R}^n$ 是可分的.

(2) 记有理系数多项式的全体为 $P_0[a,b]$,它是可数集. 容易知道 $P_0[a,b]$(按最大值范数)在 $P[a,b]$中稠密. 利用 Weierstrass 定理(见例 3.3.4),可知 $P[a,b]$在 $C[a,b]$中稠密. 于是 $P_0[a,b]$在 $C[a,b]$中稠密. 因此 $C[a,b]$可分.

(3) 若 Banach 空间 X 有 Schauder 基,则 X 必是可分的. 事实上,令 $E=\left\{\sum\limits_{i=1}^n r_ie_i: r_i\in\mathbb{Q},i=1,2,\cdots,n;\ n\geqslant 1\right\}$,其中$\mathbb{Q}$是有理数集,$\{e_i\}_{i=1}^\infty$ 为 Schauder 基. 因为 E 是可数集,且在 X 中稠密,故 X 是可分的. 取 $X=l^p$,利用例 3.3.5 立即得到 $l^p(1\leqslant p<\infty)$是可分的.

(4) 已知可数集 $P_0[a,b]$按最大值范数在 $C[a,b]$中稠密. 由 p-范数$\|\cdot\|_p$ 与最大值范数$\|\cdot\|$的定义,$\|x\|_p\leqslant\|x\|(b-a)^{1/p}$,$\|x-y\|<\varepsilon\Rightarrow\|x-y\|_p<(b-a)^{1/p}\varepsilon$. 因此,$P_0[a,b]$按 p-范数在 $C[a,b]$中稠密. 再由 Lusin 逼近定理,$C[a,b]$按 p-范数在 $L^p[a,b]$中稠密. 于是 $P_0[a,b]$按 p-范数在 $L^p[a,b]$中稠密. 所以 $L^p[a,b]$是可分的. 证毕.

注意线性基(Hamel 基)与 Schauder 基是两个不同的概念. 线性基只涉及线性运算,不涉及极限运算,任何非零的线性空间必存在线性基. Schauder 基涉及极限运算. 虽然存在

Schauder 基的 Banach 空间是可分的，但是可分的 Banach 空间未必一定存在 Schauder 基. 1973 年，芬兰数学家 Enflo 构造了一个不具有 Schauder 基的可分的 Banach 空间的例子.

定理 3.3.10

l^{∞}，$L^{\infty}[a,b]$ 都是不可分的.

证明 常用的验证方法是找一个不可数的定距点集.

(1) 证 l^{∞} 不可分. 令 A 是 l^{∞} 中子集，其中的元素都是仅由 0，1 两个数组成的数列，即

$$A=\{x=(a_1,a_2,\cdots,a_n,\cdots):\ a_n=0 \text{ 或 } a_n=1, n\in\mathbb{Z}^+\}.$$

则将[0,1]中的实数用二进位表示可知，A 与[0,1]中实数一一对应，因此 A 是不可数的. 由于对 $x=(a_1,a_2,\cdots)$，$y=(b_1,b_2,\cdots)\in A$，当 $x\neq y$ 时，必存在 n_0 使 $|a_{n_0}-b_{n_0}|=1$，因而 $\rho(x,y)=\|x-y\|=\sup\limits_{n\geqslant 1}|a_n-b_n|=|a_{n_0}-b_{n_0}|=1$.

（反证法）假设 l^{∞} 可分，则有 $E\subset l^{\infty}$ 为可数集使 $\bar{E}=l^{\infty}$. 因为 A 是定距为 1 的点集，故 $\{B(x,1/3):\ x\in A\}$ 是 l^{∞} 中互不相交的开球族，所以是不可数的. 对任意 $x\in A\subset l^{\infty}=\bar{E}$，由闭包定义，$B(x,1/3)\cap E\neq\varnothing$，即 $\{B(x,1/3):\ x\in A\}$ 中每个球至少含 E 的一个点，与 E 是可数的相矛盾.（同样的方法表明，A 及 l^{∞} 中含 A 的任何子集按 l^{∞} 中范数导出的度量都是不可分的.）

(2) 证 $L^{\infty}[a,b]$ 不可分. 令 $f_s(t)=\begin{cases}0, & a\leqslant t\leqslant s,\\ 1, & s<t\leqslant b.\end{cases}$ 当 $s_1\neq s_2$ 时，不妨设 $s_1<s_2$，有

$f_{s_1}(t)-f_{s_2}(t)=\begin{cases}1, & t\in(s_1,s_2],\\ 0, & t\notin(s_1,s_2].\end{cases}$ 如图 3-11 所示.

$$\|f_{s_1}-f_{s_2}\|=\operatorname*{ess\,sup}_{t\in[a,b]}|f_{s_1}(t)-f_{s_2}(t)|=1.$$

令 $A=\{f_s(t):\ s\in[a,b]\}$. 由于$[a,b]$是不可数的，因而 A 是不可数的.

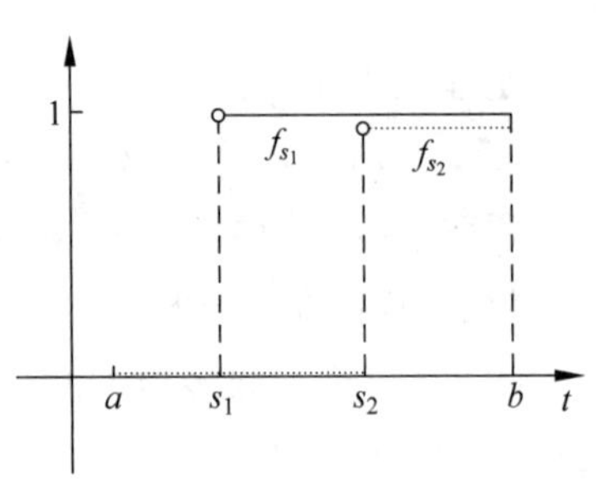

图 3-11

（用反证法，接下来的证明完全与(1)相同，也可采用下面的不同的表达方式）假设 $L^{\infty}[a,b]$ 是可分的，则有 $L^{\infty}[a,b]$ 中可数集 E 使 $\bar{E}=L^{\infty}[a,b]$. 于是 $L^{\infty}[a,b]$ 中开球族 $\{B(f,1/3):\ f\in E\}$ 为至多可列集. 对任意 $g\in L^{\infty}[a,b]=\bar{E}$，存在 $f\in E$，使 $\rho(f,g)<1/3$，即 $g\in B(f,1/3)$. 这表明 $\bigcup\limits_{f\in E}B(f,1/3)=L^{\infty}[a,b]$. 由于 $L^{\infty}[a,b]\supset A$，而 A 是不可数的，因此 A 中必有两个不同的元 f_1，f_2 落入某同一个球 $B(f_0,1/3)$ 中，有

$$1=\rho(f_1,f_2)\leqslant\rho(f_1,f_0)+\rho(f_0,f_2)<2/3.$$

这是矛盾的. 证毕.

3.3.3 Baire 纲定理

可以想见，完备的度量空间具有更为优良的性质. 以下将抽象地考察这些性质.

定理 3.3.11

设 (X,ρ) 是度量空间，$E\subset X$.

(1) 若 E 是完备子空间，则 E 为闭集.

(2) 若 X 完备且 E 是闭集,则 E 是完备子空间.

证明 (1) 设 E 是 X 的完备子空间,点列 $\{x_n\}\subset E$ 是收敛点列,即存在 $x\in X$ 使 $x_n\to x(n\to\infty)$. 于是 $\{x_n\}$ 也是 E 中的 Cauchy 点列. 但 E 完备,所以 $\{x_n\}$ 必在 E 中收敛,即 $x\in E$. 这表明 E 是闭集.

(2) 设 E 是 X 的闭子集,$\{x_n\}\subset E$ 为 Cauchy 列. 则 $\{x_n\}$ 也是 X 中的 Cauchy 列,由于 X 完备,故有 $x\in X$ 使 $x_n\to x(n\to\infty)$. E 是闭的蕴涵 $x\in E$. 这表明 E 是完备的. 证毕.

定理 3.3.12

设 X 是赋范空间. 则 X 完备当且仅当其中任一绝对收敛级数是收敛的.

证明 必要性 设 X 完备且 $\sum\limits_{k=1}^{\infty}x_k$ 绝对收敛,即 $\sum\limits_{k=1}^{\infty}\|x_k\|<\infty$. 令 $S_n=\sum\limits_{k=1}^{n}x_k$,则

$$\|S_{n+j}-S_n\|=\left\|\sum_{k=n+1}^{n+j}x_k\right\|\leqslant\sum_{k=n+1}^{n+j}\|x_k\|\to 0,\quad n\to\infty.$$

于是 $\{S_n\}$ 是 Cauchy 列,从而由 X 完备可知,存在 $x\in X$,$S_n\to x$,即 $x=\sum\limits_{k=1}^{\infty}x_k$.

充分性 设 $\{y_n\}$ 是 X 中任一 Cauchy 列. 则

$$\forall k\in\mathbb{Z}^+,\exists n_k\in\mathbb{Z}^+\ (n_{k+1}>n_k),\forall n>n_k \text{ 有 } \|y_n-y_{n_k}\|<1/2^k.$$

这表明可选取 $\{y_n\}$ 的子列 $\{y_{n_k}\}$,使 $\|y_{n_{k+1}}-y_{n_k}\|<1/2^k$. 于是级数 $\sum\limits_{k=1}^{\infty}\|y_{n_{k+1}}-y_{n_k}\|$ 收敛,即级数 $\sum\limits_{k=1}^{\infty}(y_{n_{k+1}}-y_{n_k})$ 绝对收敛. 由充分性的假设,$\sum\limits_{k=1}^{\infty}(y_{n_{k+1}}-y_{n_k})$ 是收敛的. 注意到 $\sum\limits_{k=1}^{\infty}(y_{n_{k+1}}-y_{n_k})$ 的部分和为 $y_{n_{k+1}}-y_{n_1}$,由此推出 $\{y_{n_k}\}$ 收敛. 设 $y_{n_k}\to y\in X$. $\forall\varepsilon>0$,由于 $\{y_n\}$ 是 Cauchy 列及 $\{y_{n_k}\}$ 收敛,$\exists N\in\mathbb{Z}^+$,$\forall n,n_k\geqslant N$,$\|y_{n_k}-y\|<\varepsilon/2$,$\|y_n-y_{n_k}\|<\varepsilon/2$. 于是 $\|y_n-y\|\leqslant\|y_n-y_{n_k}\|+\|y_{n_k}-y\|<\varepsilon$. 这表明 $y_n\to y$. 因此 X 是完备的. 证毕.

例 3.3.6 设 E 为 l^∞ 中所有以除有限项之外为 0 的数列为元素构成的线性子空间,E 按上确界范数是赋范空间. 令 e_n 是第 n 项为 $1/2^n$ 其余为 0 的数列. 则 $e_n\in E$. 于是 $\sum\limits_{n=1}^{\infty}\|e_n\|=\sum\limits_{n=1}^{\infty}\frac{1}{2^n}<\infty$,但 $\sum\limits_{n=1}^{\infty}e_n$ 不是 E 中的元,即 $\sum\limits_{n=1}^{\infty}e_n$ 在 E 中是不收敛的,E 不是 l^∞ 的闭子空间.

下面的闭集套定理与 $\mathbb{R}^1$ 中闭区间套定理是完全类似的.

定理 3.3.13(闭集套定理)

设 (X,ρ) 是完备的度量空间,$\{F_n\}$ 是 X 中一列非空递缩闭集,即有 $F_n\supset F_{n+1}(n\geqslant 1)$,并且直径 $d(F_n)\to 0(n\to\infty)$. 则 $\{F_n\}$ 存在唯一公共元 x,即 $\bigcap\limits_{n=1}^{\infty}F_n=\{x\}$.

证明 取 $x_n\in F_n$,$n\geqslant 1$. 由 $F_n\supset F_{n+1}$ 可知,$\forall m\geqslant n$,有 $F_m\subset F_n$,从而 $x_m\in F_n$,$\rho(x_m,x_n)\leqslant d(F_n)\to 0(m,n\to\infty)$. 这说明 $\{x_n\}$ 是 Cauchy 列. 因为 X 是完备的,故有 $x\in$

X 使 $\lim\limits_{n\to\infty}x_n=x$. 固定 $n\geqslant 1$. 由于 $\forall m\geqslant n, x_m\in F_n$，而 F_n 是闭集，令 $m\to\infty$，得到 $x=\lim\limits_{m\to\infty}x_m\in F_n$. 因此 $x\in\bigcap\limits_{n=1}^{\infty}F_n$.

假设又有 $y\in\bigcap\limits_{n=1}^{\infty}F_n$. 则 $\forall n\in\mathbb{Z}^+$，有 $x,y\in F_n$，$\rho(x,y)\leqslant d(F_n)\to 0(n\to\infty)$. 这表明 $\rho(x,y)=0$，即 $x=y$. 证毕.

如果说不完备的空间是有空隙的空间，那么完备的空间就是稠密到一定程度的空间，使得稠密开集的可数交仍是稠密的. Baire 纲定理揭示了完备空间的这一重要性质. 下面先介绍与此有关的概念.

定义 3.3.3

设 X 是度量空间，$E\subset X$.

(1) 若 $E^{-\circ}=\varnothing$，则称 E 为**无处稠密集**或**疏集**.

(2) 若 E 可表成可数个疏集之并，则称 E 是**第一纲集**，不是第一纲的集称为**第二纲**的.

(3) 若 X 中可数多个稠密开集之交仍在 X 中稠密，则称 X 具有 **Baire 性质**.

很容易举出疏集的例子. 疏集等价于其闭包无内点. 因此无内点的闭集必是疏集. 设$\mathbb{R}^1$为通常实数空间，则$\mathbb{R}^1$ 中任意有限集必为疏集；$A=\{1,1/2,\cdots,1/n,\cdots\}$，由于 $\overline{A}=A\cup\{0\}$ 无内点，所以 A 是疏集.

疏集本身是第一纲集. 在实数空间$\mathbb{R}^1$ 中，由于单点集是疏集，因而可数集都是第一纲集，有理数集$\mathbb{Q}$是第一纲集.

由定义 3.3.3 可知，若 E 是 X 的疏集，则 E^c 必是 X 的稠集，反之未必成立.

事实上，设 E 是 X 的疏集，则 $E^{-\circ}=\varnothing$，由 $E\subset E^-$ 得 $E^\circ=\varnothing$，此式即 $E^{c-c}=\varnothing$. 因此 $E^{c-}=X$，E^c 是 X 的稠集.

反之，考虑下述例子. $\mathbb{Q}$ 是$\mathbb{R}^1$ 中有理点集，$\mathbb{Q}^c$ 作为无理点集显然是$\mathbb{R}^1$ 的稠集. 但因 $\mathbb{Q}^{-\circ}=(\mathbb{R}^1)^\circ=\mathbb{R}^1$，$\mathbb{Q}$ 不是$\mathbb{R}^1$ 的疏集.

关于疏集与稠集的下列等价性质是成立的：

设 E 是度量空间 X 的闭集. 则 E 是疏集的充要条件是 E^c 是稠集.

定理 3.3.14(Baire 定理)

(1) 完备度量空间具有 Baire 性质.

(2) 具有 Baire 性质的度量空间是第二纲的.

上述的 Baire 定理同时也指出，完备度量空间必是第二纲的，即不可表示为至多可数个疏集之并.

证明 (1) 设 X 是完备的，$\{A_n\}$是 X 中一列稠密开集，$A=\bigcap\limits_{n=1}^{\infty}A_n$. 下证 $\overline{A}=X$，即证 $\forall x\in X, \forall\varepsilon>0, B(x,\varepsilon)\cap A\neq\varnothing$.

记$U=B(x,\varepsilon)$，则 U 作为开球是开集. 因为开集 A_1 在 X 中稠密，故 $A_1\cap U\neq\varnothing$，此时由于 $A_1\cap U$ 是开的，存在 $x_1\in X$ 及 $0<r_1<1$ 使

$$B(x_1,r_1)\subset A_1\cap U,$$

于是闭球 $B[x_1,r_1/2]\subset B(x_1,r_1)$；

因开集 A_2 在 X 中稠密，故 $A_2\cap B(x_1,r_1/2)\neq\varnothing$，又由于 $A_2\cap B(x_1,r_1/2)$ 是开的，存在 $x_2\in X$ 及 $0<r_2<1/2$ 使

$$B(x_2,r_2)\subset A_2\cap B(x_1,r_1/2),$$

于是开球 $B(x_2,r_2)\subset A_2\cap U$ 且闭球 $B[x_2,r_2/2]\subset B(x_2,r_2)\subset B[x_1,r_1/2]$；…

如此继续做下去，得到递缩闭球序列 $\{B[x_n,r_n/2]\}$，$B[x_n,r_n/2]$ 的直径满足 $0<r_n<1/n$，且

$$B[x_n,r_n/2]\subset B(x_n,r_n)\subset A_n\cap U.$$

因为 X 是完备的，由闭集套定理，存在 $x\in X$ 使

$$\{x\}=\bigcap_{n=1}^{\infty}B[x_n,r_n/2]\subset\bigcap_{n=1}^{\infty}(A_n\cap U)=\left(\bigcap_{n=1}^{\infty}A_n\right)\cap U=A\cap U.$$

故 $A\cap U\neq\varnothing$. 这表明 $\overline{A}=X$，即 A 在 X 中稠密.

(2) 假设 X 是第一纲的，即 $X=\bigcup\limits_{n=1}^{\infty}E_n$，每个 E_n 是疏集. 则显然有 $X=\bigcup\limits_{n=1}^{\infty}\overline{E}_n$. 令 $A_n=E_n^{-c}$，由 $E_n^{-\circ}=\varnothing$ 得，$E_n^{-c-c}=\varnothing$，即 $\overline{A}_n=E_n^{-c-}=X$. 这表明 A_n 是 X 中的开的稠密子集. 于是

$$\varnothing=X^c=\left(\bigcup_{n=1}^{\infty}\overline{E}_n\right)^c=\bigcap_{n=1}^{\infty}E_n^{-c}=\bigcap_{n=1}^{\infty}A_n,$$

这与 X 的 Baire 性质矛盾. 所以 X 是第二纲集. 证毕.

Baire 纲定理具有基本的重要性，用途非常广泛，这在以后将会看到.

若将第一纲集的余集称为剩余集，则对完备度量空间 X 而言，Baire 定理告诉我们，剩余集也是第二纲的(当 $A\subset X$ 是第一纲集时，若 A^c 也是第一纲集，此时由于两个至多可列疏集族的并仍是至多可列的，故有 $X=A\cup A^c$ 是第一纲的，这与 X 完备，X 是第二纲的性质相矛盾). 用此观点审视实数空间 $\mathbb{R}^1$，我们可以看到，有理点集是第一纲的，而无理点集是第二纲的. 这与 Lebesgue 测度的观点相类似：几乎每个实数都是无理数.

3.4　紧性与有限维空间

前面已经在拓扑空间框架下一般性地讨论了紧性. 本节的目的是在度量空间与赋范空间框架下进行进一步的讨论. 有了度量、范数及线性关系等工具，我们可以更加清晰地认识各种紧性之间的内在联系.

3.4.1　度量空间中的紧性

我们知道，拓扑空间中的子集称为紧集，是指它的任何开覆盖都能选出有限子覆盖. 由于在度量空间中有球形邻域，其中的收敛可用点列来描述，因而在度量空间中，除了上述的覆盖式紧性外，还有另外两种紧性.

定义 3.4.1

设 X 是度量空间，$A\subset X$.

(1) 若 A 中任何点列都含有在 X 中收敛的子点列，则称 A 是**列紧**的.

(2) 设 $E\subset X$. 若以 E 中的点为心的开球族 $\{B(x,\varepsilon)\mid x\in E\}$ 覆盖 A，则称 **E 是 A 的 ε-网**. 若对任意 $\varepsilon>0$，X 中总存在由有限个元素构成的集 E 为 A 的 ε-网（$\forall\varepsilon>0$，A 有有限 ε-网），则称 A 是**全有界**的.

注意到在上述定义 3.4.1(1) 中并没有要求收敛子点列的极限一定属于 A. 若作这样的要求，则称 A 为**自列紧集**或**列紧闭集**. 列紧集未必是列紧闭集. 当空间 X 本身是列紧集时当然它是列紧闭集.

在上述定义 3.4.1(2) 中，当 ε 变小时，有限集 E 的元素随之改变，元素的个数一般来说会变多. 另外作为 A 的 ε-网的有限集合 E 并没有要求 $E\subset A$. 实际上，是否要求 $E\subset A$ 并不改变全有界性. 利用 ε 的任意性可以证明二者是等价的. 当已知 A 全有界时，为了方便，常假定 $E\subset A$.

比较定义 3.4.1(2) 与覆盖式紧性定义可知，A 是全有界集相当于说 A 的任何以 ε 为半径的开球族覆盖（特殊的开覆盖）有有限子覆盖. 所以紧集必是全有界集.

全有界集也称为准紧集. 当 X 是赋范空间时，设 $B(X)$ 为 X 中原点的开单位球，则 $B(x_0,\varepsilon)=x_0+\varepsilon B(X)$. 于是 A 全有界等价于 $\forall\varepsilon>0$，$\exists x_1,x_2,\cdots,x_{n(\varepsilon)}\in X$（或有限集合 $E_\varepsilon\subset X$）使

$$A\subset\bigcup_{i=1}^{n(\varepsilon)}x_i+\varepsilon B(X)\text{（或 }A\subset E_\varepsilon+\varepsilon B(X)\text{）}.$$

按定义 3.4.1，在 Euclid 空间 $\mathbb{K}^n$ 中，因为任何有界点列必有收敛的子点列（Bolzano-Weierstrass 定理），故 $\mathbb{K}^n$ 中任何有界集是列紧的. 因为对 $\mathbb{K}^n$ 中有界闭集，其任何开覆盖必有有限子覆盖（Hahn-Borel 定理），故 $\mathbb{K}^n$ 中任何有界闭集是紧集. 在一般度量空间中，有限集必是紧集，必是列紧集，也必是全有界集.

例 3.4.1 设 $A\subset l^\infty$，其中

$$A=\{x=(a_1,a_2,\cdots,a_n,\cdots)\mid a_n=0\text{ 或 }a_n=1,n=1,2,\cdots\}.$$

则 A 是 l^∞ 中不可数子集，且 A 是有界闭集. 事实上，因为任意 $x\in A$，当 $x\neq\theta$ 时皆有 $\|x\|_\infty=1$，这表明 A 有界. 设 $\{x_i\}\subset A$，$x_i\to x$. 则

$$\|x_i-x_j\|_\infty\leqslant\|x_i-x\|_\infty+\|x-x_j\|_\infty\to0,\quad i,j\to\infty.$$

注意到 $x_i\neq x_j$ 时有 $\|x_i-x_j\|_\infty=1$，故当 i,j 充分大时必有 $x_i=x_j$. 于是 $x_i\to x$ 意味着 $\exists N>N$，$\forall i>N$，$x_i=x$. 因此 $x\in A$. 这表明 A 是闭集.

上述推理同时也表明，A 中任何互异点列都不会收敛，因此 A 不是列紧集. A 也不是全有界的. 事实上，因为 A 是定距为 1 的点集且 A 是不可数集，故当 $0<\varepsilon<1/2$ 时，$x\in l^\infty$，$B(x,\varepsilon)$ 至多含 A 的一个元. 对 l^∞ 中任何有限集 E，$\{B(x,\varepsilon):x\in E\}$ 至多盖住 A 中有限个元. 因此 A 不是全有界的.

全有界集有下述性质.

定理 3.4.1

设 (X,ρ) 是度量空间，$A\subset X$ 为全有界集. 则

(1) A 有界.

(2) A 可分.

(3) A 中任一点列必含有 Cauchy 子点列.

证明 (1) 对 $\varepsilon=1$，A 有有限 1-网，即存在 $E=\{e_1,e_2,\cdots,e_k\}$，使 $A\subset\bigcup\limits_{i=1}^{k}B(e_i,1)$. 于是直径 $d(E)<\infty$，且对任意 $x,y\in A$，存在 e_i,e_j 使 $x\in B(e_i,1)$，$y\in B(e_j,1)$. 因为

$$\rho(x,y)\leqslant\rho(x,e_i)+\rho(e_i,e_j)+\rho(e_j,y)\leqslant 1+d(E)+1=2+d(E),$$

故 $d(A)\leqslant 2+d(E)<\infty$，$A$ 是有界集.

(2) 对 $\varepsilon=1/n(n\in\mathbb{Z}^+)$，$A$ 有有限 $1/n$-网 $E_n=\{e_1^{(n)},e_2^{(n)},\cdots,e_{k_n}^{(n)}\}$. 令 $E=\bigcup\limits_{n=1}^{\infty}E_n$，则 E 至多为可列集. 下证 $\bar{E}\supset A$. 事实上，对 $x\in A$ 与 $n\in\mathbb{Z}^+$，因 $A\subset\bigcup\limits_{i=1}^{k_n}B(e_i^{(n)},1/n)$，故存在 i 使 $x\in B(e_i^{(n)},1/n)$，即 $\rho(x,e_i^{(n)})<1/n$. 于是 $e_i^{(n)}\in B(x,1/n)\cap E$. 由于 $n\in\mathbb{Z}^+$，$B(x,1/n)\cap E\neq\varnothing$，故 $x\in\bar{E}$，这表明 $A\subset\bar{E}$. 所以 A 为可分集.

(3) 设 $\{x_i\}\subset A$ 为任一点列(不妨设其不含有无限多个相同元的项，否则的话结论已得证). 对 $\varepsilon=1/n(n\in\mathbb{Z}^+)$，$A$ 有有限 $1/n$-网 $E_n=\{e_1^{(n)},e_2^{(n)},\cdots,e_{k_n}^{(n)}\}$ 使 $A\subset\bigcup\limits_{i=1}^{k_n}B(e_i^{(n)},1/n)$. 注意到 E_n 总是有限集，而点列 $\{x_i\}$ 及其子列是无限集，我们依次有：

取 $n=1$，至少有一个半径为 1 的球含 $\{x_i\}$ 的无穷个点，设该子列为 $\{x_i^{(1)}\}$；

取 $n=2$，至少有一个半径为 1/2 的球含 $\{x_i^{(1)}\}$ 的子列，设为 $\{x_i^{(2)}\}$；

⋮

如此下去得到可数多个点列

$$\begin{array}{c}x_1^{(1)},x_2^{(1)},x_3^{(1)},\cdots\\x_1^{(2)},x_2^{(2)},x_3^{(2)},\cdots\\x_1^{(3)},x_2^{(3)},x_3^{(3)},\cdots\\\vdots\end{array}$$

这些点列中每个是前面一个的子列，选取对角线上的元素 $\{x_i^{(i)}\}$，它是 $\{x_i\}$ 的子列，且必是 Cauchy 列. 事实上，当 $m>n$ 时，$x_m^{(m)}$ 与 $x_n^{(n)}$ 同含在某半径为 $1/n$ 的球内，$\rho(x_m^{(m)},x_n^{(n)})<2/n$. 证毕.

度量空间的三种紧性有下述简明的关系.

定理 3.4.2

设 X 是度量空间，$A\subset X$.

(1) 若 A 列紧，则 A 全有界；若 X 完备，则 A 列紧的充要条件是 A 全有界.

(2) A 为紧集的充要条件是 A 为列紧闭集.

证明 (1) 设 A 列紧. (反证法)若 A 不是全有界的，则存在 $\varepsilon_0>0$，A 无有限 ε_0-网. 依次取 $x_1\in A$；$x_2\in A$ 且 $x_2\notin B(x_1,\varepsilon_0)$；$x_3\in A$ 且 $x_3\notin B(x_1,\varepsilon_0)\cup B(x_2,\varepsilon_0)$；…；$x_n\in A$ 且 $x_n\notin\bigcup\limits_{i=1}^{n-1}B(x_i,\varepsilon_0)$ $\left(因为 A 不含于 \bigcup\limits_{i=1}^{n-1}B(x_i,\varepsilon_0)，故总能取到这样的 x_n\right)$；…于是对任意 m,n，当 $m\neq n$ 时有 $\rho(x_m,x_n)\geqslant\varepsilon_0$. 从而 $\{x_n\}\subset A$ 不可能有收敛子列. 这与 A 列紧相矛盾. 故 A 必是全有界的.

设 X 完备，$A\subset X$ 是全有界的. 设 $\{x_n\}\subset A$ 是任一点列. 则由定理 3.4.1(3)可知，$\{x_n\}$ 含有 Cauchy 子点列. 由 X 的完备性可知该子点列收敛. 从而 A 是列紧的.

(2) 必要性　设 A 是紧的. 首先证明 A 是闭集. 设 $x_0\in A^c$. 因为任意 $x\in A$ 有 $\rho(x,x_0)>0$，取 $\varepsilon_x=\rho(x,x_0)/2$，则 $B(x_0,\varepsilon_x)\cap B(x,\varepsilon_x)=\varnothing$，有

$$B(x_0,\varepsilon_x)\subset(B(x,\varepsilon_x))^c. \tag{3.4.1}$$

因为开球族 $H=\{B(x,\varepsilon_x):x\in A\}$ 显然是 A 的开覆盖，而 A 是紧的，所以有有限子覆盖，即存在 $x_1,x_2,\cdots,x_n\in A$，使

$$A\subset\bigcup_{i=1}^{n}B(x_i,\varepsilon_{x_i}). \tag{3.4.2}$$

令 $\delta=\min\limits_{1\leqslant i\leqslant n}\varepsilon_{x_i}$，则由式(3.4.1)与式(3.4.2)得

$$B(x_0,\delta)\subset\bigcap_{i=1}^{n}B(x_0,\varepsilon_{x_i})\subset\bigcap_{i=1}^{n}(B(x_i,\varepsilon_{x_i}))^c=\left(\bigcup_{i=1}^{n}B(x_i,\varepsilon_{x_i})\right)^c\subset A^c.$$

即 x_0 是 A^c 的内点，故 A^c 是开集，从而 A 是闭集.

再证 A 是列紧的.（反证法）若 A 不是列紧的，则存在互异点列 $\{x_n\}\subset A$，$\{x_n\}$ 无收敛子列. 将 x_n 从 $\{x_n\}$ 中去掉，记为 E_n，即 E_n 为下述点列构成的集：

$$x_1,x_2,\cdots,x_{n-1},x_{n+1},\cdots$$

则 E_n 不含有收敛子点列，E_n 必是闭集（此时显然 E_n 对极限运算封闭，或者说必有 $\bar{E}_n=E_n$，因为否则有 $x\in\bar{E}_n$，$x\notin E_n$，E_n 中必有收敛点列收敛于 x，这是矛盾的）. 于是 E_n^c 是开集且

$$\bigcup_{n=1}^{\infty}E_n^c=\left(\bigcap_{n=1}^{\infty}E_n\right)^c=\varnothing^c=X\supset A.$$

因 A 是紧集，开覆盖 $\{E_n^c\}_{n=1}^{\infty}$ 有有限子覆盖. 设 $A\subset\bigcup\limits_{n=1}^{k}E_n^c$，即

$$A\subset\left(\bigcap_{n=1}^{k}E_n\right)^c=\{x_n:n\geqslant k+1\}^c. \tag{3.4.3}$$

注意到 $x_{k+1}\in A$ 而 $x_{k+1}\notin\{x_n:n\geqslant k+1\}^c$，与式(3.4.3)矛盾. 因此 A 是列紧的.

充分性　设 A 是列紧闭集.（反证法）若 A 不是紧集，则存在 A 的开覆盖 $\mathcal{B}=\{U_\lambda:\lambda\in\Lambda\}$ 没有有限子覆盖. 因 A 列紧，由(1)已证，A 是全有界的，对 $\varepsilon=1/n\,(n\in\mathbb{Z}^+)$，$A$ 有有限 $1/n$-网 $E_n=\{e_1^{(n)},e_2^{(n)},\cdots,e_{k_n}^{(n)}\}$ 使

$$A\subset\bigcup_{i=1}^{k_n}B(e_i^{(n)},1/n),\quad A=A\cap\left(\bigcup_{i=1}^{k_n}B(e_i^{(n)},1/n)\right)=\bigcup_{i=1}^{k_n}[A\cap B(e_i^{(n)},1/n)].$$

于是 $\{A\cap B(e_i^{(n)},1/n)\mid i=1,2,\cdots,k_n\}$ 这 k_n 个集中必有某一个，记为

$$A\cap B(e_{i_0}^{(n)},1/n). \tag{3.4.4}$$

它不能被 $\mathcal{B}$ 中有限个元所覆盖，$n=1,2,\cdots$.

取 $a_n\in A\cap B(e_{i_0}^{(n)},1/n)$，得到点列 $\{a_n\}\subset A$. 由于 A 是列紧闭集，$\{a_n\}$ 必有收敛子列 $\{a_{n_k}\}$ 且 $a_{n_k}\to a\in A$. 因为 $\mathcal{B}$ 是 A 的覆盖，必存在 $U_{\lambda_0}\in\mathcal{B}$ 使 $a\in U_{\lambda_0}$，U_{λ_0} 是开集，必存在 $\varepsilon_0>0$ 使 $B(a,\varepsilon_0)\subset U_{\lambda_0}$. 取 k 充分大，使 $2/n_k<\varepsilon_0/2$ 且 $\rho(a_{n_k},a)<\varepsilon_0/2$. 于是 $\forall x\in A\cap B(e_{i_0}^{(n_k)},1/n_k)$ 有

$$\rho(x,a) \leqslant \rho(x,a_{n_k}) + \rho(a_{n_k},a) < 2/n_k + \varepsilon_0/2 < \varepsilon_0.$$

即 $A \cap B(e_{i_0}^{(n_k)}, 1/n_k) \subset B(a,\varepsilon_0) \subset U_{\lambda_0}$，这与式(3.4.4)指出的事实，每个 $A \cap B(e_{i_0}^{(n_k)}, 1/n_k)$ 都不能被 $\mathcal{B}$ 中有限个元所覆盖，是相矛盾的. 因此 A 是紧的. 证毕.

从上面的定理我们知道，在度量空间中，紧蕴涵列紧，列紧蕴涵全有界，全有界蕴涵有界，全有界蕴涵可分，反过来皆不蕴涵. 紧集与列紧闭集等价，因而列紧集也称为相对紧集. 在空间完备的情况下，列紧与全有界等价.

度量空间中紧集与列紧闭集等价的事实有时会对相关问题的讨论带来方便.

例 3.4.2 设 (X,ρ) 与 (Y,d) 是度量空间，$T: X \to Y$ 是连续映射，$A \subset X$ 为紧集. 则 T 在 A 上一致连续.

证明 (反证法)假设 T 在 A 上不是一致连续的. 则 $\exists \varepsilon_0 > 0$，$\forall n$，$\exists u_n, v_n \in A$，使 $\rho(u_n,v_n) < 1/n$，$d(Tu_n,Tv_n) \geqslant \varepsilon_0$. 因为 A 是紧集，故 A 是列紧闭集，$\{u_n\}$ 有收敛子列 $\{u_{n_k}\}$ 使 $u_{n_k} \to x_0 \in A$. 于是由

$$\rho(v_{n_k},x_0) \leqslant \rho(v_{n_k},u_{n_k}) + \rho(u_{n_k},x_0) < 1/n_k + \rho(u_{n_k},x_0)$$

可知 $v_{n_k} \to x_0$. 由于 T 在 x_0 连续，故 $Tu_{n_k} \to Tx_0$ 且 $Tv_{n_k} \to Tx_0$. 对 $d(Tu_{n_k},Tv_{n_k}) \geqslant \varepsilon_0$，令 $k \to \infty$，由距离函数的连续性得

$$0 = d(Tx_0,Tx_0) = \lim_{k\to\infty} d(Tu_{n_k},Tv_{n_k}) \geqslant \varepsilon_0,$$

矛盾！所以 T 在 A 上一致连续. 证毕.

容易理解，可分集未必是全有界集. 例如，$\mathbb{R}^1$ 是可分的，但不是有界的，从而不是全有界的. 例 3.4.1 提供的反例说明，在一般度量空间中，有界集未必是全有界集；有界闭集未必是紧集. 这一点与欧氏空间 $\mathbb{K}^n$ 中的情况大相径庭.

推论

在欧氏空间 $\mathbb{K}^n$ 中，A 为列紧集的充要条件是 A 为有界集；A 是紧集的充要条件是 A 为有界闭集.

证明 因为在任何度量空间中，列紧集是全有界集从而是有界集，紧集是列紧闭集从而是有界闭集，故必要性成立. 反之，在 $\mathbb{K}^n$ 中，由 Bolzano-Weierstrass 定理及 Hahn-Borel 定理，有界集必列紧，有界闭集必是紧集，充分性也成立. 证毕.

实际上，对赋范空间而言，任意有界闭集是否必是紧集，这是有限维空间的一个特征性质.

3.4.2 有限维空间

定理 3.4.3

$\mathbb{K}$ 上一切 n 维赋范空间都是线性同胚的. 确切地说，n 维实赋范空间与实欧氏空间 $\mathbb{R}^n$ 线性同胚，n 维复赋范空间与复欧氏空间 $\mathbb{C}^n$ 线性同胚.

证明 设 $(X,\|\cdot\|)$ 为 $\mathbb{K}$ 上 n 维赋范空间，$\{e_1,e_2,\cdots,e_n\}$ 是 X 的一个基. 则每个 $x \in X$ 可表示为 $x = \sum_{i=1}^{n} a_i e_i$，其中 $a_1,a_2,\cdots,a_n \in \mathbb{K}$，且表示法是唯一的. 于是 $\bar{x} = (a_1, a_2,\cdots,a_n) \in \mathbb{K}^n$. 设 $T: X \to \mathbb{K}^n$ 使 $Tx = \bar{x}$ (T 将 x 映为它的坐标向量). 则 T 是映射.

对任意 $\bar{y}=(b_1,b_2,\cdots,b_n)\in\mathbb{K}^n$，令 $y=\sum_{i=1}^{n}b_ie_i$，有 $Ty=\bar{y}$，T 是满射. 显然 T 是线性的.

设 $x\in X$. 由 Hölder 不等式($p=q=2$)，得

$$\|x\|=\left\|\sum_{i=1}^{n}a_ie_i\right\|\leqslant\sum_{i=1}^{n}|a_i|\,\|e_i\|\leqslant\left(\sum_{i=1}^{n}|a_i|^2\right)^{1/2}\left(\sum_{i=1}^{n}\|e_i\|^2\right)^{1/2}.$$

记 $m_1=\left(\sum_{i=1}^{n}\|e_i\|^2\right)^{1/2}$. 由于对每个 i 有 $\|e_i\|>0$，故 $m_1>0$. 区别起见，记$\mathbb{K}^n$ 的欧氏范数为 $\|\cdot\|^*$. 于是有

$$\|x\|\leqslant m_1\|Tx\|^*. \tag{3.4.5}$$

因 T 是线性的，任意 $x,y\in X$，由式(3.4.5)得

$$\|x-y\|\leqslant m_1\|T(x-y)\|^*=m_1\|Tx-Ty\|^*. \tag{3.4.6}$$

由式(3.4.6)，$Tx=Ty\Rightarrow x=y$，故 T 是单射. 从而 T 是线性的双射.

设 $\bar{x}_n\to\bar{x}$. 由式(3.4.6)，$\|T^{-1}\bar{x}_n-T^{-1}\bar{x}\|\leqslant m_1\|\bar{x}_n-\bar{x}\|^*$，由此得 $T^{-1}\bar{x}_n\to T^{-1}\bar{x}$，即 T^{-1}：$\mathbb{K}^n\to X$ 是连续的.

定义函数 f：$\mathbb{K}^n\to\mathbb{R}^1$ 使

$$f(\bar{x})=\|x\|=\|T^{-1}\bar{x}\|,\quad\forall\,\bar{x}=(a_1,a_2,\cdots,a_n)\in\mathbb{K}^n.$$

则由 T^{-1} 的连续性及范数的连续性可知 f 是$\mathbb{K}^n$ 上的连续函数. 令 $S=S(\mathbb{K}^n)=\{\bar{x}\in\mathbb{K}^n\mid\|\bar{x}\|^*=1\}$. 则 S 是$\mathbb{K}^n$ 中有界闭集，且 $\forall\,\bar{y}\in S$，有 $\bar{y}\neq\theta$. 因 T 与 T^{-1} 是线性的，仅将零元映为零元，故 $f(\bar{y})=\|y\|>0$，即连续函数 f 在$\mathbb{K}^n$ 的有界闭集 S 上处处为正，从而 f 必在 S 上取得最小值 m_2 且 $m_2>0$.

$\forall\,x\in X,x\neq\theta$，令 $x_0=\dfrac{x}{\|\bar{x}\|^*}$. 因 T 是线性的，$\bar{x}_0=Tx_0=\dfrac{\bar{x}}{\|\bar{x}\|^*}\in S$，于是应有 $f(\bar{x}_0)=\|x_0\|\geqslant m_2$，即 $\|x\|\geqslant m_2\|\bar{x}\|^*$. 当 $x=\theta$ 时此式也成立. 于是任意 $x\in X$，有

$$\|Tx\|^*\leqslant\frac{1}{m_2}\|x\|. \tag{3.4.7}$$

设 $x_n\to x$. 由式(3.4.7)，$\|Tx_n-Tx\|^*=\|T(x_n-x)\|^*\leqslant\dfrac{1}{m_2}\|x_n-x\|$. 由此得 $Tx_n\to Tx$，即 T：$X\to\mathbb{K}^n$ 是连续的.

综上所述，T：$X\to\mathbb{K}^n$ 是线性同胚映射，X 与$\mathbb{K}^n$ 线性同胚. 于是所有的 n 维赋范空间都是线性同胚的. 证毕.

在上述证明中，若令 $M_1=1/m_1$，$M_2=1/m_2$，则由式(3.4.5)与式(3.4.7)也得到了不等式(3.4.8)：

$$M_1\|x\|\leqslant\|Tx\|^*\leqslant M_2\|x\|. \tag{3.4.8}$$

从上述证明可见，若 T 是使式(3.4.8)成立的线性满射，则 T 必是线性同胚映射.

推论 1

(1) 任何有限维赋范空间都是完备的，赋范空间的任何有限维子空间都是闭的.

(2) 设 X 是有限维赋范空间，$A\subset X$. 则 A 为列紧集的充要条件是 A 为有界集，A 为紧集的充要条件是 A 为有界闭集.

证明 (1) 由定理 3.4.3 与欧氏空间的完备性得证.

(2) 由定理 3.4.3 及定理 3.4.2 的推论得证. 证毕.

推论 2

设 X 是有限维线性空间, $\|\cdot\|_1$ 与 $\|\cdot\|_2$ 是 X 上的两个范数, 则必有常数 $c_1>0$, $c_2>0$ 使 $\forall x\in X$, 有

$$c_1\|x\|_1\leqslant\|x\|_2\leqslant c_2\|x\|_1.$$

(此时称 $\|\cdot\|_1$ 与 $\|\cdot\|_2$ 为**等价范数**).

证明 设 $\dim X=n$, $\|\cdot\|^*$ 是 $\mathbb{K}^n$ 上的范数. 设 $T_1:(X,\|\cdot\|_1)\to\mathbb{K}^n$ 与 $T_2:(X,\|\cdot\|_2)\to\mathbb{K}^n$ 分别都是定理 3.4.3 中的线性同胚映射. 利用式(3.4.8)得, 存在正数 M_1', M_2', M_1'', M_2'' 使

$$M_1'\|x\|_1\leqslant\|\bar{x}\|^*\leqslant M_2'\|x\|_1,\quad M_1''\|x\|_2\leqslant\|\bar{x}\|^*\leqslant M_2''\|x\|_2.$$

令 $c_1=\dfrac{M_1'}{M_2''}$, $c_2=\dfrac{M_2'}{M_1''}$, 得到 $c_1\|x\|_1\leqslant\|x\|_2\leqslant c_2\|x\|_1$. 证毕.

引理 3.4.4(Riesz 引理)

设 X 是赋范空间, E 是 X 的闭线性子空间. 若 $E\neq X$, 则对任意 $\varepsilon(0<\varepsilon<1)$, 存在 $x_0\in X$, $\|x_0\|=1$ 使 $\rho(x_0,E)=\inf\limits_{x\in E}\|x_0-x\|>\varepsilon$. (定理结论的含义及 x_0 的取法如图 3-12 所示)

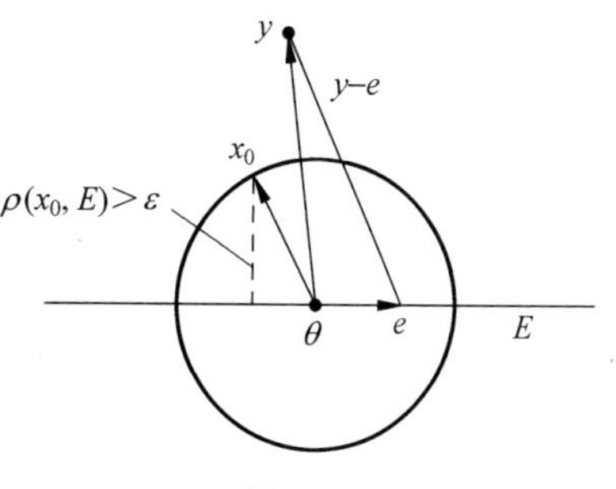

图 3-12

证明 取 $y\in E^c$. 由于 E 是闭的, 故 $\rho(y,E)=\rho>0$(否则 $\rho(y,E)=0$, 由下确界定义, 存在 $x_n\in E$ 使 $\|y-x_n\|<1/n$, 于是 $x_n\to y\in E$, 导致矛盾). 因为 $\rho(y,E)<\rho/\varepsilon$, 故存在 $e\in E$ 使 $\|y-e\|<\rho/\varepsilon$. 令 $x_0=(y-e)/\|y-e\|$. 则 $\|x_0\|=1$. 对任意 $x\in E$, 由于 E 是线性子空间, 有 $e+\|y-e\|x\in E$. 此时

$$\|x_0-x\|=\left\|\frac{y-e}{\|y-e\|}-x\right\|=\frac{1}{\|y-e\|}\|y-(e+\|y-e\|x)\|\geqslant\frac{\rho(y,E)}{\|y-e\|},$$

$$\rho(x_0,E)=\inf_{x\in E}\|x_0-x\|\geqslant\frac{\rho(y,E)}{\|y-e\|}>\frac{\rho}{\rho/\varepsilon}=\varepsilon.$$

证毕.

定理 3.4.5

设 X 是赋范空间, 则以下条件等价.

(1) 维数 $\dim X<\infty$.

(2) X 中每个有界闭集是紧集.

(3) X 中闭单位球 $B[X]=\{x\in X: \|x\|\leqslant 1\}$ 是紧集.

(4) X 中单位球面 $S(X)=\{x\in X: \|x\|=1\}$ 是紧集.

证明 由定理 3.4.3 推论 1(2)得(1)⇒(2); 由于闭单位球是有界闭集, 所以(2)⇒(3); 因为列紧集的子集是列紧的, 紧集等价于列紧闭集, 故紧集的闭子集是紧集, 因此有(3)⇒(4). 下证(4)⇒(1).

(反证法)假设 $\dim X=\infty$. 取 $x_1\in X$, $\|x_1\|=1$, 记 $Y_1=\mathrm{span}\{x_1\}$, 则 $\dim Y_1=1$. 由定理 3.4.3 推论 1(1), Y_1 是闭线性子空间且 $Y_1\neq X$. 由 Riesz 引理：

$$\text{存在 } x_2\in X,\quad \|x_2\|=1,\quad \rho(x_2,Y_1)>1/2;$$

$Y_2=\mathrm{span}\{x_1,x_2\}$, 则 $\dim Y_2=2$, Y_2 闭且 $Y_2\neq X$. 应用 Riesz 引理：

$$\text{存在 } x_3\in X,\quad \|x_3\|=1,\quad \rho(x_3,Y_2)>1/2;\ \cdots$$

由此继续下去，得到点列 $\{x_n\}\subset S(X)$, 且当 $i\neq j$ 时，不妨设 $i>j$, 有 $x_j\in Y_{i-1}$ 且 $\|x_i-x_j\|\geqslant\rho(x_i,Y_{i-1})>1/2$. 于是 $\{x_n\}$ 没有收敛子列. 故 $S(X)$ 不是紧集，矛盾. 所以(4)⇒(1). 证毕.

按照定理 3.4.5, 在赋范空间中，若每个有界闭集都是紧集，则赋范空间必是有限维的. 换言之，无限维赋范空间中一定存在不是紧集的有界闭集. 特别地，无限维赋范空间中闭单位球与单位球面就不是紧集.

局限于三维空间的直观，也许我们不能认识无限维空间的单位球面上何以容得下没有极限点的离散的无限集. 如果先考察 $\mathbb{R}^n$ 的单位球面，然后让 n 增至无穷，那么无限维空间单位球面的非紧性也许就容易想象了. 设 $\{\boldsymbol{e}_i\}_{i=1}^n$ 为 $\mathbb{R}^n$ 的基，其中 $\boldsymbol{e}_i$ 为第 i 个分量为 1 其余为 0 的向量，于是 n 个点构成一个两两相距 $\sqrt{2}$ 的点集. 随着 n 的增大，这种点集的元素个数也增大，两两距离 $\sqrt{2}$ 却保持不变，即离散性不变. 于是当 n 趋于无穷时，分布于单位球面上的这无限多个点仍呈离散状态而没有极限点. 循此思路，我们得到：l^2 中 Schauder 单位基 $\{e_n\}$ 是有界闭集而不是紧集. 这是一个与本节开头例 3.4.1 相类似的例子.

对于一般的拓扑线性空间，有下列结论，其证明类似于定理 3.4.3 与定理 3.4.5(参见文献[3]、文献[29]和文献[47-48].

推论

设 x 是 $\mathbb{K}$ 上的 Hausdorff 拓扑线性空间，则

(1) 维数 $\dim X<\infty\Leftrightarrow X$ 是局部紧的.

(2) X 的有限维子空间是闭的.

3.4.3 Arzela-Ascoli 定理与 Mazur 定理

对于具体的无限维赋范空间而言，弄清什么样的集是紧集或列紧集往往很有用. 下面著名的 Arzela-Ascoli 定理将给出 $C(X)$ 中列紧集的等价条件.

定义 3.4.2

设 X 是紧度量空间. 连续函数空间 $C(X)$ 中的点集 A 称为**等度连续函数族**是指：$\forall\varepsilon>0$, $\exists\delta=\delta(\varepsilon)>0$, $\forall x\in A$, $\forall t_1,t_2\in X$ 当 $\rho(t_1,t_2)<\delta$, 有

$$|x(t_1)-x(t_2)|<\varepsilon. \tag{3.4.9}$$

在这里，$x=x(t)\in C(X)$ 作为 X 上连续函数必是一致连续的. 若对某一族连续函数，一致连续定义中的 $\delta=\delta(\varepsilon)$ 对族中每个函数都适合，这族函数就是等度连续的.

定理 3.4.6(Arzela-Ascoli 定理)

设 X 是紧度量空间. 则 $A\subset C(X)$ 是列紧集的充要条件是 A 为 $C(X)$ 中范数有界的等度连续的函数族.

证明 充分性 设 $A\subset C(X)$ 是范数有界的等度连续的族. 因为 $C(X)$ 完备，列紧等价于全有界，故只需证明 A 是全有界集.

$\forall\varepsilon>0$,由等度连续性,$\exists\delta>0$,$\forall x\in A$,当 $t,t'\in X$,$\rho(t,t')<\delta$,有$|x(t)-x(t')|<\varepsilon/4$.因 X 紧,X 是全有界的,可取 X 的有限 δ-网:$t_1,t_2,\cdots,t_n$.此时 $\forall t\in X$,$\exists i$ 使 $\rho(t,t_i)<\delta$,有

$$|x(t)-x(t_i)|<\varepsilon/4. \tag{3.4.10}$$

记 $A^*=\{\bar{x}=(x(t_1),x(t_2),\cdots,x(t_n)):x\in A\}$.则 $A^*\subset\mathbb{K}^n$,$\mathbb{K}^n$ 是数域$\mathbb{K}$上的欧氏空间,为区别起见,范数记为 $\|\cdot\|^*$.$\forall\bar{x}\in A^*$,有

$$\|\bar{x}\|^*=\left(\sum_{i=1}^{n}|x(t_i)|^2\right)^{1/2}\leqslant\sqrt{n}\max_{1\leqslant i\leqslant n}|x(t_i)|\leqslant\sqrt{n}\max_{t\in X}|x(t)|=\sqrt{n}\|x\|.$$

因为 A 是范数有界的,故 A^* 是$\mathbb{K}^n$ 中有界集.由定理 3.4.2 推论,A^* 是$\mathbb{K}^n$ 中列紧集,从而是全有界集.

对上述 ε,A^* 有有限 $\varepsilon/3$-网 $E^*=\{\bar{x}_1,\bar{x}_2,\cdots,\bar{x}_k\}\subset A^*$.我们证明与 $\bar{x}_1,\bar{x}_2,\cdots,\bar{x}_k$ 相应的函数集 $E=\{x_1,x_2,\cdots,x_k\}\subset A$ 是 A 的 ε-网.

事实上,$\forall x\in A$,对应的 $\bar{x}=(x(t_1),x(t_2),\cdots,x(t_n))\in A^*$,于是有 $\bar{x}_j\in E^*$,使

$\|\bar{x}-\bar{x}_j\|^*=\left(\sum_{i=1}^{n}|x(t_i)-x_j(t_i)|^2\right)^{1/2}<\varepsilon/3$.从而 $\forall i$,$1\leqslant i\leqslant n$,有

$$|x(t_i)-x_j(t_i)|<\varepsilon/3. \tag{3.4.11}$$

$\forall t\in X$,取 t_i 使 $\rho(t,t_i)<\delta$.注意到对 $x,x_j\in A$ 都有式(3.4.10)成立,由式(3.4.10)与式(3.4.11)得

$$\begin{aligned}|x(t)-x_j(t)|&\leqslant|x(t)-x(t_i)|+|x(t_i)-x_j(t_i)|+|x_j(t_i)-x_j(t)|\\&<\varepsilon/4+\varepsilon/3+\varepsilon/4=(5\varepsilon)/6.\end{aligned}$$

于是 $\|x-x_j\|=\max_{t\in X}|x(t)-x_j(t)|\leqslant(5\varepsilon)/6<\varepsilon$.

必要性　设 $A\subset C(X)$为列紧集,则 A 是全有界集,从而 A 是 $C(X)$中范数有界集.下证 A 是等度连续的函数族.

$\forall\varepsilon>0$,设 $E=\{x_1,x_2,\cdots,x_k\}$是 A 的 $\varepsilon/3$-网.因为每个 $x_i(1\leqslant i\leqslant k)$在紧集 X 上连续,所以必一致连续,$\exists\delta_i>0$,$\rho(t,t')<\delta_i$,有$|x_i(t)-x_i(t')|<\varepsilon/3$.令 $\delta=\min\limits_{1\leqslant i\leqslant k}\delta_i$,则 $\delta>0$,且 $\forall i(1\leqslant i\leqslant k)$,当 $\rho(t,t')<\delta$ 时,有$|x_i(t)-x_i(t')|<\varepsilon/3$.又因为 $\forall x\in A$,$\exists i(1\leqslant i\leqslant k)$使 $\|x-x_i\|<\varepsilon/3$,故

$$\begin{aligned}|x(t)-x(t')|&\leqslant|x(t)-x_i(t)|+|x_i(t)-x_i(t')|+|x_i(t')-x(t')|\\&\leqslant\|x-x_i\|+\varepsilon/3+\|x_i-x\|<\varepsilon.\end{aligned}$$

表明 A 是等度连续的.证毕.

作为 Arzela-Ascoli 定理的应用,以下介绍古典的 Montel 定理.

例 3.4.3　(Montel 定理)设$\{f_n(z)\}_{n=1}^{\infty}$ 是区域 Ω 上一致有界的解析函数列,D 为有界区域且使 $\bar{D}\subset\Omega$,则必有子序列$\{f_{n_j}(z)\}_{j=1}^{\infty}$ 在 D 上一致收敛.

证明　(阅读)设 d 是任意正数,$G=\{z:|z-z_0|<3d\}$,$G_0=\{z:|z-z_0|<d\}$.先证明若$\{f_n(z)\}_{n=1}^{\infty}$ 是 G 上一致有界解析函数列,则$\{f_n(z)\}_{n=1}^{\infty}$ 在 $\bar{G}_0$ 上等度连续.

事实上,设 $z_1,z_2\in\bar{G}_0$,Γ 为圆周$|z-z_0|=2d$,根据 Cauchy 积分公式,有

$$|f_n(z_1)-f_n(z_2)|=\frac{1}{2\pi}\left|\int_{\Gamma}\frac{z_1-z_2}{(\zeta-z_1)(\zeta-z_2)}f_n(\zeta)\mathrm{d}\zeta\right|.$$

由题设，存在常数 $C>0$，使 $|f_n(z)|\leqslant C,\forall z\in G,\forall n\in\mathbb{Z}^+$. 注意 $\Gamma\subset G$，于是

$$|f_n(z_1)-f_n(z_2)|\leqslant\frac{1}{2\pi}\cdot\frac{4\pi dC}{d^2}|z_1-z_2|=\frac{2C}{d}|z_1-z_2|.$$

从而 $\forall\varepsilon>0,\exists\delta=\dfrac{\varepsilon d}{2C}>0,\forall z_1,z_2\in\overline{G}_0$，当 $|z_1-z_2|<\delta,\forall n\in\mathbb{Z}^+$，有

$$|f_n(z_1)-f_n(z_2)|<\varepsilon.$$

这表明 $\{f_n(z)\}_{n=1}^{\infty}$ 在 $\overline{G}_0$ 上是等度连续的.

按题设，$\overline{D}\subset\Omega$，可用 $3d$ 表示从 D 到 Ω 的边界 $\partial\Omega$ 的距离，则 $d>0$. 因 $\overline{D}$ 紧，故有限多个以 d 为半径的小圆域 $G_i(i=1,2,\cdots,k)$ 完全覆盖了 $\overline{D}$. 由以上证明知 $\{f_n(z)\}_{n=1}^{\infty}$ 在 $\overline{G}_1$ 上是等度连续的，根据 Arzela-Ascoli 定理，$\{f_n(z)\}_{n=1}^{\infty}$ 有子序列 $\{f_{n_j}(z)\}_{j=1}^{\infty}$ 按 $C(\overline{G}_1)$ 中距离收敛，即 $\{f_{n_j}(z)\}_{j=1}^{\infty}$ 在 $\overline{G}_1$ 上一致收敛. 注意 $\{f_{n_j}(z)\}_{j=1}^{\infty}$ 在 $\overline{G}_2$ 上也是等度连续的，因此有子序列，不妨仍记作 $\{f_{n_j}(z)\}_{j=1}^{\infty}$，在 $\overline{G}_2$ 上从而在 $\overline{G}_1\cup\overline{G}_2$ 上一致收敛. 经过有限次抽取子序列手续，便得到 $\{f_n(z)\}_{n=1}^{\infty}$ 的子序列 $\{f_{n_j}(z)\}_{j=1}^{\infty}$ 在 $\bigcup\limits_{i=1}^{k}G_i\supset\overline{D}$ 上一致收敛，当然在 D 上一致收敛. 证毕.

非线性分析中用到如下一般的 Arzela-Ascoli 定理（见参考文献[37]、文献[38]、文献[40]、文献[43]），其证明类似于定理 3.4.6，从略.

定理 3.4.7（一般的 Arzela-Ascoli 定理）

设 X 是紧拓扑空间. Y 是 Banach 空间，$C(X,Y)$ 表示从 X 到 Y 的全体连续映射之集. $f\in C(X,Y)$ 的范数为 $\|f\|=\sup\limits_{t\in X}\|f(t)\|$. 则 $A\subset C(X,Y)$ 是紧集的充要条件是 A 为闭的，等度连续的，且 $\overline{\{f(t):f\in A\}}$ 对每个 $t\in X$ 为 Y 中紧集.

下列著名的 Mazur 定理指出，紧集的闭凸包仍然是紧集.

定理 3.4.8（Mazur 定理）

设 X 是 Banach 空间，A 是 X 中紧集，则 A 的闭凸包 $\overline{\text{co}}A$ 是紧集.

证明 因为 X 是 Banach 空间，$\overline{\text{co}}A$ 是闭的，故下面只需证明 $\overline{\text{co}}A$ 是全有界的.

任给 $\varepsilon>0$. 由于 A 是全有界的，故存在 A 的 $\varepsilon/4$-网 $\{x_1,x_2,\cdots,x_n\}$. 令 $E=\text{span}\{x_1,x_2,\cdots,x_n\}$. 于是 $\text{co}\{x_1,x_2,\cdots,x_n\}$ 是有限维空间 E 中的有界集，从而是全有界集. 因此存在 $\text{co}\{x_1,x_2,\cdots,x_n\}$ 的 $\varepsilon/4$-网 $\{y_1,y_2,\cdots,y_m\}$. 我们断言 $\{y_1,y_2,\cdots,y_m\}$ 必是 $\overline{\text{co}}A$ 的 ε-网. 事实上，对于任意 $a\in\overline{\text{co}}A$，有 $y\in\text{co}A$，使 $\|y-a\|<\varepsilon/2$. 设

$$y=\sum_{i=1}^{k}\alpha_i z_i,\quad 其中\quad \alpha_i\geqslant 0,\sum_{i=1}^{k}\alpha_i=1,\quad z_i\in A.$$

则对每个 $z_i\in A$，存在 $x_i'\in\{x_1,x_2,\cdots,x_n\}$，使 $\|x_i'-z_i\|<\varepsilon/4,i=1,2,\cdots,k$. 于是

$$\left\|y-\sum_{i=1}^{k}\alpha_i x_i'\right\|=\left\|\sum_{i=1}^{k}\alpha_i z_i-\sum_{i=1}^{k}\alpha_i x_i'\right\|=\left\|\sum_{i=1}^{k}\alpha_i(z_i-x_i')\right\|$$

$$\leqslant\sum_{i=1}^{k}\alpha_i\|z_i-x_i'\|<\varepsilon/4.$$

因 $\sum_{i=1}^{k}\alpha_i x'_i \in \mathrm{co}\{x_1,x_2,\cdots,x_n\}$，故存在 $y_j \in \{y_1,y_2,\cdots,y_m\}$，使 $\left\|y_j-\sum_{i=1}^{k}\alpha_i x'_i\right\|<\varepsilon/4$. 从而

$$\|a-y_j\| \leqslant \|a-y\|+\left\|y-\sum_{i=1}^{k}\alpha_i x'_i\right\|+\left\|\sum_{i=1}^{k}\alpha_i x'_i-y_j\right\|<\varepsilon/2+\varepsilon/4+\varepsilon/4=\varepsilon.$$

证毕.

从上面的证明容易看出下列结论也是正确的.

推论

设 X 是赋范空间，A 是 X 中全有界集，则 A 的凸包 $\mathrm{co}A$ 是全有界集.

内 容 提 要

习　　题

1. 设 X 是在 $\{t:|t|\leqslant 1\}$ 上连续的复函数 $x(t)$ 的全体，在其中定义

$$d(x,y)=\max_{|t|\leqslant 1}|x(t)-y(t)|.$$

证明 (X,d) 是度量空间.

2. 设 $d_1,d_2,\cdots,d_m,\cdots$ 是集 X 上的度量，分别证明如下定义的 ρ 是集 X 上的度量.

(1) $\rho=\sup\limits_{1\leqslant i\leqslant m} d_i$.

(2) $\rho=\left(\sum\limits_{i=1}^{m} d_i^2\right)^{1/2}$.

(3) $\rho=\sum\limits_{k=1}^{\infty}\dfrac{1}{2^k}\cdot\dfrac{d_k}{1+d_k}$.

3. 设 D 是区间 $[0,1]$ 上具有连续导数(在端点 $t=1,t=0$ 分别具有左右导数)的实函数全体. 在 D 上定义

$$d(x,y)=\sup_{0\leqslant t\leqslant 1}|x(t)-y(t)|+\sup_{0\leqslant t\leqslant 1}|x'(t)-y'(t)|.$$

(1) 证明 D 是度量空间；

(2) 指出 D 中点列按距离收敛的意义；

(3) 证明 D 是完备的.

4. 在度量空间中，一个半径为 4 的开球能不能成为一个半径为 3 的开球的真子集?

5. 设 (X,ρ) 为度量空间，$E\subset X$，$x_0\in X$，$r>0$. 称

$$B(E,r)=\{x\in X\mid \rho(x,E)<r\},\quad B[E,r]=\{x\in X\mid \rho(x,E)\leqslant r\}.$$

分别是以集 E 为中心，r 为半径的**开球与闭球**(当 $E=\{x_0\}$ 时分别是以 x_0 为中心的开球与闭球).

(1) 证明开球 $B(E,r)$ 是开集，闭球 $B[E,r]$ 是闭集.

(2) 设 E 是赋范空间 X 的凸集. 证明 $B(E,r)$, $B[E,r]$ 都是凸集.

6. 设 A 是度量空间 X 中的闭集，证明存在一列开集 $\{G_n\}$ 使 $\bigcap_{n=1}^{\infty} G_n = A$.

7. 设 A_1, A_2 是度量空间 X 中的两个集，$\rho(A_1, A_2) = \inf_{x \in A_1, y \in A_2} \rho(x,y) > 0$. 证明必有不相交的开集 G_1, G_2 分别包含 A_1, A_2.

8. 设 X 是度量空间，$f: X \to \mathbb{R}^1$. 证明 f 连续的充要条件是对每个 $a \in \mathbb{R}^1$，集合 $\{x \in X: f(x) \leqslant a\}$ 与 $\{x \in X: f(x) \geqslant a\}$ 都是闭集.

9. 设 $(X, \|\cdot\|)$ 是赋范空间. 对于 $x \in X, y \in X$，令

$$\rho_0(x,y) = \begin{cases} 0, & x = y; \\ \|x-y\| + 1, & x \neq y. \end{cases}$$

证明 ρ_0 是 X 上的度量但不是由范数导出的度量.

10. 设 $B \subset [a,b]$, $\alpha > 0$. 令

$$A_0 = \{f \in C[a,b]: t \in B \text{ 有 } f(t) = 0\},$$
$$A_\alpha = \{f \in C[a,b]: t \in B \text{ 有 } |f(t)| < \alpha\}.$$

证明 A_0 为 $C[a,b]$ 中闭集；A_α 为 $C[a,b]$ 中开集的充要条件是 B 为闭集.

11. 设 $\{f_n\}_{n=1}^{\infty} \subset L^p(\mu)$，当 $n \to \infty$ 时，有 $\|f_n - f\|_p \to 0$ 和 $f_n \to g$ a. e. 成立. 问 f 和 g 之间存在什么关系？

12. 对某些测度关系式 $r < s$ 蕴涵 $L^r(\mu) \subset L^s(\mu)$；对另一些测度这个包含关系相反. 试给出这些情形的例子并找出使得这些情形出现的关于 μ 的条件.

13. 设 μ 是 X 上的正测度，$\mu(X) < \infty$，$f \in L^\infty(\mu)$，$\|f\|_\infty > 0$ 且 $a_n = \int_X |f|^n \mathrm{d}\mu$ $(n \in \mathbb{Z}^+)$. 证明 $\lim_{n \to \infty} \dfrac{a_{n+1}}{a_n} = \|f\|_\infty$.

14. 设 X 是拓扑线性空间，A 与 B 是 X 的子集，证明

(1) 若 A, B 中之一是开集，则 $A+B$ 是开集.

(2) 若 A, B 都是有界集，则 $A+B$ 也是有界集.

(3) 若 A, B 都是紧集，则 $A+B$ 是紧集.

(4) 若 A 是紧集，B 是闭集，则 $A+B$ 是闭集；举例说明，如果 A, B 是闭集，$A+B$ 不必是 X 中的闭集.

15. 设 X 是区间 $[0,1]$ 上所有复值函数全体按通常方式定义线性运算所构成的线性空间. 在 X 上定义

$$p_t(x) = |x(t)|, \quad t \in [0,1], x \in X.$$

证明 $\{p_t\}$ 是 X 上的半范数族满足 $\forall x \neq \theta$ 有 $\sup_{t \in [0,1]} p_t(x) > 0$，并且由 $\{p_t\}$ 所定义的 X 上的局部凸拓扑是不可赋范的.

16. 设 $\mathbb{R}^\infty$ 是所有实数列全体按分量相加与数乘构成的线性空间，在 $\mathbb{R}^\infty$ 上定义

$$\rho(\{x_n\}, \{y_n\}) = \sum_{n=1}^{\infty} \frac{|x_n - y_n|}{2^n(1 + |x_n - y_n|)}.$$

证明(1) $\mathbb{R}^\infty$ 是局部凸的；(2) $\mathbb{R}^\infty$ 是不可赋范的.

17. 证明度量空间中每一个 Cauchy 列是有界集.

18. 设 X 是一个度量空间,其中每个 Cauchy 序列有收敛子列,能得出 X 是完备的吗?

19. 对 $0<\alpha\leqslant 1$,设 Lipα 表示$[a,b]$上所有使 $M_f=\sup\limits_{s\neq t}\dfrac{|f(s)-f(t)|}{|s-t|^{\alpha}}<\infty$的复函数组成的空间. 证明 Lip$\alpha$ 按下式定义的范数是一个 Banach 空间.

(1) $\|f\|=|f(a)|+M_f$.

(2) $\|f\|=M_f+\sup\limits_{a\leqslant t\leqslant b}|f(t)|$.

20. 设 Banach 空间$(X,\|\cdot\|)$具有 Schauder 基$\{e_k\}$,用 E 表示所有使得 $\sum\limits_{k=1}^{\infty}\xi_k e_k$ 在 X 中收敛的数列$\{\xi_k\}$的全体按通常方式定义线性运算构成的线性空间,对于每一 $x=\{\xi_k\}\in E$,定义

$$\|x\|^*=\sup_{n\geqslant 1}\left\|\sum_{k=1}^{n}\xi_k e_k\right\|.$$

证明$(E,\|\cdot\|^*)$是 Banach 空间.

21. 设$(X,\mathfrak{M},\mu)$是 Borel 测度空间,其中 X 是局部紧 Hausdorff 的. 设 $M(X)$为 $\mathfrak{M}$ 上正则 Borel 复测度的全体,即

$$M(X)=\{\mu:\mu\ \text{是}\ \mathfrak{M}\ \text{上正则的 Borel 复测度}\}.$$

在 $M(X)$上定义线性运算: $\mu,\lambda\in M(X),\alpha\in\mathbb{K}$,

$$(\mu+\lambda)(E)=\mu(E)+\lambda(E),\quad (\alpha\mu)(E)=\alpha\mu(E),\ \forall E\in\mathfrak{M}.$$

并定义范数 $\|\mu\|=|\mu|(X)$(X 的全变差测度),证明 $M(X)$成为 Banach 空间.

22. 设 X 是度量空间. 证明: 如果在 X 中任一半径趋于零的一列闭球套具有非空交,则空间 X 是完备的.

23. 设$(X,\|\cdot\|)$是赋范空间,X_0 是 X 中的稠密子集. 证明: 对于每个 $x\in X$,存在$\{x_n\}\subset X_0$,使得 $x=\sum\limits_{n=1}^{\infty}x_n$,并且$\sum\limits_{n=1}^{\infty}\|x_n\|<\infty$.

24. 设$(X,\|\cdot\|)$是赋范空间,$X\neq\{\theta\}$. 证明 X 是 Banach 空间当且仅当 X 中的单位球面 $S(X)$是完备的.

25. 证明 c_0 是可分的.

26. 证明: 如果度量空间是可分的,则它的任意子空间也是可分的; 反之,如果度量空间不可分,它的子空间是否也不可分?

27. 设$\{f_n\}$是完备度量空间 X 上的连续复函数序列,使对每个 $x\in X$ 有 $f(x)=\lim\limits_{n\to\infty}f_n(x)$(作为一个复数)都存在. 证明:

(1) 存在一个开集 $V\neq\varnothing$ 和一个常数 $M>0$,对所有的 $x\in V$ 及 $n\in\mathbb{Z}^+$,有

$$|f_n(x)|<M.$$

(2) 任意 $\varepsilon>0$,存在开集 $V\neq\varnothing$ 和 $N\in\mathbb{Z}^+$,当 $x\in V$ 及 $n\geqslant N$ 时,有

$$|f(x)-f_n(x)|<\varepsilon.$$

28. 设 X 是区间$[a,b]$上所有连续函数全体按通常方式定义线性运算所成的线性空间. 对于 $x\in X$ 定义

$$\| x \| = \sup_{a \leqslant t \leqslant b} | x(t) |; \quad \| x \|_1 = \int_a^b | x(t) | \mathrm{d}t.$$

证明 $\| \cdot \|$ 与 $\| \cdot \|_1$ 是 X 上两个不等价的范数.

29. 设 A,B 是度量空间 (X,ρ) 的非空紧集. 证明：

(1) 存在 $a_1 \in A, b_1 \in B$ 使 $\rho(a_1,b_1) = \inf\limits_{x \in A, y \in B} \rho(x,y)$.

(2) 存在 $a_2 \in A, b_2 \in B$ 使 $\rho(a_2,b_2) = \sup\limits_{x \in A, y \in B} \rho(x,y)$.

30. 定义函数 $f \in L^\infty(\mu)$ 的本性值域为集合 R_f，它由所有使得 $\mu(\{x: |f(x)-w| < \varepsilon\}) > 0$ 对任意 ε 成立的复数 w 所组成. 证明 R_f 是紧集，集 R_f 和数 $\| f \|_\infty$ 之间存在什么关系？设 A_f 是所有平均值 $\dfrac{1}{\mu(E)} \int_E f \mathrm{d}\mu$ 的集合. 这里 $E \in \mathfrak{M}$ 且 $\mu(E) > 0$. A_f 和 R_f 之间存在什么关系？A_f 总是闭的吗？是否存在这样的测度 μ，使得对每个 $f \in L^\infty(\mu)$，A_f 是凸集？是否存在这样的测度 μ，使得对某个 $f \in L^\infty(\mu)$，A_f 不是凸集？用 $L^1(\mu)$ 代替 $L^\infty(\mu)$，会怎样影响这些结论？

习题参考解答

附 加 题

1. 设 X 是赋范空间，C 是 X 中凸集，$C^\circ \neq \varnothing$，证明当 $x \in C^\circ$，$y \in \overline{C}$，有

$$[x,y) = \{tx + (1-t)y: t \in (0,1]\} \subset C^\circ.$$

2. 设 E 是线性空间 X 的非空子集，$x \in E$. 若对 X 中的任意非零元 y，存在 $r > 0$ 使 $\{x + ty: 0 \leqslant t < r\} \subset E$，则称 x 为 E 的**代数内点**. 设 E 是吸收凸集，p_E 为 E 的 Minkowski 泛函. 证明 $p_E(x) < 1$ 当且仅当 x 为 E 的代数内点.

3. 设 X 是度量空间，$A,B \in X$，A 是紧集，B 是闭集，且 $\inf\limits_{x \in A, y \in B} \rho(x,y) = 0$，证明 $A \cap B \neq \varnothing$.

4. 设数域 $\mathbb{K}$ 上赋范空间中的两个向量 x 和 y 满足 $\| x + y \| = \| x \| + \| y \|$. 证明：对任意的 $\alpha, \beta \in \mathbb{K}$，当 $|\alpha - \beta| = ||\alpha| - |\beta||$ 时必有 $\| \alpha x + \beta y \| = |\alpha| \| x \| + |\beta| \| y \|$.

5. 设 A 是度量空间 X 的子集，$\partial A = \overline{A} \backslash A^\circ$ 为 A 的边界. 证明开集与闭集的边界是无处稠密的.

6. 设 (X,τ) 是拓扑空间，$G \subset X$.

(1) 证明 $G^{c-c} = G^\circ$.

(2) 若 G 是连通开集，证明 G 是子空间 $X \backslash \partial G$ 的连通分支，其中 $\partial(G) = \overline{G} \backslash G^\circ$ 表示 G 的边界.

(3) 若 G 是 X 的真子集而 X 是连通的，证明 $\partial(G) \neq \varnothing$.

7. 设 A 是具有 Baire 性质的度量空间 X 的子集. 证明

(1) A 是第一纲集之余集当且仅当 A 含有一个稠密的 G_δ 集.

(2) A 是第一纲集当且仅当 A 含在一个 F_σ 集内, 且该 F_σ 集的余集稠密.

8. 设 $1\leqslant p<\infty$, 证明 l^p 中集 A 是列紧的当且仅当 A 是有界的且等度收敛的, 即 $\forall\varepsilon>0, \exists N_\varepsilon\in\mathbb{Z}^+$, 使对任意 $x=\{x_n\}\in l^p$ 有 $\sum\limits_{n=N_\varepsilon+1}^{\infty}|x_n|^p<\varepsilon^p$. $\Big($等度收敛也等价于 $\lim\limits_{N\to\infty}\sup\limits_{x=\{x_n\}\in A}\sum\limits_{n=N+1}^{\infty}|x_n|^p=0.\Big)$

9. 证明 c_0 的子集 A 列紧的充要条件是 A 有界且等度一致收敛于 0, 即 $\forall\varepsilon>0, \exists N_\varepsilon\in\mathbb{Z}^+$, $\forall x=\{x_n\}_{n=1}^{\infty}\in A$ 有 $\sup\limits_{n\geqslant N_\varepsilon+1}|x_n|<\varepsilon$. (等度一致收敛于 0 也等价于 $\lim\limits_{N\to\infty}\sup\limits_{x=\{x_n\}\in A}\sup\limits_{n\geqslant N+1}|x_n|=0$.)

10. 确定由拓扑空间的无处稠密集生成的 σ-代数.

11. 设 X 是度量空间, $\mathcal{B}=\{V_i: i\in I\}_{i=1}^{\infty}$ 为 X 的覆盖. 若对每个 $x\in X$, x 属于至多有限个 V_i, 则称 $\mathcal{B}$ 是 X 的点态有限覆盖. 证明 X 是紧的当且仅当 X 的每个点态有限开覆盖有有限子覆盖.

12. 设 $(X,\mathfrak{M},\mu)$ 是测度空间, μ 是有限正测度. 若 $A,B\in\mathfrak{M}$, 则将几乎处处相等的集视为同一个集, 定义 $\rho(A,B)=\int_X|\chi_A-\chi_B|\,\mathrm{d}\mu=\mu(A\Delta B)$, 其中 $A\Delta B=(A\backslash B)\cup(B\backslash A)$, χ_A 与 χ_B 分别为 A 与 B 的特征函数.

(1) 证明 ρ 是一个度量, $(\mathfrak{M},\rho)$ 是完备的度量空间.

(2) 若 λ 是 $\mathfrak{M}$ 上的复测度, 证明 λ 在 $\mathfrak{M}$ 上连续等价于 $\lambda\ll\mu$ (记号 $\ll$ 参见第 2 章附加题 17).

13. 设 $(X,\mathfrak{M})$ 是可测空间, (Y,ρ) 是度量空间. $f_n: X\to Y$, $n=1,2,\cdots$, 每个 f_n 可测且 $\{f_n\}$ 在 X 上一致收敛于 f. 证明 f 是可测的.

14. 设 X 是连通的拓扑空间, $C_*(X)$ 是 X 上连续复函数之集, $\mathcal{B}$ 是 $C_*(X)$ 中的一个等度连续函数之集. 若对某个 $x_0\in X$, 复数集 $\{f(x_0): f\in\mathcal{B}\}$ 有界, 证明对每个 $x\in X$, $\{f(x): f\in\mathcal{B}\}$ 都是有界的.

15. 构造一个 Borel 集 $E\subset\mathbb{R}^1$ 使得对每个非空开集 I 有 $0<m(E\cap I)<m(I)$. 对这样一个集合 E, 有 $m(E)<\infty$ 的可能吗?

16. $\mathbb{R}^1$ 的每个紧子集是一个连续函数的支集, 对吗? 若不对, 能把 $\mathbb{R}^1$ 中是连续函数支集的一切紧集的类刻画出来吗? 在其他拓扑空间, 该刻画也正确吗?

17. 设 μ 是 X 上的正测度, $f_n\in L^p(\mu)(n\in\mathbb{Z}^+)$, 且 $\|f_n-f\|_p\to 0$, 证明 $f_n\xrightarrow{\mu}f$, 这里 $1\leqslant p\leqslant\infty$; 并研究此命题的逆命题是否为真.

18. 设 f 是 X 上的复可测函数. μ 是 X 上的正测度并且

$$\varphi(p)=\int_X|f|^p du=\|f\|_p^p\quad(0<p<\infty).$$

设 $E=\{p:\varphi(p)<\infty\}$, 并假设 $\|f\|_\infty>0$.

(1) 设 $r<p<s$, $r\in E$, $s\in E$, 证明 $p\in E$.

(2) 证明 $\ln\varphi$ 在 E 的内部是凸的且 φ 在 E 上是连续的.

(3) 根据(1),E 是连通的.E 一定是开的吗?一定是闭的吗?E 能由单点组成吗?E 能是$(0,\infty)$的任何连通子集吗?

(4) 设 $r<p<s$,证明 $\|f\|_p\leqslant\max(\|f\|_r,\|f\|_s)$,且 $L^r(\mu)\cap L^s(\mu)\subset L^p(\mu)$.

(5) 假设对某个 $r<\infty$,$\|f\|_r<\infty$成立,证明当 $p\to\infty$时,$\|f\|_p\to\|f\|_\infty$.

19. 在本章附加题 18 的假设中再加上条件 $\mu(X)=1$.

(1) 证明:若 $0<r<s\leqslant\infty$,则 $\|f\|_r\leqslant\|f\|_s$.

(2) 在什么条件下,会出现 $0<r<s\leqslant\infty$,而 $\|f\|_r=\|f\|_s<\infty$的情况?

(3) 若 $0<r<s$,证明 $L^r(\mu)\supset L^s(\mu)$.是否存在两个空间所包含的函数相同的情况?

(4) 设对某个 $r>0$,$\|f\|_r<\infty$,$\exp\{-\infty\}$定义为 0,证明:

$$\lim_{p\to 0}\|f\|_p=\exp\left\{\int_X\ln|f|\,\mathrm{d}\mu\right\}.$$

20. 设 $C[0,1]$为赋上确界范数的实连续函数的空间,$n\in\mathbb{Z}^+$,记

$$X_n=\{f\in C[0,1]:\exists t\in[0,1],\forall s\in[0,1],|f(s)-f(t)|\leqslant n|s-t|\}.$$

对固定的 n,证明 $C[0,1]$的每个开集都包含一个与 X_n 不相交的开集(每个 $f\in C[0,1]$都可以由一个斜率非常大的锯齿形函数 g 一致逼近,并且当 $\|g-h\|$ 很小时,$h\notin X_n$).说明这蕴涵着 $C[0,1]$中存在一个完全由无处可微的函数组成的稠密的 G_δ 集.

21. 设 X 是度量空间,度量为 d,f:$X\to[0,\infty]$是下半连续的,且至少有一点 $p\in X$ 使 $f(p)<\infty$,对 $n=1,2,3,\cdots$定义

$$g_n(x)=\inf\{f(p)+nd(x,p):p\in X\}.$$

证明:

(1) $|g_n(x)-g_n(y)|\leqslant nd(x,y)$;

(2) $0\leqslant g_1\leqslant g_2\leqslant\cdots\leqslant f$;

(3) $g_n(x)\to f(x)(n\to\infty,\forall x\in X)$,即 f 是一个连续函数递增序列的点态极限(逆命题是平凡的).

附加题参考解答

第4章 线性算子理论基础

线性算子(泛函)是算子(泛函)中最简单的一类,同时也是最重要的一类.因为非线性算子(泛函)常常要用线性算子(泛函)近似与逼近.在本章中,我们主要研究有界线性算子与泛函的基本性质.

4.1 线性算子与泛函的有界性

我们已经在拓扑空间与度量空间的框架下分别讨论了映射的连续性(见1.2节与3.1节),并在线性空间框架下引入了线性算子(泛函)的概念(见3.1节).本节中我们将在赋范空间框架下进一步讨论线性算子(泛函)的连续性.虽然两个赋范空间 X 与 Y 上的范数一般是不同的,但今后为了方便起见,将采用同一记号 $\|\cdot\|$,希望不要引起混淆.

4.1.1 有界性与连续性

对于赋范空间上的线性算子 T,讨论连续性就是考察 $\|x-y\|<\delta$ 是否蕴涵 $\|Tx-Ty\|<\varepsilon$,从而需估计 $\dfrac{\|Tx-Ty\|}{\|x-y\|}$. 因为 $Tx-Ty=T(x-y)$,所以实际上只要估计 $\dfrac{\|Tx\|}{\|x\|}$,即两者的"长度"之比.其直观意义是像与原像的伸缩率.由此产生出算子的有界性概念.对线性算子而言,有界性与连续性是形式上不同而实际上等价的概念.

定义 4.1.1

设 X,Y 是同一数域 $\mathbb{K}$ 上的赋范空间.若算子 $T:X\to Y$ 将 X 中的任一有界集映射成 Y 中的有界集,则称 T 是**有界算子**.若 T 又是线性的,则称 T 为**有界线性算子**.从 X 到 Y 的**有界线性算子全体**记为 $\mathcal{B}(X,Y)$.当 $X=Y$,记 $\mathcal{B}(X)=\mathcal{B}(X,X)$,即 $\mathcal{B}(X)$ 为从 X 到自身的有界线性算子全体;当 $Y=\mathbb{K}$,记 $X^*=\mathcal{B}(X,\mathbb{K})$,即 X^* 是 X 上**有界线性泛函全体**.

注意应该将上述定义4.1.1中的有界算子的概念与数学分析中有界函数的概念加以区别.后者指值域有界.例如,$f:\mathbb{R}^1\to\mathbb{R}^1$ 定义为 $f(x)=2x$,按后者的意义,f 是无界函数,但是按定义4.1.1的意义,f 是有界线性泛函.

定理 4.1.1

设 X,Y 是赋范空间,$T:X\to Y$ 是线性算子,则下列诸条件等价:

(1) T 是有界算子.

(2) $\exists M>0, \forall x\in X$, 有 $\|Tx\|\leqslant M\|x\|$.

(3) T 在某一点 $x_0\in X$ 连续.

(4) T 在 X 上连续.

证明 (1)⇒(2) 设 T 有界,即 T 将 X 的任一有界集映射为 Y 的有界集. 则 T 将 $S(X)=\{y\in X: \|y\|=1\}$映射成有界集. 即 $\exists M>0, \forall y\in S(X)$, 有 $\|Ty\|\leqslant M$. $\forall x\in X$, 若 $x=\theta$, 则 $T\theta=\theta$, 显然有 $\|Tx\|\leqslant M\|x\|$; 若 $x\neq\theta$, 则 $y=\dfrac{x}{\|x\|}\in S(X)$, 由于 $\dfrac{\|Tx\|}{\|x\|}=\left\|T\left(\dfrac{x}{\|x\|}\right)\right\|\leqslant M$, 故 $\|Tx\|\leqslant M\|x\|$.

(2)⇒(3) 设 $x_n\to\theta$. 由条件(2)得 $\|Tx_n\|\leqslant M\|x_n\|$. 于是由 $x_n\to\theta$ 得 $Tx_n\to\theta=T\theta$. 这表明 T 在 $x_0=\theta$ 连续.

(3)⇒(4) 设 T 在某点 $x_0\in X$ 连续,设 $y_0\in X$ 是任一点且 $y_n\to y_0$. 令 $x_n=y_n-y_0+x_0$. 则 $x_n\to x_0$, 于是应有 $Tx_n=T(y_n-y_0+x_0)\to Tx_0$. 由于 T 是线性的,故 $T(y_n-y_0+x_0)=Ty_n-Ty_0+Tx_0$. 因此

$$\|Ty_n-Ty_0\|=\|T(y_n-y_0+x_0)-Tx_0\|\to 0.$$

即 $Ty_n\to Ty_0$. y_0 的任意性表明 T 在 X 上连续.

(4)⇒(1)(反证法) 若 T 不是有界算子,则 T 将 X 的某有界集映射成 Y 的无界集. 不妨设 A 有界而 TA 无界. 于是 $\exists M>0, \forall x\in A$, $\|x\|\leqslant M$; 且 $\forall n\in\mathbb{Z}^+$, $\exists x_n\in A$, 有 $\|Tx_n\|>n$. 令 $y_n=\dfrac{x_n}{n}$, 则

$$\|y_n\|=\frac{1}{n}\|x_n\|\leqslant\frac{M}{n},\quad y_n\to\theta(n\to\infty).$$

由于 T 连续,因而 $Ty_n\to T\theta=\theta\ (n\to\infty)$. 这与

$$\|Ty_n\|=\frac{1}{n}\|Tx_n\|>1$$

相矛盾. 所以 T 有界. 证毕.

定理 4.1.1 表明,线性算子的连续性等价于有界性,因此有界线性算子也称为连续线性算子.

从$\mathbb{K}^n$ 到$\mathbb{K}^m$ 的线性算子可以与 $m\times n$ 阶矩阵相对应,或者说线性算子可表示为矩阵. 下面的定理指出它是连续的.

定理 4.1.2

有限维赋范空间上任何线性算子都是有界的,从而都是连续的.

证明 考虑从任一 n 维赋范空间 X 到任一赋范空间 Y 的线性算子 T, 取 $e_1, e_2, \cdots, e_n$ 为 X 的基. 则 $\forall x\in X$, 有 $\bar{x}=(x_1,x_2,\cdots,x_n)\in\mathbb{K}^n$ 使 $x=\sum\limits_{i=1}^n x_ie_i$, 于是 $Tx=\sum\limits_{i=1}^n x_iTe_i$. 由 Hölder 不等式($p=q=2$)得

$$\|Tx\|=\left\|\sum_{i=1}^n x_iTe_i\right\|\leqslant\sum_{i=1}^n |x_i|\,\|Te_i\|$$

$$\leqslant \left(\sum_{i=1}^{n} |x_i|^2\right)^{1/2} \left(\sum_{i=1}^{n} \|Te_i\|^2\right)^{1/2} = M_1 \|\bar{x}\|^*,$$

其中，$M_1 = \left(\sum_{i=1}^{n} \|Te_i\|^2\right)^{1/2}$，$\|\cdot\|^*$ 是$\mathbb{K}^n$ 上的欧氏范数. 由于 $Te_1, Te_2, \cdots, Te_n$ 是 Y 中确定的元，故 $M_1 < \infty$. 由于 n 维赋范空间是线性同胚的，故 $\exists M_2 > 0$，使 $\|\bar{x}\|^* \leqslant M_2 \|x\|$. 令 $M_1 M_2 = M$. 则 $\|Tx\| \leqslant M \|x\|$. 这表明 T 是有界的. 证毕.

注意算子的有界性不仅与算子的构造有关，而且与定义域空间的范数有关.

例 4.1.1　设 $C^{(1)}[a,b]$表示$[a,b]$上具有连续的一阶导数的函数的全体. 则它是 $C[a,b]$的线性子空间.

考虑微分算子 $T = \dfrac{\mathrm{d}}{\mathrm{d}t}: C^{(1)}[0,1] \to C[0,1]$,

$$(Tx)(t) = x'(t), \quad \forall x \in C^{(1)}[0,1].$$

则 T 是线性算子.

(1) 在 $C^{(1)}[0,1]$上赋以范数

$$\|x\| = \max\left\{\max_{0 \leqslant t \leqslant 1} |x(t)|, \max_{0 \leqslant t \leqslant 1} |x'(t)|\right\}.$$

容易验证 $\|x\|$ 是范数，$C^{(1)}[0,1]$是赋范空间. 由于

$$\|Tx\| = \max_{0 \leqslant t \leqslant 1} |x'(t)| \leqslant \|x\|,$$

所以 T 是有界线性算子.

(2) 在 $C^{(1)}[0,1]$上赋以范数 $\|x\| = \max\limits_{0 \leqslant t \leqslant 1} |x(t)|$，则 $C^{(1)}[0,1]$是 $C[0,1]$的赋范子空间. 取 $x_n(t) = t^n$，则 $\|x_n\| = \max\limits_{0 \leqslant t \leqslant 1} |t^n| = 1$，$\{x_n\}$是 $C^{(1)}[0,1]$中有界集. 但

$$\|Tx_n\| = \max_{0 \leqslant t \leqslant 1} |nt^{n-1}| = n,$$

$\{Tx_n\}$是 $C[0,1]$中无界集. 这表明 T 是无界的(在任何点都是不连续的).

微分算子有时是无界算子这一事实使我们认识到，无界线性算子与有界线性算子一样具有重要研究价值.

命题 4.1.3

若 $T \in \mathcal{B}(X,Y)$，则零空间$\mathcal{N}(T)$必是闭的.

证明　设$\{x_n\} \subset \mathcal{N}(T)$，$x_n \to x$. 则 $Tx_n = \theta$. 由 T 的连续性得

$$Tx = \lim_{n \to \infty} Tx_n = \theta.$$

这表明 $x \in \mathcal{N}(T)$. 所以$\mathcal{N}(T)$是 X 的闭线性子空间. 证毕.

必须指出，若$\mathcal{N}(T)$是闭的，则 T 未必是有界的. 上述例 4.1.1(2)中的微分算子提供了一个反例. 在此例中，$\mathcal{N}(T)$具体是什么样的闭线性子空间?

4.1.2　算子空间的完备性

由于理论与应用两方面的需要，以下讨论有界线性算子集$\mathcal{B}(X,Y)$的整体性态.

容易验证，从 X 到 Y 的任何两个线性算子的和仍是线性算子，线性算子的数积仍是线性算子；又因为两个连续算子的和是连续的，连续算子的数积是连续的；故两个有界线性算子的和仍是有界线性算子，有界线性算子的数积仍是有界线性算子. 于是作为映射空间的

子集，$\mathcal{B}(X,Y)$是线性空间.

当 $T\in\mathcal{B}(X,Y)$ 时，$\forall x\in X$，有 $\|Tx\|\leqslant M\|x\|$，于是伸缩率的数集 $\left\{\frac{\|Tx\|}{\|x\|}\,\middle|\, x\in X, x\neq\theta\right\}$是非负有界数集. 从而 T 有界等价于该数集的上确界是有限数.

定理 4.1.4

对每个 $T\in\mathcal{B}(X,Y)$，令 $\|T\|=\sup\limits_{x\neq\theta}\frac{\|Tx\|}{\|x\|}$. 则

(1) $\|Tx\|\leqslant\|T\|\|x\|, \forall x\in X$.

(2) $\|T\|=\sup\limits_{\|x\|\leqslant 1}\|Tx\|=\sup\limits_{\|x\|=1}\|Tx\|$.

(3) $\|T\|$为$\mathcal{B}(X,Y)$上的范数，$\mathcal{B}(X,Y)$按此范数构成赋范空间.

证明 (1) 由于$\forall x\neq\theta, \frac{\|Tx\|}{\|x\|}\leqslant\|T\|$，故$\forall x\in X$，有$\|Tx\|\leqslant\|T\|\|x\|$.

(2) 因为
$$\|T\|=\sup_{x\neq\theta}\frac{\|Tx\|}{\|x\|}=\sup_{x\neq\theta}\left\|T\left(\frac{x}{\|x\|}\right)\right\|=\sup_{\|x\|=1}\|Tx\|$$
$$\leqslant\sup_{\|x\|\leqslant 1}\|Tx\|\leqslant\sup_{\|x\|\leqslant 1}\|T\|\|x\|\leqslant\|T\|,$$
故结论成立.

(3) $\|T\|$满足(N1)～(N3)，其中

(N1) $\|T\|\geqslant 0$;
$$\|T\|=\sup_{x\neq\theta}\frac{\|Tx\|}{\|x\|}=0\Leftrightarrow\forall x\neq\theta, \|Tx\|=0\Leftrightarrow\forall x\neq\theta, Tx=\theta\Leftrightarrow T=\theta.$$

(N2) $\forall\alpha\in\mathbb{K}, \|\alpha T\|=\sup\limits_{\|x\|\leqslant 1}\|\alpha Tx\|=|\alpha|\sup\limits_{\|x\|\leqslant 1}\|Tx\|=|\alpha|\|T\|$.

(N3) 若 $T_1, T_2\in\mathcal{B}(X,Y)$，则
$$\|T_1+T_2\|=\sup_{\|x\|\leqslant 1}\|(T_1+T_2)x\|\leqslant\sup_{\|x\|\leqslant 1}(\|T_1x\|+\|T_2x\|)$$
$$\leqslant\sup_{\|x\|\leqslant 1}(\|T_1\|+\|T_2\|)\|x\|=\|T_1\|+\|T_2\|,$$
所以线性空间$\mathcal{B}(X,Y)$按$\|T\|$成为赋范空间. 证毕.

上述定理 4.1.4(1)是对$\|Tx\|$估计的所有不等式$\|Tx\|\leqslant M\|x\|$中的最佳估计. 定理 4.1.4(2)中算子范数的 3 个表达式都是常用的. 它表明 T 将 X 上单位闭球 $B(X)$映入 Y 的某个以原点为中心的最小闭球中，闭球的半径恰好为$\|T\|$.

定理 4.1.5

若 Y 是 Banach 空间，则$\mathcal{B}(X,Y)$也是 Banach 空间.

证明 设$\{T_n\}$是$\mathcal{B}(X,Y)$中的 Cauchy 列，则

$\forall\varepsilon>0, \exists N, \forall m,n\geqslant N$，有$\|T_n-T_m\|<\varepsilon$. 于是$\forall x\in X$ 有
$$\|T_nx-T_mx\|\leqslant\varepsilon\|x\|. \tag{4.1.1}$$
式(4.1.1)表明，$\forall x\in X, \{T_nx\}$是 Y 中的 Cauchy 列. 而 Y 是完备的，可设 $y=\lim\limits_{n\to\infty}T_nx$. 现定义 $T: X\to Y$ 使 $Tx=y$. 由极限运算的线性可知，T 是线性算子. 在式(4.1.1)中固定 $n\geqslant N$，令 $m\to\infty$，由范数的连续性得
$$\|T_nx-Tx\|\leqslant\varepsilon\|x\|.$$
从而$\forall n\geqslant N$，有

$$\| T_n - T \| = \sup_{\| x \| \leqslant 1} \| T_n x - Tx \| \leqslant \varepsilon. \tag{4.1.2}$$

式(4.1.2)表明，按算子范数有 $T_n \to T$ 且 $T_N - T \in \mathcal{B}(X,Y)$. 因为$\mathcal{B}(X,Y)$是线性空间，故 $T = T_N - (T_N - T) \in \mathcal{B}(X,Y)$，因此$\mathcal{B}(X,Y)$完备. 证毕.

对于 $f \in X^* = \mathcal{B}(X,\mathbb{K})$，$f$ 的范数为

$$\| f \| = \sup_{x \neq \theta} \frac{| f(x) |}{\| x \|} = \sup_{\| x \| \leqslant 1} | f(x) | = \sup_{\| x \| = 1} | f(x) |.$$

由于数域$\mathbb{K}$总是完备的，由定理 4.1.5，我们得到下列推论.

推论

任一赋范空间 X 上的连续线性泛函全体 X^* 是 Banach 空间. X^* 称为 X 的**共轭空间**.

我们知道，有限维空间上的线性算子可表示为矩阵，而矩阵代数系统除具有线性运算外还具有乘法运算. 类似地，可以引入线性算子乘法的概念.

设 X,Y,Z 都是赋范空间. 一般而言，对 $T \in \mathcal{B}(X,Y)$，$S \in \mathcal{B}(Y,Z)$，规定

$$ST(x) = S(T(x)), \quad \forall x \in X.$$

称 ST 为线性算子 ***T* 与 *S* 的积**. 算子乘法运算实际上就是算子的复合运算.

不失一般性地，以下在$\mathcal{B}(X)$上考虑线性算子乘法的运算性质. 容易验证，线性算子乘法运算满足以下规则($S,T,Q \in \mathcal{B}(X)$，$\alpha \in \mathbb{K}$)：

$$S(TQ) = (ST)Q; \quad \alpha(ST) = (\alpha S)T = S(\alpha T); \tag{4.1.3}$$

$$Q(S+T) = QS + QT; \quad (S+T)Q = SQ + TQ. \tag{4.1.4}$$

若 $\| \cdot \|$ 是 $\mathcal{B}(X)$ 上的范数，则由 $\forall x \in X$，$\| ST(x) \| \leqslant \| S \| \| T(x) \| \leqslant \| S \| \| T \| \| x \|$ 得

$$\| ST \| \leqslant \| S \| \| T \|, \quad \forall S,T \in \mathcal{B}(X). \tag{4.1.5}$$

由于$\mathcal{B}(X)$中能够引进乘法运算并且具有性质(4.1.3)～性质(4.1.5)，我们称$\mathcal{B}(X)$是一个**赋范代数**，若 X 还是完备的，则$\mathcal{B}(X)$完备，因而称$\mathcal{B}(X)$为 **Banach 代数**.

应当看到，$\mathcal{B}(X)$中的算子乘法具有连续性. 若在$\mathcal{B}(X)$中，$T_n \to T$，$S_n \to S$，则必有 $T_n S_n \to TS$. 事实上，这由如下简单推理得出：

$$\begin{aligned} \| T_n S_n - TS \| &\leqslant \| T_n S_n - TS_n \| + \| TS_n - TS \| \\ &\leqslant \| T_n - T \| \sup_{n \geqslant 1} \| S_n \| + \| T \| \| S_n - S \| \to 0. \end{aligned}$$

以 I 表示恒等算子，则 $TI = IT = T$. 因而 I 称为$\mathcal{B}(X)$的单位元. 对任意自然数 n，乘幂 T^n 有意义，且 $T^0 = I$. 反复使用式(4.1.5)得

$$\| T^n \| \leqslant \| T \|^n, \quad \forall n \in \mathbb{Z}^+.$$

设 T 可逆，则$(T^n)^{-1} = (T^{-1})^n$，其中 $n \in \mathbb{Z}^+$；若约定 $T^{-n} = (T^{-1})^n$，则对任何整数 k，T^k 有意义.

如同矩阵乘法一样，算子乘法一般不满足交换律. 若 $T,S \in \mathcal{B}(X)$，$TS = ST$，则称 S 与 T **可交换**. $\mathcal{B}(X)$为抽象 Banach 代数理论提供了一个具体模型.

4.1.3　线性泛函的零空间

现设 f 是数域$\mathbb{K}$上线性空间 X 上的线性泛函且 $f \neq \theta$. 则零空间$\mathcal{N}(f) = \{x \in X \mid f(x) = 0\}$

是 X 的线性真子空间. 我们指出, $\mathcal{N}(f)$ 是 X 的极大的线性子空间.

事实上,设 E 是 X 中任一真包含 $\mathcal{N}(f)$ 的子空间. 取 $e\in E$ 且 $e\notin\mathcal{N}(f)$. 于是 $f(e)\neq 0$. 令 $e_0=\dfrac{e}{f(e)}$,则 $e_0\in E$ 且 $f(e_0)=1$. 对每个 $x\in X$,令

$$y=x-f(x)e_0.$$

则 $f(x)e_0\in E$,且 $f(y)=f(x)-f(x)f(e_0)=0$,即 $y\in\mathcal{N}(f)$. 于是有 $x=f(x)e_0+y\in E$,即 $E=X$. 这表明 X 中除了 X 外没有真包含 $\mathcal{N}(f)$ 的子空间. 因此 $\mathcal{N}(f)$ 是 X 的**极大的线性子空间**. 对任意 $b\in\mathbb{K}$,必可取到 $x_0\in X$ 使 $f(x_0)=b\left(\text{如取 } x_0=\dfrac{b}{f(e)}e,\text{其中 } f(e)\neq 0\right)$,则线性流形

$$f^{-1}(b)=\{x\in X\mid f(x)=b\}=x_0+\mathcal{N}(f)$$

是超平面. 当 $b=0$ 时,超平面 $f^{-1}(0)=\mathcal{N}(f)$. 这里的记号 $f^{-1}(b)$ 表示 b 在 f 下的原像(或逆像),不可误解为 f 可逆.

定理 4.1.6

设 f 是数域 $\mathbb{K}$ 上赋范空间 X 上的线性泛函, $f\neq\theta$, $b\in\mathbb{K}$ 且 $b\neq 0$. 则下述结论等价:

(1) $f\in X^*$.

(2) $\mathcal{N}(f)$ 是闭线性子空间.

(3) 超平面 $f^{-1}(b)=\{x\in X\mid f(x)=b\}$ 是闭集.

证明 (1)⇒(2) 因为 f 是连续的,取 $\{x_n\}\subset\mathcal{N}(f)$,使 $x_n\to x$,则必有 $f(x)=\lim\limits_{n\to\infty}f(x_n)=0$,即 $x\in\mathcal{N}(f)$. 所以 $\mathcal{N}(f)$ 是闭线性子空间.

(2)⇒(3) 取 $x_0\in f^{-1}(b)$,则 $f^{-1}(b)=x_0+\mathcal{N}(f)$,由 $\mathcal{N}(f)$ 是闭的可知, $f^{-1}(b)$ 是闭集.

(3)⇒(1)(反证法) 假设 f 不连续,即 f 是无界的,则

$$\|f\|=\sup_{\|x\|=1}|f(x)|=\infty.$$

于是 $\forall n\in\mathbb{Z}^+$, $\exists x_n$, $\|x_n\|=1$, $|f(x_n)|>n$. 令 $y_n=\dfrac{b}{f(x_n)}x_n$,则 $f(y_n)=b$, $\{y_n\}\subset f^{-1}(b)$. 由于

$$\|y_n\|=\frac{|b|}{|f(x_n)|}\|x_n\|<\frac{|b|}{n},$$

故 $y_n\to\theta$. 由于 $f^{-1}(b)$ 是闭集,故 $\theta\in f^{-1}(b)$, $b=f(\theta)=0$. 这与 $b\neq 0$ 矛盾. 因此 $f\in X^*$. 证毕.

前面已指出,若线性算子 T 有界,则零空间 $\mathcal{N}(T)$ 必是闭的; 若 $\mathcal{N}(T)$ 是闭的,则 T 未必是有界的. 因此,定理 4.1.6 关于线性泛函的结果不能推广到线性算子.

4.1.4 线性算子范数的估算

为了定量地研究有界线性算子,常常要对线性算子的范数进行估算,甚至需要精确求出算子范数的大小. 有些特殊的算子其范数是容易估算的. 例如,对于相似算子 T,由 $Tx=\alpha x$ 容易知道 $\|T\|=|\alpha|$. 恒等算子的范数为 1. 一般情况下,由于算子 T 的范数 $\|T\|$ 实际上就是实泛函 $f(x)=\|Tx\|$ 在闭单位球面上的上确界,而无限维空间中的闭单位球面不是

紧集,上确界未必能在球面上达到,即使达到也很难求出最大值点.因此,要精确求出算子T的范数并非易事.如问题解决过程中需要求出(或证明)算子范数,往往首先对$\|Tx\|$作尽可能准确的估计:$\|Tx\|\leqslant M\|x\|$,$\|T\|\leqslant M$(由此推测$\|T\|=M$);再设法证明$\|T\|\geqslant M$.方法通常有两种:其一是取点x_0使$\|x_0\|=1$,$\|Tx_0\|=M$(此时x_0为最大值点),由此得$\|T\|=\|T\|\|x_0\|\geqslant\|Tx_0\|=M$;其二是取点列$\{x_n\}$(不一定要收敛)使$\|x_n\|=1$,$\|Tx_n\|\geqslant M-\frac{1}{n}$,由此得$\|T\|=\|T\|\|x_n\|\geqslant\|Tx_n\|\geqslant M-\frac{1}{n}$.

下面给出计算线性算子范数的若干例子.

例 4.1.2　设积分算子T定义为

$$(Tx)(t)=\int_a^t x(u)\mathrm{d}u.$$

其中,$x(t)\in L^1[a,b]$.

(1) T是从$L^1[a,b]$到$C[a,b]$的算子.

(2) T是从$L^1[a,b]$到自身的算子.

分别求出$\|T\|$.

解　(1) $\forall x\in L^1[a,b]$,有

$$\begin{aligned}\|Tx\|&=\max_{a\leqslant t\leqslant b}\left|\int_a^t x(u)\mathrm{d}u\right|\leqslant\max_{a\leqslant t\leqslant b}\int_a^t|x(u)|\mathrm{d}u\\&=\int_a^b|x(u)|\mathrm{d}u=\|x\|.\end{aligned}$$

得到$\|T\|\leqslant 1$.令$x_0(t)=\frac{1}{b-a}$,则$x_0\in L^1[a,b]$,且$\|x_0\|=\int_a^b|x_0(u)|\mathrm{d}u=1$,于是得到

$$\|T\|=\sup_{\|x\|=1}\|Tx\|\geqslant\|Tx_0\|=\max_{a\leqslant t\leqslant b}\left|\int_a^t\frac{\mathrm{d}u}{b-a}\right|=\int_a^b\frac{\mathrm{d}t}{b-a}=1.$$

所以$\|T\|=1$.

(2) $\forall x\in L^1[a,b]$,有

$$\begin{aligned}\|Tx\|&=\int_a^b\left|\int_a^t x(u)\mathrm{d}u\right|\mathrm{d}t\leqslant\int_a^b\int_a^t|x(u)|\mathrm{d}u\mathrm{d}t\leqslant\int_a^b\left[\int_a^b|x(u)|\mathrm{d}u\right]\mathrm{d}t\\&=\|x\|\int_a^b\mathrm{d}t=(b-a)\|x\|.\end{aligned}$$

得到$\|T\|\leqslant b-a$. $\forall n\in\mathbb{Z}^+$,令$x_n(t)=\begin{cases}n, & t\in[a,a+1/n]\\0, & t\in(a+1/n,b]\end{cases}$(参见图 4-1).则

$$\|x_n\|=\int_a^b|x_n(t)|\mathrm{d}t=\int_a^{a+1/n}n\mathrm{d}t=1;$$

$$\begin{aligned}\|Tx_n\|&=\int_a^b\left|\int_a^t x_n(u)\mathrm{d}u\right|\mathrm{d}t=\int_a^{a+1/n}n(t-a)\mathrm{d}t+\\&\quad\int_{a+1/n}^b\mathrm{d}t=b-a-\frac{1}{2n};\end{aligned}$$

$$\|T\|=\|T\|\|x_n\|\geqslant\|Tx_n\|=b-a-\frac{1}{2n}.$$

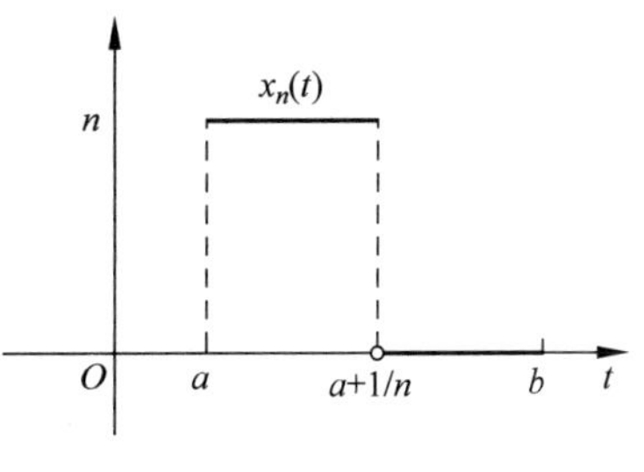

图 4-1

由n的任意性得$\|T\|\geqslant b-a$.所以$\|T\|=b-a$.

例 4.1.3 设 $f\in X^*$，$f\neq\theta$. d 为 X 中零元 θ 到超平面

$$f^{-1}(b)=\{x\in X\mid f(x)=b\}$$

的距离，即 $d=\inf\{\|x\|: x\in f^{-1}(b)\}$，其中 $b\neq 0$. 证明 $\|f\|=|b|/d$（这是$\mathbb{R}^2$ 中原点到直线距离公式及$\mathbb{R}^3$ 中原点到平面距离公式的推广）.

证明 对任意 $x\in f^{-1}(b)$，由 $|b|=|f(x)|\leqslant\|f\|\|x\|$ 得 $|b|/\|f\|\leqslant\|x\|$. 于是

$$|b|/\|f\|\leqslant\inf_{x\in f^{-1}(b)}\|x\|=d.$$

另一方面，由 $\|f\|$ 的定义，$\forall n\in\mathbb{Z}^+$，$\exists x_n\in X$，使 $\|x_n\|=1$ 且 $|f(x_n)|>\|f\|-\frac{1}{n}$. 令 $y_n=\frac{b}{f(x_n)}x_n$，则 $f(y_n)=b$，即 $\{y_n\}\subset f^{-1}(b)$. 于是

$$d\leqslant\|y_n\|=\frac{|b|}{|f(x_n)|}\|x_n\|<\frac{|b|}{\|f\|-\frac{1}{n}}.$$

即 $d<\frac{|b|}{\|f\|-\frac{1}{n}}$. 令 $n\to\infty$ 得 $d\leqslant|b|/\|f\|$. 所以 $\|f\|=|b|/d$. 证毕.

例 4.1.4 在插值理论中，我们通常用 Lagrange 公式来求已知连续函数的近似多项式. 设 $C[a,b]$ 为实连续函数空间，$x=x(t)\in C[a,b]$. 在 $[a,b]$ 内任取 n 个点 $a\leqslant t_1<t_2<\cdots<t_n\leqslant b$，作多项式

$$P_i(t)=\frac{(t-t_1)(t-t_2)\cdots(t-t_{i-1})(t-t_{i+1})\cdots(t-t_n)}{(t_i-t_1)(t_i-t_2)\cdots(t_i-t_{i-1})(t_i-t_{i+1})\cdots(t_i-t_n)},\quad i=1,2,\cdots,n.$$

令 $T_n: C[a,b]\to C[a,b]$ 为 $T_nx=y_n$，其中 $y_n(t)=\sum_{i=1}^{n}x(t_i)P_i(t)$. 则 T_n 是线性算子，且 $\|T_n\|=\max_{a\leqslant t\leqslant b}\sum_{i=1}^{n}|P_i(t)|$.

事实上，$\forall x\in C[a,b]$，有 $|x(t_i)|\leqslant\|x\|$. 于是

$$\begin{aligned}\|T_nx\|&=\max_{a\leqslant t\leqslant b}\left|\sum_{i=1}^{n}x(t_i)P_i(t)\right|\leqslant\max_{a\leqslant t\leqslant b}\sum_{i=1}^{n}|x(t_i)\|P_i(t)|\\&\leqslant\left(\max_{a\leqslant t\leqslant b}\sum_{i=1}^{n}|P_i(t)|\right)\|x\|.\end{aligned}$$

得到 $\|T_n\|\leqslant\max_{a\leqslant t\leqslant b}\sum_{i=1}^{n}|P_i(t)|$.

另一方面，由于 $\sum_{i=1}^{n}|P_i(t)|$ 在 $[a,b]$ 连续，$\exists t_0\in[a,b]$，使 $\max_{a\leqslant t\leqslant b}\sum_{i=1}^{n}|P_i(t)|=\sum_{i=1}^{n}|P_i(t_0)|$. 注意到 $|P_i(t_0)|=\operatorname{sgn}(P_i(t_0))P_i(t_0)$，必可取到 $x_0\in C[a,b]$，使 $x_0(t_i)=\operatorname{sgn}P_i(t_0)(i=1,2,\cdots,n)$ 且 $\|x_0\|=1$（取依次连接$\mathbb{R}^2$ 上点 $(t_i,\operatorname{sgn}P_i(t_0))$ 的折线即可）. 于是

$$\|T_n\|\geqslant\|T_nx_0\|\geqslant|(T_nx_0)(t_0)|=\left|\sum_{i=1}^{n}\operatorname{sgn}(P_i(t_0))P_i(t_0)\right|$$

$$=\sum_{i=1}^{n}|P_i(t_0)|=\max_{a\leqslant t\leqslant b}\sum_{i=1}^{n}|P_i(t)|.$$

因此，$\|T_n\|=\max\limits_{a\leqslant t\leqslant b}\sum\limits_{i=1}^{n}|P_i(t)|$.

例 4.1.5　设 $K(s,t)$ 是$[0,1]\times[0,1]$上的连续函数，则 $C[0,1]$上的积分算子

$$(Tx)(s)=\int_0^1 K(s,t)x(t)\mathrm{d}t \quad (x=x(s)\in C[0,1])$$

的范数为 $\|T\|=\max\limits_{0\leqslant s\leqslant 1}\int_0^1|K(s,t)|\mathrm{d}t$.

事实上，令 $M=\max\limits_{0\leqslant s\leqslant 1}\int_0^1|K(s,t)|\mathrm{d}t$，由于

$$|(Tx)(s)|\leqslant\int_0^1|K(s,t)\|x(t)|\mathrm{d}t\leqslant\|x\|\int_0^1|K(s,t)|\mathrm{d}t,$$

故

$$\|Tx\|=\max_{0\leqslant s\leqslant 1}|(Tx)(s)|\leqslant\|x\|\max_{0\leqslant s\leqslant 1}\int_0^1|K(s,t)|\mathrm{d}t=M\|x\|,$$

可见 $\|T\|\leqslant M$. 另一方面，由于 $\int_0^1|K(s,t)|\mathrm{d}t$ 是$[0,1]$上的连续函数，因而有$[0,1]$上的点 s_0，使 $\int_0^1|K(s_0,t)|\mathrm{d}t=M$. 约定 $\alpha\in\mathbb{K}$ 时，记号 $\mathrm{sgn}\alpha$ 的含义是 $\alpha\,\mathrm{sgn}\alpha=|\alpha|$，令 $k_0(t)=\mathrm{sgn}\,K(s_0,t)$，$t\in[0,1]$. 则 $k_0(t)$是$[0,1]$上模不超过 1 的可测函数，且

$$\int_0^1 K(s_0,t)k_0(t)\mathrm{d}t=\int_0^1|K(s_0,t)|\mathrm{d}t=M.$$

对任意 $\varepsilon>0$，令 $\delta=\varepsilon/(2C)$，这里 $C=\max\limits_{0\leqslant s,t\leqslant 1}|K(s,t)|$，根据 Lusin 定理，有 $x=x(t)\in C[0,1]$使$|x(t)|\leqslant 1$（$\|x\|\leqslant 1$）且 $m(E)<\delta$，其中

$$E=\{t\in[0,1]:x(t)\neq k_0(t)\}.$$

于是

$$\left|\int_0^1 K(s_0,t)[x(t)-k_0(t)]\mathrm{d}t\right|=\left|\int_E K(s_0,t)[x(t)-k_0(t)]\mathrm{d}t\right|\leqslant 2Cm(E)<\varepsilon.$$

从而有

$$\begin{aligned}\|Tx\|\geqslant&|(Tx)(s_0)|=\left|\int_0^1 K(s_0,t)x(t)\mathrm{d}t\right|\\=&\left|\int_0^1 K(s_0,t)k_0(t)\mathrm{d}t+\int_0^1 K(s_0,t)[x(t)-k_0(t)]\mathrm{d}t\right|\\\geqslant&\int_0^1|K(s_0,t)|\mathrm{d}t-\left|\int_0^1 K(s_0,t)[x(t)-k_0(t)]\mathrm{d}t\right|>M-\varepsilon.\end{aligned}$$

因为 $\|x\|\leqslant 1$，所以 $\|T\|\geqslant\|T\|\|x\|>M-\varepsilon$，由 ε 的任意性可知 $\|T\|\geqslant M$. 总之 $\|T\|=M$.

4.2　线性算子的基本定理

一致有界原理（又称共鸣定理）、开映射定理（以及逆算子定理）、闭图像定理常被称为 Banach 空间上线性算子的基本定理. 它们都涉及完备性，由 Baire 纲定理得出. 这些定理与

后面介绍的 Hahn-Banach 型定理是泛函分析理论的基石，具有异乎寻常的深刻性和极其广泛的应用.

4.2.1 一致有界原理

一致有界原理由 Banach 与 Steinhaus 于 1927 年共同建立，也称为 Banach-Steinhaus 定理. 在此之前，这一定理的一系列特例在不同的数学领域被陆续发现，其中包括连续函数的 Fourier 级数的发散性、Lagrange 插值问题研究、机械求积公式的收敛性等. 后来逐渐意识到这一系列工作的论证是相似的，实际上可统一成一个一般的定理，就是一致有界原理.

通俗地说，一致有界原理是指在一定条件下由算子族的点态有界性可得到按算子范数的有界性.

设$\mathcal{F}=\{T_\lambda:\lambda\in\Lambda\}$是一族算子. 若$\forall x\in X$，$\{T_\lambda x:\lambda\in\Lambda\}$是像空间中有界集，就称算子族$\mathcal{F}$点态有界，$\{T_\lambda x:\lambda\in\Lambda\}$也称为算子族$\mathcal{F}$在点 x 的轨道. 因此点态有界又称为轨道有界. 这也等价于$\forall x\in X$，数集$\{\|T_\lambda x\|:\lambda\in\Lambda\}$是有界的，即$\forall x\in X$，$\sup\limits_{\lambda\in\Lambda}\|T_\lambda x\|<\infty$. 若$\mathcal{F}$是算子空间中的有界集(或按算子范数有界)，就称$\mathcal{F}$是一致有界的. 这也等价于$\{\|T_\lambda\|:\lambda\in\Lambda\}$是有界集，即$\sup\limits_{\lambda\in\Lambda}\|T_\lambda\|<\infty$. 显然一致有界蕴涵点态有界.

定理 4.2.1(一致有界原理)

设 X 是 Banach 空间，Y 是赋范空间，$\{T_\lambda:\lambda\in\Lambda\}\subset\mathcal{B}(X,Y)$是一族有界线性算子. 若$\forall x\in X$ 有$\sup\limits_{\lambda\in\Lambda}\|T_\lambda x\|<\infty$，则$\sup\limits_{\lambda\in\Lambda}\|T_\lambda\|<\infty$.

一致有界原理的逆否形式是：若$\sup\limits_{\lambda\in\Lambda}\|T_\lambda\|=\infty$，则

$$\exists x\in X,\quad \sup_{\lambda\in\Lambda}\|T_\lambda x\|=\infty. \tag{4.2.1}$$

因为满足式(4.2.1)的点 x 称为“共鸣点”，所以一致有界原理又称为**共鸣定理**.

证明 设 $p(x)=\sup\limits_{\lambda\in\Lambda}\|T_\lambda x\|\ (x\in X)$. 则 p 是绝对齐性的且由范数的三角形不等式可知，p 也满足三角形不等式. 因此 p 是半范数. 设

$$A_k=\{x\in X:p(x)\leqslant k\},\quad k\in\mathbb{Z}^+.$$

则由半范数的连续性易知 A_k 是闭集. 这一点按定义也不难验证. 事实上，设$\{x_n\}\subset A_k$，$x_n\to\bar{x}$. 则$\forall\lambda\in\Lambda$，有$\|T_\lambda x_n\|\leqslant p(x_n)\leqslant k$. 因为 T_λ 是有界的，从而是连续的，故对$\|T_\lambda x_n\|\leqslant k$ 令$n\to\infty$得$\|T_\lambda\bar{x}\|\leqslant k(\forall\lambda\in\Lambda)$. 于是 $p(\bar{x})=\sup\limits_{\lambda\in\Lambda}\|T_\lambda\bar{x}\|\leqslant k$，即 $\bar{x}\in A_k$，A_k 是闭集.

由于$\forall x\in X$，$\exists M_x>0$，$\sup\limits_{\lambda\in\Lambda}\|T_\lambda x\|\leqslant M_x$，即 $p(x)\leqslant M_x$，故取 $k\in\mathbb{Z}^+$ 使 $M_x\leqslant k$，有 $p(x)\leqslant k$. 这表明 $\exists k\in\mathbb{Z}^+$，$x\in A_k$. 所以 $X=\bigcup\limits_{k=1}^{\infty}A_k$.

因为 X 是完备的，所以由 Baire 纲定理，$\exists k_0\in\mathbb{Z}^+$，$A_{k_0}$ 不是疏集，即 $\bar{A}_{k_0}^{\circ}\neq\varnothing$. 但 $\bar{A}_{k_0}^{\circ}=A_{k_0}^{\circ}$，于是 A_{k_0} 含有内点，设为 x_0，即

$$\exists r>0,\quad B(x_0,r)\subset A_{k_0}. \tag{4.2.2}$$

$\forall x\in X$，$\|x\|\leqslant 1$，有 $x_0+\frac{r}{2}x, x_0-\frac{r}{2}x\in B(x_0,r)$（参见图 4-2）. 因为 p 是半范数，故由式(4.2.2)得，

$$p(rx)=p\left[\left(x_0+\frac{r}{2}x\right)-\left(x_0-\frac{r}{2}x\right)\right]$$
$$\leqslant p\left(x_0+\frac{r}{2}x\right)+p\left(x_0-\frac{r}{2}x\right)$$
$$\leqslant k_0+k_0=2k_0.$$

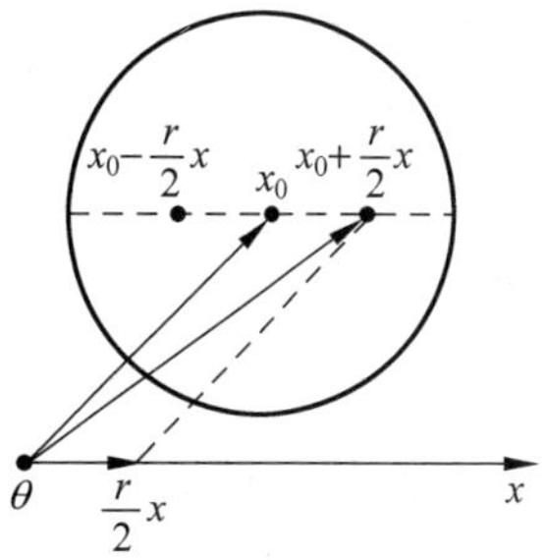

图 4-2

由 p 的绝对齐性得，$p(x)\leqslant\frac{2k_0}{r}$，即

$$\forall x\in X,\quad \|x\|\leqslant 1,\quad \forall\lambda\in\Lambda,\quad \|T_\lambda x\|\leqslant\frac{2k_0}{r}.$$

令 $M=\frac{2k_0}{r}$，则 $\forall\lambda\in\Lambda$，$\|T_\lambda\|=\sup\limits_{\|x\|\leqslant 1}\|T_\lambda x\|\leqslant M$. 因此，$\sup\limits_{\lambda\in\Lambda}\|T_\lambda\|<\infty$. 证毕.

例 4.2.1　机械求积公式的收敛性问题

在定积分的近似计算中，我们可以设计出各种公式来计算定积分的近似值，如所谓矩形公式、梯形公式等，这些公式都是函数在有限个分点处的值的加权和. 一般性的问题是，这些公式在什么条件下收敛？明确地说，对于积分 $\int_a^b x(t)\mathrm{d}t$，其中 $x\in C[a,b]$，给定一列分点组

$$a=t_0^{(n)}<t_1^{(n)}<\cdots<t_{k_n}^{(n)}=b.$$

和一列实数组 $A_k^{(n)}$，$k=0,1,\cdots,k_n$，$n=1,2,\cdots$. 记

$$f_n(x)=\sum_{k=0}^{k_n}A_k^{(n)}x(t_k^{(n)}).\tag{4.2.3}$$

式(4.2.3)称为机械求积公式. 将 $f_n(x)$ 作为 $\int_a^b x(t)\mathrm{d}t$ 的近似值，问在什么条件下式(4.2.3)收敛，即对任何 $x\in C[a,b]$，有 $\lim\limits_{n\to\infty}f_n(x)=\int_a^b x(t)\mathrm{d}t$？

机械求积公式在 $C[a,b]$ 上收敛的充分必要条件是

(1) $\sum\limits_{k=0}^{k_n}|A_k^{(n)}|\leqslant M, n=1,2,\cdots$；

(2) 对每个 $x_j(t)=t^j$，$j=0,1,2,\cdots$，有 $\lim\limits_{n\to\infty}f_n(x_j)=\int_a^b x_j(t)\mathrm{d}t$.

证明　易知 f_n 是 $C[a,b]$ 上的线性泛函，且

$$|f_n(x)|\leqslant\left(\sum_{k=0}^{k_n}|A_k^{(n)}|\right)\max_{a\leqslant t\leqslant b}|x(t)|=\left(\sum_{k=0}^{k_n}|A_k^{(n)}|\right)\|x\|.$$

故 $\|f_n\|\leqslant\sum\limits_{k=0}^{k_n}|A_k^{(n)}|$，以下求出 $\|f_n\|$.

在 $C[a,b]$ 中取 $x_0(t)$ 使 $x_0(t_k^{(n)})=\mathrm{sgn}\,A_k^{(n)}$，$k=0,1,\cdots,k_n$（只要取 $x_0(t)$ 是依次连

接平面上点$(t_k^{(n)}, \operatorname{sgn} A_k^{(n)})$的折线即可）. 则$\| x_0 \| = 1$，且$\| f_n \| \geqslant |f_n(x_0)| = \sum_{k=0}^{k_n} |A_k^{(n)}|$. 因此

$$\| f_n \| = \sum_{k=0}^{k_n} |A_k^{(n)}|. \tag{4.2.4}$$

必要性　设机械求积公式(4.2.3)收敛，则(2)是显然成立的. 由于$C[a,b]$完备，由公式(4.2.3)的收敛性及式(4.2.4)应用一致有界原理得(1)也成立.

充分性　设(1)和(2)成立. 由(2)可知，机械求积公式(4.2.3)对每个多项式$p(t)$是收敛的，即

$$\forall \varepsilon > 0, \exists N, \forall n > N, \quad \left| \int_a^b p(t)\mathrm{d}t - f_n(p) \right| < \varepsilon.$$

对任意$x \in C[a,b]$，存在多项式$p(t)$使$\| x - p \| < \varepsilon$. 于是由(1)得

$$\begin{aligned}\left| \int_a^b x(t)\mathrm{d}t - f_n(x) \right| &\leqslant \left| \int_a^b x(t)\mathrm{d}t - \int_a^b p(t)\mathrm{d}t \right| + \left| \int_a^b p(t)\mathrm{d}t - f_n(p) \right| + \\ &\quad |f_n(p) - f_n(x)| \\ &\leqslant (b-a)\| x - p \| + \varepsilon + \| f_n \| \| p - x \| \\ &< (b-a)\varepsilon + \varepsilon + M\varepsilon = (b-a+1+M)\varepsilon.\end{aligned}$$

因此$\lim\limits_{n \to \infty} f_n(x) = \int_a^b x(t)\mathrm{d}t$. 证毕.

例 4.2.2　Fourier 级数的发散问题

存在以2π为周期的实值连续函数，其 Fourier 级数在任意给定的点上是发散的.

证明　（阅读）以2π为周期的实值连续函数的全体按范数$\| x \| = \sup\limits_{t \in (-\infty, \infty)} |x(t)|$构成实 Banach 空间，记为$C_{2\pi}$. 对任意$x = x(t) \in C_{2\pi}$，将其 Fourier 级数的前$n+1$项之和表示为

$$f_n(x,t) = \sum_{k=0}^{n} (a_k \cos kt + b_k \sin kt) = \frac{1}{\pi}\int_{-\pi}^{\pi} k_n(s,t)x(s)\mathrm{d}s,$$

其中

$$k_n(s,t) = \frac{\sin\left[\left(n + \frac{1}{2}\right)(s-t)\right]}{2\sin\left[\frac{1}{2}(s-t)\right]}.$$

对于任意固定的t_0及n，上面的$f_n(x,t_0)$是空间$C_{2\pi}$上的一个线性泛函. 为讨论简单起见，不妨设$t_0 = 0$，此时有

$$f_n(x,0) = \frac{1}{\pi}\int_{-\pi}^{\pi} k_n(s,0)x(s)\mathrm{d}s, \quad \forall x = x(s) \in C_{2\pi}.$$

另外，还可以求出这个线性泛函的范数

$$\| f_n \| = \frac{1}{\pi}\int_{-\pi}^{\pi} |k_n(s,0)| \mathrm{d}s.$$

注意到

$$\begin{aligned}\frac{1}{\pi}\int_{-\pi}^{\pi}|k_n(s,0)|\,\mathrm{d}s&=\frac{1}{2\pi}\int_{-\pi}^{\pi}\left|\frac{\sin\left[\left(n+\frac{1}{2}\right)s\right]}{\sin\frac{1}{2}s}\right|\mathrm{d}s\\&=\frac{1}{2\pi}\int_{-\pi}^{\pi}\left|\frac{\sin\left[(2n+1)\frac{s}{2}\right]}{\frac{s}{2}}\right|\cdot\left|\frac{\frac{s}{2}}{\sin\frac{s}{2}}\right|\mathrm{d}s\\&\geqslant\frac{1}{2\pi}\int_{-\pi}^{\pi}\left|\frac{\sin\left[(2n+1)\frac{s}{2}\right]}{\frac{s}{2}}\right|\mathrm{d}s\\&\geqslant\frac{1}{2\pi}\int_{0}^{\pi}\left|\frac{\sin\left[(2n+1)\frac{s}{2}\right]}{\frac{s}{2}}\right|\mathrm{d}s\\&=\frac{1}{\pi}\int_{0}^{\frac{2n+1}{2}\pi}\left|\frac{\sin u}{u}\right|\mathrm{d}u\to\infty,\quad n\to\infty.\end{aligned}$$

由此导出 $C_{2\pi}^*$ 中的点列 $\{f_n\}$ 有关系式 $\sup\limits_n\|f_n\|=\lim\limits_{n\to\infty}\|f_n\|=\infty$. 按一致有界原理的逆否命题，存在元 $x\in C_{2\pi}$，有 $\sup\limits_n|f_n(x,0)|=\infty$，即连续函数 $x(t)$ 的 Fourier 级数在点 $t_0=0$ 是发散的.

4.2.2　开映射定理

方程理论中，解的存在性与唯一性、解的稳定性、解对所给数据的连续依赖性等统称为适定问题. 对于方程 $Tx=y$（T 是映射）来说，所谓解是否具有稳定性或连续依赖性，是指当 y 作微小变化时，对应的解 x 是否也作微小变化. 若 T 是可逆的，则该问题就是指 T^{-1} 是否具有连续性. 而一般情况下 T 不是可逆的，该问题就与 T 是否为开映射有关.

根据连续映射的集刻画，映射 T 连续等价于任一开集的逆像是开集. 若映射 T 是双射，即 T^{-1} 存在，则 T 连续等价于 T^{-1} 将开集映射为开集，同样地，T^{-1} 连续等价于 T 将开集映射为开集.

定义 4.2.1

设 X，Y 是拓扑空间，$T: X\to Y$ 是一映射. 若 T 将 X 中的每个开集映为 Y 中的开集，则称 T 为**开映射**.

由定义 4.2.1 可知，若 T 是双射，则 T 为开映射等价于 T^{-1} 为连续映射. 但开映射的上述定义中并不要求 T 是双射. 这就是说，开映射类是将逆连续的映射类作子类的范围更广的映射类，二者的差别只是 T 是否可逆.

定理 4.2.2（开映射定理）

设 T 是从 Banach 空间 X 到 Banach 空间 Y 的有界线性算子. 若 $TX=Y$（满射），则 T 是开映射.

由于可逆的开映射等价于逆映射连续，线性算子连续等价于有界，因而由开映射定理立即得到下述逆算子定理.

定理 4.2.3（Banach 逆算子定理）

设 T 是从 Banach 空间 X 到 Banach 空间 Y 的有界线性算子. 若 T 是双射（单满射），则 T^{-1} 也是有界线性算子.

逆算子定理指出，对于可逆的线性算子 $T: X \to Y$，T 与 T^{-1} 中有一个有界，则另一个必有界，只要具备 X 与 Y 都完备的条件. 利用线性同胚的术语来说，逆算子定理的意义在于：若 X 与 Y 都是 Banach 空间，T 是线性双射，只要 T 与 T^{-1} 之一连续（不必验证 T 与 T^{-1} 都连续），便可断言 X 与 Y 是线性同胚的.

开映射定理的证明 分 4 步进行. 以下记 X 中的球 $B\left(\theta,\frac{1}{2^n}\right)=B_n$，$n=0,1,2,\cdots$ 为区别起见，Y 中的球 B 记为 B_Y.

(1) 证明 $\overline{TB_1} \supset B_Y(y_0,\varepsilon)$（其中 $\varepsilon>0$）.

$\forall x\in X$，存在 $k\in\mathbb{Z}^+$ 使 $\left\|\frac{x}{k}\right\|<\frac{1}{2}$，即 $x\in kB_1$. 于是 $X=\bigcup\limits_{k=1}^{\infty}kB_1$，$Y=TX=\bigcup\limits_{k=1}^{\infty}kTB_1$. 因为 Y 是完备的，由 Baire 纲定理，存在 $k_0\in\mathbb{Z}^+$，$\overline{k_0TB_1}=k_0\overline{TB_1}$ 含有内点 z_0，即存在 $\delta>0$，有

$$k_0\overline{TB_1}\supset B_Y(z_0,\delta).$$

记 $y_0=\frac{1}{k_0}z_0$，$\varepsilon=\frac{1}{k_0}\delta$. 则 $\overline{TB_1}\supset\frac{1}{k_0}B_Y(z_0,\delta)=B_Y(y_0,\varepsilon)$.

(2) 证明对任意 $n\in\mathbb{Z}^+$，有 $\overline{TB_n}\supset B_Y\left(\theta,\frac{\varepsilon}{2^n}\right)$.

由于 $B_Y(y_0,\varepsilon)=y_0+B_Y(\theta,\varepsilon)\subset\overline{TB_1}$，故

$$B_Y(\theta,\varepsilon)=y_0+B_Y(\theta,\varepsilon)-y_0\subset\overline{TB_1}-y_0. \tag{4.2.5}$$

设 $y\in\overline{TB_1}-y_0$. 则 $y_0+y\in\overline{TB_1}$，又因为 $y_0\in\overline{TB_1}$，故存在 $\{u_n\}\subset TB_1$，$u_n\to y_0+y$，且存在 $\{v_n\}\subset TB_1$，$v_n\to y_0$. 于是存在 $p_n\in B_1$ 使 $Tp_n=u_n$，存在 $q_n\in B_1$ 使 $Tq_n=v_n$. 从而

$$T(p_n-q_n)=Tp_n-Tq_n\to(y_0+y)-y_0=y. \tag{4.2.6}$$

由 $\|p_n-q_n\|\leqslant\|p_n\|+\|q_n\|<\frac{1}{2}+\frac{1}{2}=1$ 得 $p_n-q_n\in B_0$. 式(4.2.6)表明 $y\in\overline{TB_0}$. 因此 $\overline{TB_1}-y_0\subset\overline{TB_0}$. 再由式(4.2.5)得 $B_Y(\theta,\varepsilon)\subset\overline{TB_0}$. 所以

$$B_Y\left(\theta,\frac{\varepsilon}{2^n}\right)=\frac{1}{2^n}B_Y(\theta,\varepsilon)\subset\frac{1}{2^n}\overline{TB_0}=\overline{TB_n}.$$

(3) 证明 $TB_0\supset B_Y\left(\theta,\frac{\varepsilon}{2}\right)$.

设 $y\in B_Y\left(\theta,\frac{\varepsilon}{2}\right)$. 反复利用(2)中已证结果，对上述 ε，因 $B_Y\left(\theta,\frac{\varepsilon}{2}\right)\subset\overline{TB_1}$，故 $y\in\overline{TB_1}$，由此得到存在 $x_1\in B_1$，使 $\|y-Tx_1\|<\frac{\varepsilon}{2^2}$，即 $y-Tx_1\in B_Y\left(\theta,\frac{\varepsilon}{2^2}\right)$；因 $B_Y\left(\theta,\frac{\varepsilon}{2^2}\right)\subset\overline{TB_2}$，由 $y-Tx_1\in\overline{TB_2}$ 得，存在 $x_2\in B_2$，使 $\|y-Tx_1-Tx_2\|<\frac{\varepsilon}{2^3}$，即 $y-T(x_1+x_2)\in$

$B_Y\left(\theta,\frac{\varepsilon}{2^3}\right)$；……如此继续下去，按归纳法得到点列$\{x_n\}$，其中$x_n\in B_n$，且

$$\left\|y-T\left(\sum_{k=1}^{n}x_k\right)\right\|<\frac{\varepsilon}{2^{n+1}}. \tag{4.2.7}$$

由$x_n\in B_n$得$\|x_n\|<\frac{1}{2^n}$，于是

$$\left\|\sum_{k=n+1}^{n+p}x_k\right\|\leqslant\sum_{k=n+1}^{n+p}\|x_k\|<\sum_{k=n+1}^{n+p}\frac{1}{2^k}<\frac{1}{2^n}.$$

这表明$\left\{\sum_{k=1}^{n}x_k\right\}_{n=1}^{\infty}$是$X$中Cauchy列. 由$X$的完备性，$\sum_{k=1}^{\infty}x_k$收敛. 设$\sum_{k=1}^{\infty}x_k=x$，则有

$$\|x\|\leqslant\|x_1\|+\left\|\sum_{k=2}^{\infty}x_k\right\|\leqslant\|x_1\|+\sum_{k=2}^{\infty}\frac{1}{2^k}<\frac{1}{2}+\frac{1}{2}=1.$$

这表明$x\in B_0$. 由T的连续性得$T\left(\sum_{k=1}^{n}x_k\right)\to Tx$. 对式(4.2.7)令$n\to\infty$得$y=Tx\in TB_0$. 因此$B_Y\left(\theta,\frac{\varepsilon}{2}\right)\subset TB_0$.

(4) 证明T是开映射.

设$A\subset X$为开集且设$y\in TA$. 则存在$x\in A$使$Tx=y$，且由A是开集可知存在$r>0$，$B(x,r)=B(\theta,r)+x\subset A$. 于是

$$TB_0=T\left[\frac{1}{r}B(\theta,r)\right]\subset T\left[\frac{1}{r}(A-x)\right]=\frac{1}{r}(TA-y).$$

利用(3)的已证结果，$B_Y\left(\theta,\frac{\varepsilon}{2}\right)\subset TB_0\subset\frac{1}{r}(TA-y)$. 所以，$B_Y\left(y,\frac{r\varepsilon}{2}\right)=B_Y\left(\theta,\frac{r\varepsilon}{2}\right)+y\subset TA$. 这表明$y$是$TA$的内点，因此$TA$也是开集. 证毕.

开映射定理与逆算子定理都有非常广泛的应用，尤其是逆算子定理的应用，在下面的讨论中将会陆续看到. 应当指出，从逻辑上讲，开映射定理的作用自然强于逆算子定理. 因为在线性算子未必可逆的情况下就只能应用开映射定理了.

首先用逆算子定理与算子空间的完备性来证明下述结果.

定理 4.2.4(von Neumann 定理)

设X是Banach空间，$T\in\mathcal{B}(X)$. 若$\|T\|<1$，则$(I-T)^{-1}\in\mathcal{B}(X)$，且

$$(I-T)^{-1}=\sum_{n=0}^{\infty}T^n,\quad \|(I-T)^{-1}\|\leqslant\frac{1}{1-\|T\|}.$$

证明 令$S_n=\sum_{i=0}^{n}T^i$，则由$0\leqslant\|T\|<1$可知，当$m>n$时，有

$$\|S_m-S_n\|=\left\|\sum_{i=n+1}^{m}T^i\right\|\leqslant\sum_{i=n+1}^{m}\|T\|^i\leqslant\frac{\|T\|^{n+1}}{1-\|T\|}.$$

这表明$\{S_n\}\subset\mathcal{B}(X)$为Cauchy列. 由于$X$完备，故$\mathcal{B}(X)$完备，于是$\{S_n\}$依范数收敛于$S\in\mathcal{B}(X)$，$S=\sum_{n=0}^{\infty}T^n$.

利用算子积的运算规则及算子积的连续性得

$$(I-T)S=\sum_{n=0}^{\infty}(I-T)T^n=\sum_{n=0}^{\infty}(T^n-T^{n+1})=\sum_{n=0}^{\infty}T^n-\sum_{n=1}^{\infty}T^n=I.$$

同理 $S(I-T)=I$. 故$(I-T)$可逆，且由逆算子定理得 $S=(I-T)^{-1}\in\mathcal{B}(X)$. 由此得到定理中的等式. 由

$$\|S_n\|\leqslant\sum_{i=0}^{n}\|T\|^i=\frac{1-\|T\|^{n+1}}{1-\|T\|}\leqslant\frac{1}{1-\|T\|}$$

令 $n\to\infty$，得到定理中的不等式. 证毕.

例 4.2.3 考虑 Fredholm 积分方程

$$x(t)=\lambda\int_0^1 K(t,u)x(u)\mathrm{d}u+\varphi(t), \tag{4.2.8}$$

其中，λ 为非零常数，$K(t,u)$在矩形 $S=[0,1]\times[0,1]$上连续，$\max\limits_{(t,u)\in S}|K(t,u)|<1/|\lambda|$. 设 $\varphi\in C[0,1]$，讨论方程(4.2.8)连续解的存在性与解的连续依赖性.

解 令 $T_K,T: C[0,1]\to C[0,1]$使 $\forall x\in C[0,1]$，有

$$T_K x(t)=\int_0^1 K(t,u)x(u)\mathrm{d}u,\quad T=I-\lambda T_K,$$

则 T_K,T 都是线性的，且方程(4.2.8)即 $Tx=\varphi$. 因为 $\|T_K x\|\leqslant\max\limits_{(t,u)\in S}|K(t,u)|\,\|x\|$，故 T_K 是有界的，$|\lambda|\,\|T_K\|<1$，从而 T 也是有界的. 由 von Neumann 定理，T^{-1} 存在且有界. 于是对每个 $\varphi\in C[0,1]$，算子方程 $Tx=\varphi$ 存在唯一连续解，且有

$$\forall\varphi\in C[a,b],\quad x=T^{-1}\varphi,\quad \|x\|\leqslant\|T^{-1}\|\,\|\varphi\|. \tag{4.2.9}$$

式(4.2.9)表明，φ 在 $C[0,1]$的最大值范数意义下的微小变动所导致的解 x 的相应变动也是很小的，即解具有连续依赖性.

例 4.2.4 （阅读）考虑下述积分方程

$$x(t)=\varphi(t)+\lambda\int_a^b K(t,u)x(u)\mathrm{d}u, \tag{4.2.10}$$

其中，$K(t,u)$是矩形 $S=[a,b]\times[a,b]$上的 Lebesgue 可测函数且是平方可积的. 若对任意 $\varphi\in L^2[a,b]$，方程(4.2.10)在 $L^2[a,b]$上都有解，讨论其解的连续依赖性.

解 令 $T: L^2[a,b]\to L^2[a,b]$使 $\forall x\in L^2[a,b]$，有

$$(Tx)(t)=x(t)-\lambda\int_a^b K(t,u)x(u)\mathrm{d}u.$$

则 T 是线性的. 由 Hölder 不等式，得

$$\begin{aligned}\|Tx\|&\leqslant\|x\|+|\lambda|\left\|\int_a^b K(t,u)x(u)\mathrm{d}u\right\|\\&=\|x\|+|\lambda|\left[\int_a^b\left|\int_a^b K(t,u)x(u)\mathrm{d}u\right|^2\mathrm{d}t\right]^{1/2}\\&\leqslant\|x\|+|\lambda|\left[\int_a^b\left(\int_a^b|K(t,u)|^2\mathrm{d}u\int_a^b|x(u)|^2\mathrm{d}u\right)\mathrm{d}t\right]^{1/2}\\&=\left[1+|\lambda|\left(\int_a^b\int_a^b|K(t,u)|^2\mathrm{d}t\mathrm{d}u\right)^{1/2}\right]\|x\|.\end{aligned}$$

由 $K(t,u)$的可积性可知 T 是有界的. 方程(4.2.10)即算子方程 $Tx=\varphi$，由题设，对任何 $\varphi\in L^2[a,b]$，方程(4.2.10)都有解，所以 T 是满射. 注意到 $L^2[a,b]$是 Banach 空间，由开

映射定理，T 是开映射. 对任意 $\varepsilon>0$，因 $TB(x,\varepsilon)$ 是开集，故存在 $\delta>0$，使 $TB(x,\varepsilon)\supset B(\varphi,\delta)$. 这表明在 $L^2[a,b]$ 的范数意义下，当 φ 作微小变化时，方程 $Tx=\varphi$ 的解 x 的变化也是很小的，即方程的解在 $L^2[a,b]$ 的范数意义下具有连续依赖性.

4.2.3　闭图像定理

利用 Baire 纲定理还可以导出闭图像定理，它在理论与应用上同样是十分重要的.

定义 4.2.2

设 X,Y 为赋范空间，$T: X\to Y$ 为线性算子. 若 T 满足

$$\text{任一点列}\{x_n\}\subset X,\quad \text{当 } x_n\to x, Tx_n\to y \text{ 时，必有 } y=Tx.$$

则称 T 为**闭线性算子**，简称**闭算子**.

命题 4.2.5

设 X,Y 为赋范空间，若 $T: X\to Y$ 是有界线性算子，则 T 必是闭算子.

证明　设 $T: X\to Y$ 是有界的，并设 $\{x_n\}\subset X$，$x_n\to x$ 且 $Tx_n\to y$. 由 T 的连续性，$Tx_n\to Tx$；再利用极限的唯一性得 $Tx=y$. 因此 T 是闭算子. 证毕.

例 4.2.5　闭算子未必是有界算子. 考虑微分算子

$$T=\frac{\mathrm{d}}{\mathrm{d}t}: C^{(1)}[a,b]\to C[a,b].$$

已知 T 是无界的($C^{(1)}[a,b]$ 作为 $C[a,b]$ 的子空间). 以下验证 T 是闭算子.

事实上，设 $\{x_n\}\subset C^{(1)}[a,b]$，$x\in C^{(1)}[a,b]$，有 $x_n\to x$，$Tx_n\to y$，则 $(Tx_n)(t)=\frac{\mathrm{d}}{\mathrm{d}t}(x_n(t))$，由 $C[a,b]$ 中点列的收敛性可知 $\{x_n(t)\}$ 在 $[a,b]$ 上一致收敛于 $x(t)$ 且 $\left\{\frac{\mathrm{d}}{\mathrm{d}t}(x_n(t))\right\}$ 在 $[a,b]$ 上一致收敛于 $y(t)$. 由数学分析中求导与极限运算顺序交换的定理得

$$(Tx)(t)=\frac{\mathrm{d}}{\mathrm{d}t}(x(t))=\frac{\mathrm{d}}{\mathrm{d}t}(\lim_{n\to\infty}x_n(t))=\lim_{n\to\infty}\frac{\mathrm{d}}{\mathrm{d}t}(x_n(t))=y(t).$$

即 $y=Tx$. 所以 T 是闭算子.

由于应用中遇到的线性算子并非都是有界的，而很多无界线性算子是闭算子，因此，闭算子的研究是线性算子理论中重要内容之一.

定理 4.2.6(闭图像定理)

设 T 是从 Banach 空间 X 到 Banach 空间 Y 的线性算子. 若 T 是闭算子，则 T 有界.

证明　分 3 步进行. 设 $\varepsilon>0$ 是任意的. 以下用 $T^{-1}A$ 表示 Y 中子集 A 在 T 下的原像，记 Y 中像空间 $\mathcal{R}(T)$ 内的球 $B_Y\left(\theta,\frac{\varepsilon}{2^n}\right)\cap\mathcal{R}(T)=B_n$，$n=0,1,2,\cdots$

(1) 证明　存在 $\delta>0$，$\overline{T^{-1}B_1}\supset B(x_0,2\delta)$.

与开映射定理的证明类似，有 $X=\bigcup\limits_{k=1}^{\infty}T^{-1}(kB_1)$. 因为 X 是完备的，由 Baire 纲定理，存在 $k_0\in\mathbb{Z}^+$，$\overline{T^{-1}(k_0B_1)}=k_0\overline{T^{-1}B_1}$ 含有内点 $z_0\in X$，即存在 $\eta>0$，有 $k_0\overline{T^{-1}B_1}\supset B(z_0,\eta)$.

记 $x_0=\frac{1}{k_0}z_0$，$2\delta=\frac{1}{k_0}\eta$. 则 $\overline{T^{-1}B_1}\supset\frac{1}{k_0}B(z_0,\eta)=B(x_0,2\delta)$.

(2) 证明对任意 $n\in\mathbb{Z}^+$，有 $\overline{T^{-1}B_n}\supset B\left(\theta,\dfrac{\delta}{2^{n-1}}\right)$.

设 $x\in B(\theta,2\delta)$. 由于 $x+x_0, x_0\in B(x_0,2\delta)$，利用(1)，存在 $\{u_n\},\{v_n\}\subset T^{-1}B_1$，使 $u_n\to x_0+x, v_n\to x_0 (n\to\infty)$. 于是

$$u_n-v_n\to(x_0+x)-x_0=x,\quad n\to\infty. \tag{4.2.11}$$

由 $\|T(u_n-v_n)\|=\|Tu_n-Tv_n\|\leqslant\|Tu_n\|+\|Tv_n\|<\dfrac{\varepsilon}{2}+\dfrac{\varepsilon}{2}=\varepsilon$ 得 $u_n-v_n\in T^{-1}B_0$. 式(4.2.11)表明 $x\in\overline{T^{-1}B_0}$. 因此 $B(\theta,2\delta)\subset\overline{T^{-1}B_0}$，从而

$$B\left(\theta,\frac{\delta}{2^{n-1}}\right)=\frac{1}{2^n}B(\theta,2\delta)\subset\frac{1}{2^n}\overline{T^{-1}B_0}=\overline{T^{-1}B_n}.$$

(3) 证明 $TB(\theta,\delta)\subset B_Y(\theta,\varepsilon)$.

设 $x\in B(\theta,\delta)$. 反复利用(2)，因 $B(\theta,\delta)\subset\overline{T^{-1}B_1}$，故存在 $x_1\in T^{-1}B_1$，使 $\|x-x_1\|<\dfrac{\delta}{2}$；对 $x-x_1\in B\left(\theta,\dfrac{\delta}{2}\right)$，因 $B\left(\theta,\dfrac{\delta}{2}\right)\subset\overline{T^{-1}B_2}$，故存在 $x_2\in T^{-1}B_2$，使 $\|x-x_1-x_2\|<\dfrac{\delta}{2^2}$；……如此继续下去，按归纳法得到点列 $\{x_n\}$：$x_n\in T^{-1}B_n$，且 $\left\|x-\sum\limits_{k=1}^{n}x_k\right\|<\dfrac{\delta}{2^n}$. 故

$$\sum_{k=1}^{n}x_k\to x,\quad n\to\infty. \tag{4.2.12}$$

另一方面，由 $x_n\in T^{-1}B_n$ 得 $\left\|\sum\limits_{k=n+1}^{n+p}Tx_k\right\|\leqslant\sum\limits_{k=n+1}^{n+p}\|Tx_k\|<\dfrac{\varepsilon}{2^n}$. 这表明 $\left\{T\left(\sum\limits_{k=1}^{n}x_k\right)\right\}_{n=1}^{\infty}=\left\{\sum\limits_{k=1}^{n}Tx_k\right\}_{n=1}^{\infty}$ 是 Y 中 Cauchy 列. 由 Y 的完备性，存在 $y\in Y$，使

$$T\left(\sum_{k=1}^{n}x_k\right)\to y,\quad n\to\infty. \tag{4.2.13}$$

因为 T 是闭算子，故由式(4.2.12)与式(4.2.13)得 $Tx=y$. 注意到

$$\|y\|\leqslant\|Tx_1\|+\left\|\sum_{k=2}^{\infty}Tx_k\right\|\leqslant\|Tx_1\|+\sum_{k=2}^{\infty}\frac{\varepsilon}{2^k}<\frac{\varepsilon}{2}+\frac{\varepsilon}{2}=\varepsilon.$$

它表明 $Tx=y\in B_Y(\theta,\varepsilon)$，因此 $TB(\theta,\delta)\subset B_Y(\theta,\varepsilon)$. 由此可知，$T$ 在原点 θ 连续，从而 T 在 X 上连续且有界. 证毕.

联系闭图像定理与命题 4.2.5，我们得出：若 X,Y 都是 Banach 空间，$T: X\to Y$ 是线性算子，则 T 是闭的等价于 T 是有界的. 例 4.2.5 中 $C^{(1)}[a,b]$ 作为 $C[a,b]$ 的赋范子空间必定不是完备的. 闭图像定理告诉我们，在 Banach 空间中，线性算子的连续性(有界性)的判定可简化为闭性的判定. 闭性较之连续性容易检验. 事实上，设 $T: X\to Y$ 为线性算子. 检验 T 的连续性与闭性与下列三条件有关：

$$(1)\ x_n\to x.\quad (2)\ Tx_n\to y.\quad (3)\ y=Tx.$$

通常，验证 T 是连续的需从(1)推出(2)和(3)，而验证 T 是闭的只要从(1)和(2)推出(3). 这就是说，验证 T 的闭性比验证 T 的连续性多了一个条件而少了一个结论，当然要容易些.

例 4.2.6　(阅读)用闭图像定理证明一致有界原理：设 X 是 Banach 空间，Y 是赋范空间，$\{T_\lambda: \lambda\in\Lambda\}\subset\mathcal{B}(X,Y)$ 是一族有界线性算子. 若 $\forall x\in X$ 有 $\sup\limits_{\lambda\in\Lambda}\|T_\lambda x\|<\infty$，则 $\sup\limits_{\lambda\in\Lambda}\|T_\lambda\|<\infty$.

证明　在 X 上规定

$$\|x\|^*=\|x\|+\sup_{\lambda\in\Lambda}\|T_\lambda x\|,\quad x\in X.$$

设 $p(x)=\sup\limits_{\lambda\in\Lambda}\|T_\lambda x\|$. 则 p 是绝对齐性的且由范数的三角形不等式可知，p 也满足三角形不等式. 从而 $\|\cdot\|^*$ 是绝对齐性的且满足三角形不等式. 又显然 $\|\cdot\|^*$ 是正定的，故 $\|\cdot\|^*$ 是 X 上的范数. 设 $\{x_n\}\subset X$ 是按 $\|\cdot\|^*$ 的 Cauchy 列. 则 $\forall\varepsilon>0$，$\exists N\in\mathbb{Z}^+$，$\forall m,n>N$，有 $\|x_n-x_m\|\leqslant\|x_n-x_m\|^*<\varepsilon$ 且 $\sup\limits_{\lambda\in\Lambda}\|T_\lambda(x_n-x_m)\|\leqslant\|x_n-x_m\|^*<\varepsilon$，即

$$\|x_n-x_m\|<\varepsilon\quad 且\quad \forall\lambda\in\Lambda,\quad \|T_\lambda(x_n-x_m)\|<\varepsilon. \tag{4.2.14}$$

由此可知 $\{x_n\}$ 是按 $\|\cdot\|$ 的 Cauchy 列. 因 $(X,\|\cdot\|)$ 是 Banach 空间，故存在 $x\in X$，使 $x_n\to x$. 对式(4.2.14)令 $m\to\infty$，由 T_λ 的连续性得 $\forall\lambda\in\Lambda$，$\|T_\lambda(x_n-x)\|\leqslant\varepsilon$. 于是 $\forall n>N$，有

$$\|x_n-x\|^*=\|x_n-x\|+\sup_{\lambda\in\Lambda}\|T_\lambda(x_n-x)\|\leqslant 2\varepsilon.$$

这表明 $(X,\|\cdot\|^*)$ 也是 Banach 空间. 考察恒等算子 $I:(X,\|\cdot\|)\to(X,\|\cdot\|^*)$. 设 $x_n\to x$ (按 $\|\cdot\|$)，$Ix_n\to y$ (按 $\|\cdot\|^*$). 则按 $\|\cdot\|$ 有 $x_n\to x$ 且 $x_n\to y$. 由极限唯一性，$Ix=x=y$. 因此 I 是闭算子. 由闭图像定理，I 是有界的，即 $\|x\|^*=\|Ix\|^*\leqslant\|I\|\|x\|\,(x\in X)$. 于是 $\sup\limits_{\lambda\in\Lambda}\|T_\lambda x\|\leqslant\|I\|\|x\|$，$(x\in X)$. 这表明 $\sup\limits_{\lambda\in\Lambda}\|T_\lambda\|\leqslant\|I\|$. 证毕.

本节中关于线性算子的几个基本定理都与空间的完备性有关，其论证方法习惯上称为“纲推理”. 这些定理已被推广到更一般的空间框架，都有着广泛的应用. 下面列出其中的一部分(证明从略，请参见文献[3]，文献[11]，文献[47]等). 下述中用到的 Fréchet 空间概念，请参见定义 3.3.1 与定义 3.2.6；用到的等度连续概念，请参见定义 3.4.2. 对拓扑线性空间 X 与 Y 而言，从 X 到 Y 的一族线性算子 $\{T_\lambda: \lambda\in\Lambda\}$ 称为**等度连续**的是指：对 Y 中 θ 点的每个邻域 V，存在 X 中 θ 点的邻域 U，使 $\forall\lambda\in\Lambda$ 有 $T_\lambda(U)\subset V$.

定理 4.2.7(一致有界原理)

设 X 是 Fréchet 空间，Y 是拓扑线性空间，$\{T_\lambda: \lambda\in\Lambda\}$ 是从 X 到 Y 的一族连续线性算子. 若 $\forall x\in X$，$\{T_\lambda x: \lambda\in\Lambda\}$ 在 Y 中有界，则 $\{T_\lambda: \lambda\in\Lambda\}$ 是等度连续的.

定理 4.2.8 (开映射定理)

设 T 是从 Fréchet 空间 X 到 Fréchet 空间 Y 的连续线性算子. 若 $TX=Y$(满射)，则 T 是开映射.

定理 4.2.9(闭图像定理)

设 T 是从 Fréchet 空间 X 到 Fréchet 空间 Y 的线性算子. 若 T 是闭算子，则 T 是连续的.

4.3　线性泛函的基本定理

本节所述的线性泛函的基本定理就是指 Hahn-Banach 型延拓定理，毫不夸张地说，它们是泛函分析中使用最为频繁的定理之一. 在数学分析中，我们已清楚连续延拓方法在解决

某些理论问题中的作用.泛函分析中也有类似的理论问题,例如,对一个赋范空间 X 来说,是否一定存在足够多的非零的连续线性泛函?所谓足够多,是指对 $x_1,x_2\in X,x_1\neq x_2$,存在 $f\in X^*$ 使 $f(x_1)\neq f(x_2)$,即多到可以分离 X 中的两个不同的点.这个问题实际上与泛函延拓问题有关.

因为有限维空间上的线性泛函总是连续的.一个任意的赋范空间,若在有限维子空间上定义线性泛函,使之既能满足所需要的条件,又能保持有界性延拓到整个空间,则导致非零连续线性泛函的存在性问题获得解决.Hahn-Banach 定理对这一类问题给出了肯定的回答.如果我们进一步深入探讨下去,我们会弄清,之所以能肯定地回答,是因为赋范空间具有局部凸性.对赋予的拓扑结构没有局部凸性的线性空间来说,未必能保证有非零的连续线性泛函存在.

4.3.1 Hahn-Banach 定理

设 X_0,X 是两个集合,$X_0\subset X$,F_0 与 F 分别是 X_0 与 X 上的映射.若 $\forall x\in X_0$ 有 $F_0(x)=F(x)$,则称 F 是 F_0 的延拓,F_0 是 F 在 X_0 上的限制,常记为 $F_0=F|_{X_0}$.

设 E 是赋范空间 X 的子空间.如果能将 E 上的有界线性泛函 f_0 保持范数不变延拓到 X 上,延拓也就保持了连续性.因为在 E 上有

$$|f_0(x)|\leqslant\|f_0\|_E\|x\|,$$

所以保范延拓成 X 上线性泛函 f 后,在 X 上应有

$$|f(x)|\leqslant\|f_0\|_E\|x\|.$$

这里 f 与 f_0 都受到半范数 $p(x)=\|f_0\|_E\|x\|$ 的控制.比半范数稍许一般些的泛函类是次线性泛函类.我们可以把问题讨论的范围扩充到一般的线性空间上,先来考虑求保持次线性泛函控制的延拓.

设 X 是数域$\mathbb{K}$上的线性空间,实泛函 $p: X\to\mathbb{R}^1$ 满足

(a) p 是次可加的,即 $p(x+y)\leqslant p(x)+p(y),\forall x,y\in X$;

(b) p 是正齐性的,即 $p(rx)=rp(x),\forall r\geqslant 0,\forall x\in X$.

则称 p 是**次线性泛函**.

显然半范数是次线性泛函.注意次线性泛函未必是非负的,而半范数必是非负的.

定理 4.3.1(Hahn-Banach 保控延拓定理)

设 X 是数域$\mathbb{K}$上的线性空间,$p: X\to\mathbb{R}^1$ 是 X 上的次线性泛函,E 是 X 的线性子空间,$f_0: E\to\mathbb{K}$ 是 E 上的线性泛函,且

$$\mathrm{Re}f_0(x)\leqslant p(x),\quad \forall x\in E.$$

则存在 X 上的线性泛函 $f: X\to\mathbb{K}$ 使

(1) $f(x)=f_0(x),\forall x\in E$.（是延拓）

(2) $\mathrm{Re}f(x)\leqslant p(x),\forall x\in X$.（保控制）

证明 通常分 3 步进行.第 1 步,设$\mathbb{K}=\mathbb{R}^1$,取 $x_0\in X$ 且 $x_0\notin E$,将 f_0 从 E 保持控制 p 延拓到由 x_0 与 E 张成的子空间 E_1 上;第 2 步,以第 1 步所证结果为基础,应用 Zorn 引理,证明可将 f_0 保持控制 p 延拓到整个空间 X 上;第 3 步,利用第 2 步所证结果对$\mathbb{K}=\mathbb{C}$情形进行证明.

（Ⅰ）设$\mathbb{K}=\mathbb{R}^1$，$E\neq X$．此时f_0是实的，$\mathrm{Re}f_0(x)=f_0(x)$．取$x_0\in E^c$，记

$$E_1=\mathrm{span}\{E,x_0\}=\{e+\alpha x_0: e\in E,\alpha\in(-\infty,\infty)\}.$$

首先指出，E_1中元的表达式是唯一的．事实上，假设$e_1+\alpha_1x_0=e_2+\alpha_2x_0$，其中$\alpha_1\neq\alpha_2$，则$e_1-e_2=(\alpha_2-\alpha_1)x_0$．从而$x_0=(e_1-e_2)/(\alpha_2-\alpha_1)\in E$，这与$x_0$的取法矛盾．所以$\alpha_1=\alpha_2$．表示法是唯一的．

对任意$e_1,e_2\in E$，利用题设中控制条件及次线性泛函定义得

$$\begin{aligned}f_0(e_1)-f_0(e_2)&=f_0(e_1-e_2)\leqslant p(e_1-e_2)\\&\leqslant p(e_1+x_0)+p(-x_0-e_2);\end{aligned}\tag{4.3.1}$$

$$-f_0(e_2)-p(-e_2-x_0)\leqslant -f_0(e_1)+p(e_1+x_0).$$

记$m(x_0)=\sup\limits_{e\in E}\{-f_0(e)-p(-e-x_0)\}$，$M(x_0)=\inf\limits_{e\in E}\{-f_0(e)+p(e+x_0)\}$．

由式(4.3.1)中e_1,e_2的任意性，固定e_1，对式(4.3.1)左边取上确界可知，$m(x_0)$存在；再对右边取下确界可知$M(x_0)$存在，且$m(x_0)\leqslant M(x_0)$．任取c使$m(x_0)\leqslant c\leqslant M(x_0)$，令

$$f_1(e+\alpha x_0)=f_0(e)+\alpha c,\quad e+\alpha x_0\in E_1.\tag{4.3.2}$$

由于f_0是线性的，故f_1是E_1上的线性泛函，$f_1(x_0)=c$，且对任意$e\in E$，有$f_1(e)=f_0(e)$．下证

$$f_1(e+\alpha x_0)\leqslant p(e+\alpha x_0),\quad e+\alpha x_0\in E_1.\tag{4.3.3}$$

事实上，当$\alpha=0$时，由题设中控制条件知式(4.3.3)成立；当$\alpha>0$时，$\forall e\in E$，有$\dfrac{e}{\alpha}\in E$，从而有

$$c\leqslant M(x_0)\leqslant -f_0\left(\frac{e}{\alpha}\right)+p\left(\frac{e}{\alpha}+x_0\right)=\frac{1}{\alpha}[-f_0(e)+p(e+\alpha x_0)].$$

即$f_0(e)+\alpha c\leqslant p(e+\alpha x_0)$．再由式(4.3.2)，知式(4.3.3)成立．当$\alpha<0$时，$\forall e\in E$，有$\dfrac{e}{\alpha}\in E$，从而有

$$c\geqslant m(x_0)\geqslant -f_0\left(\frac{e}{\alpha}\right)-p\left(-\frac{e}{\alpha}-x_0\right)=\frac{1}{\alpha}[-f_0(e)+p(e+\alpha x_0)].$$

即$\alpha c+f_0(e)\leqslant p(e+\alpha x_0)$．再由式(4.3.2)，知式(4.3.3)成立．于是$\forall e\in E$，$\forall\alpha\in(-\infty,\infty)$，式(4.3.3)皆成立，即

$$\forall x\in E_1,\quad f_1(x)\leqslant p(x).$$

（Ⅱ）设G是f_0的所有线性保控延拓的集合．即对每个$g\in G$，满足：g是在X的线性子空间E_g上有定义的线性泛函，$E\subset E_g$；$\forall x\in E$，有$g(x)=f_0(x)$；且$\forall x\in E_g$，有$g(x)\leqslant p(x)$．

在G中规定：$g_1\prec g_2$当且仅当$E_{g_1}\subset E_{g_2}$且$\forall x\in E_{g_1}$有$g_1(x)=g_2(x)$．

容易验证G是半序集．设G_0是G的全序子集．令$E_0=\bigcup\limits_{g\in G_0}E_g$．定义泛函$h$如下：若$x\in E_0$，则存在$g\in G_0$使$x\in E_g$，定义$h(x)=g(x)$．

首先h的确是泛函(这样的定义有意义)．事实上，若$x\in E_0$有$g_1,g_2\in G_0$使$x\in E_{g_1}\cap E_{g_2}$，因G_0是全序的，不妨设$g_1\prec g_2$，则$E_{g_1}\subset E_{g_2}$，按序的规定有$g_1(x)=g_2(x)$．

其次这样的 h 是线性的. 事实上,设 $x_1,x_2\in E_0$,则必有 $g_1,g_2\in G_0$ 使 $x_1\in E_{g_1}$,$x_2\in E_{g_2}$. 由 G_0 的全序性,不妨设 $E_{g_1}\subset E_{g_2}$. 则 $x_1\in E_{g_2}$. 对任意 $\alpha,\beta\in\mathbb{K}$,由于 $\alpha x_1+\beta x_2\in E_{g_2}$,故

$$h(\alpha x_1+\beta x_2)=g_2(\alpha x_1+\beta x_2)=\alpha g_2(x_1)+\beta g_2(x_2)=\alpha h(x_1)+\beta h(x_2).$$

而且这样的 h 是 f_0 的延拓,在 G_0 上被 p 控制. 事实上,易知 $E\subset E_0$,且对任意 $x\in E$,有 $h(x)=f_0(x)$; 又任意 $x\in E_0$,有 $g\in G_0$ 使 $x\in E_g$ 且 $h(x)=g(x)$. 由于在 E_g 上有 $g(x)\leqslant p(x)$,故 $h(x)=g(x)\leqslant p(x)$.

因此,$h\in G$. 注意到 $\forall g\in G_0$,有 $g\prec h$,即 h 是 G_0 的上界. 根据 Zorn 引理,G 有极大元 f. 下面证明 f 就是所要的 X 上的保控延拓. 事实上,若 $E_f\neq X$,取 $x_0\in X\setminus E_f$,令 $M=\mathrm{span}\{x_0,E_f\}$. 则 $M\neq E_f$,且由第(Ⅰ)步所证结果,存在 $g_0\in G$,g_0 定义在 M 上,且 $g_0\neq f$,$f\prec g_0$. 这与 f 为极大元矛盾. 故 $E_f=X$.

(Ⅲ) 设 $\mathbb{K}=\mathbb{C}$. 设 f_0 是 E 上的复线性泛函,$f_0(x)=g_1(x)+\mathrm{i}g_2(x)$,其中 $g_1(x)=\mathrm{Re}f_0(x)$,$g_2(x)=\mathrm{Im}f_0(x)$. 将 E 与 X 都作为实线性空间. 由于 g_1 是 E 上的实线性泛函,且 $g_1(x)\leqslant p(x)$,因而按第(Ⅱ)步所证结果,存在 X 上的实线性泛函 f_1 使 f_1 是 g_1 的保控延拓,$f_1(x)\leqslant p(x)$. 注意到下述事实: 当 $x\in E$ 时,由于 f_0 是复线性泛函,有 $\mathrm{i}f_0(x)=f_0(\mathrm{i}x)$,故

$$-g_2(x)+\mathrm{i}g_1(x)=\mathrm{i}f_0(x)=f_0(\mathrm{i}x)=g_1(\mathrm{i}x)+\mathrm{i}g_2(\mathrm{i}x).$$

比较实部,有 $-g_2(x)=g_1(\mathrm{i}x)$,即 $g_2(x)=-g_1(\mathrm{i}x)$. 就是说复线性泛函 f_0 可由实部表达出来. 受此事实启发,令

$$f(x)=f_1(x)-\mathrm{i}f_1(\mathrm{i}x),\quad x\in X.$$

则 f 必是 f_0 的线性保控延拓. 事实上,f 显然是保控的,因此

$$\mathrm{Re}f(x)=f_1(x)\leqslant p(x).$$

当 $x\in E$ 时,有 $\mathrm{i}x\in E$,所以

$$f(x)=f_1(x)-\mathrm{i}f_1(\mathrm{i}x)=g_1(x)-\mathrm{i}g_1(\mathrm{i}x)=g_1(x)+\mathrm{i}g_2(x)=f_0(x).$$

因为 f_1 是可加的,容易知道 f 是可加的. 设 $\alpha=a+\mathrm{i}b\in\mathbb{C}$,其中 $a,b\in\mathbb{R}^1$. 因为 f_1 是实线性的,故

$$\begin{aligned}f(\alpha x)&=f_1(ax+\mathrm{i}bx)-\mathrm{i}f_1(-bx+\mathrm{i}ax)\\&=af_1(x)+bf_1(\mathrm{i}x)+\mathrm{i}bf_1(x)-\mathrm{i}af_1(\mathrm{i}x)\\&=(a+\mathrm{i}b)[f_1(x)-\mathrm{i}f_1(\mathrm{i}x)]=\alpha f(x).\end{aligned}$$

证毕.

推论(Hahn-Banach 保控延拓定理)

设 X 是数域 $\mathbb{K}$ 上的线性空间,$p: X\to\mathbb{R}^1$ 是 X 上的半范数,E 是 X 的线性子空间,$f_0: E\to\mathbb{K}$ 是 E 上的线性泛函,且

$$|f_0(x)|\leqslant p(x),\quad \forall x\in E.$$

则存在 X 上的线性泛函 $f: X\to\mathbb{K}$ 使

(1) $f(x)=f_0(x)$, $\forall x\in E$. (是延拓)

(2) $|f(x)|\leqslant p(x)$, $\forall x\in X$. (保控制)

证明 设 $f_0(x)=g_1(x)+\mathrm{i}g_2(x)$,其中 $g_1(x)=\mathrm{Re}f_0(x)$,$g_2(x)=\mathrm{Im}f_0(x)=$

$-g_1(\mathrm{i}x)$. 则 $g_1(x)=\mathrm{Re}f_0(x)\leqslant|f_0(x)|\leqslant p(x)$. 应用定理 4.3.1,存在 X 上的线性泛函 $f: X\to\mathbb{K}$ 使 $f(x)=f_0(x),\forall x\in E$; 且 $\mathrm{Re}f(x)\leqslant p(x),\forall x\in X$. 记 $\mathrm{Re}f(x)=f_1(x)$. 则 $f(x)=f_1(x)-\mathrm{i}f_1(\mathrm{i}x)$. 以下证明 f 是保控的,即 $\forall x\in X$ 有 $|f(x)|\leqslant p(x)$. 若 $f(x)=0$,则结论显然成立. 若 $x\in X$ 使 $f(x)\neq 0$,则可设 $f(x)=|f(x)|\mathrm{e}^{\mathrm{i}\theta}$. 于是 $|f(x)|=\mathrm{e}^{-\mathrm{i}\theta}f(x)=f(\mathrm{e}^{-\mathrm{i}\theta}x)=f_1(\mathrm{e}^{-\mathrm{i}\theta}x)-\mathrm{i}f_1(\mathrm{i}\mathrm{e}^{-\mathrm{i}\theta}x)$. 注意到 f_1 是实泛函且 $|f(x)|$ 是实数,有 $|f(x)|=f_1(\mathrm{e}^{-\mathrm{i}\theta}x)\leqslant p(\mathrm{e}^{-\mathrm{i}\theta}x)=|\mathrm{e}^{-\mathrm{i}\theta}|p(x)=p(x)$. 证毕.

定理 4.3.2(Hahn-Banach 保范延拓定理)

设 X 是数域 $\mathbb{K}$ 上赋范空间,E 是 X 的线性子空间,f_0 是 E 上的连续线性泛函,则存在 X 上的连续线性泛函 f 使得

(1) $f(x)=f_0(x),\forall x\in E$.　(是延拓)

(2) $\|f\|=\|f_0\|$.　(保范数)

证明　令 $p(x)=\|f_0\|\|x\|$,则 $p(x)$ 是 X 上的半范数,并且

$$|f_0(x)|\leqslant\|f_0\|\|x\|=p(x),\quad\forall x\in E.$$

应用定理 4.3.1 推论,存在 X 上的线性泛函 f 使得 $f(x)=f_0(x),\forall x\in E$; 且 $|f(x)|\leqslant p(x)=\|f_0\|\|x\|,\forall x\in X$. 于是有 $\|f\|\leqslant\|f_0\|$. 此外还有

$$\begin{aligned}\|f_0\|&=\sup_{\|x\|=1,x\in E}|f_0(x)|=\sup_{\|x\|=1,x\in E}|f(x)|\leqslant\sup_{\|x\|=1,x\in X}|f(x)|\\&=\|f\|.\end{aligned}$$

因此,$\|f\|=\|f_0\|$. 证毕.

推论 1　设 X 是数域 $\mathbb{K}$ 上赋范空间,E 是 X 的线性子空间,$x_0\in X$ 且 $\rho=\rho(x_0,E)>0$. 则存在 X 上的连续线性泛函 f 满足

(1) $f(x)=0,\forall x\in E$;

(2) $f(x_0)=\rho$;

(3) $\|f\|=1$.

证明　因为 $\rho>0$,故 $x_0\notin E$. 记

$$E_1=\mathrm{span}\{E,x_0\}=\{e+\alpha x_0: e\in E,\alpha\in\mathbb{K}\}.$$

定义 $f_0: E_1\to\mathbb{K}$ 为 $f_0(e+\alpha x_0)=\alpha\rho$,其中 $e+\alpha x_0\in E_1$. 则 f_0 是线性的,且显然有

(1) $f_0(e)=0,\forall e\in E$.

(2) $f_0(x_0)=\rho$. (下证)

(3) $\|f_0\|=1$.

事实上,因为 $\rho=\rho(x_0,E)=\inf\limits_{e\in E}\|x_0-e\|$,当 $\alpha\neq0$ 时有

$$|f_0(e+\alpha x_0)|=|\alpha|\rho\leqslant|\alpha|\left\|x_0-\left(-\frac{e}{\alpha}\right)\right\|=\|e+\alpha x_0\|,$$

当 $\alpha=0$ 时显然有 $|f_0(e+\alpha x_0)|=0\leqslant\|e+\alpha x_0\|$,故 $\|f_0\|\leqslant1$. 又因为对任意 $n\in\mathbb{Z}^+$,由下确界定义,存在 $e_n\in E$,使 $\|x_0-e_n\|<\rho+\dfrac{1}{n}$,故

$$\|f_0\|\geqslant\frac{|f_0(x_0-e_n)|}{\|x_0-e_n\|}=\frac{|f_0(x_0)|}{\|x_0-e_n\|}>\frac{\rho}{\rho+1/n}.$$

由 n 的任意性得 $\|f_0\|\geqslant1$. 所以 $\|f_0\|=1$.

应用 Hahn-Banach 定理(定理 4.3.2)，存在连续线性泛函 f 是 f_0 在 X 上的保范延拓，从而 f 自然满足(1)、(2)和(3). 证毕.

在上述推论 1 中取 $E=\{\theta\}$，或直接由 $E_1=\{\alpha x_0 : \alpha\in\mathbb{K}\}$用推论 1 的证明方法，可得到下述结果.

推论 2 设 X 是数域$\mathbb{K}$上赋范空间，$x_0\in X$，$x_0\neq\theta$. 则存在 $f\in X^*$ 使

(1) $f(x_0)=\|x_0\|$；

(2) $\|f\|=1$.

根据推论 2 可知，当 $x\neq y$，即 $x-y\neq\theta$ 时，必定存在 $f\in X^*$ 使 $f(x-y)\neq 0$，即 $f(x)\neq f(y)$. 由此也称 X^* **可隔离** X 的点，说明 X 上的非零连续线性泛函是足够多的. 这是本节开头所提问题的答案.

推论 2 是很有用的结论，其逆否形式是：若对每个 $f\in X^*$，都有 $f(x_0)=0$，则必有 $x_0=\theta$. 此推论常用来判断赋范空间中的某些等式是否成立. 欲证 $x=y$，只要证 $\forall f\in X^*$，$f(x)=f(y)$. 通常情况下，后者作为数值等式往往容易判断.

4.3.2 Hahn-Banach 定理的几何形式

现设 X 是实赋范空间，$f\in X^*$. 对凸集 $A\subset X$，若 A 位于超平面 $f^{-1}(b)$的某一侧($A\subset\{x\in X\,|\,f(x)\geqslant b\}$或 $A\subset\{x\in X\,|\,f(x)\leqslant b\}$，也分别写成 $f(A)\geqslant b$ 或 $f(A)\leqslant b$)，且 $x_0\in A\cap f^{-1}(b)$，则称超平面 $f^{-1}(b)$在 x_0 **支撑**着 A(如图 4-3 所示).

对 $r>0$，取 $x_0\in X$ 使 $\|x_0\|=r$. 由定理 4.3.2 推论 2，存在 $f\in X^*$，$f(x_0)=r$，且 $\|f\|=1$. 于是任意 $x\in B[\theta,r]$，有 $|f(x)|\leqslant\|f\|\,\|x\|=\|x\|\leqslant r$，即有 $f(B[\theta,r])\leqslant r$ 且 $x_0\in B[\theta,r]\cap f^{-1}(r)$. 因此定理 4.3.2 推论 2 的几何意义是：对 X 中闭球 $B[\theta,r]$，球面 $S_r(\theta)$的每一点处存在支撑 $B[\theta,r]$的超平面 $f^{-1}(r)$.

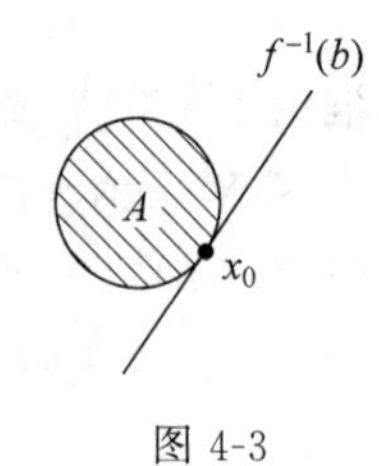

图 4-3

实际上，Hahn-Banach 保范延拓定理可等价地用几何语言来叙述.

定理 4.3.3(Hahn-Banach 定理的几何形式)

设 X 是赋范空间，若 X 中的线性流形 L 与开球 $B(\theta,r)=\{x : \|x\|<r\}$ 不相交，则有超平面 H 包含 L 而且与 $B(\theta,r)$不相交.

证明 (阅读)设 $L=x_0+E$，$x_0\notin E$，其中 E 是线性子空间，且不妨设 $r=1$. 对任意 $x\in E$，由题设，L 与 $B(\theta,1)$不相交，故 $\|x_0+x\|\geqslant 1$. 于是 $\rho=\rho(x_0,E)\geqslant 1$. 根据定理 4.3.2 推论 1，存在 X 上线性泛函 f，使

(1) $f(x)=0$，当 $x\in E$；

(2) $f(x_0)=\rho$；

(3) $\|f\|=1$.

定义超平面 H 为 $H=\{x\in X : f(x)=\rho\}$. 对任意 $x\in L$，有 $x=x_0+x_1$，$x_1\in E$. 于是 $f(x)=f(x_0)+f(x_1)=f(x_0)=\rho$，这表明 $L\subset H$. 又当 $x\in B(\theta,1)$时，$\|x\|<1$，故 $|f(x)|\leqslant\|f\|\,\|x\|<1\leqslant\rho$. 可见，$x\notin H$. 证毕.

下面指出从上述 Hahn-Banach 定理的几何形式也能推出 Hahn-Banach 保范延拓定理.

就是说,定理 4.3.2 与定理 4.3.3 是等价的.

(阅读)假设定理 4.3.3 成立,对任给的线性子空间 E 及 E 上的非零连续线性泛函 $f_0(x)$,令 $L=\{x\in E:f_0(x)=1\}$,$B=B(\theta,r)$,这里 $r=1/\|f_0\|_E$. 取定 $x_0\in L$,则 $f_0(x_0)=1$. 令 $M=\mathcal{N}(f_0)=\{x\in E:f_0(x)=0\}$,则 $L=x_0+M$,即 L 是线性流形. 若 $x\in L$,则 $1=|f_0(x)|\leqslant\|f_0\|_E\|x\|$,于是 $\|x\|\geqslant r$,即 $x\notin B$,所以 $L\cap B=\varnothing$,根据定理 4.3.3,应有超平面 $H=\{x\in X:f(x)=c\}$,使

$$H\supset L,\quad 且\quad H\cap B=\varnothing.$$

由 $H\cap B=\varnothing$ 可知 $c\neq 0$($c=0$ 推出 $\theta\in H\cap B$). 不失一般性地,可设 $c=1$,否则以 f/c 代替 f 即可.

因为 $L\subset H$,由 $f_0(x)=1$ 蕴涵 $f(x)=1$ 可知 $f(x)$ 是 $f_0(x)$ 的延拓. 事实上,设 $x\in E$. 若 $f_0(x)=a\neq 0$,则 $f_0(x/a)=1$,从而 $f(x/a)=1$,故 $f(x)=a$;若 $f_0(x)=0$,则取定 $\bar{x}\in L\subset H$,因 $f_0(x+\bar{x})=f_0(x)+f_0(\bar{x})=1$,应有 $f(x+\bar{x})=1$,故 $f(x)=f(x+\bar{x})-f(\bar{x})=0$.

由 $H\cap B=\varnothing$ 可知 $B\subset\{x:|f(x)|<1\}$. 否则,有 $x_1\in B$ 使 $|f(x_1)|\geqslant 1$. 令 $x_2=\dfrac{x_1}{f(x_1)}$,则 $x_2\in B$,且 $f(x_2)=1$,即 $x_2\in H\cap B$,矛盾. 于是

$$\{x:\|x\|<r\}\subset\{x:|f(x)|<1\}.$$

据此,$\sup\limits_{\|x\|\leqslant r}|f(x)|\leqslant 1$,即 $\sup\limits_{\|x/r\|\leqslant 1}|f(x/r)|r\leqslant 1$,从而有

$$\|f\|=\sup_{\|x\|\leqslant 1}|f(x)|\leqslant\frac{1}{r}=\|f_0\|_E.$$

另一方面,已证 f 是 f_0 的扩张,故 $\|f\|\geqslant\|f_0\|_E$. 所以,$\|f\|=\|f_0\|_E$. 这就证明了 Hahn-Banach 保范延拓定理.

4.3.3　凸集隔离定理

下面介绍关于两个凸集隔离的定理,它可看作 Hahn-Banach 定理几何形式的推广,具有更加明显的几何特征. 这里用到拓扑线性空间的知识.

设 A,D 为实线性空间 X 的凸集,$r\in\mathbb{R}^1$,f 为 X 上的线性泛函且 $f\neq\theta$. 若 $f(A)\leqslant r\leqslant f(D)$,则称超平面 $f^{-1}(r)$**隔离** A 与 D(如图 4-4(a)所示). 若 $f(A)<r<f(D)$,则称超平面 $f^{-1}(r)$**严格隔离** A 与 D(如图 4-4(b)所示).

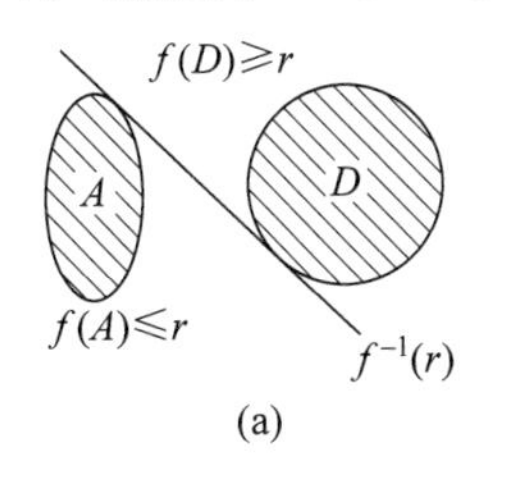

(a)

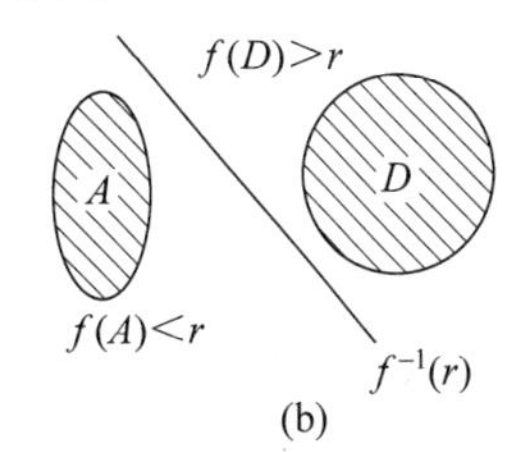

(b)

图 4-4

通常情况下,即使 $A\cap D=\varnothing$,凸集 A 与凸集 D 也未必可用超平面隔离. 正如下述定理所指出的那样,需要附加适当的条件.

定理 4.3.4(凸集隔离定理)

设 X 是实的局部凸 Hausdorff 拓扑线性空间,A,D 都是 X 的非空凸集.

(1) 若 $A^{\circ}\neq\varnothing$ 且 $A^{\circ}\cap D=\varnothing$，则存在非零的连续线性泛函 f 与 $r\in\mathbb{R}^1$ 使 $f(A)\leqslant r\leqslant f(D)$，此时 A 与 D 被超平面 $f^{-1}(r)$ 隔离.

(2) 若 A 是紧集，D 是闭集且 $A\cap D=\varnothing$，则存在非零的连续线性泛函 f 与 $r\in\mathbb{R}^1$ 使 $f(A)<r<f(D)$，此时 A 与 D 被超平面 $f^{-1}(r)$ 严格隔离.

证明 （阅读）(1) 取 $x_0\in A^{\circ}$，$y_0\in D$. 考虑集合 $C=A^{\circ}-x_0+y_0-D$. 注意到 $A^{\circ}-x_0$ 与 y_0-D 都是包含原点的凸集，可知 C 是包含原点的凸集. 又 $A^{\circ}-x_0$ 是开集，故 C 是开集，从而作为原点的邻域是吸收集，且必有 $y_0-x_0\notin C$. 否则，存在 $a\in A^{\circ}$，$b\in D$ 使 $y_0-x_0=a-x_0+y_0-b$，即 $a=b$，与 $A^{\circ}\cap D=\varnothing$ 矛盾. 记 $z_0=y_0-x_0$，记 C 的 Minkowski 泛函为 $p_C(x)$（参见定义 3.2.7 与定理 3.2.11）. 则 $C=\{x: p_C(x)<1\}$，且 $p_C(z_0)\geqslant 1$. 考虑线性子空间 $E=\{tz_0: t\in\mathbb{R}^1\}$ 与 E 上的非零线性泛函 $f_0: f_0(tz_0)=t, t\in\mathbb{R}^1$.

因为当 $t\geqslant 0$ 有 $f_0(tz_0)=t\leqslant tp_C(z_0)=p_C(tz_0)$，当 $t<0$，由于 $p_C(tz_0)\geqslant 0$，自然也有 $f_0(tz_0)=t\leqslant p_C(tz_0)$.

应用 Hahn-Banach 定理（定理 4.3.1），存在 f 为 f_0 的线性延拓使 $f(x)\leqslant p_C(x)$，$\forall x\in X$. 特别地有

$$f(x)\leqslant p_C(x)<1,\quad \forall x\in C;$$

$$-f(x)=f(-x)\leqslant p_C(-x)<1,\quad \forall x\in -C.$$

因此当 $x\in C\cap(-C)$ 时有 $|f(x)|<1$. 注意到 $C\cap(-C)$ 为 θ 的邻域，这表明 f 是连续的.

由于 $z_0\in E$，故 $f(z_0)=f_0(z_0)=1$. 于是 $\forall x\in A^{\circ}$，$\forall y\in D$，有 $x+z_0-y\in C$，从而

$$f(x)+f(z_0)-f(y)=f(x+z_0-y)\leqslant p_C(x+z_0-y)<1.$$

即 $f(x)<f(y)$. 记 $r=\sup\limits_{x\in A^{\circ}} f(x)$，则

$$f(x)\leqslant r, \forall x\in A^{\circ};\quad \text{且}\quad r\leqslant f(y), \forall y\in D.$$

由于 $A^{\circ}\subset\{x: f(x)\leqslant r\}$，从 f 的连续性推出 $\{x: f(x)\leqslant r\}$ 是闭集，故

$$A^{\circ -}\subset\{x: f(x)\leqslant r\}.\tag{4.3.4}$$

注意到 A 是凸集，以下证明

$$A^{\circ -}=A^{-}.\tag{4.3.5}$$

记 $B=A-x_0$. 因为 $x_0\in A^{\circ}$，故 $\theta\in B^{\circ}$. 因为 B° 是凸开集，B° 作为 θ 的邻域是吸收凸集，故由定理 3.2.11 可知，p_B 连续，且 $B^{\circ}=\{x: p_B(x)<1\}$，$B^{-}=\{x: p_B(x)\leqslant 1\}$，其中 p_B 为 B 的 Minkowski 泛函. 设 $y\in B^{-}$，$\{t_n\}_{n=1}^{\infty}\subset(0,1)$ 且 $t_n\to 1$. 则 $t_ny\to y$. 注意到

$$p_B(t_ny)=t_np_B(y)\leqslant t_n<1,$$

有 $\{t_ny\}\subset B^{\circ}$，于是 $y\in B^{\circ -}$. 这表明 $B^{-}\subset B^{\circ -}$. 因此 $B^{-}=B^{\circ -}$. 从而

$$A^{-}=B^{-}+x_0=B^{\circ -}+x_0=A^{\circ -}.$$

式(4.3.5)成立. 由式(4.3.4)与式(4.3.5)得 $A\subset\{x: f(x)\leqslant r\}$. 因此 $f(A)\leqslant r\leqslant f(D)$.

(2) 由于 X 是局部凸的，其拓扑由半范数族决定，故在原点存在由凸开集组成的局部基. 由于 A 是紧集，D 是闭集，故由定理 3.2.3，存在原点的凸邻域 V 使

$$(A+V)\cap D=\varnothing.$$

于是由(1)，存在连续线性泛函 f，$f\neq\theta$，$r_1\in\mathbb{R}^1$，使

$$f(A+V) \leqslant r_1 \leqslant f(D). \tag{4.3.6}$$

注意到 A 是紧集而 f 连续，故 f 在 A 上可达到上确界. 设 $x_0 \in A$ 使 $f(x_0)=\sup\limits_{x\in A} f(x)=r_2$，则

$$f(A) \leqslant r_2. \tag{4.3.7}$$

由于 $f\neq\theta$，故存在 $z\in X$ 使 $f(z)\neq 0$. 不妨设 $f(z)=\alpha>0$（否则取 $-z$ 即可）. 由此知 $z\neq\theta$. 因为 V 是吸收的，存在 $\delta>0$ 使 $\delta z\in V$，则 $x_0+\delta z\in A+V$. 由式(4.3.6)得

$$r_2=f(x_0)<f(x_0)+\delta\alpha=f(x_0+\delta z)\leqslant r_1.$$

取 $r=\dfrac{r_1+r_2}{2}$，由式(4.3.6)与式(4.3.7)得

$$f(A)<r<f(D).$$

证毕.

注意到复线性泛函完全由其实部确定的事实，容易得到下述结果.

推论

设 X 是局部凸 Hausdorff 拓扑线性空间，A,D 都是 X 的非空凸集，

(1) 若 $A^\circ\neq\varnothing$，且 $A^\circ\cap D=\varnothing$，则存在非零的连续线性泛函 f 与 $r\in\mathbb{R}^1$ 使

$$\mathrm{Re}f(A)\leqslant r\leqslant \mathrm{Re}f(D).$$

(2) 若 A 是紧集，D 是闭集且 $A\cap D=\varnothing$，则存在非零的连续线性泛函 f 与 $r\in\mathbb{R}^1$ 使

$$\mathrm{Re}f(A)<r<\mathrm{Re}f(D).$$

例 4.3.1　（阅读）非局部凸的空间 $L^p[0,1]$ $(0<p<1)$ 上不存在非零的连续线性泛函.

设 $\|x\|_p=\int_0^1 |x(t)|^p\mathrm{d}t$ 是 $L^p[0,1]$ 中元素的 p-范数. 下面证明 $L^p[0,1]$ 不包含除空集 $\varnothing$ 与 $L^p[0,1]$ 之外的任何开凸集. 假设 $V\neq\varnothing$ 是 $L^p[0,1]$ 的开凸集，不妨设 $\theta\in V$. 则存在 $r>0$ 使 $B(\theta,r)\subset V$. 任意 $x\in L^p[0,1]$，有 $n\in\mathbb{Z}^+$ 使 $n^{p-1}\|x\|_p<r$. 由于 $\int_0^t |x(t)|^p\mathrm{d}t$ 在 $[0,1]$ 上连续，由介值定理可知存在 $[0,1]$ 的分划 $0=t_0<t_1<\cdots<t_n=1$ 使 $\int_{t_{k-1}}^{t_k} |x(t)|^p\mathrm{d}t=\|x\|_p/n, k=1,2,\cdots,n$. 令

$$y_k(t)=\begin{cases} nx(t), & t\in[t_{k-1},t_k]; \\ 0, & t\notin[t_{k-1},t_k]. \end{cases}\quad k=1,2,\cdots,n.$$

则 $\|y_k\|_p=\int_{t_{k-1}}^{t_k} |nx(t)|^p\mathrm{d}t=n^{p-1}\|x\|_p<r$，从而 $y_k\in B(\theta,r)\subset V, k=1,2,\cdots,n$. 由于 V 是凸的，故 $x=(y_1+y_2+\cdots+y_n)/n\in V$，因此 $V=L^p[0,1]$.

现设 f 是 $L^p[0,1]$ 上某连续线性泛函. 则对 $\mathbb{K}$ 中任意的含原点的开凸集 Y，$f^{-1}(Y)$ 是 $L^p[0,1]$ 中非空开凸集，于是 $f^{-1}(Y)=L^p[0,1]$，即

$$f(L^p[0,1])=f(f^{-1}(Y))\subset Y.$$

但 Y 是任意的，由此推出 $f=\theta$.

凸集的隔离定理如同 Hahn-Banach 定理本身一样，其应用是非常广泛的. 它在控制论、凸分析及最优化理论等方面都有重要应用.

利用上面的凸集隔离定理证明中使用的 Minkowski 泛函等工具，可得到下述的局部凸

空间上连续线性泛函的延拓定理（证明从略，参见文献[3]，文献[47]，文献[48]等）.

定理 4.3.5

设 X 是$\mathbb{K}$上的局部凸的拓扑线性空间，E 是 X 的线性子空间，f_0 是 E 上的连续线性泛函. 则存在 X 上的连续线性泛函 f 使得 $\forall x\in E$ 有 $f(x)=f_0(x)$.

习惯上，对本节一系列有关泛函延拓或泛函存在的定理均不加区别地统称为 Hahn-Banach 定理.

4.4 共轭性与序列弱收敛

前面已引入共轭空间的概念. 共轭空间 X^* 由赋范空间 X 上有界线性泛函的全体构成，是一个 Banach 空间. 仅此而已，我们对共轭的含义仍知之甚少. 其实，共轭空间不仅仅是由原空间派生出的一种新空间，而且提供了研究原空间的新的思路与方法. 本节旨在对赋范空间与它的共轭空间之间的相互依存关系作初步探讨，从共轭角度来研究点列的弱收敛等拓扑性质，以及线性算子的共轭性等.

4.4.1 共轭空间的表示

我们知道，对每个 $f\in X^*$，有

$$\|f\|=\sup_{\|x\|=1,x\in X}|f(x)|. \tag{4.4.1}$$

式(4.4.1)的意义是，每个 f 的范数可通过它在单位球面上的值表示出来. 反过来，X 中每个点 x 的范数也可通过 X^* 中单位球面中的泛函在该点的值表示出来.

定理 4.4.1

设 X 是赋范空间，$x_0\in X$. 则

$$\|x_0\|=\sup_{\|f\|=1,f\in X^*}|f(x_0)|. \tag{4.4.2}$$

证明 若 $x_0=\theta$，则式(4.4.2)已成立. 下设 $x_0\neq\theta$. 由于 $\|f\|=1$，$|f(x_0)|\leqslant\|f\|\|x_0\|=\|x_0\|$，故 $\sup\limits_{\|f\|=1,f\in X^*}|f(x_0)|\leqslant\|x_0\|$.

另一方面，应用 Hahn-Banach 定理，存在 $f_0\in X^*$ 使 $\|f_0\|=1$ 且 $f_0(x_0)=\|x_0\|$. 于是 $\|x_0\|=|f_0(x_0)|\leqslant\sup\limits_{\|f\|=1,f\in X^*}|f(x_0)|$. 所以等式(4.4.2)是成立的. 证毕.

等式(4.4.1)与等式(4.4.2)反映了赋范空间与它的共轭空间之间的对偶关系.

X^* 作为赋范空间也存在共轭空间，记为 X^{**}，称 X^{**} 为 X 的**二次共轭空间**. 类似地还有 X^{***} 等，它们都是 Banach 空间.

对一个具体的赋范空间 X 来说，X^* 作为以有界线性泛函为元素的空间就不那么具体了，X^{**} 更是如此. 一般来说，研究抽象赋范空间时，在方法上，我们可以不直接研究它本身，研究与之同构的具体赋范空间就足够了. 因为同构的两赋范空间之间存在保范的线性满射，从而它们的线性运算与范数是完全一样的，至多是符号不同. 在同构意义上，我们也说这两个空间是**相等**的. 一个抽象的赋范空间，如果能与一个具体的赋范空间同构，我们称具体的空间为抽象空间的一个**表示**.

共轭空间 X^* 的表示，就是寻求具体的 Banach 空间 Y 使之与 X^* 同构，其方法通常是：

(P1) 对任意 $f\in X^*$，取 X 中线性无关的基本集 E，即 E 满足 $\overline{\mathrm{span}E}=X$，从求 f 在 E 上的表达式出发，利用 f 的线性与连续性，得到 f 在 X 上的表示式，即得到一个具体空间 Y，使 f 与 Y 中的元 y 对应且 $\|y\|\leqslant\|f\|$；

(P2) 对任意 $y\in Y$，按上述表示式，求 $f\in X^*$ 与 y 对应，且 $\|f\|\leqslant\|y\|$；

(P3) 利用(P1)与(P2)的结果证明 $T:X^*\to Y$ 是同构映射.

第3章介绍了两大类 Banach 空间，$L^p(\mu)$ 与 $C_0(X)$，它们包括了大多数的 Banach 空间. 以下给出这两大类空间上有界线性泛函表示的一般性结论.

定理 4.4.2($L^p(\mu)$ 上有界线性泛函的 Riesz 表示定理) (见参考文献[46])

设$(X,\mathfrak{M},\mu)$是 Borel 测度空间，其中 X 是局部紧 Hausdorff 的，μ 是正则的正测度.

(1) 若 $1<p<\infty$，$1/p+1/q=1$，则 $(L^p(\mu))^*=L^q(\mu)$，即对 $L^p(\mu)$ 上的有界线性泛函 f，存在唯一的 $y=y(t)\in L^q(\mu)$ 使

$$f(x)=\int_X x(t)y(t)\mathrm{d}\mu,\quad \forall x=x(t)\in L^p(\mu),\quad 且\quad \|f\|=\|y\|_q.$$

(2) 若 $p=1$，μ 是 σ-有限的，则 $(L^1(\mu))^*=L^\infty(\mu)$，即对 $L^1(\mu)$ 上的有界线性泛函 f，存在唯一的 $y=y(t)\in L^\infty(\mu)$ 使

$$f(x)=\int_X x(t)y(t)\mathrm{d}\mu,\quad \forall x=x(t)\in L^1(\mu),\quad 且\quad \|f\|=\|y\|_q.$$

设$(X,\mathfrak{M},\mu)$是 Borel 测度空间，其中 X 是局部紧 Hausdorff 的. 设 $M(X)$ 为 $\mathfrak{M}$ 上正则 Borel 复测度的全体，即

$$M(X)=\{\mu:\mu\ 是\ \mathfrak{M}\ 上正则的\ \mathrm{Borel}\ 复测度\}.$$

在 $M(X)$ 上定义线性运算：$\mu,\lambda\in M(X)$，$\alpha\in\mathbb{K}$：

$$(\mu+\lambda)(E)=\mu(E)+\lambda(E),\quad (\alpha\mu)(E)=\alpha\mu(E),\quad \forall E\in\mathfrak{M}.$$

与范数 $\|\mu\|=|\mu|(X)$(X 的全变差测度)，容易验证 $M(X)$ 成为 Banach 空间，称为**测度函数空间**.

根据有界变差函数的性质，$[a,b]$ 上有界变差函数的全体 $V[a,b]$ 构成线性空间，对 $x=x(t)\in V[a,b]$，定义范数为 $\|x\|=|x(a)|+\bigvee_a^b(x)$，则 $V[a,b]$ 是 Banach 空间，称为**变差函数空间**. 令

$$V_0[a,b]=\{x\in V[a,b]:x(a)=0\}.$$

则 $V_0[a,b]$ 是 $V[a,b]$ 的闭线性子空间，因而也是 Banach 空间.

定理 4.4.3($C_0(X)$ 上有界线性泛函的 Riesz 表示定理)(见参考文献[46])

设 X 是局部紧的 Hausdorff 空间，则 $(C_0(X))^*=M(X)$，即对 $C_0(X)$ 上的有界线性泛函 f 存在唯一的正则的复 Borel 测度 $\mu\in M(X)$ 使得

$$f(x)=\int_X x(t)\mathrm{d}\mu,\quad \forall x=x(t)\in C_0(X),\quad 且\quad \|f\|=|\mu|(X).$$

作为定理 4.4.2 与定理 4.4.3 的特例，下面给出一些推论，同时出于对有界线性泛函表示技巧的考虑，将直接给出其中一部分结果的证明.

定理 4.4.2 的推论

在赋范空间同构的意义下，有

(1) $(\mathbb{K}^n)^*=\mathbb{K}^n$，即对 $f\in(\mathbb{K}^n)^*$，有 $y=(b_1,b_2,\cdots,b_n)\in\mathbb{K}^n$ 使

$$f(x)=\sum_{i=1}^{n}b_i x_i,\quad \forall x=(x_1,x_2,\cdots,x_n)\in\mathbb{K}^n,\quad 且\quad \|f\|=\|y\|.$$

(2) $(l^p)^*=l^q(1\leqslant p<\infty,1/p+1/q=1)$，即对 $f\in(l^p)^*$，有 $y=\{b_i\}_{i=1}^{\infty}\in l^q$ 使

$$f(x)=\sum_{i=1}^{\infty}b_i x_i,\quad \forall x=\{x_i\}_{i=1}^{\infty}\in l^p,\quad 且\quad \|f\|=\|y\|_q.$$

(3) $(L^p[a,b])^*=L^q[a,b](1\leqslant p<\infty,1/p+1/q=1)$，即对 $f\in(L^p[a,b])^*$，有 $y=y(t)\in L^q[a,b]$使

$$f(x)=\int_a^b x(t)y(t)\mathrm{d}t,\quad x=x(t)\in L^p[a,b],\quad 且\quad \|f\|=\|y\|_q.$$

证明 (2) 的证明 **情形1**$(p=1)$：(P1) 对任意 $f\in(l^1)^*$，令 $\boldsymbol{e}_i\in l^1$，其中 $\boldsymbol{e}_i$ 为第 i 个分量为1其余为0的向量. 记 $f(\boldsymbol{e}_i)=b_i$，利用 f 的线性与连续性，可知存在唯一的 $y=(b_1,b_2,\cdots,b_i,\cdots)$，使对每个 $x=(a_1,a_2,\cdots,a_i,\cdots)=\lim\limits_{n\to\infty}\sum\limits_{i=1}^{n}a_i\boldsymbol{e}_i=\sum\limits_{i=1}^{\infty}a_i\boldsymbol{e}_i\in l^1$，有

$$f(x)=\lim_{n\to\infty}\sum_{i=1}^{n}a_i f(\boldsymbol{e}_i)=\sum_{i=1}^{\infty}a_i b_i.$$

因为 $\|\boldsymbol{e}_i\|_1=1$，$\|f\|\geqslant|f(\boldsymbol{e}_i)|=|b_i|$，故 $\|f\|\geqslant\sup\limits_{i\geqslant1}|b_i|=\|y\|_\infty$. 这表明

$$y\in l^\infty\quad 且\quad \|f\|\geqslant\|y\|_\infty. \tag{4.4.3}$$

(P2) 对任意 $y=(b_1,b_2,\cdots,b_i,\cdots)\in l^\infty$，令 $f(x)=\sum\limits_{i=1}^{\infty}a_i b_i$，其中 $x=(a_1,a_2,\cdots,a_i,\cdots)\in l^1$，则 f 是 l^1 上的线性泛函，$f(\boldsymbol{e}_i)=b_i$ 且 $|f(x)|=\left|\sum\limits_{i=1}^{\infty}a_i b_i\right|\leqslant\sum\limits_{i=1}^{\infty}|a_i\|b_i|\leqslant\|y\|_\infty\sum\limits_{i=1}^{\infty}|a_i|=\|y\|_\infty\|x\|_1$. 这表明

$$f\in(l^1)^*,\quad \|f\|\leqslant\|y\|_\infty. \tag{4.4.4}$$

(P3) 令 $T:(l^1)^*\to l^\infty$ 使 $Tf=(f(e_1),f(e_2),\cdots,f(e_i),\cdots)=y$. 由已证(P1)易知 T 是线性算子，由已证(P2)知 T 是满的，由式(4.4.3)与式(4.4.4)得 $\|Tf\|_\infty=\|y\|_\infty=\|f\|$，即 T 是保范的. 因此 T 是同构映射，$(l^1)^*=l^\infty$.

情形2$(1<p<\infty)$：(P1) 对任意 $f\in(l^p)^*$，令 $\boldsymbol{e}_i\in l^p$ 是第 i 个分量为1其余为0的向量. 记 $f(\boldsymbol{e}_i)=b_i$，并利用 f 的线性与连续性，可知存在唯一的 $y=(b_1,b_2,\cdots,b_i,\cdots)$，使对每个 $x=(a_1,a_2,\cdots,a_i,\cdots)=\lim\limits_{n\to\infty}\sum\limits_{i=1}^{n}a_i\boldsymbol{e}_i=\sum\limits_{i=1}^{\infty}a_i\boldsymbol{e}_i$，有

$$f(x)=\lim_{n\to\infty}\sum_{i=1}^{n}a_i f(\boldsymbol{e}_i)=\sum_{i=1}^{\infty}a_i b_i.$$

当 $y=\theta$，显然 $y\in l^q$ 且 $\|y\|_q=0\leqslant\|f\|$. 当 $y\neq\theta$，取 $x_n=(a_1^{(n)},a_2^{(n)},\cdots,a_i^{(n)},\cdots)\in l^p$，其中

$$a_i^{(n)}=\begin{cases}|b_i|^q/b_i, & i\leqslant n\ 且\ b_i\neq0;\\ 0, & i>n\ 或\ b_i=0.\end{cases}$$

则 $\|x_n\|_p=(\sum_{i=1}^{\infty}|a_i^{(n)}|^p)^{1/p}=(\sum_{i=1}^{n}|b_i|^q)^{1/p}$，$f(x_n)=\sum_{i=1}^{n}a_i^{(n)}b_i=\sum_{i=1}^{n}|b_i|^q$. 由 $|f(x_n)|\leqslant\|f\|\|x_n\|_p$ 得 $(\sum_{i=1}^{n}|b_i|^q)^{1/q}\leqslant\|f\|$. 令 $n\to\infty$ 得 $\left(\sum_{i=1}^{\infty}|b_i|^q\right)^{1/q}\leqslant\|f\|$，这表明

$$y\in l^q\quad 且\quad \|y\|_q\leqslant\|f\|. \tag{4.4.5}$$

(P2) 对任意 $y=(b_1,b_2,\cdots,b_i,\cdots)\in l^q$，令 $f(x)=\sum_{i=1}^{\infty}a_ib_i$，其中 $x=(a_1,a_2,\cdots,a_i,\cdots)\in l^p$，易知 f 是 l^p 上的线性泛函，且 $f(\boldsymbol{e}_i)=b_i$. 由 Hölder 不等式得

$$|f(x)|\leqslant\sum_{i=1}^{\infty}|a_ib_i|\leqslant\left(\sum_{i=1}^{\infty}|a_i|^p\right)^{1/p}\left(\sum_{i=1}^{\infty}|b_i|^q\right)^{1/q}=\|y\|_q\|x\|_p.$$

这表明

$$f\in(l^p)^*\quad 且\quad \|f\|\leqslant\|y\|_q. \tag{4.4.6}$$

(P3) 令 $T:(l^p)^*\to l^q$ 使

$$Tf=(f(e_1),f(e_2),\cdots,f(e_i),\cdots)=y.$$

由已证(P1)易知 T 是线性算子，由已证(P2)知 T 是满射，由式(4.4.5)与式(4.4.6)得 $\|Tf\|_q=\|y\|_q=\|f\|$，T 是保范的. 因此 T 是同构映射，$(l^p)^*=l^q$.

(3) 的证明　只证 $1<p<\infty$ 情形.(P2)对于每个 $y(t)\in L^q[a,b]$，定义

$$f(x)=\int_a^b x(t)y(t)\mathrm{d}t,\quad \forall x(t)\in L^p[a,b]. \tag{4.4.7}$$

则 f 是 $L^p[a,b]$ 上的线性泛函，由 Hölder 不等式，有

$$|f(x)|=\left|\int_a^b x(t)y(t)\mathrm{d}t\right|\leqslant\|x\|_p\|y\|_q.$$

所以有

$$f\in(L^p[a,b])^*\quad 且\quad \|f\|\leqslant\|y\|_q. \tag{4.4.8}$$

(P1) 若 $f\in(L^p[a,b])^*$，设 $\chi_{[a,t]}$ 为 $[a,t]$ 的特征函数，记 $f(\chi_{[a,t]})=g(t)$，则 $\chi_{[a,a]}=0$ a. e.，$g(a)=f(\theta)=0$. 约定 $\alpha\in\mathbb{K}$，记号 $\operatorname{sgn}\alpha$ 表示 $\alpha\operatorname{sgn}\alpha=|\alpha|$. 对于 $[a,b]$ 中的任一组区间 $[a_i,b_i]$，$a\leqslant a_1<b_1\leqslant\cdots\leqslant a_n<b_n\leqslant b$，记 $\beta_i=\operatorname{sgn}(g(b_i)-g(a_i))$，则

$$\begin{aligned}\sum_{i=1}^{n}|g(b_i)-g(a_i)|&=\sum_{i=1}^{n}\beta_i(f(\chi_{[a,b_i]})-f(\chi_{[a,a_i]}))\\&=f\left(\sum_{i=1}^{n}\beta_i(\chi_{[a,b_i]}-\chi_{[a,a_i]})\right)\\&\leqslant\|f\|\left\|\sum_{i=1}^{n}\beta_i(\chi_{[a,b_i]}-\chi_{[a,a_i]})\right\|_p\\&\leqslant\|f\|\left(\sum_{i=1}^{n}(b_i-a_i)\right)^{1/p}.\end{aligned}$$

由此易知，$g(t)$ 是 $[a,b]$ 上的绝对连续函数，故 $g'(t)$ a. e. 存在，记 $g'(t)=y(t)$，则 $y(t)$ 可积并且

$$g(t)=g(a)+\int_a^t y(\tau)\mathrm{d}\tau=\int_a^t y(\tau)\mathrm{d}\tau,\quad t\in[a,b]. \tag{4.4.9}$$

若 $x(t)$ 是 $[a,b]$ 上的简单函数，$x(t)=\sum\limits_{i=1}^{n}\alpha_i(\chi_{[a,t_i]}-\chi_{[a,t_{i-1}]})$，$\alpha_i\in\mathbb{K}$，$a=t_0<t_1<\cdots<t_n=b$，则由式(4.4.9)，有

$$\begin{aligned}f(x)&=\sum_{i=1}^{n}\alpha_i(f(\chi_{[a,t_i]})-f(\chi_{[a,t_{i-1}]}))=\sum_{i=1}^{n}\alpha_i(g(t_i)-g(t_{i-1}))\\&=\sum_{i=1}^{n}\alpha_i\int_{t_{i-1}}^{t_i}y(t)\mathrm{d}t=\sum_{i=1}^{n}\alpha_i\int_a^b(\chi_{[a,t_i]}-\chi_{[a,t_{i-1}]})y(t)\mathrm{d}t\\&=\int_a^b x(t)y(t)\mathrm{d}t.\end{aligned} \tag{4.4.10}$$

若 $x(t)$ 是有界可测函数，不妨设 $|x(t)|\leqslant M$，$t\in[a,b]$，则存在简单函数列 $\{x_n(t)\}$，$|x_n(t)|\leqslant M$，$t\in[a,b]$，使得 $x_n(t)\to x(t)$ a. e.，由 Lebesgue 控制收敛定理，有

$$\|x_n-x\|_p=\left(\int_a^b|x_n(t)-x(t)|^p\mathrm{d}t\right)^{1/p}\to 0.$$

并且 $x_n(t)y(t)\to x(t)y(t)$ a. e.，$|x_n(t)y(t)|\leqslant M|y(t)|$. 由式(4.4.10)，$f(x_n)=\int_a^b x_n(t)y(t)\mathrm{d}t$. 对此式两端取极限，利用 Lebesgue 控制收敛定理得

$$f(x)=\lim_{n\to\infty}f(x_n)=\lim_{n\to\infty}\int_a^b x_n(t)y(t)\mathrm{d}t=\int_a^b x(t)y(t)\mathrm{d}t.$$

即式(4.4.10)对于有界可测函数成立.

现在对任意 $x(t)\in L^p[a,b]$，取

$$x_n(t)=\begin{cases}x(t), & |x(t)|\leqslant n;\\ 0, & |x(t)|>n.\end{cases}$$

记 $A_n=\{t\in[a,b]:|x(t)|>n\}$，则由 $\|x_n\|_p\geqslant\left(\int_{A_n}|x(t)|^p\mathrm{d}t\right)^{1/p}\geqslant n(m(A_n))^{1/p}$ 可知 A_n 的测度 $m(A_n)\to 0$，由积分的绝对连续性，有

$$\|x_n-x\|_p=\left(\int_{A_n}|x(t)|^p\mathrm{d}t\right)^{1/p}\to 0.$$

从而

$$\left|\int_a^b x_n(t)y(t)\mathrm{d}t-\int_a^b x(t)y(t)\mathrm{d}t\right|\leqslant\|x_n-x\|_p\|y\|_q\to 0.$$

由此得出

$$f(x)=\lim_{n\to\infty}\int_a^b x_n(t)y(t)\mathrm{d}t=\int_a^b x(t)y(t)\mathrm{d}t.$$

这表明式(4.4.10)对任意 $x(t)\in L^p[a,b]$ 成立，式(4.4.7)是 $L^p[a,b]$ 上线性泛函的一般形式.

下面证明 $y(t)\in L^q[a,b]$. 事实上，令

$$x_n(t)=\begin{cases}\operatorname{sgn}y(t)\,|y(t)|^{q-1}, & |y(t)|^{q-1}\leqslant n;\\ 0, & |y(t)|^{q-1}>n.\end{cases}$$

则 $x_n(t)$ 是有界函数，记 $E_n=\{t\in[a,b]:|y(t)|^{q-1}\leqslant n\}$，则

$$|f(x_n)|=\left|\int_a^b x_n(t)y(t)\mathrm{d}t\right|=\int_{E_n}|y(t)|^q\mathrm{d}t.$$

又因为 $|f(x_n)|\leqslant\|f\|\|x_n\|_p=\|f\|\left(\int_{E_n}|y(t)|^q\mathrm{d}t\right)^{1/p}$，故

$$\int_{E_n}|y(t)|^q\mathrm{d}t\leqslant\|f\|\left(\int_{E_n}|y(t)|^q\mathrm{d}t\right)^{1/p}.$$

即 $\left(\int_{E_n}|y(t)|^q\mathrm{d}t\right)^{1/q}\leqslant\|f\|$. 因 n 是任意的，所以

$$y=y(t)\in L^q[a,b]\quad 且\quad \left(\int_a^b|y(t)|^q\mathrm{d}t\right)^{1/q}\leqslant\|f\|. \tag{4.4.11}$$

(P3) 定义 $T:(L^p[a,b])^*\to L^q[a,b]$ 使 $Tf=y,\forall f\in(L^p[a,b])^*$. 由已证(P1)易知 T 是线性算子，由已证(P2)知 T 是满射，由式(4.4.8)与式(4.4.11)得 $\|Tf\|_q=\|y\|_q=\|f\|$，T 是保范的. 因此 T 是同构映射，$(L^p[a,b])^*=L^q[a,b]$. 证毕.

定理 4.4.3 的推论

在赋范空间同构的意义下，有 $(C[a,b])^*=V_0[a,b]$，即 $C[a,b]$ 上的任一有界线性泛函 f 都可表示为 $f(x)=\int_a^b x(t)\,\mathrm{d}y(t)$ $(\forall x=x(t)\in C[a,b])$，其中 $y(t)$ 是 $[a,b]$ 上的唯一与 f 对应的有界变差函数，$y=y(t)\in V_0[a,b]$ 且 $\|f\|=\bigvee_a^b(y)=\|y\|$.

证明　(P2) 对每个 $y(t)\in V_0[a,b]$，定义

$$f(x)=\int_a^b x(t)\mathrm{d}y(t),\quad \forall x\in C[a,b].$$

则 f 是 $C[a,b]$ 上的线性泛函，且 $|f(x)|\leqslant\int_a^b|\mathrm{d}y(t)|\max\limits_{a\leqslant t\leqslant b}|x(t)|=\bigvee_a^b(y)\|x\|$（参见定理 2.4.15）. 故

$$f\in(C[a,b])^*\quad 且\quad \|f\|\leqslant\bigvee_a^b(y)=\|y\|. \tag{4.4.12}$$

(P1) 现设 $f\in(C[a,b])^*$. 我们希望以 $[a,t]$ 上的特征函数集作基本集，先将 f 在此基本集上表示，但此基本集不是 $C[a,b]$ 的子集. 于是转而考虑 $L^\infty[a,b]$. $C[a,b]$ 是 $L^\infty[a,b]$ 的子空间（在 $C[a,b]$ 上本性上确界与上确界一致）. 根据 Hahn-Banach 定理，f 可以保范延拓成 $L^\infty[a,b]$ 上的线性泛函 F，即 $F\in(L^\infty[a,b])^*$，$\|F\|=\|f\|$ 且 $F(x)=f(x),x\in C[a,b]$.

设 χ_t 是 $[a,t]$ 上的特征函数，即

$$\chi_t(s)=\begin{cases}1, & s\in[a,t];\\ 0, & s\in(t,b].\end{cases}$$

则 $\chi_t\in L^\infty[a,b]$. 令

$$y(t)=F(\chi_t).$$

以下证明 $y(t)$ 是有界变差函数. 令 Δ: $a=t_0<t_1<\cdots<t_n=b$. 约定 $\alpha\in\mathbb{K}$ 时，记号 $\mathrm{sgn}\alpha$ 表示 $\alpha\,\mathrm{sgn}\alpha=|\alpha|$. 记 $\delta_j=\mathrm{sgn}\,[F(\chi_{t_j})-F(\chi_{t_{j-1}})]$，$j=1,2,\cdots,n$. 则

$$\sum_{j=1}^n|y(t_j)-y(t_{j-1})|=\sum_{j=1}^n|F(\chi_{t_j})-F(\chi_{t_{j-1}})|$$

$$=\sum_{j=1}^{n}\delta_j[F(\chi_{t_j})-F(\chi_{t_{j-1}})]$$

$$=F\left[\sum_{j=1}^{n}\delta_j(\chi_{t_j}-\chi_{t_{j-1}})\right]$$

$$\leqslant \|F\|\left\|\sum_{j=1}^{n}\delta_j(\chi_{t_j}-\chi_{t_{j-1}})\right\|=\|F\|$$

表明 $y(t)$是有界变差函数，又 $\chi_a=0$ a. e.，$y(a)=F(\chi_a)=F(\theta)=0$，故

$$y=y(t)\in V_0[a,b]\text{ 且 }\|y\|=\bigvee_a^b(y)$$

$$=\sup_{\Delta}\sum_{j=1}^{n}|y(t_j)-y(t_{j-1})|\leqslant\|F\|=\|f\|. \tag{4.4.13}$$

现设 $x=x(t)\in C[a,b]$，对任一分划 Δ：$a=t_0<t_1<\cdots<t_n=b$，作简单函数

$$\alpha_n(t)=x(a)\chi_a(t)+\sum_{j=1}^{n}x(t_j)[\chi_{t_j}(t)-\chi_{t_{j-1}}(t)].$$

显然 $\alpha_n=\alpha_n(t)\in L^{\infty}[a,b]$，$t\in(t_{j-1},t_j]$时有

$$\alpha_n(t)=x(t_j)[\chi_{t_j}(t)-\chi_{t_{j-1}}(t)]\equiv x(t_j),\quad j=1,2,\cdots,n;$$

且 $\alpha_n(a)=x(a)$. 注意到 $F(\chi_a)=0$，有

$$F(\alpha_n)=\sum_{j=1}^{n}x(t_j)[y(t_j)-y(t_{j-1})].$$

令 $|\Delta|=\max\limits_{1\leqslant j\leqslant n}(t_j-t_{j-1})\to0$，按 Stieltjes 积分定义有

$$\lim_{|\Delta|\to0}F(\alpha_n)=\int_a^b x(t)\mathrm{d}y(t).$$

另一方面，由于 $x(t)$在$[a,b]$上连续必一致连续，故 $\forall\varepsilon>0$，$\exists\delta>0$，$|\Delta|<\delta$，$\forall t\in(t_{j-1},t_j]$，有

$$|\alpha_n(t)-x(t)|=|x(t_j)-x(t)|<\varepsilon,\quad j=1,2,\cdots,n.$$

又 $t=a$，$|\alpha_n(a)-x(a)|=0<\varepsilon$. 总之有 $\|\alpha_n-x\|\to0(|\Delta|\to0)$. 注意到 $x\in C[a,b]$，$F(x)=f(x)$，由 F 的连续性得 $\lim\limits_{|\Delta|\to0}F(\alpha_n)=F(x)=f(x)$. 故

$$f(x)=\int_a^b x(t)\mathrm{d}y(t),\quad \forall x=x(t)\in C[a,b].$$

(P3) 定义 $T:(C[a,b])^*\to V_0[a,b]$使 $Tf=y$，$\forall f\in(C[a,b])^*$. 由已证(P1)易知 T 是线性算子，由已证(P2)知 T 是满射，由式(4.4.12)与式(4.4.13)得 $\|Tf\|=\|y\|=\bigvee\limits_a^b(y)=\|f\|$，$T$ 是保范的. 因此 T 是同构映射，$(C[a,b])^*=V_0[a,b]$. 证毕.

4.4.2 自反空间与自然嵌入算子

上述几类 Banach 空间的共轭空间的表示，为进一步研究共轭空间提供了有益的启示. 以无限维空间 l^p $(1<p<\infty,1/p+1/q=1)$为例，从同构的观点来看，$(l^p)^*=l^q$，$(l^q)^*=l^p$. 也就是说，l^p 与 l^q 互为共轭. 由此自然会猜测 l^p 的二次共轭与自身同构. 显然并非每

个赋范空间 X 都与 X^{**} 同构. 因为 X^{**} 总是完备的,当 X 不完备时,二者就不会同构. 因此,有必要一般地考虑 X 与 X^{**} 之间的关系.

设 $x\in X$,$f\in X^*$. 于是 $f(x)$是泛函值. 原来的观点是: 泛函 f 是给定的,x 是跑遍 X 的变元. 现在反过来,让 x 固定,而让 f 跑遍 X^*,这时 $f(x)$就成了定义在 X^* 上的一个泛函. 例如,l^p 上泛函的表示式 $f(x)=\sum\limits_{i=1}^{\infty} b_i x_i$ 可以视为 f 在点 $x=\{x_i\}_{i=1}^{\infty}$ 的值,亦可以视为泛函 $x\in(l^p)^{**}$ 在点 $f=\{b_i\}_{i=1}^{\infty}\in(l^p)^*$ 的值,只不过这个$(l^p)^{**}$ 中的 x 由于含义上的差别要用 x^{**} 来表示.

定理 4.4.4

设 X 是数域$\mathbb{K}$上的赋范空间. 对每个 $x\in X$,在 X^* 上定义泛函 x^{**}:

$$x^{**}(f)=f(x),\quad \forall f\in X^*.$$

则 $x^{**}\in X^{**}$,且 $\|x^{**}\|=\|x\|$.

证明 因为 $\forall f_1,f_2\in X^*$,$\forall\alpha,\beta\in\mathbb{K}$,有

$$\begin{aligned}x^{**}(\alpha f_1+\beta f_2)&=(\alpha f_1+\beta f_2)(x)\\&=\alpha f_1(x)+\beta f_2(x)=\alpha x^{**}(f_1)+\beta x^{**}(f_2).\end{aligned}$$

故 x^{**} 是线性泛函. 由于

$$|x^{**}(f)|=|f(x)|\leqslant\|x\|\,\|f\|,$$

因此 $\|x^{**}\|\leqslant\|x\|$. 当 $x\neq\theta$ 时,由 Hahn-Banach 定理,存在 $f\in X^*$,$\|f\|=1$ 且 $f(x)=\|x\|$. 从而

$$\|x^{**}\|\geqslant|x^{**}(f)|=|f(x)|=\|x\|.$$

此时有 $\|x^{**}\|=\|x\|$. 当 $x=\theta$ 时 $x^{**}=\theta$,此式也成立. 所以,对每个 $x\in X$ 皆有 $\|x^{**}\|=\|x\|$. 证毕.

定义 4.4.1

设 X 是赋范空间,令 $J:X\to X^{**}$ 使 $Jx=x^{**}$,其中 $x^{**}(f)=f(x)$,$\forall f\in X^*$. 称 J 是从 X 到 X^{**} 的**自然嵌入算子**.

定理 4.4.5

自然嵌入算子 J 是从 X 到 X^{**} 的子空间 JX 的同构映射.

证明 若 $Jx_1=x_1^{**}$,$Jx_2=x_2^{**}$,则

$$x_1^{**}(f)=f(x_1),\quad x_2^{**}(f)=f(x_2),\quad \forall f\in X^*;$$

$$\begin{aligned}(\alpha x_1^{**}+\beta x_2^{**})(f)&=\alpha x_1^{**}(f)+\beta x_2^{**}(f)=\alpha f(x_1)+\beta f(x_2)\\&=f(\alpha x_1+\beta x_2),\quad \forall f\in X^*.\end{aligned}$$

于是 $J(\alpha x_1+\beta x_2)=\alpha x_1^{**}+\beta x_2^{**}=\alpha Jx_1+\beta Jx_2$,这表明 J 是线性的. 于是 JX 是 X^{**} 的线性子空间. J 当然是从 X 到 JX 的满射. 又由定理 4.4.4 知,$\|Jx\|=\|x^{**}\|=\|x\|$. 故 J 是从 X 到 JX 的同构映射. 证毕.

按定理 4.4.5,若将同构的空间视为同一空间,则 X 是 X^{**} 的线性子空间,$X=JX\subset X^{**}$,J 将 X 自然地嵌入 X^{**} 中. X^{**} 总归是 Banach 空间. 若 X 是 Banach 空间,则 $JX=X$ 是 X^{**} 的闭线性子空间. 若 X 不是完备的,则 $\overline{JX}$ 是 X^{**} 的闭子空间从而是 Banach 空间,而 $X=JX$ 在 $\overline{JX}$ 中稠密,这表明 $\overline{JX}$ **是 X 的完备化**.

定义 4.4.2

若自然嵌入算子 J 是赋范空间 X 到它的二次共轭 X^{**} 的同构映射(J 是从 X 到 X^{**} 的满射)，则称 X 是**自反**的.

由定义 4.4.2，自反的空间必是 Banach 空间. 另外要特别注意的是，自反空间的定义中，X 是经由自然嵌入这样一个特定的同构映射与 X^{**} 同构(并非只要求 X 与 X^{**} 同构). 事实上，存在着非自反的空间 X，X 与 X^{**} 却是同构的(见参考文献[36]).

例 4.4.1 $\mathbb{K}^n$，$l^p(1<p<\infty)$及 $L^p[a,b](1<p<\infty)$都是自反空间. 任何有限维赋范空间都是自反空间.

这里仅验证 $l^p(1<p<\infty)$的自反性. 当 $1/p+1/q=1$ 时，由于在同构意义下，$(l^q)^*=l^p$，$(l^p)^{**}=(l^q)^*$. 设 $T_1:(l^p)^{**}\to(l^q)^*$ 与 $T_2:(l^q)^*\to l^p$ 是同构映射，则 $\varphi=T_1^{-1}T_2^{-1}$：$l^p\to(l^p)^{**}$ 也是同构映射. 以下验证 φ 就是自然嵌入算子 J. 事实上，当 $x=(x_1,x_2,\cdots,x_i,\cdots)\in l^p$，记 $\varphi(x)=(\varphi_{x_1},\varphi_{x_2},\cdots,\varphi_{x_i},\cdots)\in(l^p)^{**}$. 按定理 4.4.2 的推论(2)的证明，对任何 $f\in(l^p)^*$，若 f 对应 $y=(b_1,b_2,\cdots,b_i,\cdots)\in l^q$，则 $\varphi(x)$作为$(l^p)^*$ 上的线性泛函，f 作为 l^p 上的线性泛函，对应地有

$$\varphi(x)(f)=\sum_{i=1}^{\infty}\varphi_{x_i}b_i=\sum_{i=1}^{\infty}x_ib_i=f(x).$$

由于 f 是任意的，故 $J(x)=\varphi(x)$，$\forall x\in l^p$. 从而 $J=\varphi$.

注意并非每个 Banach 空间都是自反的. 为了给出这样的反例，我们需要下述定理. 该定理揭示了赋范空间与其共轭空间之间的深刻的联系.

定理 4.4.6

若 X^* 可分，则 X 必是可分的.

证明 因为 X^* 可分，设 $A=\{f_n\}_{n=1}^{\infty}$ 是 X^* 的可数的稠集. 不妨设任意 $n\in\mathbb{Z}^+$，$f_n\neq\theta$. 记 $g_n=\dfrac{f_n}{\|f_n\|}$，则$\{g_n\}$是 $S(X^*)$的稠子集.

事实上，对任意 $f\in S(X^*)$，因 A 在 X^* 中稠密，存在 $f_{n_i}\in A$ 使 $f_{n_i}\to f(i\to\infty)$. 则 $\|f_{n_i}\|\to\|f\|=1$ 且

$$\begin{aligned}\|g_{n_i}-f\|&=\left\|\frac{f_{n_i}}{\|f_{n_i}\|}-f\right\|\leqslant\left\|\frac{f_{n_i}}{\|f_{n_i}\|}-\frac{f}{\|f_{n_i}\|}\right\|+\left\|\frac{f}{\|f_{n_i}\|}-f\right\|\\&=\frac{1}{\|f_{n_i}\|}\|f_{n_i}-f\|+\left|\frac{1}{\|f_{n_i}\|}-1\right|\to 0.\end{aligned}$$

这表明$\{g_n\}$是 $S(X^*)$的稠子集.

由于 $\sup\limits_{\|x\|=1}|g_n(x)|=\|g_n\|=1$，可取 $x_n\in X$，$\|x_n\|=1$ 使

$$|g_n(x_n)|>1/2,\quad \forall n\in\mathbb{Z}^+.$$

记 $E=\mathrm{span}\{x_n\}$. 我们断言 $\bar{E}=X$.(反证法)假设有 $x_0\in X$，但 $x_0\notin\bar{E}$，则必 $\rho(x_0,E)>0$. 根据 Hahn-Banach 定理，存在 $g\in X^*$，$\|g\|=1$，且 $\forall x\in E$，有 $g(x)=0$. 于是

$$\|g_n-g\|\geqslant|g_n(x_n)-g(x_n)|=|g_n(x_n)|>1/2.$$

这与$\{g_n\}$是 $S(X^*)$的稠子集相矛盾. 因此 $\bar{E}=X$，由 E 可分知 X 可分. 证毕.

例 4.4.2　若 X 可分，则 X^* 未必可分，即定理 4.4.6 的逆命题未必成立. 取 $X=l^1$，则 $(l^1)^*=l^\infty$，l^1 可分，但 l^∞ 不可分.

例 4.4.3　$l^1, l^\infty, L^1[a,b], L^\infty[a,b]$ 不是自反空间. 仅验证 l^1. 已知 $(l^1)^*=l^\infty$，且 l^1 是可分的，而 l^∞ 不可分. 假设 l^1 自反，则 $l^1=(l^1)^{**}=(l^\infty)^*$. 由于 l^1 可分，故 $(l^\infty)^*$ 可分. 按定理 4.4.6，这将蕴涵 l^∞ 也可分，与 l^∞ 不可分矛盾. 所以 l^1 不是自反的.

4.4.3　Banach 共轭算子

与共轭空间概念相伴随的是共轭算子概念.

定义 4.4.3

设 X,Y 是赋范空间，X^*, Y^* 分别是 X 与 Y 的共轭空间，$T\in\mathcal{B}(X,Y)$. 若线性算子 $T^*: Y^*\to X^*$ 满足

$$(T^*y^*)(x)=y^*(Tx),\quad \forall x\in X, y^*\in Y^*, \tag{4.4.14}$$

则称 T^* 为 T 的 **Banach 共轭算子**（或 **Banach 伴随算子**），简称**共轭算子**. 若将泛函 f 在 x 处的值记为 $f(x)=(f,x)$，则式(4.4.14)也可“对称”地写成

$$(T^*y^*,x)=(y^*,Tx),\quad \forall x\in X, \forall y^*\in Y^*. \tag{4.4.15}$$

例 4.4.4　设 $T:\mathbb{K}^n\to\mathbb{K}^m$ 为有界线性算子，$\alpha_1,\alpha_2,\cdots,\alpha_n$ 是 $\mathbb{K}^n$ 的一组基. 令 $Y_i=\mathrm{span}\{\alpha_1,\alpha_2,\cdots,\alpha_{i-1},\alpha_{i+1},\cdots,\alpha_n\}$，则 $\rho=\rho(\alpha_i,Y_i)>0$. 由 Hahn-Banach 定理，存在 $h_i\in(\mathbb{K}^n)^*$，$h_i(\alpha_i)=\rho$，且 $h_i(Y_i)\equiv 0$. 令 $f_i=h_i/\rho$，则 $f_1,f_2,\cdots,f_n$ 满足

$$f_k(\alpha_i)=\begin{cases}1, & k=i;\\ 0, & k\neq i.\end{cases}$$

称 $f_1,f_2,\cdots,f_n$ 为 $(\mathbb{K}^n)^*$ 的关于 $\alpha_1,\alpha_2,\cdots,\alpha_n$ 的**对偶基**. 类似地，若 $\beta_1,\beta_2,\cdots,\beta_m$ 是 $\mathbb{K}^m$ 的一组基，则存在 $g_1,g_2,\cdots,g_m$ 为 $(\mathbb{K}^m)^*$ 的关于 $\beta_1,\beta_2,\cdots,\beta_m$ 的对偶基. 现设 T 在基 $\alpha_1,\alpha_2,\cdots,\alpha_n$ 与 $\beta_1,\beta_2,\cdots,\beta_m$ 之下的矩阵为 $(a_{ij})_{m\times n}$，即

$$T\alpha_j=\sum_{k=1}^{m}a_{kj}\beta_k,\quad j=1,2,\cdots,n.$$

设 $T^*:(\mathbb{K}^m)^*\to(\mathbb{K}^n)^*$ 是 T 的共轭算子. T^* 在基 $g_1,g_2,\cdots,g_m$ 与 $f_1,f_2,\cdots,f_n$ 下的矩阵为 $(b_{ji})_{n\times m}$，即

$$T^*g_i=\sum_{k=1}^{n}b_{ki}f_k,\quad i=1,2,\cdots,m.$$

根据共轭算子的定义，应有 $(T^*g_i,\alpha_j)=(g_i,T\alpha_j)$. 因为

$$(T^*g_i,\alpha_j)=\sum_{k=1}^{n}b_{ki}(f_k,\alpha_j)=b_{ji},\quad (g_i,T\alpha_j)=\sum_{k=1}^{m}a_{kj}(g_i,\beta_k)=a_{ij},$$

故 $a_{ij}=b_{ji}$，即 $(b_{ji})_{n\times m}$ 是 $(a_{ij})_{m\times n}$ 的转置矩阵，就是说在有限维空间情况下，T^* 的矩阵是 T 的矩阵的转置.

例 4.4.5　设 $1<p<\infty$，$1/p+1/q=1$. $K(t,s)$ 是矩形 $[a,b]\times[a,b]$ 上的 Lebesgue 可测函数且满足 $M=\int_a^b\int_a^b|K(t,s)|^q\,\mathrm{d}t\,\mathrm{d}s<\infty$. 设 T 是以 $K(t,s)$ 为核的积分算子：

$$(Tx)(t)=\int_a^b K(t,s)x(s)\,\mathrm{d}s,\quad \forall x=x(t)\in L^p[a,b].$$

则 T 是从 $L^p[a,b]$到 $L^q[a,b]$的有界线性算子. 事实上,由 Hölder 不等式得

$$|(Tx)(t)|\leqslant\int_a^b|K(t,s)x(s)|\mathrm{d}s\leqslant\left(\int_a^b|K(t,s)|^q\mathrm{d}s\right)^{1/q}\left(\int_a^b|x(s)|^p\mathrm{d}s\right)^{1/p}.$$

从而

$$\|Tx\|=\left(\int_a^b|(Tx)(t)|^q\mathrm{d}t\right)^{1/q}\leqslant\left(\int_a^b\int_a^b|K(t,s)|^q\mathrm{d}s\mathrm{d}t\right)^{1/q}\|x\|=M^{1/q}\|x\|.$$

这表明 T 是有界的. 以下求 T 的 Banach 共轭算子 T^*. 由于每个 $f\in(L^q[a,b])^*$ 对应唯一的 $y=y(t)\in L^q[a,b]$使

$$f(z)=\int_a^b z(t)y(t)\mathrm{d}t,\quad\forall z=z(t)\in L^q[a,b].$$

因而对任何 $x=x(t)\in L^p[a,b]$,按 Fubini 定理,有

$$\begin{aligned}(T^*f,x)&=(f,Tx)=\int_a^b(Tx)(t)y(t)\mathrm{d}t\\&=\int_a^b\left[\int_a^b K(t,s)x(s)\mathrm{d}s\right]y(t)\mathrm{d}t=\int_a^b x(s)\left[\int_a^b K(t,s)y(t)\mathrm{d}t\right]\mathrm{d}s.\end{aligned}$$

将$(L^q[a,b])^*$与 $L^p[a,b]$视为等同,即 f 与 y 视为同一元,则

$$(T^*y)(s)=\int_a^b K(t,s)y(t)\mathrm{d}t,\quad 即\quad(T^*y)(t)=\int_a^b K(s,t)y(s)\mathrm{d}s.$$

T^* 的核为 $K(s,t)$,与 T 的核 $K(t,s)$交换了 s 与 t 的位置(这与矩阵转置交换行与列的情况是相似的).

定理 4.4.7

(1) 若 $T\in\mathcal{B}(X,Y)$,则 $T^*\in\mathcal{B}(Y^*,X^*)$存在且唯一,$\|T^*\|=\|T\|$；由 $\varphi(T)=T^*$ 确定的映射 φ 是线性的,即

$$(aT_1+bT_2)^*=aT_1^*+bT_2^*,\quad\forall a,b\in\mathbb{K},\quad\forall T_1,T_2\in\mathcal{B}(X,Y).$$

从而 φ 是从$\mathcal{B}(X,Y)$到$\mathcal{B}(Y^*,X^*)$的子空间 $\varphi(\mathcal{B}(X,Y))$的同构映射.

(2) 若 $T\in\mathcal{B}(X,Y)$,$S\in\mathcal{B}(Y,Z)$,则$(ST)^*=T^*S^*$.

(3) 若 I_X 与 I_{X^*} 表示恒等算子,则$(I_X)^*=I_{X^*}$.

(4) 若 $T^{-1}\in\mathcal{B}(Y,X)$,则$(T^*)^{-1}\in\mathcal{B}(X^*,Y^*)$且$(T^{-1})^*=(T^*)^{-1}$.

(5) 若 $T\in\mathcal{B}(X,Y)$,X 与 Y 分别嵌入 X^{**} 与 Y^{**},则 $T^{**}\in\mathcal{B}(X^{**},Y^{**})$是 T 的保范线性延拓,且$\|T^{**}\|=\|T\|$.

证明 (1) 对每个固定的 $y^*\in Y^*$,记 $f(x)=(y^*,Tx)$,则 f 是 X 上的线性泛函,且 $\forall x\in X$,有

$$|f(x)|=|(y^*,Tx)|\leqslant\|y^*\|\|Tx\|\leqslant\|y^*\|\|T\|\|x\|.$$

所以$\|f\|\leqslant\|y^*\|\|T\|$,即 $f\in X^*$. 这表明由 $T^*y^*=f$,$(T^*y^*,x)=f(x)$确定的从 Y^* 到 X^* 的算子满足式(4.4.15),容易验证 T^* 是线性的,又若 T_1^* 也满足式(4.4.15),则 $\forall x\in X$,$\forall y\in Y^*$ 有

$$(T^*y^*,x)=(y^*,Tx)=(T_1^*y^*,x).$$

由 x 的任意性及 y^* 的任意性知 $T_1^*=T^*$. 由$\|T^*y^*\|=\|f\|\leqslant\|T\|\|y^*\|$得

$$\|T^*\|\leqslant\|T\|,\quad T^*\in\mathcal{B}(Y^*,X^*).$$

任意 $x\in X$,若 $Tx\neq\theta$,则由 Hahn-Banach 定理,存在 $y_0^*\in Y^*$,$\|y_0^*\|=1$,$(y_0^*,Tx)=$

$\| Tx \|$. 于是 $\| Tx \| = (T^* y_0^*, x) \leqslant \| T^* y_0^* \| \| x \|$；若 $Tx = \theta$，此式自然成立. 故

$$\| T \| \leqslant \| T^* y_0^* \| \leqslant \sup_{\| y^* \| \leqslant 1} \| T^* y^* \| = \| T^* \|.$$

总之有 $\| T^* \| = \| T \|$. 按式(4.4.15)利用 $y^* \in Y^*$ 的线性得

$$\begin{aligned}((aT_1 + bT_2)^* y^*, x) &= (y^*, (aT_1 + bT_2)x) = (y^*, aT_1 x) + (y^*, bT_2 x) \\ &= a(y^*, T_1 x) + b(y^*, T_2 x) = a(T_1^* y^*, x) + b(T_2^* y^*, x) \\ &= (aT_1^* y^* + bT_2^* y^*, x).\end{aligned}$$

于是由 x 的任意性，有

$$\varphi(aT_1 + bT_2) = (aT_1 + bT_2)^* = aT_1^* + bT_2^* = a\varphi(T_1) + b\varphi(T_2).$$

φ 是线性的. 又 $\| \varphi(T) \| = \| T^* \| = \| T \|$，故 φ 是 $\mathcal{B}(X, Y)$ 到 $\mathcal{B}(Y^*, X^*)$ 的子空间 $\varphi(\mathcal{B}(X, Y))$ 的同构映射.

(2) 对任意 $x \in X, z^* \in Z^*$，有

$$((ST)^* z^*, x) = (z^*, STx) = (S^* z^*, Tx) = (T^* S^* z^*, x).$$

故 $(ST)^* = T^* S^*$.

(3) 对任意 $x \in X, x^* \in X^*$，有

$$((I_X)^* x^*, x) = (x^*, I_X x) = (x^*, x) = (I_{X^*} x^*, x).$$

故 $(I_X)^* = I_{X^*}$.

(4) 由于 $T^{-1} \in \mathcal{B}(Y, X)$，且 $TT^{-1} = I_Y, T^{-1}T = I_X$，利用(3)与(2)得

$$I_{Y^*} = (I_Y)^* = (TT^{-1})^* = (T^{-1})^* T^*;$$

$$I_{X^*} = (I_X)^* = (T^{-1}T)^* = (T^*)(T^{-1})^*.$$

由此可知 $(T^*)^{-1} = (T^{-1})^* \in \mathcal{B}(X^*, Y^*)$.

(5) 由(1)得 $\| T^{**} \| = \| T^* \| = \| T \|$. 若 $y^* \in Y^*$，则令 $J: X \to X^{**}$ 为自然嵌入，对任意 $x \in X$ 有 $Jx = x^{**}$，且有

$$(T^{**} x, y^*) = (T^{**} x^{**}, y^*) = (x^{**}, T^* y^*) = (x, T^* y^*) = (Tx, y^*),$$

即 $T^{**} x = Tx$. T^{**} 是 T 的延拓. 证毕.

4.4.4　点列的弱收敛性

共轭性使我们可以从新的视角来认识赋范空间，为解决更深层次的理论与实际问题打开通道. 利用共轭空间，我们可以在赋范空间上引入范数收敛之外的其他收敛概念. 应当看到，这些新的收敛概念的引入是有实际意义的. 依范数收敛有时往往要求苛刻. 例如，在连续函数空间 $C[a, b]$ 中，范数收敛就是一致收敛，但对于连续函数的一些问题，诸如积分与极限运算顺序交换问题等，一致收敛往往是充分而不必要的条件. 在许多情况下，一种较弱的收敛往往因要求容易满足更能在问题解决过程中发挥作用.

定义 4.4.4

设 X 是赋范空间.

(1) 设 $\{x_n\} \subset X, x \in X$. 若对每个 $f \in X^*$，有 $\lim\limits_{n \to \infty} f(x_n) = f(x)$，则称**点列** $\{x_n\}$ **弱收敛**于 x，记为 $x_n \xrightarrow{w} x$ 或 $x = w - \lim\limits_{n \to \infty} x_n$.

(2) 设$\{f_n\}\subset X^*$，$f\in X^*$. 若对每个$x\in X$有$\lim\limits_{n\to\infty}f_n(x)=f(x)$，则称**点列**$\{f_n\}$**弱$*$收敛**于$f$，记为$f_n\xrightarrow{w^*}f$或$f=w^*-\lim\limits_{n\to\infty}f_n$.

由定义4.4.4可知，X中点列有2种收敛概念，即依范数收敛与弱收敛；X^*中点列有3种收敛概念，即依范数收敛、弱收敛及弱$*$收敛.

弱收敛就是X中点列依X^*中每个泛函收敛，弱$*$收敛就是X^*中泛函列在X上的点态收敛.

与依范数收敛的情况一样，弱收敛与弱$*$收敛其极限都是唯一的. 事实上，设$x_n\xrightarrow{w}x$，$x_n\xrightarrow{w}y$，则对任意$f\in X^*$有$f(x_n)\to f(x)$，$f(x_n)\to f(y)$. 于是$f(x)=f(y)$，即$f(x-y)=0$. 由Hahn-Banach定理，$x-y=\theta$，即$x=y$. 再设$f_n\xrightarrow{w^*}f$，$f_n\xrightarrow{w^*}g$. 则对任意$x\in X$有$f_n(x)\to f(x)$，$f_n(x)\to g(x)$. 于是$f(x)=g(x)$. 由于x是任意的，故$f=g$.

定理 4.4.8

赋范空间中点列依范数收敛必蕴涵弱收敛，弱收敛必蕴涵弱$*$收敛. 自反空间中点列弱收敛与弱$*$收敛等价.

证明 以X^*为例. $\{f_n\}\subset X^*$，$f\in X^*$.

(1) 设$f_n\to f$. 则对任意$F\in X^{**}$，有

$$|F(f_n)-F(f)|\leqslant\|F\|\,\|f_n-f\|\to 0.$$

即$F(f_n)\to F(f)$. 这表明$f_n\xrightarrow{w}f$.

(2) 设$f_n\xrightarrow{w}f$. 则对任意$F\in X^{**}$，有$F(f_n)\to F(f)$. 设J为自然嵌入算子，则$JX\subset X^{**}$. 任意$x\in X$，记$Jx=x^{**}$，则$x^{**}\in X^{**}$且

$$f_n(x)=x^{**}(f_n)\to x^{**}(f)=f(x).$$

故$f_n\xrightarrow{w^*}f$.

(3) 当X是自反空间时，$JX=X^{**}$，弱$*$收敛也蕴涵弱收敛，从而二者等价. 事实上，设$f_n\xrightarrow{w^*}f$. 则任意$F\in X^{**}=JX$，存在$x\in X$使$F=Jx=x^{**}$. 于是

$$F(f_n)=x^{**}(f_n)=f_n(x)\to f(x)=x^{**}(f)=F(f).$$

即$f_n\xrightarrow{w}f$. 证毕.

下面的定理指出，弱收敛与弱$*$收敛概念对有限维空间是没有价值的.

定理 4.4.9

有限维赋范空间中依范数收敛、弱收敛及弱$*$收敛三者是等价的.

证明 因为有限维赋范空间是自反的，故弱收敛与弱$*$收敛等价. 由于依范数收敛等价于按坐标收敛，故只需在$\mathbb{K}^n$中证明任一弱收敛点列必按坐标收敛.

设$x_i=(a_1^{(i)},a_2^{(i)},\cdots,a_n^{(i)})$，$x_0=(a_1^{(0)},a_2^{(0)},\cdots,a_n^{(0)})\in\mathbb{K}^n$，$x_i\xrightarrow{w}x_0\ (i\to\infty)$. 取线性泛函$f_m(m=1,2,\cdots,n)$，使任意$x=(a_1,a_2,\cdots,a_n)$，有$f_m(x)=a_m$. 则$f_m\in(\mathbb{K}^n)^*$. 由于$f_m(x_i)=a_m^{(i)}$，$f_m(x_0)=a_m^{(0)}$，因而$f_m(x_i)\to f_m(x_0)\ (i\to\infty)$就是$a_m^{(i)}\to a_m^{(0)}\ (i\to\infty)$，$m=1,2,\cdots,n$. 这表明$\{x_i\}$依坐标收敛于$x_0$. 证毕.

例 4.4.6 弱收敛未必蕴涵依范数收敛.

考虑 $l^p(1<p<\infty)$,取 $e_n\in l^p$ 是第 n 个分量为 1 其余为 0 的向量. 任意 $f\in(l^p)^*=l^q$,不妨设 $f=(b_1,b_2,\cdots,b_n,\cdots)$,其中 $\sum\limits_{n=1}^{\infty}|b_n|^q<\infty$. 于是 $b_n\to 0$. 此时 $f(e_n)=b_n\to 0$. 这表明 $e_n\xrightarrow{w}\theta$,但 $\|e_n\|_p=1$,$\{e_n\}$依范数不收敛于 θ.

注意此例中 $1<p<\infty$,若 $p=1$,情况就不同了.

例 4.4.7 弱 * 收敛未必蕴涵弱收敛.

考虑 l^1,因为 $c_0^*=l^1$(留作本章习题),$(l^1)^*=l^\infty$,取 $e_n\in l^1$ 是第 n 个分量为 1 其余为 0 的向量. 任意 $x=(x_1,x_2,\cdots,x_n,\cdots)\in c_0$,有 $e_n(x)=x_n\to 0$,故 $e_n\xrightarrow{w^*}\theta$. 取 $f_1=(1,1,\cdots,1,\cdots)\in l^\infty$,有 $f_1(e_n)=1$; 取 $f_0=\theta\in l^\infty$,有 $f_0(e_n)=0$. 这表明$\{e_n\}$不是弱收敛的.

虽然无限维空间中弱收敛未必蕴涵依范数收敛,但下述重要关系值得注意.

定理 4.4.10

设 X 是赋范空间,$\{x_n\}\subset X$,$x\in X$. 若 $x_n\xrightarrow{w}x$,则存在$\{x_n\}$中元素的凸组合构成的序列$\{y_n\}$ $\left(y_n=\sum\limits_{i=1}^{k_n}r_{n_i}x_{n_i},r_{n_i}\geqslant 0,\sum\limits_{i=1}^{k_n}r_{n_i}=1\right)$,使 $y_n\to x$.

证明 设 $E=\mathrm{co}\{x_n\}$,只需证明 $x\in\bar{E}$.(反证法)假设 $x\notin\bar{E}$. 由凸集的隔离定理,对单点凸紧集$\{x\}$和凸闭集 $\bar{E}$,存在 $f\in X^*$ 和 $r\in\mathbb{R}^1$ 使

$$\mathrm{Re}f(x)<r<\mathrm{Re}f(y),\quad \forall y\in\bar{E}.$$

令 $y=x_n$,得到 $\mathrm{Re}f(x)<r<\mathrm{Re}f(x_n)$. 这与 $x_n\xrightarrow{w}x$ 矛盾. 证毕.

除了有限维空间外,某些无限维空间中也有可能点列的依范数收敛与弱收敛等价.

定理 4.4.11(Schur 定理)

在空间 l^1 中,点列的收敛与弱收敛等价.

以后将使得点列的收敛与弱收敛等价的 Banach 空间称为 **Schur 空间**.

证明 (阅读)设$\{x_n\}_{n=1}^{\infty}\subset l^1$,$x_n\xrightarrow{w}x_0\in l^1$. 我们要证明 $\|x_n-x_0\|\to 0$. 令 $y_n=x_n-x_0$,则只需证明当 $y_n\xrightarrow{w}\theta$ 有 $\|y_n\|\to 0$. 假若不然,存在子列$\{y_{n_k}\}$使 $\lim\limits_{k\to\infty}\|y_{n_k}\|=a>0$. 令 $z_k=y_{n_k}/\|y_{n_k}\|=\{\xi_i^{(k)}\}_{i=1}^{\infty}$,则 $z_k\xrightarrow{w}\theta$,$\|z_k\|=1$.

定义泛函 f_i: $f_i(x)=\eta_i$,$(\forall x=\{\eta_i\}_{i=1}^{\infty}\in l^1)$. 显然 $f_i(i\in\mathbb{Z}^+)$是 l^1 上的有界线性泛函. 按弱收敛定义,有

$$f_i(z_k)=\xi_i^{(k)}\to 0,\quad k\to\infty,i\in\mathbb{Z}^+.\tag{4.4.16}$$

由于 $\sum\limits_{i=1}^{\infty}|\xi_i^{(1)}|=\|z_1\|=1$,故存在 $q_1>0$ 使 $\sum\limits_{i=1}^{q_1}|\xi_i^{(1)}|>3/4$. 记 $k_1=1$,由式(4.4.16)中 q_1 个式子 $\xi_1^{(k)}\to 0,\cdots,\xi_{q_1}^{(k)}\to 0(k\to\infty)$,可知存在 $k_2>k_1$ 使 $\sum\limits_{i=1}^{q_1}|\xi_i^{(k_2)}|<1/4$. 利用 $1=\|z_{k_2}\|=\sum\limits_{i=1}^{\infty}|\xi_i^{(k_2)}|$可知

$$\sum_{i=q_1+1}^{\infty} | \xi_i^{(k_2)} | = \sum_{i=1}^{\infty} | \xi_i^{(k_2)} | - \sum_{i=1}^{q_1} | \xi_i^{(k_2)} | > 3/4.$$

于是存在 $q_2 > q_1$ 使 $\sum_{i=q_1+1}^{q_2} |\xi_i^{(k_2)}| > 3/4$. 接着由式(4.4.16)中 q_2 个式子 $\xi_1^{(k)} \to 0, \cdots, \xi_{q_2}^{(k)} \to 0 (k \to \infty)$ 出发找 $k_3 > k_2$ 使 $\sum_{i=1}^{q_2} |\xi_i^{(k_3)}| < 1/4$, 再利用 $\| z_{k_3} \| = 1$ 找 $q_3 > q_2$ 使 $\sum_{i=q_2+1}^{q_3} |\xi_i^{(k_3)}| > 3/4$. 如此继续,按数学归纳法,存在两个整数列 $1 = k_1 < k_2 < \cdots$ 及 $0 < q_1 < q_2 < \cdots$ 使以下二式成立:

$$\sum_{i=1}^{q_{j-1}} | \xi_i^{(k_j)} | < 1/4, \quad j = 2, 3, \cdots \tag{4.4.17}$$

$$\sum_{i=q_{j-1}+1}^{q_j} | \xi_i^{(k_j)} | > 3/4, \quad j = 1, 2, \cdots \tag{4.4.18}$$

现构造有界线性泛函 $f_0 = \{b_i\}_{i=1}^{\infty} \in (l^1)^* = l^{\infty}$, 其中(约定 $q_0 = 0$, $b \in \mathbb{K}$ 时记号 $\operatorname{sgn} b$ 表示 $b \operatorname{sgn} b = |b|$)

$$b_i = \operatorname{sgn} \xi_i^{(k_j)}, \quad \text{当 } q_{j-1} + 1 \leqslant i \leqslant q_j \text{ 时}, \quad i, j = 1, 2, \cdots$$

利用式(4.4.18)有

$$\begin{aligned} | f_0(z_{k_j}) | &= \left| \sum_{i=1}^{\infty} b_i \xi_i^{(k_j)} \right| \geqslant \left| \sum_{i=q_{j-1}+1}^{q_j} b_i \xi_i^{(k_j)} \right| - \sum_{i=1}^{q_{j-1}} | b_i \xi_i^{(k_j)} | - \sum_{i=q_j+1}^{\infty} | b_i \xi_i^{(k_j)} | \\ &\geqslant \sum_{i=q_{j-1}+1}^{q_j} | \xi_i^{(k_j)} | - \sum_{i=1}^{q_{j-1}} | \xi_i^{(k_j)} | - \sum_{i=q_j+1}^{\infty} | \xi_i^{(k_j)} | \\ &= 2 \sum_{i=q_{j-1}+1}^{q_j} | \xi_i^{(k_j)} | - \| z_{k_j} \| > \frac{3}{2} - 1 = \frac{1}{2}, \end{aligned}$$

与 $z_{k_j} \xrightarrow{w} \theta$ 矛盾. 证毕.

由于收敛性总是关联着有界性,我们类比地引入弱有界集与弱 * 有界集的概念.

定义 4.4.5

设 X 是赋范空间.

(1) 设 $E \subset X$. 若对每个 $f \in X^*$, $f(E)$ 都是有界集,则称 E 是**弱有界集**.

(2) 设 $A \subset X^*$. 若对每个 $x \in X$, $\{f(x): f \in A\}$ 都是有界集,则称 A 是**弱 * 有界集**.

定理 4.4.12

设 X 是赋范空间. 则

(1) $E \subset X$ 是弱有界集当且仅当 E 是(范数)有界集.

(2) 若 X 完备,则 $A \subset X^*$ 是弱 * 有界集当且仅当 A 是(范数)有界集.

证明 (1) 设 E 有界,即 $\exists M > 0, \forall x \in E, \| x \| \leqslant M$. 此时对每个 $f \in X^*$, 当 $x \in E$, 有

$$| f(x) | \leqslant \| f \| \| x \| \leqslant M \| f \|.$$

这表明 E 弱有界.

反之,设 E 弱有界,J 是自然嵌入算子.则 $JE\subset X^{**}$.任意 $x\in E$,记 $Jx=x^{**}$.因为对每个 $f\in X^*$,有

$$f(E)=\{x^{**}(f): x^{**}\in JE\}.$$

JE 是 X^* 上点态有界集,注意到 X^* 是 Banach 空间,应用一致有界原理得 JE 是 X^{**} 中范数有界集,即 $\exists M>0,\forall x\in E,\|x^{**}\|\leqslant M$.由于 $\|x^{**}\|=\|x\|$,故 E 是 X 中范数有界集.

(2) 证明与(1)类似,充分性直接用一致有界原理得到.从略.证毕.

作为一致有界原理的应用,定理 4.4.12 告诉我们,在 Banach 空间中,弱有界集,弱 * 有界集与有界集是等价的.注意定理 4.4.12(2)中条件"X 完备"不能去除,参见后面例 5.3.3.

回忆一下基本集概念.E 称为 X 的基本集是指 $\overline{\mathrm{span}E}=X$.利用定理 4.4.12 可进一步得到点列弱收敛与弱 * 收敛的刻画.

定理 4.4.13

设 X 是赋范空间.则

(1) $\{x_n\}\subset X$ 弱收敛于 x 的充要条件是:$\{\|x_n\|\}$ 有界且对 X^* 中某基本集 A 的每个元 f 有 $f(x_n)\to f(x)$.

(2) 若 X 完备,则 $\{f_n\}\subset X^*$ 弱 * 收敛于 f 的充要条件是 $\{\|f_n\|\}$ 有界且对 X 中某基本集 E 的每个元 x 有 $f_n(x)\to f(x)$.

证明 (1) 必要性 设 $x_n\xrightarrow{w}x$.则 $\{x_n\}$ 是弱有界集.由定理 4.4.12(1),$\{\|x_n\|\}$ 有界.后半部分的结论自然成立.

充分性 设 $\|x_n\|\leqslant M(\forall n\in\mathbb{Z}^+)$ 且 $\|x\|\leqslant M$.设任意 $f\in X^*=\overline{\mathrm{span}A}$,任意 $\varepsilon>0$.则存在 $g\in\mathrm{span}A$,使 $\|g-f\|<\varepsilon$,其中 $g=\sum\limits_{i=1}^{k}\alpha_i f_i$,$f_i\in A$,$\alpha_i\in\mathbb{K}$,$i=1,2,\cdots,k$.由于 $f_i(x_n)\to f_i(x)$,故

$$g(x_n)=\sum_{i=1}^{k}\alpha_i f_i(x_n)\to\sum_{i=1}^{k}\alpha_i f_i(x)=g(x)(n\to\infty).$$

于是 $\exists N\in\mathbb{Z}^+,\forall n\geqslant N,|g(x_n)-g(x)|<\varepsilon$.从而,有

$$\begin{aligned}|f(x_n)-f(x)|&\leqslant|f(x_n)-g(x_n)|+|g(x_n)-g(x)|+|g(x)-f(x)|\\&\leqslant\|f-g\|\|x_n\|+\varepsilon+\|g-f\|\|x\|\\&<M\varepsilon+\varepsilon+M\varepsilon=(2M+1)\varepsilon.\end{aligned}$$

这表明 $x_n\xrightarrow{w}x$.

(2) 证明与(1)类似,从略.证毕.

下述二例有助于我们进一步认识弱收敛概念产生的背景.对具体的函数空间,有别于依范数收敛的弱收敛正是我们在微积分中所碰到的点态极限及积分极限等形式的收敛.

例 4.4.8 $C[a,b]$ 中点列 $\{x_n\}$ 弱收敛于 x 的充要条件是:$\{\|x_n\|\}$ 有界且 $\forall t\in[a,b]$,$x_n(t)\to x(t)$.

也就是说,$C[a,b]$ 中有界点列的弱收敛即点态收敛.

证明 必要性 设 $x_n\xrightarrow{w}x$.由定理 4.4.13(1)知 $\{\|x_n\|\}$ 有界.$\forall t\in[a,b]$,定义

$f_t(x)=x(t)$，则 $f_t\in(C[a,b])^*$. 由 $f_t(x_n)\to f_t(x)$ 得 $x_n(t)\to x(t)$.

充分性　对每个 $f\in(C[a,b])^*$，由 Riesz 关于 $(C[a,b])^*$ 的表示定理，存在 $y=y(t)\in V_0[a,b]$ 使得

$$f(x)=\int_a^b x(t)\mathrm{d}y(t),\quad \forall x=x(t)\in C[a,b].$$

由题设条件，$\{\|x_n\|\}$ 有界且 $\forall t\in[a,b]$，$x_n(t)\to x(t)$，利用 Lebesgue 控制收敛定理得

$$\lim_{n\to\infty}f(x_n)=\lim_{n\to\infty}\int_a^b x_n(t)\mathrm{d}y(t)=\int_a^b x(t)\mathrm{d}y(t)=f(x).$$

f 的任意性表明 $x_n\xrightarrow{w}x$. 证毕.

例 4.4.9　$L^p[a,b](1<p<\infty)$ 中点列 $\{x_n\}$ 弱收敛于 x 的充要条件是 $\{\|x_n\|_p\}$ 有界且 $\forall t_0\in[a,b]$，有

$$\lim_{n\to\infty}\int_a^{t_0}x_n(t)\mathrm{d}t=\int_a^{t_0}x(t)\mathrm{d}t.$$

证明　设 $A=\{\chi_{[a,t]}:t\in[a,b]\}$，其中 $\chi_{[a,t]}$ 是区间 $[a,t]$ 的特征函数. 则 $A\subset L^q[a,b]$，且由 Lebesgue 积分理论（参见定理 3.3.3）得 $\overline{\operatorname{span}A}=L^q[a,b]$. 将 $\chi_{[a,t]}$ 作为 $L^p[a,b]$ 上的泛函并记为 f_t. 则 $\forall t_0\in[a,b]$，有

$$f_{t_0}(x_n)=\int_a^b\chi_{[a,t_0]}x_n(t)\mathrm{d}t=\int_a^{t_0}x_n(t)\mathrm{d}t,$$

$$f_{t_0}(x)=\int_a^b\chi_{[a,t_0]}x(t)\mathrm{d}t=\int_a^{t_0}x(t)\mathrm{d}t.$$

应用定理 4.4.13(1) 可知结论成立. 证毕.

定理 4.4.14

设 X 是赋范空间，X^* 是其共轭空间. 则 $X(X^*)$ 上的范数是弱（弱 $*$）序列下半连续的.

证明　设 $\{x_n\}\subset X$，$x_n\xrightarrow{w}x\in X$，不妨设 $x\neq\theta$. 由 Hahn-Banach 定理，$\exists f_0\in X^*$，$\|f_0\|=1$，使 $f_0(x)=\|x\|$. 由于 $f_0(x_n)\to f_0(x)$ 及

$$\begin{aligned}\|x_n\|&=\|f_0\|\|x_n\|\geqslant|f_0(x_n)|\geqslant|f_0(x)|-|f_0(x)-f_0(x_n)|\\&=\|x\|-|f_0(x)-f_0(x_n)|.\end{aligned}$$

故 $\liminf\limits_{n\to\infty}\|x_n\|\geqslant\|x\|$. 因此 X 上的范数 $\|\cdot\|$ 是弱序列下半连续的.

设 $\{f_n\}\subset X^*$，$f_n\xrightarrow{w^*}f\in X^*$. 由于 $\|f\|=\sup\limits_{\|x\|=1}|f(x)|$，$\forall\varepsilon>0$，$\exists x_\varepsilon\in X$，$\|x_\varepsilon\|=1$，使 $|f(x_\varepsilon)|>\|f\|-\varepsilon$. 由于 $f_n(x_\varepsilon)\to f(x_\varepsilon)$ 及

$$\begin{aligned}\|f_n\|&=\|f_n\|\|x_\varepsilon\|\geqslant|f_n(x_\varepsilon)|\geqslant|f(x_\varepsilon)|-|f(x_\varepsilon)-f_n(x_\varepsilon)|\\&\geqslant\|f\|-|f(x_\varepsilon)-f_n(x_\varepsilon)|-\varepsilon.\end{aligned}$$

故 $\liminf\limits_{n\to\infty}\|f_n\|\geqslant\|f\|$. 因此 X^* 上的范数 $\|\cdot\|$ 是弱 $*$ 序列下半连续的. 证毕.

4.4.5　算子列的弱收敛性

将弱收敛概念移植于 $\mathcal{B}(X,Y)$ 中算子列，除依算子范数收敛（也称一致收敛）外，还可考虑两种收敛性.

定义 4.4.6

设 X,Y 为赋范空间，$\{T_n\}\subset\mathcal{B}(X,Y)$，$T\in\mathcal{B}(X,Y)$.

(1) 若对每个 $x\in X$，有 $\|T_nx-Tx\|\to 0$，则称 $\{T_n\}$ **强收敛**于 T，记为 $T_n\xrightarrow{s}T$ 或 $T=s-\lim\limits_{n\to\infty}T_n$. 算子列的强收敛也称点态收敛，即逐点按 Y 中范数收敛.

(2) 若对每个 $x\in X$ 及任意 $f\in Y^*$，有 $\lim\limits_{n\to\infty}f(T_nx)=f(Tx)$，则称 $\{T_n\}$ **弱收敛**于 T，记为 $T_n\xrightarrow{w}T$ 或 $T=w-\lim\limits_{n\to\infty}T_n$. 算子列的弱收敛也称点态弱收敛，即 $\forall x\in X,T_nx\xrightarrow{w}Tx$.

由于 Y 中依范数收敛及弱收敛的极限是唯一的，故由定义 4.4.6 不难验证算子列强收敛与弱收敛的极限都是唯一的.

定理 4.4.15

设 $\{T_n\}\subset\mathcal{B}(X,Y)$，$T\in\mathcal{B}(X,Y)$. 则

(1) $T_n\to T$ 蕴涵 $T_n\xrightarrow{s}T$，$T_n\xrightarrow{s}T$ 蕴涵 $T_n\xrightarrow{w}T$.

(2) $T_n\to T$ 的充要条件是 $\{T_n\}$ 在 X 的任一有界集上一致收敛.

证明 (1) $\forall x\in X$，由 $\|T_nx-Tx\|=\|(T_n-T)x\|\leqslant\|T_n-T\|\ \|x\|$ 得到 $T_n\to T$ 蕴涵 $T_n\xrightarrow{s}T$. 由于在 Y 中点列依范数收敛蕴涵弱收敛，故 $T_n\xrightarrow{s}T$ 蕴涵 $T_n\xrightarrow{w}T$.

(2) 必要性 设 $T_n\to T$ 且 $A\subset X$ 为有界集. 则 $\exists M>0,\forall x\in A,\|x\|\leqslant M$. 由于 $T_n\to T,\forall\varepsilon>0,\exists N\in\mathbb{Z}^+,\forall n>N,\|T_n-T\|<\varepsilon$. 于是 $\forall x\in A$，有

$$\|T_nx-Tx\|\leqslant\|T_n-T\|\ \|x\|<M\varepsilon.$$

这表明 $\{T_n\}$ 在 A 上一致收敛.

充分性 由题设条件知 $\{T_n\}$ 在单位球面上一致收敛. 于是 $\forall\varepsilon>0,\exists N\in\mathbb{Z}^+,\forall n>N,\forall x:\|x\|=1$，有 $\|T_nx-Tx\|<\varepsilon$. 从而

$$\|T_n-T\|=\sup_{\|x\|=1}\|(T_n-T)x\|=\sup_{\|x\|=1}\|T_nx-Tx\|\leqslant\varepsilon.$$

这表明 $T_n\to T$. 证毕.

例 4.4.10 算子列强收敛未必蕴涵依算子范数收敛. 取 $X=Y=l^2$. 对任意 $x=(a_1,a_2,\cdots,a_i,\cdots)\in l^2$，由 $T_nx=(a_{n+1},a_{n+2},\cdots)$ 定义 $T_n: l^2\to l^2$. 则 T_n 是线性的. 由于

$$\|x\|=\left(\sum_{i=1}^{\infty}|a_i|^2\right)^{1/2},\quad \|T_nx\|=\left(\sum_{i=n+1}^{\infty}|a_i|^2\right)^{1/2},$$

故 $\|T_nx\|\leqslant\|x\|$，即 $\|T_n\|\leqslant 1$，且 $\|T_nx-\theta\|\to 0$. 这表明 $\{T_n\}\subset\mathcal{B}(X,Y)$ 且 $T_n\xrightarrow{s}\theta$.

但 $\{T_n\}$ 不依算子范数收敛. 事实上，取 $e_i\in l^2$ 为第 i 个分量为 1 其余为 0 的向量. 则 $\|e_1\|=\|e_{n+1}\|=1,T_ne_{n+1}=e_1,\|T_n\|\geqslant\|T_ne_{n+1}\|=1$，所以 $\|T_n\|=1$. $\{T_n\}$ 必不依算子范数收敛(否则，由 $T_n\to T$ 与 $\|T_n\|=1$ 得 $\|T\|=1$，由 $T_n\xrightarrow{s}\theta$ 得 $T=\theta$，矛盾).

例 4.4.11 算子列弱收敛未必蕴涵强收敛. 取 $X=Y=l^2$. 对任意 $x=(a_1,a_2,\cdots,a_i,\cdots)\in l^2$，由 $T_nx=(\underbrace{0,\cdots,0}_{n个0},a_1,a_2,\cdots)$ 定义 T_n，则 T_n 是线性的. 由 $\|T_nx\|=\|x\|$

得 $\|T_n\|=1$，故 $\{T_n\}\subset\mathcal{B}(X,Y)$. 对任意 $y=(b_1,b_2,\cdots,b_i,\cdots)\in(l^2)^*=l^2$，有 $y(T_nx)=\sum_{i=1}^{\infty}a_ib_{i+n}$. 按 Hölder 不等式 $(p=q=2)$，有

$$|y(T_nx)|\leqslant\left(\sum_{i=1}^{\infty}|a_i|^2\right)^{1/2}\left(\sum_{i=n+1}^{\infty}|b_i|^2\right)^{1/2}=\|x\|\left(\sum_{i=n+1}^{\infty}|b_i|^2\right)^{1/2}\to 0.$$

即 $y(T_nx)\to y(\theta)=0(n\to\infty)$. 这表明 $T_n\xrightarrow{w}\theta$.

但 $\{T_n\}$ 不是强收敛的. 事实上，设 e_i 表示第 i 个分量为 1 其余为 0 的向量，取 $e_1\in l^2$，当 $m\neq n$ 有 $\|T_ne_1-T_me_1\|=\|e_{n+1}-e_{m+1}\|=\sqrt{2}$，故 $\{T_ne_1\}$ 在 l^2 中显然是不收敛的.

以下结果可以看作定理 4.4.13 对算子列的推广.

定理 4.4.16

设 X,Y 是同一数域 $\mathbb{K}$ 上的 Banach 空间，$\{T_n\}\subset\mathcal{B}(X,Y)$. 则存在 $T\in\mathcal{B}(X,Y)$ 使 $T_n\xrightarrow{s}T$ 的充要条件是：$\{\|T_n\|\}$ 有界且对 X 中某基本集 E 的每个点 x，$\{T_nx\}$ 是 Cauchy 列.

证明 必要性 因为任意 $x\in X$，$\|T_nx-Tx\|\to 0$，故 $\{T_nx\}\subset Y$ 是有界集. 注意到 X 是完备的，由一致有界原理，$\{\|T_n\|\}$ 有界. 后半部分结论自然成立.

充分性 设 $\exists M>0,\forall n\geqslant 1,\|T_n\|\leqslant M$. 设 $\forall x\in X=\overline{\mathrm{span}E}$，$\forall\varepsilon>0$. 则 $\exists y\in\mathrm{span}E$ 使 $\|x-y\|<\varepsilon$，其中 $y=\sum_{i=1}^{k}\alpha_ie_i$，$e_i\in E$，$\alpha_i\in\mathbb{K}$，$(i=1,2,\cdots,k)$. 由于 $T_ny=\sum_{i=1}^{k}\alpha_iT_ne_i$，每个 $\{T_ne_i\}_{n=1}^{\infty}$ 是 Cauchy 列，且 k 是有限的，故 $\{T_ny\}$ 是 Cauchy 列，$\exists N\in\mathbb{Z}^+$，$\forall m,n\geqslant N$，必有 $\|T_ny-T_my\|<\varepsilon$. 于是 $\forall x\in X$ 有

$$\begin{aligned}\|T_nx-T_mx\|&\leqslant\|T_nx-T_ny\|+\|T_ny-T_my\|+\|T_my-T_mx\|\\&\leqslant\|T_n\|\|x-y\|+\varepsilon+\|T_m\|\|y-x\|\\&<M\varepsilon+\varepsilon+M\varepsilon=(2M+1)\varepsilon.\end{aligned}$$

这表明 $\{T_nx\}$ 是 Y 中 Cauchy 列. 由于 Y 是完备的，故 $\exists z\in Y$ 使 $T_nx\to z$. 定义

$$Tx=z=\lim_{n\to\infty}T_nx.$$

则 T 是线性的. 由范数连续性，$\|Tx\|=\lim_{n\to\infty}\|T_nx\|$. 注意到 $\|T_nx\|\leqslant\|T_n\|\|x\|\leqslant M\|x\|$，故 $\|Tx\|\leqslant M\|x\|$. 因此 $T\in\mathcal{B}(X,Y)$，$T_n\xrightarrow{s}T$. 证毕.

在 Y 完备的前提下，$\mathcal{B}(X,Y)$ 按算子范数收敛的意义是完备的，但 $\mathcal{B}(X,Y)$ 未必按强收敛意义完备. 后者蕴涵前者，反之未必. 下列推论说明，条件加强到 X,Y 都完备，则 $\mathcal{B}(X,Y)$ 的两种完备性都具备.

推论

设 X,Y 都是 Banach 空间，则 $\mathcal{B}(X,Y)$ 在算子列强收敛意义下完备.

证明 设 $\{T_n\}\subset\mathcal{B}(X,Y)$ 且 $\forall x\in X$，$\{T_nx\}$ 是 Y 中 Cauchy 列，则 $\{T_nx\}$ 是 Y 中的有界点列. 因为 X 是完备的，由一致有界原理，$\{\|T_n\|\}$ 有界. 由定理 4.4.16，$\exists T\in\mathcal{B}(X,Y)$ 使 $T_n\xrightarrow{s}T$. 这表明 $\mathcal{B}(X,Y)$ 按强收敛意义完备. 证毕.

从以上的讨论可以看出,弱收敛与依范数收敛是既有联系又有区别的两个概念,二者在理论与应用中有同等的重要性.

内 容 提 要

习　　题

1. 设 $e_1=(1,0,\cdots,0),e_2=(0,1,0,\cdots,0),\cdots,e_n=(0,0,\cdots,0,1)$是$\mathbb{R}^n$ 的基. 分别求出$(\mathbb{R}^n)^*$ 中元素的范数,其中 $x=(\xi_1,\xi_2,\cdots,\xi_n)\in\mathbb{R}^n$ 的范数定义为

(1) $\|x\|=\sup\limits_{1\leqslant k\leqslant n}|\xi_k|$.

(2) $\|x\|=\sum\limits_{k=1}^{n}|\xi_k|$.

2. 分别求出 $\|T\|$.

(1) 设 $\alpha\in L^\infty[a,b]$,线性算子 $T:L^p[a,b]\to L^p[a,b](1\leqslant p<\infty)$使

$$(Tx)(t)=\alpha(t)x(t),\quad x\in L^p[a,b].$$

(2) 线性算子 $T:C[0,1]\to C[0,1]$使

$$(Tx)(t)=\int_0^1\sin[\pi(t-s)]x(s)\mathrm{d}s,\quad x\in C[0,1].$$

3. 在 $C[0,1]$上定义线性泛函 f 使

$$f(x)=\int_0^{1/2}x(t)\mathrm{d}t-\int_{1/2}^1 x(t)\mathrm{d}t,\quad x\in C[0,1].$$

证明:(1) f 连续且 $\|f\|=1$.

(2) 不存在 $x\in C[0,1]$, $\|x\|=1$ 使 $f(x)=1$.

4. 设 X 是 Banach 空间,$p(x)$是 X 上非负次线性泛函,满足当 $x,x_n\in X,x_n\to x(n\to\infty)$时有$\liminf\limits_{n\to\infty}p(x_n)\geqslant p(x)$. 证明存在常数 $M>0$,使得

$$p(x)\leqslant M\|x\|,\quad x\in X.$$

5. 设$\{x_k\}$是 Banach 空间 X 中的点列. 证明:若对于每一个 $f\in X^*$, $\sum\limits_{k=1}^{\infty}|f(x_k)|<\infty$, 则存在常数 $M>0$,使得对于每一个 $f\in X^*$,有

$$\sum_{k=1}^{\infty}|f(x_k)|\leqslant M\|f\|.$$

6. 设 T 是从 Banach 空间 X 到赋范空间 Y 的线性算子,令

$$E_n=\{x\in X:\|Tx\|\leqslant n\|x\|\},\quad n\in\mathbb{Z}^+.$$

证明存在 $n_0\in\mathbb{Z}^+$,E_{n_0} 在 X 中稠密.

7. 设$\{a_n\}$,$\{b_n\}$都是正数的序列且当$\sum_{n=1}^{\infty} b_n^2<\infty$时必有$\sum_{n=1}^{\infty} a_n b_n<\infty$. 证明$\sum_{n=1}^{\infty} a_n^2<\infty$.

8. 设$\sum_{i=1}^{\infty} a_i \xi_i<\infty$对每个当$i\to\infty$时$\xi_i\to 0$的序列$\{\xi_i\}$都成立. 证明$\sum_{i=1}^{\infty}|a_i|<\infty$.

9. 是否存在由非零实数组成的数列$\{a_i\}$满足下列条件：对任何实数列$\{b_i\}$恒有$\sum_{i=1}^{\infty}|b_i|<\infty \Leftrightarrow \sup_{i\geqslant 1}|a_i b_i|<\infty$?

10. 设$1<p<\infty$, $1/p+1/q=1$. 设$g(t)$是区间$[a,b]$上的Lebesgue可测函数. 证明：若对任何$x(t)\in L^p[a,b]$,有$xg\in L^1[a,b]$,则必有$g(t)\in L^q[a,b]$.

11. 设X,Y是Banach空间,T: $X\to Y$是线性算子并且对任意$x_n\in X$,当$x_n\to\theta(n\to\infty)$时,对于每一个$f\in Y^*$有$f(Tx_n)\to 0(n\to\infty)$. 证明T是连续的.

12. 设l_0^2是l^2中至多有限多个分量不为0的元素组成的线性子空间. 线性算子T: $l_0^2\to l_0^2$定义为

$$T(x_1,x_2,\cdots,x_n,\cdots)=\left(x_1,\frac{x_2}{2},\cdots,\frac{x_n}{n},\cdots\right).$$

证明T是双射且有界,但T^{-1}不是有界的. 将此结果与逆算子定理比较.

13. 设X,Y是赋范空间,T: $X\to Y$是闭算子. 证明：

(1) $\mathcal{N}(T)$是X的闭线性子空间.

(2) 若T^{-1}存在,则T^{-1}是闭算子.

(3) 设A为X中紧集,则$T(A)$为Y中闭集.

(4) 设B为Y中紧集,则$T^{-1}(B)$为X中闭集.

14. 用闭图像定理证明逆算子定理.

15. 设Banach空间X具有Schauder基$\{e_k\}$. 对于每一个$x\in X$, $x=\sum_{k=1}^{\infty}\alpha_k e_k$,令$f_n(x)=\alpha_n$, $(n\in\mathbb{Z}^+)$. 证明每一个f_n是X上的有界线性泛函.

16. 在某个$L^1(\mu)$的某个线性子空间上构造一个有界线性泛函,使它有两个(从而有无限多个)不同的到$L^1(\mu)$的保范线性延拓.

17. 证明：若赋范空间中的一个有界线性泛函的保范延拓不唯一,则所有保范延拓的基数不小于连续统的基数.

18. 设G是赋范空间X的子空间,证明$x_0\in\overline{G}$当且仅当对于X上任一满足

$$f(x)=0,\quad x\in G$$

的有界线性泛函f必有$f(x_0)=0$.

19. 设X是赋范空间,$x_k\in X(k=1,2,\cdots,n)$, $a_1,a_2,\cdots,a_n$是一组数并满足条件：存在常数$M>0$,使得对任意数$t_1,t_2,\cdots,t_n$有

$$\left|\sum_{k=1}^{n} t_k a_k\right|\leqslant M\left\|\sum_{k=1}^{n} t_k x_k\right\|.$$

证明存在X上的线性泛函f,使得$\|f\|\leqslant M$且$f(x_k)=a_k(k=1,2,\cdots,n)$.

20. 设$(X,\|\cdot\|)$是可分的赋范空间. 证明存在可数子集$\Phi\subset X^*$,使得对于每一个

$x\in X$，$\|x\|=\sup\limits_{f\in\Phi}|f(x)|$.

21. 设 c 为实空间，对于 $x=\{\xi_k\}\in c$，定义 $f(x)=\lim\limits_{k\to\infty}\xi_k$. 证明：

(1) f 是 c 上的线性泛函；

(2) 在实空间 l^∞ 上存在线性泛函 F，使得 F 是 f 的延拓并且

$$\liminf_{n\to\infty}\eta_n\leqslant F(x)\leqslant\limsup_{n\to\infty}\eta_n,\quad x=\{\eta_n\}\in l^\infty.$$

（称 $F(x)$ 为序列 $x=\{\eta_n\}\in l^\infty$ 的 **Banach 极限.**）

22. 设 X 是赋范空间，凸集 $A,B\subset X$. 证明：

(1) 若 $A^\circ\neq\varnothing$，则 $\overline{A^\circ}=\bar{A}$；

(2) 若 $(A\cap B)^\circ\neq\varnothing$，则 $\overline{A\cap B}=\bar{A}\cap\bar{B}$.

23. 证明 $(c_0)^*=l^1$.

24. 设 X 是赋范空间，$B\neq\varnothing$ 为 X 的开凸子集，E 为 X 的线性子空间，$B\cap E=\varnothing$. 证明：存在 $f\in X^*$，当 $x\in E$ 时有 $f(x)=0$；当 $x\in B$ 时有 $f(x)\neq 0$.

25. 设 X 是实赋范空间，E 为 X 的线性子空间，$x\in X$. 证明

$$\rho(x,E)=\sup\{f(x):f\in X^*,\|f\|\leqslant 1,f(E)=0\}.$$

26. 设 $\{x_n(t)\}\subset C[0,1]$，$x(t)\in C[0,1]$，且 $x_n(t)\to x(t)(n\to\infty,t\in[0,1])$. 证明存在 $\{x_n\}$ 的凸组合序列 $\{y_k\}$，$\{y_k(t)\}$ 在 $[0,1]$ 上一致收敛于 $x(t)$.

27. 设 X 是 Hausdorff 复拓扑线性空间，$\dim X=n$. 证明：从 X 到 $\mathbb{C}^n$ 上的线性同构映射必是同胚映射.

28. 设 X,Y 是 Hausdorff 拓扑线性空间，其中 $\dim X<\infty$. 证明：对任何线性算子 $T:X\to Y$，T 都是连续的.

29. 设 X,Y 都是 Banach 空间，$T:X\to Y$ 为线性算子. 证明：T 有界的充要条件是对任何 $\{x_n\}_{n=1}^\infty\subset X$，当 $x_n\xrightarrow{w}x$ 时有 $Tx_n\xrightarrow{w}Tx$.

30. 证明满射定理：设 X,Y 都是 Banach 空间，$T:X\to Y$ 为有界线性算子. 则 $T^*Y^*=X^*$ 的充要条件是 T 在其值域 TX 上有有界的逆算子.

习题参考解答

附　加　题

1. 指出共鸣定理中空间完备性条件不能去掉.

2. 设 $(X,\mathfrak{M},\mu)$ 是 Borel 测度空间，μ 是 σ-有限的正则的正测度，g 是 X 上的可测函数，证明：

(1) 若对每个 $f\in L^1(\mu)$，有 $fg\in L^1(\mu)$，则 $g\in L^\infty(\mu)$.

(2) 若对每个 $f\in L^{\infty}(\mu)$，有 $fg\in L^{1}(\mu)$，则 $g\in L^{1}(\mu)$.

3. 设 $\{a_n\}_{n=0}^{\infty}$ 是数列. 证明存在$[0,1]$上的有界变差函数 $g(t)$使 $\int_0^1 t^n \mathrm{d}g = a_n(\forall n\geqslant 0)$ 成立的充要条件是存在 $M>0$ 对一切多项式 $p(t)=\sum\limits_{i=0}^{n}b_it^i$ 有

$$\left|\sum_{i=0}^{n}b_ia_i\right|\leqslant M\max_{0\leqslant t\leqslant 1}|p(t)|.$$

4. 证明 $l^p(1<p<\infty)$中点列 $\{x_n\}$(其中 $x_n=\{\xi_k^{(n)}\}_{k=1}^{\infty}$)弱收敛于 $x_0=\{\xi_k^{(0)}\}_{k=1}^{\infty}$ 的充要条件是$\sup\limits_{n\geqslant 1}\|x_n\|<\infty$且对每个 k 有 $\lim\limits_{n\to\infty}\xi_k^{(n)}=\xi_k^{(0)}$.

5. 设 X 是拓扑线性空间，$f: X\to\mathbb{K}$ 是 X 上的线性泛函且 $f\neq\theta$. 证明 f 连续的充要条件是存在 θ 的邻域 V，f 在 V 上有界，即$\sup\limits_{x\in V}|f(x)|<\infty$.

6. 设 X 和 Y 是两个 Banach 空间，$T: X\to Y$ 是有界线性算子，若 $T(X)$不是第一纲的，证明 $T(X)=Y$.

7. 设 T 是 Banach 空间 X 上的有界线性算子，T 的值域空间$\mathcal{R}(T)$在 X 中不稠密，证明存在 $f\in X^*$ 使 $\|f\|=1$ 且 $T^*f=\theta$.

8. 设 X 数域$\mathbb{K}$上的赋范空间，f 是 X 上的非零的线性泛函. 证明：

(1) f 不连续当且仅当核 $f^{-1}(0)$在 X 中稠密；

(2) f 不连续当且仅当对每个 $a\in X$ 及每个 $r>0$ 有

$$f(B(a,r))=\{f(x): \|x-a\|<r\}=\mathbb{K}.$$

9. 证明定理 4.1.5 的逆命题：若 X 和 Y 都是非零的赋范空间，且$\mathcal{B}(X,Y)$是 Banach 空间，则 Y 必是 Banach 空间.

10. 设 X 由两个点 a,b 组成，定义 $\mu(\{a\})=1$，$\mu(\{b\})=\mu(X)=\infty$ 且 $\mu(\varnothing)=0$. 问 $L^{\infty}(\mu)$是否为 $L^{1}(\mu)$的共轭空间？

11. 设 μ 是 X 上的正测度，$f\in L^{\infty}(\mu)$. 定义乘算子(线性) $T_f: L^2(\mu)\to L^2(\mu)$使 $T_f(g)=fg$，$\forall g\in L^2(\mu)$. 证明 $\|T_f\|\leqslant\|f\|_{\infty}$. 哪些测度 μ 使所有的 $f\in L^{\infty}(\mu)$都有 $\|T_f\|=\|f\|_{\infty}$？哪些 $f\in L^{\infty}(\mu)$使 T_f 为满射？

12. 若$\{f_n\}$是$[0,1]$上的连续函数序列使得 $0\leqslant f_n\leqslant 1$ 且当 $n\to\infty$时对每个 $x\in[0,1]$ 有 $f_n(x)\to 0$. 则 $\lim\limits_{n\to\infty}\int_0^1 f_n(x)\mathrm{d}x=0$. 试一试不用任何测度理论和有关 Lebesgue 积分的定理来证明.(由此感受 Lebesgue 积分的力量).

13. 假定 $1<p<\infty$，就 Lebesgue 测度而言，$f\in L^p=L^p((0,\infty))$，并且 $F(x)=\dfrac{1}{x}\int_0^x f(t)\mathrm{d}t\,(0<x<\infty)$.

(1) 证明 Hardy 不等式 $\|F\|_p\leqslant\dfrac{p}{p-1}\|f\|_p$，这表明使 $T(f)=F$ 的映射 T 映 L^p 到 L^p 内.

(2) 证明仅当 $f=0$ a. e. 时 Hardy 不等式等号成立.

(3) 证明 Hardy 不等式中的常数$\dfrac{p}{p-1}$不能用一个比它小的数代替.

(4) 若 $f>0$ 且 $f\in L^1$，证明 $F\notin L^1$.

14. 设$\{a_n\}$是正数序列，当 $1<p<\infty$时，证明：

$$\sum_{N=1}^{\infty}\left(\frac{1}{N}\sum_{n=1}^{N}a_n\right)^p\leqslant\left(\frac{p}{p-1}\right)^p\sum_{n=1}^{\infty}a_n^p.$$

15. 设 K 是平面上的一个三角形(二维图形)，H 是由 K 的顶点组成的集，$C_*(K)$是 K 上的形如 $f(x,y)=\alpha x+\beta y+\gamma(\alpha,\beta,\gamma\in\mathbb{R}^1)$的全体实函数的集. 证明：对于每个$(x_0,y_0)\in K$，都对应 H 上的唯一的一个测度μ 使 $f(x_0,y_0)=\int_H f\mathrm{d}\mu$. 用正方形取代 K，H 仍表示顶点的集，$C_*(K)$仍同上假设. 证明：对 K 的每个点，仍然存在一个 H 上的测度，它具有上述性质，不过此时却失去了唯一性. 你能不能推广成为一个更一般的定理(考虑高维空间的图形)?

附加题参考解答

第5章 抽象空间的几何

正如我们所体会到的那样，空间理论的研究首先是为算子理论服务的.但本身的理论趣味也是重要的研究动因之一.无限维空间的几何理论以 Hilbert 空间的几何理论为开端，兴起于20世纪30年代，20世纪60年代以来得到了迅速发展.应当看到，抽象空间的几何，它的语言，它的思想方法已经渗透到现代数学的各个分支.本章介绍其中的基础部分：主要是 Hilbert 空间的理论及其在 Banach 空间中的相关扩展.

5.1 Hilbert 几何

Hilbert 空间作为特殊的 Banach 空间是通常 Euclid 空间最为自然的推广，Euclid 空间的许多特征被保存下来.我们知道解析几何学的一个出发点是建立空间的坐标系.类似于 Euclid 空间的直角坐标系，在内积空间上可引入规范正交集概念，可进一步讨论规范正交基的存在性，借助于规范正交基，像数学分析中所做的那样讨论 Fourier 展开，将分析、代数、几何融为一体.读者将会注意到，Hilbert 空间的理论是十分美妙和谐的.

5.1.1 规范正交基

定义 5.1.1

设 H 是内积空间，则

(1) 若 $x,y\in H$，$\langle x,y\rangle=0$，则称 x **与** y **正交**，记为 $x\perp y$.

(2) 若 $E,F\subset H$ 且 $\forall x\in E$，$\forall y\in F$ 有 $x\perp y$，则称 E **与** F **正交**，记为 $E\perp F$.当 $E=\{x\}$ 时记为 $x\perp F$.

(3) 设 $E\subset H$，$\theta\notin E$.若 $\forall x,y\in E$，$x\neq y$，有 $x\perp y$，则称 E 为**正交集**.若 E 是正交集且 $\forall x\in E$，$\|x\|=1$，则称 E 为**规范正交集**.

由定义 5.1.1 容易知道，若 $x\perp y$，则 $y\perp x$；$x\perp x$ 当且仅当 $x=\theta$；若 $E\perp F$，则 $E\cap F\subset\{\theta\}$；若 E 是规范正交集，则 $\forall x,y\in E$ 有 $\langle x,y\rangle=\begin{cases}0, & x\neq y,\\ 1, & x=y.\end{cases}$

定理 5.1.1

设 H 是内积空间，$E\subset H$ 是正交集，则对任意有限多个元 $x_1,x_2,\cdots,x_n\in E$ 与 $\alpha_1,\alpha_2,\cdots,$

$\alpha_n \in \mathbb{K}$,有

$$\|\alpha_1 x_1+\alpha_2 x_2+\cdots+\alpha_n x_n\|^2$$
$$=|\alpha_1|^2\|x_1\|^2+|\alpha_2|^2\|x_2\|^2+\cdots+|\alpha_n|^2\|x_n\|^2.$$

从而 E 必是线性无关集.

证明　由正交性得

$$\begin{aligned}\|\alpha_1 x_1+\alpha_2 x_2+\cdots+\alpha_n x_n\|^2&=\langle\alpha_1 x_1+\alpha_2 x_2+\cdots+\alpha_n x_n,\alpha_1 x_1+\alpha_2 x_2+\cdots+\alpha_n x_n\rangle\\&=\sum_{j=1}^{n}\sum_{i=1}^{n}\langle\alpha_i x_i,\alpha_j x_j\rangle=\sum_{j=1}^{n}\sum_{i=1}^{n}\alpha_i\overline{\alpha_j}\langle x_i,x_j\rangle\\&=|\alpha_1|^2\|x_1\|^2+|\alpha_2|^2\|x_2\|^2+\cdots+|\alpha_n|^2\|x_n\|^2.\end{aligned}$$

于是,若 $\alpha_1 x_1+\alpha_2 x_2+\cdots+\alpha_n x_n=\theta$,则必有 $\alpha_1=\alpha_2=\cdots=\alpha_n=0$. 从而 E 是线性无关集. 证毕.

推论(勾股定理)　(参见图 5-1)

若 $x\perp y$,则 $\|x+y\|^2=\|x\|^2+\|y\|^2$, $\|x-y\|^2=\|x\|^2+\|y\|^2$.

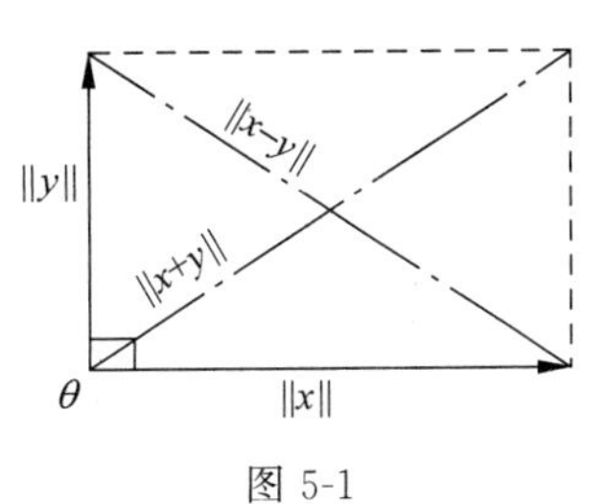

图 5-1

定理 5.1.2

设 H 是内积空间,$E\subset H$ 是规范正交集,$x\in H$,$n\in\mathbb{Z}^+$. 则

(1) 对 $\{e_1,e_2,\cdots,e_n\}\subset E$,有

$$\sum_{i=1}^{n}|\langle x,e_i\rangle|^2\leqslant\|x\|^2. \tag{5.1.1}$$

(2) 对 $\{e_1,e_2,\cdots,e_n\}\subset E$, $\{\alpha_1,\alpha_2,\cdots,\alpha_n\}\subset\mathbb{K}$,有

$$\left\|x-\sum_{i=1}^{n}\alpha_i e_i\right\|^2\geqslant\left\|x-\sum_{i=1}^{n}\langle x,e_i\rangle e_i\right\|^2,$$

等号当且仅当 $\alpha_i=\langle x,e_i\rangle$ 时成立.

(3) 数集 $\{\langle x,e\rangle: e\in E\}$ 中至多可列个不为 0.

证明　设 $x_n=\sum_{i=1}^{n}\alpha_i e_i$,则

$$\begin{aligned}0\leqslant\|x-x_n\|^2&=\langle x-x_n,x-x_n\rangle=\|x\|^2-\langle x,x_n\rangle-\langle x_n,x\rangle+\|x_n\|^2\\&=\|x\|^2-2\mathrm{Re}\sum_{i=1}^{n}\langle x,\alpha_i e_i\rangle+\sum_{i=1}^{n}|\alpha_i|^2\|e_i\|^2\\&=\|x\|^2-2\mathrm{Re}\sum_{i=1}^{n}\overline{\alpha_i}\langle x,e_i\rangle+\sum_{i=1}^{n}|\alpha_i|^2.\end{aligned} \tag{5.1.2}$$

(1) 在式(5.1.2)中令 $\alpha_i=\langle x,e_i\rangle$,则

$$0\leqslant\|x-x_n\|^2=\|x\|^2-\sum_{i=1}^{n}|\langle x,e_i\rangle|^2. \tag{5.1.3}$$

由式(5.1.3)得到式(5.1.1).

(2) 利用式(5.1.2)与式(5.1.3)得

$$\left\|x-\sum_{i=1}^{n}\alpha_i e_i\right\|^2-\left\|x-\sum_{i=1}^{n}\langle x,e_i\rangle e_i\right\|^2$$

$$=\sum_{i=1}^{n}|\langle x,e_i\rangle|^2-\sum_{i=1}^{n}2\mathrm{Re}\,\overline{\alpha_i}\langle x,e_i\rangle+\sum_{i=1}^{n}|\alpha_i|^2$$

$$=\sum_{i=1}^{n}|\alpha_i-\langle x,e_i\rangle|^2\geqslant 0,$$

等号当且仅当 $\alpha_i=\langle x,e_i\rangle$ 时成立.

(3) 设 $E_x=\{e\in E:\langle x,e\rangle\neq 0\}$. 考虑集合 $E_j=\{e\in E:|\langle x,e\rangle|>j^{-1}\},j\in\mathbb{Z}^+$. 任取 E_j 中 n 个元素 $e_1,e_2,\cdots,e_n$, 按式(5.1.1), $\|x\|^2\geqslant\sum\limits_{i=1}^{n}|\langle x,e_i\rangle|^2>nj^{-2}$, 由此推出 E_j 中至多有有限多个元素, 又 $E_x=\bigcup\limits_{j=1}^{\infty}E_j$, 故 E_x 至多可列, 从而数集 $\{\langle x,e\rangle:e\in E\}$ 中至多可列个不为 0. 证毕.

推论 1

设 H 是内积空间, $E=\{e_n\}_{n=1}^{\infty}$ 是 H 中的规范正交集, $x\in H$, 则

(1) $\sum\limits_{n=1}^{\infty}|\langle x,e_n\rangle|^2\leqslant\|x\|^2$. (Bessel 不等式)

(2) $\langle x,e_n\rangle\to 0(n\to\infty)$. (Riemann-Lebesgue 引理)

推论 2

设 H 是内积空间, $E=\{e_\lambda:\lambda\in\Lambda\}$ 是规范正交集, $x\in H$, 则

$$\sum_{\lambda\in\Lambda}|\langle x,e_\lambda\rangle|^2\leqslant\|x\|^2.\quad\text{(Bessel 不等式)}$$

注意在推论 2 中, 不论 E 是否可列, 按定理 5.1.2(3), $\sum\limits_{\lambda\in\Lambda}|\langle x,e_\lambda\rangle|^2$ 实际上是至多可列个非零项的和.

定义 5.1.2

设 $E=\{e_\lambda:\lambda\in\Lambda\}$ 是内积空间 H 中的规范正交集, $x\in H$.

(1) 称数集 $\hat{x}=\{\langle x,e_\lambda\rangle:\lambda\in\Lambda\}$ 为 x 关于 E 的 **Fourier 系数集**(或**坐标向量**), 称 $\langle x,e_\lambda\rangle$(也记为 $\hat{x}(\lambda)$) 为 x 关于 e_λ 的 **Fourier 系数**(或**坐标**).

(2) 称级数 $\sum\limits_{\lambda\in\Lambda}\langle x,e_\lambda\rangle e_\lambda$ 为 x 关于 E 的 **Fourier 级数**. 若 $\sum\limits_{\lambda\in\Lambda}\langle x,e_\lambda\rangle e_\lambda$ 按 H 中范数收敛于 x, 即 $x=\sum\limits_{\lambda\in\Lambda}\langle x,e_\lambda\rangle e_\lambda$, 则称此级数为 x 关于 E 的 **Fourier 展开式**.

定理 5.1.3

设 H 是内积空间, $E=\{e_n\}$ 是 H 中的规范正交点列, $x\in H$. 则以下诸条件等价.

(1) $x\in\overline{\mathrm{span}E}$.

(2) $x=\sum\limits_{n=1}^{\infty}\langle x,e_n\rangle e_n$.

(3) $\|x\|^2=\sum\limits_{n=1}^{\infty}|\langle x,e_n\rangle|^2$. (Parseval 等式)

证明 (1)⇒(2) 设 $y_n\in\mathrm{span}E$, $y_n=\sum\limits_{i=1}^{k_n}\alpha_i e_i$, $y_n\to x$. 记 $x_n=\sum\limits_{i=1}^{k_n}\langle x,e_i\rangle e_i$. 则 $\langle x_n,$

$e_i\rangle=\langle x,e_i\rangle$，即 $e_i\perp(x_n-x)$，$i=1,2,\cdots,k_n$. 故 $(y_n-x_n)\perp(x_n-x)$. 于是

$$\begin{aligned}\|y_n-x\|^2&=\|y_n-x_n+x_n-x\|^2\\&=\|y_n-x_n\|^2+\|x_n-x\|^2\geqslant\|x_n-x\|^2.\end{aligned}$$

从而 $\lim\limits_{n\to\infty}\|x_n-x\|=\lim\limits_{n\to\infty}\|y_n-x\|=0$. 所以有

$$x=\lim_{n\to\infty}x_n=\lim_{n\to\infty}\sum_{i=1}^{k_n}\langle x,e_i\rangle e_i=\sum_{n=1}^{\infty}\langle x,e_n\rangle e_n.$$

(2)⇒(3) 由(2)，记 $x_n=\sum\limits_{i=1}^{n}\langle x,e_i\rangle e_i$，则 $x_n\to x$. 利用内积的连续性得

$$\|x\|^2=\langle x,x\rangle=\lim_{n\to\infty}\langle x_n,x_n\rangle=\lim_{n\to\infty}\sum_{i=1}^{n}|\langle x,e_i\rangle|^2=\sum_{n=1}^{\infty}|\langle x,e_n\rangle|^2.$$

(3)⇒(1) 仍记 $x_n=\sum\limits_{i=1}^{n}\langle x,e_i\rangle e_i$，由(3)及式(5.1.3)得

$$\|x_n-x\|^2=\|x\|^2-\sum_{i=1}^{n}|\langle x,e_i\rangle|^2=\sum_{i=n+1}^{\infty}|\langle x,e_i\rangle|^2\to 0.$$

故 $x=\lim\limits_{n\to\infty}x_n$. 由于 $x_n\in\operatorname{span}E$，因而有 $x\in\overline{\operatorname{span}E}$. 证毕.

定理 5.1.3 指出，x 关于规范正交列 E 可以展开成 Fourier 级数当且仅当 x 属于 E 张成的闭线性子空间或者 x 关于 E 的 Parserval 等式成立.

定理 5.1.2(2)陈述的是对张成空间 $M=\operatorname{span}\{e_1,e_2,\cdots,e_n\}$ 而言，Fourier 级数的部分和 $\sum\limits_{i=1}^{n}\langle x,e_i\rangle e_i$ 是 M 对 x 的唯一的最佳逼近.

下面的定理给出了从一列线性无关元素作出规范正交集的方法.

定理 5.1.4(Gram-Schmidit 正交化)

设 $\{x_n\}$ 是内积空间 H 中的线性无关点列，则存在 H 中规范正交列 $\{e_n\}$ 使对每个 $n\in\mathbb{Z}^+$，$\operatorname{span}\{e_i:1\leqslant i\leqslant n\}=\operatorname{span}\{x_i:1\leqslant i\leqslant n\}$.

证明 由于 $x_1\neq\theta$，令 $e_1=x_1/\|x_1\|$. 显然 $\operatorname{span}\{e_1\}=\operatorname{span}\{x_1\}$. 令 $y_2=x_2-\langle x_2,e_1\rangle e_1$，因为 x_1,x_2 线性无关，故 $y_2\neq\theta$. 令 $e_2=y_2/\|y_2\|$，则

$$\langle e_2,e_1\rangle=\|y_2\|^{-1}\langle y_2,e_1\rangle=\|y_2\|^{-1}[\langle x_2,e_1\rangle-\langle x_2,e_1\rangle]=0,\text{且}$$
$$\operatorname{span}\{e_1,e_2\}=\operatorname{span}\{e_1,x_2\}=\operatorname{span}\{x_1,x_2\}.$$

按数学归纳法，设 $e_1,e_2,\cdots,e_{n-1}$ 已作出，其中

$$\langle e_i,e_j\rangle=\begin{cases}1, & i=j;\\0, & i\neq j.\end{cases}$$

且满足

$$\operatorname{span}\{e_i:1\leqslant i\leqslant n-1\}=\operatorname{span}\{x_i:1\leqslant i\leqslant n-1\}.$$

令 $y_n=x_n-\sum\limits_{i=1}^{n-1}\langle x_n,e_i\rangle e_i$，则 $y_n\neq\theta$. 否则

$$x_n\in\operatorname{span}\{e_i:1\leqslant i\leqslant n-1\}=\operatorname{span}\{x_i:1\leqslant i\leqslant n-1\},$$

与 $x_1,x_2,\cdots,x_{n-1},x_n$ 线性无关相矛盾. 再令 $e_n=y_n/\|y_n\|$，由于当 $1\leqslant j\leqslant n-1$ 时，

$$\langle y_n,e_j\rangle=\langle x_n,e_j\rangle-\sum_{i=1}^{n-1}\langle x_n,e_i\rangle\langle e_i,e_j\rangle=\langle x_n,e_j\rangle-\langle x_n,e_j\rangle=0,$$

故$\langle e_n,e_j\rangle=\|y_n\|^{-1}\langle y_n,e_j\rangle=0$. 又有

$$\operatorname{span}\{e_i:1\leqslant i\leqslant n\}=\operatorname{span}\{x_n,e_i:1\leqslant i\leqslant n-1\}=\operatorname{span}\{x_i:1\leqslant i\leqslant n\}.$$

继续这一过程，得到规范正交列$\{e_n\}$. 证毕.

定理 5.1.5（Riesz-Fischer 满射定理）

设$E=\{e_\lambda:\lambda\in\Lambda\}$是 Hilbert 空间 H 的规范正交集. $T:H\to l^2(\Lambda)$是使 $Tx=\hat{x}$ 的映射，其中$\hat{x}=\{\langle x,e_\lambda\rangle:\lambda\in\Lambda\}$. 则 T 是连续的线性满射，且

$$\|Ty-Tx\|_2=\|\hat{y}-\hat{x}\|_2\leqslant\|y-x\|. \tag{5.1.4}$$

证明 由 Bessel 不等式，$\|\hat{x}\|_2^2=\sum_{\lambda\in\Lambda}|\langle x,e_\lambda\rangle|^2\leqslant\|x\|^2<\infty$，可知 T 的确是从 H 到 $l^2(\Lambda)$的映射. 由于$\forall\lambda\in\Lambda$，有

$$\begin{aligned}T(\alpha x+\beta y)(\lambda)&=\widehat{\alpha x+\beta y}(\lambda)=\langle\alpha x+\beta y,e_\lambda\rangle=\alpha\langle x,e_\lambda\rangle+\beta\langle y,e_\lambda\rangle\\&=\alpha\hat{x}(\lambda)+\beta\hat{y}(\lambda)=(\alpha Tx+\beta Ty)(\lambda),\end{aligned}$$

故 $T(\alpha x+\beta y)=\alpha Tx+\beta Ty$，$T$ 是线性算子. 设任意 $\hat{x}\in l^2(\Lambda)$. 令

$$S=\{s:s\text{ 是}\Lambda\text{ 上的简单函数},\mu(\{\lambda\in\Lambda:s(\lambda)\neq0\})<\infty\},$$

其中，μ 是计数测度. 按定理 3.3.3，$\bar{S}=l^2(\Lambda)$. 于是存在 $s_n\in S$ 使 $s_n\to\hat{x}$. 注意到 $s\in S$ 时，$\{\lambda\in\Lambda:s(\lambda)\neq0\}$为 Λ 的有限子集，故不妨设$\{\lambda\in\Lambda:s_n(\lambda)\neq0\}=\{1,2,\cdots,n\}$，对应的 s_n 的非零值为$\{\alpha_1,\alpha_2,\cdots,\alpha_n\}$，从而$\|s_n\|_2^2=\sum_{i=1}^{n}|\alpha_i|^2$，$\|\hat{x}\|_2^2=\sum_{i=1}^{\infty}|\alpha_n|^2<\infty$. 令 $x_n=\sum_{i=1}^{n}\alpha_ie_i$，则$\{x_n\}\subset H$. 由于

$$\|x_{n+p}-x_n\|^2=\left\|\sum_{i=n+1}^{n+p}\alpha_ie_i\right\|^2=\sum_{i=n+1}^{n+p}|\alpha_i|^2\to0,\quad n\to\infty,$$

$\{x_n\}$是 H 中的 Cauchy 列，而 H 是完备的，故存在 $x\in H$ 使 $x=\sum_{n=1}^{\infty}\alpha_ne_n$. 由于$\langle x,e_\lambda\rangle=\alpha_\lambda$，故 $Tx=\hat{x}$，T 是满射. 注意到 T 是线性的，对 $y-x$ 应用 Bessel 不等式得

$$\|Ty-Tx\|_2=\|T(y-x)\|_2=\|\widehat{y-x}\|_2\leqslant\|y-x\|.$$

这表明式(5.1.4)成立. 由式(5.1.4)知 T 是连续的. 证毕.

定义 5.1.3

设 H 是内积空间，$E\subset H$ 是规范正交集.

(1) 若 E 不能扩充为更大的规范正交集，则称 E 是**极大规范正交集**或**规范正交基**.

(2) 若 $x\in H$，$x\perp E$ 蕴涵 $x=\theta$，则称 E 是**完全**的.

定理 5.1.6

设 H 为 Hilbert 空间. 则 H 中的每个规范正交集 E_0 都包含在 H 的一个极大规范正交集之中. 于是当 $H\neq\{\theta\}$时，H 必存在规范正交基.

证明 设$\mathcal{B}$是 H 的包含给定集 E_0 的全体规范正交集的族，即任意 $B\in\mathcal{B}$有 $E_0\subset B$. $\mathcal{B}$按集的包含关系半序化. 因为 $E_0\in\mathcal{B}$，故$\mathcal{B}\neq\varnothing$. 按 Hausdorff 极大性定理，$\mathcal{B}$包含一个极大全

序子族，记为$\mathcal{A}$. 设E是$\mathcal{A}$的全体元素之并，即$E=\bigcup_{A\in\mathcal{A}}A$. 显然$E_0\subset E$. 以下证明$E$是极大规范正交集. 设$e_1,e_2\in E$，则存在$A_1,A_2\in\mathcal{A}$使$e_1\in A_1,e_2\in A_2$. 因为$\mathcal{A}$是全序的，不妨设$A_1\subset A_2$. 则$e_1\in A_2$且$e_2\in A_2$. 因为$A_2$是规范正交的，故$\langle e_1,e_2\rangle=\begin{cases}1, & e_1=e_2,\\ 0, & e_1\neq e_2.\end{cases}$这表明$E$为规范正交集. 假设$E$不是极大的规范正交集. 则$E$是某规范正交集$E'$的真子集，于是$E'\in\mathcal{B}$，$E'\notin\mathcal{A}$，且由$E\subset E'$得$E'$包含$\mathcal{A}$的每个元. 于是$\mathcal{A}'=\mathcal{A}\cup\{E'\}$是$\mathcal{B}$中真包含$\mathcal{A}$的子族，与$\mathcal{A}$的极大性矛盾. 证毕.

定理 5.1.7

设$E=\{e_\lambda:\lambda\in\Lambda\}$是 Hilbert 空间$H$中的规范正交集. 则下列条件彼此等价.

(1) E是H的规范正交基.

(2) $\overline{\mathrm{span}E}=H$.

(3) 每个$x\in H$关于E具有 Fourier 展开式.

(4) 每个$x\in H$有$\|x\|^2=\sum_{\lambda\in\Lambda}|\langle x,e_\lambda\rangle|^2$.

(5) 对任意$x,y\in H$，有$\langle x,y\rangle=\sum_{\lambda\in\Lambda}\langle x,e_\lambda\rangle\overline{\langle y,e_\lambda\rangle}$.

(6) E是完全的.

证明　(1)⇒(2) 若存在$x\in H\backslash\overline{\mathrm{span}E}$，则由 Bessel 不等式得$\sum_{\lambda\in\Lambda}|\langle x,e_\lambda\rangle|^2\leqslant\|x\|^2$. 记$E_x=\{e_n\in E:\langle x,e_n\rangle\neq 0\}$（$E_x$至多有可列个元）. 据 Riesz-Fischer 定理，存在$y\in\overline{\mathrm{span}E_x}\subset\overline{\mathrm{span}E}$，使$y=\sum_{n=1}^{\infty}\langle x,e_n\rangle e_n$，于是$x\neq y$. 设$e_0=(x-y)/\|x-y\|$. 则$e_0\notin E$. 由于$\forall n\in\mathbb{Z}^+$，$\langle x,e_n\rangle=\langle y,e_n\rangle$，故$e_n\perp e_0$. 又由于$\forall e\in E\backslash E_x$有$\langle x,e\rangle=0$，且由每个$\langle e_n,e\rangle=0$知$\langle y,e\rangle=0$，于是进一步有

$$\langle e_0,e\rangle=\|x-y\|^{-1}[\langle x,e\rangle-\langle y,e\rangle]=0.$$

总之有$e_0\notin E$，$e_0\perp E$. 这表明$E\cup\{e_0\}$是比E更大的规范正交集，与E为规范正交基矛盾.

(2)⇔(3)⇔(4) 利用定理 5.1.3 可得.

(4)⇒(5) 记$\hat{x}=\{\langle x,e_\lambda\rangle:\lambda\in\Lambda\}$，$\|\hat{x}\|_2^2=\sum_{\lambda\in\Lambda}|\langle x,e_\lambda\rangle|^2$. 不妨设$H$是复空间. 利用极化恒等式

$$4\langle x,y\rangle=\|x+y\|^2-\|x-y\|^2+\mathrm{i}\|x+\mathrm{i}y\|^2-\mathrm{i}\|x-\mathrm{i}y\|^2\text{及}$$

$$4\langle\hat{x},\hat{y}\rangle=\|\hat{x}+\hat{y}\|_2^2-\|\hat{x}-\hat{y}\|_2^2+\mathrm{i}\|\hat{x}+\mathrm{i}\hat{y}\|_2^2-\mathrm{i}\|\hat{x}-\mathrm{i}\hat{y}\|_2^2$$

可得到$\langle x,y\rangle=\langle\hat{x},\hat{y}\rangle$.

(5)⇒(6) 若$x\in H$，$x\perp E$，则由(5)得，$\|x\|^2=\sum_{\lambda\in\Lambda}\langle x,e_\lambda\rangle\overline{\langle x,e_\lambda\rangle}=0$，故必有$x=\theta$. 这表明$E$是完全的.

(6)⇒(1) 若E不是规范正交基，则存在$e_0\notin E$，且$E\cup\{e_0\}$是H的规范正交集. 于是$e_0\perp E$. 利用E的完全性得$e_0=\theta$，矛盾. 证毕.

定理 5.1.8

设 $E=\{e_\lambda: \lambda\in\Lambda\}$ 是 Hilbert 空间 H 的规范正交基，则 H 与 $l^2(\Lambda)$ 同构.

证明 设 $x\in H$，记 $\hat{x}=\{\langle x,e_\lambda\rangle: \lambda\in\Lambda\}$，即 $\hat{x}$ 为 x 的坐标向量. 于是按 Riesz-Fischer 定理与定理 5.1.7(1)和(5)，使 $f(x)=\hat{x}$ 成立的映射 $f: H\to l^2(\Lambda)$ 就是同构映射. $l^2(\Lambda)$ 也称为 H 的**坐标向量空间**. 证毕.

由于非零 Hilbert 空间 H 必存在规范正交基，从而必同构于某个 $l^2(\Lambda)$. 由定理 5.1.8 容易推出下列结果.

推论 1

两个非零 Hilbert 空间同构的充要条件是它们的规范正交基有相同的势.

证明 注意到空间 $l^2(\Lambda_1)$ 与 $l^2(\Lambda_2)$ 同构的充要条件是 Λ_1 与 Λ_2 有相同的势. 由定理 5.1.8 可知结论成立. 证毕.

推论 2

设 E 为 Hilbert 空间 H 的规范正交基.

(1) 若 $\mathrm{card}E=\aleph_0$，则 H 与 l^2 同构.

(2) 若 $\mathrm{card}E=n$，则 H 与 $\mathbb{K}^n$ 同构. 其中 $n\in\mathbb{Z}^+$.

推论 3

Hilbert 空间 H 可分的充要条件是 H 中存在规范正交基 E 使 $\mathrm{card}E\leqslant\aleph_0$.

证明 设 H 可分. 不妨设 $\{x_n\}$ 是 H 的可数稠集且是线性无关集（依次地，若 x_i 与 x_1，$x_2,\cdots,x_{i-1}$ 线性相关，则删去 x_i，剩下元素的全体必是线性无关集且仍在 H 中稠密）. 利用 Gram-Schmidt 正交化方法得到规范正交集 E，容易知道 $\overline{\mathrm{span}E}=\overline{\mathrm{span}\{x_n\}}\supset\overline{\{x_n\}}=H$. 由定理 5.1.7 可得 E 是 H 的规范正交基. 反之，设 H 的规范正交基 E 使 $\mathrm{card}E\leqslant\aleph_0$，则 E 中任意有限多个元素的有理系数（或实部、虚部均为有理系数的复系数）的线性组合在 H 中稠密. 这些线性组合的全体仍是至多可列的，故 H 可分. 证毕.

5.1.2 正交投影

定义 5.1.4

设 H 是内积空间，$M\subset H$，$x\in H$. 若存在分解

$$x=x_0+x_*.$$

其中，$x_0\in M$，$x_*\perp M$. 则称 x_0 为 x **在 M 上的投影**，记为 $P_Mx=x_0$（参见图 5-2）；记 $M^\perp=\{x\in H: x\perp M\}$，称 $M^\perp$ 为 M 的**正交补**.

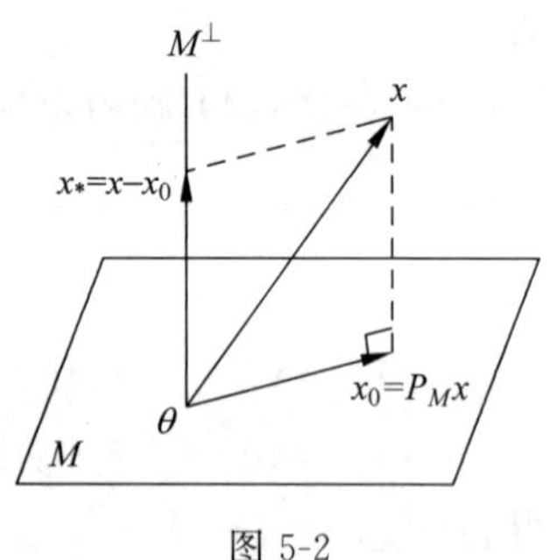

图 5-2

命题 5.1.9

设 M 是内积空间 H 的线性子空间. $x\in H$，$x_0\in M$. 则 $P_Mx=x_0$ 当且仅当 $\|x-x_0\|=\inf\limits_{m\in M}\|x-m\|$，此时 x_0 称为 x 关于 M 的**最佳逼近元**（参见图 5-2）.

证明 必要性 若 x 有分解 $x=x_0+x_*$，其中，$x_0\in M$，$x_*\perp M$. 则 $\forall m\in M$，有 $x_0-m\in M$，$x_*\perp(x_0-m)$. 于是

$$\|x-m\|^2=\|x_0-m+x_*\|^2=\|x_0-m\|^2+\|x_*\|^2\geqslant\|x_*\|^2$$

$$= \| x - x_0 \|^2.$$

注意到 $x_0 \in M$,故 $\| x - x_0 \| = \inf\limits_{m \in M} \| x - m \|$.

充分性　对任意 $m \in M$,考虑函数 $f(\alpha) = \| x - x_0 + \alpha m \|^2$,其中 $\alpha \in \mathbb{K}$. 已知 $f(\alpha)$ 在 $\alpha = 0$ 取最小值. 由于

$$f'(0) = \lim_{\alpha \to 0} \frac{f(\alpha) - f(0)}{\alpha} = \lim_{\alpha \to 0} \frac{1}{\alpha} [\| x - x_0 + \alpha m \|^2 - \| x - x_0 \|^2]$$

$$= \lim_{\alpha \to 0} [\langle x - x_0, m \rangle + \langle m, x - x_0 \rangle + \alpha \| m \|^2] = 2\mathrm{Re} \langle x - x_0, m \rangle.$$

这表明 $f(\alpha)$ 在 $\alpha = 0$ 可微. 于是必有 $\mathrm{Re} \langle x - x_0, m \rangle = 0$. 将此式中 m 换成 $\mathrm{i}m$ 得出 $\mathrm{Im} \langle x - x_0, m \rangle = 0$. 从而 $\langle x - x_0, m \rangle = 0$. 由于 $m \in M$ 是任意的,故 $(x - x_0) \perp M$, $P_M x = x_0$. 证毕.

定理 5.1.10

设 M 是 Hilbert 空间 H 的闭凸集, $x \in H$. 则存在唯一的 $x_0 \in M$ 使 $\| x - x_0 \| = \inf\limits_{m \in M} \| x - m \|$.

证明　令 $\delta = \inf\limits_{m \in M} \| x - m \|$. 则 $\forall n \in \mathbb{Z}^+$, $\exists y_n \in M$,使

$$\delta \leqslant \| x - y_n \| < \delta + 1/n. \tag{5.1.5}$$

令 $\delta_n = \| y_n - x \|$,由平行四边形公式得

$$\| y_n - y_k \|^2 = \| (y_n - x) - (y_k - x) \|^2$$

$$= 2(\| y_n - x \|^2 + \| y_k - x \|^2) - \| (y_n - x) + (y_k - x) \|^2.$$

因 $y_n, y_k \in M$, M 是凸集,故 $\frac{1}{2}(y_n + y_k) \in M$,于是

$$\| (y_n - x) + (y_k - x) \|^2 = 4 \left\| \frac{y_n + y_k}{2} - x \right\|^2 \geqslant 4\delta^2.$$

从而 $\| y_n - y_k \|^2 \leqslant 2(\delta_n^2 + \delta_k^2) - 4\delta^2$. 利用式(5.1.5)得 $\delta_n \to \delta$, $\delta_k \to \delta$ $(n, k \to \infty)$,这表明 $\{y_n\}$ 是 Cauchy 列. 设 $y_n \to x_0 \in H$. 注意到 M 是闭的. 故 $x_0 \in M$. 对式(5.1.5)令 $n \to \infty$ 得 $\| x - x_0 \| = \delta$.

以下证明唯一性. 若又有 $y_0 \in M$ 使 $\| x - y_0 \| = \delta$,则 $\frac{x_0 + y_0}{2} \in M$. 利用平行四边形公式:

$$\| x_0 - y_0 \|^2 = \| (x_0 - x) - (y_0 - x) \|^2$$

$$= 2(\| x_0 - x \|^2 + \| y_0 - x \|^2) - \| (x_0 - x) + (y_0 - x) \|^2$$

$$= 2(\delta^2 + \delta^2) - 4 \left\| \frac{x_0 + y_0}{2} - x \right\|^2 \leqslant 4\delta^2 - 4\delta^2 = 0.$$

故 $x_0 = y_0$. 证毕.

定理 5.1.11(投影定理)

设 M 是 Hilbert 空间 H 的闭线性子空间,则对每个 $x \in H$, $P_M x$ 存在且唯一.

证明　由命题 5.1.9 和定理 5.1.10 可得. 证毕.

定理 5.1.12

设 H 是 Hilbert 空间，$M\subset H$. 则

(1) $M^{\perp}$ 是 H 的闭线性子空间.

(2) 若 M 是线性子空间，则 $M^{\perp\perp}=\overline{M}$，$M^{\perp}=\overline{M}^{\perp}$；若 M 是闭线性子空间，则 $M^{\perp\perp}=M$，且 $H=M+M^{\perp}$，$M\cap M^{\perp}=\{\theta\}$，即 H 是 M 与 $M^{\perp}$ 的**正交直和**，也记为

$$H=M\oplus M^{\perp}.$$

证明 (1) 设 $x,y\in M^{\perp}$. 则 $\forall\, m\in M$，$\forall\,\alpha,\beta\in\mathbb{K}$，有

$$\langle \alpha x+\beta y,m\rangle=\alpha\langle x,m\rangle+\beta\langle y,m\rangle=0.$$

故 $\alpha x+\beta y\in M^{\perp}$，$M^{\perp}$ 是线性子空间.

设 $x_n\in M^{\perp}$，$x_n\to x$. 则 $\forall\, m\in M$，有 $\langle x_n,m\rangle=0$. 利用内积的连续性得 $\langle x,m\rangle=\lim\limits_{n\to\infty}\langle x_n,m\rangle=0$. 这表明 $x\perp m$，$x\in M^{\perp}$. 因此 $M^{\perp}$ 是闭的.

(2) 设 M 是闭线性子空间，由于 $M\perp M^{\perp}$，故 $M\subset M^{\perp\perp}$. 另外，若 $x\in M^{\perp\perp}$，则 $x\perp M^{\perp}$. 利用投影定理，可设 $x=x_0+x_*$，$x_0\in M$，$x_*\perp M$. 于是 $x_*\in M^{\perp}$，有 $\langle x,x_*\rangle=0$，从而

$$\|x_*\|^2=\langle x_*,x_*\rangle=\langle x-x_0,x_*\rangle=\langle x,x_*\rangle-\langle x_0,x_*\rangle=0.$$

故 $x_*=\theta$. 这推出 $x=x_0\in M$，即 $M^{\perp\perp}\subset M$. 所以 $M=M^{\perp\perp}$.

现设 $x\in H$. 利用投影定理得 $x=x_0+x_*$，其中 $x_0\in M$，$x_*\perp M$，即 $x_*\in M^{\perp}$. 这表明 $H=M+M^{\perp}$. 又 M 与 $M^{\perp}$ 都是线性子空间，$\theta\in M\cap M^{\perp}$，若 $y\in M\cap M^{\perp}$，则由 $\|y\|^2=\langle y,y\rangle=0$ 可知 $y=\theta$. 因此 $M\cap M^{\perp}=\{\theta\}$.

当 M 是未必闭的线性子空间时，由以上证得的结论得 $\overline{M}=\overline{M}^{\perp\perp}$. 注意到 $\overline{M}\supset M$，故 $\overline{M}^{\perp\perp}\supset M^{\perp\perp}$，由此得 $M^{\perp\perp}\subset\overline{M}$；又由于 $M\subset M^{\perp\perp}$，$M^{\perp\perp}$ 是闭的，故 $\overline{M}\subset M^{\perp\perp}$. 于是 $\overline{M}=M^{\perp\perp}$. 结合(1)可知 $\overline{M}^{\perp}=(M^{\perp\perp})^{\perp}=(M^{\perp})^{\perp\perp}=M^{\perp}$. 证毕.

5.1.3 共轭性

命题 5.1.13

设 X 是内积空间，任意给定 $z\in X$，定义

$$f_z: X\to\mathbb{K},\quad f_z(x)=\langle x,z\rangle,\quad \forall\, x\in X.$$

则 f_z 是 X 上的有界线性泛函，且 $\|f_z\|=\|z\|$.

证明 当 $z=\theta$ 时，显然 $f_z(x)=\langle x,\theta\rangle=0$ 是有界的，且 $\|f_z\|=\|\theta\|=0$. 设 $z\neq\theta$，由内积关于第一变元线性可知 f_z 是 X 上的线性泛函. 对任意的 $x\in X$，有

$$|f_z(x)|=|\langle x,z\rangle|\leqslant\|z\|\,\|x\|.$$

所以 f_z 是 X 上有界线性泛函，且 $\|f_z\|\leqslant\|z\|$. 另一方面，还有

$$\|f_z\|=\sup_{\|x\|=1}|f_z(x)|=\sup_{\|x\|=1}|\langle x,z\rangle|\geqslant|\langle z/\|z\|,z\rangle|=\|z\|.$$

所以 $\|f_z\|=\|z\|$. 证毕.

定理 5.1.14(Riesz 表示定理)

设 H 是 Hilbert 空间，$f\in H^*$. 则存在唯一的 $z=z_f\in H$，使得

$$f(x)=\langle x,z\rangle,\quad \forall\, x\in H;\qquad 且\quad \|f\|=\|z\|.$$

证明 若 $f(x)\equiv 0$，取 $z=\theta$ 即可. 若 $f(x)$ 不恒为 0，则 f 的核空间

$$\mathcal{N}(f)=\{x\in H: f(x)=0\}\neq H.$$

由于 f 是连续的，故$\mathcal{N}(f)$是 H 的闭线性子空间. 由投影定理，有

$$H=\mathcal{N}(f)\oplus\mathcal{N}(f)^{\perp},\quad \mathcal{N}(f)^{\perp}\neq\{\theta\}.$$

取 $z_0\neq\theta, z_0\in\mathcal{N}(f)^{\perp}$，则对任意的 $x\in H$，有

$$f(f(z_0)x-f(x)z_0)=f(z_0)f(x)-f(x)f(z_0)=0.$$

这表明 $f(z_0)x-f(x)z_0\in\mathcal{N}(f)$. 于是$\langle f(z_0)x-f(x)z_0,z_0\rangle=0, \forall x\in H$. 从而对任意 $x\in H$ 有 $f(z_0)\langle x,z_0\rangle-f(x)\langle z_0,z_0\rangle=0$，即

$$f(x)=f(z_0)\frac{\langle x,z_0\rangle}{\|z_0\|^2}=\left\langle x,\frac{\overline{f(z_0)}}{\|z_0\|^2}z_0\right\rangle.$$

令 $z=\dfrac{\overline{f(z_0)}}{\|z_0\|^2}z_0$，则 $f(x)=\langle x,z\rangle, \forall x\in H$；且由命题 5.1.13 知 $\|f\|=\|z\|$. 若还存在 $y\in H$，使得对任意 $x\in H$ 有 $f(x)=\langle x,z\rangle=\langle x,y\rangle$，则

$$\langle x,z-y\rangle=0,\quad \forall x\in H.$$

取 $x=z-y$，得 $\|z-y\|^2=0$. 因此 $y=z$. 证毕.

定义 5.1.5

设 X,Y 是内积空间，若存在从 X 到 Y 的满射 T 满足：对任意 $\alpha,\beta\in\mathbb{K}, y,z\in X$，都有

$$T(\alpha y+\beta z)=\bar{\alpha}Ty+\bar{\beta}Tz\quad 且\quad \langle Ty,Tz\rangle=\overline{\langle y,z\rangle},$$

则称 T 是**共轭线性同构映射**，称 X 与 Y 是**共轭同构的**.

显然当 T 是共轭线性同构映射时，T 是保范的、等距的. 另外，当 X 与 Y 都是实空间时，共轭同构就是同构. 当 X 与 Y 都是复空间时，共轭同构不是同构，但线性运算与内积是"共轭保持"的.

定理 5.1.15

(1) 设 H^* 是 Hilbert 空间 H 的共轭空间，则 H^* 与 H 共轭线性同构.

(2) Hilbert 空间 H 是自反的.

证明　(1) 对任何 $z\in H$，定义映射 $T: H\to H^*$ 使 $z\to f_z$，其中 f_z 由

$$f_z(x)=\langle x,z\rangle,\quad \forall x\in X$$

所定义. 由 Riesz 表示定理，T 是 H 到 H^* 上的满射，且 T 满足

$$T(\alpha y+\beta z)(x)=f_{\alpha y+\beta z}(x)=\langle x,\alpha y+\beta z\rangle=(\bar{\alpha}Ty+\bar{\beta}Tz)(x).$$

其中，$\alpha,\beta\in\mathbb{K}, y,z\in H$. 由 $\|Tz\|=\|f_z\|=\|z\|(\forall z\in H)$与极化恒等式，有

$$\begin{aligned}\langle Ty,Tz\rangle&=\frac{1}{4}\{(\|Ty+Tz\|^2-\|Ty-Tz\|^2)+\mathrm{i}(\|Ty+\mathrm{i}Tz\|^2-\\&\quad\|Ty-\mathrm{i}Tz\|^2)\}\\&=\frac{1}{4}\{(\|T(y+z)\|^2-\|T(y-z)\|^2)+\mathrm{i}(\|T(y-\mathrm{i}z)\|^2-\\&\quad\|T(y+\mathrm{i}z)\|^2)\}\\&=\frac{1}{4}\{(\|y+z\|^2-\|y-z\|^2)-\mathrm{i}(\|y+\mathrm{i}z\|^2-\|y-\mathrm{i}z\|^2)\}\\&=\overline{\langle y,z\rangle}.\end{aligned}$$

所以 H^* 与 H 是共轭线性同构的. 证毕.

（2）设 J 是 H 到 H^{**} 的自然嵌入算子，则 $\forall x\in H$，有

$$(Jx)(y^*)=y^*(x),\quad \forall y^*\in H^*. \tag{5.1.6}$$

以下只需证明 J 是满射，即 $JH=H^{**}$. 设 T 为(1)中的共轭线性同构映射，对任意 $y^*\in H^*$，记 $y^*=f_z=Tz,z\in H$. 于是式(5.1.6)相当于

$$(Jx)(f_z)=f_z(x),\quad \forall z\in H. \tag{5.1.7}$$

对于任意 $x^{**}\in H^{**}$，由 Riesz 表示定理，存在唯一的 $f_u\in H^*$ 使 $\|x^{**}\|=\|f_u\|$ 且 $x^{**}(f_z)=\langle f_z,f_u\rangle,\forall f_z\in H^*$. 其中 $u\in H$ 使 $Tu=f_u$. 于是找到了一个与 x^{**} 对应的 $u\in H$，且有

$$x^{**}(f_z)=\langle f_z,f_u\rangle=\langle Tz,Tu\rangle=\overline{\langle z,u\rangle}=\langle u,z\rangle=f_z(u),\quad \forall z\in H. \tag{5.1.8}$$

比较式(5.1.7)与式(5.1.8)可知 $Ju=x^{**}$. 因此 J 是满射，H 是自反的. 证毕.

定义 5.1.6

设 H 为内积空间，若 $\varphi: H\times H\to\mathbb{C}$ 满足：对任意 $x,y,z\in H$ 与任意 $\alpha,\beta\in\mathbb{C}$ 有

$$\varphi(\alpha x+\beta y,z)=\alpha\varphi(x,z)+\beta\varphi(y,z),$$

$$\varphi(z,\alpha x+\beta y)=\bar{\alpha}\varphi(z,x)+\bar{\beta}\varphi(z,y).$$

则称 φ 是 H 上的**共轭双线性泛函**或 **Hermite 双线性泛函**

定理 5.1.16（Lax-Milgram 定理）

设 φ 是 Hilbert 空间 H 上的共轭双线性泛函.

（1）若 φ 满足 $\sup\limits_{\|x\|=1,\|y\|=1}|\varphi(x,y)|=M<\infty$，则存在唯一的 $T\in\mathcal{B}(H)$ 使 $\|T\|=M$ 且 $\varphi(x,y)=\langle Tx,y\rangle,\forall x,y\in H$.

（2）若 φ 还满足 $\inf\limits_{\|x\|=1}|\varphi(x,x)|=\delta>0$，则 $T^{-1}\in\mathcal{B}(H)$.

证明 （1）对任意 $y\in H$，令 $f_x(y)=\overline{\varphi(x,y)}$，则对每个 $x\in H$，f_x 是 H 上线性泛函且

$$|f_x(y)|=|\varphi(x,y)|\leqslant M\|x\|\|y\|,\quad \forall x,y\in H.$$

故 $f_x\in H^*$ 且 $\|f_x\|\leqslant M\|x\|$. 由 Riesz 表示定理，有唯一 $z\in H$ 使 $f_x(y)=\langle y,z\rangle$ 且 $\|f_x\|=\|z\|$. 记由此确定的从 H 到自身的算子为 T，即 $T: H\to H$ 使 $Tx=z$. 则 $\|Tx\|=\|f_x\|$，且

$$\langle Tx,y\rangle=\overline{\langle y,Tx\rangle}=\overline{f_x(y)}=\varphi(x,y),\quad \forall x,y\in H.$$

易见 T 是线性的，且 $\|T\|=\sup\limits_{\|x\|=1}\|Tx\|=\sup\limits_{\|x\|=1}\|f_x\|\leqslant\sup\limits_{\|x\|=1}M\|x\|=M$.

另一方面，由 $|\varphi(x,y)|=|\langle Tx,y\rangle|\leqslant\|Tx\|\|y\|$ 可知

$$M=\sup_{\|x\|=1,\|y\|=1}|\varphi(x,y)|\leqslant\sup_{\|x\|=1}\|Tx\|=\|T\|$$

（2）若 $\inf\limits_{\|x\|=1}|\varphi(x,x)|=\delta>0$，则任意 $x\in H$，有

$$\delta\|x\|^2\leqslant|\varphi(x,x)|=|\langle Tx,x\rangle|\leqslant\|Tx\|\|x\|.$$

由此得出 $\|Tx\|\geqslant\delta\|x\|(\forall x\in H)$，$T$ 是单射. 以下证明 $\mathcal{R}(T)$ 是闭的. 事实上，任意 $z\in\overline{\mathcal{R}(T)}$，存在 $\{x_n\}\subset H$ 使 $z=\lim\limits_{n\to\infty}Tx_n$. 于是由

$$\|x_{n+p}-x_n\|\leqslant\delta^{-1}\|Tx_{n+p}-Tx_n\|$$

可知$\{x_n\}$是H中Cauchy列. 设$x_n \to x, x\in H$. 由T的连续性得$Tx_n \to Tx=z, z\in \mathcal{R}(T)$. 因此$\mathcal{R}(T)$是闭的. 任取$x\in\mathcal{R}(T)^{\perp}$,由$\delta\|x\|^2\leqslant|\langle Tx,x\rangle|=0$得出$x=\theta$,即$\mathcal{R}(T)^{\perp}=\{\theta\}$. 因此由投影定理知$\mathcal{R}(T)=H$,$T$是满射. 由$\|Tx\|\geqslant\delta\|x\|$得$\|T^{-1}\|\leqslant\delta^{-1}$. 因此$T^{-1}\in\mathcal{B}(H)$. 证毕.

定理 5.1.17

设H_1,H_2是Hilbert空间,$T: H_1\to H_2$是有界线性算子. 则存在唯一的有界线性算子$T^*: H_2\to H_1$,使得对任何$x\in H_1, y\in H_2$,都有

$$\langle Tx,y\rangle=\langle x,T^*y\rangle, \tag{5.1.9}$$

且$\|T^*\|=\|T\|$.

证明　对任何$y\in H_2$,因为$|\langle Tx,y\rangle|\leqslant\|Tx\|\|y\|\leqslant\|T\|\|x\|\|y\|$,所以由$f_y(x)=\langle Tx,y\rangle\ (x\in H_1)$定义的$f_y$是$H_1$上的有界线性泛函($\|f_y\|\leqslant\|T\|\|y\|$),由Riesz表示定理,有唯一的$z\in H_1$使得$\|f_y\|=\|z\|$且

$$\langle Tx,y\rangle=\langle x,z\rangle,\quad x\in H_1.$$

定义$T^*: H_2\to H_1$使得$T^*y=z$,则T^*满足式(5.1.9).

对任意$\alpha,\beta\in\mathbb{K}, y_1,y_2\in H_2$,有

$$\begin{aligned}\langle Tx,\alpha y_1+\beta y_2\rangle&=\bar{\alpha}\langle Tx,y_1\rangle+\bar{\beta}\langle Tx,y_2\rangle\\&=\bar{\alpha}\langle x,T^*y_1\rangle+\bar{\beta}\langle x,T^*y_2\rangle\\&=\langle x,\alpha T^*y_1+\beta T^*y_2\rangle.\end{aligned}$$

所以$T^*(\alpha y_1+\beta y_2)=\alpha T^*y_1+\beta T^*y_2$,即$T^*$是线性算子. 另外,由$T^*$的定义,可知对任何$y\in H_2$,有$\|T^*y\|=\|z\|=\|f_y\|\leqslant\|T\|\|y\|$,所以$T^*$是有界的,且$\|T^*\|\leqslant\|T\|$. 在式(5.1.9)中令$y=Tx$,则

$$\|Tx\|^2=\langle x,T^*Tx\rangle\leqslant\|x\|\|T^*Tx\|\leqslant\|x\|\|T^*\|\|Tx\|.$$

于是当$Tx\neq\theta$时有$\|Tx\|\leqslant\|T^*\|\|x\|$;又当$Tx=\theta$时此式显然成立. 故$\|T\|\leqslant\|T^*\|$,由此得到$\|T\|=\|T^*\|$. 又若$S\in\mathcal{B}(H_2,H_1)$满足式(5.1.9),则

$$\langle x,(S-T^*)y\rangle=0,\quad\forall x\in H_1,\forall y\in H_2. \tag{5.1.10}$$

在式(5.1.10)中令$x=(S-T^*)y$,得出$T^*=S$. 证毕.

定义 5.1.7

设H_1,H_2是Hilbert空间,$T\in\mathcal{B}(H_1,H_2)$,称满足条件

$$\langle Tx,y\rangle=\langle x,T^*y\rangle,\quad\forall x\in H_1,\forall y\in H_2$$

的映射$T^*: H_2\to H_1$为T的**Hilbert共轭算子**或**Hilbert伴随算子**,简称**共轭算子**或**伴随算子**.

定理5.1.17指出,$T\in\mathcal{B}(H_1,H_2)$时,T的Hilbert共轭算子T^*是唯一存在的,且$\|T\|=\|T^*\|$.

例 5.1.1　设$A: \mathbb{C}^n\to\mathbb{C}^n$为线性算子,$A^*$为$A$的共轭算子,$A$与$A^*$在某确定基下的矩阵仍记为$A$与$A^*$,用$A'$表示矩阵$A$的转置,其中$A=(a_{ij})_{n\times n}$. 则对任意$x=(x_1,x_2,\cdots,x_n)'$,$y=(y_1,y_2,\cdots,y_n)'$,线性算子可表示为

$$y=Ax \quad 或 \quad \begin{bmatrix} y_1 \\ y_2 \\ \vdots \\ y_n \end{bmatrix} = \begin{bmatrix} a_{11} & a_{12} & \cdots & a_{1n} \\ a_{21} & a_{22} & \cdots & a_{2n} \\ \vdots & \vdots & & \vdots \\ a_{n1} & a_{n2} & \cdots & a_{nn} \end{bmatrix} \begin{bmatrix} x_1 \\ x_2 \\ \vdots \\ x_n \end{bmatrix}.$$

由于

$$\langle Ax,y\rangle=(Ax)'\bar{y}=x'A'\bar{y}, \quad \langle x,A^*y\rangle=x'\overline{A^*y}=x'\overline{A^*}\bar{y},$$

所以 $A^*=\overline{A'}$，即 Hilbert 共轭算子 A^* 的矩阵是算子 A 的矩阵的共轭转置矩阵.

例 5.1.2 设 $H=L^2[a,b]$，T 是 Fredholm 型积分算子

$$Tx(t)=\int_a^b K(t,s)x(s)\mathrm{d}s, \quad x(s)\in L^2[a,b]. \tag{5.1.11}$$

其中，$K(t,s)$ 是矩形 $R=[a,b]\times[a,b]$ 上的可测函数，而且 $|K(t,s)|^2$ 在 R 上可积. 式(5.1.11)定义的算子 T 是 $L^2[a,b]$ 上的有界线性算子. 定义 T^* 为

$$T^*x(t)=\int_a^b \overline{K(s,t)}x(s)\mathrm{d}s, \quad x(s)\in L^2[a,b]. \tag{5.1.12}$$

因为 $\overline{K(s,t)}$ 在矩形 R 上是可测而且绝对值平方可积，所以由式(5.1.12)定义的算子 T^* 是有界线性算子. 对 $x,y\in L^2[a,b]$，$x=x(t)$，$y=y(s)$，由 Fubini 定理得

$$\begin{aligned}\langle Tx,y\rangle &= \int_a^b \left(\int_a^b K(t,s)x(s)\mathrm{d}s\right)\cdot\overline{y(t)}\mathrm{d}t=\int_a^b\int_a^b K(s,t)x(t)\overline{y(s)}\mathrm{d}s\mathrm{d}t \\ &= \int_a^b x(t)\cdot\left(\int_a^b K(s,t)\overline{y(s)}\mathrm{d}s\right)\mathrm{d}t=\int_a^b x(t)\cdot\overline{\int_a^b \overline{K(s,t)}y(s)\mathrm{d}s}\mathrm{d}t \\ &= \langle x,T^*y\rangle.\end{aligned}$$

所以由式(5.1.12)定义的算子 T^* 是 T 的 Hilbert 共轭算子. 显然 T^* 也是 Fredholm 型积分算子. T^* 的核 $\overline{K(s,t)}$ 与 T 的核 $K(t,s)$ 相比，不仅颠倒了 s,t 的位置，而且相差一个复共轭.

将 Hilbert 空间作为特殊的 Banach 空间，有两种共轭算子概念：Banach 共轭算子与 Hilbert 共轭算子. 从上面的例 5.1.1 与例 5.1.2，以及例 4.4.4 与例 4.4.5 可看到二者是不相同的. 下面来考察二者的关系. 设 H_1,H_2 为 Hilbert 空间，$A\in\mathcal{B}(H_1,H_2)$. 区别起见，将 Banach 共轭算子改记为 A'，Hilbert 共轭算子仍记为 A^*. 则

$$(A'y^*,x)=(y^*,Ax), \quad \forall x\in H_1, \forall y^*\in H_2^*. \tag{5.1.13}$$

$$\langle Ax,y\rangle=\langle x,A^*y\rangle, \quad \forall x\in H_1, \forall y\in H_2. \tag{5.1.14}$$

设 $T_1: H_1\to H_1^*$，$T_2: H_2\to H_2^*$ 都是定理 5.1.15 证明中的共轭线性同构映射. 记 $y^*=T_2y$，其中 $y\in H_2$，则式(5.1.13)改写为

$$(A'T_2y,x)=(T_2y,Ax), \quad \forall x\in H_1, y\in H_2. \tag{5.1.15}$$

令式(5.1.14)与式(5.1.15)中由算子 A 确定的泛函相等，即 $\langle Ax,y\rangle=(T_2y,Ax)$，则 A^* 与 A' 应有下述关系：

$$(A'T_2y,x)=\langle x,A^*y\rangle, \quad \forall x\in H_1, \forall y\in H_2. \tag{5.1.16}$$

根据 Riesz 表现定理，对泛函 $A'T_2y\in H_1^*$，恰有一个 $z\in H_1$，使对每个 $x\in H_1$ 有 $(A'T_2y,x)=\langle x,z\rangle$，且 $T_1z=A'T_2y$. 于是 $z=T_1^{-1}A'T_2y$，式(5.1.16)即

$$\langle x, T_1^{-1}A'T_2 y\rangle = \langle x, A^* y\rangle, \quad \forall x \in H_1, \forall y \in H_2. \tag{5.1.17}$$

式(5.1.17)表明 $T_1^{-1}A'T_2 = A^*$. 由此得到

命题 5.1.18

设 H_1 与 H_2 都是 Hilbert 空间, $A \in \mathcal{B}(H_1, H_2)$, A' 与 A^* 分别是 Banach 共轭算子与 Hilbert 共轭算子, 则 $T_1^{-1}A'T_2 = A^*$, 其中, $T_1: H_1 \to H_1^*$ 与 $T_2: H_2 \to H_2^*$ 分别是共轭线性同构映射.

命题 5.1.18 表明了 Hilbert 空间上两种共轭算子之间的关系. 通常在 Hilbert 空间框架上讨论共轭算子时, 如不特别声明总是指 Hilbert 共轭算子.

定理 5.1.19

设 H_1, H_2 是 Hilbert 空间, 则共轭算子具有下述性质:

(1) 若 $T \in \mathcal{B}(H_1, H_2)$, 则 $(T^*)^* = T$.

(2) 若 $T \in \mathcal{B}(H_1, H_2)$, 则 $\|T^*\|^2 = \|T\|^2 = \|T^*T\| = \|TT^*\|$.

(3) 若 $T, S \in \mathcal{B}(H_1, H_2)$, $\alpha, \beta \in \mathbb{K}$, 则 $(\alpha T + \beta S)^* = \bar{\alpha}T^* + \bar{\beta}S^*$.

(4) 若 $T, S \in \mathcal{B}(H_1, H_2)$, 则 $(TS)^* = S^*T^*$.

(5) 若 $T \in \mathcal{B}(H_1, H_2)$, 且 $T^{-1} \in \mathcal{B}(H_2, H_1)$, 则 $(T^*)^{-1} = (T^{-1})^* \in \mathcal{B}(H_1, H_2)$.

(6) 若 $T \in \mathcal{B}(H_1, H_2)$, 则

$$\mathcal{N}(T) = \mathcal{R}(T^*)^{\perp}, \quad \mathcal{N}(T^*) = \mathcal{R}(T)^{\perp},$$

$$\overline{\mathcal{R}(T)} = \mathcal{N}(T^*)^{\perp}, \quad \overline{\mathcal{R}(T^*)} = \mathcal{N}(T)^{\perp}.$$

证明　(1) 对任何 $x \in H_1, y \in H_2$, 因为 $\langle Tx, y\rangle = \langle x, T^* y\rangle$, 所以 $\langle T^* y, x\rangle = \langle y, Tx\rangle$, 从而得到 $(T^*)^* = T$.

(2) 由定理 5.1.17, $\|T^*\| = \|T\|$. 显然 $\|T^*T\| \leqslant \|T^*\|\,\|T\| = \|T\|^2$. 对任何 $x \in H_1$, $\|x\| = 1$, 由 Schwarz 不等式得

$$\|Tx\|^2 = \langle Tx, Tx\rangle = \langle T^*Tx, x\rangle \leqslant \|T^*Tx\|\,\|x\| = \|T^*Tx\|.$$

从而有 $\|T\|^2 = \sup\limits_{\|x\|=1} \|Tx\|^2 \leqslant \|T^*T\|$. 因此 $\|T\|^2 = \|T^*T\|$. 同理, $\|T^*\|^2 = \|TT^*\|$.

(3) 因为 $T, S \in \mathcal{B}(H_1, H_2)$, $\alpha, \beta \in \mathbb{K}$, 所以对任何 $x \in H_1, y \in H_2$, 有

$$\begin{aligned}\langle(\alpha T + \beta S)x, y\rangle &= \alpha\langle Tx, y\rangle + \beta\langle Sx, y\rangle \\ &= \alpha\langle x, T^* y\rangle + \beta\langle x, S^* y\rangle \\ &= \langle x, (\bar{\alpha}T^* + \bar{\beta}S^*)y\rangle.\end{aligned}$$

因此 $(\alpha T + \beta S)^* = \bar{\alpha}T^* + \bar{\beta}S^*$.

(4) 因为 $T, S \in \mathcal{B}(H_1, H_2)$, 所以对任何 $x \in H_1, y \in H_2$, 有

$$\langle TSx, y\rangle = \langle Sx, T^* y\rangle = \langle x, S^*T^* y\rangle.$$

因此 $(TS)^* = S^*T^*$.

(5) 因为 $T \in \mathcal{B}(H_1, H_2)$, 且 $T^{-1} \in \mathcal{B}(H_2, H_1)$, 所以

$$T^*(T^{-1})^* = (T^{-1}T)^* = I_{H_1}^* = I_{H_1}, (T^{-1})^*T^* = (TT^{-1})^* = I_{H_2}^* = I_{H_2}.$$

因此 $(T^{-1})^*$ 是 T^* 的逆算子, 且 $(T^*)^{-1} = (T^{-1})^* \in \mathcal{B}(H_1, H_2)$.

(6) 若 $x\in\mathcal{N}(T)$，则 $Tx=\theta$. 于是任意 $y\in H_2$ 有 $\langle x,T^*y\rangle=\langle Tx,y\rangle=0$. 因此 $x\perp\mathcal{R}(T^*)$，$x\in\mathcal{R}(T^*)^{\perp}$. 这表明 $\mathcal{N}(T)\subset\mathcal{R}(T^*)^{\perp}$. 反之，设 $x\in\mathcal{R}(T^*)^{\perp}$. 则任意 $y\in H_2$ 有 $\langle x,T^*y\rangle=0$. 于是 $\langle Tx,y\rangle=\langle x,T^*y\rangle=0$. 由 y 的任意性，有 $Tx=\theta$，即 $x\in\mathcal{N}(T)$. 这表明 $\mathcal{R}(T^*)^{\perp}\subset\mathcal{N}(T)$. 所以

$$\mathcal{N}(T)=\mathcal{R}(T^*)^{\perp}. \tag{5.1.18}$$

利用式(5.1.18)依次得

$$\begin{aligned}&\mathcal{N}(T^*)=\mathcal{R}(T^{**})^{\perp}=\mathcal{R}(T)^{\perp};\\&\overline{\mathcal{R}(T)}=\overline{\mathcal{R}(T)}^{\perp\perp}=\mathcal{R}(T)^{\perp\perp}=\mathcal{N}(T^*)^{\perp};\\&\mathcal{N}(T)^{\perp}=\mathcal{N}(T^{**})^{\perp}=\overline{\mathcal{R}(T^*)}.\end{aligned}$$

证毕.

例 5.1.3 设 H 是可分无穷维 Hilbert 空间，$T\in\mathcal{B}(H)$. 则 T 可表示为无穷矩阵. 事实上，设 $\{e_k\}_{k=1}^{\infty}$ 是 H 上的规范正交基，任给 $x\in H$，则 x 可唯一地表示成 $x=\sum\limits_{k=1}^{\infty}\alpha_k e_k$，这里 $\alpha_k=\langle x,e_k\rangle$ 为 x 关于基 $\{e_k\}_{k=1}^{\infty}$ 的第 k 个坐标(或 Fourier 系数). 由于 $\sum\limits_{k=1}^{\infty}|\alpha_k|^2=\|x\|^2<\infty$，故 $\{\alpha_k\}_{k=1}^{\infty}\in l^2$. 设 $y=\sum\limits_{k=1}^{\infty}\beta_k e_k\in H$，$\beta_k=\langle y,e_k\rangle$，则按定理 5.1.7 有内积表达式

$$\langle x,y\rangle=\sum_{k=1}^{\infty}\alpha_k\bar{\beta}_k.$$

对 $T\in\mathcal{B}(H)$，显然 $Tx=\sum\limits_{k=1}^{\infty}\alpha_k Te_k$，从而 Tx 的第 n 个坐标为

$$\langle Tx,e_n\rangle=\sum_{k=1}^{\infty}\alpha_k\langle Te_k,e_n\rangle=\sum_{k=1}^{\infty}t_{nk}\alpha_k\ (n\in\mathbb{Z}^+),$$

其中，$t_{nk}=\langle Te_k,e_n\rangle$. $(t_{nk})_{n,k=1}^{\infty}$ 称为算子 T **关于基** $\{e_n\}_{n=1}^{\infty}$ **的无穷矩阵**. 按定理 5.1.7 (4)有

$$\sum_{n=1}^{\infty}|t_{nk}|^2=\sum_{n=1}^{\infty}|\langle Te_k,e_n\rangle|^2=\|Te_k\|^2<\infty.$$

这表明无穷矩阵 $(t_{nk})_{n,k=1}^{\infty}$ 的列向量是 l^2 中的元素. 要弄清行向量是不是 l^2 中的元素，需要借助 Hilbert 共轭算子 T^*. 由于 $\langle Te_k,e_n\rangle=\langle e_k,T^*e_n\rangle=\overline{\langle T^*e_n,e_k\rangle}$，故

$$\begin{aligned}\sum_{k=1}^{\infty}|t_{nk}|^2&=\sum_{k=1}^{\infty}|\langle Te_k,e_n\rangle|^2=\sum_{k=1}^{\infty}|\overline{\langle T^*e_n,e_k\rangle}|^2\\&=\sum_{k=1}^{\infty}|\langle T^*e_n,e_k\rangle|^2=\|T^*e_n\|^2<\infty.\end{aligned}$$

即无穷矩阵 $(t_{nk})_{n,k=1}^{\infty}$ 的行向量也都是 l^2 中的元素.

定义 5.1.8

设 H 是 Hilbert 空间，$T\in\mathcal{B}(H)$. 若 $T=T^*$，即对任何 $x,y\in H$，都有

$$\langle Tx,y\rangle=\langle x,Ty\rangle.$$

则称 T 是 H 上的**自共轭算子**或**自伴算子**.

自共轭算子是有限维空间的共轭对称矩阵的推广. 在例 5.1.1 中,若 $A:\mathbb{C}^n\to\mathbb{C}^n$ 为自共轭算子,A 在某确定基下的矩阵仍记为 A,用 $\overline{A'}$ 表示矩阵 A 的共轭转置,则 $A=\overline{A'}$,即 A 为共轭对称矩阵.

定理 5.1.20

设 H 是复 Hilbert 空间,$T\in\mathcal{B}(H)$. 则

(1) T 是自共轭算子的充要条件是对任意的 $x\in H$,$\langle Tx,x\rangle$ 为实数.

(2) 若 T 是自共轭算子,则 $\|T\|=\sup\limits_{\|x\|=1}|\langle Tx,x\rangle|=\sup\limits_{\|x\|=\|y\|=1}|\langle Tx,y\rangle|$.

(3) 全体自共轭算子组成的集合是 $\mathcal{B}(H)$ 的闭集.

证明 (1) 必要性 设 T 是自共轭算子,则对任意的 $x\in H$,$\langle Tx,x\rangle=\langle x,Tx\rangle=\overline{\langle Tx,x\rangle}$,所以 $\langle Tx,x\rangle$ 为实数.

充分性 因为对任意的 $x\in H$,$\langle Tx,x\rangle$ 为实数,故

$$\langle Tx,x\rangle=\overline{\langle Tx,x\rangle}=\overline{\langle x,T^*x\rangle}=\langle T^*x,x\rangle.$$

令 $S=T-T^*$,则 $\langle Sx,x\rangle=0$,$\forall x\in H$. 对任意的 $y,z\in H$ 及 $\alpha\in\mathbb{K}$,有

$$0=\langle S(\alpha y+z),\alpha y+z\rangle=\alpha\langle Sy,z\rangle+\bar{\alpha}\langle Sz,y\rangle.$$

分别令 $\alpha=1$ 与 $\alpha=\mathrm{i}$ 得

$$\langle Sy,z\rangle+\langle Sz,y\rangle=0;\ \langle Sy,z\rangle-\langle Sz,y\rangle=0.$$

相加得 $\langle Sy,z\rangle=0$. y 与 z 的任意性表明,$S=\theta$,即 $T=T^*$,T 是自共轭算子.

(2) 记 $r_T=\sup\limits_{\|x\|=1}|\langle Tx,x\rangle|$. 当 $\|x\|=1$ 有 $|\langle Tx,x\rangle|\leqslant\|Tx\|\ \|x\|\leqslant\|T\|\ \|x\|^2=\|T\|$,故

$$r_T\leqslant\|T\|. \tag{5.1.19}$$

利用自共轭性得 $\langle T^2x,x\rangle=\langle Tx,Tx\rangle$,对任意 $\alpha>0$,有

$$\langle T(\alpha x+\alpha^{-1}Tx),\alpha x+\alpha^{-1}Tx\rangle-\langle T(\alpha x-\alpha^{-1}Tx),\alpha x-\alpha^{-1}Tx\rangle=4\|Tx\|^2.$$

于是由 r_T 的定义与上式得

$$\begin{aligned}4\|Tx\|^2&\leqslant r_T\|\alpha x+\alpha^{-1}Tx\|^2+r_T\|\alpha x-\alpha^{-1}Tx\|^2\\&=2r_T(\alpha^2\|x\|^2+\alpha^{-2}\|Tx\|^2).\end{aligned}$$

取 x 使 $Tx\neq\theta$,在上式中令 $\alpha^{-2}=\|x\|/\|Tx\|$,则有

$$\|T\|\leqslant r_T. \tag{5.1.20}$$

由式(5.1.19)与式(5.1.20)得 $r_T=\|T\|$. 同样地,记 $s_T=\sup\limits_{\|x\|=\|y\|=1}|\langle Tx,y\rangle|$. 因为

$$|\langle Tx,y\rangle|\leqslant\|Tx\|\ \|y\|\leqslant\|T\|\ \|x\|\ \|y\|.$$

故 $s_T\leqslant\|T\|$. 注意到 $r_T=\sup\limits_{\|x\|=1}|\langle Tx,x\rangle|\leqslant\sup\limits_{\|x\|=\|y\|=1}|\langle Tx,y\rangle|=s_T$,由式(5.1.20)得 $\|T\|\leqslant s_T$,因此也有 $\|T\|=s_T$.

(3) 设 $\{T_n\}$ 是一列自共轭算子且 $T_n\to T$. 则 $T\in\mathcal{B}(H)$,且 $\forall x,y\in H$ 有

$$\begin{aligned}|\langle Tx,y\rangle-\langle x,Ty\rangle|&=|\langle Tx,y\rangle-\langle T_nx,y\rangle+\langle x,T_ny\rangle-\langle x,Ty\rangle|\\&\leqslant|\langle(T-T_n)x,y\rangle|+|\langle x,(T_n-T)y\rangle|\\&\leqslant2\|T_n-T\|\ \|x\|\ \|y\|\to0\ (n\to\infty).\end{aligned}$$

即$\langle Tx,y\rangle=\langle x,Ty\rangle$，故$T$也是自共轭的. 证毕.

定义 5.1.9

设H是Hilbert空间，$T\in\mathcal{B}(H)$.

(1) 若$T^*T=TT^*=I$，其中I为恒等算子，则称T是**酉算子**.

(2) 若$T^*T=TT^*$，即T与T^*可交换，则称T是**正规算子**或**正常算子**.

显然酉算子与自共轭算子都是正规算子的特例. 通常正规算子未必是自共轭的. 注意到$T\in\mathcal{B}(H)$时有$T=T^{**}$. 于是有

$$(TT^*)^*=T^{**}T^*=TT^*,\quad 且\quad (T^*T)^*=T^*T^{**}=T^*T.$$

即T^*T与TT^*都是自共轭算子. 当且仅当这两个自共轭算子相等时T为正规算子.

定理 5.1.21

设H是Hilbert空间，$T\in\mathcal{B}(H)$.

(1) T是正规算子当且仅当

$$\|Tx\|=\|T^*x\|,\quad \forall x\in H. \tag{5.1.21}$$

(2) T是正规算子当且仅当T有唯一分解：$T=A+\mathrm{i}B$，其中A与B都是自共轭的且$AB=BA$.

(3) 若T是正规算子，则$\|T^2\|=\|T\|^2$，$\|T^{*2}\|=\|T^*\|^2$.

(4) 全体正规算子组成的集合是$\mathcal{B}(H)$的闭集.

证明 (1) 必要性 设T是正规的，则对任意$x\in H$有$\langle T^*Tx,x\rangle=\langle TT^*x,x\rangle$，即$\langle Tx,Tx\rangle=\langle T^*x,T^*x\rangle$，故$\|Tx\|=\|T^*x\|$.

充分性 设对任意$x\in H$有式(5.1.21)成立. 则$\langle Tx,Tx\rangle=\langle T^*x,T^*x\rangle$. 于是

$$\langle T^*Tx,x\rangle=\langle TT^*x,x\rangle,\quad 即\quad \langle (T^*T-TT^*)x,x\rangle=0.$$

由于T^*T与TT^*都是自共轭算子，由定理5.1.20(2)，$\|T^*T-TT^*\|=0$，即$T^*T-TT^*=\theta$. 故T是正规的.

(2) 必要性 令$A=\dfrac{1}{2}(T+T^*)$，$B=\dfrac{1}{2\mathrm{i}}(T-T^*)$. 则$T=A+\mathrm{i}B$，$T^*=A-\mathrm{i}B$. 显然$A=A^*$，$B=B^*$. 以下证明分解唯一. 事实上，若$T=A_1+\mathrm{i}B_1$，$A_1$，$B_1$都是自共轭算子，则$A-A_1=\mathrm{i}(B_1-B)$. 于是任意$x\in H$，有

$$\langle (A-A_1)x,x\rangle=\langle \mathrm{i}(B_1-B)x,x\rangle. \tag{5.1.22}$$

由于$A-A_1$，B_1-B都是自共轭的，式(5.1.22)左边为实数，若右边非零则必为纯虚数，导致矛盾. 故

$$\langle (A-A_1)x,x\rangle=\langle (B_1-B)x,x\rangle=\theta,\quad \forall x\in H.$$

由定理5.1.20(2)，$A-A_1=B_1-B=\theta$，分解是唯一的. 注意到

$$TT^*=(A+\mathrm{i}B)(A-\mathrm{i}B)=A^2+B^2+\mathrm{i}(BA-AB), \tag{5.1.23}$$

$$T^*T=(A-\mathrm{i}B)(A+\mathrm{i}B)=A^2+B^2+\mathrm{i}(AB-BA). \tag{5.1.24}$$

由于$TT^*=T^*T$，从式(5.1.23)与式(5.1.24)得$AB=BA$.

充分性 若T有唯一分解$T=A+\mathrm{i}B$，其中A与B都是自共轭的且$AB=BA$，则从式(5.1.23)与式(5.1.24)得$TT^*=T^*T$，即T是正规的.

(3) 由定理5.1.19(2)，有$\|T^*T\|=\|T\|^2$. 因为T是正规的，故对任意$x\in H$，有

$$\langle T^2x,T^2x\rangle=\langle T^*T^2x,Tx\rangle=\langle TT^*Tx,Tx\rangle=\langle T^*Tx,T^*Tx\rangle.$$

即 $\| T^2x \| = \| T^*Tx \|$，于是 $\| T^2 \| = \| T^*T \|$，因而由定理 5.1.19(2) 有 $\| T^2 \| = \| T \|^2$. 同理，$\| T^{*2} \| = \| T^* \|^2$.

(4) 设 $\{T_n\}$ 是一列正规算子且 $T_n \to T$. 则 $T \in \mathcal{B}(H)$. 对任意 $x \in H$，因为 $T_n \to T$，故当 $n \to \infty$ 有

$$\begin{aligned}\| (T_n^* - T^*)x \|^2 &= \langle (T_n - T)(T_n^* - T^*)x, x \rangle \\ &\leqslant \| T_n - T \| \| T_n^* - T^* \| \| x \|^2 \\ &\leqslant \| T_n - T \| (\| T_n^* \| + \| T^* \|) \| x \|^2 \\ &= \| T_n - T \| (\| T_n \| + \| T \|) \| x \|^2 \to 0. \qquad (5.1.25)\end{aligned}$$

即 $T_n^* x \to T^* x$. 因为每个 T_n 是正规的，由(1)得 $\| T_n x \| = \| T_n^* x \|$. 对式(5.1.25)，令 $n \to \infty$，有 $\| Tx \| = \| T^* x \|$. 再由(1)知 T 是正规的. 证毕.

定理 5.1.22

设 H 是 Hilbert 空间，$T \in \mathcal{B}(H)$. 则

(1) T 是酉算子当且仅当 T 是保内积的满射，即

$$\langle Tx, Ty \rangle = \langle x, y \rangle, \quad \forall x, y \in H.$$

(2) 全体酉算子组成的集合是 $\mathcal{B}(H)$ 的闭集.

证明 (1) 必要性 由定义可知 T 和 T^* 都是双射，且

$$\langle x, y \rangle = \langle T^*Tx, y \rangle = \langle Tx, Ty \rangle.$$

充分性 因 T 是满射且保内积，故 T 是双射，且对任意 $x, y \in H$ 有 $\langle x, y \rangle = \langle Tx, Ty \rangle = \langle T^*Tx, y \rangle$，即 $x = T^*Tx$，故 $T^*T = I$. 由于 T 可逆，故 $T^* = T^*I = T^*TT^{-1} = IT^{-1} = T^{-1}$，从而也有 $TT^* = I$.

(2) 设 $\{T_n\}$ 是一列酉算子且 $T_n \to T$. 则 $T \in \mathcal{B}(H)$. 因为 $T_n \to T$，由式(5.1.25)，任意 $x \in H$ 有 $T_n^* x \to T^* x$. 因为每个 T_n 是酉算子，对 $T_n^*T_nx = T_nT_n^*x = x$ 令 $n \to \infty$ 得 $T^*Tx = TT^*x = x$，即 $T^*T = TT^* = I$. 故 T 也是酉算子. 证毕.

5.2 空间的构作与分解

从已知的空间出发产生新的空间，主要有积空间、商空间的构作及子空间分解等技术. 这些构作新空间的技术不仅在讨论空间本身的性态方面起着重要作用，而且也是算子研究必不可少的工具.

5.2.1 积空间与商空间

设 X, Y 是同一数域 $\mathbb{K}$ 上的线性空间. 在 $X \times Y$ 上按坐标定义加法与数乘，即

$$(x_1, y_1) + (x_2, y_2) = (x_1 + x_2, y_1 + y_2), \quad \alpha(x, y) = (\alpha x, \alpha y).$$

则容易验证 $X \times Y$ 是线性空间. $X \times Y$ 称为 X 与 Y 的**积线性空间**.

再设 X, Y 是同一数域 $\mathbb{K}$ 上的赋范空间，类似于二维空间上的 p-范数，在积线性空间 $X \times Y$ 上定义**积范数**：

$$\| (x, y) \|_p = (\| x \|^p + \| y \|^p)^{1/p}, \quad 1 \leqslant p < \infty.$$

则容易验证积空间 $X \times Y$ 成为赋范空间，称为 X 与 Y 的**积赋范空间**. 这样定义的积范数保

证了积空间中点列收敛等价于按坐标收敛，就是说，不改变坐标空间原来各自的拓扑结构．因此，当 X,Y 都完备时，积空间是 Banach 空间．通常取最简单的积范数，即 $p=1$ 时的范数．以后考虑两赋范空间的积空间 $X\times Y$，总认为其范数为

$$\|(x,y)\|=\|x\|+\|y\|.$$

上述构作两个赋范空间的积的方法可以推广到任意 n 个赋范空间 $\{(X_i,\|\cdot\|_i)\}_{i=1}^n$ 的积 $X_1\times X_2\times\cdots\times X_n$ 的情形，其积范数以后总取为

$$\|(x_1,x_2,\cdots,x_n)\|=\|x_1\|_1+\|x_2\|_2+\cdots+\|x_n\|_n.$$

若映射 $P_i: X_1\times X_2\times\cdots\times X_n\to X_i$ 使 $P_i(x_1,x_2,\cdots,x_n)=x_i$，则称 P_i 为从积赋范空间 $X_1\times X_2\times\cdots\times X_n$ 到坐标空间 X_i 的**投影**．显然每个投影 P_i 是线性的满的连续算子，连续性可从下列事实看出：X_i 的每个开集 V_i 的逆像

$$P_i^{-1}(V_i)=X_1\times X_2\times\cdots\times X_{i-1}\times V_i\times X_{i+1}\times\cdots\times X_n$$

是积赋范空间的开集．或从不等式 $\|P_i(x_1,x_2,\cdots,x_n)\|_i=\|x_i\|_i\leqslant\|(x_1,x_2,\cdots,x_n)\|$ 也可看出．

例 5.2.1 设 X,Y 为赋范空间，$T: X\to Y$ 为闭线性算子．由于 T 是线性的，故容易验证 T 的图像

$$G(T)=\{(x,y): x\in X, y=Tx\in Y\}$$

是积赋范空间 $X\times Y$ 的线性子空间．对任意 $\{(x_n,Tx_n)\}\subset G(T)$，$(x_n,Tx_n)\to(x,y)$，由

$$\begin{aligned}\max\{\|x_n-x\|,\|Tx_n-y\|\}&\leqslant\|x_n-x\|+\|Tx_n-y\|\\&=\|(x_n,Tx_n)-(x,y)\|\to 0\end{aligned}$$

可知 $x_n\to x$，$Tx_n\to y$．因为 T 是闭算子，故 $y=Tx$，即 $(x,y)\in G(T)$．这表明 $G(T)$ 是闭的．反之，若线性算子 T 的图像 $G(T)$ 在 $X\times Y$ 中是闭的，则 T 也必是闭算子．因此，闭算子就是闭图像的算子．

现在来考虑商空间的构作．

设 X 是线性空间，$E\subset X$ 是线性子空间．若规定 $x\sim y$ 当且仅当 $x-y\in E$，则"$\sim$"是 X 中的等价关系．

事实上，由于 E 是线性子空间，任意 $x\in X$，有 $x-x=\theta\in E$，故 $x\sim x$；当 $x-y\in E$ 时 $y-x=-(x-y)\in E$，故 $x\sim y$ 蕴涵 $y\sim x$；若 $x-y\in E$，$y-z\in E$，则 $x-z=(x-y)+(y-z)\in E$，故 $x\sim y$ 与 $y\sim z$ 蕴涵 $x\sim z$．

将商集 $X/\sim$ 记为 X/E，以 $\bar{x}$ 记 X/E 中的元（x 所在的等价类），即 $X/E=\{\bar{x}: x\in X\}$，显见

$$\bar{x}=\{x+y: y\in E\}=x+E,\quad \bar{\theta}=E.$$

在 X/E 上定义线性运算：

$$\bar{x}+\bar{y}=\overline{x+y}, \alpha\bar{x}=\overline{\alpha x},\quad \forall x,y\in X, \alpha\in\mathbb{K}.$$

这些运算有确定的定义．因为，若 $\overline{x_1}=\overline{x_2}$，$\overline{y_1}=\overline{y_2}$，则 $x_1-x_2\in E$，$y_1-y_2\in E$．于是 $(x_1+y_1)-(x_2+y_2)\in E$，$\alpha x_1-\alpha x_2\in E$．从而有 $\overline{x_1+y_1}=\overline{x_2+y_2}$，$\overline{\alpha x_1}=\overline{\alpha x_2}$．按定义可验证 X/E 构成线性空间，称 X/E 是 X 关于 E 的**商线性空间**，其零元为 $\bar{\theta}$．

定理 5.2.1

设 X 是赋范空间，E 是 X 的**闭**线性子空间．

(1) 若在商线性空间 X/E 上定义

$$\|\bar{x}\| = \inf_{y\in\bar{x}} \|y\|, \quad \forall \bar{x}\in X/E. \tag{5.2.1}$$

则 X/E 成为赋范空间,称为 X 关于 E 的**商赋范空间**,简称**商空间**.

(2) X 完备的充要条件是 E 与 X/E 都完备.

证明 (1) 只需证明式(5.2.1)是 X/E 上的范数.

(N1) 对每个 $\bar{x}\in X/E$, $\|\bar{x}\|\geqslant 0$; 若 $\|\bar{x}\|=0$,则由式(5.2.1)与下确界定义,有 $\{y_n\}\subset\bar{x}$, $\|y_n\|\to 0$. 于是 $y_n - x = z_n\in E$, $z_n\to -x$. 由于 E 是闭的,因而有 $x\in E$,即 $\bar{x}=\bar{\theta}$.

(N2) $\|\alpha\bar{x}\| = \inf\limits_{y\in\bar{x}} \|\alpha y\| = |\alpha| \inf\limits_{y\in\bar{x}} \|y\| = |\alpha|\,\|\bar{x}\|$, $\forall\bar{x}\in X/E$, $\forall\alpha\in\mathbb{K}$.

(N3) 对任意 $\bar{x},\bar{y}\in X/E$,由式(5.2.1)与下确界定义,有

$$\{x_n\}\subset\bar{x},\ \|x_n\| < \|\bar{x}\|+1/n, \quad 且 \quad \{y_n\}\subset\bar{y},\ \|y_n\| < \|\bar{y}\|+1/n.$$

于是 $x_n+y_n\in\bar{x}+\bar{y}$,且有

$$\|\bar{x}+\bar{y}\| \leqslant \|x_n+y_n\| \leqslant \|x_n\|+\|y_n\| \leqslant \|\bar{x}\|+\|\bar{y}\|+2/n.$$

令 $n\to\infty$,得 $\|\bar{x}+\bar{y}\|\leqslant\|\bar{x}\|+\|\bar{y}\|$.

(2) 必要性 设 X 完备,则 E 作为 X 的闭线性子空间显然是完备的. 设 $\{\bar{x}_n\}$ 是 X/E 中的 Cauchy 序列. 则对 $\varepsilon_k=1/2^k\,(k\in\mathbb{Z}^+)$,存在 n_k 使当 $n>n_k$ 时, $\|\bar{x}_n-\bar{x}_{n_k}\|<\varepsilon_k$. 不妨设 $\{n_k\}$ 是单调增加的. 记 $u_k=x_{n_k}$,则 $\{\bar{u}_k\}$ 是 $\{\bar{x}_n\}$ 的子序列并且 $\|\bar{u}_{k+1}-\bar{u}_k\|<\varepsilon_k$. 由式(5.2.1)与下确界定义,存在 $z_k\in E$ 使得 $\|u_{k+1}-u_k+z_k\|<\varepsilon_k$. 记 $v_k=u_{k+1}-u_k+z_k$,则 $\sum\limits_{k=1}^{\infty}\|v_k\|<\infty$. 因为 X 完备,故 $\sum\limits_{k=1}^{\infty} v_k$ 收敛,即有 $v\in X$ 使得 $\lim\limits_{n\to\infty}\sum\limits_{k=1}^{n} v_k=v$. 令 $x=v+u_1$. 以下证明 $\bar{x}_n\to\bar{x}$.

事实上,由每个 $z_i\in E$ 可知 $\sum\limits_{i=1}^{k} z_i\in E$,即 $\overline{\sum\limits_{i=1}^{k} z_i}=\bar{\theta}$. 于是

$$\begin{aligned}\|\bar{u}_{k+1}-\bar{x}\| &= \|\bar{u}_{k+1}-\bar{v}-\bar{u}_1\| \leqslant \left\|u_{k+1}-v-u_1+\sum_{i=1}^{k} z_i\right\| \\ &= \left\|\sum_{i=1}^{k}(u_{i+1}-u_i)+\sum_{i=1}^{k} z_i - v\right\| = \left\|\sum_{i=1}^{k} v_i - v\right\| \to 0.\end{aligned}$$

这表明 $\bar{u}_k\to\bar{x}$,即 $\bar{x}_{n_k}\to\bar{x}$. 因 $\{\bar{x}_n\}$ 是 Cauchy 序列,其中有子列 $\{\bar{x}_{n_k}\}$ 收敛于 $\bar{x}$,故 $\{\bar{x}_n\}$ 本身收敛并且 $\bar{x}_n\to\bar{x}$,这表明 X/E 完备.

充分性 设 $\{x_n\}$ 是 X 中的 Cauchy 序列. 由式(5.2.1)得 $\|\bar{x}_n-\bar{x}_m\|\leqslant\|x_n-x_m\|$,可知 $\{\bar{x}_n\}$ 是 X/E 中的 Cauchy 序列. 因为 X/E 完备,故存在 $\bar{x}\in X/E$ 使 $\bar{x}_n\to\bar{x}$. 注意到

$$\begin{aligned}\rho(x_n,\bar{x}) &= \inf_{y\in\bar{x}}\|x_n-y\| = \inf_{z\in E}\|x_n-(x+z)\| = \rho(x_n-x,E) \\ &= \|\bar{x}_n-\bar{x}\| \to 0.\end{aligned} \tag{5.2.2}$$

按点到集的距离的定义,对任意 $n\in\mathbb{Z}^+$,必存在 $y_n\in E$ 使

$$\|x_n-x-y_n\| < \rho(x_n,\bar{x})+1/n. \tag{5.2.3}$$

于是由式(5.2.2)与式(5.2.3)得

$$\begin{aligned}\|y_n - y_m\| &= \|y_n - (x_n - x) + (x_n - x_m) + (x_m - x) - y_m\| \\ &\leqslant \|x_n - x - y_n\| + \|x_n - x_m\| + \\ &\quad \|x_m - x - y_m\| \to 0\ (m,n\to\infty).\end{aligned}$$

这表明$\{y_n\}$是E中 Cauchy 序列. 因为E是完备的,故存在$y\in E$使$y_n\to y$. 从而有

$$\|x_n - (x+y)\| \leqslant \|x_n - x - y_n\| + \|y_n - y\| \to 0.$$

即$x_n\to x+y$. 因此X是完备的. 证毕.

命题 5.2.2

设X是赋范空间,E是X的闭线性子空间. 设**商投射**$P: X\to X/E$使$Px=\bar{x}$, $\forall x\in X$. 则

(1) P是线性的连续的满映射.

(2) P将X中的每个开集映为X/E中的开集,即商投射P是开映射.

证明 (1) 易知P是线性的满映射. 因为

$$\|Px\| = \|\bar{x}\| = \inf_{y\in\bar{x}} \|y\| \leqslant \|x\|, \quad \forall x\in X,$$

故P是连续的.

(2) 考虑空间X中的球$B(\theta,r)$和X/E中的球

$$B(\bar{\theta},r) = \{\bar{x}\in X/E: \|\bar{x}\| < r\}.$$

对每个$\bar{x}\in B(\bar{\theta},r)$,存在$y\in\bar{x}$, $\|y\|<r$. 于是$\bar{x}=\bar{y}=Py\in P(B(\theta,r))$. 这表明

$$B(\bar{\theta},r) \subset P(B(\theta,r)). \tag{5.2.4}$$

设$V\subset X$是开集,现证$P(V)$是X/E中的开集. 事实上,对任一点$\bar{x}\in P(V)$,存在$x\in V$,使得$Px=\bar{x}$. 因V是开集,故有$r>0$使得$x+B(\theta,r)=B(x,r)\subset V$. 于是由式(5.2.4)得

$$\bar{x} + B(\bar{\theta},r) \subset Px + P(B(\theta,r)) = P(x + B(\theta,r)) = P(B(x,r)) \subset P(V).$$

所以$\bar{x}$是$P(V)$的内点. $\bar{x}$是任意的,故$P(V)$是开集. 证毕.

利用积空间与商空间技术可讨论开映射定理与闭图像定理的等价性.

定理 5.2.3

设T是从 Banach 空间X到 Banach 空间Y的线性算子. 则开映射定理与闭图像定理等价. 其中

开映射定理　若T是有界的,且$TX=Y$(满射),则T是开映射.

闭图像定理　若T是闭算子,则T有界.

证明 (阅读)开映射定理$\Rightarrow$闭图像定理

因为X,Y都是 Banach 空间,故积空间$X\times Y$按积范数$\|(x,y)\|=\|x\|+\|y\|$成为 Banach 空间. 因T是线性的,故图像$G(T)$是$X\times Y$的线性子空间. 因为T是闭算子,故$G(T)$是$X\times Y$的闭线性子空间. 从而$G(T)$本身是 Banach 空间. 定义投影算子P: $G(T)\to X$使

$$\forall (x,Tx)\in G(T), \quad P(x,Tx) = x.$$

则P是线性的,且P是双射(单满射). 又因为

$$\|P(x,Tx)\| = \|x\| \leqslant \|x\| + \|Tx\| = \|(x,Tx)\|,$$

故$\|P\|\leqslant 1$. 根据开映射定理,P是开映射且可逆,故P^{-1}: $X\to G(T)$是有界的. 于是对任

意 $x\in X$，有

$$\|Tx\|\leqslant\|x\|+\|Tx\|=\|(x,Tx)\|=\|P^{-1}x\|\leqslant\|P^{-1}\|\|x\|.$$

即 $\|T\|\leqslant\|P^{-1}\|$，这表明 T 是有界的.

闭图像定理⇒开映射定理

因为 T 有界，故 $\mathcal{N}(T)$ 是 X 的闭线性子空间. 因为 X 完备，故商空间 $X/\mathcal{N}(T)$ 完备. 现定义算子 $\overline{T}: X/\mathcal{N}(T)\to Y$：

$$\overline{T}\bar{x}=Tx,\quad \forall \bar{x}\in X/\mathcal{N}(T).$$

若 $\bar{x}=\bar{y}$，则 $y\in\bar{x}$，即 $y=x+z$，$z\in\mathcal{N}(T)$，于是 $Ty=Tx$，从而 $\overline{T}\bar{y}=\overline{T}\bar{x}$，这表明 $\overline{T}$ 有确定的定义. 容易验证 $\overline{T}$ 是线性的. 由 T 是满射知 $\overline{T}$ 也是满射. 现设 $\overline{T}\bar{y}=\overline{T}\bar{x}$. 则 $Ty=Tx$，即 $T(y-x)=\theta$. 于是 $y-x\in\mathcal{N}(T)$，即 $\bar{x}=\bar{y}$. 这表明 $\overline{T}$ 是单射. 以下证明 $\overline{T}$ 是闭算子. 设 $\{\bar{x}_n\}\subset X/\mathcal{N}(T)$ 使

$$\bar{x}_n\to\bar{x},\quad \overline{T}\bar{x}_n\to y\in Y.$$

因为对任意 $k\in\mathbb{Z}^+$，存在 $n_k\in\mathbb{Z}^+$，使当 $n\geqslant n_k$ 时有 $\|\bar{x}_n-\bar{x}\|=\inf\limits_{z_n\in\bar{x}_n-\bar{x}}\|z_n\|<2^{-k}$，故可取 $z_{n_k}\in\bar{x}_{n_k}-\bar{x}$，使 $\|z_{n_k}\|<2^{-k}$. 由此得到 $u\in\bar{x}$（固定），$u_{n_k}\in\bar{x}_{n_k}$ 使

$$u_{n_k}-u=z_{n_k}\to\theta,\quad k\to\infty.$$

从而

$$u_{n_k}\to u,\quad Tu_{n_k}=\overline{T}\bar{u}_{n_k}=\overline{T}\bar{x}_{n_k}\to y,\quad k\to\infty. \tag{5.2.5}$$

因为 T 连续，故 $Tu_{n_k}\to Tu$. 由式(5.2.5)可知 $Tu=y$. 因此 $y=Tu=\overline{T}\bar{u}=\overline{T}\bar{x}$. 这表明 $\overline{T}$ 是闭算子.

由于 $\overline{T}$ 是线性闭算子且 $\overline{T}$ 可逆，故逆算子 $\overline{T}^{-1}$ 也是线性闭算子. 利用闭图像定理，可知 $\overline{T}^{-1}$ 是连续的，从而 $\overline{T}$ 是开映射. 设 $P: X\to X/\mathcal{N}(T)$ 为商投射，则 $\overline{T}$ 与 P 的积（复合）$\overline{T}P=T$. 由于 P 是开映射，故 T 是开映射. 证毕.

5.2.2 空间的分解与投影

线性算子的结构和空间的分解是密切相关的，正如我们在线性代数中所看到的那样. 我们自然对无限维空间作同样的考察并希望有类似的性质.

设 X 是线性空间，X_1 与 X_2 是 X 的两个线性子空间，若 $X_1\cap X_2=\{\theta\}$，即 X_1 与 X_2 只有唯一的公共元 θ，则称全体形如 x_1+x_2（其中 $x_1\in X_1$，$x_2\in X_2$）的元的集合为 X_1 与 X_2 的**代数直和**，记为 $X_1\dot{+}X_2$，若 $X=X_1\dot{+}X_2$，则称 $\{X_1,X_2\}$ 是 X 的**代数分解**，称 X_1 与 X_2 是**代数互补的**，X_2 称为 X_1 在 X 中的**代数补**（参见后面的图 5-3）. 类似地，可以定义任意有限个子空间的代数直和.

命题 5.2.4

设 X_1，X_2 是线性空间 X 的线性子空间，则 $X=X_1\dot{+}X_2$ 当且仅当每个 $x\in X$ 有唯一分解式 $x=x_1+x_2$，$x_1\in X_1$，$x_2\in X_2$.

证明 设 $X=X_1\dot{+}X_2$，若 x 有分解式

$$x=x_1+x_2,\ x_1\in X_1,\ x_2\in X_2;\quad 且\quad x=x_1'+x_2',\ x_1'\in X_1,\ x_2'\in X_2.$$

则 $x_1+x_2=x_1'+x_2'$，于是 $x_1-x_1'=x_2'-x_2\in X_1\cap X_2=\{\theta\}$. 这蕴涵 $x_1=x_1'$，$x_2=x_2'$，分

解式唯一.

反之,若每个 $x\in X$ 有唯一分解式,设 $x\in X_1\cap X_2$,则 x 有分解式

$$x=x+\theta,\quad x\in X_1,\quad \theta\in X_2 \quad 及 \quad x=\theta+x,\quad \theta\in X_1,\quad x\in X_2.$$

于是由分解式的唯一性推出 $x=\theta$,从而 $X_1\cap X_2=\{\theta\}$. 证毕.

命题 5.2.5

设 X_1,X_2 是线性空间 X 的线性子空间. 若 $X=X_1\dotplus X_2$,则 $\dim X=\dim X_1+\dim X_2$.

证明 若 X_1 与 X_2 有一个是无限维的,则 X 必是无限维的,结论自然成立. 故不妨设 X_1 与 X_2 都是有限维的. 设 $\{y_1,y_2,\cdots,y_m\}$ 是 X_1 的基,$\{z_1,z_2,\cdots,z_n\}$ 是 X_2 的基. 因为 $X=X_1\dotplus X_2$,故 $\operatorname{span}\{y_1,y_2,\cdots,y_m,z_1,z_2,\cdots,z_n\}=X$. 设

$$\alpha_1y_1+\alpha_2y_2+\cdots+\alpha_my_m+\beta_1z_1+\beta_2z_2+\cdots+\beta_nz_n=\theta,$$

其中,$\alpha_1,\alpha_2,\cdots,\alpha_m,\beta_1,\beta_2,\cdots,\beta_n\in\mathbb{K}$. 则由

$$\alpha_1y_1+\alpha_2y_2+\cdots+\alpha_my_m=-(\beta_1z_1+\beta_2z_2+\cdots+\beta_nz_n)\in X_1\cap X_2=\{\theta\}$$

得 $\alpha_1=\alpha_2=\cdots=\alpha_m=\beta_1=\beta_2=\cdots=\beta_n=0$. 这蕴涵 $\{y_1,y_2,\cdots,y_m,z_1,z_2,\cdots,z_n\}$ 线性无关,从而是 X 的一个基,所以 $\dim X=m+n=\dim X_1+\dim X_2$.

定理 5.2.6

设 X_1,X_2 是线性空间 X 的线性子空间. 若 $X=X_1\dotplus X_2$. 则 X_2 与 X/X_1(代数)同构.

证明 设 $P: X\to X/X_1$ 为商投射,即 $Px=\bar{x}$,$\forall x\in X$. 则 P 显然是线性算子. 记 Q 为 P 在 X_2 上的限制,即 $Q=P|_{X_2}$,则 Q 仍然是线性算子. 以下只需证明 Q 是双射. 对任意 $\bar{x}\in X/X_1$,存在 $x\in X$ 使 $Px=\bar{x}$. 因 x 有唯一分解 $x=x_1+x_2$,$x_1\in X_1$,$x_2\in X_2$,故

$$Qx_2=Px_2=Px-Px_1=\bar{x}-\bar{\theta}=\bar{x}.$$

即 Q 是满射. 若 $Qy_2=Qz_2$,其中 $y_2,z_2\in X_2$,则

$$P(z_2-y_2)=Q(z_2-y_2)=\bar{\theta}.$$

这表明 $z_2-y_2\in X_1$. 由于 $X_1\cap X_2=\{\theta\}$,故 $z_2-y_2=\theta$,即 $z_2=y_2$,Q 是单射. 证毕.

定理 5.2.7

设 Y 是线性空间 X 的线性子空间,则必存在 X 的线性子空间 Z 使 $X=Y\dotplus Z$,即 Z 是 Y 的代数补.

证明 不妨设 Y 是 X 的非零的真子空间,因为 Y 本身是线性空间,必具有 Hamel 基 H_0. H_0 是 X 的线性无关子集,必存在 X 的一个 Hamel 基 $H\supset H_0$. 设 $Z=\operatorname{span}(H\setminus H_0)$. 则 Z 就是 Y 的一个代数补. 事实上,X 中的任一元 x 是 H 中元的线性组合,从而可以表示成 H_0 中元的线性组合与 $H\setminus H_0$ 中元的线性组合之和,即 Y 中元与 Z 中元之和,所以 $X=Y+Z$. 设 $x\in Y\cap Z$,则存在 $y_1,y_2,\cdots,y_m\in H_0$,$z_1,z_2,\cdots,z_n\in H\setminus H_0$ 及 $\alpha_1,\alpha_2,\cdots,\alpha_m$,$\beta_1,\beta_2,\cdots,\beta_n\in\mathbb{K}$ 使

$$x=\alpha_1y_1+\alpha_2y_2+\cdots+\alpha_my_m=\beta_1z_1+\beta_2z_2+\cdots+\beta_nz_n.$$

从而 $\alpha_1y_1+\alpha_2y_2+\cdots+\alpha_my_m-\beta_1z_1-\beta_2z_2-\cdots-\beta_nz_n=\theta$. 因为 $y_1,y_2,\cdots,y_m,z_1,z_2,\cdots,z_n\in H$,它们是线性无关的,故 $\alpha_1=\alpha_2=\cdots=\alpha_m=\beta_1=\beta_2=\cdots=\beta_n=0$,即 $x=\theta$. 因此 $Y\cap Z=\{\theta\}$. 证毕.

由于商线性空间 X/Y 的维数为 X 的维数与 Y 的维数之差，因而有下述定义.

定义 5.2.1

设 Y 是线性空间 X 的线性子空间. 则称商线性空间 X/Y 的维数为 Y 的**余维数**，记为 $\text{codim}Y$，即

$$\text{codim}Y=\dim(X/Y).$$

下面来考察投影与空间分解的关系.

定义 5.2.2

(1) 设 P 是从线性空间 X 到自身的算子，若 P 满足 $P^2=P$，则称 P 是**幂等**的.

(2) 设 X_1,X_2 为线性空间 X 的线性子空间，并且 $X=X_1\dot{+}X_2$. 定义映射 $P:X\to X_1$ 为

$$Px=x_1,\quad 当\quad x=x_1+x_2,x_1\in X_1,x_2\in X_2.$$

按命题 5.2.4，分解式是唯一的，从而映射 P 的定义是确定的. 称 P 为与分解 $\{X_1,X_2\}$ 相关的从 X 到 X_1 的**投影算子**，简称为投影算子(参见图 5-3).

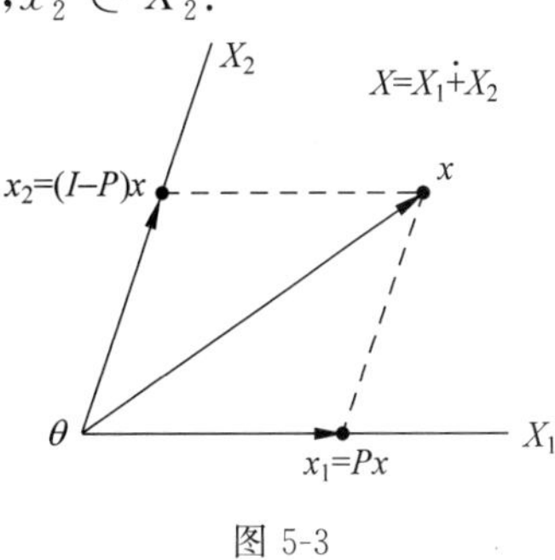

图 5-3

这种由空间的分解所确定的投影具有下述性质.

命题 5.2.8

设 X_1 与 X_2 是线性空间 X 的子空间，且 $X=X_1\dot{+}X_2$. P 为与 $\{X_1,X_2\}$ 相关的从 X 到 X_1 的投影算子. 则 P 为幂等的线性算子，且 $\mathcal{R}(P)=X_1$，$\mathcal{N}(P)=X_2$.

证明　对 $x\in X$，有唯一分解 $x=x_1+x_2$，其中 $x_1\in X_1,x_2\in X_2$. 于是

$$P^2x=P(Px)=Px_1=x_1=Px.$$

即 $P^2=P$，P 是幂等的. 对 $x,y\in X$，$\alpha,\beta\in\mathbb{K}$，按分解式得到

$$\alpha x+\beta y=(\alpha x_1+\beta y_1)+(\alpha x_2+\beta y_2),\quad x_1,y_1\in X_1,x_2,y_2\in X_2.$$

由于 $P(\alpha x+\beta y)=\alpha x_1+\beta y_1=\alpha Px+\beta Py$，故 P 是线性算子. $\mathcal{R}(P)=X_1$ 是显然的. 由于当 $x_2\in X_2$，其唯一分解式为 $x_2=\theta+x_2$，故有 $Px_2=\theta$，$X_2\subset\mathcal{N}(P)$；又当 $x\in\mathcal{N}(P)$时，其唯一分解式为 $x=x_1+x_2$，则 $x_1=Px=\theta$，有 $x=x_2\in X_2$，$\mathcal{N}(P)\subset X_2$. 因此$\mathcal{N}(P)=X_2$. 证毕.

命题 5.2.8 表明线性投影算子是幂等的. 反之，幂等的线性算子也确定了线性空间上的投影，从而决定了空间的分解.

命题 5.2.9

设 P 是线性空间 X 上的幂等的线性算子，则 P 是 X 上的投影算子，且

(1) $X=\mathcal{R}(P)\dot{+}\mathcal{N}(P)$，即$\mathcal{R}(P)$与$\mathcal{N}(P)$是代数互补的.

(2) 设 I 是恒等算子，则 $I-P$ 也是投影算子，且

$$\mathcal{R}(I-P)=\mathcal{N}(P),\quad \mathcal{N}(I-P)=\mathcal{R}(P).$$

证明　(1) 设 $x\in\mathcal{R}(P)\cap\mathcal{N}(P)$. 因为 $x\in\mathcal{R}(P)$，故存在 $y\in X$ 使 $Py=x$，且

$$Px=P(Py)=P^2y=Py=x.$$

又因为 $x\in\mathcal{N}(P)$，故 $Px=\theta$. 二者结合起来得到 $x=\theta$，即$\mathcal{R}(P)\cap\mathcal{N}(P)=\{\theta\}$.

对每个 $x\in X$，令 $x_1=Px$，$x_2=x-x_1$，则 $x=x_1+x_2$，$x_1\in\mathcal{R}(P)$，且由于 $Px_2=$

$P(x-x_1)=Px-Px_1=Px-P^2x=\theta$，有 $x_2\in\mathcal{N}(P)$. 于是 P 是与分解

$$\{\mathcal{R}(P),\mathcal{N}(P)\}$$

相关的投影算子.

(2) 显然 $I-P$ 也是线性的，由于 $(I-P)^2=I^2-IP-PI+P^2=I-P$，即 $I-P$ 是幂等的，故 $I-P$ 是投影算子. 由于

$$x\in\mathcal{N}(P)\Leftrightarrow Px=\theta\Leftrightarrow(I-P)x=x\Leftrightarrow x\in\mathcal{R}(I-P),$$

故 $\mathcal{R}(I-P)=\mathcal{N}(P)$. 同理可证 $\mathcal{N}(I-P)=\mathcal{R}(P)$. 证毕.

现设 X 是 Banach 空间. 若 X_1 与 X_2 是 X 的两个闭线性子空间，则代数直和 $X_1\dot{+}X_2$ 就被称为**拓扑直和**，记为 $X_1\oplus X_2$. 若 $X=X_1\oplus X_2$，则称 $\{X_1,X_2\}$ 是 X 的**拓扑分解**，称 X_1 与 X_2 是**拓扑互补的**，X_2 称为 X_1 在 X 中的**拓扑补**. 类似地可以定义任意有限个子空间的拓扑直和.

例 5.2.2 设 X 是线性空间，f 是 X 上的线性泛函. 设 $f\neq\theta$，取 $x_0\in X$ 使 $f(x_0)\neq 0$，则每个 $x\in X$ 有分解

$$x=\left[x-\frac{f(x)}{f(x_0)}x_0\right]+\frac{f(x)}{f(x_0)}x_0,$$

其中，$x-\frac{f(x)}{f(x_0)}x_0\in\mathcal{N}(f)$，$\frac{f(x)}{f(x_0)}x_0\in\operatorname{span}\{x_0\}$.

若 $\alpha x_0\in\mathcal{N}(f)$，即 $0=f(\alpha x_0)=\alpha f(x_0)$，则推出 $\alpha=0$，即上述分解式是唯一的. 所以，有

$$X=\mathcal{N}(f)\dot{+}\operatorname{span}\{x_0\}. \tag{5.2.6}$$

即 X 是 f 的零空间与一维子空间 $\operatorname{span}\{x_0\}$ 的直和，$\mathcal{N}(f)$ 是 X 的极大了空间. 设 X 是 Banach 空间，式(5.2.6)能否是拓扑直和？这仅取决于 $\mathcal{N}(f)$ 是否闭. 因为 $\operatorname{span}\{x_0\}$ 作为有限维(1 维)子空间总是闭的. 注意到 $\mathcal{N}(f)$ 是否闭取决于 f 是否连续. 因此当 $f\in X^*$ 且 $f\neq\theta$ 时，必有 $X=\mathcal{N}(f)\oplus\operatorname{span}\{x_0\}$. 这一事实表明，一维子空间与一余维的子空间总存在拓扑补.

例 5.2.3 设 H 是 Hilbert 空间，若 M 是 H 的闭线性子空间，则 M 在 H 中必存在拓扑补. 事实上，按投影定理，正交补 $M^{\perp}$ 就是一种特殊的拓扑补，$H=M\oplus M^{\perp}$.

在一般的 Banach 空间中，一个闭线性子空间未必总存在拓扑补. 事实上有下列著名的定理.

定理 5.2.10（Lindenstrauss-Tzafriri 定理）（参见参考文献[9]）

如果 Banach 空间 X 的每个闭线性子空间在 X 中都存在拓扑补，则 X 必与 Hilbert 空间线性同胚.

在 Banach 空间中，空间的拓扑分解与投影算子的连续性密切相关.

定理 5.2.11

设 X 是 Banach 空间，X 的闭线性子空间 Y 在 X 中存在拓扑补的充要条件是存在连续的投影算子 P 使 $Y=\mathcal{R}(P)$.

证明 必要性 设 $X=Y\oplus Z$，Z 是 X 的闭线性子空间，则存在投影算子 P，使 $\mathcal{R}(P)=Y$，$\mathcal{N}(P)=Z$. 下面只需证 P 是连续的. 由于 P 是从 X 到 Y 的线性算子，X 与 Y 都是

Banach 空间，根据闭图像定理，只需证 P 是闭算子. 设 $x_n \to y, Px_n \to y_1$. 则 $\lim\limits_{n\to\infty}(x_n - Px_n) = y - y_1$. 因为 $Px_n \in Y, x_n - Px_n \in Z$，而 Y 与 Z 是闭的，故 $y_1 \in Y, y - y_1 \in Z$. 从而 $Py_1 = y_1, P(y-y_1) = \theta$. 因此 $y_1 = Py_1 = Py$. 这表明 P 是闭算子.

充分性　设存在连续的投影算子 P 使 $\mathcal{R}(P) = Y$. 按命题 5.2.9, $X = \mathcal{R}(P) \dotplus \mathcal{N}(P)$. 因为 P 是连续的，故 $\mathcal{N}(P)$ 是 X 的闭线性子空间. 记 $Z = \mathcal{N}(P)$，有 $X = Y \oplus Z$. 证毕.

定理 5.2.12

设 Y 是 Banach 空间 X 的线性子空间.

(1) 若 $\dim Y < \infty$，则 Y 在 X 中存在拓扑补.

(2) 若 $\operatorname{codim} Y < \infty$，则 Y 在 X 中存在拓扑补.

证明　(1) 设 $\dim Y = n$，由于任何 n 维赋范空间都是线性同胚的，特别 Y 与 n 维 Euclid 空间 $\mathbb{K}^n$ 线性同胚. 在 Y 中取 n 个线性无关的向量 $\{x_i\}_{i=1}^n$ 作为基，则存在常数 $C_1, C_2 > 0$ 使

$$C_1\left(\sum_{i=1}^n |\alpha_i|^2\right)^{1/2} \leqslant \left\|\sum_{i=1}^n \alpha_i x_i\right\| \leqslant C_2\left(\sum_{i=1}^n |\alpha_i|^2\right)^{1/2}.$$

在 Y 上定义泛函 f_j 使 $\left(f_j, \sum\limits_{i=1}^n \alpha_i x_i\right) = \alpha_j\ (j = 1, 2, \cdots, n)$，则

$$\left|\left(f_j, \sum_{i=1}^n \alpha_i x_i\right)\right| = |\alpha_j| \leqslant \left(\sum_{i=1}^n |\alpha_i|^2\right)^{1/2} \leqslant \frac{1}{C_1}\left\|\sum_{i=1}^n \alpha_i x_i\right\|,$$

$$\|f_j\| \leqslant \frac{1}{C_1}, \quad j = 1, 2, \cdots, n; \quad \{f_j\}_{j=1}^n \subset Y^*.$$

利用 Hahn-Banach 定理，将每个 $f_j \in Y^*$ 保范延拓为 $f_j \in X^*$. 令 $P: X \to Y$ 使

$$Px = \sum_{j=1}^n (f_j, x) x_j, \quad \forall x \in X.$$

注意到

$$(f_j, x_i) = \begin{cases} 1, & i = j; \\ 0, & i \neq j. \end{cases}$$

$\{f_j\}_{j=1}^n$ 实际上是 Y^* 中相应于 $\{x_i\}_{i=1}^n$ 的对偶基. 容易知道 P 是线性的幂等的，即 P 是从 X 到 Y 的投影算子. 又有

$$\|Px\| \leqslant C_2\left(\sum_{j=1}^n |(f_j, x)|^2\right)^{1/2} \leqslant C_2\left(\sum_{j=1}^n \|f_j\|^2\right)^{1/2} \|x\|.$$

从而 $\|P\| \leqslant n^{1/2} C_2 C_1^{-1}$，$P$ 是有界的. 所以，由定理 5.2.11, Y 在 X 中存在拓扑补.

(2) 利用定理 5.2.7，存在 X 的线性子空间 Z 使 $X = Y \dotplus Z$，令 $P: X \to X/Y$ 为商投射，则 $Q = P|_Z : Z \to X/Y$ 是双射. 由于 $\dim(X/Y) < \infty$，故

$$\dim Z = \dim(X/Y) < \infty.$$

Z 是 X 的有限维子空间，从而是闭的. 于是按(1), Z 在 X 中存在拓扑补，由分解的唯一性知其拓扑补为 Y，于是 Y 是闭的，且 Y 在 X 中存在拓扑补为 Z. 证毕.

利用空间分解方法可以对线性算子结构给予几何刻画，其中最基本的概念是不变子空

间与约化子空间.

定义 5.2.3

设 X 为 Banach 空间，$T\in\mathcal{B}(X)$. 若 X 的线性子空间 Y 使 $TY\subset Y$，则称 Y 为 T 的**不变子空间**. 若 Y 与 Z 是 X 的拓扑互补的闭线性子空间，且又都是 T 的不变子空间，则称 $\{Y,Z\}$ **约化** T，也称 Y 与 Z 是 T 的**约化子空间**.

在上述定义中，如果 Y 是 T 的不变子空间，则 T 在 Y 上的限制 $T|_Y$ 是一个从 Y 到 Y 的有界线性算子. 如果 $\{Y,Z\}$ 约化 T，那么对 T 的研究就可转化为对较小空间上的算子 $T|_Y$ 与 $T|_Z$ 的研究，所以 X 的这种按照 T 之约化子空间的分解 $X=Y\oplus Z$ 是十分重要的.

命题 5.2.13

设 X 为 Banach 空间，$T\in\mathcal{B}(X)$，P 是 X 到其线性子空间 Y 上的投影，则 Y 是 T 的不变子空间当且仅当 $TP=PTP$.

证明 设 Y 是 T 的不变子空间，任给 $x\in X$，有 $TPx\in T(Y)\subset Y$. 故 $P(TPx)=TPx$. 反之，设 $TP=PTP$，任给 $x\in Y$，则 $Px=x$. 由于

$$Tx=T(Px)=PT(Px)=PTx\Rightarrow Tx\in Y.$$

故 Y 是 T 的不变子空间. 证毕.

是否每个 $T\in\mathcal{B}(X)$ 都有非平凡(异于 $\{\theta\}$ 与 X)的不变子空间？这一直被认为是算子理论中的重要问题. 对有些算子类(如紧算子)已经得到肯定的回答(参见定理 6.2.6)；对有些空间类，如 l^1，回答是否定的. 但是，当 X 是自反空间，特别是 Hilbert 空间的情况时，不变子空间的问题仍是悬案.

定理 5.2.14

设 X 是 Banach 空间，$T\in\mathcal{B}(X)$，则 $\{Y,Z\}$ 约化 T 当且仅当 $PT=TP$，其中 P 是从 X 到 Y 的投影算子.

证明 由于 P 是从 X 到 Y 的投影，$I-P$ 是从 X 到 Z 的投影，注意 P 是幂等的，对 $PT=TP$ 左乘 P 与右乘 P 可得 $PT=PTP$ 与 $TP=PTP$ 两式. 于是利用命题 5.2.13 得

$$\begin{aligned}\{Y,Z\}\text{ 约化 }T&\Leftrightarrow TP=PTP\text{ 且 }T(I-P)=(I-P)T(I-P)\\&\Leftrightarrow TP=PTP\text{ 且 }PT=PTP\Leftrightarrow TP=PT.\end{aligned}$$

证毕.

定理 5.2.14 告诉我们，要研究 T 的约化子空间，只需研究 T 的换位族 $\{S\in\mathcal{B}(X):ST=TS\}$ 中的幂等算子.

我们知道，对于 Hilbert 空间而言，正交直和必是拓扑直和；反之，拓扑直和未必是正交直和. 例如，设 $\alpha_1=(1,0)$，$\alpha_2=(1,1)$，则显然有

$$\mathrm{span}\{\alpha_1,\alpha_2\}=\mathrm{span}\alpha_1\oplus\mathrm{span}\alpha_2.$$

此拓扑直和显然不是正交直和. 由于在 Hilbert 空间中可以作正交分解，因而，不同于一般相关于拓扑分解的投影算子，相关于正交分解的投影算子具有更特殊的性质.

定义 5.2.4

设 M 是 Hilbert 空间 H 的闭线性子空间，$H=M\oplus M^{\perp}$. 则称与分解 $\{M,M^{\perp}\}$ 相关的从 X 到 M 的投影算子 P 为**正交投影算子**.

由定义可知，若 P 为从 H 到 M 的正交投影算子，对每个元 $x\in H$，x 在 M 上的正交投影为 P_Mx，则 $Px=P_Mx$.

正交投影算子有下面的性质：

定理 5.2.15

设 M 是 Hilbert 空间 H 的闭线性子空间，P 为从 X 到 M 的正交投影算子，则

(1) P 为幂等的线性算子，$\mathcal{R}(P)=M=\mathcal{N}(I-P)$，$\mathcal{N}(P)=M^{\perp}=\mathcal{R}(I-P)$.

(2) P 为自共轭的，且当 $M=\{\theta\}$ 时，$\|P\|=0$；当 $M\neq\{\theta\}$，$\|P\|=1$.

(3) $\langle Px,x\rangle=\|Px\|^2$，$\forall x\in H$.

证明 (1) 直接由命题 5.2.8 与命题 5.2.9 得到.

(2) 因为 对任意 $x,y\in H$ 有正交分解

$$x=x_1+x_2,\quad y=y_1+y_2,\quad x_1,y_1\in M,\quad x_2,y_2\in M^{\perp}.$$

故

$$\langle Px,y\rangle=\langle x_1,y_1+y_2\rangle=\langle x_1,y_1\rangle=\langle x_1+x_2,y_1\rangle=\langle x,Py\rangle.$$

因此 P 为自共轭算子. 若 $M=\{\theta\}$，则对任意 $x\in H$，有 $Px=\theta$，即 $P=\theta$，所以 $\|P\|=0$. 若 $M\neq\{\theta\}$，则任意 $x\in H$ 有正交分解 $x=x_1+x_2$，$\|x\|^2=\|x_1\|^2+\|x_2\|^2$，于是

$$\|Px\|^2=\|x_1\|^2\leqslant\|x\|^2,\quad \|P\|\leqslant 1.$$

取 $x_0\in M$，$\|x_0\|=1$，则

$$\|P\|=\|P\|\,\|x_0\|\geqslant\|Px_0\|=\|x_0\|=1.$$

结合以上二式得 $\|P\|=1$.

(3) 由(1)与(2)，$\|Px\|^2=\langle Px,Px\rangle=\langle P^2x,x\rangle=\langle Px,x\rangle$，$\forall x\in H$. 证毕.

下列定理用尽量少的条件从不同角度刻画了正交投影算子.

定理 5.2.16

设 H 是 Hilbert 空间，$P\in\mathcal{B}(H)$. 则下列诸条件等价.

(1) P 为正交投影算子.

(2) $P^2=P$，且 P 为自共轭的.

(3) $P^2=P$，且$\mathcal{N}(P)\perp\mathcal{R}(P)$.

(4) 若 H 是复空间，则以上条件还等价于

$$\langle Px,x\rangle=\|Px\|^2,\quad \forall x\in H.$$

证明 由定理 5.2.15，已有(1)⇒(4)及(1)⇒(2)，以下只需证明(4)⇒(2)，(2)⇒(3)，(3)⇒(1).

(4)⇒(2) 设 H 是复空间，并设对任何 $x\in H$，有

$$\langle Px,x\rangle=\|Px\|^2.$$

由此可知$\langle Px,x\rangle$恒为实数，根据定理 5.1.20(1)，P 是自共轭算子. 因为

$$\langle Px,x\rangle=\|Px\|^2=\langle Px,Px\rangle=\langle P^2x,x\rangle,$$

所以$\langle(P-P^2)x,x\rangle=0$. 令 $A=P-P^2$，则对任何 $x\in H$，有 $\langle Ax,x\rangle=0$. 根据定理 5.1.20(2)，有 $\|A\|=0$，即 $A=\theta$. 因此 $P=P^2$.

(2)⇒(3) 若 $x\in\mathcal{N}(P)$，$y\in\mathcal{R}(P)$，则 $Px=\theta$，且存在 $z\in H$ 使 $y=Pz$. 于是由 P 的自共轭性得

$$\langle x,y\rangle=\langle x,Pz\rangle=\langle Px,z\rangle=0.$$

即$\mathcal{N}(P)\perp\mathcal{R}(P)$.

(3)⇒(1) 因为 P 是幂等的线性算子，故由命题 5.2.9 得 P 是从 H 到$\mathcal{R}(P)$的投影算

子，$H=\mathcal{R}(P)\dot{+}\mathcal{N}(P)$. 因为 $P\in\mathcal{B}(H)$，由定理 5.2.11，此代数直和必为拓扑直和；又因为 $\mathcal{N}(P)\perp\mathcal{R}(P)$，故 $H=\mathcal{R}(P)\oplus\mathcal{N}(P)$，$P$ 为正交投影算子. 证毕.

5.2.3 零化子

在 Hilbert 空间中，有界线性泛函在向量上的值与向量的内积是一回事. 在一般的 Banach 空间中没有内积，对于与内积相关的概念，可利用有界线性泛函在向量上的值来引入.

定义 5.2.5

设 X 是赋范空间，E 是 X 的子集，G 是 X^* 的子集.

(1) $E^{\perp}=\{y^*\in X^*: (y^*,x)=0, \forall x\in E\}$ 称为 **E 在 X^* 中的零化子.**

(2) ${}^{\perp}G=\{x\in X: (y^*,x)=0, \forall y^*\in G\}$ 称为 **G 在 X 中的零化子.**

根据定义，若 $f\in X^*$，则 ${}^{\perp}f=\mathcal{N}(f)$. 若 $\{x_1,x_2,\cdots,x_n\}\subset X$，则

$$\{x_1,x_2,\cdots,x_n\}^{\perp}=x_1^{\perp}\cap x_2^{\perp}\cap\cdots\cap x_n^{\perp}.$$

零化子就是 Hilbert 空间中正交补概念的拓广. 为了方便，$y^*\in X^*$ 与 $x\in X$ 使 $(y^*,x)=0$，我们也称 y^* 与 x **正交**，记为 $y^*\perp x$. 对于零化子，相应于正交补，有下述结果.

定理 5.2.17

设 X 是赋范空间. E 是 X 的子集，G 是 X^* 的子集.

(1) $E^{\perp}$ 是 X^* 的闭线性子空间；$\overline{E}^{\perp}=E^{\perp}$.

(2) ${}^{\perp}G$ 是 X 的闭线性子空间；${}^{\perp}\overline{G}={}^{\perp}G$.

(3) 若 E 是 X 的闭线性子空间，则 ${}^{\perp}(E^{\perp})=E$.

(4) 若 X 是自反的，G 是 X^* 的闭线性子空间，则 $({}^{\perp}G)^{\perp}=G$.

证明 (1) 显然，$E^{\perp}$ 是闭的，且 $\overline{E}^{\perp}\subset E^{\perp}$. 设 $y^*\in E^{\perp}$. 则 $\forall x\in\overline{E}$，$\exists\{x_n\}_{n=1}^{\infty}\subset E$，$x_n\to x$. 由 $(y^*,x)=\lim\limits_{n\to\infty}(y^*,x_n)=0$ 可知 $y^*\in\overline{E}^{\perp}$，$\overline{E}^{\perp}\supset E^{\perp}$.

(2) 与(1)类似可证.

(3) 设 $x\in E$. 则 $\forall y^*\in E^{\perp}$，有 $(y^*,x)=0$，故 $x\in{}^{\perp}(E^{\perp})$，$E\subset{}^{\perp}(E^{\perp})$. 反之，设 $x_0\notin E$. 则由于 E 是闭的，利用 Hahn-Banach 定理，存在 $f\in X^*$ 使

$$\forall x\in E\ 有\ (f,x)=0,\quad 且\quad (f,x_0)\neq 0.$$

这表明 $f\in E^{\perp}$，且 $x_0\notin{}^{\perp}(E^{\perp})$. 故 ${}^{\perp}(E^{\perp})\subset E$.

(4) 设 $y^*\in G$. 则任意 $x\in{}^{\perp}G$，有 $(y^*,x)=0$，故 $y^*\in({}^{\perp}G)^{\perp}$，$G\subset({}^{\perp}G)^{\perp}$. 反之，设 $f_0\notin G$. 则由于 G 是闭的，利用 Hahn-Banach 定理，存在 $x^{**}\in X^{**}$ 使

$$\forall y^*\in G\ 有\ (x^{**},y^*)=0,\quad 且\quad (x^{**},f_0)\neq 0. \tag{5.2.7}$$

由于 X 是自反的，存在 $x_0\in X$ 使 $\forall y^*\in X^*$ 有 $(x^{**},y^*)=(y^*,x_0)$. 于是式(5.2.7)即

$$\forall y^*\in G\ 有\ (y^*,x_0)=0,\quad 且\quad (f_0,x_0)\neq 0.$$

这表明 $x_0\in{}^{\perp}G$，且 $f_0\notin({}^{\perp}G)^{\perp}$. 故 $({}^{\perp}G)^{\perp}\subset G$. 证毕.

定理 5.2.18

设 X 是 Banach 空间，E 是 X 的子空间，则

(1) E^* 与 $X^*/E^{\perp}$ 保范同构.

(2) $(X/E)^*$ 与 $E^{\perp}$ 保范同构.

证明 (阅读)(1) 设 $f\in E^*$,则 f 是 E 上连续线性泛函,由 Hahn-Banach 定理,存在保范延拓 $F_0\in X^*$,使任意 $x\in E$ 有 $F_0(x)=f(x)$,且 $\|F_0\|=\|f\|$. 设 $F\in X^*$ 是 f 的任一延拓,即任意 $x\in E$ 有 $F(x)=f(x)$,则

$$(F-F_0)(x)=F(x)-F_0(x)=0,\quad \forall x\in E.$$

可见 $F-F_0\in E^{\perp}$,从而 $F_0\in \bar{F}\in X^*/E^{\perp}$,这表明对每个 $f\in E^*$ 有唯一确定的元 $\bar{F}\in X^*/E^{\perp}$ 与之对应,其中 F 是 f 的延拓. 现定义映射 $\psi\colon E^*\to X^*/E^{\perp}$ 使

$$\psi(f)=\bar{F},\quad F \text{ 是 } f \text{ 的延拓},\quad \forall f\in E^*.$$

易见 ψ 是线性的. 设 $\bar{F}\in X^*/E^{\perp}$,任取 $F_1\in\bar{F}$,令 $f_1=F_1|_E$,即

$$f_1(x)=F_1(x),\quad \forall x\in E.$$

则 $f_1\in E^*$,而 F_1 是 f_1 的延拓,于是 $\psi(f_1)=\bar{F}_1=\bar{F}$,$\psi$ 是满射. 下面证明 ψ 是保范的. 设 $f\in E^*$,则任意 $F_1\in\bar{F}=\psi(f)$ 都是 f 的延拓,故 $\|F_1\|\geqslant\|f\|$,从而

$$\|\psi(f)\|=\|\bar{F}\|=\inf_{F_1\in\bar{F}}\|F_1\|\geqslant\|f\|.$$

由 Hahn-Banach 定理,可设 F_0 是 f 的保范延拓,则 $\|\psi(f)\|=\|\bar{F}_0\|\leqslant\|F_0\|=\|f\|$. 总之有 $\|\psi(f)\|=\|f\|$. 所以 $\psi\colon E^*\to X^*/E^{\perp}$ 是同构映射.

(2) 对任意的 $f\in E^{\perp}$,作 X/E 上的泛函 $\bar{f}$:

$$\bar{f}(\bar{x})=f(y),\quad y\in\bar{x}\in X/E.$$

若 $x_1,x_2\in\bar{x}$,则 $x_1-x_2\in E$,于是 $f(x_1-x_2)=0$,即 $f(x_1)=f(x_2)$. 这表明 $\bar{f}$ 的定义是确定的. 易见 $\bar{f}$ 是线性的,且任意 $y\in\bar{x}$ 有 $|\bar{f}(\bar{x})|\leqslant\|f\|\,\|y\|$,故

$$|\bar{f}(\bar{x})|\leqslant\inf_{y\in\bar{x}}\|f\|\,\|y\|=\|f\|\,\|\bar{x}\|.$$

因此,$\|\bar{f}\|\leqslant\|f\|$. 这表明 $\bar{f}\in(X/E)^*$. 现定义映射 $\psi\colon E^{\perp}\to(X/E)^*$ 使

$$\psi(f)=\bar{f},\quad \forall f\in E^{\perp}.$$

则 $\|\psi(f)\|=\|\bar{f}\|\leqslant\|f\|$. 易见 ψ 是线性的. 对每个 $F\in(X/E)^*$,定义

$$f(x)=F(\bar{x}),\quad \forall x\in X.$$

则 f 是 X 上的泛函,且由 F 的线性易知 f 也是线性的,又

$$|f(x)|\leqslant\|F\|\,\|\bar{x}\|\leqslant\|F\|\,\|x\|,$$

故 f 是连续的,且 $\|f\|\leqslant\|F\|$. 当 $x\in E$ 时有 $\bar{x}=\bar{\theta}$,故 $f(x)=F(\bar{\theta})=0$,即 $f\in E^{\perp}$. 于是由 $\bar{f}$ 的定义可见 $\bar{f}=F$,即 $\psi(f)=F=\bar{f}$,ψ 是满射,且 $\|f\|\leqslant\|F\|=\|\psi(f)\|$. 所以 $\|\psi(f)\|=\|f\|$,$\psi\colon E^{\perp}\to(X/E)^*$ 是同构映射. 证毕.

下面利用零化子来讨论有界线性算子的值域与零空间的关系. 注意有界线性算子的零空间总是闭的.

定理 5.2.19

设 X,Y 是 Banach 空间,$T\in\mathcal{B}(X,Y)$,T^* 是 T 的 Banach 共轭算子. 则

(1) $\mathcal{N}(T)={}^{\perp}\overline{\mathcal{R}(T^*)}$,$\mathcal{N}(T^*)=\overline{\mathcal{R}(T)}^{\perp}$;

(2) $\overline{\mathcal{R}(T)}={}^{\perp}\mathcal{N}(T^*)$，$\overline{\mathcal{R}(T^*)}\subset\mathcal{N}(T)^{\perp}$；

(3) 若 X 是自反的，则 $\overline{\mathcal{R}(T^*)}=\mathcal{N}(T)^{\perp}$；

(4) $\overline{\mathcal{R}(T)}=Y\Leftrightarrow T^*$ 是单射；

(5) 若 X 是自反的，则 $\overline{\mathcal{R}(T^*)}=X^*\Leftrightarrow T$ 是单射.

证明 （阅读）(1) 设 $x\in\mathcal{N}(T)$，则任意 $x^*\in\overline{\mathcal{R}(T^*)}$，有 $y_n^*\in Y^*$，使 $x^*=\lim\limits_{n\to\infty}T^*y_n^*$. 于是

$$(x^*,x)=\lim_{n\to\infty}(T^*y_n^*,x)=\lim_{n\to\infty}(y_n^*,Tx)=\lim_{n\to\infty}(y_n^*,\theta)=0.$$

故 $x\in\overline{\mathcal{R}(T^*)}^{\perp}$. 反之，设 $x\in\overline{\mathcal{R}(T^*)}^{\perp}$. 则任意 $y^*\in Y^*$，有

$$(y^*,Tx)=(T^*y^*,x)=0.$$

根据 Hahn-Banach 定理，$Tx=\theta$. 故 $x\in\mathcal{N}(T)$.

设 $y^*\in\mathcal{N}(T^*)$，则任意 $y\in\overline{\mathcal{R}(T)}$，有 $x_n\in X$，使 $y=\lim\limits_{n\to\infty}Tx_n$. 于是

$$(y^*,y)=\lim_{n\to\infty}(y^*,Tx_n)=\lim_{n\to\infty}(T^*y^*,x_n)=\lim_{n\to\infty}(\theta,x_n)=0.$$

故 $y^*\in\overline{\mathcal{R}(T)}^{\perp}$. 反之，设 $y^*\in\overline{\mathcal{R}(T)}^{\perp}$，则任意 $x\in X$，有

$$(T^*y^*,x)=(y^*,Tx)=0.$$

这表明 $T^*y^*=\theta$. 故 $y^*\in\mathcal{N}(T^*)$.

(2) 利用(1)与定理 5.2.17(3)，有

$$\overline{\mathcal{R}(T)}={}^{\perp}(\overline{\mathcal{R}(T)}^{\perp})={}^{\perp}\mathcal{N}(T^*).$$

同理有

$$\overline{\mathcal{R}(T^*)}\subset({}^{\perp}\overline{\mathcal{R}(T^*)})^{\perp}=\mathcal{N}(T)^{\perp}.$$

(3) 利用(1)与定理 5.2.17(4)，有

$$\overline{\mathcal{R}(T^*)}=({}^{\perp}\overline{\mathcal{R}(T^*)})^{\perp}=\mathcal{N}(T)^{\perp}.$$

(4)与(5)只证明(4)，对(5)同理可得. 设 $\overline{\mathcal{R}(T)}=Y$. 利用(1)，有

$$\mathcal{N}(T^*)=\overline{\mathcal{R}(T)}^{\perp}=Y^{\perp}=\{\theta\}.$$

即 T^* 是单射. 反之，设 T^* 是单射. 利用(2)，有 $\overline{\mathcal{R}(T)}={}^{\perp}\mathcal{N}(T^*)={}^{\perp}\{\theta\}=Y$. 证毕.

注意在有穷维空间情形，线性算子的值域总是闭的. 容易看到定理 5.2.19 是线性代数中矩阵的行空间与列空间关系在无穷维空间的推广.

5.2.4 线性紧算子与 Fredholm 算子

作为空间构作技巧及算子基本理论的应用，以下讨论线性紧算子与 Fredholm 算子的基本性质.

紧算子是有界算子中重要的一类. 线性代数、微分方程、积分方程中遇到的很多算子都是紧算子. 本节中只讨论线性紧算子.

定义 5.2.6

设 X,Y 是赋范空间，T 是从 X 到 Y 的线性算子.

(1) 若 T 将 X 中每个有界集映为 Y 中列紧集，则称 T 为**线性紧算子**，不致混淆时简称为**紧算子**. 线性紧算子全体记为 $\mathcal{C}(X,Y)$，当 $Y=X$ 时记为 $\mathcal{C}(X)$.

(2) 若 $\dim \mathcal{R}(T)<\infty$，则称 T 为**有限秩算子**.

按定义 5.2.6，T 是线性紧算子当且仅当 T 将 X 中单位球 $B[X]$ 映为 Y 中列紧集. 由定义也容易得到下面的命题.

命题 5.2.20

(1) 紧算子是有界算子.

(2) 有界的有限秩算子是紧算子.

(3) 从有限维空间到有限维空间的线性算子是有界的有限秩算子.

(4) 若 $T\in \mathcal{C}(X)$，$S\in \mathcal{B}(X)$，则 $TS, ST\in \mathcal{C}(X)$.

例 5.2.4 设 $\Omega\subset\mathbb{R}^n$ 为一有界连通开集，$k(s,t)$ 是定义在 $\bar{\Omega}\times\bar{\Omega}$ 上的(实值或复值)连续函数，积分算子 $K: C(\bar{\Omega})\to C(\bar{\Omega})$ 定义为

$$(K\varphi)(s)=\int_{\bar{\Omega}} k(s,t)\varphi(t)\mathrm{d}t, \quad \forall \varphi\in C(\bar{\Omega}).$$

其特例是 $\Omega=(a,b)$，这时 $K: C[a,b]\to C[a,b]$ 为 $(K\varphi)(s)=\int_a^b k(s,t)\varphi(t)\mathrm{d}t$.

下面证明 K 是紧算子.

设 $E\subset C(\bar{\Omega})$ 是一有界子集，即存在常数 $M>0$ 使

$$\|\varphi\|=\max_{t\in\bar{\Omega}}|\varphi(t)|\leqslant M, \quad \forall \varphi\in E.$$

则对任意 $\varphi\in E$，有

$$\begin{aligned}|(K\varphi)(s_1)-(K\varphi)(s_2)| &\leqslant \int_{\bar{\Omega}}|k(s_1,t)-k(s_2,t)||\varphi(t)|\mathrm{d}t\\ &\leqslant M\int_{\bar{\Omega}}|k(s_1,t)-k(s_2,t)|\mathrm{d}t.\end{aligned}$$

记 $\bar{\Omega}$ 的 Lebesgue 测度为 $m(\bar{\Omega})$. $\forall\varepsilon>0$，由 $k(s,t)$ 在 $\bar{\Omega}\times\bar{\Omega}$ 上的连续性，$\exists\delta>0$，当 $s_1, s_2\in\bar{\Omega}$ 时，距离 $\rho(s_1,s_2)<\delta$ 时有 $|k(s_1,t)-k(s_2,t)|\leqslant\varepsilon/[M\cdot m(\bar{\Omega})]$，从而

$$|(K\varphi)(s_1)-(K\varphi)(s_2)|<\varepsilon, \quad \forall\varphi\in E.$$

这表明像集 $K(E)$ 是等度连续的. 又有

$$|(K\varphi)(s)|\leqslant M\int_{\bar{\Omega}}|k(s,t)|\mathrm{d}t\leqslant M\cdot m(\bar{\Omega})\cdot\max_{s,t\in\bar{\Omega}}|k(s,t)|.$$

即像集 $K(E)$ 是一致有界的，据 Arzela-Ascoli 定理知 $K(E)$ 为列紧集，所以 K 为紧算子.

例 5.2.5 l^2 上的恒等算子 I 不是紧算子. 事实上，取 e_n 为第 n 个分量是 1，其余的分量是 0 的向量，则 $\|e_n\|=1$，$\{e_n\}_{n=1}^{\infty}$ 为 l^2 中有界集. 因为

$$\|e_j-e_k\|=\sqrt{2}, \quad 当 j\neq k.$$

故 $\{Ie_n\}=\{e_n\}$ 没有收敛的子序列. 从而 I 不是紧算子.

命题 5.2.21

设 X 是无穷维 Banach 空间，$T\in\mathcal{C}(X)$ 且 T 是单射. 则 $\mathcal{R}(T)\neq X$.

证明 否则，$\mathcal{R}(T)=X$，又 T 是单射，由逆算子定理，$T^{-1}\in\mathcal{B}(X)$. 故 $I=T^{-1}T\in\mathcal{C}(X)$，从而 X 的单位球是列紧集. 于是必有 $\dim X<\infty$. 这与 X 是无穷维的相矛盾. 证毕.

定理 5.2.22

设 $T\in\mathcal{C}(X,Y)$.

（1）若$\{x_n\}\subset X, x_n \xrightarrow{w} x_0$，则 $Tx_n \to Tx_0$.

（2）$\mathcal{R}(T)$是可分的.

证明 （1）若 $Tx_n \to Tx_0$ 不真，则有 $\varepsilon_0>0$，及$\{x_n\}_{n=1}^{\infty}$ 的子序列$\{x_{n_j}\}_{j=1}^{\infty}$，使

$$\| Tx_{n_j} - Tx_0 \| \geqslant \varepsilon_0, \quad j \in \mathbb{Z}^+. \tag{5.2.8}$$

由于$\{x_n\}_{n=1}^{\infty}$ 是弱收敛序列，必是有界序列，T 是线性紧算子，故$\{Tx_{n_j}\}_{j=1}^{\infty}$ 有收敛子序列，不妨仍用$\{Tx_{n_j}\}_{j=1}^{\infty}$ 表示，设

$$Tx_{n_j} \to y_0, \quad j \to \infty.$$

于是，对任何 $y^* \in Y^*$，有$\lim\limits_{j\to\infty}(y^*, Tx_{n_j}) = (y^*, y_0)$. 设 T^* 是 T 的共轭算子，则 $T^* y^* \in X^*$，由 $x_{n_j} \xrightarrow{w} x_0$，又有

$$\lim_{j\to\infty}(y^*, Tx_{n_j}) = \lim_{j\to\infty}(T^* y^*, x_{n_j}) = (T^* y^*, x_0) = (y^*, Tx_0).$$

于是$(y^*, y_0) = (y^*, Tx_0)$. 根据 Hahn-Banach 定理，必有 $y_0 = Tx_0$. 这与式(5.2.8)矛盾.

（2）令 $B_n = B[\theta, n]$，则$\mathcal{R}(T) = \bigcup\limits_{n=1}^{\infty} TB_n$. 由于 T 是紧算子，故点集 TB_n 是列紧的，于是 TB_n 是可分的(参见定理 3.4.1 与定理 3.4.2)，必含有一个可数的稠密子集，设其为 D_n. 显然$\bigcup\limits_{n=1}^{\infty} D_n$ 在$\mathcal{R}(T)$中稠密，并且还是可数的. 因此$\mathcal{R}(T)$可分. 证毕.

定理 5.2.23

当 Y 是 Banach 空间时，$\mathcal{C}(X,Y)$是$\mathcal{B}(X,Y)$的闭线性子空间，因而也是 Banach 空间.

证明 设 $T_1, T_2 \in \mathcal{C}(X,Y)$，$a_1, a_2 \in \mathbb{C}$. 任取$\{x_n\}\subset B[X]$，$B[X]$为 X 的以原点为心的闭单位球. 由于 $T_1B[X]$列紧，故存在$\{x_n\}$的子列，设为$\{x_{nk}\}$使得$\{T_1x_{nk}\}$收敛. 又因为 $T_2B[X]$列紧，存在$\{x_{nk}\}$的子列，设为$\{x_{nkj}\}$，使得$\{T_2x_{nkj}\}$收敛. 于是$\{x_{nkj}\}$为$\{x_n\}$的子列，且$\{(a_1T_1+a_2T_2)(x_{nkj})\}$收敛. 这表明 $a_1T_1+a_2T_2 \in \mathcal{C}(X,Y)$，$\mathcal{C}(X,Y)$是$\mathcal{B}(X,Y)$的线性子空间.

设$\{T_n\}\subset \mathcal{C}(X,Y)$，$\lim\limits_{n\to\infty} T_n = T$. 因为 Y 是 Banach 空间，故$\mathcal{B}(X,Y)$是 Banach 空间，有 $T \in \mathcal{B}(X,Y)$. $\forall \varepsilon>0$，$\exists N \in \mathbb{Z}^+$，$\forall n>N$ 时，有 $\| T_n - T \| < \varepsilon$. 因为 $T_nB[X]$列紧，其中 $n>N$，故 $T_nB[X]$为全有界集. 设 $y_1, y_2, \cdots, y_k$ 是 $T_nB[X]$的 ε-网，则有 $x_1, x_2, \cdots, x_k \in B[X]$使 $y_j = T_nx_j\,(j=1,2,\cdots,k)$. 对任意 $x \in B[X]$，取 y_j 使

$$\| T_nx - y_j \| = \| T_nx - T_nx_j \| < \varepsilon.$$

于是

$$\begin{aligned} \| Tx - Tx_j \| &\leqslant \| Tx - T_nx \| + \| T_nx - T_nx_j \| + \| T_nx_j - Tx_j \| \\ &\leqslant \| T - T_n \| \| x \| + \varepsilon + \| T_n - T \| \| x_j \| < 3\varepsilon. \end{aligned}$$

这表明 $Tx_1, Tx_2, \cdots, Tx_k$ 是 $TB[X]$的 3ε-网. 从而可知 $TB[X]$为全有界集. 注意到 Y 是完备的，$TB[X]$必是列紧集(参见定理 3.4.2). 所以 $T \in \mathcal{C}(X,Y)$. 证毕.

例 5.2.6 设无穷矩阵$(t_{kj})_{k,j=1}^{\infty}$ 满足 $\sum\limits_{k=1}^{\infty}\sum\limits_{j=1}^{\infty} |t_{kj}|^2 < \infty$. 对 $x = \{x_j\} \in l^2$，定义线性

算子 $T: l^2 \to l^2$ 使 $Tx = \{y_k\}_{k=1}^{\infty}$，其中 $y_k = \sum_{j=1}^{\infty} t_{kj} x_j$. 由 Hölder 不等式，有

$$\| Tx \| = \left(\sum_{k=1}^{\infty} \left| \sum_{j=1}^{\infty} t_{kj} x_j \right|^2\right)^{1/2} \leqslant \left(\sum_{k=1}^{\infty}\sum_{j=1}^{\infty} | t_{kj} |^2 \sum_{j=1}^{\infty} | x_j |^2\right)^{1/2}$$
$$= \left(\sum_{k=1}^{\infty}\sum_{j=1}^{\infty} | t_{kj} |^2\right)^{1/2} \| x \|.$$

定义算子 $T_n: l^2 \to l^2$ 使 $T_n x = \left(\sum_{j=1}^{n} t_{1j} x_j, \sum_{j=1}^{n} t_{2j} x_j, \cdots, \sum_{j=1}^{n} t_{nj} x_j, 0, \cdots\right)$，即 T_n 对应的矩阵其 n 阶主子阵与 $(t_{kj})_{k,j=1}^{\infty}$ 相同且其余位置上的元素是 0. 则 T_n 是有界的有限秩算子，从而是紧算子. 因为

$$\| Tx - T_n x \| \leqslant \left(\sum_{k=1}^{n}\sum_{j=n+1}^{\infty} | t_{kj} |^2 + \sum_{k=n+1}^{\infty}\sum_{j=1}^{\infty} | t_{kj} |^2\right)^{1/2} \| x \|,$$

$$\| T - T_n \| \leqslant \left(\sum_{k=1}^{\infty}\sum_{j=1}^{\infty} | t_{kj} |^2 - \sum_{k=1}^{n}\sum_{j=1}^{n} | t_{kj} |^2\right)^{1/2} \to 0, \quad n \to \infty.$$

所以由定理 5.2.23 知 T 也是紧算子.

例 5.2.7　(阅读)设 $\Omega \subset \mathbb{R}^n$ 为有界连通开集，$k(s,t) \in L^2(\bar{\Omega} \times \bar{\Omega})$，积分算子 $K: L^2(\bar{\Omega}) \to L^2(\bar{\Omega})$ 定义为

$$(K\varphi)(s) = \int_{\bar{\Omega}} k(s,t)\varphi(t)\mathrm{d}t, \quad \forall \varphi \in L^2(\bar{\Omega}).$$

其特例是 $\Omega = (a,b)$，这时 $K: L^2[a,b] \to L^2[a,b]$ 为 $(K\varphi)(s) = \int_a^b k(s,t)\varphi(t)\mathrm{d}t$.

下面证明 K 是紧算子. 因 $L^2(\bar{\Omega})$ 是可分的，从而存在可列个元组成的规范正交基. 先证明下述命题：

若 $\{e_j\}_{j=1}^{\infty}$ 是 $L^2(\bar{\Omega})$ 的一个规范正交基，令 $\alpha_{jk}(s,t) = e_j(s)\overline{e_k(t)}$，$(s,t) \in \bar{\Omega} \times \bar{\Omega}$. 则 $\{\alpha_{jk}\}_{j,k=1}^{\infty}$ 是 $L^2(\bar{\Omega} \times \bar{\Omega})$ 的一个规范正交基.

事实上，由 $\int_{\bar{\Omega} \times \bar{\Omega}} | \alpha_{jk}(s,t) |^2 \mathrm{d}s\mathrm{d}t = \int_{\bar{\Omega}} | e_j(s) |^2 \mathrm{d}s \cdot \int_{\bar{\Omega}} | e_k(t) |^2 \mathrm{d}t$ 可见 $\alpha_{jk} \in L^2(\bar{\Omega} \times \bar{\Omega})$，且 $\| \alpha_{jk} \| = 1$. 若 $(j,k) \neq (m,n)$，则 $j \neq m, k \neq n$ 中至少有一个成立，于是

$$\langle \alpha_{jk}, \alpha_{mn} \rangle = \int_{\bar{\Omega} \times \bar{\Omega}} \alpha_{jk}(s,t)\overline{\alpha_{mn}(s,t)}\mathrm{d}s\mathrm{d}t = \int_{\bar{\Omega} \times \bar{\Omega}} e_j(s)\overline{e_k(t)e_m(s)}e_n(t)\mathrm{d}s\mathrm{d}t$$
$$= \int_{\bar{\Omega}} e_j(s)\overline{e_m(s)}\mathrm{d}s \cdot \int_{\bar{\Omega}} e_n(t)\overline{e_k(t)}\mathrm{d}t = \langle e_j, e_m \rangle \langle e_n, e_k \rangle = 0.$$

因此 $\{\alpha_{jk}\}_{j,k=1}^{\infty}$ 是 $L^2(\bar{\Omega} \times \bar{\Omega})$ 的规范正交集. 由定理 5.1.7，只要检验它的完全性. 设 $f \in L^2(\bar{\Omega} \times \bar{\Omega})$ 使

$$\langle f(s,t), \alpha_{jk} \rangle = \int_{\bar{\Omega} \times \bar{\Omega}} f(s,t)\overline{e_j(s)}e_k(t)\mathrm{d}s\mathrm{d}t = 0, \quad \forall j,k \in \mathbb{Z}^+.$$

应用 Fubini 定理得

$$\int_{\bar{\Omega}} \left(\int_{\bar{\Omega}} f(s,t)\overline{e_j(s)}\mathrm{d}s\right) e_k(t)\mathrm{d}t = 0, \quad \forall j,k \in \mathbb{Z}^+.$$

依次利用$\{e_k(t)\}$，$\{e_j(s)\}$的完全性得 $f(s,t)=0$a. e.，即 $f=\theta$. 因此$\{\alpha_{jk}\}_{j,k=1}^{\infty}$ 是完全的，从而是$L^2(\bar{\Omega}\times\bar{\Omega})$的规范正交基. 于是$k(s,t)$可按这组基展开：

$$k(s,t)=\sum_{j,k=1}^{\infty}b_{jk}\alpha_{jk}=\sum_{j,k=1}^{\infty}b_{jk}e_j(s)\overline{e_k(t)}.$$

对任意 $n\in\mathbb{Z}^+$，令

$$k_n(s,t)=\sum_{j,k=1}^{n}b_{jk}\alpha_{jk}=\sum_{j,k=1}^{n}b_{jk}e_j(s)\overline{e_k(t)},$$

$$(K_n\varphi)(s)=\int_{\bar{\Omega}}k_n(s,t)\varphi(t)\mathrm{d}t,\quad \forall\varphi\in L^2(\bar{\Omega}).$$

则 $k_n(s,t)\in L^2(\bar{\Omega}\times\bar{\Omega})$，$(K_n\varphi)(s)=\langle\varphi,\bar{k}_n\rangle=\sum_{j,k=1}^{n}b_{jk}\langle\varphi,e_k\rangle e_j(s)$，$\forall\varphi\in L^2(\bar{\Omega})$. 因而 K_n 是有限秩算子，且

$$\begin{aligned}\|K_n\varphi\|&=\left[\int_{\bar{\Omega}}|(K_n\varphi)(s)|^2\mathrm{d}s\right]^{1/2}=\left[\int_{\bar{\Omega}}\left|\int_{\bar{\Omega}}k_n(s,t)\varphi(t)\mathrm{d}t\right|^2\mathrm{d}s\right]^{1/2}\\&\leqslant\left[\int_{\bar{\Omega}}\left(\int_{\bar{\Omega}}|k_n(s,t)|^2\mathrm{d}t\int_{\bar{\Omega}}|\varphi(t)|^2\mathrm{d}t\right)\mathrm{d}s\right]^{1/2}\\&=\left[\int_{\bar{\Omega}\times\bar{\Omega}}|k_n(s,t)|^2\mathrm{d}s\mathrm{d}t\right]^{1/2}\|\varphi\|.\end{aligned}$$

即 K_n 有界. 同理有

$$\|(K-K_n)\varphi\|\leqslant\left[\int_{\bar{\Omega}\times\bar{\Omega}}|(k(s,t)-k_n(s,t))|^2\mathrm{d}s\mathrm{d}t\right]^{1/2}\|\varphi\|,\quad\forall\varphi\in L^2(\bar{\Omega}).$$

于是 $\|K-K_n\|\leqslant\left[\int_{\bar{\Omega}\times\bar{\Omega}}|(k(s,t)-k_n(s,t))|^2\mathrm{d}s\mathrm{d}t\right]^{1/2}\to0\,(n\to\infty)$. 从而由定理 5.2.23 知 K 是紧算子.

例 5.2.6 与例 5.2.7 中的紧算子都是有界有限秩算子列的极限. 有界有限秩算子是最简单的一类算子. 当一个紧算子成为有界有限秩算子列的极限时，对于它的研究将是方便的. 但并非每个紧算子都可以看成这样的极限. 下面的定理指出，当 Banach 空间具有 Schauder 基时，紧算子是有界有限秩算子列的极限.

定理 5.2.24

设 X 是具有 Schauder 基的 Banach 空间，$T\in\mathcal{C}(X)$. 则 T 是一列有界的有限秩算子的极限.

证明 设$\{e_j\}_{j=1}^{\infty}$ 是 X 的 Schauder 基，则每个 $x\in X$ 有 $x=\sum_{j=1}^{\infty}\alpha_j(x)e_j$，其中 $\alpha_j=\alpha_j(x)$称为**坐标泛函**，由表示法的唯一性，容易验证它是线性的. 对任意 $n\in\mathbb{Z}^+$，令 P_n：$X\to\mathrm{span}\{e_j\}_{j=1}^{n}$ 使

$$P_nx=\sum_{j=1}^{n}\alpha_j(x)e_j,\quad\forall x\in X.$$

则 P_n 为投影算子，由定理 5.2.11 与定理 5.2.12 知 P_n 是连续的，从而每个 α_j 也是连续的. 由于 $n\to\infty$时 $P_nx\to x$，故按共鸣定理得 $K=\sup\limits_{n\geqslant1}\|P_n\|<\infty$（$K$ 称为**基常数**）. 令

$$T_n = P_n T, \quad 即 \quad T_n x = \sum_{j=1}^{n} \alpha_j (Tx) e_j, \quad \forall x \in X. \tag{5.2.9}$$

则 T_n 为有界的有限秩算子. 因$\{Tx: \|x\| \leqslant 1\}$是列紧集,故对任意 $\varepsilon > 0$,其有有限 ε-网 $Tx_1, Tx_2, \cdots, Tx_m$,即当$\|x\| \leqslant 1$,有 $j \in \{1,2,\cdots,m\}$使得

$$\|Tx - Tx_j\| < \varepsilon. \tag{5.2.10}$$

由式(5.2.9)可知 $T_n x_i \to Tx_i (i=1,2,\cdots,m)$,故存在 $N \in \mathbb{Z}^+$,当 $n \geqslant N$ 时有

$$\|T_n x_i - Tx_i\| < \varepsilon, \quad 1 \leqslant i \leqslant m. \tag{5.2.11}$$

于是当$\|x\| \leqslant 1$,由式(5.2.10)与式(5.2.11)得

$$\begin{aligned} \|Tx - T_n x\| &\leqslant \|Tx - Tx_j\| + \|Tx_j - T_n x_j\| + \|T_n x_j - T_n x\| \\ &\leqslant \|Tx - Tx_j\| + \|Tx_j - T_n x_j\| + \|P_n\| \|Tx_j - Tx\| \\ &\leqslant \varepsilon + \varepsilon + K\varepsilon = (2+K)\varepsilon. \end{aligned}$$

这表明当 $n \to \infty$时有 $\|T - T_n\| = \sup\limits_{\|x\| \leqslant 1} \|Tx - T_n x\| \to 0$. 证毕.

定理 5.2.25

设 X 是赋范空间,Y 是 Banach 空间. 则 $T \in \mathcal{C}(X,Y)$当且仅当 $T^* \in \mathcal{C}(Y^*, X^*)$.

证明 必要性 设 $B = B[X]$是 X 的闭单位球,设 G 是 Y^* 中的有界集. 由于 T 是紧算子,$\overline{TB}$ 是紧度量空间. 于是$\forall g \in G$, $\forall y_1, y_2 \in \overline{TB} \subset Y$,有

$$|g(y_1) - g(y_2)| \leqslant \|g\| \|y_1 - y_2\| \leqslant \|y_1 - y_2\| \cdot \sup_{g \in G} \|g\|.$$

这表明 G 是紧度量空间 $\overline{TB}$ 上一致有界等度连续的函数族. 由 Arzela-Ascoli 定理,G 是 $C(\overline{TB})$中的列紧集,因而,任意 $\varepsilon > 0$,G 有有限 ε-网$\{g_1, g_2, \cdots, g_m\} \subset G$,即对每个 $g \in G$,有 $j \in \{1,2,\cdots,m\}$使 $\sup\limits_{y \in \overline{TB}} |g(y) - g_j(y)| < \varepsilon$. 于是

$$\begin{aligned} \|T^* g - T^* g_j\| &= \sup_{x \in B} |(T^* g, x) - (T^* g_j, x)| \\ &= \sup_{x \in B} |(g, Tx) - (g_j, Tx)| < \varepsilon. \end{aligned}$$

因此 $T^* G$ 有有限ε-网,从而是 X^* 中的列紧集. 所以 $T^* \in \mathcal{C}(Y^*, X^*)$.

充分性 因为 Y 是 Banach 空间,故 Y 作为在 Y^{**} 中的嵌入是完备线性子空间. 设 $T^* \in \mathcal{C}(Y^*, X^*)$. 则由必要性的证明可知,$T^{**} \in \mathcal{C}(X^{**}, Y^{**})$. 对 X 中任一有界集 A,$\overline{T^{**} A}$是 Y^{**} 中的紧集. 注意到 $T = T^{**}|_X$,有 $\overline{T^{**} A} = \overline{TA} \subset \overline{Y} = Y$. 故 $\overline{TA}$ 是 Y 中的紧集,$T \in \mathcal{C}(X,Y)$. 证毕.

定理 5.2.26

设 X 是 Banach 空间,$T \in \mathcal{C}(X)$,I 为恒等算子. 则

(1) $\mathcal{N}(I-T)$是有限维的,$\mathcal{R}(I-T)$是 X 的闭线性子空间.

(2) 若$\mathcal{N}(I-T) = \{\theta\}$,则$\mathcal{R}(I-T) = X$.

证明 (1) 令 $M = \mathcal{N}(I-T)$. 则任意 $x \in M$ 有 $Tx = x$. 因为 $I-T$ 是有界(连续)的线性算子,故 M 是闭线性子空间. 设$\{x_n\}$是 M 的闭单位球中的任一序列,因为 T 是线性紧算子,故$\{Tx_n\} = \{x_n\}$中有子列$\{x_{n_k}\}$收敛,这表明 M 的闭单位球是紧的,从而 M 是有限维的.

据定理 5.2.12,存在闭线性子空间 E 使 $X = M \oplus E$. 定义算子 $S: E \to X$,使 $Sx = x -$

Tx，即 $S=(I-T)|_E$. 由于在 M 上，$T=I$，故 $\mathcal{R}(S)=\mathcal{R}(I-T)$. 以下证明 存在 $\alpha>0$ 使

$$\|Sx\| \geqslant \alpha\|x\|, \quad \forall x \in E. \tag{5.2.12}$$

否则，存在 $x_n\in E$ 使 $\|Sx_n\|<\|x_n\|/n$. 记 $y_n=x_n/\|x_n\|$，则 $\|Sy_n\|<1/n$，当 $n\to\infty$ 有 $Sy_n\to\theta$. 注意到 T 是紧的，存在子列 y_{n_k} 使 $Ty_{n_k}\to y_0\in X$，但 $Ty_{n_k}=y_{n_k}-Sy_{n_k}$，故当 $k\to\infty$ 有 $y_{n_k}\to y_0$，且 $y_0\in E$. 于是由 S 的连续性得 $Sy_0=\lim\limits_{k\to\infty}Sy_{n_k}=\theta$，又因为 $\mathcal{N}(S)=\{\theta\}$，所以有 $y_0=\theta$. 另一方面，$\|y_0\|=\lim\limits_{k\to\infty}\|y_{n_k}\|=1$，矛盾. 因此式(5.2.12)成立.

设 $\{z_n\}\subset\mathcal{R}(S)$，$z_n\to z$，并设 $z_n=Se_n$，$e_n\in E$. 则由式(5.2.12)得

$$\|z_m-z_n\|=\|S(e_m-e_n)\|\geqslant\alpha\|e_n-e_m\|.$$

这表明 $\{e_n\}$ 是 E 中的 Cauchy 列，E 是闭的，故存在 $e_0\in E$ 使 $e_n\to e_0$. 从而 $z=\lim\limits_{n\to\infty}Se_n=Se_0\in\mathcal{R}(S)$，$\mathcal{R}(S)$是闭的，即$\mathcal{R}(I-T)$是闭的.

(2) 假设$\mathcal{R}(I-T)\neq X$，记 $S=I-T$，则对任意 $n\in\mathbb{Z}^+$，有

$$S^n=(I-T)^n=I-C_n^1T+\cdots+(-1)^nC_n^nT^n=I-Q_n.$$

其中，Q_n 是 T 与一个有界线性算子的乘积. 由于 T 是紧的，故 Q_n 也是紧的. 由(1)，$\mathcal{R}(S^n)=\mathcal{R}(I-Q_n)$是 X 的闭线性子空间. 作

$$X_0=X, \quad X_n=SX_{n-1}, \quad \forall n\in\mathbb{Z}^+.$$

因为$\mathcal{N}(S)=\{\theta\}$，故 S 是 X_0 到 X_1 的双射，即 $S^{-1}: X_1\to X_0$ 存在；因为 $X_0\neq X_1$，故 $S^nX_0\neq S^nX_1$，于是 $\{X_n\}$ 是严格递减的集列. 从而由 Riesz 引理，存在单位向量 $x_n\in X_n$，使

$$\rho(x_n,X_{n+1})\geqslant\frac{1}{2}.$$

若 $m>n$，则 $x_m\in X_m\subset X_{n+1}$，$Sx_m\in SX_m\subset SX_n=X_{n+1}$，于是

$$Sx_n+x_m-Sx_m\in X_{n+1}, \|Tx_n-Tx_m\|=\|x_n-Sx_n-x_m+Sx_m\|\geqslant\frac{1}{2}.$$

这与 T 的紧性矛盾. 证毕.

定理 5.2.27

设 X 是 Banach 空间，$T\in\mathcal{C}(X)$，I 为恒等算子. 则

$$\operatorname{codim}\mathcal{R}(I-T)=\dim\mathcal{N}(I-T)=\dim\mathcal{N}(I-T^*).$$

证明 令 $S=I-T$，先证明

$$\operatorname{codim}\mathcal{R}(S)\leqslant\dim\mathcal{N}(S). \tag{5.2.13}$$

假设式(5.2.13)不成立，即 $\dim\mathcal{N}(S)<\dim(X/\mathcal{R}(S))$. 设 $n=\dim\mathcal{N}(S)$. 由定理 5.2.11 与定理 5.2.12，存在从 X 到$\mathcal{N}(S)$的投影算子 P. 取 $x_1,x_2,\cdots,x_n,x_{n+1}\in X$，使得 $\bar{x}_1,\bar{x}_2,\cdots,\bar{x}_n,\bar{x}_{n+1}$ 在 $X/\mathcal{R}(S)$中线性无关，则 $x_{n+1}\notin\mathcal{R}(S)$. 记 $E=\operatorname{span}\{x_1,x_2,\cdots,x_n\}$，则任意 $x\in E\cap\mathcal{R}(S)$，即 $x=\alpha_1x_1+\alpha_2x_2+\cdots+\alpha_nx_n\in\mathcal{R}(S)$，有 $\bar{x}=\alpha_1\bar{x}_1+\alpha_2\bar{x}_2+\cdots+\alpha_n\bar{x}_n=\bar{\theta}$，这蕴涵 $\alpha_1=\alpha_2=\cdots=\alpha_n=0$. 故

$$E\cap\mathcal{R}(S)=\{\theta\}. \tag{5.2.14}$$

因为$\mathcal{N}(S)$与 E 都是 n 维的，故可设 $\psi: \mathcal{N}(S)\to E$ 为线性同胚映射. 令 $A=S+\psi P$. 则 $A: X\to X$ 是连续线性算子，且$\mathcal{N}(A)=\{\theta\}$.

事实上，若 $x\in\mathcal{N}(A)$，则 $Ax=\theta$，即 $Sx=-\psi Px$. 但 $Sx\in\mathcal{R}(S)$，$\psi Px\in E$，故由

式(5.2.14)知 $Sx=-\psi Px=\theta$. 于是 $x\in\mathcal{N}(S)$ 且 $Px=\theta$. 因为 $x\in\mathcal{N}(S)$, 故 $Px=x$, 结合 $Px=\theta$ 得到 $x=\theta$.

注意到 $A=I-T+\psi P$, $T-\psi P\in\mathcal{C}(X)$. 由定理 5.2.26(2)得 $\mathcal{R}(A)=X$. 但 $\mathcal{R}(A)\subset\mathcal{R}(S)\oplus E$, 故 $X=\mathcal{R}(S)\oplus E$. 因为 x_{n+1} 与 $x_1,x_2,\cdots,x_n$ 线性无关, x_{n+1} 的唯一分解是

$$x_{n+1}=x_{n+1}+\theta,\quad x_{n+1}\in\mathcal{R}(S),\quad \theta\in E.$$

这与 $x_{n+1}\notin\mathcal{R}(S)$ 矛盾. 所以式(5.2.13)成立.

由定理 5.2.26(1), 定理 5.2.18(2)和定理 5.2.19(1)得

$$\begin{aligned}\operatorname{codim}\mathcal{R}(S)&=\dim(X/\mathcal{R}(S))=\dim(X/\mathcal{R}(S))^*=\dim\mathcal{R}(S)^{\perp}\\&=\dim\mathcal{N}(S^*).\end{aligned}$$

将此式用于 S^* 得 $\operatorname{codim}\mathcal{R}(S^*)=\dim\mathcal{N}(S^{**})\geqslant\dim\mathcal{N}(S)$. 将这两式与不等式(5.2.13)结合起来得到

$$\dim\mathcal{N}(S^*)=\operatorname{codim}\mathcal{R}(S)\leqslant\dim\mathcal{N}(S)\leqslant\operatorname{codim}\mathcal{R}(S^*)\leqslant\dim\mathcal{N}(S^*).$$

因此 $\operatorname{codim}\mathcal{R}(S)=\dim\mathcal{N}(S)=\dim\mathcal{N}(S^*)$. 证毕.

紧算子理论最初产生于线性积分方程 $(I-T)\varphi=f$ 的可解性研究中. 有些奇异积分算子不是紧算子, 但与紧算子一样有着广泛的应用. 抽象地考虑, 它们都属于 Fredholm 算子类.

定义 5.2.7

设 X,Y 都是 Banach 空间, $T\in\mathcal{B}(X,Y)$. 若

(1) $\mathcal{R}(T)$是闭的, (2) $\dim\mathcal{N}(T)<\infty$, (3) $\operatorname{codim}\mathcal{R}(T)<\infty$

则称 T 为 **Fredholm 算子**, 其全体记为$\mathcal{F}(X,Y)$, 当 $X=Y$ 时记为$\mathcal{F}(X)$. 若 $T\in\mathcal{F}(X,Y)$, 则称

$$\operatorname{ind}T=\dim\mathcal{N}(T)-\operatorname{codim}\mathcal{R}(T)$$

为算子 T 的**指标**.

显然, 当 X 与 Y 都是有限维空间时, 每个 $T\in\mathcal{B}(X,Y)$都是 Fredholm 算子.

命题 5.2.28

(1) 若 X,Y 都是 Banach 空间, $T\in\mathcal{B}(X,Y)$且 T 为双射, 则 $T\in\mathcal{F}(X,Y)$, 且$\operatorname{ind}T=0$.

(2) 若 X 为 Banach 空间, $T\in\mathcal{C}(X)$, $S=I-T$, 则 $S\in\mathcal{F}(X)$, 且 $\operatorname{ind}S=0$.

证明　(1) 因为 T 为双射, 故

$$\mathcal{R}(T)=Y \text{ 是闭的}, \dim\mathcal{N}(T)=0, \operatorname{codim}\mathcal{R}(T)=0.$$

从而 $T\in\mathcal{F}(X,Y)$, 且 $\operatorname{ind}T=0$.

(2) 因为 T 是线性紧算子, 由定理 5.2.26, $\mathcal{R}(S)$是闭的, $\dim\mathcal{N}(S)<\infty$. 又由定理 5.2.27, $\operatorname{codim}\mathcal{R}(S)=\dim\mathcal{N}(S)$, 故 $S\in\mathcal{F}(X)$, 且 $\operatorname{ind}S=0$. 证毕.

由此可见, Fredholm 算子类包含可逆算子类与形如 $I-T$ 的算子类(其中 T 是线性紧算子)作为子类.

例 5.2.8　设 $T: l^2\to l^2$, T 是左移算子, 即对 $x=(x_1,x_2,\cdots)$, 有

$$Tx=(x_2,x_3,\cdots).$$

则 $\|T\|=1$, $\mathcal{N}(T)=\{(x_1,0,\cdots): x_1\in\mathbb{K}\}$, $\mathcal{R}(T)=l^2$, 从而 $T\in\mathcal{F}(l^2)$, 且

$$\operatorname{ind}T=\dim\mathcal{N}(T)-\operatorname{codim}\mathcal{R}(T)=1-0=1.$$

由 $x,y\in l^2$, $\langle Tx,y\rangle=\langle x,T^*y\rangle$可知 Hilbert 共轭算子 T^* 为右移算子, 即对 $y=(y_1,y_2,\cdots)$, 有

$$T^* y=(0,y_1,y_2,\cdots).$$

则$\mathcal{N}(T^*)=\{\theta\}$且$\mathcal{R}(T^*)$是闭的. 记$e_1=(1,0,\cdots)$，则$l^2/\mathcal{R}(T^*)=\{\alpha\bar{e}_1:\alpha\in\mathbb{K}\}$. 因此不难知道$T^*\in\mathcal{F}(l^2)$，且

$$\operatorname{ind}T^*=\dim\mathcal{N}(T^*)-\operatorname{codim}\mathcal{R}(T^*)=0-1=-1.$$

下面的定理刻画了 Fredholm 算子的特征.

定理 5.2.29

设X,Y为 Banach 空间，I_X,I_Y分别是X,Y上的恒等算子.

(1) 若$T\in\mathcal{F}(X,Y)$，则存在$A\in\mathcal{B}(Y,X)$，$T_1\in\mathcal{C}(X)$与$T_2\in\mathcal{C}(Y)$使得

$$AT=I_X-T_1,\quad TA=I_Y-T_2.$$

且$T\neq\theta\Rightarrow A\neq\theta$.

(2) 设$T\in\mathcal{B}(X,Y)$. 若有$A_1,A_2\in\mathcal{B}(Y,X)$，$T_1\in\mathcal{C}(X)$，$T_2\in\mathcal{C}(Y)$使得

$$A_1T=I_X-T_1,\quad TA_2=I_Y-T_2.$$

则$T\in\mathcal{F}(X,Y)$.

证明 （阅读）(1) 当$T\in\mathcal{F}(X,Y)$时，$\dim\mathcal{N}(T)<\infty$，$\dim(Y/\mathcal{R}(T))<\infty$. 由定理 5.2.11 与定理 5.2.12，存在连续的投影算子$T_1: X\to\mathcal{N}(T)$与$T_2: Y\to Y_0$，其中Y_0为Y的有限维子空间使得

$$Y=\mathcal{R}(T)\oplus Y_0,\quad 且\quad Y_0 与 Y/\mathcal{R}(T) 线性同胚.$$

于是$I_Y-T_2: Y\to\mathcal{R}(T)$是投影算子；同理，$I_X-T_1: X\to X_0$是投影算子，其中$X_0$与$X/\mathcal{N}(T)$线性同胚，$X=X_0\oplus\mathcal{N}(T)$. 注意到$T_1,T_2$都是有界的有限秩线性算子，从而是线性紧算子. 作线性算子

$$\overline{T}: X/\mathcal{N}(T)\to\mathcal{R}(T)\quad 使\quad \overline{T}\bar{x}=Tx,\quad x\in\bar{x}\in X/\mathcal{N}(T).$$

因$X/\mathcal{N}(T)$是完备的，又$\mathcal{R}(T)$是Y的闭线性子空间也完备，故$\overline{T}$是两个 Banach 空间之间的连续双射，由逆算子定理，$\overline{T}^{-1}$有界. 记

$$A=\overline{T}^{-1}(I_Y-T_2).$$

则$A\in\mathcal{B}(Y,X)$. 由于对任意$x\in X$有$T_1x\in\mathcal{N}(T)$，故

$$\overline{T}(I_X-T_1)x=\overline{T}(x-T_1x)=Tx.$$

这表明$\overline{T}(I_X-T_1)=T$. 按投影算子的性质有，$\overline{T}=(I_Y-T_2)\overline{T}$，$\overline{T}^{-1}=(I_X-T_1)\overline{T}^{-1}$. 于是

$$\begin{aligned}AT&=\overline{T}^{-1}(I_Y-T_2)T=\overline{T}^{-1}(I_Y-T_2)\overline{T}(I_X-T_1)=\overline{T}^{-1}\overline{T}(I_X-T_1)\\&=I_X-T_1,\\TA&=T\overline{T}^{-1}(I_Y-T_2)=\overline{T}(I_X-T_1)\overline{T}^{-1}(I_Y-T_2)=\overline{T}\,\overline{T}^{-1}(I_Y-T_2)\\&=I_Y-T_2.\end{aligned}$$

设$T\neq\theta$. 则必有$A\neq\theta$. 否则有$AT=\theta$，即$I_X=T_1$，但$T_1: X\to\mathcal{N}(T)$是投影算子，与$T\neq\theta$相矛盾.

(2) 若存在满足条件的A_1,A_2,T_1,T_2，则$\mathcal{N}(T)\subset\mathcal{N}(A_1T)=\mathcal{N}(I_X-T_1)$，于是$\dim\mathcal{N}(T)<\infty$. 又$\mathcal{R}(T)\supset\mathcal{R}(TA_2)=\mathcal{R}(I_Y-T_2)$，因此由定理 5.2.27，有

$$\operatorname{codim}\mathcal{R}(T)\leqslant\operatorname{codim}\mathcal{R}(I_Y-T_2)=\dim\mathcal{N}(I_Y-T_2)<\infty.$$

由于$\mathcal{R}(TA_2)=\mathcal{R}(I_Y-T_2)$是闭的及$\operatorname{codim}\mathcal{R}(TA_2)<\infty$，故必有有限维子空间$E$使$Y=$

$\mathcal{R}(TA_2)\oplus E$. 注意到$\mathcal{R}(T)\supset\mathcal{R}(TA_2)$，有

$$\mathcal{R}(T)=\mathcal{R}(TA_2)\oplus[E\cap\mathcal{R}(T)].$$

设$\{x_n\}\subset\mathcal{R}(T)$，$x_n\to x$. 对分解式 $x_n=y_n+z_n$，由于投影算子是连续的，故$\{y_n\}$与$\{z_n\}$都是 Cauchy 列，有 $y_n\to y\in\mathcal{R}(TA_2)$且 $z_n\to z\in E\cap\mathcal{R}(T)$，从而 $x=y+z\in\mathcal{R}(T)$. 由此得$\mathcal{R}(T)$是闭的. 综上所述，$T\in\mathcal{F}(X,Y)$. 证毕.

下面给出 Fredholm 算子乘积的指标公式.

定理 5.2.30

设 X,Y,Z 为 Banach 空间，$T_1\in\mathcal{F}(X,Y)$，$T_2\in\mathcal{F}(Y,Z)$. 则 $T_2T_1\in\mathcal{F}(X,Z)$，且 $\operatorname{ind}(T_2T_1)=\operatorname{ind}T_1+\operatorname{ind}T_2$.

证明　（阅读）因 T_1,T_2 为 Fredholm 算子，由定理 5.2.29(1)，可知存在 $A_1\in\mathcal{B}(Y,X)$与 $A_2\in\mathcal{B}(Z,Y)$使得

$$A_1T_1=I_X-S_1,\quad T_1A_1=I_Y-Q_1;\quad A_2T_2=I_Y-S_2,\quad T_2A_2=I_Z-Q_2.$$

其中，$S_1\in\mathcal{C}(X)$，$Q_1,S_2\in\mathcal{C}(Y)$，$Q_2\in\mathcal{C}(Z)$. 令 $A=A_1A_2$. 则

$$A(T_2T_1)=A_1A_2T_2T_1=A_1(I_Y-S_2)T_1=A_1T_1-A_1S_2T_1=I_X-S_1-A_1S_2T_1$$

同理有$(T_2T_1)A=I_Z-Q_2-T_2Q_1A_2$. 注意到

$$S_1+A_1S_2T_1\in\mathcal{C}(X),\quad Q_2+T_2Q_1A_2\in\mathcal{C}(Z),$$

故 $T_2T_1\in\mathcal{F}(X,Z)$.

记 $Y_0=\mathcal{R}(T_1)\cap\mathcal{N}(T_2)$. 则由 $\dim\mathcal{N}(T_2)<\infty$ 可知 $\dim Y_0<\infty$. 因为$\mathcal{R}(T_1)$与$\mathcal{N}(T_2)$都是闭的，应用定理 5.2.12，有 Y 的闭线性子空间 Y_1,Y_2 使

$$\mathcal{R}(T_1)=Y_0\oplus Y_1,\quad \mathcal{N}(T_2)=Y_0\oplus Y_2. \tag{5.2.15}$$

又因为 $\dim Y/[\mathcal{N}(T_2)\oplus Y_1]\leqslant\dim Y/[Y_0\oplus Y_1]=\operatorname{codim}\mathcal{R}(T_1)<\infty$，应用定理 5.2.12，有 Y 的闭线性子空间 Y_3 使

$$Y=\mathcal{N}(T_2)\oplus Y_1\oplus Y_3=Y_0\oplus Y_1\oplus Y_2\oplus Y_3. \tag{5.2.16}$$

同理，由 $\dim\mathcal{N}(T_1)<\infty$可知有 X 的闭线性子空间 X_1 使

$$X=\mathcal{N}(T_1)\oplus X_1. \tag{5.2.17}$$

作映射 $\overline{T_1}: X/\mathcal{N}(T_1)\to\mathcal{R}(T_1)$与 $\overline{T_2}: Y/\mathcal{N}(T_2)\to\mathcal{R}(T_2)$分别使

$$\overline{T_1}\bar{x}=T_1u,\quad u\in\bar{x}\in X/\mathcal{N}(T_1);\quad \overline{T_2}\bar{y}=T_2v,\quad v\in\bar{y}\in Y/\mathcal{N}(T_2).$$

则 $\overline{T}_1,\overline{T}_2$ 都是代数同构映射. 由定理 5.2.6 与式(5.2.17)知 $X/\mathcal{N}(T_1)$与 X_1 代数同构，于是 $\overline{T}_1$ 可视为从 X_1 到$\mathcal{R}(T_1)$的代数同构，注意到 $x\in\mathcal{N}(T_2T_1)\Leftrightarrow T_1x\in Y_0$，故有

$$\begin{aligned}\dim\mathcal{N}(T_2T_1)&=\dim\mathcal{N}(T_1)+\dim\{x: x\in X_1,T_1x\in Y_0\}\\&=\dim\mathcal{N}(T_1)+\dim\overline{T}_1^{-1}Y_0=\dim\mathcal{N}(T_1)+\dim Y_0.\end{aligned} \tag{5.2.18}$$

由定理 5.2.6 与式(5.2.16)知 $Y/\mathcal{N}(T_2)$与 $Y_1\oplus Y_3$ 代数同构，于是 $\overline{T}_2$ 可视为从 $Y_1\oplus Y_3$ 到$\mathcal{R}(T_2)$的代数同构，注意到 $T_2(\mathcal{R}(T_1))=\mathcal{R}(T_2T_1)$，$\overline{T_2}(Y_0)=\{\theta\}$，由式(5.2.15)，有

$$\begin{aligned}\mathcal{R}(T_2)&=\overline{T}_2(Y_1\oplus Y_3)=\overline{T}_2Y_1\oplus\overline{T}_2Y_3=\overline{T}_2(Y_0+Y_1)\oplus\overline{T}_2Y_3\\&=\overline{T}_2(\mathcal{R}(T_1))\oplus\overline{T}_2Y_3=T_2(\mathcal{R}(T_1))\oplus\overline{T}_2Y_3=\mathcal{R}(T_2T_1)\oplus\overline{T}_2Y_3.\end{aligned}$$

所以有

$$\operatorname{codim}\mathcal{R}(T_2T_1)=\operatorname{codim}\mathcal{R}(T_2)+\dim Y_3. \tag{5.2.19}$$

由式(5.2.15)与式(5.2.16)，得

$$\operatorname{codim}\mathcal{R}(T_1)=\dim(Y_2\oplus Y_3)=\dim Y_2+\dim Y_3; \tag{5.2.20}$$

$$\dim\mathcal{N}(T_2)=\dim(Y_0\oplus Y_2)=\dim Y_0+\dim Y_2. \tag{5.2.21}$$

从而由式(5.2.18)～式(5.2.21)可得

$$\begin{aligned}\operatorname{ind}(T_2T_1)&=\dim\mathcal{N}(T_2T_1)-\operatorname{codim}\mathcal{R}(T_2T_1)\\&=\dim\mathcal{N}(T_1)+\dim Y_0-\operatorname{codim}\mathcal{R}(T_2)-\dim Y_3\\&=\dim\mathcal{N}(T_1)+(\dim\mathcal{N}(T_2)-\dim Y_2)-\\&\quad\operatorname{codim}\mathcal{R}(T_2)-(\operatorname{codim}\mathcal{R}(T_1)-\dim Y_2)\\&=\operatorname{ind}T_1+\operatorname{ind}T_2.\end{aligned}$$

证毕.

下列结果表明，Fredholm 算子及其指标关于小扰动是不变的.

定理 5.2.31

设 X,Y 为 Banach 空间，$T\in\mathcal{F}(X,Y)$. 则存在 $r>0$，使得当 $B\in\mathcal{B}(X,Y)$，且 $\|B\|<r$ 时有 $T+B\in\mathcal{F}(X,Y)$，且 $\operatorname{ind}(T+B)=\operatorname{ind}T$.

证明 由定理 5.2.29(1)，存在 $A\in\mathcal{B}(Y,X)$，$T_1\in\mathcal{C}(X)$ 与 $T_2\in\mathcal{C}(Y)$ 使得

$$AT=I_X-T_1,\quad TA=I_Y-T_2. \tag{5.2.22}$$

应用定理 5.2.29(2)可知，$A\in\mathcal{F}(Y,X)$.

设 $B\in\mathcal{B}(X,Y)$，则

$$A(T+B)=I_X-T_1+AB,\quad (T+B)A=I_Y-T_2+BA.$$

不妨设 $T\neq\theta$ ($T=\theta$ 时，由式(5.2.22)知 X 与 Y 都是有限维的，结论显然成立). 则由定理 5.2.29(1)，$\|A\|\neq 0$. 令 $r=\|A\|^{-1}$. 于是，当 $\|B\|<r$ 时，由 von Neumann 定理知 I_X+AB 与 I_Y+BA 都有有界的逆算子，从而有

$$(I_X+AB)^{-1}A(T+B)=I_X-(I_X+AB)^{-1}T_1; \tag{5.2.23}$$

$$(T+B)A(I_Y+BA)^{-1}=I_Y-T_2(I_Y+BA)^{-1}. \tag{5.2.24}$$

因为$(I_X+AB)^{-1}T_1\in\mathcal{C}(X)$，$T_2(I_Y+BA)^{-1}\in\mathcal{C}(Y)$，利用定理 5.2.29(2)，由式(5.2.23)与式(5.2.24)得 $T+B\in\mathcal{F}(X,Y)$.

由命题 5.2.28 可知，可逆算子的指标及恒等算子与紧算子之差的指标均为 0，利用定理 5.2.30，由式(5.2.22)与式(5.2.23)得到 $\operatorname{ind}A+\operatorname{ind}T=0$ 与 $\operatorname{ind}A+\operatorname{ind}(T+B)=0$. 因此，$\operatorname{ind}(T+B)=\operatorname{ind}T$. 证毕.

5.3 弱紧性与圆凸性

Banach 空间中的许多重要性质都和单位球的几何特征有关. Hilbert 空间的点在闭凸集上之所以具有唯一最佳逼近元，从根本上讲与其闭单位球具有最好凸性及弱紧性有关. 本节从讨论 Banach 空间的局部凸弱拓扑与其共轭空间的局部凸弱 * 拓扑出发，分别考察其闭单位球的弱紧性与弱 * 紧性；刻画自反性；类比于 Hilbert 空间，研究 Banach 空间上主要

的几种圆凸性之间的关系；最后讨论最佳逼近问题.

5.3.1　弱拓扑与弱 * 拓扑

前面已讨论了 Banach 空间中点列弱收敛的性质. 但若只依赖点列弱收敛，远远不能解决弱拓扑意义下的一些问题. 例如，对空间的点集而言，即使把所有弱收敛子序列的极限都添加上去也未必能得到弱闭集. 深究其因，收敛可用网等价地描述，仅当第一可数的空间才可用点列来描述. Banach 空间 X 上点列的弱收敛实际上是按由 X^* 所决定的某种拓扑的收敛的一种特殊情况. 这种拓扑空间未必是第一可数的空间. 因此有必要引入弱拓扑与弱 * 拓扑概念. 读者若具有 3.2 节的知识则更能清晰地理解这些概念.

定义 5.3.1

设 X 为赋范空间，X^* 为 X 的对偶空间.

(1) X 与 X^* 上通常的由范数决定的拓扑(也称**范数拓扑**)分别记为 τ_N 与 τ_N^*.

(2) 每个 $f\in X^*$ 自然地确定了 X 上的一个半范数

$$p_f(x)=|f(x)|=|(f,x)|,\quad \forall x\in X.$$

而且由 Hahn-Banach 定理，$\forall x\neq\theta$ 有 $\sup\limits_{f\in X^*} p_f(x)>0$. 称 X 上由半范数族 $\{p_f:\ f\in X^*\}$ 生成的拓扑为 X 上的**弱拓扑**，记为 $\tau(X,X^*)$.

(3) 将 X 自然嵌入到 X^{**}，则每个 $x\in X$ 作为 X^* 上的连续线性泛函 x^{**} 也自然地确定了 X^* 上的一个半范数

$$p_x(f)=|x^{**}(f)|=|f(x)|=|(f,x)|,\quad \forall f\in X^*.$$

而且由非零泛函的定义，$\forall f\neq\theta$ 有 $\sup\limits_{x\in X} p_x(f)>0$. 称 X^* 上由半范数族 $\{p_x:x\in X\}$ 生成的拓扑为 X^* 上的**弱 * 拓扑**，记为 $\tau(X^*,X)$.

注意按定义 5.3.1 的记号，X 即 (X,τ_N)，X^* 即 $(X,\tau_N)^*$. 根据定义 5.3.1，X 上的弱拓扑 $\tau(X,X^*)$ 由 X^* 决定，它是由这样的邻域基生成的拓扑，邻域基中的元为形如下述的点集：

$$U(f_1,f_2,\cdots,f_n;\varepsilon_1,\varepsilon_2,\cdots,\varepsilon_n)=\{x\in X:|(f_j,x)|<\varepsilon_j,j=1,2,\cdots,n\}.$$

这里 $n\in\mathbb{Z}^+$，$f_j\in X^*$，$\varepsilon_j>0(j=1,2,\cdots,n)$ 都是任意给定的. 由于 $U(f_1,f_2,\cdots,f_n;\varepsilon_1,\varepsilon_2,\cdots,\varepsilon_n)$ 显然是凸的，故 $(X,\tau(X,X^*))$ 是局部凸 Hausdorff 拓扑线性空间.

X^* 上的弱 * 拓扑 $\tau(X^*,X)$ 由 X 决定，它是由这样的邻域基生成的拓扑，邻域基中的元为形如下述的点集：

$$U(x_1,x_2,\cdots,x_n;\varepsilon_1,\varepsilon_2,\cdots,\varepsilon_n)=\{f\in X^*:|(f,x_j)|<\varepsilon_j,j=1,2,\cdots,n\}.$$

这里 $n\in\mathbb{Z}^+$，$x_j\in X$，$\varepsilon_j>0(j=1,2,\cdots,n)$ 都是任意给定的. 同样地，$(X^*,\tau(X^*,X))$ 也是局部凸 Hausdorff 拓扑线性空间.

因为按半范数族生成拓扑的定义，弱拓扑 $\tau(X,X^*)$ 是使得每个 $f\in X^*$ 连续的最弱(粗)的拓扑，故有 $\tau(X,X^*)\subset\tau_N$. 同理，弱 * 拓扑 $\tau(X^*,X)$ 是使每个 $x\in X$(作为在 X^{**} 中的嵌入)连续的最弱(粗)的拓扑；对于 X^* 上由 X^{**} 决定的弱拓扑 $\tau(X^*,X^{**})$ 必有 $\tau(X^*,X)\subset\tau(X^*,X^{**})\subset\tau_N^*$，一般来说(当 X 不是自反空间时)，$\tau(X^*,X)\neq\tau(X^*,X^{**})$.

定理 5.3.1

设 X 是 Banach 空间，则下列条件等价：

(1) $\dim X<\infty$. (2) $\tau(X,X^*)=\tau_N$. (3) $\tau(X^*,X)=\tau_N^*$.

证明 (1)⇒(3) 由 $\dim X<\infty$ 可知 $\dim X^*<\infty$. 以下证明存在范数有界的 $\tau(X^*,X)$邻域. 设 $\dim X=\dim X^*=n$，取 X 的基$\{x_i\}_{i=1}^n$ 使 $\|x_i\|=1(i=1,2,\cdots,n)$. 易知非零泛函 $F(a_1x_1+a_2x_2+\cdots+a_nx_n)=|a_1|+|a_2|+\cdots+|a_n|$关于 τ_N 连续，其中 $a_1,a_2,\cdots,a_n\in\mathbb{K}$. F 在紧集 $S(X)=\{x\in X:\|x\|=1\}$上取最大值 β. 显然

$$U=\{x^*\in X^*:|x^*(x_i)|<1,i=1,2,\cdots,n\}$$

是 $\tau(X^*,X)$邻域. 设 $x^*\in U$. 则对任意 $x=a_1x_1+a_2x_2+\cdots+a_nx_n\in S(X)$有

$$\begin{aligned}|x^*(x)|&=|x^*(a_1x_1+a_2x_2+\cdots+a_nx_n)|\\&\leqslant|a_1||x^*(x_1)|+|a_2||x^*(x_2)|+\cdots+|a_n||x^*(x_n)|\\&\leqslant|a_1|+|a_2|+\cdots+|a_n|\leqslant\beta.\end{aligned}$$

由此得 $\|x^*\|=\sup\limits_{\|x\|=1}|x^*(x)|\leqslant\beta$. 这表明 U 是范数有界的. 于是$(X^*,\tau(X^*,X))$是局部有界的. 注意到$(X^*,\tau(X^*,X))$是局部凸 Hausdorff 的，故$(X^*,\tau(X^*,X))$是可赋范的(参见定理 3.2.14)，从而$(X^*,\tau(X^*,X))$与(X^*,τ_N^*)线性同胚. 因此，$\tau(X^*,X)=\tau_N^*$.

(3)⇒(1) 设 $\tau(X^*,X)=\tau_N^*$. 则 $B(X^*)=\{x^*:\|x^*\|<1\}$关于 $\tau(X^*,X)$也是开集，有 $x_j\in X,\varepsilon_j>0$ 使

$$U(x_1,x_2,\cdots,x_n;\varepsilon_1,\varepsilon_2,\cdots,\varepsilon_n)\subset B(X^*).$$

由于 $E_n=\bigcap\limits_{j=1}^n x_j^{\perp}=\{x_1,x_2,\cdots,x_n\}^{\perp}\subset U(x_1,x_2,\cdots,x_n;\varepsilon_1,\varepsilon_2,\cdots,\varepsilon_n)$，故 $B(X^*)$包含$\{x_1,x_2,\cdots,x_n\}$在 X 中的零化子 E_n. 但 E_n 是 X^* 的线性子空间，由此得知 $E_n=\{\theta\}$. 于是对任意 $x\in X$，$E_n\subset x^{\perp}$. 从而

$$\begin{aligned}x\in{}^{\perp}E_n&={}^{\perp}(\{x_1,x_2,\cdots,x_n\}^{\perp})={}^{\perp}((\mathrm{span}\{x_1,x_2,\cdots,x_n\})^{\perp})\\&=\mathrm{span}\{x_1,x_2,\cdots,x_n\}.\end{aligned}$$

即 $X\subset\mathrm{span}\{x_1,x_2,\cdots,x_n\}$. 因此 $\dim X<\infty$.

(1)⇔(2) 与(1)⇔(3) 类似，从略. 证毕.

从上面定理5.3.1的证明中可以看出，无限维 Banach 空间 X 中任何弱邻域与弱 * 邻域必包含一个有限集的零化子，从而必包含一个无限维子空间. 因此局部凸空间$(X^*,\tau(X^*,X))$与$(X,\tau(X,X^*))$都不是局部有界的，从而都不是可赋范的(参见定理 3.2.14).

弱拓扑与弱 * 拓扑是特殊的拓扑，点集拓扑中的一些概念自然可以平移到弱拓扑与弱 * 拓扑空间. 例如，$A\subset X$ 称为**弱闭**的是指 $X\setminus A$ 关于 $\tau(X,X^*)$是开集. 若 A 的关于 $\tau(X,X^*)$的闭包记为 $c_w(A)$，则 A 是弱闭的当且仅当 $c_w(A)=A$. 另外，容易看到，前面讲的集合的弱有界与弱 * 有界分别是按弱拓扑与弱 * 拓扑有界，对 Banach 空间而言，它们都等价于按范数拓扑有界.

定理 5.3.2

设 X 是赋范空间，A 是 X 的非空凸集. 则 A 的关于 $\tau(X,X^*)$的闭包 $c_w(A)$与关于

τ_N 的闭包 $\overline{A}$ 相等.

证明　设 $x\in\overline{A}$. 则对 x 的关于 $\tau(X,X^*)$ 的任意邻域 U, U 也是 x 的关于 τ_N 的邻域, 因此有 $U\cap A\neq\varnothing$, 故 $x\in c_w(A)$. 这表明 $\overline{A}\subset c_w(A)$.

反之, 设 $x_0\notin\overline{A}$. 则对紧凸集 $\{x_0\}$ 与闭凸集 $\overline{A}$ 使用凸集隔离定理, 存在 $f\in X^*$, $r\in\mathbb{R}^1$ 使得

$$\operatorname{Re}f(x_0)<r<\operatorname{Re}f(x),\quad \forall x\in\overline{A}.$$

于是 x_0 的弱邻域 $\{x: \operatorname{Re}f(x)<r\}$ 与 A 不相交, $x_0\notin c_w(A)$. 这表明 $c_w(A)\subset\overline{A}$. 证毕.

推论

设 X 是赋范空间, 则

(1) X 的线性子空间 E 关于 $\tau(X,X^*)$ 是闭的当且仅当 E 关于 τ_N 是闭的.

(2) X 中凸子集 A 关于 $\tau(X,X^*)$ 是稠密的当且仅当 A 关于 τ_N 是稠密的.

通常, 弱拓扑所含的开集总是少于范数拓扑所含的开集; 对偶地, 弱拓扑所含的闭集也总是少于范数拓扑所含的闭集.

例 5.3.1　设 X 是无限维赋范空间, 则 $S(X)=\{x\in X: \|x\|=1\}$ 对弱拓扑 $\tau(X,X^*)$ 而言不是闭集, $B(X)=\{x\in X: \|x\|<1\}$ 对弱拓扑 $\tau(X,X^*)$ 而言不是开集. 确切地, 下面来证明 $S(X)$ 关于 $\tau(X,X^*)$ 的闭包 $c_w(S(X))=\{x\in X: \|x\|\leqslant 1\}=B[X]$, 而 $B(X)$ 关于 $\tau(X,X^*)$ 的内部为空集.

事实上, $\forall x_0\in B(X)$, 取 x_0 的关于 $\tau(X,X^*)$ 的邻域 U:

$$U=\{x\in X: |f_j(x-x_0)|<\varepsilon_j, j=1,2,\cdots,n\}.$$

这里诸 $\varepsilon_j>0$, $f_j\in X^*$, $n\in\mathbb{Z}^+$. 注意到当 $f\in X^*$, $f\neq\theta$ 时, ${}^{\perp}f=\{x\in X: f(x)=0\}$ 是 X 的余维数为 1 的子空间(参见例 5.2.2), 记

$$X_U={}^{\perp}\{f_j: j=1,2,\cdots,n\}=\bigcap_{j=1}^{n}{}^{\perp}f_j=\{x\in X: f_j(x)=0, j=1,2,\cdots,n\}.$$

则 X_U 是 X 的余维数至多为 n 的子空间, X 是无限维的, 故 $X_U\neq\{\theta\}$. 可取 $y_0\in X_U$, $y_0\neq\theta$. 于是 $\forall t\in[0,+\infty)$, 有 $x_0+ty_0\in U$. 函数 $g(t)=\|x_0+ty_0\|$ 在 $[0,+\infty)$ 连续, 且

$$g(0)<1,\quad \lim_{t\to+\infty}g(t)=+\infty.$$

由介值定理, $\exists t_0>0$ 使得 $\|x_0+t_0y_0\|=1$. 由此得到 $x_0+t_0y_0\in U\cap S(X)$, 即有 $U\cap S(X)\neq\varnothing$, $x_0\in c_w(S(X))$, 这验证了 $B[X]=B(X)\cup S(X)\subset c_w(S(X))$. 由定理 5.3.2, 又有 $c_w(S(X))\subset c_w(B[X])=B[X]$. 所以 $c_w(S(X))=B[X]$.

再用反证法来验证 $B(X)$ 关于 $\tau(X,X^*)$ 的内部为空集. 假设 $x_0\in B(X)$ 为关于 $\tau(X,X^*)$ 的内点, 则有 x_0 的关于 $\tau(X,X^*)$ 的邻域 U 使 $U\subset B(X)$. 如上所述, 可取 $y_0\in X_U$, $y_0\neq\theta$, $\forall t\in[0,+\infty)$, 有 $x_0+ty_0\in U$, 而 $\{x_0+ty_0: t\in[0,+\infty)\}\not\subset B(X)$, 与 $U\subset B(X)$ 矛盾. 因此 $B(X)$ 关于 $\tau(X,X^*)$ 的内部为空集.

在 $(X,\tau(X,X^*))$ 中, 网 $\{x_\alpha\}_{\alpha\in D}$ 收敛到 x_0 是指 $f(x_\alpha)\to f(x_0)$, $\forall f\in X^*$. 明确起见, 记为 $x_\alpha\xrightarrow{w}x_0$ 或 $w-\lim x_\alpha=x_0$.

在 $(X^*,\tau(X^*,X))$ 中, 网 $\{f_\alpha\}_{\alpha\in D}$ 收敛到 f_0 是指 $f_\alpha(x)\to f_0(x)$, $\forall x\in X$. 明确起

见，记为 $f_\alpha \xrightarrow{w^*} f_0$ 或 $w^*-\lim f_\alpha = f_0$.

前面讲的点列弱收敛与弱 * 收敛分别是上述收敛的特殊情况，即点列弱收敛与点列弱 * 收敛分别是点列按弱拓扑与弱 * 拓扑收敛. 应当指出，一般来说，点列弱收敛的闭包与弱闭包未必相同. 若将 $A \subset X$ 的点列弱收敛的闭包记为 $c_s(A)$，则 $\forall x \in c_s(A)$，有点列 $\{x_n\}_{n=1}^{\infty} \subset A$ 使 $x_n \xrightarrow{w} x$，将 $\{x_n\}_{n=1}^{\infty}$ 视为特殊的网，按定理 1.2.4(1)得 $x \in c_w(A)$. 因此一般来说，有

$$\overline{A} \subset c_s(A) \subset c_w(A).$$

同样，点列弱 * 收敛的闭包与弱 * 闭包也未必相同. 由此可知，弱闭集必是点列弱闭集，点列弱闭集必是 τ_N 闭集，反之都未必；弱 * 闭集必是点列弱 * 闭集，点列弱 * 闭集必是 τ_N^* 闭集. 反之都未必.

例 5.3.2 设 $\{e_n\}_{n=1}^{\infty}$ 是无限维可分 Hilbert 空间 H 中的规范正交基，并令

$$A = \{\sqrt{n} e_n\}_{n=1}^{\infty}.$$

因 $\|\sqrt{n} e_n\| = \sqrt{n}$，故 A 中的任何子列都不弱收敛. 因此，A 是弱序列闭集，即 $A = c_s(A)$. 另一方面，$\theta \in c_w(A)$. 事实上，设

$$U = \{x: |\langle f_j, x\rangle| < \varepsilon_j, j = 1, 2, \cdots, k\}$$

是局部基中的任意弱邻域. 由于 $\sum\limits_{n=1}^{\infty} |\langle f_j, e_n\rangle|^2 = \|f_j\|^2 < \infty, j = 1, 2, \cdots, k$，故

$$\sum_{n=1}^{\infty} \left(\sum_{j=1}^{k} |\langle f_j, e_n\rangle|\right)^2 < \infty.$$

因此，对 $\varepsilon = \min\limits_{1 \leqslant j \leqslant k} \varepsilon_j$，存在 $n \in \mathbb{Z}^+$ 使 $\sum\limits_{j=1}^{k} |\langle f_j, e_n\rangle| < \dfrac{\varepsilon}{\sqrt{n}}$. 于是

$$|\langle f_j, \sqrt{n} e_n\rangle| \leqslant \sum_{j=1}^{k} |\langle f_j, \sqrt{n} e_n\rangle| < \varepsilon_j, \quad j = 1, 2, \cdots, k.$$

这表明 A 与局部基中的每个弱邻域相交，所以 $\theta \in c_w(A)$. 但 $\theta \notin A = c_s(A)$. 由此可知，集 A 的点列弱收敛的闭包与弱闭包并不相同.

对弱拓扑与弱 * 拓扑也有共轭空间的概念. 例如，$(X, \tau(X, X^*))^*$ 表示 X 上关于 $\tau(X, X^*)$ 连续的全体线性泛函之集.

定理 5.3.3

设 X 是赋范空间，则 $(X, \tau(X, X^*))^* = X^*$，$(X^*, \tau(X^*, X))^* = X$.

证明 (1) 设 $f \in (X, \tau(X, X^*))^*$. 由于按定义有 $\tau(X, X^*) \subset \tau_N$，故对 $\mathbb{K}$ 的任一开集 V，有 $f^{-1}(V) \in \tau(X, X^*) \subset \tau_N$，从而 $f \in (X, \tau_N)^* = X^*$. 这表明 $(X, \tau(X, X^*))^* \subset X^*$.

反之，设 $f \in X^*$. 由于任意 $\varepsilon > 0$，按邻域基的构造有

$$\{x \in X: |f(x)| < \varepsilon\} \in \tau(X, X^*),$$

这推出对 $\mathbb{K}$ 的任一开集 V，有 $f^{-1}(V) \in \tau(X, X^*)$，即 $f \in (X, \tau(X, X^*))^*$. 因此也有 $X^* \subset (X, \tau(X, X^*))^*$.

(2) 设 $x \in X$. 由于按半范数生成拓扑的定义，x 作为在 X^{**} 中的嵌入 x^{**} 在 $(X^*, \tau(X^*, X))$ 中连续（$\tau(X^*, X)$ 是使每个 $x \in X$ 都连续的最弱拓扑），故 $x \in (X^*, \tau(X^*,$

$X))^*$,即 $X \subset (X^*, \tau(X^*, X))^*$.

反之,设 $y \in (X^*, \tau(X^*, X))^*$. 由于任意 $k \in \mathbb{Z}^+$, $V_k = \{f \in X^*: |y(f)| < 1/k\}$ 是 $(X^*, \tau(X^*, X))$ 中开集,存在 $U(x_1, x_2, \cdots, x_n; \varepsilon_1, \varepsilon_2, \cdots, \varepsilon_n)$ 使

$$U(x_1, x_2, \cdots, x_n; \varepsilon_1, \varepsilon_2, \cdots, \varepsilon_n) \subset V_k.$$

于是任意 $f \in \{x_1, x_2, \cdots, x_n\}^\perp$,有 $f \in U(x_1, x_2, \cdots, x_n; \varepsilon_1, \varepsilon_2, \cdots, \varepsilon_n) \subset V_k$,即 $|y(f)| < 1/k$. 由 k 的任意性,$(f, y) = y(f) = 0$,即 $f \in y^\perp$. 故 $\{x_1, x_2, \cdots, x_n\}^\perp \subset y^\perp$. 从而

$$\begin{aligned} y \in {}^\perp(\{x_1, x_2, \cdots, x_n\}^\perp) &= {}^\perp((\text{span}\{x_1, x_2, \cdots, x_n\})^\perp) \\ &= \text{span}\{x_1, x_2, \cdots, x_n\} \subset X. \end{aligned}$$

这表明 $(X^*, \tau(X^*, X))^* \subset X$. 证毕.

命题 5.3.4

设 X 是赋范空间,J 是从 X 到 X^{**} 的自然嵌入算子. 则 J 是从 $(X, \tau(X, X^*))$ 到 $(JX, \tau(X^{**}, X^*))$ 的线性同胚映射.

证明 利用定理 1.2.4(2)来证明. 设网 $\{x_\alpha\} \subset X$, $x_\alpha \xrightarrow{w} x$. 则任意 $f \in X^*$,有 $f(x_\alpha) \to f(x)$,即

$$Jx_\alpha(f) \to Jx(f), \quad \forall f \in X^*.$$

这表明 $Jx_\alpha \xrightarrow{w^*} Jx$. 因此,$J$ 是从 $(X, \tau(X, X^*))$ 到 $(JX, \tau(X^{**}, X^*))$ 连续的. 反之,设网 $\{x_\alpha\} \subset X$ 使 $Jx_\alpha \xrightarrow{w^*} Jx$. 则任意 $f \in X^*$,有 $Jx_\alpha(f) \to Jx(f)$,即

$$f(x_\alpha) \to f(x), \quad \forall f \in X^*.$$

这表明 $J^{-1}(Jx_\alpha) = x_\alpha \xrightarrow{w} x = J^{-1}(Jx)$. 因此,$J^{-1}$ 是从 $(JX, \tau(X^{**}, X^*))$ 到 $(X, \tau(X, X^*))$ 连续的. 证毕.

5.3.2 弱 * 紧性,弱紧性与自反性

我们已知道,无限维赋范空间中闭单位球不是紧集. 这对于解决涉及有界集上的收敛性的有关问题时常常带来不便. 但如果使用弱紧性与弱 * 紧性工具,则问题常常能有效地得到解决.

一个集称为**弱紧**的,是指它的关于 $\tau(X, X^*)$ 的任一开集族的覆盖有有限子覆盖. 一个集称为**弱 * 紧**的,是指它的关于 $\tau(X^*, X)$ 的任一开集族的覆盖有有限子覆盖. 由于弱开集必是开集,故紧蕴涵弱紧. 同样,在 X^* 上,紧蕴涵弱紧且弱紧蕴涵弱 * 紧.

命题 5.3.5

设 X 是 Banach 空间.

(1) X 中弱紧集必是有界的弱闭集,从而必是有界的闭集.

(2) X^* 中弱 * 紧集必是有界的弱 * 闭集,从而必是有界的闭集.

证明 只证明(2),同理可证(1)(从略). 设 A 是 X^* 中弱 * 紧集. 由于 $(X^*, \tau(X^*, X))$ 是 Hausdorff 空间,故 A 是弱 * 闭的(参见定理 1.2.13 推论),从而关于范数拓扑 τ_N^* 也是闭的. 因为对每个 $x \in X$, $U_f = \{g \in X^*: |(g-f)(x)| < 1\}$ 是弱 * 开集,$\{U_f: f \in A\}$

是 A 的弱 $*$ 开覆盖，故必有有限子覆盖设为$\{U_{f_1},U_{f_2},\cdots,U_{f_n}\}$. 令 $M_x=1+\max\limits_{1\leqslant i\leqslant n}|f_i(x)|$，则任意 $f\in A$，存在 $j\in\{1,2,\cdots,n\}$使 $f\in U_{f_j}$，于是$|f(x)|\leqslant|(f-f_j)(x)|+|f_j(x)|\leqslant M_x$，即 A 是弱 $*$ 有界的，从而也是 τ_N^* 有界的. 证毕.

定理 5.3.6（**Banach-Alaoglu 定理**）

设 X 是赋范空间，则 X^* 的原点闭单位球 $B[X^*]$是弱 $*$ 紧集.

证明 $B[X^*]=\{f\in X^*:\|f\|\leqslant 1\}$. 对任意 $f\in B[X^*]$有

$$|f(x)|\leqslant\|f\|\|x\|\leqslant\|x\|,\quad x\in X. \tag{5.3.1}$$

设 $D_x=\{\alpha\in\mathbb{K}:|\alpha|\leqslant\|x\|\}$，则 D_x 是$\mathbb{K}$中紧集. 设 $Y=\prod\limits_{x\in X}D_x$，$\tau_Y$ 是 Y 上的积拓扑，则由 Tychonoff 定理，(Y,τ_Y)是紧空间（参见定义 1.2.10 与定理 1.2.18）. 每个 $f\in Y$ 作为从 X 到 $\bigcup\limits_{x\in X}D_x\subset\mathbb{K}$ 的一个函数满足

$$|f(x)|\leqslant\|x\|,\quad x\in X. \tag{5.3.2}$$

因此，由式(5.3.1)与式(5.3.2)知 $B[X^*]\subset Y\cap X^*$，$B[X^*]$作为 Y 与 X^* 的子集继承了两个拓扑，一个是 X^* 上的弱 $*$ 拓扑 $\tau(X^*,X)$，另一个是 Y 上的积拓扑 τ_Y. 下面先说明这两个拓扑是相同的.

任取固定的 $f_0\in B[X^*]$. 记

$$W_1=\{f\in X^*:|f(x_k)-f_0(x_k)|<\varepsilon_k,k=1,2,\cdots,n\},$$
$$W_2=\{f\in Y:|f(x_k)-f_0(x_k)|<\varepsilon_k,k=1,2,\cdots,n\},$$

其中，$x_k\in X$，$\varepsilon_k>0$，$k=1,2,\cdots,n$，$n\in\mathbb{Z}^+$. 显然形如 W_1 的集构成弱 $*$ 拓扑 $\tau(X^*,X)$在 f_0 的邻域基. 因积拓扑的基是 Y 中形如 $\prod\limits_{x\in X}U_x$ 的集的全体，其中 U_x 为 D_x 中开集，且除了有限个 x 外，$U_x=D_x$. W_2 正是 Y 中这样的集 $\prod\limits_{x\in X}U_x$，其中

$$U_{x_k}=\{f(x_k)\in D_{x_k}:|f(x_k)-f_0(x_k)|<\varepsilon_k\},\quad k=1,2,\cdots,n,$$

且 $x\neq x_k(k=1,2,\cdots,n)$，$U_x=D_x$. 因此形如 W_2 的集构成积拓扑 τ_Y 在 f_0 的邻域基. 由于 $B[X^*]\subset Y\cap X^*$，故 $W_1\cap B[X^*]=W_2\cap B[X^*]$. 这表明在 $B[X^*]$上弱 $*$ 拓扑 $\tau(X^*,X)$与 τ_Y 一致.

现在来证明 $B[X^*]$是 τ_Y 闭集，从而 $B[X^*]$就是弱 $*$ 紧集. 记 $B[X^*]$的 τ_Y 闭包为 $c_Y(B[X^*])$. 设 $f\in c_Y(B[X^*])$. 由定理 1.2.4(1)，存在网$\{f_\alpha\}\subset B[X^*]$，使按 τ_Y 有 $f_\alpha\to f$. 由 τ_Y 与弱 $*$ 拓扑的一致性（或由投影 P_x 的连续性，这里 $P_x(f)=f(x)$）：

$$f_\alpha(x)\to f(x),\quad\forall x\in X. \tag{5.3.3}$$

利用式(5.3.3)，由 f_α 的线性可知 f 是线性的. 由式(5.3.1)，$|f_\alpha(x)|\leqslant\|x\|$，再由式(5.3.3)得$|f(x)|\leqslant\|x\|$，从而 $\|f\|=\sup\limits_{\|x\|\leqslant 1}|f(x)|\leqslant 1$，$f\in B[X^*]$. 这表明 $c_Y(B[X^*])=B[X^*]$. 证毕.

推论

设 X 是 Banach 空间.

(1) A 是 X^* 中的弱 $*$ 紧集当且仅当 A 是有界的弱 $*$ 闭集.

(2) 设 X 是自反的，则 X^* 中的有界闭凸集是弱 $*$ 紧集.

证明　(1) 设 A 是弱 * 紧集，则由命题 5.3.5，A 是有界的弱 * 闭集. 反之，设 A 是有界的弱 * 闭集. 则 $\exists M>0, \forall f\in A$，有 $\|f\|\leqslant M$. 令 $A_0=M^{-1}A$. 则根据 Banach-Alaoglu 定理，A_0 是弱 * 紧集 $B[X^*]$ 中的弱 * 闭子集，于是按定理 1.2.12 知 A_0 是弱 * 紧集. 从而 A 是弱 * 紧集.

(2) 设 A 是 X^* 中关于范数拓扑 τ_N^* 的有界凸闭集. 由定理 5.3.2，A 是 $\tau(X^*,X^{**})$ 闭的. 因 X 是自反的，故 A 是 $\tau(X^*,X)$ 闭的. 由(1)，A 是弱 * 紧集. 证毕.

定理 5.3.7(Goldstine 稠密性定理)

设 X 是赋范空间，$B[X]$ 与 $B[X^{**}]$ 分别是 X 与 X^{**} 的原点闭单位球，J 是从 X 到 X^{**} 的自然嵌入算子. 则 $JB[X]$ 在 $B[X^{**}]$ 中关于弱 * 拓扑 $\tau(X^{**},X^*)$ 是稠密的.

证明　记 $\tau=\tau(X^{**},X^*)$. 由于根据 Banach-Alaoglu 定理，$B[X^{**}]$ 是 τ 紧的，故 $B[X^{**}]$ 是 τ 闭的，因此 $JB[X]$ 的 τ 闭包：

$$c_\tau(JB[X])\subset B[X^{**}].$$

假设存在 $x_0^{**}\in B[X^{**}]\backslash c_\tau(JB[X])$，则由凸集分离定理，存在 X^{**} 上的 τ 连续线性泛函 f 及 $r_1,r_2\in\mathbb{R}^1$，使

$$\mathrm{Re}f(y)<r_1<r_2<\mathrm{Re}f(x_0^{**}),\quad \forall y\in c_\tau(JB[X]). \tag{5.3.4}$$

由定理 5.3.3，$\left(X^{**},\tau(X^{**},X^*)\right)^*=X^*$，$X^{**}$ 上的 τ 连续线性泛函的全体是 X^*，因此 $f\in X^*$. 于是由式(5.3.4)左端知，$\mathrm{Re}f(y)<r_1$，$(\forall y\in B[X])$. 令

$$\alpha=\begin{cases}|f(y)|/f(y), & f(y)\neq 0;\\ 1, & f(y)=0.\end{cases}$$

由于 $|\alpha|=1$，当 $y\in B[X]$ 时，有 $\alpha y\in B[X]$，因而有

$$|f(y)|=\mathrm{Re}\,|f(y)|=\mathrm{Re}\,[\alpha f(y)]=\mathrm{Re}f(\alpha y)<r_1,\quad \forall y\in B[X].$$

所以 $\|f\|=\sup\limits_{\|y\|\leqslant 1}|f(y)|\leqslant r_1$. 从而 $|x_0^{**}(f)|\leqslant\|x_0^{**}\|\,\|f\|\leqslant\|f\|\leqslant r_1$. 另一方面，由式(5.3.4)右端，$\mathrm{Re}x_0^{**}(f)=\mathrm{Re}f(x_0^{**})>r_2$，这是矛盾的. 所以

$$c_\tau(JB[X])=B[X^{**}].$$

即 $J(B[X])$ 在 $B[X^{**}]$ 中关于弱 * 拓扑 $\tau(X^{**},X^*)$ 是稠密的. 证毕.

定理 5.3.8(Kakutani 定理)

设 X 是 Banach 空间，则 X 是自反的当且仅当 X 的原点闭单位球 $B[X]$ 是弱紧的.

证明　由 Banach-Alaoglu 定理得 X^{**} 中的原点闭单位球 $B[X^{**}]$ 是 $\tau(X^{**},X^*)$ 紧的. 若 X 自反，$X=X^{**}$，则 X 中的闭单位球 $B[X]$ 是 $\tau(X,X^*)$ 紧的，即弱紧的. 反之，设 X 中的闭单位球 $B[X]$ 是弱紧的. 记 $\tau=\tau(X^{**},X^*)$，由 Goldstine 稠密性定理，$JB[X]$ 在 $B[X^{**}]$ 中关于拓扑 τ 是稠密的，即 $c_\tau(JB[X])=B[X^{**}]$，其中 J 是从 X 到 X^{**} 的自然嵌入算子，c_τ 表示 τ 闭包. 利用命题 5.3.4，J 是从 $(X,\tau(X,X^*))$ 到 (X^{**},τ) 连续的. 由定理 1.2.14，$JB[X]$ 是 τ 紧的. 于是 $JB[X]$ 是 τ 闭的，从而有

$$JB[X]=c_\tau(JB[X])=B[X^{**}].$$

所以利用 J 的线性，有 $JX=X^{**}$，即 X 是自反的. 证毕.

推论

设 X 是 Banach 空间. 则下列条件等价：

(1) X 是自反的.

(2) X 中任意的有界弱闭集是弱紧集.

(3) X 中任意的有界闭凸集是弱紧集.

证明 (1)⇒(2) 设 A 是 X 中有界弱闭集. 则 $\exists M>0, \forall x\in A$, 有 $\|x\|\leqslant M$. 令 $A_0=M^{-1}A$. 则根据 Kakutani 定理, A_0 是弱紧集 $B[X]$ 中的弱闭子集, 于是由定理 1.2.12 知 A_0 是弱紧集. 因此 A 是弱紧集.

(2)⇒(3) 根据定理 5.3.2, 凸闭集必是弱闭集, 因此由(2)得到(3).

(3)⇒(1) 闭单位球 $B[X]$是有界凸闭集, 根据 Kakutani 定理, 它的弱紧性推出 X 是自反的. 证毕.

一个集 $A\subset X$ 称为**弱列紧**的是指它的任一点列按弱拓扑 $\tau(X,X^*)$有收敛的子点列；称为**弱自列紧**的是指它的任一点列有弱收敛的子点列收敛于 A 中的点. 同样, 一个集 $G\subset X^*$ 称为**弱 * 列紧**的是指它的任一点列按弱 * 拓扑 $\tau(X^*,X)$有收敛的子点列；称为**弱 * 自列紧**的是指它的任一点列有弱 * 收敛的子点列收敛于 G 中的点. 显然列紧蕴涵弱列紧. 同样, 在 X^* 上, 列紧蕴涵弱列紧且弱列紧蕴涵弱 * 列紧.

我们知道, 在度量空间或可赋范的空间中, 一个集是紧的等价于它是自列紧的. 前面已指出, 当 X 是无限维空间时, 局部凸空间$(X,\tau(X,X^*))$与$(X^*,\tau(X^*,X))$都不是可赋范的. 那么, 对弱拓扑与弱 * 拓扑而言, 弱紧与弱自列紧, 弱 * 紧与弱 * 自列紧是否仍然等价呢？如下的例 5.3.2 表明弱 * 紧与弱 * 自列紧是不等价的；而后面的 Eberlein-Šmulian 定理将指出, 弱紧与弱自列紧是等价的.

例 5.3.3 取 $X=l^\infty$, 则其共轭空间 X^* 中存在弱 * 紧而不弱 * 列紧的子集. 据 Banach-Alaoglu 定理, X^* 中的单位闭球 $B[X^*]$是弱 * 紧的. 下面证明 $B[X^*]$不是弱 * 列紧的. 事实上, 令

$$f_n(x)=\xi_n, \quad x=\{\xi_n\}\in l^\infty.$$

则 f_n 为 l^∞ 上的线性泛函且 $\|f_n\|=1$, 于是 $f_n\in B[X^*]$. 但是$\{f_n\}$没有弱 * 收敛子列, 因为对$\{f_n\}$的任一子列$\{f_{n_j}\}$, 取 $x\in l^\infty$ 如下：

$$x=(\xi_1,\xi_2,\cdots,\xi_n,\cdots),$$

其中, $\xi_{n_1}=1, \xi_{n_2}=2, \xi_{n_3}=1, \xi_{n_4}=2, \cdots$；$n\neq n_j$ 时 $\xi_n=0$. 可见, $\{f_{n_j}(x)\}$并不收敛, 即$\{f_{n_j}\}$不是弱 * 收敛的子列.

例 5.3.4 取 X 为 l^1 中的线性子空间, $x=\{\xi_n\}\in X$ 指$\{\xi_n\}$中只有有限个 ξ_n 不为零. 则 X 为一不完备的赋范空间. 下面指出 X^* 中存在弱 * 自列紧集 A, 它不是范数拓扑下的有界集.

在 X 上定义线性泛函如下：$f_n(x)=\xi_n, x=\{\xi_n\}\in X$. 则 $f_n\in X^*$ 且 $\|f_n\|=1$. 设$\{t_n\}$是正数列, 使得 $\lim\limits_{n\to\infty} t_n=\infty$. 令

$$A=\{\theta,t_1f_1,t_2f_2,\cdots\}\subset X^*.$$

则对任一 $x=\{\xi_n\}\in X$, 存在 $n_x\in\mathbb{Z}^+$, 当 $n>n_x$ 有 $\xi_n=0$, 从而

$$t_nf_n(x)=t_n\xi_n\to 0, \quad n\to\infty.$$

这表明$\{t_nf_n\}$弱 * 收敛于 $\theta\in A$, A 是弱 * 自列紧的. 但因 $\|t_nf_n\|=t_n$, 故 A 在 X^* 中是无界的.

下列命题 5.3.9 与命题 5.3.10 有助于导出深刻的 Eberlein-Šmulian 定理.

命题 5.3.9

(1) 设 τ_1 与 τ_2 都是集合 X 上的拓扑, $\tau_1 \subset \tau_2$. 若 τ_1 是 Hausdorff 拓扑, τ_2 是紧拓扑, 则 $\tau_1 = \tau_2$.

(2) 设 X 是紧拓扑空间, $\{f_n\}_{n=1}^{\infty} \subset C(X)$ 且当 $x, y \in X, x \neq y$ 时有 $\sup\limits_{n \geqslant 1} |f_n(x) - f_n(y)| > 0$. 则 X 是可度量化的.

证明 (1) 设 $U \in \tau_2$. 则 U^c 是 τ_2 闭的. 因为 X 是 τ_2 紧的, 故 U^c 是紧的(参见定理 1.2.12). 因为 $\tau_1 \subset \tau_2$, 故恒等映射 $I: (X, \tau_2) \to (X, \tau_1)$ 是连续的, 由此推出 $U^c = I(U^c)$ 是 τ_1 紧的(参见定理 1.2.14). 因为 τ_1 是 Hausdorff 拓扑, 故 U^c 是 τ_1 闭的(参见定理 1.2.13 的推论), 从而 $U \in \tau_1$, $\tau_1 = \tau_2$.

(2) 设 τ 是 X 上给定的紧拓扑. 因为 f_n 在紧拓扑空间 X 上连续, 故 $\exists M_n > 0$ 使 $\forall x \in X$ 有 $|f_n(x)| \leqslant M_n$. 因此, 不失一般性地(以 $M_n^{-1} f_n$ 代替 f_n), 可设对所有 $n \in \mathbb{Z}^+$ 与 $x \in X$ 有 $|f_n(x)| \leqslant 1$. 设 τ_ρ 是由 X 上的度量

$$\rho(x, y) = \sum_{n=1}^{\infty} 2^{-n} \mid f_n(x) - f_n(y) \mid$$

导出的拓扑(度量拓扑). 注意到 ρ 确实是一个度量, 因为 ρ 显然是对称的; 又当 $x, y \in X$, $x \neq y$ 时有 $\sup\limits_{n \geqslant 1} |f(x) - f(y)| > 0$, ρ 是正定的; ρ 的三角形不等式也容易验证. 由于每个 f_n 是 τ 连续的, 并且级数显然在 $X \times X$ 上是一致收敛的, 故 ρ 是 $X \times X$ 上的 τ 连续函数. 从而 $\rho(x, \cdot)$ 是 X 上的 τ 连续函数, τ_ρ 开球

$$B(x, r) = \{y \in X: \rho(x, y) < r\}$$

作为$\mathbb{R}^1$ 上的开集关于 $\rho(x, \cdot)$ 的原像是 τ 开的. 于是 $\tau_\rho \subset \tau$. 因为 τ_ρ 是度量拓扑, 故 τ_ρ 是 Hausdorff 拓扑, 从而由(1)得 $\tau = \tau_\rho$. 证毕.

命题 5.3.10

设 X 是赋范空间, $A \subset X$, J 是从 X 到 X^{**} 的自然嵌入算子. 则 A 是 $\tau(X, X^*)$ 紧的当且仅当 JA 是 $\tau(X^{**}, X^*)$ 紧的.

证明 由命题 5.3.4 即得. 证毕.

定理 5.3.11(Eberlein-Šmulian 定理)

Banach 空间的子集是弱紧的当且仅当它是弱自列紧的.

证明 (阅读)首先证明 Banach 空间 X 的弱紧子集是弱自列紧的. 设 A 是 X 的弱紧集. 设 $\{a_n\}_{n=1}^{\infty}$ 是 A 中任意点列. 令 $A_0 = \overline{\operatorname{span}}\{a_n\}_{n=1}^{\infty}$. 由于 A_0 是闭线性子空间, 故由定理 5.3.2 知 A_0 是弱闭的. 于是 $A \cap A_0$ 是弱紧集. 由于 A_0 是可分的, 故可设 $\{x_n\}_{n=1}^{\infty}$ 是 A_0 的可数稠密集. 由 Hahn-Banach 定理可选取 A_0 的共轭空间 A_0^* 中单位球面上的元素 $\{x_n^*\}_{n=1}^{\infty}$ 使得 $x_n^*(x_n) = \|x_n\|$, $n \in \mathbb{Z}^+$. 于是 $\{x_n^*\}_{n=1}^{\infty} \subset C(A \cap A_0)$. 设

$$x, y \in A \cap A_0, \quad x \neq y, \quad \delta = \|x - y\| / 4 > 0.$$

因为存在 x_k 使 $\|x_k - (x - y)\| < \delta$, 故 $\|x - y\| - \|x_k\| < \delta$. 于是

$$\begin{aligned} |x_k^*(x) - x_k^*(y)| &= |x_k^*(x_k) - x_k^*(x_k - x + y)| \\ &\geqslant |x_k^*(x_k)| - |x_k^*(x_k - x + y)| \end{aligned}$$

$$\geqslant \|x_k\| - \|x_k^*\| \|x_k - (x-y)\| \geqslant \|x_k\| - \delta$$
$$\geqslant \|x-y\| - 2\delta > 0.$$

由命题 5.3.9，$A\cap A_0$ 是可度量化的. 由于在度量空间中紧性与自列紧性是等价的，故 $A\cap A_0$ 是弱自列紧集. 因为 $\{a_n\}_{n=1}^{\infty}\subset A\cap A_0$，故 $\{a_n\}_{n=1}^{\infty}$ 有子点列 $\{a_{n_j}\}_{j=1}^{\infty}$ 在 $A\cap A_0$ 中弱收敛于 a. 这表明 A 是弱自列紧的.

现设 E^{**} 是 X^{**} 的有限维子空间. 我们断言，在 X^* 的单位球面 $S(X^*)$ 上存在一有限集 Y 使得对于每个 $z^{**}\in E^{**}$ 有

$$\max\{|z^{**}(y^*)|: y^*\in Y\} \geqslant \|z^{**}\|/2. \tag{5.3.5}$$

事实上，因为 E^{**} 是有限维的，单位球面 $S(E^{**})$ 按范数拓扑是紧的，故有有限 1/4-网 $\{e_1^{**}, e_2^{**}, \cdots, e_n^{**}\}\subset S(E^{**})$. 因为 $1=\|e_j^{**}\| = \sup\limits_{\|x^*\|=1} |e_j^{**}(x^*)|$，故可选取 $y_j^*\in S(X^*)$ 使

$$e_j^{**}(y_j^*) > 3/4, \quad j=1,2,\cdots,n.$$

令 $Y=\{y_1^*, y_2^*, \cdots, y_n^*\}$. 则 $Y\subset S(X^*)$. 当 $z^{**}\in E^{**}$ 时，不妨设 $z^{**}\neq\theta$，则 $e^{**}=z^{**}/\|z^{**}\|\in S(E^{**})$，必存在 $j(1\leqslant j\leqslant n)$ 使 $\|e_j^{**}-e^{**}\|<1/4$. 于是

$$e^{**}(y_j^*) = e_j^{**}(y_j^*) - [e_j^{**}(y_j^*) - e^{**}(y_j^*)] \geqslant 3/4 - 1/4 = 1/2.$$

即 $z^{**}(y_j^*)\geqslant \|z^{**}\|/2$. 因此式(5.3.5)是成立的.

下面利用式(5.3.5)来证明 Banach 空间 X 的弱自列紧子集是弱紧的. 现设 A 是 X 的弱自列紧集. 根据命题 5.3.10，要证明 A 是 $\tau(X,X^*)$ 紧集，只需证明 JA 是 $\tau(X^{**},X^*)$ 紧集，其中 J 为从 X 到 X^{**} 的自然嵌入算子. 因为 A 是有界的，故 JA 是有界的，按 Banach-Alaoglu 定理，只需证明 JA 关于 $\tau(X^{**},X^*)$ 是闭的.

为了证明 JA 关于 $\tau(X^{**},X^*)$ 是闭的，设 $c(JA)$ 为 JA 的 $\tau(X^{**},X^*)$ 闭包，$x^{**}\in c(JA)$. 则 x^{**} 的每个 $\tau(X^{**},X^*)$ 邻域含有 JA 中元素. 特别地，对于 $\varepsilon=1$ 与 $y_1^*\in S(X^*)$，存在 $a_1\in A$ 使 $Ja_1\in U(y_1^*, x^{**}, 1)=\{z^{**}\in X^{**}: |(z^{**}-x^{**})(y_1^*)|<1\}$，即

$$|(Ja_1 - x^{**})(y_1^*)| < 1.$$

记 $n(1)=1$，并令 $G_1=\mathrm{span}\{x^{**}, Ja_1-x^{**}\}\subset X^{**}$. 则 $\dim G_1<\infty$，利用式(5.3.5)，存在 $y_{n(1)+1}^*, y_{n(1)+2}^*, \cdots, y_{n(2)}^*\in S(X^*)$ 使得对于每个 $z^{**}\in G_1$ 有

$$\max\{|z^{**}(y_k^*)|: n(1)+1\leqslant k\leqslant n(2)\} \geqslant \|z^{**}\|/2.$$

再由 x^{**} 的 $\tau(X^{**},X^*)$ 邻域 $U(y_1^*, y_2^*, \cdots, y_{n(2)}^*; x^{**}, 1/2)$ 含有 JA 中元素可知，存在 $a_2\in A$ 使

$$|(Ja_2 - x^{**})(y_1^*)| < 1/2, \quad |(Ja_2 - x^{**})(y_2^*)| < 1/2, \quad \cdots,$$
$$|(Ja_2 - x^{**})(y_{n(2)}^*)| < 1/2.$$

令 $G_2=\mathrm{span}\{x^{**}, Ja_1-x^{**}, Ja_2-x^{**}\}\subset X^{**}$. 则 $\dim G_2<\infty$. 利用式(5.3.5)，存在 $y_{n(2)+1}^*, y_{n(2)+2}^*, \cdots, y_{n(3)}^*\in S(X^*)$ 使得对于每个 $z^{**}\in G_2$ 有

$$\max\{|z^{**}(y_k^*)|: n(2)+1\leqslant k\leqslant n(3)\} \geqslant \|z^{**}\|/2.$$

类似地有 $a_3\in A$，使

$$|(Ja_3 - x^{**})(y_1^*)| < 1/3, \ |(Ja_3 - x^{**})(y_2^*)| < \frac{1}{3},$$

$$\cdots, |(Ja_3 - x^{**})(y^*_{n(3)})| < 1/3.$$

依此法继续下去,得$\{a_n\}_{n=1}^{\infty} \subset A$.

由于A是弱自列紧的,故存在$\{a_n\}_{n=1}^{\infty}$的子点列$\{a_{n_j}\}_{j=1}^{\infty}$弱收敛于$x \in A$.由于$\overline{\text{span}}\{a_n\}$是弱闭的,所以$x \in \overline{\text{span}}\{a_n\}$.由此可知$Jx \in \overline{\text{span}}\{Ja_n\}$,从而

$$Jx - x^{**} \in \overline{\text{span}}\{x^{**}, Ja_n - x^{**}\}_{n=1}^{\infty}. \tag{5.3.6}$$

根据y_i^*和a_i的取法,对任一$z^{**} \in \text{span}\{x^{**}, Ja_n - x^{**}\}_{n=1}^{\infty}$,有

$$\sup_k |z^{**}(y_k^*)| \geqslant \|z^{**}\|/2. \tag{5.3.7}$$

现设$z_0^{**} \in \overline{\text{span}}\{x^{**}, Ja_n - x^{**}\}_{n=1}^{\infty}$.则对任意$\varepsilon > 0$,存在$z^{**} \in \text{span}\{x^{**}, Ja_n - x^{**}\}_{n=1}^{\infty}$使$\|z_0^{**} - z^{**}\| < \varepsilon$,由式(5.3.7),存在$k_0 \in \mathbb{Z}^+$使$|z^{**}(y_{k_0}^*)| \geqslant \|z^{**}\|/2 - \varepsilon$.于是

$$\begin{aligned}|z_0^{**}(y_{k_0}^*)| &\geqslant |z^{**}(y_{k_0}^*)| - |z^{**}(y_{k_0}^*) - z_0^{**}(y_{k_0}^*)| \\ &\geqslant \|z^{**}\|/2 - 2\varepsilon > \|z_0^{**}\|/2 - 3\varepsilon.\end{aligned}$$

从而

$$\sup_k |z_0^{**}(y_k^*)| \geqslant \|z_0^{**}\|/2. \tag{5.3.8}$$

注意到

$$|(Jx - x^{**})(y_k^*)| \leqslant |(Jx - Ja_{n_j})(y_k^*)| + |(Ja_{n_j} - x^{**})(y_k^*)|. \tag{5.3.9}$$

对每个$k \in \mathbb{Z}^+$(固定),按y_i^*与a_i的取法,当$n_j \geqslant k$时,由于$n(n_j) \geqslant n_j$,故必有$n(n_j) \geqslant k$,总有$|(Ja_{n_j} - x^{**})(y_k^*)| < 1/n_j$.由于$\{a_{n_j}\}_{j=1}^{\infty}$弱收敛于$x$,故式(5.3.9)右端当$j \to \infty$时极限为0,这表明任意$k \in \mathbb{Z}^+$有$(Jx - x^{**})(y_k^*) = 0$,即

$$\sup_k |(Jx - x^{**})(y_k^*)| = 0. \tag{5.3.10}$$

由式(5.3.6)知可在式(5.3.8)中取$z_0^{**} = Jx - x^{**}$,再由式(5.3.10)得

$$\|Jx - x^{**}\| \leqslant 2\sup_k |(Jx - x^{**})(y_k^*)| = 0.$$

所以$x^{**} = Jx$.这表明JA是$\tau(X^{**}, X^*)$闭的.证毕.

推论

设X是自反的Banach空间,$A \subset X$为有界集.则A是弱闭的当且仅当A是点列弱闭的.

当Banach空间X是自反空间时,由于闭单位球$B[X]$是$\tau(X, X^*)$紧的,每个$f \in X^*$是$\tau(X, X^*)$连续的,故按最值定理,上确界$\sup\limits_{x \in B[X]} |f(x)| = \|f\|$必在$B[X]$上达到.注意到若$0 < \|x\| < 1$,则$|f(x/\|x\|)| = |f(x)|/\|x\| \geqslant |f(x)|$.因此上确界$\sup\limits_{x \in B[X]} |f(x)| = \|f\|$必在单位球面$S(X)$上达到,即存在$x_0 \in S(X)$,使$f(x_0) = \|f\|$.下列的James定理指出逆命题为真.James定理是泛函分析中最深刻最有影响的定理之一(其证明参见参考文献[8]和参考文献[42]).

定理 5.3.12(James 自反性定理)

设X是Banach空间.则X是自反的当且仅当对每个$f \in X^*$存在$x_0 \in X$使$\|x_0\| = 1$,$f(x_0) = \|f\|$.

定理 5.3.13(James 弱紧性定理)

设 X 是 Banach 空间,$A\subset X$ 为有界弱闭集.则 A 是弱紧集当且仅当对每个 $f\in X^*$ 存在 $x_0\in A$ 使 $f(x_0)=\sup\limits_{x\in A}f(x)$.

对于自反空间还有下列等价刻画.

定理 5.3.14

设 X 是 Banach 空间,则下列陈述等价:

(1) X 是自反的.

(2) X^* 是自反的.

(3) X 的每个闭线性子空间是自反的.

(4) X 的每个商空间是自反的.

证明 (1)⇒(3) 设 E 是 X 的任一闭线性子空间.由于 X 是自反的,由 Kakutani 定理,X 的原点闭单位球 $B[X]$ 是 $\tau(X,X^*)$ 紧集,从而按定理 5.3.2,E 的闭单位球 $B[E]=E\cap B[X]$ 作为 $B[X]$ 的 $\tau(X,X^*)$ 闭子集也是 $\tau(X,X^*)$ 紧集.设 $f\in E^*$.则由 Hahn-Banach 定理,存在 f 的保范延拓 $F\in X^*$.因为 F 是 $\tau(X,X^*)$ 连续的,故存在 $e\in B[E]$,$\|e\|=1$,使 $F(e)=\|F\|$.于是 $f(e)=F(e)=\|F\|=\|f\|$.由 James 自反性定理可知 E 是自反的.

(3)⇒(1) 因为 X 本身是 X 的闭线性子空间,故 X 是自反的.

(1)⇒(2) 据 Banach-Alaoglu 定理,X^* 的原点闭单位球 $B[X^*]$ 是 $\tau(X^*,X)$ 紧集.由于 X 是自反的,故 $B[X^*]$ 是 $\tau(X^*,X^{**})$ 紧集.从而由 Kakutani 定理知 X^* 是自反的.

(2)⇒(1) 设 X^* 是自反的.由(1)⇒(2)可知 X^{**} 是自反的.设 J 是从 X 到 X^{**} 的自然嵌入,则 JX 是 X^{**} 的闭线性子空间,由(1)⇒(3)可知 JX 是自反的.因为在映射 J 下 X 与 JX 保范同构,故 X 是自反的.

(1)⇒(4) 设 X/E 是 X 的任意商空间,其中 E 是 X 的闭线性子空间.任意 $\bar{g}\in(X/E)^*$,不妨设 $\bar{g}\neq\bar{\theta}$,作 X 上的线性泛函

$$f(y)=\bar{g}(\bar{x}),\quad y\in\bar{x}\in X/E.$$

由于 $|f(y)|=|\bar{g}(\bar{x})|\leqslant\|\bar{g}\|\,\|\bar{x}\|\leqslant\|\bar{g}\|\,\|y\|$,故 $\|f\|\leqslant\|\bar{g}\|$,$f\in X^*$.又因

$$|\bar{g}(\bar{x})|=|f(y)|\leqslant\|f\|\,\|y\|,\quad\forall y\in\bar{x},$$

故 $|\bar{g}(\bar{x})|\leqslant\|f\|\inf\limits_{y\in\bar{x}}\|y\|=\|f\|\,\|\bar{x}\|$,即 $\|\bar{g}\|\leqslant\|f\|$.因此 $\|\bar{g}\|=\|f\|$.因为 X 是自反的,由 James 自反性定理,存在 $x_0\in X$,$\|x_0\|=1$,使 $f(x_0)=\|f\|$.于是

$$\bar{g}(\bar{x}_0)=f(x_0)=\|f\|=\|\bar{g}\|.$$

因为 $\|\bar{x}_0\|\leqslant\|x_0\|=1$,又由 $\|\bar{g}\|=\bar{g}(\bar{x}_0)\leqslant\|\bar{g}\|\,\|\bar{x}_0\|$ 与 $\|\bar{g}\|>0$ 得到 $\|\bar{x}_0\|\geqslant 1$.因此 $\|\bar{x}_0\|=1$.由 James 自反性定理,X/E 是自反的.

(4)⇒(1) 因为 X 本身等同于商空间 $X/\{\theta\}$,故 X 是自反的.证毕.

5.3.3 凸集的端点

凸集的端点是一个重要的几何概念,在最优化理论等领域有着广泛的应用.在引入这一概念之前,先来看如下两个简单情形.平面上三角形除三个顶点外,形内任意一点都可表示为顶点的凸组合,而每个顶点却不能表示为三角形中其他点的凸组合,顶点就是三角形的端

点. 同样，平面上的圆盘内部的任意一点都可表示为圆周上点的凸组合，而圆周上每一点却不能表示为圆盘中其他点的凸组合，圆周上的点就是圆盘的端点.

定义 5.3.2

设 A 是线性空间 X 中的非空凸集，$x_0\in A$. 若 x_0 不能表示为 A 中不同的两点的凸组合，即 $x,y\in A$ 及 $0<t<1$ 使 $x_0=tx+(1-t)y$ 必蕴涵 $x_0=x=y$，则称 x_0 是 A 的一个**端点**. A 的端点全体记为 $\mathrm{ext}A$. 设 $D\subset A$，$D\neq\varnothing$. 若 $x,y\in A$，$0<t<1$ 且 $tx+(1-t)y\in D$ 蕴涵 $x,y\in D$，则称 D 是 A 的一个**端性子集**.

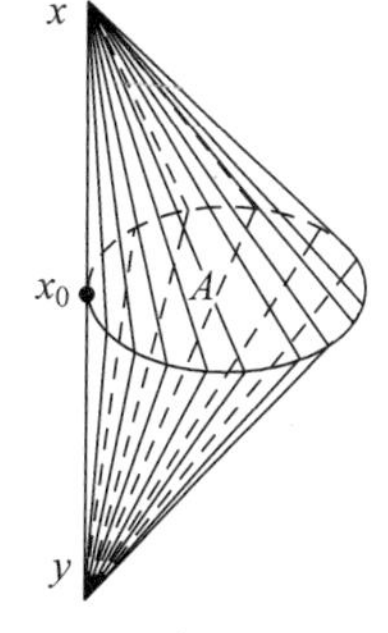

图 5-4

直观地说，凸集的端性子集是指这样的集，它不包含起点和终点都在该凸集中的开线段. 当然，按上述定义，凸集 A 本身是 A 的一个端性子集. 若 A 的一个端性子集为单点子集，则这个点就是 A 的一个端点. 如图 5-4 所示，线段 $[x,y]$ 是凸集 A 的一个端性子集，开线段 (x,y) 中的点 x_0 显然不是 A 的端点.

例 5.3.5 设 $X=L^1[0,1]$，$A=B[X]$ 为单位闭球，则 $\mathrm{ext}A=\varnothing$. 事实上，显然有 $\mathrm{ext}A\subset\{x\in L^1[0,1]:\ \|x\|=1\}$. 任取 $x\in L^1[0,1]$ 使 $\|x\|=1$，取 $t\in(0,1)$ 使 $\int_0^t|x(u)|\,\mathrm{d}u=1/2$，并令

$$y(u)=\begin{cases}2x(u), & 0\leqslant u\leqslant t,\\ 0, & t<u\leqslant 1;\end{cases}\quad z(u)=\begin{cases}0, & 0<u\leqslant t,\\ 2x(u), & t\leqslant u\leqslant 1.\end{cases}$$

则 $\|y\|=\|z\|=1$，且 $x=(y+z)/2$. 于是 x 不是 A 的端点，$\mathrm{ext}A=\varnothing$.

定理 5.3.15（Krein-Milman 定理）

设 X 是局部凸 Hausdorff 拓扑线性空间，A 是 X 中的非空紧凸集. 则 A 是它的端点集的闭凸包，即 $A=\overline{\mathrm{co}}(\mathrm{ext}A)$.

证明 （阅读）用 $\mathcal{F}$ 表示 A 的所有紧的端性子集的全体. A 本身显然是 A 的端性子集，A 是紧的，故 $A\in\mathcal{F}$. 因此 $\mathcal{F}\neq\varnothing$. 设 $\mathcal{B}\subset\mathcal{F}$ 且 $B_0=\bigcap_{B\in\mathcal{B}}B\neq\varnothing$. 则 B_0 是紧的；且当 $x,y\in A$，$0<t<1$，$tx+(1-t)y\in B_0$ 时，对任意 $B\in\mathcal{B}$ 有 $tx+(1-t)y\in B$，由 B 是 A 的端性子集可知 $x,y\in B$，从而 $x,y\in B_0$，于是 $B_0\in\mathcal{F}$. 即 $\mathcal{F}$ 中任意多个集的非空的交集仍是 $\mathcal{F}$ 中集.

对 $D\in\mathcal{F}$，f 是 X 上连续线性泛函，记 $\mu=\inf\limits_{y\in D}\mathrm{Re}f(y)$，有

$$D_f=\{x\in D:\ \mathrm{Re}f(x)=\mu\}.$$

以下证明 $D_f\in\mathcal{F}$. 事实上，因为 D 是紧的，$\mathrm{Re}f$ 作为 D 上连续函数必在 D 上某点取得下确界，故 D_f 是非空的；又因为 D_f 是 D 的闭子集，故 D_f 也是紧的. 若 $0<t<1$，$z=tx+(1-t)y\in D_f$，其中 $x,y\in A$，则由于 $D_f\subset D$ 而 $D\in\mathcal{F}$，故 $x,y\in D$. 于是 $\mathrm{Re}f(x)\geqslant\mu$，$\mathrm{Re}f(y)\geqslant\mu$. 由此可断言 $\mathrm{Re}f(x)=\mathrm{Re}f(y)=\mu$. 否则，由 $\mathrm{Re}f(x)>\mu$ 或 $\mathrm{Re}f(y)>\mu$ 得

$$\mu=\mathrm{Re}f(z)=t\mathrm{Re}f(x)+(1-t)\mathrm{Re}f(y)>t\mu+(1-t)\mu=\mu,$$

导致矛盾. 因此 $\mathrm{Re}f(x)=\mathrm{Re}f(y)=\mu$，即 $x,y\in D_f$. 这表明 $D_f\in\mathcal{F}$.

任意 $D\in\mathcal{F}$，用 $\mathcal{F}_D$ 表示 $\mathcal{F}$ 中所有为 D 的子集的元的全体. 由于 $D\in\mathcal{F}_D$，$\mathcal{F}_D\neq\varnothing$. 在 $\mathcal{F}_D$ 中以集的包含关系为序，则 $\mathcal{F}_D$ 是一个偏序集. 设 $\mathcal{P}$ 是 $\mathcal{F}_D$ 的任意全序子集，由于 D 是紧的，$\mathcal{P}$ 是紧集族（X 是 Hausdorff 空间，$\mathcal{P}$ 也是闭集族），由 $\mathcal{P}$ 是全序的知它必具有有限交性质，因此

$\bigcap\limits_{P\in\mathcal{P}} P\neq\varnothing$(参见定理 1.2.11)，并且集 $\bigcap\limits_{P\in\mathcal{P}} P$ 是$\mathcal{P}$的一个下界. 于是由 Zorn 引理，$\mathcal{F}_D$ 中包含一个极小元 Q. 以下证明 Q 是单点集. 假设 $x_0, y_0\in Q, x_0\neq y_0$. 则由凸集分离定理，存在 X 上连续线性泛函 f 使 $f(x_0)\neq f(y_0)$. 于是 $\mathrm{Re}f(x_0)\neq\mathrm{Re}f(y_0)$ 或 $\mathrm{Im}f(x_0)\neq\mathrm{Im}f(y_0)$. 后者可取 if 代替 f. 总之可设

$$\mathrm{Re}f(x_0)\neq\mathrm{Re}f(y_0). \tag{5.3.11}$$

因为由 $Q_f=\{x\in Q:\ \mathrm{Re}f(x)=\inf\limits_{y\in Q}\mathrm{Re}f(y)\}\in\mathcal{F}$知 $Q_f\in\mathcal{F}_D$，式(5.3.11)表明 Q_f 必是 Q 的真子集，这与 Q 的极小性矛盾. 故端性子集 Q 为单点集，这一点必是 A 的端点. 就是说

$$D\cap(\mathrm{ext}A)\neq\varnothing,\quad \forall D\in\mathcal{F}. \tag{5.3.12}$$

由于 A 是紧凸集，X 是 Hausdorff 空间，从而 A 是闭凸集，所以$\overline{\mathrm{co}}(\mathrm{ext}A)\subset A$，且由 A 是紧的知 $\overline{\mathrm{co}}(\mathrm{ext}A)$也是紧凸集(参见定理 3.4.8). 假设存在 $x_0\in A\setminus\overline{\mathrm{co}}(\mathrm{ext}A)$，则由凸集分离定理，存在 X 上连续线性泛函 f 与 $r\in\mathbb{R}^1$ 使

$$\mathrm{Re}f(x_0)<r<\mathrm{Re}f(x),\quad \forall x\in\overline{\mathrm{co}}(\mathrm{ext}A).$$

由于 $A_f=\{y\in A:\ \mathrm{Re}f(y)=\inf\limits_{x\in A}\mathrm{Re}f(x)\}\in\mathcal{F}$，故对任意 $y\in A_f$，有 $\mathrm{Re}f(y)=\inf\limits_{x\in A}\mathrm{Re}f(x)\leqslant \mathrm{Re}f(x_0)<r$. 因此 $A_f\cap\overline{\mathrm{co}}(\mathrm{ext}A)=\varnothing$. 这与式(5.3.12)矛盾. 所以 $A=\overline{\mathrm{co}}(\mathrm{ext}A)$. 证毕.

例 5.3.6 $L^1[0,1]$不是任何赋范空间 X 的共轭空间，即不存在赋范空间 X 使得 $L^1[0,1]$与 X^* 保范同构. 事实上，假设 $L^1[0,1]$与 X^* 保范同构，由 Banach-Alaoglu 定理，$L^1[0,1]$的闭单位球是弱 * 紧集. 于是由 Krein-Milman 定理，它至少有一个端点，但这与例 5.3.4 中的结论相矛盾，因为在例 5.3.4 中已指出，$L^1[0,1]$中闭单位球是没有端点的.

推论

(1) 若 X 是赋范空间，则闭单位球 $B[X^*]$是它的端点集的关于 $\tau(X^*,X)$的闭凸包.

(2) 若 X 是自反的 Banach 空间，则闭单位球 $B[X]$是它的端点集的闭凸包.

(3) 若 X 是无限维 Banach 空间，其闭单位球 $B[X]$仅有有限个端点，则它不与任何赋范空间的共轭空间保范同构.

证明 (1) 由 Banach-Alaoglu 定理与 Krein-Milman 定理得出.

(2) 由 Kakutani 定理与 Krein-Milman 定理知 $B[X]$是它的端点集的关于 $\tau(X,X^*)$的闭凸包. 又据定理 5.3.2，关于 $\tau(X,X^*)$的闭凸包与关于范数拓扑的闭凸包是相同的.

(3) 由于保范同构首先是代数同构，因而是保持端点的. 所以只需证明无限维赋范空间 Y 的共轭空间 Y^* 的闭单位球 $B[Y^*]$有无限多个端点. 注意到 Y^* 也是无限维的. 由(1)，$B[Y^*]$是它的端点集的关于 $\tau(Y^*,Y)$的闭凸包. 但对 Y^* 中一个有限集 A^* 而言，$\mathrm{co}A^*\subset\mathrm{span}A^*$，而 $\mathrm{span}A^*$ 是有限维空间，其上弱 * 拓扑与范数拓扑相同，故 A^* 的关于 $\tau(Y^*,Y)$的闭凸包位于 $\mathrm{span}A^*$ 中. 由此得出 $B[Y^*]$的端点集不可能是有限集. 证毕.

5.3.4 圆凸性与光滑性

各种圆凸性与光滑性描述的是 Banach 空间单位球的几何特征，本质上说也是范数的特征. 首先必须指出，这些性质在保范同构映射下保持不变，但不是在线性同胚映射下保持不变的. 本节中 $S(X)$总表示 X 的单位球面.

定义 5.3.3

设 X 是 Banach 空间，$\dim X\geqslant 2, 0\leqslant\varepsilon\leqslant 2, t>0$. 称

$$\delta_X(\varepsilon)=\inf\{1-\|x+y\|/2: \|x\|=\|y\|=1, \|x-y\|\geqslant\varepsilon\} \tag{5.3.13}$$

为 X 的**凸性模(或圆性模)**，称

$$\rho_X(t)=\sup\{(\|x+y\|+\|x-y\|)/2-1: \|x\|=1, \|y\|\leqslant t\} \tag{5.3.14}$$

为 X 的**光滑模**.

若任意 $\varepsilon\in(0,2]$ 有 $\delta_X(\varepsilon)>0$，则称 X 是**一致凸(或一致圆)**的；若 $\lim\limits_{t\to 0^+}\rho_X(t)/t=0$，则称 X 是**一致光滑**的.

定义 5.3.3 中的凸性模与光滑模是分别定义在$[0,2]$与$(0,\infty)$上的数值函数. 设 $\varepsilon_1<\varepsilon_2, t_1<t_2$. 由于

$$\left\{1-\frac{\|x+y\|}{2}: \|x\|=\|y\|=1, \|x-y\|\geqslant\varepsilon_1\right\}$$
$$\supset\left\{1-\frac{\|x+y\|}{2}: \|x\|=\|y\|=1, \|x-y\|\geqslant\varepsilon_2\right\}$$
$$\left\{\frac{\|x+y\|+\|x-y\|}{2}-1: \|x\|=1, \|y\|\leqslant t_1\right\}$$
$$\subset\left\{\frac{\|x+y\|+\|x-y\|}{2}-1: \|x\|=1, \|y\|\leqslant t_2\right\}.$$

故 $\delta_X(\varepsilon)$与 $\rho_X(t)$都是递增函数.

另外，由上述定义，X 是一致凸的等价于 $\forall\varepsilon\in(0,2]$，$\exists\delta=\delta_X(\varepsilon)>0$，使当 $x,y\in S(X)$，$\|x-y\|\geqslant\varepsilon$ 时必有 $\delta\leqslant 1-\|x+y\|/2$. 于是利用逆否关系可知，$X$ 是一致凸的(参见图 5-5)可等价地定义为

$$\forall\varepsilon\in(0,2],\quad \exists\delta>0,\quad 当 x,y\in S(X),$$
$$\|x+y\|/2>1-\delta 时,\quad 有 \|x-y\|<\varepsilon.$$

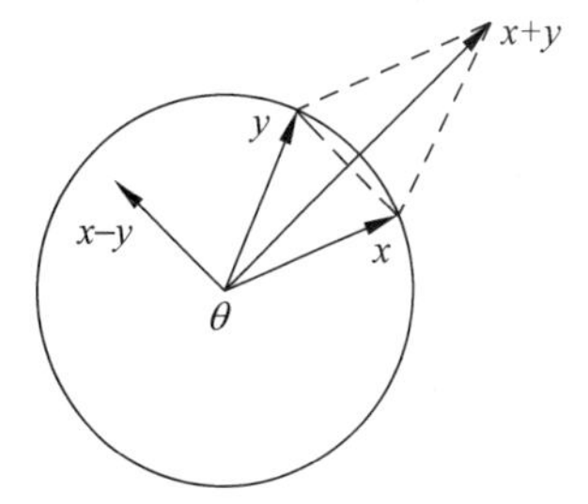

图 5-5

类似地，X 是一致光滑的可等价地定义为

$$\forall\varepsilon>0,\quad \exists t>0,\quad 当 x\in S(X), 0<\|y\|<t 时,$$
$$有(\|x+y\|+\|x-y\|-2)/\|y\|<\varepsilon.$$

例 5.3.7　设 H 是 Hilbert 空间，$x,y\in H$. 由平行四边形公式，若 $\|x\|=\|y\|=1$，$\|x-y\|=\varepsilon, \varepsilon\in(0,2]$，则 $\|x+y\|=(4-\varepsilon^2)^{1/2}$，于是

$$\delta_X(\varepsilon)=1-(1-\varepsilon^2/4)^{1/2}. \tag{5.3.15}$$

若 $\|x\|=1, \|y\|=t$，则$(\|x+y\|+\|x-y\|)^2\leqslant 2(\|x+y\|^2+\|x-y\|^2)=4(1+t^2)$，且当 $x\perp y$ 时有$(\|x+y\|+\|x-y\|)^2=4(1+t^2)$，于是

$$\rho_X(t)=(1+t^2)^{1/2}-1. \tag{5.3.16}$$

由式(5.3.15)得 $\delta_X(\varepsilon)>0$，由式(5.3.16)得$\lim\limits_{t\to 0}\rho_X(t)/t=0$. 所以 Hilbert 空间既是一致凸的又是一致光滑的.

另外还可以证明，若 $1<p<\infty$，则 $L^p(\mu)$既是一致凸的又是一致光滑的(参见参考文献[42]).

定理 5.3.16(Lindenstrauss 对偶性公式)

设 X 是 Banach 空间，$\dim X\geqslant 2$，X^* 是 X 的共轭空间，$t>0$. 则

(1) $\rho_{X^*}(t)=\sup\limits_{0\leqslant\varepsilon\leqslant 2}[(t\varepsilon)/2-\delta_X(\varepsilon)]$.

(2) $\rho_X(t)=\sup\limits_{0\leqslant\varepsilon\leqslant 2}[(t\varepsilon)/2-\delta_{X^*}(\varepsilon)]$.

证明 （阅读）(1) 设 $\|x\|=\|y\|=1$，$\|x-y\|\geqslant\varepsilon$，由 Hahn-Banach 定理，可取 $x^*,y^*\in X^*$ 使得 $\|x^*\|=\|y^*\|=1$，$x^*(x+y)=\|x+y\|$，$y^*(x-y)=\|x-y\|$. 于是由式(5.3.14)，得

$$
\begin{aligned}
2\rho_{X^*}(t) &\geqslant \|x^*+ty^*\|+\|x^*-ty^*\|-2\\
&\geqslant (x^*+ty^*,x)+(x^*-ty^*,y)-2\\
&= x^*(x+y)+ty^*(x-y)-2\geqslant \|x+y\|+t\varepsilon-2.
\end{aligned}
$$

即 $\rho_{X^*}(t)+1-\|x+y\|/2\geqslant(t\varepsilon)/2$. 对此式关于 x,y 取下确界得

$$
\rho_{X^*}(t)+\delta_X(\varepsilon)\geqslant(t\varepsilon)/2,\quad t>0,\quad 0\leqslant\varepsilon\leqslant 2. \tag{5.3.17}
$$

由式(5.3.17)可知 $\rho_{X^*}(t)\geqslant\sup\limits_{0\leqslant\varepsilon\leqslant 2}[(t\varepsilon)/2-\delta_X(\varepsilon)]$.

反之，任意 $\eta>0$，由式(5.3.14)，存在 $x^*,y^*\in X^*$，$\|x^*\|=\|y^*\|=1$，使

$$
2\rho_{X^*}(t)-2\eta<\|x^*+ty^*\|+\|x^*-ty^*\|-2. \tag{5.3.18}
$$

注意到 $\|x^*+ty^*\|=\sup\limits_{\|x\|=1}|(x^*+ty^*,x)|$，$\|x^*-ty^*\|=\sup\limits_{\|y\|=1}|(x^*-ty^*,y)|$，故存在 $x,y\in X$，$\|x\|=\|y\|=1$，使得

$$
\|x^*+ty^*\|<(x^*+ty^*,x)+\eta,\quad \|x^*-ty^*\|<(x^*-ty^*,y)+\eta. \tag{5.3.19}
$$

记 $\|x-y\|=\varepsilon$，则由式(5.3.18)，式(5.3.19)及式(5.3.13)得

$$
\begin{aligned}
2\rho_{X^*}(t)-2\eta &< (x^*+ty^*,x)+(x^*-ty^*,y)-2+2\eta\\
&= x^*(x+y)+ty^*(x-y)-2+2\eta\leqslant\|x+y\|+t\varepsilon-2+2\eta\\
&\leqslant t\varepsilon-2\delta_X(\varepsilon)+2\eta\leqslant 2\sup_{0\leqslant\varepsilon\leqslant 2}[(t\varepsilon)/2-\delta_X(\varepsilon)]+2\eta.
\end{aligned}
$$

由 η 的任意性得 $\rho_{X^*}(t)\leqslant\sup\limits_{0\leqslant\varepsilon\leqslant 2}[(t\varepsilon)/2-\delta_X(\varepsilon)]$.

(2) 设 $\|x^*\|=\|y^*\|=1$，$\|x^*-y^*\|=\varepsilon$，$0\leqslant\varepsilon\leqslant 2$. 则任意 $\eta>0$，存在 $x,y\in X$，$\|x\|=\|y\|=1$，使得

$$
(x^*+y^*,x)\geqslant\|x^*+y^*\|-\eta,\quad (x^*-y^*,y)\geqslant\|x^*-y^*\|-\eta.
$$

于是

$$
\begin{aligned}
2\rho_X(t) &\geqslant \|x+ty\|+\|x-ty\|-2\geqslant(x^*,x+ty)+(y^*,x-ty)-2\\
&=(x^*+y^*,x)+t(x^*-y^*,y)-2\\
&\geqslant\|x^*+y^*\|+t\|x^*-y^*\|-2-(1+t)\eta\\
&=\|x^*+y^*\|+t\varepsilon-2-(1+t)\eta.
\end{aligned}
$$

对上式关于 x^*,y^* 取确界利用式(5.3.13)得 $2\rho_X(t)\geqslant t\varepsilon-2\delta_{X^*}(\varepsilon)-(1+t)\eta$. 由于 η 是任意的，故 $2\rho_X(t)\geqslant t\varepsilon-2\delta_{X^*}(\varepsilon)$，$0\leqslant\varepsilon\leqslant 2$. 从而 $\rho_X(t)\geqslant\sup\limits_{0\leqslant\varepsilon\leqslant 2}[(t\varepsilon)/2-\delta_{X^*}(\varepsilon)]$.

反之，对任意 $\eta>0$，由式(5.3.14)，存在 $x,y\in X$，$\|x\|=\|y\|=1$，使

$$
2\rho_X(t)-2\eta<\|x+ty\|+\|x-ty\|-2. \tag{5.3.20}
$$

利用 Hahn-Banach 定理，可取 $x^*,y^*\in X^*$ 使得 $\|x^*\|=\|y^*\|=1$，有

$$x^*(x+ty)=\|x+ty\|,y^*(x-ty)=\|x-ty\|. \qquad (5.3.21)$$

记 $\|x^*-y^*\|=\varepsilon$,由式(5.3.20)与式(5.3.21)得

$$\begin{aligned}2\rho_X(t)-2\eta &< x^*(x+ty)+y^*(x-ty)-2=(x^*+y^*,x)+t(x^*-y^*,y)-2\\&\leqslant \|x^*+y^*\|+t\|x^*-y^*\|-2=\|x^*+y^*\|+t\varepsilon-2\\&\leqslant t\varepsilon-2\delta_{X^*}(\varepsilon)\leqslant 2\sup_{0\leqslant\varepsilon\leqslant 2}[(t\varepsilon)/2-\delta_{X^*}(\varepsilon)].\end{aligned}$$

由 η 的任意性得 $\rho_X(t)\leqslant \sup\limits_{0\leqslant\varepsilon\leqslant 2}[(t\varepsilon)/2-\delta_{X^*}(\varepsilon)]$. 证毕.

定理 5.3.17

设 X 是 Banach 空间,$\dim X\geqslant 2$. 则

(1) X 是一致凸空间当且仅当 X^* 是一致光滑空间.

(2) X 是一致光滑空间当且仅当 X^* 是一致凸空间.

(3) 一致凸空间与一致光滑空间都是自反空间.

(4) 若 X 是一致凸空间,则 X 具有如下的 **Kadec-Klee 性质**:

$$\{x_n\}_{n=1}^\infty\subset X,\quad x\in X,\quad x_n\to x\Leftrightarrow \|x_n\|\to\|x\| \text{ 且 } x_n\xrightarrow{w}x.$$

证明 (1) 设 X^* 是一致光滑的,则 $\rho_{X^*}(t)/t\to 0(t\to 0^+)$. 设 $0<\varepsilon\leqslant 2$,取 t 充分小,使 $\rho_{X^*}(t)<(t\varepsilon)/4$. 利用定理 5.3.16(1)得出 $\delta_X(\varepsilon)>(\varepsilon t)/4>0$,故 X 是一致凸的.

反之,设 X 是一致凸的,$0<\varepsilon\leqslant 2$. 利用定理 5.3.16(1),若 $\limsup\limits_{t\to 0^+}\rho_{X^*}(t)/t=a>0$,则取 $\{\delta_n\}_{n=1}^\infty\subset(0,a)$,$\delta_n\to 0$,对每个 δ_n,存在 $0<t_n<1/n$,使得

$$\sup_{0<\varepsilon\leqslant 2}[\varepsilon/2-\delta_X(\varepsilon)/t_n]=\rho_{X^*}(t_n)/t_n>a-\delta_n.$$

于是存在 $\varepsilon_n\in(0,2]$,$\varepsilon_n/2-\delta_X(\varepsilon_n)/t_n>a-\delta_n$. 从而

$$\delta_X(\varepsilon_n)<t_n(\varepsilon_n/2-a+\delta_n). \qquad (5.3.22)$$

$\{\varepsilon_n\}$有收敛子数列,因此不妨设 $\varepsilon_n\to b$. 由 $\varepsilon_n/2-a+\delta_n>0$ 可知 $b\geqslant 2a$. 于是存在 $N\in\mathbb{Z}^+$,当 $n>N$ 时有 $\varepsilon_n>a$. 注意到 $\delta_X(\varepsilon)$是递增的,由式(5.3.22),有

$$\delta_X(a)<t_n(\varepsilon_n/2-a+\delta_n),\quad \forall n>N.$$

令 $n\to\infty$ 必有 $\delta_X(a)=0$,矛盾. 因此 $\lim\limits_{t\to 0^+}\rho_{X^*}(t)/t=0$,即 X^* 是一致光滑的.

(2) 类似于(1),利用定理 5.3.16(2)易证.

(3) 先设 X 是一致凸的. 由空间一致凸的定义,对任意 $\varepsilon>0$,存在 $\delta>0$,使得当 $\|x+y\|/2>1-\delta$ 时,有 $\|x-y\|<\varepsilon$. 任取 $f\in S(X^*)$,则 $1=\sup\limits_{\|x\|=1}|f(x)|$,因此存在 $\{x_n\}_{n=1}^\infty\subset S(X)$,使得 $f(x_n)>1-1/n$. 对上述 $\delta>0$,存在 $N\in\mathbb{Z}^+$,当 $n\geqslant N$ 时,有 $1/n<\delta$,故当 $n,m\geqslant N$ 时有

$$\|x_n+x_m\|/2\geqslant f(x_n+x_m)/2>1-\delta.$$

于是 $\|x_n-x_m\|<\varepsilon$. 这表明$\{x_n\}$为 Cauchy 列. 由于 X 是 Banach 空间,$S(X)$是闭的,故 $x_n\to x\in S(X)$. 从而由 $1\geqslant f(x_n)>1-1/n$ 得 $f(x)=\|x\|=1$. 根据 James 定理,X 是自反的.

再设 X 是一致光滑的. 由(2),X^* 是一致凸的从而是自反的. 由于 X^* 自反等价于 X 自反,因此 X 也是自反的.

(4) 设$\{x_n\}_{n=1}^\infty\subset X$,$x\in X$. 显然 $x_n\to x\Rightarrow\|x_n\|\to\|x\|$ 且 $x_n\xrightarrow{w}x$. 以下证明相反

的蕴涵关系. 设 $\|x_n\|\to\|x\|$ 且 $x_n\xrightarrow{w}x$. 若 $x=\theta$，则由 $\|x_n\|\to 0$ 知 $x_n\to\theta$，结论已成立. 以下设 $x\neq\theta$. 记 $y=x/\|x\|$，$y_n=x_n/\|x_n\|$. 则 $\|y\|=1$，$\|y_n\|=1$ 且由 $\|x_n\|\to\|x\|$ 与 $x_n\xrightarrow{w}x$ 得 $y_n\xrightarrow{w}y$. 于是由 Hahn-Banach 定理，可取 $f\in X^*$，$\|f\|=1$ 使 $f(y)=\|y\|=1$，从而必有

$$\varliminf_{n\to\infty}\|y_n+y\|\geqslant\lim_{n\to\infty}f(y_n+y)=\lim_{n\to\infty}[f(y_n)+f(y)]=2f(y)=2.$$

又因 $\varlimsup_{n\to\infty}\|y_n+y\|\leqslant\varlimsup_{n\to\infty}(\|y_n\|+\|y\|)=2$，故 $\lim_{n\to\infty}\|y_n+y\|=2$.

对任意 $\varepsilon\in(0,2]$，由于 X 是一致凸的，存在 $\delta>0$，当 $u,v\in S(X)$，$\|u+v\|/2>1-\delta$ 时，有 $\|u-v\|<\varepsilon$. 对此 $\delta>0$，由于 $\lim_{n\to\infty}\|y_n+y\|=2$，存在 $N\in\mathbb{Z}^+$，当 $n>N$ 时必有 $\|y_n+y\|/2>1-\delta$. 从而 $\|y_n-y\|<\varepsilon$. 这表明 $y_n\to y$，即 $x_n/\|x_n\|\to x/\|x\|$. 因为 $\|x_n\|\to\|x\|$，故 $x_n\to x$. 证毕.

Banach 空间上的对偶映射是讨论 Banach 空间几何结构的有力工具. 以下将引入这一概念. 前面我们遇到的映射都是单值映射. 通常情况下映射都是单值的，称 f 是从 X 到 Y 的映射总是指对每个 $x\in X$ 有唯一的 $y\in Y$ 使 $y=f(x)$. 但有时也会遇到下述情况：每个 $x\in X$ 有 Y 中多个点或 Y 的非空子集与之对应. 这样的对应称为**集值映射**. 若 F 是从 X 到 Y 的集值映射，则 F 是从 X 到 $2^Y\setminus\{\varnothing\}$ 的单值映射.

定义 5.3.4

设 X 为赋范空间，X^* 为 X 的共轭空间. 映射 $\Gamma: X\to 2^{X^*}\setminus\{\varnothing\}$ 定义为

$$\Gamma(x)=\{x^*\in X^*:(x^*,x)=\|x^*\|^2=\|x\|^2\}.$$

称 Γ 为从 X 到 X^* 的**正规对偶映射**.

首先指出 Γ 是有意义的. 对于每个 $x\in X$，由 Hahn-Banach 定理，存在 $f\in X^*$ 满足 $\|f\|=1$，$(f,x)=\|x\|$. 令 $x^*=\|x\|f$，则 $(x^*,x)=\|x\|^2=\|x^*\|^2$，即 $x^*\in\Gamma(x)$，$\Gamma(x)\neq\varnothing$. 当 $x\in S(X)$ 时，$\Gamma(x)=\{x^*\in S(X^*):(x^*,x)=1\}$.

命题 5.3.18

从 X 到 X^* 的正规对偶映射为齐性的集值映射，即

$$\Gamma(\lambda x_0)=\lambda\Gamma(x_0),\quad\forall x_0\in X,\quad\forall\lambda\in\mathbb{K}.$$

证明 显然 $\Gamma(\theta)=\{\theta\}$. 不妨设 $\lambda\neq 0$. 则对任意 $x_0\in X$ 有

$$\begin{aligned}\Gamma(\lambda x)&=\{x^*\in X^*:(x^*,\lambda x)=\|x^*\|^2=\|\lambda x\|^2\}\\&=\left\{\lambda\cdot\frac{1}{\lambda}x^*\in X^*:\left(\frac{1}{\lambda}x^*,x\right)=\left\|\frac{1}{\lambda}x^*\right\|^2=\|x\|^2\right\}\\&=\lambda\{y^*\in X^*:(y^*,x)=\|y^*\|^2=\|x\|^2\}=\lambda\Gamma(x).\end{aligned}$$

证毕.

定理 5.3.19

设 X 为 Banach 空间，则 X 为自反的当且仅当从 X 到 X^* 的正规对偶映射 Γ 为满射，即对任意 $x^*\in X^*$，存在 $x\in X$，使得 $x^*\in\Gamma(x)$.

证明 必要性 设 X 为自反的 Banach 空间. 对任意 $x^*\in X^*$，由 James 自反性定理，存在 $x_0\in X$，$\|x_0\|=1$，满足 $(x^*,x_0)=\|x^*\|$. 令 $x=\|x^*\|x_0\in X$，则

$$(x^*,x)=\|x^*\|(x^*,x_0)=\|x^*\|^2=\|x\|^2.$$

因此 $x^* \in \Gamma(x)$.

充分性　若 Γ 为满射，对任意 $x^* \in X^* \setminus \{\theta\}$，存在 $x \in X$ 满足 $x^* \in \Gamma(x)$，由此可知 $\|x\| = \|x^*\| \neq 0$. 设 $x_0 = x/\|x\|$，则 $\|x_0\| = 1$，且

$$(x^*, x_0) = (x^*, x)/\|x\| = \|x^*\|^2/\|x^*\| = \|x^*\|.$$

从而由 James 定理可知，X 为自反的 Banach 空间.

定义 5.3.5

设 X 为赋范空间.

(1) $x, y \in X$，$[x,y]_+ = \lim\limits_{t\to 0^+} \dfrac{\|x+ty\| - \|x\|}{t}$ 与 $[x,y]_- = \lim\limits_{t\to 0^-} \dfrac{\|x+ty\| - \|x\|}{t}$ 称为**半内积**，$[x,y]_+ = [x,y]_-$ 时记为 $[x,y]'$，称 $[x,y]'$ 为范数**在点 x 沿方向 y 的 Gâteaux 导数**. 若范数在任何点 $x \in S(X)$ 沿任何方向 y 的 Gâteaux 导数都存在，则称 X 为 **Gâteaux 可微空间**.

(2) 设 $x \in S(X)$，若 $f \in S(X^*)$ 使 $f(x) = 1$，则称 f 是点 x 的**支撑泛函**. 显然，当 $x \in S(X)$ 时，f 是点 x 的支撑泛函当且仅当 $f \in \Gamma(x)$.

(3) 设 $x \in S(X)$. 若在点 x 有唯一的支撑泛函，则称点 x 为 $S(X)$ 上的**光滑点**. 若 $S(X)$ 上的每一点皆为光滑点，则称 X 为**光滑空间**.

(4) 若任意 $x, y \in S(X)$，$x \neq y$，有 $\|x+y\| < 2$，则称 X 为**严格凸空间(或圆形空间)**(参见图 5-6).

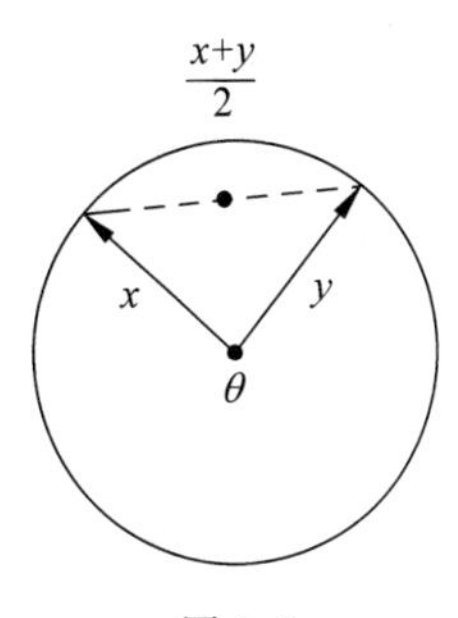

图 5-6

上述定义 5.3.5(1)中，设 $g(t) = \|x+ty\|$，$s \in [0,1]$，则

$$g[st_1 + (1-s)t_2] = \|s(x+t_1y) + (1-s)(x+t_2y)\| \leqslant sg(t_1) + (1-s)g(t_2)$$

即 $g(t) = \|x+ty\|$ 是凸函数，故当 $t>0$ 时，$\dfrac{\|x+ty\| - \|x\|}{t} = \dfrac{g(t)-g(0)}{t-0}$ 为 t 的增函数. 注意到当 $t>0$ 有 $\dfrac{\|x+ty\| - \|x\|}{t} \geqslant -\|y\|$，从而 $[x,y]_+$ 存在. 同理 $[x,y]_-$ 存在，且容易验证有下述简单性质：

$$[x,y]_- \leqslant [x,y]_+, \quad [x,-y]_+ = -[x,y]_-. \tag{5.3.23}$$

$$[x, y+z]_+ \leqslant [x,y]_+ + [x,z]_+, \quad [x, sy]_+ = s[x,y]_+, \quad \forall s > 0. \tag{5.3.24}$$

定理 5.3.20

设 X 为赋范空间，X^* 为 X 的共轭空间，Γ 为 X 到 X^* 的正规对偶映射. 则

$$\|x\|[x,y]_- \leqslant (x^*, y) \leqslant \|x\|[x,y]_+, \quad x^* \in \Gamma(x), x, y \in X. \tag{5.3.25}$$

且当 $y = x$ 时式(5.3.25)等号成立.

证明　设 $x^* \in \Gamma(x)$，$y \in X$. 由 Γ 的定义，有

$$\begin{aligned}\|x\|^2 + t(x^*, y) = (x^*, x+ty) &\leqslant \|x^*\| \|x+ty\| \\ &= \|x\| \|x+ty\|, \quad t > 0.\end{aligned}$$

由此即得

$$(x^*, y) \leqslant \|x\| \cdot \frac{\|x+ty\| - \|x\|}{t}, \quad t > 0.$$

同理有

$$(x^*,y)\geqslant \|x\|\cdot\frac{\|x-ty\|-\|x\|}{-t},\quad t>0.$$

令 $t\to 0^+$ 得

$$\|x\|[x,y]_-\leqslant (x^*,y)\leqslant \|x\|[x,y]_+. \tag{5.3.26}$$

因为 $t>0$，$\dfrac{\|x+ty\|-\|x\|}{t}$ 是 t 的增函数，故有 $[x,y]_+\leqslant\dfrac{\|x+ty\|-\|x\|}{t}$；同理有 $\dfrac{\|x-ty\|-\|x\|}{-t}\leqslant[x,y]_-$. 再由式(5.3.26)得

$$\|x\|\cdot\frac{\|x-ty\|-\|x\|}{-t}\leqslant\|x\|[x,y]_-\leqslant(x^*,y)$$
$$\leqslant\|x\|[x,y]_+\leqslant\|x\|\cdot\frac{\|x+ty\|-\|x\|}{t}.$$

在此式中取 $y=x$ 时可知式(5.3.25)等号成立. 证毕.

定理 5.3.21

设 X 为赋范空间，X^* 为 X 的共轭空间. 则

(1) 若 X^* 是严格凸的，则 X 是光滑的.

(2) 若 X^* 是光滑的，则 X 是严格凸的.

特别地，若 X 为自反 Banach 空间，则

(3) X 是严格凸的当且仅当 X^* 是光滑的.

(4) X 是光滑的当且仅当 X^* 是严格凸的.

证明 (1) 假设 X 不是光滑的，则存在 $x_0\in S(X)$，$x^*,y^*\in S(X^*)$，$x^*\neq y^*$，且 $x^*(x_0)=y^*(x_0)=1$. 于是

$$\|x^*+y^*\|\geqslant(x^*+y^*,x_0)=x^*(x_0)+y^*(x_0)=2.$$

与 X^* 是严格凸的相矛盾.

(2) 假设 X 不是严格凸的，则存在 $x,y\in S(X)$，$x\neq y$，使 $\|x+y\|=2$. 由 Hahn-Banach 定理，存在 $x_0^*\in S(X^*)$，使 $x_0^*(x+y)=\|x+y\|=2$. 注意到 $x_0^*(x)\leqslant 1$ 且 $x_0^*(y)\leqslant 1$，故 $x_0^*(x)=x_0^*(y)=1$. 令 J 为从 X 到 X^{**} 的自然嵌入算子，则 $Jx\neq Jy$ 且 $(Jx,x_0^*)=(Jy,x_0^*)=1$，即 Jx,Jy 是 $x_0^*\in S(X^*)$ 的两个支撑泛函，这与 X^* 是光滑的相矛盾.

(3) 设 X 是严格凸的，则由于 X 自反，X^{**} 严格凸，再由(1)可知 X^* 是光滑的.

(4) 同理，由(2)及 X 的自反性得证. 证毕.

定理 5.3.22（Clarkson 定理）

设 X 是 Banach 空间. 则

(1) 若 X 是一致凸的，则 X 必是严格凸的.

(2) 若 X 是一致光滑的，则 X 必是光滑的.

证明 (1) 设 X 是一致凸的. 若 X 不是严格凸的，则存在 $x_0,y_0\in S(X)$，$x_0\neq y_0$，有 $\|x_0+y_0\|=2$. 于是存在 $\varepsilon_0=\|x_0-y_0\|/2\in(0,2]$，对任意 $\delta>0$，有 $\|x_0+y_0\|/2=1>1-\delta$，但 $\|x_0-y_0\|>\varepsilon_0$. 这与 X 是一致凸的相矛盾.

(2) 设 X 是一致光滑的. 则由定理 5.3.17 可知, X^* 是一致凸的. 由(1)知, X^* 必是严格凸的, 从而据定理 5.3.21 可知 X 是光滑的. 证毕.

例 5.3.8　$L^p[a,b], l^p (1<p<\infty)$ 都是一致凸的从而也是严格凸的, 而 $L^1[a,b]$, $L^\infty[a,b], l^1, l^\infty, C[a,b]$ 都不是严格凸的.

事实上, 在 l^1 中, 取 $x=(1,0,0,\cdots)$, $y=(0,1,0,\cdots)$. 则 $x\neq y$, $\|x\|_1=\|y\|_1=1$, 但 $\|x+y\|_1=2$, 可知 l^1 不是严格凸的.

在 $C[a,b]$ 中, 以 $C[0,1]$ 为例, 取 $x(t)\equiv 1$, $y(t)=t$, 满足 $x\neq y$, $\|x\|=\|y\|=1$, 但 $\|x+y\|=2$, 可知 $C[0,1]$ 不是严格凸的.

同样地, $L^1[a,b], L^\infty[a,b], l^\infty$ 也都不是严格凸的.

定理 5.3.23

设 X 为赋范空间. 则下列陈述等价:

(1) X 为严格凸的.

(2) $x,y\in X$, $\|x+y\|=\|x\|+\|y\|$ 当且仅当 $x=\alpha y$ 或 $y=\alpha x$, $\alpha\geqslant 0$.

(3) 从 X 到 X^* 的正规对偶映射 Γ 是单射, 即

$$x,y\in X,\quad \Gamma(x)\cap\Gamma(y)\neq\varnothing \Rightarrow x=y.$$

证明　(1)⇒(2) 当 $x=\alpha y$ 或 $y=\alpha x$, $\alpha\geqslant 0$ 时显然有 $\|x+y\|=\|x\|+\|y\|$. 现设 $\|x+y\|=\|x\|+\|y\|$, 且不妨设 x 与 y 都是非零元, $\|x\|\leqslant\|y\|$. 则

$$\left\|\frac{\|x\|}{\|x\|+\|y\|}\frac{x}{\|x\|}+\frac{\|y\|}{\|x\|+\|y\|}\frac{y}{\|y\|}\right\|=1. \tag{5.3.27}$$

记 $\lambda=\|x\|/(\|x\|+\|y\|)$, $x_0=x/\|x\|$, $y_0=y/\|y\|$, $z_0=\lambda x_0+(1-\lambda)y_0$. 则式(5.3.27)表明 $\|z_0\|=1$, 其中 $x_0,y_0\in S(X)$, $0<\lambda\leqslant 1/2$. 以下证明必有 $\|x_0+y_0\|=2$. 事实上, 若 $\|x_0+y_0\|<2$, 则必 $0<\lambda<1/2$, 且

$$1=\|z_0\|=\left\|2\lambda\cdot\frac{x_0+y_0}{2}+(1-2\lambda)y_0\right\|\leqslant 2\lambda\left\|\frac{x_0+y_0}{2}\right\|+(1-2\lambda)\|y_0\|<1,$$

导致矛盾. 因为 X 为严格凸的, 故由 $\|x_0+y_0\|=2$ 得出 $x_0=y_0$, 即 $x/\|x\|=y/\|y\|$. 因而有 $x=\alpha y$, 其中 $\alpha=\|x\|/\|y\|$.

(2)⇒(3) 设 $x,y\in X$ 满足 $\Gamma(x)\cap\Gamma(y)\neq\varnothing$. 不妨设 $x\neq\theta$, $y\neq\theta$. 任取 $x^*\in\Gamma(x)\cap\Gamma(y)$, 则 $(x^*,x)=\|x\|^2=\|x^*\|^2=\|y\|^2=(x^*,y)$. 于是 $x^*\neq\theta$, 且

$$\begin{aligned}\|x^*\|\,\|x+y\| &\geqslant (x^*,x+y)=(x^*,x)+(x^*,y)\\ &=\|x^*\|(\|x\|+\|y\|).\end{aligned}$$

从而 $\|x+y\|=\|x\|+\|y\|$. 因为 $\|x\|=\|y\|$, 故由(2)知 $x=y$, 即 Γ 为单射.

(3)⇒(1) 假设 X 不是严格凸的, 则存在 $x_0,y_0\in S(X)$, $x_0\neq y_0$ 使 $\|x_0+y_0\|=2$. 由 Hahn-Banach 定理, 存在 $x^*\in X^*$, $\|x^*\|=1$ 使 $(x^*,x_0+y_0)=2$. 从而必有 $(x^*,x_0)=1$ 且 $(x^*,y_0)=1$. 否则, $(x^*,x_0)<1$ 或 $(x^*,y_0)<1$ 将导致矛盾式

$$2=(x^*,x_0+y_0)=(x^*,x_0)+(x^*,y_0)<2.$$

于是 $(x^*,x_0)=1=\|x_0\|^2=\|x^*\|^2$, 且 $(x^*,y_0)=1=\|y_0\|^2=\|x^*\|^2$. 从而由 Γ 的定义知 $x^*\in\Gamma(x_0)\cap\Gamma(y_0)$, 这与 Γ 的单射性矛盾. 因此 X 为严格凸空间. 证毕.

定理 5.3.24

设 X 为赋范空间. 则下列陈述等价.

(1) X 为光滑的.

(2) X 为 Gâteaux 可微空间.

(3) 从 X 到 X^* 的正规对偶映射 Γ 是单值的映射.

证明 (阅读)(1)⇒(2) 设 X 是数域$\mathbb{K}$上的光滑空间. 若 X 不是 Gâteaux 可微空间, 则存在 $x_0 \in S(X), y_0 \in X$, 使$[x_0, y_0]_- < [x_0, y_0]_+$. 根据式(5.3.24), $p(y) = [x_0, y]_+$ 是 X 上的次线性泛函. 固定 s 使$[x_0, y_0]_- < s < [x_0, y_0]_+$, 在 X 的实线性子空间 $\text{span}\{y_0\}$上作泛函 f_s 使 $f_s(ry_0) = rs, \forall r \in \mathbb{R}^1$. 则 f_s 是线性的. 当 $r \geqslant 0$ 时, 有 $f_s(ry_0) \leqslant [x_0, ry_0]_+$; 当 $r < 0$ 时, 由式(5.3.23), $[x_0, ry_0]_+ = -[x_0, -ry_0]_-$, 也有 $f_s(ry_0) \leqslant [x_0, ry_0]_+$. 总之, 我们有

$$f_s(y) \leqslant [x_0, y]_+, \quad \forall y \in \text{span}\{y_0\}.$$

应用 Hahn-Banach 延拓定理, 存在 X 上的线性泛函 x_s^* 使得

$$\text{Re}\, x_s^*(y) = f_s(y), \forall y \in \text{span}\{y_0\}; \quad 且 \quad \text{Re}\, x_s^*(y) \leqslant [x_0, y]_+, \forall y \in X.$$

于是 $\text{Re}\, x_s^*(y) = -\text{Re}\, x_s^*(-y) \geqslant -[x_0, -y]_+ = [x_0, y]_-$. 由此得出

$$[x_0, y]_- \leqslant \text{Re}\, x_s^*(y) \leqslant [x_0, y]_+, \quad \forall y \in X. \tag{5.3.28}$$

从而当 $t > 0$ 时有

$$\text{Re}\, x_s^*(y) \leqslant [x_0, y]_+ \leqslant \frac{\|x_0 + ty\| - \|x_0\|}{t} \leqslant \|y\|, \quad \forall y \in X. \tag{5.3.29}$$

注意到一个线性泛函完全由其实部确定的事实, 若记 $\text{Re}\, x_s^*(y) = g(y)$, 则 $x_s^*(y) = g(y) - \text{i}g(\text{i}y)$. 不妨设 $y \in X$ 使 $x_s^*(y) \neq 0$, 则 $x_s^*(y) = |x_s^*(y)|\text{e}^{\text{i}\theta}$. 于是

$$|x_s^*(y)| = \text{e}^{-\text{i}\theta} x_s^*(y) = x_s^*(\text{e}^{-\text{i}\theta} y) = g(\text{e}^{-\text{i}\theta} y) - \text{i}g(\text{ic}^{-\text{i}\theta} y).$$

因为 g 是实泛函且 $|x_s^*(y)|$ 是实数, 由式(5.3.29), $|x_s^*(y)| = g(\text{e}^{-\text{i}\theta} y) \leqslant \|\text{e}^{-\text{i}\theta} y\| = \|y\|$, 即 $\|x_s^*\| \leqslant 1, x_s^* \in X^*$. 由式(5.3.28), 令 $y = x_0$, 按定理 5.3.20 有

$$1 \geqslant \|x_s^*\| \geqslant |x_s^*(x_0)| \geqslant \text{Re}\, x_s^*(x_0) = [x_0, x_0]' = 1.$$

所以 $\|x_s^*\| = 1$, 且 $x_s^*(x_0) = 1$. 这表明 x_s^* 是 x_0 的支撑泛函. 因为$[x_0, y_0]_- < s < t < [x_0, y_0]_+$ 时, $x_s^*(y_0) = s < t = x_t^*(y_0)$, $x_s^* \neq x_t^*$, 故 x_0 的支撑泛函不唯一. 这与 X 是光滑空间相矛盾.

(2)⇒(3) 设 X 是 Gâteaux 可微空间. 则对任意 $x, y \in X$, $[x, y]_- = [x, y]_+$. 由定理 5.3.20, 对任意 $x^* \in \Gamma(x)$ 与任意 $y \in X$ 有 $\|x\|[x, y]_- \leqslant (x^*, y) \leqslant \|x\|[x, y]_+$. 于是 $x^* \in \Gamma(x)$ 有 $(x^*, y) = \|x\|[x, y]'$ $(y \in X)$. 这表明 x^* 是 $\Gamma(x)$ 中唯一的元. Γ 是单值的.

(3)⇒(1) $\forall x \in S(X)$, 因为 Γ 是单值的, 故有唯一的 $x^* = \Gamma(x) \in X^*$ 满足

$$(x^*, x) = \|x\|^2 = \|x^*\|^2 = 1.$$

由光滑性的定义可知 X 是光滑的. 证毕.

5.3.5 最佳逼近

逼近问题通常是指给定一个较复杂的函数 f 和一组较简单的函数 $g_1, g_2, \cdots, g_n$, 用这组函数按某种尺度逼近 f. 在数学分析中已遇到将函数用 Taylor 多项式、三角多项式来逼近

的问题. 所谓最佳逼近，就是寻求达到最小距离的元.

定义 5.3.6

设 X 是赋范空间，E 是 X 的子集，$x\in X$. 若存在 $e_0\in E$ 使 $\|x-e_0\|=\inf\limits_{e\in E}\|x-e\|=\rho(x,E)$，则称 e_0 是 x 在 E 中的**最佳逼近元**.

最佳逼近问题在 Hilbert 空间中已得到圆满解决(参见 5.1.2 节). Hilbert 空间中任一点在闭凸集上存在唯一的最佳逼近元. 对闭线性子空间而言，唯一的最佳逼近元就是这一点在子空间上的正交投影.

赋范空间上最佳逼近问题只限于在一定空间条件下才能得到解决. 注意到范数本身作为赋范空间上的泛函是连续的，而连续泛函在紧集上必取得最小值. 受此启发，我们希望在紧集上解决最佳逼近元的存在性问题.

考虑 n 维空间 E 中半径为 r 的闭球 $B[\theta,r]\cap E$，它是有界闭集从而是紧集，于是必存在某点 e_r 使 $B[\theta,r]\cap E$ 上的函数 $f(e)=\|x-e\|$ 取最小值，当 r 充分大时，e_r 必是要找的最佳逼近点.

定理 5.3.25

设 X 是赋范空间，E 是 X 的有限维线性子空间，则任意 $x\in X\backslash E$，x 在 E 中的最佳逼近元存在.

证明　记 $B=B[\theta,2\|x\|]\cap E=\{e\in E:\ \|e\|\leqslant 2\|x\|\}$ 为 E 中闭球，设 $e\in E$. 此时若 $e\in B$，则

$$\|x-e\|\geqslant\rho(x,B).$$

若 $e\notin B$，则由 $\rho(x,B)=\inf\limits_{y\in B}\|x-y\|\leqslant\|x-\theta\|=\|x\|$ 得

$$\|x-e\|\geqslant\|e\|-\|x\|>2\|x\|-\|x\|=\|x\|\geqslant\rho(x,B).$$

总之，对任意 $e\in E$，必有 $\|x-e\|\geqslant\rho(x,B)$. 因此，

$$\rho(x,E)=\inf_{e\in E}\|x-e\|\geqslant\rho(x,B).$$

又因为 $E\supset B$，故 $\rho(x,E)\leqslant\rho(x,B)$. 所以

$$\rho(x,E)=\rho(x,B).$$

由于 B 是有限维空间 E 的有界闭集，故 B 是紧集. 因为 B 上的函数 $f(y)=\|x-y\|$ 是连续函数，所以必在 B 上取得最小值，即存在 $e_0\in B\subset E$，使 $f(e_0)$ 为最小值. 因此，$\|x-e_0\|=\inf\limits_{y\in B}\|x-y\|=\rho(x,B)=\rho(x,E)$. 证毕.

例 5.3.9　取 $X=C[a,b]$，$E=\mathrm{span}\{x_0,x_1,\cdots,x_n\}$，其中 $x_k=x_k(t)=t^k$，$k=0,1,\cdots,n$. 则 E 是 X 的 $n+1$ 维子空间，E 中的元素是次数不超过 n 的多项式. 对给定的 $x=x(t)\in X$，按定理 5.3.25，必存在 $e=e(t)\in E$，使对 E 中的任意多项式 $y=y(t)$，有

$$\|x-e\|=\max_{a\leqslant t\leqslant b}|x(t)-e(t)|\leqslant\max_{a\leqslant t\leqslant b}|x(t)-y(t)|=\|x-y\|.$$

若不限于在有限维子空间上考虑最佳逼近问题，则需要借助弱拓扑工具，以弱紧集替代紧集. 因为自反 Banach 空间中有界的弱闭集是弱紧的，故当空间的要求提高到自反空间程度时，最佳逼近问题的存在性能得到解决.

定理 5.3.26

设 X 是自反 Banach 空间，E 是 X 中非空弱闭子集. 则对任何 $x\in X\backslash E$，x 在 E 中的最佳逼近元存在.

证明 记 $m=\inf\limits_{e\in E}\|x-e\|$. 由下确界定义，存在点列 $\{e_n\}_{n=1}^{\infty}\subset E$，使 $m\leqslant\|x-e_n\|<m+1/n$，即 $\lim\limits_{n\to\infty}\|x-e_n\|=m$. 显然 $\{e_n\}_{n=1}^{\infty}$ 是有界集(其弱闭包在自反空间中是弱紧的)，必存在 $\{e_n\}_{n=1}^{\infty}$ 的子列 $\{e_{n_j}\}_{j=1}^{\infty}$ 弱收敛于 e_0. 因为 E 是弱闭的，故 $e_0\in E$. 于是对任意 $f\in X^*$，$\|f\|\leqslant 1$，有 $f(x-e_0)=\lim\limits_{j\to\infty}f(x-e_{n_j})$，进一步有

$$|f(x-e_0)|=\lim_{j\to\infty}|f(x-e_{n_j})|\leqslant\lim_{j\to\infty}\|f\|\|x-e_{n_j}\|\leqslant m.$$

从而 $\|x-e_0\|=\sup\limits_{\|f\|\leqslant 1}|f(x-e_0)|\leqslant m$. 又显然 $\|x-e_0\|\geqslant m$. 所以有

$$\|x-e_0\|=m=\inf_{e\in E}\|x-e\|.$$

证毕.

由于每个闭凸集都是弱闭的，因而容易得到下列结果.

推论

设 X 是自反 Banach 空间，E 是 X 中非空闭凸集. 则对任何 $x\in X\backslash E$，x 在 E 中的最佳逼近元存在.

一般来说，在赋范空间中，最佳逼近元的唯一性未必成立.

例 5.3.10 取 X 为实连续函数空间 $C[0,1]$，E 为其一维闭线性子空间 $\operatorname{span}\{t\}$，即 $E=\{\alpha t:\alpha\in\mathbb{R}^1\}$. $x=x(t)\equiv 1(t\in[0,1])$. 则满足 $\|x-e\|=\inf\limits_{y\in E}\|x-y\|$ 的元 $e\in E$ 不是唯一的. 事实上，任意 $y=\alpha t\in E$，有

$$\|x-y\|=\max_{0\leqslant t\leqslant 1}|1-\alpha t|=\begin{cases}>1, & \alpha<0;\\ =1, & 0\leqslant\alpha\leqslant 2;\\ >1, & \alpha>2.\end{cases}$$

因此，当 $e\in\{\alpha t:0\leqslant\alpha\leqslant 2\}$ 时，都有 $\|x-e\|=\inf\limits_{y\in E}\|x-y\|=1$.

下面我们指出，在严格凸空间中，最佳逼近元若存在则必是唯一的.

定理 5.3.27

设 X 是严格凸的赋范空间，E 是 X 的凸集，$x\in X$. 则 x 在 E 中的最佳逼近元至多只有一个.

证明(反证法) 假设 $e_1,e_2\in E$，$e_1\neq e_2$，e_1,e_2 都是 x 在 E 中的最佳逼近元. 记 $m=\rho(x,E)$. 则

$$\|x-e_1\|=\|x-e_2\|=m,$$

$$0<\|e_1-e_2\|\leqslant\|e_1-x\|+\|x-e_2\|=2m,$$

故 $m>0$. 令 $x_1=\dfrac{x-e_1}{m}$，$x_2=\dfrac{x-e_2}{m}$，则 $x_1\neq x_2$，$\|x_1\|=\|x_2\|=1$. 由严格凸性，有 $\dfrac{1}{m}\left\|x-\dfrac{e_1+e_2}{2}\right\|=\left\|\dfrac{x_1+x_2}{2}\right\|<1$，即 $\left\|x-\dfrac{e_1+e_2}{2}\right\|<m$. 这表明 $\dfrac{e_1+e_2}{2}\notin E$，与 E 是 X 的凸集，$\dfrac{e_1+e_2}{2}\in E$ 相矛盾. 因此 $e_1=e_2$. 证毕.

推论 1

设 X 是严格凸的赋范空间，E 是 X 的有限维线性子空间，则 $\forall x\in X\backslash E$，$x$ 在 E 中的最佳逼近元存在且唯一.

推论 2

设 X 是自反严格凸的 Banach 空间，E 是 X 中非空闭凸集. 则对任何 $x\in X\backslash E$，x 在 E 中的最佳逼近元存在且唯一.

内容提要

习　　题

1. 设 H 是内积空间，E 是 H 的线性子空间. 证明如果对于每一个 $x\in H$，它在 E 上的正交投影存在，则 E 必是闭线性子空间.

2. 设 $H\neq\{\theta\}$是 Hilbert 空间，E 是 H 的闭线性子空间，f 是 H 上的一个非零连续线性泛函. 证明 $E=\{x: f(x)=0\}$当且仅当 $E^{\perp}$是维数为 1 的线性空间.

3. 设 E 是 Hilbert 空间 H 的线性子空间，f 是 E 上的有界线性泛函. 证明 f 有且只有一个到 H 上的保范延拓，使得这个延拓在 $E^{\perp}$上为零.

4. 设 H 为 Hilbert 空间，$x_0\in H$，$\{x_n\}\subset H$，当 $n\to\infty$时，$x_n\xrightarrow{w}x_0$，且 $\|x_n\|\to\|x_0\|$. 证明 $x_n\to x_0(n\to\infty)$.

5. 设$\{e_k\}$，$\{e_k'\}$是 Hilbert 空间 H 中的两个规范正交集并且 $\sum\limits_{k=1}^{\infty}\|e_k-e_k'\|^2<1$. 证明，若$\{e_k\}$，$\{e_k'\}$中之一是完全的，则另一个也是完全的.

6. 若 $A\subset[0,2\pi]$且 A 是 Lebesgue 可测的，证明

$$\lim_{n\to\infty}\int_A \cos nt\,\mathrm{d}t=\lim_{n\to\infty}\int_A \sin nt\,\mathrm{d}t=0.$$

7. 设 $n_1<n_2<n_3<\cdots$是一些正整数，而 E 是所有使$\{\sin n_kx\}$收敛的点 $x\in[0,2\pi]$的集，证明 $m(E)=0$.

8. 设 f 是$\mathbb{R}^1$ 上的连续函数，周期为 1，证明 $\lim\limits_{N\to\infty}\frac{1}{N}\sum\limits_{n=1}^{N}f(n\alpha)=\int_0^1 f(t)\mathrm{d}t$ 对每个无理数 α 成立.

9. H 为 Hilbert 空间，E 为 H 的闭线性子空间，$x_0\in H$. 证明

$$\min\{\|x-x_0\|: x\in E\}=\max\{|\langle x_0,y\rangle|: y\in E^{\perp},\|y\|=1\}.$$

10. 求$\min\limits_{a,b,c}\int_{-1}^{1}|t^3-a-bt-ct^2|^2\mathrm{d}t$.

11. 计算 $\max\int_{-1}^{1}x^3g(x)\mathrm{d}x$. 这里 $g(x)$ 满足下列限制：

$$\int_{-1}^{1}g(x)\mathrm{d}x=\int_{-1}^{1}xg(x)\mathrm{d}x=\int_{-1}^{1}x^2g(x)\mathrm{d}x=0,\quad \int_{-1}^{1}|g(x)|^2\mathrm{d}x=1.$$

12. 计算$\min\limits_{a,b,c}\int_0^{\infty} |x^3-a-bx-cx^2|^2 e^{-x} dx$. 如习题11那样叙述并解相应的极大值问题.

13. 若H_1和H_2是两个Hilbert空间,证明其中的一个一定同构于另一个的某个子空间.

14. 证明存在一个从$[0,1]$到Hilbert空间H中的单射γ使得$0\leqslant a\leqslant b\leqslant c\leqslant d\leqslant 1$时，$\gamma(b)-\gamma(a)$与$\gamma(d)-\gamma(c)$正交($\gamma$称为**具有正交增量的曲线**).

提示：取$H=L^2[0,1]$,并考虑$[0,1]$的某些子集的特征函数.

15. 对所有$s\in\mathbb{R}^1,t\in\mathbb{R}^1$,定义$u_s(t)=e^{ist}$,设$X$是这些函数$u_s$的全体有限线性组合所组成的复线性空间.若$f\in X,g\in X$,证明$\langle f,g\rangle=\lim\limits_{A\to\infty}\frac{1}{2A}\int_{-A}^{A} f(t)\overline{g(t)}\,dt$存在.说明这个内积使$X$成为一个内积空间,其完备化$H$是一个不可分Hilbert空间,并证明$\{u_s: s\in\mathbb{R}^1\}$是$H$的一个极大规范正交集.

16. 固定正整数$N,N\geqslant 3$,令$\omega=e^{\frac{2\pi i}{N}}$,证明正交关系式

$$\frac{1}{N}\sum_{n=1}^{N}\omega^{nk}=\begin{cases}1, & k=0;\\ 0, & 1\leqslant k\leqslant N-1.\end{cases}$$

并用它证明恒等式$\langle x,y\rangle=\frac{1}{N}\sum\limits_{n=1}^{N}\|x+\omega^n y\|^2\omega^n$对任意内积空间成立,且有

$$\langle x,y\rangle=\frac{1}{2\pi}\int_{-\pi}^{\pi}\|x+e^{i\theta}y\|^2 e^{i\theta}\,d\theta.$$

17. 设T是Hilbert空间H上的线性算子且对所有$x,y\in H$有

$$\langle Tx,y\rangle=\langle x,Ty\rangle.$$

证明T是有界算子.

18. 设T是Hilbert空间H上的有界线性算子,$\|T\|\leqslant 1$.证明：

$$\{x: Tx=x\}=\{x: T^*x=x\}.$$

19. 设T是复Hilbert空间H上的有界线性算子,证明$T=-T^*$的充要条件是对一切$x\in H$,$\mathrm{Re}\langle Tx,x\rangle=0$.

20. 设T是复Hilbert空间H上的有界线性算子,证明$T=\theta$的充要条件是对一切$x\in H$,$\langle Tx,x\rangle=0$.

21. 设E是Hilbert空间H的线性子空间,T是E上的有界线性算子,证明在H上存在一个有界线性算子$\overline{T}$使得在E上$\overline{T}$与T相等并且$\|\overline{T}\|\leqslant\|T\|$.

22. 设H是Hilbert空间,若Y与M都是闭线性子空间,P_Y,P_M分别为从H到Y,M的正交投影算子,证明：

(1) $Y\perp M$当且仅当$P_YP_M=\theta$(此时也称P_Y与P_M是**正交**的).

(2) P_Y+P_M是正交投影算子当且仅当$P_YP_M=\theta$.

(3) P_Y-P_M是正交投影算子当且仅当$Y\supset M$.

(4) P_YP_M是正交投影算子当且仅当$P_YP_M=P_MP_Y$.

(5) 若$\{P_n\}$是一列两两正交的正交投影算子,则存在正交投影算子P使$P=\sum\limits_{n=1}^{\infty}P_n$.

23. 设X是Banach空间,A,B是X的闭子空间且$X=A+B$.证明存在常数$M>0$,使得每一个$x\in X$有表示$x=a+b$,其中$a\in A,b\in B$,并且

$$\|a\| + \|b\| \leqslant M\|x\|.$$

24. 设 T 是从 Banach 空间 X 到 Banach 空间 Y 的有界线性算子，且 $TX=Y$(满射). 证明

(1) $\exists m>0, \forall x\in X$ 有 $m\rho(x,\mathcal{N}(T))\leqslant\|Tx\|$.

(2) $\exists M>0, \forall y\in Y, \exists x\in X$ 有 $Tx=y, \|x\|\leqslant M\|y\|$.

25. 证明满射定理：设 X,Y 是 Banach 空间，$T\in\mathcal{B}(X,Y)$，T^* 是 T 的 Banach 共轭算子. 则下列陈述等价：

(1) $\mathcal{R}(T)=Y$.

(2) T^* 是单射，且 $\mathcal{R}(T^*)$ 在 X^* 中闭.

(3) $T^{*-1}:\mathcal{R}(T^*)\to Y^*$ 是连续的.

26. 设 $1\leqslant p\leqslant\infty$，$\{a_n\}$ 是收敛于 0 的数列，线性算子 $T: l^p\to l^p$ 定义为 $T\{x_n\}=\{a_nx_n\}$. 证明 T 是紧算子.

27. 设 $\{T_n\}$ 是 Banach 空间 X 上的紧算子列并且强收敛于线性算子 T，试举例说明 T 不必是紧算子.

28. 设 X,Y 为 Banach 空间，$T\in\mathcal{F}(X,Y)$，$A\in\mathcal{C}(X,Y)$. 证明 $T+A\in\mathcal{F}(X,Y)$，且 $\operatorname{ind}(T+A)=\operatorname{ind}T$.

29. 设 X,Y 为 Banach 空间，$T\in\mathcal{F}(X,Y)$. 证明 $T^*\in\mathcal{F}(Y^*,X^*)$，且 $\operatorname{ind}T^*=-\operatorname{ind}T$.

30. 设 (X,τ) 是 Hausdorff 拓扑线性空间，E 是 X 的闭线性子空间，$\pi: X\to X/E$ 是商投射，$\pi(x)=x+E\ (x\in X)$，$\tau_E=\{V\subset X/E: \pi^{-1}(V)\in\tau\}$. 证明：

(1) $(X/E,\tau_E)$ 是 Hausdorff 拓扑线性空间(称 τ_E 为 X/E 上的**商拓扑**)，商投射 π 是线性的开映射.

(2) 如果 $\mathfrak{B}$ 是 τ 的一个局部基，则 $\{\pi(V)\subset X/E: V\in\mathfrak{B}\}$ 是 τ_E 的局部基.

(3) 如果 (X,τ) 是局部凸的，局部有界的，可度量化的，可赋范的，则 $(X/E,\tau_E)$ 也分别是局部凸的，局部有界的，可度量化的，可赋范的.

31. 设 X 是 $[0,1]$ 上所有复值连续函数全体按通常意义规定线性运算构成的线性空间. 在 X 上定义

$$\rho(x,y)=\int_0^1\frac{|x(t)-y(t)|}{1+|x(t)-y(t)|}\mathrm{d}t,\quad x,y\in X.$$

设 τ_ρ 是距离 ρ 在 X 上导出的拓扑，在 X 上定义

$$p_t(x)=|x(t)|,\quad t\in[0,1],x\in X.$$

设 τ 是由半范数族 $\{p_t\}$ 在 X 上导出的拓扑. 证明：

(1) X 中每一个 τ-有界集是 τ_ρ-有界集，即恒等算子 $I:(X,\tau)\to(X,\tau_\rho)$ 是有界算子.

(2) 恒等算子 $I:(X,\tau)\to(X,\tau_\rho)$ 是序列连续的，但不是连续的.

(3) (X,τ) 中没有可数局部基，因而不可度量化.

32. 证明 c_0 不是任何 Banach 空间的共轭空间.

33. 证明 Banach 空间 X 是一致凸的当且仅当对任意 $\{x_n\},\{y_n\}\subset X$，若 $\lim\limits_{n\to\infty}\|x_n\|=\lim\limits_{n\to\infty}\|y_n\|=1$，$\lim\limits_{n\to\infty}\|x_n+y_n\|=2$，则必有 $\lim\limits_{n\to\infty}\|x_n-y_n\|=0$.

34. 证明 $L^1[a,b]$ 与 $C[a,b]$ 都不是一致凸的.

35. 证明 Banach 空间 X 是严格凸的当且仅当对任意 $x^*\in X^*, x^*\neq\theta$，若 $z_1,z_2\in X$，$\|z_1\|=\|z_2\|=1$ 使 $(x^*,z_1)=(x^*,z_2)=\sup\limits_{\|x\|=1}(x^*,x)$，则必有 $z_1=z_2$.

36. 证明 Banach 空间 c 与 c_0 是线性同胚的，但不是等距同构的.

37. 设 M 由所有使 $\int_0^{1/2} f(t)\mathrm{d}t - \int_{1/2}^1 f(t)\mathrm{d}t = 1$ 的 $f \in C[0,1]$ 组成. 证明 M 是 $C[0,1]$的一个闭凸子集，它不包含最小范数的元素.

38. 设 M 是所有使得 $\int_0^1 f(t)\mathrm{d}t = 1$ 的 $f \in L^1[0,1]$的集. 证明 M 是 $L^1[0,1]$的闭凸子集，它包含无限多个最小范数的元素.

39. 设 X 是赋范空间，$\{x_n\}_{n=1}^{\infty} \subset X$. 若任意 $f \in X^*$，$\{f(x_n)\}$是 Cauchy 数列，则称$\{x_n\}$是弱 Cauchy 列. 若 X 中每个弱 Cauchy 列都弱收敛，则称 X **弱序列完备**. 证明自反空间弱序列完备，空间 c_0 不是弱序列完备的.

习题参考解答

附 加 题

1. 设 X 是内积空间，且对每个闭线性子空间 Y 有 $Y = Y^{\perp\perp}$. 证明 X 是 Hilbert 空间.

2. 设 H 是内积空间，$x_k \xrightarrow{w} x$. 证明$\{x_k\}$中有子列$\{x_{k_n}\}$使$\dfrac{x_{k_1} + x_{k_2} + \cdots + x_{k_n}}{n} \to x$.

3. 用 $C_{2\pi}$ 表示周期为 2π 的连续函数全体按通常的线性运算并按范数 $\|x\| = \max\limits_{0 \leqslant t \leqslant 2\pi} |x(t)|$构成的 Banach 空间. $A = \{\mathrm{e}^{\mathrm{i}nt}/\sqrt{2\pi} : n \in \mathbb{Z}\}$，$A$ 中元的有限线性组合称为三角多项式，三角多项式全体记为 $T_{2\pi}$.

(1) 证明 $T_{2\pi}$ 在 $C_{2\pi}$ 中稠密.（也称为 Weierstrass 第二逼近定理）

(2) 证明 $T_{2\pi}$ 在 $L^2[-\pi,\pi]$中稠密.

(3) 证明 A 是 $L^2[-\pi,\pi]$的规范正交基.

(4) 对非零实数 s，求 $\sum\limits_{n=1}^{\infty} \dfrac{1}{n^2 + s^2}$，并由此求$\sum\limits_{n=1}^{\infty} \dfrac{1}{n^2}$.

4. 设$\{u_n : n \in \mathbb{Z}^+\}$是 Hilbert 空间 H 中规范正交集. 说明这给出一个有界闭集而非紧集的例子. 设 Q 是 H 中所有形如 $x = \sum\limits_{n=1}^{\infty} c_n u_n$（这里 $|c_n| \leqslant 1/n$）的点 x 的集（Q 称为 **Hilbert 方体**）. 证明 Q 是紧的. 更一般地，设$\{\delta_n\}$是一个正数的序列，S 是 H 中所有形如 $x = \sum\limits_{n=1}^{\infty} c_n u_n$（这里 $|c_n| \leqslant \delta_n$）的点 x 的集. 证明 S 是紧的当且仅当 $\sum\limits_{n=1}^{\infty} \delta_n^2 < \infty$. 并证明 H 不是局部紧的.

5. 对习题 5.3 给出一个不用 Hahn-Banach 定理的另一证明，即当 f 是 Hilbert 空间 H 的子空间 E 上的有界线性泛函时，证明 f 有唯一一个到 H 上的保范延拓，而且这个延拓在 $E^{\perp}$ 上等于 0.

6. 设 X_1,X_2,Y 都是数域$\mathbb{K}$上的赋范空间. 若映射 $T: X_1\times X_2\to Y$ 的每个截口都是线性算子,则称 T 是**二重线性算子**. 若

$$\sup\{\|T(x_1,x_2)\|:\|x_1\|\leqslant 1,\|x_2\|\leqslant 1\}<\infty.$$

则称 T **有界**. 设 X_1 是完备的,截口 $T(x_1,\cdot)$与 $T(\cdot,x_2)$都是有界的,证明 T 是有界的.

7. 设 X,Y 是赋范空间,在 $X\times Y$ 上定义范数 $\|(x,y)\|=\max\{\|x\|,\|y\|\}$,证明: $F\in(X\times Y)^*$ 当且仅当有唯一的 $(f,g)\in X^*\times Y^*$ 使 $F(x,y)=f(x)+g(y)$,此时 $\|F\|=\|f\|+\|g\|$.

8. 设 X 为 Banach 空间,G,H 为 X 的闭线性子空间,且 $G\cap H=\{\theta\}$. 证明 $G\dot{+}H$ 是闭线性子空间的充要条件是 $\exists M>0,\forall x\in G,\forall y\in H$ 有 $\|x\|\leqslant M\|x+y\|$.

9. 设 $C[-1,1]$是实值连续函数空间,在其上定义内积

$$\langle f,g\rangle=\int_{-1}^{1}f(x)g(x)\mathrm{d}x,\quad f,g\in C[-1,1].$$

设 G,E 分别表示 $C[-1,1]$中奇函数与偶函数全体. 证明 $C[-1,1]=G\oplus E$.

10. 设 X 是可分的 Banach 空间,证明存在满的有界线性算子 $T: l^1\to X$.

11. 设 X,Y 为 Banach 空间,$T\in\mathcal{B}(X,Y)$. 证明 $\operatorname{codim}\mathcal{R}(T)<\infty$ 的充要条件是 $\dim\mathcal{N}(T^*)<\infty$且$\mathcal{R}(T)$是闭的.

12. 设 H 是 Hilbert 空间,$T\in\mathcal{B}(H)$为紧算子,$B=\{x\in H:\|x\|\leqslant 1\}$为单位闭球,$f: B\to\mathbb{C}$ 定义为 $f(x)=\langle Tx,x\rangle$. 证明 f 按 B 上的弱拓扑是连续的.

13. 设 X 是 Banach 空间,$T: X\to c_0$ 是线性算子. 证明:

(1) T 有界当且仅当 X^* 中有弱 * 收敛于 θ 的连续线性泛函序列 $\{f_n\}_{n=1}^{\infty}$ 使 $Tx=(f_1(x),f_2(x),\cdots,f_n(x),\cdots)$. 此时 $\|T\|=\sup\limits_{n\geqslant 1}\|f_n\|$.

(2) T 是紧算子当且仅当(1)中的$\{f_n\}$依范数收敛于θ.

14. 设 X 是复 Banach 空间, $T\in\mathcal{B}(X)$为紧算子. 证明 $\forall\bar{x}\in X/\mathcal{N}(I-T)$, $\exists y_0\in\bar{x}$ 使 $\|y_0\|=\|\bar{x}\|$.

15. 设 X 是 Banach 空间,$T\in\mathcal{B}(X)$,且 $\exists m>0,\forall x\in X$ 有 $\|Tx\|\geqslant m\|x\|$. 证明: $T\in C(X)$当且仅当 $\dim X<\infty$.

16. 设 X 是自反 Banach 空间, $T\in\mathcal{B}(X,Y)$,又设对任意 $\{x_n\}\subset X$ 当 $x_n\xrightarrow{w}x$ 时有 $Tx_n\to Tx$,证明 T 是紧算子(与定理 5.2.22(1)比较).

17. 设 X 是自反的 Banach 空间. 证明有界线性算子 $T: X\to l^1$ 是紧算子.

18. 设 X_i 和 $Y_i(i=1,2)$都是 Banach 空间, $X=X_1\times X_2,Y=Y_1\times Y_2$ 为积空间,设 $T_i\in\mathcal{B}(X_i),(Y_i)$,线性算子 $T: X\to Y$ 定义为

$$T(x_1,x_2)=(T_1x_1,T_2x_2),\quad\forall(x_1,x_2)\in X.$$

证明

(1) $\|T\|=\max\{\|T_1\|,\|T_2\|\}$.

(2) T 是紧算子当且仅当 T_1,T_2 都是紧算子.

19. 设 X,Y,Z 为 Banach 空间, $T\in\mathcal{B}(X,Y),S\in\mathcal{B}(Z,Y)$且$\mathcal{R}(T)\subset\mathcal{R}(S)$.

(1) 若 S 是单射,证明 $\exists A\in\mathcal{B}(X,Z)$,使 $T=SA$.

(2) 若 S 是紧算子,证明 T 是紧算子.

20. 设 X,Y 为 Banach 空间,$T\in\mathcal{B}(X,Y)$为 Fredholm 算子且 $\operatorname{ind}T=0$. 证明下列条件等价:

（1）T 是单射；

（2）T 是满射；

（3）存在 $S\in\mathcal{B}(Y,X)$ 使 $ST=I$；

（4）存在 $S\in\mathcal{B}(Y,X)$ 使 $TS=I$.

21. 设 X,Y 是 Banach 空间，X 是自反的，$T\in\mathcal{B}(X,Y)$，T 的 Banach 共轭算子 T^* 是 Fredholm 算子. 证明 T 是 Fredholm 算子.

22. 设 X 是无限维 Banach 空间，Y 是 X 的有限维子空间，$0<b<1$. 证明 $\exists x\in X$，$\|x\|=1$ 使

$$\|y\|\leqslant(1+b)\|y+ax\|,\quad \forall y\in Y,a\in\mathbb{K}.$$

23. 设 X 是自反 Banach 空间，E 是 X 上的有界闭凸集，$f\in X^*$. 证明 $\mathrm{Re}f$ 在 E 上达到最大值.

24. 设 X 是自反 Banach 空间，A 与 B 是 X 中凸闭集，A 有界且 $A\cap B=\varnothing$. 证明 $\rho=\inf\{\|x-y\|: x\in A,y\in B\}>0$.

25. 设 $1<p<\infty$，证明 $L^p(\mu)$ 是严格凸的，但 $L^1(\mu)$，$L^\infty(\mu)$ 不是严格凸的（除去仅由一个点组成的空间之类的平凡场合）.

26. **空间 $C[0,1]$ 的万有性（Banach-Mazur 定理）**是指：任意一个可分的 Banach 空间必保范同构于 $C[0,1]$ 的一个闭线性子空间. 利用空间 $C[0,1]$ 的万有性证明下述 **Clarkson 定理**：任一可分 Banach 空间必可线性同胚于一个严格凸空间.

27. 设 $(X,\mathfrak{M},\mu)$ 为 Borel 测度空间，其中 X 是局部紧 Hausdorff 空间，μ 是正则的正测度. 证明 $L^p(\mu)$ 是一致凸的且一致光滑的空间.

28. 设 X 是光滑的 Banach 空间，Γ 为正规对偶映射. 证明：

（1）Γ 按 X 的范数拓扑与 X^* 的弱 * 拓扑连续；

（2）若 X^* 具有 Kadec-Klee 性质，则 Γ 按 X 的范数拓扑与 X^* 的范数拓扑连续；

（3）若 X 是一致光滑的，则 Γ 按 X 的范数拓扑与 X^* 的范数拓扑在 X 的任意有界集上一致连续.

29. 设 X 是赋范空间，$S(X)$ 为 X 的单位球面，定义 $\delta_X:[0,2]\times S(X)\to[0,1]$ 为

$$\delta_X(\varepsilon,x)=\inf\{1-\|x+y\|/2: y\in S(X),\|x-y\|\geqslant\varepsilon\},$$

称 δ_X 为 X 的**局部一致凸模**. 若对 $\varepsilon\in(0,2]$ 及 $x\in S(X)$ **都有** $\delta_X(\varepsilon,x)>0$，则称 X 是**局部一致凸空间**.

（1）证明 X 是局部一致凸空间当且仅当 $x\in S(X)$，$\{y_n\}\subset S(X)$ 使 $\left\|\frac{1}{2}(x+y_n)\right\|\to 1$ 时有 $\|x-y_n\|\to 0$.

（2）证明局部一致凸空间具有 Kadec-Klee 性质，即当 $x_n\xrightarrow{w}x$，$\|x_n\|\to\|x\|$ 时有 $\|x_n-x\|\to 0$.

附加题参考解答

第6章 不动点理论初步

方程的求解是数学中的基本问题之一.代数方程、微分方程、积分方程等各类方程抽象地看都是映射(算子)方程,其求解常常可以转化为求映射的不动点.映射方程的解与映射的不动点在某种意义上是同义语.点 x 称为映射 T 的不动点是指它满足 $Tx=x$,即不动点是映射方程 $Tx=x$ 的解.反之,在线性空间中,对给定的 y_0 求映射方程 $Tx=y_0$ 的解就是求映射 T_1 的不动点,其中 T_1 由 $T_1x=Tx-y_0+x$ 所定义.

不动点理论在分析与拓扑的许多领域起着重要作用,已成为现代数学的重要分支.整个理论起源于拓扑意义上的 Brouwer 不动点定理与度量意义上的 Banach 压缩映射原理. 6.1 节介绍 Banach 压缩映射原理及其应用; 6.2 节介绍 Brouwer 不动点定理, Schauder 不动点定理以及 Lomonosov 不变子空间定理; 6.3 节介绍相关 Banach 压缩映射原理与 Brouwer 不动点定理的一些扩展的结果.

6.1 Banach 压缩映射原理

1922 年,Banach 基于度量空间的完备性将经典的 Picard 迭代法的基本思想提炼出来,提出了第一个度量不动点定理——压缩映射原理,开创了利用抽象方法讨论特殊映射类度量不动点问题的先河.

定义 6.1.1

设 X 是度量空间,$T: X\to X$ 是一个映射.若存在 $\alpha\in[0,1)$,使任意 $x,y\in X$,有 $\rho(Tx,Ty)\leqslant\alpha\rho(x,y)$,则称 T 为 X 上的**压缩映射**,α 称为**压缩常数**或**压缩因子**.

压缩映射有明显的几何意义.经压缩映射作用后,像点间的距离缩短了,至多是原像点间距离的 α 倍,因而映射称为压缩的.

压缩映射必是连续映射.事实上,设 $\{x_n\}\subset X$ 为任意点列且 $x_n\to x_0$.因为 $\rho(Tx_n,Tx_0)\leqslant\alpha\rho(x_n,x_0)$,当 $n\to\infty$时,由 $\rho(x_n,x_0)\to 0$ 便得到 $\rho(Tx_n,Tx_0)\to 0$, 即 $Tx_n\to Tx_0$,T 在任一点 x_0 连续.

定理 6.1.1(Banach 压缩映射原理)

设 X 是完备的度量空间,T 是 X 上的压缩映射.则 T 存在唯一的不动点 z,即 $Tz=z$.

证明 由于存在 $\alpha\in[0,1)$,$\rho(Tx,Ty)\leqslant\alpha\rho(x,y)$,故 $\forall\, m\in\mathbb{Z}^+$,有

$$\rho(T^m x,T^m y)\leqslant\alpha\rho(T^{m-1}x,T^{m-1}y)\leqslant\alpha^m\rho(x,y). \tag{6.1.1}$$

由于 $\rho(x,y)\leqslant\rho(x,Tx)+\rho(Tx,Ty)+\rho(Ty,y)\leqslant\rho(x,Tx)+\alpha\rho(x,y)+\rho(y,Ty)$，故

$$\rho(x,y)\leqslant\frac{1}{1-\alpha}[\rho(x,Tx)+\rho(y,Ty)].\tag{6.1.2}$$

任取 $x_0\in X$. 由此点出发逐次迭代，$x_1=Tx_0, x_2=Tx_1=T^2x_0,\cdots, x_n=Tx_{n-1}=T^nx_0,\cdots$得到点列$\{x_n\}$，其中 $x_n=Tx_{n-1}$.

先证$\{x_n\}$是 Cauchy 列. 事实上，对任意 $m=n+p$，利用式(6.1.2)与式(6.1.1)，有

$$\rho(x_{n+p},x_n)\leqslant\frac{1}{1-\alpha}[\rho(x_{n+p},Tx_{n+p})+\rho(x_n,Tx_n)]\leqslant\frac{\alpha^{n+p}+\alpha^n}{1-\alpha}\rho(x_0,Tx_0).$$

由于 $\alpha^n\to0(n\to\infty)$，所以$\{x_n\}$是 Cauchy 列.

次证不动点存在性. 因为 X 完备，故存在 $z\in X$，使 $\lim\limits_{n\to\infty}x_n=z$. 又因为 T 是压缩映射，从而必是连续映射，对 $x_n=Tx_{n-1}$ 令 $n\to\infty$得到 $z=Tz$.

再证不动点的唯一性. 若又有 u 使 $Tu=u$，则由式(6.1.2)得 $\rho(z,u)\leqslant0$，即 $\rho(z,u)=0$，$u=z$. 证毕.

从上述定理 6.1.1 的证明可以看到，压缩映射的唯一不动点 z 是从任一初始点 x_0 出发逐次迭代的极限. 经 n 次迭代得到的是不动点方程的近似解 x_n，x_n 与 z 的误差估计式也是不难得到的.

若希望通过迭代次数来估计误差，则由式 $\rho(x_{n+p},x_n)\leqslant\dfrac{\alpha^{n+p}+\alpha^n}{1-\alpha}\rho(x_0,Tx_0)$令 $p\to\infty$，便得到 $\rho(z,x_n)\leqslant\dfrac{\alpha^n}{1-\alpha}\rho(x_0,Tx_0)$，此式称为**先验误差估计式**.

若希望通过点 x_n 与 x_{n-1} 的距离来估计误差，则由式(6.1.2)得

$$\begin{aligned}\rho(x_{n+p},x_n)&\leqslant\frac{1}{1-\alpha}[\rho(x_{n+p},Tx_{n+p})+\rho(x_n,Tx_n)]\\&\leqslant\frac{1}{1-\alpha}[\rho(x_{n+p},x_{n+p+1})+\alpha\rho(x_{n-1},x_n)].\end{aligned}$$

令 $p\to\infty$得，$\rho(z,x_n)\leqslant\dfrac{\alpha}{1-\alpha}\rho(x_{n-1},x_n)$，此式称为**后验误差估计式**.

推论 1

设 T 是完备度量空间 X 到自身的压缩映射，压缩常数为 α. 则对任意初始点 $x_0\in X$，以 $x_n=T^nx_0$ 逐次迭代逼近，x_n 与不动点 z 的误差估计式是

$$\rho(z,x_n)\leqslant\min\left\{\frac{\alpha^n}{1-\alpha}\rho(x_1,x_0),\frac{\alpha}{1-\alpha}\rho(x_{n-1},x_n)\right\}.$$

对定理 6.1.1 的证明作进一步分析可知，点列极限是否存在与最初有限项无关，实际上只要 T^{n_0} 为压缩映射(其中 n_0 为某个正整数)，就能保证 T 的不动点的存在唯一性. 若 T 是压缩的，则 T^{n_0} 必是压缩的；反之，T^{n_0} 是压缩的未必有 T 是压缩的. 由此得到压缩映射原理的一个简单推广.

推论 2

设 T 是完备度量空间 X 上的映射，若存在正整数 n_0 使 T^{n_0} 为压缩映射，则 T 有唯一不动点.

证明　令 $F=T^{n_0}$. 由定理 6.1.1 知，F 有唯一不动点 z. 由于 $F(Tz)=T^{n_0}(Tz)=T^{n_0+1}z=T(T^{n_0}z)=T(Fz)=Tz$，故 Tz 也是 F 的不动点，由 F 的不动点的唯一性得 $Tz=z$. 这表明 z 是 T 的不动点. 设 u 也为 T 的不动点. 则 $Tu=u$，从而 $Fu=T^{n_0}u=T^{n_0-1}(Tu)=T^{n_0-1}u=\cdots=Tu=u$，$u$ 也是 F 的不动点，仍由 F 的不动点的唯一性得 $u=z$. 这表明 T 的不动点是唯一的. 证毕.

必须指出，在 Banach 压缩映射原理中，完备性条件一般不能除去，具有压缩常数 $\alpha\in[0,1)$的不等式一般不能降低为 $\rho(Tx,Ty)<\rho(x,y)$（满足此式的映射称为严格非扩张映射）. 可分别考虑下述反例.

$X_1=(0,\infty)$作为一维欧氏空间$\mathbb{R}$的度量子空间是不完备的，$T_1x=\dfrac{1}{2}x$，T_1 的压缩常数为$\dfrac{1}{2}$，但 T_1 在 X_1 中没有不动点.

$X_2=[0,\infty)$作为一维欧氏空间$\mathbb{R}$的度量子空间是完备的.

$T_2x=x+\dfrac{1}{1+x}$，易知$|T_2x-T_2y|<|x-y|$，但由 $T_2z=z$ 会导致$\dfrac{1}{1+z}=0$ 的矛盾，故 T_2 在 X_2 中也没有不动点.

在讨论方程解的存在唯一性问题时，压缩映射原理起着关键作用. 应用方面的例子很多.

例 6.1.1　（常微分方程解的存在唯一性）考虑初值问题

$$\begin{cases}\dfrac{\mathrm{d}x}{\mathrm{d}t}=f(t,x),\\ x(t_0)=x_0.\end{cases}\tag{6.1.3}$$

其中，$f(t,x)$在平面$\mathbb{R}^2$ 上连续，且关于变量 x 满足 Lipschitz 条件：

$$|f(t,x_1)-f(t,x_2)|\leqslant L|x_1-x_2|,$$

$L>0$ 为常数. 则初值问题(6.1.3)在$[t_0-\beta,t_0+\beta]$上存在唯一解，其中 $\beta<\dfrac{1}{L}$.

证明　首先指出，初值问题(6.1.3)有解与积分方程

$$x(t)=x_0+\int_{t_0}^{t}f(u,x(u))\mathrm{d}u\tag{6.1.4}$$

有连续解是等价的.

事实上，设初值问题(6.1.3)有解 $x=x(t)$，则它满足常微分方程与初始条件

$$\frac{\mathrm{d}x(t)}{\mathrm{d}t}=f(t,x(t)),\quad x(t_0)=x_0.$$

对上式两端积分可得

$$x(t)-x(t_0)=\int_{t_0}^{t}f(u,x(u))\mathrm{d}u.$$

这表明 $x=x(t)$是方程(6.1.4)的解，且由 $x(t)$的可微性知 $x(t)$是连续的.

反之，若 $x=x(t)$是方程(6.1.4)的连续解，则在式(6.1.4)中令 $t=t_0$ 得 $x(t_0)=x_0$，由于 $x(t)$连续，故变上限积分函数可微，对式(6.1.4)两边求导得

$$\frac{\mathrm{d}x(t)}{\mathrm{d}t}=f(t,x(t)).$$

这表明 $x=x(t)$是方程(6.1.3)的解.

现利用方程(6.1.4)，在连续函数空间 $C[t_0-\beta,t_0+\beta]$上定义映射 T 为

$$(Tx)(t)=x_0+\int_{t_0}^{t} f(u,x(u))\mathrm{d}u. \tag{6.1.5}$$

由 f 的连续性可知 $Tx\in C[t_0-\beta,t_0+\beta]$，且

$$\begin{aligned}\|Tx-Ty\| &= \max_{|t-t_0|\leqslant\beta} |(Tx)(t)-(Ty)(t)| \\ &\leqslant \max_{|t-t_0|\leqslant\beta}\left|\int_{t_0}^{t} |f(u,x(u))-f(u,y(u))|\mathrm{d}u\right| \\ &\leqslant \max_{|t-t_0|\leqslant\beta}\left|\int_{t_0}^{t} L|x(u)-y(u)|\mathrm{d}u\right| \leqslant \max_{|t-t_0|\leqslant\beta}\left|\int_{t_0}^{t} L\|x-y\|\mathrm{d}u\right| \\ &= \max_{|t-t_0|\leqslant\beta} L\|x-y\|\,|t-t_0| = L\beta\|x-y\|.\end{aligned}$$

因 $L\beta<1$，故 T 是 Banach 空间 $C[t_0-\beta,t_0+\beta]$上的压缩映射. 由压缩映射原理知，存在唯一的 $\bar{x}=\bar{x}(t)\in C[t_0-\beta,t_0+\beta]$，使 $T\bar{x}=\bar{x}$. 按式(6.1.5)，$T\bar{x}=\bar{x}$ 就表示 $\bar{x}$ 是方程(6.1.4)的唯一的连续解. 从而方程(6.1.3)存在唯一的解.

例 6.1.2 （线性代数方程组解的存在唯一性）设有线性方程组 $Ax=b$，其中 $A=(a_{ij})_{n\times n}$ 为 $n\times n$ 阶矩阵，$b=(b_i)_{n\times 1}$ 为 $n\times 1$ 阶矩阵(列向量). 若 A 满足

$$\sum_{j=1}^{n}|a_{ij}|<2|a_{ii}|,\quad i=1,2,\cdots,n,$$

即 A 是所谓的对角占优阵，则 $Ax=b$ 存在唯一解.

证明 由于 $a_{ii}\neq 0$，记 $C=(a_{ij}/a_{ii})_{n\times n}$，$e=(b_i/a_{ii})_{n\times 1}$，则原方程组 $Ax=b$ 与 $Cx=e$ 同解. 记 $I=(\delta_{ij})_{n\times n}$ 为单位矩阵，其中 $\delta_{ij}=\begin{cases}1, & i=j;\\ 0, & i\neq j.\end{cases}$ 则方程组 $Cx=e$ 与方程组(6.1.6)同解：

$$(I-C)x+e=x. \tag{6.1.6}$$

对任意列向量 $x=(x_i)_{n\times 1}\in\mathbb{K}^n$，取范数 $\|x\|_\infty=\max\limits_{1\leqslant i\leqslant n}|x_i|$，则$(\mathbb{K}^n,\|\cdot\|_\infty)$是有限维赋范空间从而是 Banach 空间. 由式(6.1.6)，令 $T:\mathbb{K}^n\to\mathbb{K}^n$ 为

$$Tx=(I-C)x+e. \tag{6.1.7}$$

因为 $I-C=(\delta_{ij}-a_{ij}/a_{ii})_{n\times n}$，对任意 $x,y\in\mathbb{K}^n$ 有

$$\begin{aligned}\|Tx-Ty\|_\infty &= \|[(I-C)x+e]-[(I-C)y+e]\|_\infty \\ &= \|(I-C)(x-y)\|_\infty = \max_{1\leqslant i\leqslant n}\left|\sum_{j=1}^{n}(\delta_{ij}-a_{ij}/a_{ii})(x_j-y_j)\right| \\ &\leqslant \left(\max_{1\leqslant i\leqslant n}\sum_{j=1}^{n}|\delta_{ij}-a_{ij}/a_{ii}|\right)\max_{1\leqslant j\leqslant n}|x_j-y_j| = \alpha\|x-y\|_\infty,\end{aligned}$$

其中，$\alpha=\max\limits_{1\leqslant i\leqslant n}\sum\limits_{j=1}^{n}|\delta_{ij}-a_{ij}/a_{ii}|=\max\limits_{1\leqslant i\leqslant n}\dfrac{1}{|a_{ii}|}\left[\left(\sum\limits_{j=1}^{n}|a_{ij}|\right)-|a_{ii}|\right]<1$，故 T 是压缩映射. 由压缩映射原理，T 存在唯一不动点 $\bar{x}$，由 $T\bar{x}=\bar{x}$ 及式(6.1.7)，$\bar{x}$ 是方程(6.1.6)的唯

一解，从而是方程组 $Ax=b$ 的唯一解. 证毕.

例 6.1.3　(阅读)(积分方程的 Fredholm 定理)设 $\varphi\in L^2[a,b]$，$K(t,u)$是定义在矩形$[a,b]\times[a,b]$上的 Lebesgue 可测函数，且是平方可积的，即 $M=\int_a^b\int_a^b |K(t,u)|^2\mathrm{d}t\mathrm{d}u<\infty$. 则 Fredholm 积分方程

$$x(t)=\varphi(t)+\lambda\int_a^b K(t,u)x(u)\mathrm{d}u \tag{6.1.8}$$

当$|\lambda|<1/\sqrt{M}$时有唯一解 $x=x(t)\in L^2[a,b]$.

证明　作 $L^2[a,b]$上的映射 T 为

$$(Tx)(t)=\varphi(t)+\lambda\int_a^b K(t,u)x(u)\mathrm{d}u. \tag{6.1.9}$$

由 Hölder 不等式($p=q=2$)得

$$\begin{aligned}&\int_a^b\left|\int_a^b K(t,u)x(u)\mathrm{d}u\right|^2\mathrm{d}t\\ \leqslant&\int_a^b\left[\int_a^b |K(t,u)|^2\mathrm{d}u\cdot\int_a^b |x(u)|^2\mathrm{d}u\right]\mathrm{d}t=M\|x\|^2<\infty.\end{aligned}$$

故 $\int_a^b K(t,u)x(u)\mathrm{d}u\in L^2[a,b]$，从而由 $\varphi\in L^2[a,b]$可知，$Tx\in L^2[a,b]$. T 是 $L^2[a,b]$到 $L^2[a,b]$的映射. 已知 $L^2[a,b]$是 Banach 空间，由 Hölder 不等式($p=q=2$)得

$$\begin{aligned}\|Tx-Ty\|^2&=\int_a^b |(Tx)(t)-(Ty)(t)|^2\mathrm{d}t\\ &=\int_a^b\left|\lambda\int_a^b K(t,u)(x(u)-y(u))\mathrm{d}u\right|^2\mathrm{d}t\\ &\leqslant|\lambda|^2\int_a^b\left[\int_a^b |K(t,u)|^2\mathrm{d}u\cdot\int_a^b |x(u)-y(u)|^2\mathrm{d}u\right]\mathrm{d}t\\ &=|\lambda|^2M\|x-y\|^2.\end{aligned}$$

即 $\|Tx-Ty\|\leqslant|\lambda|\sqrt{M}\|x-y\|$. 因为$|\lambda|\sqrt{M}<1$，故 T 为压缩映射. 由压缩映射原理得，T 存在唯一不动点 $\bar{x}=\bar{x}(t)\in L^2[a,b]$. 由$(T\bar{x})(t)=\bar{x}(t)$及式(6.1.9)可知，$\bar{x}=\bar{x}(t)$是积分方程(6.1.8)的唯一解.

6.2　凸紧集上的不动点定理

从单位球到单位球的连续映射必有一个不动点，这就是 Brouwer 不动点定理. 早在 1909 年，Brouwer 给出了一个$\mathbb{R}^3$ 情形的证明；1912 年，又利用逼近方法和度的概念给出了另外一个证明. Brouwer 不动点定理不仅是不动点理论的源头，而且与代数拓扑以及各种度理论的发展有着深刻的联系. 历史上有很多种证明 Brouwer 不动点定理的方法. 以下介绍的证明方法“分析”味较为浓郁.

引理 6.2.1

设 $U\subset\mathbb{R}^{n+1}$ 为开集，$f_i: U\to\mathbb{R}^1(i=1,2,\cdots,n)$具有二阶连续偏导数，记 Jacobi 矩阵 $A=\left(\frac{\partial f_i}{\partial x_j}\right)_{n\times(n+1)}$，$D_j$ 是从 A 中去掉第 $j+1$ 列后所得方阵 A_j 的行列式($j=0,1,\cdots,n$).

则有

$$\sum_{j=0}^{n}(-1)^j\frac{\partial D_j}{\partial x_j}=0.$$

证明 令 A_{jk} 是由 A_j 中把 $f_1(x_0,x_1,\cdots,x_n),\cdots,f_n(x_0,x_1,\cdots,x_n)$关于 x_k 的一阶偏导数的列元素再对 x_j 求偏导数而得到的矩阵. 因此，A_{jk} 的第 m 行元素：
当 $0\leqslant k\leqslant j-1$ 时，是

$$\frac{\partial f_m}{\partial x_0},\cdots,\frac{\partial f_m}{\partial x_{k-1}},\frac{\partial^2 f_m}{\partial x_k\partial x_j},\frac{\partial f_m}{\partial x_{k+1}},\cdots,\frac{\partial f_m}{\partial x_{j-1}},\frac{\partial f_m}{\partial x_{j+1}},\cdots,\frac{\partial f_m}{\partial x_n}. \tag{6.2.1}$$

当 $j+1\leqslant k\leqslant n$ 时，是

$$\frac{\partial f_m}{\partial x_0},\cdots,\frac{\partial f_m}{\partial x_{j-1}},\frac{\partial f_m}{\partial x_{j+1}},\cdots,\frac{\partial f_m}{\partial x_{k-1}},\frac{\partial^2 f_m}{\partial x_k\partial x_j},\frac{\partial f_m}{\partial x_{k+1}},\cdots,\frac{\partial f_m}{\partial x_n}. \tag{6.2.2}$$

按行列式的微分法则，有$\frac{\partial D_j}{\partial x_j}=\sum\limits_{0\leqslant k\leqslant n,k\neq j}\det A_{jk}$. 因而

$$\sum_{j=0}^{n}(-1)^j\frac{\partial D_j}{\partial x_j}=\sum_{j=0}^{n}\sum_{0\leqslant k\leqslant n,k\neq j}(-1)^j\det A_{jk}. \tag{6.2.3}$$

现在比较 $\det A_{jk}$ 与 $\det A_{kj}$. 不妨设 $k<j$. 此时 A_{jk} 的第 m 行元素由式(6.2.1)给出，而 A_{kj} 的第 m 行元素由式(6.2.2)应该是

$$\frac{\partial f_m}{\partial x_0},\cdots,\frac{\partial f_m}{\partial x_{k-1}},\frac{\partial f_m}{\partial x_{k+1}},\cdots,\frac{\partial f_m}{\partial x_{j-1}},\frac{\partial^2 f_m}{\partial x_j\partial x_k},\frac{\partial f_m}{\partial x_{j+1}},\cdots,\frac{\partial f_m}{\partial x_n}.$$

对比式(6.2.1)与上式，将 A_{kj} 中$\frac{\partial^2 f_m}{\partial x_j\partial x_k}=\frac{\partial^2 f_m}{\partial x_k\partial x_j}$所在列向左平移 $j-k-1$ 次，有

$$\det A_{jk}=(-1)^{j-k-1}\det A_{kj}\quad 或\quad (-1)^j\det A_{jk}=-(-1)^k\det A_{kj}. \tag{6.2.4}$$

注意式(6.2.4)对 $k>j$ 的情形也成立，从而由式(6.2.3)与式(6.2.4)可知必有

$$\sum_{j=0}^{n}(-1)^j\frac{\partial D_j}{\partial x_j}=\sum_{j=0}^{n}\sum_{0\leqslant k\leqslant n,k\neq j}(-1)^j\det A_{jk}=0.$$

证毕.

引理 6.2.2

设 $B=B[\theta,1]\subset\mathbb{R}^n$，映射 $T:B\to B$，其每个分量都具有二阶连续偏导数. 则存在 $z\in B$，使得 $Tz=z$.

证明 假设任意 $x=(x_1,x_2,\cdots,x_n)\in B$ 都有 $x-Tx\neq\theta$. 以下将单位球面记为∂B，$\|x\|$ 表示 x 的 Euclid 范数. 先来证明，对任意的 $x\in B$，存在实数 $\alpha=\alpha(x)$使

$$\|x+\alpha(x-Tx)\|=1. \tag{6.2.5}$$

事实上，式(6.2.5)等价于 $\langle x+\alpha(x-Tx),x+\alpha(x-Tx)\rangle=1$，即

$$\|x\|^2+2\alpha\langle x,x-Tx\rangle+\alpha^2\|x-Tx\|^2=1. \tag{6.2.6}$$

方程(6.2.6)是 α 的二次代数方程，其判别式(记为 4Δ)为

$$4\Delta=4\langle x,x-Tx\rangle^2+4(1-\|x\|^2)\|x-Tx\|^2.$$

显然当 $\|x\|<1$ 时有 $\Delta>0$. 我们断言当 $\|x\|=1$ 时仍有 $\Delta>0$. 因为若不然，则存在 x_0，满足 $\|x_0\|=1$，使得 $\Delta=0$，即$\langle x_0,x_0-Tx_0\rangle=0$. 由此知$\langle x_0,Tx_0\rangle=\|x_0\|^2=1$. 由于

$$1=\langle x_0,Tx_0\rangle\leqslant\|x_0\|\|Tx_0\|=\|Tx_0\|\leqslant 1,$$

因而有 $\|Tx_0\|=1$，于是 $\langle x_0-Tx_0, x_0-Tx_0\rangle=\|x_0\|^2-2\langle x_0, Tx_0\rangle+\|Tx_0\|^2=0$，即 $x_0-Tx_0=\theta$，导致矛盾. 因此，当 $x\in B$ 时有 $\Delta>0$.

取式(6.2.6)两个实根中较大的一个作为 α，即

$$\alpha=\alpha(x)=\frac{-\langle x, x-Tx\rangle+\sqrt{\Delta}}{\|x-Tx\|^2},$$

则式(6.2.5)的结论成立.

注意到当 $\|x\|=1$ 时 $\langle x, x-Tx\rangle=\|x\|^2-\langle x, Tx\rangle\geqslant 1-\|Tx\|\geqslant 0$，故当 $\|x\|=1$ 时有 $\alpha(x)=0$. 现在考虑 $f(t,x)=x+t\alpha(x)(x-Tx)$，$t\in[0,1]$. 注意到 $\Delta>0$，由 $\alpha=\alpha(x)$ 的构造可知，映射 $f=(f_1,f_2,\cdots,f_n)$：$[0,1]\times\mathbb{R}^n\to\mathbb{R}^n$ 的每个分量仍然都具有二阶连续偏导数，并且有

$$\frac{\partial f}{\partial t}=\alpha(x)(x-Tx)=\theta, \text{ 当 } \|x\|=1; \tag{6.2.7}$$

$$f(0,x)=x; \tag{6.2.8}$$

$$f(1,x)=x+\alpha(x)(x-Tx), \quad \|f(1,x)\|=1. \tag{6.2.9}$$

由式(6.2.8)有

$$\det\left(\frac{\partial f_i(0,x)}{\partial x_j}\right)_{n\times n}=1. \tag{6.2.10}$$

由式(6.2.9)，$f(1,x)$ 的各分量之间存在关系式 $\|f(1,x)\|=1$，从而必有

$$\det\left(\frac{\partial f_i(1,x)}{\partial x_j}\right)_{n\times n}=0. \tag{6.2.11}$$

(因为若在某点行列式不为零，即 Jacobi 矩阵非奇异，则按反函数定理，f 必将内点映为内点，与此时 $f(1,x)$：$B\to\partial B$ 矛盾!)

设 $F(t)=\int_B\det\left(\frac{\partial f_i(t,x)}{\partial x_j}\right)_{n\times n}\mathrm{d}x$. 以 $V(B)$ 表示 B 的体积，由式(6.2.10)与式(6.2.11)得

$$F(0)=V(B)\neq 0, \quad F(1)=0. \tag{6.2.12}$$

由 $F(t)$ 的定义，显然它有连续导数，并且 $F'(t)=\int_B\frac{\partial}{\partial t}\det\left(\frac{\partial f_i(t,x)}{\partial x_j}\right)_{n\times n}\mathrm{d}x$. 记 $t=x_0$，使用引理 6.2.1 中的记号，式(6.2.12)即 $F'(t)=\int_B\frac{\partial D_0}{\partial x_0}\mathrm{d}x$. 利用引理 6.2.1 得 $\frac{\partial D_0}{\partial x_0}+\sum_{j=1}^n(-1)^j\frac{\partial D_j}{\partial x_j}=0$. 因此，有

$$F'(t)=-\int_B\sum_{j=1}^n(-1)^j\frac{\partial D_j}{\partial x_j}\mathrm{d}x. \tag{6.2.13}$$

利用 Stokes 公式将式(6.2.13)右边的体积积分化为 ∂B 上的曲面积分，有

$$F'(t)=-\sum_{j=1}^n(-1)^j\int_{\partial B}D_j\frac{x_j}{\|x\|}\mathrm{d}\sigma.$$

但由式(6.2.7)，各行列式 $D_j\,(j\neq 0)$ 在 ∂B 上都为零，所以 $F'(t)=0$，$t\in[0,1]$. 这与

式(6.2.12)矛盾.证毕.

定理 6.2.3(Brouwer 不动点定理)

设 $B=B[\theta,1]\subset\mathbb{R}^n$，映射 $T: B\to B$ 连续.则存在 $z\in B$，使 $Tz=z$.

证明 由于 $T: B\to B$ 连续，由 Weierstrass 逼近定理，对任意的 $\varepsilon>0$，存在多项式映射 T_ε，使得 $\max\limits_{x\in B}\|Tx-T_\varepsilon x\|\leqslant\varepsilon$. 因此，对任意的 $x\in B$ 有

$$\|T_\varepsilon x\|\leqslant\|T_\varepsilon x-Tx\|+\|Tx\|\leqslant\varepsilon+1,$$

即 $\|(\varepsilon+1)^{-1}T_\varepsilon x\|\leqslant 1$. 记 $S_\varepsilon=(\varepsilon+1)^{-1}T_\varepsilon$，则 $S_\varepsilon: B\to B$ 的每个分量都具有任意阶连续偏导数，且 $S_\varepsilon x-T_\varepsilon x=-\varepsilon(\varepsilon+1)^{-1}T_\varepsilon x$，$x\in B$. 因此有

$$\|Tx-S_\varepsilon x\|\leqslant\|Tx-T_\varepsilon x\|+\|T_\varepsilon x-S_\varepsilon x\|\leqslant 2\varepsilon,\quad x\in B.\tag{6.2.14}$$

设 $\{\varepsilon_n\}_{n=1}^\infty\subset(0,1/2)$，$\varepsilon_n\to 0$，则由引理 6.2.2，存在 $x_n\in B$，满足 $S_{\varepsilon_n}x_n=x_n$. 由于 B 是紧的，故不妨设 $x_n\to z\in B$. 由式(6.2.14)有

$$\|Tx_n-x_n\|=\|Tx_n-S_{\varepsilon_n}x_n\|\leqslant 2\varepsilon_n.$$

令 $n\to\infty$，则由 T 的连续性有 $Tz=z$，z 是 T 的不动点.证毕.

推论(Brouwer 不动点定理)

若 $E\subset\mathbb{R}^n$ 是有界凸闭集，映射 $T: E\to E$ 连续.则存在 $z\in E$，使得 $Tz=z$.

证明 不失一般性，设$\mathbb{R}^n$ 是含有 E 的最低维的线性空间，且设 $\theta\in E^\circ$，$E\subset B=B[\theta,1]$ (可通过作平移与数乘变换做到这一点). 则 E 是吸收的凸闭集，由定理 3.2.11 知，E 的 Minkowski 泛函 p_E 是正齐性次可加连续的泛函，$E=\{x\in\mathbb{R}^n: p_E(x)\leqslant 1\}$. 设 $x\neq\theta$. 则存在 $m\in\mathbb{Z}^+$，$x\notin(1/m)E$. 于是，由 Minkowski 泛函的定义，$p_E(x)\geqslant 1/m>0$，即 p_E 在$\mathbb{R}^n$ 上是正定的. 令 $S: B\to E$ 使

$$y=Sx=\begin{cases}\dfrac{x\|x\|}{p_E(x)}, & x\neq\theta,\\ \theta, & x=\theta,\end{cases}\quad\forall x\in B,$$

其中，$\|x\|$ 表示 x 的 Euclid 范数. 则当 $y\neq\theta$ 时有 $p_E(y)=p_E\left(\dfrac{x\|x\|}{p_E(x)}\right)=\|x\|$，$\dfrac{p_E(y)}{\|y\|}=\dfrac{p_E(x)}{\|x\|}$，因而 $S^{-1}: E\to B$ 为

$$x=S^{-1}y=\begin{cases}\dfrac{y\,p_E(y)}{\|y\|}, & y\neq\theta,\\ \theta, & y=\theta,\end{cases}\quad\forall y\in E.$$

显然 S 与 S^{-1} 都是连续的，即 $S: B\to E$ 是同胚映射. 于是 $S^{-1}TS: B\to B$ 连续，利用定理 6.2.3，存在 $u\in B$，使得 $S^{-1}TS(u)=u$. 记 $S(u)=z$，则 $z\in E$ 且$Tz=z$. 证毕.

由于 n 维赋范空间都是线性同胚的，故 Brouwer 不动点定理在任意 n 维赋范空间中都是成立的.

以下应用 Brouwer 不动点定理给出代数学基本定理一个简洁的证明.

例 6.2.1(代数学基本定理)

设 $f(z)=\sum\limits_{i=0}^{n}a_iz^i\,(z\in\mathbb{C})$是复多项式函数. 则存在 $z_0\in\mathbb{C}$，使得 $f(z_0)=0$.

证明　(阅读)不妨设 $a_n=1$. 令 $z=re^{i\theta}, 0\leqslant\theta<2\pi, \beta=2+\sum_{i=0}^{n-1}|a_i|$. 在 $\mathbb{C}$ 上定义

$$g(z)=\begin{cases} z-\dfrac{f(z)}{\beta e^{i(n-1)\theta}}, & |z|\leqslant 1; \\ z-\dfrac{f(z)}{\beta z^{n-1}}, & |z|>1. \end{cases}$$

注意到 $z-\dfrac{f(z)}{\beta z^{n-1}}$ 当 $|z|=1$ 时为 $z-\dfrac{f(z)}{\beta e^{i(n-1)\theta}}$，可知 g 在 $\mathbb{C}$ 上连续. 考虑 $E=B[\theta,\beta]$. 显然 E 是 $\mathbb{C}$ 上的凸闭集. 以下证明 g 是从 E 到 E 的映射. 事实上，当 $|z|\leqslant 1$ 时，有

$$|g(z)|\leqslant|z|+|f(z)|/\beta\leqslant 1+\beta^{-1}\left[1+\sum_{i=0}^{n-1}|a_i|\right]<1+1=2\leqslant\beta;$$

当 $|z|>1$ 时，因 $z\in E$ 有 $|z|\leqslant\beta$, 故

$$|g(z)|=\left|z\left(1-\frac{1}{\beta}\right)-\frac{\sum_{i=0}^{n-1}a_iz^i}{\beta z^{n-1}}\right|\leqslant\frac{|z|(\beta-1)}{\beta}+\frac{\sum_{i=0}^{n-1}|a_i|}{\beta}$$

$$\leqslant\beta-1+\frac{\beta-2}{\beta}<\beta.$$

故 $g: E\to E$. 由 Brouwer 不动点定理，g 在 E 中存在不动点 z_0, 即 z_0 是 f 的零点. 证毕.

将有限维线性空间中的 Brouwer 不动点定理向无限维空间推广，得到著名的 Schauder 不动点定理. 它至今仍是研究非线性微分方程解的存在性的有力工具.

引理 6.2.4

设 E 是 Banach 空间 X 的任意紧子集. 则对任意的 $\varepsilon>0$, 存在 X 的有限维线性子空间 X_m 与从 E 到 X_m 的连续映射 T_ε 使得 $T_\varepsilon(E)\subset X_m\cap\overline{\mathrm{co}E}$, 且

$$\|T_\varepsilon x-x\|<\varepsilon,\quad x\in E.$$

证明　因为 E 是紧的，所以 E 是全有界的，对于任意的 $\varepsilon>0$, E 存在有限 ε-网，即存在 $e_1,e_2,\cdots,e_m\in E$ 使得 $E\subset\bigcup_{j=1}^{m}B(e_j,\varepsilon)$. 记 $X_m=\mathrm{span}\{e_1,e_2,\cdots,e_m\}$, 则维数 $\dim X_m\leqslant m$. 记 $E_m=\mathrm{co}\{e_1,e_2,\cdots,e_m\}$, 则 $E_m\subset X_m\cap\overline{\mathrm{co}E}$. 作映射 $T_\varepsilon: E\to X_m$ 使

$$T_\varepsilon x=\frac{\sum_{j=1}^{m}f(x-e_j)e_j}{\sum_{j=1}^{m}f(x-e_j)},\quad x\in E,$$

其中，$f(y)=\max\{\varepsilon-\|y\|,0\}$. 由于 $E\subset\bigcup_{j=1}^{m}B(e_j,\varepsilon)$, 对任意的 $x\in E$, 存在 $B(e_j,\varepsilon)$ 使 $x\in B(e_j,\varepsilon)$, 即 $f(x-e_j)>0$, 从而有 $\sum_{j=1}^{m}f(x-e_j)>0$. 因此 $T_\varepsilon: E\to X_m$ 是连续的. 又由 T_ε 的定义可知对任意的 $x\in E$ 有 $T_\varepsilon x\in E_m$, 当 $x\notin B(e_j,\varepsilon)$ 时 $f(x-e_j)=0$, 故

$$\| T_{\varepsilon}x - x \| \leqslant \frac{\sum_{j=1}^{m} f(x-e_j) \| e_j - x \|}{\sum_{j=1}^{m} f(x-e_j)} < \varepsilon.$$

证毕.

定义 6.2.1

设 X,Y 是赋范空间，T 是从 X 到 Y 的算子. 若 T 将 X 中每个有界集映射为 Y 中列紧集，则称 T 为**紧算子**. 连续的紧算子也称为**全连续算子**.

注意紧算子必是有界算子. 由于这里的紧算子未必是线性的，从而未必是连续的.

定理 6.2.5（Schauder 不动点定理）

设 E 是 Banach 空间 X 的有界凸闭子集，而 $T: E \to E$ 是全连续的，则存在 $z \in E$ 使得 $Tz=z$.

证明 因为 T 是全连续的，所以 $T(E)$ 是列紧的，即 $\overline{T(E)}$ 是紧的. 因此，由 Mazur 定理，$D=\overline{\mathrm{co}T(E)}$ 也是紧的. 显然有 $D \subset E$. 由于 $T: E \to E$ 连续，故 $T: D \to D$ 连续. 由引理 6.2.4 知，对任意的 $n \in \mathbb{Z}^+$，存在 X 的有限维线性子空间 X_n 及连续映射 $T_n: D \to D \cap X_n$ 使对任意的 $x \in D$ 有 $\| T_n x - x \| < 1/n$. 令 $S_n = T_n T$. 显然

$$S_n(D \cap X_n) \subset T_n(D) \subset D \cap X_n.$$

因为 X_n 是凸闭的，D 是凸紧的，故 $D \cap X_n$ 也是凸紧的. 又因为连续映射 $S_n: D \cap X_n \to D \cap X_n$，所以由 Brouwer 不动点定理，存在 $x_n \in D \cap X_n$ 使得 $x_n = S_n(x_n) = T_n T x_n$. 由于 $\{x_n\} \subset D$，而 D 是紧的，故存在子点列 $\{x_{n_k}\}$ 使得 $x_{n_k} \to z\ (k \to \infty)$，且由 T 的连续性知 $Tx_{n_k} \to Tz$. 于是由 $x_{n_k} = T_{n_k} T x_{n_k}$ 得

$$\begin{aligned} \| z - Tz \| &\leqslant \| z - x_{n_k} \| + \| T_{n_k} T x_{n_k} - T x_{n_k} \| + \| T x_{n_k} - Tz \| \\ &\leqslant \| z - x_{n_k} \| + 1/n_k + \| T x_{n_k} - Tz \|. \end{aligned}$$

在上式中令 $k \to \infty$ 得 $z = Tz$. 证毕.

推论（Schauder 不动点定理）

(1) 设 E 是 Banach 空间 X 的凸紧子集，$T: E \to E$ 是连续的，则存在 $z \in E$ 使得 $Tz=z$.

(2) 设 E 是 Banach 空间 X 的凸闭子集，$T: E \to E$ 是连续的，且 $T(E)$ 是列紧集. 则存在 $z \in E$ 使得 $Tz=z$.

证明 (1) 因为 T 是连续的，E 是凸紧集，$T(E) \subset E$，故 $T(E)$ 是列紧的，从而 T 是全连续的，由定理 6.2.5 可知结论成立.

(2) 因为 E 是凸闭集，$\overline{T(E)}$ 是紧集，令 $D = \overline{\mathrm{co}T(E)}$，则 $D \subset E$ 是紧集，即 $T|_D: D \to D$ 是紧算子. 又因 T 是连续的，故 $T|_D$ 是全连续的，由定理 6.2.5 可知结论成立. 证毕.

作为 Schauder 不动点定理的应用，下面来证明常微分方程的 Peano 定理.

例 6.2.2（常微分方程的 Peano 定理）

设 $f(t,x)$ 在 $S=\{(t,x) \in \mathbb{R}^1 \times \mathbb{R}^n : |t-t_0| \leqslant a, \| x - x_0 \| \leqslant b, (t_0,x_0) \in \mathbb{R}^1 \times \mathbb{R}^n\}$ 上连续，$M = \max\limits_{(t,x) \in S} \| f(t,x) \|$，$h = \min\{a, b/M\}$. 其中 $\mathbb{R}^n = l^1(n)$，即当 $x \in \mathbb{R}^n$ 时，$x = (x_1, x_2, \cdots, x_n)$，$\| x \| = \sum\limits_{j=1}^{n} |x_j|$. 则初值问题

$$\begin{cases}\dfrac{\mathrm{d}x}{\mathrm{d}t}=f(t,x)\\ x(t_0)=x_0\end{cases} \tag{6.2.15}$$

在$[t_0-h,t_0+h]$上有解.

证明　初值问题(6.2.15)有解等价于积分方程

$$x(t)=x_0+\int_{t_0}^{t}f(u,x(u))\mathrm{d}u \tag{6.2.16}$$

有连续解(参见例6.1.1).考虑映射T:

$$(Tx)(t)=x_0+\int_{t_0}^{t}f(u,x(u))\mathrm{d}u,\quad t\in[t_0-h,t_0+h] \tag{6.2.17}$$

取闭球$B[x_0,b]=\{x:\|x-x_0\|_C\leqslant b\}\subset C([t_0-h,t_0+h],\mathbb{R}^n)$,其中$x_0(t)\equiv x_0$. $x=x(t)\in C([t_0-h,t_0+h],\mathbb{R}^n)$时范数为$\|x\|_C=\max\limits_{|t-t_0|\leqslant h}\|x(t)\|$.闭球$B[x_0,b]$终归是闭凸集.下面证$T:B[x_0,b]\to B[x_0,b]$是连续映射.

事实上,若记$f=(f_1,f_2,\cdots,f_n)$,则

$$\begin{aligned}\left\|\int_{t_0}^{t}f\mathrm{d}u\right\|&=\left\|\left(\int_{t_0}^{t}f_1\mathrm{d}u,\cdots,\int_{t_0}^{t}f_n\mathrm{d}u\right)\right\|=\sum_{j=1}^{n}\left|\int_{t_0}^{t}f_j\mathrm{d}u\right|\\&\leqslant\left|\sum_{j=1}^{n}\int_{t_0}^{t}|f_j|\mathrm{d}u\right|=\left|\int_{t_0}^{t}\|f\|\mathrm{d}u\right|\end{aligned} \tag{6.2.18}$$

对每个$x\in B[x_0,b]$,由于任意$t\in[t_0-h,t_0+h]$,有$\|x(t)-x_0\|\leqslant b$,故利用式(6.2.18)得

$$\begin{aligned}\|(Tx)(t)-x_0\|&=\left\|\int_{t_0}^{t}f(u,x(u))\mathrm{d}u\right\|\leqslant\left|\int_{t_0}^{t}\|f(u,x(u))\|\mathrm{d}u\right|\\&\leqslant M|t-t_0|\leqslant Mh\leqslant M\cdot\frac{b}{M}=b.\end{aligned}$$

由此推出$\|Tx-x_0\|_C\leqslant b$,即$Tx\in B[x_0,b]$.设$x_n,x\in B[x_0,b]$,$x_n\to x$.由于$\{x_n(t)\}$一致收敛于$x(t)$,f在S上一致连续,故$\{f(t,x_n(t))\}$一致收敛于$f(t,x(t))$,应用数学分析中的积分极限定理得

$$\|Tx_n-Tx\|_C=\max_{|t-t_0|\leqslant h}\left\|\int_{t_0}^{t}[f(u,x_n(u))-f(u,x(u))]\mathrm{d}u\right\|\to 0.$$

这表明T是连续的.

再证$TB[x_0,b]$是列紧集.

事实上,按Arzela-Ascoli定理,只需证$TB[x_0,b]$按范数有界且等度连续.

$$\begin{aligned}\|(Tx)(t)\|&\leqslant\|x_0\|+\left\|\int_{t_0}^{t}f(u,x(u))\mathrm{d}u\right\|\\&\leqslant\|x_0\|+M|t-t_0|\leqslant\|x_0\|+Mh\leqslant\|x_0\|+b,\end{aligned}$$

故$\|Tx\|_C\leqslant\|x_0\|+b$, $\forall x\in B[x_0,b]$.又$\forall x\in B[x_0,b]$, $\forall t_1,t_2\in[t_0-h,t_0+h]$,有

$$\|(Tx)(t_1)-(Tx)(t_2)\|\leqslant\left|\int_{t_1}^{t_2}\|f(u,x(u))\|\mathrm{d}u\right|\leqslant M|t_1-t_2|.$$

这表明$TB[x_0,b]$等度连续.于是$TB[x_0,b]$是列紧集.

由 Schauder 不动点定理，存在 $z=z(t)\in B[x_0,b]$，使 $Tz=z$. 结合式(6.2.17)得，方程(6.2.16)有解 $z=z(t)\in C[t_0-h,t_0+h]$. 于是 $z=z(t),t\in[t_0-h,t_0+h]$是初值问题(6.2.15)的解. 证毕.

无限维空间中有界线性算子不变子空间的存在性是算子理论研究的重要问题之一. von Neumann 最先证明了无限维 Hilbert 空间上的线性紧算子有非平凡的不变子空间. 1973 年，Lomonosov 证明了复 Banach 空间上与非零线性紧算子可交换的有界线性算子存在非平凡的超不变子空间，下面介绍这一结果.

定义 6.2.2

设 X 是赋范空间，$T\in\mathcal{B}(X)$，记

$$\mathcal{B}_T=\{A: AT=TA, A\in\mathcal{B}(X)\}.$$

若 X 的闭线性子空间 X_0 是$\mathcal{B}_T$中所有元的不变子空间，则称 X_0 为 T 的**超不变子空间**.

超不变子空间显然是不变子空间.

定理 6.2.6（Lomonosov 定理）

设 X 是复 Banach 空间，$T\in\mathcal{B}(X)$，$T\neq\alpha I$，$\alpha\in\mathbb{K}$. 又设 S 是 X 上非零线性紧算子，$TS=ST$，则 T 有非平凡的超不变子空间.

证明 （阅读）假设 T 没有非平凡的超不变子空间. 不妨设 X 是无限维的. 因为 $S\neq\theta$，故不妨设 $\|S\|=1$，取 $y_0\in X$，$\|y_0\|=1$ 使 $\|Sy_0\|>\|S\|/2=1/2$，令 $x_0=2y_0\in X$，则 $\|x_0\|>1$，$\|Sx_0\|>1$. 记开球 $B=B(x_0,1)$，又记 $\Omega=\overline{\mathrm{co}(SB)}$，则 Ω 是 X 中的凸紧集.

设 $z\in\mathrm{co}(SB)$. 则有 $\alpha_k>0$，$\sum\limits_{k=1}^{n}\alpha_k=1$ 使 $z=\sum\limits_{k=1}^{n}\alpha_kSx_k$，其中 $x_k\in B$. 因为

$$\|Sx_k-Sx_0\|\leqslant\|S\|\|x_k-x_0\|<1,$$

故

$$\|z-Sx_0\|=\left\|\sum_{k=1}^{n}\alpha_k(Sx_k-Sx_0)\right\|\leqslant\sum_{k=1}^{n}\alpha_k\|Sx_k-Sx_0\|<1.$$

从而 $\|z\|=\|z-Sx_0+Sx_0\|\geqslant\|Sx_0\|-\|z-Sx_0\|>\|Sx_0\|-1>0$. $\forall x\in Q$，由于有 $z_n\in\mathrm{co}(SB)$使 $z_n\to x$，故 $\|x\|=\lim\limits_{n\to\infty}\|z_n\|\geqslant\|Sx_0\|-1>0$. 这表明

$$\theta\notin\Omega. \tag{6.2.19}$$

记$\mathcal{B}_T$是$\mathcal{B}(X)$中与 T 可交换的算子全体. 因为 $T\in\mathcal{B}_T$，故$\mathcal{B}_T\neq\varnothing$. 对任何非零元 $y\in X$，记

$$L_y=\{Ay: A\in\mathcal{B}_T\}.$$

易见 L_y 是一个线性子空间. 由于当 $A_1,A_2\in\mathcal{B}_T$时有 $A_1A_2\in\mathcal{B}_T$，故对一切 $A\in\mathcal{B}_T$，$\overline{L_y}$ 是A 的不变子空间，即 $\overline{L_y}$ 是 T 的超不变子空间. 又因恒等算子 $I\in\mathcal{B}_T$，故 $L_y\neq\{\theta\}$. 但 T 没有非平凡的超不变子空间，故 $\overline{L_y}=X$. 记 $E_A=\{y: \|Ay-x_0\|<1\}$，则必有

$$\bigcup\{E_A: A\in\mathcal{B}_T\}=X\backslash\{\theta\}. \tag{6.2.20}$$

事实上，因为任意 $x\in X\backslash\{\theta\}$，$L_x$ 在 X 中稠密，故存在 $A\in\mathcal{B}_T$使 $\|Ax-x_0\|<1$，即 $x\in E_A$，式(6.2.20)成立. 显然，E_A 是开集，因为 Ω 是紧的，式(6.2.19)与式(6.2.20)表明 $\bigcup\{E_A: A\in\mathcal{B}_T\}$是 Ω 的开覆盖，所以存在有限个元 $A_1,A_2,\cdots,A_m\in\mathcal{B}_T$，使得 $\Omega\subset$

$\bigcup_{j=1}^{m} E_{A_j}$. 在 Ω 上定义函数

$$a_j(y)=\max\{0,1-\|A_j y-x_0\|\},\quad j=1,2,\cdots,m.$$

显然，a_j 是连续的，且对每个 $y\in\Omega$，有 j，使 $y\in E_{A_j}$，即 $a_j(y)>0$. 于是 $a(y)=\sum_{j=1}^{m}a_j(y)>0$. 再定义 Ω 上的映射

$$f(y)=\sum_{j=1}^{m}\frac{a_j(y)}{a(y)}A_j y.$$

则易知

$$\|f(Sx)-x_0\|=\left\|\sum_{j=1}^{m}\frac{a_j(Sx)}{a(Sx)}(A_j(Sx)-x_0)\right\|<1,\quad \forall x\in B.$$

因此，$f\circ S$ 是从 B 到 B 的映射. 因为 S 是线性紧算子，故 $f\circ S$ 也是线性紧算子. 由 Schauder 不动点定理知，存在 $y_0\in B$，使得 $f(Sy_0)=y_0$，即对线性紧算子

$$D=\sum_{j=1}^{m}\frac{a_j(Sy_0)}{a(Sy_0)}A_j S=f\circ S$$

而言，有 $Dy_0=y_0$. 由定理 5.2.26 知，$X_1=\mathcal{N}(I-D)$是有限维的. 由于 $TS=ST$，有 $TD=DT$，故

$$TX_1\subset X_1. \tag{6.2.21}$$

事实上，设 $z_1\in TX_1$，即 $z_1=Ty_1, y_1\in X_1$，则 $Dz_1=DTy_1=TDy_1=Ty_1=z_1$，有 $z_1\in X_1$. 式(6.2.21)是成立的. 于是，T 在 X_1 上的限制有特征值 λ. 记 T 相应于 λ 的特征子空间为 E_λ. 显然，E_λ 是 $\mathcal{B}_T$ 中诸元素的非平凡不变子空间. 这样，又得到当 $y\in E_\lambda$ 时，$\overline{L_y}\subset E_\lambda\neq X$. 这是矛盾的. 证毕.

6.3 压缩扰动、非扩张映射与集值映射

我们知道，Schauder 不动点定理是 Brouwer 不动点定理在无限维空间的推广. Schauder 不动点定理与 Banach 压缩映射原理反映了不动点性质的两个基本的方面，Krasnosel'skii 把两者结合起来，研究了映射 $T+S$，其中 T 是压缩的，S 是全连续的. 他给出了下面的不动点定理. 这里 $T+S$ 既可看成 T 的紧扰动，又可看成 S 的压缩扰动.

定理 6.3.1(**Krasnosel'skii 不动点定理**)

设 E 是 Banach 空间 X 的有界凸闭子集，映射 $T,S\colon E\to X$，其中 T 是压缩的，S 是全连续的，且对任意的 $x,y\in E$ 有 $Tx+Sy\in E$. 则 $T+S$ 在 E 内至少存在一个不动点.

证明 对每个 $z\in S(E)$有 $T(x)+z\colon E\to E$ 是压缩映射. 由于 E 是闭的，故 E 是完备的. 由 Banach 压缩映射原理，方程 $T(x)+z=x$ 在 E 内有且仅有一个解 $x=x(z)\in E$. 设 T 的压缩常数为 α. 由于对任意的 $z_1,z_2\in S(E)$有

$$T(x(z_1))+z_1=x(z_1),\quad T(x(z_2))+z_2=x(z_2),$$

故

$$\begin{aligned}\|x(z_1)-x(z_2)\|&\leqslant\|T(x(z_1))-T(x(z_2))\|+\|z_1-z_2\|\\&\leqslant\alpha\|x(z_1)-x(z_2)\|+\|z_1-z_2\|.\end{aligned}$$

于是 $\| x(z_1)-x(z_2) \| \leqslant \frac{1}{1-\alpha} \| z_1-z_2 \|$. 这说明 $x=x(z): S(E) \to E$ 是连续映射. 由于 S 是全连续的,故复合映射 $x \circ S: E \to E$ 也是全连续的. 由 Schauder 不动点定理知,存在 $u \in E$,使得 $x(S(u))=u$. 从而由 $T(x(S(u)))+S(u)=x(S(u))$ 得 $Tu+Su=u$，即 u 是 $T+S$ 在 E 内的不动点. 证毕.

比压缩映射类范围稍广一些的是非扩张映射类.

定义 6.3.1

设 (X,ρ) 与 (Y,d) 是度量空间，若映射 $T: X \to Y$ 满足

$$d(Tx,Ty) \leqslant \rho(x,y), \quad \forall x,y \in X.$$

则称 T 是**非扩张映射**.

针对 Brouwer 不动点定理与 Banach 压缩映射原理，很自然会提出下述问题：

若 E 是 Banach 空间 X 的有界凸闭子集，$T: E \to E$ 为非扩张映射，则 T 是否有不动点？

上述问题对于 Banach 压缩映射原理来说减弱了映射方面的条件但增强了空间方面的条件；对于 Brouwer 不动点定理来说减弱了空间方面的条件（未必有限维），但增强了映射方面的条件.

这个问题的一般回答是否定的.

例 6.3.1（Kakutani） 设 c_0 为以收敛于零的数列为元素的空间，赋予上确界范数. $B=B[\theta,1] \subset c_0$ 为闭单位球，$T: B \to B$ 由下式定义：

$$T(x_1,x_2,\cdots)=(1-\|x\|,x_1,x_2,\cdots), \quad x=(x_1,x_2,\cdots) \in B.$$

则对任意 $x,y \in B$ 有 $\|Tx-Ty\| \leqslant \|x-y\|$，即 T 是非扩张映射. 显然 T 不存在不动点.

当空间方面的条件或映射方面的条件适当加强时，关于非扩张映射有下列不动点定理.

定理 6.3.2

设 E 是 Banach 空间 X 的有界凸闭子集，$T: E \to E$ 为非扩张映射，且 $(I-T)(E)$ 是 X 的闭子集，其中 I 为 X 的恒等映射. 则 T 在 E 中存在不动点.

证明 取 $y_0 \in E$，取 $\{r_n\}_{n=1}^{\infty} \subset (0,1)$，$r_n \to 1$. 考虑映射 T_n：

$$T_n x = r_n Tx + (1-r_n) y_0, \quad x \in E, n \in \mathbb{Z}^+.$$

由于 E 是凸的，$T_n(E) \subset E$，又由于对任意 $x,y \in E$ 有

$$\|T_n x - T_n y\| = \|r_n(Tx-Ty)\| \leqslant r_n \|x-y\|.$$

故 $T_n: E \to E$ 是压缩常数为 r_n 的压缩映射；由于 E 是闭的，故 E 是完备的. 由 Banach 压缩映射原理知，存在唯一的 $x_n \in E$ 使 $T_n x_n = x_n$. 由于

$$\begin{aligned}(I-T)(x_n) &= x_n - T_n x_n + T_n x_n - Tx_n = T_n x_n - Tx_n \\ &= (r_n - 1)Tx_n + (1-r_n)y_0.\end{aligned}$$

注意到 $r_n \to 1$ 与 $\{Tx_n\}$ 有界，故 $(I-T)(x_n) \to \theta$. 因 $(I-T)(E)$ 是闭的，故 $\theta \in (I-T)(E)$. 因此存在 $x_0 \in E$ 使 $\theta=(I-T)(x_0)$，即 $Tx_0=x_0$，x_0 为 T 在 E 中的不动点. 证毕.

定理 6.3.3（Browder-Petryshyn 定理）

设 H 是 Hilbert 空间，E 是 H 中的有界闭凸集. 设 $T: E \to E$ 是非扩张映射，则 T 在 E

中存在不动点.

证明　取 $y_0\in E$，取 $\{r_n\}_{n=1}^{\infty}\subset(0,1)$，$r_n\to 1$. 考虑映射 T_n：

$$T_nx=r_nTx+(1-r_n)y_0,\quad x\in E, n\in\mathbb{Z}^+.$$

由于 E 是凸的，$T_n(E)\subset E$，易知 T_n：$E\to E$ 是压缩的，压缩常数为 r_n. 于是 T_n 在 E 中存在唯一不动点 x_n. 因为 E 是 H 中的有界闭凸集，从而是弱紧集，故 $\{x_n\}$ 中存在弱收敛子序列. 不失一般性地，仍记此子序列为 $\{x_n\}$. 设 $x_n\xrightarrow{w}x_0$. 由 E 的弱闭性，知 $x_0\in E$. 下面证 x_0 是 T 的不动点. 事实上，$\forall x\in H$，有

$$\begin{aligned}\|x_n-Tx_0\|^2&=\|(x_n-x_0)+(x_0-Tx_0)\|^2\\&=\|x_n-x_0\|^2+\|x_0-Tx_0\|^2+2\langle x_n-x_0,x_0-Tx_0\rangle.\end{aligned}$$

由 $x_n\xrightarrow{w}x_0$ 可知 $\langle x_n-x_0,x_0-Tx_0\rangle\to 0$，故

$$\lim_{n\to\infty}(\|x_n-Tx_0\|^2-\|x_n-x_0\|^2)=\|x_0-Tx_0\|^2.\tag{6.3.1}$$

因 $r_n\to 1$，故 $n\to\infty$ 时有

$$\begin{aligned}Tx_n-x_n&=r_nTx_n+(1-r_n)Tx_n-x_n\\&=[r_nTx_n+(1-r_n)y_0]+(1-r_n)(Tx_n-y_0)-x_n\\&=(T_nx_n-x_n)+(1-r_n)(Tx_n-y_0)=(1-r_n)(Tx_n-y_0)\to\theta.\end{aligned}$$

因为 T 是非扩张的，$\|Tx_n-Tx_0\|\leqslant\|x_n-x_0\|$，故

$$\begin{aligned}\|x_n-Tx_0\|&\leqslant\|x_n-Tx_n\|+\|Tx_n-Tx_0\|\\&\leqslant\|x_n-Tx_n\|+\|x_n-x_0\|.\end{aligned}$$

由此得 $\limsup\limits_{n\to\infty}(\|x_n-Tx_0\|-\|x_n-x_0\|)\leqslant 0$，从而

$$\limsup_{n\to\infty}(\|x_n-Tx_0\|^2-\|x_n-x_0\|^2)\leqslant 0.\tag{6.3.2}$$

由式(6.3.1)与式(6.3.2)得出 $\|x_0-Tx_0\|^2=0$，即 x_0 是 T 的不动点. 证毕.

Browder 将定理 6.3.3 从 Hilbert 空间情形推广到一致凸 Banach 空间情形(参见参考文献[30]).

定理 6.3.4(Browder 定理)

设 X 是一致凸 Banach 空间，E 是 X 中的有界闭凸集. 若 T：$E\to E$ 是非扩张映射，则 T 在 E 中存在不动点.

Kakutani 将 Schauder 不动点定理从单值映射情形推广到集值映射情形. 对集值映射 T 而言，T 的不动点是指满足 $x\in T(x)$ 的点 x. 下面先来一般地引入集值映射的有关概念.

定义 6.3.2

设 X,Y 为拓扑空间，T：$X\to 2^Y\setminus\{\varnothing\}$ 为集值映射. 若对包含点 Tx 的任一(开)邻域 U，存在 x 的(开)邻域 V 使 $T(V)\subset U$，则称 T 在点 x **上半连续**. 若 T 在 X 的每一点上半连续，则称 T 是**上半连续的**.

对 $B\in 2^Y\setminus\{\varnothing\}$，记

$$T_{-1}(B)=\{x\in X: Tx\subset B\},\quad T^{-1}(B)=\{x\in X: Tx\cap B\neq\varnothing\}.$$

则容易知道 $T^{-1}(B^c)=(T_{-1}(B))^c$，$T$ 是上半连续集值映射等价于对 Y 的任一开集 U，

$T_{-1}(U)$是 X 中开集；也等价于对 Y 的任一闭集 E，$T^{-1}(E)$是 X 中闭集.

定义 6.3.3

设 X,Y 为度量空间，$T: X\to 2^Y\setminus\{\varnothing\}$ 为集值映射. 若当 $x_n\to x, y_n\to y$ 时，其中 $y_n\in T(x_n)$，必有 $y\in T(x)$，则称 T 为**闭图映射**.

显然，闭图映射是单值闭算子在集值意义下的推广；T 为闭图映射当且仅当 T 的图像 $G(T)=\{(x,y): y\in T(x)\}$ 是积度量空间 $X\times Y$ 的闭集. 其中若 X,Y 的度量分别为 ρ_1，ρ_2，则 $X\times Y$ 的度量 ρ 为

$$\rho((x_1,y_1),(x_2,y_2))=\rho_1(x_1,x_2)+\rho_2(y_1,y_2),\quad \forall x_1,x_2\in X, y_1,y_2\in Y.$$

命题 6.3.5

设 X,Y 为度量空间，Y 是紧的，$T: X\to 2^Y\setminus\{\varnothing\}$ 为闭图映射. 则 T 上半连续.

证明 对 Y 的任一闭集 E，只需证明 $T^{-1}(E)$是 X 中闭集. 设

$$\{x_n\}\subset T^{-1}(E)=\{x\in X: Tx\cap E\neq\varnothing\},\quad x_n\to x.$$

则对任意 $n\in\mathbb{Z}^+$，存在 $y_n\in Tx_n\cap E$. 注意到 Y 是紧的，这推出 E 是紧的，于是$\{y_n\}$有收敛子列$\{y_{n_k}\}$，$y_{n_k}\to y\in E$. 因为 T 是闭图映射，故 $y\in Tx$. 从而 $y\in Tx\cap E$. 这表明 $x\in T^{-1}(E)$，$T^{-1}(E)$是 X 中闭集. 证毕.

定理 6.3.6（Kakutani 定理）

设 X 是 Banach 空间，E 是 X 中的非空凸紧集，$T: X\to 2^E\setminus\{\varnothing\}$ 为闭图映射，且对每个点 $x\in X$，Tx 是 E 的凸子集. 则存在 $x_0\in X$ 使 $x_0\in Tx_0$.

证明 因为 E 是紧的，E 必是全有界的，故对任意 $n\in\mathbb{Z}^+$，存在有限 $1/n$-网$\{x_{in}\}_{i=1}^{k_n}\subset E$，其中 $k_n\in\mathbb{Z}^+$. 在 E 上定义非负函数

$$\varphi_{in}(x)=\max\{1/n-\|x-x_{in}\|,0\},\quad x\in E, i=1,2,\cdots,k_n.$$

显然每个 $\varphi_{in}(x)$在 E 上连续. 由于对任意 $x\in E$，存在 $i\in\{1,2,\cdots,k_n\}$使 $\|x-x_{in}\|<1/n$，即 $\varphi_{in}(x)>0$，故

$$\varphi_n(x)=\sum_{i=1}^{k_n}\varphi_{in}(x)>0,\quad \forall x\in E.$$

取 $y_{in}\in Tx_{in}, i=1,2,\cdots,k_n$，作单值映射 $T_n: E\to E$ 使

$$T_nx=\sum_{i=1}^{k_n}\frac{\varphi_{in}(x)}{\varphi_n(x)}y_{in}.$$

则 T_n 是连续的. 由 Schauder 不动点定理，存在 $x_n\in E$ 使 $T_nx_n=x_n$. 因为 E 是紧的，故$\{x_n\}$有收敛子列，不妨仍设为$\{x_n\}$，$x_n\to x_0\in E$.

对任意 $\varepsilon>0$，记 $U_\varepsilon=Tx_0+B(\theta,\varepsilon)$，其中 $B(\theta,\varepsilon)$为 X 中开球. 设$\{z_n\}\subset Tx_0$，$z_n\to z$，由 T 是闭图映射可知 $z\in Tx_0$，这表明 Tx_0 是闭集. 于是

$$\bigcap_{\varepsilon>0}U_\varepsilon=\overline{Tx_0}=Tx_0. \tag{6.3.3}$$

因为 T 是闭图映射且 E 是紧的，由命题 6.3.5，T 是上半连续的. 注意到 U_ε 是凸开集，且 $Tx_0\subset U_\varepsilon$，故存在 $\delta>0$ 使 $T(B(x_0,\delta))\subset U_\varepsilon$. 由于 $x_n\to x_0$，故存在 $N\in\mathbb{Z}^+$，$N>2/\delta$，使对任意 $n>N$ 有 $x_n\in B(x_0,\delta/2)$. 注意到当 $\varphi_{in}(x_n)>0$ 时有 $\|x_n-x_{in}\|<1/n$，从而有

$$\|x_{in}-x_0\|\leqslant\|x_{in}-x_n\|+\|x_n-x_0\|<1/n+\delta/2<\delta.$$

这表明 $x_{in}\in B(x_0,\delta)$. 于是有 $y_{in}\in Tx_{in}\subset U_\varepsilon$，$i=1,2,\cdots,k_n$. 再由 U_ε 的凸性得

$$x_n=T_nx_n=\sum_{i=1}^{k_n}\frac{\varphi_{in}(x_n)}{\varphi_n(x_n)}y_{in}\in U_\varepsilon.$$

令 $n\to\infty$，得 $x_0\in\overline{U_\varepsilon}\subset U_{2\varepsilon}$. 因此，$x_0\in\bigcap_{\varepsilon>0}U_\varepsilon$. 由式(6.3.3)，$x_0\in Tx_0$. 证毕.

由定理 6.3.6 的证明可知有下列推论.

推论(Kakutani 定理)

设 X 是 Banach 空间，E 是 X 中的非空凸紧集，$T: X\to 2^E\setminus\{\varnothing\}$ 为上半连续映射，且对每个点 $x\in X$，Tx 是 E 的闭凸子集. 则存在 $x_0\in X$ 使 $x_0\in Tx_0$.

由上述推论看出，当 T 退化为单值映射时，对每个点 $x\in X$，Tx 是单点子集，则 Kakutani 不动点定理就是 Schauder 不动点定理.

Schauder 不动点定理可以进一步推广到拓扑线性空间. 以下介绍 Ky Fan 根据 Knaster-Kuratowski-Mazurkiewicz 定理(KKM 定理)导出的一系列定理.

定义 6.3.4

设 X 是线性空间.

(1) 设 E 是 X 中的非空子集，$T: E\to 2^X\setminus\{\varnothing\}$ 为集值映射. 若对每个有限子集 $\{x_1, x_2,\cdots,x_n\}\subset E$，$\mathrm{co}\{x_1,x_2,\cdots,x_n\}\subset\bigcup_{i=1}^n Tx_i$，则称 T 为 **KKM 映射**.

(2) 设 A 是 X 的非空子集. 若 A 与 X 的每个有限维线性子空间 L 的交集按 L 上的 Euclid 度量拓扑是闭的，则称 A 为**有限闭**的.

定理 6.3.7(KKM 定理)

设 X 是线性空间，E 是 X 中的任一子集，$T: E\to 2^X\setminus\{\varnothing\}$ 是 KKM 映射并且对每一 $x\in E$，Tx 是有限闭的. 则集族 $\{Tx: x\in E\}$ 具有有限交性质.

证明　假设 $\{Tx: x\in E\}$ 不具有有限交性质，则存在有限集 $\{x_1,x_2,\cdots,x_n\}\subset E$，使得 $\bigcap_{i=1}^n Tx_i=\varnothing$. 设 $L=\mathrm{span}\{x_1,x_2,\cdots,x_n\}$ 是由 $x_1,x_2,\cdots,x_n$ 张成的有限维空间，ρ 是 L 上的 Euclid 度量. 令 $C=\mathrm{co}\{x_1,x_2,\cdots,x_n\}$，则 $C\subset L$. 由题设，每个 $L\cap Tx_i$ 在 L 中闭，故 $\rho(x,L\cap Tx_i)=0$ 当且仅当 $x\in L\cap Tx_i$. 在 C 上作非负函数 φ 使

$$\varphi(x)=\sum_{i=1}^n\rho(x,L\cap Tx_i),\quad \forall x\in C.$$

因为 $\bigcap_{i=1}^n(L\cap Tx_i)=\varnothing$，故对每个 $x\in C$，必存在 $j\,(1\leqslant j\leqslant n)$ 使 $x\notin L\cap Tx_j$，从而有 $\varphi(x)>0$. 令

$$Sx=\sum_{i=1}^n\frac{\rho(x,L\cap Tx_i)}{\varphi(x)}x_i,\quad \forall x\in C.$$

则 $S: C\to C$ 连续. 于是由 Brouwer 不动点定理，S 存在不动点 $x_0\in C$. 令

$$\sigma=\{i:\rho(x_0,L\cap Tx_i)>0\}.$$

则 $x_0\notin\bigcup_{i\in\sigma}\{Tx_i\}$. 但另一方面，由于 T 是 KKM 映射，$x_0=Sx_0\in\mathrm{co}\{x_i: i\in\sigma\}\subset\bigcup_{i\in\sigma}Tx_i$. 矛盾. 证毕.

推论

设 X 是拓扑线性空间，$E\subset X$，设 $T: E\to 2^X\setminus\{\varnothing\}$ 是 KKM 映射. 若对每个 $x\in E$，$T(x)$ 为 X 中闭集，且存在 $x_0\in E$，$T(x_0)$ 为 X 中紧集. 则

$$\bigcap\{T(x): x\in E\}\neq\varnothing.$$

证明 因为对每个 $x\in E$，$T(x)$ 为 X 中闭集，故对 X 的每个有限维线性子空间 L，$T(x)\cap L$ 是 X 中闭集，但维数相同的有限维拓扑线性空间彼此线性同胚，故 $T(x)\cap L$ 是有限闭的. 由 KKM 定理知，$\{T(x): x\in E\}$ 是具有有限交性质的集族. 注意 $T(x_0)$ 为 X 中紧集，$\bigcap\{T(x): x\in E\}$ 为 X 中闭集，且 $\bigcap\{T(x): x\in E\}\subset T(x_0)$，故 $\bigcap\{T(x): x\in E\}$ 是紧集，因此 $\bigcap\{T(x): x\in E\}\neq\varnothing$. 证毕.

定理 6.3.8（Ky Fan 引理）

设 C 是赋范空间 X 中的紧凸集，$F: C\to X$ 为连续映射. 则存在 $y_0\in C$ 使得

$$\|y_0-F(y_0)\|=\inf_{x\in C}\|x-F(y_0)\|.$$

证明 定义集值映射 $T: C\to 2^X\setminus\{\varnothing\}$ 使

$$T(x)=\{y\in C: \|y-F(y)\|\leqslant\|x-F(y)\|\},\quad \forall x\in C.$$

因 F 连续，集 $T(x)$ 在 C 中闭，而 C 是紧的，故 $T(x)$ 为紧集.

现证 T 是 KKM 映射. 假设 $y\in \mathrm{co}\{x_1,x_2,\cdots,x_n\}\subset C$，但 $y\notin\bigcup\limits_{i=1}^{n}T(x_i)$. 则对每个 i，$\|y-F(y)\|>\|x_i-F(y)\|$，这表明 $\{x_i\}_{i=1}^n$ 位于以 $F(y)$ 为心，$\|y-F(y)\|$ 为半径的开球中，故其凸包也包含在此开球中，从而 y 含在此开球中，得出

$$\|y-F(y)\|>\|y-F(y)\|.$$

这是矛盾的. 因此 T 是 KKM 映射.

按 KKM 定理推论，$\bigcap\{T(x): x\in C\}\neq\varnothing$，故存在一点 $y_0\in\bigcap\{T(x): x\in C\}$，从而有

$$\|y_0-F(y_0)\|\leqslant\|x-F(y_0)\|,\quad \forall x\in C.$$

即 $\|y_0-F(y_0)\|=\inf\limits_{x\in C}\|x-F(y_0)\|$. 证毕.

定理 6.3.9（Ky Fan 不动点定理）

设 C 是赋范空间 X 中的紧凸集，$F: C\to X$ 为连续映射. 再设对 C 中满足 $x\neq F(x)$ 的每个点 x，线段 $[x,F(x)]=\{tx+(1-t)F(x): t\in[0,1]\}$ 至少包含 C 中两点. 则 F 在 C 中存在不动点.

证明 由 Ky Fan 引理，存在一点 $y_0\in C$，使得

$$\|y_0-F(y_0)\|=\inf_{x\in C}\|x-F(y_0)\|.$$

下面证 y_0 是 F 的不动点. 事实上，若 y_0 不是 F 的不动点，即 $y_0\neq F(y_0)$，则由题设，线段 $[y_0,F(y_0)]$ 必包含 C 中异于 y_0 的点 $x_0=t_0y_0+(1-t_0)F(y_0)$，其中 $t_0\in[0,1)$. 于是有

$$\|y_0-F(y_0)\|\leqslant\|x_0-F(y_0)\|=t_0\|y_0-F(y_0)\|.$$

这导致矛盾. 因此 y_0 是 F 的不动点. 证毕.

因为当 $F: C\to C$ 时显然有 $[x,F(x)]\subset C$，故由 Ky Fan 不动点定理容易推出 Schauder 不动点定理. 不仅如此，用上述方法还可进一步将 Schauder 不动点定理推广到任

意的局部凸空间.

定理 6.3.10(Schauder-Tychonoff 不动点定理)

设 C 是局部凸 Hausdorff 拓扑线性空间 X 中的紧凸集,$F: C\to C$ 为连续映射. 则 F 在 C 中存在不动点.

证明　(阅读)设 X 上的拓扑由连续半范数族$\{p_\lambda: \lambda\in\Lambda\}$生成. 令

$$A_\lambda=\{y\in C: p_\lambda(y-F(y))=0\},\quad \lambda\in\Lambda.$$

则点 $y_0\in C$ 是 F 的不动点当且仅当 $y_0\in\bigcap\limits_{\lambda\in\Lambda}A_\lambda$. 只需证明 $\bigcap\limits_{\lambda\in\Lambda}A_\lambda\neq\varnothing$. 由于 C 是紧的, 由 p_λ 与 F 的连续性可知每个 $A_\lambda\subset C$ 是闭的,故$\{A_\lambda: \lambda\in\Lambda\}$是紧集 C 中的闭子集族, 因此只需证明集族$\{A_\lambda: \lambda\in\Lambda\}$具有有限交性质.

设$\{\lambda_1,\lambda_2,\cdots,\lambda_k\}\subset\Lambda$. 定义集值映射 $T: C\to 2^C\setminus\{\varnothing\}$使

$$T(x)=\{y\in C: \sum_{j=1}^k p_{\lambda_j}(y-F(y))\leqslant\sum_{j=1}^k p_{\lambda_j}(x-F(y))\},\quad \forall x\in C.$$

由 p_λ 与 F 的连续性可知集 $T(x)$在 C 中闭,而 C 是紧的, 故 $T(x)$为紧集. 现证 T 是 KKM 映射. 假设 $y\in\mathrm{co}\{x_1,x_2,\cdots,x_n\}\subset C$,但 $y\notin\bigcup\limits_{i=1}^n T(x_i)$. 记 $r=\sum\limits_{j=1}^k p_{\lambda_j}(y-F(y))$. 则对每个 i,$r>\sum\limits_{j=1}^k p_{\lambda_j}(x_i-F(y))$,这表明

$$\{x_i\}_{i=1}^n\subset\left\{x\in C: \sum_{j=1}^k p_{\lambda_j}(x-F(y))<r\right\}.$$

容易验证 $\left\{x\in C: \sum\limits_{j=1}^k p_{\lambda_j}(x-F(y))<r\right\}$ 是凸集, 故

$$y\in\left\{x\in C: \sum_{j=1}^k p_{\lambda_j}(x-F(y))<r\right\}.$$

于是得出

$$\sum_{j=1}^k p_{\lambda_j}(y-F(y))<r=\sum_{j=1}^k p_{\lambda_j}(y-F(y)).$$

这是矛盾的. 因此 T 是 KKM 映射. 按 KKM 定理的推论, $\bigcap\{T(x): x\in C\}\neq\varnothing$,于是存在一点 $y_0\in\bigcap\{T(x): x\in C\}$,从而有

$$\sum_{j=1}^k p_{\lambda_j}(y_0-F(y_0))\leqslant\sum_{j=1}^k p_{\lambda_j}(x-F(y_0)),\quad \forall x\in C.$$

在上式中取 $x=F(y_0)$即得 $y_0\in A_{\lambda_1}\cap A_{\lambda_2}\cap\cdots\cap A_{\lambda_k}$. 证毕.

定理 6.3.11(Markoff-Kakutani 不动点定理)

设 C 是局部凸 Hausdorff 拓扑线性空间 X 中的紧凸集,$\mathcal{F}=\{T\mid T:C\to C\}$是可交换的一族连续映射且每个 $T\in\mathcal{F}$是**仿射**的,即

$$T(tx+(1-t)y)=tT(x)+(1-t)T(y),\quad \forall x,y\in C,\ \forall t\in[0,1].$$

则$\mathcal{F}$在 C 中存在公共不动点.

证明　(阅读)记 $F(T)$为 T 的不动点集. 由 Schauder-Tychonoff 不动点定理,对每个 $T\in\mathcal{F}$, $F(T)\neq\varnothing$. 我们断言 $F(T)$是紧凸集. 事实上,由 T 的仿射性, $\forall x,y\in F(T)$,

$\forall t\in[0,1]$,有

$$T(tx+(1-t)y)=tTx+(1-t)Ty=tx+(1-t)y.$$

这表明 $F(T)$是凸集. 设 $x_n\in F(T)$, $x_n\to x$. 由 T 的连续性知，$x_n=Tx_n\to Tx$，这推出 $x=Tx$，$F(T)$是紧集 C 的闭子集，从而也是紧的. 以下证明 $\bigcap_{T\in\mathcal{F}}F(T)\neq\varnothing$. 由于 C 是紧的，只需证$\{F(T):T\in\mathcal{F}\}$具有有限交性质. 使用归纳法. 已知 $n=1$ 即 1 个映射时结论为真. 假定 $n-1$ 时结论为真，考虑$\mathcal{F}$中任意 n 个元素 $T_1,T_2,\cdots,T_n$. 记 $E=\bigcap_{i=1}^{n-1}F(T_i)$，则 E 是紧凸集且 $E\neq\varnothing$. 由于$\mathcal{F}$是可交换的，故对任意 $x\in E$ 有

$$T_i(T_nx)=T_n(T_ix)=T_nx,\quad \forall i=1,2,\cdots,n-1.$$

这表明 $T_nx\in\bigcap_{i=1}^{n-1}F(T_i)=E$，即 T_n 是从 E 到 E 的连续映射，由 Schauder-Tychonoff 不动点定理，存在 $x_0\in E=\bigcap_{i=1}^{n-1}F(T_i)$使 $T_nx_0=x_0$，即 $x_0\in\bigcap_{i=1}^{n}F(T_i)$. 于是 $\bigcap_{i=1}^{n}F(T_i)\neq\varnothing$，证毕.

内容提要

习　　题

1. 设 $g:\mathbb{R}^1\to\mathbb{R}^1$ 可微且存在常数 $\alpha<1$ 使 $|g'(x)|\leqslant\alpha$. 证明迭代序列 $\{x_n\}_{n=1}^{\infty}$ 是收敛的，其中 $x_0\in\mathbb{R}^1$, $x_n=g(x_{n-1})$.

2. 设 $g(x,y)$在$[a,b]\times\mathbb{R}^1$ 连续，处处存在偏导数 $g'_y(x,y)$，且存在正的常数 m,M 使 $m\leqslant g'_y(x,y)\leqslant M(\forall(x,y)\in[a,b]\times\mathbb{R}^1)$. 证明方程 $g(x,y)=0$ 在$[a,b]$内必有唯一连续解 $y=\varphi(x)$.

3. 设$|\lambda|<1$. 考虑 $C[0,1]$上的积分方程

$$x(s)=\lambda\int_0^1\sin x(t)\mathrm{d}t+y(s).$$

其中，$y\in C[0,1]$. 证明此方程存在唯一连续解.

4. 设 $f:[a,b]\to\mathbb{R}^1$ 在$[a,b]$上具有二阶连续导数，$\bar{x}$ 是 $f(x)$在(a,b)内的重数为 1 的孤立零点. 证明生成迭代序列$\{x_n\}_{n=1}^{\infty}$ 的映射在 $\bar{x}$ 的某邻域内为压缩映射，其中 $x_0\in(a,b)$，$x_n=x_{n-1}-f(x_{n-1})/f'(x_{n-1})$.

5. 设(X,ρ)是完备度量空间，T 是 X 到自身的映射，在闭球 $B[x_0,r]$上有 $\rho(Tx,Ty)\leqslant\alpha\rho(x,y)$且 $\rho(x_0,Tx_0)<(1-\alpha)r$，其中 $0\leqslant\alpha<1$. 证明 T 在 $B[x_0,r]$上有唯一不动点.

6. 设(X,ρ)是紧度量空间，T 是 X 到自身的映射且满足条件：对任意 $x,y\in X$，当 $x\neq y$ 时，$\rho(Tx,Ty)<\rho(x,y)$. 证明 T 在 X 上有唯一不动点.

7. 设 T 是由正数组成的 n 阶方阵. 证明存在 $\alpha>0$ 及各分量都非负的非零向量 x 适合方程 $Tx=\alpha x$.

8. 设 $\Omega=[a,b]\times[a,b]\times[-r,r]$ 是 $\mathbb{R}^3$ 中紧集，又设 $f:\Omega\to\mathbb{R}^1$ 连续，且当 $u\in\Omega$ 有 $|f(u)|\leqslant r/(b-a)$. 证明存在连续函数 $\varphi:[a,b]\to[-r,r]$ 使

$$\varphi(x)=\int_a^b f(x,y,\varphi(y))\mathrm{d}y,\quad x\in[a,b].$$

9. 设 $a\leqslant t_0\leqslant b$，函数 $g:[a,b]\to\mathbb{R}^1$ 是 Lebesgue 可积的. 设 $G=G(t,x):[a,b]\times\mathbb{R}^n\to\mathbb{R}^1$ 使截口 $G^t:\mathbb{R}^n\to\mathbb{R}^1$ 连续，截口 $G_x:[a,b]\to\mathbb{R}^1$ Lebesgue 可测，且 $|G(t,x)|\leqslant g(t)$. 证明存在连续映射 $f:[a,b]\to\mathbb{R}^n$ 使

$$f(t)=x_0+\int_{t_0}^t G(s,f(s))\mathrm{d}s,\quad t\in[a,b].$$

10. 设 X 是 Banach 空间，$B[X]$,$S(X)$ 分别为 X 的闭单位球与单位球面，设 $T:B[X]\to X$ 全连续且 $T(S(X))\subset B[X]$. 证明 T 有不动点.

习题参考解答

附　加　题

1. 设 (X,ρ) 是完备的度量空间，C_X 是 X 中非空紧子集全体，$A,B\in C_X$. 令

$$\rho(A,B)=\sup_{x\in A}\rho(x,B),$$

$$h(A,B)=\max\{\rho(A,B),\rho(B,A)\}.$$

h 称为 **Hausdorff 度量**. 由于 A,B 是紧集，故 $\rho(x,B)$ 的下确界及 $\rho(A,B)$ 的上确界都是可达的. 证明 (C_X,h) 是完备的度量空间. 称 (C_X,h) 为**分形空间**. 设 $T_i:X\to X$ 是压缩常数为 $\alpha_i(\alpha_i<1)$ 的压缩映射 $(i=1,2,\cdots,n)$. 定义 $\hat{T}:C_X\to C_X$ 使

$$\hat{T}A=\bigcup_{i=1}^n T_iA,\quad \forall A\in C_X.$$

证明 $\hat{T}$ 存在唯一不动点 $\hat{A}\in C_X$.

2. 设 (X,ρ) 为度量空间，$T:X\to X$ 为映射，若存在常数 $\beta>1$ 使 $\rho(Tx,Ty)\geqslant\beta\rho(x,y)$，$\forall x,y\in X$. 则称 T 为**扩张映射**. 设 X 是完备的，证明满的扩张映射必存在唯一的不动点，并举例说明非满射的扩张映射未必有不动点.

3. 设 (X,ρ) 是完备的度量空间. 映射 $T:X\to X$ 使

$$\rho(Tx,Ty)\leqslant\alpha[\rho(x,Tx)+\rho(y,Ty)],\quad \forall x,y\in X.$$

其中，$\alpha\in(0,1/2)$ 为常数. 证明 T 存在唯一不动点.

4. 设 X 为赋范空间，Ω 是 X 的有界开凸子集，$\theta\in\Omega$，$T:\overline{\Omega}\to X$ 为全连续算子，$\partial\Omega=\overline{\Omega}\backslash\Omega$ 为 Ω 的边界. 若下列条件之一满足：

(1) $\|Tx\| \leqslant \|x\|, \forall x \in \partial\Omega$；

(2) $\|x-Tx\| \geqslant \|Tx\|, \forall x \in \partial\Omega$；

(3) $\|Tx\|^2-\|x\|^2 \leqslant \|x-Tx\|^2, \forall x \in \partial\Omega$.

证明 T 在 $\overline{\Omega}$ 内必有不动点.

5. 设(X,ρ)是度量空间，$T: X \to 2^X \setminus \{\varnothing\}$是上半连续的集值映射，证明 $f(x)=\rho(x, Tx)$是下半连续函数.

6. 设(X,ρ)是度量空间，$\mathcal{F}$为 X 的非空有界子集的族，d 表示 X 的子集的直径. **非紧性测度** $\alpha: \mathcal{F} \to [0,\infty)$定义为

$$\alpha(A)=\inf\{\delta>0: A \subset \bigcup B_i, \text{有限个 } B_i \text{ 使 } d(B_i) \leqslant \delta\}, \quad A \in \mathcal{F}.$$

证明

(1) A 全有界当且仅当$\alpha(A)=0$；

(2) 若 $A_1 \subset A_2$，则 $\alpha(A_1) \leqslant \alpha(A_2)$；

(3) $\alpha(A_1 \cup A_2)=\max\{\alpha(A_1),\alpha(A_2)\}$；

(4) $\alpha(\overline{A})=\alpha(A)$.

7. 设 X 是赋范空间，A, A_1, A_2 是 X 的非空有界子集，$b \in \mathbb{K}$，α 是非紧性测度(参见本章附加题 6)，证明

(1) $\alpha(bA)=|b|\alpha(A), \alpha(A_1+A_2) \leqslant \alpha(A_1)+\alpha(A_2)$；

(2) $\alpha(\mathrm{co}A)=\alpha(A)$.

8. 设(X,ρ)是完备度量空间，α 是非紧性测度(参见本章附加题 6)，$\{A_n\}$是 X 的非空递缩有界闭集，即有 $A_n \supset A_{n+1}, \forall n \in \mathbb{Z}^+$. 若 $\alpha(A_n) \to 0 (n \to \infty)$，证明 $A=\bigcap_{n=1}^{\infty} A_n$ 是 X 中非空的紧集.

9. 设 C 是 Banach 空间的有界凸闭子集. $T: C \to C$ 是连续映射. 设 α 是非紧性测度(参见本章附加题 6)，且存在 $k \in (0,1)$使对 C 的任一子集 A 有 $\alpha(T(A)) \leqslant k\alpha(A)$，证明 T 有不动点.

附加题参考解答

第7章 Banach代数与谱理论初步

谱理论起源于与线性方程包括代数方程、微分方程、积分方程等有关的特征值问题. 我们知道,有限维空间上的线性算子就是矩阵,矩阵特征值理论是描述矩阵结构的基本工具. 谱理论可以看成矩阵特征值理论在无限维空间的扩展. 所以从谱理论视角来说,线性算子理论在某种程度上就是无限维空间上的线性代数.

谱理论在现代科学技术中有着广泛的应用. 数学史上,正是由于 von Neumann 幸运地发现谱理论恰好是粒子物理与量子力学的数学基础,才使这一理论得到迅速发展. 谱理论在内容上丰富精深是可以想见的,本章只作初步介绍. 由于内容处于 Banach 空间理论与抽象代数理论的结合点上,因而自然地将其置于 Banach 代数框架下来阐述. Banach 代数理论本身对数学的其他分支也是很有用处的.

7.1 Banach 代数与谱

Banach 代数是一个完备的赋有范数的代数.

定义 7.1.1

设 X 是数域$\mathbb{K}$上的线性空间. 若在 X 上定义乘法运算且对任意 $x,y,z\in X$, 任意 $\alpha\in\mathbb{K}$, 满足

(1) $(xy)z=x(yz)$;

(2) $x(y+z)=xy+xz, (y+z)x=yx+zx$;

(3) $\alpha(xy)=(\alpha x)y=x(\alpha y)$,

则称 X 是数域$\mathbb{K}$上的一个**代数**. 若 Y 为 X 的线性子空间,且对任意 $x,y\in Y$ 有 $xy,yx\in Y$, 则称 Y 为 X 的**子代数**. 设 A 是 X 的子代数,若对任意 $a\in A$ 与任意 $x\in X$ 有 $xa,ax\in A$,则称 A 为 X 的**理想**. 设 A 为 X 的理想且 $A\neq X$,则称 A 为 X 的**真理想**. 设 A 为 X 的真理想,若 X 中不存在任何真包含 A 的真理想, 则称 A 为**极大理想**.

若 X,Y 都是数域$\mathbb{K}$上的代数, T 是从 X 到 Y 的线性算子且 T 是保持乘法的,即对 $\forall x,y\in X$ 有 $T(xy)=(Tx)(Ty)$,则称 X 与 Y 同态, T 是从 X 到 Y 的代数同态.

若 X 是数域$\mathbb{K}$上的代数,又是一个赋范空间, 且对任意 $x,y\in X$ 满足

(4) $\|xy\|\leqslant\|x\|\,\|y\|$,

则称 X 是一个**赋范代数**. 若 X 是完备的,则称赋范代数 X 为 **Banach 代数**. 若存在元 $e\in$

X 使

$$\|e\|=1, \quad 且 \quad ex=xe=x, \quad \forall x\in X,$$

则称元 e 是赋范代数 X 的**单位元**. 若乘法运算可交换，即

$$xy=yx, \quad \forall x,y\in X,$$

则称赋范代数 X 是**可交换**的.

由定义容易知道赋范代数的乘法运算是连续的；若赋范代数具有单位元，则单位元是唯一的.

赋范代数存在单位元，会对问题的讨论带来方便. 当赋范代数 X 本身不存在单位元时，可以用积代数的办法补一个单位元：令

$$X_0=X\times\mathbb{K}=\{(x,a): x\in X, a\in\mathbb{K}\}$$

为积赋范空间，其中积范数取为 $\|(x,a)\|=\|x\|+|a|$. X_0 中元的积定义为

$$(x,a)(y,b)=(xy+ay+bx,ab), \quad \forall (x,a),(y,b)\in X_0.$$

则容易验证定义 7.1.1 中(1)(2)(3)(4)都满足. 因此 X_0 为赋范代数. 这时 $(\theta,1)$ 显然是 X_0 中单位元，X 与 X_0 的线性子空间 $\{(x,0): x\in X\}$ 是同构的赋范代数，$\{(x,0): x\in X\}$ 在 X_0 的余维数为 1.

设 X 是有单位元 e 的复 Banach 代数，$x\in X$. 则 x 的多项式

$$a_0e+a_1x+\cdots+a_nx^n=\sum_{i=0}^{n}a_ix^i$$

总是有意义的，其中 $x^0=e$，$a_i\in\mathbb{C}$. 若当 $n\to\infty$ 时，$\left\{\sum_{i=0}^{n}a_ix^i\right\}$ 依范数收敛，则幂级数 $\left\{\sum_{i=0}^{\infty}a_ix^i\right\}$ 有意义. 若通常数值幂级数 $f(\lambda)=\sum_{n=0}^{\infty}a_n\lambda^n$ 有收敛半径 r，则当 $\|x\|<r$ 时，必有 $\sum_{n=0}^{\infty}a_nx^n$ 收敛，即 $f(x)\in X$. 事实上，当 $\|x\|<r$ 时，$\sum_{n=0}^{\infty}|a_n|\,\|x\|^n<\infty$. 由 $\left\|\sum_{i=n+1}^{n+p}a_ix^i\right\|\leqslant\sum_{i=n+1}^{n+p}\|a_ix^i\|=\sum_{i=n+1}^{n+p}|a_i|\,\|x\|^i$ 可知 $\left\{\sum_{i=0}^{n}a_ix^i\right\}$ 是 Cauchy 列. 因为 X 完备，故 $\sum_{n=0}^{\infty}a_nx^n$ 依范数收敛于 X 中元，即其和 $f(x)\in X$. 例如，$\sum_{n=0}^{\infty}\frac{x^n}{n!}$ 在范数意义下总是收敛的，其和可记为 e^x.

例 7.1.1 算子 Banach 代数 $\mathcal{B}(X)$

设 X 是 Banach 空间，$\mathcal{B}(X)$ 是从 X 到 X 的有界线性算子全体. 则 $\mathcal{B}(X)$ 是一个具有单位元的非交换的 Banach 代数. 其中单位元是恒等算子，通常用 I 表示. 设 $\mathcal{C}(X)$ 是线性紧算子全体. 则 $\mathcal{C}(X)$ 是 $\mathcal{B}(X)$ 的理想.

例 7.1.2 函数 Banach 代数 $C(X)$

设 X 是紧 Hausdorff 空间. $C(X)$ 是 X 上所有连续函数的全体构成的线性空间，按函数乘法的通常方式定义元素的乘法运算且定义范数 $\|x\|=\max_{t\in X}|x(t)|$ $(x\in C(X))$. 则 $C(X)$ 是一个具有单位元的交换 Banach 代数. 特例是 $C[a,b]$.

例 7.1.3 圆盘 Banach 代数 $\mathcal{A}(U)$

$\mathcal{A}(U)$ 为单位圆盘 $U=\{z\in\mathbb{C}: |z|\leqslant 1\}$ 上有定义且连续，在 U° 解析的复变量函数

$x(z)$的全体构成的线性空间，按函数乘法的通常方式定义元素的乘法运算且定义范数为 $\|x\|=\max\limits_{|z|\leqslant 1}|x(z)|$ $(x\in\mathcal{A}(U))$. 则$\mathcal{A}(U)$是一个具有单位元的交换 Banach 代数.

定义 7.1.2

设 X 是具有单位元 e 的 Banach 代数，$x\in X$. 若存在 $x^{-1}\in X$ 使 $xx^{-1}=x^{-1}x=e$，则称 x 是**可逆**的. 若 X 中每个非零元都可逆，则称 X 是**可除 Banach 代数**. Banach 代数 X 中使 $\lambda e-x$ 可逆的复数 λ 称为 x 的**正则点**，x 的正则点全体称为**正则集**，记为 $\rho(x)$. 此时称 $R_\lambda x=(\lambda e-x)^{-1}$ 为 x 的**预解式**. 若 $\lambda\notin\rho(x)$，则 λ 称为 x 的**谱点**，x 的谱点全体称为**谱集**或**谱**，记为 $\sigma(x)$.

由定义可知对任意 $x\in X$，有$\mathbb{C}=\rho(x)\cup\sigma(x)$，并且 $\rho(x)\cap\sigma(x)=\varnothing$. 下列事实也是显然的：

若 $x\in X$ 可逆，则 x^{-1} 可逆且$(x^{-1})^{-1}=x$，$\|x^{-1}\|\geqslant 1/\|x\|$；

若 $x,y\in X$ 都可逆，则 xy 可逆且$(xy)^{-1}=y^{-1}x^{-1}$.

例 7.1.4　在算子 Banach 代数$\mathcal{B}(X)$中，$T\in\mathcal{B}(X)$的正则集与谱分别记为 $\rho(T)$与 $\sigma(T)$. 当 $\lambda I-T$ 既是单射又是满射时，由逆算子定理，$(\lambda I-T)^{-1}\in\mathcal{B}(X)$，此时 $\lambda\in\rho(T)$，反之亦然. 就是说，

$$\lambda\in\rho(T)\ \text{当且仅当}\ \lambda I-T\ \text{既是单射又是满射}.$$

定理 7.1.1(von Neumann 定理)

设 X 是有单位元 e 的 Banach 代数，$x\in X$，$\lambda\in\mathbb{C}$. 若 $\|x\|<|\lambda|$，则 $\lambda e-x$ 是可逆的且

$$R_\lambda x=(\lambda e-x)^{-1}=\sum_{n=0}^{\infty}\frac{x^n}{\lambda^{n+1}},\quad \|R_\lambda x\|=\|(\lambda e-x)^{-1}\|\leqslant\frac{1}{|\lambda|-\|x\|}.$$

证明　注意到 $\|x/\lambda\|<1$，类似于定理 4.2.4(von Neumann 定理)的证明，从略.

定理 7.1.2

设 X 是有单位元 e 的 Banach 代数，$x\in X$. 则

(1) $\rho(x)$是无界开集且$|\lambda|>\|x\|$时有 $\lambda\in\rho(x)$.

(2) $\sigma(x)$是紧集(有界闭集)，且 $\lambda\in\sigma(x)$时有$|\lambda|\leqslant\|x\|$.

证明　(1) 因为当$|\lambda|>\|x\|$时，由 von Neumann 定理，$\lambda e-x$ 可逆，即 $\lambda\in\rho(x)$，故 $\rho(x)$是无界集. 下证 $\rho(x)$是开集.

设 $\lambda_0\in\rho(x)$，则存在$(\lambda_0e-x)^{-1}\in X$. 任取 $\lambda\in B(\lambda_0,r)=\{\lambda:|\lambda-\lambda_0|<r\}$，其中 $r=\|(\lambda_0e-x)^{-1}\|^{-1}$，于是有

$$\begin{aligned}\lambda e-x&=(\lambda-\lambda_0)e+(\lambda_0e-x)\\&=(\lambda_0e-x)[(\lambda-\lambda_0)(\lambda_0e-x)^{-1}+e]\\&=(\lambda_0e-x)(e-y),\end{aligned}\tag{7.1.1}$$

其中，记 $y=-(\lambda-\lambda_0)(\lambda_0e-x)^{-1}$. 因为

$$\|y\|=|\lambda-\lambda_0|\,\|(\lambda_0e-x)^{-1}\|<r\cdot(1/r)=1,$$

由 von Neumann 定理，$e-y$ 可逆，于是$(\lambda_0e-x)(e-y)$可逆，故式(7.1.1)表明 $\lambda e-x$ 可逆，$\lambda\in\rho(x)$. 因此 $B(\lambda_0,r)\subset\rho(x)$，$\rho(x)$是开集.

(2) 由 von Neumann 定理，当$|\lambda|>\|x\|$时有 $\lambda\in\rho(x)$. 故$\sigma(x)\subset\{\lambda:|\lambda|\leqslant\|x\|\}$，即 $\sigma(x)$是有界集；又 $\sigma(x)$是开集 $\rho(x)$在复平面$\mathbb{C}$ 的余集，故 $\sigma(x)$是闭集. 因此，$\sigma(x)$是

紧集. 证毕.

定理 7.1.2 对 Banach 代数上任意一点的正则集和谱集的分布给出了一个大致的描述. 在复平面上,谱集含于以原点为中心、$\|x\|$ 为半径的闭圆盘 $B[\theta,\|x\|]$内,正则集包含 $B[\theta,\|x\|]$的余集,即该闭圆盘的外部.

定理 7.1.3

设 X 是有单位元 e 的 Banach 代数,$x\in X$,$R_\lambda x$ 为预解式. 则

(1) 对任意 $x\in X$,$\lambda,\mu\in\rho(x)$ 有

$$R_\lambda x\cdot R_\mu x=R_\mu x\cdot R_\lambda x,\quad R_\lambda x-R_\mu x=(\mu-\lambda)R_\mu x\cdot R_\lambda x.$$

(2) $R_\lambda x$ 是 $\rho(x)$上关于 λ 的连续映射.

(3) 设 $\lambda_0\in\rho(x)$,则 $R_\lambda x$ 在 λ_0 的导数 $\left.\frac{\mathrm{d}}{\mathrm{d}\lambda}(R_\lambda x)\right|_{\lambda=\lambda_0}=-(R_{\lambda_0}x)^2$.

(4) 任意 $f\in X^*$,函数 $F(\lambda)=f(R_\lambda x)$在 $\rho(x)$上解析,且当$|\lambda|\to\infty$时,$F(\lambda)\to 0$.

证明 (1) 因为$(\mu e-x)(\lambda e-x)=(\lambda e-x)(\mu e-x)$,故

$$\begin{aligned}R_\lambda x\cdot R_\mu x&=(\lambda e-x)^{-1}(\mu e-x)^{-1}=((\mu e-x)(\lambda e-x))^{-1}\\&=((\lambda e-x)(\mu e-x))^{-1}=R_\mu x\cdot R_\lambda x.\end{aligned}$$

上式两边同左乘以 $\lambda e-x$ 有

$$R_\mu x=(\lambda e-x)R_\mu x\cdot R_\lambda x,$$

又显然有

$$R_\lambda x=(\mu e-x)R_\mu x\cdot R_\lambda x,$$

故

$$R_\lambda x-R_\mu x=(\mu e-x)R_\mu x\cdot R_\lambda x-(\lambda e-x)R_\mu x\cdot R_\lambda x=(\mu-\lambda)R_\mu x\cdot R_\lambda x.$$

(2) 当 $\lambda,\lambda_0\in\rho(x)$时,由(1)得

$$\|(\lambda e-x)^{-1}-(\lambda_0 e-x)^{-1}\|=|\lambda-\lambda_0|\ \|(\lambda e-x)^{-1}(\lambda_0 e-x)^{-1}\|.$$

这表明 $R_\lambda x=(\lambda e-x)^{-1}$ 对 $\lambda\in\rho(x)$是连续的.

(3) 设 $\lambda_0\in\rho(x)$,由(1),(2)得

$$\left.\frac{\mathrm{d}}{\mathrm{d}\lambda}(R_\lambda x)\right|_{\lambda=\lambda_0}=\lim_{\lambda\to\lambda_0}\frac{R_\lambda x-R_{\lambda_0}x}{\lambda-\lambda_0}=-\lim_{\lambda\to\lambda_0}R_\lambda x\cdot R_{\lambda_0}x=-(R_{\lambda_0}x)^2.$$

(4) 设 $\lambda_0\in\rho(x)$,由 f 的连续性与(3)得

$$\begin{aligned}F'(\lambda_0)&=\lim_{\lambda\to\lambda_0}\frac{F(\lambda)-F(\lambda_0)}{\lambda-\lambda_0}=\lim_{\lambda\to\lambda_0}f\left(\frac{R_\lambda x-R_{\lambda_0}x}{\lambda-\lambda_0}\right)\\&=f\left(\lim_{\lambda\to\lambda_0}\frac{R_\lambda x-R_{\lambda_0}x}{\lambda-\lambda_0}\right)=-f((R_{\lambda_0}x)^2).\end{aligned}$$

这表明 $F(\lambda)$在 $\rho(x)$上是解析的. 当$|\lambda|>\|x\|$时,由 von Neumann 定理,有

$$|F(\lambda)|=|f(R_\lambda x)|\leqslant\|f\|\ \|(\lambda e-x)^{-1}\|\leqslant\frac{\|f\|}{|\lambda|-\|x\|}\to 0(|\lambda|\to\infty).$$

证毕.

定理 7.1.4(Gelfand-Mazur 定理)

设 X 是有单位元 e 的 Banach 代数,$x\in X$. 则 $\sigma(x)\neq\varnothing$.

证明　假设$\sigma(x)=\varnothing$，则由定理7.1.3(4)，任意$f\in X^*$，$F(\lambda)=f((\lambda e-x)^{-1})$在$\mathbb{C}$上解析且当$|\lambda|\to\infty$时，$F(\lambda)\to 0$. 根据Liouville定理(整个复平面上解析的有界函数必是常数)，必有$F(\lambda)\equiv 0$，即任意$f\in X^*$有$f((\lambda e-x)^{-1})=0$. 于是据Hahn-Banach定理，$(\lambda e-x)^{-1}=\theta$. 矛盾. 证毕.

推论

若Banach代数X是可除的，则X与复数域$\mathbb{C}$保范同构. 从而可除Banach代数必是可交换的.

证明　任意$x\in X$，由于$\sigma(x)\neq\varnothing$，存在$\lambda\in\mathbb{C}$，使$\lambda e-x$不可逆. 又由于X是可除的，必有$\lambda e-x=\theta$，即$x=\lambda e$. 注意到$\|e\|=1$，于是有$|\lambda|=\|x\|$. 对任意$\lambda\in\mathbb{C}$，存在$x=\lambda e\in X$. 从而易见$T:x\to\lambda$是X到$\mathbb{C}$的保范同构映射. 证毕.

根据Gelfand-Mazur定理及定理7.1.2，可引入下述定义.

定义 7.1.3

设X是有单位元e的Banach代数，$x\in X$. 称$r(x)=\max\limits_{\lambda\in\sigma(x)}|\lambda|$为$x$的**谱半径**.

按定义7.1.3，x的谱半径就是复平面中以原点为中心包含$\sigma(x)$的最小圆盘的半径，由定理7.1.2可知$r(x)\leqslant\|x\|$. 这个估计是粗略的. 确切地说，关于谱半径有以下公式.

定理 7.1.5(Gelfand 定理)

设X是有单位元e的Banach代数，$x\in X$. 则$r(x)=\lim\limits_{n\to\infty}\sqrt[n]{\|x^n\|}$.

证明　根据von Neumann定理，当$|\lambda|>\|x\|$时有$R_\lambda x=(\lambda e-x)^{-1}=\sum\limits_{n=0}^{\infty}\dfrac{x^n}{\lambda^{n+1}}$，于是对任意$f\in X^*$，$F(\lambda)=f(R_\lambda x)$在区域$\{\lambda\in\mathbb{C}:|\lambda|>\|x\|\}$中有Laurent展式

$$F(\lambda)=f(R_\lambda x)=f((\lambda e-x)^{-1})=\sum_{n=0}^{\infty}\frac{f(x^n)}{\lambda^{n+1}}. \tag{7.1.2}$$

由定理7.1.3(4)，$F(\lambda)=f((\lambda e-x)^{-1})$在$\rho(x)=\mathbb{C}\setminus\sigma(x)$中解析，特别地，在区域$\{\lambda\in\mathbb{C}:|\lambda|>r(x)\}$中解析. 由Laurent展式的唯一性，式(7.1.2)也是$F(\lambda)$在区域$\{\lambda\in\mathbb{C}:|\lambda|>r(x)\}$中的展开式. 由Laurent级数性质，对任意$\varepsilon>0$，式(7.1.2)在$\lambda=r(x)+\varepsilon$绝对收敛，即

$$\sum_{n=0}^{\infty}\frac{|f(x^n)|}{(r(x)+\varepsilon)^{n+1}}<\infty. \tag{7.1.3}$$

记$y_n=\dfrac{x^n}{(r(x)+\varepsilon)^n}$，则$y_n\in X$. 式(7.1.3)表明

$$|f(y_n)|=(r(x)+\varepsilon)\cdot\frac{|f(x^n)|}{(r(x)+\varepsilon)^{n+1}}\to 0\ (n\to\infty).$$

于是当$f\in X^*$有$\{f(y_n)\}$有界，即$\{y_n\}$是弱有界的. 这等价于$\{\|y_n\|\}$有界. 即$\exists M>0$，$\forall n\in\mathbb{Z}^+$，$\|y_n\|\leqslant M$. 由此得$\|x^n\|\leqslant(r(x)+\varepsilon)^nM$. 从而

$$\limsup_{n\to\infty}\sqrt[n]{\|x^n\|}\leqslant\limsup_{n\to\infty}(r(x)+\varepsilon)\sqrt[n]{M}=r(x)+\varepsilon.$$

由ε的任意性得$\limsup\limits_{n\to\infty}\sqrt[n]{\|x^n\|}\leqslant r(x)$.

另一方面，设 $\lambda\in\sigma(x)$. 由于 $\lambda e-x$ 是 $\lambda^n e-x^n$ 的因子，故 $\lambda^n\in\sigma(x^n)$，于是 $|\lambda^n|\leqslant\|x^n\|$，因此 $|\lambda|\leqslant\sqrt[n]{\|x^n\|}$，有 $\liminf\limits_{n\to\infty}\sqrt[n]{\|x^n\|}\geqslant r(x)$.

综上所述，$\lim\limits_{n\to\infty}\sqrt[n]{\|x^n\|}=r(x)$. 证毕.

Gelfand 定理有广泛的应用，以下用它来解决 Banach 代数中幂级数的收敛判别问题.

定理 7.1.6（Abel 定理）

设 X 是有单位元 e 的 Banach 代数，$x\in X$. 设复变量幂级数 $\sum\limits_{n=0}^{\infty}a_n z^n$ 的收敛半径为 r_0. 则

(1) 若 $r(x)<r_0$，则 $\sum\limits_{n=0}^{\infty}a_n x^n$ 绝对收敛.

(2) 若 $r(x)>r_0$，则 $\sum\limits_{n=0}^{\infty}a_n x^n$ 发散.

证明 (1) 从微积分学可知，正项级数 $\sum\limits_{n=0}^{\infty}\|a_n x^n\|$ 当 $\limsup\limits_{n\to\infty}\sqrt[n]{\|a_n x^n\|}<1$ 时收敛，而上极限

$$\begin{aligned}\limsup_{n\to\infty}\sqrt[n]{\|a_n x^n\|}&=\limsup_{n\to\infty}\sqrt[n]{|a_n|}\sqrt[n]{\|x^n\|}\\&=\limsup_{n\to\infty}\sqrt[n]{|a_n|}\lim_{n\to\infty}\sqrt[n]{\|x^n\|}\\&=r(x)/r_0.\end{aligned}\tag{7.1.4}$$

于是当 $r(x)<r_0$ 时，$\sum\limits_{n=0}^{\infty}\|a_n x^n\|$ 收敛，即 $\sum\limits_{n=0}^{\infty}a_n x^n$ 绝对收敛.

(2) 若 $\sum\limits_{n=0}^{\infty}a_n x^n$ 收敛，则 $\lim\limits_{n\to\infty}\|a_n x^n\|=0$. 于是 $\exists M>0$, $\forall n\in\mathbb{Z}^+$, $\|a_n x^n\|\leqslant M$. 由式(7.1.4)，$r(x)/r_0=\limsup\limits_{n\to\infty}\sqrt[n]{\|a_n x^n\|}\leqslant\lim\limits_{n\to\infty}M^{1/n}=1$，即 $r(x)\leqslant r_0$. 因此 $r(x)>r_0$ 时，必有 $\sum\limits_{n=0}^{\infty}a_n x^n$ 不收敛. 证毕.

定理 7.1.6(1)表明在 $r(x)<r_0$ 时，从数值解析函数 $f(z)=\sum\limits_{n=0}^{\infty}a_n z^n$ 我们得出向量函数 $f(x)=\sum\limits_{n=0}^{\infty}a_n x^n$. 将定理 7.1.6 与 von Neumann 定理比较，von Neumann 定理的条件 $\|x\|/|\lambda|<1$ 强于条件 $r(x)/|\lambda|<1$，von Neumann 定理的结论是由数值级数 $\frac{1}{\lambda-z}=\sum\limits_{n=0}^{\infty}\frac{z^n}{\lambda^{n+1}}$ 得到向量级数 $(\lambda e-x)^{-1}=\sum\limits_{n=0}^{\infty}\frac{x^n}{\lambda^{n+1}}$. 这表明 von Neumann 定理就是定理 7.1.6(1)的特例.

再来看一个用 Gelfand 定理来解决 Banach 代数 $\mathcal{B}(X)$ 中积分算子谱问题的例子.

例 7.1.5 设 $K(t,u)$ 在矩形 $S=[a,b]\times[a,b]$ 上连续，$M=\max\limits_{(t,u)\in S}|K(t,u)|$. 记 $X=C[a,b]$，定义 $T: X\to X$ 为

$$Tx(t)=\int_a^t K(t,u)x(u)\mathrm{d}u,\quad t\in[a,b].$$

则 T 是线性算子,且任意 $t\in[a,b]$,有

$$\begin{aligned}|Tx(t)|&=\left|\int_a^t K(t,u)x(u)\mathrm{d}u\right|\\&\leqslant\int_a^t |K(t,u)||x(u)|\mathrm{d}u\leqslant M\|x\|(t-a).\end{aligned}\tag{7.1.5}$$

所以 $T\in\mathcal{B}(X)$. 以下用归纳法证明

$$|T^n x(t)|\leqslant\frac{M^n\|x\|(t-a)^n}{n!}.\tag{7.1.6}$$

$n=1$ 时,由式(7.1.5)知式(7.1.6)成立. 设 $n=k$ 时式(7.1.6)成立,即 $|T^k x(t)|\leqslant\dfrac{M^k\|x\|(t-a)^k}{k!}$. 则当 $n=k+1$ 时,有

$$\begin{aligned}|T^{k+1}x(t)|&\leqslant\int_a^t |K(t,u)||T^k x(u)|\mathrm{d}u\\&\leqslant M\int_a^t\frac{M^k\|x\|(u-a)^k}{k!}\mathrm{d}u=\frac{M^{k+1}\|x\|}{k!}\cdot\frac{(t-a)^{k+1}}{(k+1)}\\&=\frac{M^{k+1}\|x\|(t-a)^{k+1}}{(k+1)!}.\end{aligned}$$

表明式(7.1.6)对一切 $n\in\mathbb{Z}^+$ 成立. 于是

$$\|T^n x\|=\max_{a\leqslant t\leqslant b}|T^n x(t)|\leqslant\frac{M^n(b-a)^n}{n!}\|x\|.$$

从而有 $\|T^n\|\leqslant\dfrac{M^n(b-a)^n}{n!}$. 根据 Gelfand 定理,谱半径

$$r(T)=\lim_{n\to\infty}\sqrt[n]{\|T^n\|}\leqslant\lim_{n\to\infty}\frac{M(b-a)}{\sqrt[n]{n!}}=0.$$

即 $r(T)=0$. 但 $\sigma(T)\neq\varnothing$. 故 $\lambda=0$ 是 T 的唯一谱点,$\lambda\neq0$ 都是 T 的正则点.

正如连续线性泛函对 Banach 空间的研究所起的作用一样,对 Banach 代数来说,可乘线性泛函是一个有用的概念.

定义 7.1.4

设 X 是 Banach 代数.

(1) 设 f 是 X 上的有界线性泛函. 若对任意 $x,y\in X$ 有

$$f(xy)=f(x)f(y).$$

则称 f 是**可乘的**泛函(或**同态**泛函). 用 X_p^* 表示 X 的所有非零连续线性可乘泛函的全体.

(2) 设 $x\in X$,线性泛函 $\Gamma x: X_p^*\to\mathbb{K}$ 使

$$\Gamma x(f)=f(x),\quad\forall f\in X_p^*.$$

称映射 $\Gamma: X\to C(X_p^*)$ 为 X 的 **Gelfand 表示**. Γx 称为元素 x 的 **Gelfand 变换**.

上述定义中,若 J 是从 X 到 X^{**} 的自然嵌入,$Jx=x^{**}$,则

$$x^{**}(f)=f(x),\quad\forall f\in X_p^*.$$

可见,$\Gamma x=x^{**}|_{X_p^*}$,即 Γx 为 x^{**} 在 X_p^* 上的限制,是有界线性泛函. 下面的定理 7.1.7

(3)将指出 X_p^* 是 X^* 中的弱 * 紧集，即按弱 * 拓扑是紧 Hausdorff 空间，Γx 是这个空间 X_p^* 上的连续函数，从而 Γ 是从 X 到连续函数空间 $C(X_p^*)$ 的有界线性算子.

定理 7.1.7

设 X 是有单位元 e 的 Banach 代数. 则

(1) 若 $f\in X_p^*$，则 $\|f\|=1$.

(2) 若 $f\in X_p^*$，则任意 $x\in X$ 有 $f(x)\in\sigma(x)$.

(3) X_p^* 是 X^* 中的按拓扑 $\tau(X^*,X)$ 的紧集，从而是紧 Hausdorff 空间.

(4) $f\in X_p^*$ 的零空间 $\mathcal{N}(f)$ 是 X 的一个极大理想.

(5) 若 X 可交换，则对每个极大理想 A，存在唯一的非零连续线性可乘泛函 f 使得 $A=\mathcal{N}(f)$.

(6) 设 X 的一切极大理想之集为 I_d，若 X 可交换，则存在从 X_p^* 到 I_d 的双射.

证明 （阅读）(1) 假设 $\|f\|=\sup\limits_{\|x\|=1}|f(x)|>1$，则存在 $x_0\in X$，$\|x_0\|=1$ 使 $|f(x_0)|=\lambda>1$，于是任意 $n\in\mathbb{Z}^+$，必有 $\|x_0^n\|\leqslant 1$，且有

$$\|f\|\geqslant\|f\|\,\|x_0^n\|\geqslant|f(x_0^n)|=\lambda^n\to\infty.$$

这是矛盾的. 因此 $\|f\|\leqslant 1$. 又由于 $f\in X_p^*$，$f\neq\theta$，$f(e)=f(e^2)=(f(e))^2$，故 $f(e)=1$. 所以 $\|f\|=1$. 由此可知 X_p^* 是 X 的共轭空间 X^* 中单位球的子集.

(2) 设 y 是 X 的可逆元，则 $f(y)f(y^{-1})=f(yy^{-1})=f(e)=1$. 这表明 $f(y)\neq 0$. 记 $f(x)=\lambda$. 则由 $f(\lambda e-x)=\lambda f(e)-f(x)=0$ 可知 $f(x)\in\sigma(x)$.

(3) 由 Banach-Alaoglu 定理，X^* 中的闭单位球 $B[X^*]$ 是 $\tau(X^*,X)$ 紧集，而 $X_p^*\subset B[X^*]$，因此只需证明 X_p^* 是关于 $\tau(X^*,X)$ 的闭集即可. 设网 $\{f_\alpha\}_{\alpha\in D}\subset X_p^*$，$f_\alpha\xrightarrow{w^*}f$. 则

$$f_\alpha(xy)=f_\alpha(x)f_\alpha(y),\quad \forall x,y\in X,\forall\alpha\in D. \tag{7.1.7}$$

因为 $f_\alpha(xy)\to f(xy)$，$f_\alpha(x)\to f(x)$，$f_\alpha(y)\to f(y)$，故由式(7.1.7)得出 $f(xy)=f(x)f(y)$. 这表明 $f\in X_p^*$. 因此 X_p^* 是 $\tau(X^*,X)$ 闭的. 因为 $(X^*,\tau(X^*,X))$ 是 Hausdorff 的，故 $(X_p^*,\tau(X^*,X))$ 是紧 Hausdorff 空间.

(4) 设 $y\in\mathcal{N}(f)$. 则任意 $x\in X$，有 $f(xy)=f(x)f(y)=0$，同理有 $f(yx)=0$，即 xy，$yx\in\mathcal{N}(f)$. $\mathcal{N}(f)$ 是 X 的一个理想. 下证 $\mathcal{N}(f)$ 是极大的. 假设不然，则存在真理想 A，$A\supset\mathcal{N}(f)$ 且 $x_0\in A\backslash\mathcal{N}(f)$. 不妨设 $f(x_0)=1$. 于是

$$f(x-f(x)x_0)=f(x)-f(x)f(x_0)=0,\quad\forall x\in X.$$

即 $z=x-f(x)x_0\in\mathcal{N}(f)$，$x=f(x)x_0+z$. 特别有 $e=f(e)x_0+z=x_0+z$. 因为 x_0，$z\in A$，A 是线性子空间，故必有 $e=x_0+z\in A$，于是任意 $x\in X$ 有 $x=xe\in A$，即 $A=X$. 这与 A 是 X 的真子空间矛盾. 所以 $\mathcal{N}(f)$ 是极大理想.

(5) 首先指出对任意有单位元 e 的 Banach 代数 X（未必可交换），其极大理想 A 是闭的. 事实上，A 是真理想，$A\neq X$，必有 $e\notin A$. 若 $x\in A$，则 x 必不可逆，因而必有 $\|e-x\|\geqslant 1$. 否则由 $\|e-x\|<1$ 应用 von Neumann 定理将得出 $x=e-(e-x)$ 可逆. 于是由 $\|e-x\|\geqslant 1$ 得 $e\notin\bar{A}$，$\bar{A}\neq X$. 设 $a\in\bar{A}$. 则存在 $\{a_n\}_{n=1}^{\infty}\in A$，$a_n\to a$. 由于任意 $x\in X$ 有 a_nx，$xa_n\in A$，故 ax，$xa\in\bar{A}$，即 $\bar{A}$ 是理想. 于是由极大性得出 $\bar{A}=A$，A 是闭的.

现设 X 可交换. 考虑商空间 X/A，它是 Banach 空间. 在 X/A 上定义乘法

$$\bar{x}\bar{y}=\overline{xy},\quad \forall \bar{x},\bar{y}\in X/A.$$

容易验证 X/A 也是一个可交换的 Banach 代数. 对于 $x_0\in X, x_0\notin A$，令 $A_0=\{xx_0+y: x\in X, y\in A\}$，则 A_0 是 X 的一个理想. 由于 $x_0\in A_0$，故 A_0 真包含 A. 由于 A 是极大的，故 $A_0=X$. 因此存在 $x_1\in X$ 与 $y_1\in A$ 使得 $x_1x_0+y_1=e$. 这说明对每个 $\bar{x}_0\in X/A$，$\bar{x}_0\neq\bar{\theta}$，$\bar{x}_0$ 必是可逆的. 于是 X/A 是一个可除代数. 由定理 7.1.4 推论，X/A 保范同构于复数域$\mathbb{C}$. 设 φ 是保范同构映射，P 是商投射，则 P 与 φ 都是可乘的(保持乘法的). 令 $f: X\to\mathbb{C}$ 为

$$f(x)=\varphi(Px),\quad \forall x\in X.$$

于是 f 是非零连续线性可乘泛函，注意到 $f(x)=0\Leftrightarrow Px=\theta\Leftrightarrow x\in A$，有 $A=\mathcal{N}(f)$.

(6) 令 $\psi: X_p^*\to I_d$ 使 $\psi(f)=\mathcal{N}(f)(\forall f\in X_p^*)$. (4)与(5)表明 ψ 是从 X_p^* 到 I_d 的满射. 以下证明 ψ 也是单射. 设 $f_1,f_2\in X_p^*$，$\mathcal{N}(f_1)=\mathcal{N}(f_2)=A$. 则任意 $x\in X$，有 $f_1(x)e-x\in\mathcal{N}(f_1)$ 且 $f_2(x)e-x\in\mathcal{N}(f_2)$. 于是

$$[f_1(x)-f_2(x)]e=[f_1(x)e-x]-[f_2(x)e-x]\in A.$$

即 $f_1(x)=f_2(x)$. 因此 $f_1=f_2$. 证毕.

定理 7.1.8(Gelfand 表示定理)

设 X 是有单位元 e 的 Banach 代数. 则

(1) X 的 Gelfand 表示 Γ 是从 X 到 $C(X_p^*)$ 中的代数同态，且

$$\Gamma e=1;\ \|\Gamma x\|=\sup\{(\Gamma x)(f): f\in X_p^*\}\leqslant\lim_{n\to\infty}\|x^n\|^{1/n},\quad \forall x\in X;\quad \|\Gamma\|=1.$$

(2) 设 X 又是可交换的，I_d 为 X 的一切极大理想之集. 则 I_d 上可定义一个拓扑使 I_d 成为紧 Hausdorff 空间；对任意 $x\in X$，$x(A)(A\in I_d)$ 是 I_d 上的连续函数；从而 X 的 Gelfand 表示 Γ 可视为从 X 到 $C(I_d)$ 中的代数同态且

$$\|\Gamma x\|=\sup_{A\in I_d}|x(A)|\leqslant\lim_{n\to\infty}\|x^n\|^{1/n},\quad \forall x\in X.$$

证明 (阅读)(1) 注意到 $C(X_p^*)$ 也是有单位元的 Banach 代数，单位元就是常数值函数 1. 设 $x,y\in X$，$\alpha,\beta\in\mathbb{K}$. 则任意 $f\in X_p^*$ 有

$$\begin{aligned}\Gamma(\alpha x+\beta y)(f)&=f(\alpha x+\beta y)=\alpha f(x)+\beta f(y)\\&=\alpha\Gamma x(f)+\beta\Gamma y(f)=(\alpha\Gamma x+\beta\Gamma y)(f),\end{aligned}$$

即 Γ 是线性的；又有

$$\Gamma(xy)(f)=f(xy)=f(x)f(y)=(\Gamma x)(f)(\Gamma y)(f)=[(\Gamma x)(\Gamma y)](f).$$

即 Γ 是保持乘法的. 因此 Γ 是代数同态.

由于 $f\in X_p^*$ 有 $f(e)=1$，故 $(\Gamma e)(f)=f(e)=1=1(f)$，即 $\Gamma e=1$.

设 $x\in X$. 由于按定理 7.1.7(2)，当 $f\in X_p^*$ 时有 $(\Gamma x)(f)=f(x)\in\sigma(x)$，故 $|(\Gamma x)(f)|\leqslant r(x)$，从而

$$\|\Gamma x\|=\sup\{(\Gamma x)(f): f\in X_p^*\}\leqslant r(x)=\lim_{n\to\infty}\|x^n\|^{1/n}.$$

由于 $r(x)\leqslant\|x\|$，故 $\|\Gamma x\|\leqslant\|x\|$，$\|\Gamma\|\leqslant 1$；但 $\|\Gamma\|\geqslant\|\Gamma e\|=1$，所以 $\|\Gamma\|=1$.

(2) 注意到 X_p^* 是弱 * 拓扑下的紧 Hausdorff 空间. 若 X 是可交换的，则由定理 7.1.7，存在从 X_p^* 到 I_d 的双射 ψ. 于是在 I_d 上定义拓扑如下：

$$U \text{ 是 } I_d \text{ 的开集当且仅当 } \psi^{-1}(U) \text{ 是 } X_p^* \text{ 中按弱 * 拓扑的开集.}$$

则 I_d 与 X_p^* 视为同一(同胚的拓扑空间)，从而 I_d 是紧 Hausdorff 的. 设 $x\in X$，当 $A\in I_d$ 时，记 $\psi^{-1}(A)=f_A$，由 $x(A)=f_A(x)$ 定义了 I_d 上的连续函数. 因为

$$(\Gamma x)(f_A)=f_A(x)=x(A),$$

由(1)知 X 的 Gelfand 表示 Γ 可视为从 X 到 $C(I_d)$ 中的代数同态，且

$$\sup_{A\in I_d}|x(A)|=\sup_{A\in I_d}|(\Gamma x)(f_A)|=\|\Gamma x\|\leqslant\lim_{n\to\infty}\|x^n\|^{1/n},\quad \forall x\in X.$$

证毕.

对于有单位元的可交换的 Banach 代数，以后将 X 的所有非零连续线性可乘泛函的全体 X_p^* 与 X 的一切极大理想之集 I_d 不加区别. 下面进一步的讨论将指出，对于具有单位元的可交换的 Banach 代数，$\|\Gamma x\|$ 就是谱半径 $r(x)$.

命题 7.1.9

设 X 是一个有单位元 e 的 Banach 代数，则 X 的每一个真理想包含在 X 的某个极大理想中.

证明 (阅读)设 A 是 X 的真理想，用$\mathcal{F}$表示 X 中包含 A 的一切真理想的集合. 在$\mathcal{F}$中以集的包含关系为序，则$\mathcal{F}$是一个半序集. 设$\mathcal{D}$是$\mathcal{F}$中任一全序子集. 命 $B=\bigcup_{D\in\mathcal{D}}D$，则 B 是一个包含 A 的真理想(因为 $\forall D\in\mathcal{D}, e\notin D$，故 $e\notin B$)，显然 B 是$\mathcal{D}$的一个上界. 于是由 Zorn 引理，在$\mathcal{F}$中存在一个极大元 E，它是一个包含 A 的极大理想. 证毕.

定理 7.1.10

设 X 是有单位元 e 的可交换的 Banach 代数，$x\in X$. 则

$$\sigma(x)=\{f(x):f\in X_p^*\}=\{(\Gamma x)(f):f\in X_p^*\},\quad r(x)=\|\Gamma x\|.$$

证明 (阅读)由定理 7.1.7(2)，$\sigma(x)\supset\{f(x):f\in X_p^*\}$. 设 $\lambda\in\sigma(x)$. 则 $\lambda e-x$ 不可逆. 令

$$A=\{y(\lambda e-x):y\in X\}.$$

由于 X 可交换，且 $e\notin A$，故 A 是 X 的真理想，由命题 7.1.9，存在包含 A 的极大理想 E. 由定理 7.1.7(5)，存在 $f_\lambda\in X_p^*$ 使

$$A\subset E=\{z:f_\lambda(z)=0\}.$$

但 $\lambda e-x=e(\lambda e-x)\in A$，从而 $\lambda-f_\lambda(x)=\lambda f_\lambda(e)-f_\lambda(x)=f_\lambda(\lambda e-x)=0$，即

$$\lambda=f_\lambda(x)\in\{f(x):f\in X_p^*\}.$$

因此 $\sigma(x)\subset\{f(x):f\in X_p^*\}$. 注意到 $\{f(x):f\in X_p^*\}=\{(\Gamma x)(f):f\in X_p^*\}$，故

$$r(x)=\sup\{|f(x)|:f\in X_p^*\}=\sup\{|(\Gamma x)(f)|:f\in X_p^*\}=\|\Gamma x\|.$$

证毕.

推论(谱映射定理)

设 X 是$\mathbb{C}$上的具有单位元 e 的可交换的 Banach 代数，$x\in X$，g 是$\mathbb{C}$上的整函数. 则

$$\sigma(g(x))=g(\sigma(x))=\{g(\lambda):\lambda\in\sigma(x)\}.$$

证明 g 是$\mathbb{C}$上的整函数(g 在$\mathbb{C}$上解析)，g 在$\mathbb{C}$上的 Taylor 展开式为 $g(z)=\sum_{n=0}^{\infty}a_nz^n$，由定理 7.1.6 可知 $g(x)=\sum_{n=0}^{\infty}a_nx^n$ 是(绝对)收敛的. 按定理 7.1.10 有

$$\sigma(g(x))=\{(\Gamma g(x))(f): f\in X_p^*\}=\{(g(\Gamma x))(f): f\in X_p^*\}$$
$$=\{g(\lambda): \lambda=(\Gamma x)(f), f\in X_p^*\}=\{g(\lambda): \lambda\in\sigma(x)\}.$$

证毕.

定义 7.1.5

设 X 是一个 Banach 代数. 若存在映射 $*: X\to X$,使对任意 $x,y\in X$ 及 $\alpha\in\mathbb{K}$ 有

$$(x+y)^*=x^*+y^*;\quad (\alpha x)^*=\bar{\alpha}x^*;\quad (xy)^*=y^*x^*,\quad x^{**}=x,$$

则称 $*$ 是 X 上的一个**对合**. 若 X 是一个具有对合的 Banach 代数,且任意 $x\in X$ 有 $\|xx^*\|=\|x\|^2$,则称 X 是一个 C^* **代数**.

例 7.1.6 设 H 是 Hilbert 空间, $T\in\mathcal{B}(H)$, T^* 是 T 的 Hilbert 共轭算子, 映射 $*: \mathcal{B}(H)\to\mathcal{B}(H)$ 使 $*(T)=T^*$. 则映射 $*$ 是 $\mathcal{B}(H)$ 上的对合. 由定理 5.1.19(2) 知, $\|TT^*\|=\|T\|^2$. 故 $\mathcal{B}(H)$ 是一个 C^* 代数.

下列的 Gelfand-Naimark 定理有着广泛的应用,它使我们能用统一的观点来处理许多问题. 我们略去它的证明(见参考文献[5]和参考文献[47])

定理 7.1.11(Gelfand-Naimark 定理)

设 X 是一个具有单位元 e 的交换的 C^* 代数. 则 X 与 $C(I_d)=C(X_p^*)$ 保持对合 $*$ 等距同构, Gelfand 表示 Γ 就是同构映射, 且在这个同构之下有 $f(y^*)=\overline{f(y)}$ $(\forall f\in X_p^*)$. 其中 $\overline{f(y)}$ 表示 $f(y)$ 的复共轭.

由这个定理可知,具有单位元 e 的交换的 C^* 代数实际上只有一种: 紧 Hausdorff 空间上的连续函数全体.

7.2 有界线性算子的谱

本节考虑复 Banach 空间 X 上有界线性算子的谱,也就是算子 Banach 代数 $\mathcal{B}(X)$ 的谱. 算子 Banach 代数 $\mathcal{B}(X)$ 的谱可以进一步分类. 我们将看到, 它是有限维空间上线性算子的特征值概念的自然推广.

定义 7.2.1

设 X 为复 Banach 空间, $T\in\mathcal{B}(X)$, $\lambda\in\mathbb{C}$.

(1) 若 $\lambda I-T$ 不是单射,则称 λ 为 T 的**特征值**或**点谱**. 特征值的全体记为 $\sigma_p(T)$.

(2) 若 $\lambda I-T$ 是单射但非满射,且 $\overline{(\lambda I-T)X}=X$,则称 λ 是 T 的**连续谱**. 连续谱的全体记为 $\sigma_c(T)$.

(3) 若 $\lambda I-T$ 是单射且 $\overline{(\lambda I-T)X}\neq X$,则称 λ 为 T 的**剩余谱**. 剩余谱的全体记为 $\sigma_r(T)$.

$\sigma_p(T)$, $\sigma_c(T)$, $\sigma_r(T)$ 分别称为 T 的**点谱集**、**连续谱集**、**剩余谱集**.

由定义 7.2.1 可知,对于线性算子 T 而言, T 是单射等价于零空间 $\mathcal{N}(T)=\{\theta\}$,因此,当 $\lambda\in\sigma_p(T)$,即 λ 是特征值时,存在 $x\neq\theta$ 使 $(\lambda I-T)x=\theta$. 此时称 x 是相应于 λ 的**特征向量**,并称 $\mathcal{N}(\lambda I-T)$ 是 T 的相应于 λ 的**特征向量空间**.

由定义 7.2.1 还知, $\sigma_p(T)$, $\sigma_c(T)$, $\sigma_r(T)$ 互不相交,且

$$\sigma(T)=\sigma_p(T)\cup\sigma_c(T)\cup\sigma_r(T).$$

算子谱的概念和算子方程解的状态有直接联系,因而算子方程的适定性(解的存在性、

唯一性、解对初始条件的连续依赖性、解的稳定性等）可以用谱来讨论.

定理 7.2.1

设 X 为复 Banach 空间，$T\in\mathcal{B}(X)$，$\lambda\in\mathbb{C}$.

(1) $\lambda\in\rho(T)$ 的充要条件是非齐次方程 $(\lambda I-T)x=y$ 关于任何 $y\in X$ 存在唯一解，此时存在 $M>0$ 使 $\|x\|\leqslant M\|y\|$，其中 x 是该方程相应于 y 的解.

(2) $\lambda\in\sigma_p(T)$ 的充要条件是齐次方程 $(\lambda I-T)x=\theta$ 有非零解.

(3) $\lambda\in\sigma_c(T)\cup\sigma_r(T)$ 的充要条件是齐次方程 $(\lambda I-T)x=\theta$ 有唯一零解而相应的非齐次方程 $(\lambda I-T)x=y$ 不是对于每个 $y\in X$ 都有解.

证明 (1) 必要性 若 $\lambda\in\rho(T)$，则 $(\lambda I-T)^{-1}\in\mathcal{B}(X)$ 且 $(\lambda I-T)x=y$ 有解

$$x=(\lambda I-T)^{-1}(\lambda I-T)x=(\lambda I-T)^{-1}y.$$

由于 $y=\theta$ 蕴涵 $x=\theta$，故解是唯一的. 记 $M=\|(\lambda I-T)^{-1}\|$，有

$$\|x\|=\|(\lambda I-T)^{-1}y\|\leqslant\|(\lambda I-T)^{-1}\|\|y\|=M\|y\|$$

充分性 设题设条件成立. 取 $y=\theta$ 可知方程 $(\lambda I-T)x=\theta$ 有唯一零解，即 $\mathcal{N}(\lambda I-T)=\{\theta\}$，$\lambda I-T$ 是单射. 又 $(\lambda I-T)x=y$ 对每个 y 都有解，这表明 $\lambda I-T$ 为满射，于是 $\lambda I-T$ 是双射. 因 X 完备，故由逆算子定理，$(\lambda I-T)^{-1}\in\mathcal{B}(X)$，即 $\lambda\in\rho(T)$.

(2) 必要性 若 $\lambda\in\sigma_p(T)$，则 $\lambda I-T$ 不是单射. 于是存在 $x_1,x_2\in X$，$x_1\neq x_2$，有 $(\lambda I-T)x_1=(\lambda I-T)x_2$. 从而 $(\lambda I-T)(x_1-x_2)=\theta$，这表明 $(\lambda I-T)x=\theta$ 有非零解.

充分性 设 $x\in X$，$x\neq\theta$，有 $(\lambda I-T)x=\theta$. 但因 $(\lambda I-T)\theta=\theta$，故 $\lambda I-T$ 不是单射，$\lambda\in\sigma_p(T)$.

(3) 由于齐次方程 $(\lambda I-T)x=\theta$ 只有零解等价于 $\lambda I-T$ 是单射，$(\lambda I-T)x=y$ 不是对于每个 $y\in X$ 都有解等价于 $\lambda I-T$ 不是满射，故(3)成立. 证毕.

下述几例表明谱的三种情况，即点谱、连续谱、剩余谱，都有可能会出现.

例 7.2.1 设 $T:\mathbb{C}^n\to\mathbb{C}^n$ 是线性算子，T 对应于方阵 $(a_{ij})_{n\times n}$，设 $\lambda\in\mathbb{C}$. 若行列式 $\det(\lambda I-T)\neq0$，则方程 $(\lambda I-T)x=y$ 对任意 $y\in\mathbb{C}^n$ 都有唯一解，从而 $\lambda\in\rho(T)$. 若行列式 $\det(\lambda I-T)=0$，则方程 $(\lambda I-T)x=\theta$ 有非零解，从而 $\lambda\in\sigma_p(T)$. 这表明有限维空间上的线性算子 T 的谱仅有点谱这一种情形出现，即 $\sigma(T)=\sigma_p(T)$. 这是线性算子谱的最简单情况.

例 7.2.2 考虑算子 $T:l^2\to l^2$：

$$Tx=(a_2,a_3,\cdots),\quad \forall x=(a_1,a_2,\cdots,a_i,\cdots)\in l^2.$$

显然 T 是线性的且 $\|Tx\|\leqslant\|x\|$，$\|T\|\leqslant1$. 取 $e_2=(0,1,0,\cdots)\in l^2$，则 $\|e_2\|=1$ 且 $\|T\|\geqslant\|Te_2\|=\|e_1\|=1$，其中 $e_1=(1,0,0,\cdots)$. 由此得到 $\|T\|=1$，所以

$$\sigma(T)\subset\{z\in\mathbb{C}:|z|\leqslant1\}.$$

设 $\lambda\in\mathbb{C}$，$|\lambda|<1$. 若令 $x_0=(1,\lambda,\lambda^2,\cdots)$，则 $Tx_0=(\lambda,\lambda^2,\cdots)$，从而有 $Tx_0=\lambda x_0$. 由于 $x_0\neq\theta$，故 $\lambda\in\sigma_p(T)$. 于是

$$\{z\in\mathbb{C}:|z|<1\}\subset\sigma_p(T)\subset\sigma(T)\subset\{z\in\mathbb{C}:|z|\leqslant1\}.$$

注意到 $\sigma(T)$ 是闭集，故 $\sigma(T)=\{z\in\mathbb{C}:|z|\leqslant1\}$.

设 $\lambda\in\mathbb{C}$，$|\lambda|=1$. 若当 $x=(a_1,a_2,\cdots)$ 时有

$$(\lambda I-T)x=(\lambda a_1-a_2,\lambda a_2-a_3,\cdots)=\theta,$$

则 $a_2=\lambda a_1$，$a_3=\lambda a_2=\lambda^2a_1$，$\cdots$，$a_n=\lambda^{n-1}a_1$，$\cdots$. 当 $a_1\neq0$ 时，$|a_n|=|a_1|>0$，明显有

$x\notin l^2$. 故只能 $a_1=0$,从而 $x=\theta$. 这表明 $\lambda I-T$ 是单射,故 $\lambda\notin\sigma_p(T)$.

对任意 $\varepsilon>0$ 与任意 $y=(b_1,b_2,\cdots,b_i,\cdots)\in l^2$,可取 $y_n=(b_1,b_2,\cdots,b_n,0,\cdots)\in l^2$,使 $\|y-y_n\|<\varepsilon$. 令

$$\begin{aligned}
a_1&=\lambda^{-n}b_n+\lambda^{-n+1}b_{n-1}+\cdots+\lambda^{-1}b_1,\\
a_2&=\lambda^{-n+1}b_n+\lambda^{-n+2}b_{n-1}+\cdots+\lambda^{-1}b_2,\\
&\vdots\\
a_{n-1}&=\lambda^{-2}b_n+\lambda^{-1}b_{n-1},\\
a_n&=\lambda^{-1}b_n,\\
x_n&=(a_1,a_2,\cdots,a_n,0,\cdots).
\end{aligned}$$

则 $(\lambda I-T)x_n=y_n$,这表明 $\overline{(\lambda I-T)l^2}=l^2$,即值空间 $(\lambda I-T)l^2$ 在 l^2 中稠密,所以 $\lambda\in\sigma_c(T)$. 于是

$$\sigma(T)=\{z: |z|\leqslant 1\},\quad \sigma_p(T)=\{z: |z|<1\},$$
$$\sigma_c(T)=\{z: |z|=1\},\quad \sigma_r(T)=\varnothing.$$

例 7.2.3 考虑复空间 $C[a,b]$,定义 $T: C[a,b]\to C[a,b]$ 使

$$(Tx)(t)=tx(t),\quad \forall x\in C[a,b].$$

由于 $t\in[a,b]$,故易知 T 为有界线性算子. 任意 $\lambda\in\mathbb{C}$,有 $(\lambda I-T)x(t)=(\lambda-t)x(t)$. 可见当 $(\lambda I-T)x=\theta$ 时必有 $x=\theta$,故 $(\lambda I-T)$ 是单射,于是 $\sigma_p(T)=\varnothing$.

若 $\lambda\notin[a,b]$,则对任意 $y\in C[a,b]$,取 $x(t)=\dfrac{y(t)}{\lambda-t}$,有 $x\in C[a,b]$, $\|x\|\leqslant \max\limits_{a\leqslant t\leqslant b}\left|\dfrac{1}{\lambda-t}\right|\|y\|$,且 $(\lambda I-T)x=y$. 这表明 $\lambda I-T$ 是满射. 所以 $\lambda\in\rho(T)$.

若 $\lambda\in[a,b]$,记像空间 $Y=(\lambda I-T)C[a,b]$,下证闭包 $\overline{Y}\neq C[a,b]$. 事实上,由于 $(\lambda I-T)x(t)=(\lambda-t)x(t)$,故 Y 中每个元素在 λ 点的值为 0. 若 $y_0\in C[a,b]$ 且 $|y_0(\lambda)|>1/2$,则任意 $x\in Y$ 有

$$\|x-y_0\|\geqslant|x(\lambda)-y_0(\lambda)|=|y_0(\lambda)|>1/2.$$

即 $y_0\notin\overline{Y}$. 这表明像空间 Y 不在 $C[a,b]$ 中稠密,$\lambda\in\sigma_r(T)$. 于是 $\sigma(T)=\sigma_r(T)=[a,b]$.

例 7.2.4 考虑下述 Volterra 积分方程解的存在唯一性问题:

$$\lambda x(t)-\int_a^t K(t,u)x(u)\mathrm{d}u=y(t),\quad t\in[a,b],$$

其中,$x,y\in C[a,b]$,λ 为复数,$K(t,u)$ 在矩形 $S=[a,b]\times[a,b]$ 上连续,$M=\max\limits_{(t,u)\in S}|K(t,u)|$. 设 $T: C[a,b]\to C[a,b]$ 为

$$Tx(t)=\int_a^t K(t,u)x(u)\mathrm{d}u,\quad t\in[a,b].$$

即 T 为例 7.1.5 中线性算子. Volterra 积分方程可写成 $(\lambda I-T)x=y$. 由于 $\lambda=0$ 是 T 的唯一谱点,$\lambda\neq 0$ 都是 T 的正则点,故当 $\lambda\neq0$ 时,$\lambda I-T$ 有有界逆算子. 按 von Neumann 定理,$(\lambda I-T)^{-1}=\sum\limits_{n=0}^{\infty}\dfrac{T^n}{\lambda^{n+1}}$. 此时 Volterra 积分方程有唯一解

$$x=(\lambda I-T)^{-1}y=\sum_{n=0}^{\infty}\frac{T^n y}{\lambda^{n+1}}.$$

下列命题 7.2.2 与定理 7.2.3 所述结果是有限维线性代数的相应结果的自然推广.

命题 7.2.2

设 X 是 Banach 空间，$T\in\mathcal{B}(X)$，则属于 T 的不同特征值的特征向量彼此线性无关.

证明 设 $n\in\mathbb{Z}^+$ 是任意的，$\lambda_1,\lambda_2,\cdots,\lambda_n$ 是 T 的互不相同的特征值，$x_1,x_2,\cdots,x_n$ 是相应的特征向量，即 $x_i\neq\theta$，$Tx_i=\lambda_i x_i$，$i=1,2,\cdots,n$. 设

$$\sum_{i=1}^{n}\alpha_i x_i=\theta, \tag{7.2.1}$$

其中，$\alpha_i\in\mathbb{K}$，$i=1,2,\cdots,n$. 注意到 $\lambda_i I-T$ 与 $\lambda_j I-T$ 彼此是可交换的，且 $(\lambda_j I-T)x_i=(\lambda_j-\lambda_i)x_i$，以连乘积 $\prod\limits_{j\neq i}(\lambda_j I-T)$ 作用于式(7.2.1)两边得 $\alpha_i\prod\limits_{j\neq i}(\lambda_j-\lambda_i)x_i=\theta$，故

$$\alpha_i=0,\quad i=1,2,\cdots,n.$$

所以任意有限多个这样的特征向量必定是线性无关的. 证毕.

定理 7.2.3

设 X 是 Banach 空间，$T\in\mathcal{B}(X)$，则 $\sigma(T)=\sigma(T^*)$，其中 T^* 为 T 的 Banach 共轭算子.

证明 记 $S=\lambda I-T$，以下证明

$$S^{-1}\in\mathcal{B}(X)\ \text{当且仅当}\ S^{*-1}\in\mathcal{B}(X^*). \tag{7.2.2}$$

设 $S^{-1}\in\mathcal{B}(X)$，则由定理 4.4.7，$(S^*)^{-1}=(S^{-1})^*\in\mathcal{B}(X^*)$.

反之，设 $S^{*-1}\in\mathcal{B}(X^*)$，则 $S^{**-1}\in\mathcal{B}(X^{**})$. 由定理 4.4.7，$S^{**}$ 是 S 的保范线性延拓，即 $S=S^{**}|_X$，因此 S 是单射. 我们断言 $\mathcal{R}(S)$ 是闭的. 事实上，设 $x_n\in X$，$Sx_n\to y$. 则 $x_n=S^{**-1}Sx_n\to S^{**-1}y$. 因为 X 是完备的，故 $S^{**-1}y\in X$，于是 $y=S(S^{**-1}y)\in\mathcal{R}(S)$. 这表明 $\mathcal{R}(S)$ 是闭的. 再来证明 $\mathcal{R}(S)=X$. 若 $\mathcal{R}(S)\neq X$，则由 Hahn-Banach 定理，存在 $f\in X^*$，$f\neq\theta$ 使任意 $y\in\mathcal{R}(S)$ 有 $f(y)=0$，即 $f\in\mathcal{R}(S)^{\perp}$. 再注意到 $\mathcal{R}(S)$ 是闭的，由定理 5.2.19，$\mathcal{N}(S^*)=\overline{\mathcal{R}(S)}^{\perp}=\mathcal{R}(S)^{\perp}$，因而有 $f\in\mathcal{N}(S^*)$. 由此得出 $S^*f=\theta$，与 S^{*-1} 存在相矛盾. 于是 $\mathcal{R}(S)=X$，S 是满射. 因此 $S^{-1}\in\mathcal{B}(X)$.

因为由定理 4.4.7，$(\lambda I-T)^*=\lambda I-T^*$，故式(7.2.2)表明，$\lambda\in\rho(T)$ 当且仅当 $\lambda\in\rho(T^*)$. 因此 $\sigma(T)=\sigma(T^*)$. 证毕.

在前面关于线性紧算子的讨论中我们已知道，线性紧算子的性态与有限维空间上的线性算子的性态最相接近. 关于它的谱，有下列著名的 Riesz-Schauder 定理.

定理 7.2.4(Riesz-Schauder 定理)

设 X 是复 Banach 空间，$T\in\mathcal{C}(X)$，则

(1) 若 $\dim X=\infty$，则 $0\in\sigma(T)$；

(2) T 的非零谱点都是特征值；

(3) $\sigma(T)$ 是可数集，0 是 $\sigma(T)$ 的唯一可能的聚点；

(4) 对应于每个非零特征值的特征向量空间都是有限维的.

证明 (1) 若 $0\notin\sigma(T)$，则 $0\in\rho(T)$，即 $(0I-T)^{-1}=-T^{-1}\in\mathcal{B}(X)$. 于是 $T^{-1}\in\mathcal{B}(X)$. 因此 $I=TT^{-1}$ 是紧算子. 这推出 X 的闭单位球是紧的，从而 X 是有限维空间，与 $\dim X=\infty$ 矛盾.

(2) 设 $\lambda\neq0$，$\lambda I-T$ 是单射. 以下证明 $\lambda I-T$ 也是满射. 因为 $\lambda^{-1}T\in\mathcal{C}(X)$，$\mathcal{N}(I-T/$

$\lambda)=\mathcal{N}(\lambda I-T)=\{\theta\}$,故由定理 5.2.26 可知,有

$$\mathcal{R}(\lambda I-T)=\mathcal{R}(I-T/\lambda)=X.$$

于是 $\lambda\in\rho(T)$. 从而当 $\lambda\neq 0$,$\lambda\in\sigma(T)$,必定 $\lambda I-T$ 不是单射,即 $\lambda\in\sigma_p(T)$.

(3) 令 $\Omega_k=\{\lambda:\lambda\in\sigma(T),|\lambda|>1/k\}$,$k\in\mathbb{Z}^+$. 则 Ω_k 是有限集. 否则,存在相异的无穷数列 $\{\lambda_n\}\subset\Omega_k$. 由于 λ_n 是 T 的特征值,故可设 x_n 是相应的特征向量. 则 $x_n\neq\theta$, $Tx_n=\lambda_n x_n$, $(n\in\mathbb{Z}^+)$. 于是 $\{x_n\}$ 是线性无关的,记

$$E_n=\operatorname{span}\{x_1,x_2,\cdots,x_n\}.$$

则 $\dim E_n=n$,E_n 是闭线性子空间且 $E_{n-1}\subset E_n$, $E_{n-1}\neq E_n$. 由 Riesz 引理,存在

$$y_n\in E_n,\quad \|y_n\|=1,\quad \rho(y_n,E_{n-1})\geqslant\frac{1}{2},\quad n=2,3,\cdots$$

不妨设 $y_n=\sum\limits_{i=1}^{n}\alpha_{in}x_i$,则

$$\lambda_n y_n-Ty_n=\alpha_{nn}(\lambda_n I-T)x_n+\sum_{i=1}^{n-1}\alpha_{in}(\lambda_n I-T)x_i=\sum_{i=1}^{n-1}\alpha_{in}(\lambda_n-\lambda_i)x_i\in E_{n-1},$$

记 $\lambda_n y_n-Ty_n=z_{n-1}$,则 $z_{n-1}\in E_{n-1}$. 类似地记 $\lambda_j y_j-Ty_j=z_{j-1}$,则也有 $z_{j-1}\in E_{j-1}$. 若 $j>n$,则 $z_{n-1}\in E_{n-1}\subset E_{j-1}$,$y_n\in E_n\subset E_{j-1}$,从而

$$\begin{aligned}\|Ty_j-Ty_n\|&=\|(\lambda_j y_j-\lambda_n y_n)-(z_{j-1}-z_{n-1})\|\\&=|\lambda_j|\left\|y_j-\left(\frac{\lambda_n}{\lambda_j}y_n+\frac{z_{j-1}}{\lambda_j}-\frac{z_{n-1}}{\lambda_j}\right)\right\|\\&\geqslant|\lambda_j|\rho(y_j,E_{j-1})\geqslant|\lambda_j|/2>1/(2k)>0.\end{aligned}$$

这与 T 的紧性矛盾. 故 Ω_k 是有限集. 从而 $\sigma(T)\backslash\{0\}=\bigcup\limits_{k=1}^{\infty}\Omega_k$ 至多是可列集,即 $\sigma(T)$ 至多是可列集,且 0 是 $\sigma(T)$ 唯一可能的聚点.

(4) 设 $\lambda\in\sigma(T)$, $\lambda\neq 0$. 由定理 5.2.26 可知,λ 对应的特征向量空间 $\mathcal{N}(\lambda I-T)=\mathcal{N}(I-T/\lambda)$ 是有限维的. 证毕.

由定理 7.2.4(2)可知,对任何紧算子 T 和 $\lambda\neq 0$,或者 $\lambda\in\rho(T)$,或者 $\lambda\in\sigma_p(T)$. 二者必有其一且仅有其一成立. 定理 7.2.4(2)通常称为 **Fredholm 择一定理**. 对于紧算子方程 $(\lambda I-T)x=y$ 来说,这相当于表示要么此方程对任何 $y\in X$ 有唯一解,要么相应的齐次方程 $(\lambda I-T)x=\theta$ 有非零解. 这和有限维空间中线性方程组的情况是一致的.

定理 7.2.5(Riesz-Schauder 定理)

设 X 是复 Banach 空间,$T\in\mathcal{C}(X)$,T^* 为 T 的 Banach 共轭算子. 则 $T^*\in\mathcal{C}(X^*)$, $\sigma(T)=\sigma(T^*)$,且有

(1) 设 $\lambda\in\sigma(T)$,$\lambda\neq 0$,则 $\dim\mathcal{N}(\lambda I-T^*)=\dim\mathcal{N}(\lambda I-T)<\infty$.

(2) 设 $\lambda,\mu\in\sigma(T)$,$\lambda\neq 0$,$\mu\neq 0$,x 是 T 的相应于 λ 的特征向量,y^* 是 T^* 的相应于 μ 的特征向量. 若 $\lambda\neq\mu$,则 $y^*\perp x$,从而 $\mathcal{N}(\mu I-T^*)\perp\mathcal{N}(\lambda I-T)$.

(3) 设 $\lambda\in\sigma(T)$,$\lambda\neq 0$. 则方程 $(\lambda I-T)x=y$ 存在解的充要条件是

$$y\in{}^{\perp}\mathcal{N}(\lambda I-T^*).$$

(4) 设 $\lambda\in\sigma(T)$,$\lambda\neq 0$. 则共轭方程 $(\lambda I-T^*)x^*=y^*$ 存在解的充要条件是

$$y^*\in\mathcal{N}(\lambda I-T)^{\perp}.$$

证明 由定理 5.2.25 知，$T^*\in\mathcal{C}(X^*)$；由定理 7.2.3 得，$\sigma(T)=\sigma(T^*)$.

(1) 由定理 7.2.4(4)与定理 5.2.27 得出.

(2) 因为$(\mu I-T^*)(y^*)=\theta$，$(\lambda I-T)(x)=\theta$，故

$$\mu(y^*,x)=(\mu y^*,x)=(T^*y^*,x)=(y^*,Tx)=(y^*,\lambda x)=\lambda(y^*,x).$$

又因 $\lambda\neq\mu$，所以$(y^*,x)=0$.

(3) 设方程$(\lambda I-T)x=y$ 存在解，且 $z^*\in\mathcal{N}(\lambda I-T^*)$. 则$(\lambda I-T^*)(z^*)=\theta$，从而按定理 4.4.7 有

$$(z^*,y)=(z^*,(\lambda I-T)x)=((\lambda I-T)^*z^*,x)=(\theta,x)=0.$$

反之，设 $y\in{}^{\perp}\mathcal{N}(\lambda I-T^*)$. 由定理 5.2.26 知，$\mathcal{R}(\lambda I-T)=\mathcal{R}(I-T/\lambda)$是 X 的闭线性子空间. 再由定理 5.2.19 知，${}^{\perp}\mathcal{N}(\lambda I-T^*)=\mathcal{R}(\lambda I-T)$. 故 $y\in\mathcal{R}(\lambda I-T)$. 因此方程$(\lambda I-T)x=y$ 存在解.

(4) 设共轭方程$(\lambda I-T^*)x^*=y^*$存在解，且 $z\in\mathcal{N}(\lambda I-T)$. 则$(\lambda I-T)(z)=\theta$，从而按定理 4.4.7 有

$$(y^*,z)=((\lambda I-T^*)x^*,z)=(x^*,(\lambda I-T)z)=(x^*,\theta)=0.$$

反之，设 $y^*\in\mathcal{N}(\lambda I-T)^{\perp}$. 由定理 5.2.26 知，$\mathcal{R}(\lambda I-T)$是 X 的闭线性子空间. 记 $\lambda I-T=S$，则 $X/\mathcal{N}(S)$与$\mathcal{R}(S)$都完备. 作映射 $\bar{S}:X/\mathcal{N}(S)\to\mathcal{R}(S)$，使

$$\bar{S}\bar{x}=Su,\quad u\in\bar{x}\in X/\mathcal{N}(S).$$

显然 $\bar{S}$ 是线性的双射，由 S 有界易知$\bar{S}$ 有界. 因此，由逆算子定理，$\bar{S}^{-1}$ 有界. 作 $X/\mathcal{N}(S)$ 上的线性泛函 $\bar{f}$ 使

$$\bar{f}(\bar{x})=y^*(u),\quad u\in\bar{x}\in X/\mathcal{N}(S).$$

由 y^* 有界易知 $\bar{f}$ 有界. 再作$\mathcal{R}(S)$上的泛函 φ 使 $\varphi(x)=\bar{f}(\bar{S}^{-1}x)$，则 $\varphi\in(\mathcal{R}(S))^*$. 利用 Hahn-Banach 定理，$\varphi$ 可保范延拓为$\varphi_0\in X^*$. 于是任意 $z\in X$ 有

$$(S^*\varphi_0,z)=(\varphi_0,Sz)=\varphi(Sz)=\bar{f}(\bar{S}^{-1}Sz)=\bar{f}(\bar{S}^{-1}\bar{S}\bar{z})=\bar{f}(\bar{z})=(y^*,z).$$

这表明 $S^*\varphi_0=y^*$. 由于 $S^*=\lambda I-T^*$，故$(\lambda I-T^*)\varphi_0=y^*$，即共轭方程$(\lambda I-T^*)x^*=y^*$存在解. 证毕.

关于线性算子的谱还有一种比较简单的情况，就是复 Hilbert 空间上自共轭算子的谱，相应的谱理论是有限维 Euclid 空间上共轭对称矩阵(Hermite 矩阵)特征值理论的推广. 这部分理论完全可以用 C^* 代数的方法抽象地引入. 但以下用较初等的方法引入更能体现与矩阵特征值理论的联系.

命题 7.2.6

设 H 是复 Hilbert 空间，$T\in\mathcal{B}(H)$，T^*是 T 的 Hilbert 共轭算子($T^*\in\mathcal{B}(H)$)，则

(1) $\rho(T^*)=\{\bar{\lambda}:\lambda\in\rho(T)\}$，$\sigma(T^*)=\{\bar{\lambda}:\lambda\in\sigma(T)\}$.

(2) 若 x 是 T 的相应于λ 的特征向量，y 是 T^* 的相应于 μ 的特征向量，$\lambda\neq\bar{\mu}$，则 $x\perp y$.

证明 (1) 设$\lambda\in\rho(T)$，则$\lambda I-T$ 是可逆的，于是由定理 5.1.19 知$(\lambda I-T)^*=\bar{\lambda}I-T^*$可逆，故 $\bar{\lambda}\in\rho(T^*)$，即$\{\bar{\lambda}:\lambda\in\rho(T)\}\subset\rho(T^*)$. 反之，由$(T^*)^*=T$ 得

$$\{\bar{\lambda}:\lambda\in\rho(T^*)\}\subset\rho(T^{**})=\rho(T)=\{\lambda:\lambda\in\rho(T)\}.\tag{7.2.3}$$

对式(7.2.3)两端取共轭得 $\rho(T^*)=\{\lambda:\lambda\in\rho(T^*)\}\subset\{\bar{\lambda}:\lambda\in\rho(T)\}$. 于是

$$\rho(T^*)=\{\bar{\lambda}:\lambda\in\rho(T)\}.$$

又有

$$\sigma(T^*) = \mathbb{C}\setminus\rho(T^*) = \mathbb{C}\setminus\{\lambda: \bar{\lambda} \in \rho(T)\}$$
$$= \{\lambda: \bar{\lambda} \in \mathbb{C}\setminus\rho(T)\} = \{\bar{\lambda}: \lambda \in \sigma(T)\}.$$

(2) 设$(\lambda I - T)x = \theta$, $(\mu I - T^*)y = \theta$, $x \neq \theta$, $y \neq \theta$. 则

$$\lambda\langle x, y\rangle = \langle \lambda x, y\rangle = \langle Tx, y\rangle = \langle x, T^* y\rangle = \langle x, \mu y\rangle = \bar{\mu}\langle x, y\rangle.$$

于是有$(\lambda - \bar{\mu})\langle x, y\rangle = 0$. 由$\lambda \neq \bar{\mu}$得$\langle x, y\rangle = 0$. 因此$x \perp y$.

定理 7.2.7

设 H 是 Hilbert 空间，$T \in \mathcal{B}(H)$是自共轭算子，则

(1) $\sigma(T)$为实数集，$\sigma_r(T) = \varnothing$.

(2) 对应于不同特征值的特征向量彼此正交.

证明 (1) 设$\lambda \in \sigma(T) \subset \mathbb{C}$，$\mathrm{Im}\,\lambda \neq 0, x \in X$. 由于 T 是自共轭的，故

$$\langle(\lambda I - T)x, x\rangle - \langle x, (\lambda I - T)x\rangle$$
$$= \lambda\|x\|^2 - \langle Tx, x\rangle - \bar{\lambda}\|x\|^2 + \langle x, Tx\rangle = 2i\,\mathrm{Im}\,\lambda\|x\|^2.$$

于是有

$$2|\mathrm{Im}\,\lambda|\,\|x\|^2 \leqslant |\langle(\lambda I - T)x, x\rangle| + |\langle x, (\lambda I - T)x\rangle|$$
$$\leqslant 2\|(\lambda I - T)x\|\,\|x\|.$$

即$\|(\lambda I - T)x\| \geqslant |\mathrm{Im}\,\lambda|\,\|x\|$. 因为$\mathrm{Im}\,\lambda \neq 0$,故$\lambda I - T$是单射. 令$(\lambda I - T)x = y$. 则$\|(\lambda I - T)^{-1}y\| \leqslant |\mathrm{Im}\,\lambda|^{-1}\|y\|$. 这表明$(\lambda I - T)^{-1}$在$\mathcal{R}(\lambda I - T)$上是有界的. 注意此时共轭算子$\bar{\lambda}I - T$也是单射，由定理 5.1.19 得

$$\overline{\mathcal{R}(\lambda I - T)} = \mathcal{N}(\bar{\lambda}I - T)^{\perp} = H.$$

又据$(\lambda I - T)^{-1}$的有界性得$\mathcal{R}(\lambda I - T) = H$($S^{-1}$有界蕴涵$\mathcal{R}(S)$闭). 于是$\lambda \in \rho(T)$,矛盾. 故$\mathrm{Im}\,\lambda = 0$，即$\sigma(T) \subset \mathbb{R}^1$.

假设$\lambda \in \sigma_r(T)$,则由λ是实数可知,$(\lambda I - T)^* = \lambda I - T$. 由于$\overline{\mathcal{R}(\lambda I - T)} \neq H$，故按定理 5.1.19 知，$\mathcal{N}(\lambda I - T) = \mathcal{R}(\lambda I - T)^{\perp} = \overline{\mathcal{R}(\lambda I - T)}^{\perp} \neq \{\theta\}$. 于是$\lambda \in \sigma_p(T)$,矛盾. 故$\sigma_r(T) = \varnothing$.

(2) 因 T 是自共轭的,$T = T^*$. 设x, y分别是T, T^*的相应于λ, μ的特征向量,$\lambda \neq \mu$. 由(1)可知λ与μ都是实数,由命题 7.2.6(2)得$x \perp y$. 证毕.

定理 7.2.8

设 H 是 Hilbert 空间，$T \in \mathcal{B}(H)$为自共轭算子，记

$$M = \sup\{\langle Tx, x\rangle: \|x\| = 1\}, \quad m = \inf\{\langle Tx, x\rangle: \|x\| = 1\}.$$

则$M, m \in \sigma(T)$.

证明 设$S = MI - T$，则$\langle Sx, x\rangle = M\langle x, x\rangle - \langle Tx, x\rangle$ ($\forall x \in H$). 据 M 的定义，$\langle Sx, x\rangle \geqslant 0$($\forall x \in H$)且

$$\inf_{\|x\|=1}\langle Sx, x\rangle = 0. \tag{7.2.4}$$

于是对任意$t \in \mathbb{R}^1$，有$\langle S(tSx + x), tSx + x\rangle \geqslant 0$，即

$$t^2\langle S^2 x, Sx\rangle + t\langle Sx, Sx\rangle + t\langle S^2 x, x\rangle + \langle Sx, x\rangle \geqslant 0.$$

由于 S 是自共轭的，故有$t^2\langle S^2 x, Sx\rangle + 2t\langle Sx, Sx\rangle + \langle Sx, x\rangle \geqslant 0$. 于是由 t 的二次函数的判别式推得

$$\langle Sx,Sx\rangle^2 \leqslant \langle S^2x,Sx\rangle\langle Sx,x\rangle. \tag{7.2.5}$$

由式(7.2.5)，$\|Sx\|^4 \leqslant \|S\|^3\|x\|^2|\langle Sx,x\rangle|$，利用式(7.2.4)取下确界得

$$\inf_{\|x\|=1}\|Sx\| = 0. \tag{7.2.6}$$

若S为双射，则由S可逆且逆是有界的知存在$a>0$使任意$x\in H$有$\|Sx\|\geqslant a\|x\|$. 从而$\inf\limits_{\|x\|=1}\|Sx\|\geqslant a>0$，与式(7.2.6)矛盾. 故$S$不可能是双射，$M\in\sigma(T)$. 同理可证$m\in\sigma(T)$. 证毕.

推论

设H是Hilbert空间，$T\in\mathcal{B}(H)$，$r(T)$为谱半径. 则

(1) $r(T^*T)=\|T\|^2$.

(2) 若T为自共轭算子，则$r(T)=\|T\|=\sup\{|\langle Tx,x\rangle|:\|x\|=1\}$.

证明 先证(2). 由定理7.2.8与定理5.1.20(2)，有

$$\sup\{|\langle Tx,x\rangle|:\|x\|=1\}=\max\{|M|,|m|\}$$
$$\leqslant \sup\{|\lambda|:\lambda\in\sigma(T)\}=r(T)\leqslant\|T\|=\sup\{|\langle Tx,x\rangle|:\|x\|=1\}.$$

故$r(T)=\|T\|=\sup\{|\langle Tx,x\rangle|:\|x\|=1\}$.

(1)注意到T^*T是自共轭算子，由(2)得$r(T^*T)=\|T^*T\|=\|T\|^2$. 证毕.

例 7.2.5 设H是Hilbert空间，$E\subset H$是闭线性子空间，$E\neq\{\theta\}$，$E\neq H$. 考虑正交投影算子$P: H\to E$. 由定理5.2.15知，$\|P\|=1$，且$\langle Px,x\rangle=\|Px\|^2$. 又因为存在$x\in E$，$\|x\|=1$，使$Px=x$；且存在$x\in E^{\perp}$，$\|x\|=1$，使$Px=\theta$. 于是当$\|x\|=1$时有$0\leqslant\langle Px,x\rangle\leqslant 1$，且等号能够达到. 由定理7.2.8，有

$$\{0,1\}\subset\sigma_p(P)\subset\sigma(P)\subset[0,1].$$

若$0<\lambda<1$，$x=x_1+x_2$是正交分解，$x_1\in E$，$x_2\perp E$，则$(\lambda I-P)x=\theta$时，必有$(\lambda-1)x_1+\lambda x_2=\theta$，从而$x=x_1=x_2=\theta$，这表明$\lambda I-P$是单射. 对任意$y\in H$，若$y=y_1+y_2$是正交分解，$y_1\in E$，$y_2\perp E$，取$x=\dfrac{y_1}{\lambda-1}+\dfrac{y_2}{\lambda}$，则$(\lambda I-P)x=y$，这表明$\lambda I-P$是满射. 于是$\lambda\in\rho(P)$.

所以，$\sigma(P)=\sigma_p(P)=\{0,1\}$.

定理 7.2.9

设H是Hilbert空间，$T\in\mathcal{B}(H)$为紧的自共轭算子，M与m如定理7.2.8所述. 若$M\neq 0$(或$m\neq 0$)，则M(或m)是T的特征值.

证明 由定理7.2.8与定理7.2.4直接得出. 证毕.

定理 7.2.10

设H是Hilbert空间，$T\in\mathcal{B}(H)$为紧的自共轭算子. 则

(1) 存在有限或可列个非0实数的序列$\{\lambda_n\}$使λ_n是T的特征值，且任意$n\in\mathbf{Z}^+$有$|\lambda_n|\geqslant|\lambda_{n+1}|$. 若$\{\lambda_n\}$是可列的，则$\lambda_n\to 0$. 相应地，存在规范正交序列$\{e_n\}$，使得$Te_n=\lambda_n e_n$且任意$x\in H$有$Tx=\sum\limits_{n=1}^{\infty}\lambda_n\langle x,e_n\rangle e_n$.

(2) 若P_n是H到由e_n张成的线性子空间上的投影算子，则$T=\sum\limits_{n=1}^{\infty}\lambda_n P_n$.

(3) 若 0 不是 T 的特征值，则 $\{e_n\}$ 是 H 的规范正交基.

证明 (1) 不妨设 $T\neq\theta$，M、m 如定理 7.2.8 所述. 若 $\lambda_1\in\{M,m\}$，$|\lambda_1|=\max\{|M|,|m|\}=\|T\|$，则由定理 7.2.9，$\lambda_1$ 是特征值，设 e_1 是相应的规范特征向量，即 $\|e_1\|=1$，$Te_1=\lambda_1e_1$. 令 $E_1=\mathrm{span}\{e_1\}$，$H_1=e_1^{\perp}$. 则 E_1，H_1 是 H 的闭线性子空间. 由于 $x\in H_1$ 时有

$$\langle Tx,e_1\rangle=\langle x,Te_1\rangle=\lambda_1\langle x,e_1\rangle=0.$$

即 $Tx\in H_1$，故 $T(H_1)\subset H_1$. 注意到 H_1 仍是 Hilbert 空间，定义 $T_1=T|_{H_1}$，则 T_1 仍是 H_1 上的紧自共轭算子. 对任意 $x\in H$，应用投影定理得 $x=x_1+x_2$，其中 $x_1\in E_1$，$x_2\in H_1$. 若 $T_1=\theta$，则

$$Tx=Tx_1+Tx_2=Tx_1=\lambda_1x_1=\lambda_1\langle x_1,e_1\rangle e_1=\lambda_1\langle x,e_1\rangle e_1.$$

若 $T_1\neq\theta$，按定理 7.2.9，可取 λ_2 是 T_1 的特征值，使 $|\lambda_2|=\|T_1\|>\theta$，此时 $|\lambda_1|=\|T\|\geqslant\|T|_{H_1}\|=\|T_1\|=|\lambda_2|$. 设 $e_2\in H_1$，$\|e_2\|=1$，$T_1e_2=\lambda_2e_2$. 令 $E_2=\mathrm{span}\{e_1,e_2\}$，$H_2=E_2^{\perp}$. 此时同样有 $T(H_2)\subset H_2$. 若 $T_2=T_1|_{H_2}=\theta$，类似前面的证明可得

$$Tx=\lambda_1\langle x,e_1\rangle e_1+\lambda_2\langle x,e_2\rangle e_2,\quad x\in H.$$

若 $T_2\neq\theta$，继续以上过程作出 $T_3,T_4,\cdots$；若在有限次之后有 $T_n=\theta$，则

$$Tx=\sum_{i=1}^{n}\lambda_i\langle x,e_i\rangle e_i.$$

定理 7.2.10(1)得证. 否则有 $\{\lambda_n\}$ 可列，且 $|\lambda_n|\geqslant|\lambda_{n+1}|$，$\forall n\in\mathbb{Z}^+$. 此时设 λ_n 对应的规范特征向量为 e_n，$E_n=\mathrm{span}\{e_1,e_2,\cdots,e_n\}$，$H_n=E_n^{\perp}$. 则 $\{e_n\}$ 两两正交. 若 $\lambda_n\to0$ 不成立，则 $\{\lambda_n\}$ 必有子列 $\{\lambda_{n_k}\}$ 使 $|\lambda_{n_k}|\geqslant\delta>0$，$\forall k\in\mathbb{Z}^+$. 由于 $Te_{n_k}\perp Te_{n_j}$ $(j\neq k)$，因而

$$\|Te_{n_k}-Te_{n_j}\|^2=\|Te_{n_k}\|^2+\|Te_{n_j}\|^2=|\lambda_{n_k}|^2+|\lambda_{n_j}|^2\geqslant2\delta^2>0.$$

这与 T 的紧性矛盾. 因此，$\lambda_n\to0$.

现设 $E_0=\overline{\mathrm{span}\{e_n\}_{n=1}^{\infty}}$，$H_0=E_0^{\perp}$. 则必有 $T|_{H_0}=\theta$. 事实上，若 $x\in H_0$，则 $x\perp E_0$，于是 $x\perp E_n$，有 $x\in H_n(\forall n\in\mathbb{Z}^+)$. 从而由 $T(H_n)\subset H_n$ 得

$$\langle Tx,x\rangle=\langle T|_{H_n}x,x\rangle\leqslant\|T|_{H_n}\|\|x\|^2=|\lambda_{n+1}|\|x\|^2\to0.$$

即任意 $x\in H_0$，有 $\langle Tx,x\rangle=0$. 将 T 看作 Hilbert 空间 H_0 上的自共轭算子 $T|_{H_0}$，则由定理 7.2.8 推论得 $T|_{H_0}=\theta$. 于是任意 $x\in H$，令 $x=e_0+h$，其中 $e_0\in E_0$，$h\in H_0$. 则

$$\begin{aligned}Tx&=Te_0+Th=T\left(\sum_{n=1}^{\infty}\langle e_0,e_n\rangle e_n\right)+\theta=\sum_{n=1}^{\infty}\langle e_0,e_n\rangle Te_n\\&=\sum_{n=1}^{\infty}\lambda_n\langle e_0,e_n\rangle e_n=\sum_{n=1}^{\infty}\lambda_n\langle x,e_n\rangle e_n.\end{aligned}$$

(2) 设 P_n 是从 H 到由 e_n 张成的线性子空间 E_n 上的正交投影算子，则 P_n 的非零特征值为 1，$P_nx=\langle P_nx,e_n\rangle e_n=\langle x,P_ne_n\rangle e_n=\langle x,e_n\rangle e_n$. 若 T 的非零特征值 $\lambda_1,\lambda_2,\cdots,\lambda_n$ 只有有限多个，则

$$Tx=\sum_{i=1}^{n}\lambda_i\langle x,e_i\rangle e_i=\left(\sum_{i=1}^{n}\lambda_iP_i\right)x.$$

于是 $T=\sum_{i=1}^{n}\lambda_i P_i$. 若 T 的非零特征值集$\{\lambda_n\}$可列，则由(1)及 Bessel 不等式得

$$\left\|T-\sum_{i=1}^{n}\lambda_i P_i\right\|^2=\sup_{\|x\|=1}\left\|Tx-\sum_{i=1}^{n}\lambda_i P_i x\right\|^2=\sup_{\|x\|=1}\left\|\sum_{i=n+1}^{\infty}\lambda_i\langle x,e_i\rangle e_i\right\|^2$$

$$\leqslant\sup_{\|x\|=1}\sum_{i=n+1}^{\infty}|\lambda_i|^2|\langle x,e_i\rangle|^2$$

$$\leqslant|\lambda_{n+1}|^2\sup_{\|x\|=1}\sum_{i=n+1}^{\infty}|\langle x,e_i\rangle|^2\leqslant|\lambda_{n+1}|^2\to 0.$$

故 $T=\lim\limits_{n\to\infty}\sum_{i=1}^{n}\lambda_i P_i=\sum_{i=1}^{\infty}\lambda_i P_i$.

(3) 若 0 不是 T 的特征值，则 T 必是单射. 设 $x\in H$，$x\perp e_n\,(n\in\mathbb{Z}^+)$，则 $Tx=\sum_{n=1}^{\infty}\lambda_n\langle x,e_n\rangle e_n=\theta$. 由此得到 $x=\theta$. 因此$\{e_n\}$是 H 的规范正交基. 证毕.

例 7.2.6 对于 Fredholm 积分方程

$$x(t)=\lambda\int_0^1 K(t,s)x(s)\mathrm{d}s+y(t). \tag{7.2.7}$$

其中，$K(t,s)$在$[a,b]\times[a,b]$上平方可积，$K(s,t)=\overline{K(t,s)}$，$y\in L^2[a,b]$，$\lambda\neq 0$，且对 $x\in L^2[a,b]$，当 $x\neq\theta$ 时有 $\int_0^1 K(t,s)x(s)\mathrm{d}s\neq\theta$. 式(7.2.7)可简记为

$$(I-\lambda T)x=y, \tag{7.2.8}$$

其中，$Tx(t)=\int_0^1 K(t,s)x(s)\mathrm{d}s$，$\forall x\in L^2[a,b]$.

容易知道，T 是紧算子(参见例 5.2.7)，当 $K(s,t)=\overline{K(t,s)}$时，T 是自共轭的(参见例 5.1.2). 现设 $T\neq\theta$. 由于 T 是紧的，据择一定理，要么式(7.2.8)对任何 $y\in L^2[a,b]$有唯一解，要么齐次方程$(I-\lambda T)x=\theta$ 有非零解.

按定理 7.2.10，至多可数多个 λ_n 为 T 的特征值. 设相应于 λ_n 的规范特征值向量为 φ_n. 由题设可知 0 不是 T 的特征值. 则$\{\varphi_n\}$就是规范正交基，且

$$Tx=\sum_{n=1}^{\infty}\langle Tx,\varphi_n\rangle\varphi_n=\sum_{n=1}^{\infty}\lambda_n\langle x,\varphi_n\rangle\varphi_n,\quad\forall x\in L^2[a,b],$$

其中，级数按 $L^2[a,b]$中范数收敛. 将式(7.2.8)两端关于 φ_n 取内积得

$$(1-\lambda\lambda_n)\langle x,\varphi_n\rangle=\langle y,\varphi_n\rangle.$$

在第一种情况下，对每个 $\lambda_n\neq\lambda^{-1}$，有$\langle x,\varphi_n\rangle=(1-\lambda\lambda_n)^{-1}\langle y,\varphi_n\rangle$. 所以 $x=\sum_{n=1}^{\infty}\langle x,\varphi_n\rangle\varphi_n=\sum_{n=1}^{\infty}(1-\lambda\lambda_n)^{-1}\langle y,\varphi_n\rangle\varphi_n$ 是方程(7.2.8)的解.

在第二种情况下，λ^{-1} 为 T 的特征值，由定理 7.2.4(4)可知相应于 λ^{-1} 的特征向量空间是有限维的，对应地有有限个 λ_n 使 $\lambda_n\lambda=1$ 且$\langle y,\varphi_n\rangle=0$. 直接验证表明，形如

$$x=\sum_{\lambda\lambda_n=1}c_n\varphi_n+\sum_{\lambda\lambda_n\neq 1}(1-\lambda\lambda_n)^{-1}\langle y,\varphi_n\rangle\varphi_n$$

的函数都是方程(7.2.8)的解，其中 c_n 是任意常数.

以下利用紧线性算子的谱继续讨论紧线性算子的结构，这方面的结果是 Fredholm-Riesz-Schauder 理论的继续.

定义 7.2.2

设 X 是 Banach 空间，$S\in\mathcal{B}(X)$. 则

$$\{\theta\}=\mathcal{N}(S^0)\subset\mathcal{N}(S)\subset\mathcal{N}(S^2)\subset\cdots$$

$$X=\mathcal{R}(S^0)\supset\mathcal{R}(S)\supset\mathcal{R}(S^2)\supset\cdots$$

使得$\mathcal{N}(S^p)=\mathcal{N}(S^{p+1})$的最小非负整数 p 称为 S 的**零链长**；使得$\mathcal{R}(S^q)=\mathcal{R}(S^{q+1})$的最小非负整数 q 称为 S 的**像链长**. 设 $\lambda\in\sigma_p(S)$. λ 的特征子空间$\mathcal{N}(\lambda I-S)$的维数称为特征值 λ 的**几何重数**；子空间$\bigcup\limits_{n=1}^{\infty}\mathcal{N}(\lambda I-S)^n=\{x\in X: \exists n\in\mathbb{Z}^+, (\lambda I-S)^n x=\theta\}$的维数称为特征值 λ 的**代数重数**.

显然特征值 λ 的代数重数大于或等于 λ 的几何重数.

引理 7.2.11

设 X 是 Banach 空间，$T\in\mathcal{C}(X)$，$\lambda\in\sigma_p(T)$，且 $\lambda\neq 0$，p 与 q 分别为 $\lambda I-T$ 的零链长与像链长. 则 $p=q<\infty$，从而 λ 有有限的代数重数，即 $\dim\mathcal{N}(\lambda I-T)^p<\infty$.

证明　(阅读)先证 $p<\infty$. 记 $X_n=\mathcal{N}(\lambda I-T)^n$. 假设不存在 n，使得 $X_n=X_{n+1}$，即 X_{n-1} 是 X_n 的真闭子空间. 由 Riesz 引理，存在 $x_n\in X_n$，$\|x_n\|=1$，对 $\forall x\in X_{n-1}$，有

$$\|x_n-x\|\geqslant 1/2. \tag{7.2.9}$$

设 $m<n$，则有

$$Tx_m-Tx_n=-\lambda x_n-[(\lambda I-T)x_m-\lambda x_m-(\lambda I-T)x_n].$$

记 $y=(\lambda I-T)x_m-\lambda x_m-(\lambda I-T)x_n$，注意到 $y\in X_{n-1}$，由 $\lambda\neq 0$ 和式(7.2.9)，得

$$\|Tx_m-Tx_n\|=|\lambda|\ \|x_n+y/\lambda\|\geqslant|\lambda|/2>0.$$

这与$\{Tx_n\}$中应当有收敛的子列相矛盾. 因此存在 n，使得 $X_n=X_{n+1}$. 从而存在最小的 p，使得 $X_p=X_{p+1}$，$p<\infty$.

再证 $q<\infty$. 记 $Y_n=\mathcal{R}(\lambda I-T)^n$. 假设不存在 n，使得 $Y_n=Y_{n+1}$. 由于 Y_{n+1} 是 Y_n 的真闭子空间，由 Riesz 引理，存在 $y_n\in Y_n$，$\|y_n\|=1$，对 $\forall y\in Y_{n+1}$，有

$$\|y_n-y\|\geqslant 1/2. \tag{7.2.10}$$

设 $m>n$，则有

$$Ty_m-Ty_n=-\lambda y_n-[(\lambda I-T)y_m-\lambda y_m-(\lambda I-T)y_n].$$

记 $x=(\lambda I-T)y_m-\lambda y_m-(\lambda I-T)y_n$，注意到 $x\in Y_{n+1}$，由 $\lambda\neq 0$ 和式(7.2.10)，得

$$\|Ty_m-Ty_n\|=|\lambda|\ \|y_n+x/\lambda\|\geqslant|\lambda|/2>0,$$

这与$\{Ty_n\}$中应当有收敛的子列相矛盾. 因此存在 n，使得 $Y_n=Y_{n+1}$. 从而存在最小的 q，使得 $Y_q=Y_{q+1}$，$q<\infty$.

为了证 $p=q$，先证 $q\geqslant p$. 由于 $Y_{q+1}=Y_q$，即$(\lambda I-T)Y_q=Y_q$，故对于 $\forall y\in Y_q$，存在 $x\in Y_q$，使得

$$y=(\lambda I-T)x. \tag{7.2.11}$$

于是必有

$$x\in Y_q\cap\mathcal{N}(\lambda I-T)\ \text{蕴涵}\ x=\theta. \tag{7.2.12}$$

事实上，若式(7.2.12)不成立，则存在 $x_1\neq\theta$，$x_1\in Y_q$ 且$(\lambda I-T)x_1=\theta$. 对于 $x_1\neq\theta$，由

式(7.2.11)可知存在 $x_2\in Y_q$，使得 $x_1=(\lambda I-T)x_2$，从而对于任意的 n，得

$$\theta\neq x_1=(\lambda I-T)x_2=(\lambda I-T)^2x_3=\cdots=(\lambda I-T)^{n-1}x_n$$

但是 $\theta=(\lambda I-T)x_1=(\lambda I-T)^n x_n$，即 $x_n\notin X_{n-1}$，$x_n\in X_n$. 于是对任意的 n，X_{n-1} 是 X_n 的真子空间，与 $p<\infty$ 矛盾. 因此式(7.2.12)成立. 下面证明 $X_{q+1}=X_q$. 假设它不成立，则存在 x_0 使得 $(\lambda I-T)^q x_0\neq\theta$，但 $(\lambda I-T)^{q+1}x_0=\theta$. 记 $y=(\lambda I-T)^q x_0$，则 $y\in Y_q$，$y\neq\theta$，$(\lambda I-T)y=\theta$，这与式(7.2.12)矛盾，于是 $X_{q+1}=X_q$. 由于 p 是使这个等式成立的最小整数，故有 $q\geqslant p$.

最后来证明 $q\leqslant p$. 当 $q=0$ 时结论显然成立，下设 $q>0$. 由于 Y_{q-1} 真包含 Y_q，故存在 $y\in Y_{q-1}$，$y\notin Y_q$. 由于 $y\in Y_{q-1}$，故存在 $x\in X$ 使得 $y=(\lambda I-T)^{q-1}x$；由于 $Y_q=Y_{q+1}$，$(\lambda I-T)y\in Y_q=Y_{q+1}$，故存在 z，使得 $(\lambda I-T)y=(\lambda I-T)^{q+1}z$；由于 $y\notin Y_q$，故

$$(\lambda I-T)^{q-1}(x-(\lambda I-T)z)=y-(\lambda I-T)^q z\neq\theta.$$

这表明 $(x-(\lambda I-T)z)\notin X_{q-1}$. 但是关系式

$$(\lambda I-T)^q(x-(\lambda I-T)z)=(\lambda I-T)y-(\lambda I-T)y=\theta$$

表明 $(x-(\lambda I-T)z)\in X_q$. 由此可知 $q\leqslant p$. 证毕.

定理 7.2.12

设 X 是 Banach 空间，$T\in\mathcal{C}(X)$，$\lambda\in\sigma_p(T)$，且 $\lambda\neq 0$，q 为 $\lambda I-T$ 的零链长(或像链长). 则 $X=\mathcal{N}(\lambda I-T)^q\oplus\mathcal{R}(\lambda I-T)^q$，且 $\lambda I-T$ 在 $\mathcal{R}(\lambda I-T)^q$ 上的限制 $S\equiv(\lambda I-T)|_{\mathcal{R}(\lambda I-T)^q}$ 的逆算子有界.

证明 (阅读)记 $X_n=\mathcal{N}(\lambda I-T)^n$，$Y_n=\mathcal{R}(\lambda I-T)^n$. 对 $\forall x\in X$，令 $z=(\lambda I-T)^q x$，则 $z\in Y_q$. 由引理 7.2.11，$Y_q=Y_{2q}$，$z\in Y_{2q}$. 于是存在 $x_1\in X$，使得 $z=(\lambda I-T)^{2q}x_1$，记 $x_0=(\lambda I-T)^q x_1$，则 $x_0\in Y_q$；从而有

$$(\lambda I-T)^q x_0=(\lambda I-T)^{2q}x_1=z=(\lambda I-T)^q x.$$

即 $(\lambda I-T)^q(x-x_0)=\theta$. 于是 $x=(x-x_0)+x_0$，$x-x_0\in X_q$，$x_0\in Y_q$.

下面证明分解的唯一性. 如果存在 y_0，使得 $x=(x-y_0)+y_0$，$x-y_0\in X_q$，$y_0\in Y_q$. 记 $z_0=x_0-y_0$. 则存在 y 使得 $z_0=(\lambda I-T)^q y$，且

$$z_0=x-y_0-(x-x_0)\in X_q.$$

于是 $(\lambda I-T)^q z_0=\theta$，且 $(\lambda I-T)^{2q}y=(\lambda I-T)^q z_0=\theta$，即 $y\in X_{2q}$. 由于 $X_q=X_{2q}$，故 $y\in X_q$，$z_0=(\lambda I-T)^q y=\theta$. 于是 $x_0=y_0$，唯一性得证.

由于 X_q 是有限维的，Y_q 是闭的，故直和为拓扑直和，$X=X_q\oplus Y_q$.

最后证明 S 的逆算子是有界的. 事实上，因为 $Y_q=Y_{q+1}$，故 S 是满射. 设 $y\in Y_q$，且 $Sy=\theta$. 则存在 x，使得 $y=(\lambda I-T)^q x$，且 $x\in\mathcal{N}(\lambda I-T)^{q+1}=\mathcal{N}(\lambda I-T)^q$，即 $y=(\lambda I-T)^q x=\theta$. 于是 S 是单射，逆算子存在. 由于 Y_q 是闭的，由逆算子定理可知 S 的逆算子有界. 证毕.

7.3 符号演算与谱分解

设 X 是复数域$\mathbb{C}$上有单位元 e 的 Banach 代数，$x\in X$. 先来看符号演算的简单例子. 设 $\lambda,\mu\in\rho(x)$. 由定理 7.1.3(1)可知

$$(\lambda e-x)^{-1}-(\mu e-x)^{-1}=(\mu-\lambda)(\lambda e-x)^{-1}(\mu e-x)^{-1}. \tag{7.3.1}$$

式(7.3.1)与数值等式 $1/(\lambda-z)-1/(\mu-z)=(\mu-\lambda)/[(\lambda-z)(\mu-z)](z\in\mathbb{C})$ 非常类似，可以认为将此式中的复变量 z 换成向量 x 就得到了式(7.3.1). 设

$$f(z)=a_0+a_1z+\cdots+a_nz^n,\quad z\in\mathbb{C}$$

是$\mathbb{C}$上的多项式，则 $f(x)$ 有确定的意义，因为

$$f(x)=a_0e+a_1x+\cdots+a_nx^n$$

是 X 中确定的元素. 另一个例子来自定理 7.1.6. 设复变量幂级数 $\sum\limits_{n=0}^{\infty}a_nz^n$ 的收敛半径为 r_0. 若谱半径 $r(x)<r_0$，则 $\sum\limits_{n=0}^{\infty}a_nx^n$ 是 X 中确定的元素. 这些例子都启发我们考虑如何或者说在什么条件下从一个一般的解析函数得到一个向量函数的问题，我们称此问题为符号演算问题. 利用符号演算，我们将导出重要的谱映射定理.

为解决此问题，我们要做些准备工作. 仿照复变函数论中沿曲线 Riemann 积分定义，我们给出向量值函数沿曲线积分的概念.

设 L 是复平面$\mathbb{C}$上任一可求长曲线，$x(t)$是定义于 L 取值于 X 的向量值函数，在 L 上依次取分点 $t_0,t_1,\cdots,t_n$，其中 t_0 与 t_n 分别是 L 的起点与终点，构成 L 的一个分割，记为 Δ. 任取 ξ_i 为介于 t_{i-1} 与 t_i 之间的点，并记 $|\Delta|=\max\limits_{1\leqslant i\leqslant n}|t_i-t_{i-1}|$，则用通常"分割、求和、取极限"的方法可定义 $x(t)$ 沿 L 的积分

$$\int_L x(t)\mathrm{d}t=\lim_{|\Delta|\to 0}\sum_{i=1}^{n}x(\xi_i)(t_i-t_{i-1}). \tag{7.3.2}$$

用类似于复变函数论的方法不难证明，当 $x(t)$ 在 L 上连续时，$\int_L x(t)\mathrm{d}t$ 必存在(也可参见定理 8.1.2 类似的证明).

现设 Ω 是复平面$\mathbb{C}$上的非空开集(一般不要求是区域)，称 Ω 内任一围绕某集 E 的简单闭曲线 L 为围道，其方向规定为行进时保持集 E 在左手边. 将在 Ω 内解析的函数全体记为 $H(\Omega)$(由于 Ω 未必是连通的，Ω 内的解析函数有时确切地称为**局部解析函数**). 设 $f(z)\in H(\Omega)$，则 $f(z)$ 有如下的 Cauchy 公式表示(L 是围绕点 z 的任一围道)：

$$f(z)=\frac{1}{2\pi\mathrm{i}}\int_L\frac{f(t)}{t-z}\mathrm{d}t. \tag{7.3.3}$$

令 $X_\Omega=\{x\in X:\sigma(x)\subset\Omega\}$，$x\in X_\Omega$. 现在的问题是，可否将向量函数 $f(x)$ 定义为

$$f(x)=\frac{1}{2\pi\mathrm{i}}\int_L f(t)(te-x)^{-1}\mathrm{d}t. \tag{7.3.4}$$

其中，L 是 Ω 中任一围绕 $\sigma(x)$ 的围道.

回答是肯定的，即式(7.3.4)是可以定义的，其合理性分述如下.

(1) 式(7.3.4)右端的积分存在.

因为 $\sigma(x)$ 是开集 Ω 内的紧子集，Ω 内必存在围绕 $\sigma(x)$ 的围道，根据定理 7.1.3(2)可知 $(\lambda e-x)^{-1}$ 对 $\lambda\in\rho(x)$ 是连续的. 于是式(7.3.4)右端被积函数在 L 上连续，所以积分存在.

(2) 式(7.3.4)右端积分不依赖 L 的选择.

事实上，对任意 $y^* \in X^*$ 与任意 $x \in X$，由式(7.3.2)可知，函数

$$y^*\left(\int_L f(t)(te-x)^{-1}\mathrm{d}t\right)=\int_L f(t)y^*((te-x)^{-1})\mathrm{d}t.$$

作为 $\Omega\backslash\sigma(x)$ 中的解析函数与积分路径 L 的选择无关，其中 $y^*((te-x)^{-1})$ 的解析性可由 von Neumann 定理得出. 于是利用 y^* 的任意性与 Hahn-Banach 定理可知，向量函数积分不依赖 L 的选择.

(3) 验证式(7.3.4)当 $\Omega=\{z: |z|<r_0\}$ 时成立.

事实上，取 $L=\{z: |z|=r\}$，其中 $0<r<r_0$，使 $\sigma(x)\subset\{z: |z|\leqslant r\}$. 设 $f(z)$ 为 Ω 内解析函数，则 $f(z)$ 有 Taylor 展式 $f(z)=\sum\limits_{n=0}^{\infty}\dfrac{f^{(n)}(0)}{n!}z^n$. 由定理 7.1.6 得

$$f(x)=\sum_{n=0}^{\infty}\frac{f^{(n)}(0)}{n!}x^n. \tag{7.3.5}$$

依次应用 von Neumann 定理与 Cauchy 高阶导数公式及式(7.3.5)，得

$$\begin{aligned}\frac{1}{2\pi\mathrm{i}}\int_L f(t)(te-x)^{-1}\mathrm{d}t&=\frac{1}{2\pi\mathrm{i}}\int_L f(t)\sum_{n=0}^{\infty}\frac{x^n}{t^{n+1}}\mathrm{d}t\\&=\sum_{n=0}^{\infty}\left[\frac{1}{2\pi\mathrm{i}}\int_L\frac{f(t)}{t^{n+1}}\mathrm{d}t\right]x^n=\sum_{n=0}^{\infty}\frac{f^{(n)}(0)}{n!}x^n=f(x).\end{aligned}$$

(4) 式(7.3.4)中的 $f(x)$ 的确是 $f(z)$ 的扩张.

令等距嵌入 $\Psi: \mathbb{C}\to X$ 使 $\Psi(z)=ze$，则此嵌入保持乘法运算. 不妨认为 $\mathbb{C}\subset X$，即把 z 与 ze 视为相同，显然 $\sigma(ze)=\{z\}$. 因此，可认为 $\Omega\subset X_\Omega$. 于是对任意 $z\in\Omega$，在 Ω 内取任一围绕 z 的围道 L，得到

$$f(ze)=\frac{1}{2\pi\mathrm{i}}\int_L f(t)(te-ze)^{-1}\mathrm{d}t=\left[\frac{1}{2\pi\mathrm{i}}\int_L\frac{f(t)}{t-z}\mathrm{d}t\right]e=f(z)e.$$

由此，我们引入下列定义：

定义 7.3.1

设 X 是有单位元 e 的复 Banach 代数，Ω 是复平面 $\mathbb{C}$ 上的非空开集，$H(\Omega)$ 表示 Ω 内局部解析函数全体，$X_\Omega=\{x\in X: \sigma(x)\subset\Omega\}$. 任给 $f(z)\in H(\Omega)$，$x\in X_\Omega$，取 Ω 内任一围绕 $\sigma(x)$ 的围道 L，定义

$$f(x)=\frac{1}{2\pi\mathrm{i}}\int_L f(t)(te-x)^{-1}\mathrm{d}t.$$

则得到一个从 X_Ω 到 X 的函数 $f(x)$，$f(x)$ 称为 $f(z)$ 的**解析扩张**或**解析演算**.

现在考虑这样的问题：$f(x)$ 继承了 $f(z)$ 的哪些性质？

定理 7.3.1

设 X 是有单位元 e 的复 Banach 代数，Ω, Ω_1 是复平面 $\mathbb{C}$ 上的非空开集，$f(z), g(z)\in H(\Omega)$；$f(\Omega)\subset\Omega_1$，$h(z)\in H(\Omega_1)$，$h(f(z))=h\circ f(z)\in H(\Omega)$；且 $x\in X_\Omega=\{x\in X: \sigma(x)\subset\Omega\}$. 则

(1) $(f+g)(x)=f(x)+g(x)$.

(2) $(fg)(x)=f(x)g(x)=g(x)f(x)$.

(3) $(h\circ f)(x)=h(f(x))$.

定理 7.3.1 的意义在于,若有一个解析函数恒等式 $F(f_1(z),f_2(z))=0$ 是由 f_1,f_2 经加法,乘法及复合构成,则对于 X 中适当的元素 x,有相应的恒等式成立:

$$F(f_1(x),f_2(x))=\theta.$$

例如,从 $\sin^2 z+\cos^2 z=1, \mathrm{e}^z\mathrm{e}^{-z}=1$ 等,直接可得出 $\sin^2 x+\cos^2 x=e, \mathrm{e}^x\mathrm{e}^{-x}=e$ 等.

定理 7.3.2(**谱映射定理**)

设 X 是有单位元 e 的复 Banach 代数,$x\in X_\Omega=\{x\in X: \sigma(x)\subset\Omega\}$, $f(z)\in H(\Omega)$. 则

$$f(\sigma(x))=\sigma(f(x)).$$

谱映射定理很有用,它使我们可以通过较简单的元素 x 的谱的讨论来研究较复杂的元素 $f(x)$的谱.

定理 7.3.1 与定理 7.3.2 的证明 证明(1) 在 Ω 内取围道 L 围绕 $\sigma(x)$,则

$$\begin{aligned}(f+g)(x)&=\frac{1}{2\pi\mathrm{i}}\int_L[f(t)+g(t)](te-x)^{-1}\mathrm{d}t\\&=\frac{1}{2\pi\mathrm{i}}\int_L f(t)(te-x)^{-1}\mathrm{d}t+\frac{1}{2\pi\mathrm{i}}\int_L g(t)(te-x)^{-1}\mathrm{d}t=f(x)+g(x).\end{aligned}$$

证明(2) 取围道 L_0 围绕 $\sigma(x)$, 即 $\sigma(x)$位于 L_0 的内域; 并取围道 L 使 $\sigma(x)$与 L_0 位于 L 的内域. 则

$$f(x)=\frac{1}{2\pi\mathrm{i}}\int_{L_0}f(t)(te-x)^{-1}\mathrm{d}t,\quad g(x)=\frac{1}{2\pi\mathrm{i}}\int_L g(u)(ue-x)^{-1}\mathrm{d}u.$$

由式(7.3.1)得

$$\begin{aligned}f(x)g(x)&=\frac{1}{2\pi\mathrm{i}}\int_{L_0}f(t)(te-x)^{-1}\mathrm{d}t\cdot\frac{1}{2\pi\mathrm{i}}\int_L g(u)(ue-x)^{-1}\mathrm{d}u\\&=\frac{1}{(2\pi\mathrm{i})^2}\int_{L_0}f(t)\mathrm{d}t\int_L g(u)(te-x)^{-1}(ue-x)^{-1}\mathrm{d}u\\&=\frac{1}{(2\pi\mathrm{i})^2}\int_{L_0}f(t)\mathrm{d}t\int_L g(u)\frac{(te-x)^{-1}-(ue-x)^{-1}}{u-t}\mathrm{d}u.\end{aligned}\tag{7.3.6}$$

由 Cauchy 公式,有

$$\begin{aligned}J_1&=\frac{1}{(2\pi\mathrm{i})^2}\int_{L_0}f(t)\mathrm{d}t\int_L g(u)\frac{(te-x)^{-1}}{u-t}\mathrm{d}u\\&=\frac{1}{2\pi\mathrm{i}}\int_{L_0}f(t)(te-x)^{-1}\left[\frac{1}{2\pi\mathrm{i}}\int_L\frac{g(u)}{u-t}\mathrm{d}u\right]\mathrm{d}t\\&=\frac{1}{2\pi\mathrm{i}}\int_{L_0}f(t)g(t)(te-x)^{-1}\mathrm{d}t=(fg)(x).\end{aligned}$$

由 Cauchy 定理,有

$$\begin{aligned}J_2&=\frac{1}{(2\pi\mathrm{i})^2}\int_{L_0}f(t)\mathrm{d}t\int_L g(u)\frac{(ue-x)^{-1}}{u-t}\mathrm{d}u\\&=\frac{1}{(2\pi\mathrm{i})^2}\int_L g(u)(ue-x)^{-1}\left[\int_{L_0}\frac{f(t)}{u-t}\mathrm{d}t\right]\mathrm{d}u=\theta.\end{aligned}$$

所以, 由式(7.3.6)得 $f(x)g(x)=J_1-J_2=(fg)(x)-\theta=(fg)(x)$. 由于积分不依赖围

绕 $\sigma(x)$ 的围道的选择，由

$$g(x)=\frac{1}{2\pi i}\int_{L_0} g(u)(ue-x)^{-1}\mathrm{d}u \quad 与 \quad f(x)=\frac{1}{2\pi i}\int_{L} f(t)(te-x)^{-1}\mathrm{d}t.$$

同理可证 $(fg)(x)=g(x)f(x)$.

证明谱映射定理　设 $\alpha\in\sigma(x)$. 以下证明 $f(\alpha)\in\sigma(f(x))$. 假设 $f(\alpha)\notin\sigma(f(x))$. 令 $\varphi(z)=\dfrac{f(z)-f(\alpha)}{z-\alpha}$. 因为 f 是解析的，故 $\varphi(z)\in H(\Omega)$，从而由 $(\alpha-z)\varphi(z)=f(\alpha)-f(z)$ 得到 $(\alpha e-x)\varphi(x)=f(\alpha)e-f(x)$. 由于 $f(\alpha)\notin\sigma(f(x))$，故

$$(\alpha e-x)\varphi(x)[f(\alpha)e-f(x)]^{-1}=e.$$

这表明 $\alpha e-x$ 可逆，因此 $\alpha\notin\sigma(x)$，矛盾. 所以 $f(\alpha)\in\sigma(f(x))$，由此得到

$$f(\sigma(x))\subset\sigma(f(x)). \tag{7.3.7}$$

再设 $\alpha\in\sigma(f(x))$，以下证明 $\alpha\in f(\sigma(x))$. 假设 $\alpha\notin f(\sigma(x))$，令 $g(z)=(\alpha-f(z))^{-1}$，则当 $z\in\sigma(x)$ 时，$g(z)\neq\infty$. 于是 $g(z)$ 必在包含紧集 $\sigma(x)$ 的某个开集 U 上解析，即 $g(z)\in H(U)$. 由于 $(\alpha-f(z))g(z)=1$，故 $(\alpha e-f(x))g(x)=e$，即

$$g(x)=[\alpha e-f(x)]^{-1}.$$

这表明 $\alpha\notin\sigma(f(x))$，矛盾. 所以 $\alpha\in f(\sigma(x))$，由此得到

$$\sigma(f(x))\subset f(\sigma(x)). \tag{7.3.8}$$

由式(7.3.7)与式(7.3.8)即得 $\sigma(f(x))=f(\sigma(x))$.

证明(3)　应用谱映射定理，因 $\sigma(f(x))=f(\sigma(x))$，且 $f(\Omega)\subset\Omega_1$，故 $\sigma(f(x))$ 是 Ω_1 的紧子集，因此可在 Ω_1 中取围绕 $\sigma(f(x))$ 的围道 L_1，设 L_1 围绕 $f(L)$，其中 L 是 Ω 中围绕 $\sigma(x)$ 的围道.

因为 $f(z)g(z)=g(z)f(z)$，故由(2)得，$f(x)g(x)=g(x)f(x)$，即 $f(x)$ 与 $g(x)$ 是可交换的. 若 $f(z)\neq 0(\forall z\in\Omega)$，则从 $f(z)\cdot\dfrac{1}{f(z)}=1$ 得到 $(1/f)(x)=[f(x)]^{-1}$，于是同样地由 $(u-f(z))^{-1}=\dfrac{1}{2\pi i}\displaystyle\int_L\dfrac{(t-z)^{-1}}{u-f(t)}\mathrm{d}t$ 可得 $[ue-f(x)]^{-1}=\dfrac{1}{2\pi i}\displaystyle\int_L\dfrac{(te-x)^{-1}}{u-f(t)}\mathrm{d}t$. 因此，利用 Cauchy 公式得

$$\begin{aligned}
h(f(x))&=\frac{1}{2\pi i}\int_{L_1} h(u)[ue-f(x)]^{-1}\mathrm{d}u\\
&=\frac{1}{2\pi i}\int_{L_1} h(u)\left[\frac{1}{2\pi i}\int_L\frac{(te-x)^{-1}}{u-f(t)}\mathrm{d}t\right]\mathrm{d}u\\
&=\frac{1}{2\pi i}\int_{L}(te-x)^{-1}\left[\frac{1}{2\pi i}\int_{L_1}\frac{h(u)}{u-f(t)}\mathrm{d}u\right]\mathrm{d}t\\
&=\frac{1}{2\pi i}\int_{L} h(f(t))(te-x)^{-1}\mathrm{d}t=(h\circ f)(x).
\end{aligned}$$

证毕.

例 7.3.1　在例 7.2.2 中求得有界线性算子 T 的谱为 $\sigma(T)=\{z:|z|\leqslant 1\}$，应用谱映射定理可知，对任何正整数 n，有 $\sigma(T^n)=\{z:|z|\leqslant 1\}$. 在例 7.2.3 中求得有界线性算子 T 的谱为 $\sigma(T)=[a,b]$，应用谱映射定理，$\sigma(\sin T)=\{\sin u: u\in[a,b]\}$，其中 $S=\sin T$ 是由 $(Sx)(t)=(\sin t)x(t)$ 定义的算子.

应用上述符号演算及谱的理论,可以对复 Banach 空间及其上的有界线性算子进行分解.

在线性代数中,我们知道若 X 是 n 维的,$T\in\mathcal{B}(X)$关于 X 的某个基的矩阵(仍记为 T)为对角分块形

$$T=\operatorname{diag}(T_1,T_2,\cdots,T_k),$$

则有空间 X 的直和分解及算子 T 的相应分解:

$$X=X_1\oplus X_2\oplus\cdots\oplus X_k,\quad T=T_1\oplus T_2\oplus\cdots\oplus T_k.$$

这里 $T_i\oplus T_j(i\neq j)$的含义是 $T_j(X_i)=\{\theta\}$且 $T_i(X_j)=\{\theta\}$. $T_i(1\leqslant i\leqslant k)$可看作 X_i 上的线性算子,因而具有较简单的结构,$T_iX_i\subset X_i$. 因此上述分解式能有效地反映 T 的特性.

在一般复 Banach 空间中,可得到与线性代数中上述分解类似的结果.

定理 7.3.3

设 X 复 Banach 空间,$T\in\mathcal{B}(X)$,$\sigma(T)=\bigcup\limits_{i=1}^{n}\sigma_i$,$n\geqslant 2$. 其中$\{\sigma_i\}_{i=1}^n$是 n 个非空闭集,且存在 n 个开集$\{\Omega_i\}_{i=1}^n$ 使$\{\overline{\Omega_i}\}_{i=1}^n$ 互不相交,$\sigma_i\subset\Omega_i(i=1,2,\cdots,n)$. 则存在 X 的拓扑直和分解和 T 的相应分解

$$X=X_1\oplus X_2\oplus\cdots\oplus X_n,\tag{7.3.9}$$

$$T=T_1\oplus T_2\oplus\cdots\oplus T_n,\tag{7.3.10}$$

使得 $\sigma(T_i)=\sigma_i$,$T_iX_i\subset X_i$,$T_i=T|_{X_i}$ 可看作 X_i 上的有界线性算子,$i=1,2,\cdots,n$.

证明 (阅读)记 I 为恒等算子. 方便起见,不妨设 $n=2$. 令 $\Omega=\Omega_1\cup\Omega_2$,则 Ω 是开集,且$\sigma(T)\subset\Omega$,记Ω_i 的特征函数为f_i,则 $f_i\in H(\Omega)$. 令 $P_i=f_i(T)$为 T 的解析演算,$T_i=P_iT$, $X_i=\mathcal{R}(P_i)$. 于是 $T_i|_{X_i}$ 是从 X_i 到 X_i 的有界线性算子. 以下证明 X_i,T_i,$i=1,2$ 符合定理要求.

(1) 证明式(7.3.9) 由恒等式

$$f_1(z)f_2(z)=f_2(z)f_1(z)=0,\quad f_i(z)f_i(z)=f_i(z),$$

$$zf_i(z)=f_i(z)z,\quad f_1(z)+f_2(z)\equiv 1,\quad z\in\Omega$$

得出

$$P_1P_2=P_2P_1=\theta,\quad P_i^2=P_i,\quad TP_i=P_iT,\quad P_1+P_2=I.\tag{7.3.11}$$

于是由式(7.3.11),有

$$X=I(X)=P_1(X)+P_2(X)=X_1+X_2=\mathcal{R}(P_1)\dot{+}\mathcal{N}(P_1),$$

且 P_i 为从 X 到 X_i 的投影. 因每个 P_i 都连续,故 $X=X_1\oplus X_2$ 为拓扑直和.

(2) 证明式(7.3.10) 任取 $x\in X$. 令 $x_1=P_1x\in X_1$, $x_2=P_2x\in X_2$. 则由式(7.3.11),有

$$Tx=Tx_1+Tx_2=TP_1x+TP_2x=P_1Tx+P_2Tx=(T_1+T_2)x.$$

这表明 $T=T_1+T_2$. 任取 $y_1\in X_1$, 则 $P_1y_1=y_1$,于是 $T_2y_1=TP_2(P_1y_1)=T\theta=\theta$,即 $T_2(X_1)=\{\theta\}$. 同理有 $T_1(X_2)=\{\theta\}$. 故 $T=T_1\oplus T_2$. 由于 $TP_i=P_iTP_i$,故由命题 5.2.13, $\{X_1,X_2\}$约化 T,$T_i=T|_{X_i}$,$T_iX_i\subset X_i$.

(3) 证明$\sigma(T_i)=\sigma_i$ 只需证明$\sigma(T_1)=\sigma_1$. 以下记恒等算子 I 对应于$X=X_1\oplus X_2$ 的

分解为

$$I=I_1\oplus I_2.$$

任取$\lambda\in\sigma_1$，令$g(z)=f_2(z)/(\lambda-z)$，则$g\in H(\Omega)$，$f_2(z)g(z)=g(z)$. 于是

$$P_2=(\lambda I-T)g(T)=g(T)(\lambda I-T),\tag{7.3.12}$$

$$g(T)=P_2g(T),\quad g(T)(X)\subset X_2.\tag{7.3.13}$$

令$A=g(T)|_{X_2}$，则由式(7.3.13)知，A是从X_2到X_2的有界线性算子，由式(7.3.12)有

$$I_2=P_2|_{X_2}=(\lambda I_2-T_2)A=A(\lambda I_2-T_2).$$

这表明$\lambda\notin\sigma(T_2)$. 由此得出$\lambda\in\sigma(T_1)$. 否则λI_2-T_2与λI_1-T_1都是双射将推出

$$\lambda I-T=(\lambda I_1-T_1)\oplus(\lambda I_2-T_2)$$

是X上的双射，与$\lambda\in\sigma_1\subset\sigma(T)$矛盾. 因此$\sigma_1\subset\sigma(T_1)$.

反之，任取$\lambda\in\sigma(T_1)$，则必有$\lambda\in\sigma(T)$. 否则，$\lambda I-T$可逆，对任意$y_1\in X_1$必有

$$I(y_1)=(\lambda I-T)^{-1}[(\lambda I_1-T_1)\oplus(\lambda I_2-T_2)](y_1)=(\lambda I-T)^{-1}(\lambda I_1-T_1)(y_1)$$

即λI_1-T_1可逆，矛盾于$\lambda\in\sigma(T_1)$. 由$\lambda\in\sigma(T)$可得$\lambda\in\sigma_1$. 否则$\lambda\in\sigma_2$，用上面的证法将得出$\lambda\notin\sigma(T_1)$，矛盾. 因此，$\sigma(T_1)\subset\sigma_1$. 证毕.

定理7.3.3的适用范围受到一定限制. 当$\sigma(T)$是一个连通集时，这种分解不存在. 我们希望在复 Hilbert 空间情形有适用范围更广些的谱分解理论.

先来回顾关于正交投影算子的性质.

设H是复 Hilbert 空间，从H到其闭线性子空间Y的正交投影算子记为P_Y. 由定理5.2.15与定理5.2.16，$P_Y^2=P_Y$，P_Y为自共轭的，当$Y\neq\{\theta\}$时$\|P_Y\|=1$，且对任意$x\in H$有$\langle P_Yx,x\rangle=\|P_Yx\|^2$. 容易知道，若$Y$与$M$都是闭线性子空间，则

(1) $Y\perp M$当且仅当$P_YP_M=\theta$(此时也称P_Y与P_M是**正交**的).

(2) P_Y+P_M是正交投影算子当且仅当$P_YP_M=\theta$.

(3) P_Y-P_M是正交投影算子当且仅当$Y\supset M$.

(4) P_YP_M是正交投影算子当且仅当$P_YP_M=P_MP_Y$.

并且不难证明，若$\{P_n\}$是一列两两正交的正交投影算子，则存在正交投影算子P使任意$x\in H$有$Px=\sum\limits_{n=1}^{\infty}P_nx$.

定义 7.3.2

设H为 Hilbert 空间，$T\in\mathcal{B}(H)$. 若任意$x\in H$，$\langle Tx,x\rangle\geqslant 0$，则称$T$是**正算子**，记为$T\geqslant\theta$. 若$T_1,T_2\in\mathcal{B}(H)$且$T_1-T_2$是正算子，则记为$T_1\geqslant T_2$. 于是$\mathcal{B}(H)$上定义了偏序.

根据定理5.1.20(1)，若H为**复** Hilbert 空间，则正算子必是自共轭算子. 设P_Y为从H到其闭线性子空间Y的正交投影算子，由于对任意$x\in H$有$\langle P_Yx,x\rangle=\|P_Yx\|^2\geqslant 0$，故$P_Y$为正算子. $P_Y\geqslant P_M$当且仅当$Y\supset M$，此时有

$$P_YP_M=P_MP_Y=P_M.$$

借助正交投影算子，以下将引入谱测度与谱积分的概念(I总表示恒等算子).

定义 7.3.3

设$\Omega\subset\mathbb{K}$，$\mathfrak{M}$是Ω的某些子集组成的σ-代数，H为复 Hilbert 空间，$\mathcal{P}$是H上的正交投影算子全体，若算子值集函数E：$\mathfrak{M}\to\mathcal{P}$满足

(1) $E(\Omega)=I$.

(2) 若$\{\Omega_n\}_{n=1}^{\infty}\subset\mathfrak{M}$互不相交，则$\forall x\in H$有$E\left(\bigcup_{n=1}^{\infty}\Omega_n\right)x=\sum_{n=1}^{\infty}E(\Omega_n)x$.

则称$(\Omega,\mathfrak{M},E)$为**谱测度空间**，E为$\mathfrak{M}$上的**谱测度**.

在定义7.3.3(2)中，取每个$\Omega_n=\varnothing$，立即得出$E(\varnothing)=\theta$，即空集的谱测度为零算子.

如果E为$\mathfrak{M}$上的谱测度，$\Omega_1,\Omega_2\in\mathfrak{M}$，则

$$E(\Omega_1)E(\Omega_2)=E(\Omega_2)E(\Omega_1)=E(\Omega_1\cap\Omega_2). \tag{7.3.14}$$

这是因为当$\Omega_1\cap\Omega_2=\varnothing$时式(7.3.14)是显然的(利用正交投影算子的性质(2)(4)可得出). 由

$$E(\Omega_1)=E(\Omega_1\backslash\Omega_2)+E(\Omega_1\cap\Omega_2),\quad E(\Omega_2)=E(\Omega_2\backslash\Omega_1)+E(\Omega_1\cap\Omega_2)$$

容易知道式(7.3.14)在一般情况下也为真.

设$(\Omega,\mathfrak{M},E)$是谱测度空间，$x,y\in H$，则$\mathfrak{M}$上数值集函数

$$E(x,x)(D)=\langle E(D)x,x\rangle,D\in\mathfrak{M}$$

是$\mathfrak{M}$上的有限正测度；

$$E(x,y)(D)=\langle E(D)x,y\rangle,D\in\mathfrak{M}$$

是$\mathfrak{M}$上的复测度. 根据定理2.4.17，对复测度$E(x,y)$，存在复函数h，$|h|=1$使$\mathrm{d}E(x,y)=h\mathrm{d}|E(x,y)|$，因而可测函数$f$关于复测度$E(x,y)$的积分定义为$\int_{\Omega}f\mathrm{d}E(x,y)=\int_{\Omega}fh\mathrm{d}|E(x,y)|$. 若定义在$\Omega$上的可测的数值函数$f$满足

$$\|f\|_{\infty}=\inf_{E(D)=\theta}\sup_{z\in\Omega\backslash D}|f(z)|<\infty,$$

则称f为本性有界函数，称$\|f\|_{\infty}$为f的本性上确界，本性有界函数全体记作$B(\Omega,\mathfrak{M},E)$.

定义 7.3.4

设$(\Omega,\mathfrak{M},E)$为谱测度空间，$f\in B(\Omega,\mathfrak{M},E)$，若算子$T\in\mathcal{B}(H)$满足

$$\langle Tx,y\rangle=\int_{\Omega}f\mathrm{d}E(x,y)=\int_{\Omega}f(z)\mathrm{d}\langle E(z)x,y\rangle,\quad\forall x,y\in H,$$

则称T为f关于E的**谱积分**，记为$T=\int_{\Omega}f\mathrm{d}E$. 若要指明积分变量，则记为

$$T=\int_{\Omega}f(z)\mathrm{d}E(z).$$

定理 7.3.4

设$(\Omega,\mathfrak{M},E)$为谱测度空间，$f\in B(\Omega,\mathfrak{M},E)$. 则必存在唯一的$T\in\mathcal{B}(H)$，使得对任意$x,y\in H$有$\langle Tx,y\rangle=\int_{\Omega}f\mathrm{d}E(x,y)$，且

$$\|T\|=\left\|\int_{\Omega}f\mathrm{d}E\right\|\leqslant\|f\|_{\infty}. \tag{7.3.15}$$

又设$g\in B(\Omega,\mathfrak{M},E)$，$\alpha,\beta\in\mathbb{C}$. 则谱积分有如下性质：

(1) **线性** $\int_{\Omega}(\alpha f+\beta g)\mathrm{d}E=\alpha\int_{\Omega}f\mathrm{d}E+\beta\int_{\Omega}g\mathrm{d}E$.

(2) **Hermite 性** $\left[\int_{\Omega}f\mathrm{d}E\right]^*=\int_{\Omega}\bar{f}\mathrm{d}E$，其中$\bar{f}$为$f$的共轭.

(3) **规范性** 设 $D\in\mathfrak{M}$，χ_D 为 D 的特征函数，则 $\int_\Omega \chi_D \mathrm{d}E=E(D)$.

(4) **可乘性** $\int_\Omega f\mathrm{d}E$ 与 $\int_\Omega g\mathrm{d}E$ 可交换，且 $\int_\Omega f\mathrm{d}E\cdot\int_\Omega g\mathrm{d}E=\int_\Omega fg\mathrm{d}E$.

证明 为证 T 的存在唯一性，不妨设 f 为实值函数. 定义 H 上的二元泛函 φ 为

$$\varphi(x,y)=\int_\Omega f\mathrm{d}E(x,y),\quad \forall\, x,y\in H.$$

由正交投影算子的性质可知 φ 是 H 上共轭双线性泛函(参见定义 5.1.6)，且对任意 $x,y\in H$，有

$$|\varphi(x,y)|=\left|\int_\Omega f\mathrm{d}E(x,y)\right|\leqslant \|f\|_\infty\,|\langle E(\Omega)x,y\rangle|=\|f\|_\infty\|x\|\|y\|.$$

由 Lax-Milgram 定理，存在唯一的 $T\in\mathcal{B}(H)$，使得 $\varphi(x,y)=\langle Tx,y\rangle$，且 $\|T\|\leqslant\|f\|_\infty$. 即式(7.3.15)成立.

(1)与(3)由谱积分的定义即得；注意到正交投影算子是自共轭的，当 f 为实值函数时，由谱积分定义可知 $T=\int_\Omega f\mathrm{d}E$ 为自共轭算子；令 $f=u+\mathrm{i}v$，则

$$\begin{aligned}\left\langle\left[\int_\Omega f\mathrm{d}E\right]^* x,y\right\rangle&=\left\langle x,\left[\int_\Omega f\mathrm{d}E\right]y\right\rangle=\left\langle x,\left[\int_\Omega u\mathrm{d}E\right]y\right\rangle-\mathrm{i}\left\langle x,\left[\int_\Omega v\mathrm{d}E\right]y\right\rangle\\&=\left\langle\left[\int_\Omega u\mathrm{d}E\right]x,y\right\rangle-\mathrm{i}\left\langle\left[\int_\Omega v\mathrm{d}E\right]x,y\right\rangle=\left\langle\left[\int_\Omega \bar{f}\mathrm{d}E\right]x,y\right\rangle.\end{aligned}$$

这表明性质(2)成立. 下面证明性质(4).

注意到对简单函数 $f=\sum_{i=1}^n\alpha_i\chi_{D_i}$，其中 $D_i\in\mathfrak{M}$，$\{D_i\}$两两互不相交，由(1)与(3)即得 $\int_\Omega f\mathrm{d}E=\sum_{i=1}^n\alpha_i E(D_i)$. 对简单函数 $f=\sum_{i=1}^n\alpha_i\chi_{D_i}$ 和 $g=\sum_{j=1}^m\beta_j\chi_{\Omega_j}$，其中 $D_i,\Omega_j\in\mathfrak{M}$，$\{D_i\}$，$\{\Omega_j\}$分别是互不相交的，由式(7.3.14)，$E(D_i)$和 $E(\Omega_j)$可交换，且 $E(D_i)E(\Omega_j)=E(D_i\cap\Omega_j)$，故

$$\int_\Omega f\cdot g\mathrm{d}E=\sum_i\sum_j\alpha_i\beta_jE(D_i\cap\Omega_j)=\int_\Omega f\mathrm{d}E\cdot\int_\Omega g\mathrm{d}E.$$

一般情况下，不妨设 f,g 为实值函数，此时，取实值简单函数$\{f_n\}$，$\{g_n\}$使之分别一致收敛于 f 和 g，可知$\left\{\int_\Omega f_n\mathrm{d}E\right\}$，$\left\{\int_\Omega g_n\mathrm{d}E\right\}$和$\left\{\int_\Omega f_ng_n\mathrm{d}E\right\}$分别按范数收敛于 $\int_\Omega f\mathrm{d}E$，$\int_\Omega g\mathrm{d}E$ 和 $\int_\Omega f\cdot g\mathrm{d}E$，由此即得(4)为真. 证毕.

正如直线上的 Lebesgue-Stieltjes 测度可由单调增加函数生成，对于 $\Omega=\mathbb{R}^1$，相应的谱测度也可由直线上单调增加右连续的投影算子值函数生成出来，这就是谱系的概念.

定义 7.3.5

设 H 为 Hilbert 空间，$\{E_\lambda:\lambda\in(-\infty,\infty)\}$是一族正交投影算子，满足

(1) **单调性** 当 $\lambda\geqslant\mu$ 时，$E_\lambda\geqslant E_\mu$.

(2) **强右连续性** 对任何实数 λ_0 有 $\lim\limits_{\lambda\to\lambda_0^+}E_\lambda x=E_{\lambda_0}x$，$\forall\, x\in H$.

(3) **规范性** $\lim\limits_{\lambda\to-\infty} E_\lambda x=\theta$, $\lim\limits_{\lambda\to\infty} E_\lambda x=I(x)=x$, $\forall x\in H$.

则称$\{E_\lambda:\lambda\in(-\infty,\infty)\}$是一个**谱系**或**单位分解**.设$\{E_\lambda:\lambda\in(-\infty,\infty)\}$为谱系,若存在$a,b\in(-\infty,\infty)$使$E_a=\theta,E_b=I$,则谱系记为$\{E_\lambda:\lambda\in[a,b]\}$.

根据正交投影算子的性质,若$\{E_\lambda:\lambda\in(-\infty,\infty)\}$是谱系,则对任意$x\in H$有$\langle E_\lambda x,x\rangle=\|E_\lambda x\|^2$,且当$\lambda\leqslant\mu$时有$E_\lambda E_\mu=E_\mu E_\lambda=E_\lambda$.

设$(\mathbb{R}^1,\mathfrak{M},E)$是谱测度空间,令

$$E_\lambda=E((-\infty,\lambda]),\quad \lambda\in(-\infty,\infty).$$

则易知$\{E_\lambda\}$是一个谱系.此时,对$f\in B(\mathbb{R}^1,\mathfrak{M},E)$,谱积分常记为$\int_{-\infty}^{\infty} f(\lambda)\mathrm{d}E_\lambda$.

反之,对给定的谱系$\{E_\lambda:\lambda\in(-\infty,\infty)\}$,记$\mathbb{R}^1$上由形如$(a,b]$的区间生成的$\sigma$-代数为$\mathfrak{M}$,令

$$E((a,b])=E_b-E_a.$$

则容易证明$(\mathbb{R}^1,\mathfrak{M},E)$是谱测度空间,使得$E_\lambda=E((-\infty,\lambda]),\lambda\in(-\infty,\infty)$.

下列结果由定理7.3.4立即得出:

推论

设$\{E_\lambda:\lambda\in[a,b]\}$是谱系,$f$是$[a,b]$上的有界可测函数,则存在算子$T\in\mathcal{B}(H)$,使得$T=\int_a^b f(\lambda)\mathrm{d}E_\lambda$,即

$$\langle Tx,y\rangle=\int_a^b f(\lambda)\mathrm{d}\langle E_\lambda x,y\rangle,\quad \forall x,y\in H.$$

例 7.3.2 设H是Hilbert空间,$\{P_n\}_{n=1}^{\infty}$是一列两两正交的正交投影算子,$\sum\limits_{n=1}^{\infty}P_n=I$.设$\{\lambda_n\}_{n=1}^{\infty}$是任意实数列,令$E_\lambda=\sum\limits_{\{n:\,\lambda_n\leqslant\lambda\}}P_n$.则容易验证$\{E_\lambda:\lambda\in(-\infty,\infty)\}$是谱系.

例 7.3.3 考虑算子族$\{E_\lambda\}$,$E_\lambda:L^2[a,b]\to L^2[a,b]$,$E_\lambda f=\chi_\lambda f$,其中$\chi_\lambda$是$(-\infty,\lambda]$的特征函数,则$\{E_\lambda\}$是谱系.

命题 7.3.5

设$\{E_\lambda:\lambda\in[a,b]\}$是谱系,则任意$x,y\in H$,$E_{x,y}(\lambda)=\langle E_\lambda x,y\rangle$是$[a,b]$上关于$\lambda$的有界变差数值函数.

证明 (阅读)任取分点$a=\lambda_0<\lambda_1<\cdots<\lambda_n=b$,记$\Delta_k=(\lambda_{k-1},\lambda_k]$,$k=1,2,\cdots,n$,则$T_k=E_{\lambda_k}-E_{\lambda_{k-1}}$是正交投影算子,且$j\neq k$时$T_kT_j=\theta$,从而

$$\sum_{k=1}^n\|T_kx\|^2=\left\|\sum_{k=1}^n T_kx\right\|^2=\|x\|^2.$$

由此得出

$$\begin{aligned}\sum_{k=1}^n|\langle E_{\lambda_k}x,y\rangle-\langle E_{\lambda_{k-1}}x,y\rangle|&=\sum_{k=1}^n|\langle T_kx,y\rangle|\\&=\sum_{k=1}^n|\langle T_k^2x,y\rangle|=\sum_{k=1}^n|\langle T_kx,T_ky\rangle|\\&\leqslant\sum_{k=1}^n\|T_kx\|\,\|T_ky\|\end{aligned}$$

$$\leqslant \left(\sum_{k=1}^{n}\|T_k x\|^2\right)^{1/2}\left(\sum_{k=1}^{n}\|T_k y\|^2\right)^{1/2}$$
$$=\|x\|\|y\|.$$

所以 $\bigvee_a^b(E_{x,y})\leqslant\|x\|\|y\|$. 证毕.

定理 7.3.6

投影算子族$\{E_\lambda:\lambda\in[a,b]\}$是谱系当且仅当对于每个 $x\in X$, $E_{x,x}(\lambda)=\langle E_\lambda x,x\rangle\in V_0[a,b]$, $E_{x,x}(\lambda)$右连续，关于λ递增并且$E_{x,x}(b)=\|x\|^2$.

证明 （阅读）若$\{E_\lambda\}$是谱系，则$E_{x,x}(\lambda)$是右连续的；由命题 7.3.5, $E_{x,x}(\lambda)$是有界变差函数，且

$$E_{x,x}(a)=\langle\theta x,x\rangle=0,\quad E_{x,x}(b)=\langle Ix,x\rangle=\|x\|^2.$$

故 $E_{x,x}(\lambda)\in V_0[a,b]$. 当$\lambda<\mu$时，由于$E_\mu-E_\lambda$是正交投影算子，故

$$E_{x,x}(\mu)-E_{x,x}(\lambda)=\langle(E_\mu-E_\lambda)x,x\rangle=\|(E_\mu-E_\lambda)x\|^2\geqslant 0. \tag{7.3.16}$$

即 $E_{x,x}(\lambda)$关于λ递增.

反之，由$E_{x,x}(\lambda)$的递增性及式(7.3.16)可知E_λ是递增的，由$E_{x,x}(\lambda)$的右连续性得

$$\lim_{\lambda\to\lambda_0^+}\|(E_\lambda-E_{\lambda_0})x\|^2=\lim_{\lambda\to\lambda_0^+}\langle(E_\lambda-E_{\lambda_0})x,x\rangle=\lim_{\lambda\to\lambda_0^+}[E_{x,x}(\lambda)-E_{x,x}(\lambda_0)]=0.$$

即E_λ强右连续. 由于对任意 $x\in X$ 有$\langle E_b x,x\rangle=E_{x,x}(b)=\|x\|^2=\langle x,x\rangle$，故

$$\|(I-E_b)x\|^2=\langle(I-E_b)x,x\rangle=0.$$

即 $E_b=I$. 同理由 $E_{x,x}(\lambda)\in V_0[a,b]$, $E_{x,x}(a)=0$ 可知 $E_a=\theta$. 因此$\{E_\lambda\}$是谱系. 证毕.

在例 7.1.6 中已指出，当 H 是 Hilbert 空间时，$\mathcal{B}(H)$是C^*代数，它是一个涉及元素的和、积、数积及 * 运算的代数系统. 设 $N\in\mathcal{B}(H)$为正规算子，即 $NN^*=N^*N$. 称$\mathcal{B}(H)$中包含恒等算子 I 和正规算子 N 的最小C^*代数为**由正规算子 N 生成的C^*代数**，记作H_N. 它是一个有单位元的交换C^*代数.

定理 7.3.7（正规算子的谱表示定理）

设 H 为 Hilbert 空间，N 是$\mathcal{B}(H)$中的正规算子，由 N 生成的C^*代数为H_N，I_d 为H_N的一切极大理想之集，则

(1) N 的谱集$\sigma(N)$与I_d同胚.

(2) Gelfand 表示 Γ: $H_N\to C(\sigma(N))$为保持对合 * 的等距同构.

证明 （阅读）由 Gelfand-Naimark 定理可知(1)蕴涵(2)，以下只需证明$\psi=\Gamma(N)$就是从I_d到$\sigma(N)$的一个同胚映射.

H 的所有非零连续线性可乘泛函的全体记为H_p^*，则 $I_d=H_p^*$. 根据定理 7.1.10，$\sigma(N)=\{f(N):f\in I_d\}=\{\Gamma(N)(f):f\in I_d\}$，故$\psi$是满射. 若 $f_1,f_2\in I_d$, $\psi(f_1)=\psi(f_2)$，即 $f_1(N)=f_2(N)$，则

$$f_1(N^*)=\Gamma(N^*)(f_1)=\overline{\Gamma(N)(f_1)}=\overline{\Gamma(N)(f_2)}=\Gamma(N^*)(f_2)=f_2(N^*).$$

于是 f_1,f_2 在 N 与 N^* 的多项式上取值相同，而这些多项式全体在 H_N 中稠密，因而$f_1=f_2$，即ψ是单射.

设有网$\{f_\alpha\}\subset I_d$，在弱$*$拓扑$\tau(H^*,H)$下$f_\alpha \xrightarrow{w^*} f$，则

$$\psi(f_\alpha)=\Gamma(N)(f_\alpha)=f_\alpha(N)\to f(N)=\Gamma(N)(f)=\psi(f).$$

即ψ是连续的. 记I_d上的弱$*$拓扑为τ_2，$\sigma(N)$上的通常拓扑为τ_1，则$\psi^{-1}(\tau_1)\subset\tau_2$. 又$I_d$按弱$*$拓扑是紧空间，$\sigma(N)$为 Hausdorff 空间，故根据命题 5.3.9，$\psi^{-1}(\tau_1)=\tau_2$，ψ是同胚映射. 证毕.

推论

设H为 Hilbert 空间，N是$\mathcal{B}(H)$中的正规算子，又设$f\in C(\sigma(N))$，$f\geqslant 0$. 则$f(N)\geqslant\theta$.

证明　(阅读)因为$f\in C(\sigma(N))$，$f\geqslant 0$，故可取$g\in C(\sigma(N))$，使$f=\bar{g}g$，其中$\bar{g}$为g的共轭. 注意到当$T\in\mathcal{B}(H)$，$x\in H$时有$\langle T^*Tx,x\rangle=\langle Tx,Tx\rangle\geqslant 0$. 于是

$$f(N)=\Gamma^{-1}(f)=\Gamma^{-1}(\bar{g}g)=\Gamma^{-1}(\bar{g})\Gamma^{-1}(g)=[\Gamma^{-1}(g)]^*[\Gamma^{-1}(g)]\geqslant\theta.$$

证毕.

对 Hilbert 空间上的正规算子N，由谱表示定理，Gelfand 表示Γ是从H_N到$C(\sigma(N))$保持对合$*$的等距同构，对$\varphi\in C(\sigma(N))$，称

$$\varphi(N)=\Gamma^{-1}(\varphi)$$

为**正规算子的符号演算**.

若算子T与N,N^*均可交换，则T与H_N中每个元素可交换，特别地，T与$\varphi(N)$可交换，其中$\varphi\in C(\sigma(N))$.

下面把对正规算子N的符号演算扩充到有界 Borel 可测函数类上.

设N为 Hilbert 空间上的正规算子，则对每个固定的$x,y\in H$与任意$\varphi\in C(\sigma(N))$，由$F(\varphi)=\langle\varphi(N)x,y\rangle$确定了$C(\sigma(N))$上的一个线性泛函$F$，且由$\Gamma$是等距可得

$$|F(\varphi)|=|\langle\varphi(N)x,y\rangle|\leqslant\|\varphi(N)\|\,\|x\|\,\|y\|=\|x\|\,\|y\|\,\|\varphi\|_{C(\sigma(N))}.$$

这表明F是连续的，由 Riesz 表示定理(定理 4.4.3)，存在$\sigma(N)$上的复 Borel 测度$\mu(x,y)$使得

$$\langle\varphi(N)x,y\rangle=\int_{\sigma(N)}\varphi\,\mathrm{d}\mu(x,y). \tag{7.3.17}$$

由此可知，测度$\mu(x,y)$关于x是线性的，关于y是共轭线性的，即

$$\mu(\alpha x_1+\beta x_2,y)=\alpha\mu(x_1,y)+\beta\mu(x_2,y),$$

$$\mu(x,\alpha y_1+\beta y_2)=\bar{\alpha}\mu(x,y_1)+\bar{\beta}\mu(x,y_2).$$

而且按 Riesz 表示定理(定理 4.4.3)有

$$\begin{aligned}|\mu(x,y)|(\sigma(N))&=\int_{\sigma(N)}\mathrm{d}|\mu(x,y)|\\&=\sup\left\{\left|\int_{\sigma(N)}\varphi\,\mathrm{d}\mu(x,y)\right|:\varphi\in C(\sigma(N)),\|\varphi\|=1\right\}\\&=\sup_{\|\varphi\|=1}|\langle\varphi(N)x,y\rangle|\leqslant\|x\|\,\|y\|.\end{aligned}$$

受式(7.3.17)的启示，对$\sigma(N)$上的任意有界 Borel 可测函数f，令

$$\langle f(N)x,y\rangle=\int_{\sigma(N)}f(z)\,\mathrm{d}\mu(x,y)(z). \tag{7.3.18}$$

由$\mu(x,y)$性质可知，按式(7.3.18)定义的$f(N)\in\mathcal{B}(H)$，$f(N)$也称为**正规算子的符号演算**.

定理 7.3.8（正规算子的谱分解定理）

设 H 为复 Hilbert 空间，正规算子 $N\in\mathcal{B}(H)$，则存在 $\sigma(N)$ 的 Borel 子集组成的 σ 代数 $\mathfrak{M}$ 上唯一的谱测度 E，使得对一切 $f\in B(\sigma(N),\mathfrak{M},E)$ 有

$$f(N)=\int_{\sigma(N)}f(z)\mathrm{d}E(z),\tag{7.3.19}$$

特别地有 $N=\int_{\sigma(N)}z\mathrm{d}E(z)$.

证明 （阅读）设 $\mathfrak{M}$ 为 $\sigma(N)$ 的 Borel 子集组成的 σ 代数. 对 $D\in\mathfrak{M}$，记

$$E(D)=\chi_D(N),$$

其中，χ_D 是集合 D 的特征函数. 对 $x,y\in H$，由式(7.3.18)得

$$\langle E(D)x,y\rangle=\langle\chi_D(N)x,y\rangle=\int_{\sigma(N)}\chi_D(z)\mathrm{d}\mu(x,y)(z)=\mu(x,y)(D).\tag{7.3.20}$$

特别有 $\langle E(D)x,x\rangle=\mu(x,x)(D)$. 由 Lusin 定理，可取 $f_n\in C(\sigma(N))$，$0\leqslant f_n\leqslant 1$，使得按 $|\mu(x,x)|$ 有 $f_n\xrightarrow{\text{a.e.}}\chi_D$. 利用控制收敛定理与定理 7.3.7 推论得

$$\mu(x,x)(D)=\langle\chi_D(N)x,x\rangle=\lim_{n\to\infty}\int_{\sigma(N)}f_n\mathrm{d}\mu(x,x)=\lim_{n\to\infty}\langle f_n(N)x,x\rangle\geqslant 0.$$

因此，$\mu(x,x)$ 是一个正测度，$E(D)$ 是一个正算子，从而由定理 5.1.20(1) 可知 $E(D)$ 是自共轭算子. 以下证明 E 是谱测度.

对于 $f,g\in C(\sigma(N))$，由 $\langle(gf)(N)x,y\rangle=\langle f(N)x,\bar{g}(N)y\rangle$ 得

$$\int_{\sigma(N)}fg\,\mathrm{d}\mu(x,y)=\int_{\sigma(N)}f\mathrm{d}\mu(x,\bar{g}(N)y).\tag{7.3.21}$$

利用 Lusin 定理与控制收敛定理，可知式(7.3.21)对一切 $f\in B(\sigma(N),\mathfrak{M},E)$ 成立. 在式(7.3.21)中取 $f=\chi_D$，得到

$$\begin{aligned}\int_D g\,\mathrm{d}\mu(x,y)&=\int_{\sigma(N)}\chi_D\mathrm{d}\mu(x,\bar{g}(N)y)=\langle E(D)x,\bar{g}(N)y\rangle\\&=\langle g(N)E(D)x,y\rangle=\int_{\sigma(N)}g\,\mathrm{d}\mu(E(D)x,y).\end{aligned}$$

再利用 Lusin 定理与控制收敛定理，对一切 $g\in B(\sigma(N),\mathfrak{M},E)$ 有

$$\int_D g\,\mathrm{d}\mu(x,y)=\int_{\sigma(N)}g\,\mathrm{d}\mu(E(D)x,y).$$

再取 $g=\chi_D$，即得 $\langle E(D)x,y\rangle=\langle[E(D)]^2x,y\rangle$，所以 $E(D)$ 是幂等的，从而是投影算子.

由于 $\mu(x,x)$ 是正测度，由 $\langle E(D)x,x\rangle=\mu(x,x)(D)$ 可知 E 具有可列可加性. 又因为按谱表示定理，有

$$E(\sigma(N))=\chi_{\sigma(N)}(N)=\Gamma^{-1}\chi_{\sigma(N)}=\Gamma^{-1}1=I.$$

故 E 是谱测度. 由式(7.3.20)与式(7.3.18)可知式(7.3.19)成立. 而谱测度的唯一性可由谱积分的规范性质得到. 证毕.

推论 1（自共轭算子的谱分解定理）

设 H 是 Hilbert 空间，$T\in\mathcal{B}(H)$ 是自共轭算子，则存在谱系 $\{E_\lambda\}$，使得当 $-\infty<\lambda<m$ 时，$E_\lambda=\theta$；当 $M\leqslant\lambda<\infty$ 时，$E_\lambda=I$，并且任意 $\delta>0$，有

$$T=\int_{m-\delta}^{M}\lambda\mathrm{d}E_\lambda\quad\left(\text{也可写成 }T=\int_{m-0}^{M}\lambda\mathrm{d}E_\lambda\right),$$

其中，M，m 如定理 7.2.8 所述．

证明 （阅读）因为 T 自共轭，故由定理 7.2.8 及其推论，$\sigma(T)\subset[m,M]$，且 m，$M\in\sigma(T)$．由定理 7.3.8，存在与 T 相应的唯一的谱测度 E．记

$$E_\lambda=E((-\infty,\lambda]\cap\sigma(T)),$$

则$\{E_\lambda\}$是谱系，且 $T=\int_{\sigma(T)}z\,\mathrm{d}E(z)=\int_{-\infty}^{\infty}\lambda\,\mathrm{d}E_\lambda=\int_{m-\delta}^{M}\lambda\,\mathrm{d}E_\lambda$．证毕．

推论 2（酉算子的谱分解定理）

设 U 为 Hilbert 空间上的酉算子，则有谱系$\{E_\alpha:\alpha\in[0,2\pi]\}$，满足 $E_0=\theta$，并且

$$U=\int_0^{2\pi}\mathrm{e}^{\mathrm{i}\alpha}\,\mathrm{d}E_\alpha.$$

证明 （阅读）设 U 为酉算子，下面证明 $\sigma(U)\subset\{\lambda:|\lambda|=1\}$．事实上，因为 $\|U\|=\|U^*\|=1$，对于$|\lambda|>1$，我们有 $\lambda\in\rho(U)\cap\rho(U^*)$．另外，由于 U^{-1} 存在且有界，$0\in\rho(U)$．对于 $0<|\lambda|<1$，有 $\lambda^{-1}\in\rho(U^*)$，于是

$$\lambda I-U=\lambda U(U^*-\lambda^{-1}I).$$

从而$(\lambda I-U)^{-1}=(1/\lambda)(U^*-\lambda^{-1}I)^{-1}U^*$存在且有界，即 $\lambda\in\rho(U)$．这表明

$$\sigma(U)\subset\{\lambda:|\lambda|=1\}.$$

由定理 7.3.8，存在与 T 相应的唯一的谱测度 E．记

$$E_\alpha=E(\sigma(U)\cap\{\mathrm{e}^{\mathrm{i}t}:0\leqslant t\leqslant\alpha\}).$$

则$\{E_\alpha:\alpha\in[0,2\pi]\}$是谱系，并且

$$U=\int_{\sigma(U)}z\,\mathrm{d}E(z)=\int_0^{2\pi}\mathrm{e}^{\mathrm{i}\alpha}\,\mathrm{d}E_\alpha.$$

证毕．

下面的定理表明了谱分解理论在研究算子的谱性质方面的重要作用．

定理 7.3.9

设 H 是 Hilbert 空间，$T\in\mathcal{B}(H)$是自共轭算子，$\{E_\lambda\}$是定理 7.3.8 推论 1 中所述的与 T 相应的谱系，$\lambda_0\in\mathbb{C}$．则

(1) $\lambda_0\in\rho(T)$当且仅当 $\lambda_0\notin[m,M]$，或者 $\lambda_0\in[m,M]$并且存在$[\alpha,\beta]\subset[m,M]$（其中 $\alpha<\lambda_0<\beta$）使得 E_λ 在$[\alpha,\beta]$上取常值．

(2) $\lambda_0\in\sigma_p(T)$当且仅当 λ_0 是 E_λ 的间断点，即 $E_{\lambda_0}\neq E_{\lambda_0-0}$，此时特征向量空间 $\mathcal{N}(\lambda_0I-T)=\mathcal{R}(E_{\lambda_0}-E_{\lambda_0-0})$．

(3) $\lambda_0\in\sigma_c(T)$当且仅当 λ_0 是 E_λ 的强连续点并且对于任何使 $a<\lambda_0<b$ 的 a，b 有 $E_a\neq E_b$．

证明 （阅读）(1) 必要性 设$\lambda_0\in\rho(T)$，则$(\lambda_0I-T)^{-1}\in\mathcal{B}(H)$，记$\|(\lambda_0I-T)^{-1}\|=h$．若$\lambda_0\in[m,M]$，则$\lambda_0\neq m$，$\lambda_0\neq M$．取$[\alpha,\beta]$使得$\lambda_0\in(\alpha,\beta)$ 并且 $0<(\beta-\alpha)h<1/2$．用$\chi_{[\alpha,\beta]}$表示$[\alpha,\beta]$的特征函数．因为任意 $\delta>0$ 有

$$\lambda_0I-T=\int_{m-\delta}^{M}(\lambda_0-\lambda)\,\mathrm{d}E_\lambda,$$

故由谱积分的可乘性质得

$$E_\beta-E_\alpha=(\lambda_0I-T)^{-1}(\lambda_0I-T)(E_\beta-E_\alpha)$$

$$=(\lambda_0 I-T)^{-1}\int_{m-\delta}^{M}(\lambda_0-\lambda)\mathrm{d}E_\lambda\int_{\alpha}^{\beta}\mathrm{d}E_\lambda$$

$$=(\lambda_0 I-T)^{-1}\int_{m-\delta}^{M}(\lambda_0-\lambda)\mathrm{d}E_\lambda\int_{m-\delta}^{M}\chi_{[\alpha,\beta]}\mathrm{d}E_\lambda$$

$$=(\lambda_0 I-T)^{-1}\int_{m-\delta}^{M}(\lambda_0-\lambda)\chi_{[\alpha,\beta]}\mathrm{d}E_\lambda$$

$$=(\lambda_0 I-T)^{-1}\int_{\alpha}^{\beta}(\lambda_0-\lambda)\mathrm{d}E_\lambda.$$

于是有

$$\|E_\beta-E_\alpha\|\leqslant\|(\lambda_0 I-T)^{-1}\|\left\|\int_{\alpha}^{\beta}(\lambda_0-\lambda)\mathrm{d}E_\lambda\right\|$$

$$\leqslant h\max(|\beta-\lambda_0|,|\lambda_0-\alpha|)\|E_\beta-E_\alpha\|\leqslant 1/2\|E_\beta-E_\alpha\|.$$

从而 $E_\beta=E_\alpha$. 由于$\{E_\lambda\}$是递增的，故 E_λ 在$[\alpha,\beta]$中取常值.

充分性　若 $\lambda_0\notin[m,M]$，则当 δ 充分小时，$f(\lambda)=(\lambda_0-\lambda)^{-1}$ 是$[m-\delta,M]$上的连续函数，于是 $S=\int_{m-\delta}^{M}(\lambda_0-\lambda)^{-1}\mathrm{d}E_\lambda\in\mathcal{B}(H)$. 因为由谱积分的可乘性质，有

$$(\lambda_0 I-T)S=\int_{m-\delta}^{M}(\lambda_0-\lambda)\mathrm{d}E_\lambda\int_{m-\delta}^{M}(\lambda_0-\lambda)^{-1}\mathrm{d}E_\lambda=\int_{m-\delta}^{M}\mathrm{d}E_\lambda=I,$$

同样地，有

$$S(\lambda_0 I-T)=\int_{m-\delta}^{M}(\lambda_0-\lambda)^{-1}\mathrm{d}E_\lambda\int_{m-\delta}^{M}(\lambda_0-\lambda)\mathrm{d}E_\lambda=I,$$

所以 $S=(\lambda_0 I-T)^{-1}$，$\lambda_0\in\rho(T)$.

若 $\lambda_0\in[m,M]$并且存在 $\alpha<\lambda_0<\beta$，在$[\alpha,\beta]$上 $E_\lambda=E_\alpha$，作

$$f(\lambda)=\begin{cases}1/(\lambda_0-\lambda), & m-\delta\leqslant\lambda\leqslant\alpha\ \text{或}\ \beta\leqslant\lambda\leqslant M,\\(\lambda-\alpha+\lambda_0-\beta)/[(\lambda_0-\alpha)(\lambda_0-\beta)], & \alpha<\lambda<\beta.\end{cases}$$

则 $f(\lambda)$连续. 令 $S=\int_{m-\delta}^{M}f(\lambda)\mathrm{d}E_\lambda$，则 $S\in\mathcal{B}(H)$，且

$$(\lambda_0 I-T)S=S(\lambda_0 I-T)=\int_{m-\delta}^{M}f(\lambda)(\lambda_0-\lambda)\mathrm{d}E_\lambda$$

$$=\int_{m-\delta}^{\alpha}\mathrm{d}E_\lambda+\int_{\alpha}^{\beta}f(\lambda)(\lambda_0-\lambda)\mathrm{d}E_\lambda+\int_{\beta}^{M}\mathrm{d}E_\lambda$$

$$=(E_\alpha-E_{m-\delta})+\theta+(E_M-E_\beta)=I.$$

所以 $S=(\lambda_0 I-T)^{-1}$，$\lambda_0\in\rho(T)$.

(2) 必要性　设 $\lambda_0\in\sigma_p(T)$，$x_0\neq\theta$ 使$(\lambda_0 I-T)x_0=\theta$. 则

$$\int_{m-\delta}^{M}(\lambda_0-\lambda)^2\mathrm{d}\langle E_\lambda x_0,x_0\rangle=\langle(\lambda_0 I-T)^2x_0,x_0\rangle$$

$$=\langle(\lambda_0 I-T)x_0,(\lambda_0 I-T)x_0\rangle=0.$$

注意到$(\lambda_0-\lambda)^2\geqslant 0$，$\langle E_\lambda x_0,x_0\rangle$关于 λ 递增，于是任意 $\varepsilon>0$ 有

$$0=\int_{\lambda_0+\varepsilon}^{M}(\lambda_0-\lambda)^2\mathrm{d}\langle E_\lambda x_0,x_0\rangle\geqslant\varepsilon^2\int_{\lambda_0+\varepsilon}^{M}\mathrm{d}\langle E_\lambda x_0,x_0\rangle$$

$$=\varepsilon^2\langle(I-E_{\lambda_0+\varepsilon})x_0,x_0\rangle=\varepsilon^2\|(I-E_{\lambda_0+\varepsilon})x_0\|^2.$$

故 $E_{\lambda_0+\varepsilon}x_0=x_0$. 同理可证 $E_{\lambda_0-\varepsilon}x_0=\theta$. 从而有$(E_{\lambda_0+\varepsilon}-E_{\lambda_0-\varepsilon})x_0=x_0$. 令 $\varepsilon\to 0^+$ 得到

$(E_{\lambda_0}-E_{\lambda_0-0})x_0=x_0$，$x_0\neq\theta$，故 $E_{\lambda_0}\neq E_{\lambda_0-0}$.

充分性　若 $E_{\lambda_0}\neq E_{\lambda_0-0}$，取 $x_0\neq\theta$ 使得 $x_0\in(E_{\lambda_0}-E_{\lambda_0-0})(H)$. 设 $y_0\in H$ 使$(E_{\lambda_0}-E_{\lambda_0-0})y_0=x_0$. 注意到当 $\lambda\geqslant\lambda_0$ 时有 $E_\lambda(E_{\lambda_0}-E_{\lambda_0-0})=E_{\lambda_0}-E_{\lambda_0-0}$. 故

$$E_\lambda x_0=E_\lambda(E_{\lambda_0}-E_{\lambda_0-0})y_0=(E_{\lambda_0}-E_{\lambda_0-0})y_0=x_0.$$

同样地，若 $\lambda<\lambda_0$，则 $E_\lambda x_0=\theta$. 于是

$$\begin{aligned}Tx_0&=\left(\int_{m-\delta}^{M}\lambda\,\mathrm{d}E_\lambda\right)x_0=\left(\int_{m-\delta}^{\lambda_0-0}\lambda\,\mathrm{d}E_\lambda+\lambda_0(E_{\lambda_0}-E_{\lambda_0-0})+\int_{\lambda_0}^{M}\lambda\,\mathrm{d}E_\lambda\right)x_0\\&=\theta+\lambda_0(E_{\lambda_0}-E_{\lambda_0-0})x_0+\theta=\lambda_0x_0.\end{aligned}$$

所以 $\lambda_0\in\sigma_p(T)$.

从以上充分性与必要性的证明可知，T 的关于特征值 λ_0 的特征向量空间就是 $E_{\lambda_0}-E_{\lambda_0-0}$ 的像空间.

(3) 由定理 7.2.7(1)，$\sigma_r(T)=\varnothing$. 于是 $\sigma(T)=\sigma_p(T)\cup\sigma_c(T)$. 由谱系的递增性，强右连续性及(1)(2)可知(3)成立. 证毕.

内 容 提 要

习　　题

1. 设 X 是 Banach 代数，A 是 X 的闭理想. 证明 X/A 是 Banach 代数，且 A 是 X 的极大理想的充要条件是 X/A 没有非零真理想.

2. 设 X 为无限维 Banach 空间，F 为 X 上有界的有限秩算子全体. 证明 F 为$\mathcal{B}(X)$的真理想.

3. 设 X 是具有单位元 e 的 Banach 代数，$x,y\in X$. 证明：

(1) $e-xy$ 可逆的充要条件是 $e-yx$ 可逆.

(2) 设 $\lambda\neq0$，则 $\lambda\in\sigma(xy)$的充要条件是 $\lambda\in\sigma(yx)$.

(3) 若 x 可逆，则 $\sigma(xy)=\sigma(yx)$.

4. 设 X 是具有单位元 e 的 Banach 代数，用 $r(x)$表示 $x\in X$ 的谱半径. 证明：

(1) $r(xy)=r(yx)$.

(2) 若 $xy=yx$，则 $r(x+y)\leqslant r(x)+r(y)$，$r(xy)\leqslant r(x)r(y)$.

5. 设 X 是具有单位元 e 的复 Banach 代数. 证明：若 $x,y\in X$，则 $xy-yx\neq e$.

6. 设 X 是具有单位元 e 的 Banach 代数，Y 是 X 中可逆元的全体，记$\partial Y=\overline{Y}\backslash Y^\circ$，证明

(1) 若 $x\in Y$，则当 $\|y-x\|<\|x^{-1}\|^{-1}$ 时，$y\in Y$.

(2) Y 是开集.

(3) 若 $x\in Y$，则 $\|x^{-1}\|\rho(x,\partial Y)\geqslant1$.

7. 设 X 是具有单位元的 Banach 代数，$x\in X$，如果存在$\{x_n\}\subset X$，$\|x_n\|=1$，使 $xx_n\to\theta$

或$x_n x \to \theta$，则称x是X的一个**拓扑零因子**. 证明：

(1) 如果x是拓扑零因子，则x不可逆.

(2) 如果θ是X中唯一的拓扑零因子，则X与复数域$\mathbb{C}$等距同构.

8. 设X是具有单位元的交换Banach代数. 证明：$\sigma(x^n)=(\sigma(x))^n (x\in X)$.

9. 设H是Hilbert空间，$T\in\mathcal{B}(H)$是自共轭的正算子. 证明：

(1) 若$S\in\mathcal{B}(H)$，$S\geqslant 0$，则$T+S\geqslant\theta$.

(2) 若实数$\alpha\geqslant 0$，则$\alpha T\geqslant\theta$.

(3) 对于任一$n\in\mathbb{Z}^+$，$T^n\geqslant\theta$.

(4) 存在唯一的$S\geqslant\theta$，使$S^2=T$，并且若$B\in\mathcal{B}(H)$，$BT=TB$，则$BS=SB$（称S为T的**正方根**，记为$S=T^{1/2}$）.

(5) $\|T^{1/2}\|=\|T\|^{1/2}$.

10. 设线性算子$T: C[0,1]\to C[0,1]$定义为$Tx(t)=\int_0^{1-t}x(s)\mathrm{d}s$，证明$T$是紧算子，并求出$\sigma(T)$.

11. 设$T\in\mathcal{B}(L^2[0,1])$，$Tx(t)=\int_0^1[\sin 2\pi(t-s)]x(s)\mathrm{d}s$. 求$T$的特征值与特征向量.

12. 设$T\in\mathcal{B}(L^2[0,1])$，$Tx(t)=\int_0^t x(s)\mathrm{d}s$.

(1) 证明：$T^*x(t)=\int_t^1 x(s)\mathrm{d}s$.　　(2) 求$r(TT^*)$.　　(3) 求$\|T\|$.

13. 设X是Banach空间，$T\in\mathcal{B}(X)$，$\alpha\in\mathbb{K}$，$n\in\mathbb{Z}^+$. 证明：

$$r(\alpha T)=|\alpha|\,r(T),\quad r(T^n)=r(T)^n.$$

14. 验证例7.3.2中的$\{E_\lambda:\lambda\in(-\infty,\infty)\}$是谱系.

15. 验证例7.3.3中的$\{E_\lambda\}$是谱系.

16. 设$(\Omega,\mathfrak{M},E)$为复Hilbert空间H上的谱测度空间，E为$\mathfrak{M}$上的谱测度. 设f为$(\Omega,\mathfrak{M})$上的有界可测函数，$T=\int_\Omega f\mathrm{d}E$. 证明：$\lambda\in\rho(T)$的充要条件是存在$D\in\mathfrak{M}$，$E(D)=\theta$，使$\inf\limits_{t\in\Omega\setminus D}|f(t)-\lambda|>0$.

习题参考解答

附　加　题

1. 设X是有单位元e的复Banach代数. 证明：$\sigma(x)$作为X上的集值函数是上半连续的：对点$a\in X$及$\mathbb{C}$中0的任意邻域V，存在$B(a,\delta)$使$\forall x\in B(a,\delta)$有$\sigma(x)\subset\sigma(a)+V$.

2. 设X是有单位元e的复Banach代数. 证明：谱半径$r(x)$在X上是上半连续的.

3. 设 X 是有单位元 e 的 Banach 代数，若 $x\in X$，$\lim\limits_{n\to\infty}\|x^n\|^{1/n}=0$，则称 x 为 X 的广义幂零元. 证明下述 3 个条件等价：

(1) x 是 X 的广义幂零元；

(2) $\sigma(x)=\{0\}$；

(3) $\lim\limits_{n\to\infty}\alpha^n x^n=\theta$，$\forall\alpha\in\mathbb{C}$.

4. 设 X 是有单位元 e 的 Banach 代数，$x\in X$，p 是复系数多项式且 $p(x)=\theta$. 证明 x 的谱点都是 p 的根.

5. 设 H 是 Hilbert 空间，T 是自共轭的，证明 $S=e^{iT}$ 是酉算子.

6. 设 X 是复 Banach 空间，$T\in\mathcal{B}(X)$，g 是解析函数且使解析演算 $g(T)$ 是紧算子. 又设 $\sigma(T)$ 是不可数集. 证明 g 在某点的邻域内必为常数函数.

7. 设 $\{H_n\}$ 是一列 Hilbert 空间，$A_n\in\mathcal{B}(H_n)$ 满足 $\sup\limits_n\|A_n\|<\infty$. 令 $H=\bigoplus\limits_{n=1}^{\infty}H_n$，记 $A=\bigoplus\limits_{n=1}^{\infty}A_n$. 证明 A 是紧算子的充要条件是每个 A_n 是紧算子且 $\|A_n\|\to 0$.

8. 设线性算子 $T:\mathbb{C}^2\to\mathbb{C}^2$ 对应的矩阵为 $T=\begin{pmatrix}1&1\\0&2\end{pmatrix}$. P 为从 $\mathbb{C}^2$ 到 $\mathcal{N}(I-T)$ 上的投影算子. 证明：$\|T\|\neq 1$，$PT\neq T$.

9. 设 H 是复 Hilbert 空间，$\mathcal{F}=\{T\in\mathcal{B}(H):\theta\leqslant T\leqslant I\}$，其中 I 为恒等算子. 证明

(1) $\mathcal{F}$ 是凸集；

(2) 若 T 的谱集 $\sigma(T)\neq\{0,1\}$，则 T 不是 $\mathcal{F}$ 的端点.

10. 设 X 是 Banach 空间，T 是 X 上线性紧算子，g 在 $\mathbb{C}$ 中开圆盘 $B_r=\{z\in\mathbb{C}:|z|<r\}$ 上解析，且 $g(0)=0$，$\sigma(T)\subset B_r$. 证明 $g(T)$ 也是线性紧算子.

11. 设 H 是复 Hilbert 空间，$T\in\mathcal{B}(H)$ 为自共轭算子. $\{E_\lambda\}$ 是 T 的谱系，$A\in\mathcal{B}(H)$ 且 A 与 T 可交换. 证明：A 与 T 的谱系可交换.

12. 设 T 是 Hilbert 空间 H 上的正规算子，证明 $\lambda\in\sigma(T)$ 的充要条件是对每个 $n\in\mathbb{Z}^+$，$\exists x_n\in H$，$\|x_n\|=1$ 使 $\lim\limits_{n\to\infty}\|Tx_n-\lambda x_n\|=0$.

13. 设 H 是复 Hilbert 空间，$T\in\mathcal{B}(H)$ 为自共轭算子，$\{E_\lambda\}$ 是 T 的谱系，$\varepsilon>0$，$\Omega_\varepsilon=\{\lambda\in\sigma(T):|\lambda|\geqslant\varepsilon\}$. 证明：$T$ 是紧算子当且仅当对任意的 $\varepsilon>0$，有 $T_\varepsilon=\int_{\Omega_\varepsilon}\lambda\,\mathrm{d}E_\lambda$ 是有界的有限秩算子.

14. 设 H 是复 Hilbert 空间，$T\in\mathcal{B}(H)$ 为正规算子，E 为相应的谱测度. 证明

(1) $\lambda_0\in\sigma(T)$ 当且仅当对 λ_0 的任意邻域 U 有 $E(U)\neq\theta$；

(2) $\sigma_r(T)=k\varnothing$.

15. 设 H 是 Hilbert 空间，g 是 $\mathbb{C}$ 上解析函数，且 $g(\mathbb{R}^1)\subset\mathbb{R}^1$，$T\in\mathcal{B}(H)$ 是自共轭算子，$b\in\mathbb{R}^1$，且 $b\neq 0$. 证明 $biI+g(T)$ 是可逆的.

16. 设 H 是复 Hilbert 空间，$T\in\mathcal{B}(H)$. 证明

(1) $T^*=-T$ 当且仅当 $\mathrm{Re}\langle Tx,x\rangle=0(\forall x\in H)$.

(2) 若 $T^*=-T$，则 $\sigma(T)\subset \mathrm{i}\mathbb{R}^1$.

17. 设 H 为复 Hilbert 空间，$A,B\in\mathcal{B}(H)$ 为正算子. 证明 AB 为正算子当且仅当 $AB=BA$.

18. 设 H 为复 Hilbert 空间，$A,B\in\mathcal{B}(H)$. 又设 A 是正算子，而 AB 是自共轭算子，$r(B)$ 为 B 的谱半径. 证明：对 $\forall x\in H$ 有 $|\langle ABx,x\rangle|\leqslant r(B)\langle Ax,x\rangle$.

附加题参考解答

第8章 向量值函数与算子半群初步

在三维 Euclid 空间中，曲线通常用参变量函数来表示. 向量值函数实际上就是参变量函数在赋范空间中的推广；而算子半群就是一种特殊的向量值函数. 考虑到在微分方程、积分方程、概率论及量子力学等众多领域应用的需要，本章介绍向量值函数与算子半群的基本结果.

8.1 向量值函数

所谓向量值函数，就是从数域$\mathbb{K}$的某子集Ω到赋范空间X的单值映射. 实际上，在7.3节里，从符号演算的视角我们已碰到过向量值函数的积分问题. 本节作为专题，将讨论向量值函数的连续性与弱连续性、可导性与弱可导性、Pettis 可积性与 Bochner 可积性等性质.

定义 8.1.1

设X为赋范空间，$\Omega\subset\mathbb{K}$，设有向量值函数$x:\Omega\to X$，$t_0\in\Omega$. 若x关于X的范数拓扑在t_0处连续，即$\lim\limits_{t\to t_0}\|x(t)-x(t_0)\|=0$，则称$x$在$t_0$处**连续**；若$x$关于$X$的弱拓扑$\tau(X,X^*)$在$t_0$处连续，即对每个$f\in X^*$有$\lim\limits_{t\to t_0}f(x(t))=f(x(t_0))$，则称$x$在$t_0$处**弱连续**. 当$x$在$\Omega$上每一点均为连续(弱连续)时，称$x$在$\Omega$上**连续**(**弱连续**).

设X为赋范空间，$\Omega\subset\mathbb{K}$. 设有算子值函数$T:\Omega\to\mathcal{B}(X)$，$t_0\in\Omega$. 若$T$关于$\mathcal{B}(X)$的范数拓扑连续，即$\lim\limits_{t\to t_0}\|T(t)-T(t_0)\|=0$，则称$T$**关于一致拓扑连续**；若$T$关于$X$的范数拓扑连续，即对每个$x\in X$有$\lim\limits_{t\to t_0}\|T(t)x-T(t_0)x\|=0$，则称$T$**强连续**；若$T$关于拓扑$\tau(X,X^*)$连续，即对每个$x\in X$与每个$f\in X^*$有$\lim\limits_{t\to t_0}f(T(t)x)=f(T(t_0)x)$，则称$T$**弱连续**.

显然，如果向量值函数x在t_0连续，则必在t_0弱连续，但反之不然. 同样，算子值函数关于一致拓扑连续蕴涵强连续，强连续蕴涵弱连续，反之皆不然.

例 8.1.1 设向量值函数$x:[-1,1]\to l^2$定义为

$$x(t)=\begin{cases}e_n, & t=1/n,n\in\mathbb{Z}^+;\\ 0, & t\neq 1/n,n\in\mathbb{Z}^+.\end{cases}$$

其中，e_n 是 l^2 中第 n 个分量为 1 其余分量为 0 的向量. $x(0)=\theta$. 设 $f=\{a_j\}_{j=1}^{\infty}\in(l^2)^*=l^2$，则 $\lim\limits_{j\to\infty}a_j=0$. 注意到 $t=1/n$ 时 $f(x(t))=a_n$，$t\neq 1/n$ 时 $f(x(t))=0$，且 $t\to 0$ 时 $n\to\infty$，故 $\lim\limits_{t\to 0}f(x(t))=0=f(x(0))$. 但 $\|x(1/n)-x(0)\|=1$. 所以 x 在 $t=0$ 弱连续而非连续.

定义 8.1.2

设 X 为赋范空间，$\Omega\subset\mathbb{K}$，$t_0\in\Omega^{\circ}$，向量值函数 $x:\Omega\to X$ 称为在 t_0 处**可导（弱可导）**，是指存在 $x_0\in X$，使得关于 X 上的范数拓扑（弱拓扑），当 $h\to 0$ 时，有

$$\frac{x(t_0+h)-x(t_0)}{h}$$

收敛于 x_0. 此时称 x_0 为 $x(t)$ 在 t_0 的**导数（弱导数）**，记 $x(t)$ 在 t_0 处的导数与弱导数分别为 $x'(t_0)=x_0$ 与 $\dot{x}(t_0)=x_0$.

由定义 8.1.1 容易知道，若 $\dot{x}(t_0)=x_0$，则对任何 $f\in X^*$，数值函数 $f(x(t))$ 必定在 t_0 可导，且 $[f(x(t))]'_{t=t_0}=f(x_0)=f(\dot{x}(t_0))$.

显然，可导必定弱可导，并且可导时弱导数等于导数. 反之，弱可导未必可导.

例 8.1.2 设向量值函数 $x:[-1,1]\to l^2$ 如例 8.1.1 所定义，$y(t)=tx(t)$，于是

$$\frac{y(t)-y(0)}{t}=x(t).$$

由例 8.1.1 可知 y 在 $t_0=0$ 处是弱可导而非可导的.

定理 8.1.1

设 X 为赋范空间，$\Omega\subset\mathbb{K}$，$t_0\in\Omega^{\circ}$，若向量值函数 x 在 t_0 弱可导，则 x 必在 t_0 连续.

证明 对任意的收敛于 0 的非零数列 $\{t_n\}$，记 $x_n=\dfrac{1}{t_n}[x(t_0+t_n)-x(t_0)]$. 由于 x 在 t_0 弱可导，所以对任何 $f\in X^*$，极限 $\lim\limits_{n\to\infty}f(x_n)$ 存在. 于是 $\{x_n\}$ 弱有界，但弱有界等价于有界，故存在常数 M，使得 $\sup\limits_n\|x_n\|\leqslant M$. 从而有

$$\|x(t_0+t_n)-x(t_0)\|\leqslant M|t_n|\to 0.$$

这表明 x 在 t_0 是强连续的. 证毕.

连续的向量值函数当然未必弱可导. 由于有限维空间上范数拓扑与弱拓扑是一致的，因此数学分析中就有连续但不可导的例子.

以下在闭区间 $[a,b]$ 上引入向量值函数的 Riemann 积分.

定义 8.1.3

设 $x(t)$ 是定义于 $[a,b]$ 而取值于赋范空间 X 的向量值函数，对 $[a,b]$ 的任一分割 $\Delta=\{t_i\}_{i=0}^{k}$：$a=t_0<t_1<\cdots<t_k=b$，作 Riemann 和

$$S_{\Delta}=\sum_{i=1}^{k}x(\xi_i)(t_i-t_{i-1}).$$

记 $|\Delta|=\max\limits_{1\leqslant i\leqslant k}(t_i-t_{i-1})$，若存在 $y\in X$，使得 $\lim\limits_{|\Delta|\to 0}\|S_{\Delta}-y\|=0$，则称 $x(t)$ 在 $[a,b]$ 上 **Riemann 可积**，称 y 为 $x(t)$ 在 $[a,b]$ 上的 **Riemann 积分**，记作

$$y=\int_a^b x(t)\,\mathrm{d}t.$$

由定义可知，若 $x(t)$ 是 Riemann 可积的向量值函数，泛函 $f\in X^*$，则 $f(x(t))$ 就是

Riemann 可积的数值函数，而且

$$f\left(\int_a^b x(t)\mathrm{d}t\right)=\int_a^b f(x(t))\mathrm{d}t.$$

定理 8.1.2

设 X 为 Banach 空间，向量值函数 $x:[a,b]\to X$ 是连续的，则它必在$[a,b]$上 Riemann 可积.

证明　对任意的 $\varepsilon_n=1/n, n\in\mathbb{Z}^+$，由于 $x(t)$在$[a,b]$上连续必一致连续，故存在 $\delta_n>0, \delta_{n+1}<\delta_n$，使得 $t_1,t_2\in[a,b], |t_1-t_2|<\delta_n$ 时，有

$$\| x(t_1)-x(t_2) \| < \varepsilon_n/(b-a).$$

取分割$\{\Delta_n\}_{n=1}^{\infty}$，使$|\Delta_n|<\delta_n$. 于是对任意 $m\geqslant n$，记 $\Delta(m+n)=\Delta_m\cup\Delta_n$，记 S_{Δ_n} 为相应于 Δ_n 的 Riemann 和，有$|\Delta(m+n)|<\delta_m\leqslant\delta_n$，从而

$$\| S_{\Delta_m}-S_{\Delta_n} \| \leqslant \| S_{\Delta_m}-S_{\Delta(m+n)} \| + \| S_{\Delta(m+n)}-S_{\Delta_n} \| \leqslant \varepsilon_m+\varepsilon_n \leqslant 2\varepsilon_n. \tag{8.1.1}$$

由于 X 是完备的，故 Cauchy 列$\{S_{\Delta_n}\}$必收敛于 X 中的某个元 y；且由式(8.1.1)可知(令 $m\to\infty$) $\| y-S_{\Delta_n} \| \leqslant 2\varepsilon_n$. 对任意分割 Δ，当$|\Delta|<\delta_n$，同样的理由得到 $\| S_\Delta-S_{\Delta_n} \| \leqslant 2\varepsilon_n$，从而有

$$\| S_\Delta-y \| \leqslant \| S_\Delta-S_{\Delta_n} \| + \| S_{\Delta_n}-y \| \leqslant 4\varepsilon_n.$$

证毕.

定理 8.1.3(Newton-Leibniz 公式)

设 X 为赋范空间，向量值函数 $x:[a,b]\to X$ 在$[a,b]$弱可导，$\dot{x}(t)$在$[a,b]$上 Riemann 可积而且弱连续，则

$$\int_a^b \dot{x}(t)\mathrm{d}t=x(b)-x(a).$$

证明　对任何 $f\in X^*$，有

$$f\left(\int_a^b \dot{x}(t)\mathrm{d}t\right)=\int_a^b f(\dot{x}(t))\mathrm{d}t=\int_a^b \frac{\mathrm{d}}{\mathrm{d}t}f(x(t))\mathrm{d}t=f(x(b))-f(x(a)).$$

由 Hahn-Banach 定理之推论，$\int_a^b \dot{x}(t)\mathrm{d}t=x(b)-x(a)$. 证毕.

注意定理 8.1.3 的条件是相当宽松的. 若 $x(t)$可导且 $x'(t)$连续，则 Newton-Leibniz 公式必成立.

下面设$(\Omega,\mathfrak{M},\mu)$是完备测度空间，其中 $\Omega\subset\mathbb{K}$，$\mathfrak{M}$ 为 Ω 上的σ-代数，μ 是 $\mathfrak{M}$ 上的完备测度.

定义 8.1.4

设 X 为赋范空间，$(\Omega,\mathfrak{M},\mu)$为完备测度空间. $x:\Omega\to X$ 为向量值函数.

(1) 若对任何 $f\in X^*$，数值函数 $f(x(t))$是$(\Omega,\mathfrak{M},\mu)$上的可测函数，则称 x 是**弱可测**的.

(2) 设 $y=y(t):\Omega\to X$ 为向量值函数. 若 Ω 是至多可列个互不相交的可测集 Ω_k 的并，在每个 Ω_k 上 $y=y(t)$取常值，则称 x 为**可数值函数**. 如果向量值函数 x 是一列可数值函数几乎处处收敛的极限，则称 x 是**可测**的.

定义 8.1.4(2)基于下述事实：通常的数值函数可测等价于它是一列可数值的数值函数几乎处处收敛的极限.

显然，可数值函数本身是可测的. 容易知道，连续的向量值函数必是可测的，弱连续的向量值函数必是弱可测的；可测的向量值函数的线性组合也是可测的，弱可测的向量值函数的线性组合也是弱可测的. 由定义可以直接得到下面的结果.

命题 8.1.4

设 $x(t)$ 是 $(\Omega,\mathfrak{M},\mu)$ 上可测的向量值函数，则 $x(t)$ 是弱可测函数，且 $\|x(t)\|$ 是实值可测函数.

定义 8.1.5

设 X 为赋范空间，$(\Omega,\mathfrak{M},\mu)$ 为完备测度空间，$x=x(t)$：$\Omega\to X$ 为向量值函数，若 $x(\Omega)$ 是 X 的可分子集，则称 $x=x(t)$ 为**可分值函数**. 若存在 $\Omega_0\in\mathfrak{M}$，$\mu(\Omega_0)=0$，使得 $x(\Omega\backslash\Omega_0)$ 是可分的，则称 $x=x(t)$ 是**几乎可分值函数**.

命题 8.1.5

设 X 为 Banach 空间，$x=x(t)$：$\Omega\to X$ 是几乎可分值的弱可测向量值函数，则 $\|x(t)\|$ 是实值可测函数.

证明 因为改变实值函数 $\|x(t)\|$ 在零测集上的值并不影响其可测性，故不妨设 $x(t)$ 是可分值的；记 $\overline{\mathrm{span}x(\Omega)}=X_0$，则 $X_0\subset X$ 是可分 Banach 空间. 从而存在可列集 $\{x_i\}_{i=1}^{\infty}$ 在 X_0 中稠密. 对每个 x_i，由 Hahn-Banach 定理，存在 $f_i\in X^*$，$\|f_i\|=1$，使得 $f_i(x_i)=\|x_i\|$. 设 $t\in\Omega$，则 $x(t)\in X_0$，对任意 $\varepsilon>0$，必有 $j\in\mathbb{Z}^+$，使得 $\|x(t)-x_j\|<\varepsilon$，于是

$$\begin{aligned}\|x(t)\|-\varepsilon<\|x_j\|=f_j(x_j)&\leqslant\sup_k|f_k(x_j)|\\&\leqslant\sup_k[|f_k(x_j-x(t))|+|f_k(x(t))|]\\&\leqslant\sup_k|f_k(x(t))|+\varepsilon\leqslant\|x(t)\|+\varepsilon.\end{aligned}$$

由于 ε 是任意的，故

$$\|x(t)\|=\sup_k|f_k(x(t))|,\quad t\in\Omega.$$

由于 $x(t)$ 是弱可测的，即 $f_k(x(t))(k=1,2,\cdots)$ 都是可测函数，因此 $\|x(t)\|$ 可测. 证毕.

定理 8.1.6(Pettis 定理)

设 X 为 Banach 空间，$(\Omega,\mathfrak{M},\mu)$ 为完备测度空间. 则向量值函数 $x=x(t)$：$\Omega\to X$ 可测的充要条件是 $x(t)$ 为几乎可分值的弱可测函数.

证明 必要性 设 $x(t)$ 可测，则它必是弱可测的. 取一列可数值函数 $\{x_n(t)\}$ 和零测集 Ω_0，使

$$\lim_{n\to\infty}x_n(t)=x(t),\quad\forall t\in\Omega\backslash\Omega_0.$$

记 $X_0=\overline{\{x_n(\Omega\backslash\Omega_0)\}_{n=1}^{\infty}}$，则 X_0 是 X 的可分子集. 显然 $x(\Omega\backslash\Omega_0)\subset X_0$，因此 $x(t)$ 是几乎可分值的.

充分性 不妨设 $x(t)$ 是可分值的. 设 $\{x_k\}_{k=1}^{\infty}\subset X$ 满足 $x(\Omega)\subset\overline{\{x_k\}_{k=1}^{\infty}}$. 并记 $A_{kn}=\{t:\|x(t)-x_k\|<1/n\}$. 由于 $x(t)$ 是弱可测的，对 $x(t)-x_k$ 应用命题 8.1.5 可知 A_{kn} 可测. 对每个固定的 n，当 $t\in\Omega$，由稠密性，存在 x_k 使 $\|x(t)-x_k\|<1/n$，即 $t\in A_{kn}$. 因此

$\Omega=\bigcup_{k=1}^{\infty}A_{kn}$. 令 $B_{kn}=A_{kn}\setminus\bigcup_{j=1}^{k-1}A_{jn}$,则 $\{B_{kn}\}_{k=1}^{\infty}$ 是一列互不相交的可测集,且

$$\Omega=\bigcup_{k=1}^{\infty}B_{kn}.$$

在 Ω 上定义向量值函数 $x_n(t)$ 使

$$x_n(t)=x_k,\quad \forall t\in B_{kn}.$$

则 $x_n(t)$ 是 Ω 上的可数值函数,而且

$$\|x_n(t)-x(t)\|<1/n,\quad \forall t\in\Omega.$$

即 $\lim_{n\to\infty}x_n(t)=x(t)$. 因此 $x(t)$ 是可测的. 证毕.

定理 8.1.7

设 X 为 Banach 空间,$(\Omega,\mathfrak{M},\mu)$ 为完备测度空间. 设 $\{x_n(t)\}_{n=1}^{\infty}$ 为从 Ω 到 X 的可测函数列,且几乎处处弱收敛于向量值函数 $x(t)$,则 $x(t)$ 也是可测的.

证明 由题设,存在 $\Omega_0\in\mathfrak{M}$,$\mu(\Omega_0)=0$,当 $t\in\Omega\setminus\Omega_0$ 时,对任何 $f\in X^*$,有

$$\lim_{n\to\infty}f(x_n(t))=f(x(t)).$$

故 $f(x(t))$ 是可测函数列 $\{f(x_n(t))\}$ 几乎处处收敛的极限,从而可测,即 $x(t)$ 弱可测.

因为对每个 n,$x_n(t)$ 可测,由定义,存在可数值函数列 $\{x_{nk}\}_{k=1}^{\infty}\subset X$ 和 $\Omega_n\in\mathfrak{M}$,$\mu(\Omega_n)=0$,使得 $x_n(t)=\lim_{k\to\infty}x_{nk}(t)$,$t\in\Omega\setminus\Omega_n$. 记

$$X_0=\overline{\operatorname{span}\{x_{nk}\}_{n,k=1}^{\infty}}.$$

则 X_0 是可分的闭的,$\{x_n(t)\}_{n=1}^{\infty}\subset X_0$. 由定理 5.3.2 推论可知 X_0 也是弱闭的. 因为 $x_n(t)\xrightarrow{w}x(t)$,$t\in\Omega\setminus\Omega_0$,所以

$$\left\{x(t):t\in\Omega\setminus\bigcup_{n=0}^{\infty}\Omega_n\right\}\subset X_0.$$

但 $\mu\left(\bigcup_{n=0}^{\infty}\Omega_n\right)=0$,因此 $x(t)$ 是几乎可分值的. 由 Pettis 定理可知 $x(t)$ 是可测的. 证毕.

定义 8.1.6

设 X 为赋范空间,$(\Omega,\mathfrak{M},\mu)$ 为完备测度空间. 设 $T=T(t):\Omega\to\mathcal{B}(X)$ 是算子值函数.

(1) 若存在可数值的算子值函数序列,按一致拓扑几乎处处收敛到 $T(t)$,则称 $T(t)$ 是**一致可测**的.

(2) 若对于任意的 $x\in X$,向量值函数 $T(t)x$ 可测,则称 $T(t)$ 是**强可测**的.

(3) 若对于任意的 $x\in X$,$f\in X^*$,$f(T(t)x)$ 可测,则称 $T(t)$ 是**弱可测**的.

定理 8.1.8

设 X 为 Banach 空间,$(\Omega,\mathfrak{M},\mu)$ 为完备测度空间. 设 $T=T(t):\Omega\to\mathcal{B}(X)$ 是算子值函数,则

(1) $T(t)$ 强可测的充要条件是 $T(t)$ 弱可测且对每个 $x\in X$,$T(t)x$ 是几乎可分值的.

(2) $T(t)$ 一致可测的充要条件是 $T(t)$ 弱可测且在 $\mathcal{B}(X)$ 中是几乎可分值的.

证明 (1) 由 Pettis 定理即得.

(2) 必要性　设 $T(t)$一致可测，由 Pettis 定理可知它在$\mathcal{B}(X)$中是几乎可分值的. 又由定义可知 $T(t)$必是强可测的，从而可知它必是弱可测的.

充分性　因为 $T(t)$在$\mathcal{B}(X)$中是几乎可分值的，故对任意的 $x\in X$，$T(t)x$ 在 X 中是几乎可分值的，从而由(1)可知 $T(t)$强可测.

以下证明 $\|T(t)\|$ 可测. 不妨设 $T(\Omega)$是可分的. 于是存在$\{T_i\}_{i=1}^{\infty}\subset\mathcal{B}(X)$，使$\{T_i\}_{i=1}^{\infty}$ 在 $T(\Omega)$中稠密. 对每个 i，由算子范数定义，可取$\{x_{ik}\}_{k=1}^{\infty}\subset X$，使

$$\|x_{ik}\|=1,\quad \|T_ix_{ik}\|\geqslant\|T_i\|-1/k.$$

由命题 8.1.5，$\|T(t)x_{ik}\|$可测. 因此只需证明

$$\|T(t)\|=\sup_{i,k}\|T(t)x_{ik}\|,\tag{8.1.2}$$

便知 $\|T(t)\|$是可测的.

因为 $\|x_{ik}\|=1$，故$\sup\limits_{i,k}\|T(t)x_{ik}\|\leqslant\|T(t)\|$. 另一方面，对任意的 $k\in\mathbb{Z}^+$，取 T_i，使得 $\|T(t)-T_i\|\leqslant 1/k$. 于是

$$\begin{aligned}\sup_{i,k}\|T(t)x_{ik}\|&\geqslant\|T(t)x_{ik}\|\geqslant\|T_ix_{ik}\|-\|(T(t)-T_i)x_{ik}\|\\&\geqslant\|T_i\|-2/k\geqslant\|T(t)\|-3/k.\end{aligned}$$

由于 k 是任意的，故式(8.1.2)为真.

以 $T(t)$代替 Pettis 定理充分性证明中的 $x(t)$，重复同样的过程，可得 $T(t)$是一致可测的. 证毕.

向量值函数的 Riemann 积分推广到相当于 Lebesgue 意义的积分，按范数拓扑与弱拓扑两种途径，分别得出 Bochner 积分和 Pettis 积分.

定义 8.1.7

设 X 为 Banach 空间，$(\Omega,\mathfrak{M},\mu)$为完备的 σ-有限测度空间，$x=x(t)$：$\Omega\to X$ 为向量值函数. 若对任意的 $E\in\mathfrak{M}$，存在 $y_E\in X$，使得对每个 $f\in X^*$，Lebesgue 积分 $\int_E f(x(t))\mathrm{d}\mu(t)$ 存在，且 $\int_E f(x(t))\mathrm{d}\mu(t)=f(y_E)$，则称 $x=x(t)$在 Ω 上 **Pettis 可积**，此时称 y_E 为 $x(t)$在 E 上的 **Pettis 积分**，并记为

$$(\mathrm{P})\int_E x(t)\mathrm{d}\mu(t)=y_E.$$

由定义可知，当 X 是实数域或复数域时，Pettis 积分就是通常的数值函数积分，与通常的 Lebesgue 积分意义相同. 若 $x(t)$在 Ω 上是 Pettis 可积的，它也必是弱可测的. 几乎处处相等的向量值函数的 Pettis 可积性是一致的，而且当 Pettis 可积时，在每个 $E\in\mathfrak{M}$ 上，积分值相等. 另外，Pettis 积分也具有线性性质.

定理 8.1.9

设 X 是自反 Banach 空间，$(\Omega,\mathfrak{M},\mu)$为完备的 σ-有限测度空间. $x(t)$是从 Ω 到 X 的向量值函数，且对任意的 $f\in X^*$，$\int_\Omega f(x(t))\mathrm{d}\mu(t)$ 存在，则 $x(t)$在 Ω 上是 Pettis 可积的.

证明　(阅读)对 $E\in\mathfrak{M}$，由题设必有 $\int_E f(x(t))\mathrm{d}\mu(t)$ 存在(参见命题 2.1.1). 作 X^* 上线性泛函 F 使

$$F(f)=\int_E f(x(t))\mathrm{d}\mu(t),\quad f\in X^*.\tag{8.1.3}$$

为了证明 $F\in X^{**}$，先考察线性算子 $T: X^* \to L^1(\mu)$，其定义为

$$T(f)(t)=f(x(t)), \quad f\in X^*, \quad t\in \Omega.$$

我们断言 T 是闭算子. 事实上，设 $f_n, f\in X^*$，$g\in L^1(\mu)$，$\|f_n-f\|\to 0$，且 $\|Tf_n-g\|_1\to 0$. 则对任意的 $t\in\Omega$，有

$$|f_n(x(t))-f(x(t))|\leqslant \|f_n-f\|\,\|x(t)\|\to 0.$$

又由于对 $x=x(t)$，$\|f_n(x)-g\|_1=\|Tf_n-g\|_1\to 0$，按定理 3.3.1 推论 3，$\{f_n\}$ 中有子列 $\{f_{n_k}\}$ 使 $|f_{n_k}(x(t))-g(t)|\to 0$ a. e.. 因此，必有 $f(x(t))=g(t)$a. e.，从而 $Tf=g$. 这表明 T 是闭算子. 由闭图像定理，T 是有界的. 于是

$$|F(f)|\leqslant \int_\Omega |f(x(t))|\,\mathrm{d}\mu(t)=\|Tf\|\leqslant \|T\|\,\|f\|.$$

这表明 $F\in X^{**}$. 由于 X 是自反的，故存在 $y_E\in X$，使

$$F(f)=f(y_E), \quad f\in X^*. \tag{8.1.4}$$

由式(8.1.3)与式(8.1.4)可知 $x(t)$ 是 Pettis 可积的，且在 E 上的 Pettis 积分就是 y_E. 证毕.

定理 8.1.10

设 X,Y 都是 Banach 空间，$(\Omega,\mathfrak{M},\mu)$ 为完备的 σ-有限测度空间，$T\in\mathcal{B}(X,Y)$. 若向量值函数 $x:\Omega\to X$ 是 Pettis 可积的，则向量值函数 $T(x(\cdot)):\Omega\to Y$ 也是 Pettis 可积的，且对每个 $E\in\mathfrak{M}$，有

$$(\mathrm{P})\int_E Tx(t)\,\mathrm{d}\mu(t)=T\left[(\mathrm{P})\int_E x(t)\,\mathrm{d}\mu(t)\right].$$

证明 对 $E\in\mathfrak{M}$，记 $y_E=(\mathrm{P})\int_E x(t)\,\mathrm{d}\mu(t)$，$T$ 的共轭算子为 T^*. 对每个 $f\in Y^*$，有 $T^*f\in X^*$，$f(Tx(t))=(T^*f)(x(t))\in L^1(\mu)$，且

$$\int_E f(Tx(t))\,\mathrm{d}\mu(t)=\int_E (T^*f)(x(t))\,\mathrm{d}\mu(t)=(T^*f)(y_E)=f(Ty_E).$$

由定义知，$(\mathrm{P})\int_E Tx(t)\,\mathrm{d}\mu(t)=Ty_E$. 证毕.

定义 8.1.8

设 X 为 Banach 空间，$(\Omega,\mathfrak{M},\mu)$ 为完备的 σ-有限测度空间.

(1) 设 $x=x(t):\Omega\to X$ 为可数值的向量值函数，即有一列向量 $\{x_k\}_{k=1}^{\infty}\subset X$ 与一列互不相交的可测集 $\{\Omega_k\}$ 使 $\Omega=\bigcup_{k=1}^{\infty}\Omega_k$，且 $x(t)=x_k$，$t\in\Omega_k$. 若 $\|x(t)\|$ 在 Ω 上 Lebesgue 可积，则称 $x(t)$ 在 Ω 上是 **Bochner 可积**的，且对 $E\in\mathfrak{M}$，规定其 **Bochner 积分**为

$$(\mathrm{B})\int_E x(t)\,\mathrm{d}\mu(t)=\sum_{k=1}^{\infty}x_k\mu(E\cap\Omega_k).$$

(2) 若向量值函数 $x(t)$ 是 Bochner 可积的可数值函数列 $\{x_n(t)\}$ 的几乎处处收敛的极限，且 $\lim\limits_{n\to\infty}\int_\Omega \|x(t)-x_n(t)\|\,\mathrm{d}\mu(t)=0$，则称 $x(t)$ 是 **Bochner 可积**的，且规定 $x(t)$ 在 $E\in\mathfrak{M}$ 上的 **Bochner 积分**为

$$(\mathrm{B})\int_E x(t)\,\mathrm{d}\mu(t)=\lim_{n\to\infty}(\mathrm{B})\int_E x_n(t)\,\mathrm{d}\mu(t). \tag{8.1.5}$$

为了说明定义的合理性，需要指出下述两点．其一，式(8.1.5)右边的极限存在，这只要指出 $\left\{(\mathrm{B})\int_E x_n(t)\mathrm{d}\mu(t)\right\}$ 是 Cauchy 列．事实上，由定义 8.1.8(1)得

$$\begin{aligned}\left\|(\mathrm{B})\int_E x_{n+p}(t)\mathrm{d}\mu(t)-(\mathrm{B})\int_E x_n(t)\mathrm{d}\mu(t)\right\| &\leqslant \int_E \|x_{n+p}(t)-x_n(t)\|\mathrm{d}\mu(t)\\ &\leqslant \int_E \|x_{n+p}(t)-x(t)\|\mathrm{d}\mu(t)+\\ &\quad \int_E \|x_n(t)-x(t)\|\mathrm{d}\mu(t)\to 0,\quad n\to\infty.\end{aligned}$$

即 $\left\{(\mathrm{B})\int_E x_n(t)\mathrm{d}\mu(t)\right\}$ 是 Cauchy 列．其二，式(8.1.5)与可数值函数列的选择无关．若又有 $\{y_n(t)\}$ 也几乎处处收敛于 $x(t)$ 且 $\lim\limits_{n\to\infty}\int_\Omega \|x(t)-y_n(t)\|\mathrm{d}\mu(t)=0$，则令

$$z_n(t)=\begin{cases}x_k(t), & n=2k-1;\\ y_k(t), & n=2k.\end{cases}$$

显然 $\{z_n(t)\}$ 也几乎处处收敛于 $x(t)$ 且 $\lim\limits_{n\to\infty}\int_\Omega \|x(t)-z_n(t)\|\mathrm{d}\mu(t)=0$，于是由 $\lim\limits_{n\to\infty}(\mathrm{B})\int_E z_n(t)\mathrm{d}\mu(t)$ 的存在性可知

$$\lim_{n\to\infty}(\mathrm{B})\int_E x_n(t)\mathrm{d}\mu(t)=\lim_{n\to\infty}(\mathrm{B})\int_E y_n(t)\mathrm{d}\mu(t).$$

定理 8.1.11

设 X 为 Banach 空间，$(\Omega,\mathfrak{M},\mu)$ 为完备的 σ-有限测度空间．则 $x(t):\Omega\to X$ 是 Bochner 可积的当且仅当 $x(t)$ 是可测的且 $\|x(t)\|$ 是 Lebesgue 可积的．

证明 必要性 设 $x(t)$ 是 Bochner 可积的．则它是可数值函数列 $\{x_n(t)\}$ 几乎处处收敛的极限，因而是可测的．由于 Lebesgue 积分

$$\int_\Omega \|x(t)\|\mathrm{d}\mu(t)\leqslant \int_\Omega \|x(t)-x_n(t)\|\mathrm{d}\mu(t)+\int_\Omega \|x_n(t)\|\mathrm{d}\mu(t)<\infty,$$

故 $\|x(t)\|$ 是 Lebesgue 可积的．

充分性 设 $x(t)$ 可测，且 Lebesgue 积分 $\int_\Omega \|x(t)\|\mathrm{d}\mu(t)<\infty$．因为 $(\Omega,\mathfrak{M},\mu)$ 是 σ-有限的，故存在一列互不相交的可测集 Ω_n，满足 $\Omega=\bigcup\limits_{n=1}^{\infty}\Omega_n$，而且 $0\leqslant\mu(\Omega_n)<\infty$（$\forall n\in\mathbb{Z}^+$）．由 $x(t)$ 可测的定义可知，对任何 $k\in\mathbb{Z}^+$，$\varepsilon_k=1/k$，可取 Ω_n 上可数值函数 $x_{nk}(t)$ 与 Ω_n 的零测子集 Ω_{nk} 使得

$$\|x_{nk}(t)-x(t)\|<\frac{\varepsilon_k}{2^{n+1}(\mu(\Omega_n)+1)},\quad \forall t\in\Omega_n\backslash\Omega_{nk}. \tag{8.1.6}$$

作 Ω 上的可数值函数 $x_k(t)$，具体表达式为

$$x_k(t)=\begin{cases}x_{nk}(t), & t\in\Omega_n\backslash\Omega_{nk},n\in\mathbb{Z}^+;\\ \theta, & t\in\Omega_{nk},n\in\mathbb{Z}^+.\end{cases} \tag{8.1.7}$$

由于 $\bigcup_{n,k}\Omega_{nk}$ 是 Ω 的零测子集，由式(8.1.6)与式(8.1.7)可得 $\{x_k(t)\}$ 几乎处处收敛于 $x(t)$，且

$$\int_\Omega \| x(t)-x_k(t) \| \mathrm{d}\mu(t) \leqslant \sum_{n=1}^{\infty} \frac{\varepsilon_k}{2^{n+1}(\mu(\Omega_n)+1)}\mu(\Omega_n) < \varepsilon_k/2.$$

即 $\lim\limits_{n\to\infty}\int_\Omega \| x(t)-x_k(t) \| \mathrm{d}\mu(t)=0$. 另一方面，有

$$\int_\Omega \| x_k(t) \| \mathrm{d}\mu(t) \leqslant \int_\Omega \| x(t) \| \mathrm{d}\mu(t) + \int_\Omega \| x_k(t)-x(t) \| \mathrm{d}\mu(t) < \infty,$$

即每个 $\| x_k(t) \|$ 是 Lebesgue 可积函数. 由 Bochner 积分定义可知 $x(t)$ 是可积的. 证毕.

推论

设 X 为 Banach 空间，$(\Omega,\mathfrak{M},\mu)$ 为完备的 σ-有限测度空间. 若 $x(t):\Omega\to X$ 是 Bochner 可积的，则对任何的 $\varepsilon>0$，必存在 Ω 的一个分割 $\Omega=\bigcup\limits_{n=1}^{\infty}E_n$，诸 E_n 互不相交，对任意的 $t_n\in E_n$，可数值函数

$$x_\varepsilon(t)=x(t_n),\quad t_n\in E_n, n\in \mathbb{Z}^+ \tag{8.1.8}$$

是 Bochner 可积的，且 $\int_\Omega \| x_\varepsilon(t)-x(t) \| \mathrm{d}\mu(t)<\varepsilon$.

证明　按定理 8.1.11 充分性证明中的记号，把每个 Ω_n 分割为互不相交的可测集 $\{\Omega_n^{(m)}\}$ 的并，在每个 $\Omega_n^{(m)}$ 上，Ω_n 上可数值函数 $x_{n\varepsilon}(t)$ 取常值. 重记 $\{\Omega_n^{(m)}\}_{n,m=1}^{\infty}$ 为 $\{E_j\}$，利用式(8.1.6)，当 $t\in E_j\subset\Omega_n$ 时，由式(8.1.8)定义的 $x_\varepsilon(t)$ 满足

$$\begin{aligned}\| x(t)-x_\varepsilon(t) \| &\leqslant \| x(t)-x_{n\varepsilon}(t) \| + \| x_{n\varepsilon}(t)-x_\varepsilon(t) \| \\ &= \| x(t)-x_{n\varepsilon}(t) \| + \| x_{n\varepsilon}(t_j)-x(t_j) \| < \frac{2\varepsilon}{2^{n+1}(\mu(\Omega_n)+1)}.\end{aligned}$$

类似于定理 8.1.11 证明中的估计，即得

$$\int_\Omega \| x(t)-x_\varepsilon(t) \| \mathrm{d}\mu(t)<\varepsilon.$$

证毕.

定理 8.1.12

设 X 为 Banach 空间，$(\Omega,\mathfrak{M},\mu)$ 为完备的 σ-有限测度空间. 则 Bochner 可积的函数必为 Pettis 可积的，且在每个 $E\in\mathfrak{M}$ 上，两种积分取值相同.

证明　(阅读)设 $x(t)$ 是 Bochner 可积的，则存在可数值函数列 $\{x_n(t)\}$ 几乎处处收敛于 $x(t)$，每个 $\| x_n(t) \|$ Lebesgue 可积，且 $\lim\limits_{n\to\infty}\int_\Omega \| x(t)-x_n(t) \| \mathrm{d}\mu(t)=0$. 由于对任意的 $f\in X^*$，$|f(x_n(t))|\leqslant \| f \| \| x_n(t) \|$，故 $f(x_n(t))$ Lebesgue 可积，即 $x_n(t)$ 是 Pettis 可积的. 对任意的 $f\in X^*$，由于 $f(x(t))$ 是可测函数列 $\{f(x_n(t))\}$ 几乎处处收敛的极限，故 $f(x(t))$ 是可测的，且对任意的 $E\in\mathfrak{M}$ 有

$$\left|\int_E f(x_n(t))\mathrm{d}\mu(t)-\int_E f(x(t))\mathrm{d}\mu(t)\right| \leqslant \int_E \| f \| \| x_n(t)-x(t) \| \mathrm{d}\mu(t)\to 0.$$

由此得出

$$\int_E f(x_n(t))\mathrm{d}\mu(t) \to \int_E f(x(t))\mathrm{d}\mu(t). \tag{8.1.9}$$

又由式(8.1.5)，$(\mathrm{B})\int_E x_n(t)\mathrm{d}\mu(t) \to (\mathrm{B})\int_E x(t)\mathrm{d}\mu(t)$，按 f 的连续性，有

$$\int_E f(x_n(t))\mathrm{d}\mu(t) = f\left((\mathrm{B})\int_E x_n(t)\mathrm{d}\mu(t)\right) \to f\left((\mathrm{B})\int_E x(t)\mathrm{d}\mu(t)\right). \tag{8.1.10}$$

由式(8.1.9)与式(8.1.10)得到

$$f\left((\mathrm{B})\int_E x(t)\mathrm{d}\mu(t)\right) = \int_E f(x(t))\mathrm{d}\mu(t), \quad \forall f \in X^*.$$

这表明 $x(t)$是 Pettis 可积的，且 $(\mathrm{P})\int_E x(t)\mathrm{d}\mu(t) = (\mathrm{B})\int_E x(t)\mathrm{d}\mu(t)$. 证毕.

由于 Bochner 积分存在时，其积分值与 Pettis 积分的值一致，故此时 $(\mathrm{B})\int_E x(t)\mathrm{d}\mu(t)$ 和 $(\mathrm{P})\int_E x(t)\mathrm{d}\mu(t)$ 都简记作 $\int_E x(t)\mathrm{d}\mu(t)$.

注意 Pettis 可积的函数未必 Bochner 可积.

例 8.1.3 设 m 是$[0,\infty)$上的 Lebesgue 测度，e_n 是 Banach 空间 c_0 中第 n 个分量为 1，其余分量为 0 的向量. 向量值函数 $x: [0,\infty) \to c_0$ 定义为

$$x(t) = e_n/n, \quad t \in [n-1,n), \quad n \in \mathbb{Z}^+.$$

则 $x(t)$并非 Bochner 可积，但却是 Pettis 可积的. 事实上，注意到

$$\int_0^\infty \| x(t) \| \mathrm{d}m(t) = \sum_{n=1}^\infty \frac{1}{n} = \infty.$$

由定理 8.1.11 可知 $x(t)$不是 Bochner 可积的. 另一方面，当 $f = \{a_n\} \in (c_0)^* = l^1$（其中 $a_n = f(e_n)$）时，对$[0,\infty)$中任一 Lebesgue 可测集 E，记 $E_n = E \cap [n-1,n)$，有

$$\int_E f(x(t))\mathrm{d}m(t) = \sum_{n=1}^\infty \int_{E_n} f(x(t))\mathrm{d}m(t) = \sum_{n=1}^\infty a_n \frac{m(E_n)}{n} = f(y_E).$$

其中，$y_E = \{m(E_n)/n\} \in c_0$. 因此，$x(t)$是 Pettis 可积的，且

$$(\mathrm{P})\int_E x(t)\mathrm{d}m(t) = y_E = \{m(E_n)/n\}.$$

Bochner 积分具有和通常的 Lebesgue 积分类似的若干基本性质. 以下用 $B(\Omega,X,\mu)$表示从完备的 σ-有限测度空间$(\Omega,\mathfrak{M},\mu)$到 Banach 空间 X 的 Bochner 可积函数全体. 由 Bochner 积分的定义和定理 8.2.11，不难得到下面几个定理，其证明从略.

定理 8.1.13

设 X 为 Banach 空间，$(\Omega,\mathfrak{M},\mu)$为完备的 σ-有限测度空间. 设 $x(t),y(t) \in B(\Omega,X,\mu)$，则

(1) **线性** 对任意的数 $\alpha,\beta \in \mathbb{K}$，有 $\alpha x(t) + \beta y(t) \in B(\Omega,X,\mu)$，且对任意的 $E \in \mathfrak{M}$，成立着

$$\int_E [\alpha x(t) + \beta y(t)]\mathrm{d}\mu(t) = \alpha\int_E x(t)\mathrm{d}\mu(t) + \beta\int_E y(t)\mathrm{d}\mu(t).$$

(2) **等积性** 若 $x(t) = y(t)$a. e.，则 $\int_E x(t)\mathrm{d}\mu(t) = \int_E y(t)\mathrm{d}\mu(t)$.

(3) **绝对值性** $\left\|\int_E x(t)\mathrm{d}\mu(t)\right\| \leqslant \int_E \|x(t)\|\mathrm{d}\mu(t)$.

(4) **可列可加性**　设$\{\Omega_n\}$是Ω中一列两两不相交的可测集,则

$$\int_{\bigcup\limits_{n=1}^{\infty}\Omega_n} x(t)\mathrm{d}\mu(t) = \sum_{n=1}^{\infty}\int_{\Omega_n} x(t)\mathrm{d}\mu(t).$$

(5) **绝对连续性**　对任何$\varepsilon>0$,存在$\delta>0$,当$E\in\mathfrak{M}$,$\mu(E)<\delta$时,有

$$\left\|\int_E x(t)\mathrm{d}\mu(t)\right\| < \varepsilon.$$

(6) **空间完备性**　线性空间$B(\Omega,X,\mu)$(其中几乎处处相等的函数视为同一函数)按范数$\|x\| = \int_\Omega \|x(t)\|\mathrm{d}\mu(t)$构成Banach空间.

定理 8.1.14(控制收敛定理)

设$\{x_n(t)\}\subset B(\Omega,X,\mu)$几乎处处收敛于$x(t)$,$F(t)\in L^1(\mu)$,满足

$$\|x_n(t)\| \leqslant F(t),\quad \forall n\in\mathbb{Z}^+.$$

则$x(t)\in B(\Omega,X,\mu)$,且对任意的$E\in\mathfrak{M}$有

$$\lim_{n\to\infty}\int_E x_n(t)\mathrm{d}\mu(t) = \int_E x(t)\mathrm{d}\mu(t).$$

定理 8.1.15

设X,Y都是Banach空间,$T\in\mathcal{B}(X,Y)$,$x(t)\in B(\Omega,X,\mu)$. 则$Tx(t)\in B(\Omega,Y,\mu)$,且对任何$E\in\mathfrak{M}$,有

$$T\left[\int_E x(t)\mathrm{d}\mu(t)\right] = \int_E Tx(t)\mathrm{d}\mu(t).$$

8.2　算子半群的基本性质

算子半群的概念起源于微分方程问题,为了认识这一点,先看下述两个例子.

例 8.2.1　考察Banach空间上的常微分方程

$$\begin{cases} u'(t) + Au(t) = 0, & t>0, \\ u(0) = x_0 \in X, \end{cases} \tag{8.2.1}$$

其中,A是Banach空间X上的线性算子,u'是向量值函数$u:[0,\infty)\to X$的导数.若对任何初值$u(0)=x_0$,方程(8.2.1)存在唯一解$u(t)=y(t,x_0)$,适合初始条件$u(0)=y(0,x_0)=x_0$.设$s>0$,$x_1=u(s)=y(s,x_0)$.注意到$v(t)=y(t+s,x_0)$也是方程(8.2.1)的解,适合初始条件$v(0)=y(s,x_0)=x_1$.引入X上的线性算子T_t使

$$T_t x_0 = u(t) = y(t,x_0),$$

则由$x_1=T_s x_0$得

$$T_{t+s}x_0 = u(t+s) = y(t+s,x_0) = v(t) = T_t x_1 = T_t T_s x_0.$$

即$T_{t+s}=T_tT_s$. T_t可视为变量t的算子值函数,而$\{T_t: t\in[0,\infty)\}$是一个含单参数变量t的集合,其中的乘法$T_{t+s}=T_tT_s$满足结合律,即

$$T_s(T_tT_r) = (T_sT_t)T_r = T_{s+t+r},$$

而且有单位元$I=T_0$.就是说$\{T_t: t\in[0,\infty)\}$关于乘法成为算子半群.

例 8.2.2 考察 k 阶线性齐次偏微分方程 $Lu=0$，这里 L 表示某 k 阶线性齐次微分算子，$u=u(t,x)$ 表示 k 阶可微函数，t 为时间变量，$x\in\mathbb{R}^n$. 设 Y 为从$\mathbb{R}^n$ 到$\mathbb{R}^k$ 的向量值函数的空间. 若对任何 $f\in Y, f(x)=(g_0(x),\cdots,g_{k-1}(x))$，存在方程 $Lu=0$ 的适合初始条件

$$u(0,x)=g_0(x),\quad u'(0,x)=g_1(x),\cdots,u^{(k-1)}(0,x)=g_{k-1}(x)$$

的唯一解 $u(t,x)$，记 $f_t(x)=(u(t,x),\cdots,u^{(k-1)}(t,x))$，则 $f_t\in Y$. 由此引入从 Y 到 Y 的线性算子 T_t 使 $T_tf=f_t, t>0$. 和例 8.2.1 一样，有

$$T_{t+s}f=T_t(T_sf),\quad t,s>0.$$

从而得到一个算子半群$\{T_t: t>0\}$.

从上面的例子可知算子半群是一种具有半群结构的特殊的向量值函数. 一般地，对算子半群的讨论需要以某种连续性为前提. 这样的算子半群也是最基本、最常见的一类算子半群. 明确起见，我们给出如下定义.

定义 8.2.1

设$\{T_t\}$是 Banach 空间 X 上一族有界线性算子. 若对一切 $t,s\in(0,\infty)$有

$$T_{t+s}=T_tT_s,\tag{8.2.2}$$

则称$\{T_t: t>0\}$为**算子半群**；若式(8.2.2)当 $s=0$ 或 $t=0$ 时也成立，则称 $T_0=I$ 为算子半群$\{T_t: t\geqslant 0\}$的**单位元**；若式(8.2.2)对一切 $t,s\in(-\infty,\infty)$也成立，则称$\{T_t: t\in(-\infty,\infty)\}$为**算子群**.

设$\{T_t: t\geqslant 0\}$为有单位元的算子半群，若对每个 $t_0\geqslant 0$ 和 $x\in X$，有

$$\lim_{t\to t_0}\|T_tx-T_{t_0}x\|=0.$$

则称$\{T_t: t\geqslant 0\}$为强连续算子半群，简称为 C_0 **类算子半群**.

对算子半群而言，由某一点处的强连续性能得出在其余点上的强连续性.

定理 8.2.1

设$\{T_t: t\geqslant 0\}$是 Banach 空间 X 上的算子半群，且对任何 $x\in X$，都有

$$\lim_{t\to 0^+}\|T_tx-x\|=0.\tag{8.2.3}$$

则$\{T_t: t\geqslant 0\}$必为 C_0 类算子半群.

证明 式(8.2.3)表明 T_t 在 $t=0$ 是右强连续的. 对任意 $t>0$，当 $h\to 0^+$ 时，有

$$\lim_{h\to 0^+}\|T_{t+h}x-T_tx\|\leqslant\|T_t\|\lim_{h\to 0^+}\|T_hx-x\|=0.$$

即 T_tx 在任意的 $t>0$ 处是右连续的. 设 $a>0$ 是任意给定的，以下证明

$$\sup\{\|T_t\|: t\in[0,a]\}<\infty.\tag{8.2.4}$$

对任意 $x\in X$，由式(8.2.3)存在 $b_x>0, M_x>0$ 使得 $\sup\{\|T_tx\|: t\in[0,b_x]\}\leqslant M_x$. 当 $t\in[0,a]$时，令 $k=[t/b_x]$为 t/b_x 的 Gauss 整数，则 $t=kb_x+r$，其中 $0\leqslant k\leqslant a/b_x, 0\leqslant r<b_x$. 于是 $\|T_tx\|=\|T_{kb_x}T_rx\|\leqslant\|T_{kb_x}\|M_x$，$\|T_{kb_x}\|M_x$ 仅与 x,a 有关. 于是利用共鸣定理得到式(8.2.4). 记 $\sup\{\|T_t\|: t\in[0,a]\}=M$. 对于 $t\in(0,a]$，$h\to 0^+$，由式(8.2.3)得

$$\|T_tx-T_{t-h}x\|=\|T_{t-h}(T_hx-x)\|\leqslant M\|T_hx-x\|\to 0.$$

这表明 T_tx 在任意的 $t>0$ 处是左连续的. 证毕.

推论

设$\{T_t: t\geqslant 0\}$是 Banach 空间 X 上的 C_0 类算子半群. 则对任意 $a>0$,有

$$\sup\{\|T_t\|: t\in[0,a]\}<\infty.$$

例 8.2.3 $C_0[0,\infty)$上的**平移半群** $C_0[0,\infty)$是 $C_0(X)$的特例,即在$[0,\infty)$上连续,且在∞处以 0 为极限的函数全体赋上确界范数而成的 Banach 空间. 考察 $C_0[0,\infty)$上的平移算子 T_t:

$$(T_tx)(s)=x(s+t),\quad t\geqslant 0.$$

容易验证$\{T_t: t\geqslant 0\}$构成一个算子半群. 因为对任意 $x\in C_0[0,\infty)$,有

$$\|T_tx\|=\sup_{s\geqslant 0}|x(s+t)|\leqslant\sup_{s\geqslant 0}|x(s)|=\|x\|.$$

所以$\|T_t\|\leqslant 1$. 对 $t>0$,取 $x_0\in C_0[0,\infty)$,使

$$\|x_0\|=1,\quad 且\ \forall s\in[0,2t],\quad 有\ x_0(s)=1.$$

易见$\|T_tx_0\|=1=\|x_0\|$,所以$\|T_t\|=1$. 因为当 $x\in C_0[0,\infty)$时 $x(t)$在$[0,\infty)$上一致连续,故

$$\lim_{t\to 0^+}\sup_{s\geqslant 0}|x(t+s)-x(s)|=0.$$

即$\lim\limits_{t\to 0^+}\|T_tx-x\|=0$. 因此$\{T_t: t\geqslant 0\}$是 C_0 类算子半群.

例 8.2.4 $L^p(-\infty,\infty)(p\geqslant 1)$上**平移算子群** 对任意 $t\in(-\infty,\infty)$,定义

$$T_tx(s)=x(s+t),\quad x\in L^p(-\infty,\infty).$$

容易验证$\{T_t: -\infty<t<\infty\}$构成一个算子群. 由于任意 $t\in(-\infty,\infty)$,有

$$\|T_tx\|=\left(\int_{-\infty}^{\infty}|x(s+t)|^p\,\mathrm{d}s\right)^{1/p}=\|x\|,\quad x\in L^p(-\infty,\infty).$$

因此,$\|T_t\|=1$. 又由于对固定的 $x\in L^p(-\infty,\infty)$,有

$$\|T_tx-x\|=\left(\int_{-\infty}^{\infty}|x(s+t)-x(s)|^p\,\mathrm{d}s\right)^{1/p}\to 0,\quad t\to 0.$$

故$\{T_t: -\infty<t<\infty\}$是 C_0 类算子群. 特别地,当 $p=2$ 时,称$\{T_t: -\infty<t<\infty\}$是 $L^2(-\infty,\infty)$上的 C_0 类酉算子群.

从例 8.2.1 中容易得到方程(8.2.1)的形式解,从而可知$\{T_t: t\geqslant 0\}$可形式地表示成 $T_t=\mathrm{e}^{-At}$. 对 C_0 类算子半群一般而言,由于 $T_{t+s}=T_tT_s$ 有类似于指数函数的形式解,因而下述无穷小生成元概念便成为讨论 C_0 类算子半群的基本工具(定义中的指数意义可对比通常极限式 $\lim\limits_{t\to 0^+}\dfrac{1}{t}(\mathrm{e}^{\beta t}-1)=\beta$ 去认识).

定义 8.2.2

设$\{T_t: t\geqslant 0\}$是 Banach 空间 X 上的 C_0 类算子半群,定义集合 $D(A)\subset X$:

$$x\in D(A)\ 当且仅当存在\ y\in X\ 使得\ \lim_{t\to 0^+}\left\|\frac{1}{t}(T_t-I)x-y\right\|=0.$$

对于 $x\in D(A)$及与之对应的 $y\in X$ 定义 $Ax=y$,则算子 A 称为算子半群$\{T_t: t\geqslant 0\}$的**无穷小生成元**,简称为**生成元**.

显然,A 的定义域 $D(A)$是 X 的线性子空间,$A: D(A)\to X$ 是线性算子.

通常,若算子 A 的定义域 $D(A)$在 Banach 空间 X 中稠密,则称 A 是**稠定**的.

定理 8.2.2

设$\{T_t: t\geqslant 0\}$是 Banach 空间 X 上的 C_0 类算子半群，A 是它的生成元. 则

(1) 若 $x\in X, t\geqslant 0$，则 $\int_0^t T_s x\,\mathrm{d}s \in D(A), T_t x - x = A\int_0^t T_s x\,\mathrm{d}s$.

(2) 若 $t\geqslant 0, x\in D(A)$，则 $\dfrac{\mathrm{d}T_t x}{\mathrm{d}t} = AT_t x = T_t Ax$.

(3) A 是一个稠定线性闭算子.

(4) 若 $t\geqslant 0, \lambda\in\rho(A)$，则 $(\lambda I - A)^{-1}T_t = T_t(\lambda I - A)^{-1}$，或写成

$$R_\lambda(A)T_t = T_t R_\lambda(A).$$

(5) 若 $b\in(0,\infty], u: [0,b)\to D(A)$ 连续，u 在 $(0,b)$ 可导且 $u'(t) = Au(t)$，则

$$u(t) = T_t u(0), \quad \forall t\in[0,b).$$

(6) 若$\{S_t: t\geqslant 0\}$也是 X 上以 A 为生成元的 C_0 类算子半群，则

$$S_t = T_t, \quad \forall t\geqslant 0.$$

(7) 若 $\lambda\in\mathbb{K}$，则$\{\mathrm{e}^{-\lambda t}T_t: t\geqslant 0\}$是以 $A-\lambda I$ 为生成元的算子半群.

由定理 8.2.2(1)与(2)可知，对 C_0 类算子半群，当 $x\in D(A)$，有下列 Newton-Leibniz 公式成立：

$$\int_0^s \frac{\mathrm{d}T_t x}{\mathrm{d}t}\mathrm{d}t = T_s x - x.$$

证明 (1) 因为对任意 $x\in X$，$\| T_t x - x\|$ 在 $t\in[0,h]$连续，故存在 $t_h\in[0,h]$使 $\sup\limits_{t\in[0,h]}\|T_t x - x\| = \|T_{t_h}x - x\|$，从而

对任意 $x\in X, h\to 0^+$，有

$$\left\|\frac{1}{h}\int_0^h T_t x\,\mathrm{d}t - x\right\| = \left\|\frac{1}{h}\int_0^h (T_t x - x)\,\mathrm{d}t\right\| \leqslant \sup_{0\leqslant t\leqslant h}\|T_t x - x\| \to 0. \tag{8.2.5}$$

当 $t=0$ 时结论(1)显然成立. 当 $t>0$ 时，记 $y=\int_0^t T_s x\,\mathrm{d}s$，于是对 $h>0$，有

$$\begin{aligned}T_h y - y &= \int_0^t (T_{s+h}x - T_s x)\,\mathrm{d}s = \int_h^{t+h} T_s x\,\mathrm{d}s - \int_0^t T_s x\,\mathrm{d}s \\ &= \int_t^{t+h} T_s x\,\mathrm{d}s - \int_0^h T_s x\,\mathrm{d}s = \int_0^h T_{s+t}x\,\mathrm{d}s - \int_0^h T_s x\,\mathrm{d}s = \int_0^h [T_s(T_t x - x)]\,\mathrm{d}s.\end{aligned}$$

由于式(8.2.5)对任何 $x\in X$ 成立，以 $T_t x - x$ 代替式(8.2.5)中的 x，由上式得

$$\lim_{h\to 0}\left\|\frac{1}{h}(T_h y - y) - (T_t x - x)\right\| = 0.$$

由 A 的定义即知 $y\in D(A), Ay = T_t x - x$.

(2) 设 $t\geqslant 0, x\in D(A)$. 当 $t=0$ 时，由 A 的定义即知结论成立. 设 $t>0$. 因为当 $h\to 0^+$ 时，有

$$\frac{T_h - I}{h}T_t x = T_t\frac{T_h - I}{h}x \to T_t Ax,$$

故 $T_t x\in D(A)$，且右导数 $T_t Ax = AT_t x$. 注意到 $h<0$ 时，有

$$\frac{T_{t+h} - T_t}{h}x - T_t Ax = T_{t+h}\left(\frac{T_{-h} - I}{-h}x - Ax\right) + T_{t+h}(Ax - T_{-h}Ax). \tag{8.2.6}$$

由式(8.2.4)，对任何 $a>0$，$\sup\{\|T_t\|: t\in[0,a]\}<\infty$. 当 $h\to0^-$ 时，由 $x\in D(A)$ 知式(8.2.6)右端依范数趋于 θ，所以又有左导数存在，且由 $\dfrac{T_{t+h}-T_t}{h}x=\dfrac{T_{-h}-I}{-h}T_{t+h}x$ 知左导数为 $T_tAx=AT_tx$. 故 $\dfrac{\mathrm{d}T_tx}{\mathrm{d}t}=AT_tx=T_tAx$.

(3) 先证明 A 是稠定的. 由(1)，对 $x\in X$，有 $\int_0^t T_sx\,\mathrm{d}s\in D(A)$，于是 $y_t=\dfrac{1}{t}\int_0^t T_sx\,\mathrm{d}s\in D(A)$. 由式(8.2.5)得当 $t\to0^+$ 时有 $y_t\to x$. 于是 $x\in\overline{D(A)}$. 即 $\overline{D(A)}=X$，A 是稠定的.

再证明 A 是闭算子. 设 $x_n\in D(A)$，$x_n\to x$，$Ax_n\to y$. 依次由 T_h 的有界性、Newton-Leibniz 公式、结论(2)，控制收敛定理及式(8.2.5)得

$$\lim_{h\to0^+}\frac{T_h-I}{h}x=\lim_{h\to0^+}\lim_{n\to\infty}\frac{T_h-I}{h}x_n=\lim_{h\to0^+}\lim_{n\to\infty}\frac{1}{h}\int_0^h\frac{\mathrm{d}}{\mathrm{d}t}(T_tx_n)\mathrm{d}t$$
$$=\lim_{h\to0^+}\lim_{n\to\infty}\frac{1}{h}\int_0^h T_tAx_n\mathrm{d}t=\lim_{h\to0^+}\frac{1}{h}\int_0^h T_ty\mathrm{d}t=y.$$

因此 $x\in D(A)$ 且 $Ax=y$. 这表明 A 是闭算子.

(4) 设 $t\geqslant0$，$\lambda\in\rho(A)$. 设 $y\in X$，并记 $x=(\lambda I-A)^{-1}y$. 由(2)知

$$(\lambda I-A)T_tx=T_t(\lambda I-A)x=T_ty.$$

因此

$$(\lambda I-A)^{-1}T_ty=T_tx=T_t(\lambda I-A)^{-1}y,\quad \forall y\in X.$$

故结论(4)成立.

(5) 当 $t=0$ 时结论成立. 设 $t\in(0,b)$，记 $v(s,t)=T_{t-s}u(s)$，$s\in[0,t]$. 令 $r=t-s$，则当 $s\in(0,t)$ 时，$r>0$，且由(2)得

$$\frac{\partial v}{\partial s}=T_r\frac{\partial u}{\partial s}+\frac{\mathrm{d}T_r}{\mathrm{d}r}\frac{\partial r}{\partial s}u(s)=T_r\frac{\partial u}{\partial s}-\frac{\mathrm{d}T_r}{\mathrm{d}r}u(s)=T_rAu(s)-T_rAu(s)=\theta.$$

因此当 $s\in[0,t]$ 时有 $v(s,t)\equiv v(0,t)$. 于是 $v(t,t)=v(0,t)$，即 $u(t)=T_tu(0)$.

(6) 设 $x\in D(A)$，并记 $u(t)=S_tx$. 由结论(2)知，对 $b=\infty$，u 满足结论(5)的条件，从而对任意 $t\geqslant0$ 有 $S_tx=u(t)=T_tu(0)=T_tx$. 又 $D(A)$ 是 X 的稠集，故 $S_t=T_t$.

(7) 当 $t\to0^+$，由定义 8.2.2 得

$$\frac{1}{t}[\mathrm{e}^{-\lambda t}T_t-I]x=\frac{1}{t}[\mathrm{e}^{-\lambda t}(T_t-I)-(1-\mathrm{e}^{-\lambda t})I]x\to(A-\lambda I)x.$$

证毕.

8.3 算子半群的生成元表示

本节讨论 C_0 类算子半群如何用其无穷小生成元来表示及什么样的算子能成为生成元等问题.

定义 8.3.1

设 $\{T_t: t\geqslant0\}$ 是 C_0 类算子半群，记 $\eta(t)=\ln\|T_t\|$，称 $\omega=\inf\limits_{t>0}[\eta(t)/t]$ 为 $\{T_t: t\geqslant0\}$ 的**指标**.

由算子半群性质易知

$$\eta(t_1+t_2)\leqslant\eta(t_1)+\eta(t_2),\quad t_1\geqslant 0,t_2\geqslant 0. \tag{8.3.1}$$

即 η 具有次可加性.

命题 8.3.1

设 $\{T_t: t\geqslant 0\}$ 是 C_0 类算子半群，$\eta(t)$ 与 ω 如定义 8.3.1 所述. 则 $\lim\limits_{t\to\infty}\eta(t)/t=\omega$.

证明 由定理 8.2.1 推论，对任何 $a>0$，$\sup\{\|T_t\|: t\in[0,a]\}<\infty$. 于是对任何 $0\leqslant b_1<b_2$，有

$$\eta(t)\text{ 在}[b_1,b_2]\text{有上界}. \tag{8.3.2}$$

$\omega=\inf\limits_{t>0}\eta(t)/t$ 或者有限，或者为 $-\infty$. 因为处理方法类似，以下仅就 ω 有限时的情况予以证明. 对任意 $\varepsilon>0$，取 $b>0$，使得 $\eta(b)/b<\omega+\varepsilon$. 于是当 $t\in[(n+2)b,(n+3)b]$ 时，由式(8.3.1)有

$$\omega\leqslant\frac{\eta(t)}{t}\leqslant\frac{n\eta(b)}{t}+\frac{\eta(t-nb)}{t}\leqslant\frac{\eta(b)}{b}+\frac{\eta(t-nb)}{t}. \tag{8.3.3}$$

由于 $t-nb\in[2b,3b]$，故由式(8.3.2)知 $\eta(t-nb)$ 有上界，所以当 $t\to\infty$ 时，式(8.3.3)右端的极限不超过 $\omega+\varepsilon$. 由 ε 的任意性得 $\lim\limits_{t\to\infty}\eta(t)/t=\omega$. 证毕.

现设 ω 是 C_0 类算子半群 $\{T_t: t\geqslant 0\}$ 的指标，$x\in X$，$\mathrm{Re}\,\lambda>\omega$. 考察 T_tx 的 Laplace 变换：$L_\lambda x=\int_0^\infty \mathrm{e}^{-\lambda t}T_tx\,\mathrm{d}t$. 首先指出这个积分是确定的. 因为 T_tx 关于 t 连续，故 $\mathrm{e}^{-\lambda t}T_tx$ 关于 t 连续. 由命题 8.3.1 及式(8.3.2)与式(8.3.3)可知，当 ω 有限时，对任何 $\varepsilon\in(0,\mathrm{Re}\,\lambda-\omega)$，存在 $M_\varepsilon>0$，使得

$$\|T_t\|\leqslant M_\varepsilon\mathrm{e}^{t(\omega+\varepsilon)}; \tag{8.3.4}$$

当 $\omega=-\infty$ 时，对任何充分大的 $\Psi>0$，存在 $M_\Psi>0$，使得

$$\|T_t\|\leqslant M_\Psi\mathrm{e}^{-\Psi t}. \tag{8.3.5}$$

由此可知，当 $\mathrm{Re}\,\lambda>\omega$ 时，对任意 $s>0$，向量值函数 $\mathrm{e}^{-\lambda t}T_tx$ 在 $[0,s]$ 上是 Riemann 可积的. 现取定 $\varepsilon_0=(\mathrm{Re}\,\lambda-\omega)/2$，$\Psi_0\geqslant 1$. 则由式(8.3.4)与式(8.3.5)，存在 $M=\max(M_{\varepsilon_0},M_{\Psi_0})$，使 $\|T_t\|\leqslant M\mathrm{e}^{t(\omega+\mathrm{Re}\,\lambda)/2}$. 于是对任意 $s_2>s_1>0$，有

$$\left\|\int_{s_1}^{s_2}\mathrm{e}^{-\lambda t}T_tx\,\mathrm{d}t\right\|\leqslant\int_{s_1}^{s_2}|\mathrm{e}^{-\lambda t}|\,\|T_tx\|\,\mathrm{d}t\leqslant M\|x\|\int_{s_1}^{s_2}\mathrm{e}^{-t(\mathrm{Re}\,\lambda-\omega)/2}\mathrm{d}t\leqslant M\|x\|(s_2-s_1).$$

由空间的完备性可知 $\lim\limits_{s\to\infty}\int_0^s\mathrm{e}^{-\lambda t}T_tx\,\mathrm{d}t$ 存在. 因此 $L_\lambda x=\int_0^\infty\mathrm{e}^{-\lambda t}T_tx\,\mathrm{d}t$ 是确定的.

命题 8.3.2

设 $\{T_t: t\geqslant 0\}$ 是 C_0 类算子半群，ω 是其指标，设 $L_\lambda x=\int_0^\infty\mathrm{e}^{-\lambda t}T_tx\,\mathrm{d}t$，其中 $x\in X$，$\mathrm{Re}\,\lambda>\omega$. 则 $L_\lambda\in\mathcal{B}(X)$，且 $\lim\limits_{\mathrm{Re}\,\lambda\to\infty}\|L_\lambda\|=0$.

证明 设 $\varepsilon\in(0,\mathrm{Re}\,\lambda-\omega)$. 当 ω 有限时，由式(8.3.4)，得

$$\begin{aligned}\left\|\int_0^s\mathrm{e}^{-\lambda t}T_tx\,\mathrm{d}t\right\|&\leqslant\int_0^s|\mathrm{e}^{-\lambda t}|\,\|T_tx\|\,\mathrm{d}t\leqslant M_\varepsilon\|x\|\int_0^s\mathrm{e}^{t(\omega+\varepsilon-\mathrm{Re}\,\lambda)}\mathrm{d}t\\&=\frac{M_\varepsilon\|x\|}{\omega+\varepsilon-\mathrm{Re}\,\lambda}(\mathrm{e}^{s(\omega+\varepsilon-\mathrm{Re}\,\lambda)}-1).\end{aligned}$$

令 $s\to\infty$ 得

$$\| L_\lambda \| \leqslant \frac{M_\varepsilon}{\operatorname{Re}\lambda-\omega-\varepsilon},\quad 当 \operatorname{Re}\lambda>\omega+\varepsilon 时. \tag{8.3.6}$$

当 $\omega=-\infty$ 时,由式(8.3.5),得

$$\left\|\int_0^s \mathrm{e}^{-\lambda t}T_t x\,\mathrm{d}t\right\|\leqslant\int_0^s |\mathrm{e}^{-\lambda t}|\,\|T_t x\|\,\mathrm{d}t\leqslant M_\Psi\|x\|\int_0^s \mathrm{e}^{t(-\Psi-\operatorname{Re}\lambda)}\mathrm{d}t$$
$$=\frac{M_\Psi\|x\|}{-\Psi-\operatorname{Re}\lambda}(\mathrm{e}^{s(-\Psi-\operatorname{Re}\lambda)}-1).$$

令 $s\to\infty$ 得

$$\| L_\lambda \| \leqslant \frac{M_\Psi}{\operatorname{Re}\lambda+\Psi},\quad 当 \operatorname{Re}\lambda>-\Psi 时. \tag{8.3.7}$$

由式(8.3.6)与式(8.3.7),$L_\lambda\in\mathcal{B}(X)$,且 $\lim\limits_{\operatorname{Re}\lambda\to\infty}\|L_\lambda\|=0$. 证毕.

定理 8.3.3

设 $\{T_t:t\geqslant0\}$ 是 Banach 空间 X 上 C_0 类算子半群,指标为 ω,无穷小生成元为 A,设 $L_\lambda x=\int_0^\infty \mathrm{e}^{-\lambda t}T_t x\,\mathrm{d}t$,其中 $x\in X$,$\operatorname{Re}\lambda>\omega$. 则 $\mathcal{R}(L_\lambda)=D(A)$,且对任意 $x\in X$ 与任意 $y\in D(A)$,有

$$(\lambda I-A)L_\lambda x=x,\quad L_\lambda(\lambda I-A)y=y. \tag{8.3.8}$$

即 $(\lambda I-A)^{-1}=L_\lambda\in\mathcal{B}(X)$,$\lambda\in\rho(A)$.

证明 对任意 $x\in X$ 和 $h\geqslant0$,有

$$(T_h-I)L_\lambda x=\int_0^\infty \mathrm{e}^{-\lambda t}(T_{t+h}x-T_t x)\mathrm{d}t=\int_h^\infty \mathrm{e}^{-\lambda t}\mathrm{e}^{\lambda h}T_t x\,\mathrm{d}t-\int_0^\infty \mathrm{e}^{-\lambda t}T_t x\,\mathrm{d}t$$
$$=-\int_0^h \mathrm{e}^{-\lambda t}T_t x\,\mathrm{d}t+(\mathrm{e}^{\lambda h}-1)\int_h^\infty \mathrm{e}^{-\lambda t}T_t x\,\mathrm{d}t.$$

由于 $\{\mathrm{e}^{-\lambda t}T_t:t\geqslant0\}$ 仍是 C_0 类算子半群,当 $h\to0^+$,由式(8.2.5)得

$$\left\|\frac{1}{h}\int_0^h \mathrm{e}^{-\lambda t}T_t x\,\mathrm{d}t-x\right\|\leqslant\sup_{0\leqslant t\leqslant h}\|\mathrm{e}^{-\lambda t}T_t x-x\|\to0.$$

于是有

$$\frac{T_h-I}{h}L_\lambda x\to-x+\lambda\int_0^\infty \mathrm{e}^{-\lambda t}T_t x\,\mathrm{d}t=-x+\lambda L_\lambda x.$$

按定义 8.2.2,这表明 $L_\lambda x\in D(A)$ 且 $AL_\lambda x=-x+\lambda L_\lambda x$,即

$$\mathcal{R}(L_\lambda)\subset D(A)\quad 且\quad (\lambda I-A)L_\lambda x=x. \tag{8.3.9}$$

对 $y\in D(A)$,易知

$$\frac{T_h-I}{h}L_\lambda y=\int_0^\infty \mathrm{e}^{-\lambda t}\,\frac{T_{t+h}y-T_t y}{h}\mathrm{d}t.$$

由定理 8.2.2(2),当 $h\to0^+$ 有 $\dfrac{T_{t+h}y-T_t y}{h}\to T_t A y$ 时,由控制收敛定理得到

$$\frac{T_h-I}{h}L_\lambda y\to\int_0^\infty \mathrm{e}^{-\lambda t}T_t A y\,\mathrm{d}t=L_\lambda A y.$$

即 $AL_\lambda y=L_\lambda A y$. 注意式(8.3.9)对任意 $x\in X$ 成立,利用式(8.3.9)得

$$L_\lambda(\lambda I-A)y=\lambda L_\lambda y-L_\lambda Ay=\lambda L_\lambda y-AL_\lambda y=(\lambda I-A)L_\lambda y=y. \quad (8.3.10)$$

式(8.3.10)表明 $y\in\mathcal{R}(L_\lambda)$，因而有

$$\mathcal{R}(L_\lambda)\supset D(A). \quad (8.3.11)$$

由式(8.3.9)～式(8.3.11)知结论成立. 证毕.

定理 8.3.4

设$\{T_t: t\geqslant 0\}$为 C_0 类算子半群，指标为 ω，$L_\lambda x=\int_0^\infty \mathrm{e}^{-\lambda t}T_t x\,\mathrm{d}t$. 则当 $\mathrm{Re}\,\lambda>\omega$ 时，必有

$$L_\lambda^n x=\frac{1}{(n-1)!}\int_0^\infty \mathrm{e}^{-\lambda t}t^{n-1}T_t x\,\mathrm{d}t, \quad (8.3.12)$$

且对于任何 $\beta>\omega$，存在 $M_\beta>0$，使得当 $\mathrm{Re}\,\lambda>\beta$ 时，有

$$\|L_\lambda^n\|\leqslant M_\beta/(\mathrm{Re}\,\lambda-\beta)^n. \quad (8.3.13)$$

证明 （阅读）记 $\frac{1}{(n-1)!}\int_0^\infty \mathrm{e}^{-\lambda t}t^{n-1}T_t x\,\mathrm{d}t=B_\lambda(n)x$. 由定理 8.3.3，$L_\lambda x=(\lambda I-A)^{-1}x$，$L_\lambda^n x=(\lambda I-A)^{-n}x$. 以下只需证明 $B_\lambda(n)x=(\lambda I-A)^{-n}x$. 按归纳法，$n=1$ 显然为真. 设 $k=n$ 时为真，则当 $k=n+1$ 时，由定理 8.2.2 中的(2)与(7)有

$$\frac{\mathrm{d}}{\mathrm{d}t}(\mathrm{e}^{-\lambda t}T_t x)=\mathrm{e}^{-\lambda t}T_t(A-\lambda I)x=(A-\lambda I)\mathrm{e}^{-\lambda t}T_t x.$$

于是由此式及定理 8.3.3 得

$$\begin{aligned}\frac{\mathrm{d}}{\mathrm{d}t}(t^n\mathrm{e}^{-\lambda t}T_tL_\lambda x)&=nt^{n-1}\mathrm{e}^{-\lambda t}T_tL_\lambda x-t^n\mathrm{e}^{-\lambda t}T_t(\lambda I-A)L_\lambda x\\&=nt^{n-1}\mathrm{e}^{-\lambda t}T_tL_\lambda x-t^n\mathrm{e}^{-\lambda t}T_t x.\end{aligned}$$

从而按 Newton-Leibniz 公式有

$$s^n\mathrm{e}^{-\lambda s}T_sL_\lambda x=n\int_0^s t^{n-1}\mathrm{e}^{-\lambda t}T_tL_\lambda x\,\mathrm{d}t-\int_0^s t^n\mathrm{e}^{-\lambda t}T_t x\,\mathrm{d}t. \quad (8.3.14)$$

由式(8.3.4)与式(8.3.5)，当 $s\to\infty$ 时有

$$\|s^n\mathrm{e}^{-\lambda s}T_sL_\lambda x\|\leqslant s^n\mathrm{e}^{-\mathrm{Re}\,\lambda s}\|T_s\|\,\|L_\lambda x\|\to 0.$$

对式(8.3.14)令 $s\to\infty$，由控制收敛定理得 $B_\lambda(n)L_\lambda x=B_\lambda(n+1)x$，即

$$B_\lambda(n+1)x=B_\lambda(n)L_\lambda x=(\lambda I-A)^{-n}(\lambda I-A)^{-1}x=(\lambda I-A)^{-n-1}x.$$

因此式(8.3.12)成立.

其次，由式(8.3.4)与式(8.3.5)可知，能取到 $M_\beta>0$，使得 $\|T_t\|\leqslant M_\beta\mathrm{e}^{\beta t}$. 由式(8.3.12)及 Euler 积分得

$$\begin{aligned}\|L_\lambda^n x\|&\leqslant\frac{1}{(n-1)!}\int_0^\infty \mathrm{e}^{-(\mathrm{Re}\,\lambda)t}t^{n-1}\|T_t x\|\,\mathrm{d}t\\&\leqslant\frac{M_\beta}{(n-1)!}\int_0^\infty \mathrm{e}^{-(\mathrm{Re}\,\lambda-\beta)t}t^{n-1}\,\mathrm{d}t\,\|x\|=\frac{M_\beta}{(\mathrm{Re}\lambda-\beta)^n}\|x\|.\end{aligned}$$

因此式(8.3.13)成立. 证毕.

设 X 是 Banach 空间，$T\in\mathcal{B}(X)$. 则级数 $\sum\limits_{n=0}^\infty\frac{T^n}{n!}$ 按算子范数收敛，它定义了一个有界线性算子，记为 e^T. 容易证明，当 T_1,T_2 是两个可交换的有界线性算子时，有

$$e^{T_1}e^{T_2}=e^{T_2}e^{T_1}=e^{T_1+T_2}.$$

定理 8.3.5

设$\{T_t: t\geqslant 0\}$是 Banach 空间 X 上的 C_0 类算子半群，A 为其无穷小生成元，$D(A)=X$，则

$$T_t=e^{tA},\quad t\geqslant 0.$$

证明　由定理 8.2.2(2)与(3)，$T_tA=AT_t$，A 是闭算子. 因为 $D(A)=X$，故由闭图像定理，A 是有界线性算子，且 $T_te^{sA}=e^{sA}T_t$. 作 $S_t=e^{-tA}T_t$，$t\geqslant 0$. 记 $\sum\limits_{n=2}^{\infty}\dfrac{t^{n-2}A^n}{n!}=B$，则 B 是有界线性算子，且 $e^{tA}-I=tA+t^2B$，故当 $t\to 0^+$ 时，$e^{-tA}\to I$，$\dfrac{e^{tA}-I}{t}\to A$，从而任意 $x\in X$ 有

$$\left\|\frac{S_t-I}{t}x\right\|=\left\|\frac{e^{-tA}T_tx-x}{t}\right\|\leqslant\|e^{-tA}\|\left\|\frac{T_tx-x}{t}-Ax+Ax-\frac{e^{tA}x-x}{t}\right\|$$
$$\leqslant\|e^{-tA}\|\left\{\left\|\frac{T_tx-x}{t}-Ax\right\|+\left\|\frac{e^{tA}x-x}{t}-Ax\right\|\right\}\to 0,$$

当然也有 $\|S_tx-x\|=|t|\left\|\dfrac{S_t-I}{t}x\right\|\to 0$. 这表明$\{S_t: t\geqslant 0\}$是 C_0 类算子半群，且以 θ 为无穷小生成元. 由定理 8.2.2(2)，向量值函数 $y(t)=S_tx$ 的导数为θ，故 $y(t)=y(0)=x$. 于是 $S_t=I$，即 $T_t=e^{tA}$. 证毕.

什么样的算子 A 可以作为一个 C_0 类算子半群的无穷小生成元？下面介绍这方面的基本结果.

定理 8.3.6(Hille-Yosida 定理)

设 A 是 Banach 空间 X 上的稠定线性算子，则 A 为某 C_0 类算子半群无穷小生成元的充要条件是存在常数 M 和β，使得

(1) $(\beta,\infty)\subset\rho(A)$.

(2) $\lambda>\beta$ 时，$\|(\lambda I-A)^{-k}\|\leqslant M/(\lambda-\beta)^k$，$\forall k\in\mathbb{Z}^+$.

注意，(2)蕴涵$\lambda>\beta$ 时 A 是闭算子. 事实上，令 $x_n\in D(A)$，$x_n\to x$，$Ax_n\to y$. 则$(\lambda I-A)x_n\to\lambda x-y$. 由(2)得$(\lambda I-A)^{-1}$ 是连续的，于是 $x_n\to(\lambda I-A)^{-1}(\lambda x-y)$. 从而有$(\lambda I-A)^{-1}(\lambda x-y)=x$，即 $x\in D(A)$，且 $Ax=y$.

定理 8.3.6 的下述证明方法受到了定理 8.3.5 结论的启发.

证明　(阅读)必要性　由定理 8.3.3 和定理 8.3.4 即得.

充分性　设(1)、(2)均满足. 当$\lambda>\beta$ 时，记 $R_\lambda(A)=(\lambda I-A)^{-1}$. 则

$$(\lambda I-A)R_\lambda(A)x=x,\quad x\in X;\quad R_\lambda(A)(\lambda I-A)x=x,\quad x\in D(A).$$

于是 $x\in D(A)$时，$AR_\lambda(A)x=R_\lambda(A)Ax$，且

$$\|\lambda R_\lambda(A)x-x\|=\|R_\lambda(A)Ax\|\leqslant\frac{M}{\lambda-\beta}\|Ax\|\to 0,\quad\lambda\to\infty.$$

从而得 $\lim\limits_{\lambda\to\infty}\lambda R_\lambda(A)x=x$，$x\in D(A)$. 另一方面，当$\lambda$ 充分大($\lambda>2\beta$)时，由(2)得

$$\|\lambda R_\lambda(A)\| \leqslant \frac{M\lambda}{\lambda-\beta} < 2M.$$

因为$\forall y\in X,\forall \varepsilon>0$，由$\overline{D(A)}=X$知$\exists x\in D(A)$使$\|y-x\|\leqslant\varepsilon/(4M+2)$；由$\lim\limits_{\lambda\to\infty}\lambda R_\lambda(A)x=x$知$\exists \lambda_0>2\beta,\forall\lambda>\lambda_0$有$\|\lambda R_\lambda(A)x-x\|<\varepsilon/2$，故$\|\lambda R_\lambda(A)y-y\|\leqslant\|\lambda R_\lambda(A)(y-x)\|+\|\lambda R_\lambda(A)x-x\|+\|x-y\|<\varepsilon$. 因此，对任意$y\in X$有$\lim\limits_{\lambda\to\infty}\lambda R_\lambda(A)y=y$. 于是对于$x\in D(A)$，令$y=Ax$有

$$\lim_{\lambda\to\infty}\lambda AR_\lambda(A)x=\lim_{\lambda\to\infty}\lambda R_\lambda(A)Ax=Ax. \tag{8.3.15}$$

对于固定的$\lambda>\beta$，$\lambda AR_\lambda(A)=\lambda^2R_\lambda(A)-\lambda I$是有界线性算子. 作算子半群$S_t(\lambda)=\mathrm{e}^{t\lambda AR_\lambda(A)}$. 下面证明对任意$x\in X$有$\lim\limits_{\lambda\to\infty}S_t(\lambda)x=T_tx$存在. 因为

$$\begin{aligned}\|S_t(\lambda)\|&=\|\mathrm{e}^{t(\lambda^2R_\lambda(A)-\lambda I)}\|=\mathrm{e}^{-\lambda t}\|\mathrm{e}^{t\lambda^2R_\lambda(A)}\|\leqslant \mathrm{e}^{-\lambda t}\sum_{k=0}^{\infty}\frac{(t\lambda^2)^k}{k!}\|R_\lambda(A)^k\|\\&\leqslant \mathrm{e}^{-\lambda t}\sum_{k=0}^{\infty}\frac{(t\lambda^2)^k}{k!}\frac{M}{(\lambda-\beta)^k}=M\mathrm{e}^{-\lambda t}\mathrm{e}^{\frac{t\lambda^2}{\lambda-\beta}}=M\mathrm{e}^{t\frac{\beta\lambda}{\lambda-\beta}}.\end{aligned}$$

容易知道，对$\mu,\nu>\beta$，$R_\nu(A)$与$R_\mu(A)$可交换，于是$\mu AR_\mu(A)$与$\nu AR_\nu(A)$可交换，故$S_t(\mu)$与$S_t(\nu)$可交换. 从而对任意$x\in D(A)$有

$$\begin{aligned}\frac{\mathrm{d}}{\mathrm{d}r}[S_{t-r}(\mu)S_r(\nu)x]&=\lim_{h\to0}\frac{1}{h}[S_{t-(r+h)}(\mu)S_{r+h}(\nu)x-S_{t-r}(\mu)S_r(\nu)x]\\&=\lim_{h\to0}\frac{1}{h}[\mathrm{e}^{(t-r-h)\mu AR_\mu(A)}\mathrm{e}^{(r+h)\nu AR_\nu(A)}x-\mathrm{e}^{(t-r)\mu AR_\mu(A)}\mathrm{e}^{r\nu AR_\nu(A)}x]\\&=\lim_{h\to0}\mathrm{e}^{(t-r)\mu AR_\mu(A)+r\nu AR_\nu(A)}\frac{\mathrm{e}^{h[\nu AR_\nu(A)-\mu AR_\mu(A)]}-I}{h}x\\&=\mathrm{e}^{(t-r)\mu AR_\mu(A)+r\nu AR_\nu(A)}[\nu AR_\nu(A)-\mu AR_\mu(A)]x\\&=S_{t-r}(\mu)S_r(\nu)[\nu AR_\nu(A)x-\mu AR_\mu(A)x].\end{aligned}$$

由此可知

$$\begin{aligned}\|S_t(\mu)x-S_t(\nu)x\|&=\left\|\int_0^t\frac{\mathrm{d}}{\mathrm{d}r}[S_{t-r}(\mu)S_r(\nu)x]\mathrm{d}r\right\|\\&\leqslant\int_0^t\|S_{t-r}(\mu)S_r(\nu)\|\mathrm{d}r\cdot\|\mu AR_\mu(A)x-\nu AR_\nu(A)x\|\\&\leqslant M^2\int_0^t\mathrm{e}^{r\frac{\beta\nu}{\nu-\beta}+(t-r)\frac{\beta\mu}{\mu-\beta}}\mathrm{d}r\,\|\mu AR_\mu(A)x-\nu AR_\nu(A)x\|.\end{aligned} \tag{8.3.16}$$

记$\dfrac{\beta\gamma}{\gamma-\beta}=f(\gamma)$，则当$\gamma\to\infty$时$f(\gamma)\to\beta$. 于是$\mu,\nu\to\infty$时，有

$$\int_0^t\mathrm{e}^{r\frac{\beta\nu}{\nu-\beta}+(t-r)\frac{\beta\mu}{\mu-\beta}}\mathrm{d}r=\int_0^t\mathrm{e}^{rf(\nu)+(t-r)f(\mu)}\mathrm{d}r=\mathrm{e}^{tf(\mu)}\frac{\mathrm{e}^{[f(\nu)-f(\mu)]t}-1}{f(\nu)-f(\mu)}\to t\mathrm{e}^{t\beta}.$$

当$\alpha>0,x\in X$时，对任意$\varepsilon>0$，由$\overline{D(A)}=X$可知，存在$y\in D(A)$使$\|x-y\|<\varepsilon$. 由式(8.3.15)与式(8.3.16)可知，存在$\lambda_0>2\beta$，当$\mu,\nu>\lambda_0$时，有

$$\|S_t(\mu)y-S_t(\nu)y\|<\varepsilon,\quad t\in[0,\alpha].$$

于是

$$\begin{aligned}\|S_t(\mu)x-S_t(\nu)x\| &\leqslant \|S_t(\mu)x-S_t(\mu)y\|+\|S_t(\mu)y-S_t(\nu)y\|+\\ &\quad \|S_t(\nu)y-S_t(\nu)x\|<(\|S_t(\mu)\|+1+\|S_t(\nu)\|)\varepsilon\\ &\leqslant (Me^{t\frac{\mu\beta}{\mu-\beta}}+1+Me^{t\frac{\nu\beta}{\nu-\beta}})\varepsilon\leqslant(2Me^{2\alpha\beta}+1)\varepsilon.\end{aligned}$$

从而由完备性(参见定理 4.4.16 的推论)可知,对任意 $x\in X$ 必有有界线性算子 T_t,使得在 $t\in[0,\alpha]$上一致地成立

$$\lim_{\lambda\to\infty}\|S_t(\lambda)x-T_tx\|=0.$$

下面证明$\{T_t: t\geqslant0\}$是以 A 为无穷小生成元的 C_0 类算子半群. 先验证$\{T_t: t\geqslant0\}$是半群. 因为对 $t,s>0$,显然有 $S_{t+s}(\lambda)=S_t(\lambda)S_s(\lambda)$. 对任意 $x\in X$ 有

$$\lim_{\lambda\to\infty}\|S_{t+s}(\lambda)x-T_{t+s}x\|=0.$$

且 $\lambda\to\infty$ 也有

$$\begin{aligned}\|S_{t+s}(\lambda)x-T_tT_sx\| &\leqslant \|S_t(\lambda)[S_s(\lambda)-T_s]x\|+\|[S_t(\lambda)-T_t]T_sx\|\\ &\leqslant Me^{t\frac{\beta\lambda}{\lambda-\beta}}\|[S_s(\lambda)-T_s]x\|+\|[S_t(\lambda)-T_t]T_sx\|\to0.\end{aligned}$$

因此,$T_{t+s}x=T_tT_sx$,即 $T_{t+s}=T_tT_s$.

再证明$\{T_t: t\geqslant0\}$是强连续的. 注意到

$$\|T_tx-x\|\leqslant\|T_tx-S_t(\lambda)x\|+\|S_t(\lambda)x-x\|.$$

任取 $\alpha>0$. 对任意的 $\varepsilon>0$,必有 $\lambda_0>0$,使得 $\lambda>\lambda_0$ 时有

$$\|T_tx-S_t(\lambda)x\|<\varepsilon,\quad t\in[0,\alpha].$$

对固定的 $\lambda>\lambda_0$,由于 $\lim\limits_{t\to0^+}S_t(\lambda)x=\lim\limits_{t\to0^+}e^{t\lambda AR_\lambda(A)}x=x$,可取 $\delta>0$,使当 $0<t<\delta$ 时,$\|S_t(\lambda)x-x\|<\varepsilon$. 从而 $\|T_tx-x\|<2\varepsilon$. 由此得到 $\lim\limits_{t\to0^+}\|T_tx-x\|=0$.

最后证明$\{T_t: t\geqslant0\}$的无穷小生成元为 A. 因为$\frac{d}{dt}S_t(\lambda)x=\lambda S_t(\lambda)AR_\lambda(A)x$,故

$$S_t(\lambda)x-x=\lambda\int_0^t S_r(\lambda)AR_\lambda(A)x\,dr,\quad x\in D(A).\tag{8.3.17}$$

对任意 $x\in D(A)$,因为

$$\begin{aligned}\|\lambda S_r(\lambda)AR_\lambda(A)x-T_rAx\| &\leqslant \|S_r(\lambda)[\lambda AR_\lambda(A)x-Ax]\|+\|[S_r(\lambda)-T_r]Ax\|\\ &\leqslant Me^{r\frac{\beta\lambda}{\lambda-\beta}}\|\lambda AR_\lambda(A)x-Ax\|+\|[S_r(\lambda)-T_r]Ax\|.\end{aligned}$$

所以当 $\lambda\to\infty$时,由式(8.3.15)与上式可知,式(8.3.17)右端的被积函数在任何有限区间$[0,t]$上关于 r 一致收敛于 T_rAx. 对式(8.3.17)两端令 $\lambda\to\infty$便有

$$T_tx-x=\int_0^t T_rAx\,dr,\quad x\in D(A).$$

于是当 $x\in D(A)$时,由式(8.2.5)得

$$\lim_{t\to0}\frac{T_tx-x}{t}=\lim_{t\to0}\frac{1}{t}\int_0^t T_rAx\,dr=Ax.$$

设$\{T_t: t\geqslant0\}$的生成元为 A_0,上式表明 $x\in D(A)$时 $A_0x=Ax$,即 A_0 是 A 的延拓.

设$\{T_t: t\geqslant0\}$的指标为 ω,当 $\lambda>\max(\beta,\omega)$时,有

$$D((\lambda I-A_0)^{-1})=X=D((\lambda I-A)^{-1}).$$

故对 $y_0\in D(A_0)$，存在 $x_0\in X$ 使得 $y_0=(\lambda I-A_0)^{-1}x_0$，记 $y=(\lambda I-A)^{-1}x_0$，则 $y\in D(A)$，且

$$(\lambda I-A_0)y_0=x_0=(\lambda I-A)y=(\lambda I-A_0)y.$$

即 $(\lambda I-A_0)(y_0-y)=\theta$. 这表明 $y_0=y\in D(A)$. 因此 $A_0=A$. 证毕.

定义 8.3.2

设 $\{T_t: t\geqslant 0\}$ 是算子半群.

(1) 若存在 $\beta\geqslant 0$，使得对任意 $t\geqslant 0$ 有 $\|T_t\|\leqslant e^{\beta t}$，则称 $\{T_t: t\geqslant 0\}$ 为**标准型算子半群**.

(2) 若半群中每个算子均是压缩算子，即对任意 $t\geqslant 0$ 有 $\|T_t\|\leqslant 1$，则称 $\{T_t: t\geqslant 0\}$ 为**压缩算子半群**.

显然，压缩算子半群必是标准型的；反之，若 $\{T_t: t\geqslant 0\}$ 是标准型算子半群，则存在常数 β，使任意 $t\geqslant 0$ 有 $\|T_t\|\leqslant e^{\beta t}$，于是 $\{e^{-\beta t}T_t: t\geqslant 0\}$ 便是压缩半群.

定理 8.3.7

设 A 是 Banach 空间 X 上的稠定闭线性算子. 则 A 为某标准型 C_0 类算子半群无穷小生成元的充要条件是存在 $\beta>0$ 使得

(1) $(\beta,\infty)\subset\rho(A)$.

(2) $\lambda>\beta$ 时，$\|(\lambda I-A)^{-1}\|\leqslant 1/(\lambda-\beta)$.

证明 必要性 设 A 是某标准型 C_0 类算子半群无穷小生成元，β 满足 $\|T_t\|\leqslant e^{\beta t}$. 由定理 8.3.3 可知(1)成立，且 $\lambda>\beta$ 时，$(\lambda I-A)^{-1}x=\int_0^\infty e^{-\lambda t}T_t x\,dt$，从而

$$\|(\lambda I-A)^{-1}x\|\leqslant\int_0^\infty e^{-\lambda t}\|T_t x\|\,dt\leqslant\int_0^\infty e^{(\beta-\lambda)t}\,dt\,\|x\|=\frac{1}{\lambda-\beta}\|x\|.$$

因此(2)成立.

充分性 若(1)与(2)成立，则由(2)可知定理 8.3.6 之条件(2)满足，于是由定理 8.3.6 可知 A 是某 C_0 类算子半群 $\{T_t: t\geqslant 0\}$ 的无穷小生成元. 记 $R_\lambda(A)=(\lambda I-A)^{-1}$，考察 $S_t(\lambda)=e^{t\lambda AR_\lambda(A)}=e^{-t\lambda}e^{t\lambda^2 R_\lambda(A)}$. 由(2)易知

$$\|S_t(\lambda)\|\leqslant e^{-t\lambda}e^{t\frac{\lambda^2}{\lambda-\beta}}=e^{t\frac{\beta\lambda}{\lambda-\beta}}.$$

按定理 8.3.6 的证明可得 $\lim\limits_{\lambda\to\infty}S_t(\lambda)x=T_t x$，$x\in X$. 从而

$$\|T_t x\|\leqslant\|T_t x-S_t(\lambda)x\|+\|S_t(\lambda)x\|,$$

$$\|T_t\|\leqslant\limsup_{\lambda\to\infty}\|S_t(\lambda)\|\leqslant\lim_{\lambda\to\infty}e^{t\frac{\beta\lambda}{\lambda-\beta}}=e^{\beta t}.$$

证毕.

推论

设 A 是 Banach 空间 X 上稠定闭线性算子. 则 A 是某 C_0 类压缩算子半群无穷小生成元的充要条件是

(1) $(0,\infty)\subset\rho(A)$.

(2) $\lambda>0$ 时，$\|(\lambda I-A)^{-1}\|\leqslant 1/\lambda$.

定理 8.3.8

设 A 是 Hilbert 空间 H 上的稠定闭线性算子，则 A 是某 C_0 类压缩半群无穷小生成元的充要条件是

(1) 任意 $x\in D(A)$，$\langle Ax,x\rangle+\langle x,Ax\rangle\leqslant 0$，即 A 为**耗散算子**.

(2) $\mathcal{R}(I-A)=H$.

证明　必要性　若 A 为 C_0 类压缩半群 $\{T_t: t\geqslant 0\}$ 的无穷小生成元，由定理 8.3.7 推论，$1\in\rho(A)$，故 $\mathcal{R}(I-A)=H$. 设 $x\in D(A)$，定义函数 $f(t)=\langle T_tx,T_tx\rangle$. 则

$$\begin{aligned}f'(t)&=\lim_{h\to 0}\frac{1}{h}[f(t+h)-f(t)]\\&=\lim_{h\to 0}\left[\left\langle\frac{T_{t+h}x-T_tx}{h},T_{t+h}x\right\rangle+\left\langle T_tx,\frac{T_{t+h}x-T_tx}{h}\right\rangle\right]\\&=\langle T_tAx,T_tx\rangle+\langle T_tx,T_tAx\rangle.\end{aligned}$$

由 T_tx 的压缩性得 $f(t)\leqslant f(0)$，故 $f'(0)=\lim\limits_{t\to 0^+}[f(t)-f(0)]/t\leqslant 0$. 由此得出 $\langle Ax,x\rangle+\langle x,Ax\rangle\leqslant 0$，即 A 是耗散算子.

充分性　设(1)与(2)成立. 以下验证定理 8.3.7 推论中的条件(1)与(2)满足.

首先，$1\in\rho(A)$. 事实上，若 $x\in D(A)$ 使 $Ax=x$，则由耗散条件得 $\langle x,x\rangle=0$，即 $x=\theta$，这表明 $I-A$ 是单射. 又由于 $\mathcal{R}(I-A)=H$，故 $(I-A)^{-1}$ 存在，且是定义在 H 上的闭算子，因而是有界的，必有 $1\in\rho(A)$.

其次，设 $\lambda>0$，$\lambda\in\rho(A)$. 注意到 $x\in D(A)$ 时，有

$$\langle\lambda x-Ax,\lambda x-Ax\rangle=\lambda^2\langle x,x\rangle-\lambda\langle Ax,x\rangle-\lambda\langle x,Ax\rangle+\langle Ax,Ax\rangle\geqslant\lambda^2\langle x,x\rangle.$$

因为 $\mathcal{R}(\lambda I-A)=H$，故对任意 $y\in H$，在上式中令 $x=(\lambda I-A)^{-1}y$，即得

$$\|(\lambda I-A)^{-1}\|\leqslant 1/\lambda. \tag{8.3.18}$$

设 $0<\mu<2\lambda$，其中 $\lambda\in\rho(A)$. 由式(8.3.18)易知级数

$$\sum_{n=0}^{\infty}(-1)^n(\mu-\lambda)^n(\lambda I-A)^{-(n+1)}$$

按算子范数收敛于 $(\lambda I-A)^{-1}[I+(\mu-\lambda)(\lambda I-A)^{-1}]^{-1}=(\mu I-A)^{-1}$，故 $\mu\in\rho(A)$. 即

$$\lambda\in\rho(A)\text{ 与 }0<\mu<2\lambda\text{ 蕴涵 }\mu\in\rho(A). \tag{8.3.19}$$

现已知 $1\in\rho(A)$. 由式(8.3.19)可得出 $(0,\infty)\subset\rho(A)$. 定理 8.3.7 推论中的条件(1)满足. 另外，式(8.3.18)表明定理 8.3.7 推论中的条件(2)满足. 因此 A 是某 C_0 类压缩半群的无穷小生成元. 证毕.

算子半群理论提供了研究微分方程的有力工具. 例如，对 Banach 空间 X 上的微分方程

$$\begin{cases}\dfrac{\mathrm{d}}{\mathrm{d}t}x(t)=Ax(t)+f(t),\\x(0)=x_0,\end{cases}$$

其中，$x(t)$: $[0,\infty)\to X$ 具有一阶连续导数，A 是 X 上的闭线性算子，f: $[0,\infty)\to X$ 是连续的. 根据上面介绍的定理，当 A 满足一定的条件时，存在一个以 A 为无穷小生成元的某 C_0 类算子半群 $\{T_t: t\geqslant 0\}$ 使 $x_0\in D(A)$，从而可以证明方程的解可表示为

$$x(t)=T_tx_0+\int_0^t T_{t-s}f(s)\mathrm{d}s. \tag{8.3.20}$$

除此之外，算子半群理论还被广泛应用于随机过程、逼近论、动力系统、量子物理等领域中。相关内容本书不再详述，读者可参阅夏道行[2]、张恭庆[5]等文献。

内容提要

习　题

1. 设 X 为 Banach 空间，$(a,b)\subset\mathbb{R}^1$，$\beta(t):(a,b)\to\mathbb{R}^1$ 连续。证明：

(1) 若 $x(t):(a,b)\to X$ 连续，则 $\beta(t)x(t)$ 连续。

(2) 若 $x(t):(a,b)\to X$ 弱连续，则 $\beta(t)x(t)$ 弱连续。

2. 设 $\Omega\subset\mathbb{K}$ 为开集，$t_0\in\Omega$，$x(t):\Omega\to l^p$，$1<p<\infty$。证明：$x(t)=\{x_n(t)\}$ 在 t_0 弱连续的充要条件是 $\|x(t)\|$ 在 t_0 的某邻域内有界，且每个分量函数 $x_n(t)$ 都在 t_0 连续。

3. 设 $\Omega\subset\mathbb{K}$ 为开集，$t_0\in\Omega$，$x(t):\Omega\to L^p[a,b]$，$1<p<\infty$。证明：$x(t)=x(t)(s)(s\in[a,b])$ 在 t_0 弱连续的充要条件是 $\|x(t)\|$ 在 t_0 的某邻域内有界，且对每个 $\eta\in[a,b]$，有

$$\lim_{t\to t_0}\int_a^\eta x(t)(s)\mathrm{d}s=\int_a^\eta x(t_0)(s)\mathrm{d}s.$$

4. 设 $\Omega\subset\mathbb{K}$ 为开集，$t_0\in\Omega$，$x(t):\Omega\to l^p$，$1<p<\infty$。证明：$x(t)=\{x_n(t)\}$ 在 t_0 弱可导的充要条件是

(1) 存在正的常数 δ 与 M，使得当 $0<|h|\leqslant\delta$ 有

$$\sum_{n=1}^\infty\left|\frac{x_n(t_0+h)-x_n(t_0)}{h}\right|^p\leqslant M.$$

(2) 每个分量函数 $x_n(t)$ 都在 t_0 可导。

5. 设 $\Omega\subset\mathbb{C}$ 为开区域（连通开集），X 为复 Banach 空间。若 $x(t):\Omega\to X$ 在 Ω 上处处可导，则称 $x(t)$ 在 Ω 上**解析**。若任意 $f\in X^*$，$f(x(t))$ 为 Ω 上通常解析函数，则称 $x(t)$ 在 Ω 上**弱解析**。证明 Dunford 定理：$x(t)$ 在 Ω 上解析当且仅当 $x(t)$ 在 Ω 上弱解析。

6. 证明最大模定理：

设 $\Omega\subset\mathbb{C}$ 为开区域，X 为复 Banach 空间，$x(t):\bar{\Omega}\to X$ 在 Ω 上解析，在 $\bar{\Omega}$ 上连续。若 $\|x(t)\|$ 在 $\bar{\Omega}$ 上不恒为常数，则 $\|x(t)\|$ 不可能在 Ω 内取得最大值。

7. 设 $\{T_t:t\geqslant0\}$ 是 Banach 空间 X 上的 C_0 类线性算子半群，$t_0>0$，T_{t_0} 为紧算子。证明：对一切 $t>t_0$，T_t 都是紧算子。

8. 设 $\{T_t:t\geqslant0\}$ 是 Banach 空间 X 上的有界线性算子半群，$f(t)=\ln\|T_t\|$。若存在 $a>0$，$f(t)$ 在 $[0,a]$ 上有界，证明 $\lim\limits_{t\to+\infty}[f(t)/t]=\inf\limits_{t>0}[f(t)/t]$。

9. 设 $\{T_t:t\geqslant0\}$ 是 Banach 空间 X 上的 C_0 类线性算子半群，A 为其无穷小生成元，$D(A)$ 表示 A 的定义域。证明下列陈述等价：

(1) $D(A)=X$.　　(2) $\lim\limits_{t\to 0^+}\|T_t-I\|=0$.　　(3) $A\in\mathcal{B}(X)$，且 $T_t=e^{tA}$.

10. 设$\{T_t: t\geqslant 0\}$是 Banach 空间 X 上的 C_0 类线性算子半群，A 为其无穷小生成元，$D(A)$表示 A 的定义域，且 $x,y\in X$ 有

$$w-\lim_{t\to 0^+}\frac{1}{t}(T_t-I)x=y.$$

证明 $x\in D(A)$，且 $Ax=y$.

11. 证明式(8.3.20). 即 Banach 空间 X 上的微分方程

$$\begin{cases}x'(t)=Ax(t)+f(t),\\ x(0)=x_0\end{cases}$$

的解可表示为 $x(t)=T_tx_0+\int_0^t T_{t-s}f(s)\mathrm{d}s$，其中 $x(t)$：$[0,\infty)\to X$ 具有一阶连续导数，A 是 X 上的闭线性算子，f：$[0,\infty)\to X$ 是连续的.

习题参考解答

附　加　题

1. 设$(X,\mathfrak{M})$是可测空间，f 是 X 上的复函数，证明 f 可测的充要条件是 f 为一列可数值函数几乎处处收敛的极限.

2. 设 X 为$\mathbb{K}$上赋范空间，$\Omega\subset\mathbb{K}$，$(\Omega,\mathfrak{M},\mu)$为完备的有限测度空间，证明 $x=x(t)$：$\Omega\to X$ 可测的充要条件是它为一列有限值函数(可测的简单函数)几乎处处收敛的极限.

3. 设 $\Omega\subset\mathbb{K}$，$(\Omega,\mathfrak{M})$是可测空间，X 为可分的 Banach 空间，X 上的 Borel 代数为$\mathcal{B}_X$，Y 为 Banach 空间，f：$\Omega\times X\to Y$ 关于 $x\in X$ 是连续的，关于 $\omega\in\Omega$ 是可测的. 证明 f 是$\mathfrak{M}\times\mathcal{B}_X$ 可测的.(与第 2 章附加题 22 比较)

4. 设 $\Omega\subset\mathbb{K}$，$(\Omega,\mathfrak{M})$是可测空间，X 是可分的 Banach 空间，证明：

(1) 映射 F：$\Omega\to X$ 可测的充要条件是存在一列可数值可测映射$\{F_n\}_{n=1}^{\infty}$ 在 Ω 上一致收敛于 X.

(2) 设 Y 是 Banach 空间，映射 T：$\Omega\times X\to Y$ 满足对每个 $x\in X$，T^x：$\Omega\to Y$ 可测，对每个 $\omega\in\Omega$，T_ω：$X\to Y$ 连续；又设 f：$\Omega\to X$ 是可测的，证明：$T(\omega,f(\omega))$是可测的.(与第 2 章附加题 23 比较)

5. 证明关于 Bochner 积分的 Lebesgue 控制收敛定理：设 X 为$\mathbb{K}$上赋范空间，$\Omega\subset\mathbb{K}$，$(\Omega,\mathfrak{M},\mu)$是完备的 σ-有限测度空间，$\{x_n(t)\}$为 Ω 上取值于 X 的 Bochner 可积函数列，几乎处处收敛于 $x(t)$，且存在 Lebesgue 可积函数 $F(t)$使

$$\|x_n(t)\|\leqslant F(t)\text{a. e.}\quad \forall n\in\mathbb{Z}^+.$$

则 $x(t)$是 Bochner 可积的，且 $\lim\limits_{n\to\infty}\int_E x_n(t)\mathrm{d}\mu=\int_E x(t)\mathrm{d}\mu$，$\forall E\in\mathfrak{M}$.

6．证明广义的 Liouville 定理：设 X 是 Banach 空间，$x=x(t)$：$\mathbb{C}\to X$ 为向量值解析函数，且 $\|x(t)\|$ 在$\mathbb{C}$上有界.则 $x(t)$在 X 中为常向量.

7．证明广义的 Cauchy 定理与 Cauchy 公式：设 X 是 Banach 空间，$D\subset\mathbb{C}$ 为区域，$\Gamma=\partial D$ 是封闭的可求长 Jordan 曲线，$x=x(t)$：$\overline{D}\to X$ 在 $\overline{D}$ 上连续在 D 内解析.则

(1) $\int_\Gamma x(t)\mathrm{d}t=\theta$；

(2) $x^{(n)}(t_0)=\dfrac{n!}{2\pi i}\int_\Gamma \dfrac{x(t)}{(t-t_0)^{n+1}}\mathrm{d}t\,(n=0,1,2,\cdots)$.

8．设$\{T_t: t\geqslant 0\}$是 Banach 空间 X 上的 C_0 类压缩算子半群.证明：

$$\lim_{h\to 0} e^{t\frac{T_h-I}{h}}x=T_t x,\quad x\in X.$$

9．设$\{T_t: t\geqslant 0\}$是 $C_0[0,\infty)$上的平移半群（参见例 8.2.3）：

$$(T_t x)(s)=x(s+t),\quad t\geqslant 0, x\in C_0[0,\infty).$$

证明 $x(s+t)=\lim\limits_{h\to 0}\sum\limits_{n=0}^{\infty}\dfrac{1}{n!}\left(\dfrac{t}{h}\right)^n\Delta_h^{(n)}x(s)$，其中记号 $\Delta_h^{(n)}$ 为 n 阶差分符号：

$$\Delta_h^{(1)}x=x(s+h)-x(s),\quad \Delta_h^{(n)}x=\Delta_h^{(1)}[\Delta_h^{(n-1)}x].$$

10．设 T 是复 Hilbert 空间 H 上的有界正算子，证明$-T$ 必是某 C_0 类压缩半群的无穷小生成元，求出此压缩半群.

附加题参考解答

第9章 无界线性算子初步

前面我们讨论的线性算子(除第 8 章外)都是定义在全空间上的有界线性算子. 但在理论和应用中,许多重要的线性算子并不一定都是有界的. 量子力学中所涉及的大量线性算子都是无界的,如著名的 Schrödinger 算子. 微分算子是最重要的一类无界线性算子,当运用泛函分析的思想方法统一地研究、处理微分方程与积分方程中的许多问题时,会不可避免地碰到这类算子. 因此讨论与建立无界线性算子的理论是完全必要的. 本章将在 Hilbert 空间中介绍无界线性算子的初步理论.

9.1 图范数及可闭性

我们知道,线性算子是有界的等价于处处是连续的,所谓线性算子无界,就是指它并非处处连续. 在无界线性算子的讨论中首先要解决的问题是与有界线性算子的区别. 解决此问题的关键是我们的注意力集中在什么性质上. 下述著名的 Hellinger-Toeplitz 定理提示我们,算子的定义域与算子的延拓起着关键作用. 这个定理揭示了算子处处有定义的性质与算子有界的性质之间的关系.

对于 Hilbert 空间 H 上的有界线性算子 T,其自共轭性是用

$$\langle Tx, y\rangle = \langle x, Ty\rangle, \quad \forall x, y \in H \tag{9.1.1}$$

来定义的(见定义 5.1.8). 下述定理表明,满足式(9.1.1)的无界线性算子不能定义在整个空间 H 上.

定理 9.1.1(Hellinger-Toeplitz)

若线性算子 T 定义在整个 Hilbert 空间 H 上,并且满足式(9.1.1),则 T 是有界的.

证明 假设 T 无界. 则存在 $\{y_n\}_{n=1}^{\infty} \subset H$, $\|y_n\| = 1$, $\|Ty_n\| \to \infty$. 利用式(9.1.1)定义泛函 f_n 使

$$f_n(x) = \langle Tx, y_n\rangle = \langle x, Ty_n\rangle, \quad x \in H, n \in \mathbb{Z}^+.$$

则 f_n 是定义在整个空间 H 上的线性泛函. 因为 $|f_n(x)| = |\langle x, Ty_n\rangle| \leqslant \|Ty_n\| \|x\|$,故每个 f_n 是有界的; 又因为对固定的 $x \in H$ 有 $|f_n(x)| = |\langle Tx, y_n\rangle| \leqslant \|Tx\| \|y_n\| = \|Tx\|$,即 $\{f_n(x)\}$ 是有界的,故由共鸣定理, $M = \sup\{\|f_n\| : n \in \mathbb{Z}^+\} < \infty$. 于是

$$\|Ty_n\|^2 = \langle Ty_n, Ty_n\rangle = f_n(Ty_n) \leqslant M\|Ty_n\|, \quad \forall n \in \mathbb{Z}^+.$$

因此有 $\|Ty_n\| \leqslant M$,与 $\|Ty_n\| \to \infty$ 矛盾.证毕.

利用闭图像定理更容易证明该定理,读者不妨一试.

设 Hilbert 空间 H 上线性算子 T 的定义域为 $D(T)$.则 $D(T)$ 是 H 的线性子空间.于是 $\overline{D(T)}$ 也是 Hilbert 空间,因而在问题讨论中可当作全空间来对待.当 T 有界时,利用连续性,我们总可以把 T 延拓到 $\overline{D(T)}$ 上,因此总可以认为有界线性算子 T 是定义在全空间上的,即 $D(T)=H$.当 T 无界时,Hellinger-Toeplitz 定理指出,满足式(9.1.1)的无界线性算子不可能有 $D(T)=H$.因此对无界线性算子而言,适当的假定是 $\overline{D(T)}=H$,即定义域在全空间稠密,称这样的算子为**稠定**的.可以看出,当 T 为无界稠定算子时,在 $D(T)$ 上的延拓问题成为关键问题之一.

明确起见,以下重述和强调一些最基本的概念.

称 T 是从 Hilbert 空间 H_1 到 Hilbert 空间 H_2 的线性算子,是指 $D(T)\subset H_1$,$\mathcal{R}(T)\subset H_2$,记为 $T: D(T)\subset H_1 \to H_2$.

两个线性算子 T,S 称为是相等的,即 $T=S$,当且仅当 $D(T)=D(S)$,并且对定义域中每个 x 有 $Tx=Sx$.

S 称为 T 的延拓,记为 $T\subset S$,当且仅当 $D(T)\subset D(S)$,并且对于每个 $x\in D(T)$ 有 $Sx=Tx$.若 $T\subset S$,则 $T=S|_{D(T)}$.

对于线性算子 T,S,可以定义 $S+T$,ST,αT 和逆算子 T^{-1},且满足

(1) $D(S+T)=D(S)\cap D(T)$,$(S+T)x=Sx+Tx$.

(2) $D(ST)=\{x: x\in D(T), Tx\in D(S)\}$,$(ST)x=S(Tx)$.

(3) $D(\alpha T)=D(T)$,$(\alpha T)x=\alpha(Tx)$.

(4) 若 T 是单射,则 $D(T^{-1})=\mathcal{R}(T)$,并且当 $y=Tx$ 时有 $T^{-1}y=x$.

对 Hilbert 空间 H_1 与 H_2,在 $H_1\times H_2=\{(x_1,x_2): x_1\in H_1, x_2\in H_2\}$ 上定义内积

$$\langle (x_1,x_2),(y_1,y_2)\rangle = \langle x_1,y_1\rangle + \langle x_2,y_2\rangle.$$

则容易知道 $H_1\times H_2$ 仍是 Hilbert 空间,相应的范数为

$$\|(x_1,x_2)\| = (\|x_1\|^2 + \|x_2\|^2)^{1/2}.$$

设 T 是从 H_1 到 H_2 的线性算子,T 的图像 $G(T)$ 定义为

$$G(T)=\{(x,Tx): x\in D(T)\}.$$

若 $G(T)$ 在 $H_1\times H_2$ 中是闭的,则称 T 为闭线性算子.

显然,$G(T)$ 是乘积空间 $H_1\times H_2$ 中的线性子空间.反之,若 G 是乘积空间 $H_1\times H_2$ 的线性子空间,且满足由 $(\theta,y)\in G$ 可推出 $y=\theta$,则 G 必是某线性算子 T 的图像.

易见,若 T,S 都是线性算子,则 $T\subset S$ 当且仅当 $G(T)\subset G(S)$.

容易知道,T 是闭线性算子当且仅当对于任意的 $\{x_n\}_{n=1}^{\infty}\subset D(T)$,$x_n\to x$,及 $Tx_n\to y$ 可推出 $x\in D(T)$,$y=Tx$.

定义 9.1.1

设 H_1,H_2 是 Hilbert 空间,$T: D(T)\subset H_1\to H_2$ 是线性算子.在 $D(T)$ 上定义

$$|x| = (\|x\|^2 + \|Tx\|^2)^{1/2}, \quad \forall x\in D(T).$$

则 $|\cdot|$ 是 $D(T)$ 上的范数,称 $|x|$ 为 x 关于 T 的**图范数**.

注意,由于 $\|Tx\|\leqslant |x|$,故 T 作为从 $(D(T),|\cdot|)$ 到 H_2 的线性算子是有界的.不难验证,线性算子 T 是闭的当且仅当 $(D(T),|\cdot|)$ 是完备的.为了不引起混淆,除特别声明

外,以下称线性算子有界都是指按 H_1,H_2 中范数拓扑(而不是按图范数拓扑)有界;称 $D(T)$ 是闭的都是指按 H_1 中范数拓扑(而不是按图范数拓扑)是闭的.

关于闭线性算子有下列简单性质:

(1) 若 T 是闭的,则 T 的零空间 $\mathcal{N}(T)$ 是闭的.

(2) 若 T 是单射,则 T 是闭的线性算子当且仅当 T^{-1} 是闭的线性算子.

(3) 设 T 在 $D(T)$ 上有界. 则 T 是闭线性算子的充要条件是 $D(T)$ 是闭的.

(4) 设 H_1,H_2 是 Hilbert 空间,$T: D(T)\subset H_1\to H_2$ 是闭线性算子,且 $D(T)$ 是闭的. 则根据闭图像定理,T 是有界的.

从这些性质可见,对于闭的线性算子,算子的有界性和 $D(T)$ 的闭性紧密联系在一起. 换句话说,算子定义域 $D(T)$ 的确定和扩张在无界线性算子理论中是十分重要的.

定义 9.1.2

设 H_1,H_2 是 Hilbert 空间,$T: D(T)\subset H_1\to H_2$ 是线性算子. 若存在闭的线性算子 S 使 $T\subset S$,则 S 称为 T 的**闭延拓**. 若 T 存在闭延拓,则 T 称为是**可闭的**.

命题 9.1.2

设 H_1,H_2 是 Hilbert 空间,$T: D(T)\subset H_1\to H_2$ 是线性算子. 则 T 是可闭的当且仅当 $\overline{G(T)}$ 是某线性算子 S 的图像.

证明　充分性　设 $\overline{G(T)}=G(S)$. 则 $T\subset S$ 且 S 是闭的. 因此 T 是可闭的.

必要性　设 T 是可闭的. 则有闭线性算子 Q 使 $T\subset Q$. 于是由 $G(T)\subset G(Q)$ 得 $\overline{G(T)}\subset G(Q)$. 设 $(\theta,y)\in\overline{G(T)}$. 则 $(\theta,y)\in G(Q)$,由此推出 $y=\theta$. 因此 $\overline{G(T)}$ 是某线性算子 S 的图像. 证毕.

定义 9.1.3

设 H_1,H_2 是 Hilbert 空间,$T: D(T)\subset H_1\to H_2$ 是可闭的线性算子. 若延拓算子 S 使图像 $\overline{G(T)}=G(S)$,则 S 称为 T 的**闭包**,记作 $S=\overline{T}$.

由定义 9.1.3 可知,$\overline{T}$ 是 T 的闭延拓,$G(\overline{T})=\overline{G(T)}$. 显然,若 T 本身是闭算子,则 $\overline{T}=T$. 若 S 是 T 的任一个闭延拓,则 $G(\overline{T})=\overline{G(T)}\subset\overline{G(S)}=G(S)$,即 T 的每一个闭延拓都是 $\overline{T}$ 的闭延拓. 因此 $\overline{T}$ 是 T 的最小闭延拓. 根据命题 9.1.2,对可闭的线性算子 T,$\overline{T}$ 存在且唯一.

由于 $\overline{T}$ 的图像是 T 的图像在乘积空间 $H_1\times H_2$ 中的闭包,再注意到 T 的图像与 T^{-1} 的图像仅仅在坐标顺序上不同,故容易知道下列命题为真.

命题 9.1.3

设 H_1,H_2 是 Hilbert 空间,T 是从 H_1 到 H_2 的线性算子,且 T 是单射. 则 T 是可闭的当且仅当 T^{-1} 是可闭的,并且有 $\overline{T^{-1}}=\overline{T}^{-1}$.

共轭算子在无界线性算子理论中扮演着十分重要的角色. 以下将有界线性算子的 Hilbert 共轭算子概念推广到无界线性算子.

定义 9.1.4

设 H 是一个 Hilbert 空间,$T: D(T)\to H$ 为稠定线性算子. 若对 $y\in H$,存在 $y^*\in H$ 使

$$\langle Tx,y\rangle=\langle x,y^*\rangle,\quad \forall x\in D(T).$$

则定义 T 的**共轭算子** $T^*: D(T^*) \to H$ 为

$$T^* y = y^*.$$

其中，$D(T^*) = \{y \in H: \exists y^* \in H, 使得对于 \forall x \in D(T), \langle Tx, y\rangle = \langle x, y^*\rangle\}$. 若 T^* 还是稠定的，则定义 $T^{**} = (T^*)^*$.

首先指出算子 T^* 是确定的，即对应于 y 的 y^* 是唯一的. 事实上，y^* 是唯一的充要条件是 $D(T)$ 在 H 中稠密. 设 $D(T)$ 在 H 中稠密，即 $D(T)^{\perp} = \{\theta\}$，若存在 y_1^* 使得

$$\langle x, y_1^*\rangle = \langle Tx, y\rangle = \langle x, y^*\rangle, \quad \forall x \in D(T),$$

则 $\langle x, y_1^* - y^*\rangle = 0, \forall x \in D(T)$. 于是 $y_1^* - y^* \in D(T)^{\perp}, y_1^* - y^* = \theta, y_1^* = y^*$. 反之，设 y^* 是唯一的. 假设 $\overline{D(T)} \neq H$，即 $D(T)^{\perp} \neq \{\theta\}$，则存在 $y_1 \in H, y_1 \neq \theta$，对于任意 $x \in D(T)$ 有 $y_1 \perp x$. 于是

$$\langle Tx, y\rangle = \langle x, y^*\rangle = \langle x, y^*\rangle + \langle x, y_1\rangle = \langle x, y^* + y_1\rangle,$$

与 y^* 是唯一的相矛盾.

此外，由定义容易验证 T^* 是一个线性算子，且对于稠定的线性算子 T_1, T_2 和数值 α，有

(1) 若 $D(T_1) \cap D(T_2)$ 稠密，则 $(T_1 + T_2)^* \supset T_1^* + T_2^*$.

(2) $(\alpha T)^* = \bar{\alpha} T^*$.

定理 9.1.4

设 T, S 都是 Hilbert 空间 H 中的稠定线性算子，则

(1) T^* 是闭的.

(2) 若 $T \subset S$，则 $S^* \subset T^*$.

(3) 若 T 是可闭的，则 $(\overline{T})^* = T^*$.

(4) T 是可闭的当且仅当 T^* 是稠定的，并且有 $\overline{T} = T^{**}$.

证明 （阅读）(1) 设 $\{x_n\}_{n=1}^{\infty} \subset D(T^*)$，$x_n \to x, T^* x_n \to y$. 由 T^* 的定义，对任意 $z \in D(T)$ 有 $\langle Tz, x_n\rangle = \langle z, T^* x_n\rangle$. 令 $n \to \infty$，由内积的连续性得

$$\langle Tz, x\rangle = \langle z, y\rangle, \quad \forall z \in D(T).$$

由共轭算子的定义，$x \in D(T^*)$，$T^* x = y$. 这表明 T^* 是闭的线性算子.

(2) 因为 $y \in D(S^*)$ 当且仅当存在 y^* 使得

$$\langle Sx, y\rangle = \langle x, y^*\rangle, \quad \forall x \in D(S). \tag{9.1.2}$$

且 $S^* y = y^*$. 由于 $T \subset S$，故 $D(T) \subset D(S)$，且对每个 $x \in D(T)$ 有 $Tx = Sx$. 于是由式(9.1.2)，对每个 $x \in D(T)$ 有 $\langle Tx, y\rangle = \langle x, y^*\rangle$. 这表明 $y \in D(T^*)$ 且 $T^* y = y^*$. 因此 $S^* \subset T^*$.

(3) 因为 $T \subset \overline{T}$，由(2)，有 $(\overline{T})^* \subset T^*$. 以下证明 $T^* \subset (\overline{T})^*$. 设 $y \in D(T^*)$，则

$$\langle Tx, y\rangle = \langle x, T^* y\rangle, \quad \forall x \in D(T). \tag{9.1.3}$$

设 $z \in D(\overline{T})$，则存在 $\{x_n\}_{n=1}^{\infty} \subset D(T)$，使得 $x_n \to z$ 且 $Tx_n \to \overline{T}z$. 由式(9.1.3)知 $\langle Tx_n, y\rangle = \langle x_n, T^* y\rangle$，对此式令 $n \to \infty$ 有

$$\langle \overline{T}z, y\rangle = (z, T^* y), \quad \forall z \in D(\overline{T}).$$

这表明 $y \in D(\overline{T}^*)$ 且 $\overline{T}^* y = T^* y$. 因此 $T^* \subset (\overline{T})^*$.

(4) 充分性　设 T^* 是稠定的，$x \in D(T)$. 则对任意 $y \in D(T^*)$，有 $\langle Tx, y\rangle = \langle x, T^* y\rangle$，

取共轭得

$$\langle T^* y, x\rangle = \langle y, Tx\rangle,\quad \forall y \in D(T^*). \tag{9.1.4}$$

根据 T^{**} 的定义，式(9.1.4)表明 $x\in D(T^{**})$ 且 $T^{**}x=Tx$. 于是 $T\subset T^{**}$. 又由(1)知 T^{**} 是闭的. 因此 T 是可闭的，且 $\overline{T}\subset T^{**}$.

必要性　设 T 是可闭的. 作线性算子 V: $H\times H\to H\times H$ 使

$$V(x,y) = (-y, x),\quad \forall (x,y) \in H\times H. \tag{9.1.5}$$

则 V 按乘积空间 $H\times H$ 的内积是酉算子，且 $V^2=-I$，这里 I 指 $H\times H$ 上的恒等算子. 我们断言

$$G(T^*) = [VG(T)]^{\perp}, \tag{9.1.6}$$

其中，$\perp$ 指在乘积空间 $H\times H$ 的内积的意义下正交. 事实上，根据共轭算子的定义，$(y,y^*)\in G(T^*)$ 等价于

$$\langle Tx, y\rangle = \langle x, y^*\rangle,\quad \forall x \in D(T).$$

即有 $\langle(-Tx,x),(y,y^*)\rangle=-\langle Tx,y\rangle+\langle x,y^*\rangle=0$，$\forall x\in D(T)$. 由式(9.1.5)可知，这等价于 $(y,y^*)\in[VG(T)]^{\perp}$. 因此式(9.1.6)成立.

由于 T 是可闭的，故根据(3)得 $(\overline{T})^*=T^*$. 利用式(9.1.6)，有 $G(T^*)=G(\overline{T}^*)=[VG(\overline{T})]^{\perp}$. 由于 V 是酉算子，其逆是连续的，故 $VG(\overline{T})$ 是闭的，从而有

$$H\times H = G(T^*) \oplus VG(\overline{T}). \tag{9.1.7}$$

用 V 作用于式(9.1.7)的两边得到

$$H\times H = V[G(T^*) \oplus VG(\overline{T})] = VG(T^*) \oplus G(\overline{T}). \tag{9.1.8}$$

设 $z\perp D(T^*)$. 则对任意 $y\in D(T^*)$ 有 $\langle z,y\rangle=0$，即

$$\langle(\theta,z),(-T^*y,y)\rangle = \langle\theta, -T^*y\rangle + \langle z,y\rangle = 0.$$

这表明 $(\theta,z)\in[VG(T^*)]^{\perp}$. 由式(9.1.8)，$(\theta,z)\in G(\overline{T})$，于是 $z=\overline{T}\theta=\theta$. 因此 $\overline{D(T^*)}=H$，T^* 是稠定的.

注意到 T^* 是闭的，对 T^* 应用式(9.1.7)得 $H\times H=G(T^{**})\oplus VG(T^*)$，将此式与式(9.1.8)比较得 $G(\overline{T})=G(T^{**})$. 因此 $\overline{T}=T^{**}$. 证毕.

与有界共轭算子的情况相类似，容易证明下面的定理.

定理 9.1.5

设 T 是 Hilbert 空间 H 中的稠定线性算子，则 $\mathcal{R}(T)^{\perp}=\mathcal{N}(T^*)$，$\overline{\mathcal{R}(T)}=\mathcal{N}(T^*)^{\perp}$；若 T 又是可闭的，则 $\mathcal{R}(T^*)^{\perp}=\mathcal{N}(\overline{T})$，$\overline{\mathcal{R}(T^*)}=\mathcal{N}(\overline{T})^{\perp}$.

定理 9.1.6

设 T 是 Hilbert 空间 H 中的稠定线性算子，T^{-1} 存在并且也是稠定的. 则 $(T^{-1})^*$，$(T^*)^{-1}$ 存在且 $(T^{-1})^*=(T^*)^{-1}$.

证明　因为 $D(T)$ 和 $D(T^{-1})$ 都稠密，故 T^* 和 $(T^{-1})^*$ 都存在. 下面先来证明

$$(T^{-1})^* T^* y = y,\quad \forall y \in D(T^*). \tag{9.1.9}$$

事实上，对任意 $y\in D(T^*)$，任意 $x\in D(T^{-1})$，有 $T^{-1}x\in D(T)$，于是

$$\langle T^{-1}x, T^*y\rangle = \langle TT^{-1}x, y\rangle = \langle x, y\rangle.$$

从而由 $(T^{-1})^*$ 的定义得 $T^*y\in D((T^{-1})^*)$，且 $(T^{-1})^*T^*y=y$. 因此式(9.1.9)成立.

设 $T^*y=\theta$. 由式(9.1.9)得 $y=\theta$，因此 $(T^*)^{-1}$ 存在. 再来证明

$$T^*(T^{-1})^* y = y, \quad \forall y \in D(T^{-1})^*, \tag{9.1.10}$$

事实上，对任意 $y\in D(T^{-1})^*$，任意 $x\in D(T)$，有 $Tx\in\mathcal{R}(T)=D(T^{-1})$. 由 $(T^{-1})^*$ 的定义，有

$$\langle Tx,(T^{-1})^* y\rangle=\langle T^{-1}Tx,y\rangle=\langle x,y\rangle.$$

再由 T 的共轭算子的定义，$(T^{-1})^* y\in D(T^*)$，且 $T^*(T^{-1})^* y=y$. 因此式(9.1.10)成立. 由式(9.1.9)与式(9.1.10)知 $(T^{-1})^*=(T^*)^{-1}$. 证毕.

9.2 对称算子

如同有界线性算子的情况一样，在无界线性算子理论中，T 和 T^* 之间的关系是值得研究的. 由此引入的对称算子、自共轭算子都是十分重要的概念. 在有界线性算子情形，对称与自共轭的概念是一致的；但在无界线性算子情形，对称算子类比自共轭算子类更广泛.

定义 9.2.1

设 H 是一个 Hilbert 空间，$T: D(T)\to H$ 是线性算子.

(1) 若 T 是稠定的，且有

$$\langle Tx,y\rangle=\langle x,Ty\rangle, \quad \forall x,y \in D(T), \tag{9.2.1}$$

则称 T 为**对称**的.

(2) 若 T 是稠定的且 $T=T^*$，则称 T 为**自共轭**的.

(3) 若 $T\subset S$，且 S 是对称的，则称 S 是 T 的**对称延拓**.

(4) 若 $T\subset S$，且 S 是自共轭的，则称 S 是 T 的**自共轭延拓**.

显然自共轭算子必是对称算子. 由定理 9.1.4 可知，T^* 是闭的，注意一般说来对称算子未必是闭的. 因此对称算子未必是自共轭算子.

设 T 是对称的，若 T^{-1} 存在，则 T^{-1} 也是对称的. 事实上，对任意 $x,y\in D(T^{-1})$，有

$$\langle T^{-1}x,y\rangle=\langle T^{-1}x,TT^{-1}y\rangle=\langle TT^{-1}x,T^{-1}y\rangle=\langle x,T^{-1}y\rangle$$

改写 Hellinger-Toeplitz 定理(定理 9.1.1)，有定理 9.2.1～定理 9.2.14.

定理 9.2.1

设 T 是 Hilbert 空间 H 上的对称线性算子且 $D(T)=H$，则 T 是有界线性算子.

定理 9.2.2

设 T 是 Hilbert 空间 H 中的稠定线性算子. 则

(1) T 是对称的当且仅当 $T\subset T^*$.

(2) T 是自共轭的当且仅当 T 是对称的且 $D(T)=D(T^*)$.

证明 (2) 是显然的. 以下只证明(1). 设 $T\subset T^*$. 根据 T^* 的定义，对任意 $x\in D(T)$ 与任意 $y\in D(T^*)$ 有

$$\langle Tx,y\rangle=\langle x,T^* y\rangle. \tag{9.2.2}$$

因为当 $y\in D(T)$ 时有 $Ty=T^* y$，故由式(9.2.2)，对任意 $x,y\in D(T)$ 有 $\langle Tx,y\rangle=\langle x,Ty\rangle$. 这表明 T 是对称的.

反之，设 T 是对称的. 则由式(9.2.1)，对任意 $y\in D(T)$ 有

$$\langle Tx,y\rangle=\langle x,Ty\rangle, \quad \forall x \in D(T).$$

根据 T^* 的定义，这表明 $y\in D(T^*)$ 且 $T^* y=Ty$. 因此 $T\subset T^*$. 证毕.

根据定理9.2.2与定理9.1.4，若 T 是对称线性算子，$T\subset T^*$，则 T 是可闭的，$\overline{T}$ 存在且 $(\overline{T})^*=T^*$，$\overline{T}\subset T^*$．类似于定理5.1.20(1)的证明，容易得到下面的结论．

命题 9.2.3

复 Hilbert 空间 H 中的稠定线性算子 T 是对称的当且仅当对任意 $x\in D(T)$，$\langle Tx,x\rangle$ 是实的．

定义 9.2.2

设 T 是 Hilbert 空间 H 中的稠定可闭的线性算子，若 $\overline{T}$ 是自共轭的，则称 T 为**本质自共轭**的．

下面的结论是不难证明的．

命题 9.2.4

设 T 是 Hilbert 空间 H 中的稠定可闭的线性算子，则下列陈述等价：

(1) T 是本质自共轭的．

(2) $\overline{T}=T^*$ 是 T 的唯一的自共轭延拓．

(3) T^* 是对称的．

(4) T^* 是自共轭的．

例 9.2.1　(阅读)设 $H=L^2[0,1]$．以下在 H 上定义线性算子．令

$$D(T_1)=\{x: x=x(t)\in H, x(t)\text{ 在}[0,1]\text{上绝对连续，且 } x'(t)\in H\},$$

$$D(T_2)=D(T_1)\cap\{x: x(0)=x(1)\},$$

$$D(T_3)=D(T_1)\cap\{x: x(0)=x(1)=0\}.$$

定义 $T_kx(t)=ix'(t)$，$x\in D(T_k)$，$k=1,2,3$．显然 $\overline{D(T_3)}=H$，$T_k(k=1,2,3)$是稠定的线性算子，且 $T_3\subset T_2\subset T_1$．由定理9.1.4知 $T_1^*\subset T_2^*\subset T_3^*$．下面证明

$$T_1^*=T_3,\quad T_2^*=T_2,\quad T_3^*=T_1. \tag{9.2.3}$$

事实上，对任意的 $x(t)\in D(T_k)$，$y(t)\in D(T_m)$，$m+k=4$，有 $x(1)\overline{y(1)}=x(0)\overline{y(0)}$．利用分部积分得

$$\langle T_kx,y\rangle=\int_0^1[\mathrm{i}x'(t)]\overline{y(t)}\mathrm{d}t=\int_0^1 x(t)\overline{[\mathrm{i}y'(t)]}\mathrm{d}t=\langle x,T_my\rangle.$$

这表明 $T_m\subset T_k^*(m+k=4)$，即

$$T_3\subset T_1^*,\quad T_2\subset T_2^*,\quad T_1\subset T_3^*. \tag{9.2.4}$$

再设 $y\in D(T_k^*)$，$z=T_k^*y$．令 $\beta(t)=\int_0^t z(s)\mathrm{d}s$．则对任意 $x(t)\in D(T_k)$有

$$\int_0^1\mathrm{i}x'(t)\overline{y(t)}\mathrm{d}t=\langle T_kx,y\rangle=\langle x,T_k^*y\rangle=\langle x,z\rangle=\langle x,\beta'\rangle$$

$$=\int_0^1 x(t)\overline{\beta'(t)}\mathrm{d}t=x(1)\overline{\beta(1)}-\int_0^1 x'(t)\overline{\beta(t)}\mathrm{d}t. \tag{9.2.5}$$

注意到当 $k=3$ 时，有 $x(1)=0$．当 $k=1,2$ 时，$D(T_k)$中都包括$[0,1]$上的非零常值函数，即 $x(t)=c$，$x'(t)=0$；而式(9.2.5)对任意 $x(t)\in D(T_k)$皆成立，当 $x(t)$是这些非零常值函数时也应成立，于是由式(9.2.5)推知 $\beta(t)$ 满足 $\overline{\beta(1)}=0$．总之，对于 $k=1,2,3$，由式(9.2.5)，有

$$\int_0^1 x'(t)\overline{\beta(t)-\mathrm{i}y(t)}\mathrm{d}t=x(1)\overline{\beta(1)}=0.$$

这表明 $\mathrm{i}y-\beta\in\mathcal{R}(T_k)^{\perp}$. 当 $k=1$ 时，对每个 $u=u(t)\in H$，令 $\alpha(t)=-\mathrm{i}\int_0^t u(s)\mathrm{d}s$，则 $\alpha(t)$ 绝对连续，$\alpha'(t)=-\mathrm{i}u(t)$ a. e.，即 $\alpha(t)\in D(T_1)$，$T_1\alpha=u$. 由此得出 $\mathcal{R}(T_1)=H$. 于是当 $k=1$ 时有 $\mathrm{i}y(t)=\beta(t)$. 又因为 $\beta(1)=0,\beta(0)=0$，所以 $y\in D(T_3)$. 因此

$$T_1^*\subset T_3. \tag{9.2.6}$$

当 $k=2,3$ 时，由 $x(t)\in D(T_k)$ 得 $\int_0^1 T_k x\,\mathrm{d}t=\int_0^1 \mathrm{i}x'(t)\mathrm{d}t=\mathrm{i}[x(1)-x(0)]=0$，于是

$$\mathcal{R}(T_k)=\left\{u\in H:\int_0^1 u(t)\mathrm{d}t=0\right\}=\{u\in H:\langle u,1\rangle=0\}.$$

即 $\mathcal{R}(T_2)=\mathcal{R}(T_3)=Y^{\perp}$，其中 Y 是 H 中由常值函数组成的一维子空间. 由此推知 $\mathrm{i}y(t)-\beta(t)\in Y$，即 $\mathrm{i}y(t)-\beta(t)=c$，$c$ 是常数. 从而 y 是绝对连续的，并且 $y'(t)=-\mathrm{i}\beta'(t)=-\mathrm{i}z(t)$ a. e.，$y'\in H$. 因此，当 $k=3$ 时有 $y\in D(T_1)$. 这表明

$$T_3^*\subset T_1. \tag{9.2.7}$$

当 $k=2$ 时，由 $\beta(1)=\beta(0)=0$ 得 $y(1)=y(0)=-\mathrm{i}c$，于是有 $y\in D(T_2)$. 这表明

$$T_2^*\subset T_2. \tag{9.2.8}$$

由式(9.2.4)与式(9.2.6)～式(9.2.8)可知式(9.2.3)成立.

根据式(9.2.3)，$T_3^*=T_1\supset T_2^*=T_2\supset T_3=T_1^*$. 由此知 T_3 是对称的而非自共轭的，T_2 是 T_3 的自共轭延拓，T_1 作为 T_2 的延拓不是对称的.

前面已指出，若稠定的线性算子 T 是对称的，则 $T\subset T^*$，注意到 T^* 是闭算子，因此对称算子必是可闭的，并且 $\overline{T}$ 是其最小的闭延拓，$T\subset\overline{T}\subset T^*=\overline{T}^*$. 若算子 T 是自共轭算子，即 $T^*=T$，则 T 必是闭的. 设 S_1 与 S_2 都是对称算子 T 的对称延拓，$S_1\subset S_2$，S_1 是自共轭的. 则

$$T\subset S_1\subset S_2\subset S_2^*\subset S_1^*=S_1,$$

可知 $S_1=S_2$. 这表明自共轭算子是对称算子最大的对称闭延拓(若存在的话)，自共轭算子本身没有非平凡的对称延拓.

一般对于无界算子来说，对称算子的最大对称延拓未必是自共轭算子，并且据 Hellinger-Toeplitz 定理，它的最大对称延拓的定义域不能是全空间 H. 所以确定一个算子在什么定义域中是对称的，在什么定义域中是自共轭的，是一个十分重要而且精细的问题. 同时利用 $D(T)$ 与 $\mathcal{R}(T)$ 的信息的想法启发我们考虑算子 $T\pm\mathrm{i}I$，这里 I 是恒等算子.

定理 9.2.5

设 T 是 Hilbert 空间 H 中稠定的线性算子，则

(1) $\mathcal{N}(T^*\pm\mathrm{i}I)=\mathcal{R}(T\mp\mathrm{i}I)^{\perp}$，$\overline{\mathcal{R}(T\mp\mathrm{i}I)}=\mathcal{N}(T^*\pm\mathrm{i}I)^{\perp}$.

(2) 若 T 是对称算子，则零空间 $\mathcal{N}(T\pm\mathrm{i}I)=\{\theta\}$.

(3) 若 T 是闭对称算子，则像空间 $\mathcal{R}(T\pm\mathrm{i}I)$ 是闭的.

证明 (1) 注意到 $(T\mp\mathrm{i}I)^*=T^*\pm\mathrm{i}I$，由定理 9.1.5 可知结论成立.

(2) 因为对任意 $x\in D(T)$，利用对称性有

$$\|(T\pm\mathrm{i}I)x\|^2=\langle(T\pm\mathrm{i}I)x,(T\pm\mathrm{i}I)x\rangle=\|Tx\|^2+\|x\|^2, \tag{9.2.9}$$

所以结论成立.

(3) 对任意 $y\in\overline{\mathcal{R}(T+\mathrm{i}I)}$，存在 $\{x_n\}_{n=1}^{\infty}\subset D(T)$，$(T+\mathrm{i}I)x_n=y_n\to y$. 由式(9.2.9)知，$\{x_n\}$ 是 Hilbert 空间中的 Cauchy 列，于是存在 $x\in H$ 使 $x_n\to x$. 从而 $Tx_n\to y-\mathrm{i}x$. 因为 T 是闭的，故 $x\in D(T)$，$y-\mathrm{i}x=Tx$，即 $y\in\mathcal{R}(T+\mathrm{i}I)$，$\mathcal{R}(T+\mathrm{i}I)$是闭的. 同理，$\mathcal{R}(T-\mathrm{i}I)$也是闭的. 证毕.

定理 9.2.6

设 H 是 Hilbert 空间，$T: D(T)\subset H\to H$ 是对称线性算子，则

(1) T 是自共轭的当且仅当$\mathcal{R}(T-\mathrm{i}I)=\mathcal{R}(T+\mathrm{i}I)=H$.

(2) T 是本质自共轭的当且仅当$\overline{\mathcal{R}(T-\mathrm{i}I)}=\overline{\mathcal{R}(T+\mathrm{i}I)}=H$.

证明　(1) 设 T 是自共轭的，$T=T^*$. 则 T 必是闭的. 由定理 9.2.5，$\mathcal{N}(T\pm\mathrm{i}I)=\{\theta\}$，$\mathcal{R}(T\mp\mathrm{i}I)$是闭的，于是

$$\mathcal{R}(T\mp\mathrm{i}I)=\mathcal{N}(T^*\pm\mathrm{i}I)^{\perp}=\mathcal{N}(T\pm\mathrm{i}I)^{\perp}=H.$$

反之，设$\mathcal{R}(T\mp\mathrm{i}I)=H$. 因为 $T\subset T^*$，故 $H=\mathcal{R}(T\mp\mathrm{i}I)\subset\mathcal{R}(T^*\mp\mathrm{i}I)$，即

$$\mathcal{R}(T\mp\mathrm{i}I)=\mathcal{R}(T^*\mp\mathrm{i}I)=H. \tag{9.2.10}$$

由定理 9.2.5(1)，知

$$\mathcal{N}(T^*\pm\mathrm{i}I)=\{\theta\}. \tag{9.2.11}$$

于是，对于 $u\in D(T^*)$，由式(9.2.10)，存在 $v\in D(T)$使得$(T^*+\mathrm{i}I)u=(T+\mathrm{i}I)v$. 利用 $T\subset T^*$，有 $Tv=T^*v$，从而可知$(T^*+\mathrm{i}I)(u-v)=0$，结合式(9.2.11)推知 $u=v\in D(T)$. 因此 $T=T^*$.

(2) 设 T 是本质自共轭的. 则 $\overline{T}=T^*$，由定理 9.2.5，有

$$\overline{\mathcal{R}(T\mp\mathrm{i}I)}=\mathcal{N}(T^*\pm\mathrm{i}I)^{\perp}=\mathcal{N}(\overline{T}\pm\mathrm{i}I)^{\perp}=\{\theta\}^{\perp}=H.$$

反之，设$\overline{\mathcal{R}(T\mp\mathrm{i}I)}=H$. 由于$\mathcal{R}(T\mp\mathrm{i}I)\subset\mathcal{R}(\overline{T}\mp\mathrm{i}I)$，又由定理 9.2.5 知$\mathcal{R}(\overline{T}\mp\mathrm{i}I)$是闭的，故 $H=\overline{\mathcal{R}(T\mp\mathrm{i}I)}\subset\mathcal{R}(\overline{T}\mp\mathrm{i}I)$，利用(1)可知 $\overline{T}$ 是自共轭的. 证毕.

由定理 9.2.5 和定理 9.2.6 容易得到下面的定理.

定理 9.2.7

设 H 是 Hilbert 空间，$T: D(T)\subset H\to H$ 是对称线性算子，则

(1) T 是自共轭的当且仅当 T 是闭算子且$\mathcal{N}(T^*+\mathrm{i}I)=\mathcal{N}(T^*-\mathrm{i}I)=\{\theta\}$.

(2) T 是本质自共轭的当且仅当$\mathcal{N}(T^*+\mathrm{i}I)=\mathcal{N}(T^*-\mathrm{i}I)=\{\theta\}$.

为了研究对称算子的对称延拓，以下给出 T^* 的定义域 $D(T^*)$的一个分解形式.

定理 9.2.8

设 H 是 Hilbert 空间，$T: D(T)\subset H\to H$ 是闭的对称线性算子，则 $D(T^*)$有如下的直和分解：

$$D(T^*)=D(T)\dotplus\mathcal{N}(T^*-\mathrm{i}I)\dotplus\mathcal{N}(T^*+\mathrm{i}I).$$

证明　记 $D_+=\mathcal{N}(T^*-\mathrm{i}I)$，$D_-=\mathcal{N}(T^*+\mathrm{i}I)$. 显然 $D(T)$，D_+，D_-都是 H 的线性子空间. 由于 $D(T)$，D_+，$D_-\subset D(T^*)$，故 $D(T)+D_++D_-\subset D(T^*)$. 以下证明 $D(T^*)\subset D(T)+D_++D_-$. 由定理 9.2.5，有 $H=\mathcal{R}(T-\mathrm{i}I)\oplus D_-$. 于是对任意的 $x\in D(T^*)$，$y=(T^*-\mathrm{i}I)x\in H$ 有分解 $y=y_1+y_2$，其中 $y_1\in\mathcal{R}(T-\mathrm{i}I)$，$y_2\in D_-$. 令 $x_-=\mathrm{i}2^{-1}y_2$，则 $x_-\in D_-$. 再令 $x_0\in D(T)$使得$(T-\mathrm{i}I)x_0=y_1$，则

$$(T^*-\mathrm{i}I)x=y=y_1+y_2=(T-\mathrm{i}I)x_0-2\mathrm{i}x_-$$

$$=(T^*-\mathrm{i}I)x_0-2\mathrm{i}x_-+(T^*+\mathrm{i}I)x_-.$$

即$(T^*-\mathrm{i}I)(x-x_0-x_-)=\theta$. 记 $x_+=x-x_0-x_-\in D_+$，于是有

$$x=x+x_0+x_-\in D(T)+D_++D_-.$$

这表明 $D(T^*)\subset D(T)+D_++D_-$.

再来证明分解是唯一的. 设存在 $x_0\in D(T)$，$x_+\in D_+$ 及 $x_-\in D_-$ 使得 $x_0+x_++x_-=\theta$. 两边同时作用 $T^*-\mathrm{i}I$ 得$(T-\mathrm{i}I)x_0+\theta+(T^*-\mathrm{i}I)x_-=\theta$，即

$$(T-\mathrm{i}I)x_0=2\mathrm{i}x_-. \tag{9.2.12}$$

根据定理 9.2.5(1)，$x_-\in D_-=\mathcal{R}(T-\mathrm{i}I)^\perp$，由式(9.2.12)得

$$\langle 2\mathrm{i}x_-,x_-\rangle=\langle (T-\mathrm{i}I)x_0,x_-\rangle=0.$$

这表明 $x_-=\theta$. 同理可推出 $x_+=\theta$. 于是 $x_0=\theta$. 因此分解是唯一的. 证毕.

推论（Neumann 公式）

设 H 是 Hilbert 空间，$T: D(T)\subset H\to H$ 是闭的对称线性算子. 则每个 $x\in D(T^*)$有分解

$$x=x_0+x_++x_-,\quad x_0\in D(T),\quad x_+\in \mathcal{N}(T^*-\mathrm{i}I),\quad x_-\in \mathcal{N}(T^*+\mathrm{i}I),$$

且 $T^*x=Tx_0+\mathrm{i}x_+-\mathrm{i}x_-$，$\mathrm{Im}\langle T^*x,x\rangle=\|x_+\|^2-\|x_-\|^2$.

证明 由于

$$\langle Tx_0,x_++x_-\rangle=\langle x_0,T^*x_++T^*x_-\rangle=\langle x_0,\mathrm{i}x_+-\mathrm{i}x_-\rangle=\overline{\langle \mathrm{i}x_+-\mathrm{i}x_-,x_0\rangle}.$$

$$\begin{aligned}\langle T^*x,x\rangle&=\langle Tx_0+\mathrm{i}x_+-\mathrm{i}x_-,x_0+x_++x_-\rangle\\&=\langle Tx_0,x_0\rangle+\langle Tx_0,x_++x_-\rangle+\langle \mathrm{i}x_+-\mathrm{i}x_-,x_0\rangle+\langle \mathrm{i}x_+-\mathrm{i}x_-,x_++x_-\rangle.\\&=\langle Tx_0,x_0\rangle+[\overline{\langle \mathrm{i}x_+-\mathrm{i}x_-,x_0\rangle}+\langle \mathrm{i}x_+-\mathrm{i}x_-,x_0\rangle]+\langle \mathrm{i}x_+,x_-\rangle+\overline{\langle \mathrm{i}x_+,x_-\rangle}+\\&\quad\ \mathrm{i}[\|x_+\|^2-\|x_-\|^2],\end{aligned}$$

故 $\mathrm{Im}\langle T^*x,x\rangle=\|x_+\|^2-\|x_-\|^2$. 证毕.

定义 9.2.3

设 H 是 Hilbert 空间，$T: D(T)\subset H\to H$ 是闭的对称线性算子. 记

$$n_+=\dim \mathcal{N}(T^*-\mathrm{i}I),\quad n_-=\dim \mathcal{N}(T^*+\mathrm{i}I).$$

称(n_+,n_-)为 T 的**亏指数**，记为 $d(T)$.

当 T 是自共轭算子时，根据定理 9.2.7 与定理 9.2.8 即得到下述定理.

定理 9.2.9

设 H 是 Hilbert 空间，$T: D(T)\subset H\to H$ 是闭的对称线性算子. 则 T 是自共轭的当且仅当亏指数 $d(T)=(0,0)$.

当 T 是对称算子但不是自共轭算子时，$D(T)\subset D(T^*)$，但 $D(T)\neq D(T^*)$，这说明对称算子有时可能通过扩大 $D(T)$使其延拓成为自共轭算子. 这个问题通过 Cayley 变换来研究.

定义 9.2.4

设 H 是 Hilbert 空间，$T: D(T)\subset H\to H$ 是对称线性算子，令

$$U=(T-\mathrm{i}I)(T+\mathrm{i}I)^{-1}.$$

称 U 为 T 的 **Cayley 变换**.

由定理 9.2.5 知 $T+\mathrm{i}I$ 为单射，$(T+\mathrm{i}I)^{-1}$ 存在，Cayley 变换有确定的意义.

定理 9.2.10

设 H 是 Hilbert 空间，$T: D(T)\subset H\to H$ 是对称线性算子，U 为 T 的 Cayley 变换. 则

(1) U 是从 $\mathcal{R}(T+\mathrm{i}I)$ 到 $\mathcal{R}(T-\mathrm{i}I)$ 上的等距算子.

(2) $1\notin\sigma_p(U)$，$\mathcal{N}(I-U)=\{\theta\}$，$\mathcal{R}(I-U)=D(T)$，且

$$T=\mathrm{i}(I+U)(I-U)^{-1}.$$

证明　(1) 显然 U 是从 $\mathcal{R}(T+\mathrm{i}I)$ 到 $\mathcal{R}(T-\mathrm{i}I)$ 上的线性算子. 对任意 $u\in\mathcal{R}(T-\mathrm{i}I)$，存在 $w\in D(T)$ 使 $u=(T-\mathrm{i}I)w$. 令 $z=(T+\mathrm{i}I)w$，则 $z\in\mathcal{R}(T+\mathrm{i}I)$，且 $Uz=u$. 这表明 U 是满射.

注意到 T 是对称的，$\mathcal{N}(T+\mathrm{i}I)=\{\theta\}$，$(T+\mathrm{i}I)^{-1}$ 存在. 对任意 $y\in D(U)=\mathcal{R}(T+\mathrm{i}I)$，存在 $x\in D(T)$ 使得 $y=(T+\mathrm{i}I)x$，即 $x=(T+\mathrm{i}I)^{-1}y$. 于是由式(9.2.9)，有

$$\begin{aligned}\|Uy\|^2&=\|(T-\mathrm{i}I)(T+\mathrm{i}I)^{-1}y\|^2=\|(T-\mathrm{i}I)x\|^2\\&=\|Tx\|^2+\|x\|^2=\|(T+\mathrm{i}I)x\|^2=\|y\|^2.\end{aligned}$$

因此 U 是等距算子.

(2) 若存在 $v\in D(U)=\mathcal{R}(T+\mathrm{i}I)$ 使 $Uv=v$，即 $v\in\mathcal{N}(I-U)$. 取 $w\in D(T)$ 使 $v=(T+\mathrm{i}I)w$，于是 $Uv=(T-\mathrm{i}I)w$，由 $(T-\mathrm{i}I)w=(T+\mathrm{i}I)w$ 得 $w=\theta$，从而 $v=\theta$. 这表明 $1\notin\sigma_p(U)$，$\mathcal{N}(I-U)=\{\theta\}$.

设 $x\in\mathcal{R}(I-U)$. 则存在 $z\in D(U)=\mathcal{R}(T+\mathrm{i}I)$ 使 $(I-U)z=x$. 取 $u\in D(T)$ 使 $(T+\mathrm{i}I)u=z$. 于是

$$Uz=(T-\mathrm{i}I)u=(T+\mathrm{i}I)u-2\mathrm{i}u=z-2\mathrm{i}u.$$

结合 $(I-U)z=x$ 得到 $x=2\mathrm{i}u\in D(T)$，$\mathcal{R}(I-U)\subset D(T)$.

反之，设 $x\in D(T)$. 记 $y=(T+\mathrm{i}I)x$，则 $Uy=(T-\mathrm{i}I)x$，从而由这两式得

$$2Tx=(I+U)y,\quad 2\mathrm{i}x=(I-U)y.\tag{9.2.13}$$

由式(9.2.13)中第二式可知 $x\in\mathcal{R}(I-U)$，$D(T)\subset\mathcal{R}(I-U)$. 因此

$$D(T)=\mathcal{R}(I-U).$$

注意到 $\mathcal{N}(I-U)=\{\theta\}$，$I-U$ 是单射，因此 $(I-U)^{-1}$ 存在. 由式(9.2.13)，对任意 $x\in D(T)$ 有 $Tx=\mathrm{i}(I+U)(I-U)^{-1}x$，即 $T=\mathrm{i}(I+U)(I-U)^{-1}$. 证毕.

定理 9.2.11

设 H 是 Hilbert 空间，$T: D(T)\subset H\to H$ 是对称线性算子，U 是 T 的 Cayley 变换. 则 T 是闭的当且仅当 U 是闭的. 若 T 是自共轭算子，则 U 是酉算子.

证明　设 T 是闭算子. 令 $y_n\in D(U)=\mathcal{R}(T+\mathrm{i}I)$，$y_n\to y$，$v_n=Uy_n\to v$. 则存在 $x_n\in D(T)$，使 $y_n=(T+\mathrm{i}I)x_n$，于是 $v_n=Uy_n=(T-\mathrm{i}I)x_n$. 从而有

$$x_n=-\mathrm{i}2^{-1}(I-U)y_n\to-\mathrm{i}2^{-1}(y-v),\quad Tx_n=2^{-1}(I+U)y_n\to 2^{-1}(y+v).$$

记 $x=-\mathrm{i}2^{-1}(y-v)$. 由于 T 是闭算子，故 $x\in D(T)$，且 $Tx=2^{-1}(y+v)$. 由 $x=-\mathrm{i}2^{-1}(y-v)$ 与 $Tx=2^{-1}(y+v)$ 这两式得 $y=(T+\mathrm{i}I)x$，$v=(T-\mathrm{i}I)x$. 这表明 $y\in\mathcal{R}(T+\mathrm{i}I)=D(U)$ 且 $v=Uy$. 因此 U 是闭算子.

用类似的方法可以由 U 是闭的推出 T 是闭的.

若 T 是自共轭的，则由定理 9.2.6，$\mathcal{R}(T\pm\mathrm{i}I)=H$，即 U 的定义域 $D(U)=H$，值域

$\mathcal{R}(U)=H$. 因此等距算子 U 是酉算子. 证毕.

定理 9.2.12

设 H 是 Hilbert 空间，$T: D(T)\subset H\to H$ 是闭的对称线性算子，U 是 T 的 Cayley 变换. 则 $1\in\rho(U)$ 当且仅当 T 是有界自共轭的.

证明 设 $1\in\rho(U)$. 则 $(I-U)^{-1}$ 有界且定义在全空间 H 上. 由定理 9.2.10，$D(T)=\mathcal{R}(I-U)=H$. 于是 T 是定义在全空间 H 的自共轭算子从而必是有界的.

反之，设 T 是有界自共轭的，则由定理 9.2.11，U 是酉算子；由定理 9.2.10，对任意 $x\in H$，有

$$Tx=\mathrm{i}(I+U)(I-U)^{-1}x=\mathrm{i}[2I-(I-U)](I-U)^{-1}x=2\mathrm{i}(I-U)^{-1}x-\mathrm{i}x.$$

于是 $2\|(I-U)^{-1}x\|=\|Tx+\mathrm{i}x\|\leqslant(\|T\|+1)\|x\|$. 这表明 $1\in\rho(U)$. 证毕.

现在来讨论对称算子的对称延拓问题. 因为每个对称算子联系着一个 Cayley 变换，故对称算子的对称延拓问题可以转变为它的 Cayley 变换的等距延拓. 若我们得到 Cayley 变换 U 的所有等距延拓，我们就可以由 $T=\mathrm{i}(I+U)(I-U)^{-1}$ 而得到相应的 T 的所有对称延拓. 若 U 能等距延拓到全空间成为酉算子时，则 T 延拓为自共轭算子. 由于对称算子 T 是可闭的，不失一般性，以下考虑闭的对称算子.

定理 9.2.13

设 H 是 Hilbert 空间，$T: D(T)\subset H\to H$ 是闭的对称线性算子，则 T 有自共轭延拓当且仅当 $n_+=n_-$，其中 $(n_+,n_-)=d(T)$，即两个亏指数相等.

证明 对闭对称算子 T，作它的 Cayley 变换 U. 由 Cayley 变换的可逆性可知 T 的自共轭延拓与 U 的等距延拓一一对应. 由于 $D(U)=\mathcal{R}(T+\mathrm{i}I)=\mathcal{N}(T^*-\mathrm{i}I)^{\perp}$，$\mathcal{R}(U)=\mathcal{R}(T-\mathrm{i}I)=\mathcal{N}(T^*+\mathrm{i}I)^{\perp}$，所以 U 的等距延拓的存在性等价于是否存在从 $\mathcal{N}(T^*-\mathrm{i}I)$ 到 $\mathcal{N}(T^*+\mathrm{i}I)$ 的满的等距线性算子，这等价于 $n_+=n_-$. 证毕.

定理 9.2.14

设 H 是 Hilbert 空间，$T: D(T)\subset H\to H$ 是闭的对称线性算子，$d(T)=(n,n)$. 则 T 的任何一个自共轭延拓 T'，对应着唯一确定的从 D_+ 到 D_- 的满的等距线性算子 U'，使得

$$D(T')=\{x'=x+(I-U')z: x\in D(T), z\in D_+\},$$

$$T'x'=Tx+\mathrm{i}(I+U')z\,(x'\in D(T')),$$

并且 T' 的 Cayley 变换为 $V=U\oplus U'$，其中 U 为 T 的 Cayley 变换.

此处的 $\oplus$ 意指算子的直和，即 $H=\mathcal{R}(T+\mathrm{i}I)\oplus\mathcal{N}(T^*-\mathrm{i}I)=D(U)\oplus D_+$，$U$ 和 U' 分别是 $D(U)$ 和 D_+ 上的等距线性算子，$V|_{D(U)}=U$，$V|_{D_+}=U'$. 就是说，当 $x=x_0+x_1$，$x_0\in D(U)$，$x_1\in D_+$ 时，$Vx=Ux_0+U'x_1$.

证明 设 $x'\in D(T')$. 则利用 Cayley 变换式 $V=(T'-\mathrm{i}I)(T'+\mathrm{i}I)^{-1}$，记

$$y'=(T'+\mathrm{i}I)x'\in D(V)=\mathcal{R}(T'+\mathrm{i}I),\quad 有\ Vy'=(T'-\mathrm{i}I)x'.$$

由这两式得

$$2\mathrm{i}x'=(I-V)y',\quad 2T'x'=(I+V)y'. \tag{9.2.14}$$

由定理 9.2.5，$H=D(U)\oplus D_+$，于是 $y'=y+z'$，其中 $y\in D(U)$，$z'\in D_+$. 记 $V|_{D(U)}=U$，$V|_{D_+}=U'$，则 $V=U\oplus U'$. 由于 $y\in D(U)=\mathcal{R}(T+\mathrm{i}I)$，故利用 Cayley 变换式 $U=(T-\mathrm{i}I)\cdot(T+\mathrm{i}I)^{-1}$，存在 $x\in D(T)$ 使得 $y=(T+\mathrm{i}I)x$，$Uy=(T-\mathrm{i}I)x$. 由这两式得

$$2\mathrm{i}x=(I-U)y,\quad 2Tx=(I+U)y. \tag{9.2.15}$$

由 $y'=y+z'$ 得 $Vy'=Uy+U'z'$. 利用式(9.2.14)与式(9.2.15),有

$$\begin{aligned}2\mathrm{i}x'&=(I-V)y'=y+z'-Uy-U'z'\\&=(I-U)y+(I-U')z'=2\mathrm{i}x+(I-U')z',\\2T'x'&=(I+V)y'=y+z'+Uy+U'z'\\&=(I+U)y+(I+U')z'=2Tx+(I+U')z'.\end{aligned}$$

记 $z=\frac{1}{2\mathrm{i}}z'\in D_+$,则 $x'=x+(I-U')z$, $T'x'=Tx+\mathrm{i}(I+U')z$. 证毕.

例 9.2.2 (阅读)在例 9.2.1 中,T_3 是对称算子,T_2 是它的自共轭延拓,即 $T_3\subset T_2$, $T_2=T_2^*$. 如何给出 T_3 的所有自共轭延拓? 由定理 9.2.14 可知,关键是确定从 D_+ 到 D_- 的等距算子 U'. 由于 $D_\pm=\mathcal{N}(T_3^*\mp\mathrm{i}I)=\mathcal{N}(T_1\mp\mathrm{i}I)=\{x\in H:\mathrm{i}x'(t)=\pm\mathrm{i}x(t)\}$,即 $D_\pm=\{\alpha\mathrm{e}^{\pm t}:\alpha\in\mathbb{C}\}$,因此 $n_\pm=1$,从 D_+ 到 D_- 的等距算子有如下形式:$U'\mathrm{e}^t=\beta\mathrm{e}^{-t}$. 由于 $\|\mathrm{e}^t\|^2=2^{-1}(\mathrm{e}^2-1)$, $\|\mathrm{e}^{-t}\|^2=2^{-1}(1-\mathrm{e}^{-2})$,利用 $\|\mathrm{e}^t\|^2=|\beta|^2\|\mathrm{e}^{-t}\|^2$ 可定出 $|\beta|=\mathrm{e}$. 因此 T_3 的所有自共轭延拓有如下形式:

$$D(T')=\{v=x+\alpha\mathrm{e}^t-\alpha\beta\mathrm{e}^{-t}:x\in D(T_3),\ |\beta|=\mathrm{e},\alpha\in\mathbb{C}\},$$

$$T'v=T_3x+\mathrm{i}\alpha\mathrm{e}^t+\mathrm{i}\alpha\beta\mathrm{e}^{-t}=T_3x+\mathrm{i}\frac{\mathrm{d}}{\mathrm{d}t}[\alpha(\mathrm{e}^t-\beta\mathrm{e}^{-t})].$$

容易验证,例 9.2.1 中的 T_2 是其中 $\beta=-\mathrm{e}$ 的情况.

9.3 无界算子的谱

有界线性算子的谱理论相对来说是比较完备的,在第 7 章中已作了初步介绍. 这一节要考虑的重点是无界自共轭线性算子的谱. 面临的首要问题是更新线性算子谱的定义. 在这一节里,仍然假定线性算子 T 的定义域 $D(T)$ 在 Hilbert 空间 H 中是稠密的. 事实上,如果 $D(T)$ 不稠,可以在一个较小的空间 H_1 中研究,使 T 在 H_1 中是稠定的. 在通常的情况下,稠定的条件并不苛刻,总是可以满足的. 例如,当 $H=L^2(\Omega)$(Ω 未必是测度有限的)时,具有紧支集的无穷次可微的函数组成的空间 $C_0^\infty(\Omega)$ 在 $L^2(\Omega)$ 中是稠密的.

由于线性算子的定义域不是全空间,因而有必要重述谱点和正则点的定义.

定义 9.3.1

设 H 是 Hilbert 空间,$T:D(T)\subset H\to H$ 是线性算子. 则

$\rho(T)=\{\lambda\in\mathbb{C}:\lambda I-T$ 是单射, $\mathcal{R}(\lambda I-T)$ 在 H 中稠密, $(\lambda I-T)^{-1}$ 是有界的$\}$

称为 T 的**正则点集**,正则点的补集称为 T 的**谱集**,记为 $\sigma(T)$.

谱集 $\sigma(T)$ 可分类为**点谱(特征值)集** $\sigma_p(T)$,**连续谱集** $\sigma_c(T)$ 和**剩余谱集** $\sigma_r(T)$,且

$$\sigma(T)=\sigma_p(T)\cup\sigma_c(T)\cup\sigma_r(T),$$

其中,

$\sigma_p(T)=\{\lambda\in\mathbb{C}:\lambda I-T$ 不是单射$\}$;

$\sigma_r(T)=\{\lambda\in\mathbb{C}:\lambda I-T$ 是单射,但 $\mathcal{R}(\lambda I-T)$ 在 H 中不稠密$\}$;

$\sigma_c(T)=\{\lambda\in\mathbb{C}:\lambda I-T$ 是单射, $\mathcal{R}(\lambda I-T)$ 在 H 中稠,但 $(\lambda I-T)^{-1}$ 无界$\}$.

无界线性算子与有界线性算子不同，它的谱集可能是整个复平面，也可能是空集. 一般来说有下述基本性质（与有界线性算子情形的证明方法相类似）.

定理 9.3.1

设 H 是 Hilbert 空间，$T: D(T)\subset H\to H$ 是线性算子，则 $\sigma(T)$ 是闭集，且在 $\rho(T)$ 上，$S(\lambda)=(T-\lambda I)^{-1}$ 是算子值解析函数.

定理 9.3.2

设 H 是 Hilbert 空间，$T: D(T)\subset H\to H$ 是闭的线性算子，$W(T)=\{\langle Tx,x\rangle: x\in D(T), \|x\|=1\}$. 则

(1) $\lambda\in\rho(T)$ 当且仅当 $\mathcal{N}(T-\lambda I)=\{\theta\}$，且 $\mathcal{R}(T-\lambda I)=H$.

(2) $\sigma(T^*)=\{\bar{\lambda}: \lambda\in\sigma(T)\}$，且对 $\lambda\in\rho(T)$ 有 $[(T-\lambda I)^*]^{-1}=[(T-\lambda I)^{-1}]^*$.

(3) 若 $\lambda\notin\overline{W(T)}$（闭包），则 $\mathcal{N}(T-\lambda I)=\{\theta\}$，且 $\mathcal{R}(T-\lambda I)$ 是闭的.

(4) 若 $\lambda\notin\overline{W(T)}$（闭包），且 $\mathcal{R}(T-\lambda I)$ 在 H 中稠，则 $\lambda\in\rho(T)$，且

$$\|(T-\lambda I)^{-1}\|\leqslant\rho(\lambda,\overline{W(T)})^{-1}.$$

证明 (1) 由于对于 Hilbert 空间 H 上的闭算子 T，当 $\lambda I-T$ 是单射时，$(\lambda I-T)^{-1}$ 也是闭算子，而闭算子 $(\lambda I-T)^{-1}$ 有界的充要条件是其定义域是闭的. 因此由 $\rho(T)$ 的定义，$\lambda\in\rho(T)$ 当且仅当 $\mathcal{N}(T-\lambda I)=\{\theta\}$，且 $\mathcal{R}(T-\lambda I)=H$.

(2) 的证明类似于命题 7.2.6，只需注意到当 T 是闭的，有 $T^{**}=T$.

(3) 由于 $\lambda\notin\overline{W(T)}$，故 $\eta=\rho(\lambda,\overline{W(T)})>0$. 于是对任意 $x\in D(T)$，$\|x\|=1$，有

$$\eta\leqslant|\langle Tx,x\rangle-\lambda|=|\langle(T-\lambda I)x,x\rangle|\leqslant\|(T-\lambda I)x\|.$$

从而对任意 $x\in D(T)$ 有

$$\eta\|x\|\leqslant\|(T-\lambda I)x\|. \tag{9.3.1}$$

这表明 $T-\lambda I$ 是单射，即 $\mathcal{N}(T-\lambda I)=\{\theta\}$，且在 $\mathcal{R}(T-\lambda I)$ 上存在 $(T-\lambda I)^{-1}$，$(T-\lambda I)^{-1}$ 在 $\mathcal{R}(T-\lambda I)$ 上有界.

对任意 $y\in\overline{\mathcal{R}(T-\lambda I)}$，存在 $\{y_n\}_{n=1}^{\infty}\subset\mathcal{R}(T-\lambda I)$，$y_n\to y$. 且有 $\{x_n\}_{n=1}^{\infty}\subset D(T)$ 使 $y_n=(T-\lambda I)x_n$. 由式(9.3.1)，有

$$\eta\|x_n\|\leqslant\|(T-\lambda I)x_n\|=\|y_n\|.$$

于是 $\{x_n\}$ 是 H 中 Cauchy 列，可设 $x_n\to x$. 由于 T 是闭的，故 $x\in D(T)$，$y=(T-\lambda I)x$，即 $y\in\mathcal{R}(T-\lambda I)$. 因此 $\mathcal{R}(T-\lambda I)$ 是闭的.

(4) 由(3)与(1)可知 $\mathcal{R}(T-\lambda I)=H$，$\lambda\in\rho(T)$. 由于对任意 $y\in H$，存在 $x\in D(T)$ 使 $(T-\lambda I)x=y$，且式(9.3.1)成立，故 $\|(T-\lambda I)^{-1}y\|\leqslant\eta^{-1}\|y\|$，即 $\|(T-\lambda I)^{-1}\|\leqslant\rho(\lambda,\overline{W(T)})^{-1}$. 证毕.

例 9.3.1 设 $\{e_1,e_2,\cdots,e_n,\cdots\}$ 是可分的无限维 Hilbert 空间 H 的规范正交基，λ_1，λ_2，…是可数多个复数（$\{\lambda_n\}$ 可以是无界的），令

$$H_0=\left\{x\in H: \sum_{n=1}^{\infty}|\lambda_n\langle x,e_n\rangle|^2<\infty\right\},\quad Tx=\sum_{n=1}^{\infty}\lambda_n\langle x,e_n\rangle e_n,\quad x\in H_0.$$

则 T 显然是线性算子. 因为 $\{e_n\}_{n=1}^{\infty}\subset H_0$，故 $\overline{H_0}=H$，T 是稠定的. 设 $x\in D(T^*)$. 则由 $\langle Te_k,x\rangle=\langle e_k,T^*x\rangle$ 与 $Te_k=\lambda_k e_k$ 得

$$\langle e_k,T^*x\rangle=\lambda_k\langle e_k,x\rangle,\quad k\in\mathbb{Z}^+.$$

于是 T^*x 的 Fourier 展开式为

$$T^*x=\sum_{n=1}^{\infty}\langle T^*x,e_n\rangle e_n=\sum_{n=1}^{\infty}\overline{\langle e_n,T^*x\rangle}e_n=\sum_{n=1}^{\infty}\overline{\lambda_n\langle e_n,x\rangle}e_n=\sum_{n=1}^{\infty}\overline{\lambda_n}\langle x,e_n\rangle e_n.$$

注意到 $\sum_{n=1}^{\infty}|\lambda_n\langle x,e_n\rangle|^2<\infty$ 等价于 $\sum_{n=1}^{\infty}|\overline{\lambda_n}\langle x,e_n\rangle|^2<\infty$，故 $D(T^*)=H_0$，且容易看出 $T^{**}=T$. 由此推知 T 是一个闭算子.

设 $\lambda=\lambda_k$. 则有基向量 $e_k\in H_0$ 使 $(\lambda_kI-T)e_k=\theta$. 这表明 $\lambda_k\in\sigma(T)(k\in\mathbb{Z}^+)$. 于是闭包 $\overline{\{\lambda_n\}_{n=1}^{\infty}}\subset\sigma(T)$，同理有闭包 $\overline{\{\overline{\lambda_n}\}_{n=1}^{\infty}}\subset\sigma(T^*)$.

我们知道有界线性算子的谱集是紧集. 从上面的例子看到，可以构造一个无界线性算子，使其谱集 $\sigma(T)$ 包含复平面 $\mathbb{C}$ 中的任意一个无界的闭子集.

以下着重考虑无界自共轭线性算子的谱. 由于 T 是自共轭的，即 $T=T^*$，故对任意 $x\in D(T)$，$\langle Tx,x\rangle$ 是实数，于是用与有界线性算子情形类似的证明方法可得出下面的结论.

定理 9.3.3

设 H 是 Hilbert 空间，$T:D(T)\subset H\to H$ 是自共轭线性算子. 则 T 的特征值是实数，且对应于不同特征值的特征向量是相互正交的.

定理 9.3.4

设 H 是 Hilbert 空间，$T:D(T)\subset H\to H$ 是自共轭线性算子. 若 λ 不是 T 的特征值，则 $\mathcal{R}(T-\lambda I)$ 在 H 中稠.

证明　假设 $\mathcal{R}(T-\lambda I)$ 不是 H 的稠集，则存在 $y\in H,y\neq\theta$ 使

$$\langle(T-\lambda I)x,y\rangle=0=\langle x,\theta\rangle,\quad\forall x\in D(T).$$

于是由共轭算子的定义得出

$$y\in D((T-\lambda I)^*)\quad 且\quad (T-\lambda I)^*y=\theta.$$

若 λ 是实数，则 $T-\lambda I$ 也是自共轭的，有 $(T-\lambda I)y=(T-\lambda I)^*y=\theta$，与 λ 不是特征值矛盾.

若 λ 不是实数，则 $(T-\bar{\lambda}I)y=(T-\lambda I)^*y=\theta$，即 $\bar{\lambda}$ 是 T 的特征值，与定理 9.3.3 矛盾. 证毕.

推论

设 H 是 Hilbert 空间，$T:D(T)\subset H\to H$ 是自共轭线性算子. 则 $\sigma_r(T)=\varnothing$.

定理 9.3.5

设 H 是 Hilbert 空间，$T:D(T)\subset H\to H$ 是自共轭线性算子. 则 $\lambda\in\rho(T)$ 当且仅当 $T-\lambda I$ 是下有界的，即存在 $k>0$ 使 $\|(T-\lambda I)x\|\geqslant k\|x\|(x\in D(T))$.

证明　必要性　设 $\lambda\in\rho(T)$，则 $(T-\lambda I)^{-1}$ 存在且有界，由于 T 是自共轭的，T 是闭算子，由定理 9.3.2(1) 可知 $(T-\lambda I)^{-1}$ 定义在全空间上，从而存在 $M>0$ 使

$$\|(T-\lambda I)^{-1}y\|\leqslant M\|y\|,\quad\forall y\in H.$$

于是对任意 $x\in D(T)$，令 $y=(T-\lambda I)x,k=M^{-1}$，得出

$$\|(T-\lambda I)x\|=\|y\|\geqslant k\|(T-\lambda I)^{-1}y\|=k\|x\|.$$

充分性　由 $\|(T-\lambda I)x\|\geqslant k\|x\|$ 知，λ 不是 T 的特征值，$\mathcal{N}(T-\lambda I)=\{\theta\}$. 由定

理 9.3.4 知，$\mathcal{R}(T-\lambda I)$在 H 中稠. 用与定理 9.3.2(3)同样的证明方法可知$\mathcal{R}(T-\lambda I)$是闭的，于是$\mathcal{R}(T-\lambda I)=H$. 由定理 9.3.2(1)，$\lambda\in\rho(T)$. 证毕.

推论 1

设 H 是 Hilbert 空间，$T: D(T)\subset H\to H$ 是自共轭线性算子. 则 $\lambda\in\sigma(T)$当且仅当存在序列$\{x_n\}_{n=1}^{\infty}\subset D(T)$，$\|x_n\|=1$，且 $\lim\limits_{n\to\infty}\|(T-\lambda I)x_n\|=0$.

推论 2

设 H 是 Hilbert 空间，$T: D(T)\subset H\to H$ 是自共轭线性算子. 若 $\lambda\in\mathbb{C}$，$\mathrm{Im}\lambda\neq 0$，则 $\lambda\in\rho(T)$.

证明 设 $\lambda=a+\mathrm{i}b$，$b\neq 0$. 则(结合命题 9.2.3)得

$$\begin{aligned}\|(T-\lambda I)x\|^2&=\langle (T-aI)x-\mathrm{i}bx,(T-aI)x-\mathrm{i}bx\rangle\\&=\|(T-aI)x\|^2+\|bx\|^2\geqslant b^2\|x\|^2.\end{aligned}$$

由定理 9.3.5 可知结论成立.

定理 9.3.6

设 H 是 Hilbert 空间，$T: D(T)\subset H\to H$ 是闭的对称线性算子. 则 T 是自共轭的当且仅当 $\sigma(T)\subset\mathbb{R}^1$.

证明 若 T 是自共轭的，由定理 9.3.5 的推论 2 可知 $\sigma(T)\subset\mathbb{R}^1$. 反之，若 $\sigma(T)\subset\mathbb{R}^1$，则$\pm\mathrm{i}\in\rho(T)$. 由于 T 是闭的，根据定理 9.3.2(1)，$\mathcal{R}(T\pm\mathrm{i}I)=H$. 再根据定理 9.2.6 推出 T 是自共轭的. 证毕.

定理 9.3.7

设 H 是 Hilbert 空间，$T: D(T)\subset H\to H$ 是自共轭线性算子. $\lambda\in\mathbb{R}^1$，$\lambda\notin\sigma_p(T)$. 则

(1) 若$\mathcal{R}(T-\lambda I)=H$，则 $\lambda\in\rho(T)$.

(2) 若$\mathcal{R}(T-\lambda I)\neq H$，则 $\lambda\in\sigma_c(T)$.

证明 因为 T 是自共轭的，故 T 是闭的.

(1) 由于 $\lambda\in\mathbb{R}^1$，$\lambda\notin\sigma_p(T)$，故 $T-\lambda I$ 是单射，即 $\mathcal{N}(T-\lambda I)=\{\theta\}$. 又因为$\mathcal{R}(T-\lambda I)=H$，所以根据定理 9.3.2(1)，$\lambda\in\rho(T)$.

(2) 假设 $\lambda\notin\sigma_c(T)$，则由 $\lambda\notin\sigma_p(T)$及 $\sigma_r(T)=\varnothing$可知 $\lambda\in\rho(T)$. 根据定理 9.3.2(1)，有$\mathcal{R}(T-\lambda I)=H$，与$\mathcal{R}(T-\lambda I)\neq H$ 矛盾. 所以 $\lambda\in\sigma_c(T)$. 证毕.

定理 9.3.8

设 H 是 Hilbert 空间，$T: D(T)\subset H\to H$ 是自共轭线性算子. 若 $\lambda\in\sigma(T)$，则$\mathcal{R}(T-\lambda I)\neq H$.

证明 由于 T 是自共轭的，T 是闭的对称的，由定理 9.3.6，$\sigma(T)\subset\mathbb{R}^1$. 设 $\lambda\in\sigma(T)$. 若 $\lambda\notin\sigma_p(T)$，则由定理 9.3.7(1)可知$\mathcal{R}(T-\lambda I)\neq H$；若 $\lambda\in\sigma_p(T)$，则$\mathcal{N}(T-\lambda I)\neq\{\theta\}$，于是由 $\lambda\in\mathbb{R}^1$ 得

$$\overline{\mathcal{R}(T-\lambda I)}=\overline{\mathcal{R}(T-\lambda I)^*}=\mathcal{N}(T-\lambda I)^{\perp}\neq H.$$

因此$\mathcal{R}(T-\lambda I)\neq H$. 证毕.

第 7 章中已给出有界自共轭算子 T 的谱分解，即 $T=\int_{\sigma(T)}z\,\mathrm{d}E(z)$，利用谱系的概念，可把这个关于谱测度的积分表示为$\int_{-\infty}^{\infty}\lambda\,\mathrm{d}E_\lambda$. 但对有界自共轭算子而言，当 $\lambda<m$ 时 $E_\lambda=$

θ，当 $\lambda > M$ 时 $E_\lambda = I$，因而上述积分实际上集中于$[m, M]$，其中

$$m = \inf\{\langle Tx, x\rangle:\ \|x\| = 1\},\quad M = \sup\{\langle Tx, x\rangle:\ \|x\| = 1\}.$$

即 $T = \int_{m-0}^{M} \lambda\, \mathrm{d}E_\lambda$. 当 T 为无界自共轭算子时，$\sigma(T)$一般而言是实数直线上的无界集合. 对无界自共轭算子也具有形如 $\int_{-\infty}^{\infty} \lambda\, \mathrm{d}E_\lambda$ 的谱分解，只是谱系在任何有界区间外不再是常算子. 以下给出这个定理，其证明见参考文献[5]和文献[47].

定理 9.3.9（**自共轭算子谱分解定理**）

设 H 是 Hilbert 空间，$T: D(T) \subset H \to H$ 是自共轭线性算子. 则必存在 H 上的谱系 $\{E_\lambda\}$，使得 $T = \int_{-\infty}^{+\infty} \lambda\, \mathrm{d}E_\lambda$.

与有界自共轭算子情形的证明方法相同，利用谱系的性质与谱分解定理可得下列结论.

定理 9.3.10

设 H 是 Hilbert 空间，$T: D(T) \subset H \to H$ 是自共轭线性算子，$\{E_\lambda\}$是 T 的谱系. 则

(1) $\lambda_0 \in \sigma(T)$ 当且仅当对任意 $\varepsilon > 0$，$E_{\lambda_0+\varepsilon} - E_{\lambda_0-\varepsilon} \neq \theta$，即 E_λ 在 λ_0 的邻域内不取常值.

(2) $\lambda_0 \in \sigma_p(T)$ 当且仅当 $E_{\lambda_0} - E_{\lambda_0-0} \neq \theta$，即 λ_0 是 E_λ 的间断点. 若 λ_0 是 T 的孤立谱点，则 λ_0 必是 T 的特征值.

对于自共轭算子，下列本质谱概念也是很重要的. 我们称特征值是无穷维或有限维的分别是指其特征向量空间是无穷维或有限维的.

定义 9.3.2

设 H 是 Hilbert 空间，$T: D(T) \subset H \to H$ 是自共轭线性算子. $\sigma(T)$中的全体聚点和无穷维的孤立的特征值点称为 T 的**本质谱**，记为 $\sigma_e(T)$. 本质谱在谱集中的补集称为 T 的**离散谱**，记为 $\sigma_d(T) = \sigma(T) \backslash \sigma_e(T)$. 即 $\sigma_d(T)$是全体有限维的孤立的特征值点. 若 $\sigma_e(T) = \varnothing$，则称 T 的**谱是离散的**.

定理 9.3.11

设 H 是 Hilbert 空间，$T: D(T) \subset H \to H$ 是自共轭线性算子，$\{E_\lambda\}$是 T 的谱系. 则下列陈述是等价的.

(1) $\lambda \in \sigma_e(T)$.

(2) 存在点列$\{x_n\}_{n=1}^{\infty} \subset D(T)$，$\|x_n\| = 1$ 使 $x_n \xrightarrow{w} \theta$，$\|(T - \lambda I)x_n\| \to 0$.

(3) 对于任意 $\varepsilon > 0$，有 $\dim \mathcal{R}(E_{\lambda+\varepsilon} - E_{\lambda-\varepsilon}) = \infty$.

证明　（阅读）(1)⇒(2) 若 λ 是 T 的无穷维特征值，则存在正交点列$\{x_n\}_{n=1}^{\infty} \subset \mathcal{N}(T - \lambda I)$，$\|x_n\| = 1$. 对任意 $y \in H$，根据 Bessel 不等式，有 $\|y\|^2 \geqslant \sum_{n=1}^{\infty} |\langle y, x_n\rangle|^2$，由此推出$\langle y, x_n\rangle \to 0$，即 $x_n \xrightarrow{w} \theta$. 显然$(T - \lambda I)x_n = \theta \to \theta$.

若 λ_0 是 $\sigma(T)$的聚点，则存在 $\lambda_n \in \sigma(T)$，$\lambda_n \to \lambda_0$，且 $\lambda_n \neq \lambda_m (n \neq m)$，$\lambda_n \neq \lambda_0$. 可选取 $\varepsilon_n > 0$，$\varepsilon_n \to 0$，使得区间列$\{(\lambda_n - \varepsilon_n, \lambda_n + \varepsilon_n)\}$是互不相交的. 因为按定理 9.3.10，$E_{\lambda_n+\varepsilon_n} - E_{\lambda_n-\varepsilon_n} \neq \theta$，故可选取 $x_n \in \mathcal{R}(E_{\lambda_n+\varepsilon_n} - E_{\lambda_n-\varepsilon_n})$且 $\|x_n\| = 1$. 注意到谱系是正交投影算子族，$\{x_n\}$是规范正交点列，同样由 Bessel 不等式得出 $x_n \xrightarrow{w} \theta$. 于是$\{x_n\}$有界，有

$(\lambda_n-\lambda_0)x_n\to\theta$. 设 $y_n\in H$ 使 $x_n=(E_{\lambda_n+\varepsilon_n}-E_{\lambda_n-\varepsilon_n})y_n$. 注意到 $\lambda>\lambda_n+\varepsilon_n$ 与 $\lambda<\lambda_n-\varepsilon_n$ 分别有

$$\begin{aligned}\langle E_\lambda x_n,x_n\rangle&=\langle E_\lambda x_n,(E_{\lambda_n+\varepsilon_n}-E_{\lambda_n-\varepsilon_n})y_n\rangle\\&=\langle x_n,E_\lambda(E_{\lambda_n+\varepsilon_n}-E_{\lambda_n-\varepsilon_n})y_n\rangle=\langle x_n,(E_{\lambda_n+\varepsilon_n}-E_{\lambda_n-\varepsilon_n})y_n\rangle=\|x_n\|^2,\\\langle E_\lambda x_n,x_n\rangle&=\langle E_\lambda x_n,(E_{\lambda_n+\varepsilon_n}-E_{\lambda_n-\varepsilon_n})y_n\rangle\\&=\langle x_n,E_\lambda(E_{\lambda_n+\varepsilon_n}-E_{\lambda_n-\varepsilon_n})y_n\rangle=\langle x_n,(E_\lambda-E_\lambda)y_n\rangle=\langle x_n,\theta\rangle=0.\end{aligned}$$

故在 $\lambda\in(-\infty,\lambda_n-\varepsilon_n)$ 与 $\lambda\in(\lambda_n+\varepsilon_n,\infty)$ 这两个区间上有

$$\int_{-\infty}^{\lambda_n-\varepsilon_n}(\lambda-\lambda_n)^2\mathrm{d}\langle E_\lambda x_n,x_n\rangle=0,\quad\int_{\lambda_n+\varepsilon_n}^{\infty}(\lambda-\lambda_n)^2\mathrm{d}\langle E_\lambda x_n,x_n\rangle=0.$$

于是

$$\begin{aligned}\|(T-\lambda_nI)x_n\|^2&=\int_{-\infty}^{\infty}(\lambda-\lambda_n)^2\mathrm{d}\langle E_\lambda x_n,x_n\rangle\\&=\left(\int_{-\infty}^{\lambda_n-\varepsilon_n}+\int_{\lambda_n+\varepsilon_n}^{\infty}+\int_{\lambda_n-\varepsilon_n}^{\lambda_n+\varepsilon_n}\right)(\lambda-\lambda_n)^2\mathrm{d}\langle E_\lambda x_n,x_n\rangle\\&=\int_{\lambda_n-\varepsilon_n}^{\lambda_n+\varepsilon_n}(\lambda-\lambda_n)^2\mathrm{d}\langle E_\lambda x_n,x_n\rangle\leqslant\varepsilon_n^2\int_{\lambda_n-\varepsilon_n}^{\lambda_n+\varepsilon_n}\mathrm{d}\langle E_\lambda x_n,x_n\rangle\\&=\varepsilon_n^2\|(E_{\lambda_n+\varepsilon_n}-E_{\lambda_n-\varepsilon_n})x_n\|^2=\varepsilon_n^2\|x_n\|^2\to0.\end{aligned}$$

从而

$$(T-\lambda_0I)x_n=(T-\lambda_nI)x_n+(\lambda_n-\lambda_0)x_n\to\theta.$$

(2)⇒(3) 假设存在 $\varepsilon_0>0$, $\dim\mathcal{R}(E_{\lambda_0+\varepsilon_0}-E_{\lambda_0-\varepsilon_0})<\infty$. 则投影算子 $E_{\lambda_0+\varepsilon_0}-E_{\lambda_0-\varepsilon_0}$ 是紧的，于是对满足条件(2)的点列 $\{x_n\}$，由于 $x_n\xrightarrow{w}\theta$，由定理 5.2.22 推出 $(E_{\lambda_0+\varepsilon_0}-E_{\lambda_0-\varepsilon_0})x_n\to0$. 因此有

$$\begin{aligned}\|(T-\lambda_0I)x_n\|^2&=\int_{-\infty}^{\infty}(\lambda-\lambda_0)^2\mathrm{d}\langle E_\lambda x_n,x_n\rangle\\&=\left(\int_{-\infty}^{\lambda_0-\varepsilon_0}+\int_{\lambda_0+\varepsilon_0}^{\infty}+\int_{\lambda_0-\varepsilon_0}^{\lambda_0+\varepsilon_0}\right)(\lambda-\lambda_0)^2\mathrm{d}\langle E_\lambda x_n,x_n\rangle\\&\geqslant\left(\int_{-\infty}^{\lambda_0-\varepsilon_0}+\int_{\lambda_0+\varepsilon_0}^{\infty}\right)(\lambda-\lambda_0)^2\mathrm{d}\langle E_\lambda x_n,x_n\rangle\\&\geqslant\varepsilon_0^2\left[\int_{-\infty}^{\infty}\mathrm{d}\langle E_\lambda x_n,x_n\rangle-\int_{\lambda_0-\varepsilon_0}^{\lambda_0+\varepsilon_0}\mathrm{d}\langle E_\lambda x_n,x_n\rangle\right]\\&=\varepsilon_0^2[\|x_n\|^2-\|(E_{\lambda_0+\varepsilon_0}-E_{\lambda_0-\varepsilon_0})x_n\|^2]\to\varepsilon_0^2\neq0.\end{aligned}$$

与 $(T-\lambda_0I)x_n\to\theta$ 矛盾.

(3)⇒(1) 因为对任意 $\varepsilon>0$, $\dim\mathcal{R}(E_{\lambda+\varepsilon}-E_{\lambda-\varepsilon})=\infty$，故由定理 9.3.10(1)，有 $\lambda\in\sigma(T)$.

若 $\dim\mathcal{R}(E_\lambda-E_{\lambda-0})=\infty$，则 λ 是 T 的一个无穷维的特征值，因此有 $\lambda\in\sigma_e(T)$.

若 $\dim\mathcal{R}(E_\lambda-E_{\lambda-0})<\infty$，则由

$$E_{\lambda+\varepsilon}-E_{\lambda-\varepsilon}=(E_{\lambda+\varepsilon}-E_\lambda)+(E_\lambda-E_{\lambda-0})+(E_{\lambda-0}-E_{\lambda-\varepsilon})$$

可知 $\dim\mathcal{R}(E_{\lambda+\varepsilon}-E_\lambda)=\infty$ 与 $\dim\mathcal{R}(E_{\lambda-0}-E_{\lambda-\varepsilon})=\infty$ 必有其一成立. 于是对任意 $\varepsilon>0$，在 $(\lambda-\varepsilon,\lambda)\cup(\lambda,\lambda+\varepsilon)$ 中至少包含一个谱点，因此 λ 是 $\sigma(T)$ 的聚点. 证毕.

定义 9.3.3

设 H 是 Hilbert 空间，$T: D(T)\subset H\to H$ 是自共轭线性算子. 若点列 $\{x_n\}_{n=1}^{\infty}\subset D(T)$，$\|x_n\|=1$ 使 $x_n\xrightarrow{w}\theta$，$\|(T-\lambda I)x_n\|\to 0$，则称点列 $\{x_n\}$ 为线性算子 T 关于 λ 的 **Weyl 列.**

由定理 9.3.11，λ 是自共轭算子 T 的本质谱当且仅当存在 T 关于 λ 的 Weyl 列.

定理 9.3.12

设 H 是 Hilbert 空间，$T: D(T)\subset H\to H$ 是自共轭线性算子，$\{E_\lambda\}$ 是 T 的谱系，$a<b$，$\dim\mathcal{R}(E_{b-0}-E_a)=m<\infty$. 则 $m\neq 0$ 时 $\sigma(T)\cap(a,b)$ 仅仅包含孤立的有限维特征值，这些特征值的重数之和等于 m.

证明　由定理 9.3.11，$(a,b)\cap\sigma_e(T)=\varnothing$，即 $(a,b)\cap\sigma(T)\subset\sigma_d(T)$. 令 $\lambda_1,\lambda_2,\cdots$ 是 T 在 (a,b) 中的特征值，其个数至多可数，且无聚点，不妨设 $\lambda_1\leqslant\lambda_2\leqslant\cdots$，则

$$E_{b-0}-E_a\geqslant\sum_{j=1}^{n}(E_{\lambda_j}-E_{\lambda_{j-1}})\geqslant\sum_{j=1}^{n}(E_{\lambda_j}-E_{\lambda_j-0}),\quad\forall n\in\mathbb{Z}^+.$$

于是

$$\sum_{j=1}^{n}\dim\mathcal{R}(E_{\lambda_j}-E_{\lambda_j-0})\leqslant\dim\mathcal{R}(E_{b-0}-E_a)<\infty,\quad\forall n\in\mathbb{Z}^+.$$

由此推知只能有有限个特征值 $\lambda_1,\lambda_2,\cdots,\lambda_k$ 在 (a,b) 中，且 $\dim\mathcal{R}(E_{b-0}-E_a)=\sum_{j=1}^{k}\dim\mathcal{R}(E_{\lambda_j}-E_{\lambda_j-0})$，即特征值的重数之和等于 m.

定理 9.3.13

设 H 是 Hilbert 空间，$T: D(T)\subset H\to H$ 是自共轭线性算子，$\{E_\lambda\}$ 是 T 的谱系. 若 $\dim\mathcal{R}(E_b-E_a)=\infty$，则 $\sigma_e(T)\cap[a,b]\neq\varnothing$.

证明　假设 $\sigma_e(T)\cap[a,b]=\varnothing$. 则由定理 9.3.11，对任意 $\lambda\in[a,b]$，存在 $\varepsilon>0$，使得 $\dim\mathcal{R}(E_{\lambda+\varepsilon}-E_{\lambda-\varepsilon})<\infty$. 因为闭区间 $[a,b]$ 能被有限个 $(\lambda-\varepsilon,\lambda+\varepsilon)$ 这样的区间所覆盖，由此推出 $\dim\mathcal{R}(E_b-E_a)<\infty$，与 $\dim\mathcal{R}(E_b-E_a)=\infty$ 矛盾. 故 $\sigma_e(T)\cap[a,b]\neq\varnothing$. 证毕.

本质谱在紧扰动下具有不变性.

定理 9.3.14

设 H 是 Hilbert 空间，$T: D(T)\subset H\to H$ 是自共轭线性算子，A 是紧的自共轭算子，$D(T+A)=D(T)$. 则算子 $T+A$ 也是自共轭的，且 $\sigma_e(T+A)=\sigma_e(T)$.

证明　显然 $T+A$ 是自共轭的. 设 $\lambda\in\sigma_e(T)$，则存在 Weyl 列 $\{x_n\}$. 由于 $x_n\xrightarrow{w}\theta$，故由定理 5.2.22，$Ax_n\to\theta$. 从而

$$(T+A-\lambda I)x_n=(T-\lambda I)x_n+Ax_n\to\theta.$$

即 $\{x_n\}$ 也是 $T+A$ 关于 λ 的 Weyl 列，$\lambda\in\sigma_e(T+A)$. 这表明 $\sigma_e(T)\subset\sigma_e(T+A)$. 反过来的等式由 $T=(T+A)+(-A)$ 可得到. 证毕.

内 容 提 要

习　题

1. 设 H_1,H_2 是 Hilbert 空间，$T: D(T)\subset H_1\to H_2$ 是线性算子，$|\cdot|$ 是 $D(T)$ 上关于 T 的图范数. 证明：T 是闭的当且仅当 $(D(T),|\cdot|)$ 是完备的.

2. 设 T 是 Hilbert 空间 H 中的稠定线性算子，且 $\mathrm{Re}\langle x,Tx\rangle\geqslant 0\ (\forall x\in D(T))$. 证明 T 是可闭的.

3. 证明命题 9.1.3：设 H_1,H_2 是 Hilbert 空间，$T: D(T)\subset H_1\to H_2$ 是线性算子，且 T 是单射. 则 T 是可闭的当且仅当 T^{-1} 是可闭的，并且有 $\overline{T^{-1}}=\overline{T}^{-1}$.

4. 设 T,T_1,T_2 是 Hilbert 空间 H 中稠定的线性算子，α 为复数. 求证：

(1) 若 $D(T_1)\cap D(T_2)$ 稠密，则 $(T_1+T_2)^*\supset T_1^*+T_2^*$.

(2) $(\alpha T)^*=\bar{\alpha}T^*$.

5. 设 S 和 T 是 Hilbert 空间 H 中使得 ST 在 H 中稠定的线性算子. 证明 $(ST)^*\supset T^*S^*$；若 $D(S)=H$ 且 S 是有界的，证明 $(ST)^*=T^*S^*$.

6. 证明定理 9.1.5：若 T 是 Hilbert 空间 H 中的稠定线性算子，则 $\mathcal{R}(T)^{\perp}=\mathcal{N}(T^*)$，$\overline{\mathcal{R}(T)}=\mathcal{N}(T^*)^{\perp}$；若 T 是可闭的稠定线性算子，则 $\mathcal{R}(T^*)^{\perp}=\mathcal{N}(\overline{T})$，$\overline{\mathcal{R}(T^*)}=\mathcal{N}(\overline{T})^{\perp}$.

7. 设 T 是 Hilbert 空间 H 中的稠定线性算子，证明 $D(T^*)=\{\theta\}$ 当且仅当 T 的图像 $G(T)$ 在 $H\times H$ 中稠.

8. 证明命题 9.2.3：设 H 是复 Hilbert 空间，$T: D(T)\subset H\to H$ 是稠定线性算子. 则 T 是对称的当且仅当对任意 $x\in D(T)$，$\langle Tx,x\rangle$ 是实的.

9. 设 H 是 Hilbert 空间，$T: D(T)\subset H\to H$ 是稠定线性算子，证明：

(1) T 是闭的对称的 $\Leftrightarrow T=T^{**}\subset T^*$.

(2) T 是本质自共轭 $\Leftrightarrow T\subset T^{**}=T^*$.

(3) T 是自共轭的 $\Leftrightarrow T=T^{**}=T^*$.

10. 设 H 是 Hilbert 空间，$T: D(T)\subset H\to H$ 是自共轭线性算子且 T 是单射. 证明：

(1) $\overline{\mathcal{R}(T)}=H$；(2) T^{-1} 是自共轭的.

11. 证明定理 9.2.7(1)：设 H 是 Hilbert 空间，$T: D(T)\subset H\to H$ 是对称线性算子，则 T 是自共轭的当且仅当 T 是闭算子且 $\mathcal{N}(T^*+\mathrm{i}I)=\mathcal{N}(T^*-\mathrm{i}I)=\{\theta\}$.

12. 设 H 是 Hilbert 空间，$T: D(T)\subset H\to H$ 是对称线性算子，且存在完全由 T 的特征向量构成的规范正交基，证明 T 是本质自共轭的.

13. 设 H 是 Hilbert 空间，$T: D(T)\subset H\to H$ 是对称算子，且 T 是正的，即对任意 $x\in D(T)$，有 $\langle Tx,x\rangle\geqslant 0$. 证明：

(1) $\|(T+I)x\|^2\geqslant\|x\|^2+\|Tx\|^2$.

(2) T 是闭算子当且仅当 $\mathcal{R}(T+I)$ 是闭集.

(3) T 是本质自共轭的当且仅当 $T^*y=-y$ 无非零解.

14. 设 H 是 Hilbert 空间，$T: D(T)\subset H\to H$ 是自共轭算子，U 是 T 的 Cayley 变换，假定 T^{-1} 存在且是稠定的，证明 T^{-1} 的 Cayley 变换是 $-U^{-1}$.

15. 设 H 是 Hilbert 空间，$T: D(T)\subset H\to H$ 是自共轭算子，U 是 T 的 Cayley 变换，$\varphi(z)=\dfrac{z-i}{z+i}$. 证明 $\varphi(\sigma(T))=\sigma(U)\backslash\{1\}$.

16. 设 H 是 Hilbert 空间，$T: D(T)\to H$ 是对称算子，U 是 T 的 Cayley 变换.

(1) 证明 $\|(T+\mathrm{i}I)x\|=\|(T-\mathrm{i}I)x\|\geqslant\|x\|$，$\forall x\in D(T)$.

(2) 设 $D(U)=\overline{\mathcal{R}(T+\mathrm{i}I)}$，证明对 $y=(\bar{T}+\mathrm{i}I)x\in D(U)$，有 $Uy=(\bar{T}-\mathrm{i}I)x$，且 $\|Uy\|=\|y\|$ $(\forall y\in D(U))$.

17. 证明定理 9.3.1：设 H 是 Hilbert 空间，$T: D(T)\subset H\to H$ 是线性算子，则 $\sigma(T)$ 是闭集，且在 $\rho(T)$ 上，$S(\lambda)=(T-\lambda I)^{-1}$ 是算子值解析函数.

18. 证明定理 9.3.3：设 H 是 Hilbert 空间，$T: D(T)\subset H\to H$ 是自共轭线性算子. 则 T 的特征值是实数，且对应于不同特征值的特征向量是相互正交的.

19. 证明定理 9.3.10：设 H 是 Hilbert 空间，$T: D(T)\subset H\to H$ 是自共轭算子，$\{E_\lambda\}$ 是 T 的谱系. 则

(1) $\lambda_0\in\sigma(T)$ 当且仅当对任意 $\varepsilon>0$，$E_{\lambda_0+\varepsilon}-E_{\lambda_0-\varepsilon}\neq\theta$，即 E_λ 在 λ_0 的邻域内不取常值.

(2) $\lambda_0\in\sigma_p(T)$ 当且仅当 $E_{\lambda_0}-E_{\lambda_0-0}\neq\theta$，即 λ_0 是 E_λ 的间断点. 若 λ_0 是 T 的孤立谱点，则 λ_0 必是 T 的特征值.

20. 设 H 是无穷维 Hilbert 空间，$T: D(T)\subset H\to H$ 是自共轭算子. 证明：

(1) 若 T 是有界的，则 $\sigma_e(T)\neq\varnothing$.

(2) T 是紧的当且仅当 T 是有界的且 $\sigma_e(T)=\{0\}$.

21. 设 T_1 和 T_2 是 Hilbert 空间 H 上的自共轭算子，且存在 $\lambda_0\in\rho(T_1)\cap\rho(T_2)$ 使 $A=(T_2-\lambda_0 I)^{-1}-(T_1-\lambda_0 I)^{-1}$ 是紧的线性算子. 证明 $\sigma_e(T_1)=\sigma_e(T_2)$.

习题参考解答

附　加　题

1. 设 $H=L^2[0,1]$，$A_C[0,1]$ 为$[0,1]$上绝对连续函数的全体. 令 $T: D(T)=A_C[0,1]\subset H\to H$ 使 $Tx=\dfrac{\mathrm{d}x}{\mathrm{d}t}$，证明 T 是闭的无界线性算子.

2. 设 H 为 Hilbert 空间，$T:\mathcal{D}(T)\subset H\to H$ 是对称算子，I 为恒等算子，$a,b\in\mathbb{R}^1$，$\lambda=a+b\mathrm{i}\in\mathbb{C}$. 证明

(1) $\forall x\in D(T)$，有 $\|(T-\lambda I)x\|^2=\|(T-aI)x\|^2+b^2\|x\|^2$.

(2) 若 T 是闭算子且 $b\neq 0$，则$\mathcal{R}(T-\lambda I)$是闭的.

(3) T 的最小闭延拓是对称的.

3. 在 Hilbert 空间上构造一个稠定闭算子使其谱为空集.

4. 设 H 为 Hilbert 空间，$T: D(T)\subset H\to H$ 是对称算子，且$\mathcal{R}(T-\lambda I)=H$，其中 $\lambda\in\mathbb{R}^1$，I 为恒等算子. 证明 T 是自共轭算子.

5. 设 H 是 Hilbert 空间，$T: D(T)\subset H\to H$ 是自共轭算子. 证明 $\sigma(T)\neq\varnothing$.

6. 设 H 是 Hilbert 空间，$T: D(T)\subset H\to H$ 是闭的对称算子，$A=\{\lambda\in\mathbb{C}: \mathrm{Im}\lambda>0\}$，证明 $\dim\mathcal{N}(\bar{\lambda}I-T^*)$在 A 与 $-A$ 上都是常值.

7. 设 H 是 Hilbert 空间，$T: D(T)\subset H\to H$ 是闭的对称算子. 证明 $\sigma(T)$是下列 4 种情况之一.

(1) $\sigma(T)=\mathbb{C}$；

(2) $\sigma(T)\subset\mathbb{R}^1$；

(3) $\sigma(T)=\{\lambda\in\mathbb{C}: \mathrm{Im}\lambda\geqslant 0\}$；

(4) $\sigma(T)=\{\lambda\in\mathbb{C}: \mathrm{Im}\lambda\leqslant 0\}$.

附加题参考解答

参考文献

[1] 夏道行,吴卓人,严绍宗,等.实变函数与泛函分析[M].北京:高等教育出版社,1985.

[2] 夏道行,严绍宗,舒五昌,等.泛函分析第二教程[M].2版.北京:高等教育出版社,2008.

[3] 夏道行,杨亚立.线性拓扑空间引论[M].上海:上海科学技术出版社,1986.

[4] 张恭庆,林源渠.泛函分析讲义(上册)[M].北京:北京大学出版社,1987.

[5] 张恭庆,郭懋正.泛函分析讲义(下册)[M].北京:北京大学出版社,1990.

[6] 江泽坚,吴智泉.实变函数论[M].北京:高等教育出版社,1994.

[7] 江泽坚,孙善利.泛函分析[M].北京:高等教育出版社,2005.

[8] 俞鑫泰.Banach空间几何理论[M].上海:华东师大出版社,1986.

[9] 俞鑫泰.Banach空间选论[M].上海:华东师大出版社,1992.

[10] 定光桂.巴拿赫空间引论[M].北京:科学出版社,1984.

[11] 定光桂.泛函分析新讲[M].北京:科学出版社,2007.

[12] 刘培德.实变函数教程[M].北京:科学出版社,2006.

[13] 刘培德.泛函分析基础[M].北京:科学出版社,2005.

[14] 刘培德.鞅与Banach空间几何学[M].北京:科学出版社,2007.

[15] 赵俊峰.Banach空间结构理论[M].武汉:武汉大学出版社,1991.

[16] 胡适耕.实变函数[M].北京:高等教育出版社,1999.

[17] 胡适耕.泛函分析[M].北京:高等教育出版社,2001.

[18] 胡适耕,刘金山.实变函数与泛函分析定理方法问题[M].北京:高等教育出版社,2003.

[19] 郭大钧.非线性泛函分析[M].2版.济南:山东科学技术出版社,2002.

[20] 张石生.不动点理论及应用[M].重庆:重庆出版社,1984.

[21] 汪林.泛函分析中的反例[M].北京:高等教育出版社,1994.

[22] 熊金城.点集拓扑讲义[M].北京:高等教育出版社,1998.

[23] 程其襄,张奠宙,胡善文,等.实变函数与泛函分析基础[M].北京:高等教育出版社,2019.

[24] 周明强.实变函数论[M].北京:北京大学出版社,2001.

[25] 刘炳初.泛函分析[M].北京:科学出版社,2001.

[26] 童裕孙.泛函分析教程[M].上海:复旦大学出版社,2004.

[27] 徐胜芝.实分析与泛函分析[M].上海:复旦大学出版社,2006.

[28] A.H.柯尔莫戈洛夫,C.B.佛明.函数论与泛函分析初步[M].段虞荣,郑洪深,郭思旭,译.北京:高等教育出版社,2006.

[29] Bogachev V I,Smolyanov,O G. Topological Vector Spaces and Their Applications[M]. Switzerland: Springer International Publishing AG,2017.

[30] Browder F E. Nonexpansive nonlinear operators in a Banach space[J]. Proceedings of the National Academy of Sciences. USA,1965,54: 1041-1044.

[31] Cioranescu I. Geometry of Banach Spaces, Duality Mappings and Nonlinear Problems [M]. Dordrecht: Kluwer Academic Publishers,1990.

[32] Conway J B. A Course in Functional Analysis[M]. 2nd ed. 北京:世界图书出版公司,2003.

[33] Deimling K. Nonlinear Functional Analysis[M]. New York: Springer Verlag,1985.

[34] Douglas R G. Banach Algebra Techniques in Operator Theorem[M]. 2nd ed. 北京:世界图书出版公司,2003.

[35] Halmos P R. A Hilbert Space Problem Book[M]. 2nd ed. New York: Springer Verlag,1982.

[36] James R C. A non-reflexive Banach space isometric with its second conjugate space[J]. Proceedings of the National Academy of Sciences of the United States of America,1951,37(3): 174-177.

[37] Kelley J L. General Topology [M]. 北京：世界图书出版公司，2000.
[38] Kelley J. L. , Namioka I. Linear Topological Spaces [M]. New York: D. Van Nostrand Company. INC. , 1963.
[39] Lakshmikantham V, Leela S. Nonlinear Differential Equations in Abstract Spaces [M]. New York: Pergamon Press, 1981.
[40] Lang S. Real and Functional Analysis [M]. 3rd ed. 北京：世界图书出版公司，1997.
[41] Lumer G. Semi-inner-product spaces[J]. Transactions of the American Mathematical Society, 1961, 100: 29-43.
[42] Megginson R E. An Introduction to Banach Spaces Theory [M]. 北京：世界图书出版公司，2003.
[43] Munkres J R. Topology [M]. 2nd ed. Edinburgh Gate: Person College Div, 2000.
[44] Papini P L. Inner products and norm derivatives [J]. Journal of Mathematical Analysis and Applications, 1983, 91(2): 592-589.
[45] Royden H. L. 实分析(原书第 3 版) [M]. 叶培新，译. 北京：机械工业出版社，2006.
[46] Rudin W. 实分析与复分析(英文版 · 第 3 版) [M]. 北京：机械工业出版社，2004.
[47] Rudin W. 泛函分析(原书第 2 版) [M]. 刘培德，译. 北京：机械工业出版社，2004.
[48] Schaefer H H. Topological Vector Spaces [M]. New York: Springer Verlag, 1971.
[49] Yosida K. Founctioal Analysis [M]. New York: Springer Verlag, 1999.
[50] 肖建中，李刚. 抽象分析基础 [M]. 北京：清华大学出版社，2009.
[51] 肖建中，朱杏华. 实分析与泛函分析习题详解 [M]. 北京：清华大学出版社，2011.